U0358730

全国科学技术名词审定委员会

公　布

科学技术名词·工程技术卷（全藏版）

1

材料科学技术名词

CHINESE TERMS IN MATERIALS SCIENCE AND TECHNOLOGY

材料科学技术名词审定委员会

国家自然科学基金资助项目

科　学　出　版　社

北　京

内 容 简 介

　　本书是全国科学技术名词审定委员会审定公布的材料科学技术名词，内容包括材料科学技术基础、金属材料、无机非金属材料、高分子材料、复合材料、半导体材料、天然材料、生物材料八部分，共7021条。本书对每条词都给出了定义或注释。这些名词是科研、教学、生产、经营以及新闻出版等部门应遵照使用的材料科学技术名词。

图书在版编目(CIP)数据

科学技术名词. 工程技术卷：全藏版 / 全国科学技术名词审定委员会审定.
—北京：科学出版社，2016.01
ISBN 978-7-03-046873-4

Ⅰ. ①科… Ⅱ. ①全… Ⅲ. ①科学技术–名词术语 ②工程技术–名词术语
Ⅳ. ①N-61 ②TB-61

中国版本图书馆 CIP 数据核字 (2015) 第 307218 号

责任编辑：才 磊 / 责任校对：陈玉凤
责任印制：张 伟 / 封面设计：铭轩堂

科 学 出 版 社 出版
北京东黄城根北街 16 号
邮政编码：100717
http://www.sciencep.com
北京厚诚则铭印刷科技有限公司印刷
科学出版社发行 各地新华书店经销
*
2016 年 1 月第 一 版　 开本：787×1092 1/16
2016 年 1 月第一次印刷　 印张：46
字数：1 217 000
定价：7800.00 元(全 44 册)

(如有印装质量问题，我社负责调换)

全国科学技术名词审定委员会
第六届委员会委员名单

特邀顾问：宋　健　许嘉璐　韩启德
主　　任：路甬祥
副 主 任：刘成军　曹健林　孙寿山　武　寅　谢克昌　林蕙青
　　　　　王　杰　刘　青
常　　委（以姓名笔画为序）：
　　　　　王永炎　曲爱国　李宇明　李济生　沈爱民　张礼和　张先恩
　　　　　张晓林　张焕乔　陆汝铃　陈运泰　金德龙　柳建尧　贺　化
　　　　　韩　毅
委　　员（以姓名笔画为序）：
　　　　　卜宪群　王　正　王　巍　王　夔　王玉平　王克仁　王虹峥
　　　　　王振中　王铁琨　王德华　卞毓麟　文允镒　方开泰　尹伟伦
　　　　　尹韵公　石力开　叶培建　冯志伟　冯惠玲　母国光　师昌绪
　　　　　朱　星　朱士恩　朱建平　朱道本　仲增墉　刘　民　刘大响
　　　　　刘功臣　刘西拉　刘汝林　刘跃进　刘瑞玉　闫志坚　严加安
　　　　　苏国辉　李　林　李　巍　李传夔　李国玉　李承森　李保国
　　　　　李培林　李德仁　杨　鲁　杨星科　步　平　肖序常　吴　奇
　　　　　吴有生　吴志良　何大澄　何华武　汪文川　沈　恂　沈家煊
　　　　　宋　彤　宋天虎　张　侃　张　耀　张人禾　张玉森　陆延昌
　　　　　阿里木·哈沙尼　阿迪雅　陈　阜　陈有明　陈锁祥　卓新平
　　　　　罗　玲　罗桂环　金伯泉　周凤起　周远翔　周应祺　周明鉴
　　　　　周定国　周荣耀　郑　度　郑述谱　房　宁　封志明　郝时远
　　　　　宫辉力　费　麟　胥燕婴　姚伟彬　姚建新　贾弘禔　高英茂
　　　　　郭重庆　桑　旦　黄长著　黄玉山　董　鸣　董　琨　程恩富
　　　　　谢地坤　照日格图　　　　　鲍　强　窦以松　谭华荣　潘书祥

材料科学技术名词审定委员会委员名单

顾　问：师昌绪　　柯　俊　　徐光宪　　严东生
主　任：周　廉
副主任：朱道本　　黄伯云　　王占国　　吴伯群
委　员（按姓氏笔画为序）：

丁美蓉　　王天民　　石　瑛　　石力开　　田志凌

白凤莲　　邝仕均　　仲增墉　　刘国权　　孙洪志

李成功　　张　泽　　张佐光　　张若岩　　陈立泉

范守善　　周　济　　周俊兴　　赵慕岳　　段镇基

俞耀庭　　顾忠伟　　殷为宏　　高瑞平　　郭玉明

黄　勇　　黄鹏程　　崔　岩　　屠海令　　韩雅芳

谢建新　　雍岐龙　　廖立兵　　潘　伟

秘　书：张若岩(兼)

编 写 专 家

材料科学技术基础负责人：石力开　刘国权
　介万奇　王天民　王西涛　王笃金　左铁钏　吕反修　曲选辉　刘治国　李长荣
　李文超　宋晓艳　张永忠　张济山　张荟星　陈立泉　范丽珍　高克玮　黄继华
　康永林　曾怡丹　谢建新

金属材料负责人：田志凌　殷为宏
　田荣璋　冯涤　仲增墉　刘建章　孙洪志　杨冠军　汪京荣　张羊换　张廷杰
　陈铮　陈明昕　周万成　赵慕岳　柏文超　郭永权　唐仁政　黄伯云　雍岐龙

无机非金属材料负责人：周济　黄勇　潘伟
　方珍意　任允鹏　李懋强　洪彦若　徐强　唐子龙　唐明道　黄朝晖　龚江宏
　盖国胜　覃业霞　覃维祖

高分子材料负责人：朱道本　黄鹏程
　白凤莲　过梅丽　朱本松　余云照　赵素何　徐定宇　曹维孝　谢续明　詹茂盛

复合材料负责人：李成功　张佐光　郭玉明
　王依民　王金明　吴人洁　张大兴　张祝伟　杨乃宾　崔岩

半导体材料负责人：王占国　屠海令
　石瑛　余怀之　余金中　邱勇　陆大成　秦福　钱家骏

天然材料负责人：丁美蓉　廖立兵
　丁志文　邓知明　卢宝荣　白志民　邝仕均　安鑫南　孙启祥　宋媛　陈曦
　周宇　周俊兴　段新芳　翁润生

生物材料负责人：俞耀庭　顾忠伟
　王身国　孔德领　李伟　李玉宝　刘伟　刘宣勇　杨柯　杨大智　杨帮成
　吴尧　何斌　陈晓峰　陈继镛　陈槐卿　林红　袁直　奚廷斐　黄楠
　崔福斋　樊渝江

路甬祥序

我国是一个人口众多、历史悠久的文明古国，自古以来就十分重视语言文字的统一，主张"书同文、车同轨"，把语言文字的统一作为民族团结、国家统一和强盛的重要基础和象征。我国古代科学技术十分发达，以四大发明为代表的古代文明，曾使我国居于世界之巅，成为世界科技发展史上的光辉篇章。而伴随科学技术产生、传播的科技名词，从古代起就已成为中华文化的重要组成部分，在促进国家科技进步、社会发展和维护国家统一方面发挥着重要作用。

我国的科技名词规范统一活动有着十分悠久的历史。古代科学著作记载的大量科技名词术语，标志着我国古代科技之发达及科技名词之活跃与丰富。然而，建立正式的名词审定组织机构则是在清朝末年。1909年，我国成立了科学名词编订馆，专门从事科学名词的审定、规范工作。到了新中国成立之后，由于国家的高度重视，这项工作得以更加系统地、大规模地开展。1950年政务院设立的学术名词统一工作委员会，以及 1985 年国务院批准成立的全国自然科学名词审定委员会（现更名为全国科学技术名词审定委员会，简称全国科技名词委），都是政府授权代表国家审定和公布规范科技名词的权威性机构和专业队伍。他们肩负着国家和民族赋予的光荣使命，秉承着振兴中华的神圣职责，为科技名词规范统一事业默默耕耘，为我国科学技术的发展做出了基础性的贡献。

规范和统一科技名词，不仅在消除社会上的名词混乱现象，保障民族语言的纯洁与健康发展等方面极为重要，而且在保障和促进科技进步，支撑学科发展方面也具有重要意义。一个学科的名词术语的准确定名及推广，对这个学科的建立与发展极为重要。任何一门科学（或学科），都必须有自己的一套系统完善的名词来支撑，否则这门学科就立不起来，就不能成为独立的学科。郭沫若先生曾将科技名词的规范与统一称为"乃是一个独立自主国家在学术工作上所必须具备的条件，也是实现学术中国化的最起码的条件"，精辟地指出了这项基础性、支撑性工作的本质。

在长期的社会实践中，人们认识到科技名词的规范和统一工作对于一个国家的科技发展和文化传承非常重要，是实现科技现代化的一项支撑性的系统工程。没有这样一个系统的规范化的支撑条件，不仅现代科技的协调发展将遇到极大困难，而且在科技日益渗透人们生活各方面、各环节的今天，还将给教育、传播、交流、经贸等多方面带来困难和损害。

全国科技名词委自成立以来，已走过近 20 年的历程，前两任主任钱三强院士和卢嘉锡院士为我国的科技名词统一事业倾注了大量的心血和精力，在他们的正确领导和广大专家的共同努力下，取得了卓著的成就。2002 年，我接任此工作，时逢国家科技、经济飞速发展之际，因而倍感责任的重大；及至今日，全国科技名词委已组建了 60 个学科名词审定分委员会，公布了 50 多个学科的 63 种科技名词，在自然科学、工程技术与社会科学方面均取得了协调发展，科技名词蔚成体系。而且，海峡两岸科技名词对照统一工作也取得了可喜的成绩。对此，我实感欣慰。这些成就无不凝聚着专家学者们的心血与汗水，无不闪烁着专家学者们的集体智慧。历史将会永远铭刻着广大专家学者孜孜以求、精益求精的艰辛劳作和为祖国科技发展做出的奠基性贡献。宋健院士曾在 1990 年全国科技名词委的大会上说过："历史将表明，这个委员会的工作将对中华民族的进步起到奠基性的推动作用。"这个预见性的评价是毫不为过的。

科技名词的规范和统一工作不仅仅是科技发展的基础，也是现代社会信息交流、教育和科学普及的基础，因此，它是一项具有广泛社会意义的建设工作。当今，我国的科学技术已取得突飞猛进的发展，许多学科领域已接近或达到国际前沿水平。与此同时，自然科学、工程技术与社会科学之间交叉融合的趋势越来越显著，科学技术迅速普及到了社会各个层面，科学技术同社会进步、经济发展已紧密地融为一体，并带动着各项事业的发展。所以，不仅科学技术发展本身产生的许多新概念、新名词需要规范和统一，而且由于科学技术的社会化，社会各领域也需要科技名词有一个更好的规范。另一方面，随着香港、澳门的回归，海峡两岸科技、文化、经贸交流不断扩大，祖国实现完全统一更加迫近，两岸科技名词对照统一任务也十分迫切。因而，我们的名词工作不仅对科技发展具有重要的价值和意义，而且在经济发展、社会进步、政治稳定、民族团结、国家统一和繁荣等方面都具有不可替代的特殊价值和意义。

最近，中央提出树立和落实科学发展观，这对科技名词工作提出了更高的要求。我们要按照科学发展观的要求，求真务实，开拓创新。科学发展观的本质与核心是以人为本，我们要建设一支优秀的名词工作队伍，既要保持和发扬老一辈科技名词工作者的优良传统，坚持真理、实事求是、甘于寂寞、淡泊名利，又要根据新形势的要求，面向未来、协调发展、与时俱进、锐意创新。此外，我们要充分利用网络等现代科技手段，使规范科技名词得到更好的传播和应用，为迅速提高全民文化素质做出更大贡献。科学发展观的基本要求是坚持以人为本，全面、协调、可持续发展，因此，科技名词工作既要紧密围绕当前国民经济建设形势，着重开展好科技领域的学科名词审定工作，同时又要在强调经济社会以及人与自然协调发展的思想指导下，开展好社会科学、文化教育和资源、生态、环境领域的科学名词审定工作，促进各个学科领域的相互融合和共同繁荣。科学发展观非常注重可持续发展的理念，因此，我们在不断丰富和发展已建立的科技名词体系的同时，还要进一步研究具有中国特色的术语学理论，以创建中国的术语学派。研究和建立中国特色的术语学理论，也是一种知识创新，是实现科技名词工作可持续发展的必由之路，我们应当为此付出更大的努力。

当前国际社会已处于以知识经济为走向的全球经济时代，科学技术发展的步伐将会越来越快。我国已加入世贸组织，我国的经济也正在迅速融入世界经济主流，因而国内外科技、文化、经贸的交流将越来越广泛和深入。可以预言，21世纪中国的经济和中国的语言文字都将对国际社会产生空前的影响。因此，在今后10到20年之间，科技名词工作就变得更具现实意义，也更加迫切。"路漫漫其修远兮，吾今上下而求索"，我们应当在今后的工作中，进一步解放思想，务实创新、不断前进。不仅要及时地总结这些年来取得的工作经验，更要从本质上认识这项工作的内在规律，不断地开创科技名词统一工作新局面，做出我们这代人应当做出的历史性贡献。

2004 年深秋

卢嘉锡序

科技名词伴随科学技术而生，犹如人之诞生其名也随之产生一样。科技名词反映着科学研究的成果，带有时代的信息，铭刻着文化观念，是人类科学知识在语言中的结晶。作为科技交流和知识传播的载体，科技名词在科技发展和社会进步中起着重要作用。

在长期的社会实践中，人们认识到科技名词的统一和规范化是一个国家和民族发展科学技术的重要的基础性工作，是实现科技现代化的一项支撑性的系统工程。没有这样一个系统的规范化的支撑条件，科学技术的协调发展将遇到极大的困难。试想，假如在天文学领域没有关于各类天体的统一命名，那么，人们在浩瀚的宇宙当中，看到的只能是无序的混乱，很难找到科学的规律。如是，天文学就很难发展。其他学科也是这样。

古往今来，名词工作一直受到人们的重视。严济慈先生 60 多年前说过，"凡百工作，首重定名；每举其名，即知其事"。这句话反映了我国学术界长期以来对名词统一工作的认识和做法。古代的孔子曾说"名不正则言不顺"，指出了名实相副的必要性。荀子也曾说"名有固善，径易而不拂，谓之善名"，意为名有完善之名，平易好懂而不被人误解之名，可以说是好名。他的"正名篇"即是专门论述名词术语命名问题的。近代的严复则有"一名之立，旬月踟蹰"之说。可见在这些有学问的人眼里，"定名"不是一件随便的事情。任何一门科学都包含很多事实、思想和专业名词，科学思想是由科学事实和专业名词构成的。如果表达科学思想的专业名词不正确，那么科学事实也就难以令人相信了。

科技名词的统一和规范化标志着一个国家科技发展的水平。我国历来重视名词的统一与规范工作。从清朝末年的科学名词编订馆，到 1932 年成立的国立编译馆，以及新中国成立之初的学术名词统一工作委员会，直至 1985 年成立的全国自然科学名词审定委员会(现已改名为全国科学技术名词审定委员会，简称全国名词委)，其使命和职责都是相同的，都是审定和公布规范名词的权威性机构。现在，参与全国名词委领导工作的单位有中国科学院、科学技术部、教育部、中国科学技术协会、国家自然科学基金委员会、新闻出版署、国家质量技术监督局、国家广播电影电视总局、国家知识产权局和国家语言文字工作委员会，这些部委各自选派了有关领导干部担任全国名词委的领导，有力地推动科技名词的统一和推广应用工作。

全国名词委成立以后，我国的科技名词统一工作进入了一个新的阶段。在第一任主任委员钱三强同志的组织带领下，经过广大专家的艰苦努力，名词规范和统一工作取得了显著的成绩。1992 年三强同志不幸谢世。我接任后，继续推动和开展这项工作。在国家和有关部门的支持及广大专家学者的努力下，全国名词委 15 年来按学科共组建了 50 多个学科的名词审定分委员会，有 1800 多位专家、学者参加名词审定工作，还有更多的专家、学者参加书面审查和座谈讨论等，形成的科技名词工作队伍规模之大、水平层次之高前所未有。15 年间共审定公布了包括理、工、农、医及交叉学科等各学科领域的名词共计 50 多种。而且，对名词加注定义的工作经试点后业已逐渐展开。另外，遵照术语学理论，根据汉语汉字特点，结合科技名词审定工作实践，全国名词委制定并逐步完善了一套名词审定工作的原则与方法。可以说，在 20 世纪的最后 15 年中，我国基本上建立起了比较完整的科技名词体系，为我国科技名词的规范和统一奠定了良好的基础，对我国科研、教学和学术交流起到了很好的作用。

在科技名词审定工作中，全国名词委密切结合科技发展和国民经济建设的需要，及时调整工作方针和任务，拓展新的学科领域开展名词审定工作，以更好地为社会服务、为国民经济建设服务。近些年来，又对科技新词的定名和海峡两岸科技名词对照统一工作给予了特别的重视。科技新词的审定和发布试用工作已取得了初步成效，显示了名词统一工作的活力，跟上了科技发展的步伐，起到了引导社会的作用。两岸科技名词对照统一工作是一项有利于祖国统一大业的基础性工作。全国名词委作为我国专门从事科技名词统一的机构，始终把此项工作视为自己责无旁贷的历史性任务。通过这些年的积极努力，我们已经取得了可喜的成绩。做好这项工作，必将对弘扬民族文化，促进两岸科教、文化、经贸的交流与发展做出历史性的贡献。

科技名词浩如烟海，门类繁多，规范和统一科技名词是一项相当繁重而复杂的长期工作。在科技名词审定工作中既要注意同国际上的名词命名原则与方法相衔接，又要依据和发挥博大精深的汉语文化，按照科技的概念和内涵，创造和规范出符合科技规律和汉语文字结构特点的科技名词。因而,这又是一项艰苦细致的工作。广大专家学者字斟句酌,精益求精,以高度的社会责任感和敬业精神投身于这项事业。可以说,全国名词委公布的名词是广大专家学者心血的结晶。这里,我代表全国名词委,向所有参与这项工作的专家学者们致以崇高的敬意和衷心的感谢!

审定和统一科技名词是为了推广应用。要使全国名词委众多专家多年的劳动成果——规范名词,成为社会各界及每位公民自觉遵守的规范,需要全社会的理解和支持。国务院和 4 个有关部委〔国家科委(今科学技术部)、中国科学院、国家教委(今教育部)和新闻出版署〕已分别于 1987 年和 1990 年行文全国,要求全国各科研、教学、生产、经营以及新闻出版等单位遵照使用全国名词委审定公布的名词。希望社会各界自觉认真地执行,共同做好这项对于科技发展、社会进步和国家统一极为重要的基础工作,为振兴中华而努力。

值此全国名词委成立 15 周年、科技名词书改装之际,写了以上这些话。是为序。

卢嘉锡

2000 年夏

钱 三 强 序

科技名词术语是科学概念的语言符号。人类在推动科学技术向前发展的历史长河中,同时产生和发展了各种科技名词术语,作为思想和认识交流的工具,进而推动科学技术的发展。

我国是一个历史悠久的文明古国,在科技史上谱写过光辉篇章。中国科技名词术语,以汉语为主导,经过了几千年的演化和发展,在语言形式和结构上体现了我国语言文字的特点和规律,简明扼要,蓄意深切。我国古代的科学著作,如已被译为英、德、法、俄、日等文字的《本草纲目》、《天工开物》等,包含大量科技名词术语。从元、明以后,开始翻译西方科技著作,创译了大批科技名词术语,为传播科学知识,发展我国的科学技术起到了积极作用。

统一科技名词术语是一个国家发展科学技术所必须具备的基础条件之一。世界经济发达国家都十分关心和重视科技名词术语的统一。我国早在 1909 年就成立了科学名词编订馆,后又于 1919 年中国科学社成立了科学名词审定委员会,1928 年大学院成立了译名统一委员会。1932 年成立了国立编译馆,在当时教育部主持下先后拟订和审查了各学科的名词草案。

新中国成立后,国家决定在政务院文化教育委员会下,设立学术名词统一工作委员会,郭沫若任主任委员。委员会分设自然科学、社会科学、医药卫生、艺术科学和时事名词五大组,聘请了各专业著名科学家、专家,审定和出版了一批科学名词,为新中国成立后的科学技术的交流和发展起到了重要作用。后来,由于历史的原因,这一重要工作陷于停顿。

当今,世界科学技术迅速发展,新学科、新概念、新理论、新方法不断涌现,相应地出现了大批新的科技名词术语。统一科技名词术语,对科学知识的传播,新学科的开拓,新理论的建立,国内外科技交流,学科和行业之间的沟通,科技成果的推广、应用和生产技术的发展,科技图书文献的编纂、出版和检索,科技情报的传递等方面,都是不可缺少的。特别是计算机技术的推广使用,对统一科技名词术语提出了更紧迫的要求。

为适应这种新形势的需要,经国务院批准,1985 年 4 月正式成立了全国自然科学名词审定委员会。委员会的任务是确定工作方针,拟定科技名词术语审定工作计划、实施方案和步骤,组织审定自然科学各学科名词术语,并予以公布。根据国务院授权,委员会审定公布的名词术语,科研、教学、生产、经营以及新闻出版等各部门,均应遵照使用。

全国自然科学名词审定委员会由中国科学院、国家科学技术委员会、国家教育委员会、中国科学技术协会、国家技术监督局、国家新闻出版署、国家自然科学基金委员会分别委派了正、副主任担任领导工作。在中国科协各专业学会密切配合下,逐步建立各专业审定分委员会,并已建立起一支由各学科著名专家、学者组成的近千人的审定队伍,负责审定本学科的名词术语。我国的名词审定工作进入了一个新的阶段。

这次名词术语审定工作是对科学概念进行汉语订名,同时附以相应的英文名称,既有我国语言特色,又方便国内外科技交流。通过实践,初步摸索了具有我国特色的科技名词术语审定的原则与方法,以及名词术语的学科分类、相关概念等问题,并开始探讨当代术语学的理论和方法,以期逐步建立起符合我国语言规律的自然科学名词术语体系。

统一我国的科技名词术语,是一项繁重的任务,它既是一项专业性很强的学术性工作,又涉及亿万人使用习惯的问题。审定工作中我们要认真处理好科学性、系统性和通俗性之间的关系;主科与副科间的关系;学科间交叉名词术语的协调一致;专家集中审定与广泛听取意见等问题。

汉语是世界五分之一人口使用的语言,也是联合国的工作语言之一。除我国外,世界上还有一些国家和地区使用汉语,或使用与汉语关系密切的语言。做好我国的科技名词术语统一工作,为今后对外科技交流创造了更好的条件,使我炎黄子孙,在世界科技进步中发挥更大的作用,做出重要的贡献。

统一我国科技名词术语需要较长的时间和过程,随着科学技术的不断发展,科技名词术语的审定工作,需要不断地发展、补充和完善。我们将本着实事求是的原则,严谨的科学态度做好审定工作,成熟一批公布一批,提供各界使用。我们特别希望得到科技界、教育界、经济界、文化界、新闻出版界等各方面同志的关心、支持和帮助,共同为早日实现我国科技名词术语的统一和规范化而努力。

1992 年 2 月

前　　言

　　材料科学技术是对人类经济和科学活动影响面最大、最直接的科学技术基础领域，也是世界各国优先发展和竞争激烈的重要领域，是 21 世纪人类发展新能源、信息通信以及生命科学和生物技术、改善生存环境的物质基础。对材料科学技术的研发能力已经成为衡量一个国家综合实力的重要标志。在漫长的历史发展长河中，材料一直扮演着划分时代的作用。历史证明，一种新材料的问世，往往孕育着一批新技术产业的诞生，给人类社会的进步以革命性的巨大推进。

　　材料科学技术是关于利用初级物质构造具有一定功能和使用价值的新物质的科学技术，其任务是采用最科学和经济的方法，设计、合成、制备出具有优异使用性能的材料。目前世界上天然和人工合成材料已有八百多万种，而且每年还以 25 万种的速度不断地增加。粗略估计，在数十万种庞大的材料家族中，95%以上为通过各种手段人工合成或改性过的再制品。

　　材料科学技术最明显的特点是多学科交叉，其发展历史虽然可追溯到远古时代，但真正成为一门学科却是在 20 世纪 60 年代溶入了物理学、化学、生物学、工程科学等之后才得到了快速的发展。中国是个幅员辽阔、拥有 13 亿人口、资源储量短缺、正在蓬勃发展中的大国。钢铁、有色金属、水泥、玻璃等基础材料的生产已经成为世界头等大国。

　　随着材料科学技术和材料产业的迅猛发展，国内外的学术交流和经贸往来日益频繁，材料科学技术名词亟需规范化以适应信息化、全球化的发展趋势。2005 年 3 月受全国科学技术名词审定委员会的委托，中国材料研究学会成立了材料科学技术名词审定委员会，师昌绪、柯俊、徐光宪、严东生四位院士任顾问，周廉院士任主任。

　　材料科学技术名词审定委员会组织材料科学技术界专家共同讨论，确定了本书名为"材料科学技术名词"，并一致认为学科框架按照材料的属性分为金属材料、无机非金属材料、高分子材料、复合材料、半导体材料和天然材料。考虑到生物材料发展迅速，在所有材料中附加值最高，与人民群众生活关系密切，增加了生物材料。将共性的"材料科学基础"和"材料的合成、制备与加工"合并成一章作为"材料科学技术基础"。按照此框架，材料科学技术名词审定委员会和各领域特聘专家撰稿人组成的各专业领域专家组负责各分支学科的收词和定义的撰写工作。同时，设立中国材料研究学会名词审定办公室负责日常工作。本委员会在全国科学技术名词审定委员会制定的收词原则基础上，制定了以下原则：主要收录构成材料学科技术概念体系的专用名词(材料牌号一般不收，装备一般不收，仪器一般不收，器件一般不收)；注意收录相对稳定、科学概念清楚的新词，派生的复合词少收并注意其层级；考虑到学科完整性收录了必要的与其他学科交叉重复的名词，但遵循副科服从主科的原则，并与其他学科定名协调一致；已长期不用、淘汰或趋于淘汰的词不收。对定义的基本要求是：概念准确，反映本质，资料可靠，紧跟时代。定义要求用确切的、最简洁的语言表述概念的基本内涵，一般在 60 字以内，较长不超过 100 字。各专业领域专家组在完成收词和定义注释后又聘请有关学者进行了本专业领域的再次审定。审定专家为：材料科学技术基础部分：陈难先、赵凯华、赵栋梁、王崇愚；材料合成、制备与加工部分：赵先存、邹志强；金属材料钢铁部分：李文卿、谢锡善、周寿增、赵先存；金属材料有色部分：邓至谦、李宏成、李世魁、李中奎、刘振球、吕海波、阚端麟、唐仁波、张新民、赵先存；无机非金属材料：黄勇、欧阳世翕、宋慎泰、江东亮；高分子材料：方士碧、李齐方、田明、宛新华、周啸、罗道友；复合材料：杜善义、益小苏、张立同、刘刚；半导体材料：程凤玲、秦国刚、邓志捷、孔光临、沈波、王莉、张国义、朱悟新、袁桐、安国雨、赵小宁、田达晞、何秀坤；天然材料矿石部分：陈代璋、李永强、余晓艳；天然材料纸部分：曹春昱、侯庆喜、黄运基、刘仁庆、卢宝荣、谭国民、钟香驹；天然材料皮革部分：段镇基；天然材料木材部分：杨家驹、袁东岩、张晓东、郑有炓、宗子刚、徐咏兰；生物材料：李恒德、沈家骢、师昌绪、张兴栋、卓仁禧。

中国材料研究学会组织了由石力开、黄鹏程、黄勇、秦福、刘国权、吴伯群、张若岩组成的材料科学技术名词统稿审定专家组，先后召开了十余次会议对全书各分支学科术语及定义、英文进行审定，并将统稿审定专家组意见返回各章负责人进行修订。师昌绪院士和周廉院士委托吴伯群和张若岩负责统稿，并形成材料科学技术名词上报稿上报全国科学技术名词审定委员会。

全国科学技术名词审定委员会委托材料界专家赵先存、江东亮、罗道友、王崇愚、袁桐、吴人洁分别对材料科学技术各分支学科名词进行复审。材料科学技术名词统稿审定专家组根据复审意见又做了进一步修改和审定。

历时四年多，在师昌绪院士、周廉院士等老一辈材料专家及我国广大材料科学技术工作者的支持下，在全国科学技术名词审定委员会的领导下，由中国材料研究学会组织审定的我国第一部《材料科学技术名词》终于面世了。在进行总体和分学科领域的多次审定工作中，得到了广大材料专家和国家自然科学基金委、钢铁研究总院、中国航天科技集团公司第一研究院703研究所、北京航空航天大学、中国科学院化学研究所、西北有色金属研究院、北京有色金属研究总院、中南大学、中国林业科学研究院木材研究所等单位的大力支持。在此，我们表示衷心感谢。

本书的公布必将对我国材料科学技术的国内外学术交流和材料行业的经贸往来发挥积极作用。由于材料科学技术是多学科交叉发展起来的，涉及物理、化学、生物、冶金、机械、电子、轻工、地矿等诸多学科领域，涵盖的知识面广，我们的审定工作难免还有不妥之处，敬请读者在使用本书时多提宝贵意见，以便今后再版时补充修订，使之日趋完善。

材料科学技术名词审定委员会

2010 年 9 月

编 排 说 明

一、本书公布的是材料科学技术基本名词，共 7021 条，对每条名词均给出了定义或注释。

二、全书分 8 部分：材料科学技术基础，金属材料，无机非金属材料，高分子材料，复合材料，半导体材料，天然材料，生物材料。

三、词条大体上按汉文名词所属学科的相关概念体系排列，定义一般只给出其基本内涵，注释则扼要说明其特点。汉文名后给出了与该词概念对应的英文名。

四、当一个汉文名有不同概念时，其定义或注释用(1)、(2)等分开。

五、一个汉文名对应几个英文同义词时，英文词之间用","分开。

六、凡英文名词的首字母大、小写均可时，一律小写；英文除必须用复数者之外，一般用单数。

七、"[ ]"内的字为可省略部分。

八、主要异名和释文中的条目用楷体表示。"简称"、"全称"、"又称"、"俗称"可继续使用，"曾称"为被淘汰的旧名。

九、书末的英汉索引按英文字母顺序排列；汉英索引按汉语拼音顺序排列。所示号码为该词在正文中的序码。索引中带"*"者为规范名的异名或释文中出现的条目。

目　　录

01. 材料科学技术基础

01.01 材料科学基础

01.01.01 总　　论

01.0001　材料　materials
可以用来制造有用的构件、器件或物品等的物质。

01.0002　材料科学与工程　materials science and engineering
研究材料成分、结构、工艺、性能与用途之间有关知识和应用的学科。

01.0003　材料科学技术　materials science and technology
研究材料成分、结构、工艺、性能与用途之间有关知识及其应用的科学与技术。

01.0004　材料科学　materials science
关于从电子到巨型物体各个尺寸层次上材料行为的科学。与材料工程相比，更侧重于材料的基础研究。

01.0005　材料物理与化学　materials physics and chemistry
以物理、化学、数学等自然科学为基础，从分子、原子、电子等多层次上研究材料的物理、化学行为与规律的学科。

01.0006　材料学　materials
研究各类材料的组成、结构、工艺、性能与使用效能之间相互关系的学科。

01.0007　材料加工工程　materials processing engineering
研究控制材料的外部形状和内部组织结构，以及将材料加工成人类社会所需求的各类

零部件及成品的应用技术学科。

01.0008　金相学　metallography
主要依靠显微镜技术研究金属材料的宏观、微观组织形成和变化规律及其与成分和性能之间关系的实验学科。

01.0009　冶金学　metallurgy
研究从矿石等原料中提取金属或金属化合物并加工成具有一定性能和应用价值的金属材料的学科。

01.0010　物理冶金[学]　physical metallurgy
又称"金属学"。在金相学基础上发展而成的，研究金属和合金的组成、组织结构的形成和变化规律以及它们与性能之间的关系的一门学科。

01.0011　金属材料　metal materials
以金属(包括合金与纯金属)为基础的材料。可分为钢铁材料和有色金属材料两大类。

01.0012　高分子材料　polymer materials
基本成分为聚合物，或以其含有的聚合物的性质为其主要性能特征的材料。

01.0013　无机非金属材料　inorganic non-metallic materials
除有机高分子材料和金属材料以外的几乎所有材料的统称。如陶瓷、玻璃、水泥、耐火材料、碳材料以及以此为基体的复合材料。

01.0014　半导体材料　semiconductor materials

电导率介于金属与绝缘体之间的材料。

01.0015 复合材料 composite, composite materials
由异质、异性、异形的有机聚合物、无机非金属、金属等材料作为基体或增强体，通过复合工艺组合而成的材料。除具备原材料的性能外，同时能产生新的性能。

01.0016 天然材料 natural materials
取自于自然界，不经或经过加工的材料。分为天然有机材料和天然无机材料两大类。

01.0017 合金 alloy
由两种或多种化学组分构成的固溶体或化合物形式的材料或物质。

01.0018 纳米材料 nanomaterials
材料的基本结构单元至少有一维处于纳米尺度范围（一般在 1~100 nm），并由此具有某些新特性的材料。

01.0019 低维材料 low-dimensional materials
维数低于三维的材料的统称，包括零维、一维和二维材料。

01.0020 晶体材料 crystalline materials
由结晶物质构成的固体材料。其所含的原子、离子、分子或粒子集团等具有周期性的规则排列。

01.0021 非晶材料 amorphous materials
结构长程无序、没有晶体周期性的固体材料。

01.0022 准晶材料 quasicrystal materials
不具平移对称性而长程取向有序的准晶体构成的材料。

01.0023 液晶材料 liquid crystal materials
液态下其分子位置无序但分子取向仍长程有序，其物相性质介于传统液体和固体晶体之间的材料。

01.0024 单晶材料 single crystal materials
由单晶体组成的材料。在宏观尺度范围内其内部不包含晶界，各处晶格结构和晶体学取向保持一致。

01.0025 多晶材料 polycrystal materials
由取向无规的晶粒构成的、可有织构特性的材料。

01.0026 多孔材料 porous materials
固相与大量孔隙共同构成的多相材料。

01.0027 先进材料 advanced materials
又称"新型材料"、"高技术材料"。正在发展的、具有优异性能的材料。

01.0028 结构材料 structural materials
以强度、硬度、塑性、韧性等力学性质为主要性能指标的工程材料的统称。

01.0029 功能材料 functional materials
主要利用力学性能以外的其他特殊的物理、化学或生物医学等功能的材料的统称。

01.0030 信息材料 information materials
用于实现传输、探测、存储、运算、处理和显示信息的材料。

01.0031 能源材料 materials for energy application
在开发、利用新能源和提高传统能源利用率的技术中起关键作用的材料。

01.0032 机敏材料 smart materials
可以感知环境刺激因素（包括压力、应力、温度、电磁场、pH 等）并以可控方式显著变化的材料。属于智能材料的低级形式。

01.0033 智能材料 intelligent materials

能够感知环境(包括内环境和外环境)刺激,对之进行分析、处理、判断,并进行适度响应的具有仿生智能特征的材料。感知、反馈和响应是其三大要素。

01.0034 新能源材料 materials for new energy
用于新能源(包括风能、太阳能、潮汐能、地热能、生物质能和核能等)开发利用的材料

统称新能源材料。如生物质能材料、风电材料、太阳能电池材料、储氢材料、核能材料等。

01.0035 生态环境材料 ecomaterials
同时具有良好使用性能和环境协调性的材料。环境协调性是指资源和能源消耗少、环境污染小和循环再利用率高。

01.01.02 材料物理及化学基础

01.0036 凝聚体物理学 physics of condensed matter
探讨物质凝聚态(固态和液态)的物理本质、结构和性质的一门学科。是固体物理学的延拓。

01.0037 固体物理学 solid state physics
研究固体材料的物理本质、结构和性能的一个物理学分支。

01.0038 固体离子学 solid state ionics
研究固体离子导体理论及其应用的一门学科。涉及固体物理、固体化学、电化学、结晶化学和材料科学等领域。

01.0039 断裂力学 fracture mechanics
利用线弹性力学和弹塑性理论的分析方法,从宏观角度定量研究含裂纹物体裂纹扩展规律的一门学科。

01.0040 断裂物理学 fracture physics
从材料结构与缺陷出发,在细观和微观尺度上研究材料变形、强韧化与断裂的一门学科。

01.0041 金属物理学 metal physics
研究金属与合金的组成、结构及其与性能关系的学科。既是固体物理的一个分支,也相当于金属学在微观领域内的延拓。

01.0042 高分子物理[学] polymer physics

研究高分子结构与性能之间关系的一门学科。

01.0043 固体能带论 band theory of solid
依据电子的运动状态和能量的不连续性,采用能带的形式描述固体中电子行为的一种近似理论。视相互之间可以连续过渡的一组电子能级为一个能带。

01.0044 金属电子论 electron theory of metal
描述金属内共有化价电子运动规律及与此有关的电、热输运过程的理论。

01.0045 自旋电子学 spintronics
研究自旋电子的产生、注入、输运和检测,实现有效控制和操纵的一门新的分支学科。

01.0046 自旋相关散射 spin dependent scattering
在铁磁金属和其夹层膜内电子输运过程中,受到的与电子自旋状态有关的散射。

01.0047 交换耦合 exchange coupling
又称"交换偏置(exchange bias)"。当包含铁磁/反铁磁界面的材料在磁场中冷却通过反铁磁材料的奈尔温度时,在铁磁材料中产生一个单方向的各向异性的现象。

01.0048 固体键合理论 bonding theory of solid

表征固体的化学键合本质和原子间相互作用的理论。可用于预言固体的晶体结构。

01.0049 成分波 compositional wave
材料中出现的成分的周期性波动，是结构相变理论中的一种表述。

01.0050 原子间势 interatomic potential
凝聚态物质中原子与原子间相互作用的势能。

01.0051 色心 color center
在原来透明的晶体中产生光学吸收带的类原子缺陷和电子缺陷。

01.0052 F心 F-center
碱金属卤化物中负离子空位俘获一个电子所形成的一种典型色心。

01.0053 材料的辐照效应 radiation effect of materials
材料在中子、载能离子、电子以及γ射线辐照下所产生的相关现象。

01.0054 回旋共振 cyclotron resonance
材料中带电粒子在磁场中的回旋运动与电磁波产生的共振。

01.0055 洛伦兹力 Lorentz force
磁场对运动电荷的作用力。

01.0056 电子隧道效应 tunnel effect of electron
能量低于所面对势垒的电子贯穿通过该势垒的量子效应。是物质波动性的直接结果。

01.0057 电荷密度波 charge density wave
晶体中出现的电荷密度的周期性波动。

01.0058 电子导电性 electronic conduction
由电子的运动完成传导电流的性能。

01.0059 离子导电性 ionic conduction
离子晶体中由离子在点阵中的运动而产生的导电性。

01.0060 空穴导电性 hole conduction
固体中能带空穴所产生的导电性。

01.0061 超导态 superconducting state
超导体具有的零电阻特性、完全抗磁性等基本特性。

01.0062 电子平均自由程 mean free path of electron
电子在相继两次碰撞之间通过的自由距离之平均值。

01.0063 德哈斯－范阿尔芬效应 de Haas-van Alphen effect
金属在低温下电子抗磁磁化率随磁场变化（增大）而周期性振荡的现象。

01.0064 费米子 fermion
具有自旋量子数为半整数的基本粒子。遵从泡利不相容原理，即一个量子态只能被一个粒子所占据。

01.0065 玻色子 boson
具有自旋量子数为整数的基本粒子。不遵守泡利不相容原理，即一个量子态可以被任意多个粒子所占据。

01.0066 表面电子态 surface electronic state
晶体表面由于原子排列三维平移周期性中断，或因表面重构、吸附等变化而产生的不同于体内的电子能态。

01.0067 界面电子态 interface electronic state
与固体－固体界面相关的，不同于块体内部的一种电子态。主要出现在化学成分或晶体学对称性不同的两种固体间的界面。

01.0068　点阵热传导　lattice thermal conduction
固体通过点阵波的传播而导热的特性。

01.0069　激子　exciton
绝缘体或半导体中电子和空穴由其间库仑相互作用而结合成的一个束缚态系统。

01.0070　声子　phonon
晶格振动的能量量子。其行为像一个粒子，所以是一种准粒子。

01.0071　声子谱　phonon spectrum
声子能量与动量的关系，即点阵振动的色散关系。

01.0072　声子散射　phonon scattering
在非线性相互作用下发生声子的碰撞，引起声子态改变的现象。

01.0073　正常过程　normal process
又称"匹规过程"、"N 过程(N-process)"。两个波矢的 x 分量为正的声子碰撞生成的声子波矢分量仍为正的声子散射过程。

01.0074　倒逆过程　umklapp process
又称"U 过程(U-process)"。两个波矢的 x 分量为正的声子碰撞生成一个波矢的 x 分量为负的声子散射过程。

01.0075　拉曼效应　Raman effect
又称"拉曼散射(Raman scattering)"。1928年由印度物理学家拉曼发现光波在被散射后频率发生变化的现象。

01.0076　软模　soft mode
振动频率趋于零的振动模式。趋于某临界温度时，晶体中横光学模的振动频率趋于零，弹性恢复力越来越弱，即振动模软化的现象。

01.0077　声表面波　surface acoustic wave
又称"瑞利波(Rayleigh wave)"、"表面声子(surface phonon)"。仅存在于固体表面的点阵振动模式。满足自由表面边界条件的行波，由纵波与横波叠加而成，其中质点运动轨迹为椭圆。

01.0078　科恩－派尔斯失稳　Kohn-Peierls instability
一维金属中波矢为 $2k_F$(k_F 为费米动量)的声子完全软化导致晶格失稳，发生派尔斯相变的现象，伴随着金属－半导体(或绝缘体)转变。

01.0079　点阵波　lattice wave
晶体中诸原子(离子)集体振动的形式。长波长的点阵波即为弹性波。

01.0080　点阵气　lattice gas
又称"无相互作用点阵气"。不具有动能，但遵从与自由原子理想气体相近似的状态方程的一种粒子系统模型。

01.0081　弗仑克尔对　Frenkel pair
晶体中一个点阵空位和一个填隙原子组成的缺陷系统。

01.0082　杜隆－珀蒂定律　Dulong-Petit law
根据经典统计能量均分原理，认为晶格定容热容 C_V 是与温度和材料性质无关的常量。

01.0083　俄歇跃迁　Auger transition
受激原子通过发射电子而发生无辐射跃迁退激发的过程。

01.0084　无辐射跃迁　radiationless transition
较外层电子跃迁入内层电子受激电离留下的空位，并将多余能量转移给第三个电子(俄歇电子)使其实现跃迁的过程。

01.0085 通道效应 channeling effect
又称"沟道效应"。射入单晶体中的高能粒子与晶体原子发生近距离相互作用的概率在某些特殊的入射晶向上有大幅度下降的现象。

01.0086 费米能级 Fermi level
反映电子在能带中填充能级水平高低的一个参数。

01.0087 杨-特勒效应 Jahn-Teller effect
束缚于某个原子附近的电子与原子核发生的一种特殊的量子力学相互作用。在 0K 下复合系统的振动使系统来回于不同畸变组态的邻域之间的现象。

01.0088 电子空穴复合 recombination of electron and hole
导带中的电子落回价带的空穴中的过程。

01.0089 空间电荷层 space charge layer
p 型与 n 型半导体接触或金属与半导体接触后形成"结"的过程中在接触面两侧分别构成的正、负电荷空间薄层。

01.0090 肖特基势垒 Schottky barrier
金属与半导体接触时,为了使二者费米能级一致而产生的界面势垒。

01.0091 载流子迁移率 mobility of current carrier
载流子在电场作用下其漂移速度与电场强度的比例系数。

01.0092 约瑟夫森效应 Josephson effect
库珀电子对隧穿通过两块超导金属之间一薄绝缘阻挡层的现象。是一种宏观量子效应。

01.0093 迈斯纳效应 Meissner effect
材料在过渡到超导态时,把内部所含磁通全部排斥出去的现象。

01.0094 库珀电子对 Cooper electron pair
金属中两个电子在晶格振动的作用下表现出微弱的相互吸引作用,所形成的束缚电子对。

01.0095 巴丁-库珀-施里弗理论 Bardeen-Cooper-Schrieffer theory
简称"BCS 理论(BCS theory)"。巴丁、库珀和施里弗提出的关于超导电性的电子-声子相互作用的微观理论。是历史上第一个成功的超导微观理论。

01.0096 马蒂亚斯定则 Matthias rule
超导体超导转变温度与其原子有效电子数之间的一个经验规律。

01.0097 戈里科夫-耶利亚什贝尔格理论 Gor'kov-Eliashberg theory
关于电子-声子强耦合超导体的微观理论。是巴丁-库珀-施里弗(BCS)理论的补充和修正。

01.0098 原子磁矩 atomic magnetic moment
原子中未填满的电子壳层的电子自旋磁矩与轨道磁矩的合成磁矩及原子核磁矩的总和。

01.0099 玻尔磁子 Bohr magneton
原子磁矩的基本单位。

01.0100 磁性 magnetism
物质因自身原子磁矩大小及排列方向所决定的特性。

01.0101 磁晶各向异性 magnetocrystalline anisotropy
铁磁和亚铁磁材料单晶体沿不同晶向磁化时,磁性随晶向显示各向异性。

01.0102 单轴磁各向异性 uniaxial magnetic anisotropy

只有一个易磁化方向的磁各向异性。

01.0103 磁晶各向异性能 energy of magnetocrystalline anisotropy

沿某一方向磁化所需能量与沿最易磁化方向所需能量之差。

01.0104 铁磁性 ferromagnetism

某些物质中相邻原子磁矩做同向排列自发磁化的现象。

01.0105 亚铁磁性 ferrimagnetism

某些物质中大小不等的相邻原子磁矩做反向排列发生自发磁化的现象。

01.0106 反铁磁性 antiferromagnetism

某些物质中大小相等的相邻原子磁矩做反向排列自发磁化的现象。

01.0107 抗磁性 diamagnetism

物质中运动着的电子在外磁场作用下，受电磁感应而表现出的磁特性。其磁化强度小，且与外磁场方向相反。

01.0108 顺磁性 paramagnetism

处于磁场中的某些物质在平行于磁场方向被磁化，而且磁化强度与磁场成正比的性质。

01.0109 超顺磁性 super paramagnetism

某些铁磁性或亚铁磁性微小单畴粒子系统受热扰动而呈现出的顺磁性。

01.0110 磁滞回线 magnetic hysteresis loop

表示铁磁和亚铁磁物质在外磁场中磁化过程不可逆性的曲线。

01.0111 居里定律 Curie law

描述顺磁物质的磁化率随温度变化的一个规律。

01.0112 居里温度 Curie temperature

当温度升高时铁磁性和亚铁磁性物质转变为顺磁性物质时的临界温度。

01.0113 奈尔温度 Néel temperature

反铁磁性物质随温度升高时，由反铁磁性转变成顺磁性的温度。

01.0114 交换作用 exchange interaction

两原子电子云重叠时，两电子的波函数包含了不同单电子态的过程，与它们的自旋有关，是一种静电作用的量子效应。

01.0115 洪德定则 Hund rule

确定含有未满壳层的原子(离子)基态的电子组态和角动量的规则。

01.0116 磁极化 magnetic polarization

物质中分子磁偶极矩的矢量和不为零的状态。

01.0117 磁化强度 magnetization [intensity]

单位体积物质中分子磁偶极矩的矢量和。

01.0118 磁化 magnetization

铁磁性材料在外加磁场作用下，其内部分子磁矩有秩序地排列，从而显示出磁性的现象。

01.0119 磁畴 magnetic domain

在居里温度以下，磁性材料内所形成的自发磁化强度在大小与方向上基本是均匀的自发磁化区域。

01.0120 各向异性磁电阻效应 anisotropic magnetoresistance effect, AMR effect

磁场使材料的电阻发生变化的现象。由于磁

畴中电阻率的各向异性，强磁体的磁电阻表现为各向异性磁电阻的现象。

01.0121 巨磁电阻效应 giant magnetoresistance effect，GMR effect
材料的电阻率由于材料磁化状态的变化呈现巨大改变的现象。

01.0122 超巨磁电阻效应 colossal magnetoresistance effect，CMR effect
某些钙钛矿结构的稀土 - 过渡族氧化物中存在电子强关联引起的复杂物理效应，导致出现的庞大磁电阻的现象。

01.0123 隧道磁电阻效应 tunnel magnetoresistance effect，TMR effect
在铁磁层/非磁绝缘层/铁磁层基本结构中，沿垂直于膜面方向施加电压后，可产生隧道电流，当在沿膜面方向施加磁场时，其电阻随两个铁磁层的磁化状态的改变而变化的现象。

01.0124 晶体场理论 crystal-field theory
用某一等价势场处理晶体中各个原子对于某一特定电子的库仑作用的理论。

01.0125 磁致伸缩 magnetostriction
铁磁和亚铁磁材料，受外磁场作用磁化状态改变时所伴随的长度和体积的变化。

01.0126 热释电效应 pyroelectric effect
当温度变化时，介质的固有电极化强度发生变化，使屏蔽电荷失去平衡，多余的屏蔽电荷被释放出来的现象。

01.0127 热电效应 thermoelectric effect
温差与电压的相互转换现象。包括泽贝克效应、佩尔捷效应和汤姆孙效应等。

01.0128 热电体 thermoelectric materials
具有热电效应的物质。

01.0129 泽贝克效应 Seebeck effect
两种不同的导体或半导体连接成闭合回路的两个接点端，或同一材料（金属或半导体）的两端处于不同温度时，其两端间出现电动势的现象。

01.0130 佩尔捷效应 Peltier effect
泽贝克效应的逆效应。当两种材料（金属或半导体）相接触并通以电流时，在接点处发生的释放或吸收热量的现象。

01.0131 汤姆孙效应 Thomson effect
当电流通过存在温度梯度的均匀导电材料时，导电材料中除产生焦耳热和佩尔捷热外，还要吸收或者放出一定热量的现象。

01.0132 温差电动势 thermoelectromotive force
又称"泽贝克电动势（Seebeck electopotential）"。当材料（金属或半导体）的两端处于不同温度时，其两端间出现的电动势。

01.0133 铁弹性 ferroelasticity
在一定温度范围内，铁磁体的磁滞回线及铁电体的电滞回线呈现与应力与应变关系曲线相似特征的材料特性。

01.0134 铁电性 ferroelectricity
某些电介质在一定温度范围内具有自发电极化，而且该电极化可以被外电场改变方向的性质。

01.0135 反铁电性 antiferroelectricity
某些电介质的晶格由极化强度相等而极性相反的两套子晶格组成，因而宏观上不呈现净电偶极矩的现象。

01.0136 铁电体 ferroelectrics

具有铁电性的物质。

01.0137　正规铁电体　normal ferroelectrics
具有高介电常数的铁电体。

01.0138　铁电畴　ferroelectric domain
铁电体中自发极化方向相同的区域。

01.0139　压电性　piezoelectricity
材料中一种机械能与电能互换的现象。某些电介质在沿一定方向上受到外力作用而变形时，因其内部产生极化而在其两个相对表面上出现正负相反的电荷的现象称"正压电效应(direct piezoelectric effect)"。当在电介质的极化方向上施加电场致其发生变形的现象称"逆压电效应(converse piezoelectric effect)"。

01.0140　压电体　piezoelectrics
具有压电性的物质。

01.0141　热致发光　thermoluminescence
固体被加热时出现的发光现象。

01.0142　黄昆散射　Huang scattering
晶体中存在间隙原子、空位等点缺陷和点缺陷团簇时，其 X 射线衍射图主衍射峰周围出现较大区域的卫星斑点、弧线和条纹花样等漫散射样图。该现象由黄昆教授 1947 年在理论上预言。

01.0143　磁电效应　magnetoelectric effect
物体由电场作用产生的磁化效应或由磁场作用产生的电极化效应。广义还包括磁阻效应和霍尔效应等电流磁效应。

01.0144　铁弹效应　ferroelastic effect
在外力作用下，材料的应力与应变之间的关系呈现类似于磁滞回线的滞后现象。

01.0145　磁光效应　magneto-optic effect

光与磁场中的物质或具有自发磁化的物质之间相互作用所产生的现象。如法拉第效应、克尔效应、光磁效应等。

01.0146　瑞利散射　Rayleigh scattering
尺度远小于入射光波长的粒子所产生的散射现象。散射强度与入射光的波长四次方成反比，且各方向的散射光强度是不一样的。

01.0147　光电效应　photoelectric effect
物质在光的作用下发射电子或电导率改变，或者两种材料的界面上产生电势的现象。

01.0148　电光效应　electro-optic effect
介质在直流电场或低频(相对于光频)交流电场的作用下内部发生电极化，使其介电常数、折射率等发生变化的现象。

01.0149　声光效应　acousto-optic effect
当超声波传过介质时，在其内产生周期性弹性形变，从而使介质的折射率产生周期性变化，相当于一个移动的相位光栅的现象。此时光通过超声波扰动的介质时会发生散射或衍射。

01.0150　内耗　internal friction
非理想弹性固体在循环应力作用下，因应变滞后于应力，造成能量耗散的现象。

01.0151　固体化学　solid state chemistry
又称"固态化学"。从化学的角度研究固体物质的制备、组成、结构、性质及其应用的学科。

01.0152　物理化学　physical chemistry
从物质的物理现象和化学变化的联系来探讨化学反应的基本规律的学科。

01.0153　高分子化学　polymer chemistry, macromolecular chemistry

研究高分子以及高分子材料的化学合成、化学反应与性能的一门交叉学科。

01.0154 材料热力学 thermodynamics of materials
用热力学的基本原理和方法研究材料制备和使用过程中的物理变化和化学反应宏观规律的热力学分支学科。

01.0155 合金热力学 thermodynamics of alloy
又称"固体热力学"。应用热力学和统计物理研究合金相图、相变及有关性能等问题的热力学分支学科。

01.0156 封闭系统 closed system
与环境只有能量交换而无物质交换的系统。

01.0157 开放系统 open system
与环境既有能量交换又有物质交换的系统。

01.0158 热力学过程 thermodynamic process
在一定条件下，系统从一个热力学状态转变为另一个热力学状态的过程。

01.0159 可逆过程 reversible process
系统和环境能够完全复原即系统回到原来的状态，同时消除了系统对环境引起的一切影响的过程。

01.0160 不可逆过程 irreversible process
采用任何方法，系统和环境都不可能完全复原的过程。

01.0161 自发过程 spontaneous process
在一定的环境条件(一般指温度和压力)下能够自动进行的过程。

01.0162 非自发过程 nonspontaneous process
需要外界干预才能进行的过程。

01.0163 热力学平衡 thermodynamic equilibrium
处在一定环境条件下的系统，其所有的性质均不随时间而变化，而且当此系统与环境隔离后，也不会引起系统任何性质的变化。

01.0164 [状]态函数 state function
又称"热力学函数(thermodynamic function)"、"热力学变量(thermodynamic variable)"。描述系统热力学状态的宏观物理性质的函数。对于系统的指定状态，这些宏观性质的数值是唯一的。内能、压力、温度、体积、熵、焓等均为状态函数。

01.0165 内能 internal energy
又称"热力学能(thermodynamic energy)"。热力学体系内部所包含的各种能量的总和。为一热力学系统的状态函数。

01.0166 玻尔兹曼常量 Boltzmann constant
气体常数与阿伏伽德罗常数的比值，是一个普适常数。

01.0167 熵 entropy
物质微观热运动混乱和无序程度的一种度量。

01.0168 焓 enthalpy
物质在某一状态下的内能和压力势能之和。

01.0169 吉布斯自由能 Gibbs free energy
简称"自由焓(free enthalpy)"、"自由能(free energy)"。表征物质体系在恒温恒压过程中最多可能做若干功的物理量。为一热力学系统的状态函数。

01.0170 亥姆霍兹自由能 Helmholtz free energy

又称"亥姆霍兹函数(Helmholtz function)"。反映可逆等温条件下体系做功本领的物理量。为一热力学系统的状态函数。

01.0171 热容[量] heat capacity
任何物质当温度升高 1K 时所吸收的热量。

01.0172 比热容 specific heat [capacity]
单位质量物质的热容量。

01.0173 活度 activity
又称"有效浓度"。为使理想溶液(或极稀溶液)的热力学公式适用于真实溶液,用来代替浓度的一种物理量。

01.0174 逸度 fugacity
实际气体对理想气体的校正压力。

01.0175 理想溶液 ideal solution
又称"理想溶体"。任何组分在全浓度范围内都符合拉乌尔定律的溶液。

01.0176 非理想溶液 non-ideal solution
又称"非理想溶体"。任一组分不能在全浓度范围内都符合拉乌尔定律的实际溶液。

01.0177 拉乌尔定律 Raoult law
理想溶液在一固定温度下,其内每一组元的蒸气分压与溶液内各该组元的摩尔分数成正比,其比例系数等于各该组元在纯态下的蒸气压。

01.0178 物态方程 equation of state
描述体系状态的一系列的物理与热力学性质间相互关系的数学表达式。

01.0179 能量守恒定律 law of conservation of energy
自然界一切物质都具有能量,能量从一种形式转化为另一种形式,从一个物体传递给另一个物体,能量的数量保持不变。

01.0180 微观可逆性 microscopic reversibility
微观过程沿正逆两方向都可能进行的性质。

01.0181 米德马模型 Miedema model
研究过渡金属二元化合物生成热所提出的一种唯象模型。也可用于研究液态合金的混合热。

01.0182 晶体结合能 cohesive energy of crystal
将粒子从自由状态结合为晶体所放出的能量,或将晶体拆散为自由粒子所需的能量。

01.0183 晶体结合力 cohesive force of crystal
晶体拆散为自由粒子所需施加的外力。

01.0184 溶解度 solubility
溶质在溶剂中的溶解能力。用其在平衡条件下的最大溶解量表示。如固溶度、溶水度等。

01.0185 相 phase
体系内物理和化学性质均一的部分。当有多种相同时存在时,相与相之间被相界分开。

01.0186 相律 phase rule
全称"吉布斯相律(Gibbs phase rule)"。表征平衡体系中自由度、相数、组分数以及影响平衡状态的外界因素数目之间的关系。

01.0187 自由度 degree of freedom
体系的独立可变因素的数目。

01.0188 组元 component
确定平衡体系中的所有各相组成所需要的最少数目的独立物质。

01.0189 相图 phase diagram
表达在平衡条件下环境约束(如温度和压力)、组分、稳定相态及相组成之间关系的几何图形。

01.0190 单元相图 uniary phase diagram
单组元系统的相图。

01.0191 二元相图 binary phase diagram
由两个组元所构成的系统(合金系)的相图。

01.0192 三元相图 ternary phase diagram
由三个组元所构成的系统(合金系)的相图。

01.0193 四元相图 quarternary phase diagram
由四个组元所构成的系统(合金系)的相图。

01.0194 临界温度 critical temperature
又称"临界点"。材料发生某种相变的平衡温度。

01.0195 液相线 liquidus
相图中由不同成分的液相开始凝固的温度点连成的相区界线。多元系表示相区界面称"液相面(liquidus surface)"。

01.0196 固相线 solidus
相图中由不同成分的液相凝固终了的温度点连成的相区界线。多元系表示相区界面称"固相面(solidus surface)"。

01.0197 固溶度线 solvus
相图中代表固溶度极限的温度点连成的相区界线(二元系)。多元系存在表示固溶度极限的对应相区界面。

01.0198 共晶点 eutectic point
相图中表示共晶成分和共晶温度的点。

01.0199 包晶点 peritectic point
相图中表示包晶成分和包晶温度的点。

01.0200 共析点 eutectoid point
相图中表示共析成分和共析温度的点。

01.0201 包析点 peritectoid point

相图中表示包析成分和包析温度的点。

01.0202 优势区图 predominance area diagram
热力学参数状态图之一种,表示由多种凝聚相组元(金属及金属的化合物)与气相或液相构成的复杂体系中,组元间发生化学反应并达到平衡时的存在范围及平衡条件。

01.0203 溶解度间隙 miscibility gap
又称"均相间断区"。相图中一个均相(液体或固溶体)分为至少两个均相共存的区域。

01.0204 有序能 ordering energy
固溶体有序化时所引起的自由能变化。

01.0205 耗散结构 dissipative structure
又称"非平衡有序结构(non-equilibrium ordered structure)"。远离平衡态的开放系统,在不断与外界交换物质和能量过程中,通过内部非线性动力学机制,自动从无序状态形成并维持的在时间、空间或功能上的有序结构状态。

01.0206 激活 activation
又称"活化"。供给物质系统一定的能量,使某一反应或过程得以开始。

01.0207 热激活 thermal activation
以热能来激活的反应或过程。

01.0208 激活能 activation energy
又称"活化能"。某一反应或过程得以开始所必须供给的能量。

01.0209 吸附 adsorption
一种物质在其他物质表面或界面黏附或以其他方式富集的行为。

01.0210 物理吸附 physical adsorption, physisorption
由范德瓦耳斯力所引起的吸附。

01.0211 化学吸附 chemical adsorption, chemisorption
通过电子转移或电子对共用形成化学键或生成表面配位化合物等方式产生的吸附。

01.0212 脱附 desorption
吸附的逆过程。

01.0213 催化 catalysis
催化剂在化学反应过程中所起的作用和发生的有关现象。

01.0214 [材料]表面 surface of materials
材料外表面,可视为材料结构的终止面。

01.0215 表面能 surface energy
一凝聚相产生单位面积的自由表面时所需的能量。

01.0216 表面张力 surface tension
作用于液体表面单位长度上使表面收缩的力。

01.0217 表面偏析 surface segregation
又称"表面偏聚"。液体或者固溶体中,溶质在表面层内聚集的现象。

01.0218 表面弛豫 surface relaxation
实际的晶体表面结构与理想的体内结构相比,晶格略有畸变的现象。

01.0219 表面重构 surface reconstruction
又称"表面再构"。晶体洁净表面上原子形成与理想表面二维晶格不同的超晶格的结构重组现象。

01.0220 自组织 self-organization
又称"自组装(self-assembly)"。一个含有大量分子或其他结构单元的系统,在其内在作用力的驱动下,通过与外界交换能量、物质与信息,按一定的规律运动使这些结构单元重新排列组合,并自发聚集形成有规则结构的现象。

01.0221 自组装系统 self-assembly system
以分子水平构造的功能材料系统。即通过对系统表面、界面分子层的结构研究来进行分子设计,在分子水平上控制功能分子的结构,从而制作优良的功能材料或新材料和器件。

01.0222 软物质 soft matter
其结构多介于固体和液体之间,在相互作用、熵和外力作用下常显示自组织现象的柔软的物质。

01.0223 LB 膜 Langmiur-Blodgett film
将兼具亲水头和疏水尾的两亲性分子分散在水面上,经逐渐压缩其水面上的占有面积,使其排列成单分子层,再将其转移沉积到固体基底上所得到的一种膜。可以是单层或多层。

01.0224 逾渗 percolation
超过孔隙尺寸临界阈值后,气体或液体可以通过含孔隙物质的一种现象。

01.01.03 材料组织结构

01.0225 金属键 metallic bond
浸没在公有化的电子云中的正离子和负电子云间的库仑相互作用形成的化学键。

01.0226 共价键 covalent bond
两个或多个原子之间,通过形成共有电子对而形成的化学键。

01.0227 离子键 ionic bond
正离子和负离子靠静电作用相互结合而形

成的化学键。

01.0228 范德瓦耳斯键 van der Waals bond
外电子层已饱和的原子或分子靠瞬时电偶极距的感应和吸引作用而形成的结合键。

01.0229 氢键 hydrogen bond
分子中的氢原子与同一分子或另一分子中的电负性较强、原子半径较小的原子相互作用而构成的结合键。

01.0230 键能 bond energy
表征结合键牢固程度的物理量。对于双原子分子，在数值上等于把一个分子的结合键断开拆成单个原子所需要的能量。

01.0231 离子半径 ionic radius
原子核到其最外层电子的平均距离。

01.0232 离子极化 ionic polarization
离子晶体在光的某一范围频率的照射下，由于交变电场的作用使正负离子间距发生显著变化，改变离子晶体的极化强度的现象。

01.0233 晶体 crystal
由结晶物质构成的、其内部的构造质点(如原子、分子)呈平移周期性规律排列的固体。

01.0234 单晶 single crystal
在宏观尺度范围内不包含晶界的晶体。其内部各处的晶体学取向保持基本一致。

01.0235 多晶 polycrystal
由两个以上的同种或异种单晶组成的晶体物质。

01.0236 液晶 liquid crystal
像液体一样可以流动，又具有某些晶体结构特征的一类物质。

01.0237 准晶 quasicrystal
不具平移周期对称性而取向长程有序的晶体。

01.0238 晶须 whisker
受控条件下培植生长的高纯度纤维状单晶体。其直径一般为微米或亚微米数量级。

01.0239 光子晶体 photonic crystal
介电常数(折射率)随光波长大小周期性巨大变化的人工晶体。

01.0240 声子晶体 phononic crystal
弹性常数在空间呈周期性排列的人工晶体。

01.0241 晶体结构 crystal structure
晶体材料中原子按一定对称性周期性平移重复而形成的空间排列形式。可分为7大晶系、14种平移点阵、32种点群、230种空间群。

01.0242 晶系 crystal system
根据晶体空间点阵中6个点阵参数之间相对关系的特点而将其分为7类,各自称一晶系。

01.0243 空间点阵 space lattice
在空间任一方向均为周期排布的无限个全同点的集合。源于把晶体结构的周期性用直线格子划分出一个个并置排列的平行六面体。总共有14种布拉维点阵，用以表达所有晶体的内部结构。

01.0244 晶体对称性 symmetry of crystal
根据晶体其对称元素进行对称操作，能使其等同部分产生规律性的重合特性。

01.0245 点群 point group
决定理想晶体宏观几何外形的对称组合，即晶体的对称类型。

01.0246 空间群 space group
标定晶体内部结构的对称群。

01.0247　晶格　lattice

又称"晶体点阵"。实际晶体对应的空间点阵。

01.0248　晶胞　crystal cell

晶格最小的空间单位。一般为晶格中对称性最高、体积最小的某种平行六面体。

01.0249　晶向　crystal direction

晶体中连接原子、离子或分子阵点的直线所代表的方向。

01.0250　晶面　crystal face

在晶体中由原子、离子或分子的阵点所组成的平面。

01.0251　米勒指数　Miller indices

又称"晶面指数"。晶面在三个晶轴上截距的倒数的一组最小整数比。常用于标记晶面。

01.0252　米勒－布拉维指数　Miller-Bravais indices

采用"四指数"标定六方晶系的晶向和晶面指数的方法。以更清楚地表明六方晶系的对称性。

01.0253　极射赤面投影　stereographic projection

用以描述晶体的晶面、晶向以及它们之间关系的投影方法。首先将晶体置于一个参考球球心，把晶体的晶面、晶向以及它们之间的关系投影到参考球球面上表达，再将球面投影进一步投影到其赤道平面上的投影方式。

01.0254　欧拉定律　Euler law

晶体或晶粒自发形成规则几何多面体时均遵循瑞士数学家欧拉(Euler)创立的一个定律：规则多面体的面数(F)、棱边数(E)和顶角数(C)服从 $F-E+C=2$ 关系。

01.0255　晶面交角守恒定律　conservation law of crystal plane

成分和结构相同的各个晶体，其相应晶面的法线之间的夹角恒定。

01.0256　有理指数定律　law of rational indices

以晶体的交于一点的三个晶棱作为坐标轴，并以单位晶面在此三轴上的截距作为单位，则晶体的任何晶面在此三轴上截距的倒数比可按比例化为简单的互质整数比。

01.0257　致密度　efficiency of space filling

晶体结构中单位体积中原子所占的体积。

01.0258　配位数　coordination number

物质中一个原子或离子周围最近邻的等距的原子或离子数目。

01.0259　同位异构　allotrophism

又称"同素异构"。同种元素或化合物随温度和压力的不同而形成两种或多种晶体结构。

01.0260　堆垛序列　stacking sequence

又称"堆垛层序"。某一晶面交替排列构成密排晶体结构的次序。

01.0261　织构　texture

晶体学意义上的择优取向。多晶体材料中晶粒的晶体学位向在某些特殊方向上呈现的一定程度集中取向的现象。

01.0262　极图　pole figure

表示多晶取向择优分布位置与强度的极射赤面投影图。

01.0263　反极图　inverse pole figure

又称"轴向投影图"。参考坐标轴在各晶粒晶轴坐标面中的极射赤面投影图。

01.0264　轴分布图　axis distribution figure
反极图的表示法。选取晶体标准取向的极射赤面投影图上的一个三角单元，以参照方向在该单元中的分布密度来表示。

01.0265　晶体各向异性　anisotropy of crystal
沿不同的晶体学方向，晶体的某些物理性质和力学性能表现的数值或符号上的差异。

01.0266　面心立方结构　face-centered cubic structure
立方晶系结构之一，在其晶胞中，每个顶点有一个原子，每个面的中心有一个原子，是单质原子所能堆垛成的最密排结构之一。

01.0267　体心立方结构　body-centered cubic structure
立方晶系结构之一。在其晶胞中，每个顶点有一个原子，立方体的中心有一个原子。

01.0268　密排六方结构　hexagonal close-packed structure
六方晶系中结构之一。在其晶胞中，六方体的每个顶点有一个原子，底心各有一个原子，六方体中间有三个原子。

01.0269　超晶格　superlattice
又称"超点阵"、"超结构(superstructure)"。固溶体发生有序化转变后不同种原子在晶格中呈有秩序排列的晶体结构。

01.0270　反相畴　antiphase domain
有序固溶体晶内出现的一些组元原子所占点阵位置正好相反的区域组成的亚组织。

01.0271　反相畴界　antiphase domain wall
在有序固溶体晶体中，不同组元原子所占据的点阵位置相反的相邻区域的边界。

01.0272　长程有序参量　long-range order parameter
衡量有序固溶体点阵中原子长程有序化程度的参量。

01.0273　短程有序参量　short-range order parameter
决定固溶体内原子近邻范围内组元原子间有序分布程度的参量。

01.0274　合金的填隙有序　interstitial ordering in alloy
填隙固溶体中溶质原子，即间隙原子分布在一些特定方向的间隙位置。

01.0275　倒易点阵　reciprocal lattice
倒格矢导出的点阵，与正点阵互为倒易点阵。

01.0276　倒格矢　reciprocal lattice vector
又称"倒易矢"。用于定义倒易点阵中每个格点位置的参量。

01.0277　晶体缺陷　crystal defect
实际晶体中原子规则排列遭到破坏而偏离理想结构的区域。可分为点缺陷、线缺陷和面缺陷三类。

01.0278　空位　vacancy
晶体中格点原子脱离平衡位置留下的空缺。

01.0279　孔洞　void
又称"空洞"。晶体中大量空位的聚集体。

01.0280　间隙原子　interstitial atom
占据晶格中间隙位置的原子。

01.0281　空位-溶质原子复合体　vacancy-solute complex
合金中溶质原子与空位的反应产物。

01.0282　组元空位　constitutional vacancy
有序合金中，合金成分偏离化学计量比时导

致增加的空位。

01.0283 肖特基缺陷 Schottky defect
晶体中原子或离子由正常点阵位置转移到晶体表面或晶体中内界面上所产生的点阵空位。是一种本征缺陷。

01.0284 弗仑克尔缺陷 Frenkel defect
晶格中的原子或离子由于热振动跳进间隙位置而产生相同浓度的晶格空位和填隙原子的一类晶体缺陷。是一种本征缺陷。

01.0285 位错 dislocation
晶体中的一类典型的线缺陷，沿位错线近旁甚小的区域内发生了严重的原子错排。其基本类型为刃型位错和螺型位错。

01.0286 伯格斯矢量 Burgers vector
简称"伯氏矢量"。位错的特征矢量。表示位错所致晶格畸变的大小和方向。

01.0287 刃[型]位错 edge dislocation
伯格斯矢量与位错线垂直的位错。

01.0288 螺[型]位错 screw dislocation
伯格斯矢量与位错线平行的位错。

01.0289 堆垛层错 stacking fault
晶体中原子面的堆垛顺序发生差错而形成的一种面缺陷。

01.0290 向错 disclination
晶体中不太常见的一类线缺陷。将介质部分隔开，使割面的两侧做一刚性旋转，再黏合起来，割面的边界线就是一条向错线。

01.0291 位错环 dislocation loop
在晶体内部形成封闭曲线的位错。

01.0292 位错对 dislocation pair
处于两个互相平行的滑移面上的一对异号刃形位错。

01.0293 位错胞 dislocation cell
剧烈变形晶体中由位错缠结构成的形变胞状组织。

01.0294 扩展位错 extended dislocation
一个全位错分解为两个不全位错，中间夹着一片层错面的整个位错组态。

01.0295 不全位错 imperfect dislocation, partial dislocation
又称"偏位错"。伯格斯矢量不等于单位点阵矢量整数倍的位错。

01.0296 弗兰克不全位错 Frank partial dislocation
面心立方晶体中，伯格斯矢量为$1/3\langle 111\rangle$的纯刃形不全位错。

01.0297 肖克莱不全位错 Schockley partial dislocation
面心立方晶体中，伯格斯矢量为$1/6\langle 112\rangle$的不完全位错。

01.0298 位错密度 dislocation density
单位体积中所包含位错线的总长度。

01.0299 位错线张力 dislocation line tension
位错线长度增加一个单位时所做的功。

01.0300 位错应变能 stain energy of dislocation
位错引起点阵畸变而导致的能量增高。是一种弹性畸变能。

01.0301 层错能 stacking fault energy
产生单位面积的层错所需的能量。

01.0302 位错源 dislocation source
晶体在塑性变形时位错增殖的地方。

01.0303　位错塞积　dislocation pile-up
在一滑移面上有许多位错被迫堆积在某一障碍物前形成位错群的现象。

01.0304　位错交割　dislocation intercross
在位错线滑移过程中位于互相不平行的滑移面上的两条位错线互相交截的过程。

01.0305　位错割阶　dislocation jog
两位错交割时，当交割产生的小段位错不在所属位错的滑移面上，则称位错割阶。

01.0306　位错扭折　dislocation kink
两位错交割产生的小段位错。

01.0307　位错攀移　dislocation climb
刃型位错垂直于滑移面的运动。

01.0308　科氏气团　Cottrell atmosphere
体心立方晶体中择优分布在刃型位错线附近的间隙原子团。

01.0309　派–纳力　Peierls-Nabarro force
在理想晶体中移动单一位错所需的临界切应力。

01.0310　滑移　slip
晶体相邻部分在切应力作用下沿一定晶体学平面和方向的相对移动。是金属晶体塑性变形的主要方式。

01.0311　滑移面　slip plane
可发生滑移的晶面。通常是晶体中面间距最大、滑移阻力最小的原子密排晶面。

01.0312　滑移系　slip system
晶体通过滑移产生塑性变形时，由滑移面和其上的滑移方向所组成的系统。

01.0313　交滑移　cross-slip
两个或多个滑移面共同沿一个滑移方向滑移。

01.0314　奥罗万过程　Orowan process
滑动位错在遇到析出相颗粒处而弯曲，当外加切应力增大时，位错被充分弯曲并使位错的主要部分从绕成的环状区脱离的过程。

01.0315　滑移带　slip band
晶体滑移后在试样抛光表面上形成的由平行线状痕迹(即滑移线)构成的带。

01.0316　孪生　twinning
孪晶的形成过程。形变孪生即晶体在切应力作用下依靠位错沿着孪生面和孪生方向移动形成孪晶的切变过程。

01.0317　孪晶　twin
以共格界面相连接、晶体学取向成镜面对称的一对晶体的总称。

01.0318　形变孪晶　deformation twin
晶体变形过程中通过孪生方式发生塑性变形，由此形成的以共格界面相连接、晶体学取向成镜面对称关系的成对晶体组织。

01.0319　退火孪晶　annealing twin
材料在其退火过程中形成的以共格界面相连接、晶体学取向成镜面对称关系的成对晶体组织。

01.0320　形变带　deformation band
材料变形过程中出现在单个晶粒内的位向与晶粒其余部分明显不同并具有很高位错密度的带状区域。

01.0321　形变储[存]能　stored energy
经受塑性变形时以各种晶体缺陷的形式保留在金属内部的能量。

01.0322　纳米晶体　nanocrystal
由纳米尺度的晶粒组成的单相或复相的多

晶体。

01.0323　富勒烯　fullerene
一系列纯碳组成的原子簇的总称。它们是由非平面的五元环、六元环等构成的封闭式空心球形或椭球形结构的共轭烯。现已分离得到其中的几种，如 C60 和 C70 等。

01.0324　碳纳米管　carbon nanotube
又称"巴基管"。由石墨原子单层绕同轴缠绕而成或由单层石墨圆筒沿同轴层层套构而成的管状物。其直径一般在一到几十个纳米之间，长度则远大于其直径。

01.0325　显微组织　microstructure
借助于显微镜观察到的组织的统称。

01.0326　宏观组织　macrostructure
用肉眼或放大倍率一般低于 10 倍的放大镜可观察到的金属和合金组织。

01.0327　界面　interface
将凝聚相(液/液、液/固、固/固)或者同一固相的不同晶粒等分开的面。

01.0328　共格界面　coherent interface
界面两侧的晶体点阵具有完全的连续性的界面。此类界面上的阵点为其两侧的点阵所共有。

01.0329　半共格界面　semicoherent interface
界面两侧的晶体点阵的对应晶面的面间距存在一定差异，两侧的晶体点阵具有连续性但每隔一定距离需要产生一个错配位错来容纳晶面间距差异的界面。

01.0330　非共格界面　incoherent interface
界面两侧的晶体点阵完全不存在连续性的界面。

01.0331　界面能　interfacial energy
界面处原子排列混乱而使系统升高的能量。

01.0332　晶粒　grain
多晶体材料内以晶界分开的晶体。

01.0333　亚晶[粒]　subgrain
晶粒内存在的、相互间位向差很小(小于 2~3°)、原子规则排列的小晶块。

01.0334　晶界　grain boundary
多晶体内相同的相但晶体学取向不同的晶粒之间的边界。

01.0335　小角度晶界　low angle grain boundary
晶粒之间位向差小于 10°的晶界。一般由规则排列的位错所组成，可分为倾侧晶界和扭转晶界。

01.0336　亚晶界　subgrain boundary
亚晶粒之间的晶界。属于小角度晶界，位向差一般小于 2~3°。

01.0337　相界　phase boundary，phase interface
晶体中不同相之间的界面。

01.0338　原子簇聚　clustering
又称"原子偏聚"。固溶体内在与某一组元原子相近邻的小范围内所出现的同种原子的数目大于固溶体中该组元原子平均值的现象。

01.0339　基体[相]　matrix [phase]
材料中构成其基本组织的相，一般具有连续的空间分布。如复合材料一般由基体相与增强相组成，一般的多相材料则多由基体相与第二相组成。

01.0340　第二相　secondary phase
材料中不同于基体相的所有其他相的统称。

一般非连续分布在基体相中。

01.0341 弥散相 dispersed phase
以细小颗粒的形式散布在材料组织基体中的第二相。

01.0342 扩散 diffusion
材料内部的物质在浓度梯度、化学位梯度或应力梯度的推动力下，由于质点的热运动而导致物质定向迁移的现象。

01.0343 菲克定律 Fick law
描述物质内部扩散现象的宏观基本定律。

01.0344 扩散系数 diffusion coefficient
单位浓度梯度下给定组元单位时间内通过单位面积的扩散通量。

01.0345 本征扩散系数 intrinsic diffusion coefficient
仅由组元本身的热缺陷作为迁移载体的扩散系数。

01.0346 扩散激活能 diffusion activation energy
使一摩尔原子从一个平衡位置扩散到另一个相邻的平衡位置所需提供的能量。

01.0347 斯诺克效应 Snoek effect
在体心立方金属中，碳氮填隙原子由应力诱生有序分布的一种效应。

01.0348 克肯达尔效应 Kirkendall effect
在互扩散过程中，由于异类组元扩散速度的差异，引起的置于界面上的标记移动的现象。

01.0349 序参量 order parameter
描写系统内部有序化程度、表征相变过程的基本参量。

01.0350 相变 phase transformation，phase transition
在外界约束条件(温度或压强)变化至某些特定条件下，系统中相的数目或相的性质发生的突变。

01.0351 化学势 chemical potential
多组分均相系统中，在等温等压并保持系统中其他物质的量都不变的条件下，系统的吉布斯自由能随某一组分的物质的量的变化率。

01.0352 一级相变 first-order phase transition
化学势的一阶偏导数(熵、体积)发生变化的相变过程。即相变时有体积的变化同时有热量的吸收或释放。所有一级相变均需要经过形核长大过程。

01.0353 二级相变 second-order phase transition
又称"连续相变(continuous phase transformation)"。两相的化学势和化学势的一级偏导数相等，但化学势的二级偏导数不相等的相变过程。相变时没有体积变化和相变潜热。在相变点，两相的体积、熵和熵的变化是连续的。

01.0354 高级相变 high order phase transition
三级及三级以上的相变。

01.0355 相变潜热 latent heat of phase transition
在固定的压强和温度下每摩尔物质发生某种一级相变时所放出或吸收的热量。

01.0356 不连续相变 discontinuous phase transition
其自由能的一阶导数在相变点不连续的相变。相变时熵与体积发生不连续变化。一级相变为不连续相变。

01.0357 重构型相变 reconstructive phase transition

母相的结合键被拆开后重新组合成新相的过程。

01.0358 位移型相变 displacive phase transition
原子的结合键不被拆开，仅键角、键长发生变化而生成新相的过程。

01.0359 结构相变 structural phase transition
由于温度、压力、各种物理场等的改变而引起结构状态变化而导致的相变。

01.0360 铁磁相变 ferromagnetic phase transition
顺磁体冷却通过居里点由顺磁性变为铁磁性的相变。

01.0361 铁弹相变 ferroelastic phase transition
由顺弹体变为铁弹体的相变。

01.0362 块形相变 massive transformation
又称"块状转变"。转变过程中新旧相成分相同的一种热激活型、由界面扩散控制的形核长大型相变。

01.0363 扩散型转变 diffusional transition
转变(包括相变)的进程需依靠扩散输运物质来维持的转变。其速率受长程或短程扩散控制。

01.0364 非扩散转变 diffusionless transition
不通过原子扩散即可进行新相生长的转变。

01.0365 马氏体相变 martensitic transition
替换原子经无扩散切变位移并由此产生形状改变和表面浮突、呈不变平面特征的、形核、长大型一级相变。

01.0366 马氏体 martensite

由马氏体相变产生的无扩散的共格切变型转变产物的统称。

01.0367 预马氏体相变 premartensitic transition
在马氏体开始转变温度 M_s 以上，但距 M_s 不远的温度发生的具有马氏体特征的相变。

01.0368 热弹性相变 thermoelastic phase transition
马氏体相变的一种。达到热弹性平衡状态时，若温度降低(或施加外力)马氏体随之生长，若加热升温(或减少外力)马氏体则随之缩小。

01.0369 辐照诱发相变 irradiation induced transition
由高能粒子辐照诱发的相变。

01.0370 铁电相变 ferroelectric phase transition
铁电体在冷却或加热过程通过其居里点时的结构相变。

01.0371 形变诱导相变 deformation induced phase transition
经加工变形的形变储能使基体固态相变的驱动能增大，由此促进该相变进行(使相变可能发生的温度范围变化并使相变时间缩短)的现象。

01.0372 固溶度 solid solubility
溶质在固溶体中的极限溶解度。

01.0373 固溶体 solid solution
一种或多种溶质原子溶入主组元(溶剂组元)的晶格中且仍保持溶剂组元晶格类型的一类固态物质(固体相)。

01.0374 固溶度积 solubility product

第二相由两种或两种以上非基体元素所组成时，给定温度下各第二相组成元素在基体固溶体内的固溶度的组成式系数次方之乘积。

01.0375 饱和固溶体 saturated solid solution
确定温度下溶质的含量达其极限溶解度的固溶体。

01.0376 过饱和固溶体 super-saturated solid solution
确定温度下溶质的含量大于饱和固溶度（极限溶解度）因而处于亚稳定状态的固溶体。

01.0377 置换固溶体 substitutional solid solution
溶质原子置换溶剂晶体点阵位置上的部分原子而形成的固溶体。

01.0378 间隙固溶体 interstitial solid solution
溶质原子进入溶剂晶体点阵的间隙位置而形成的固溶体。

01.0379 连续固溶体 complete solid solution
溶质组元能以任何比例溶入溶剂的固溶体。

01.0380 有序固溶体 ordered solid solution
溶质原子占据溶剂晶体点阵中的某些确定位置呈有序规则排列的固溶体。

01.0381 无序固溶体 disordered solid solution
溶质原子随机分布在溶剂晶体点阵的任意位置的固溶体。

01.0382 脱溶 precipitation
又称"沉淀"。在热激活足够的条件下由含某种溶质的过饱和固溶体中析出溶质相或中间相的相变过程。

01.0383 连续脱溶 continous precipitation
在脱溶相形核长大过程中，由基体中出现的成分梯度引起的扩散连续地降低过饱和固溶体中的溶质浓度，一直达到饱和的过程。

01.0384 不连续脱溶 discontinuous precipitation
过饱和固溶体析出一个彼此平行的片层状或棒状的领域（类似珠光体）或胞状组织，在领域内二个相（或多个相）的总成分仍与原过饱和固溶体相同的一类脱溶。

01.0385 相间脱溶 interphase precipitation
又称"相间沉淀"。伴随基体固态多型性相变同时发生的第二相脱溶析出现象。

01.0386 形变诱导脱溶 deformation induced precipitation
形变后存在于基体相中的形变储能促使第二相脱溶析出相变明显加速进行，使第二相脱溶析出温度升高或使脱溶析出量增大（超平衡固溶度析出）的现象。

01.0387 斯皮诺达分解 spinodal decomposition
一类非形核长大型、连续型不稳态相变。固溶体成分位于斯皮诺达（spinodal）线（自由能曲线的拐点连线）之内，其无穷小的成分涨落即引起系统自由能的下降，使这种成分偏离会自发进行下去，无须任何临界形核即可导致分解。

01.0388 漫散界面 diffused interface
相界面是一个有限区间，在该区间内由一相向另一相的成分变化是连续的。

01.0389 GP 区 Guinier-Preston zone
某些合金系的过饱和固溶体内发生脱溶之始，在某些特定晶面上形成的溶质原子偏聚区。

01.0390 脱溶序列 precipitation sequence
脱溶相按一定的温度高低与时间先后的顺序依次形核长大。

01.0391 共格脱溶 coherent precipitation
脱溶相的点阵平面与基体相点阵平面在界面上一一对应、匹配,两相在界面上保持连续性和贯通性的脱溶过程。

01.0392 淬冷时效 quench aging
合金经固溶处理后淬冷得到过饱和固溶体后进行时效保温,发生过饱和固溶体的脱溶析出使合金的强度和硬度升高的现象。

01.0393 应变时效 strain aging
在塑性变形时或变形后,在室温或适当加热时,导致间隙固溶原子在位错线上的偏聚使合金的强度和硬度升高并往往导致不连续屈服重新出现的现象。

01.0394 静态应变时效 static strain aging
变形之后发生的应变时效。

01.0395 动态应变时效 dynamic strain aging
与塑性应变同时发生的应变时效。

01.0396 有序无序转变 order-disorder transformation
固溶体内部组元原子之间的相对分布由无序向有序或由有序向无序转变的过程。

01.0397 共晶反应 eutectic reaction, eutectic transformation
一种液相中同时生成两种或多种晶体相的相变过程。

01.0398 包晶反应 peritectic reaction, peritectic transformation
液相与一种或多种晶体相反应生成另一种晶体相的相变过程。

01.0399 偏晶反应 monotectic reaction, monotectic transformation
又称"独晶反应"。一种液相通过反应生成另一种成分不同的液相和一种晶体的相变过程。

01.0400 共析反应 eutectoid reaction, eutectoid transformation
一种固溶体中同时生成两种或多种晶体相的相变过程。

01.0401 包析反应 peritectoid reaction, peritectoid transformation
一种固相与另一种或多种固相反应生成另一种固相的相变过程。

01.0402 回复 recovery
加工变形的金属在变形过程中或变形过程后,在合适条件下,向形变前的组织和性能做一定程度的恢复的过程。

01.0403 动态回复 dynamic recovery
在热加工或蠕变过程中发生的回复。

01.0404 静态回复 static recovery
变形结束后发生的回复。

01.0405 低温辐照损伤回复 recovery of low temperature irradiation damage
材料在液氦(4.2K)温度被辐照轰击后产生的晶体结构缺陷在随后的退火过程中发生的缺陷反应。

01.0406 多边形化 polygonization
加工变形后的金属或合金在回复时形成小角度亚晶界和较完整的亚晶粒的过程。

01.0407 再结晶 recrystallization
经冷塑性变形的金属超过一定温度加热时,通过形核长大形成等轴无畸变新晶粒的过程。

01.0408 部分再结晶 partial recrystallization
仅有部分形变晶粒发生再结晶的过程。

01.0409 二次再结晶 secondary recrystalliza-tion
一定条件下，再结晶晶粒发生的反常晶粒长大现象。

01.0410 三次再结晶 tertiary recrystallization
再结晶退火后，具有再结晶织构的材料再加热时形成另一种取向的新织构替代再结晶织构的现象。

01.0411 再结晶图 recrystallization diagram
表示形变量、再结晶退火温度及再结晶后晶粒尺寸关系的三维图形。

01.0412 再结晶温度 recrystallization tem-perature
又称"完全再结晶温度"。在一定形变条件下、一定时间内刚好完成再结晶的最低温度。

01.0413 无再结晶温度 non-recrystallization temperature
又称"未再结晶温度"。在一定形变条件下、一定时间内完全不发生再结晶的最高温度。

01.0414 动态再结晶 dynamic recrystalliza-tion
与热变形过程同时发生的再结晶。

01.0415 静态再结晶 static recrystallization
变形结束后发生的再结晶。

01.0416 晶粒长大 grain growth
在合适的条件下（如较高温度下）多晶体材料中平均晶粒尺寸逐步增大的现象。

01.0417 正常晶粒长大 normal grain growth
多晶体晶粒长大速度均匀连续、晶粒组织基本保持自相似的长大过程。

01.0418 反常晶粒长大 abnormal grain growth
多晶体中少数晶粒通过吞并较小的晶粒而发生的异常快速长大过程。

01.0419 第二相聚集长大 Ostwald ripening of secondary phase
加热保温过程中第二相颗粒发生长大而减小界面能的自发过程。

01.0420 熔化 melting
物质由固态转变为液态的过程。

01.0421 液态金属结构 structure of liquid metals
液态金属中的无长程序而只存在短程有序的结构。

01.0422 过冷 undercooling，supercooling
实际温度低于平衡相变温度的现象。

01.0423 组成过冷 constitution undercooling
又称"组分过冷"。在合金凝固界面前沿的液体中，即使在具有正的温度梯度情况下仍然会出现的过冷状态。

01.0424 形核率 nucleation rate
单位时间内单位体积形成新相或转变产物的核心数。

01.0425 线长大速度 linear growth rate
新相或产物在某一个特定方向上的生长速度。

01.0426 润湿性 wettability
两种物相之间相互浸润和附着的能力。

01.0427　偏析　segregation
由于凝固、固态相变以及元素密度差异、晶体缺陷与完整晶体的能量差异等原因引起的在多组元合金中的成分不均匀现象。

01.0428　带状组织　banded structure
具有多相组织的合金材料中，某种相平行于特定方向而形成的条带状偏析组织。

01.0429　柱状组织　columnar structure
由相互平行的细长柱状晶粒所组成的组织。

01.0430　等轴晶组织　equiaxed structure
晶粒形状为各方向尺寸接近的多面体的多晶体组织。

01.0431　反常组织　abnormal structure
与正常热历史及形变历史下应出现的组织具有明显的形貌差异的组织。

01.0432　球状组织　spheroidal structure
第二相呈球形或近球形的颗粒散布于基体相之内的组织。

01.0433　针状组织　acicular structure
基体晶粒或第二相颗粒的平面交截形状呈针状的组织。

01.0434　过热组织　overheated structure
加热温度过高，保温时间过长，以致基体晶粒变得明显粗大的组织。

01.0435　魏氏组织　Widmanstätten structure
先共析相沿过饱和母相的特定晶面析出，在母相中呈片状或针状特征分布的组织。

01.0436　网状组织　network structure
先共析相在母相的晶界形核并沿晶界长大将晶粒完全或部分包围的连续或断续的网络状组织。

01.0437　铸造织构　casting texture
液态金属凝固时由于结晶相沿特定的方向长大所形成的铸造晶粒的择优取向。

01.0438　戈斯织构　Goss texture
又称"立方棱织构(cube-on-edge texture)"。立方点阵的多晶体形变再结晶后形成的一种$\{110\}\langle001\rangle$型织构。

01.0439　立方织构　cube texture
又称"立方面织构"。立方点阵的多晶体形变再结晶后形成的一种$\{100\}\langle001\rangle$型织构。

01.0440　非公度结构　incommensurate structure
调制波的波长与原型中晶体结构的周期之比为一无理数时的结构。在一般情况下，长周期结构的周期或点阵常数是亚结构的整数倍，称为有公度的结构，否则就是无公度的。

01.01.04　材 料 性 能

01.0441　使用性能　performance
表征材料服役性能使用的考核技术指标。

01.0442　工艺性能　processing property
材料是否易于加工成型或改变组织结构的技术指标。

01.0443　力学性能　mechanical property
材料在力的作用下所显示的与弹性和非弹性反应相关或涉及应力－应变关系的性能。

01.0444　组织结构敏感性能　structure sensitivity

对材料的显微组织结构具有敏感性的材料性能。

01.0445 非组织结构敏感性能 non-structure sensitivity

对材料的显微组织结构不具有明显敏感性的材料性能。

01.0446 内应力 internal stress

没有外力作用而存在于材料内部并自身保持平衡的应力。

01.0447 临界分切应力 critical resolved shear stress

能引起滑移或孪生所需要的最小分切应力。

01.0448 表面应力 surface stress

作用在材料表面或表层的应力。

01.0449 应力集中 stress concentration

受载零件或构件在形状、尺寸急剧变化的局部出现应力增大的现象。

01.0450 应力弛豫 stress relaxation

在一定温度下，维持材料低于断裂应变的某一恒定应变，所需的应力随时间逐渐衰减的现象。

01.0451 应力强度因子 stress intensity factor

反映裂纹尖端附近区域应力场强度的物理量。它和作用在应力以及裂纹形状和尺寸有关。

01.0452 临界应力强度因子 critical stress intensity factor

裂纹发生失稳扩展的最小应力强度因子。

01.0453 裂纹应力场 crack stress yield

裂纹前端各个应力分量及其分布。

01.0454 变形 deformation

固体在外力作用下发生形状及尺寸的变化。

01.0455 弹性 elasticity

材料在外力作用下变形，外力卸除后能恢复原状的性能。

01.0456 滞弹性 anelasticity

材料在弹性变形范围内加载时，应变量既与应力有关又随加载时间而变化的特性。在交变应力作用下，出现应变变化落后于应力变化的现象。

01.0457 弹性变形 elastic deformation

在外力的作用下材料产生变形，外力去除后能恢复的变形。

01.0458 塑性变形 plastic deformation

材料在外力的作用下产生变形，外力除去后不能恢复的永久变形。

01.0459 弹性波 elastic wave

当物体某部分突然受力时，该处将产生弹性变形，并以波的形式向周围传播，使整个物体产生弹性变形，这种波称为弹性波。

01.0460 杨氏模量 Young modulus

又称"弹性模量(elastic modulus)"。材料在弹性变形范围内，正应力与正应变的比值。

01.0461 剪切模量 shear modulus

又称"切变模量"、"刚性模量"。材料在弹性变形范围内，切应力与切应变的比值。

01.0462 体积模量 bulk modulus

又称"压缩模量"。在弹性变形范围内，材料在静水压力作用下，体积被均匀压缩，静水压力与体积应变的比值。

01.0463 弯曲模量 bending modulus

在弯曲试验的弹性变形范围内，试样拉伸侧表面拉伸应力与应变之比。

01.0464 扭转模量 torsional modulus
材料在扭转力矩作用下，在弹性变形的扭转比例极限范围内，试样表面切应力与切应变的比值。

01.0465 泊松比 Poisson ratio
又称"横向变形系数"。材料在均匀分布的轴向应力的作用下，在弹性变形范围内，横向应变与轴向应变绝对值的比值。

01.0466 应力-应变曲线 stress-strain curve
一般指当一延性金属试样进行单轴拉伸时，作用于试样上的应力(σ)与相应的应变(ε)之间的关系曲线。

01.0467 真应力-应变曲线 true stress-strain curve
以真应力(载荷除瞬时界面积)为纵坐标，真应变(瞬时长度和原始长度比值的自然对数)为横坐标的曲线。

01.0468 应变能 strain energy
材料变形过程中，外力所做的变形功储存在单位体积内的能量。

01.0469 应变[速]率 strain rate
单位时间内的应变变化量。

01.0470 加工硬化 work hardening
又称"应变硬化(strain hardening)"。当外应力超过屈服强度后，材料继续塑性变形所需外应力随塑性变形量的增大而增加的现象。

01.0471 加工硬化指数 strain hardening exponent
又称"应变硬化指数"。材料变形时真应力与真应变关系式中的幂指数。其值的大小决定了材料能够产生的最大均匀应变量。

01.0472 冲击韧性 impact toughness
材料抵抗冲击破坏的能力，由试样冲击失效时吸收的能量来表征。

01.0473 断裂韧度 fracture toughness
材料抵抗宏观裂纹失稳扩展的能力。

01.0474 超塑性 superplasticity
具有特殊组织结构的金属或合金在给定条件(适当的温度和拉伸速度)下呈现出异常高的塑性(均匀伸长率可达到百分之几百甚至百分之几千)的特性。

01.0475 相变诱发塑性 phase transformation induced plasticity
由应力或应变引起的马氏体相变而伴生的宏观变形塑性。

01.0476 [材料]脆性 embrittlement of materials
材料宏观塑性变形能力受抑制程度的度量。表现为断裂时无明显的塑性变形。

01.0477 蠕变脆性 creep embrittlement
由于蠕变而导致材料塑性降低以及在蠕变过程中发生的低应力蠕变断裂的现象。

01.0478 屈服点 yield point
材料开始塑性变形时部分材料呈现上、下屈服点现象，当材料开始塑性变形时外加应力突然下降的开始点称"上屈服点(upper yield point)"，外加应力突然下降达到的最低点称"下屈服点(lower yield point)"。

01.0479 屈服效应 yield effect
又称"屈服点现象"。材料开始发生宏观塑性变形时，出现应力明显降低的现象。

01.0480 屈服强度 yield strength
材料开始发生宏观塑性变形时所需的应力。对存在明显屈服效应的材料为其下屈服极限,记为 R_{el};对不存在明显屈服效应的材料,一般规定塑性变形量达到 0.2%时的应力为条件屈服强度,记为 $R_{P0.2}$。

01.0481 屈服伸长 yield elongation
材料出现屈服效应时,从外加应力突然下降点一直到外加应力开始重新稳定增大点之间的塑性变形量。

01.0482 均匀伸长率 percentage uniform elongation
拉伸实验中,试样即将发生颈缩时其标距间总伸长量与原标距长度之比值。

01.0483 断后伸长率 percentage elongation after fracture
拉伸实验中,试样拉断后标距长度的相对伸长值。等于标距的绝对伸长量除以拉伸前试样标距长度。

01.0484 断面收缩率 percentage reduction of area after fracture
简称"面缩率"。拉伸实验中,试件被拉断后其最小横截面处的面积与试件初始横截面积之差对初始横截面积的比值。

01.0485 屈强比 yield ratio
材料的屈服强度与抗拉强度的比值,与材料的塑性变形能力和加工硬化能力密切相关。

01.0486 比强度 specific strength
材料的强度与其密度之比。

01.0487 缺口敏感性 notch sensitivity
材料由于存在表面缺口引起局部应力集中而导致其表观强度降低的程度。

01.0488 滞弹性蠕变 anelasticity creep
又称"微蠕变"。对材料突然施加弹性应力后保持应力不变时弹性应变随时间延长而不断增大直到一定时间后才达到平衡值的现象。

01.0489 包辛格效应 Bauschinger effect
金属或合金预先加载产生微量塑性变形后卸载,然后再同向加载则弹性极限升高、反向加载则弹性极限降低的弹性不完整现象。

01.0490 滞弹性内耗 anelasticity damping
金属或合金在弹性范围内反复加载卸载时,由于应变滞后于应力而使加载线与卸载线不重合形成一封闭回线的现象。

01.0491 抗拉强度 [ultimate] tensile strength
曾称"拉伸强度"。材料拉伸断裂前能够承受的最大拉应力,为试样断裂前承受的最大载荷与试样原始横截面积之比。

01.0492 抗压强度 compressive strength
曾称"压缩强度"。材料抵抗压缩载荷而不失效的能力。为试样压缩失效前承受的最大载荷与试样原始横截面积之比。

01.0493 抗剪强度 shear strength
表征材料抵抗剪切载荷而不失效的能力。由剪切或扭转试验中试样破坏时的最大剪切载荷与试样原始横截面积之比求得。

01.0494 断裂强度 fracture strength
材料发生断裂时所承受的的应力。

01.0495 蠕变强度 creep strength
又称"蠕变极限"。材料在一定温度达到一定恒定应变速率时所需的应力。

01.0496 疲劳强度 fatigue strength
在循环载荷作用下材料抵抗疲劳破坏的强度指标。试样经受无限次应力循环而不断裂的最大应力称为"疲劳极限(fatigue limit)";工程上规定经受 10^7 或 10^8 应力循环而不断裂的最大应力为"条件疲劳极限(conditional fatigue limit)";二者统称疲劳强度。

01.0497　持久强度　stress rupture strength
在一定温度和时间下材料不发生断裂所能承受的最大(名义)应力。

01.0498　抗扭强度　torsional strength
材料扭转破坏时所承受的最大扭矩的切应力。

01.0499　抗弯强度　bending strength
材料抵抗弯曲不断裂的能力。弯曲试验中试样破坏时拉伸侧表面的最大正应力。

01.0500　黏合强度　adhesion strength
又称"黏接强度"。使粘接件的黏接界面分离所需的应力。

01.0501　剥离强度　peel strength
在规定的剥离条件下，使粘接件的两个被粘物分离时单位宽度所需的最大载荷。

01.0502　疲劳　fatigue
物件在低于其断裂应力的循环加载下，通过一定的循环次数后发生损伤和断裂的现象。

01.0503　疲劳寿命　fatigue life
在规定的循环应力或循环应变条件下，材料发生疲劳破断时所经历的循环周次。

01.0504　热疲劳　thermal fatigue
材料经受反复加热冷却的温度循环时，由于循环热应力的作用导致的疲劳现象。

01.0505　接触疲劳　contact fatigue
材料在循环接触应力的作用下，产生局部永久性累积损伤，在接触表面产生麻点、浅层剥落、深层剥落并最终导致材料失效的现象。

01.0506　微动疲劳　fretting fatigue
接触表面间因小幅度的相对切向振动而萌生裂纹并在循环应力作用下扩展导致局部断裂脱落的现象。

01.0507　裂纹形核　crack nucleation
在应力或环境因素或二者联合作用下，无裂纹试样或构件产生裂纹的过程。

01.0508　裂纹扩展　crack propagation，crack growth
材料中微观或宏观裂纹在应力或环境因素或二者联合作用下不断长大的过程。

01.0509　裂纹扩展速率　crack growth rate
单位时间内裂纹的扩展量。

01.0510　裂纹扩展能量释放率　energy release rate of crack propagation
裂纹扩展单位面积时，裂纹体系所释放的能量。

01.0511　耐热温度　heat resisting temperature
材料机械强度开始显著降低以前的温度。

01.0512　硬度　hardness
用材料抵抗压入或刻刮的性质来衡量固体材料软硬程度的力学性能指标。如布氏硬度、洛氏硬度、维氏硬度等。

01.0513　显微硬度　microhardness
在材料显微尺度范围内的测得的硬度。例如对单个晶粒、析出相、夹杂物或不同组织组成物进行检验测得的硬度值。

01.0514　霍尔－佩奇关系　Hall-Petch relationship
材料的强度与晶粒大小之间的一种定量关系。

01.0515　加工软化　work softening

在先前加工形变的基础上继续加工时，流变应力降低的现象。

01.0516 几何软化 geometrical softening
单晶在形变过程中试样轴发生移动，因此滑移系统的取向因子也跟着发生变化，正在动作的滑移由硬取向变为软取向时其系统流变应力自然降低的现象。

01.0517 物理软化 physical softening
亚稳奥氏体在 M_s^d 以下加工时诱发马氏体转变，造成的材料流变应力降低的现象。

01.0518 共格硬化 coherent hardening
由共格应变场与位错应变场之间的相互作用产生的硬化。

01.0519 层错硬化 stacking hardening
由析出相的层错能与基体的层错能之间的差异产生的硬化。

01.0520 模量时效硬化 modulus age hardening
由基体的切变模量与析出相颗粒的切变模量不同产生的硬化效果。

01.0521 时效硬化 age hardening
经固溶处理或形变加工的金属材料在室温或较高温度保持而使强度和硬度明显提高的现象。

01.0522 固溶强化 solution strengthening
合金元素固溶于基体金属中造成一定程度的晶格畸变从而使合金强度提高的现象。

01.0523 间隙固溶强化 substitutional solution strengthening
间隙固溶原子溶入基体金属点阵的间隙位置造成显著的晶格畸变从而使合金强度显著提高的现象。

01.0524 置换固溶强化 interstitial solution strengthening
置换固溶原子置换基体金属点阵中的基体金属原子造成一定程度的晶格畸变从而使合金强度提高的现象。

01.0525 晶粒细化强化 grain refinement strengthening
使多晶体材料的晶粒细化增大晶界的面积，提高材料抵抗位错滑移的能力从而使材料强度提高的记录。

01.0526 沉淀强化 precipitation strengthening
过饱和固溶体脱溶析出弥散的第二相颗粒使合金强度和硬度提高的记录。

01.0527 弥散强化 dispersion strengthening
采用粉末冶金或内氧化等工艺方法在材料基体中产生细小弥散的第二相质点而使材料强度和硬度提高的记录。

01.0528 相变强化 transformation strengthening
由相变导致的材料强度升高的现象。

01.0529 相变韧化 transformation toughening
由相变导致材料韧化的现象。

01.0530 黏度 viscosity
又称"黏度系数(viscosity coefficient)"。液体受内部阻力作用表现出黏滞性的一种度量。在稳态液体中黏度为剪切应力与剪切速率梯度之比值。

01.0531 热膨胀系数 coefficient of thermal expansion
固体在温度每升高 1K 时长度或体积发生的相对变化量。分为线膨胀系数和体膨胀系数。

01.0532 德拜温度 Debye temperature
为了准确计算固体比热容而引入的一个物理量。

01.0533 爱因斯坦温度 Einstein temperature
为了解释固体的热容计算而引入的一个物理量。

01.0534 熔融温度 melting temperature
又称"熔点(melting point)"。晶体物质由固态向液态转变时固液两相共存的温度。在此过程中温度保持恒定。

01.0535 热导率 thermal conductivity
又称"导热系数(coefficient of thermal conductivity)"。单位时间内单位面积上通过的热量与温度梯度的比例系数。

01.0536 热阻 thermal resistance
热导率的倒数。其值越大,阻碍热传导的能力越大。

01.0537 热释电系数 pyroelectric coefficient
反映由于温度变化而引起电介质的极化强度变化的响应关系的比例系数。

01.0538 热扩散系数 thermal diffusivity
反映温度不均匀的物体中温度均匀化速度的物理量。

01.0539 零电阻特性 zero resistivity
超导体的电阻率在温度低于某一临界温度时迅速降至零、不存在可观测的直流电阻的特性。

01.0540 半导体导电性 semiconductivity
在外加电场作用下,半导体材料中电子和空穴两种载流子向相反的方向运动,引起宏观电流的性质。

01.0541 金属导电性 metallic conductivity
在外加电场作用下,金属中的电子在无规则运动的基础上叠加一个有规则的运动,产生宏观电流的性质。

01.0542 剩余电阻 residual resistance
当温度趋于 0 K 时,包含少量杂质或缺陷的金属材料的电阻值。

01.0543 极化子 polaron
晶体中一个缓慢运动的电子能使附近的点阵极化,电子与周围的极化场所构成的总体。

01.0544 极化子电导 polaron conductivity
离子晶体等材料中由极化子通过点阵运动形成电流的现象。

01.0545 电导率 [electric] conductivity
导体中电流密度与电场之比值。

01.0546 电阻 [electric] resistance
不含电源的材料两端的电压与通过其电流强度之比。

01.0547 电阻率 [electric] resistivity
导体中电场与电流密度之比值。与电导率互为倒数是反映介质材料绝缘性能的参数。

01.0548 阻抗 [electric] impedance
材料中对交流电流的阻碍作用的统称。

01.0549 导纳 admittance
阻抗的倒数。

01.0550 磁阻 magnetic resistivity
磁路中的一个与电路中的电阻相对应的物理量。一段粗细均匀的磁路的磁阻与其长度成正比,与其横截面积成反比。

01.0551 磁导率 magnetic permeability
磁介质中磁感应强度与磁场强度之比。分为绝对磁导率和相对磁导率,是表征磁介质导磁性能的物理量。

01.0552 介电体 dielectric
又称"电介质"。电导<10^6S 的不良导体。

01.0553 介电常数 dielectric constant
又称"电容率"。同一电容器中用某一物质为介电体与该物质在真空中的电容的比值。

01.0554 复介电常数 complex dielectric constant
当计及非理想媒介质的介质损耗时,媒质的介电常数可表示为一个复数。

01.0555 介电应力 dielectric stress
在电场作用下,介电体中由于带电质点之间的库仑力、电致伸缩效应或诱导极化等产生介电应变等原因所引起的应力现象。

01.0556 介电弛豫 dielectric relaxation
又称"介电松弛"。由介质在外电场作用或移去后,从瞬时建立的极化状态达到新的极化平衡态的过程。

01.0557 介电吸收 dielectric absorption
在交变电场作用下,介电体的介电性质随频率而变化的现象。介电吸收和介电色散伴随而生,是一种现象的两个方面。

01.0558 介电击穿 dielectric breakdown
在电场作用下,介电体中的介质在临界电场强度下由介电状态变为导电状态的现象。

01.0559 介电损耗 dielectric loss
在电场作用下,介电体单位时间内消耗的能量。包括漏电损耗、电离损耗、极化损耗和结构损耗等。

01.0560 介电相位角 dielectric phase angle
介电体的电位移由于极化弛豫而落后电场的相位角。是反映介质损耗的一个物理量。

01.0561 电迁移 electromigration
介电体材料中带电质点(弱束缚离子、离子缺位、自由电子等)在外电场作用下定向移动的现象。

01.0562 热电子发射 thermal electron emission
在真空或填充惰性气体的条件下加热金属或其他固体材料时,电子从材料表面逸出的现象。

01.0563 光电导性 photoconductivity
在电照作用下材料电导率增大的性质。

01.0564 磁化率 magnetic susceptibility
在外磁场中,物质的磁化强度与磁场强度的比值。其数值的大小表示物质磁化的难易程度。

01.0565 矫顽力 coercive force
磁体保持永磁的能力。用材料磁饱和的磁感应强度降到零时所需的反向磁场强度来度量。

01.0566 本征矫顽力 intrinsic coercive force
铁磁性和亚铁磁性物质的饱和磁滞回线(磁化强度－外磁场强度)与横坐标交点的磁场值。反映物质退磁的难易程度和剩磁状态的稳定性。

01.0567 退磁曲线 demagnetization curve, demagnetizing curve, degaussing curve
饱和磁滞回线第二象限部分曲线。

01.0568 磁能积 magnetic energy product
铁磁性和亚铁磁性材料退磁曲线上各点的磁场强度与磁感应强度的乘积。是表征永磁材料单位体积对外产生的磁场中总储存能量的参数。

01.0569　磁滞损耗　magnetic hysteresis loss
铁磁材料和亚铁磁材料在磁场中被反复磁化和去磁时，由于磁感应强度滞后磁场强度，磁通变化滞后于励磁电流变化，矫顽磁力产生的能量损耗。

01.0570　铁损　iron loss
材料铁芯总能量损耗。包括磁滞损耗、涡流损耗和反常损耗或剩余损耗（由微观涡流引起的）。

01.0571　饱和磁化强度　saturation magnetization，saturated intensity of magnetization
铁磁材料和亚铁磁材料的磁化强度随磁场增加而增加所能达到的最大值。是温度的函数。

01.0572　极化强度　intensity of polarization
介电体单位体积内的电偶极矩的总和。

01.0573　饱和极化强度　saturated polarization
铁电体的极化强度随外加电场的增加而增加时所可能达到的最大值。

01.0574　剩余极化强度　remanent polarization
铁电体经极化后，撤除外电场作用时所具有的极化强度。

01.0575　电致伸缩系数　electrostriction coefficient
表征介电体材料电致伸缩效应的物理参量。

01.0576　电致伸缩材料　electrostriction materials
对于某些高介电常数的铁电材料，当高出居里温度时，具有相当大的电致伸缩效应，其应变数量级甚至大于压电效应的一类材料。

01.0577　磁致伸缩系数　magnetostriction coefficient
表示磁致伸缩效应大小的系数，定义为物体有无磁场时的长度之差与无磁场时的长度的比值。一般指沿磁场方向的测量值。

01.0578　压电常数　piezoelectric constant
表征压电材料力学参量（应力、应变）与电参量（电场、电位移）之间耦合关系的参数。包括压电应变常数、压电应力常数、压电电压常数、压电劲度常数四种，是三阶张量。

01.0579　体积电阻率　volume resistivity
又称"比体积电阻（specific volume resistance）"、"体积电阻系数（coefficient of volume resistance）"。单位长度、单位截面积的材料的电阻。

01.0580　表面电阻系数　coefficient of surface resistance
表征介电体材料表面绝缘性能的重要指标。

01.0581　折射率　refractive index
光在真空中传播的速度与光在介质中传播的速度的比值。

01.0582　相对折射率　relative refractive index
任意两介质中传播的光速之比。

01.0583　自聚焦现象　self-focusing
在入射的强激光电场的作用下，随着光强的增强，折射率随之提高，使得激光束的外缘将向中心偏折而产生的一种现象。

01.0584　非线性折射率　nonlinear refractivity
强光引起物质折射率非线性变化的表征量。

01.0585　介质色散率　medium dispersion
表征介质折射率与波长间定量关系的物理量。

01.0586 平均色散 mean dispersion
材料的折射率随波长变化的性质。指光学介质对于氢谱线 $F(\lambda=486.1\text{nm})$ 与 $C(\lambda=656.3\text{nm})$ 的折射率之差。

01.0587 部分色散 partial dispersion
介质对于任意两波长的折射率之差。

01.0588 相对部分色散 relative partial dispersion
介质的部分色散与平均色散之比。

01.0589 色散本领 dispersive power
色散元件或色散系统色散能力的大小。常用线色散率或角色散率来度量。

01.0590 光伏效应 photovoltaic effect
光照使不均匀半导体或半导体与金属结合的不同部位之间产生电位差的现象。是太阳能发电的基本原理。

01.0591 热光效应 thermo-optical effect
当温度变化时，晶体的折射率发生变化引起的有关现象。

01.0592 受激态寿命 excited state lifetime
由于自发辐射而使受激态原子数目减少到原来的 $1/e$ 时所需的时间。

01.0593 荧光寿命 fluorescence lifetime
当切断外界激发源后，荧光的强度随时间呈指数衰减。当荧光强度降至原来的 $1/e$ 时所需的时间。

01.0594 荧光转换效率 fluorescence conversion efficiency
表征辐射系统功率大小的物理量，是激光器的重要参数。有荧光量子效率、荧光能量转换效率两种表示形式。

01.0595 荧光量子效率 fluorescence quantum conversion efficiency
发射荧光的光子数与被激活物质从泵浦源吸收的光子数之比。

01.0596 荧光能量转换效率 fluorescence energy conversion efficiency
发射荧光的能量与被激活物质从泵浦源吸收的能量之比。

01.0597 声阻抗率 specific acoustic impedance
媒质中某一点的声压和质点速度的比值。一般为复数，其实部为声阻率，其虚部为声抗率。

01.0598 特性声阻 characteristic acoustic resistance
平面行波的波场中媒质的声阻抗率。等于传播媒质的密度和声传播速度的乘积，为实数。

01.0599 辐射率 thermal emissivity
又称"热辐射功率"。材料在一定温度下单位时间单位表面积上的热辐射强度。

01.0600 吸水率 water absorption
在给定温度和压力下，绝干材料饱水后增加的质量与绝干材料质量或体积的百分比。分别以质量吸水率或体积吸水率表示。用于表征材料自然吸水饱和的能力。

01.0601 透气度 gas permeability
在常温和一定压差条件下，空气通过多孔材料的能力的一种参量。常用透气系数度量。

01.0602 湿胀系数 coefficient of wet expansion
材料因吸收水分而产生的体积膨胀与原体积的比值。

01.0603　频率常数　frequency constant
压电体的谐振频率与支配该频率的主振动方向的几何尺寸的乘积。

01.0604　相对密度　relative density
一定体积物质的质量与相同温度下等体积的参比物的质量之比值。

01.0605　孔隙率　porosity
又称"气孔率"、"孔隙度"。物体中孔隙体积占总体积的百分数，表示物体的多孔性或致密程度。

01.0606　比表面　specific surface
单位质量或体积粉末或多孔体的表面积。

01.0607　表面粗糙度　surface roughness
评定加工过的材料表面由峰、谷和间距等构成的微观几何形状误差的物理量。常用评定参数可分为高度参数、间距参数和形状参数(综合参数)三个系列。

01.0608　白度　whiteness
材料颜色接近白色的程度。通常以试样漫反射的光量对入射光量的百分比来表示。

01.01.05　材料的表征与测试

01.0609　相分析　phase analysis
对材料中各种第二相(包括夹杂物)的类型、尺寸、数量等进行的测试分析。

01.0610　穆斯堡尔谱法　Mössbauer spectroscopy
以穆斯堡尔效应(即原子核对 γ 射线的无反冲击共振吸收现象)为基础的微观结构分析方法。

01.0611　γ 射线照相术　γ-ray radiography
利用γ射线在介质中传播时的性质来判断材料的缺陷和异常的方法。

01.0612　X 射线检测　X-ray testing，X-ray analysis
利用 X 射线技术观察、研究和检验材料微观结构、化学组成、表面或内部结构缺陷的实验技术。如 X 射线粉末衍射术、X 射线荧光谱法、X 射线照相术、X 射线形貌术等。

01.0613　X 射线照相术　X-ray radiography
利用 X 射线在介质中被吸收性质的差异来判断材料的缺陷和异常的方法。

01.0614　单晶 X 射线衍射术　single crystal X-ray diffraction
利用 X 射线在单晶体中的衍射行为来研究单晶体结构的分析方法。

01.0615　X 射线粉末衍射术　X-ray powder diffraction
利用 X 射线在多晶体粉末中的衍射行为来研究多晶体结构的分析方法。

01.0616　X 射线吸收谱法　X-ray absorption spectroscopy
利用 X 射线吸收系数随能量的变化关系，对物质进行定量或定性分析的方法。

01.0617　X 射线荧光谱法　X-ray fluorescence spectroscopy
利用元素特征 X 射线谱进行元素成分及含量分析的一种方法。从每种元素激发出的 X 射线特征(荧光)谱线都有其特征波长值，其峰值强度与该元素在材料中的含量有关。

01.0618　X 射线形貌术　X-ray topography
根据 X 射线在晶体中衍射衬度变化和消像

规律，检查晶体材料及器件表面和内部微观结构缺陷的一种方法。

01.0619 X射线漫散射 X-ray diffuse scattering
当晶体点阵排列与理想的规则排列偏离较大，或者杂质原子、原子团按某种规律分布于较完美晶体中时，在布拉格衍射峰两侧出现的漫散射图样。

01.0620 质子X射线荧光分析 proton-induced X-ray emission，PIXE
又称"粒子X射线荧光分析"。以入射高能质子(或氦粒子)束诱发待分析元素发射特征X射线，从而分析薄膜及近表面层化学成分的一种方法。

01.0621 X射线光电子能谱法 X-ray photoelectron spectroscopy，XPS
以单色X射线为光源，测量并研究光电离过程发射出的光电子能量及相关特征的方法。能够给出原子内壳层及价带中各占据轨道电子结合能和电离能的精确数值。

01.0622 X射线吸收近边结构 X-ray absorption near edge structure，XANES
物质的X射线吸收谱中从吸收阈值处的吸收边到吸收边以上约50eV之间的谱结构。是研究物质的局域结构和局域电子特性的有力手段。

01.0623 扩展X射线吸收精细结构 extended X-ray absorption fine structure，EXAFS
由于X射线光子激发的光电子波与周围原子的散射波相互干涉，使电子向终态跃迁的概率随能量而变化，引起吸收系数的变化形成的谱。

01.0624 能量色散X射线谱 X-ray energy dispersive spectrum，EDS
用X射线能量谱图分析试样化学成分的方法。

01.0625 波长色散X射线谱法 wavelength dispersion X-ray spectroscopy，WDS
用X射线光谱仪进行微区化学成分分析的方法。从谱峰波长可确定试样所含元素，从谱峰强度可计算元素的含量。

01.0626 红外光谱法 infrared spectroscopy
利用波长介于可见光与微波之间的电磁波谱，在电磁波频谱中处于$(0.76{\sim}1000)\mu m$，研究分子或物质微观结构的光谱技术。

01.0627 拉曼光谱法 Raman spectroscopy
一种利用光子与介质原子(分子)之间发生非弹性碰撞得到的散射光谱研究分子或物质微观结构的光谱技术。

01.0628 极谱法 polarography
通过解析极谱(图)而获得定性、定量结果的分析。伏安法的一种，必须使用滴汞电极或其他表面周期性更新的液态电极。

01.0629 电子衍射 electron diffraction
入射电子束相对于晶体原子面的特定角度产生强烈散射的物理过程。

01.0630 中子衍射 neutron diffraction
在一定条件下，中子束与物质相互作用而产生的衍射现象。根据其衍射谱可以确定样品的晶体结构和磁结构。

01.0631 低能电子衍射 low-energy electron diffraction，LEED
用低能电子束(10~100eV)作为微探针在晶体原子面的特定角度产生强烈散射的物理过程。

01.0632 电子背散射衍射 electron backscat-

tering diffraction，EBSD

入射电子束照射高倾斜角试样产生的背散射电子与试样原子面的衍射过程。晶粒取向测定和成像的一种重要方法。

01.0633　电子显微术　electron microscopy

利用各种电子显微镜观察、研究和检验材料微观特征和断裂形态特征的实验技术。其分辨率或放大倍数明显优于光学显微镜。

01.0634　扫描电子显微术　scanning electron microscopy，SEM

电子束以光栅状扫描方式照射试样表面，分析入射电子和试样表面物质相互作用产生的各种信息来研究试样表面微区形貌、成分和晶体学性质的一种电子显微术。

01.0635　透射电子显微术　transmission electron microscopy，TEM

利用穿透薄膜试样的电子束进行成像或微区分析的一种电子显微术。能获得高度局域化的信息，是分析晶体结构、晶体不完整性、微区成分的综合技术。

01.0636　扫描探针显微术　scanning probe microscopy，SPM

分辨率在纳米量级的测量固体样品表面实空间形貌的分析方法。根据测量的相互作用类型，可分为扫描隧道显微术、原子力显微术、磁力显微术等。

01.0637　扫描隧道显微术　scanning tunnelling microscopy，STM

利用量子隧道效应的表面研究技术。能实时、原位观察样品最表面层的局域结构信息，能达到原子级的高分辨率。

01.0638　场[发射]电子显微术　field [emission] electron microscopy，F[E]EM

借助样品针尖的场致电子发射及其放大图像来观察表面结构的技术。

01.0639　分析电子显微术　analytical electron microscopy，AEM

用高能电子束照射样品，收集、测定和分析样品局部区域发射出的各种信号的理论和技术。具有很高的空间分辨率，设备为分析电子显微镜。

01.0640　场离子显微术　field ion microscopy，FIM

依据气体场致电离原理成像，用场离子显微镜、原子探针在原子尺度上研究材料显微组织和成分的技术。

01.0641　高分辨电子显微术　high resolution electron microscopy，HREM

利用透射电子显微镜将固体物质中原子排列投影成像的理论和技术。其分辨能力接近或达到原子尺度(约 0.1nm)。对显示材料结构纳米尺度的变异及缺陷有独到的优点。

01.0642　高压电子显微术　high-voltage electron microscopy，HVEM

用加速电压超过 500 kV 的电子显微镜对试样进行显微分析的技术。

01.0643　电子能量损失谱　electron energy loss spectrum，EELS

高能入射电子束的部分电子与试样发生非弹性交互作用损失部分能量，沿入射束方向上的弹性和非弹性散射电子按能量大小展开而形成的谱图。尤其适用于轻元素的测定。

01.0644　俄歇电子能谱法　Auger electron spectrometry，AES

通过入射电子束和物质作用激发俄歇电子进行元素分析的一种电子能谱法。是最重要的表面分析工具之一。能检测除 H、He 以外所有元素，对轻元素尤为灵敏。

01.0645 电子微探针分析 electron micro-probe analysis

用电子束轰击试样表面，使组成元素产生特征 X 射线，分析波长和强度，从而获得固体试样中各微区内(约 1μm)的元素组成、含量及其分布情况的一种分析方法。

01.0646 电子隧道谱法 electron tunnel effect spectroscopy

基于电子隧道效应原理的分析方法。可用于测定导电样品表面域能带结构。当一个电子的能量低于势垒高度时，在势垒宽度足够小时仍有一定的概率贯穿势垒，即电子隧道效应。

01.0647 原子发射光谱 atomic emission spectrum, AES

又称"光学发射光谱(optical emission spectrum, OES)"。在热能或电能作用下，原子和离子的外层电子跃迁到高能级后返回低能级时发射出一定波长的光而形成的发射光谱。

01.0648 正电子湮没术 positron annihilation spectroscopy, PAS

利用正电子与物质中电子的湮没而产生的 γ 光子获得微观结构和缺陷信息的一种实验技术。主要检测方法有正电子从产生到湮没的寿命谱、两个 γ 光子形成的角关联谱和 γ 射线多普勒增宽谱。

01.0649 紫外光电子能谱法 ultraviolet pho-toelectron spectroscopy, UPS

采用紫外辐射为激发源的光电子能谱法。广泛应用于金属、半导体、金属氧化物及高分子材料的价带电子结构研究，以及上述材料表面与环境相互作用时材料表面的电子结构变化研究。

01.0650 离子散射分析 ion scattering analy-sis

用低能 (0.5~3keV) 惰性气体离子束以一定角度入射到试样表面，经试样原子散射改变能量的一种。表面成分分析技术。

01.0651 离子微探针分析 ion microprobe analysis

研究固体材料表面微区成分的一种质谱分析方法。可获得材料微区质谱图及离子图像，以及样品中元素的定性和定量信息。

01.0652 卢瑟福离子背散射谱法 Rutherford ion backscattering spectrometry, RBS

测定大角度卢瑟福背散射离子的能谱，可对样品所含元素进行定性、定量和深度分布分析，以及薄膜厚度的测定。

01.0653 离子沟道背散射谱法 ion channel-ing backscattering spectrometry

卢瑟福背散射与离子沟道效应相结合，对单晶样品近表面层的结构或掺杂原子的占位进行分析的方法。用于研究晶体表面结构，测定晶格损伤，确定杂质原子在晶格中的位置等。

01.0654 质谱法 mass spectrometry, MS

通过将待测样品电离，使得到离子按质/荷比 (m/z) 顺序排成谱 (即质谱)，根据质谱进行定性、定量分析的一种方法。具有灵敏度高、样品用量少和多组分同时测定等优点。

01.0655 火花源质谱法 spark source mass spectrometry

采用高频火花放电离子源的质谱分析法。其准确度较差。目前相关仪器已不再生产与使用。

01.0656 激光微探针质谱法 laser micro-probe mass spectrometry

用聚焦激光束照射样品表面产生离子的质

谱分析法。激光束可聚焦至微米量级，可获得微区成分信息。

01.0657 气相色谱-质谱法 gas chromatography mass spectrometry，GC-MS
把气相色谱法和质谱法结合起来的一种用于混合有机物分析的方法。灵敏度高，样品用量少，分析速度快，但只适合于分析挥发性有机物。

01.0658 中子活化分析 neutron activation analysis，NAA
采用中子源和γ谱仪分析各种基体样品中多种痕量元素及常量元素含量的核分析方法。

01.0659 中子照相术 neutron radiography
利用中子束穿透物体时的衰减情况显示物体内部结构的技术。用于材料的非破坏性检验。按所利用的中子能量大小可分为冷中子照相术、热中子照相术和快中子照相术。

01.0660 质子照相术 proton radiography
利用加速器产生的高能质子对工件内部缺陷进行检测的方法。是一种利用射线进行照相的方法。可用于检测对 X 射线吸收太强的材料，需要用比较大型的加速器。

01.0661 核反应分析 nuclear reaction analysis，NRA
利用放射源使样品发生核反应，通过测量反应放出的射线强度和类型，对样品进行定量分析的方法。

01.0662 荧光图电影摄影术 cine- fluorography
X 射线荧光屏检验图像的电影摄影术。

01.0663 微焦点射线透照术 microfocus radiography
用焦点尺寸非常小的 X 射线管所进行的射线透照，来高分辨率或经过放大的图像的技术。

01.0664 层析 X 射线透照术 X-ray tomography
通过 X 射线胶片和 X 射线管做相对运动，所得到的射线底片可显示出试样平行于胶片平面的一个薄层细节的分析技术。

01.0665 闪光射线透照术 flash radiography
曝光时间极短的射线透照术。用于研究瞬态现象。

01.0666 射线[活动]电影摄影术 cine-radiography
摄制一张接一张的射线底片，按顺序快速观察，从而产生一连贯图像的技术。

01.0667 静电射线透照术 xeroradiography
用以半导体材料(常为结晶硒)支撑的带电荷板代替胶片的一种射线透照方法。图像是通过带电的非导体粉末有选择的附着来进行的。

01.0668 电离射线透照术 ionography
利用静电法记录图像的射线透照术。通常记录在一塑料薄片上。

01.0669 放射自显像术 autoradiography
含放射性元素的物体，通过其自身辐射在记录介质上所获得的图像，检查样品中放射性元素及其分布的一种同位素示踪技术。

01.0670 辐射度量学 radiometry
研究辐射量及其测定的学科。

01.0671 中子检测[法] neutron testing
利用中子束进行的无损检测方法。一般采用中子射线照相术进行检测。可分为直接曝光法和间接曝光法。

01.0672　红外检测　infrared testing
利用红外辐射原理对材料表面进行检测的方法。其实质是扫描记录被检材料表面上由于缺陷或材料不同的热性质所引起的温度变化。可用于检测胶接或焊接件中的脱粘或未焊透部位，固体材料中的裂纹、空洞和夹杂物等缺陷。

01.0673　红外热成像术　infrared thermography，thermography infrared
通过测量红外辐射亮度的变化来显示物体表面视在温度的变化（温度或发射率的变化，或此两者的变化）的成像的方法。

01.0674　热谱图　thermogram
将物体或成像头的视在温度图像转变成一幅相对应对比度或色彩图样的可视图像。

01.0675　热分析　thermal analysis，TA
在程序控温和一定气氛下，测量物质的某种物理性质与温度或时间关系的分析技术。

01.0676　差热分析　differential thermal analysis，DTA
在程序控制温度下，测量物质和参比物的温度差和温度关系的一种技术。利用差热曲线的吸热或放热峰来表征当温度变化时引起试样发生的任何物理或化学变化。

01.0677　动态量热法　dynamic calorimetry
快速测定试样在某温度下热容的量热法。按照加热方式的不同，又分为自热和它热式。

01.0678　差示扫描量热法　differential scanning calorimetry，DSC
又称"示差扫描量热法"。在程序控制温度的条件下，测量样品与参比物的热流差（功率差）随温度的变化，反映加热过程中物质发生的与吸、放热有关的各种变化。

01.0679　膨胀仪法　dilatometer method
用膨胀仪测定材料热膨胀性质的方法。研究固态相变时常用于测定相变温度。

01.0680　核磁共振　nuclear magnetic resonance，NMR
原子核在恒定磁场下对高频电磁场能量的共振吸收随其频率的变化现象。可提供有关物质结构的重要信息。

01.0681　声发射技术　acoustic emission technique
通过测量材料的声发射特性以评价材料性能的材料试验或无损检测技术。

01.0682　声学显微术　acoustic microscopy
高分辨率的超声波成像检测技术。可以用于微电子产品的质量检测、材料表面以及内表层微结构组织的成像和缺陷检测。

01.0683　振动热成像术　vibrathermography
利用机械振动在工件中转变成热能时产生的温度变化率进行实时成像的方法。通过检测工件表面的红外辐射，从热量分布来判断应力分布，从而推知材料中缺陷类型和分布。

01.0684　全息检测　holographic testing
利用全息摄影再现的三维图像进行无损检测的方法。分为激光全息检测、超声波全息检测和微波全息检测。

01.0685　渗透检测　penetrate testing
利用液体对微细孔隙的渗透作用来对工件表面的缺陷进行检测的方法。

01.0686　受扰角关联　perturbed angular correlation
在发射γ光子的过程中由原子核与周围环境的磁和电四极超精细作用，使相应的角关联发生扰动及其弛豫现象，可提供材料的结构、磁结构和磁性信息。

01.0687　微波检测　microwave testing
根据微波反射、透射、衍射干射、腔体微扰等物理特性的改变，以及被检材料介电常数和损耗正切角的相对变化，通过测量微波基本参数(如幅度衰减、相移量或频率等)变化，实现对缺陷进行检测的方法。

01.0688　目视光学检测　visual optical testing
用目视(肉眼、放大镜、内窥镜和光学传感器等)对材料的化学成分或工件表面形貌、缺陷等进行检测和观察的技术。

01.0689　金相检查　metallographic examination, metallography
采用金相显微镜对金属或合金的宏观组织和显微组织进行分析测定，以得到各种组织的尺寸、数量、形状及分布特征的方法。

01.0690　光学金相　optical metallography
用光学金相显微镜观察和研究材料微观形貌特征的方法，可以研究材料中各种组成相或组织组成物的大小、数量、形状及其分布特征。

01.0691　定量金相　quantitative metallography
采用体视学和图像分析技术等，对材料的显微组织进行定量表征(如测估晶粒尺寸、各相的含量、第二相的大小、数量、形状及其分布特征等)的一类金相技术。

01.0692　图像分析　image analysis
从图像中提取定量的几何信息和光密度等定量数据的实验技术。将自动图像分析与有关体视学原理联合使用，可形成一类先进的定量金相分析方法。

01.0693　材料体视学　stereology in materials science
研究通过材料二维截面或投影图像获取材料中三维结构信息定量分析方法的一门学科。其原理是定量金相的重要基础。

01.0694　无损检测　non-destructive inspection, NDI
不损坏被检查材料或成品的性能和完整性而检测其缺陷的方法。如超声波检测、X射线检测等。

01.0695　超声波检测　ultrasonic testing
利用超声波无损检测材料缺陷、性质和结构的方法。常用的超声波检测仪器有探伤仪、声速测量仪、超声显微镜等。

01.0696　计算机断层扫描术　computer tomography, CT
一种非常重要的无损检测技术，可以获得材料内部缺陷或组织的二维和三维截面图像。

01.0697　磁粉检测　magnetic particle testing
又称"磁粉探伤"、"磁力探伤"。对被检工件进行磁化后，利用工件表面漏磁场吸附磁粉的现象，来判断工件有无缺陷的一种方法。不适用于非铁磁性材料。

01.0698　涡流检测　eddy current testing
根据在材料中电磁感应出的涡流的大小、相位及其空间分布情况确定材料或物件的性质和有无缺陷的方法。仅适用于导电材料。

01.0699　拉伸试验　tensile test
测定材料在单向静拉伸力作用下强度与塑性指标的力学性能试验。

01.0700　冲击试验　impact test
检验产品或试件承受冲击载荷能力的试验。如缺口冲击试验、落锤试验、拉伸冲击试验、动态撕裂试验等。

01.0701　韧脆转变温度　ductile-brittle transition temperature
由韧性断裂向脆性断裂转变的临界温度。低于该温度则材料韧性急剧降低。

01.0702　硬度试验　hardness test
材料抵抗局部变形，特别是塑性变形、压痕或划痕的能力，衡量材料软硬的常规力学性能试验方法。

01.0703　疲劳试验　fatigue test
为评定材料、零部件或整机的疲劳曲线、疲劳强度及疲劳寿命所进行的试验。

01.0704　应变疲劳　strain fatigue
材料、零件、构件在接近或超过其屈服强度的循环应力作用下，经小于 10^5 次塑性应变循环次数而产生的疲劳。

01.0705　应力疲劳　stress fatigue
材料、零件、构件在低于其屈服强度的循环应力作用下，经大于 10^5 循环次数而产生的疲劳。

01.0706　蠕变试验　creep test
在规定温度和恒定试验力作用下，测量试样蠕变变形量随时间变化的高温力学性能检验方法。

01.0707　持久寿命　creep rupture life
从蠕变变形开始到试样断裂的总时间。

01.0708　持久强度试验　stress rupture test
测定在高温长时间载荷作用下材料断裂抗力（即持久强度）的一种高温力学性能试验。

01.0709　应力弛豫试验　stress relaxation test
在规定温度下，保持试样初始变形或位移恒定，测定试样上应力随时间变化关系的试验。

01.0710　断裂韧度试验　fracture toughness test
测定带裂纹构件抵抗裂纹失稳扩展能力即断裂韧度的力学性能试验方法。

01.0711　断口分析　fractography analysis
分析断口宏观和微观特征形貌的技术与方法。是失效分析的主要技术手段之一。

01.0712　表面膜结合强度测试　test of bond strength
对表面膜与基体材料表面彼此保持黏附状态固有的结合强度的测试。最常用的两种测试标准方法是划痕测试法和撕裂法。

01.0713　划痕测试法　scratch test method
常用的测试表面膜与基体材料之间结合强度的标准方法之一。以硬度大于表面膜的材料制成尖头在样品或工件表面上划痕，向划头上增加载荷直到膜和基材脱离接触，此时载荷即为临界载荷，进而可计算得出表面膜与基材之间的结合强度。

01.0714　撕裂法　pull off method
又称"拉脱法"。最常用的测试表面膜与基体材料之间结合强度的标准方法之一。将表面膜与基材分别用黏结剂固定在两个卡头上，垂直界面施加拉伸应力，用膜与基材拉脱时单位面积截面所受拉力评定结合强度。

01.0715　断裂　fracture
材料中的裂纹失稳扩展导致材料或构件破断。

01.0716　韧性断裂　ductile fracture
又称"延性断裂"。裂纹主要通过微孔塑性撕裂长大和聚合而扩展，从而发生明显的塑性变形最终导致材料的断裂。

01.0717　脆性断裂　brittle fracture
断裂前宏观塑性变形很小甚至为零，或吸收的能量较小的断裂方式。

01.0718　韧性断口　ductile fracture surface
韧性断裂引起的断口。宏观形貌为杯锥形断口或纯剪切断口，断裂面呈纤维状，由韧窝构成。

01.0719　韧窝断口　toughnest fracture surface
通过孔洞形核、长大和连接而导致韧性断裂的断口。断口由韧窝(凹坑)构成，某些韧窝中存在第二相。

01.0720　脆性断口　brittle fracture surface
脆性断裂引起的断口，宏观上呈结晶状，微观上则包括沿晶断口，解理断口或准解理断口。

01.0721　沿晶断裂　intergranular fracture
又称"晶间断裂"。多晶体中裂纹沿晶界形核、扩展所导致的脆性断裂。

01.0722　穿晶断裂　transgranular fracture
裂纹穿过多晶体材料的晶粒扩展而发生的断裂。

01.0723　解理断裂　cleavage fracture
裂纹沿解理面形核、扩展而导致的脆性断裂。

01.0724　准解理断裂　quasi-cleavage fracture
裂纹主要沿着晶粒内的解理面扩展但伴随一定程度的塑性撕裂现象而发生的断裂。

01.0725　疲劳断裂　fatigue fracture
在循环应力作用下，由于疲劳裂纹的萌生和扩展最终导致发生的断裂。

01.0726　延迟断裂　delayed fracture
材料承受的应力低于静载断裂强度，但由于应力腐蚀、疲劳、蠕变等方面的原因，经一段时间后发生的断裂。

01.0727　断裂应力　fracture stress
又称"断裂真应力"。拉伸断裂时对应的载荷与断口处的真实截面积之比。

01.0728　裂纹扩展阻力　crack growth resistance
裂纹稳态扩展单位面积所消耗的能量。

01.0729　裂纹扩展动力　crack growth driving force
裂纹扩展单位面积系统能量释放率。

01.0730　临界裂纹扩展力　critical crack propagation force
裂纹失稳扩展造成试样或构件断裂的临界状态所对应的裂纹扩展动力。用 G_{IC} 表示，与材料的断裂韧度 K_{IC} 有关。

01.0731　屈服准则　yield criterion
在多向应力条件下，材料发生屈服的判据。如最大剪应力判据以及形状改变能判据。

01.0732　塑性区　plastic zone
发生塑性变形即屈服的区域。存在多向应力时(如裂尖)，要用屈服判据来确定塑性区。

01.0733　J 积分　J-integral
围绕裂纹周界的线积分。其控制了裂尖的应力、应变场，是弹塑性应力场强度的度量。

01.0734　裂纹顶端张开位移　crack-tip opening displacement，CTOD
外载荷作用下，裂纹尖端沿垂直于裂纹面方向所产生的位移 δ。

01.0735 氢致软化 hydrogen softening
氢使蠕变应变和蠕变速率增加，使应力下降量和下降速率增加的现象。

01.0736 氢致硬化 hydrogen hardening
氢进入材料使之屈服应力或流变应力增大的现象。

01.0737 门槛应力 threshold stress
能够发生滞后断裂的最小应力或不发生滞后断裂的最大应力。

01.0738 门槛应力强度因子 threshold stress intensity factor
含裂纹体不发生滞后断裂所对应的最大应力强度因子。

01.0739 慢应变速率拉伸 slow strain rate tension，SSRT
为评价材料在特定介质中的应力腐蚀敏感性而设计的拉伸速率小于某一临界值(由应力腐蚀体系决定，一般为 $10^{-4}/s \sim 10^{-6}/s$ 的拉伸试验方法。

01.0740 氢脆敏感性 hydrogen embrittlement susceptibility
光滑试样在充氢前后拉伸试验中延伸率或断面收缩率的相对变化量。

01.0741 损伤容限 damage tolerance
利用各种损伤理论(如断裂理论)以及给定的外载荷和环境，确定来自加工及使用过程的缺陷的扩展速度以及结构的剩余强度。是一种较新的结构设计理论。

01.0742 寿命预测 life prediction
对服役构件剩余寿命的定量评价。

01.0743 残余应力 residual stress
物体受载超过材料的弹性范围，在卸去载荷后物体内残存的应力。

01.0744 恒载荷试样 constant load specimen
在整个试验过程中，加于试样上的载荷始终保持恒定不变。

01.0745 恒位移试样 constant displacement specimen
在整个试验过程中，裂纹张开位移(或试样刀口处)保持恒定。

01.0746 Ⅰ型开裂 mode Ⅰ cracking
又称"张开型开裂"。在与裂纹面垂直的外加正应力作用下，裂纹尖端张开的现象。裂纹扩展方向与外应力垂直。

01.0747 Ⅱ型开裂 mode Ⅱ cracking
又称"滑开型开裂"。在平行裂纹面且指向裂纹扩展方向的剪应力作用下，裂纹滑开扩展的现象。

01.0748 Ⅲ型开裂 mode Ⅲ cracking
又称"撕开型开裂"。在平行裂纹面且垂直裂纹扩展方向的剪应力作用下，裂纹面左右错开的现象。裂纹沿原来的方向向前扩展。

01.0749 磨损试验 wear test
在给定摩擦条件下测量材料的磨损量及摩擦系数的试验方法。

01.0750 耐磨性 wear resistance
某种材料在一定的摩擦条件下抵抗磨损的能力。通常以磨损量或磨损率的倒数表示。

01.0751 磨损[耗]量 abrasion loss
磨损过程中，相对运动表面材料的损失量。

01.0752 磨耗系数 wear coefficient
摩擦副材料的磨损体积和较软材料的流动

压力乘积对载荷与滑行距离乘积之比。

01.0753 磨损率 wear rate
磨损量与磨损时间之比。由于磨损量是时间的函数，磨损率可表示与时间有关的磨损特性。

01.0754 抗磨强度 resistance to abrasion
又称"抗磨指数"。材料抵抗磨料磨损的能力。根据磨料的受力状态，磨料磨损可分为低应力冲蚀或划伤、高应力切削和变形以及凿削磨损三种。在评定材料的抗磨强度时也分别使用三种有代表性的试验设备。

01.0755 失效分析 failure analysis
研究构件在外部条件(或环境)作用下，发生断裂、磨损、腐蚀、变形等而失去其原有功能的失效行为的特征和规律，从而找出失效的模式和原因。

01.01.06 材料环境行为

01.0756 腐蚀 corrosion
材料表面或界面之间发生化学、电化学或其他反应造成材料本身损坏或恶化的现象。生锈是金属腐蚀的一种最普通的形式。

01.0757 腐蚀防护 corrosion prevention
防止腐蚀性介质对材料及设备发生腐蚀作用的方法。

01.0758 电化学腐蚀 electrochemical corrosion
金属材料在电解质中由于电池作用而产生的腐蚀。

01.0759 阳极溶解 anodic dissolution
金属作为阳极发生氧化反应的电极过程。

01.0760 阴极腐蚀 cathodic corrosion
在电解池中，作为阴极的材料发生的均匀腐蚀。

01.0761 钝化 passivation
某些金属或合金经过某种化学处理或电化学处理后由受腐蚀的活化状态转化为不活泼态即钝态的过程。

01.0762 钝化膜 passive film
在介质作用下，材料表面形成的能够抑制阳极溶解过程、而自身又难溶于介质的固体产物薄膜。

01.0763 择优溶解 preferred dissolution
多元合金在腐蚀过程中，合金中电势较低的金属或相发生优先溶解而被破坏的现象。

01.0764 均匀腐蚀 general corrosion, uniform corrosion
在腐蚀性环境中材料产生的在整个表面各处程度基本相同的腐蚀。

01.0765 局部腐蚀 localized corrosion
局限于材料表面某些特殊区域的腐蚀。包括点蚀、缝隙腐蚀、晶间腐蚀、电偶腐蚀、选择性腐蚀、氢脆和应力腐蚀等。

01.0766 点蚀 pitting
局限于金属表面上某些孤立的点发生的深度相当深的腐蚀。

01.0767 缝隙腐蚀 crevice corrosion
金属与金属之间或者金属与其他物质之间有狭缝时，由于存在于狭缝内的电解质水溶液的浓度差或者溶解氧量之差等而构成局部电池从而被加速的腐蚀。

01.0768 晶间腐蚀 intergranular corrosion
材料在特定腐蚀介质中沿着材料的晶粒边界或晶界附近发生腐蚀的现象。

01.0769 选择性腐蚀 selective corrosion
合金材料某种组元的腐蚀程度明显大于其他组元的腐蚀。

01.0770 电偶腐蚀 galvanic corrosion
又称"接触腐蚀"、"异金属腐蚀"。处于同一电解质中的异种金属由于腐蚀电位不相等而产生电偶电流使得电位较负的金属被加速腐蚀的现象。

01.0771 环境断裂 environmental fracture
通过环境因素(腐蚀介质、氢或液态金属等)影响材料形变和断裂的基元过程,使材料经历一定时间后在低的外应力下发生的滞后断裂如应力腐蚀开裂、氢致开裂、液态金属致脆等。

01.0772 应力腐蚀开裂 stress corrosion cracking,SCC
材料在腐蚀介质和拉应力共同作用下经过一定时间后发生的开裂。

01.0773 应力腐蚀敏感性 stress corrosion cracking susceptibility
惰性介质和腐蚀介质中延伸率、断面收缩率(或断裂真应变)的相对差值。

01.0774 液态金属致脆 liquid metal embrittlement
又称"液态金属腐蚀(liquid metal corrosion)"。材料与液态金属接触发生腐蚀,塑性降低乃至低应力脆断的现象。能使材料致脆的液态金属主要有碱金属(Li、Na、K)、非碱金属(Hg、Ca、Zn、Se、Cd、Sn)以及Pb-Bi合金、Ni-Sn合金等。

01.0775 氢致开裂 hydrogen induced cracking,HIC
氢的存在而导致材料经历一定时间后发生的低应力脆性开裂。

01.0776 氢致塑性损失 hydrogen induced ductility loss
氢的存在使材料的塑性指标(延伸率、面缩率、断裂应变)明显下降的现象。

01.0777 氢脆 hydrogen embrittlement
又称"氢损伤(hydrogen damage)"。由于氢的存在使材料发生不可逆损伤、塑性下降以及低应力下的滞后断裂的总称。

01.0778 延迟氢脆 delayed hydride cracking,DHC
又称"延迟氢化开裂"。由局部应力引起氢化物在裂纹尖端形成而使材料脆化的过程。

01.0779 氢蚀 hydrogen attack
在300~500℃温度范围内由于氢与碳发生化学反应产生材料晶界微裂纹的氢脆现象。

01.0780 碱脆 caustic embrittlement
由于工作应力或残余应力(拉应力)与高温浓碱液的协同作用而发生的材料应力腐蚀开裂现象。

01.0781 土壤腐蚀 soil corrosion
由于土壤的作用而引起的腐蚀。

01.0782 大气腐蚀 atmospheric corrosion
在环境温度下,以地球大气作为腐蚀环境的腐蚀。

01.0783 水介质[中]腐蚀 corrosion in aqueous environment
金属材料在水介质中发生的腐蚀。

01.0784 海洋腐蚀 marine corrosion
由于海水和海洋环境的作用而引起的腐蚀。

01.0785 高温氧化 high temperature oxidation

金属在高温下与环境中的氧反应形成氧化物的过程。

01.0786　熔盐腐蚀　fused salt corrosion
金属材料在熔盐中发生的金属腐蚀。分为两类：一类是金属被氧化成金属离子，另一类是以金属态溶解于熔盐中。

01.0787　热腐蚀　hot corrosion
金属材料在高温工作时，基体金属与沉积在表面的熔盐及周围气体发生的综合作用而产生的腐蚀现象。

01.0788　空化腐蚀　cavitation corrosion
又称"空蚀"、"气蚀"。固体表面存在的液体内形成的空泡溃灭产生激烈"锤击"力(空化作用)并与腐蚀联合作用对固体表面的损伤现象。

01.0789　冲蚀　erosion
材料表面与腐蚀流体之间由于高速相对运动引起的损伤。是流体的冲刷与腐蚀协同作用的结果。

01.0790　腐蚀疲劳　corrosion fatigue
由腐蚀介质(一般不包括空气)和循环应力的联合作用而发生的材料破坏现象。

01.0791　耐[腐]蚀性　corrosion resistance
在给定的腐蚀体系中金属所具有的抗腐蚀能力。

01.0792　腐蚀速率　corrosion rate
表示单位时间内金属腐蚀效应的数值。通常可以用重量法来测定，计算出平均腐蚀速率。

01.0793　腐蚀电位　corrosion potential
在给定腐蚀介质中的电极电位。

01.0794　腐蚀电位序　corrosion potential series
测量一系列金属和合金在特定环境下的腐蚀电位，并表述这些电位的排序，是描述在这种特定环境下活性金属或合金腐蚀行为的一种方法。

01.0795　磨损　abrasion，wear
物体表面因相对运动而出现的材料不断迁移或损失的过程。

01.0796　黏着磨损　adhesive wear
又称"咬合磨损"。由于黏附作用使两摩擦表面的材料迁移而引起的机械磨损。

01.0797　磨料磨损　abrasive wear，abrasion
由外界硬质颗粒或硬表面的微峰在摩擦过程中引起材料表面擦伤与脱落的现象。

01.0798　磨蚀　corrosion wear
又称"腐蚀磨损"。磨损和腐蚀共同作用而导致的表面材料流失的现象。

01.0799　接触疲劳磨损　contact fatigue wear，fatigue wear
又称"表面疲劳磨损"。两接触表面在交变接触压应力的作用下，材料表面因疲劳而产生物质损失的现象。

01.0800　微动磨损　fretting，fretting wear
又称"微动损伤"。两个相互接触、名义上相对静止而实际上处于周期性小幅相对滑动(或振动)的固体表面因磨损所导致的材料表面破坏的现象。

01.0801　冲击磨损　impact wear
材料表面受到外来物体冲击力作用而引起的局部材料损失或剥落的现象。

01.0802　冲蚀磨损　erosive wear
由含有固体颗粒的流体冲击(冲刷)而造成固态材料表面物质流失的磨损现象。

01.0803　滚动摩擦磨损　rolling friction and

wear

两个相对滚动物体公共接触面积上表面速度的大小和(或)方向相同时产生的切向阻力和材料流失的现象。

01.0804　滑动摩擦磨损　sliding friction and wear

两个相对滑动物体公共接触面积上产生的切向阻力和材料流失的现象。

01.0805　电化学腐蚀磨损　electrochemical corrosion wear

金属摩擦件在酸、碱、盐等电解质中，由于形成微电池电化学反应而产生磨损的现象。

01.0806　氧化磨损　oxidation wear

材料表面因受空气或润滑剂中氧的作用形成氧化膜，并不断地被磨去而使材料损耗的现象。

01.01.07　材料设计、模拟与计算

01.0807　材料设计　materials design

通过理论与计算预报新材料的组分、结构与性能，或者说，通过理论设计来"订做"具有特定性能的新材料的方法。可分为经验设计和科学设计。

01.0808　材料生态设计　materials ecodesign

根据生态学的思想和原理，综合考虑材料或产品从设计、生产、维护到最终淘汰、回收和处理的所有阶段，以满足对材料或产品的整个寿命周期的生态要求的一种新的产品和材料的设计方法。

01.0809　材料设计专家系统　expert system for materials design

具有相当数量的与材料有关的各种背景知识，并能运用这些知识解决材料设计中有关问题的计算机程序系统。

01.0810　计算材料学　computational material science，CMS

又称"材料计算学"。综合材料科学、计算机科学技术、数学、物理学、化学以及机械工程等学科而发展起来的，对材料的组织结构和性能进行建模、模拟[仿真]计算和预测预报的一门学科。

01.0811　材料模型化　materials modeling

将材料真实情况简化处理，建立一个反映真实情况本质特性的模型，并公式化描述的技术。是材料模拟与设计的重要工具和途径。

01.0812　材料模拟　materials simulation

又称"材料仿真"。根据实际材料问题建立模型，对真实材料及其体系和过程进行求解计算或模拟，以获知所模拟系统的某些关键性特征的一类研究方法。

01.0813　计算机建模　computer modeling

一般指借助于计算机建立数学模型、数值求解、定量研究某些现象或过程的研究方法。

01.0814　计算机模拟　computer simulation

又称"计算机仿真"。利用计算机根据实际或假想问题建立模型，通过改变输入的变量值或条件，甚至与实际系统联动，以预报系统的行为特征和规律的研究方法。是材料模拟和材料设计的重要手段，其含义较计算机建模更广泛。

01.0815　微观组织模拟　microstructure simulation

借助于计算机建模与计算机模拟，对材料微观或介观尺度上的组织生成过程与机制、组织形貌及其基本特征等，进行数值的或可视

化的模拟研究。

01.0816 可视化仿真 visualization simulation
借助于计算机及相关软件，实现材料建模、仿真和科学计算的可视化输出，将材料工艺、组织结构演变、使用场景等各种材料相关动态过程及瞬态图像直观显现出来的模拟技术。

01.0817 材料多尺度仿真 multi-scale simulation of materials
对材料进行的包含原子(分子)水平、纳观尺度、微观尺度、介观尺度、宏观尺度等不同尺度耦合关联的计算机仿真。

01.0818 宏观尺度 macroscale
空间尺度大致在毫米以上的范围。

01.0819 介观尺度 mesoscale
一般指介于宏观和微观之间的尺度范畴。

01.0820 微观尺度 microscale
对应于小于晶粒尺寸的晶格缺陷系综的尺度范畴，或对应于包括显微组织在内的尺度范畴及对应于材料具有明显量子效应的尺度范畴等。

01.0821 纳观尺度 nanoscale
100nm 或更小尺寸的尺度范围。

01.0822 内禀性标度 intrinsic scale
材料本身物理参量的实际标度。

01.0823 相容性条件 compatible condition
模型中为满足有关要求，几个实体能共同存在或使用的特定条件。

01.0824 边界条件 boundary condition
模型中控制研究对象之间平面、表面或交界面处特性的条件，由此确定跨越不连续边界处场的性质。

01.0825 周期性边界条件 periodic boundary condition
为了减小有限尺寸效应，在模型中引入等周期扩展的边界条件。

01.0826 初值条件 initial condition
模拟开始初始化参数时赋予变量的初值。

01.0827 [结构]演化方程 [structure] evolution equation
根据因变量值的变化，给出描述微观组织演化的且与路径有关的函数关系。

01.0828 路径相关性 path-dependency
材料微观组织处于热力学非平衡态时，结构演化方程的决定因素与演变路径相关的特性。

01.0829 连续体近似方法 continuum approximation
可以跨越不同时间及长度标度进行模拟的方法，模型没有内禀性标度。

01.0830 确定性模拟方法 deterministic simulation method
基于把一些代数方程或微分方程作为静态方程和演化方程，以明确严格的模拟方式描述材料微观组织演化的模拟方法。

01.0831 随机模拟方法 random simulation method
应用概率函数描述研究对象的不确定性，对概率函数任意抽样，产生一系列样本，对大量样本的模拟情景进行归纳获得某种规律的模拟方法。

01.0832 伊辛模型 Ising model
以德国科学家伊辛(Ernst Ising)命名的描述物质结构变化的一种统计性模型。基于此模型，可以通过存在于任意晶格点上的粒子自旋变量(取值 1 或 -1)的随机翻转引起的能量变化，模拟研究固体中分子磁矩铁磁性有序化、晶粒长大等问题。

01.0833 蒙特卡罗法 Monte Carlo method
一类基于重复随机取样以计算其结果的计算机模拟算法。通过采用无相关随机数构成的考察变量完成一系列计算机实验，在合理的计算时间内对相空间大量的状态进行研究的方法。

01.0834 米特罗波利斯-蒙特卡罗算法 Metropolis-Monte Carlo algorithm
通过随机地选择并更新试探状态来执行计算任务的一种蒙特卡罗算法。

01.0835 多态波茨蒙特卡罗模型 multi-state Potts Monte Carlo model
采用广义自旋变量，用其表示多个可能状态中的一个态，同时只计及不同近邻情况下相互作用的一种蒙特卡罗方法。

01.0836 元胞自动机法 cell automaton method
由每个晶格结点代表有限个可能的离散状态中的一个态，将某些变换规则应用于每个结点状态，由此发生自动机的演化的一种微观组织模拟方法。

01.0837 相场方法 phase field method
在考虑化学场、晶体场、结构场的时间和空间变化的情况下，以态变量离散化形式处理固态和液态相变动力学的一种微观组织模拟方法。

01.0838 相场动力学模型 phase field kinetics model
用于描述相干和非相干系统中连续或准不连续相分离现象的一类唯象连续体场模型。

01.0839 顶点模型 vertex model
把固体材料或类皂泡结构理想化为在顶点（即晶界结点处）相交并相互联结的晶界段的均匀连续体模型，是一种微观组织模拟用模型。

01.0840 有限元法 finite element method, FEM
又称"有限元分析(finite element analysis, FEA)"。通过给定合理的边界条件和初始值，进行近似求解耦合偏微分方程组的一种数值模拟方法。

01.0841 本构方程 constitutive equation
描述特定物质或材料性质和响应特性的方程。

01.0842 位错动力学方法 dislocation dynamics method
基于求解牛顿运动方程，对运动位错的动力学进行模拟计算的一类方法。

01.0843 晶体塑性模型 crystal plastic model
从晶体塑性理论出发，描述多晶体中晶粒内非均匀形变区演化的模型。

01.0844 分子动力学方法 molecular dynamics method，MD method
通过允许原子和分子在一段时间内交互作用，根据已知的物理近似求解系统中所有粒子的运动方程，获知原子运动过程的图像的一种计算机模拟方法。

01.0845 从头计算法 ab initio calculation
基于量子理论，不引入任何来自实验测定的经验参数，利用计算机对材料进行的计算和预测的一类方法。

01.0846 原子间作用势模型 interatomic potential model
原子间相互作用对势的计算机模拟设计模型。

01.0847 经验势函数 experienced interatomic potential function

计算原子间相互作用势的经验的势函数。

01.0848 晶格反演 lattice inversion

从晶格体系结合能反演出晶体中原子相互作用对势的方法和关系式。其基础是发现任意晶体中隐藏的半群结构，近年来更发展出界面两侧原子相互作用势。

01.0849 固体与分子经验电子理论 empirical electron theory of solid and molecule

简称"EET 理论"。确定晶体内各类原子的杂化状态为基础描述晶体价电子结构的理论。

01.0850 热力学评估 thermodynamic evaluation, thermodynamic assessment

利用相图和各种热力学数据，通过对体系内各相选用合适的热力学模型，经计算机优化，可得到体系中各相的特征函数的参数评估的方法。

01.0851 热力学优化 thermodynamic optimization

根据实验数据对热力学模型中的系数进行同步调整，以实现热力学计算和相图实验数据的耦合的优化过程。

01.0852 相图计算技术 computer calculation of phase diagram, CALPHAD

简称"CALPHAD 技术"。在材料科学相平衡研究领域，运用基本的热力学理论与数学公式，描述物质体系中各相不同的热力学性质的一种计算技术。

01.02 材料合成、制备与加工

01.02.01 特 种 冶 金

01.0853 特种冶金 special metallurgy

生产高纯度、高均匀性、准确化学成分高级或超级金属材料所采用的特殊冶金工艺。

01.0854 电冶金 electrometallurgy

利用电或电解方法冶炼或提纯金属或合金的方法。

01.0855 火法冶金 pyrometallurgy

利用高温从矿石中提取金属或其化合物的所有冶金过程的总称。

01.0856 氯化冶金 chloridizing metallurgy

根据不同元素氯化物的熔点、沸点、蒸气压等性质的差异实现金属间的相互分离、提纯的方法。

01.0857 喷射冶金 injection metallurgy

又称"喷粉冶金"。用气体射流将粉末物料直接吹入金属熔池完成冶金反应的工艺。

01.0858 湿法冶金 hydrometallurgy

通过水溶液反应过程从矿石中或矿石浓缩物中分离出金属的方法。

01.0859 高压湿法冶金 high pressure hydrometallurgy

通过提高压力来提高湿法冶金效率的方法。

01.0860 冶炼 smelting

用焙烧、熔炼、电解以及使用化学药剂等方法把矿石中的金属提取出来，减少金属中所含的杂质或增加金属中某种成分，炼成所需要的金属的过程。

01.0861 冶金溶剂 solvent for metallurgy
使矿石或精矿中的有价值的成分转入溶液
与有害杂质分离的物质。

01.0862 水热合成 hydrothermal synthesis
以水为溶剂,在一定的温度和压力下进行反
应合成的方法。

01.0863 浸出 leaching
利用化学试剂选择性地将矿石中的有用组
分转化为可溶性化合物的过程。

01.0864 矿石浸出 leaching of ores
利用浸出提取矿石中的金属的化学处理方
法。

01.0865 高压浸出 high pressure leaching
增加氧压提高溶液中氧气的浓度,提高浸出
速度的一种浸出方法。

01.0866 高压氨浸 high pressure ammonium leaching
增加氨浸过程中的氧压,提高氧在溶液中的
传递来提高浸出速度的方法。

01.0867 氰化浸出 cyanide leaching
利用氰化物溶液将矿石中的金、银等元素提
取出来的方法。

01.0868 高压釜浸出 autoclave leaching
在釜中高氧压条件下进行的浸出。

01.0869 浸出率 leaching rate
转入浸出液中的溶质量与物料原含溶质总
量的比值。

01.0870 槽浸 vat leaching
矿石粉在搅拌槽内加入溶剂进行浸取的工艺。

01.0871 堆浸 dump leaching, heap leaching
将低品位矿石堆直接布液进行浸出,再从浸

出液中提取有用组分的工艺。

01.0872 蒸馏法 distillation method
利用蒸馏原理提取、分离、精炼和净化金属
的方法。

01.0873 中和水解 neutralizing hydrolysis
向酸性金属离子溶液加入碱或向碱性金属
离子溶液加入酸,使盐(或有机物)的阳离子
(或带正电的基团)与水的阴离子(羟基)结
合,盐的阴离子(或带负电的基团)与水的阳
离子(或氢原子)结合。

01.0874 萃取 extraction
利用化合物在两种互不相溶(或微溶)的溶
剂中溶解度或分配系数的不同,使化合物从
一种溶剂内转移到另外一种溶剂中而提取
出来的冶金过程。

01.0875 反萃 backwash extractor
萃取的逆过程。即用水(或其他极性大的溶
剂)将在有机溶剂中的某些物质萃取到水
中。

01.0876 离子交换法 ion exchange process
利用液相中的离子和固相中离子间所进行
的可逆性化学反应提纯或分离物质的方法。

01.0877 吸着 sorption
金属溶液通过树脂床时金属离子离开水相
进入树脂相的过程。

01.0878 晶种 seed crystal
为加快或促进特定晶型的生长在溶液中加
入的晶体添加物。

01.0879 氧化沉淀 oxidation precipitation
利用氧化剂使溶液中离子从低价变成高价,
并与溶液中其他离子形成沉淀的方法。

01.0880 还原沉淀 reduction precipitation

利用还原剂使溶液中离子从高价变成低价，并与溶液中其他离子形成沉淀的方法。

01.0881 硫化沉淀 sulfide precipitation
以硫离子作为沉淀剂的化学反应。

01.0882 氢气沉淀 hydrogen precipitation
在高温高压下用氢将钴和镍从其水溶液中沉淀出来的方法。

01.0883 配位沉淀 coordinate precipitation
将溶液中的金属离子与配位剂先形成配位离子，再与加入的沉淀剂缓慢反应得到沉淀的过程。

01.0884 置换沉淀 displacement precipitation
在溶液中加入某种物质，使之与溶液中离子发生置换反应，而被置换出的离子转化为沉淀态的方法。

01.0885 水解沉淀 hydrolysis precipitation
调节溶液的酸碱度使金属离子以氢氧化物或碱式盐形态析出的过程。

01.0886 金属沉淀法 metal precipitation
降低溶液的氧化还原电位，使金属离子还原成金属的方法。

01.0887 难溶盐沉淀法 insoluble salt pre-cipitation
使金属离子生成难溶盐沉淀析出，从而达到分离提纯的方法。

01.0888 共沉淀 coprecipitation
含有两种或多种阳离子的溶液经沉淀反应后形成各种成分的均一沉淀的方法。

01.0889 分步沉淀 fractional precipitation
含多种阳离子的溶液中分步加入沉淀剂后，离子分步沉淀出来的方法。

01.0890 高温强制水解 high temperature forced hydrolysis
通过高温，使无机化合物溶于多元醇，实现水解的过程。

01.0891 羰基法 carbonyl process
金属与一氧化碳在低温下生成羰基化合物，再加热后分解分离出纯金属的方法。

01.0892 自催化反应 self-catalyzed reaction
具有自催化作用的反应物所发生的化学反应。

01.0893 熔化热 heat of fusion, melting heat
单位质量的固态物质在熔点熔化成同温度的液态物质所吸收的热量。

01.0894 平衡电位 equilibrium potential
金属离子在金属/溶液两相中的电化学位相等时形成的电位值。

01.0895 超电位 overpotential
由于存在极化现象，实际电位与可逆的平衡电位之间产生的差值。

01.0896 极化电位 polarization potential
金属开始发生电氧化的最小电位。

01.0897 熔盐电解 fusion electrolysis
将某些金属的盐类熔融并作为电解质进行电解，以提取和提纯金属的冶金过程。

01.0898 真空冶金 vacuum metallurgy
在低于 0.1MPa 的真空条件下进行金属的冶炼、提纯、精炼等处理的工艺。

01.0899 真空电阻熔炼 vacuum electric re-sistance melting
在真空条件下利用电流通过电热体时产生的热量熔炼金属和合金的方法。

01.0900　真空电弧熔炼　vacuum arc melting
利用电弧热在真空环境下熔炼金属和合金的方法。

01.0901　真空电子束熔炼　vacuum electronic torch melting
利用高功率电子枪在真空条件下轰击料棒，将其熔化到水冷铜结晶器中形成金属锭或铸件的方法。

01.0902　真空电渣熔炼　vacuum electroslag melting
在真空状态下利用电流通过熔渣时产生的电阻热作为热源进行熔炼的方法。

01.0903　真空蒸馏　vacuum distillation
在真空状态下，根据各组分沸点的不同，进行多次的部分汽化和部分冷凝，以达到分离提纯的方法。

01.0904　真空脱气　vacuum degassing
将液态金属置于真空环境中，使其中的溶解气体释放出来的方法。

01.0905　真空熔炼　vacuum melting
在真空条件下熔炼金属或合金的方法。

01.0906　真空精炼　vacuum refining
在真空条件下去除金属中非金属夹杂物（氧、氢、氮）以及其他有害杂质，并使成分精确的方法。

01.0907　钢包脱气　ladle degasing
把盛有钢液的钢包放在真空室内，进行电弧加热并通入惰性气体进行搅拌，实现脱气的炉外精炼工艺。

01.0908　脱氧　deoxidation
去除金属液中的氧化物夹杂的过程。

01.0909　脱氢　dehydrogenation
通过炉外吹氩气或真空处理等方法去除金属和合金中氢元素的过程。

01.0910　脉冲搅拌法　pulsating mixing process
一个和真空泵与吹氩系统相连的多孔圆筒插入钢水内作为处理槽，交错进行抽真空和吹氩使钢水周期往返于处理槽进行精炼的方法。

01.0911　电渣重熔　electroslag remelting, ESR
利用水冷铜模和自耗电极在熔渣中熔化精炼，快速凝固得到高质量钢锭的方法。

01.0912　电子束重熔　electron beam remelting
利用电子束轰击材料使其熔化，净化并快速凝固的冶炼方法。

01.0913　等离子体冶金　plasma melting
利用工作气体被电离时产生的等离子体来进行熔炼的工艺。

01.0914　电弧等离子枪　arc plasma gun
利用电弧加热使工作气体电离产生等离子体的装置。

01.0915　高频等离子枪　high frequency plasma gun
利用高频电场加热使工作气体电离成等离子体的装置。

01.0916　等离子弧重熔　plasma arc remelting
利用等离子枪体产生的高温使棒料和块料重新熔化净化的工艺。熔化的液态金属在水冷铜结晶器中凝固，并可进行抽拉制锭。

01.0917　等离子熔融还原　plasma melton reduction

利用等离子体高温熔融矿石，将铁氧化物还原成金属铁的非高炉炼铁法。

01.0918 等离子束重熔法 beam-plasma remelting
利用等离子束为热源的重熔工艺。

01.0919 等离子冷床熔炼 plasma cold-hearth melting
以等离子体为热源，在强制水冷的铜槽内进行熔炼的工艺。

01.0920 熔融还原 fusion reduction
利用还原剂将高温熔融状态矿石中的铁氧化物还原成金属铁的非高炉炼铁法。

01.0921 脱硫 desulfurization
以降低氧含量、高碱度渣的方式除去液态金属与合金中的硫的方法。

01.0922 脱碳 decarburization
金属合金中的碳含量由于氧化或与周围介质发生反应而降低或被除去的方法。

01.0923 电磁搅拌 electromagnetic stirring, EMS
简称"EMS 技术"。利用电磁效应实现熔体的搅拌，熔炼时使温度和成分均匀、连铸时控制凝固过程的工艺。

01.0924 流态化技术 fluidization technology
利用流体的作用，将固体颗粒群悬浮起来具有某些流体的表观特征，并利用流体与固体间的这种接触方式实现生产过程操作的技术。

01.0925 碳热还原 carbon thermal reduction
利用碳加热将各种金属氧化物还原的方法。

01.02.02 凝固与铸造技术

01.0926 凝固 solidification
物质从液态向固态转变的相变过程。

01.0927 结晶 crystallization
物质由原子结构无序的非晶态向具有一定结构的晶体转变的过程。

01.0928 形核 nucleation
在母相中形成新相晶体的结晶核心的过程。

01.0929 均匀形核 homogeneous nucleation
又称"均质形核"。不借助任何外来质点，通过母相自身的原子结构起伏或（和）成分起伏、能量起伏形成结晶核心的现象。

01.0930 非均匀形核 heterogeneous nucleation
又称"异质形核"。依附于液态内部的固相质点或者与其他固体接触的界面形成的结晶核心的现象。

01.0931 形核基底 nucleation substrate
非均匀形核所依附的固相颗粒或者其他固相的表面。

01.0932 临界晶核半径 radius of critical nucleus, critical nucleus radius
在给定过冷度的过冷母相中能够稳定存在的最小晶体颗粒的半径。

01.0933 形核激活能 activation energy of nucleation
在过冷母相中形成临界尺寸晶核引起的体系自由焓的变化。

01.0934 生长 growth

以结晶核心为基础,结晶态的固相在母相中长大的过程。

01.0935 结晶温度区间 solidification temperature region

在平衡凝固条件下,多组元合金自结晶开始至结晶完毕的温度区间。

01.0936 溶质浓度 solute concentration

特定的物质在材料中的含量与总量之比。可采用质量分数或百分数表示,也可用摩尔分数或百分数表示。

01.0937 润湿 wetting

液相与固相接触时液相沿着固相表面铺展的现象。

01.0938 润湿角 wetting angle

液相与固相的接触点处液固界面和液态表面切线的夹角。该夹角小于90°时表示润湿,大于90°表示不润湿。

01.0939 充型 filling

铸造过程中熔融合金液通过一定的流动通道向铸造型腔中充填的过程。

01.0940 凝固潜热 solidification heat latent

单位质量晶体从液相变成固相所放出的热量。

01.0941 回熔 melting back

由于温度的起伏、熔体的流动或者溶质的扩散等使已经结晶的固相发生局部过热和被熔化的现象。

01.0942 浓度起伏 constitutional fluctuation

多组元熔体中原子的热运动导致其中不同组元分布不均匀的现象。

01.0943 结构起伏 structural fluctuation

熔体中原子的热运动和相互作用力导致的原子团分布不均匀现象。

01.0944 过冷度 undercooling degree, supercooling degree

平衡相变温度与实际相变温度的差值。

01.0945 成分过冷 constitutional undercooling

在合金凝固过程中由于溶质再分配引起的过冷。

01.0946 固相分数 solid fraction

液相和固相共存状态下固相的体积与液、固相混合物总体积之比。

01.0947 液相分数 liquid fraction

液相和固相共存状态下液相的体积与液、固相混合物总体积之比。

01.0948 凝固动态曲线 dynamitic solidification curve

宏观的凝固界面位置随着凝固时间变化的曲线。可以用等固相分数面的位置随时间的变化来表示。

01.0949 液固界面 solidification interface

又称"凝固界面"。凝固过程中,从宏观的尺度定义的液相和固相的分界面。

01.0950 液固界面能 liquid-solid interface energy

又称"界面自由能(interface free energy)"。液相与固相界面上由于原子成键特性的不同而形成的附加自由能。

01.0951 吉布斯-汤姆孙系数 Gibbs-Thomson factor

结晶界面上的液固界面能与熔化熵的比值。

01.0952 分凝因数 solute partition coefficient

又称"溶质再分配系数"。在固液界面上溶质元素在固相一侧的浓度与液相一侧的浓度比值。

01.0953　初始过渡区　initial transient region
在平界面定向凝固过程中，从凝固起始点到溶质浓度接近其平衡浓度的过渡段。

01.0954　稳定生长区　steady state region
在平界面定向凝固过程中，在初始过渡区结束后，析出固相成分与其平均值基本一致的区域。

01.0955　末端过渡区　final transient region
在平界面定向凝固过程中，当稳态生长阶段结束后，析出固相成分再次发生变化的区域。

01.0956　凝固界面形貌　liquid-solid interface morphology
凝固过程中液相与固相物理分界面的空间形态。

01.0957　平面液固界面　planar liquid-solid interface
平直的液相与固相分界面。

01.0958　柱状晶　columnar crystal
液态金属凝固时，在定向散热的条件下，形成的近乎平行的长柱形晶体。

01.0959　等轴晶　equiaxed crystal
液态金属结晶过程中，在各个晶轴方向得到均等发展的晶体。

01.0960　强制性晶体生长　constrained crystal growth
在强制散热条件下合金的凝固过程。其特征是结晶界面附近控制为正的温度梯度，结晶潜热通过固相散失。

01.0961　非强制性晶体生长　free crystal growth，non-constrained crystal growth
在自然冷却条件下合金的凝固过程。其特征是结晶界面前温度梯度为负值，结晶潜热向液相散失。

01.0962　界面稳定性　interface stability
维持凝固界面平面形状的能力。

01.0963　平 – 胞转变　planar-cellular interface transition
凝固过程中平面液固界面失稳而向胞状界面转变的过程。

01.0964　胞 – 枝转变　cellular-dendrite interface transition
以胞状生长的液固界面失稳向枝状界面转变的过程。

01.0965　绝对稳定性　absolute stability
以树枝晶或胞晶生长的固相，在生长速率进一步增大时液固界面再次变为平面的现象。此时的平面界面是绝对稳定的。

01.0966　枝晶尖端半径　dendrite tip radius
对以胞状或树枝状生长的晶体尖端拟合得出的球面半径。

01.0967　枝晶间距　dendrite spacing
在树枝晶生长过程中相邻枝晶间的距离。

01.0968　枝晶粗化　dendrite coarsening
已形成的枝晶由于溶质的均匀化扩散，使得部分枝晶被熔化或者合并，从而使枝晶间距增大的过程。

01.0969　共晶凝固　eutectic solidification
从液相中同时析出两种或两种以上固相的凝固过程。

01.0970 共晶间距 eutectic spacing
在共晶凝固组织中，析出的两种交替排列的相的中心线之间的距离。

01.0971 层状共晶体 lamellar eutectic
两种相以片层状相间交替排列的一种共晶凝固组织。

01.0972 规则共晶体 regular eutectic
在共晶凝固时，两相以层片状或其中之一呈棒状，等间距平行排列的共晶组织。

01.0973 非规则共晶体 non-regular eutectic
凝固时析出的两相排列不规则的共晶组织。

01.0974 亚共晶体 hypoeutectic
在二元共晶相图中化学成分低于共晶但与共晶成分接近的合金组织。

01.0975 过共晶体 hypereutectic
在二元共晶相图中化学成分高于共晶但与共晶成分接近的合金组织。

01.0976 伪共晶体 pseudoeutectic
由非共晶成分的合金在一定的过冷度下获得的共晶组织。

01.0977 分离共晶体 divorced eutectic
亚共晶或过共晶凝固过程中，当初生相间的共晶数量很少时，其中一相直接与初生固溶体生长为一体，另一相则在初生固溶体间隙中生长而看不到共晶结构。

01.0978 共生区 coupled growth zone
能够获得伪共晶组织的成分区域。该区域随着过冷度的增大而变大。

01.0979 领先相 leading phase
在共晶合金凝固过程中，首先形核的相。对共晶组织形貌起决定作用。

01.0980 初生相 primary phase
包晶、亚共晶或过共晶凝固过程中首先从液相中形成的固相。

01.0981 次生相 second phase
在初生相形成后的生长过程中，随后析出的其他相。其生长形态受初生相的约束。

01.0982 搭桥生长机制 bridging growth of lamellar eutectic
在片层状共晶生长过程中，新的片层不需要形核，而是通过前一个片层绕过另一相侧向发展。

01.0983 包晶凝固 peritectic solidification
以固溶体的形式析出的固相与液相反应生成另一个固相，由于反应不完全，从而形成的两相互相包裹的凝固组织的过程。

01.0984 偏晶凝固 monotectic solidification, monotectic reaction
由液相同时析出固相和液相，析出的液相成分不同于原始液相，并随后凝固的过程。

01.0985 定向凝固 directional solidification
在凝固过程中设法在凝固金属和未凝固金属熔体中建立起特定方向的温度梯度，使熔体沿着与热流相反的方向凝固，得到具有特定取向柱状晶的过程。

01.0986 发热剂法 exothermic powder method, EP method
采用底部冷却，侧面绝热铸型的一种定向凝固方法。浇入铸型的合金液顶部覆盖发热剂进行加热保温，建立自下而上的定向凝固条件。

01.0987 功率降低法 power down method, PD method
将铸型放入分段加热的炉膛内，从底部冷

却，并逐一从下向上切断各加热段的电源，形成自下而上的温度梯度，实现金属定向凝固的一种定向凝固方法。

01.0988 高速凝固法 high rate solidification method，HRS method

在专门加热炉中加热铸型和熔体，将铸型从炉膛向下缓缓慢拉出并通过喷水等方式强制冷却，在铸型内获得逐渐上移的单向温度场，可以在较高的速率下实现定向凝固的一种定向凝固方法。

01.0989 液态金属冷却法 liquid metal cooling method，LMC method

在高速定向凝固技术的基础上，对从保温炉中移出的铸型采用低熔点的熔融金属进行强制冷却，获得更加理想的定向凝固组织的方法。

01.0990 连续定向凝固 continuous directional solidification

通过控制传热条件获得凸向液相的凝固界面，利用界面张力使合金液在拉出铸型后再凝固，可以获得连续单晶材料的过程。

01.0991 电磁约束成形 electromagnetic shaping

不需要铸型，利用电磁力对合金熔体形状进行约束，实现铸件的定向凝固与成形的技术。

01.0992 快速凝固 rapid solidification

通过强制传热，使合金熔液以很高的降温速率冷却的凝固过程。可以获得非平衡的凝固组织。

01.0993 近快速凝固 near rapid solidification

冷却速率介于普通铸造条件和快速凝固冷却速率的凝固过程。

01.0994 平衡凝固 equilibrium solidification

在接近平衡凝固温度的低过冷度下进行的凝固过程。其凝固组织几乎完全按照平衡相图预测的规律变化，溶质也可以充分的扩散。

01.0995 非平衡凝固 non-equilibrium solidification

在快速凝固条件下，扩散过程乃至平衡相的析出被抑制，获得热力学非平衡凝固组织的凝固过程。

01.0996 近平衡凝固 near-equilibrium solidification

冷却速率较大，溶质的扩散和分凝在一定的程度上被抑制，从而获得偏离但接近平衡凝固组织的凝固过程。

01.0997 微重力凝固 micro-gravity solidification

重力加速度接近零的条件下进行的凝固过程。

01.0998 超重力凝固 high-gravity solidification

大于 1g 的高重力加速度下的凝固过程。

01.0999 高压凝固 high pressure solidification

在采用高压气体或其他方法创造的高压环境下进行的凝固过程。

01.1000 激冷 shock chilling

采用低温及热容量大的液体或固体表面对熔融金属材料进行快速冷却的技术。

01.1001 单辊激冷法 single roller chilling，melt spinning

使熔融合金液流到高速旋转的激冷辊上，实现快速凝固并被甩出，获得非平衡带材的快速凝固技术。

01.1002　双辊激冷法　double roller quenching，twin roller casting
将熔融合金液流入相向旋转的平行轧辊中，在轧辊之间被激冷和轧制，获得具有非平衡凝固组织带材的快速凝固技术。

01.1003　平面流动铸造法　planar flow casting
通过单辊的旋转使合金液沿着单辊的表面被拉出，在单辊表面形成液膜，并在单辊的冷却作用下凝固，获得具有非平衡凝固组织带材的快速凝固技术。

01.1004　锤砧法　piston-anvil quenching method
制备金属薄片的快速凝固方法。垂直落下的熔融金属液滴被水平方向高速运动的两块高导热锤头压扁成薄片，实现双面快速冷却。

01.1005　溢流法　melt overflow process
使熔融合金液在坩埚边缘溢出的同时被紧贴边缘的旋转轮激冷并甩出，获得快速凝固薄膜材料的技术。

01.1006　熔体拖出法　melt extraction
将高速旋转的激冷辊与合金液表面接触，合金液黏附在单辊表面，被激冷并被高速甩出的一种薄片材料的快速凝固方法。

01.1007　深过冷　deep undercooling
通过抑制形核，使得合金液在很大过冷度下仍维持为液态的技术。

01.1008　深过冷快速凝固　deep undercooling rapid solidification
通过深过冷实现块体材料快速凝固的技术。

01.1009　熔融玻璃净化法　glass fluxing technique
采用熔融玻璃包裹合金熔液，使其不与大气接触，并能净化合金，防止非均有形核的一种获得合金熔液深过冷的方法。

01.1010　悬浮熔炼法　levitation melting
采用电磁力悬浮技术使熔融的合金熔液悬浮起来，不与坩埚接触以获得高洁净度的熔炼方法。

01.1011　电磁悬浮　electromagnetic levitation
采用电磁场将合金熔液悬浮，获得深过冷的技术。

01.1012　声悬浮　acoustic levitation
采用声波进行合金熔液悬浮的并获得深过冷的技术。

01.1013　气体悬浮　gas flow levitation
采用流动气流提供的浮力克服重力使合金熔液悬浮的技术。

01.1014　雾化铸造　spray casting
气体射流将液态金属雾化成小液滴，沉积在基底上快速凝固成为坯料，再经过压轧成材。

01.1015　双扩散对流　double diffusion convection
在热扩散场和溶质扩散场共同作用下发生的对流。

01.1016　铸造　casting，foundry
金属材料液态成形的加工工艺。将合金熔液注入具有一定形状的铸型中，并在其中凝固，获得与铸型内腔形状一致的零件的技术。

01.1017　铸件　casting
采用铸造方法获得的具有一定形状、成分、

组织和性能的金属制品。

01.1018 铸型 mold，mould
用型砂、金属或其他耐火材料制成，包括形成铸件形状的型腔、芯子和浇冒口系统的组合整体。

01.1019 造型 molding
用型砂及模样等工艺装备制造铸型的工艺过程。

01.1020 制芯 core making
单独用于形成铸件内部空心形状的砂块的制造过程。

01.1021 均衡凝固 proportional solidification
利用铸铁凝固过程中石墨析出时的膨胀特性，进行凝固收缩的补缩，在无冒口补缩的条件下获得致密铸铁件的过程。

01.1022 砂型铸造 sand casting
用型砂紧实成铸型并用重力浇注的铸造方法。

01.1023 特种铸造 special casting
传统砂型铸造以外的其他铸造方法的统称。如熔模铸造、金属型铸造、离心铸造等。

01.1024 熔模铸造 investment casting
又称"失蜡铸造(lost-wax casting)"。用易熔材料(如蜡料)制成模样，在模样上包覆若干层耐火涂料，制成壳型，熔出模样并经高温焙烧后进行浇注的铸造方法。

01.1025 壳型铸造 shell mold casting
采用树脂砂(通常为酚醛覆膜砂)在热芯盒内加热结壳硬化，以该壳作为铸型进行铸件铸造的方法。

01.1026 金属型铸造 permanent mold casting
又称"永久型铸造"。用重力浇注将熔融金属浇入金属铸型获得铸件的方法。

01.1027 离心铸造 centrifugal casting
熔融金属浇入绕水平、倾斜或垂直轴旋转的铸型，在离心力作用下，凝固成形铸件的铸造方法。铸件多是简单的圆筒形，不用芯子形成圆筒内孔。

01.1028 双金属铸造 bimetal casting
在先浇铸成形的一种金属材料上，再浇铸上另一种合金液，使两种合金熔铸在一起形成整体铸件的方法。

01.1029 镶铸法 cast-in process，insert process
将事先准备好的(往往与浇注金属不同材料的)零件放入铸型中规定部位，浇注后零件被固定在铸件中的铸造方法。

01.1030 石膏型铸造 plaster mold casting
以蜡模为基础，将石膏浆料浇铸在蜡模周围，固化后将蜡模熔化，形成型腔进行铸造的方法。

01.1031 连续铸造 continuous casting
简称"连铸"。合金液不断注入水冷结晶器内凝固的同时，连续不断将已凝固的部分从结晶器另一端缓慢拉出，从而实现连续凝固成形任意长度铸坯的技术。

01.1032 [连铸]流 strand
一台连铸机上能够同时浇铸的铸坯数目。

01.1033 反重力铸造 counter gravity casting
沿着与重力相反的方向，把合金液压入铸型，进行浇铸的铸造方法。

01.1034 低压铸造 low pressure casting
铸型置于密封的坩埚上，坩埚内充气升压(20~150kPa)，金属液通过升液管，由下而上地充填型腔，形成铸件的铸造方法。

01.1035 调压铸造 adjusted pressure casting
将合金液保温坩埚放在下罐中，铸型放在上罐中，使合金液在负压下充型，在高压下凝固的反重力铸造方法。

01.1036 差压铸造 counter pressure casting
在铸型外罩以密封罩，同时向坩埚内和密封罩内通入压缩空气，并使坩埚内压力高于罩内的压力，熔融金属经升液管被压入铸型，并在压力下进行结晶的铸造方法。

01.1037 真空吸铸 vacuum suction casting
将铸型置于真空室中，并通过升液管与熔化坩埚中的合金液连通，利用负压将熔融金属吸入铸型(结晶器)的铸造方法。

01.1038 压铸 die casting
熔融金属在高压下高速充型，并在压力下凝固的铸造方法。

01.1039 真空压铸 evacuated die casting, vacuum die casting
先使型腔内造成部分真空，然后压射熔融金属的压铸法。

01.1040 充氧压铸 pore-free die casting
压射前先向型腔中充氧的压铸法。由于氧与铝化合，生成细小的氧化铝质点分散于铸件中，因而不会因卷入空气而形成疏松或气孔。

01.1041 实型铸造 full mold casting
又称"消失模铸造(lost foam casting)"。在浇注金属时，留在砂型内的用泡沫塑料制造的模样气化消失，获得铸件的失模铸造方法。

01.1042 磁型铸造 magnetic mold casting
又称"磁丸铸造"。采用软磁性的金属颗粒造型，利用外加磁场使铸型"固化"，在完成

铸件凝固后，去掉磁场则铸型自动溃散，获得铸件的方法。

01.1043 铸造性能 castability
表示一定成分的合金被铸造成具有一定尺寸、形状、组织结构和性能铸件的难易程度的综合性能。

01.1044 充型能力 mold filling capacity
在铸型工艺因素影响下的熔融金属的流动性，即充满铸型的能力。

01.1045 中间合金 master alloy
为便于熔炼，在合金中加入一种或多种元素而特别配制的合金。

01.1046 熔剂 flux
某些合金熔化过程中表面覆盖的材料，起到防止氧化，吸附合金液中的非金属夹杂物的作用。

01.1047 变质处理 modification
向合金液中加入某种用于控制合金相或非金属夹杂物生长形态的微量元素的熔体处理工艺方法。

01.1048 孕育处理 inoculation process, inoculation treatment
向合金液中添加某种促进非均有形核的微量元素的工艺方法。

01.1049 晶粒细化 grain refinement
在金属与合金凝固、冷热加工与热处理过程中，采用化学、物理、机械等方法使晶粒尺寸减小的技术。

01.1050 机械细化 mechanical grain refinement
又称"动力学细化(dynamic grain refinement)"。在合金凝固过程中，采用振动、搅

拌等机械方法，增加结晶核心，减小晶粒尺寸的技术。

01.1051 细化剂 grain refiner
用于合金晶粒细化的化学添加剂。

01.1052 变质剂 modifier
用于改变合金凝固组织形态的添加剂。

01.1053 孕育剂 inoculant
添加到合金液中用于促进某种相优先形核的添加剂。

01.1054 温度处理 temperature treatment
通过控制合金液的温度，借助于合金液中的温度和成分的非均匀性，实现对凝固组织控制的熔体处理技术。

01.1055 过热处理 superheating，superheat treatment
将熔融的合金液加热到高于其液相线（300~500℃），然后降温到浇注温度进行浇注的熔体处理工艺。

01.1056 浇铸温度 pouring temperature
将熔融合金液浇入铸型时的温度。

01.1057 静置 holding
合金液在浇铸前放置的一段时间。目的是使合金液中的微小气泡和杂质上浮或者下沉，并使合金成分进行均匀化扩散。

01.1058 过热度 superheating temperature
合金液的实际温度与其熔点温度的差值。

01.1059 压头 pressure head
在普通重力铸造过程中，浇口杯中合金液面的最高高度与铸型内部液面高度的差值。

01.1060 静压头 static pressure head
在普通重力铸造过程中合金在浇口杯中液面的高度与铸件（含冒口）中液面所能达到的最大高度的差值。

01.1061 糊状凝固 solidification with mushy zone
铸件自外向内的凝固过程中液相与固相的混合区从外向内逐渐移动贯穿整个铸件的凝固现象。

01.1062 壳状凝固 shell solidification
铸件从外向内的凝固过程中，从液相向固相的过渡区非常小，可近似看做液相向固相的过渡是在一个界面上突然完成的凝固过程。

01.1063 糊状区 mushy zone
铸件凝固过程中，液相与固相的混合区。

01.1064 凝固前沿 solidification front
在铸件凝固过程中，靠近糊状区与液相区分界面附近的液相。

01.1065 激冷层 chill zone
铸件外表面被铸型快速冷却形成的一层很薄的细晶组织区域。

01.1066 当量厚度 equivalent thickness
铸件的体积与凝固过程中有效散热表面积之比。

01.1067 补缩边界 feeding bounary
铸件凝固过程中合金液可以流动进行凝固补缩的区域边界。

01.1068 补缩通道 feeding channel
在实际铸件凝固过程中，由补缩边界围成的低固相分数的区域与铸件中冒口的通道。

01.1069 补缩困难区 feeding difficulty zone
在铸件凝固过程中，介于冒口区与末端区之间，难以被补缩的区域。

01.1070 有效补缩距离 effective feeding distance
铸件凝固过程中的末端补缩区与冒口补缩区长度之和。

01.1071 铸造缺陷 casting defect
由于铸造原因造成的铸件表面或内部疵病的总称。如孔洞、微孔(缩松、气孔)、裂纹、冷隔、夹杂、偏析等。

01.1072 疏松 porosity，micro-porosity
又称"显微缩松"。铸件相对缓慢凝固区出现的细小的孔洞。是合金组织中的一种不致密性。

01.1073 缩孔 shrinkage cavity
金属与合金凝固时体积收缩得不到补缩而最后凝固部位形成的空腔。

01.1074 晶粒增殖 grain multiplication
在铸件凝固过程中，枝晶被熔断而使一个晶粒分裂为多个晶粒的现象。

01.1075 结晶雨 crystal shower
铸件上方的合金液表面形成的晶粒在一定的扰动条件下断裂，并在重力作用下类似雨滴方式降落的现象。

01.1076 宏观偏析 macro-segregation
在工件中大范围成分不均匀现象。

01.1077 微观偏析 micro-segregation
又称"显微偏析"。在凝固过程中晶粒尺度内的成分不均匀现象。

01.1078 正偏析 positive segregation
溶质含量高于其平均溶质含量的区域。

01.1079 负偏析 negative segregation
溶质含量低于其平均溶质含量的区域。

01.1080 正常偏析 normal segregation
在凝固过程中，由于溶质(剂)由固相排入熔体，工件表层溶质(剂)含量低于中心部分的成分不均匀现象。

01.1081 逆偏析 inverse segregation
在凝固过程中，工件表层溶质(剂)含量高于中心部分的成分不均匀现象。

01.1082 热顶偏析 hot-top-segregation
在铸钢锭的顶部由于枝晶凝固形成的结晶雨以及两相区内富碳液体密度降低而上浮形成的正偏析。

01.1083 重力偏析 gravity segregation
在重力作用下合金液中密度较大的元素在铸件底部富集，而密度小的元素在顶部富集的偏析现象。

01.1084 铸造应力 casting stress
铸件收缩应力、热应力和相变应力的矢量和。

01.1085 气孔 gas hole
在铸件凝固过程中，由气体形成的气泡造成的孔洞。

01.1086 针孔 pin hole
铸件表层或内部的成群小孔。

01.1087 砂眼 sand hole
铸件内部或表面带有砂粒的孔洞。

01.1088 夹砂 sand inclusion
在砂型铸造过程中，型砂被合金液包裹并卷入铸件而形成的铸造缺陷。

01.1089 热裂 hot tearing，hot cracking
铸件凝固过程中收缩受阻，在固相线附近的高温下形成的裂纹。

01.1090 冷裂 cold cracking
在铸件完全凝固后的冷却过程中，由于收缩受阻而使已经凝固的铸件被撕裂而形成的裂纹。

01.1091 冷隔 cold shut
合金液在充型过程中，从不同方向充入铸型的合金液在其汇合处还没有融合之前已发生凝固，从而在铸件中形成的缝隙。

01.1092 白点 flake
钢在冷却过程中产生的一种内部裂纹。在纵向试样上表现为圆形或椭圆形的银白色斑点，是钢中的氢和组织应力共同作用的结果。

01.1093 模具 mold，die
使液态金属、冷或热态金属合金、塑料等成形的工艺装置。

01.1094 压铸模 die casting mold
用于液态金属压铸成形的模具。通常由定模和动模两部分组成。

01.1095 型砂 molding sand
符合铸件造型要求的混合料。有天然型砂和合成型砂两类。

01.1096 覆膜砂 precoated sand
砂粒表面在造型前即覆有一层树脂膜的型砂或芯砂。

01.1097 发热剂 exothermic mixture
在一定温度下，能发生放热反应，由特定化学物质组成的混合物。

01.1098 自硬砂 self hardening sand
在原砂中加入树脂及其固化剂（催化剂）配成的型砂。所造砂型（芯）不需烘干便能硬化。

01.1099 水玻璃砂 sodium silicate-bonded sand
采用水玻璃（硅酸钠水溶液）作为黏结剂的型砂。

01.1100 溃散性 collapsibility
型砂在完成铸件的成形与凝固后，再次失去强度而形成散砂的倾向性。

01.1101 水玻璃模数 modulus of sodium silicate
水玻璃（硅酸钠）中二氧化硅与氧化钠摩尔数的比值。

01.1102 浇注系统 gating system
承接并引导液态金属填充型腔和冒口而在铸型中开设的一系列通道。通常由浇口杯、直浇道、横浇道和内浇道组成。

01.1103 浇口杯 pouring cup，pouring basin
漏斗型外浇口，单独制造或直接在铸型内形成，成为直浇道顶部的扩大部分。

01.1104 直浇道 sprue
浇注系统中与浇口杯相连的垂直通道。通常带有一定的锥度。

01.1105 横浇道 runner
浇注系统中与直浇道相连的水平通道。

01.1106 内浇道 ingate
浇注系统中将金属或合金液从横浇道导入铸型型腔的通道。

01.1107 雨淋浇口 shower gate
在浇口盆的底部开设若干断面较小连接型腔的内浇道。

01.1108 缝隙浇口 slot gate
沿铸件全部或部分高度方向设置的单层薄

片内浇口。

01.1109　压边浇口　lip runner
浇口底面压在型腔边缘上所形成的缝隙式顶注内浇口。

01.1110　牛角式浇口　horn gate
具有牛角似的圆滑曲线形锥体形状，截面尺寸逐渐缩小，小端连接型腔底面的浇口。

01.1111　冒口　riser
铸型内供储存铸件补缩用的熔融金属，并有排气、集渣作用的附加空腔。

01.1112　石膏型　plaster mold
采用石膏成形工艺，并以蜡模为模样做成的铸型。

01.1113　型腔　mold cavity
铸型中组成铸件轮廓的空腔部分。

01.1114　冷铁　chill
为了增大铸型局部的冷却能力在铸型中埋放的金属激冷物。

01.1115　芯[子]　core
为获得铸件的内孔或复杂外形，用芯砂或其他材料制成的组成型腔整体或局部的铸型组元。

01.1116　壳芯　shell core
芯砂填入芯盒后，表面层被加热固化，形成一定厚度的壳层，未固化芯砂可自芯盒内倒出制成的空心砂芯。

01.1117　冷芯盒法　cold box process
树脂砂吹入芯盒后，通过催化作用，在室温进行快速硬(固)化的制芯方法。

01.1118　热芯盒法　hot box process
加适量催化剂的热固性树脂砂射入已加热

（180~220℃）的芯盒中，使在短时间内硬化到一定厚度的制芯方法。

01.1119　无箱造型　flaskless molding
不用砂箱，直接用型砂堆积造型的方法。主要指用前后压板挤压型砂的机器造型或脱箱造型。

01.1120　脱箱造型　removable flask molding
在可脱砂箱内造型，造型后脱去砂箱，依靠型砂自身的强度维持其形状的方法。

01.1121　组芯造型　core assembly molding
用若干块砂芯组合成铸型的造型方法。

01.1122　湿[砂]型　green sand mold
主要以黏土类为黏结剂的，不经烘干可直接进行浇注的砂型。

01.1123　干[砂]型　dry sand mold
在采用黏土砂造型后，通过烘干去除铸型中的水分，然后再用于浇注的铸型。

01.1124　自硬砂造型　self hardening sand molding
用自硬砂制造砂型的方法。

01.1125　流态砂造型　fluid sand molding
用自硬砂加发泡剂，使砂粒悬浮、易于流动，以便灌注成形的方法。

01.1126　负压造型　vacuum sealed molding
又称"真空密封造型"。将不含黏结剂的干砂密封于砂箱与塑料薄膜之间，借助真空负压使其中的干砂紧实成形的造型方法。

01.1127　微振压实造型　vibratory squeezing molding
在高频率低振幅振动下，用型砂的惯性紧实作用同时或随后加压的造型方法。

01.1128 高压造型 high pressure molding
压实砂型的压力一般为(70~150)N/cm² 的造型方法。

01.1129 熔模 fusible pattern
用易熔材料制成的、一般可以在热水或蒸气中熔化的模样。

01.1130 盐模 salt pattern
用无机盐制造的可溶解于水的熔模。

01.1131 蜡模 wax pattern
用蜡基材料制造的熔模。

01.1132 石墨球化处理 nodularizing treatment of graphite
用球化剂处理熔融铸铁,使石墨结晶呈球状析出的方法。

01.1133 黏砂 metal penetration, sand adhering
铸件表面由于合金液渗入型砂并凝固导致的铸件表面黏附型砂的一种表面铸造缺陷。

01.02.03　塑性加工技术

01.1134 塑性加工 plastic working
又称"压力加工"。在外力作用下,利用材料塑性,改变其形状尺寸、组织和性能的加工方法。

01.1135 变形程度 deformation degree
塑性变形时工件变形大小的定量指标,用变形前后工件的尺寸计算,有绝对变形程度、相对变形程度、延伸系数和对数应变四种表示法。

01.1136 变形速率 deformation rate
又称"平均应变速率(average deformation rate)"。塑性变形时单位时间内工件的平均变形程度。

01.1137 变形温度 deformation temperature
塑性变形时变形区工件所具有的温度。取决于材料变形前的加热温度、变形时因能量转化导致的升温以及与周围介质热交换导致的温降,是不断变化的。

01.1138 冷变形 cold deformation
材料在低于再结晶温度下的塑性变形。冷变形时工件发生加工硬化,不发生再结晶软化。

01.1139 热变形 hot deformation, thermal deformation
材料在高于再结晶温度下进行的塑性变形过程。热变形中工件内部同时发生加工硬化和软化。

01.1140 温变形 warm deformation
材料在高于室温但低于再结晶温度范围内进行的塑性变形过程。

01.1141 变形织构 deformation texture
多晶材料因塑性变形后的晶粒取向偏离非随机分布状态所形成的组织。

01.1142 金属塑性 plasticity of metal
金属材料在外力作用下发生永久变形而其完整性不受破坏的能力。

01.1143 塑性图 plastic diagram
又称"塑性状态图(plastic condition diagram)"。材料的塑性随温度变化的关系图。

01.1144 均匀变形 uniform deformation, homogeneous deformation
变形体在外力作用下产生的塑性变形沿高向、宽向及纵向均匀分布的现象。在实际加工过程中，均匀变形是不存在的。

01.1145 不均匀变形 inhomogeneous deformation
变形体在外力作用下产生的塑性变形沿高向、宽向及纵向分布不均的现象。在实际加工过程中，不均匀变形是绝对的。

01.1146 变形抗力 deformation resistance
材料在受外力作用时抵制开始产生塑性变形的能力。

01.1147 工艺润滑 technological lubrication
塑性加工时利用润滑剂减小模具与变形材料接触面摩擦的工艺方法。

01.1148 相似准则 similarity criterion
对塑性加工过程进行模拟时，判定试验模型与原型是否具有相似性的判据。这些判据包括几何相似、力相似、物理量相似等。

01.1149 纤维组织 fiber structure
材料塑性变形时，随工件外形的变化，其内部晶粒及晶间夹杂物沿着最大主变形方向被拉长、拉细、压扁而形成的组织。

01.1150 轧制 rolling
在轧机上旋转的轧辊之间改变材料的断面形状和尺寸，同时控制其组织状态和性能的塑性加工方法。

01.1151 纵轧 longitudinal rolling
在轴线相互平行的两个轧辊之间进行的，轧件纵轴线同轧辊轴线垂直的轧制。

01.1152 横轧 cross rolling, transverse rolling
轧辊轴线与轧件轴线相互平行，轴类毛坯在旋转方向相同的轧辊中间绕自身轴线边旋转边被轧制成形的回转成形工艺。

01.1153 立轧 edge rolling
对扁平轧件侧边进行压缩的纵轧。

01.1154 斜轧 skew rolling
轧件在旋转方向相同、纵轴线相互交叉（或倾斜）的两个或三个轧辊之间沿自身轴线边旋转、边变形、边前进的轧制。

01.1155 楔横轧 cross wedge rolling
在装有斜形模具的轧辊设备（轧机）上，用横轧方法生产变断面阶梯状轴类制品或毛坯的塑性加工工艺。

01.1156 活套轧制 loop rolling
一个轧件同时在两架以上轧机中轧制时，为了适应通过各机架的秒体积流量不等而设置的或形成的 U 形积累（即活套）的一种轧制方法。

01.1157 无扭轧制 no twist rolling
轧件在通过连轧机组轧制时不扭转的轧制工艺。

01.1158 管材轧制 tube and pipe rolling
生产圆形和各种异形断面的中空材的轧制方法。

01.1159 异步轧制 asymmetrical rolling
上下工作辊表面线速度不等的一种轧制方式。

01.1160 孔型轧制 groove rolling
在二辊或三辊轧机上，靠轧辊的轧槽组成的孔型对各类型材的纵轧方法。

01.1161 初轧 blooming
钢锭加热后在方坯初轧机、板坯初轧机或方-板坯初轧机上轧成钢坯的过程。

01.1162 热轧 hot rolling
在高于再结晶温度下进行的轧制过程。

01.1163 冷轧 cold rolling

塑性变形温度低于回复温度的轧制过程。

01.1164 温轧 warm rolling
在回复温度以上,再结晶温度以下的温度范围内进行的轧制过程。

01.1165 连轧 continuous rolling, tandem rolling
在串列式轧机上,一根轧件同时在两个或两个以上的机架中以相等的金属秒体积流量进行的连续轧制。

01.1166 铸轧 cast rolling
在连续铸造凝固的同时进行轧制变形的过程。

01.1167 连铸连轧 continuous casting and rolling
液态金属连续通过水冷结晶器凝固后直接进入轧机进行塑性变形的工艺方法。

01.1168 精整 finishing, sizing
塑性加工后,为了达到所需要的产品的表面质量、尺寸、外形而进行的一系列加工作业。

01.1169 平整 temper rolling
对冷轧后并经过退火的板带材进行的小压下率的冷轧。通常平整压下率为 0.5%~4%。

01.1170 矫直 straightening
对塑性加工产品的形状缺陷(如弯曲、波浪、瓢曲等)进行矫正的工序。

01.1171 除鳞 descaling
清除金属表面氧化铁皮的操作。

01.1172 酸洗 acid pickling, pickling
使钢材表面的氧化铁皮与酸发生化学反应而被去除的工序。

01.1173 轧辊 roll
轧机上通过连续滚动使金属产生塑性变形的工具。

01.1174 热轧无缝钢管 hot rolled seamless steel tube
将经过加热的实体锭坯经穿孔、轧管、定减径,轧制成周边无接缝的空心钢管。

01.1175 冷轧管材 cold rolled tube
在冷轧管机上使用轧辊(或芯轴)使空心管坯直径减小,壁厚减薄生产的精密无缝管材。

01.1176 焊接管 welded tube, welded pipe
将板带卷曲成具有规定形状和尺寸的管筒后,以适当的焊接方法焊合接缝而形成的管材。

01.1177 穿孔 piercing
无缝管材生产中的一道工序,即把实心管坯变成中空的毛管。穿孔可以采用斜轧穿孔,也可以在压力机或挤压机上冲孔。

01.1178 孔型 groove
两个或两个以上轧辊上的轧槽合起来在轧制面上形成的空间孔口。

01.1179 导卫 guide and guard
在型材轧制过程中引导轧件按所需的状态进、出孔型,以保证轧件实现既定的变形装置。

01.1180 宽展 spread
轧件在轧制前和轧制后的宽度变化量。

01.1181 前滑 forward slip
轧制时,在轧辊与轧件接触表面上的一定区域内,轧件水平速度大于轧辊线速度的水平分量的现象。

01.1182 轧制力 rolling force
轧制时轧件作用在轧辊上所有力的垂直分

力的合力。

01.1183 轧制力矩 rolling torque
轧制时轧辊使轧件产生塑性变形所需的力矩。

01.1184 轧制功率 rolling power
轧机轧制轧件时单位时间内所做的功。

01.1185 控制轧制 controlled rolling
将塑性变形同固态相变结合在一起，使材料在加工时通过轧制温度、变形量、变形速率等控制获得所需外形和尺寸的同时，获得理想组织和优异强韧性的热轧技术。

01.1186 低温轧制 low temperature rolling
坯料加热到低于通常的热轧温度时进行的轧制。

01.1187 控制冷却 controlled cooling
热加工后对钢材进行的旨在控制相变组织和钢材性能的冷却技术。

01.1188 挤压 extrusion
对放在挤压筒内的坯料施加外力，使之从特定的模孔中流出，获得所需断面形状和尺寸、组织与性能的一种塑性加工方法。

01.1189 正[向]挤压 forward extrusion, direct extrusion
挤压时制品流出方向与挤压轴运动方向相同的挤压。

01.1190 反[向]挤压 backward extrusion, indirect extrusion
挤压时制品流出方向与挤压轴运动方向相反的挤压。

01.1191 侧[向]挤压 side extrusion, lateral extrusion
挤压时制品流出方向与挤压轴运动方向垂直的挤压。

01.1192 热挤压 hot extrusion
在再结晶温度以上的温度条件下的挤压。

01.1193 冷挤压 cold extrusion
温度低于回复温度的挤压。对于铝、铜、钛等大多数有色金属以及钢铁材料，一般是指在室温下的挤压。

01.1194 温挤压 warm extrusion
温度低于再结晶温度而高于回复温度时的挤压。

01.1195 等温挤压 isothermal extrusion
在整个挤压过程中，挤压模模口附近的变形区材料的温度始终保持恒定或基本恒定，从而使制件材料获得较均匀的组织及力学性能的挤压方法。

01.1196 包套挤压 sheath extrusion
将液态金属包覆在芯部材料上的挤压方法。专用于电缆包套。

01.1197 包覆挤压 cladding extrusion
又称"挤压包覆(extrusion cladding)"。将一种材料包覆在另一种材料表面的挤压方法。

01.1198 脱皮挤压 peeling extrusion
用一个比挤压筒内径小 2~4cm 的垫片进行挤压的一种方法。挤压时，垫片压入坯料之中，挤压出坯料中心部分的金属，而外皮则留在挤压筒内。

01.1199 水封挤压 water-sealed extrusion
制品从挤压模后挤出直接进入设置在模口处的水封槽内，不与空气接触，防止材料氧化的挤压方法。

01.1200 半固态挤压 semi-solid extrusion
将处于液相与固相共存状态(半固态)的坯

料充填到挤压筒内，通过挤压轴加压，使坯料流出挤压模并完全凝固，获得具有均匀断面的长尺寸制品的加工方法。

01.1201　液态挤压　liquid extrusion

将液态金属直接浇注于挤压筒(或凹模)内，在挤压杆(或冲头)作用下，对液态及半凝固金属施加压力，使其发生流动、结晶、凝固及塑性变形的挤压方法。

01.1202　粉末挤压　powder extrusion

将粉末体或粉末预压坯放入挤压筒内加压并从挤压模挤出而成各种形状的坯块或制品的粉末成形方法。

01.1203　连续挤压　continuous extrusion

采用连续挤压机，在压力和摩擦力作用下，把金属坯料连续不断地送入挤压模，获得无限长制品的方法。

01.1204　连续铸挤　continuous cast extrusion

将液态金属连续铸造与连续挤压结合成一体的新型连续挤压方法。

01.1205　等通道转角挤压　equal channel angular pressing

材料在挤压力作用下通过两个横截面形状完全相同、以一定角度相互交叉的通道，产生均匀的纯剪切变形，使材料原有的晶粒得到细化的方法。

01.1206　冷却模挤压　cooling-die extrusion

在正向热挤压金属时采用的一种挤压技术，目的是维持快速挤压，降低金属变形区温度。主要有水冷模挤压和液氮冷却模挤压。

01.1207　冲击挤压　impact extrusion

利用高速冲击挤压制品的一种挤压工艺。

01.1208　无压余挤压　extrusion without remnant material

又称"无残余挤压"、"坯料接坯料挤压"。在挤压筒内前一个坯料尚有较长余料(一般为 1/3 坯料长度左右)时，装入下一个坯料继续进行挤压的工艺。

01.1209　固定垫片挤压　fixed dummy block extrusion

将挤压垫片固结在挤压轴上，省略挤压循环过程中的垫片分离、传送、装填等操作，节省非挤压间隙时间，确保挤压过程自动循环的可靠性挤压工艺。

01.1210　分流模挤压　split-flow die extrusion

在不带独立穿孔系统的挤压机上，采用分流模使实心坯锭在挤压力作用下发生塑性变形的挤压方法。

01.1211　扁坯料挤压　flat extrusion，container extrusion

又称"扁挤压筒挤压"。利用扁挤压筒的矩形内孔与扁宽薄壁金属型材的几何相似性，可采用较高的挤压比挤压大宽厚比的大型金属薄壁型材挤压方法。

01.1212　润滑挤压　lubrication extrusion

挤压过程中利用润滑剂减小挤压工具与被加工材料间摩擦的技术。

01.1213　玻璃润滑挤压　glass lubricant extrusion

挤压过程中采用高黏性的熔融玻璃作润滑剂，以减轻坯料与工具间的摩擦，并起到隔热作用挤压方法。

01.1214　静液挤压　hydrostatic extrusion

坯料放置在高压介质中不直接与挤压筒接触，挤压力通过高压介质传递到坯料上而实现挤压。

01.1215 正反联合挤压 opposite-direction combined extrusion

生产管材时采用反向挤压穿孔，采用正向挤压得到制品的方法。

01.1216 挤压死区 dead zone in extrusion

又称"前端弹性变形区"。在挤压过程中位于挤压筒与挤压模交界处材料不发生塑性变形的区域。

01.1217 挤压缩尾 extrusion funnel

挤压终了阶段，坯料表面的氧化物、油污脏物及其他表面缺陷(如砂眼、气孔等)进入制品表面内部而形成的一种特有缺陷。

01.1218 定径带 calibrating strap

又称"工作带"。模子中垂直模子工作端面并用以保证挤压制品的形状、尺寸和表面质量的区段。

01.1219 粗晶环 coarse grain ring

某些金属的挤压制品，在挤压或随后的热处理过程中，在其外层出现粗大晶粒组织的区域。

01.1220 二次挤压 second extrusion, double extrusion

将挤压后的制品作为坯料再次进行挤压的过程。

01.1221 挤压比 extrusion ratio

挤压前毛坯的横截面积与挤压后制品的横截面积之比。

01.1222 挤压力 extrusion pressure

通过挤压轴和垫片作用在坯料上的外力。

01.1223 挤压速度 extrusion speed

(1)挤压杆的前进速度。(2)坯料从模孔流出的速度。

01.1224 挤压残料 discard

俗称"压余"。在挤压生产中残留在挤压筒内而不挤出的一部分坯料。

01.1225 穿孔力 piercing load

作用于穿孔针上，使实心锭坯挤压管材时完成穿孔所需要的力。

01.1226 可挤压性 extrudability

金属在挤压成形时，工件出现第一条可见裂纹前所达到的最大变形量。

01.1227 挤压模角 extrusion die cone angle

模面与挤压轴线的夹角。是影响坯料流动均匀性的一个很重要的因素。

01.1228 分流比 split ratio

分流孔面积与制品断面积之比。其值的大小直接影响到挤压阻力大小、制品的成形和焊合质量。

01.1229 管材挤压 extrusion of tube

用挤压的方法生产管材的工艺。一般可采用正向挤压法、反向挤压法和联合挤压法。

01.1230 型材挤压 extrusion of section

用挤压的方法生产型材的工艺。空心型材采用穿孔针挤压和焊合挤压；实心型材采用正向挤压法、反向挤压法和联合挤压法。

01.1231 变断面挤压 extrusion of variable section

用挤压法生产断面变化的型材、棒材或管材的工艺。

01.1232 空心型材挤压 hollow section extrusion

使用桥式舌型模或平面分流模生产空心型材的挤压工艺。

01.1233 卧式挤压 horizontal extrusion
主要工作部件的运动方向和挤压制品的流出方向与地面平行的挤压方式。

01.1234 立式挤压 vertical extrusion
主要工作部件的运动方向和挤压制品的流出方向与地面垂直的挤压方式。

01.1235 挤压模 extrusion die
材料从中挤出并获得模孔断面形状和尺寸的制品的挤压工具。挤压模应耐高温、耐高压、耐磨。

01.1236 挤压筒 container
容纳锭坯，承受挤压杆传给锭坯的压力并同挤压杆一起限制锭坯，使之承受压力后只能从挤压模孔挤出的挤压工具。

01.1237 挤压杆 extrusion stem, extrusion ram
将挤压机主缸内产生的压力传递给挤压筒内的锭坯，使锭坯产生塑性变形从挤压模孔中流出，形成挤压制品的挤压工具。

01.1238 穿孔针 piercer
又称"挤压针"。用来确定空心制品内部尺寸和形状的挤压工具。

01.1239 挤压垫 dummy block
在挤压筒内将挤压杆与锭坯隔开并传递挤压力用的挤压工具。其作用是减少挤压杆端面的磨损，隔离锭坯对挤压杆的热影响。

01.1240 锻造 forging
利用金属塑性变形使坯料在工具的冲击力或静压力作用下，成形为具有一定形状和尺寸的锻件的加工方法。

01.1241 自由锻 flat die forging, open die forging
利用简单的工具和开放式的模具（砧块）对金属坯料进行锻造成形的方法。

01.1242 拔长 drawing
使坯料横断面积减小而长度增加的锻造工序。

01.1243 横向展宽 lateral broadening
使锻造坯料主要沿宽度方向流动、横向尺寸增加的锻造工序。

01.1244 平砧拔长 flat anvil stretching
坯料在上下平砧间进行的拔长。

01.1245 平砧镦粗 flat anvil upsetting
坯料在上下平砧间进行的镦粗。

01.1246 宽砧锻造 wide anvil forging
砧宽比（砧宽与坯料原始高度之比）大于 0.8 的一种锻造方法。

01.1247 芯棒拔长 core bar stretching
使空心坯料外径减小、长度增加而内径不变的拔长工序。

01.1248 芯棒扩孔 core bar expanding
利用芯棒在马架上将坯料壁厚减薄，内外径同时增加，而高度增加不多的锻造工序。

01.1249 镦粗 upsetting
使毛坯高度减小、横断面积增大的锻造工序。

01.1250 模锻 die forging
在外力的作用下使坯料在模具内产生塑性变形并充满模腔（模具型腔）以获得所需形状和尺寸的锻件的锻造方法。

01.1251 精密模锻 precision die forging
相对普通模锻而言，在材料利用率、锻件尺寸精度和表面质量等方面有大的提高的锻造方法。

01.1252 等温锻造 isothermal forging
通过控制工艺参数，使锻件在锻造过程中保持温度不变或是变化很小的锻造工艺。

01.1253 半固态模锻 semi-solid die forging
对经过特殊处理制备的、具有触变性非枝晶组织的半固态金属进行模锻成形的技术。

01.1254 液态模锻 liquid die forging
将熔融的金属直接浇注到锻模模腔内，在压力下使之流动充型和结晶，并产生一定程度的塑性变形，从而获得所需锻件的方法。

01.1255 高速模锻 high speed die forging
在高速锤上利用高压气体膨胀驱动锤头和框架系统高速对击的一种锻造方法。

01.1256 粉末模锻 powder forging
将金属及其他材料制成的粉末混匀后用锻模压制成形，烧结后再用锻模进行锻制的一种粉末冶金与精密锻造相结合的加工方法。

01.1257 辊锻 roll forging
将坯料在装有扇形模块的一对相对旋转的轧辊中间通过，使坯料受压发生塑性变形，从而获得锻件或锻坯的锻压方法。

01.1258 旋转模锻 rotary die forging
通过快速旋转锻打（每分种 10 000 次左右），由微小变形逐渐达到较大变形的锻压方法。

01.1259 开式模锻 open die forging
材料的流动不完全受模腔的限制，多余的材料在垂直于作用力方向形成毛边的模锻方法。

01.1260 闭式模锻 closed die forging
又称"无边模锻(flashless die forging)"。材料变形时，始终受到封闭模腔的限制并充填模腔的模锻方法。

01.1261 多向模锻 multi-ram forging, multi-cored forging
将坯料放于模具内，用几个冲头从不同方向同时或先后对坯料施加脉冲力，以获得形状复杂的精密锻件的锻造方法。

01.1262 镦挤 extrusion forging, upsetting extrusion
坯料变形过程中经受镦粗和挤压变形的锻造方法。

01.1263 锻造比 forging ratio
锻造前的原材料（或预制坯料）的截面积与锻造后的成品截面积的比。

01.1264 锻造力 forging force
锻造时使坯料发生塑性变形所施加的压力。

01.1265 终锻模槽 final forging die cavity
形状符合锻件最终形状的模槽。

01.1266 预锻模槽 blocker cavity
使坯料预先变形到接近于锻件的形状和尺寸，从而在终锻时金属容易充满终锻模膛的模槽。

01.1267 制坯模槽 blank forging die cavity
用于锻造出合适形状坯料的模槽。包括拔长模膛、滚压模膛、弯曲模膛、切断模膛等。

01.1268 锻件缺陷 forging defect
锻件的几何尺寸、形状、表面质量或组织、性能，不符合技术要求的各种表现形式。

01.1269 模锻件 die forging
模锻锻造过程最终所得到的工件。

01.1270 流线 stream line
金属中的夹杂物和化学成分偏析等沿锻轧坯的主要流动方向拉长而形成的条状组织。

01.1271 开坯锻造 blooming forging

将金属锭锻压加工成具有一定规格和性能的坯料的生产过程。多数采用自由锻。

01.1272 径向锻造 radial forging
又称"旋转锻造(rotary swaging)"。通过两个或多个锤头进行反复径向锻击以减小坯料的横截面积或改变其形状的锻造方法。

01.1273 高速锤锻造 high speed hammer forging
利用高压气体(通常是 140 个大气压的空气或氮气)在极短时间内突然膨胀来推动锤头高速锻打工件使之成形的锻造方法。

01.1274 顶镦 heading
增加坯料局部长度上横截面积的锻造工序。成形时一般毛坯头部局部镦粗成形,杆部不变形。

01.1275 冷镦 cold heading
常温下使毛坯高度减小、横断面积增大的锻造工序。

01.1276 滚锻 roll forming
又称"辊形"。利用滚柱对坯料进行碾压成形的加工方法。

01.1277 可锻性 forgeability
金属在加热状态下,可以进行锻压加工(如接受锤锻或滚轧)而变形且不发生破裂的性质。

01.1278 锻造模具 forging die
一种能使坯料成形为模锻件的工具。

01.1279 拉拔 drawing
在外加拉拔力作用下,迫使坯料通过模孔,以获得相应形状与尺寸制品的塑性加工方法。

01.1280 型材拉拔 section drawing
采用拉拔方式获得型材的塑性加工方法。

01.1281 管材冷拔 tube cold drawing
采用拉拔方式在室温下获得管材的塑性加工方法。

01.1282 空拉 sink drawing, mandrelless drawing, hollow drawing
管材不用芯头,仅靠拉拔模进行变形的拉拔加工方法。拉拔后外径减小,管材壁厚变化不大。

01.1283 芯棒拉管 tube drawing with mandrel
管材拉拔时,利用芯棒与拉拔模具组成的模孔进行变形的拉拔方式。

01.1284 浮动芯头拉管 floating mandrel tube drawing
在拉拔过程中,芯头不固定,靠本身所特有的外形建立起来的力平衡被稳定在模孔中的管材拉拔方式。

01.1285 滚模拉拔 drawing by roller, roller die drawing
拉拔模具孔型由若干个自由旋转辊拼合而成的拉拔方式。

01.1286 线材拉拔 wire drawing
采用拉拔方式获得线材的塑性加工方法。

01.1287 多模拉拔 multi-die drawing
拉拔时连续通过两个或两个以上模具进行两次或两次以上变形的拉拔方式。

01.1288 拉拔力 drawing force
拉拔过程克服金属的变形抗力和金属与模壁的摩擦力的合力。

01.1289 逆张力 back tension
对未进入模具模膛的那部分坯料施加与移动方向相反的张力。

01.1290 拉拔速度 drawing speed
拉拔模具出口处坯料移动的速度。

01.1291 拉拔应力 drawing stress
在拉拔过程中，作用于从模孔出来的制品单位面积上的拉拔力。

01.1292 凹模锥角 angle of female die, cone angle of matrix
模孔变形区的圆锥母线与其轴线所构成的夹角。

01.1293 冷拉 cold drawing
拉拔温度低于回复温度的拉拔。

01.1294 热拉 hot drawing
拉拔温度高于再结晶温度的拉拔。

01.1295 温拉 warm drawing
拉拔温度低于再结晶温度而高于回复温度的拉拔。

01.1296 拉拔模具 drawing die
拉拔时，实现金属被压缩过程，并使其获得所要求的形状和尺寸的压力加工工具。

01.1297 冲压 stamping, punching
在压力机上用凹模和凸模将金属薄板成形为具有立体造型和符合质量要求制件的金属塑性加工方法。

01.1298 拉延 drawing
又称"拉深"、"深冲(deep drawing)"。用凸模把板料冲挤入凹模，以形成具有凹模模腔形状的立体制件的冲压方法。

01.1299 胀形 bulging
板料或空心坯料在双向拉应力作用下，使其产生塑性变形取得所需制件的成形方法。

01.1300 变薄拉延 ironing

凸模和凹模之间的间隙小于坯料的厚度、坯料在拉延成形过程中厚度得到预计减薄的塑性加工方法。

01.1301 翻边 flanging
沿直线或曲线将板料的平面部分或曲面部分弯折成竖立突缘的工艺方法。

01.1302 弯曲 bending
将材料弯成一定的角度、曲率和形状工件的工艺方法。

01.1303 起皱 wrinkling
薄板成形中在板料局部出现的皱折。是一种压缩失稳的表现形式。

01.1304 冲裁 blanking
以适当的工具，在板材所要求断面上产生以剪切应力为主的应力，将材料剪切、分离成所需尺寸和形状的加工方法总称。

01.1305 剪切 shearing
由两片剪刃在直线运动、曲线运动或圆周运动中将材料切断的方法。

01.1306 扩孔试验 hole expansion test
用凸模把中心带孔的试件压入凹模，使试件中心孔扩大，直到板孔边缘出现颈缩或裂纹的一种薄板成形性试验。

01.1307 扩口 expansion
使空心坯料或管状坯料的端部径向尺寸向外扩大的成形方法。

01.1308 缩口 necking
将已拉深好的筒形件或管坯开口端直径缩小的成形方法。

01.1309 校形 sizing, correcting
冲压后对工件局部区域施以小变形量，修整

冲压件的平面度、圆角半径等以满足工件要求的工序。

01.1310　冲压模具　stamping tool
由金属和其他刚性材料制成的用于冲压成形的工具。其基本零部件包括凸模、凹模以及压边装置。

01.1311　成形极限图　forming limit diagram, FLD
由金属薄板在各种应变状态时所能达到的极限应变值所构成的图形。

01.1312　塑性应变比　plastic strain ratio
又称"厚向异性系数"。薄板试件拉深时宽度方向的应变与厚度方向的应变之比。其值大小反映了材料抵抗失稳变薄的能力。

01.1313　极限拉延比　limit drawing ratio, LDR
可一次拉延成形为圆筒形制件的最大圆板料直径与凸模直径之比。

01.1314　制耳　earing
又称"凸耳"。圆形金属薄板进行冲杯试验后，出现在杯口边缘的参差不齐的凸凹现象。

01.1315　薄板成形性　sheet metal formability
金属薄板冲压成形时抗断裂或失稳的能力。以扩孔试验判定。

01.1316　辊弯成形　roll forming
带材在辊式成形机上连续弯曲成具有规定形状和尺寸的筒管的塑性变形工艺。

01.1317　冷弯型材　formed section
金属板带材经常温下塑性弯曲变形而制成的型材。

01.1318　拉弯成形　stretch-wrap forming
在金属材料弯曲的同时加以切向拉力改变材料剖面内的应力分布情况，使之趋于均匀一致，以达到减少回弹，提高工件成形准确度为目的的塑性加工方法。

01.1319　压型金属板　roll-profiled metal sheet
用薄钢板、镀锌板、有机涂层钢板、铝合金板等作原料经辊压冷弯成形制成的各种波形建筑板。

01.1320　回弹　spring back
当变形约束去除后，由于变形体内的弹性应力释放而造成的形状变化。

01.1321　最小弯曲半径　minimum bending radius
板带材围绕在圆杆上进行弯曲而不产生表面裂纹的最小圆杆半径。

01.1322　热弯型钢　hot bending section
将热轧的带坯热弯成形的型钢。

01.1323　超塑性成形　superplastic forming
利用材料在超塑性状态具有异常高的塑性，极小的流动应力的特点，对形状复杂或变形量很大的零件一次直接成形的工艺。

01.1324　低温超塑性　low temperature super-plasticity
一些合金材料在相对低温（比通常超塑性温度低200~250K）或室温条件下呈现的超塑性现象。

01.1325　应变速率敏感性指数　strain rate sensitivity exponent
塑性变形时材料的流变应力对于应变速率的敏感性参数，即当应变速率增大时材料强化倾向的参数。

01.1326　真空成型法　vacuum forming tech-

nology

在模具腔内抽真空，使处于超塑性状态下的板料与模具吸贴成所需形状的零件的方法。有凸模法和凹模法两种。

01.1327　气压成形法　pneumatic pressure forming technology

又称"吹塑成形"。利用低能、低压得到大变形量的成形方法。是一种特殊的胀形工艺。

01.1328　组织超塑性　structural superplasticity

又称"细晶超塑性"、"恒温超塑性"。材料在晶粒微细情况下表现出的超塑性。

01.1329　相变超塑性　transformation superplasticity

材料在变动频繁的温度环境下，受到应力作用时经多次循环相变或同素异形转变而得到的超塑性。

01.1330　气胀成形　gas bulging forming

在被加热至超塑温度的金属板材的一侧形成一个封闭的压力空间，在气体压力作用下使板材产生超塑性变形的成形方法。

01.1331　超塑性能指标　superplastic performance index

表征超塑变形的参数。主要参数有伸长率、流动应力、应变速率敏感性指数、超塑变形激活能等，其中最重要的是伸长率和应变速率敏感性指数。

01.1332　超塑性失稳　superplasticity instability

超塑性成形过程中出现局部变形或颈缩的现象。

01.1333　液电成形　electrohydraulic forming

又称"电液成形"。利用液体中强电流脉冲放电所产生的强大冲击波对金属进行加工的一种高能率成形方法。

01.1334　快速原型　rapid prototyping

利用材料堆积法制造产品的一种新技术，即快速将产品设计的计算机辅助设计模型转换成实物模型。

01.1335　液压成形　hydraulic forming

使用由金属等刚性物质制造的凸模或凹模，利用液体的压力将毛料压入模具中进行成形的塑性加工方法。

01.1336　内压成形　internal pressure forming

向管坯内压入水、油或空气等液态介质或天然橡胶或聚氨酯橡胶等弹性介质，形成内压，使管壁胀形成凹模内腔形状的成形方法。

01.1337　液压－橡皮模成形　hydro-rubber forming

凸模固定，通过装载模框内的厚橡胶及压板动作进行的拉深成形方法。橡胶的压力是通过带有压力控制阀、压力可变的液压缸动作的压板来控制。

01.1338　液压－机械成形　hydromechanical forming

利用水、油或空气等液态介质代替刚性凹模，用刚性凸模将坯料压入凹模而成形的方法。

01.1339　高速成形　high speed forming

又称"高能率成形"。在极短时间内释放高能量而使金属变形的成形方法。主要有爆炸成形、电液成形和电磁成形等。

01.1340　喷射成形　spray forming

又称"喷射沉积(spray deposition)"。用高压惰性气体将金属液流雾化成细小液滴，并使其沿喷嘴的轴线方向高速飞行，在这些液滴尚未完全凝固之前，将其沉积到一定形状的接收体上成形的工艺方法。

01.1341　半固态成形　semi-solid forming
利用金属材料在固液共存状态下所特有的流变特性进行成形的技术。首先要制造含有一定体积比例的非枝晶固相的固液混合浆料，成形方法有流变成形和触变成形两种。

01.1342　流变成形　rheo forming
将得到的含有一定体积比例的非枝晶固相的固液混合浆料直接进行成形的方法。

01.1343　触变成形　thixo-forming
将得到的含有一定体积比例的非枝晶固相的固液混合浆料先冷却凝固成锭坯，生产时将定量的锭坯重新加热至半固态然后再成形的方法。

01.1344　电磁成形　electromagnetic forming
利用脉冲磁场对金属坯料进行压力加工的高能率成形方法。

01.1345　爆炸成形　explosive forming
利用炸药爆炸瞬间所产生的高温和冲击波使金属材料发生塑性变形而成形的工艺方法。

01.1346　电爆成形　electro-explosive forming
将电液成形装置中的电极间用细金属丝联结起来，在电容器放电时，强的脉冲电流会使金属丝熔化并蒸发成为高压气体，在介质中形成冲击波而使板材成形的塑性加工方法。

01.1347　激光三维成形　three-dimensional laser forming
利用激光与材料相互作用过程中产生的各种物理、化学和生物效应等，对材料进行三维成形的加工方法。如激光淬火、激光切割和激光焊接等。

01.1348　柔性多点成形　flexible multi-point forming
将整体模具离散化，通过控制分散规则排列的基本体（或冲头）的 Z 方向的位置坐标，进行板料快速成形的方法。

01.1349　无模成形　free forming
以计算机为主要手段，利用多点成形或增量成形方法实现板料的无模具塑性成形的先进智能化制造技术。

01.1350　激光冲击成形　laser shock forming
利用高能脉冲激光和材料相互作用诱导的高幅冲击波的力效应，使板料产生塑性变形的成形技术。

01.1351　回转成形　rotary forming
用工件回转或工具回转或者两者同时回转的方法使坯料变形成机械零件或零件毛坯的金属塑性加工工艺。

01.1352　钢球轧制　steel ball rolling
用孔型斜轧生产钢球的轧制工艺。

01.1353　仿形斜轧　copy skew rolling
在配有仿形装置的三辊斜轧机上斜轧长轴类零件的回转成形工艺。

01.1354　离心浇铸成形　centrifugal casting process
金属与合金液或含增强材料的树脂熔体在离心力的作用下形成管状坯件的工艺方法。

01.1355　热压成型　hot press processing
复合材料坯件在一定压力作用下通过加热成型复合材料制件的工艺方法。

01.1356 摆辗 rotary forging
利用一个绕中心迅速滚动的圆锥上模(摆头)对金属毛坯端面局部加压,使其逐步成形的一种回转成形工艺。

01.1357 旋压 spinning
利用旋压工具(旋轮或擀棒)和芯模使毛坯边旋转边成形,生产金属空心回转体件的一种回转成形工艺。

01.1358 摆锻 swing forging
借助摆锻式轧机的上下、左右两对摆动的锤头或工作辊,快速交替捶击或轧制轧件,使其承受大的塑性变形的金属塑性加工工艺。

01.02.04 热 处 理

01.1359 热处理 heat treatment
采用适当的方式对材料或工件进行加热、保温和冷却以获得预期的组织结构与性能的工艺。

01.1360 化学热处理 chemical heat treatment
将材料或工件置于适当的活性介质中加热、保温,使一种或几种元素渗入其表层,以改变其化学成分、组织和性能的热处理。

01.1361 表面热处理 surface heat treatment
为改变材料或工件表面的组织和性能,仅对其表面进行热处理的工艺。

01.1362 局部热处理 local heat treatment, partial heat treatment
仅对材料或工件的某一部位或几个部位进行热处理的工艺。

01.1363 预备热处理 conditioning heat treatment
为调整原始组织,以保证材料或工件最终热处理或(和)切削加工质量,预先进行热处理的工艺。

01.1364 真空热处理 vacuum heat treatment, low pressure heat treatment
在低于 1×10^5Pa(通常是 $10^{-3} \sim 10^{-1}$Pa)的环境中进行的热处理工艺。

01.1365 光亮热处理 bright heat treatment
材料或工件在热处理过程中基本不氧化,表面保持光亮的热处理。

01.1366 磁场热处理 magnetic heat treatment
为改善某些铁磁性材料的磁性能而在磁场中进行的热处理。

01.1367 可控气氛热处理 controlled atmosphere heat treatment
将材料或工件置于可控制其化学特性的气相氛围中进行的热处理。如无氧化、无脱碳、无增碳(氮)的热处理。

01.1368 固溶处理 solution treatment
材料或工件加热至适当温度并保温足够时间,使可溶相充分溶解,然后快速冷却到室温以获得过饱和固溶体的热处理工艺。

01.1369 水韧处理 water toughening
为改善某些奥氏体钢(特别是铸钢)的组织以提高材料韧度,将材料或工件加热到高温使过剩相溶解,然后水淬获得均匀单一奥氏体的热处理工艺。

01.1370 时效处理 aging treatment
材料或工件经固溶处理或淬火后在室温或高于室温的适当温度保温,从过饱和固溶体中析出细小沉淀相强化的热处理工艺。

01.1371 保护气氛热处理 heat treatment in protective gas

在材料或工件表面不氧化的气氛或惰性气体中进行的热处理。

01.1372 吸热式气氛 endothermic atmosphere

将气体燃料或空气以一定比例混合，在一定的温度和催化剂作用下通过吸热反应裂解生成的气氛。

01.1373 放热式气氛 exothermic atmosphere

将气体燃料和空气以接近完全燃烧的比例混合，通过燃烧、冷却、除水等过程而制备的气氛。

01.1374 放热-吸热式气氛 exo-endothermic atmosphere

用吸热式气氛发生器原理制备的气氛。吸热式气氛的热源是放热式的燃烧，燃烧产物添加少量燃料即可进行吸热式反应。这种气氛兼有吸热和放热两种气氛的用途，且制备成本低和具有节能效果。

01.1375 中性气氛 neutral atmosphere

在给定温度下不与被加热材料或工件发生化学反应的气氛。

01.1376 氧化气氛 oxidizing atmosphere

在给定温度下与被加热材料或工件发生氧化反应的气氛。

01.1377 还原气氛 reducing atmosphere

在给定温度下可使被加热材料或工件金属氧化物还原的气氛。

01.1378 离子轰击热处理 plasma heat treatment, ion bombardment, glow discharge heat treatment

在低于 1×10^5Pa（通常是 $10^{-3} \sim 10^{-1}$Pa）的特定气氛中利用材料或工件(阴极)和阳极之间等离子体辉光放电进行的热处理。

01.1379 流态床热处理 heat treatment in fluidized bed

材料或工件由气流和悬浮其中的固体粉粒构成的流态层中进行的热处理。

01.1380 高能束热处理 high energy heat treatment

利用激光、电子束、等离子弧、感应涡流或火焰等高功率密度能源加热材料或工件的热处理工艺总称。

01.1381 稳定化热处理 stabilizing treatment

为使材料或工件在长期服役的条件下形状、尺寸、组织与性能变化能够保持在规定范围内的热处理。

01.1382 形变热处理 thermomechanical treatment

将形变强化与相变强化相结合，以提高材料或工件综合力学性能的一种复合强韧化工艺。

01.1383 热处理工艺周期 thermal cycle

通过加热、保温、冷却，完成一种热处理工艺过程的周期。

01.1384 预热 preheating

在材料或工件加热至最终温度前进行的一次或数次阶段性保温的过程。

01.1385 奥氏体化 austenitizing

材料或工件加热至相变临界温度以上，以全部或部分获得奥氏体组织的操作。

01.1386 冷却制度 cooling schedule

对材料或工件热处理冷却条件(冷却介质、冷却速度)所作的规定。

01.1387 冷却曲线 cooling curve
显示热处理冷却过程中材料或工件温度随时间变化的曲线。

01.1388 冷却速度 cooling rate
热处理冷却过程中在某一指定温度区间或某一温度下，材料或工件温度随时间下降的速率。

01.1389 炉冷 furnace cooling
材料或工件在热处理炉中加热保温后，切断炉子能源，使材料或工件随炉冷却的方式。

01.1390 淬冷烈度 quenching intensity
表征淬火介质从热材料或工件中吸取热量的能力的指标。以 H 值来表示。

01.1391 临界冷却速度 critical cooling rate
材料或工件淬火时可抑制非马氏体转变的最低冷却速度。

01.1392 孕育期 incubation period
材料或工件不平衡组织在给定温度恒温保持时，从到达该温度至开始发生组织转变所经历的时间。

01.1393 连续冷却转变 continuous cooling transformation
材料或工件奥氏体化后以不同冷却速度连续冷却时过冷奥氏体发生的转变。

01.1394 退火 annealing
材料或工件加热到适当温度，保持一定时间，然后缓慢冷却的热处理工艺。

01.1395 正火 normalizing
材料或工件加热奥氏体化后在空气中冷却的热处理工艺。

01.1396 球化退火 spheroidizing annealing, spheroidizing
为使材料或工件中的碳化物球状化而进行的退火。

01.1397 预防白点退火 hydrogen relief annealing
又称"脱氢退火 (dehydrogenation annealing)"。为防止材料或工件在热形变加工后的冷却过程中因氢呈气态析出而形成发裂（白点），在形变加工完结后直接进行的退火。其目的是使氢扩散到材料或工件之外。

01.1398 中间退火 process annealing
为消除材料或工件形变强化效应，改善塑性，便于实施后继工序而进行的工序间退火。

01.1399 均匀化退火 homogenizing
又称"扩散退火 (diffusion annealing)"。以减少材料或工件化学成分和组织的不均匀性为主要目的，将其加热到固相线下某较高温度并长时间保温，然后缓慢冷却的退火。

01.1400 完全退火 full annealing
将材料或工件完全奥氏体化后缓慢冷却，获得接近平衡组织的退火。

01.1401 亚相变点退火 subcritical annealing
材料或工件在低于 A_{c_1} 的温度进行的退火工艺的总称。其中包括亚相变点球化退火、再结晶退火、去应力退火等。

01.1402 去应力退火 stress relieving, stress relief annealing
将材料或工件加热到一定温度（通常是相变温度或再结晶温度以下），保持一定时间以消除各种内应力的退火。

01.1403 可锻化退火 malleablizing
使成分适宜的白口铸铁中的碳化物分解并

形成团絮状石墨的退火。

01.1404 石墨化退火 graphitizing treatment
为使铸铁内的莱氏体中的渗碳体或（和）游离渗碳体分解而进行的退火。

01.1405 等温形变珠光体化处理 isoforming
材料或工件加热奥氏体化后，过冷到珠光体转变区的中段，在珠光体形成过程中塑性加工成形的联合工艺。

01.1406 淬火 quenching
材料或工件加热至临界点以上形成高温区的同素异构相，随后以大于该材料临界冷却速率冷却形成低温区非平衡同素异构相的热处理工艺。

01.1407 透淬 through hardening
材料或工件从表面至心部全部硬化的淬火。

01.1408 表面淬火 surface quenching, case quenching
对材料或工件表层快速加热，在热量尚未大量传到内部的情况下使表层达到淬火温度随即淬冷，获得预定组织的热处理工艺。

01.1409 加压淬火 press hardening
材料或工件加热奥氏体化后在特定夹具夹持下进行的淬火冷却。其目的在于减少淬火冷却畸变。

01.1410 贝氏体等温淬火 bainitic austempering
材料或工件加热奥氏体化后快冷到贝氏体转变温度区间等温保持，使奥氏体转变为贝氏体的淬火。

01.1411 形变淬火 ausforming
材料或工件在 A_{r_3} 以上或 $A_{r_1} \sim A_{r_3}$ 之间热加工成形后立即淬火的工艺。

01.1412 亚温淬火 intercritical hardening
又称"亚临界淬火"、"临界区淬火"。亚共析钢制材料或工件在 $A_{c_1} \sim A_{c_3}$ 温度区间奥氏体化后淬火冷却，获得马氏体及铁素体组织的淬火。

01.1413 自冷淬火 self-quench hardening
材料或工件局部或表层快速加热奥氏体化后，加热区的热量自行向未加热区传导，从而使奥氏体化区迅速冷却的淬火。

01.1414 感应淬火 induction hardening
利用感应电流通过材料或工件所产生的热量，使材料或工件表层、局部或整体加热并快速冷却的淬火。

01.1415 等温淬火 isothermal quenching, austempering
奥氏体化后淬入温度稍高于 M_s 点的冷却介质中等温保持使钢发生下贝氏体相变的淬火硬化热处理工艺。

01.1416 冷处理 subzero treatment, cold treatment
材料或工件淬火冷却到室温后，继续在一般制冷设备或低温介质中冷却的工艺。

01.1417 深冷处理 cryogenic treatment
材料或工件淬火后继续在液氮或液氮蒸气中冷却的工艺。

01.1418 淬透性 hardenability
在给定的冷却条件下，在一定硬化层深度内，过冷奥氏体转变成一定百分比马氏体的能力。

01.1419 临界直径 critical diameter
钢制圆柱试样在某种介质中淬冷后，中心得到全部马氏体或 50% 马氏体组织的最大直径，以 d_c 表示。

01.1420 端淬试验 Jominy test，end quenching test

将标准端淬试样（Φ25mm×100mm）加热奥氏体化后在专用设备上对其下端喷水冷却，冷却后沿轴线方向测出硬度－距水冷端距离关系曲线的试验方法。是测定钢的淬透性的主要方法。

01.1421 淬透性曲线 hardenability curve

用钢试样进行端淬试验测得的硬度－距水冷端距离的关系曲线。

01.1422 淬透性带 hardenability band

同一牌号的钢因化学成分或奥氏体晶粒度的波动而引起的淬透性曲线变动的范围。

01.1423 淬硬性 hardening capacity

以钢在理想条件下淬火所能达到的最高硬度来表征的材料特性。

01.1424 有效淬硬深度 effective hardening depth

从淬硬的材料或工件表面量至规定硬度值（一般为550HV）处的垂直距离。

01.1425 回火 tempering

材料或工件淬硬后加热到 A_{c_1} 以下的某一温度。保温一定时间，使其非平衡组织结构适当转向平衡态，获得预期性能的热处理工艺。

01.1426 自回火 self-tempering

利用淬火材料或工件自身余热使淬冷为马氏体的组织进行回火的过程。

01.1427 回火稳定性 tempering resistance

淬硬的钢在回火过程中抵抗硬度下降的能力。

01.1428 低温回火 low temperature tempering，first stage tempering

材料或工件一般在 150~250℃ 之间进行的回火。回火后组织为回火马氏体。

01.1429 中温回火 medium temperature tempering

材料或工件一般在 250~500℃ 之间进行的回火。回火后组织为回火屈氏体。

01.1430 高温回火 high temperature tempering

材料或工件一般在 500℃ 以上进行的回火。回火后组织多为回火索氏体。

01.1431 调质 quenching and tempering

材料或工件淬火并高温回火的复合热处理工艺。

01.1432 耐回火性 temper resistance

材料或工件回火时抵抗软化的能力。

01.1433 二次硬化 secondary hardening

一些高合金钢在 500~600℃ 一次或多次回火后硬度上升的现象。这种硬化现象是由于碳化物弥散析出和（或）残留奥氏体转变为马氏体或贝氏体所致。

01.1434 回火脆性 temper brittleness

材料或工件淬火后在某些温度区间回火产生的脆性。包含可逆和不可逆回火脆性。

01.1435 可逆回火脆性 revesible temper brittleness

又称"第二类回火脆性"、"高温回火脆性"。含有铬、锰、铬－镍等元素的合金钢材料或工件淬火后，在脆化温度区（400~550℃）回火，或经此区域缓慢冷却所产生的脆性。这种脆性可通过高于脆化温度的再次回火并快速冷却予以消除。

01.1436 不可逆回火脆性 tempered martensite embrittlement，350℃ embrittlement

又称"第一类回火脆性"、"低温回火脆性"。材料或工件淬火后在 350℃左右回火时产生的回火脆性。

01.1437 过时效 over aging
材料或工件经固溶处理后用比峰值时效温度高的温度或长的时间进行的时效处理。

01.1438 天然稳定化处理 seasoning
将铸件在露天长期(数月乃至数年)放置,使铸件的内应力逐渐松弛,并使其尺寸趋于稳定的处理工艺。

01.1439 回归 reversion
某些经固溶处理的铝合金自然时效硬化后,在低于固溶处理的温度(120~180℃)短时间加热后力学性能恢复到固溶热处理状态的现象。

01.1440 碳势 carbon potential
表征含碳气氛在一定温度下改变材料或工件表面含碳量能力的参数。通常用氧探头监控,用低碳碳素钢箔片在含碳气氛中的平衡含碳量定量监测。

01.1441 氮碳共渗 nitrocarburizing
工件表层同时渗入氮和碳,并以渗氮为主的化学热处理工艺。在气体介质中进行的为气体氮碳共渗,在盐浴中进行的为液体氮碳共渗。

01.1442 离子渗氮 plasma nitriding, ion nitriding, glow discharge nitriding
渗氮气氛中进行的离子轰击热处理。

01.1443 渗硼 boriding, boronizing
在含硼介质中加热,将硼渗入材料或工件表层的化学热处理工艺。

01.1444 渗金属 diffusion metallizing, metal cementation
材料或工件在含有被渗金属元素的渗剂中加热到适当温度并保温,使这些元素渗入表层的化学热处理工艺。包括渗铝、渗铬、渗锌、渗钛、渗钒、渗钨、渗锰、渗锑、渗铍和渗镍等。

01.1445 发蓝处理 bluing
又称"发黑"。材料或工件在空气-水蒸气或化学药物的溶液中在室温或加热到适当温度,在材料或工件表面形成一层蓝色或黑色氧化膜,以改善其耐蚀性和外观的表面处理工艺。

01.1446 铅浴处理 lead-bath treatment, patenting
又称"铅浴淬火"。奥氏体化后的材料或工件淬于温度低于 A_{c_1} 的熔融铅浴中等温转变得到索氏体组织的热处理工艺。

01.1447 磷化 phosphating
把材料或工件浸入磷酸盐溶液中,在材料或工件表面形成一层不溶于水的磷酸盐薄膜的表面处理工艺。

01.1448 热应力 thermal stress
加热或冷却时,材料不同部位出现温差而导致热胀或冷缩不均所产生的应力。

01.1449 相变应力 transformation stress
热处理过程中因材料或工件不同部位组织转变不同步而产生的内应力。

01.02.05 表面改性和涂层技术

01.1450 氧化 oxidation
物质原子丢掉电子,氧化剂获得电子的过程。狭义的氧化指物质与氧结合的过程。

01.1451 剥离 desquamation
材料脱离工件表面的过程。

01.1452 表面裂纹 surface crack
材料表面形成的或扩展的裂纹。

01.1453 表面层 surface layer
包括材料表面并由其向材料内部延伸的具有均匀厚度的一层材料。

01.1454 近表面层 near surface layer
接近材料表面，并与材料表面平行的一层均匀厚度的材料。

01.1455 表面强化 surface strengthening
通过改变工件表面层组织结构，从而提高工件表面层力学性能的一种方法。

01.1456 涂层 coating
材料或器械表面的沉积层或覆盖层，用以保护或提高材料或器械的应用性能。

01.1457 改性 modification
通过物理和化学手段改变材料物质形态或性质的方法。

01.1458 表面改性 surface modification
通过物理和化学手段改善工件表面层的力学、物理或化学性能的方法。

01.1459 表面机械强化 mechanical surface strengthening
通过机械的方法使金属表面层发生塑性变形，从而形成高硬度和高强度的硬化层的方法。

01.1460 表面纳米化 surface nano-crystallization
在材料表面制备出一定厚度的纳米结构表层的方法。

01.1461 滚压 roll peening
用高硬度的滚珠或滚轮使工件表层产生弹塑性变形，从而提高表面硬度和疲劳寿命的工艺。

01.1462 振动滚压 jolting roll extrusion
在工件径向或进给方向施加一个低频振动的滚压。

01.1463 超声波滚压 supersonic roll extrusion
在工件径向或进给方向施加超声波的滚压。

01.1464 喷砂 sand blasting
利用高速砂流对表面的冲击作用清理和粗化基体表面的方法。

01.1465 喷丸 shot blasting
利用高速丸流对表面的冲击作用清理表面、获得均匀压应力和强化基体表面的方法。

01.1466 锤击 hammer blow
用锤子击打材料表面，以改善材料表面强度的强化处理方法。

01.1467 表面研磨 surface grinding
机械方法摩擦清理或强化材料表面的方法。

01.1468 激光表面改性 laser surface modification
利用激光束极快地加热工件表面，改变材料表面的结构，从而使材料表层的物理、化学、力学性能发生变化的方法。

01.1469 激光表面淬火 laser surface quenching
又称"激光相变硬化(laser phase-change hardening)"。工件表面被激光束瞬间快速加热发生奥氏体转变，激光扫描后，加热层由于基体冷却发生自淬火马氏体相变并利用余热自回火的过程。

01.1470 激光表面退火 laser surface annealing
利用激光加热材料表面，在不发生熔化的前提下，使一定厚度表面层内的硬度降低到标准退火合金的水平的工艺。

01.1471 激光表面回火 laser surface tempering
利用激光加热材料表面，在不发生熔化的前提下，减轻或消除一定厚度表面层内的淬火应力的工艺。

01.1472 激光熔凝 laser fused
利用高能激光束加热材料，使其表面薄层快速熔化和凝固的过程。

01.1473 激光合金化 laser alloying
用高能激光束熔化在基体表面外加的合金元素和一薄层基体材料，在基体表面形成新合金化表面强化层的过程。

01.1474 激光熔覆 laser cladding
利用激光将预置在基体上的涂层原料熔化，同时使基体表层发生熔化，形成冶金结合的涂层方法。

01.1475 熔覆层 cladding layer
通过熔化覆盖在基体材料表面并与之形成冶金结合的表面涂层。

01.1476 同步送粉 synchronous powder feeding
激光熔覆时的一种粉末原料供应方式。在激光扫描加热基体材料形成熔池的同时，使用送粉装置将需要的粉体直接送入熔池。

01.1477 激光非晶化 laser amorphousizing
又称"激光上釉(laser glazing)"。利用激光快速加热材料表面，并借助材料自身的热传导快速冷却而直接得到非晶态的技术。

01.1478 非晶涂层 amorphous coating
材料表面熔化后，以超急冷方式冷却，在材料表面形成的非晶层。

01.1479 激光表面清理 laser surface cleaning
利用激光，以蒸发、液体飞溅、应力剥离等方式，去除材料表面的污染物、油漆或涂层的方法。

01.1480 激光表面修饰 laser surface adorning
利用激光在材料表面形成超精细图案或结构的过程。

01.1481 激光刻蚀 laser corrosion
采用高能脉冲激光束在零件表面刻蚀出宽度为 10~50μm、深度为 5~100μm 的微细小槽，以改善材料表面润滑特性的技术。

01.1482 激光冲击硬化 laser shock hardening
大功率短脉冲激光使材料表面瞬时气化甚至等离子体化，并引起爆炸波和在表面产生冲击波，使材料表面强化的技术。

01.1483 激光气相沉积 laser vapor deposition
激光照射靶材或反应气体，使其气化为原子态，随后气态原子沉积到基材表面形成薄膜的工艺。

01.1484 电子束表面淬火 electron beam surface quenching
利用电子束将金属材料加热至奥氏体转变温度以上，然后急骤冷却到马氏体转变温度以下，使其硬化的方法。

01.1485 电子束表面熔凝 electron beam surface fused

利用电子束轰击金属表面，使其熔化，熔池快速凝固后形成精细显微组织，提高材料表面的硬度和韧性的方法。

01.1486 电子束表面熔覆 electron beam surface cladding

利用电子束加热熔化材料表面预置的合金粉末，在基体表面形成冶金结合的新合金层的方法。

01.1487 电子束表面合金化 electron beam surface alloying

利用电子束快速加热，使基材表层和添加的合金元素熔化混合，从而形成新的表面合金层的方法。

01.1488 电子束表面非晶化 electron beam surface amorphousizing

利用电子束快速加热材料表面，借助材料自身的热传导快速冷却而直接得到非晶态的技术。

01.1489 阳极氧化 anodic oxidation

将金属或合金的制件作为阳极，采用电解的方法使其表面形成氧化物薄膜的过程。

01.1490 阳极氧化膜 anodic oxidation film

通过阳极氧化技术在金属表面形成的氧化物膜。一般用做装饰性、腐蚀保护和电绝缘。

01.1491 阻挡层 barrier layer

在多孔的阳极氧化膜与基体金属之间的致密氧化物薄层。

01.1492 交直流叠加阳极氧化 superimposed alternating current anodizing

采用在直流电上叠加交流电的电流进行阳极氧化的过程。

01.1493 脉冲阳极氧化 pulse current ano-dizing

采用脉冲电源进行的阳极氧化过程。

01.1494 周期换向阳极氧化 period reverse anodizing

采用周期性换向直流电源进行的阳极氧化过程。

01.1495 氧化膜着色 coloring of anodized film

通过化学染色、整体发色和电解着色等方法对氧化膜进行着色的过程。

01.1496 化学着色 chemical coloring

将经阳极氧化处理的制品浸渍在含有染料的溶液中，通过氧化膜针孔吸附染料而着色的过程。

01.1497 有机染色 coloring with organic dyestuff

采用有机染料进行的化学染色过程。

01.1498 无机染色 coloring with inorganic pigment

采用无机颜料进行的化学染色过程。

01.1499 整体发色 mass coloring

又称"合金发色"。某些特定成分的铝合金在特定的电解液中阳极氧化时，氧化膜会着上不同的颜色的方法。

01.1500 电解着色 electrolytic coloring

阳极氧化过的铝和铝合金在盐溶液中进行二次电解，使金属盐的阳离子沉积在多孔膜中的着色方法。

01.1501 扩孔处理 pore-enlarging

在酸溶液中使阳极氧化多孔膜的膜孔扩大的处理过程。

01.1502 锡盐电解着色 electrolytic coloring

in tin slat

以锡盐水溶液为电解液进行的电解着色过程。

01.1503 镍盐电解着色 electrolytic coloring in nickel slat

以镍盐水溶液为电解液进行的电解着色过程。

01.1504 交流电解着色 pulse current electrolytic coloring

以交流电流进行的电解着色过程。

01.1505 封孔 sealing

使阳极氧化膜或经过着色的氧化膜膜孔闭合的处理过程。

01.1506 高温蒸气封孔 high temperature stream sealing

将阳极氧化膜在高温蒸气中进行封孔处理的方法。

01.1507 沸水封孔 boiling water sealing

将阳极氧化膜在沸水中进行封孔处理的方法。

01.1508 中温封孔 moderate temperature sealing

将阳极氧化膜在中等温度的封孔介质中进行封孔处理的方法。

01.1509 冷封孔 cold sealing

将阳极氧化膜在常温的含有封孔剂的去离子水中进行封孔处理的方法。

01.1510 电泳涂装 electrophoretic painting

将工件浸在水性涂料中，通过外加电源电场产生的物理化学作用，在工件表面析出涂膜的方法。

01.1511 无机物封孔 inorganic sealing

将阳极氧化膜置于金属盐的高温水溶液中进行封孔处理的方法。

01.1512 有机物封孔 organic sealing

用油脂或合成树脂等有机物涂覆经氧化处理的工件表面进行封孔的方法。

01.1513 微弧阳极氧化 micro-arc oxidation

采用等离子体电化学方法，对铝、镁、钛等金属或合金表面进行处理形成陶瓷质氧化物膜的表面处理技术。

01.1514 喷涂 spray coating

在压力作用下将涂料以雾状喷到工件表面上的涂装方法。

01.1515 热喷涂 thermal spraying

利用热源将金属或非金属材料熔化、半熔化或软化，并以一定速度喷射到基体表面形成涂层的方法。

01.1516 喷焊 spray welding

材料加热熔化后以雾化形式喷射到基体上的焊接方法。

01.1517 火焰喷涂 flame spraying

利用可燃气体与助燃气体混合后燃烧的火焰为热源的热喷涂方法。

01.1518 火焰粉末喷涂 powder flame spraying

采用粉末喷涂材料以气体燃烧火焰为热源的喷涂方法。

01.1519 火焰粉末喷焊 powder flame spray welding

采用粉末喷涂材料以气体燃烧火焰为热源的喷焊方法。

01.1520 火焰重熔 flame remolten
采用气体燃烧火焰作热源的重熔方法。

01.1521 火焰喷枪 flame spraying gun
火焰热喷涂过程中用于调节和控制气体燃烧火焰、喷涂材料进给及喷涂气氛的装置。

01.1522 自熔性合金喷涂粉末 self-fluxing alloy spray powder
熔点较低，熔融过程中能自行脱氧、造渣，能润湿基材表面而呈冶金结合的一类合金喷涂材料。

01.1523 无气喷涂 airless spraying
利用动力使涂料增压，迅速膨胀而达到雾化并喷涂到工件表面的涂装方法。

01.1524 静电喷涂 electrostatic spraying
利用电晕放电原理使雾化涂料在高压直流电场作用下带负电荷，然后在带正电的工件表面放电的涂装方法。

01.1525 爆炸喷涂 detonation flame spraying
利用可燃气体和氧气混合物的爆炸作热源的热喷涂方法。

01.1526 高超声速喷涂 hypersonic spraying
采用拉瓦尔(Laval)喷嘴形成的超声速射流将喷涂材料以超声速的速度喷向工件表面形成涂层的过程。

01.1527 等离子喷涂 plasma spraying
利用等离子焰流，将粉末状的喷涂材料加热到熔融态，高速撞向工件，并沉积在工件表面形成涂层的一种喷涂方法。

01.1528 真空等离子喷涂 vacuum plasma spraying
在气氛可控的负压密闭容器内进行的等离子喷涂过程。

01.1529 超声速等离子喷涂 supersonic plasma spraying
通过混合非转移型等离子弧和高速气流，得到稳定聚集的超声速等离子焰流进行喷涂的方法。

01.1530 等离子弧喷焊 plasma arc spray welding
采用转移型等离子弧为主要热源，在金属基材表面喷焊合金粉末的方法。

01.1531 等离子喷枪 plasma spraying gun
用于形成和控制等离子弧以及喷涂材料和保护气输送的装置。

01.1532 电弧喷涂 arc spraying
利用消耗性电极丝之间产生的电弧为热源，将自身加热熔化，并用压缩气体将其雾化和喷射到基体上，形成涂层的热喷涂方法。

01.1533 低压电弧喷涂 low pressure arc spraying
在气氛可控的负压密闭容器内进行的电弧喷涂过程。

01.1534 高速电弧喷涂 high velocity arc spraying
采用高速雾化气流提高喷涂粒子速度的电弧喷涂过程。

01.1535 电镀 electroplating
利用电解在制件表面形成均匀、致密、结合良好的金属或合金沉积层的电化学过程。

01.1536 电沉积 electrodeposition
简单金属离子或络合金属离子通过电化学途径在材料表面形成金属或合金镀层的过程。

01.1537 单金属电镀 single metal electro-plating

在材料表面形成单一金属镀层的电镀方法。

01.1538　金属络合离子电镀　metal complex ion electroplating
在电镀液中加入络合离子，在较大的超电势下获得均匀、致密镀层的电镀方法。

01.1539　合金电镀　alloy electroplating
具有相近还原电势的两种或两种以上的金属同时发生共沉积形成合金镀层的过程。

01.1540　金属/陶瓷粒子复合电镀　metal/ceramic composite electroplating
在电镀液中加入陶瓷颗粒，使其与主体金属或合金共沉积在基体上的电镀过程。

01.1541　熔盐电镀　molten salt electroplating
在熔盐介质中进行的电镀过程。

01.1542　电刷镀　brush plating
用一个同阳极连接并能提供电解液的专用镀笔，在作为阴极的制件表面上移动进行电镀的方法。

01.1543　塑料表面电镀　plastics electroplating
采用特定的处理方法，在塑料表面形成金属镀层的过程。

01.1544　电镀层　electrodeposit
利用电解在制件表面形成均匀、致密、结合良好的金属或合金沉积层。

01.1545　结合强度　bonding strength
将金属镀层从基底金属或中间镀层上剥离所需要的力。

01.1546　镀层内应力　coating internal stress
在没有外力和温度场存在下出现在镀层内部的应力。

01.1547　电镀液　electroplating solution
完成电镀过程的溶液介质。一般含有金属主盐和导电盐，以及络合剂、缓冲剂等。

01.1548　金属主盐　metallic main salt
用于金属沉积的金属离子盐。提供电沉积金属的离子以络合离子形式或水化离子形式存在。

01.1549　络合剂　complex agent
在电镀液中能与金属主盐形成稳定络合金属离子的物质。

01.1550　整平剂　leveling agent
加入到电镀液中能改善镀层的平整性，使镀层比基体表面更为平滑的物质。

01.1551　光亮剂　brightening agent
在电镀过程中添加的能够使镀件表面获得平整光亮表面的物质。

01.1552　表面活性剂　surface active agent
在电镀液中添加的能通过在界面的吸附改变电极/溶液界面的电势分布，从而影响界面反应物的浓度、电沉积速度和沉积层结构的物质。

01.1553　铬电镀　chromium electroplating
通过电镀的方法获得铬镀层的过程。

01.1554　无氰电镀　non-cyanide electroplating
电镀液中不含氰化物配位体的电镀过程。

01.1555　钝化处理　passivation treating
通过特定溶液与金属的作用在其表面生成稳定膜层的过程。

01.1556　化学镀　electroless plating
通过镀液中的还原剂提供电子、使电沉积过程得以在金属表面完成的方法。

01.1557　表面金属化　surface metallization
通过各种表面处理技术在非金属表面形成一层金属层的过程。

01.1558　化学抛光　chemical polishing
利用金属材料在电解液中的选择性自溶解作用，以降低其表面粗糙度的过程。

01.1559　化学转化膜　chemical conversion film
通过化学或电化学手段，使金属表面形成的稳定化合物膜层。

01.1560　热镀锌　hot galvanizing
将表面清洁的金属材料或零件浸在熔融的锌液中，利用界面发生的物理化学反应，在表面形成一层金属锌的过程。

01.1561　热浸镀　hot dipping
将表面清洁的金属零件浸入到熔融的浸镀金属中，形成一层牢固结合的浸镀金属层的涂镀工艺。

01.1562　热镀锡　hot dip tinning
将表面清洁的金属材料或零件浸在熔融的锡液中，利用界面发生的物理化学反应，在表面形成一层金属锡的过程。

01.1563　热镀锌铝　hot dip zinc-aluminum alloy
将表面清洁的金属材料或零件浸在熔融的锌铝合金液中，利用界面发生的物理化学反应，在表面形成一层锌铝合金的过程。

01.1564　静电粉末喷涂　powder electrostatic spraying
高电压形成静电场的作用下将粉末涂料涂覆于工件上，再经过一定时间温度的烘烤形成涂层的过程。

01.1565　粉末涂料　powder coating
全部由固体粉末颗粒组成的无溶剂涂料。

01.1566　空气喷涂　air spraying
利用压缩空气流使涂料出口产生负压，涂料自动流出后被充分雾化，在气流推动下射向工件表面形成涂层的过程。

01.1567　流化床浸涂　fluidized bed dipping painting
工件预热到粉末熔点以上后浸入流态化的粉末容器中，附着一定的粉末涂料之后再固化的涂装工艺。

01.1568　静电流化床浸涂　electrostatic fluidized bed dipping painting
使粉末在槽中出现带电粉末云雾，在接地的工件表面通过静电力吸附周围的粉末，最后经烘烤成膜的涂装工艺。

01.1569　彩涂　color coating
将有机涂料或塑料薄膜连续涂覆或压合在金属板带表面上的工艺。

01.1570　渗镀　diffusion metallizing
将钢及合金工件加热到适当的温度，使金属元素(铝、铬、钒等)扩散渗入表层的化学热处理工艺。

01.1571　渗硫　sulphurizing
将硫渗入工件表层的化学热处理工艺。

01.1572　渗铝　aluminizing
将铝渗入工件表层的化学热处理工艺。

01.1573　渗碳　carburizing
钢件放入提供活性炭原子的介质中加热保温，使碳原子渗入工件表层的化学热处理工艺。

01.1574　渗氮　nitriding
又称"氮化"。向钢件表层渗入活性氮原子

形成富氮硬化层的化学热处理工艺。

01.1575　碳氮共渗　carbonitriding
向低碳钢表层同时渗入碳和氮元素的化学热处理工艺。

01.1576　稀土化学热处理　chemical heat treatment with rare earth element
使稀土元素渗入工件表层从而改变其化学成分和组织的化学热处理工艺。

01.1577　真空渗碳　vacuum carburizing
在低于一个大气压的条件下进行的气体渗碳工艺。

01.1578　离子渗碳　ion carburizing
又称"辉光放电渗碳(glow discharge carburizing)"。在低于一个大气压的渗碳气氛中，利用工件(阴极)和阳极之间产生的辉光放电进行渗碳的工艺。

01.1579　电解渗碳　electrolytic carburizing
在被处理件(阴极)和熔盐浴中的石墨(阳极)之间通以电流进行渗碳的工艺。

01.1580　渗碳剂　carburizer
在给定温度下能产生活性碳原子使工件渗碳的介质。

01.1581　离子束表面改性　ion beam surface modification
采用离子束对材料进行表面改性的技术。

01.1582　电子束表面改性　electron beam surface modification
采用电子束加热，使金属表面合金化，以改变其化学成分、组织和性能的方法。

01.1583　离子束掺杂　ion beam doping
把某种元素的离子，强制注入固体表面获得

均匀的一种半导体掺杂方法。

01.1584　离子注入　ion implantation
在室温或较低温度及真空条件下，把某种元素的高能量离子强制注入固体表面的方法。

01.1585　离子束混合　ion beam mixing
借助惰性气体离子束的轰击，使沉积的薄膜和基底之间，或者膜层与膜层之间，通过原子间的碰撞相互混合的方法。

01.1586　辐照损伤　irradiation damage
载能粒子与物质相互作用造成晶体结构缺陷的现象。

01.1587　碰撞　collision
入射离子与材料表面原子相撞的过程。

01.1588　离子源　ion source
利用电磁场使固体或气体原子电离，产生离子的一种装置。

01.1589　靶室　target chamber
放置注入样品或工件的真空室。

01.1590　等离子体浸没离子注入　plasma immersion ion implantation
又称"全方位离子注入"、"等离子源离子注入(plasma source ion implantation)"。加有负脉冲高电压的样品或工件在等离子体中进行离子注入的过程。

01.1591　等离子鞘离子注入　plasma sheath ion implantation，PSII
在等离子体中，加有负脉冲高电压的样品或工件表面形成等离子鞘层，对工件进行离子注入的过程。

01.1592　脉冲离子注入　pulsed ion implantation

利用脉冲离子束进行的离子注入过程。

01.1593　连续离子注入　steady ion implantation
利用连续(直流)离子束进行的离子注入过程。

01.1594　金属离子注入　metallic ion implantation
将离子源产生的金属离子加速注入工件的过程。

01.1595　离子束辅助沉积　ion beam assisted deposition, IBAD
在气相沉积的同时，进行离子束轰击混合以改善薄膜性能的方法。

01.1596　离子刻蚀　ion etching
利用离子轰击作用，对材料表面进行刻蚀的过程。

01.1597　溅射清洗　sputtering cleaning
利用离子轰击溅射作用，对材料表面进行清洁处理的过程。

01.02.06　焊接与连接技术

01.1598　熔[化]焊　fusion welding
将焊件(母材)连接处加热熔化、溶合，而完成焊接的一类焊接方法。

01.1599　[电]弧焊　arc welding
以电弧为热源的一类熔焊方法。

01.1600　埋弧焊　submerged arc welding
在焊剂层下通过光焊丝和工件间电弧加热金属，使之熔化结合的电弧焊接方法。

01.1601　气体保护电弧焊　gas shielded arc welding
简称"气体保护焊"。用外加气体作为电弧介质，并保护金属熔滴、焊接熔池和焊接区高温金属的一类电弧焊方法。

01.1602　惰性气体保护焊　inert-gas [arc] welding
用惰性气体作为保护气体的气体保护电弧焊。

01.1603　熔化极惰性气体保护电弧焊　metal inert-gas arc welding
简称"MIG 焊"。采用熔化电极的惰性气体保护电弧焊。

01.1604　钨极惰性气体保护电弧焊　tungsten inert gas arc welding
简称"TIG 焊"。采用纯钨或活化钨作为电极的惰性气体保护电弧焊。

01.1605　活性气体保护电弧焊　metal active gas arc welding
简称"MAG 焊"。采用活性气体(如 CO_2，$Ar+CO_2$，$Ar+CO_2+O_2$ 等)作为保护气体的金属极气体保护电弧焊。

01.1606　氩弧焊　argon arc welding
采用氩气作为保护气体的气体保护电弧焊。

01.1607　脉冲氩弧焊　pulsed argon arc welding
利用基值电流保持主电弧的电离通道，并周期性地加一同极性高峰值脉冲电流产生脉冲电弧，以熔化金属并控制熔滴过渡的氩弧焊。

01.1608　二氧化碳气体保护电弧焊　carbon-dioxide arc welding
简称"CO_2 焊"。采用 CO_2 作为保护气体的气体保护电弧焊。

01.1609　氦弧焊　helium-arc welding
采用氦气作为保护气体的气体保护电弧焊。

01.1610　电渣焊　electroslag welding
利用电流通过液体熔渣所产生的电阻热进行焊接的熔焊方法。根据使用的电极形状可分为丝极电渣焊、板极电渣焊、熔嘴电渣焊等。

01.1611　高能束焊　high grade energy welding
采用高能量密度的束流(如激光束、电子束、等离子束等)作为焊接热源的一类熔焊方法。

01.1612　等离子弧　plasma arc
通过压缩而获得的具有高温、高电离度和高能量密度特征的电弧。

01.1613　非转移弧　nontransferred arc
又称"等离子焰"。建立在电极与喷嘴之间的等离子弧。多用于切割、喷涂等。

01.1614　转移弧　transferred arc
建立在电极与焊件之间的等离子弧。多用于焊接。

01.1615　等离子弧焊　plasma arc welding
采用等离子弧作为焊接热源的熔焊方法。

01.1616　微束等离子弧焊　micro-plasma arc welding
焊接电流小于30A的等离子弧焊接。常用于焊接厚度在0.4mm以下的板材。

01.1617　小孔型等离子弧焊　keyhole-made welding
简称"小孔法"。利用小孔效应实现等离子弧焊的方法。具有单面焊双面成型的特点。

01.1618　熔透型等离子弧焊　fusion type plasma arc welding
简称"熔透法"。焊接过程中没有小孔效应，仅靠热传导熔透焊件的等离子弧焊接方法。

01.1619　电子束焊　electron beam welding
采用电子束为热源的熔焊方法。

01.1620　激光焊　laser welding
采用激光束为热源的熔焊方法。

01.1621　连续激光焊　continuous laser welding
利用连续激光束进行焊接的方法。

01.1622　脉冲激光焊　impulse laser welding
利用脉冲激光束进行焊接的方法。

01.1623　热剂焊　thermit welding
又称"铝热焊"。利用氧化铁与铝(或镁)在一定温度下进行化学反应形成的高温液态金属填充焊接间隙，并使焊件端部熔化而实现焊接的方法。

01.1624　堆焊　surfacing, facing
为增大或恢复工件尺寸，或使工件表面获得特殊性能，借用熔化焊接的原理，在工件表面熔敷覆层的方法。

01.1625　电阻焊　resistance welding
通过电极施加压力和馈电，利用电流流经焊件接触面及临近区域产生的电阻热实现焊接的方法。

01.1626　[电阻]点焊　spot welding
搭接的焊件压紧在两电极之间，利用电阻热熔化母材，形成焊点的电阻焊方法。

01.1627　[电阻]缝焊　seam welding
两滚轮电极对搭接的焊件施以一定压力并滚动，连续或断续对两滚轮电极馈电，从而形成连续焊缝的电阻焊方法。

01.1628　凸焊　projection welding
在一焊件连接面上预先加工出凸点，使其与

另一焊件表面接触，施加一定压力并通电的焊接方法。

01.1629　双面点焊　direct spot welding
上、下电极在焊件正反两面同时加压并通电完成点焊的方法。

01.1630　单面点焊　indirect spot welding
仅在焊件的一面用一个电极加压并通电完成点焊的方法。

01.1631　电阻对焊　upset welding
将两工件端面始终压紧，利用电阻热加热至塑性状态，然后迅速施加顶锻压力完成焊接的方法。

01.1632　闪光对焊　flash welding
两工件端面轻微接触，接触点在电流通过时熔化，喷射出来形成闪光，当工件端面形成液态金属层，并且在一定范围内达到塑性变形温度时，迅速施加顶锻压力完成焊接的方法。

01.1633　固相焊　solid state welding
又称"固态焊接"。一类焊接过程中不形成液相的焊接方法的总称。即使焊接时形成少量液相，但液相并不是实现连接的主导机制。

01.1634　摩擦焊　friction welding
利用焊件接触面相对运动、相互摩擦所产生的热，使接触面及其附近区域达到塑性状态，然后迅速施以一定压力完成连接的一种焊接方法。

01.1635　惯性摩擦焊　inertia friction welding
利用飞轮储存的旋转动能实现的一种旋转摩擦焊。

01.1636　线性摩擦焊　linear friction welding

摩擦加热阶段焊件相对做线性往复摩擦运动的一种摩擦焊。

01.1637　搅拌摩擦焊　friction stir welding
利用高速旋转的搅拌头和封肩与金属摩擦生热使金属处于塑性状态，随着搅拌头向前移动，金属向搅拌头后方流动形成致密焊缝的一种固相焊方法。

01.1638　爆炸焊　explosive welding
利用炸药爆炸产生的冲击波使焊件相互高速撞击而实现连接的焊接方法。

01.1639　扩散焊　diffusion bonding, diffusion welding
在一定温度和压力下，利用焊件结合界面的原子扩散迁移实现连接的焊接方法。

01.1640　瞬时液相扩散焊　transient liquid phase diffusion bonding
又称"过渡液相扩散焊"。在被焊材料之间加一层有利于扩散的中间材料，该材料在焊接加热时熔化形成少量的液相，填充缝隙，元素向母材扩散，形成冶金连接的扩散焊方法。

01.1641　超声波焊　ultrasonic welding
在一定压力下，通过导入超声波，使焊件在接触界面强烈摩擦而实现连接的焊接方法。

01.1642　冷压焊　cold pressure welding
在不加热条件下，通过加压焊件产生塑性变形而实现连接的焊接方法。

01.1643　热压焊　hot pressure welding
在一定温度下，通过加压焊件产生塑性变形而实现连接的焊接方法。

01.1644　高频焊　high frequency induction welding
利用高频电流的集肤效应和临近效应加热，

同时施加一定压力实现连接的焊接方法。

01.1645　钎焊　brazing, soldering
采用熔点低于母材的金属或合金作为填充材料，熔化后填充间隙实现材料的连接。

01.1646　硬钎焊　brazing
钎焊温度高于450℃的钎焊。

01.1647　软钎焊　soldering
钎焊温度低于450℃的钎焊。

01.1648　火焰钎焊　flame soldering
使用可燃气体火焰进行加热的钎焊。

01.1649　感应钎焊　induction brazing
利用感应加热所进行的钎焊。

01.1650　电阻钎焊　resistance brazing
利用电阻热加热所进行的一类钎焊方法。

01.1651　电弧钎焊　arc brazing
利用电弧加热焊件所进行的钎焊。

01.1652　激光钎焊　laser brazing, laser soldering
采用激光束加热所进行的钎焊。

01.1653　保护气氛钎焊　brazing in controlled atmosphere
在特定的气氛环境(炉)中进行的钎焊方法。气氛可以是惰性气氛或还原性气氛。

01.1654　真空钎焊　vacuum brazing
在真空炉中加热进行的钎焊。

01.1655　波峰钎焊　flow soldering, wave soldering
熔化的软钎料在一定压力下喷流成焊料波峰，焊件以一定速度掠过波峰以完成钎焊过程的软钎焊方法。主要应用于电路板组装。

01.1656　接触反应钎焊　contact reaction brazing
在较低温度下，利用两母材间或母材与中间夹层间的共晶反应形成液相实现连接的焊接方法。

01.1657　熔敷系数　deposition efficient
单位电流、单位时间内，焊芯或焊丝熔敷在焊件上的金属量。

01.1658　溶合比　penetration ratio
熔焊时，被熔化的母材部分在焊道中所占的比例。

01.1659　稀释率　rate of dilution
异种金属熔焊或堆焊时，熔敷金属被稀释的程度。用母材或预先堆焊层在焊道中所占的百分比来表征。

01.1660　合金过渡系数　alloy transfer efficiency
焊接材料中合金元素过渡到焊缝中的量与其原始含量的百分比。

01.1661　坡口　groove
焊件的待焊部位根据工艺要求加工成一定几何形状，经组装后形成的沟槽。

01.1662　熔敷金属　deposited metal
完全由填充金属熔化后形成的那部分焊缝金属。

01.1663　焊趾　toe of weld
焊缝表面与母材的交界处。

01.1664　熔深　depth of fusion
焊接接头横截面上母材熔化的深度。

01.1665　熔池　molten pool, puddle
熔焊时，焊接热源在焊件上形成的具有一定形状的液态金属部分。

01.1666 弧坑 crater
电弧焊时，由于断弧或收弧不当，在焊道末端形成的低洼部分。

01.1667 焊条 covered electrode
供手工电弧焊用的熔化电极，由药皮和焊芯两部分组成。

01.1668 焊芯 core wire
焊条中的金属芯。

01.1669 药皮 coating of electrode
焊条中压涂在焊芯表面上的涂料层。

01.1670 熔渣 slag
焊接过程中焊条药皮或焊剂熔化后，形成的覆盖于焊缝表面的非金属物质。

01.1671 熔渣流动性 slag fluidity
液态熔渣流动的难易程度。

01.1672 焊丝 welding wire
焊接时用来导电并作为填充金属的丝材。

01.1673 药芯焊丝 flux cored wire
芯部充填有焊剂粉的焊丝。

01.1674 自保护焊丝 self-shielded welding wire
不需外加气体或焊剂保护，仅依靠焊丝自身的合金元素在高温时的化学反应，以防止空气中氧、氢等气体侵入和补充合金成分的一种焊丝。

01.1675 复合焊丝 combined wire
由两根以上的焊丝机械地组合在一起而制成的一种焊丝。

01.1676 酸性焊条 acid electrode
药皮中含有大量酸性氧化物的焊条。

01.1677 碱性焊条 basic electrode
药皮中含有大量碱性氧化物并同时含有氟化钙的焊条。

01.1678 低氢型焊条 low hydrogen electrode
药皮主要由碳酸盐及氟化物等碱性物质组成的碱性焊条。正确使用时，熔敷金属中扩散氢的含量较低，焊缝塑性和冲击韧性好。

01.1679 氧化钛型焊条 titania electrode
简称"钛型焊条"。药皮中以氧化钛为主要组成物质(氧化钛≥35%)的酸性焊条。

01.1680 钛钙型焊条 titania calcium electrode
药皮中含有30%以上氧化钛及适量的(<20%)钙和镁的碳酸盐的酸性焊条。

01.1681 钛铁矿型焊条 ilmenite electrode
药皮中含有30%以上钛铁矿及一定量碳酸盐的酸性焊条。

01.1682 氧化铁型焊条 iron oxide electrode
药皮中含氧化铁及二氧化硅组成物较多的酸性焊条。

01.1683 纤维素型焊条 cellulose electrode
药皮中含有机物较多的酸性焊条。

01.1684 双芯焊条 twin electrode
具有两根焊芯的焊条。

01.1685 双药皮焊条 double coated electrode
焊芯涂有两层不同成分药皮的焊条。一般内层涂有合金剂和脱氧剂，外层涂有造渣剂和造气剂。

01.1686 焊剂 welding flux
焊接时，能够熔化形成熔渣(有时也有气体)，对熔化金属起保护和冶金作用的一种颗粒状物质。

01.1687 钎料 brazing alloy，soldering alloy
钎焊时用的填充金属。

01.1688 钎剂 brazing flux，soldering flux
钎焊时用的辅助材料。主要作用是去除钎料及母材表面的氧化膜，保护焊件及液态钎料在钎焊过程中不被氧化，改善液态钎料对焊件的润湿性。

01.1689 自钎剂钎料 self-fluxing brazing alloy
含有起钎剂作用成分的钎料。

01.1690 钎焊性 brazability，solderability
材料对钎焊加工的适应性，即材料在一定的钎焊条件下，获得优质钎焊接头的能力。

01.1691 阻流剂 stop-off agent
阻止钎料泛流的一种钎焊辅助材料。钎焊时用以防止钎料泛流到不需要钎焊的母材表面或夹具表面上。

01.1692 焊接温度场 field of weld temperature
焊接过程中，某一时刻焊接接头中的温度分布。通常用等温线或等温面来表示。

01.1693 熔合线 weld junction
焊接接头横截面上焊缝金属与母材的分界线。

01.1694 熔合区 fusion zone
焊接接头中，焊缝向热影响区过渡的区域。

01.1695 热影响区 heat affected zone，HAZ
焊接或热切割过程中，母材因受热的影响（但未熔化）组织结构和性能发生变化的区域。

01.1696 过热区 overheated zone
焊接热影响区中，具有过热组织或晶粒显著长大的区域。

01.1697 硬化区 hardened zone
焊接或热切割时，热影响区中显著硬化的区域。

01.1698 焊接性 weld ability
金属材料对焊接加工的适应性。主要指在一定的焊接工艺条件下，获得优质焊接接头的难易程度。

01.1699 焊接裂纹 weld crack
在焊接接头中，由焊接过程引起的各种裂纹。如热裂纹、凝固裂纹、冷裂纹、多边化裂纹、液化裂纹等。

01.1700 延迟裂纹 delayed crack
焊接后经过一定时间才出现的裂纹。

01.1701 再热裂纹 reheat crack
经消除残余应力热处理或一定温度服役过程中产生的沿奥氏体晶间发展的裂纹。

01.1702 焊缝晶间腐蚀 weld intercrystalline corrosion
沿焊缝金属晶界发生的腐蚀破坏现象。

01.1703 裂纹敏感性 crack susceptibility
材料焊后产生裂纹的敏感程度。

01.1704 焊接残余应力 welding residual stress
焊后残留在焊件内的焊接应力。

01.1705 焊接变形 welding deformation
由于进行焊接在焊件中产生的变形。

01.1706 碳当量 carbon equivalent
把钢中合金元素的含量按其对某种性能（如焊接性、铸造工艺性等）的作用换算成碳的相当含量。

01.1707　还原制粉法　reduction process
用还原剂将金属氧化物或金属盐类等进行还原制取金属或合金粉末的方法。

01.1708　雾化制粉　powder atomization
利用高压气流或液流、离心力或真空减压等工艺，将金属液流粉碎成液滴，冷凝后得到金属或合金粉末的方法。

01.1709　水雾化　water atomization
利用高压水流击碎液态金属或合金使其碎化成粉末的制粉方法。

01.1710　超高压水雾化　super high pressure water atomization
雾化介质水的压力超过 100MPa 的水雾化制粉技术。

01.1711　气体雾化　gas atomization
利用高压气流(空气、惰性气体)击碎液态金属或合金使其碎化成粉末的制粉方法。

01.1712　超声气体雾化　ultrasonic gas atomization，USGA
用速度高达 2.5Ma 的高速高频(80~100kHz)脉冲气流作为雾化介质的雾化制粉方法。

01.1713　超声振动雾化　ultrasonic vibration atomization
将金属或合金熔体液流滴到超声振动的台面上使其破碎而制得粉末的方法。

01.1714　真空雾化　vacuum atomization
用气体过饱和的液态金属或合金，在真空状态下由于气体膨胀而使液态金属或合金形成粉末喷射流的一种雾化制粉方法。

01.1715　等离子雾化　plasma atomization
将金属丝、较粗粉末或团聚粉末送入等离子体火炬中，送入物质被快速熔化、加速，液滴飞出等离子火炬后凝固成粉末的制粉方法。

01.1716　离心雾化　centrifugal atomization
利用机械旋转造成的离心力将金属液流破碎为小液滴，然后凝固为固态粉末的制粉方法。

01.1717　旋转盘雾化　rotating disk atomization
金属液流撞击在快速旋转的圆盘上，被圆盘和圆盘上的叶片击碎，雾化成液滴，并且快速冷却成粉末的制粉方法。

01.1718　旋转坩埚雾化　rotating cup atomization
通过固定电极和坩埚内的金属产生电弧将金属熔化，坩埚旋转产生的离心力使熔融金属在坩埚口处被粉碎成粉末而被甩出的一种制粉方法。

01.1719　旋转电极雾化　rotating electrode atomization
将金属或合金做成自耗电极，利用电弧、电子束、等离子体等使其端面熔化，通过电极高速旋转所产生的离心力将熔化了的金属抛出并粉碎为细小液滴，继之冷凝为粉末的制粉方法。

01.1720　高能球磨　high energy ball milling
用球磨机的转动或振动使硬球对原料进行强烈的冲击，研磨和搅拌，把金属或合金粉末粉碎为微粒的方法。

01.1721　机械合金化　mechanical alloying
通过高能球磨使粉末经受反复的变形、冷焊、破碎，从而实现合金化的复杂物理化学过程。

01.1722 电解法 electrolytic process
在金属盐溶液中通以直流电，金属离子在阴极上放电析出，形成易于破碎成粉末的沉积层。

01.1723 冷冻干燥法 freeze drying process
将金属盐等溶液快速冷冻，然后在低温降压条件下升华脱水，再通过分解、破碎等工艺制得粉体的方法。

01.1724 超声粉碎法 ultrasonic comminution
利用超声波发生器产生的高频超声振动能，将金属液流或液体中的固体物料破碎的方法。

01.1725 蒸发-凝聚法 vapor-condensation
将原料加热至高温，使之蒸发，然后使蒸气冷凝而获得粉末的方法。

01.1726 爆炸法 explosion method
在高强、耐高压的容器中，利用爆炸产生的高温和冲击力，将物料变成蒸气，而后凝聚成粉料的方法。

01.1727 机械粉碎 mechanical comminution
以单纯的机械力如冲击力、压力、摩擦力、剪切力等粉碎物料的工艺。包括球磨法、气流粉碎等。

01.1728 气流粉碎 jet mill
利用高速高压气流带着较粗的颗粒通过喷嘴轰击靶子，或多束带着较粗的颗粒的高速高压气流相互撞击，使粗粉末进一步破碎的方法。

01.1729 自蔓延燃烧反应法 self-propagating high temperature synthesis
又称"燃烧合成(combustion synthesis)"。利用粉末或粉末坯块中异类物质间的化学反应放热产生的高温，通过点火后的自持燃烧而合成所需成分和结构的化合物材料的技术。

01.1730 喷雾造粒 spray granulation
将粉浆或溶液喷入造粒塔，在喷雾热风的作用下，粉浆或溶液干燥、团聚，从而得到球状团粒的造粒方法。

01.1731 造粒 granulation
又称"制粒"。使较细颗粒团聚成粗粉团粒的工艺。

01.1732 反应研磨 reaction milling
在研磨过程中金属与添加剂或与气氛、或与二者之间同时发生化学反应的工艺。

01.1733 元素粉 elemental powder
由单种元素成分组成的粉末颗粒。

01.1734 合金粉 alloyed powder
由两种或两种以上合金元素部分或完全合金化组成的粉末颗粒。

01.1735 扩散粉 diffusion alloyed powder
将均匀混合的元素混合粉，通过扩散热处理制得的部分合金化粉末。

01.1736 部分合金化粉 partially alloyed powder
粉末颗粒成分尚未达到完全合金化状态的合金粉末。

01.1737 团聚 agglomeration
使若干个单颗粒聚集成为团粒的作用或过程。

01.1738 松装密度 apparent density
在规定条件下松散粉末自由下落至容器中所测得的单位容积粉末质量。

01.1739 振实密度 tap density
曾称"摇实密度"。在规定条件下容器中的粉末经振实后所测得的单位容积质量。

01.1740 压缩性 compressibility
在加压条件下粉末或坯料被压缩的程度。表示为达到所需密度而所需的压力或在已知压力下得到的密度值。

01.1741 成形性 formability
粉末或坯料被压缩成一定形状并在后续加工过程中保持这种形状的能力。是流动性、压缩性和压坯强度的函数。

01.1742 压缩比 compression ratio
加压前粉末或坯料的体积与脱模后压坯的体积之比。

01.1743 装填系数 fill factor
粉末充填模具的高度与脱模后压坯高度之比。

01.1744 流动性 flow ability
粉末从标准流速漏斗流出所需的时间。

01.1745 比表面积 specific surface area
单位质量粉末或多孔体具有的总表面积。

01.1746 粒度 particle size
通过筛分或其他合适方法测得的粉末颗粒的尺寸。

01.1747 粒度分布 particle size distribution
将粉末试样按粒度不同分为若干级，每一级粉末按质量、按数量或按体积所占的百分率序列。

01.1748 筛分析 sieve analysis
用一套标准筛对粉末试样进行，求出各分级粉的重量百分含量以表示粉末粒度分布的方法。

01.1749 粉末光散射法 light scattering technique of powder
根据光照射粉末颗粒产生散射光的强度分布与粉末粒度的关系测定粒度分布的方法。

01.1750 沉降法 sedimentation method
通过颗粒在液体中的沉降速度来测定颗粒粒度分布的方法。

01.1751 费氏法 Fisher subsieve sizer
测量在给定压力下，单位时间内流过具有给定的横截面积和高度的粉末床的空气的体积，再根据粉末床的透过性与孔隙度推算出粉末的比表面的测试方法。

01.1752 吸附比表面测试法 Brunauer-Emmett-Teller method，BET method
简称"BET 法"。一种基于测量以单分子层吸附在粉末表面上的气体数量来测量粉末比表面的方法，由布鲁诺尔、埃米特和特勒三人所发明。

01.1753 液相反应法 liquid-phase reaction
通过溶液反应获得均相溶液，除去溶剂后得到所需粉末的前驱体，经热解得到细小粉末的制粉方法。

01.1754 化学沉淀法 chemical precipitation method
利用电负性较大的金属或气体置换溶液中的另一种金属，该金属在溶液中沉淀，再将沉淀物过滤、洗涤、干燥，得到金属微粉的方法。

01.1755 化学共沉淀法 chemical coprecipitation method
将原料按化学式量配比溶于一定的溶剂中配成含有多种可溶性阳离子的盐溶液后，加入适当的沉淀剂，形成不溶性共沉淀物，对沉淀物进行后处理得到所需粉体的方法。

01.1756　溶胶凝胶法　sol-gel method
采用合适的有机或无机盐配制成溶液，然后加入能使之成核、凝胶化的溶液，控制其凝胶化过程得到具有球形颗粒的凝胶体，经一定温度煅烧分解得到所需物相的方法。

01.1757　气相反应法　gas phase reaction method
直接利用气体或将物质制备成气体，使之在气体状态下发生物理或化学反应，在冷却过程中凝聚长大形成微粒的超细粉体制备方法。

01.1758　气相等离子辅助反应法　plasma assisted chemical vapor deposition
以等离子体为热源，通过气相反应，完成成核、长大和终止，并形成超细微粒的制备方法。

01.1759　气相激光辅助反应法　laser induced chemical vapor deposition
以激光为热源，利用反应气体分子对特定波长激光束的吸收并产生热解或化学反应，通过瞬时完成气相反应成核、长大和终止，并形成超细微粒的制备方法。

01.1760　固相反应法　solid state reaction method
物质在固相条件下，通过扩散、反应、成核、生长过程制取固态化合物或固溶体粉料的方法。

01.1761　热分解法　thermal decomposition method
将粉体的前驱体化合物在一定条件下加热使其分解而制备粉体的方法。

01.1762　粉体表面修饰　powder surface modification
用物理、化学方法改变和控制粉体表面的结构与状态的过程。

01.1763　粉体表面改性技术　surface modification technique
采用物理或化学的方法对粉体表面进行处理，有目的地改变其表面物理化学性质，以满足特定使用要求的工艺。

01.1764　粉体包覆技术　powder coating technique
通过一定的工艺技术将修饰剂包裹在粉体表面以达到表面修饰目的的方法。

01.1765　分散剂　dispersing agent
吸附于液固界面并能显著降低界面自由能，使固体粉末均匀的分散在液体或熔体中，并使之不再聚集的一类物质。

01.02.08　粉体成型与烧结技术

01.1766　粉末黏结剂　powder binder
添加到粉末中提高压坯的强度，并可在烧结前或烧结过程中除掉的物质。

01.1767　粉末掺杂剂　powder dopant
为了防止或控制烧结体在烧结过程中或使用过程中再结晶或晶粒长大而在金属粉末中加入的少量物质。

01.1768　固体粉末含量　solid loading
固体粉末在混合料中所占的体积分数。

01.1769　脱脂　degreasing
又称"排胶"。通过热或化学的方法脱除注射成形或挤压成形零件中黏结剂的过程。

01.1770　超临界萃取脱脂　supercritical extraction degreasing
在超临界流体中将成形坯中的黏结剂溶解脱除的过程。

01.1771 溶剂脱脂 solvent degreasing
溶剂不断渗透到坯块内部，把坯体内黏结剂中可溶成分溶解脱出的过程。

01.1772 热脱脂 thermal degreasing
通过加热坯体使黏结剂组分挥发或分解而从坯体中脱出的方法。

01.1773 真空脱脂 vacuum degreasing
在真空环境下脱除坯体内的黏结剂的方法。

01.1774 生坯 green compact
压制或注射成形但未烧结的压坯。

01.1775 预成形坯 preform
需经变形和致密化的坯件，包括形状改变的坯件。

01.1776 压坯 compact
通过常温压制或冷等静压而制成的坯件。

01.1777 压制 pressing
在模腔或其他型腔内将粉末或坯料加压制成具有预定形状、尺寸坯块的工艺。

01.1778 温压 warm pressing，warm compaction
在环境温度和可能发生扩散的高温之间所选定的温度下进行的单轴向压制，旨在增强致密化效果。

01.1779 热压 hot pressing
将松散粉末或材料置于限定形状的模具中，在加热粉末体或材料的同时对其施加单轴向压力从而激活扩散、蠕变和塑性流动等工程的工艺。

01.1780 单向压制 single-action pressing
阴模和芯棒不动，仅对上模冲施加压力的压制方法。

01.1781 双向压制 double-action pressing
阴模固定不动，上下模冲从两个方向同时对粉末或材料加压的压制方法。

01.1782 脱模斜度 draw taper
便于粉末制件成形后脱模而在脱模方向设置的斜度。

01.1783 压缩性曲线 compression curve
以压力为横坐标，压力对应的平均密度为纵坐标的曲线。可以用来描述粉末或材料的压缩性。

01.1784 振动压制 vibration-assisted compaction
在压制粉末过程中，振动模冲的压制方法。

01.1785 冷等静压制 cold isostatic pressing
在常温介质下从各个方向以相同的压力对压坯施压的压制工艺。压力传递媒介通常为液体。

01.1786 热等静压制 hot isostatic pressing
在高温介质下的等静压制。可以激活扩散、蠕变和塑性流动过程，从而达到消除缺陷、致密化的目的。压力传递介质通常为气体。

01.1787 粉末注射成形 powder injection molding
将金属粉末与有机黏结剂混合，在加热状态下用注射成形机将其注入模腔内成形，再用化学溶剂或加热分解的方法去掉黏结剂，最终烧结成致密的产品的过程。

01.1788 增塑粉末挤压 plasticized-powder extrusion
将粉末与黏结剂的均匀混合物挤压成形的一种方法。

01.1789　粉末轧制　powder rolling
将粉末引入一对旋转轧辊之间使其压实成黏聚的连续带坯的方法。

01.1790　高速压制　high velocity compaction
基于高速高峰值压力的模压成形技术，可以获得更高的压坯密度。通常在峰值压力后的短暂时间内还伴有多次反复冲击。

01.1791　爆炸固结　explosive consolidation
利用炸药爆炸瞬间产生的高温和高冲击力使粉末固结的方法。

01.1792　包套　can，bag
在热等静压和冷等静压过程中，用于盛装粉末并将粉末与压力介质隔开的容器。

01.1793　快速全向压制　rapid omnidirectional pressing
采用玻璃等作为压力介质，在高温单向受压状态下形成准三向等静压，对其中的物体进行致密化的方法。

01.1794　干压成形　dry-pressing
对不添加或只很少量添加成形剂或润滑剂的粉末进行成形的工艺。

01.1795　近净成形　near-net shape forming
直接制备出具有或者接近最终形状和尺寸零件的成形技术。

01.1796　转鼓试验　drum test
测试粉末压坯的耐磨性和端角部位的抗冲击性的试验方法。将粉末压坯放入转筒内，以一定的转速转动一定的转数后，测定压坯的剩余重量，并计算试样的质量损失率。

01.1797　粉末烧结　powder sintering
把压坯或松装粉末体加热到其基本组元熔点以下的温度，并在此温度下保温，由于微粒间发生黏结等物理化学作用，得到所要求

致密度、强度等特性的工艺过程。

01.1798　吸气剂　getter
在烧结过程中吸收或化合烧结气氛中对最终产品有害的物质的材料。

01.1799　造孔剂　pore forming material
添加于粉末混合料中的一种物质，烧结时依靠其挥发而在最终产品中形成所需类型和数量的孔隙。

01.1800　黏结相　binder phase
在多相烧结材料中，起黏结作用的相。

01.1801　黏结金属　binder metal
起黏结相作用的金属，其熔点低于多相烧结材料中的其他相。

01.1802　预烧　presintering
在低于最终烧结温度的温度下对压坯的加热处理。

01.1803　烧结颈　sintering neck
在烧结初始阶段，由于原子扩散在两个颗粒接触处形成的联结。

01.1804　活化烧结　activated sintering
采用化学或物理的措施，使原子迁移活化能降低，从而可使烧结温度降低、烧结过程加快，或使烧结体密度和其他性能得到提高的方法。

01.1805　活化剂　activator
能降低粉末压坯烧结活化能的添加剂。

01.1806　气压烧结　gas pressure sintering
又称"烧结－热等静压"。真空烧结和随后的热等静压在同一炉膛中进行的粉末冶金制品或材料制造方法，其目的是为了消除残余孔隙度。

01.1807　反应烧结　reaction sintering
烧结时，坯块中至少有两种组份或坯块中某些组份与气氛中某组份相互发生化学反应的烧结过程。

01.1808　液相烧结　liquid-phase sintering
有液相发生的烧结过程。

01.1809　固相烧结　solid state sintering
粉末或压坯在无液相形成的状态下烧结过程。

01.1810　超固相线烧结　supersolidus liquid phase sintering
将预合金化的粉末加热到合金相图中的固相线与液相线之间的温度，使每个预合金化的粉末的颗粒表面及内部晶界处形成液相，从而迅速达到致密化的烧结方法。

01.1811　过渡液相烧结　transient liquid phase sintering
又称"瞬时液相烧结"。当压坯加热到烧结温度时出现液相，在烧结温度保温时，由于相互扩散，液相消失的烧结过程。

01.1812　电火花烧结　electric spark sintering
利用粉末间火花放电所产生的高温，并且同时受外应力作用的一种烧结方法。

01.1813　放电等离子烧结　spark plasma sintering，SPS
以预合金钢粉或混合粉为原料的粉末冶金铁基制品。

01.1814　微波烧结　microwave sintering
利用微波加热的烧结方法。

01.1815　激光烧结　laser sintering
利用激光能量进行烧结的工艺。

01.1816　垂熔　self-resistance heating
直接通电于粉末条坯本身而自身发热的烧

结法。主要用于钨、钼等难熔金属条坯的高温烧结。

01.1817　致密化　densification
熔体内部空隙总体积减少、颗粒间距缩短、烧结体积收缩、密度增大的烧结现象。

01.1818　开孔孔隙度　open porosity
在含孔的物体中与外表面连通的开孔体积与该物体总体积之比。

01.1819　连通孔隙度　interconnected porosity
在含孔的物体中相互连通孔的体积与该物体总体积之比。

01.1820　闭孔孔隙度　closed porosity
在含孔的物体中不与外表面连通的闭孔体积与该物体总体积之比。

01.1821　烧结畸变　sintering distortion
烧结过程中烧结体由于收缩不均匀而发生的变形。

01.1822　过烧　oversintering
烧结温度过高和（或）烧结时间过长致使产品最终性能恶化的烧结。

01.1823　欠烧　undersintering
烧结温度过低和（或）烧结时间过短致使产品未达到所需密度或性能的烧结。

01.1824　熔浸　infiltration
又称"熔渗"。金属或合金熔体在毛细管力的作用下填充孔洞成形骨架的工艺过程。

01.1825　加压熔浸　infiltration by pressure
对熔融金属施加一定压力进行的熔浸。

01.1826　真空熔浸　infiltration in vacuum
在真空条件下进行的熔浸。

01.1827 烧结气氛 sintering atmosphere
烧结炉内的实际气氛，通常有还原性气氛、中性气氛和具有一定碳势的可控气氛。

01.1828 裂化气 cracked gas
将主要成分为甲烷的天然气、石油气或其他碳氢化物气与空气或水蒸气按一定比例混合，通过高温转化炉裂化得到的一种主要含氢和一氧化碳的混合气体。

01.1829 内氧化 internal oxidation
一种由金属基与金属的或非金属的添加剂组成的烧结复合材料。添加剂用于改变材料的摩擦与磨损特性。

01.1830 组合烧结 assembled component sintering
又称"烧结连接(sinter bonding)"。利用烧结过程中发生的膨胀、收缩、原子扩散等现象，将多个压坯或零件连接在一起的技术。

01.1831 热压烧结 hot press sintering
陶瓷粉体或具有一定形状的素坯在高温下通过外加的压力致密，成一定形状固体的过程。

01.1832 复压 re-pressing
为了提高物理和(或)力学性能，对烧结制品进行重复压制的过程。

01.1833 浸渍 impregnation
用非金属物质(如油、石蜡或树脂)填充烧结件的连通开孔孔隙的过程。

01.1834 透过性 permeability
粉末层或多孔体透过气体或液体的能力。

01.1835 渗透燃烧 filtration combustion
多孔介质与在其中渗透的气体发生的自维持放热反应。

01.1836 稳态燃烧 stable combustion
燃烧过程中火焰以稳定的恒速传播的燃烧模式。

01.1837 非稳态燃烧 unstable combustion
燃烧过程中火焰传播速度不为常数的燃烧模式。

01.1838 热爆 thermal explosion
将反应体系加热到某一温度而引发反应体系整体燃烧的自蔓延高温合成方法。

01.1839 绝热燃烧温度 adiabatic combustion temperature
在绝热条件下反应放热使体系达到的最高温度，可以作为判断燃烧反应能否自我维持的定性依据。

01.1840 燃烧波速率 combustion wave rate
描述自蔓延高温合成过程中燃烧前沿向前推移的移动速率。

01.1841 质量燃烧速率 mass combustion rate
单位面积的燃烧波阵面上单位时间发生燃烧的物质质量。

01.1842 能量释放率 energy release rate
单位时间单位面积燃烧波阵面上燃烧反应所放出的热量。

01.1843 反应热压 reactive hot pressing
将粉末混合料装在压模中，同时加热加压，利用粉末反应放热直接合成和烧结获得致密材料的工艺。

01.1844 反应热等静压 reactive hot isostatic pressing
以传统热等静压为基础，将包套封装的反应粉末或压坯置于承压容器中，在高温高压下直接合成和烧结得到致密材料的工艺。

01.1845 反应爆炸固结 reactive explosion consolidation
借助爆炸产生的高压高温将反应体系直接合成并固结为致密材料的工艺。

01.02.09 晶 体 生 长

01.1846 人工晶体 artificial crystal
在人工控制的条件下，通过一定的晶体生长方法制备的具有一定尺寸、形状、结构和性能的晶体材料。

01.1847 晶体生长 crystal growth
通过控制温度、压力、成分等热力学条件和必要的传热、传质等动力学条件，利用相变原理进行晶体材料制备的技术。

01.1848 衬底 substrate
用于外延生长晶体的基底材料。

01.1849 靶材 target
在溅射沉积技术中用做阴极的材料。该阴极材料在带正电荷的阳离子撞击下以分子、原子或离子的形式脱离阴极而在阳极表面重新沉积。

01.1850 输运剂 transportation agent
在气相晶体生长过程中的辅助性的气体。

01.1851 晶核 crystal nucleus
在结晶过程中从母相中最初形成的可以稳定存在的新相的胚胎。是新晶体生长的核心。

01.1852 生长界面 growth interface
又称"结晶界面(crystallization interface)"。结晶过程中析出新相与母相的分界面。

01.1853 邻位面生长 adjacent interface growth
生长界面与密排面接近的晶体生长过程。

01.1854 平面界面 planar interface
显微尺度内平直的结晶界面。

01.1855 胞状界面 cellular interface
在显微尺度内起伏不平，呈显胞状的结晶界面。

01.1856 奇异面 facet interface
又称"小平面界面"。通常是界面能最小且密排的界面。

01.1857 弥散界面 rough interface，diffused interface
在原子尺度上粗糙不平的结晶界面，通常对应于连续生长的界面。

01.1858 气相生长 vapor growth
通过气相中的原子(或分子)在结晶界面上不断沉积实现晶体生长的方法。

01.1859 溶液生长 solution growth
使过饱和溶液中的溶质元素不断向结晶界面沉积，实现晶体生长的方法。

01.1860 连续生长 continuum growth
原子(或分子)在结晶界面上随机沉积，而不形成台阶的晶体生长过程。

01.1861 台阶生长 terrace-ledge-kink growth
借助于结晶界面上原子尺度的台阶移动实现的晶体生长。

01.1862 位错生长 growth by dislocation
由垂直于生长界面并在生长界面"露头"处形成的一种台阶生长。

01.1863 二维形核生长 two-dimensional disc-shaped nucleus growth
在生长界面上有二维晶核产生的一种台阶

生长。

01.1864 孪晶生长机制 growth mechanism
by twin
由暴露在结晶界面上的孪晶界提供的一种
台阶生长方式。

01.1865 生长速率 growth rate
晶体生长过程中结晶界面移动的速率。

01.1866 带状偏析 band segregation
在人工生长的晶体中，元素沿着一定的条带
富集的一种偏析形式。

01.1867 择优取向 preferred crystallographic
orientation
在相同的环境下生长速率相对较快的晶体
学方向。

01.1868 溶质富集 solute enrichment
由于溶质分凝和扩散不均匀而在局部形成
溶质浓度升高的现象。

01.1869 过饱和溶液 super-saturated solution
溶液中的溶质浓度大于给定的温度、压力等
热力学条件下的溶解度的溶液。

01.1870 过饱和度 super-saturation
过饱和溶液中实际溶质浓度和平衡溶质浓
度的差值与溶解度的比值。

01.1871 过饱和比 super-saturation ratio
过饱和溶液的实际溶质浓度与溶解度（平衡
溶质浓度）的比值。

01.1872 热解法 pyrolysis
又称"高温分解法（thermal decomposition）"。
使复杂化合物分解，形成单质或较简单的化
合物并同时结晶，获得其晶体材料的方法。

01.1873 溶剂蒸发法 solvent evaporation
method
通过溶剂的挥发使溶质浓度增大，获得过饱
和溶液，实现晶体生长的方法。

01.1874 熔盐法 molten salt method
以单一或混合的熔融无机盐为溶剂，在其中
进行晶体合成与生长的方法。

01.1875 变温法 temperature variation
method
通过改变温度（通常是降低温度）使饱和溶
液形成过饱和溶液而析晶到籽晶上，实现晶
体生长的方法。

01.1876 温差法 temperature difference
method
原料在高温高压下溶解在溶剂中，由于温差
对流，溶液在籽晶部位达到过饱和而使籽晶
生长，溶液的循环促使原料不断地溶解，晶
体不断地生长的方法。

01.1877 化学反应法 chemical reaction
method
通过多组元的化学反应，形成一种单质或者
化合物，并使其按照一定的晶体结构排列，
获得晶体材料的晶体生长方法。

01.1878 电化学反应法 electrochemical reac-
tion
在液相中，借助外加电场实现特定的单质或
化合物的沉积的晶体生长方法。

01.1879 助溶剂法 co-solvent method
当晶体在溶剂中的溶解度较低时，通过加入
另一组元（助溶剂），增大其溶解度，实现晶
体生长。

01.1880 助溶剂 co-solvent
溶剂中的添加物，可以增大溶剂对溶质的溶
解度，又不与溶质反应生成新的化合物。

01.1881 布里奇曼-斯托克巴杰法 Bridg-man-Stockbarger method
又称"坩埚下降法"。利用装载熔融晶体生长原料的坩埚在单向温度梯度场中由高温区向低温区的相对移动，实现结晶界面过冷并反向生长。

01.1882 泡生法 kyropoulus method
又称"受冷籽晶法"。将籽晶下降到低过冷度的过冷熔体中，以获得晶体生长所需要的过冷度，实现晶体生长的方法。

01.1883 熔焰法 verneuil method
将晶体生长原料制成粉体，下落到燃烧室内被火焰熔化，落到籽晶上实现晶体生长的方法。

01.1884 坩埚加速旋转技术 accelerated crucible rotation technique
在晶体生长过程中按照一定的规律变速旋转坩埚，从而在液相中引入强制对流的技术。

01.1885 高压布里奇曼法 high pressure Bridgman method
在布里奇曼-斯托克巴杰(Bridgman-Stockbarger)法晶体生长过程中，将坩埚放置在高压环境中，抑制熔融原料挥发的晶体生长方法。

01.1886 溶质再分配 solute redistribution
由于结晶界面的溶质分凝，以及固相和液相中的溶质扩散造成的晶体中成分的非均匀分布现象。

01.1887 提拉速率 pulling rate
在提拉法晶体生长过程中，拉晶杆提升的速率。

01.1888 导模提拉法 edge-defined film-fed crystal growth method
又称"成形晶体生长(shaped crystal growth)"。在熔体表面放置一个具有特殊形状的模子，可实现对晶体形状约束的方法。

01.1889 冷坩埚晶体生长法 cold crucible crystal growth method
采用导热性能好的水冷铜模作坩埚，在坩埚表面形成凝固层使熔体与坩埚隔离。

01.1890 气液固法 vapor-liquid-solid growth method
在衬底上涂敷某种金属，在一定温度下形成金属液滴，气相原子(或分子)不断向液滴中溶解，而在另一面析出，实现晶体生长的方法。

01.1891 升华-凝结法 sublimation crystal growth
通过加热原材料，使其发生气化并扩散到生长表面，在生长表面上沉积结晶实现晶体生长的方法。

01.1892 阴极溅射法 cathode sputtering
利用电离的正离子在电场的加速下撞击作为阴极的靶材，使其中的原子(或分子)脱离阴极而在阳极沉积的方法。

01.1893 气体分解法 decomposition of vapor phase
通过加热或其他方式使复杂成分的气体分子分解，释放出某种元素并沉积生长。

01.1894 气体合成法 gas phase synthesis, vapor phase synthesis
通过两种或两种以上的气体分子发生反应形成新的化合物，沉积获得该化合物的晶体材料。

01.1895 外助气相沉积法 vapor phase deposition with assistant gas
借助于外加的气体起到输运和调整化学位的作用，促进晶体生长。

01.1896 物理气相沉积 physical vapor deposition，PVD
用物理方法将源物质转移到气相中，直接沉积到工件表面形成薄膜或涂层的技术。通常在真空中进行，有真空沉积、溅射沉积、等离子体增强沉积和离子束增强沉积等形式。

01.1897 蒸镀 evaporation deposition
对镀膜材料加热使其气化沉积在基体或工件表面并形成薄膜或涂层的工艺过程。

01.1898 真空蒸镀 vacuum evaporation deposition
又称"真空镀膜"。在一定的真空条件下加热被蒸镀材料，使其熔化(或升华)并形成原子、分子或原子团组成的蒸气，凝结在基底表面成膜。

01.1899 蒸发 evaporation
将镀膜材料加热气化的工艺过程。

01.1900 电阻加热蒸发 resistance heating evaporation
把蒸发材料放入适当形状的电阻加热体内，通电使蒸发材料直接加热蒸发，或者把蒸发材料放入 Al_2O_3 等坩埚中进行间接加热蒸发。

01.1901 高频感应加热蒸发 high frequency induction heating evaporation
将装有蒸发材料的石墨或陶瓷坩埚放在水冷的高频螺旋线圈中央升温蒸发。

01.1902 电子束蒸发 electron beam evaporation
用电子束加热水冷铜坩埚中的蒸发材料使其熔融或升华气化。

01.1903 空心阴极电子枪 hollow cathode electron-gun
利用空心阴极效应和空心阴极放电特性，以产生高电流密度、长脉冲电子束的装置。

01.1904 激光蒸发沉积 laser evaporation deposition
利用大功率激光的热效应使蒸发材料被蒸发沉积在基体上成膜。

01.1905 连续激光沉积 continuous laser decomposition
使用连续激光聚焦到靶材上，利用激光的热效应使材料被蒸发沉积在基体上成膜。

01.1906 脉冲激光沉积 pulsed laser deposition
使用脉冲激光束聚焦到靶材表面，使靶材蒸发沉积在基体上成膜。

01.1907 电弧蒸发 arc evaporation
将蒸发材料作为电极，在外加电压下，电极间依靠等离子体导电产生弧光放电，从而使电极材料被蒸发。

01.1908 直流电弧放电蒸发 direct current arc evaporation
利用直流电源放电产生的电弧使蒸发材料蒸发。

01.1909 电子轰击电弧放电蒸发 electron bombard
蒸发材料作为阳极，利用电子轰击阳极靶材，产生电弧等离子体，使靶材材料蒸发。

01.1910 反应蒸镀 reactive evaporation deposition
在活性气体中蒸发固体材料，使活性气体的原子、分子和从蒸发源蒸发的金属原子、低价化合物分子在基底表面或气相中发生反应形成化合物薄膜的方法。

01.1911 闪蒸蒸镀 flash evaporation
把蒸发材料做成粉末，使颗粒一个个进入保持高温的蒸发源中，快速蒸发的镀膜方法。

01.1912 双蒸发蒸镀 double source electron beam evaporation
采用两个电子束蒸发源，通过控制其各自的蒸发速率，改变两种蒸气的沉积速率比的镀膜方法。

01.1913 溅射沉积 sputtering deposition
用高能粒子轰击靶材，使靶材中的原子溅射出来，沉积在基底表面形成薄膜的方法。

01.1914 阴极沉积 cathodic deposition
真空室中只有阴极和阳极，阴极上装有被溅射材料，利用高电压下两极间气体自持放电的溅射沉积技术。

01.1915 磁控溅射 magnetron sputtering
在二极溅射中增加一个平行于靶表面的封闭磁场，借助于靶表面上形成的正交电磁场，把二次电子束缚在靶表面特定区域来增强电离效率，增加离子密度和能量，从而实现高速率溅射的过程。

01.1916 非平衡磁控溅射 unbalanced magnetron sputtering
磁控靶边缘的磁力线呈发散状直达基底表面，在基底表面形成大量离子轰击，直接干预基底表面溅射成膜的过程。

01.1917 高频磁控溅射 high frequency magnetron sputtering
通过电极间施加高频电压获得高频放电而使靶极获得负电位的磁控溅射。

01.1918 脉冲磁控溅射 pulsed magnetron sputtering
通过电极间施加双极性脉冲电压的磁控溅射，是绝缘材料磁控溅射沉积的优选技术。

01.1919 孪生靶磁控溅射 twin targets magnetron sputtering
将双向交变电压施加于磁控溅射两个相邻的靶上的磁控溅射。

01.1920 射频溅射 radio frequency sputtering
利用射频电源，通过耦合电容将负电位加到靶上，对介质靶、半导体靶实现高速率溅射的技术。

01.1921 反应溅射 reactive sputtering
溅射镀膜中通入反应气体实现化合物镀膜的技术。

01.1922 离子束溅射 ion beam sputtering
利用离子源产生一定能量的离子束轰击置于高真空中的靶材，使其原子溅射出来，沉积在基底成膜的过程。

01.1923 离子镀 ion plating
离子辅助沉积薄膜过程的统称。

01.1924 离子辅助沉积 ion assisted deposition
在电子束蒸发或沉积的同时，用一定能量、种类、流强的离子束轰击正在生长的表面以提高薄膜质量的一种方法。

01.1925 直流二极型离子镀 direct current diode ion deposition
利用阴阳极间的辉光放电产生离子，通过基底上所加的负电压对离子加速的离子镀技术。

01.1926 活性反应蒸镀 activated reactive evaporation deposition
在离子镀膜过程中，向真空室导入反应气

体，通过各种放电方式使蒸发离子与反应气体作用使其活化，加速它们之间的反应，在基底表面获得所需化学配比的化合物膜。

01.1927　空心阴极离子镀　hollow cathode deposition

由空心阴极电子枪尾部通入工作气体，枪内热阴极弧光放电产生等离子体，经聚焦、偏转、再聚焦打到被蒸发材料上的离子镀技术。

01.1928　电弧离子镀　arc ion plating

以电弧源作为蒸发源的离子镀技术。

01.1929　多弧离子镀　multi-arc ion plating

在电弧离子镀设备真空室壁不同侧面安装多个电弧源同时工作的离子镀技术。

01.1930　化学气相沉积　chemical vapor deposition，CVD

反应物质在气态条件下发生化学反应，生成固态物质沉积在加热的固态基体表面，形成薄膜或涂层的技术。

01.1931　热化学气相沉积　thermal chemical vapor deposition

在 800~2000℃ 的高温反应区，利用电阻加热，高频感应加热和辐射加热的化学气相沉积。

01.1932　等离子体增强化学气相沉积　plasma enhanced chemical vapor deposition

反应由等离子体激活的化学气相沉积。

01.1933　射频等离子体增强化学气相沉积　radio frequency plasma enhanced chemical vapor deposition

反应是由平行电极之间的射频产生的等离子体所激活的化学气相沉积。

01.1934　微波电子回旋共振等离子体化学气

相沉积　electron cyclotron resonance plasma chemical vapor deposition

将电场与磁场结合运用，使电场的频率与电子在磁场中的回旋的频率相匹配，即电子回旋共振方法产生等离子体的化学气相沉积方法。

01.1935　激光化学气相沉积　laser chemical vapor deposition

反应由激光激发的化学气相沉积方法。

01.1936　激光热化学气相沉积　laser thermal chemical vapor deposition

激光的能量只用于局部加热基底，沉积只发生在基底被加热的部分的化学气相沉积。

01.1937　光化学气相沉积　photo chemical vapor deposition

利用单光子吸收激发化学反应的化学气相沉积。

01.1938　热解反应　pyrolytic reaction

化学气相沉积过程中利用热能使气体的分子被分解为原子或分子的化学反应。

01.1939　水解反应　hydrolysis reaction

化学气相沉积氧化物薄膜的过程中利用水作为氧化剂生成沉积物的化学反应。

01.1940　碳化物生成反应　carbide reaction

化学气相沉积碳化物薄膜的过程中利用卤化物和碳氢化物生成沉积物的化学反应。

01.1941　稳态液相外延　homeostasis liquid phase epitaxy

在浸入到溶液中的基底和源片之间，利用固定的温度差建立起稳态的浓度分布，使源片的溶解和基底上的外延生长速度相等的一种外延技术。

01.1942　瞬态液相外延　transient liquid phase

epitaxy

利用不同方法对熔体和机体降温,使熔体与基体在低温接触的液相外延生长方法。适用于薄外延层。

01.1943 平衡降温生长 equilibrium cooling epitaxial growth

将高于饱和温度的均匀熔体降温,在饱和温度使熔体与基体接触并以恒定的冷却速率,缓慢地将降温到最终温度的瞬态液相外延生长方法。

01.1944 分步降温生长 undercooling epi-taxial growth

将基底和溶液以恒定的速率被冷却到低于饱和温度的某一温度,让基底与溶液接触,并在此恒定温度下进行外延生长直到生长终止的瞬态液相外延生长方法。

01.1945 金属有机源 metalorganic source

高纯金属有机化合物材料,是金属有机化学气相外延和沉积的原材料。要求具有合适的结构、合适的蒸气压、合适的分解温度和很高的纯度。

01.1946 激光分子束外延 laser molecular beam epitaxy,LMBE

将分子束外延技术与脉冲激光沉积技术的有机结合,在分子束外延条件下激光蒸发镀膜的技术。

01.1947 直流热阴极等离子体化学气相沉积 direct current hot cathode plasma chemical vapor deposition

采用高温热阴极以及在大的放电电流和高的气体气压下实现长时间稳定的辉光放电,制备大尺寸厚膜的方法。

01.02.11 纤维制备技术

01.1948 纺丝 fiber spinning

将成纤高聚物流体定量从喷丝孔挤出,流体细流在适当介质中固化成纤维的过程。

01.1949 熔体纺丝 melt spinning

又称"熔法纺丝"、"熔融纺丝"。将聚合物熔融后并定量从喷丝孔挤出形成细流,经空气或水冷却固化,以一定的速度卷绕成纤维的纺丝方法。

01.1950 干-湿法纺丝 dry-jet wet spinning

纺丝液从喷丝孔挤出后,先经过一段空间距离(一般大于 20mm),再进入凝固浴固化成纤维的纺丝方法。

01.1951 湿法纺丝 wet spinning

简称"湿纺"。将聚合物纺丝溶液定量从喷丝孔挤出,溶液细流直接进入凝固浴固化成纤维的纺丝方法。

01.1952 溶液纺丝 solution spinning

将高聚物浓溶液定量从喷丝孔挤出,溶液细流经凝固浴或热空气或热惰性气体固化成纤维的方法。

01.1953 纺丝原液 spinning solution

成纤高聚物的浓溶液。

01.1954 过滤和脱泡 filtration and deaeration

分离悬浮在纺丝原液中的固体颗粒和脱除纺丝原液中不溶的和部分溶解的气体(主要为空气)的工序。

01.1955 凝胶纺丝 gel spinning

将浓度很高的聚合物溶液或塑化的凝胶,经喷丝孔定量挤出进入凝固浴形成凝胶丝,伴随溶剂蒸发聚合物固化成纤维的纺丝方法。

01.1956 电纺丝 electro-spinning

又称"静电纺丝"。纺丝液在高压静电场作用下纺丝成形的方法。多用于纺制超细或纳米纤维。

01.1957　共纺丝　co-spinning
两种或两种以上不同聚合物溶液混合后纺制成化学纤维的纺丝方法。

01.1958　相分离纺丝　phase separation spinning
用一种在较高温度下能溶解聚合物的溶剂配成纺丝溶液，当纺丝溶液从喷丝头压入纺丝甬道后，和冷空气相遇，发生相分离，析出纤维相而固化成丝的纺丝方法。

01.1959　反应纺丝　reaction spinning
又称"化学纺丝[法]"。由单体或预聚物形成高聚物的反应过程与成纤过程同时进行的纺丝过程。

01.1960　乳液纺丝　emulsion spinning
将聚合物以乳液形态分散于某种可纺性较好称作载体的物质中，然后将载体按常用的纺丝方法纺丝成形得到初生纤维经拉伸后在高温下烧结，载体被炭化得到纤维的纺丝方法。

01.1961　液晶纺丝　fiber spinning from crystalline state
溶致性液晶聚合物溶液或熔致性液晶聚合物熔体，经干喷-湿纺、湿纺或熔纺而成纤的纺丝方法。

01.1962　复合纺丝　compound spinning
将两种或两种以上不同化学组成或不同浓度的纺丝流体，同时通过一个具有特殊分配系统的喷丝头而制备纤维的纺丝方法。

01.1963　直接纺丝法　direct spinning
将聚合后的聚合物熔体直接用于纺丝的一种熔体纺丝方法。

01.1964　切片纺丝法　chip spinning
将聚合物熔体经注带、切粒、干燥等纺前准备工序，达到纺丝工艺的要求后再熔融进行纺丝的一种熔体纺丝方法。

01.1965　纺丝牵伸比　spin-draw ratio
卷绕速度与流体挤出速度之比。

01.1966　卷绕张力　take-up tension
卷绕过程中产品轴向的伸张程度。

01.1967　熔体固化成型　solidification of melt fluid
聚合物的熔体通过传热降温固化成形为纤维的过程。

01.1968　熔体纺丝取向　melt spinning orientation
纤维在外力和温度作用下，纤维内晶区和非晶区中的分子链沿纤维轴方向的平行排列过程。

01.1969　熔体纺丝结晶　melt spinning crystallization
非等温结晶过程，与纺丝线的应力和热分布密切相关，在高纺丝速度下，主要是分子取向诱导的结晶。

01.1970　溶胀度　degree of swelling
纤维浸于一定液体一段时间后，除去表面黏附的液体，其湿重与洗涤干燥后的重量之比。

01.1971　超分子结构　super molecular structure
又称"聚集态结构"。在纤维的微观结构中，比分子中原子排列尺度大的结构。

01.1972　拉伸取向　draw orientation
使高聚物中的高分子链沿外作用力方向进

行取向排列。

01.1973 形变取向 deformation orientation
纺丝线上丝条固化后发生的弹性网络的取向。

01.1974 起始蒸发区 the first zone of vaporization
热的纺丝液解除压缩，发生溶剂闪蒸，使溶剂迅速大量挥发，细流的组成和温度发生急剧变化的区域。

01.1975 恒速蒸发区 the vaporization with invariable velocity
热风的传递与丝条溶剂蒸发达到平衡，丝条的温度保持不变的区域。

01.1976 降速蒸发区 the vaporization with decreasing velocity
丝条内部的溶剂扩散速度变慢，浓度分布变得更大，蒸发强度急剧降低，丝条表面的温度上升并接近热风温度的区域。

01.1977 吐液量 volume outflow
流过喷丝孔的体积流量。

01.1978 纺丝甬道 spinning channel
由蒸发区、凝固区、干燥区构成的干法纺丝的主要部件之一。

01.1979 丝斑 fiber speckle
纤维间相互粘连的结块。

01.1980 [甬道中]溶剂蒸气浓度 the concentration of solvent vapor in spinning channel
在干法纺丝中，丝条经过纺丝甬道时，溶剂蒸发，蒸发的溶剂占甬道中混合气体的百分数。

01.1981 加捻 twisting
将两根或两根以上的长丝或纤维束沿轴向扭转，使相互抱合成纱或股线的工艺过程。

01.1982 解捻 untwisting
解除加捻的工艺过程。

01.1983 假捻 false twisting
纤维一端的捻回方向为正，另一端的捻回方向为负，就整个来说捻度的代数和等于零的现象。

01.1984 假捻度 false twisting degree
假捻器的转速和输出辊表面线速度之比。

01.1985 热定型 heat setting
加热使纤维及其织物形态和尺寸相对稳定的工艺过程。

01.1986 控制张力热定型 heat setting under tension
在张力状态下的热定型。热定型时纤维不收缩，而略有伸长。

01.1987 定长热定型 heat setting at constant length
纤维长度保持不变的热定型。

01.1988 松弛热定型 relaxed heat setting
在松弛(无张力)状态下的热定型。

01.1989 干热空气定型 dry air heat setting
丝束在干热介质中进行的热定型。

01.1990 水蒸气湿热定型 water vapor heat setting
丝束在水蒸气中的热定型。

01.1991 浴液定型 liquid bath heat setting
丝束在浴液(如水、甘油等)中的热定型。

01.1992 纤维表面改性 fiber surface modify
对纤维表面进行特殊的化学或物理处理，使

其具有要求的性能或功能的过程。

01.1993 原丝 flat yarn
(1)化纤生产过程中供后步工序加工的半成品丝条，常指供变形加工的喂入丝。(2)低捻或无捻复丝。

01.1994 单丝 monofilament
一根单纤维的连续丝条。

01.1995 丝束 tow
由相当多的单根长丝(几万根到几百万根)所集合而成的同向纤维。

02. 金 属 材 料

02.01 钢 铁 材 料

02.01.01 钢铁材料基础及组织和性能

02.0001 铁 iron
元素周期表中原子序数为26、第Ⅷ副族、原子量55.847的金属元素，元素符号Fe。

02.0002 α铁 α-iron
常压下在912℃以下温度稳定存在的具有体心立方点阵结构的纯铁晶体。

02.0003 δ铁 δ-iron
具有体心立方点阵结构的纯铁晶体。常压下在1394~1538℃的温度范围内稳定存在。

02.0004 γ铁 γ-iron
具有面心立方点阵结构的纯铁晶体。常压下在912~1394℃的温度范围内稳定存在。

02.0005 铁素体 ferrite
α铁中固溶入其他元素而形成的固溶体。

02.0006 δ铁素体 δ-ferrite
δ铁中固溶入其他元素而形成的固溶体。

02.0007 奥氏体 austenite
γ铁中固溶入其他元素而形成的固溶体。

02.0008 渗碳体 cementite
铁与碳的稳定化合物。化学组成式为Fe_3C，具有正交晶体结构。

02.0009 铁磷共晶 iron phosphide eutectic
由Fe_3P与铁素体或由Fe_3P、Fe_3C与铁素体组成的共晶化合物。可分别称为二元磷共晶和三元磷共晶。

02.0010 微合金碳氮化物 microalloy carbo-nitride
微合金元素与碳、氮元素形成的NaCl型碳化物(微合金碳化物)或氮化物(微合金氮化物)或碳氮化物的总称。

02.0011 铁－渗碳体相图 Fe-Fe₃C phase diagram
铁与渗碳体平衡的铁－碳二元相图。

02.0012 铁－石墨相图 Fe-graphite phase diagram
铁与石墨平衡的铁－碳二元相图。

02.0013 先共析铁素体 proeutectoid ferrite
化学成分低于共析成分的钢中，发生共析反应前，在比共析反应温度高的温度范围内，由奥氏体中析出的铁素体。

02.0014　共析铁素体　eutectoid ferrite

又称"珠光体铁素体"。共析反应时所生成的共析混合物中的铁素体。

02.0015　等轴状铁素体　equiaxed ferrite

又称"多边形铁素体(polygonal ferrite)"。晶粒各方向尺寸接近的铁素体组织。

02.0016　针状铁素体　acicular ferrite

晶粒形状为针状的铁素体组织。其中往往含有高密度(约 $10^{16}/m^2$)的位错,因而比等轴状铁素体的强度明显提高。

02.0017　晶内铁素体　intragranular ferrite

在奥氏体晶粒内部的第二相相界面或形变带处形核长大形成的先共析铁素体。

02.0018　残余奥氏体　retained austenite

由于溶质偏聚或冷却速度等方面的原因,抑制了全部或部分奥氏体向低温平衡或亚稳平衡组织的转变,由此保留至室温的亚稳定奥氏体。

02.0019　过冷奥氏体　undercooling austenite

又称"亚稳奥氏体"。在 Fe-C 系合金中共析温度以下存在的奥氏体。

02.0020　逆转变奥氏体　reverse transformed austenite

在铁素体或马氏体稳定存在的温度范围内,局部区域的铁素体或马氏体向奥氏体转变所形成的奥氏体。

02.0021　珠光体　pearlite

铁素体与渗碳体的共析混合物。根据形成温度和珠光体中铁素体和渗碳体片的分散度,通常可分为粗珠光体、索氏体和屈氏体。

02.0022　索氏体　sorbite

过冷奥氏体冷却到 500~650℃左右形成的片间距约为 800~1500nm 的珠光体。

02.0023　屈氏体　troostite

又称"细珠光体"。过冷奥氏体冷却到 350~500℃左右形成的片间距约为 300~800nm 的珠光体。

02.0024　粒状珠光体　granular perlite

渗碳体形状为粒状或近球形的珠光体。

02.0025　伪珠光体　pseudo-perlite

化学成分在一定程度偏离共析成分的合金。先共析相变被抑制,在低于平衡共析转变温度时完全发生珠光体相变时所得到的组织。

02.0026　板条马氏体　lath martensite

又称"位错马氏体(dislocation martensite)"。在碳含量较低的钢中形成的具有板条状形貌的马氏体,板条内部存在高密度的位错。

02.0027　孪晶马氏体　twin martensite

又称"针状马氏体(acicular martensite)"。透镜形貌为片状马氏体。在碳含量较高的钢中形成的具有针状或竹叶状形貌的马氏体,其微观亚结构主要为孪晶。

02.0028　回火马氏体　tempered martensite

淬火状态的马氏体在低温(150~250℃)回火后得到的组织。其中过饱和的碳已大部分脱溶析出,但仍然保持淬火马氏体的形貌特征。

02.0029　回火屈氏体　tempered troostite

淬火状态的马氏体在中温(300~500℃)回火后得到的粒状细珠光体组织。

02.0030　回火索氏体　tempered sorbite

淬火状态的马氏体在高温(500~650℃)回火后得到的粒状极细珠光体组织。

02.0031　上贝氏体　upper bainite

过冷奥氏体在相对较高温度范围内发生贝

氏体相变得到的组织。其碳化物的形貌多呈羽毛状在铁素体片间分布。

02.0032　下贝氏体　lower bainite
过冷奥氏体在相对较低温度范围内发生贝氏体相变得到的组织。其碳化物的形貌多为颗粒状，在铁素体内均匀分布，与回火马氏体的组织形态及性能相似。

02.0033　粒状贝氏体　granular bainite
块状或等轴状的铁素体基体及富碳的岛状区域所组成的组织，富碳岛状区主要由残余奥氏体、碳化物、自回火马氏体所组成。

02.0034　无碳化物贝氏体　carbide-free bainite
又称"超低碳贝氏体"。在超低碳钢中形成的由大致平行的板条状铁素体和板条间存在的富碳残余奥氏体或由其转变而来的马氏体所组成的组织。

02.0035　莱氏体　ledeburite
铁碳合金共晶反应的产物。共析温度以上存在的高温莱氏体为奥氏体和碳化物的共晶混合物；低温莱氏体为珠光体与共晶碳化物、二次碳化物的混合物。

02.0036　一次石墨　primary graphite
又称"初次石墨"。过共晶成分的铁碳合金中，共晶反应前从液态中直接结晶出来的石墨。

02.0037　共晶石墨　eutectic graphite
铁碳合金中，共晶反应所生成的共晶混合物中的石墨。

02.0038　二次石墨　secondary graphite
过共析成分的铁碳合金中，共析反应前从奥氏体中析出的石墨。

02.0039　一次渗碳体　primary cementite

又称"初次渗碳体"、"先共晶渗碳体(proeutetic cementite)"。过共晶成分的铁碳合金中，共晶反应前从液态中直接结晶出来的渗碳体。

02.0040　共晶渗碳体　eutectic cementite
铁碳合金中，共晶反应所生成的共晶混合物中的渗碳体。

02.0041　二次渗碳体　secondary cementite
又称"先共析渗碳体(proeutectoid cementite)"。过共析成分的铁碳合金中，共析反应前从奥氏体中析出的渗碳体。

02.0042　共析渗碳体　eutectoid cementite
又称"珠光体渗碳体(pearlitic cementite)"。共析反应所生成的共析混合物中的渗碳体。

02.0043　三次渗碳体　tertiary cementite
由低温铁素体中析出的渗碳体。

02.0044　合金渗碳体　alloyed cementite
其内部分铁原子被比铁更易形成碳化物的元素如 Mn、Cr、Mo、W、Ti、Zr、V 等所置换的渗碳体。

02.0045　ε碳化物　ε carbide
中、高碳钢淬火马氏体低温回火过程析出的一种亚稳定铁碳化合物。通常认为的化学组成式为 $Fe_{2.4}C$，具有六方晶体结构。

02.0046　χ碳化物　χ carbide
高碳钢淬火马氏体低温回火过程中析出的一种亚稳定铁碳化合物。通常认为的化学组成式为 $Fe_{2.2}C$，具有单斜晶体结构。

02.0047　奥氏体稳定元素　austenite stabilized element
又称"扩大奥氏体相区元素"。在与铁构成二元系情况下，在 γ 铁中具有较大的固溶度并使相图中的奥氏体相区扩大的合金元素。

02.0048　铁素体稳定元素　ferrite stabilized element
又称"扩大铁素体相区元素"。在与铁构成二元系情况下，在α铁中具有较大的固溶度并使相图中的奥氏体相区缩小的合金元素。

02.0049　碳化物形成元素　carbide forming element
铁碳合金中与碳的化学亲和力比铁强从而形成碳化物的倾向比铁强的合金元素。

02.0050　强碳化物形成元素　strong carbide forming element
铁基合金中与碳的化学亲和力比铁明显强从而形成稳定碳化物的合金元素。

02.0051　弱碳化物形成元素　weak carbide forming element
铁基合金中与碳的化学亲和力比铁稍强从而形成稳定性较差的碳化物的合金元素。

02.0052　非碳化物形成元素　non-carbide forming element
铁基合金中与碳的化学亲和力比铁弱因而不会形成碳化物的合金元素。

02.0053　石墨化元素　graphite stabilized element，graphitized element
又称"促进石墨化元素"。钢铁材料中促进碳形成石墨的元素。

02.0054　阻碍石墨化元素　graphite non-stabilized element，anti-graphitized element
又称"非石墨化元素"。钢铁材料中阻碍碳形成石墨的元素，即促进碳以化合态存在的元素。

02.0055　A_1 临界点　A_1 critical point
平衡状态下，奥氏体、铁素体、渗碳体平衡共存的温度。符号 A_1 或 Ae_1。加热时开始形成奥氏体的实际温度高于 A_1，以 Ac_1 表示；冷却时开始形成珠光体的实际温度则低于 A_1，以 Ar_1 表示。

02.0056　A_3 临界点　A_3 critical point
亚共析钢平衡冷却时从奥氏体中开始析出铁素体或平衡加热时铁素体完全转变为奥氏体中的平衡温度。符号为 Ae_3。加热时铁素体完全转变为奥氏体的实际温度高于 A_3，以 Ac_3 表示；冷却时开始析出铁素体的实际温度则低于 A_3，以 Ar_3 表示。

02.0057　A_{cm} 临界点　A_{cm} critical point
过共析钢平衡冷却时从奥氏体中开始析出渗碳体或平衡加热时渗碳体完全溶入奥氏体中的平衡温度。符号为 Ae_{cm}。加热时渗碳体完全溶入奥氏体的实际温度高于 A_{cm}，以 Ac_{cm} 表示；冷却时开始析出渗碳体的实际温度则低于 A_{cm}，以 Ar_{cm} 表示。

02.0058　马氏体相变温度　martensitic transformation temperature，martensite temperature
过冷奥氏体连续冷却过程中发生马氏体相变的温度。开始形成的温度用 M_s 表示，而相变完成的温度用 M_f 表示。

02.0059　奥氏体-铁素体相变　austenite-ferrite transformation
钢铁材料奥氏体化后冷却过程中由奥氏体转变为铁素体的固态相变。往往伴随碳化物（主要是渗碳体）的沉淀析出相变。

02.0060　等温转变图　isothermal transformation diagram
简称"TTT 图（time-temperature-transformation diagram）"。在不同温度等温保持时，温

度、时间与固态相变转变产物所占百分数（转变开始及转变终止）的关系曲线图。

02.0061　连续冷却转变图　continuous cooling transformation diagram
简称"CCT 图"。钢奥氏体化后采用不同的冷却速度冷却到室温，所得的相变产物类型及转变分数与时间的曲线图。

02.0062　形变诱导铁素体相变　deformation induced ferrite transformation，DIFT
奥氏体区进行了较为剧烈热形变的钢，在高于 A_3 的温度范围就发生先共析铁素体相变并使先共析铁素体相变明显加速进行的现象。

02.0063　形变诱导马氏体相变　deformation induced matensite transformation
对过冷奥氏体进行塑性变形使马氏体相变开始温度升高的现象。

02.0064　M_d 温度　M_d temperature
过冷奥氏体进行塑性形变后诱导发生马氏体相变的最高温度。比马氏体相变开始温度（M_s）明显要高。

02.01.02　钢铁材料生产技术

02.0065　铁矿石　iron ore
自然界中存在的可用做炼铁原料的含铁的矿物。主要有磁铁矿、赤铁矿、褐铁矿、菱铁矿等。

02.0066　烧结工艺　sintering process
通过高温加热粉体材料产生颗粒黏结、再结晶等物理化学过程，得到致密化的具有一定强度的块状产品的工艺。

02.0067　冶金熔体　metallurgical melt
冶炼过程中形成的熔融态物质。通常包括：炉渣熔体和金属熔体。

02.0068　球团工艺　pelletizing process
将精矿或细磨矿粉加石灰粉、水造球，经焙烧制成具有一定强度、均匀粒度、还原性好的近球形粉料的工艺。

02.0069　烧结矿　sintered ore
采用烧结工艺制得的块状矿料。

02.0070　球团矿　pellet
采用球团工艺制得的近球形矿料。

02.0071　金属熔体　metal melt
一种或两种以上金属或其化合物组成的均匀混合的熔融态物质。

02.0072　渣　slag
又称"炉渣"。火法冶金过程中由杂质与熔剂形成的比液态金属轻因而上浮于金属液面之上的熔融态物质。其组分以氧化物为主。

02.0073　渣系　slag system
火法冶金过程中为达到不同目的（如脱氧、脱硫、脱磷等），由不同氧化物组分构成的炉渣体系。

02.0074　渣－金属反应　slag-metal reaction
冶炼过程中金属熔体与浮于液面上的熔融态炉渣熔体之间的化学反应。

02.0075　造渣材料　slag making materials
冶炼过程中为快速形成性能和组分合适的渣系需要加入的辅助材料。

02.0076　锍　matte
某些金属（如 Cu、Ni、Co 等）的硫化物与 FeS 形成的低熔点的共晶金属熔体。

02.0077　焦炭　coke

炼焦物料在隔绝空气的高温炭化室内经过热解、缩聚、固化、收缩等复杂的物理化学过程而获得的固体炭质材料。

02.0078 冶金焦 metallurgical coke
用于高炉炼铁的焦炭。

02.0079 炼焦 coking
又称"焦化"。在炼焦炉内将炼焦煤经过高温干馏转化为焦炭、焦炉煤气和相关化学产品的工艺过程。

02.0080 铸造焦 foundry coke
主要用于冲天炉熔炼燃料的一种焦炭产品。

02.0081 干熄焦 coke dry quenching，CDQ
采用惰性气体熄灭炽热焦炭的技术而生产的焦炭。

02.0082 炼铁 ironmaking
在高温下用固体或气体还原剂将铁矿石及含铁原料中的铁还原得到生铁的冶炼过程。

02.0083 高炉炼铁 blast furnace ironmaking
以高炉为主体设备主要用焦炭还原铁矿石制备生铁的炼铁方法。

02.0084 生铁 pig iron
碳含量较高(1.7%~4.3%)的铁碳合金。按用途可分为炼钢生铁、铸造生铁和特殊生铁。

02.0085 炉料 charge，burden
装入熔炼炉内且参与熔炼过程的所有原材料的总称。

02.0086 矿料 ore charge
装入熔炼炉内参与熔炼过程的矿石原料。冶炼过程中被还原得到金属液。

02.0087 焦料 coke charge
装入熔炼炉内参与熔炼过程的焦炭。冶炼过程中发生燃烧提供热量并作为还原剂。

02.0088 喷吹燃料 fuel injection
从风口向炉缸喷入辅助燃料(如煤粉、重油或天然气)并使之在风口区迅速燃烧气化的冶炼操作。

02.0089 高炉喷煤 pulverised coal injection into blast furnace
将煤粉喷入炉内，取代部分焦炭的一种高炉冶炼技术。

02.0090 喷煤比 pulverized coal injection rate，PCI rate
向高炉内喷入的煤粉量与所生产的合格生铁量的比值。

02.0091 富氧鼓风 oxygen enriched blast
鼓风时加入工业氧来提高鼓风中的含氧量，提高冶炼强度和炉缸风口带燃烧温度，从而提高高炉产量和降低焦比的操作。

02.0092 高炉煤气 blast furnace gas，top gas
高炉炼铁过程中产生的可燃气体。

02.0093 高压操作 high top-pressure operation
提高高炉炉顶煤气压力、强化高炉冶炼过程的操作。

02.0094 高炉余压回收 top-pressure recovery turbine，TRT
利用高炉炉顶煤气余压发电的节能环保技术。

02.0095 高炉利用系数 utilization coefficient of blast furnace
每立方米高炉有效容积在日历工作时间内一昼夜生产铁的数量。

02.0096 高炉有效容积 effective volume of blast furnace
炉料在高炉中实际占有的容积。

02.0097 焦比 coke ratio
高炉生产一吨合格生铁所消耗的干焦量。分为综合焦比和入炉焦比。

02.0098 燃料比 fuel ratio，fuel rate
高炉喷吹燃料后，生产一吨合格生铁所消耗的燃料总量。

02.0099 渣比 slag ratio
又称"渣铁比(slag to iron ratio)"。高炉冶炼每吨生铁的出渣量。

02.0100 直接还原炼铁 direct reduction process for ironmaking
在低于矿石软化的温度下通过固态还原把铁矿石还原成金属铁的工艺过程。

02.0101 熔融还原炼铁 smelting reduction process for ironmaking
用煤粉、碎焦将高温熔融的铁氧化物(铁矿石、精矿粉)还原熔炼成液态生铁的非高炉炼铁工艺。

02.0102 竖炉直接炼铁 direct reduction process in shaft furnace
在竖炉内用高还原性气体预热并还原高品位铁精矿，在固态下还原制取海绵铁的直接还原炼铁工艺。

02.0103 直接还原 direct reduction
冶炼过程中金属氧化物被碳还原的反应。

02.0104 间接还原 indirect reduction
冶炼过程中用一氧化碳还原金属氧化物的反应。

02.0105 炼钢 steelmaking
以生铁、废钢、造渣材料等为原料，通过加热熔化、造渣、脱磷、氧化脱碳与除气、还原脱氧脱硫、去除杂质生产钢的冶炼过程。

02.0106 炼钢生铁 steelmaking pig iron
用于炼钢的硅含量一般低于1.75%的生铁。

02.0107 铁水预处理 hot metal pretreatment
铁水装入炼钢炉前，先去除某些有害杂质元素(如硫、磷等)或提取某些有用成分(如钒、铌、钛、铬等)的处理过程。

02.0108 铁水脱硅 external desiliconization
铁水预处理阶段降低铁水中的硅含量的工艺。

02.0109 钢铁脱硫 desulfurization for iron and steel
钢铁熔炼生产过程中，降低铁水或钢液中的硫含量的工艺。

02.0110 脱磷 dephosphorization
钢铁熔炼生产过程中，降低铁水或钢液中的磷含量的工艺。

02.0111 转炉炼钢 converter steelmaking
在转炉内主要依靠铁水的物理热以及与氧发生化学反应的化学热加热升温，将高炉铁水通过氧化脱碳、脱气、还原去除硫等非金属夹杂物的冶炼工艺。

02.0112 电炉炼钢 electric steelmaking
又称"电弧炉炼钢"。利用电弧热效应熔炼金属，特别是高质量高合金钢的一种炼钢方法。自炉外精炼普及和超高功率电炉出现后，电弧炉已成为熔化器。

02.0113 铁水热装 hot metal charge
电炉炼钢时，除加入废钢外还加入一定比例的铁水可明显降低电耗的炼钢工艺。

02.0114 连续炼钢法 continuous steelmaking process
不分炉次地将原料(铁水、废钢)从炉子一端不断地加入，将成品(钢水)从炉子的另一端不断地流出的炼钢方法。

02.0115　直接炼钢法　direct steelmaking process

又称"一步炼钢法"。由铁矿石不经炼铁而直接生产钢的方法。

02.0116　顶吹转炉炼钢　top blown converter steelmaking

通过转炉顶部的喷枪把氧气或空气吹入炉内从而强化炼钢过程并改善熔池搅拌的转炉炼钢工艺。

02.0117　氧气顶吹转炉炼钢　top blown oxygen converter steelmaking

又称"LD 法(LD process)"。从转炉顶部用喷枪把高压氧气吹入炉内从而强化炼钢过程并改善熔池搅拌的转炉炼钢工艺。

02.0118　喷石灰粉顶吹氧气转炉炼钢　oxygen lime process，LD-AC process

顶吹氧气的同时喷石灰粉的主要用于吹炼高磷铁水的转炉炼钢工艺。

02.0119　氧气底吹转炉炼钢　bottom blown oxygen converter steelmaking，quiet basic oxygen furnace，QBOF

从转炉底部的氧气喷嘴把氧气吹入炉内熔池的转炉炼钢工艺。

02.0120　复合吹炼转炉炼钢　top and bottom combined blown converter steelmaking

同时配备顶吹和底吹、既可吹氧也可吹入惰性气体甚至粉状熔剂从而兼具各种吹炼方法的优点的转炉炼钢工艺。

02.0121　氧气吹炼　oxygen blowing，OB

向熔融的金属中吹入氧气，使碳、硅等元素氧化从而降低熔融金属中碳、硅以及气体与夹杂含量的炼钢工艺方法。

02.0122　钢铁脱碳　decarburization for iron and steel

炼钢或热处理过程中，碳含量由于氧化或与周围介质发生反应而降低或被除去的过程。

02.0123　熔池搅拌　molten pool stirring

使金属熔池中的金属液和熔渣产生运动，以改善冶金反应的动力学条件，促进冶炼过程进行的工艺方法。

02.0124　造渣　slag forming

形成炉渣与调整金属熔炼过程中特定熔渣的成分、碱度、黏度及其反应能力的操作。

02.0125　氧化渣　oxidizing slag

炼钢氧化期形成的可对某些金属发生氧化反应的熔渣。

02.0126　还原渣　reducing slag

炼钢还原期当渣中氧位极低时形成的会使金属相脱氧的熔渣。

02.0127　酸性渣　acid slag

熔渣中酸性氧化物(二氧化硅和氧化铝)的含量超过碱性氧化物(氧化钙和氧化镁)的含量，即熔渣碱度小于 1 的渣。

02.0128　碱性渣　basic slag

熔渣中碱性氧化物与酸性氧化物浓度之比大于 1 的渣。碱度大于 3 的称为"高碱度渣(high basic slag)"，而碱度小于 1.8 的称为"低碱度渣(low basic slag)"。

02.0129　泡沫渣　foaming slag

由于氧射流与熔池的作用形成的气体 - 熔渣 - 钢液三相混合的乳化液泡沫状熔渣。

02.0130　长弧泡沫渣操作　long arc foaming slag operation

采用泡沫渣技术实现长弧供电的电弧炉炼钢工艺操作。

02.0131　二次燃烧　postcombustion
采用具有特殊喷嘴的二次燃烧氧枪或二次燃烧枪供氧，使富含 CO 的炉内煤气再燃烧成 CO_2 的工艺技术。

02.0132　沉淀脱氧　precipitation deoxidation
又称"直接脱氧"。加入块状锰铁、硅铁、硅锰合金或铝等脱氧剂与钢液中的氧结合生成脱氧产物并分离上浮进入炉渣，从而降低钢中氧含量的方法。

02.0133　扩散脱氧　diffusion deoxidation
又称"间接脱氧"。往炉渣表面撒加粉状脱氧剂降低渣中的溶氧量，促使钢液中的氧向渣中扩散转移，从而降低钢中氧含量的方法。

02.0134　真空脱氧　vacuum deoxidation
利用真空条件下碳的高脱氧能力和金属氧化物的蒸气压比金属的蒸气压高的特点进行脱氧的方法。

02.0135　精炼　refining，secondary metallurgy
炼钢过程后期通过钢液搅拌、喷粉、造渣、加入铁合金、真空处理和其他方法使钢液的成分和温度达到预定要求的工艺过程。

02.0136　出钢　tapping
钢液的温度、成分和洁净度等均达到所炼钢种的规定要求时将钢水放出的操作。

02.0137　无渣出钢　slag-free tapping
出钢时控制炼钢炉内炉渣不流入或少流入钢包的操作技术。

02.0138　溅渣护炉　slag splashing
采用高压氮气将调节改性后的炉渣吹溅到炉壁上形成高熔点的熔渣层由此修补炉墙受损部位的工艺技术。

02.0139　水冷炉壁　water cooled furnace wall
采用水冷炉衬代替常规耐火材料炉衬从而延长炉衬寿命的工艺技术。

02.0140　水冷炉盖　water cooled furnace roof
采用水冷结构形式如水冷箱、水管等制成电弧炉炉盖，可明显提高炉盖使用寿命的工艺技术。

02.0141　石墨电极　graphite electrode
电弧炉以电弧形式释放电能对炉料进行加热熔化的导体材料。

02.0142　脱氧剂　deoxidizer
具有脱氧功能的块状或粉状物料。

02.0143　回磷　rephosphorization
钢铁生产过程中炉渣中的磷重新进入钢液，引起钢中磷含量增加的现象。

02.0144　回硫　resulfurization
钢铁生产过程中炉渣中的硫重新进入钢液，引起钢中硫含量增加的现象。

02.0145　终点控制　blow end point control
在炼钢过程的吹炼终点使钢的成分和温度同时达到预定的出钢要求而进行的工艺控制技术。

02.0146　炼钢添加剂　addition reagent of steelmaking
为调整钢水的温度、成分和提高质量，在炉内和钢包内加入的各种材料。包括冷却剂、铁合金、铝和焦炭等。

02.0147　钢包处理　ladle treatment
在钢包炉内进行的不可加热补偿钢水温度降低的时间短精炼功能单一的炉外精炼工艺的总称。包括真空循环脱气法、钢包喂丝、钢包吹氩、钢包喷粉等。

02.0148 真空循环脱气法 Rheinstahl-Heraeus，RH

对循环流动状态的钢液进行真空脱气的炉外处理工艺技术。

02.0149 钢包精炼 ladle refining

在钢包炉内进行的可加热补偿钢水温度降低的时间长精炼功能多样的炉外精炼工艺的总称。包括真空吹氧脱碳法、真空电弧加热脱气法、钢包真空精炼法、密闭式吹氩成分微调法等。

02.0150 钢包喂丝 ladle wire feeding

通过喂丝机向钢包内喂入用铁皮包裹的脱氧剂、脱硫剂或直接喂入铝线、碳线等，对钢水进行深脱硫、钙处理以及微调钢中碳和铝等元素含量的工艺方法。

02.0151 钢包喷粉 ladle powder injection

用惰性气体作为载体，向钢包内的钢水喷吹合金粉末或精炼粉剂，以调整钢的成分、脱硫、去除夹杂物和改善夹杂物形态的快速精炼工艺。

02.0152 真空吹氧脱碳法 vacuum oxygen decarburization，VOD

真空条件下向钢液吹氧脱碳的炉外精炼工艺技术。

02.0153 真空电弧脱气法 vacuum arc degassing，VAD

在真空脱气法的基础上增加在低压下进行电弧加热的精炼工艺。

02.0154 氩氧脱碳法 argon-oxygen decarburization，AOD

吹入氩－氧混合气体精炼低碳不锈钢等的炉外精炼工艺技术。

02.0155 蒸气氧脱碳法 vapor-oxygen decarburization

与氩氧脱碳法类似但采用廉价水蒸气代替氩气降低一氧化碳分压的炉外精炼工艺技术。

02.0156 密闭式吹氩成分微调法 composition adjustment by sealed argon bubbling，CAS

在氩气密封条件下进行合金成分微调的炉外精炼工艺技术。

02.0157 钢锭 ingot

将冶炼好的钢液浇注到钢锭模内，凝固后形成的有一定高、宽比的固态钢块。

02.0158 连续铸钢 continuous casting steel

使钢水不断通过水冷结晶器结壳凝固后不断地从结晶器另一端拉出而成一定长度的铸坯的生产方法。

02.0159 结晶器液面控制 steel level control

根据预先设定的结晶器内钢液面高度通过自动调节拉速或中间包注流大小来保持液面稳定的工艺技术。

02.0160 保护渣 casting powder，mold powder

由基料、熔剂和熔速控制剂混合而成的具有绝热保温、隔绝空气防止钢水二次氧化、净化钢渣界面吸附钢液中夹杂物和润滑凝固坯壳并改善凝固传热作用的粉状或颗粒状物料。

02.0161 多炉连浇 sequence casting

在不更换引锭杆的前提下连续浇注多个中间包钢水的工艺技术。

02.0162 无宏观缺陷钢 macrodefect-free steel

基本不存在各种低倍冶金缺陷的钢。

02.0163 鼓肚 bulging
连铸坯凝壳受到钢水静压力的作用而鼓胀成凸面的现象。

02.0164 铸造生铁 casting pig iron
用于铸造各种铸铁件的高碳、高硅、低锰、低磷生铁。

02.0165 球化剂 noduliizer
可促进球墨铸铁中石墨结晶成球形的添加剂。

02.0166 蠕化剂 vermiculizer
可促进蠕墨铸铁中石墨结晶为蠕虫状的添加剂。

02.0167 行星轧制 planetary rolling
采用行星式轧机生产板带或薄壁管的轧制方式。

02.0168 再结晶控制轧制 recrystallization controlled rolling, RCR
在形变奥氏体完全再结晶温度以上的温度范围进行轧制变形，各轧制道次均发生再结晶细化从而得到十分细小的奥氏体晶粒组织，由此使钢材性能明显提高的轧制工艺。

02.0169 未再结晶控制轧制 non-recrystallization controlled rolling, NCR
在形变奥氏体再结晶温度以下的温度范围进行轧制变形，使形变奥氏体晶粒拉长压扁程度及形变储能被累积，在随后的奥氏体-铁素体相变时得到非常细小的铁素体晶粒组织，由此使钢材性能明显提高的轧制工艺。

02.0170 微合金化 microalloying
在钢中加入少量（一般不大于 0.2%，通常在

0.1%以下）特殊的合金元素（如铌、钒、钛、硼等）以提高性能的工艺技术。

02.0171 加速冷却 accelerated cooling, AC
轧钢生产的道次间传搁过程中或从终轧温度至卷取保温温度之间的冷却过程中使轧材适当快速的冷却工艺。

02.0172 热机械控制工艺 thermomechanical control process, TMCP
通过对钢坯加热温度、轧制温度、变形量、变形速率、终轧温度和轧后冷却工艺等诸参数的合理控制，以获得良好的组织从而明显提高材料强韧性的技术。

02.0173 薄板坯连铸连轧技术 thin slab [continuous] casting and [direct] rolling, TSCR
由连铸得到的较薄的板坯直接送入连轧机组轧成板材的生产工艺。

02.0174 紧凑带钢生产技术 compact strip production, CSP
又称"CSP 技术"。薄板坯连铸连轧技术中具有代表性的一种薄板或带钢产品的生产工艺技术。

02.0175 分级淬火 martempering, mar-quenching
奥氏体化后的钢在高于马氏体开始转变温度点（M_s 点）的温度区快速淬冷随后以较低冷速冷却使之转变为马氏体的热处理工艺。

02.0176 凝固偏析 solidification segregation
合金凝固过程中，先结晶相与后结晶相中溶质原子分布的不均匀现象，包括枝晶偏析、晶界偏析、胞状偏析及区域偏析。

02.0177 枝晶偏析 dendrite segregation

合金以树枝状凝固时，枝晶干中心部位与枝晶间的溶质浓度明显不同的成分不均匀现象。

02.0178 区域偏析 regional segregation
又称"宏观偏析"。在铸坯或铸件的整个断面上，用肉眼或低倍放大镜看到的局部成分不一致的现象。

02.0179 反常偏析 abnormal segregation
金属铸件中不合乎正常偏析规律的偏析。

02.0180 密度偏析 density segregation
先结晶出来的固相与液相的密度相差较大时，将会在液相中上浮或下沉，由此造成的铸锭上部和下部的成分不均匀现象。

02.01.03 钢铁材料品种

02.0181 纯铁 pure iron
杂质含量很低的铁。包括区域熔炼铁、氢处理铁、阿姆科铁、电解铁等。

02.0182 电解铁 electrolytic iron
采用电解沉积工艺生产得到的纯度可达99.9%的化学纯铁。

02.0183 工业纯铁 ingot iron
杂质元素如碳、硅、锰、硫、磷总含量<0.5%的纯铁。

02.0184 熟铁 wrought iron
又称"软铁"、"锻铁"。碳含量很低并含有少量弥散硅酸盐渣的铁。

02.0185 陨铁 meteoric iron, cohenite
主要成分为铁与镍的陨石。

02.0186 海绵铁 sponge iron
采用固体或气体还原剂还原去除铁矿石或球团中的氧得到的内部含有海绵状孔隙的铁。

02.0187 铁合金 ferroalloy
由一种及一种以上金属或非金属元素（一种时不包括碳）与铁组成，主要用做钢合金化脱氧脱硫等用的合金。

02.0188 复合铁合金 complex ferroalloy
含两种及两种以上合金元素的铁合金。

02.0189 硅铁 ferrosilicon
用做脱氧剂或合金元素添加剂的硅含量在8.0%~95.0%范围内的铁和硅的合金。

02.0190 硅钙合金 ferrosilicocalcium, calcium-silicon alloy
主要用做脱氧剂、脱硫剂和孕育剂的硅含量在55%~65%、钙含量在24%~31%铁、硅和钙的合金。

02.0191 锰硅合金 ferrosilicomanganese
又称"锰硅铁合金"。用做脱氧剂或合金元素添加剂的锰含量在57.0%~75.0%、硅含量在10%~35%范围内的铁、锰和硅的合金。

02.0192 锰铁 ferromanganese
用做脱氧剂或合金元素添加剂的锰含量在65.0%~90.0%范围内的铁锰合金。分为电炉锰铁和高炉锰铁。

02.0193 铬铁 ferrochromium
用做合金元素添加剂的铬含量在62.0%~75.0%范围内的铁铬合金。可分为高碳、中碳、低碳和微碳铬铁。

02.0194 硅铬合金 ferrosilicochromium
用做脱氧剂或合金元素添加剂的铬含量不小于30.0%、硅含量不小于35.0%的铁硅铬合金。

02.0195 氮化铬铁 nitrogen containing ferrochromium
铬含量不小于 60%、氮含量为 3.0%~5.0%具有较高氮含量的铁铬合金。

02.0196 钨铁 ferrotungsten
钨含量在 70.0%~85.0%范围内的铁钨合金。

02.0197 钼铁 ferromolybdenum
钼含量在 55.0%~75.0%范围内的铁钼合金。

02.0198 钛铁 ferrotitanium
用做炼钢脱氧剂、处理剂和合金元素添加剂的钛含量在 20.0%~75.0%范围内的铁钛合金。

02.0199 钒铁 ferrovanadium
钒含量在 35.0%~85.0%范围内的铁钒合金。

02.0200 钒氮合金 vanadium nitrogen alloy
钒含量不小于 80%、氮含量为 12.0%~18.0%的具有较高氮含量的钒合金。

02.0201 硼铁 ferroboron
硼含量在 4.0%~24.0%范围内的铁硼合金。可分为低碳硼铁和中碳硼铁。

02.0202 铌铁 ferroniobium
铌含量在 50.0%~80.0%范围内的铁铌合金。

02.0203 磷铁 ferrophosphorus
磷含量在 15.0%~25.0%范围内的铁和磷的合金。

02.0204 稀土铁合金 rare earth element containing ferroalloy，ferroalloy with rare earth element
含有稀土元素的铁合金。主要有稀土硅铁合金和稀土镁硅铁合金两大类。

02.0205 稀土硅铁合金 rare earth ferrosilicon
稀土含量在 20.0%~47.0%范围内的硅铁合金。

02.0206 稀土镁硅铁合金 rare earth ferrosilicomagnesium
稀土含量在 4.0%~23.0%范围内、镁含量在 7.0%~15.0%范围内的硅铁合金。

02.0207 含氮铁合金 nitride-containing ferroalloy
具有较高氮含量的铁合金。

02.0208 钢 steel
以铁为主要元素,碳含量一般在 2.0%以下并含有其他元素的金属材料。

02.0209 非合金钢 unalloyed steel
以铁为主要元素，碳含量一般在 2.0%以下，并不含有合金元素规定含量界限值的金属材料。包括碳素钢、电工纯铁及其他专用铁碳合金。

02.0210 合金钢 alloy steel
为得到或改进钢的某些性能而在钢中加入一种或多种合金元素规定含量界限值（GB/T 13304）的金属材料。

02.0211 普通质量钢 base steel
普通质量非合金钢和普通质量低合金钢的总称。化学成分符合规定界限值，但不规定生产质量控制特殊要求和热处理，硫、磷含量均不得大于 0.040%的钢。

02.0212 优质钢 special steel，quality steel
特殊质量非合金钢、特殊质量低合金钢和特殊质量合金钢的总称。硫、磷等杂质、微量残存元素、非金属夹杂的含量的控制及碳含量的波动范围要求较严的钢。

02.0213 特殊质量钢 super-quality steel
特殊质量非合金钢、特殊质量低合金钢和

特殊质量合金钢的总称。硫、磷等杂质、微量残存元素含量、非金属夹杂的含量的控制及碳含量的波动范围比优质钢要求更严的钢。

02.0214　洁净钢　clean steel
钢中杂质元素的含量具有非常严格的控制要求的钢。其硫、磷含量一般要求不大于0.01%，且对氢、氧以及低熔点金属的含量也有相当严格的控制要求。

02.0215　超洁净钢　super-clean steel
对钢中杂质元素的含量的控制比洁净钢更为严格的钢。一般要求控制硫、磷、氢、氧、氮等杂质元素含量的总和不大于0.01%。

02.0216　低碳钢　low carbon steel
碳含量小于0.25%的非合金钢。

02.0217　中碳钢　medium carbon steel
碳含量在0.25%~0.6%范围内的非合金钢。

02.0218　高碳钢　high carbon steel
碳含量大于0.6%的非合金钢。常用碳含量为0.6%~1.2%。

02.0219　转炉钢　converter steel
用转炉冶炼生产的钢。分为碱性转炉钢和酸性转炉钢。

02.0220　平炉钢　open hearth steel
用平炉冶炼生产的钢。分为碱性平炉钢和酸性平炉钢。

02.0221　电炉钢　electric furnace steel
用不同类型的电炉生产的钢。通常主要指用碱性电弧炉生产的钢。

02.0222　沸腾钢　rimming steel，rimmed steel
未经脱氧或未充分脱氧，浇注时钢液中碳和氧会发生反应产生CO气体而发生沸腾现象

的钢。

02.0223　镇静钢　killed steel
浇注前钢水进行了充分脱氧，浇注时钢液平静而不沸腾的钢。

02.0224　半镇静钢　semikilled steel
脱氧程度介于镇静钢和沸腾钢之间，在浇注过程中仍存在微弱沸腾现象的钢。

02.0225　铸铁　cast iron
铸造法生产的碳含量大于2%的铁碳硅合金。其中还含有少量锰、磷、硫和其他合金元素。

02.0226　钢材　steel product
钢厂提供销售的具有一定的形状、尺寸和力学、物理、化学性能的钢产品。

02.0227　钢板　steel plate
厚度与宽度、长度比相差较大的平板钢材。

02.0228　薄钢板　steel sheet
厚度为0.2~4mm的钢板。分为热轧薄板或冷轧薄板。

02.0229　厚钢板　heavy steel plate
厚度4mm以上的钢板。分为中板、厚板、特厚板。

02.0230　卷材　steel coil
连续成卷的钢材。分为板卷、盘卷。

02.0231　带钢　strip steel
又称"钢带"。连续成卷、厚度在10mm以下的钢材。

02.0232　箔材　foil
又称"超薄带"。厚度小于0.1mm的板带材。

02.0233　管材　tube，pipe

纵向形状相同、具有中空横截面的产品。

02.0234　异型管　special section tube，steel tubing in different shape
横截面形状非圆形或非等壁厚的管材。

02.0235　无缝钢管　seamless steel pipe
采用轧制、拉拔、挤压或穿孔等方法生产的整根钢管表面没有接缝的钢管。

02.0236　焊接钢管　welded steel pipe
由钢板或带钢卷成筒状经焊接而生产的钢管。根据焊接方法可分为电弧焊管、高频或低频电阻焊管、气焊管、炉焊管等；根据焊缝形式可分为直缝焊管和螺旋焊管。

02.0237　型钢　section steel
具有确定断面形状且长度和截面周长之比相当大的直条钢材。

02.0238　线材　wire rod
俗称"盘条"。截面积很小、长度很长且以盘卷供货的钢材产品。

02.0239　钢丝　wire
由线材经冷拉加工而得的直径小于 8mm（大多数情况下小于 4mm）的钢材产品。

02.0240　棒材　bar
直径大于 10mm、纵向平直的实心钢材产品。

02.0241　角钢　angle steel
截面形状主要为直角形的型钢。可分为等边角钢和不等边角钢。

02.0242　槽钢　channel steel
截面形状为槽形的型钢。

02.0243　工字钢　steel I-beam
又称"钢梁"。断面形状为工字形的型钢。

02.0244　H 型钢　H-shaped steel
断面形状为 H 型的型钢。

02.0245　涂层钢板　coated sheet，coated steel sheet
又称"镀层钢板"。在具有良好深冲性能的低碳钢板表面涂覆 Sn、Zn、Al、Cr 等合金元素，Pb-Sn、Zn-Al 等合金及有机涂料或塑料等的钢材产品。

02.0246　镀锡钢板　tin-plated sheet，tinplate
俗称"马口铁"。表面镀锡的薄钢板。

02.0247　镀锌钢板　galvanized sheet，zinc-plated steel sheet
俗称"白铁皮"、"镀锌铁皮"。表面镀锌的薄钢板。

02.0248　镀铝钢板　aluminium coated sheet
表面镀有纯铝或含硅 5%~10% 的铝合金的钢板。

02.0249　镀铅‐锡合金钢板　terne coated sheet，terne sheet
表面镀有含锡 10%~25% 的铅‐锡合金的钢板。

02.0250　无锡钢板　tin-free steel sheet
采用电解铬酸处理法等不镀锡而能代替镀锡钢板使用的制罐薄钢板。

02.0251　瓦楞钢板　corrugated steel sheet
又称"波纹板"。用薄钢板冲压制成的表面呈波浪形的钢板。

02.0252　彩色涂层钢板　color painted steel strip，color coated steel sheet
简称"彩涂钢板"。在镀锌钢板、镀铝钢板、镀锡钢板或冷轧钢板表面涂覆彩色有机涂料或薄膜的钢板。

02.0253 复合钢板 clad steel plate，clad steel sheet

在普通钢板的一面或两面覆以不同的金属材料、陶瓷材料或有机材料，通过一定的生产工艺方法使其结合成一体的钢板。

02.0254 深冲钢板 deep drawing sheet steel，deep drawing plate

具有优良冲压成型性能的薄钢板。

02.0255 超深冲钢板 extra deep drawing sheet steel

具有比深冲钢板更佳的冲压成型性能的薄钢板。

02.0256 钢类 steel group

根据冶炼方法、化学成分、金相组织、质量等级和用途对钢材进行分类所得到的钢材类别。

02.0257 钢号 steel designation，steel grade

钢的牌号。是每一种具体钢铁产品的名称。我国的钢号一般采用汉语拼音字母、化学元素符号和阿拉伯数字相结合的方法表示。

02.0258 热轧钢材 hot rolled steel

以热轧状态直接供货的钢材。

02.0259 正火钢材 normalized steel

热轧后以正火状态供货的钢材。

02.0260 冷轧钢材 cold rolled steel

以冷轧状态供货的钢材。

02.0261 共析钢 eutectoid steel

具有共析成分、室温平衡组织全部为珠光体的钢。

02.0262 亚共析钢 hypo-eutectoid steel

化学成分低于共析成分、室温平衡组织为铁素体加珠光体的钢。

02.0263 过共析钢 hyper-eutectoid steel

化学成分超过共析成分室温平衡组织为先共析渗碳体加珠光体的钢。

02.0264 莱氏体钢 ledeburitic steel

凝固过程会发生共晶相变使得凝固组织中含有共晶组织(莱氏体)的高合金钢。

02.0265 马氏体钢 martensitic steel

使用态的组织为马氏体的钢。但一般特指加热奥氏体化后空冷即可获得完全的马氏体组织的合金钢。

02.0266 贝氏体钢 bainitic steel

正火状态或连续冷却条件下可获得以贝氏体为基体组织的钢。

02.0267 奥氏体钢 austenitic steel

室温平衡基体组织为奥氏体的钢。

02.0268 双相钢 dual-phase steel

以铁素体相为基，由分散岛状马氏体或贝氏体为强化相的低碳钢。

02.0269 结构钢 structural steel

具有一定强韧性，有时要求焊接性能，用于制作各种工程结构件(如建筑、桥梁、船舶、车辆等的结构件)以及制造各种机械结构件用的钢。

02.0270 碳素结构钢 carbon structural steel

用于制作工程结构件及机械零件的非合金钢。

02.0271 合金结构钢 alloy structural steel

在非合金结构钢的基础上加入适量的一种或数种合金元素使其性能明显提高，主要用于制造各种高性能工程构件或截面尺寸较大的机械零件的结构钢。

02.0272　低合金高强度钢　high strength low alloy steel，HSLA steel

在低碳钢中添加少量合金化元素使轧制态或正火态的屈服强度超过275 MPa的低合金工程结构钢。

02.0273　微合金钢　microalloying steel

在普通低碳钢或低合金高强度钢基本化学成分中加入微量合金元素如 Nb、V、Ti、Al 等，并采用控制轧制控制冷却工艺使钢的力学性能明显提高的钢。

02.0274　微合金化钢　microalloyed steel

在钢的基本化学成分中添加微量（一般不大于 0.2%）合金元素，使钢的一种或几种性能得到明显改善的钢。包括微合金化不锈钢、微合金化耐热钢、微合金化非调质钢、微合金化渗碳钢等。

02.0275　建筑钢　building steel

用于制作各种建筑工程结构件的工程结构钢。包括钢筋钢、建筑钢板、建筑型材、建筑五金制品等。

02.0276　钢筋钢　reinforced bar steel，concrete bar steel

用于制作建筑用钢筋的工程结构钢。

02.0277　螺纹钢　screw-thread steel

钢材表面有螺旋形横肋的带肋钢筋钢。

02.0278　钢纤维　steel fiber

以切断钢丝法或钢水快速凝固法制成的长径比为 20~50 的纤维状钢丝。

02.0279　压力容器钢　steel for pressure vessel

用于制造石油、化工、石油化工、气体分离和气体储运等设备的压力容器主要部件或其他类似设备的工程结构钢。我国钢号后加 R 表示。

02.0280　锅炉钢　boiler steel

用于制造蒸气锅炉零件的工程结构钢。我国钢号后加 g 表示。

02.0281　船用钢　shipbuilding steel

用于制造船舶的船体结构的工程结构钢。我国钢号后加 C 表示。

02.0282　桥梁钢　steel for bridge construction

用于制造桥梁的工程结构钢。我国钢号后加 q 表示。

02.0283　汽车大梁钢　steel for automobile frame

用于制造汽车大梁用的工程结构钢。我国钢号后加 L 表示。

02.0284　管线钢　pipe line steel

用于制作油气输送管道及其他流体输送管道的工程结构钢。采用美国石油协会 API 标准，以字母 X 开头表示管线钢，其后的数字代表屈服强度（单位为 psi，约等于 7MPa）。

02.0285　冷[顶]镦钢　cold forging steel

又称"铆螺钢（cold heading steel）"。适宜于采用冷镦工艺生产各种标准件如铆钉、螺栓、销钉和螺母等的结构钢。我国钢号前加 ML 表示。

02.0286　锚链钢　anchor steel

用于制造船舶用电焊锚链的热轧圆钢或锻制圆钢。我国钢号前加 M 表示。

02.0287　深冲钢　deep drawing steel，DDS

具有优良冲压成型性能的低碳钢。

02.0288　超深冲钢　extra deep drawing steel，EDDS

具有特别优异的冲压成型性能的超低碳、氮钢。

02.0289 钢轨钢 rail steel

用于制作钢轨的工程结构钢。我国钢号后加 U 表示。

02.0290 矿用钢 steel for mine

用于制作矿山支护、输运等设备构件的工程结构钢。我国钢号后加 K 表示。

02.0291 无间隙原子钢 interstitial-free steel，IF steel

在碳、氮含量极低(碳、氮总含量小于 50×10^{-6})的钢中加入超过理想化学配比的钛或铌元素使得室温基体组织为无间隙原子存在的铁素体的超深冲钢。

02.0292 低屈服点钢 low yield point steel

屈服点很低，具有优良的深冲性能和深拉延性能的钢。

02.0293 低屈强比钢 low yield ratio steel

材料的屈强比即屈服强度 R_{el} 与拉伸强度 R_m 之比值(R_{el}/R_m)明显低于常规钢种的钢。

02.0294 超塑性钢 superplasticity steel

在特定条件下表现出超塑性(伸长率高达百分之几百甚至上千)的钢。

02.0295 耐候钢 weathering steel

又称"耐大气腐蚀钢"。在大气环境中耐腐蚀性优于非合金钢的低合金工程结构钢。

02.0296 耐火钢 fire-resistant steel，FR steel

一般规定在 600℃1~3 小时内的屈服强度大于室温屈服强度的 2/3，用于钢结构建筑或高层大型建筑的在一定条件下具有防火抗坍塌功能的工程结构钢。

02.0297 Z 向钢 Z-direction steel

又称"抗层状撕裂钢"。专指海洋石油平台、船舶或压力容器用的厚板或特厚钢板，钢中硫含量极低，夹杂物形态得到控制，不易沿厚度方向产生层状台阶状裂纹的钢。我国钢号后加 Z15、Z25、Z35 分别表示厚板的断面收缩率大小。

02.0298 硬线钢 hard steel wire

具有超高强度和高硬度的钢丝。

02.0299 大线能量焊接用钢 steel for high heat input welding

采用比一般焊接条件高得多的焊接线能量而不至于引起焊接区韧性显著降低、也不会产生焊接裂纹的钢。

02.0300 焊接无裂纹钢 welding crack free steel

在焊接前无须预热、焊后不经热处理的条件下，焊后不出现焊接裂纹，碳当量很低、焊接裂纹敏感性很小的钢。

02.0301 铁素体-珠光体钢 ferrite-pearlite steel

室温使用态组织为铁素体加部分珠光体的低碳钢。

02.0302 针状铁素体钢 acicular ferrite steel，AF steel

室温使用态组织为针状铁素体或针状铁素体与等轴铁素体混合物的低碳或超低碳低合金钢。

02.0303 超低碳贝氏体钢 ultra-low carbon bainite steel，ULCB steel

在碳含量低于 0.05%的碳锰钢基础上加入少量钼、硼或铜使得室温组织为超低碳贝氏体的工程结构钢。

02.0304 细晶粒钢 fine grained steel

热轧态铁素体或热轧态铁素体和珠光体，晶粒尺寸在 20μm 以下的工程结构钢。

02.0305　超细晶钢　ultrafine grained steel
热轧态铁素体或热轧态铁素体和珠光体，晶粒尺寸在 5μm 以下的工程结构钢。

02.0306　本质细晶粒钢　fine grained steel
加热到完全奥氏体化温度（Ac_3 点）以上特定温度保温规定时间，奥氏体晶粒长大倾向较小的结构钢。

02.0307　本质粗晶粒钢　corse grained steel
加热到完全奥氏体化温度即 Ac_3 点以上相当高的温度保温规定时间奥氏体晶粒长大倾向较大的结构钢。

02.0308　低温钢　cryogenic steel
在 263K（−10℃）以下温度范围使用仍具有良好韧性而不会发生冷脆现象的钢。

02.0309　低温铁素体钢　cryogenic ferritic steel
低温范围（153~263K）具有良好韧性的以铁素体为基体组织的低合金钢。

02.0310　低温高强度钢　cryogenic high-strength steel
在低温下不仅具有良好的韧性而且具有较高强度的钢。

02.0311　低温镍钢　cryogenic nickel steel
碳含量较低（<0.13%）镍含量很高（1.5%~13%）具有优良低温韧性可在低温甚至超低温范围（4~203K）使用的合金钢。钢的韧脆转折温度随镍含量的增加和碳含量的降低而降低。

02.0312　低温不锈钢　cryogenic stainless steel
在低温下具有良好韧性的不锈钢。

02.0313　低温奥氏体不锈钢　cryogenic austenitic stainless steel
在低温甚至超低温范围保持稳定的奥氏体基体组织因而不存在冷脆现象具有良好韧性的奥氏体不锈钢。

02.0314　低温无磁不锈钢　cryogenic non-magnet stainless steel
在低温下具有非常稳定的奥氏体基体组织因而没有磁性的奥氏体不锈钢。

02.0315　低温马氏体时效不锈钢　cryogenic maraging stainless steel
碳含量很低（<0.03%）镍含量较高经固溶处理后在 20~70K 的低温下仍具有很高冲击韧性的马氏体时效不锈钢。

02.0316　低温双相不锈钢　low temperature duplex stainless steel
基体组织为铁素体–奥氏体、铁素体–马氏体或奥氏体–马氏体双相，性能兼具双相不锈钢优点并具有良好低温韧性的不锈钢。

02.0317　超高强度钢　ultra-high strength steel
抗拉强度高于 1470MPa（欧美各国要求屈服强度大于 1350MPa），同时具有适当断裂韧性的合金结构钢。

02.0318　低合金超高强度钢　low alloy ultra-high strength steel
合金元素含量低于 5%的中碳超高强度钢。

02.0319　中合金超高强度钢　medium alloy ultra-high strength steel
合金元素含量在 5%~10%的中碳超高强度钢。

02.0320　高合金超高强度钢　high alloy ultra-high strength steel
合金元素含量大于 10%的超高强度钢。常见的有二次硬化钢、沉淀硬化不锈钢和马氏体时效钢等。

02.0321 马氏体时效钢 maraging steel
在碳含量极低（<0.03%）的高镍（18%~25%）马氏体基体上弥散析出大量细小金属间化合物而强化的超高强度钢。

02.0322 奥氏体形变热处理钢 ausforming steel
适合采用奥氏体形变热处理工艺获得高强度和高韧性的超高强度钢。

02.0323 相变诱发塑性钢 transformation induced plasticity steel，TRIP steel
室温存在的一定体积分数的亚稳奥氏体组织在应力作用下逐步转变为马氏体的过程中导致钢材整体塑性和韧性明显升高的高强度钢。

02.0324 易切削钢 free machining steel，free-cutting steel
适量加入具有断屑及减摩作用的合金元素如硫、铅、钙、碲等因而具有良好被切削加工性能的机械零件用结构钢。我国钢号前加Y表示。

02.0325 表面硬化钢 case hardening steel
通过合适的热处理或表面处理工艺可得到坚硬耐磨的表层组织和塑韧性良好的心部组织的结构钢。

02.0326 渗碳钢 carburized steel
适宜进行渗碳处理并经淬火和低温回火处理后使零件表面硬度和耐磨性显著提高而心部保持适当强度和良好韧性的结构钢。

02.0327 渗氮钢 nitriding steel
又称"氮化钢"。适宜采用渗氮处理明显提高表面硬度和耐磨性的合金钢。

02.0328 渗硼钢 boronized steel
适宜进行渗硼处理明显提高表面硬度、耐磨性和耐蚀性的结构钢或工具钢。

02.0329 渗铝钢 aluminized steel
适宜采用热浸渗铝工艺明显改善耐蚀性和耐热性的合金结构钢。

02.0330 调质钢 quenched and tempered steel
适宜通过调质处理获得良好综合力学性能的中碳结构钢和合金结构钢。

02.0331 非调质钢 hot rolled high strength steel，non-quenched and tempered steel
在热轧状态或正火状态或锻造后空冷状态下具有与调质热处理态相当的综合力学性能的中碳低合金结构钢。

02.0332 易切削非调质钢 free-cutting hot rolled high strength steel
适量加入具有断屑及减摩作用的合金元素如硫、铅、钙、碲等具有良好被切削加工性能的非调质钢。

02.0333 弹簧钢 spring steel
适用于制造各种弹簧或弹性元件的结构钢。需要具有高弹性极限、高屈服强度、高疲劳极限及一定的冲击韧性和塑性，同时还要求具有良好的表面质量。根据化学成分可分为非合金弹簧钢、合金弹簧钢和特殊弹簧钢。

02.0334 特殊弹簧钢 special spring steel
满足某些特殊用途要求（如高温、低温、无磁、不锈等）的弹簧钢。多属于中合金或高合金钢。

02.0335 耐热弹簧钢 heat-resistant spring steel
适宜于制作在300℃以上高温下工作的弹簧及弹性元件的弹簧钢。

02.0336 低淬透性钢 low hardenability steel

淬透性较低，淬火后表面具有高硬度和耐磨性而心部具有适当塑性和韧性的表面硬化钢。我国钢号后加 D 表示。

02.0337　窄淬透性钢　narrow hardenability steel
淬透性带仅在非常窄的范围内波动，淬火后可得到均匀的硬度分布的钢。

02.0338　轴承钢　bearing steel
适合于制作滚动轴承的滚珠、滚柱、滚针和轴承内外套圈的合金钢。我国钢号前加 G 表示。

02.0339　高碳铬轴承钢　high carbon chromium bearing steel
碳含量为 0.95%~1.05%、铬含量不同(0.5%~1.65%)的轴承钢。

02.0340　渗碳轴承钢　carburizing bearing steel
适宜于制作需承受较大冲击载荷而要求心部韧性良好的轴承钢。

02.0341　高温轴承钢　high temperature bearing steel
又称"耐热轴承钢"。添加了强碳化物形成元素，具有足够高的高温硬度、高温耐磨性、高温接触疲劳强度、抗氧化性和高温尺寸稳定性，能在高温环境中工作的轴承钢。

02.0342　耐蚀轴承钢　corrosion resistant bearing steel
又称"不锈轴承钢"。适合于制作在腐蚀环境和无润滑油强氧化气氛中工作的轴承，具有较高耐蚀性的轴承钢。

02.0343　工具钢　tool steel
适宜于制造刀具、模具和量具等各式工具用的钢。

02.0344　碳素工具钢　carbon tool steel
适宜于制作各种小型工模具的高碳非合金钢。我国钢号前加 T 表示。

02.0345　合金工具钢　alloy tool steel
钢中除了含较高碳之外还含有 Cr、W、Mo、V、Si、Mn、Ni 等合金元素，适宜于制作各种工具、模具和量具的合金钢。

02.0346　模具钢　die steel
适宜于制作各种模具用的合金工具钢。

02.0347　冷作模具钢　cold working die steel
适宜于制作在常温下对金属进行变形加工的模具(如下料模、弯曲模、剪切模、冷镦模、冷挤压模等)用的工具钢。

02.0348　热作模具钢　hot-working die steel
适宜于制作对金属进行热变形加工的模具(如热压模、锻模、压铸模等)用的合金工具钢。

02.0349　塑料模具钢　die steel for plastic material forming
适合于制作塑料制品成型生产所用模具的工具钢。

02.0350　高速钢　high speed steel
又称"高速工具钢(high speed tool steel)"。主要用于制作高速切削金属的刀具的高碳高合金莱氏体工具钢。

02.0351　钨系高速钢　tungsten high speed steel
主要合金元素为钨、不含钼或钼含量低于钨的高速钢。

02.0352　钼系高速钢　molybdenum high speed steel
主要合金元素为钼、不含钨或钨含量低于钼

的高速钢。

02.0353 高碳高钒高速钢 high vanadium high speed steel

又称"高钒高速钢"。钒含量一般在3%以上、碳含量在1.2%以上、热处理后具有很高耐磨性的高速钢。

02.0354 含钴高速钢 cobalt high speed steel

钴含量为5%~12%、能显著提高硬度和红硬性并具有良好韧性的高速钢。

02.0355 超硬高速钢 super-hard high speed steel

碳含量很高而接近平衡碳且一般含有5%~12%的钴,热处理后洛化硬度高达68~70的高速钢。

02.0356 粉末[冶金]高速钢 powder metal-lurgy high speed steel

使用高速钢粉末经粉末冶金工艺或热成形致密化工艺生产的高速钢。

02.0357 低合金高速钢 low alloy high speed steel

又称"经济型高速钢"。钨钼元素含量较低、钨当量不超过10%而铬、钒与普通高速钢相同的高速钢。

02.0358 基体钢 matrix steel

通过降低高速钢中碳含量与合金元素优化,减少钢中过剩碳化物,从而改善高速钢塑性和韧性而研制出的一种超高强度钢。

02.0359 冷冲裁模具钢 cold blanking tool steel

适宜制作在常温状态冲裁金属用模具的工具钢。

02.0360 冷镦模具钢 cold heading tool steel

适宜制作在常温状态对金属进行冷镦加工用模具的工具钢。

02.0361 冷挤压模具钢 cold extrusion tool steel

适宜制作在常温状态对金属进行冷挤压加工用模具的工具钢。

02.0362 耐冲击工具钢 shock resistant tool steel, shock-resisting tool steel

可承受较大冲击性动载荷的合金工具钢。

02.0363 热剪切工具钢 hot-shearing tool steel

适宜制作热剪类工具的具有较高的耐磨性、热强性和韧性的热作工具钢。

02.0364 热挤压模具钢 hot extrusion die steel

适宜制作热挤压模具的具有较高热强性、韧性、抗热疲劳性的热作模具钢。

02.0365 压铸模用钢 steel for die-casting mold

适宜制作压铸模具的具有良好热强性、抗热疲劳性及抗氧化性和抗液态金属腐蚀性能的热作模具钢。

02.0366 锻模钢 forging die steel

适宜制作锤锻、热顶锻等模具的具有良好高温强度与韧性、抗氧化性、抗热疲劳性和高等向性的热作模具钢。

02.0367 高等向性模具钢 high isotropy die steel

横向韧性和塑性超过纵向性能60%的模具钢。

02.0368 石墨钢 graphitic steel, graphitizable steel

有意加入石墨化元素硅铝等经石墨化退火后在其组织中存在一定量石墨的钢。钢水中加入孕育剂则可获得铸态石墨钢。

02.0369 中空钢 hollow drill steel
断面多为圆形、正六角形或其他形状，中心有可通流体(水或空气)的孔道的型钢。

02.0370 特殊钢 special steel
我国通常指除普通非合金结构钢外的其他钢。包括优质钢与各种合金钢。

02.0371 特殊性能钢 special property steel
含有特意添加的合金元素的或者用特殊工艺方法生产的具有特殊的物理和化学性能的合金钢。

02.0372 高性能钢 high performance steel
在服役条件下具有优良使用性能的各种钢。

02.0373 耐蚀钢 corrosion resisting steel
在各种腐蚀性介质或腐蚀与力学因素并存的环境中表现出较强抵抗腐蚀能力的合金钢。

02.0374 耐海水腐蚀钢 sea water corrosion resistant steel
在海洋环境中具有较高耐腐蚀性的钢。包括在海水飞溅带、潮汐带、海水全浸带等用钢。

02.0375 不锈钢 stainless steel
在大气和酸、碱、盐等腐蚀性介质中呈现钝态、耐蚀而不生锈的高铬(一般为 12%~30%)合金钢。

02.0376 镍当量 nickel equivalent
不锈钢及不锈钢焊缝金属中所含各种奥氏体形成元素 Ni、C、N、Mn 等按其作用程度折算为 Ni 元素(以镍的作用系数为 1)的总量。

02.0377 奥氏体不锈钢 austenitic stainless steel
在使用状态基体组织为稳定的奥氏体的不锈钢。具有很高的耐蚀性，良好的冷加工性和良好的韧性、塑性、焊接性和无磁性，但一般强度较低。

02.0378 铁素体不锈钢 ferritic stainless steel
铬含量一般为 12%~30%，通常不含镍，在使用状态基体组织为铁素体的不锈钢。

02.0379 马氏体不锈钢 martensitic stainless steel
铬含量不低于 12%(一般在 12%~18%)，碳含量较高，使用态组织为马氏体的不锈钢。

02.0380 双相不锈钢 duplex stainless steel
基体组织主要由奥氏体、铁素体或马氏体中任何两相所组成的不锈钢。但通常特指奥氏体－铁素体型双相不锈钢。

02.0381 高强度不锈钢 high strength stainless steel
强度明显高于通用奥氏体不锈钢的强度的不锈钢。包括奥氏体冷作硬化不锈钢、马氏体不锈钢、沉淀硬化不锈钢等。

02.0382 沉淀硬化不锈钢 precipitation hardening stainless steel，PH stainless steel
不锈钢中加入沉淀硬化元素并经沉淀硬化处理而获得高强度、高韧性与耐蚀性的结构材料。

02.0383 奥氏体沉淀硬化不锈钢 austenitic precipitation hardening stainless steel
固溶处理后在 700℃~735℃长期时效，使铝、钛等形成金属间化合物和磷的沉淀相析出，从而明显提高强度的奥氏体不锈钢。

02.0384 半奥氏体沉淀硬化不锈钢 semi-austenitic precipitation hardening stainless steel

固溶态组织基体为奥氏体(有利于成型及焊接),经调整热处理和/或冷处理后使奥氏体转变为马氏体,并经时效处理析出金属间化合物或碳氮化物进一步强化的高强度不锈钢。

02.0385 马氏体沉淀硬化不锈钢 martensitic precipitation hardening stainless steel

碳含量低于 0.1%,加入铜、钼、钛、铝等元素使之沉淀析出碳化物和金属间化合物而进一步强化的马氏体不锈钢。

02.0386 马氏体时效不锈钢 maraging stainless steel

碳含量低于 0.03%,加入钼、铜、钛、铝、铌等元素通过时效处理析出大量细小弥散的金属间化合物而进一步强化的马氏体不锈钢。

02.0387 易切削不锈钢 free-cutting stainless steel

为改善和提高不锈钢的被切削性而有意添加了易切削元素的不锈钢。

02.0388 稳定化不锈钢 stabilized stainless steel

加入适量钛或铌使之优先与碳结合从而有效抑制晶间腐蚀现象的不锈钢。

02.0389 超低碳不锈钢 extra low carbon stainless steel

碳含量小于 0.03% 的奥氏体不锈钢或碳含量小于 0.01% 的铁素体不锈钢。具有很低的晶间腐蚀敏感性。

02.0390 耐液态金属腐蚀不锈钢 liquid metal corrosion resistant steel

在液态金属介质中耐腐蚀的不锈钢。

02.0391 高纯铁素体不锈钢 high-purity ferritic stainless steel

钢中碳和氮总含量极低的高耐蚀性铁素体不锈钢。

02.0392 超高纯度不锈钢 super high pure stainless steel

要求碳、氮、氧、氢含量分别不大于 60×10^{-6}、65×10^{-6}、5×10^{-6}、1.6×10^{-6} 的用于半导体制造装置、印刷线路及超高真空部件的不锈钢。

02.0393 经济型不锈钢 resource-saving stainless steel

又称"资源节约型不锈钢"。铬、镍含量较低或不含镍的不锈钢。包括铁素体不锈钢、双相不锈钢、铬锰氮系、铬镍锰氮系等奥氏体不锈钢。

02.0394 含氮不锈钢 stainless steel containing nitrogen

加入一定量的氮元素以适当降低钢中镍含量并由此明显提高强度与耐蚀性的不锈钢。

02.0395 抗菌不锈钢 antibiosis stainless steel

各种类型不锈钢中添加一定浓度的具有抗菌功能的金属离子(如铜、银等)而得到的不锈钢。

02.0396 耐气蚀钢 cavitation damage resistant steel

能有效抵抗高速流动液体的空化作用下产生的冲击波而基本不产生表面损伤的铁素体不锈钢或提高硬度的表面改性钢。

02.0397 耐热钢 heat-resistant steel

在高温环境中保持较高持久强度、抗蠕变性和良好化学稳定性的合金钢。可分为热强钢和抗氧化钢两类。

02.0398 热强钢 high temperature strength steel

在高温环境中保持较高持久强度、抗蠕变性并兼具有一定抗氧化性的合金钢。

02.0399 抗氧化钢 oxidation-resistant steel

又称"耐热不起皮钢"、"高温不起皮钢"。在高温环境下长时承受气体侵蚀时具有高温抗氧化、抗氮化、抗硫化等能力并能承受一定应力的合金钢。

02.0400 珠光体耐热钢 pearlitic heat-resistant steel

又称珠光体热强钢。正火态组织由珠光体加铁素体或贝氏体组成的耐热钢。

02.0401 奥氏体耐热钢 austenitic heat-resistant steel

含较高的镍、锰、氮等奥氏体形成元素和铬等抗氧化性元素以及钨、钼、铌、钒等 M_2C 碳化物形成元素，使用状态下具有奥氏体基体组织的耐热钢。

02.0402 铁素体耐热钢 ferritic heat-resistant steel

铬含量较高(12%~30%)、基体组织为单相铁素体的耐热钢。

02.0403 马氏体耐热钢 martensitic heat-resistant steel

热处理后基体组织主要为马氏体及二次硬化强化相的耐热钢。

02.0404 阀门钢 valve steel

又称"气阀钢(gas valve steel)"。适宜于制作内燃机中进、排气阀门用的耐热钢。

02.0405 特殊物理性能钢 special physical functional steel

又称"功能合金钢"。具有特殊物理或生理化学性能的合金钢。

02.0406 电工钢 electrical steel

具有非常低的磁滞损耗的软磁合金。包括低碳电工钢和硅钢两类。

02.0407 低碳电工钢 low carbon electrical steel

要求碳≤0.015wt%、硅≤0.5wt%、磷(0.06~0.10)wt%、锰(0.3~0.5)wt%，余为铁的电工钢。其饱和磁感应强度和强磁场下磁感应强度比硅钢高但铁损也高。

02.0408 电磁纯铁 electromagnetic iron

具有良好软磁性能的工业纯铁。

02.0409 硅钢 silicon steel

碳含量很低、硅含量在 0.5%~4.5%的铁硅软磁合金。

02.0410 低碳低硅无取向电工钢 non-oriented electrical steel with low carbon and low silicon

碳含量小于 0.015%、硅(或 Si + Al)含量小于 1%、晶粒呈无规则取向分布的硅钢。

02.0411 无取向硅钢 non-oriented silicon steel

钢板中晶粒呈无规则取向分布，磁性能基本各向同性的硅钢。

02.0412 取向硅钢 oriented silicon steel

硅含量一般为 2.8%~3.5%，采用冷轧和热处理技术得到的具有 {110}<001>织构由此导致沿轧向的磁性能明显优于横向的硅钢。

02.0413 高硅钢 high silicon steel

硅含量为 4.5%~6.5%的硅钢。

02.0414 磁钢 magnet steel

碳含量约 1%同时含 W、Cr、Mo、Co 等合金元素，具有硬磁性的淬火硬化型马氏体钢。

02.0415　无磁钢　non-magnetic steel
又称"低磁性钢"、"非磁性钢"。没有铁磁性从而不能被磁化的稳定奥氏体钢。

02.0416　灰口铸铁　grey cast iron
简称"灰铸铁"。碳主要以片状石墨的形态存在，其断口呈暗灰色的铸铁。

02.0417　球墨铸铁　spheroidizing graphite cast iron, nodular iron
简称"球铁"。灰口铸铁铁水经球化和孕育处理，使石墨主要以球状存在的高强度铸铁。

02.0418　蠕墨铸铁　compacted graphite cast iron, vermicular graphite cast iron
石墨形态介于球状和片状之间的蠕虫状的铸铁。

02.0419　白口铸铁　white cast iron
碳主要以渗碳体形式存在、断口呈灰白色、具有良好耐磨性的铸铁。

02.0420　可锻铸铁　malleable cast iron
又称"玛钢"。白口铸铁进行可锻化退化处理后，全部或部分渗碳体转变为团絮状石墨分布于铁素体基体或珠光体基体组织上，从而具有良好塑韧性的铸铁。

02.0421　合金铸铁　alloy cast iron
又称"特殊性能铸铁"。在普通铸铁中加入合金元素使其具有特殊的力学性能和耐磨、耐蚀、耐热、无磁等物理或化学性能的铸铁。

02.0422　孕育铸铁　inoculated cast iron
又称"变质铸铁"。通过孕育处理而改善了组织和力学性能的亚共晶高强度灰口铸铁。

02.0423　耐磨铸铁　wear-resistant cast iron

又称"减磨铸铁"。高硬度、在一定的磨损条件下具有高耐磨性的铸铁。

02.0424　冷硬铸铁　chilled cast iron
通过控制浇注后的冷却速度，使表层快冷形成一定深度的白口组织，而心部则保持灰口组织中间过渡层为麻口组织的铸铁。

02.0425　高磷铸铁　high phosphorus cast iron
磷含量为 0.35%~0.65%，耐磨性比普通灰口铸铁高 1~3 倍的灰口耐磨铸铁。

02.0426　合金白口铸铁　alloy white cast iron
加入各种合金元素，使铸铁基体为马氏体并在其中弥散分布合金碳化物，从而明显提高耐磨性的白口铸铁。

02.0427　耐热铸铁　heat-resistant cast iron
高温下具有抗氧化能力并能保证一定高温强度和抗蠕变性能的合金铸铁。

02.0428　耐蚀铸铁　corrosion resistant cast iron
能够抵抗环境(如酸、碱、盐以及大气、海水等)腐蚀的合金铸铁。

02.0429　奥氏体铸铁　austenitic cast iron
基体组织主要为奥氏体，具有良好耐酸性、耐海水腐蚀性、耐热性、耐低温性和无磁性，并具有良好塑韧性的合金铸铁。

02.0430　贝氏体球铁　bainitic ductile iron, bainitic nodular iron
等温热处理后基体组织为贝氏体的高强度球墨铸铁。可分为上贝氏体球铁和下贝氏体球铁。

02.0431　奥贝球铁　austempered ductile iron, austempered nodular iron
基体组织为奥氏体加贝氏体的高强度球墨铸铁。

02.0432 铸钢 cast steel
钢液流动性充填性好，适宜采用铸造工艺方法铸成一定形状，并以铸件形式使用的钢。我国钢号前面加 ZG 表示。

02.0433 非合金铸钢 non-alloy cast steel
只含有碳（一般在 2%以下）而不含其他有意添加的合金元素的铸钢。

02.0434 低合金铸钢 low alloy cast steel
合金元素总量一般小于 5%的铸钢。

02.0435 高合金铸钢 high alloy cast steel
合金元素总量一般大于 10%的从而具有特殊的使用性能如高耐磨性、耐热性、耐蚀性和电磁性能等的铸钢。

02.0436 耐磨铸钢 wear-resistant cast steel
具有良好耐磨性的铸钢。按化学成分分为非合金、低合金和合金耐磨铸钢。

02.0437 高锰钢 high manganese steel
碳含量在 1.0%~1.3%、锰含量在 11%~14%、锰碳含量比为 10~12 的特殊耐磨钢。

02.0438 耐热铸钢 heat-resistant cast steel
在高温环境中保持较高强度和良好化学稳定性的合金铸钢。

02.0439 耐蚀铸钢 corrosion resistant cast steel
在各种特定腐蚀性介质或腐蚀与力学因素并存的环境中表现出较强抵抗腐蚀能力的合金铸钢。

02.02　有色金属材料

02.02.01　总　　论

02.0440 有色金属 non-ferrous metal
元素周期表中除铁、铬、锰三种金属以外的所有金属元素的统称。

02.0441 稀有金属 rare metal，less-common metal
地壳中丰度很低或分布稀散或不容易经济地提取的金属。

02.0442 稀有分散金属 rare-dispersed metal
稀有金属中的镓(Ga)、铟(In)、铊(Tl)、锗(Ge)、硒(Se)、碲(Te)和铼(Re) 7 个金属的统称。

02.0443 稀有高熔点金属 rare-high melting point metal
稀有金属中熔点高于铁的熔点(>1535℃)的所有金属的统称，包括ⅣB、ⅤB 和ⅥB 族金属。

铼和贵金属中的铂、锇、铱、钌、铑和钯。

02.0444 稀土金属 rare earth metal
又称"稀土元素"。钪(Sc)、钇(Y)和镧系金属中镧(La)、铈(Ce)、镨(Pr)、钕(Nd)、钷(Pm)、钐(Sm)、铕(Eu)、钆(Gd)、铽(Tb)、镝(Dy)、钬(Ho)、铒(Er)、铥(Tm)、镱(Yb)、镥(Lu) 17 个金属的统称。

02.0445 稀有放射性金属 rare-radioactive metal
又称"稀有放射性元素"。稀有金属中钫(Fr)、镭(Ra)、钋(Po)和锕系金属中的锕(Ac)、钍(Th)、镤(Pa)、铀(U) 7 个金属的统称。

02.0446 贵金属 noble metal，precious metal
金(Au)、银(Ag)、铂(Pt)、锇(Os)、铱(Ir)、钌(Ru)、铑(Rh)、钯(Pd) 8 个金属的统称。

02.02.02 铝 及 其 合 金

02.0447 铝 aluminum, aluminium
元素周期表中原子序数为 13，属ⅢA 族的金属元素。元素符号 Al。

02.0448 电解铝 electrolytic aluminum
直流电通过氧化铝原料和冰晶石溶剂的电解质，使氧化铝分解制成的金属铝。

02.0449 工业纯铝 commercial purity aluminum
国际上一般规定纯度为 99.0%~99.9%的金属铝。中国规定纯度为 98.8%~99.7%的金属铝。

02.0450 高纯铝 high-purity aluminum
纯度为 99.8%~99.996%的金属铝。

02.0451 再生铝 secondary aluminum
至少经过一次熔铸或加工，经回收和处理制得的金属铝。

02.0452 铝合金 aluminum alloy
以铝为基体元素和加入一种或多种合金元素组成的合金。

02.0453 1×××系铝合金 1××× aluminum alloy
纯铝，对应 LG×、L×、LT×× 铝合金。

02.0454 2×××系铝合金 2××× aluminum alloy
铝、铜加其他元素的铝合金，对应 LY××、LD×× 铝合金。

02.0455 3×××系铝合金 3××× aluminum alloy
铝、锰加其他元素的铝合金，对应 LF×× 铝合金。

02.0456 4×××系铝合金 4××× aluminum alloy
铝、硅加其他元素的铝合金，对应 LQ××、LT×× 铝合金。

02.0457 5×××系铝合金 5××× aluminum alloy
铝、镁加其他元素的铝合金，对应 LF×× 铝合金。

02.0458 6×××系铝合金 6××× aluminum alloy
铝、镁、硅加其他元素的铝合金，对应 LD×× 铝合金。

02.0459 7×××系铝合金 7××× aluminum alloy
铝、锌加其他元素的铝合金，对应 LC×× 铝合金。

02.0460 8×××系铝合金 8××× aluminum alloy
铝加其他元素（如 Li、Sn）的铝合金。

02.0461 铝锌镁铜系合金 aluminum-zinc-magnesium-copper alloy
以铝为基体元素与合金元素锌、镁、铜组成的铝合金。具有高强度、高应力腐蚀敏感性、低耐热性和高缺口敏感性。

02.0462 铝锌镁系合金 aluminum-zinc-magnesium alloy
以铝为基体元素与合金元素锌、镁组成的合金。具有中等强度、良好的焊接性和耐均匀腐蚀性。

02.0463 铝锂合金 aluminum-lithium alloy
以铝为基体元素和以锂为第一位或主要合

金元素组成的合金。具有高比强、高比刚。

02.0464 稀土铝合金 aluminum-rare earth metal alloy

以铝为基体元素和以稀土元素为第一位或主要合金元素或微量合金元素组成的合金。

02.0465 变形铝合金 wrought aluminum alloy

又称"可压力加工铝合金"。适宜进行塑性加工的铝基合金。通过轧制、挤压、锻造、拉拔等方式把合金加工成板材、管材、棒材、线材、锻件等。

02.0466 铝铜系变形铝合金 aluminum-copper wrought aluminum alloy

以铝为基体元素和以铜为第一位合金元素的变形合金。属 2×××系铝合金。强度高，耐热性好。

02.0467 铝锰系变形铝合金 aluminum-manganese wrought aluminum alloy

以铝为基体元素和以锰为第一位合金元素的变形合金。属 3×××系铝合金。具有良好的耐蚀性、加工性和焊接性。

02.0468 铝硅系变形铝合金 aluminum-silicon wrought aluminum alloy

以铝为基体元素和以硅为第一位合金元素的变形合金。属 4×××系铝合金。

02.0469 铝镁系变形铝合金 aluminum-magnesium wrought aluminum alloy

又称"防锈铝 LF××"。以铝为基体元素和以镁为第一位合金元素的变形合金。属 5×××系合金。有良好韧性、耐蚀性和焊接性。

02.0470 铝镁硅系变形铝合金 aluminum-magnesium-silicon wrought aluminum alloy

又称"锻铝 LD××"。以铝为基体元素和以镁、硅为主要合金元素的变形合金。属 6×××系铝合金。热成型性好，中等强度，良好的可焊性和耐腐蚀性。

02.0471 铝锌系变形铝合金 aluminum-zinc wrought aluminum alloy

又称"超硬铝(ultra-high strength aluminium alloy)"。以铝为基体元素以锌为第一位合金元素的变形合金。属 7×××系合金。

02.0472 铸造铝合金 cast aluminum alloy

适宜于在熔融状态下充填铸型，铸成一定形状并以铸件形式应用的铝基合金。一般为共晶组织，有良好流动性，较小缩松和热裂倾向，适应多种铸造方法。

02.0473 铝硅系铸造铝合金 aluminum-silicon cast aluminum alloy

又称"硅铝明合金"。以铝为基体元素和硅为第一位合金元素的铸造合金。属 3×.×系铝合金，又属 ZL-1××，铸造流动性好，易焊接、热膨胀系数低、良好的耐磨性。

02.0474 铝铜系铸造铝合金 aluminum-copper cast aluminum alloy

以铝为基体元素和以铜为第一位合金元素的铸造合金。属 2×.×系铝合金，又属 ZL-2××铝合金。耐热性好、强度高、耐蚀性差。

02.0475 铝铜硅系铸造铝合金 aluminum-copper-silicon cast aluminum alloy

以铝为基体元素和以铜、硅为主要合金元素的铸造合金。属 3×.×系合金。铜占优和硅占优的合金又分别属 ZL-2×× 合金和 ZL-1×× 系合金。

02.0476 铝镁系铸造铝合金 aluminum-magnesium cast aluminum alloy

又称"耐蚀铝合金"。以铝为基体元素和以镁为第一位合金元素的铸造合金。属 5××.×系合金，又属 ZL-3×× 系合金。耐蚀性好。

02.0477 铝锌系铸造铝合金 aluminum-zinc cast aluminum alloy
以铝为基体元素和以锌为第一位合金元素的铸造合金。属 7××.× 系合金，又属 ZL-4×× 系合金。强度高，耐热性差，易热裂。

02.0478 铝锡系铸造铝合金 aluminum-tin cast aluminum alloy
以铝为基体元素和以锡为第一位合金元素的铸造合金。属 8××.× 系合金，主要用途是铸造轴承。

02.0479 高强铸造铝合金 high strength cast aluminum alloy
特指以 Al-Cu、Al-Si 等为基础发展出的铸造合金。其强度高，用于制造承受较大载荷的铸件。

02.0480 热强铸造铝合金 high strength and heat resistant cast aluminum alloy
又称"耐热铸造铝合金"。具有高的热稳定性、热强性的铝基铸造合金。包括铝铜镍系、铝铜镍镁系、铝铜镍锰系、铝铜硅铁系、铝硅铜镍系、铝稀土铜系等铸造铝合金。

02.0481 耐热铝合金 heat-resistant aluminum alloy
泛指在高温下有足够的抗氧化性、抗蠕变和抗破坏能力的各类铝基合金。包括铝－过渡元素－稀土系粉末冶金高温铝合金，Al-Cu-Mg-Fe-Ni 系、Al-Cu-Mn 系变形铝合金，Al-Cu 系铸造铝合金等。

02.0482 高强耐热铝合金 high strength and heat resistant aluminum alloy
泛指具有较高的抗拉强度又有很好热稳定

性、热强性的各类铝基合金。包括 Al-Mg-Cu-Fe-Ni 系、Al-Fe-V-Si 系合金等。

02.0483 高强铝合金 high strength aluminum alloy
特指以 Al-Cu-Mg 和 A1-Zn-Mg-Cu 为基的合金。广义上包括具有较高强度的各类铝基合金。

02.0484 硬铝合金 hard aluminum alloy
简称"硬铝"。又称"杜拉铝(duralumin)"。在 Al-Cu 合金基础上发展起来的具有较高力学性能的变形铝合金。属 2××× 系合金。强度高，硬度高，耐热性好。主要有 Al-Cu-Mg-(Mn)系、Al-Cu-Mn 系变形铝合金。

02.0485 耐磨铝合金 wear-resistant aluminum alloy
又称"低膨胀耐磨铝硅合金"。硅含量超过共晶点的铝硅(镍)合金。常用急冷凝固方法制备，主要用于制造内燃机活塞和仪表零件。

02.0486 铝基轴瓦合金 aluminum-base bearing alloy
用于制造铸造滑动轴瓦的 Al-Sn-Cu、Al-Ni、Al-Mg-Sb、Al-Cu-Si 等铸造铝合金。

02.0487 铝铅合金 aluminum-lead alloy
以铝为基体元素和以铅为第一位合金元素的合金。一般还含有铜或硅。用于制造吸振零件、放射线屏蔽结构件、轴承、电子与电机零件等。

02.0488 防爆铝合金 anti-blast aluminum alloy
又称"铝合金抑爆材料"。用特殊铝合金组成的一种网状或球状结构材料。按一定密度方式充填在装有易燃、易爆液体的容器中，可以有效防止容器发生爆炸。

02.0489　可焊铝合金　weldable aluminum alloy
可获得优质焊接连接、用于焊接结构的各类铝基合金的统称。包括多种合金系。

02.0490　泡沫铝　foamed aluminum
特指采用发泡法或电化学沉积法制备的具有很高孔隙率的铝或铝合金制品。

02.0491　快速冷凝铝合金　rapidly solidified aluminum alloy
又称"急冷凝固铝合金"。采用凝固速度远远高于常规铸造的方法制备出合金元素含量高而且组织细小的铝基合金。

02.0492　非晶铝合金　amorphous aluminum alloy
急冷凝固方法制备出的长程无序态结构的铝基合金。含较多过渡族、稀土元素。

02.0493　局部纳米晶铝合金　local nanocrys-talline aluminum alloy
在长程无序结构基体上分布着纳米尺度长程有序结构的铝基合金。采用急冷凝固和热处理方法制备，含有较多过渡族、稀土元素。

02.0494　集成电路引线铝合金　aluminum alloy for integrate circuit down-lead
用于集成电路引线的铝基合金。包括高纯铝，Al-Si、Al-Cu、Al-Si-Cu 系合金。

02.0495　热中子控制铝合金　thermal neutron control aluminum alloy
中间层为铝基体(其上分布着 B_4C)、外层为纯铝的三层复合材料。有较高的热中子吸收截面。

02.0496　高弹性模量铝合金　high elastic modulus aluminum alloy
具有弹性模量高，线性膨胀系数低的 Al-Si-Ni 系合金。用于仪器仪表中低密度和高刚度的零件。

02.0497　快速冷凝耐磨铝合金　wear-resistant rapidly solidified aluminum alloy
用急冷凝固方法制备出 Cu、Mg、Fe、Ni 等含量较高的过共晶 Al-Si 合金等。合金中无初生硅，共晶硅细小。材料耐磨性好。

02.0498　铝镁合金粉　aluminum-magnesium alloy powder
由铝镁合金制成的金属粉末。常采用雾化法、球磨法等方法制取。

02.0499　铝膏　aluminum paste
铝粉钎料与钎剂有机合成的膏状钎料。

02.0500　铝塑复合板　aluminum-plastic composite laminate
由涂覆、挤压、粘接方法制成的两面为铝板，中间层为聚乙烯的三层复合板。表面一般有涂层，主要作为装饰材料。

02.0501　铝塑复合管　aluminum-plastic composite tube
中间层为铝管，内外层为聚乙烯或交联聚乙烯，层间为热熔胶黏合而成的多层管。具有聚乙烯塑料管耐腐蚀性和金属管耐高压的优点。

02.0502　PS[基]板　presensitized plate
感光性树脂涂敷在亲水性阳极化铝板基底上的印刷用的预涂感光板。

02.0503　铝箔　aluminum foil
厚度小于 0.20mm、横断面呈矩形且均一的压延铝制品。包括电容器铝箔、亲水铝箔、复合铝箔等。

02.02.03 镁及其合金

02.0504 镁 magnesium
元素周期表中原子序数为 12，属 ⅡA 族的金属元素。元素符号 Mg。

02.0505 粗镁 crude magnesium
采用热还原法，镁蒸气在还原罐前端的冷凝器中形成的结晶镁。

02.0506 工业纯镁 commercial purity magnesium
纯度低于 99.9% 的纯镁。

02.0507 高纯镁合金 high-purity magnesium alloy
以纯度高于 99.98% 的高纯镁为基体元素和加入一种或多种合金元素组成的合金。综合性能、耐腐蚀性优于普通镁基合金。

02.0508 变形镁合金 wrought magnesium alloy
适宜进行塑性加工的镁基合金。可通过轧制、挤压、锻造、拉拔等方式把合金加工成板材、型材、管材、棒材、锻件等。

02.0509 镁锰系变形镁合金 magnesium-manganese wrought magnesium alloy
以镁为基体元素和锰为第一位合金元素的变形合金。具有良好的耐腐蚀性和焊接性。

02.0510 镁铝锌系变形镁合金 magnesium-aluminum-zinc wrought magnesium alloy
又称"AZ 系合金"。以镁为基体元素和铝、锌为主要合金元素的变形合金。可热处理强化，塑性好。

02.0511 镁锌锆系变形镁合金 magnesium-zinc-zirconium wrought magnesium alloy
又称"ZK 系合金"。以镁为基体元素和锌、锆为主要合金元素的变形合金。可热处理强化，强度较高，不易焊接。

02.0512 镁锆稀土系变形镁合金 magnesium-zirconium-rare earth metal wrought magnesium alloy
又称"KE 系合金"。以镁为基体元素和锆、稀土元素为主要合金元素的变形合金。属于耐热镁合金。

02.0513 镁锰稀土系变形镁合金 magnesium-manganese-rare earth metal wrought magnesium alloy
又称"ME 系合金"。以镁为基体元素和锰、稀土元素为主要合金元素的变形合金。耐热性好，热裂倾向小，焊接性能好。

02.0514 镁锌稀土系变形镁合金 magnesium-zinc-rare earth metal wrought magnesium alloy
又称"ZE 系合金"。以镁为基体元素和锌、稀土元素为主要合金元素的变形合金。耐热性好，热裂倾向小，焊接性能好。

02.0515 铸造镁合金 cast magnesium alloy
适宜于在熔融状态下充填铸型，以铸件形式应用的镁基合金。一般存在共晶组织，有较小缩松和热裂倾向，适应多种铸造方法。

02.0516 高强度铸造镁合金 high strength cast magnesium alloy
以镁为基体元素和锌、锆为主要合金元素的铸造合金。强度高。

02.0517 镁铝锌系铸造镁合金 magnesium-aluminum-zinc cast magnesium alloy

以镁为基本元素和铝、锌为主要合金元素的铸造合金。强度较高，流动性好、热裂倾向小。

02.0518　镁稀土合金　magnesium-rare earth alloy
以镁为基体元素和稀土元素为第一位、或主要合金元素、或微量合金元素组成的合金。具有高的热稳定性、热强性。

02.0519　镁铝稀土系[铸造]合金　magnesium-aluminum-rare earth [cast] alloy
又称"AE系合金"。以镁为基本元素和铝、稀土为主要合金元素组成的合金。耐热性好，是常用的压铸镁合金。

02.0520　镁铝钇稀土锆系[铸造]合金　magnesium-aluminum-yttrium-rare earth-zirconium [cast] alloy
又称"WE系合金"。以镁为基本元素和铝、钇、稀土、锆为主要合金元素组成的合金。铸造性能良好，耐热性好。

02.0521　镁稀土银锆系[铸造]合金　magnesium-rare earth-silver-zirconium [cast] alloy
又称"EQ系合金"。以镁为基本元素和银、稀土、锆为主要合金元素组成的合金。铸造性能良好，耐热性好。

02.0522　镁铝硅[锰]系[铸造]合金　magnesium-aluminum-silicon-[manganese cast] alloy
又称"AS系合金"。以镁为基本元素和铝、硅为主要合金元素(有时含锰)组成的合金。耐热性好，是常用的压铸镁合金。

02.0523　镁铝锰系[铸造]合金　magnesium-aluminum-manganese [cast] alloy
又称"AM系合金"。以镁为基本元素和铝、锰为主要合金元素组成的合金。有较高的塑性和断裂韧性，是常用的压铸镁合金。

02.0524　镁锂合金　magnesium-lithium alloy
又称"超轻镁合金"。以镁为基体元素和锂为第一位或主要合金元素的合金。密度(1.35~1.65)g/cm^3，减振性能好，抗高能粒子穿透能力强。

02.0525　耐热镁合金　heat-resistant magnesium alloy
以铝为基体元素和稀土元素、钍、硅为主要合金元素组成的合金。具有高的热稳定性、热强性。

02.0526　耐蚀镁合金　corrosion resistant magnesium alloy
铁、铜、镍等杂质含量很低的高纯镁合金，也泛指Mg-Mn系等耐蚀性较好的镁基合金。

02.0527　阻燃镁合金　burn resistant magnesium alloy
液体起燃温度高，可在大气中熔炼的镁合金。合金一般含稀土元素、铍、钙等元素中的一种或多种。

02.0528　防爆镁合金　anti-blast magnesium alloy
又称"镁合金抑爆材料"。用特殊镁合金组成的一种网状结构材料。按一定密度方式充填在装有易燃、易爆液体的容器中，可防止容器发生爆炸。

02.0529　泡沫镁合金　foamed magnesium alloy
特指能消音及控制噪音的泡沫镁合金材料。声音透过时，发生散射、干涉被吸收，有消声作用，不易老化，耐热性好，高温下不释放有害气体，不吸湿。

02.0530　非晶镁合金　amorphous magnesium alloy

采用急冷凝固方法制备出的长程无序态结构的镁基合金。合金屈服强度高，主要有 Mg-Cu-La 系、Mg-Ni-La 系合金等。

02.0531 压铸镁合金 die casting magnesium alloy

适宜于在熔融状态被高速高压注入金属型腔内快速成形的镁基合金。主要有 Mg-Al-Zn-Mn、Mg-Al-Mn、Mg-Al-Si-Mn 系合金。

02.0532 镁牺牲阳极 sacrificial anode magnesium

具有比被保护金属负的腐蚀电位和高的电流效率的镁基腐蚀控制材料。常用 Mg-Al-Zn 合金、含锰镁合金。

02.02.04 钛及其合金

02.0533 钛 titanium

元素周期表中原子序数为 22，属于ⅣB 族的金属元素。具有同素异晶转变，高温相为体心立方晶格的β相，低温为密排六方晶格的α相，相变点为 882℃。元素符号 Ti。

02.0534 碘化法钛 iodide-process titanium

碘与粗钛在低温下直接作用生成挥发性的碘化钛，继而加热到高于碘化钛能分解的温度，沉积而制得纯度可达 99.9% 的金属钛。

02.0535 海绵钛 sponge titanium

用镁或钠还原四氯化钛获得纯度为 98.5%~99.7% 的海绵状金属钛。是钛工业生产中的最主要原料。

02.0536 工业纯钛 commercial purity titanium

含有少量 Fe、C、O、N、H 等杂质，钛含量不低于 98.5%（质量分数）的致密金属钛。根据其杂质含量和纯度分为四个等级（TA0~TA3）。

02.0537 钛合金 titanium alloy

以金属钛为基体元素同时加入一种或多种合金元素组成的合金。

02.0538 α相稳定元素 α stable element

能提高钛的同素异晶转变温度，扩大α相区，亦即增大α相稳定性的元素。常用的有 Al、O、C、N 等元素。

02.0539 β相稳定元素 β stable element

能降低钛的同素异晶转变温度，扩大β相区，亦即增大β相稳定性的元素。分为同晶型和共析型。钼、铌、钽等属前者；铬、铁、锰等属后者。

02.0540 α钛合金 α titanium alloy

以钛为基，含有 Al、C、O、N 等α稳定元素，在室温稳定状态下基本为α相的合金。这类合金密度较小，高温热强性好，焊接性能良好，耐腐蚀性能优异。

02.0541 近α钛合金 near α titanium alloy

以钛为基，含有 Al、Sn 和 Zr 等α相稳定元素和少量 Mo、V、Mn、Cu 等β相稳定元素，室温下以α相为主，同时含有小于 10% 体积分数的β相或金属间化合物的合金。

02.0542 α-β钛合金 α-β titanium alloy

在室温稳定状态下由α和β相所组成的钛基合金。其中β相含量一般为 10%~50%。Ti-6Al-4V（TC4）钛合金为典型合金。

02.0543 β钛合金 β titanium alloy

室温组织全部为β相的钛基合金。合金塑性优良，工艺塑性非常好。再经过时效可获得高达 1300~1500MPa 的室温拉伸强度。

02.0544　近β钛合金　near β titanium alloy
β相稳定元素含量略高于临界浓度的钛基合金。合金具有高的强度，较深的淬透截面，良好的拉伸塑性和断裂韧性。

02.0545　亚稳定β钛合金　metastable β tita-nium alloy
β相稳定元素含量较高，室温下组织全部为热不稳定的亚稳定β相的钛基合金。合金具有高的断裂韧性和深淬透性。

02.0546　全β钛合金　stable β titanium alloy
又称"稳定β钛合金"。β相稳定元素总含量超过在β相中的临界溶解度的钛基合金。具有非常高的耐腐蚀性能，优异的工艺塑性。

02.0547　高塑低强钛合金　high plastic and low strength titanium alloy
室温抗拉强度低于 800MPa，且塑性优良的钛基合金。主要包括工业纯钛和近α钛合金，合金强度较低，但塑性好，焊接性能好。

02.0548　中强钛合金　medium strength tita-nium alloy
室温抗拉强度在 800~1100MPa 的钛基合金。典型合金有 Ti-6Al-4V（TC4），具有非常好的综合性能。

02.0549　高强钛合金　high strength titanium alloy
室温抗拉强度在 1100~1400MPa 的钛基合金。由近β钛合金和亚稳定β钛合金组成。

02.0550　超高强钛合金　ultra-high strength titanium alloy
室温抗拉强度超过 1400MPa 的钛基合金。

02.0551　耐热钛合金　heat-resistant titanium alloy
又称"热强钛合金"、"高温钛合金（high temperature titanium alloy）"。以在高温环境中长期应用为目的的钛基合金。这类合金一般是近α钛合金，具有较好抗蠕变性能和热稳定性。

02.0552　耐蚀钛合金　corrosion resistant titanium alloy
可在多种腐蚀性介质中应用的钛基合金。这类合金常用的合金元素有 Pd、Ni、Mo 等。

02.0553　超低间隙元素钛合金　extra low interstitial titanium alloy，ELI titanium alloy
又称"ELI 钛合金"。合金中的间隙元素含量的氧当量一般不高于 0.15% 的钛基合金。合金的塑性和韧性较高，且低温性能较好。

02.0554　生物[工程]钛合金　biological [engineering] titanium alloy
适用于植入人体的人工器官上用的钛合金。耐腐蚀性强，与人体细胞组织的相容性好，不发生过敏反应，具有较高强度和较低的弹性模量。

02.0555　高减振钛合金　high damping titanium alloy
具有高比强、弹性模量和高阻尼性能的钛基合金。密度较低，用于制造飞机发动机高压压气机叶片。典型的合金为 Ti-8Al-1Mo-1V。

02.0556　钛镍系形状记忆合金　titanium-nickel shape memory alloy
具有形状记忆效应的 TiNi、$Ti_{44}Ni_{47}Nb_9$、TiNiCu 等钛合金的总称。

02.0557　变形钛合金　wrought titanium alloy
适宜进行塑性变形加工的钛基合金。可通过轧制、挤压、锻造等方法把合金压力加工成板材、棒材、管材、线材、锻件等。

02.0558　铸造钛合金　cast titanium alloy
适宜于在熔融状态下充填铸型，浇铸成一定形状铸件的钛基合金。大部分变形钛合金具有良好的铸造性能。

02.0559　耐热铸造钛合金　heat-resistant cast titanium alloy
使用温度超过 400℃的铸造钛基合金。

02.0560　高强铸造钛合金　high strength cast titanium alloy
室温抗拉强度在 1100~1400MPa 的铸造钛基合金。

02.0561　过渡型钛合金　transitional titanium alloy
含有较高的β相稳定元素，在β相区快冷到室温不产生马氏体转变，而能全部保留亚稳定β相的α-β型钛基合金。合金在固溶状态下有很好的塑性。

02.0562　阻燃钛合金　burn resistant titanium alloy
在一定温度压力和空气流速下能够抗燃烧的钛基合金。如美国的 AlloyC，俄罗斯的 BTT-1、BTT-3，中国的 Ti-40。

02.0563　低温钛合金　cryogenic titanium alloy
适合低温下使用的α和α-β钛基合金。可焊性良好，比强度高，耐腐蚀，热导率低，特别适用于宇航飞行器中的低温容器。典型的合金有 Ti-5Al-2.5Sn ELI、Ti-6Al-4V EL、CT20 合金等。

02.0564　颗粒增强钛合金　particle reinforced titanium alloy
将和钛具有良好相容性的高强度、高刚度的细微增强颗粒弥散到钛合金中形成的钛基复合体。

02.0565　纤维增强钛合金　fiber reinforced titanium alloy
将和钛具有良好相容性的高强度、高刚度的增强纤维加入钛合金中形成的钛基复合体。

02.0566　钛铝金属间化合物　titanium-aluminum intermetallic compound
由钛和铝之间形成的化合物相。有 Ti_3Al、TiAl 和 $TiAl_3$ 三种，前两种作为高温结构材料受到普遍重视，很有发展前途。

02.0567　γ钛铝金属间化合物　γ-titanium aluminide intermetallic compound
一种有序的、其化学计量比为 Ti：Al=1：1 钛铝化合物，属于 Ll_0 晶体结构(有序面心正方结构)。是优良的轻质高温结构材料，使用温度可达 900℃。

02.0568　钛三铝金属间化合物　trititanium aluminide intermetallic compound
一种有序的钛铝化合物，其化学计量比为 Ti：Al=3：1，属于 DO_{19} 晶体结构(有序六方结构)。是一种非常有潜力的轻质高温结构材料，使用温度可达 700℃，预计在航空航天以及汽车领域获得应用。

02.0569　铸造钛铝合金　cast titanium aluminide alloy
采用铸造方法成型的 TiAl 合金。铸造 TiAl 合金通常具有粗大 $(\gamma + \alpha_2)$ 层片组织或取向的层片组织。

02.0570　变形钛铝合金　wrought titanium aluminide alloy
采用锻造、挤压等热加工方法成形的 TiAl 合金。通常采用包套锻造、等温锻造和热挤压等方法开坯，等温或近等温模锻或机加工成型，可获得细小的双态组织和全层片或近全层片组织。

02.0571 粉末钛铝[基]合金 powder titanium aluminide alloy

采用预合金粉末法、元素粉末法等粉末冶金工艺制备的 TiAl 合金。具有成分偏析小，组织均匀、细小，及近终型成形等优点。

02.0572 钛三铝基合金 trititanium aluminide based alloy

以 Ti_3Al（有序密排六方结构的 α_2 相）为基体的合金。添加 Nb 或其他 β 相稳定元素可使合金具有良好的强度和一定的塑性和韧性，可在 650℃长时间工作，短时间工作的温度达 1000℃。

02.0573 O 相合金 O phase alloy

又称"Ti_2AlNb 基合金"。以 Ti_2AlNb（有序正交晶体结构的 O 相）为基体的合金。具有比 Ti_3Al 基合金更高的强度、蠕变抗力和室温断裂韧性，可在 750℃长时工作，短时工作温度达 1100℃。

02.0574 三铝化钛合金 titanium trialuminide alloy

以 $TiAl_3$（DO_{22} 有序四方结构的 δ 相）为基体的合金。属金属间化合物材料，具有密度低、950℃以上抗氧化性能好的特点，但塑性极低。

02.0575 O 相 O phase

基于 Ti_2AlNb 成分的一种金属间化合物相。为三元有序正交晶体结构，是 α_2 相结构的一种畸变形式。

02.0576 B2 相 B2 phase

基于 Ti_2AlX（X 为 β 相稳定元素）成分的一种金属间化合物相。为 CsCl 型的有序体心立方结构，其空间群为 Pm^3m。Ti 和 Al 原子分别占据组成这一结构的两个超点阵。

02.0577 钛合金粉 titanium alloy powder

由钛合金制成的粉末。

02.0578 钛合金冷床炉熔炼 titanium alloy cold-hearth melting

采用等离子弧或电子束为热源，在铜制水冷炉床中熔化钛合金的工艺。金属熔化后从炉床流入坩埚，形成表面质量良好的铸锭。

02.0579 钛及钛合金冷坩埚熔炼 titanium & titanium alloy cold-mold arc melting

利用水冷铜坩埚来代替易使钛及钛合金熔化时受到污染的陶瓷坩埚和石墨坩埚，而熔化钛金属的热源主要采用感应加热的一种熔炼方法。

02.0580 钛合金等温锻造 titanium alloy isothermal forging

将模具和要变形的钛合金坯料加热到同一最佳温度，进行恒温锻造的过程。由于模具及坯料温降甚微，允许用更慢的变形速度，可得到接近最终形状的锻件。

02.0581 钛合金双重退火 titanium alloy double annealing

分高、低温两次加热，两次加热后都采取空冷的热处理。第一次加热在 β 转变点以下 30~60℃使合金发生再结晶，亚稳定相完全熔解；第二次加热使亚稳定相分解。

02.0582 钛合金 β 热处理 titanium alloy β heat treatment

钛合金在 β 转变点以上适当温度的热处理。β 热处理用于获得近 α 钛合金的最佳抗蠕变性能和提高 α-β 钛合金的断裂韧性。

02.0583 钛及钛合金快速激光成形 titanium & titanium alloy laser rapid forming

利用激光的高能量，结合激光表面熔覆和快速原型制造技术，实现钛及钛合金无模具自由近净成形的加工方法。适于制作出性能和形状复杂的钛及钛合金零部件。

02.0584 钛合金β斑 titanium alloy β fleck
在钛合金的α-β显微组织中的α贫化区。这一α贫化区具有比周围区域较低的β转变温度。β斑中初生α相量较少，而且初生α相的形貌也可能与周围区域中的初生α相形貌不同。

02.02.05 铜及其合金

02.0585 铜 copper
元素周期表中原子序数为 29，属 IB 族金属元素。元素符号 Cu。

02.0586 纯铜 pure copper
又称"紫铜（red copper）"。一般指纯度高于99.3%工业用金属铜。广泛应用于电子、电力、制造业等领域。

02.0587 高纯铜 high-purity copper
杂质总含量小于 0.01%（质量分数）的金属铜。

02.0588 无氧铜 oxygen free copper
氧含量不大于 0.003%（质量分数），杂质总含量不大于 0.03%（质量分数，一号无氧铜TU1）或不大于 0.05%（质量分数，二号无氧铜 TU2）的纯铜。

02.0589 磷脱氧铜 deoxidized copper by phosphor
采用磷脱氧的无氧铜，代号为 TUP。磷脱氧铜中要求铜含量不小于 99.5%（质量分数），残留磷含量不大于 0.04%（质量分数）。

02.0590 电解铜 electrolytic copper
又称"阴极铜"。用电解方法使铜在阴极沉积而得到的电解精炼铜。按纯度不同分为一号铜（T1）、二号铜（T2）、三号铜（T3）、四号铜（T4）。

02.0591 铜合金 copper alloy
以铜为基体元素同时加入一种或几种合金元素组成的合金。产量大应用广的铜合金有黄铜、青铜、白铜等。

02.0592 黄铜 brass
以铜为基体元素，锌为主要合金元素组成的合金。

02.0593 α黄铜 α brass
又称"单相黄铜"。锌含量小于35%（质量分数）的黄铜。所有的锌都固溶于铜基体中，合金组织中只有α固溶体。

02.0594 简单黄铜 single brass
只以锌为合金元素的二元铜合金。

02.0595 α+β黄铜 α+β brass
锌含量大于35%（质量分数）的黄铜。合金组织中除α固溶体外，还有β相（CuZn 化合物）。

02.0596 复杂黄铜 complex brass
在黄铜基础上再加入一种或几种合金元素组成的铜合金。

02.0597 锡黄铜 tin brass
在黄铜基础上，再加入合金元素锡组成的铜合金。如 HSn70-1，表示含锡约1%（质量分数），含 Cu 为 70%（质量分数），其余为 Zn。

02.0598 铝黄铜 aluminium brass
在黄铜基础上再加入合金元素铝或铝和其他合金元素组成的铜合金。

02.0599 镍黄铜 nickel brass

在黄铜基础上再加入合金元素镍组成的黄铜。如 HNi65-5 黄铜含镍约 5%（质量分数）。

02.0600 弹壳黄铜 cartridge-case brass
含锌约 30%（质量分数）的单相黄铜 H70。传统上用于冲制弹壳。

02.0601 青铜 bronze
以铜为基体元素，与除锌、镍以外的其他元素为合金元素组成的铜合金。

02.0602 铝青铜 aluminium bronze
以铜为基体元素，铝为主要合金元素组成的合金。主要牌号有 QA15、QA17。

02.0603 硅青铜 silicon bronze
以铜为基体元素，硅为主要合金元素组成的合金。主要牌号有 QSi3-1（Cu-3Si-1Mn）。

02.0604 锡青铜 tin bronze
以铜为基体元素，锡为主要合金元素组成的合金。主要牌号有 QSn4-3（Cu-4Sn-3Zn）等。

02.0605 钛青铜 titanium bronze
以铜为基体元素，钛为主要合金元素组成的合金。主要牌号有 QTi35（Cu-35Ti）、QTi35-0.2（Cu-35Ti-0.2Cr）等。

02.0606 锰青铜 manganese bronze
以铜为基体元素，锰为主要合金元素组成的合金。主要牌号有 QMn1.5（Cu-1.5Mn）、QMn5（Cu-5Mn）等。

02.0607 铍青铜 beryllium bronze
以铜为基体元素，铍为主要合金元素组成的合金。常用牌号有 QBe2（Cu-2Be-0.3Ni）、QBe1.7（Cu-1.7Be-0.3Ni-0.2Ti）等。

02.0608 磷青铜 phosphorus bronze
锡青铜中加入（0.1~0.4）% P（质量分数）组成的合金。常用牌号有 QSn6.5-0.1（Cu-Sn6.5-P0.1）、QSn6.5-0.4（Cu-Sn6.5-P0.4）等。

02.0609 镉青铜 cadmium bronze
以铜为基体元素，镉为主要合金元素组成的合金。主要牌号有 QCd10（Cu-Cd10）等。

02.0610 铬青铜 chromium bronze
以铜为基体元素，铬为主要合金元素组成的合金。主要牌号有 QCr0.5（Cu-Cr0.5）、QCr0.5-0.2-0.1 等。

02.0611 锆青铜 zirconium bronze
以铜为基体元素，锆为主要合金元素组成的合金。主要牌号有 QZr0.2（Cu-Zr0.2）、QZr0.4（Cu-Zr0.4）等。

02.0612 白铜 cupronickel
以铜为基体元素，镍为主要合金元素组成的合金。

02.0613 锌白铜 zinc cupronickel
在白铜基础上再加入合金元素锌组成的铜合金。主要牌号有 BZn15-20（Cu-15Ni-20Zn）、BZn17-18-1.8（Cu-17Ni-18Zn-1.8Pb）等。

02.0614 铝白铜 aluminum white copper
在白铜的基础上再加入合金元素铝组成的合金。主要牌号有 BAl13-3（Cu-13Ni-3Al）、BAl13-15（Cu-13Ni-15Al）等。

02.0615 康铜 constantan alloy
又称"锰白铜"。一种体积电阻率很高而电阻温度系数很低的精密电阻合金。

02.0616 弥散强化铜合金 dispersion strengthened copper alloy
用和铜具有良好相容性的高稳定性、高模量弥散质点来强化的铜合金。

02.0617 氧化物弥散强化铜合金 oxide dis-

persion strengthened copper alloy，ODS copper alloy

用加入氧化物(如 Al_2O_3)弥散质点来强化的铜合金。

02.0618 碳化物弥散强化铜合金 carbide dispersion strengthened copper alloy，CDS copper alloy

用加入碳化物(如 WC、TiC 等)弥散质点来强化的铜合金。

02.0619 铸造铜合金 cast copper alloy

适宜于在熔融状态下充填铸型，浇铸成一定形状铸件的铜基合金。

02.0620 变形铜合金 wrought copper alloy

又称"加工铜合金"。适宜进行塑性变形加工的铜基合金。通过轧制、挤压、锻造等方法把合金加工成板材、带材、管材、棒材、型材等。

02.0621 耐磨铜合金 wear-resistant copper alloy

具有良好耐磨损性能的铜基合金。最常用的有锡青铜、铅青铜等。

02.0622 耐蚀铜合金 corrosion resistant copper alloy

在腐蚀介质中具有抗腐蚀能力的铜基合金。各种白铜是典型的耐蚀铜合金。

02.0623 装饰铜合金 ornamental copper alloy

用于首饰、服饰、工艺品、建筑装饰等的铜基合金。

02.0624 铜基形状记忆合金 copper based shape memory alloy

具有形状记忆效应的铜合金。如 Cu-Zn-Al 系、Cu-Al-Ni 系合金等。

02.0625 高强高导电铜合金 high strength and high conduction copper alloy

具有高强度的同时还具有较高导电性的铜基合金。

02.0626 易切削铜合金 free-cutting copper alloy

容易切削加工的铜基合金。一般铜合金中加入一定的铅可提高合金的切削加工性能。

02.0627 电解铜箔 electrodeposited copper foil

用专门设备和电解工艺生产的用于电子工业的铜箔。

02.02.06 贵金属及其合金

02.0628 金 gold

元素周期表中原子序数为 79，属 IB 族金属元素。元素符号 Au。

02.0629 银 silver

元素周期表中原子序数为 47，属 IB 族金属元素。元素符号 Ag。

02.0630 铂族金属 platinum metal

钌(Ru)、铑(Rn)、钯(Pd)、锇(Os)、铱(Ir)、铂(Pt)6 个元素的统称。

02.0631 金基合金 gold based alloy

以金为基体元素，加入一种或多种元素组成的合金。

02.0632 银基合金 silver based alloy

以银为基体元素，加入一种或多种元素组成的合金。

02.0633 贵金属测温材料 precious metal thermocouple materials

用于准确测控宽范围温度的贵金属。此类材

料测温范围从 2K 宽达 2573K。分电阻测温材料和热电偶测温材料两类。

02.0634 贵金属器皿材料 precious metal hard-ware materials
制作器皿用的贵金属材料。如玻璃工业用坩埚材料、玻璃纤维漏板材料、生长单晶用的坩埚材料等。

02.0635 贵金属钎料 precious metal solder
由银、金、钯等贵金属及其合金制成的钎焊料。按熔点分有 450℃ 以下的低温钎料，450~1000℃ 的中温钎料和高于 1000℃ 的高温钎料；按成分分为银钎料、金钎料和钯钎料等。

02.0636 k 白金 k-white gold
以金为基体元素和以镍为主要合金元素组成的外观呈银白色合金。用做首饰材料，如 18K 白金等。

02.0637 铂合金 platinum alloy
以铂为基体元素，加入一种或多种合金元素组成的合金。常被用做测温材料、催化剂、电接触材料、弹性材料等。

02.0638 钯合金 palladium alloy
以钯为基体元素，加入一种或多种合金元素组成的合金。它是重要的透氢材料，用于净化氢。

02.0639 铑合金 rhodium alloy
以铑为基体元素，加入一种或多种合金元素组成的合金。常用的有 Rh-Pt 系合金、Rh-10Ru 合金等。

02.0640 铱合金 iridium alloy
以铱为基体元素，加入一种或多种合金元素组成的合金。常用的有 Ir-40Rh、Ir-70Rh 等。主要用做高温抗氧化热电偶及电接触材料。

02.0641 钌合金 ruthenium alloy
以钌为基体元素，加入一种或多种合金元素组成的合金。

02.0642 锇合金 osmium alloy
以锇为基体元素，加入一种或多种元素组成的合金。

02.0643 超细银粉 ultrafine silver powder
颗粒尺寸小于 0.1μm 的银粉末。是制备银浆料的主体材料。

02.0644 贵金属氢气净化材料 precious metal hydrogen purifying materials
又称"贵金属透氢材料"。在一定温度和氢压力差的条件下，只能让氢透过的贵金属材料。有钯银系合金和钯稀土系合金。

02.0645 贵金属复合材料 precious metal matrix composite
以贵金属或其合金为基体，并以纤维、晶须、颗粒等为增强体制成的复合材料。

02.0646 贵金属电极材料 precious metal electrode materials
在化学和电化学中用做电极的贵金属材料。如纯铂、纯钯、铂钯合金以及二氧化钌等。

02.0647 生物医学贵金属材料 biomedical precious metal materials
用做生物医学材料的贵金属及其合金。具有高的力学性能和抗疲劳性能，优良的抗生理腐蚀性和生物相容性。

02.0648 贵金属浆料 precious metal paste
由贵金属或贵金属化合物的超细粉末、添加物和有机载体组成的一种适用于印刷特性或涂敷的膏状物。可分为贵金属导体浆料和贵金属电阻浆料。

02.0649 贵金属靶材 precious metal target materials

集成电路布线和制备薄膜等方面使用的贵金属及其合金的溅射靶材的统称。

02.0650 键合金丝 bonding gold wire

又称"球焊金丝"。用火焰将金丝端部烧出个小球，然后与芯片电极进行球焊的金丝。

02.0651 贵金属引线材料 precious metal lead materials

用于微电子工业中集成电路和分立器件内部连接引线的贵金属材料。

02.0652 贵金属蒸发材料 precious metal evaporation materials

用于蒸发沉积各种功能薄膜的贵金属材料。广泛应用于微电子、光电子、信息存储、光学镀膜和装饰等行业。

02.0653 贵金属化合物 precious metal compound

由贵金属元素与其他一种或一种以上元素形成的化合物。

02.0654 贵金属催化剂 precious metal catalyst

能够提高化学反应速率，加快到达化学平衡而本身在反应终了时并不消耗的贵金属及其合金。

02.0655 贵金属药物 precious metal drug medicine

用于治疗疾病的贵金属的化合物和配合物。顺铂、卡铂和奥沙利铂用于治疗癌症；金化合物用于治疗类风湿关节炎；磺胺嘧啶银用于杀菌、灭菌、治疗烧伤和防止感染等。

02.02.07 低熔点金属及其合金

02.0656 锌 zinc

元素周期表中原子序数为 30，属 IIB 族金属元素。元素符号 Zn。

02.0657 超塑锌合金 superplastic zinc alloy

具有超塑性的锌合金。其典型合金是 Zn-22Al 的共析合金，伸长率超过 1000%。

02.0658 锌汞合金 zinc mercury

又称"锌汞齐"。汞与锌配成的合金。用途很多，如制作碱性高能电池材料等。

02.0659 铸造锌合金 cast zinc alloy

以锌为基体的铸造合金。主要有锌铝合金、锌铜合金和锌铝铜三元合金。

02.0660 压力铸造锌合金 press cast zinc alloy

适宜于压力铸造用的锌合金。

02.0661 耐磨锌合金 wear-resistant zinc alloy

具有良好耐磨性能的锌基合金。主要是 Zn-Al-Cu 系合金。多用来做转速慢的承载轴承，如轧机轴承用。

02.0662 模具锌合金 die zinc alloy

做低熔点快速铸造成型模具用的锌基合金。适用于做组合模具或塑料制品模具。

02.0663 变形锌合金 wrought zinc alloy

适宜进行塑性加工的锌基合金。可通过压力加工方法把合金加工成板材、带材、箔材、管材、棒材和线材等。

02.0664 牺牲阳极用锌合金 sacrificial zinc anode

具有比被保护金属负的电位和高的电流效率的锌基合金。

02.0665　锡　tin

元素周期表中原子序数为 50，属ⅣA 族金属元素。元素符号 Sn。有三种同素异晶体灰锡（α-Sn）、白锡（β-Sn）、脆锡（γ-Sn）。

02.0666　锡合金　tin alloy

以锡为基体元素加入一种或多种合金元素构成的合金。

02.0667　锡基轴承合金　tin based bearing alloy

又称"锡基巴氏合金（tin based Babbitt）"、"锡基白合金（tin based white alloy）"。以锡为基体元素同时加入 Sb、Cu 等合金元素组成的合金。如 Sn-12Sb-4Cu-10Pb、Sn-11Sb-6Cu 等，做轴承用。

02.0668　变形锡合金　wrought tin alloy

适宜进行塑性加工的锡基合金。可通过轧制、锻造等方式把合金加工成板材、带材、箔材、管材、棒材、线材和锻件等。

02.0669　铅　lead

元素周期表中原子序数为 82，属ⅣA 族金属元素。元素符号 Pb。

02.0670　铅合金　lead alloy

以铅为基体元素同时加入一种或多种合金元素组成的合金。

02.0671　硬铅合金　hard lead alloy

在铅锑合金基础上再添加其他合金元素制成的铅基合金。如 Pb-4Sb-0.2Cu-0.5Sn、Pb-6Sb-0.2Cu-0.5Sn 等，有较高的强度和硬度。

02.0672　铅焊料　lead solder

以铅为基的做焊料用的合金。分 Pb-Sn 类和 Pb-Ag 类，如 Pb-40Sn-17Sb、Pb-25Ag 等。

02.0673　铅锑合金　lead antimony alloy

以铅为基体元素同合金元素锑组成的合金，或在此合金基础上再添加其他合金元素组成的合金。主要用于制作铅蓄电池的极板和栅板。

02.0674　铅基轴承合金　lead based bearing alloy

又称"铅基巴氏合金（lead based Babbitt）"。以铅为基体元素同时加入 Sb、Sn、Cu、Na 等合金元素组成的合金。如 Pb-(16~18)Sb-(0.1~0.15)Cu 等，做轴承用。

02.0675　粗铅　lead bullion

矿石经鼓风炉冶炼出来的含有 1%~4%（质量分数）杂质和贵金属的铅。

02.0676　铸造铅合金　cast lead alloy

以铅为基的铸造合金。如铅酸电池栅极用 Pb-Sb 合金。

02.0677　变形铅合金　wrought lead alloy

适宜进行塑性加工的以铅为基的合金。可通过轧制、锻造、拉丝等方法把合金加工成板材、带材、箔材、管材、棒材和线材等。

02.0678　蓄电池铅合金　accumulator lead alloy

制造铅蓄电池栅板、极板用的铅合金。

02.0679　铅字合金　type metal alloy，type metal

又称"印刷合金"。做活字排版的铅字和铅条用的铅合金。

02.0680　巴氏合金　Babbitt metal

又称"巴比特合金"、"轴瓦合金"。锡基轴承合金和铅基轴承合金的总称。

02.0681　耐蚀铅合金　corrosion resistant lead alloy

含有适量合金元素 Sb、Sn 和少量合金元素

Ca、Ag 的铅合金。有良好的耐硫酸、铬酸、磷酸腐蚀特性。

02.0682　镉　cadmium
元素周期表中原子序数为 48，属ⅡB 族金属元素。元素符号 Cd。

02.0683　铟　indium
元素周期表中原子序数为 49，属ⅢA 族金属元素。元素符号 In。

02.0684　铋　bismuth
元素周期表中原子序数为 83，属ⅤA 族金属元素。元素符号 Bi。

02.0685　低熔点合金　fusible alloy
又称"易熔合金"。以低熔点金属 Sn、Pb、Bi、Cd、In 等构成的合金的统称。分共晶类型和非共晶类型两种，前者熔化温度为确定值，后者熔化温度是一个温区。

02.0686　伍德合金　Wood alloy
以金属铋为基的一类易熔合金。典型合金如 Bi-25Pb-12.5Sn-12.5Cd。

02.0687　铋焊料　bismuth solder
作钎焊料用的铋基易熔合金。

02.0688　铟银焊料　indium-silver solder
做钎焊料用的铟银易熔合金。

02.0689　镉焊料　cadmium solder
做钎焊料用的镉基易熔合金。

02.0690　镉汞合金　cadmium-mercury amalgam
又称"金属汞齐"。镉与汞配成的合金。

02.0691　锑　antimony
元素周期表中原子序数为 51，属ⅤA 族金属元素。元素符号 Sb。

02.02.08　高熔点金属及其合金

02.0692　难熔金属　refractory metal
元素周期表中熔点高于铂熔点（即>1769℃）的所有金属的统称。

02.0693　钨　tungsten
元素周期表中原子序数为 74，属于ⅥB 族金属元素。元素符号 W。

02.0694　高纯钨　high-purity tungsten
纯度大于 99.999% 的钨。

02.0695　掺杂钨粉　doped tungsten powder
采用湿润法或喷雾法将一定量的掺杂剂 K_2SiO_2、KCl、$Al(NO_3)_3$ 添加到钨氧化物或钨粉中，然后经氢还原制成含铝、硅、钾氧化物的钨粉末。

02.0696　钨丝　tungsten filament，tungsten wire
又称"非合金化钨丝"、"纯钨丝"。纯钨烧结坯料经锻造、拉丝制成的丝材。

02.0697　耐震钨丝　shock resistant tungsten filament
又称"抗震钨丝"。经受剧烈震动或剧烈温度变化而不致破坏的钨丝。重要的耐震钨丝有钨钍铼丝，掺杂的钨铼合金丝等。丝材再结晶温度高，高温强度好，延性好，耐冲击性和抗震性优异。

02.0698　掺杂钨丝　doped tungsten filament
又称"抗下垂钨丝"、"不下垂钨丝"。用掺杂钨粉作原料，通过压制、烧结制成的钨坯经锻造、拉丝加工成的丝材。是最重要和用量最大的钨材。主要用做照明灯具和电子管的灯丝，高温炉的加热炉丝等。

02.0699 钨合金 tungsten alloy

以金属钨为基体元素，加入一种或多种合金元素组成的合金。

02.0700 高密度钨合金 high density tungsten alloy

又称"钨基重合金"。俗称"高比重合金"。以金属钨为基体元素同时加入合金元素镍、铁或镍、铜液相烧结成的合金。分钨－镍－铁系和钨－镍－铜系。

02.0701 钨镍铁合金 tungsten-nickel-iron alloy

以金属钨为基体元素同合金元素镍、铁液相烧结成的合金；或在这个合金基础上再加入其他合金元素制成的合金。加入的镍、铁质量比一般为7:3或1:1。可通过热处理和变形加工进一步提高强度、塑性和其他性能。

02.0702 钨镍铜合金 tungsten-nickel-copper alloy

以金属钨为基体元素同合金元素镍、铜液相烧结成的合金；或在这个合金基础上再加入其他合金元素制成的合金。加入的镍、铜质量比一般为3:2。合金无磁性。

02.0703 钨铜假合金 tungsten-copper pseudoalloy

又称"钨铜材料(tungsten-copper materials)"。由金属钨和金属铜混合组成的材料。钨和铜既不互相溶解，也不形成金属间化合物，其熔点、密度、晶格结构相差很大，合金组织是由钨颗粒和铜形成的两相结构，故为假合金。

02.0704 钨银材料 tungsten-silver materials

由金属钨和金属银组成的材料。常用的银含量30%~70%(质量分数)。与钨铜材料性质相类似的假合金和金属发汗材料。

02.0705 金属熔渗钨 metal infiltrated tungsten

把过热的低熔点金属或合金熔体渗入多孔钨骨架(压坯或烧结体)中制成的致密合金。渗铜钨、渗银钨是重要的金属熔渗钨。

02.0706 多孔钨 porous tungsten

内部结构含有很多孔隙，且其用途又与这些孔隙密切相关的粉末冶金钨制品。用于航空、航天、电子、冶金、化工等部门。

02.0707 钨铜梯度材料 tungsten-copper gradient materials

通过连续平滑地改变钨、铜组成和结构，使钨、铜结合部位的界面消失，从而形成性能和功能相应于组成和结构的变化，而呈现梯度变化的非均质合金。

02.0708 钨稀土合金 tungsten rare earth metal alloy

又称"稀土钨"。以金属钨为基加入稀土元素的氧化物，如 CeO_2、La_2O_3、Y_2O_3 等组成的合金。

02.0709 钨钍合金 tungsten-thorium alloy

又称"钍钨"。由基体金属钨与在基体中以弥散质点存在的二氧化钍组成的合金。二氧化钍含量一般为 0.7%~2.0%(质量分数)。

02.0710 钨钍阴极材料 tungsten-thorium cathode materials

由钨钍合金丝或杆制成的直热式阴极材料。

02.0711 钨铈合金 tungsten-cerium alloy

又称"铈钨"。由基体金属钨与在基体中以弥散质点存在的氧化铈组成的合金。氧化铈含量一般为 1.0%~2.0%(质量分数)。

02.0712 钨镧合金 tungsten-lanthanum alloy

又称"镧钨"。由基体金属钨与在基体中以

弥散质点存在的三氧化二镧组成的合金。三氧化二镧含量一般为 0.5%~2.5%（质量分数）。

02.0713　钨钇合金　tungsten-yttrium alloy
由基体金属钨与在基体中以弥散质点存在的三氧化二钇组成的合金。三氧化二钇含量一般为 0.5%~2.0%（质量分数）。

02.0714　钨铼合金　tungsten-rhenium alloy
以钨为基体同铼组成的固溶强化合金。分低铼合金（铼含量在 5% 质量分数以下）和高铼合金（铼含量在 20%~35% 质量分数）两类。

02.0715　钨钼合金　tungsten-molybdenum alloy
以金属钨元素为基体同合金元素钼组成的合金。

02.0716　钼　molybdenum
元素周期表中原子序数为 42，属于ⅥB 族金属元素。元素符号 Mo。

02.0717　高纯钼　high-purity molybdenum
纯度大于 99.999% 的钼。

02.0718　掺杂钼粉　doped molybdenum powder
采用湿润法或喷雾法将一定量掺杂剂 K_2SiO_2、KCl、$Al(NO_3)_3$ 添加到钼氧化物或钼粉中，然后经氢气还原制成含铝、硅、钾氧化物的钼粉末。

02.0719　钼丝　molybdenum filament, molybdenum wire
纯钼烧结坯料或熔炼锭经锻造、拉丝制成的丝材。

02.0720　掺杂钼丝　doped molybdenum wire
用掺杂钼粉作原料，通过压制、烧结制成的钼坯经锻造、拉丝加工成的丝材。

02.0721　钼合金　molybdenum alloy
以金属钼为基体元素同一种或多种合金元素组成的合金。

02.0722　钼钛合金　molybdenum-titanium alloy
以金属钼为基体元素同合金元素钛、碳组成的合金。代表牌号是 Mo-0.5Ti 合金，即含钛 0.40%~0.55%（质量分数）、碳 0.01%~0.04%（质量分数）的钼合金。

02.0723　钼钛锆合金　molybdenum-titanium-zirconium alloy
以钼为基体元素同合金元素钛、锆、碳组成的合金。最著名的是含钛 0.40%~0.55%（质量分数）、锆 0.07%~0.12%（质量分数）和碳 0.01%~0.04%（质量分数）的钼合金，即 TZM 钼合金。

02.0724　钼钛锆碳合金　molybdenum-titanium-zirconium-carbon alloy
以金属钼为基体元素同较高含量的合金元素钛、锆、碳组成的合金。最著名的是含钛 1.0%~1.5%（质量分数）、锆 0.1%~0.3%（质量分数）和碳 0.12%~0.40%（质量分数）的钼合金，即 TZC 钼合金。

02.0725　钼铪碳合金　molybdenum-hafnium-carbon alloy
以金属钼为基体元素同合金元素铪、碳组成的合金。代表性的是含铪 1.0%（质量分数）、碳 0.05%~0.08%（质量分数）的钼合金，即 MHC 钼合金。

02.0726　钼锆铪碳合金　molybdenum-zirconium-hafnium-carbon alloy
以钼为基体元素同合金元素锆、铪、碳所组成的合金。代表性的是含锆 0.4%~0.7%（质量分数）、铪 1.2%~2.1%（质量分数）、碳 0.15%~0.27%（质量分数）的钼合金，即 ZHM 钼合金。

02.0727　钼钨合金　molybdenum-tungsten alloy

以金属钼为基体元素同合金元素钨组成的合金。

02.0728　钼铼合金　molybdenum-rhenium alloy

以金属钼为基体元素同合金元素铼组成的合金。合金呈现提高塑性的铼效应。合金中铼含量一般为 11%~50%（质量分数）。

02.0729　钼稀土合金　molybdenum-rare earth metal alloy

以钼为基体元素加入稀土元素的氧化物，如 CeO_2、La_2O_3、Y_2O_3 等组成的合金。

02.0730　钼镧合金　molybdenum-lanthanum alloy

由基体金属钼与在基体中以弥散质点存在的三氧化二镧组成的合金。合金中 La_2O_3 含量一般为 0.5%~5.0%（质量分数）。

02.0731　钼钇合金　molybdenum-yttrium alloy

由基体金属钼与在基体中以弥散质点存在的三氧化二钇组成的合金。合金中 Y_2O_3 含量一般为 0.2%~1.0%（质量分数）。

02.0732　钼铜材料　molybdenum-copper materials

又称"钼铜复合材料"。由金属元素钼和铜组成的合金或复合材料。适用于电真空器件、激光器件等封接材料和半导体器件中的热沉基板等。

02.0733　钼顶头　molybdenum alloy piercing mandrel

由钼钛锆碳合金制成的用于生产无缝钢管穿管机芯棒顶头的钼合金。

02.0734　铌　niobium

元素周期表中原子序数为 41，属于ⅤB族金属元素。元素符号 Nb。

02.0735　铌合金　niobium alloy

以铌为基体元素同时加入一种或多种合金元素组成的合金。

02.0736　高温铌合金　high temperature niobium alloy

用做高温结构材料的铌基合金。工业上最重要的是铌与元素周期表ⅤB，ⅥB 两个副族元素组成的合金。

02.0737　铌锆系合金　niobium-zirconium alloy

由基体金属铌同合金元素锆和其他合金元素组成的合金。合金强度提高、抗氧化和抗熔融碱金属腐蚀性能得到改善，是低强高延性合金。

02.0738　铌铪系合金　niobium-hafnium alloy

由基体金属铌同合金元素铪和其他合金元素组成的合金。具有高延性，良好的焊接、涂层和成型性能，是低强高延性合金。

02.0739　铌钨锆系合金　niobium-tungsten-zirconium alloy

由基体金属铌同合金元素钨、锆和其他合金元素组成的合金。

02.0740　铌钨铪系合金　niobium-tungsten-hafnium alloy

由基体金属铌同合金元素钨、铪和其他合金元素组成的合金。有良好的高温强度、抗蠕变性能和抗氧化性能。

02.0741　铌钽钨系合金　niobium-tantalum-tungsten alloy

由基体金属铌同合金元素钽、钨及其他合金元素组成的合金。是中强延性合金。

02.0742 铌钛合金 niobium-titanium alloy
由基体金属铌同合金元素钛组成的合金。是重要的合金型超导材料。

02.0743 铌硅系合金 niobium-silicon alloy
由基体金属铌同合金元素硅及其他合金元素组成的合金。具有良好的室温断裂韧性、高温强度、高温蠕变强度和抗高温氧化能力。

02.0744 铌钨钼锆合金 niobium-tungsten-molybdenum-zirconium alloy
由基体金属铌同合金元素钨、钼、锆组成的合金。是一种高强铌合金。

02.0745 钽 tantalum
元素周期表中原子序数 73，属于ⅤB 族的金属。元素符号 Ta。

02.0746 钽合金 tantalum alloy
以钽为基体元素同时加入一种或多种合金元素组成的合金。

02.0747 耐蚀钽合金 corrosion resistant tantalum alloy
强度比纯钽高，加工性能和耐腐蚀性能与纯钽相当的钽合金。

02.0748 耐热钽合金 heat-resistant tantalum alloy
能在高温环境中长期使用的钽基合金。具有良好的高温瞬时和持久强度，较好的蠕变强度和良好的热稳定性。

02.0749 钽钨合金 tantalum-tungsten alloy
由基体金属钽同合金元素钨组成的合金。

02.0750 钽钛合金 tantalum-titanium alloy
由基体金属钽同合金元素钛组成的合金。具有良好的高温强度和抗高温氧化性能。

02.0751 钽钨铪合金 tantalum-tungsten-hafnium alloy
由基体金属钽同合金元素钨和铪组成的合金。具有高强度和良好的抗蠕变和抗液态碱金属腐蚀性能。

02.0752 钽铌合金 tantalum-niobium alloy
由基体金属钽同合金元素铌组成的合金。

02.0753 钽基介电薄膜 tantalum based dielectric film
用溅射法在基片上沉积的以金属钽为基的介电薄膜材料。

02.0754 钽基电阻薄膜 tantalum based resistance film
以钽为基体元素组成的化合物或合金电阻薄膜。包括氮化钽中、低电阻薄膜，钽硅耐高温高电阻薄膜及高稳定性的钽铝电阻薄膜等。

02.0755 电容器用钽丝 tantalum wire for capacitor
用做各种钽电容器的阳极引线的细钽丝。

02.0756 钽靶材 tantalum target materials
用高纯钽制成的、用于制备钽薄膜电极的溅射靶材。

02.0757 电容器用钽 tantalum for capacitor
用于钽电容器的纯钽材料，包括箱式电容器用钽箔、烧结式电解电容器阳极的钽粉及电解电容器引线用钽丝等。

02.0758 锆 zirconium
元素周期表中原子序数为 40，属于ⅣB 族的金属元素。元素符号 Zr。

02.0759 海绵锆 sponge zirconium
海绵状的金属锆。用克劳尔(Kroll)法还原

ZrCl₄ 制得。分原子能级海绵锆 (铪质量分数小于 100μg/g) 和工业级海绵锆 (含铪锆)。

02.0760　原子能级锆　nuclear zirconium
符合核工业应用的锆。其主要要求是锆中铪元素的含量小于 100μg/g。此外，对于镉、硼、铀、钍等元素也必须严格控制。中国牌号 Zr-0，ASTM 标准牌号 R60001。

02.0761　锆合金　zirconium alloy
以金属锆为基体元素同时加入一种或多种合金元素组成的合金。由于具有良好的核性能和/或耐蚀性能，被用做水冷反应堆堆芯结构材料或化工耐蚀材料。

02.0762　锆锡系合金　zircaloy
由基体金属锆同以锡为主要合金元素组成的合金。具有优异的核性能和耐蚀性。典型牌号是锆-2 合金、锆-4 合金、改进锆-4 合金等。

02.0763　锆-2 合金　zircaloy-2
组成 (质量分数) 为 Zr-1.20~1.70Sn-0.07~0.20Fe-0.05~0.15Cr-0.03~0.08Ni 的一种锆-锡合金。主要用做沸水堆的包壳材料和其他堆芯结构材料。

02.0764　锆-4 合金　zircaloy-4
组成 (质量分数) 为 Zr-1.20~1.70Sn-0.18~0.24Fe-0.07~0.13Cr 的一种锆-锡合金。主要用做压水堆的包壳材料和其他堆芯结构材料。

02.0765　改进锆-4 合金　improved zircaloy-4
俗称 "低锡锆-4 合金"。对常规锆-4 合金在标准成分范围内进行了成分调整和加工工艺改进之后的合金。其抗腐蚀性能和高温性能进一步提高。

02.0766　锆-铌系合金　zirconium-niobium alloy
由基体金属锆同以铌为主要合金元素组成

的合金。具有优异的核性能和耐蚀性。代表性的合金有牌号为 E110 的 Zr-1Nb 合金和牌号为 E125 的 Zr-2.5Nb 合金。

02.0767　锆铌锡铁合金　zirconium-niobium-tin-iron alloy
由基体金属锆同合金元素铌、锡、铁组成的合金。具有优良的核性能和耐蚀性。典型代表合金有美国西屋公司用于高燃耗燃料组件的 ZIRLO 合金 (Zr-1Sn-1Nb-0.1Fe)，前苏联研发的用于高燃耗燃料组件的 E635 合金 (Zr-1Nb-1.25Sn-0.35Fe)。

02.0768　锆-铌-氧合金　zirconium-niobium-oxygen alloy
一种以金属锆为基体加入 0.5%~1.5%铌 (质量分数)，0.09%~0.15%氧 (质量分数) 组成的核用锆基三元合金。典型代表是法国法玛通公司开发的 M5 合金 (Zr-1Nb-0.125O)。

02.0769　耐蚀锆合金　corrosion resistant zirconium alloy
以普通工业级锆为基体同某些合金元素组成的合金。典型合金是耐蚀系列锆合金 (Zircadyne)，包括锆-702 合金、锆-703 合金、锆-704 合金、锆-705 合金、锆-706 合金。

02.0770　疖状腐蚀　nodular corrosion
锆合金包壳管在水腐蚀试验或在堆内运行一定时间后，在黑色氧化膜上出现灰白色疖状斑点或鼓泡的现象。

02.0771　铪　hafnium
元素周期表中原子序数为 72，属于ⅣB 族金属元素。元素符号 Hf。

02.0772　海绵铪　sponge hafnium
海绵状金属铪。铪共生于锆矿中，锆石经碳化、氯化、萃取、精馏分离出的 HfCl₄，再经克罗尔 (Kroll) 法 (镁法) 还原制得。

02.0773 原子能级铪 nuclear hafnium
符合核工业技术要求的铪。铪的质量百分数不小于 96%，对镉、硼、硅等杂质元素含量也有严格要求。

02.0774 铪粉 hafnium powder
由铪制成的金属粉末。用海绵铪经氢化、脱氢工艺制取铪粉是常用方法之一。

02.0775 铪合金 hafnium alloy
以金属铪为基体元素同时加入一种或多种合金元素组成的合金。

02.0776 铪电极 hafnium electrode
利用铪的高熔点和高发射能力制作等离子切割用的电极。

02.0777 铼 rhenium
元素周期表中原子序数为 75，属ⅦB 族金属元素。元素符号 Re。

02.0778 铼效应 rhenium effect
在难熔金属，特别是钨、钼中添加合金元素铼引起合金强度、塑性、焊接性能提高，延性－脆性转变温度和再结晶脆性降低的现象。

02.0779 钒 vanadium
元素周期表中原子序数为 23，属ⅤB 族金属元素。元素符号 V。

02.0780 钒合金 vanadium alloy
以金属钒元素为基体同时加入一种或多种合金元素组成的合金。

02.0781 钒金属间化合物 vanadium intermetallic compound
钒与金属之间成型的化合物相。如 V_2Ga、V_3Ga 等。

02.02.09 其他有色金属及其合金

02.0782 镍 nickel
元素周期表中原子序数为 28，属ⅧB 族金属元素。元素符号 Ni。

02.0783 电镀用阳极镍 electroplating anodic nickel
电镀镍时作为阳极材料的纯镍。为提高电镀的质量，常有意加入微量硫。

02.0784 镍合金 nickel alloy
以镍为基体元素同时加入一种或多种其他元素组成的合金。

02.0785 耐蚀镍合金 corrosion resistant nickel alloy
能在较强腐蚀介质中有较好耐蚀性能的镍基合金。主要有镍铜耐蚀合金、镍铬耐蚀合金、镍钼耐蚀合金、镍铬钼耐蚀合金等。

02.0786 哈氏合金 Hastelloy alloy
美国镍基耐蚀合金的商业牌号。包括镍－钼系哈斯特洛伊(Hastelloy) B-2，镍－铬－钼系哈斯特洛伊(Hastelloy) C-4 等。

02.0787 莫内尔合金 Monel alloy
曾称"蒙乃尔合金"。以铜为主要合金元素的镍基耐蚀合金。如 Monel 400(Ni66 Cu30)、Monel K500(Ni70Cu28AlTi) 等。

02.0788 人造金刚石触媒用镍合金 nickel alloy for artificial diamond
能促进石墨在高温高压下转变为金刚石的镍合金。如 NiMn25Co5 等。

02.0789 火花塞电极镍合金 sparking plug electrode nickel alloy
用做汽车发动机火花塞电极的镍合金。要求

耐高温环境腐蚀和电火花烧蚀,并有良好的加工性能。如美国商品 Nicrofor 7618(836 合金)。

02.0790　钴　cobalt
元素周期表中原子序数为 27,属ⅧB 族金属元素。元素符号 Co。

02.0791　钴基合金　cobalt based alloy

以钴为基体元素同时加入一种或多种合金元素组成的合金。

02.0792　钴基轴尖合金　cobalt based axle alloy
用于制作精密仪器仪表中具有严格特定要求的小轴(<1.0mm)的钴基弹性合金。如 3YC11(Co45NiTi)等。

02.03　特殊用途金属材料

02.03.01　高温合金

02.0793　高温合金　high temperature alloy
又称"超合金(superalloy)"。以铁、镍、钴为基体,在高温下(~600℃以上)有较高的持久、蠕变和疲劳强度以及抗氧化或耐热腐蚀特性,能在一定应力作用下长期工作的一类合金材料。

02.0794　镍基高温合金　nickel based superalloy
在再结晶温度以上仍具有高的持久强度,低的蠕变速率,因而可以在高温下承受一定的载荷并长期工作的以镍为基体元素的高温合金。其工作温度为 600~1150℃。

02.0795　变形镍基高温合金　wrought nickel based superalloy
适宜于进行塑性加工的镍基高温合金。可通过轧制、挤压、锻造等方式把合金材料加工成板材、管材、棒材和锻件等。

02.0796　铸造镍基高温合金　nickel based cast superalloy
适宜在熔融状态下充填铸型,浇铸成一定形状,并以铸件形式应用的镍基高温合金。

02.0797　单晶镍基高温合金　single crystal nickel based superalloy

采用特殊方法,使熔融高温镍基合金在凝固过程中只产生一个晶核,定向生长,最后由一个晶粒组成的晶体。其使用温度比普通镍基铸造高温合金大幅提高。

02.0798　定向凝固高温合金　directionally solidified superalloy
采用定向凝固工艺制备的高温合金。

02.0799　粉末冶金镍基高温合金　powder metallurgy nickel based superalloy
采用粉末冶金工艺制备的镍基高温合金材料。合金化程度高、晶粒细小、组织均匀、加工性能好、高温持久、蠕变、疲劳性能高等优点,是先进高推重比航空发动机涡轮盘等理想材料。

02.0800　氧化物弥散强化镍基高温合金　oxide dispersion strengthened nickel based superalloy
采用粉末冶金工艺,将高熔点、高热稳定性的氧化物(如 ThO_2)以纳米级颗粒弥散在镍基高温合金基体中而制得的高温合金。

02.0801　耐热合金　heat-resistant alloy
使用温度在 600℃以上,具有良好热稳定性和热强性的耐热合金。

02.0802 变形高温合金 wrought superalloy
适宜进行塑性加工的高温合金。通过轧制、锻造、拉拔、挤压等方式把合金加工成板材、棒材、管材、锻件等，主要有镍、铁、钴基高温合金。

02.0803 难变形高温合金 difficult-to-deform superalloy
合金化程度很高、高温强化相很多、变形抗力很大、导热性能差、塑性较低、热加工温度范围窄，而用传统变形工艺难以顺利进行热加工的高温合金。

02.0804 铁基变形高温合金 iron-based wrought superalloy
以铁为基体元素，含一定量铬和镍的奥氏体高温合金。在 600~800℃条件下具有一定强度和抗氧化、抗燃气腐蚀的能力。

02.0805 镍基变形高温合金 nickel based wrought superalloy
以镍为基体，含一定量高温强化元素，在650~1000℃范围内具有较高的强度和良好的抗氧化、抗燃气腐蚀能力的高温合金。分为固溶强化型和析出强化型两类。

02.0806 耐磨耐蚀高温合金 wear & corrosion resistant superalloy
含大量铬、钨、钼等元素的高温合金。铬含量 20%~35%（质量分数），旨在提高合金的耐高温腐蚀性能；钨、钼等用于提高合金的耐磨损性能。

02.0807 燃烧室高温合金 high temperature alloy for combustion chamber
航空、航天发动机燃烧室用的高温合金。承受温度高，热应力大。我国研制成功的合金材料有 GH3030、GH5605 等。

02.0808 抗氧化高温合金 oxidation-resistant superalloy
高温下有足够的抗氧化性能的高温合金。通常含有较高铬和铝，并添加微量稀土元素（如钇、铈、镧等）提高抗氧化性能。

02.0809 抗氢脆高温合金 anti-hydrogen embrittlement superalloy
可在液氢或富氢介质中正常使用，而合金的塑性不下降或下降幅度较小的高温合金。广泛应用的有 GH4169 合金，它可在液氢发动机中正常工作。

02.0810 抗中子辐射高温合金 anti-neutron radiation superalloy
可在中子辐射环境中正常使用的高温合金。主要应用于核能领域。合金中一般不含硼或含少量硼，一般也不含钴。

02.0811 析出强化高温合金 precipitation-hardening superalloy
又称"时效强化型高温合金"。在 Fe、Ni 基合金中加入 Al、Ti、Nb 等元素，使之形成 γ-Ni_3（Al、Ti、Nb），γ''-Ni_xNb 金属间化合物析出相而得到强化的一类高温合金。

02.0812 固溶强化高温合金 solid solution strengthening superalloy
将一些合金元素（如 W、Mo）加入到镍、铁或钴基高温合金中，使之形成合金化的单相奥氏体而得到强化的高温合金。

02.0813 碳化物强化高温合金 carbide-strengthening superalloy
将一些碳化物形成元素加入到镍、铁或钴基高温合金中，使之形成具有一定稳定性，高温下可以熔化，低温下可析出碳化物得到强化的高温合金。

02.0814 低偏析高温合金 low segregation superalloy

通过控制磷含量低于 0.001%，硅含量小于 0.05%，不加锆而获得偏析小的高温合金。

02.0815　低温铁镍基超合金　cryogenic iron-nickel-based superalloy
适用于深冷条件使用的析出强化型铁镍基奥氏体超合金。

02.0816　铬基变形高温合金　chromium-based wrought superalloy
以铬为基体元素加入一些元素通过固溶强化、碳化物强化而获得的变形高温合金。具有很高的耐磨和抗硫腐蚀性，导热好，易焊接，价格低廉。

02.0817　黑斑　freckle
由于熔炼工艺控制不当，致使铸锭凝固时产生一些相的宏观偏析，在材料低倍腐蚀面上呈现的暗黑色区域。是真空自耗重熔锭中的一种典型缺陷。

02.0818　白斑　white spot
由于熔炼工艺制度控制不当，致使熔锭凝固时产生的碳化物及碳化物形成元素或其他强化元素较少，低倍腐蚀后形成的白亮偏析区。是真空自耗重熔锭中的一种典型缺陷。

02.0819　混晶组织　mixed grain microstructure
同时存在大晶粒和一定比例小晶粒的晶粒组织。大晶粒一般为未再结晶晶粒，小晶粒一般为再结晶晶粒。通常是由于热加工工艺控制不当造成的。

02.0820　黑晶　black grain
晶粒中由于存在大量的析出相，致使晶粒腐蚀后在金相显微镜下观察呈黑色的晶粒组织。主要是由于热加工工艺控制不当造成的。

02.0821　γ 相　γ phase
高温合金中常见的 A_3B 型金属间化合物相。在镍基合金和镍-铁基合金中的 γ 面心立方有序的 $Ni_3(Al、Ti、Nb)$ 相，是合金的主要强化相，γ 相的数量、尺寸和分布对合金的高温强度有重要影响。

02.0822　γ″相　γ″ phase
基于 Ni_3Nb 成分的一种亚稳定金属间化合物相，具有体心四方结构。其强化特点是和 γ 之间的点阵错配度较大，共格应变强化作用显著。

02.0823　δ 相　δ phase
由 γ″相强化的镍-铁基高温合金中易于形成正交晶系的 $\delta\text{-}(Ni_3Nb)$ 相，是亚稳定 γ″的热力学稳定状态。形态可分为针状、短棒状、颗粒状和魏氏体状。

02.0824　η 相　η phase
基于 Ni_3Ti 成分的一种金属间化合物相，为密排六方有序相。其组成固定，不易固溶其他元素。形态有两种：晶界胞状和晶内片状或魏氏体状。出现 η 相合金的强度有所下降。

02.0825　μ相　μ phase
属于三角晶系，典型的化学当量式为 B_7A_6。在钨、钼、铌含量较高的高温合金中才可能出现。相的形态为颗粒状、棒状、片状或针状。

02.0826　铸造高温合金　cast superalloy
在熔融状态下充填铸型，铸成一定形状并以铸件形式应用的一类高温合金。有镍基、钴基、铁基(铁-镍基)和铬基铸造高温合金。

02.0827　铁基铸造高温合金　iron-based cast superalloy
以铁或铁镍(镍小于 50%)为基体的铸造高温合金。使用温度一般不超过 700℃，个别合金可用于 800℃以下的导向叶片。

02.0828 镍基铸造高温合金 nickel based cast superalloy

以镍为基体的铸造高温合金。γ′是合金的主要强化相，具有高的热强性和良好的综合性能。

02.0829 钴基铸造高温合金 cobalt based cast superalloy

以钴为基体的铸造高温合金。铬的碳化物和碳氮化物是合金的主要强化相。

02.0830 铬基铸造高温合金 chromium based cast superalloy

以铬为基体的铸造高温合金。主要含镍，还有少量固溶强化元素，具有良好的抗氧化、抗冷热疲劳性能和中等强度，但塑韧性较差。

02.0831 高硼低碳高温合金 high boron-low carbon superalloy

通过控制硼含量为 0.05%~0.2%（质量分数），碳含量小于 0.05%（质量分数），用于改善合金中温（760℃左右）塑性的一种镍基铸造高温合金。

02.0832 等轴晶铸造高温合金 conventional cast superalloy

用普通精密铸造方法成型铸造高温合金。组织以大小不等的等轴晶为主，局部可有少量柱状晶。

02.0833 单晶高温合金 single crystal superalloy

在定向凝固高温合金基础上进一步发展的无晶界高温合金。单晶制备工艺要求更大的温度梯度。

02.0834 细晶铸造高温合金 fine grain cast superalloy

组织由均匀、细小的等轴晶粒组成，通常晶粒尺寸为 0.05~0.10mm 的铸造高温合金。

02.0835 抗热腐蚀铸造高温合金 hot corrosion resistant cast superalloy

能在含硫燃料的高温燃气和含盐环境中长期稳定工作的铸造高温合金。铬元素含量对抗热腐蚀性能起关键作用，铬含量通常在 15%（质量分数）以上。

02.0836 低偏析铸造高温合金 low segregation cast superalloy

通过控制微量元素的含量减轻合金偏析程度的铸造高温合金。

02.0837 定向凝固共晶高温合金 directionally solidified eutectic superalloy

应用定向凝固工艺使共晶成分合金凝固，形成纤维或层片组织整齐定向排列的高温合金。

02.0838 母合金 master alloy

供进一步加工制备使用的已经过冶炼、冶金质量合格、成分确定的合金原料。

02.0839 初熔 incipient melting

凝固过程中由于偏析形成的晶间或枝晶间低熔点相，在以后的加热过程中，合金在低于固相线温度以下发生局部少量熔化的现象。

02.0840 筏排化 rafting

含 γ′ 相高的镍基铸造高温合金。在高温和单向拉应力载荷下立方形的 γ′ 将逐渐发生定向粗化，即沿垂直于应力方向长大，形象地称之为"筏排化"。

02.0841 粉末冶金高温合金 powder metallurgy superalloy, P/M superalloy

通过粉末冶金工艺制成的一类难变形高温合金。其主要工艺包括粉末制备、热等静压、挤压、锻造、模锻等。

02.0842　等离子旋转电极雾化工艺　plasma rotating electrode process，PREP
采用离心力将等离子熔化的液态金属或合金甩出并雾化而形成粉末的金属粉末制备工艺。

02.0843　超固溶[热]处理　supersolvus heat treatment
对 γ′相时效强化型高温合金热处理时，将固溶温度设定在 γ′相固溶线之上，因 γ′相完全溶解晶粒长大最终获得粗晶组织的一种热处理工艺。

02.0844　亚固溶[热]处理　subsolvus heat treatment
将固溶温度设定在 γ′相固溶线之下，因未溶的 γ′相阻碍了晶粒的长大，可获得细晶组织的一种热处理工艺。

02.0845　双性能涡轮盘　dual property disk
处于较高温度下工作的轮缘部位具有高的持久、蠕变强度，处在较低温度下工作的轮毂部位具有高的屈服强度和低周疲劳性能的涡轮盘。

02.0846　双重组织热处理　dual microstructure heat treatment
可使涡轮盘的轮缘部位具有较粗晶粒组织而轮毂部位仍保持较细晶粒组织的一种涡轮盘的特定热处理工艺。

02.0847　残留树枝晶组织　residual dendrite
在铸锭后的固实化、热加工、热处理等工序中没有完全消失的树枝状晶组织。

02.0848　原始粉末颗粒边界　prior particle boundary，PPB
在粉末高温合金材料中出现的、保留原始粉末颗粒边界某些特征的显微组织。

02.0849　热诱导孔洞　heat-induced pore
因粉末高温合金材料中的残留气体在高温下膨胀而产生的孔洞。

02.0850　机械合金化高温合金　mechanically alloyed superalloy
用机械合金化法获得的合金粉末制备的高温合金。通过挤压、再结晶处理或热等静压、热轧和冷轧等方式把合金加工成材。是一类氧化物弥散强化高温合金。

02.0851　氧化物弥散强化高温合金　oxide dispersion strengthened superalloy，ODS superalloy
用外加的惰性氧化物颗粒进行强化的一类高温合金。通常采用机械合金化的方法制备。

02.0852　中间合金粉末　master alloy powder
为了将 Al、Ti 等元素加入到氧化物弥散强化高温合金中，避免 Al、Ti 等元素粉末的过分氧化而采用真空冶炼和机械破碎方法制备的以 Ni 或 Fe 为基体，高 Al、Ti 含量的配料中应用的合金粉末。

02.0853　氧化物弥散强化合金热固实化　hot solidification of oxide dispersion strengthened superalloy
在高温下将氧化物弥散强化合金粉末固实化成型的过程。一般通过热等静压或者热挤压等方式实现。

02.0854　氧化物弥散强化合金超高温等温退火　super high temperature isothermal annealing of oxide dispersion strengthened superalloy
氧化物弥散强化合金在 1300~1350℃超高温度范围内进行的等温退火处理。

02.0855 氧化物弥散强化合金超高温区域退火 super high temperature zone annealing of oxide dispersion strengthened superalloy

氧化物弥散强化合金如 MGH6000 等挤压棒材在一个以一定速度移动,温度在 1200℃以上,并且存在温度梯度的区域热场作用下进行的退火处理。

02.0856 氧化物弥散强化合金定向再结晶 directional recrystallization of oxide dispersion strengthened superalloy

氧化物弥散强化合金在超高温等温退火或者超高温区域退火过程中发生的一种独特再结晶行为。

02.0857 弥散强化相 dispersion strengthening phase

以细小颗粒的形式弥散分布在合金组织基体中起着强化作用的第二相。

02.0858 弥散强化质点间距 distance of dispersion strengthening particle

氧化物弥散强化合金中氧化物弥散强化质点之间的平均间距。是衡量弥散强化相是否分布均匀的重要指标。

02.0859 高温结构金属间化合物 high temperature structural intermetallic compound

具有较高的室温和高温力学性能,能在高温下作为承力构件使用的一类金属间化合物。

02.0860 耐蚀金属间化合物 corrosion resistant intermetallic compound

能抗溶液腐蚀的金属间化合物。主要有 Fe_3Si、Fe_3Al。

02.0861 铁三铝基合金 triiron aluminide based alloy

以 Fe_3Al(DO_3 型有序面心立方结构)为基体的合金,属金属间化合物高温合金。具有优良抗硫腐蚀性和抗氧化性,合金密度小价格低,可部分取代不锈钢。室温伸长率低,有环境脆性。

02.0862 非平衡晶界偏聚临界时间 critical time of non-equilibrium grain boundary segregation

材料在热循环、低应力、核辐照等外界作用下,存在一个恒温过程中由过饱和空位引起的溶质非平衡晶界偏聚浓度极大值的时间。

02.03.02 磁 性 材 料

02.0863 铁芯 core

软磁材料制成的具有高起始导磁率、低损耗和磁性能稳定等特点的构件。

02.0864 半硬磁材料 semi-hard magnetic materials

矫顽力 H_c 介于 $(1\sim24)\,kA/m$ 的永磁材料。一般要求半硬磁材料具有高的剩磁 B_r 和矩形磁滞回线。

02.0865 磁性橡胶 magnetic rubber

掺入磁性金属粉末的合成橡胶。可制成薄板或长条,用于密封,如电冰箱门的密封条等。

02.0866 磁温度补偿合金 temperature compensation alloy

又称"热磁合金"、"热磁补偿合金"。居里温度在室温附近、磁感应强度随温度上升以近似线性规律急剧下降的一类软磁合金。

02.0867 低维磁性体 low-dimensional magnet, low-dimensional lattice magnet

因量子涨落丧失三维磁有序，但保持 3d（或 4d）离子沿某一晶轴或某晶面强磁耦合而成的铁磁体和反铁磁体。分为准一维磁性体和准二维磁性体。

02.0868 软磁材料 soft magnetic materials
矫顽力低（<0.8kA/m）、磁滞损耗低、起始和最大导磁率高的铁磁性材料。当材料在磁场中易被磁化，移出磁场后，获得的磁性便会全部或大部分丧失。

02.0869 磁流体 magnetic fluid
永磁磁性微粒通过界面活性剂高度分散于载液中而构成的稳定胶体状体系。它既有强磁性又有流动性，在重力、电磁力作用下能长期稳定存在，不产生沉淀与分层。

02.0870 磁泡材料 magnetic bubble materials
在垂直薄膜平面的外磁场作用下，能产生圆柱形磁畴的薄膜材料。

02.0871 高磁致伸缩合金 high magnetostriction alloy
具有大的饱和磁致伸缩（λ_s）的合金。其λ_s一般大于$30×10^{-6}$。

02.0872 磁性薄膜 magnetic thin film
具有强磁性耦合的薄膜材料。按材料类别、功能、组织可分成各种磁性薄膜材料。

02.0873 锰铋膜 manganese-bismuth film
以锰铋为主要成分的一种 NiAs 型六方晶系金属间化合物的磁性薄膜。

02.0874 高温应用软磁合金 soft magnetic alloy for high temperature application
可以在 500~600℃以上使用的软磁合金。是发展航空航天和高技术武器系统的关键材料。要求居里温度（T_c）高于 700℃。

02.0875 高磁导率合金 high permeability alloy
在弱磁场下具有极高磁导率和低的矫顽力的软磁合金。主要包括坡莫合金、超坡莫合金、铁硅铝合金、钴基非晶态磁性合金和铁基超微晶合金等。

02.0876 恒磁导率合金 constant permeability alloy
在一定磁场强度范围内，具有基本恒定磁导率的软磁合金。其主要特点是材料的磁滞回线呈扁平状，剩余磁感应强度极低

02.0877 硬磁材料 hard magnetic materials
又称"永磁材料（permanent magnetic materials）"。具有强的抗退磁能力和高的剩余磁感应强度的强磁性材料。

02.0878 金属永磁体 metal based magnet
泛指金属 Fe 基和 Co 基（不包括稀土金属）合金磁体。如 AlNiCo、FeCrCo、PtCo、PtFe 等。

02.0879 磁性合金 magnetic alloy
具有铁磁性的一类合金。包括 Fe、Ni、Co 及其合金、某些锰化合物和稀土化合物。

02.0880 磁性铝合金 magnetism aluminum alloy
采用粉末冶金法由铝粉与强磁粉制成的复合材料。各向异性磁性良好，密度低，导电性好。

02.0881 磁盘基片铝合金 aluminum alloy for magnetic disk
杂质极低的 Al-Mg 合金。具有高强度、高尺寸稳定性、良好耐蚀性，金属间化合物少而细。

02.0882 铝镍钴永磁体 alnico permanent

magnet

通常通过铸造和热处理方式制备的硬磁化型金属永磁体。该类磁体靠析出相的形状各向异性产生矫顽力。

02.0883 铁铬钴永磁体 iron-chromium-cobalt permanent magnet

以铁、铬、钴为主要组成元素，添加少量其他元素如 Mo、Si、V、Cu、Ti 等，通过固溶、磁场热处理、时效制备出的硬磁化型可变形永磁体。

02.0884 铁钴钒永磁合金 iron-cobalt-vanadium permanent magnetic alloy

又称"维加洛合金（Vicalloy alloy）"。通过时效处理制备的铁钴钒硬磁化型可加工永磁合金。其成分为钴 36%~62%（质量分数）、钒 6%~16%（质量分数），其余为铁。

02.0885 钴基磁性合金 cobalt based magnetic alloy

以钴为基体具有特殊磁性能的合金。包括稀土－钴永磁合金、钴基非晶态磁性合金、钴基磁记录材料等。

02.0886 稀土钴永磁合金 rare earth cobalt permanent magnetic alloy

以钴为基体和加入稀土金属形成的具有十分优异永磁性能的合金。常用的有 $SmCo_5$、Sm_2Co_{17} 等。

02.0887 钴基非晶态软磁合金 cobalt based noncrystalline soft magnetic alloy

具有非晶态结构和优异软磁性能的钴基合金。通常采用快速凝固方法制备。有 Co-Ni-B 系和 Co-Fe-B 系。

02.0888 钴基非晶态磁头合金 cobalt based noncrystalline magnetic head alloy

具有非晶态结构且无磁各向异性、噪声小、

电阻率高、硬度大、耐磨性好，用于制作各种磁头的钴基合金。如 Co-Fe-Ni-B 系、Co-Zr 系等。

02.0889 钴基磁记录合金 cobalt based magnetic recording alloy

用于信息产业领域内的信息处理和保存的磁存储技术的钴基合金。如 CoCrPt 系薄膜磁记录合金。

02.0890 镍基软磁合金 nickel based soft magnetic alloy

在磁场中容易被磁化，退出磁场后获得的磁性会全部或大部丧失的镍基铁磁性合金。如 1J76（$Ni_{76}CuCr$）、1J77（$Ni_{77}CuMo$）等。

02.0891 镍基矩磁合金 nickel based rectangular hysteresis loop alloy

具有磁各向异性特点的镍基软磁合金。其易磁化方向接近矩形的磁滞回线，矩磁比 Br/Bs 通常在 85%以上，如 1J34（$Ni_{34}Co_{29}Mo_3Fe_{34}$）等。

02.0892 磁致伸缩镍合金 magnetostriction nickel based alloy

具有很强磁致伸缩效应，同时在伸缩效应的逆过程中，合金在其受力方向或其垂直方向会发生磁化强度变化的镍基合金。如 Ni95-Co5 合金等。

02.0893 镍基恒磁导率软磁合金 nickel based constant permeability alloy

在一定磁场强度范围内，磁导率基本恒定不变，而且在一定温度和频率范围内磁导率也基本保持恒定不变的镍基软磁合金。如 1J66（$Ni_{65}Fe_{34}$）合金。

02.0894 铜镍铁永磁合金 copper-nickel-iron permanent magnetic alloy

又称"库尼非合金（Cunife alloy）"。通过时效处理制备的硬磁化型可加工永磁合金。合金典型成分为 60Cu-20Ni-20Fe。

02.0895 贵金属磁性材料 precious metal magnetic materials

具有铁磁性能的贵金属材料。主要包括铂钴合金、铂铁合金、铂锰合金、铂镍合金等。

02.0896 铂铁永磁合金 platinum-iron permanent magnet alloy

有序硬化的 Pt-Fe 合金。成分为 70%（质量分数）Pt、30%（质量分数）Fe。属于超结构永磁合金。其硬磁膜薄可以应用于计算机电脑磁存储材料。

02.0897 铂钴永磁体 platinum-cobalt magnet

以等原子组成的铂钴合金制成的、具有序硬化型可变形的永磁体。磁体耐氢、耐腐蚀，目前主要应用于航天、航海、军事等领域。

02.0898 钐钴 1：5 型磁体 samarium-cobalt 1：5 type magnet

由钐、钴制成的稀土钴磁体。其化学计量比为 $SmCo_5$，属第一代稀土钴磁体，具有六方晶体结构，磁晶各向异性能极强的磁体。

02.0899 钐钴 2：17 型磁体 samarium-cobalt 2：17 type magnet

由钐、钴制成的稀土金属钴磁体，其化学计量为 Sm_2Co_{17}，属第二代稀土钴磁体，具有菱方晶体结构，2：17 型磁体性能很高。

02.0900 钕铁硼永磁体 neodymium-iron-boron permanent magnet

以 $Nd_2Fe_{14}B$ 金属间化合物为基的稀土永磁体。具有四方晶体结构，有很强的磁晶各向异性能和很高的饱和磁化强度。

02.0901 钐铁氮磁体 samarium-iron-nitrogen magnet

R_2Fe_{17} 经过氮化处理形成的 $R_2Fe_{17}N_x$ 或 $R_2Fe_{17}N_xH$ 等三元或多元金属间化合物。R 为稀土元素，$x=2\sim3$。具有菱方或六方结构，间隙原子氮占据八面体空位。

02.0902 钐钴磁体 samarium-cobalt magnet

由于钐和钴制成的稀土钴磁体。有两种重要的商品磁性合金，即 $SmCo_5$ 和 $Sm_2(Co,Cu)_{17}$。均为金属间化合物。具有高度磁晶各向异性和较大的矫顽力，为精细永久磁性材料。

02.0903 稀土钴磁体 rare earth cobalt magnet

稀土金属与钴组成的金属间化合物。通常用粉末冶金法制成磁体。

02.0904 高温应用稀土永磁体 rare earth permanent magnet used at high temperature

在高的工作温度下（≥400K）其第二象限的 B-H 退磁曲线仍可为直线的 2：17 型 $Sm(Co,Fe,Cu,Zr)_z$ 永磁体。

02.0905 黏结磁体 bonded magnet

兼有永磁和黏结剂材料特性的复合磁体。通常以采用的磁性粉末或黏结剂的种类而命名。有黏结铁氧体、黏结铝镍钴、黏结稀土钴、黏结钕铁硼等。

02.0906 可加工磁体 workable magnet

又称"可变形磁体"。可在热状态或冷状态下通过塑性变形和机械加工制成的磁体。

02.0907 铸造磁体 cast magnet

以铸造工艺生产的永磁体，主要指铝镍钴永磁体。

02.0908 纳米晶复合永磁体 nanocrystalline composite permanent magnet

又称"交换弹簧永磁体"。具有硬磁性相的

纳米晶组织并产生交换耦合作用的一种复合永磁体。

02.0909　纳米晶软磁合金　nanocrystalline soft magnetic alloy

具有纳米晶粒结构，矫顽磁力<0.8kA/m 的铁磁性合金。具有损耗低、高频性能好、饱和磁化强度高等特点。

02.0910　烧结铬－钴－铁磁体　sintered chromium-cobalt-iron magnet

用元素粉末或雾化的预合金粉末制作 Cr-Co-Fe 的永磁合金。

02.0911　烧结铝－镍－钴磁体　sintered alnico magnet

利用常规粉末冶金法得到的铝－镍－钴磁体。

02.0912　烧结钕－铁－硼磁体　sintered neodymium-iron-born magnet

利用制粉、压制、高温烧结的传统粉末冶金法制造的钕铁硼，其化学计量比为 2∶14∶1 型的钕系磁体。

02.0913　钕铁硼快淬粉　neodymium-iron-boron rapidly quenched powder

将真空冶炼的 NdFeB 合金熔体浇注成薄带，借助于快速冷却形成快淬 NdFeB，经研磨后所形成的粉末。

02.0914　钍锰 1∶12 型合金　thorium-mangnese 1∶12 type alloy

由钍、锰按化学计量比 1∶12 制成的磁性合金。

02.0915　铽铜 1∶7 型合金　terbium-copper 1∶7 type alloy

由铽、铜制成的磁性合金。其化学计量比为 Tb∶Cu=7∶1。具有六方晶体结构，空间群

为 16/mmm，每个单胞中有 1 个分子。Tb 占据 1a 晶位，Cu 占据 3 种不等价晶位。

02.0916　Sm(Co，M)₇型中间相　samarium (cobalt，M) 1∶7 type intermetallics

由钐、钴和其他金属制成的磁性稀土金属间化合物。是一种新型高温永磁材料。

02.0917　钕铁钛 3∶29 型合金　neodymium-iron-titanium 3∶29 type alloy

由钕、铁、钛制成的磁性合金，其化学计量比为 Nd∶(Fe，Ti)=3∶29，具有单斜晶体结构，空间群为 A2/m，每个单胞中有 2 个分子。Nd 占据 2a、4i 两个晶位。Fe 占据 8 种不等价晶位。

02.0918　钡镉 1∶11 型合金　barium-cadmium 1∶11 type alloy

由钡、镉制成的磁性合金。其化学计量比为 Ba∶Cd=1∶11，合金具有四方结构，空间群为 14₁/amd，每个单胞中有 2 个分子。Ba 占据 4a 晶位。Cd 占据 3 种不等价晶位。

02.0919　镧钴 1∶13 型合金　lanthanum-cobalt 1∶13 type alloy

由镧、钴按化学计量比 1∶13 制成的磁性合金。

02.0920　铈镍硅 2∶17∶9 型合金　cerium-nickel-silicon 2∶17∶9 type alloy

由铈、镍和硅制成的磁性合金。其化学计量比为 Ce∶Ni∶Si=2∶17∶9，是立方 LaCo₁₃ 型化合物的衍生结构。由于 LaCo₁₃ 型结构是面心立方的，不利于磁晶各向异性。

02.0921　钪铁镓 1∶6∶6 型合金　scandium-iron-gallium 1∶6∶6 type alloy

由钪、铁和镓制成的磁性合金。其化学计量比为 Sc∶Fe∶Ga=1∶6∶6。ScFe₆Ga₆ 型结构的空间群为 Immm，每一个单胞中含有 2

个化合式单位。

02.0922 高性能永磁体 high performance permanent magnet
具有高矫顽力、高磁能积、高均匀性、高温度稳定性和时效稳定性的磁体。

02.0923 绝缘磁体 insulating magnet
具有高电阻率的永磁体。如通过绝缘树脂制备的黏结稀土永磁体。

02.0924 低温度系数磁体 low temperature coefficient magnet
磁体在高温下具有高的稳定性，即：磁体的剩磁温度系数在使用温度范围内几乎是与温度无关的。

02.0925 烧结磁体 sintered magnet
通过传统的粉末冶金工艺制备的永磁体。

02.0926 高温磁体 high temperature magnet
泛指工作在 450°C 以上的永磁材料。主要应用于航天、航空工业等高科技领域。

02.0927 烧结软磁材料 sintered soft magnetic materials
用传统粉末冶金方法制取的软磁材料。常用的有烧结铁及其合金、磁介质、软磁铁氧体。

02.0928 烧结硬磁材料 sintered hard magnetic materials
用传统粉末冶金方法制取的硬磁材料。如铝镍、铝镍钴磁钢、硬磁铁氧体、稀土钴硬磁材料和其他硬磁材料。

02.03.03 超 导 材 料

02.0929 超导材料 superconducting materials
在适当的温度、磁场强度和电流密度下，具有超导电性的材料。

02.0930 超导电性 superconductivity
在适当的温度、磁场强度和电流密度下，物体被认为具有直流电阻为零和体内磁感应强度为零的性质。

02.0931 超导元素 superconducting element
在适当的温度、磁场强度和电流密度下，呈现超导电性的化学元素。

02.0932 超导体 superconductor
在适当的温度、磁场强度和电流密度下，呈现超导电性的物体。

02.0933 第Ⅰ类超导体 type Ⅰ superconductor
当退磁因子为零，在临界磁场强度(H_c)以下呈现超导电性，并具有完全抗磁性，在 H_c

以上不呈现超导电性的超导体。

02.0934 第Ⅱ类超导体 type Ⅱ superconductor
当退磁因子为零，磁场强度在下临界磁场强度 H_{c1} 以下时处于体内磁感应强度为零、在 H_{c1} 和上临界磁场强度 H_{c2} 之间时处于混合态、在 H_{c2} 以上时处于正常态的超导体。

02.0935 干净超导体 clean superconductor
正常态电子平均自由程远大于巴丁－库珀－斯里弗理论相干长度的超导体。

02.0936 脏超导体 dirty superconductor
正常态电子平均自由程远小于巴丁－库珀－斯里弗理论相干长度的超导体。

02.0937 超导磁体 superconducting magnet
利用超导线或超导电缆制作的，用于产生外磁场的装置。

02.0938 低温超导体 low temperature superconductor

超导临界温度一般低于 25K 的超导体。

02.0939 高温超导体 high temperature superconductor

超导临界温度一般高于 25K 的一类超导体。

02.0940 合金超导体 alloy superconductor

在适当的温度、磁场强度和电流密度下，呈现超导电性的合金。

02.0941 铌锆超导合金 niobium-zirconium superconducting alloy

由铌和锆两种元素组成的超导合金。合金组成为 Nb-(15~55)%Zr(质量分数)。

02.0942 铌钛超导合金 niobium-titanium superconducting alloy

由铌和钛两种元素组成的超导合金。合金中 Ti 的含量一般在 46%~50%（质量分数）范围内，是应用最广的超导材料。

02.0943 铌钛钽超导合金 niobium-titanium-tantalum superconducting alloy

以铌为基体元素与合金元素钽和钛组成的超导合金。4.2K 下的 H_{c2} 为 15.4T。

02.0944 化合物超导体 compound superconductor

在适当的温度、磁场强度和电流密度下，呈现超导电性的化合物。

02.0945 A-15[化合物]超导体 A-15 [compound] superconductor

具有 A-15 型晶体结构、化学式为 A_3B 的化合物超导体。如 Nb_3Sn、V_3Ga、V_3Si、Nb_3Al、Nb_3Ga 和 Nb_3Ge。

02.0946 B-1[化合物]超导体 B-1 [compound] superconductor

具有氯化钠型晶体结构、化学式为 AB 的化合物超导体。其中 A 是金属元素，B 是碳、氮或氧。主要有 NbN、NbC 和 MoN 等。

02.0947 拉弗斯相[化合物]超导体 Laves phase [compound] superconductor

化学式为 AB_2 的一种金属间化合物超导体。原子半径比 r_A/r_B=1.1~1.4。

02.0948 谢弗雷尔相[化合物]超导体 Chevrel phase [compound] superconductor

由一个 Mo_6X_8 团簇离子和金属离子 N 组成的化合物超导体。化学式为 NMo_6X_8。主要有 $PbMo_6S_8$、$SnMo_6S_8$ 和 $CuMo_6S_8$ 等。

02.0949 富勒烯[化合物]超导体 fullerene [compound] superconductor

化学式为 M_xC_{60} 的化合物超导体。当 M 为碱金属时，x 的典型值为 3；当 M 为碱土金属时，x 的典型值为 5 或 6。

02.0950 硼碳化合物超导体 boron carbide superconductor

化学式为 RM_2B_2C 的化合物超导体。其中 R 是钇、镧系元素或锕系元素，M 是镍、钯或铂。

02.0951 铌三锡化合物超导体 Nb_3Sn compound superconductor

具有 A-15 晶体结构的铌锡金属间化合物。化学式为 Nb_3Sn。超导转变温度 T_c 为 18.3K，在 4.2K 下 H_{c2} 为 22.5T。是制作 10T 以上超导磁体的主要材料。

02.0952 铌三铝化合物超导体 triniobium aluminide compound superconductor

具有 A-15 晶体结构的铌铝金属间化合物。化学式为 Nb_3Al。具有较高的 T_c(17.8K) 和

H_{c2}（4.2K 下 26T）。用锗部分替代铝，H_{c2} 可高达 42T。

02.0953　钒三镓化合物超导体　trivanadium gallium compound superconductor
具有 A-15 晶体结构的钒镓金属间化合物。化学式为 V_3Ga。具有较高的 T_c（16.8K）和 H_{c2}（4.2K 下 24T）。是制作 15T 以上超导磁体的候选材料。

02.0954　钙钛矿[化合物]超导体　perovskite [compound] superconductor
具有钙钛矿型晶体结构的化合物超导体。典型化学式和结构单元为 ABO_3，也包括 $Ba(Pb_{1-x}Bi_x)O_3$ 和 $(Ba_{1-x}M_x)BiO_3$（M=K，Rb）。

02.0955　氧化物超导体　oxide superconductor
在适当的温度、磁场强度和电流密度下，呈现超导电性的、包含氧作为一种基本成分的化合物超导体。

02.0956　铜氧面　copper dioxide plane
又称"铜氧层（copper dioxide sheet）"。由正方形 CuO_4 原子团的共顶点网络构成的原子层。

02.0957　铜氧化物超导体　copper-oxide superconductor，cuprate superconductor
包含有铜氧面的层状结构的氧化物超导体。

02.0958　钇系超导体　Y-system superconductor
简称"1-2-3 超导体"。主要指以 $Y_1Ba_2Cu_3O_{7-\delta}$（简写为 YBCO 或 Y123）为代表的、分子式为 RE $Ba_2Cu_3O_{7-\delta}$ 的高温超导体（RE 为 Y 和镧系 La、Nd、Sm、Eu、Gd、Dy、Ho、Er、Tm、Yb 和 Lu 等元素）。

02.0959　铋系超导体　Bi-system superconductor
包含 CuO_2 面、具有层状结构、分子式为 $(BiO)_2(SrO)_2Ca_{n-1}(CuO_2)_n$ 的氧化物超导体。当 $n=1$，2，3 时，可分别简写为 Bi-2201、Bi-2212 和 Bi-2223。

02.0960　铊系超导体　Tl-system superconductor
由铊、钡、钙及铜的氧化物合成制得的不含稀土元素的高温超导体。其中 $Tl_2Ba_2Ca_2Cu_3O_{10+x}$（简写 Tl-2223）的 T_c 约为 125K。

02.0961　稀土 123 超导体[块]材　rare earth 123 bulk superconductor
以钇系超导体大块单畴为代表的一类整体材料。RE（稀土元素）为 Y 或镧系 La、Nd、Sm、Eu、Gd、Dy、Ho、Er、Tm、Yb 和 Lu 等元素。

02.0962　包银[合金]铋-2212 超导线[带]材　silver [alloy] sheathed Bi-2212 superconducting wire
又称"第一代高温超导线[带]材"。用银或银合金包覆的 Bi-2212 或 Bi-2223 线材或带材。一般表示为 Bi-2212/Ag 或 Bi-2223/Ag 线[带]材。

02.0963　涂层超导体　coated superconductor
又称"第二代高温超导线[带]材"。在金属基带上，沉积过渡层后再沉积超导层（一般为 $YBa_2Cu_3O_7$）和保护层，形成高温超导复合带材。

02.0964　二硼化镁超导体　magnesium diboride superconductor
由两个硼原子和一个镁原子构成的简单二元化合物超导体。T_c 高达 39K，$H_{c2}(0)=14\sim17T$，是各向同性的第 Ⅱ 类超导体。$H_{c2}(0)$ 的实际意义表示退磁因子为零时上临界磁场强度。

02.0965 超导膜 superconducting film
一个方向的尺寸(厚度)远小于 1mm 的超导体。厚度小于 1μm 的为超导薄膜，厚度在 1~10μm 之间的为超导厚膜。

02.0966 卢瑟福电缆 Rutherford cable
截面被展平成矩形的换位单层电缆。

02.0967 编织导体 braided conductor
由若干股线编织成的导体。

02.0968 导管电缆导体 cable-in-conduit conductor, CICC
由密闭导管包覆的电缆，导管内设有多路冷却通道。管型电缆，指环绕在导管中内管上的换位电缆。

02.0969 复合超导体 composite superconductor
由超导材料和常导材料组成的具有超导性的复合导体，在机械、电学和热性能上可作为单根导体来使用。

02.0970 超导[细]丝 superconducting filament
又称"超导芯丝"。很细长的超导体或复合超导体中的超导材料。

02.0971 超导[电]线 superconducting wire
用超导体传导电流的电线。

02.0972 稳定化超导线 stabilized superconducting wire
按稳定化判据设计而成的超导线。其中以良导金属如铜、铝和/或银作为基体。

02.0973 迫冷超导线 force-cooled superconducting wire
由强制循环的流态冷剂(如超临界氦)冷却的超导线。

02.0974 机械增强超导线 mechanically reinforced superconducting wire
含有能承受在操作运行时出现的应力和应变组件的超导线。

02.0975 一体化超导线 monolithic superconducting wire
由超导和常导组元刚性组合，能防止组元间发生相对运动的导体。

02.0976 三组元超导线 three-component superconducting wire
由一种超导组元和两种常导基体材料组成的复合超导线。主要指 Cu/CuNi/NbTi 复合超导体。

02.0977 扭转超导线 twisted superconducting wire
细丝或股线呈螺旋线状围绕线轴旋转的复合超导线。

02.0978 基－超导体[体积]比 matrix to superconductor [volume] ratio
复合超导体中基体材料和超导体的体积之比。

02.0979 铜－超导体[体积]比 copper to superconductor [volume] ratio
含铜基体的复合超导体中铜和超导体的体积之比。

02.0980 人工钉扎中心 artificial pinning center, APC
不通过热处理而产生的磁通钉扎结构。可以人为地组合或排列成特殊的几何形状，一般有岛状和层状等。

02.0981 青铜法 bronze process
通过铌丝和青铜基体之间的反应，制备 Nb_3Sn 超导线材的工艺。类似的方法也可用于制备 V$_3$Ga 超导线材。

02.0982 管式法 tube process
用若干嵌套的管来制备超导线材的工艺。

02.0983 内锡法 internal tin process
将铜基体中的铌丝与锡或锡合金的分离颗粒或细丝一起加工，以制备 Nb$_3$Sn 超导线材的工艺。线材加工至最终尺寸后，经加热让锡扩散至整个铜基体，在铌丝界面上生成 Nb$_3$Sn。

02.0984 浸渍法 infiltration process
铌粉压成的块料浸入熔化的锡池中，让锡浸渍，通过拉拔或轧制、再进行热处理而制备的 Nb$_3$Sn 超导线材的工艺。类似的工艺也可用于制备 Nb$_3$Al。

02.0985 包卷法 jelly roll process
用复合薄板叠卷在一起形成螺旋形截面的圆柱体，由此开始制备超导线材的工艺。

02.0986 熔融织构生长法 melt-textured growth process
在高温下部分熔化后定向凝固，以制备出取向好的氧化物超导体的工艺。

02.0987 粉末套管法 powder-in tube，PIT
把先驱粉末装入银或银合金管中，经过旋锻并拉拔，再轧到最终厚度，得到所需织构带材的工艺。常用于制备高温超导线材或带材。

02.0988 粉末熔化法 powder melting process，PMP
制备高温超导块材的熔融织构生长工艺。采用粉末作为先驱物，通过快速加热混合粉末坯料，然后慢冷或在一定温度场中移动样品，来获得织构样品。

02.03.04 隐 形 材 料

02.0989 隐形材料 stealthy materials
用于减弱武器装备的特征信号、使武器装备被发现的距离缩短或概率降低的一种功能材料。可分为雷达隐形材料、红外隐形材料、可见光隐形材料等。

02.0990 红外隐形材料 infrared stealthy materials
又称"红外伪装材料"。降低装备的热红外信号，从而达到隐形目的一种隐形材料。

02.0991 可见光隐形材料 visible light stealthy materials
又称"可见光伪装材料"。用于减弱或改变装备、工程等目标的可见光特征信号，使其融入背景中不易被分辨出来的隐形材料。

02.0992 雷达隐形材料 radar absorbing materials，RAM
又称"雷达吸波材料"。能吸收入射的雷达波而减少飞机、舰艇、坦克等目标的雷达散射界面的隐形材料。

02.0993 伪装材料 camouflage materials
用于调整军事工程和武器装备等目标的特征信号，使目标与背景的特征信号接近、达到难以辨认出目标的一种功能材料。

02.0994 热红外伪装材料 thermo-infrared camouflage materials
与周围背景的热红外特征信号相近，涂敷或固定在欲伪装目标的表面，使热红外探测仪器难以从周围背景中分辨出目标的一种伪装材料。

02.0995 近红外伪装材料 near-infrared camouflage materials

与环境中的植物有相近的可见光和近红外特征，涂敷或固定于伪装目标的表面、用于对抗近红外探测的伪装材料。

02.0996　结构吸波材料　structural radar absorbing materials

既能吸收雷达波又能作为结构件承受载荷的材料。

02.0997　铁氧体吸波材料　ferrite radar absorbing materials

用铁氧体制备的能够吸收电磁波的材料。常用的有锰锌铁氧体、镍锌铁氧体、六角晶系平面铁氧体等。

02.0998　雷达波吸收剂　radar absorber

又称"吸收剂"。能够吸收雷达波的粉状、粒状、片状或者纤维状固体物料。将其掺杂在基体里或涂在基体上，可制备出吸波材料或吸波涂层。

02.0999　羰基铁吸收剂　carbonyl iron absorber

由 $Fe(CO)_5$ 热分解制得的微米尺度球状羰基铁粉体，是一种雷达波吸收剂。

02.1000　铁纤维吸收剂　iron fiber absorber

用于制备吸波涂层和吸波材料。其电磁性能具有各向异性特征，是一种微米尺度的短纤维状金属铁的吸收剂。

02.1001　磁损耗吸收剂　magnetic loss absorber

靠合适的复数磁导率来吸收电磁波的吸收剂。在同样材料厚度时，磁损耗吸收剂的吸波频带要比电损耗吸收剂的宽。

02.1002　磁损耗吸波材料　magnetic loss radar absorbing materials

靠合适的磁导率来吸收电磁波的吸波材料。

02.1003　电损耗吸收剂　electric loss absorber

靠合适的复介电常数来吸收电磁波的吸收剂。与磁性吸收剂相比，电损耗吸收剂的吸收频带较窄，但能够在高温下吸收电磁波。

02.1004　电损耗吸波材料　electric loss radar absorbing materials

靠合适的复介电常数来吸收电磁波的吸波材料。

02.1005　高温吸波材料　high temperature radar absorbing materials

能够在高温下吸收电磁波的吸波材料。工作于 $300^\circ C$ 以下的高温吸波材料一般由耐高温有机黏结剂加入吸收剂制成；工作温度更高的高温吸波材料一般由在陶瓷材料中加入吸收剂制成。

02.1006　纳米吸波薄膜　radar absorbing nano-membrane

具有吸波功能的薄膜。通常为金属薄膜，厚度一般为几纳米至几十纳米。

02.1007　碳纳米管吸收剂　carbon nanotube absorber

又称"纳米碳管吸收剂"。由碳纳米管制成的吸波材料。

02.1008　纳米吸收剂　nano-powder absorber

颗粒尺度在纳米量级的吸收剂。

02.1009　碳化硅类吸波材料　silicon carbide used as radar absorbing materials

对碳化硅进行改性，使其具有吸波性能的材料。主要有两类，一类是在碳化硅晶格结构中进行掺杂；另一类是在碳化硅材料中混合一些调整吸波性能的其他材料。

02.1010　各向同性吸波材料　isotropic radar absorbing materials

复介电常数和复磁导率为各向同性、与测试方向无关的吸波材料。

02.1011 各向异性吸波材料 anisotropic radar absorbing materials
复介电常数和复磁导率随测试方向不同而不同的吸波材料。

02.1012 导电碳黑吸收剂 carbon black absorber
颗粒为纳米级、具有吸波功能、可作为吸收剂的导电碳黑。一般由乙炔分解制得。

02.1013 陶瓷吸波材料 ceramic radar absorbing materials
以氧化物、氮化物、碳化物等陶瓷材料为基体的吸波材料。主要用于高温环境。

02.1014 涂覆型吸波材料 radar absorbing coating
又称"吸波涂层"。将吸收剂和有机黏结剂制成的涂料涂敷于器具表面的吸波材料。

02.03.05 贮 氢 材 料

02.1015 贮氢材料 hydrogen storage materials
在一定条件下，能大量可逆地吸收和释放氢的材料。

02.1016 金属氢化物 metal hydride
金属、合金或金属间化合物与氢反应生成的氢化物。在一定条件下可释放氢，用做贮氢材料。

02.1017 贮氢合金 hydrogen storage alloy
在一定温度和压力下，能可逆地吸收和释放氢的合金。常用的有稀土－镍系贮氢合金、镁系贮氢合金和钛系贮氢合金等。

02.1018 稀土镍系贮氢合金 rare earth nickel-based hydrogen storage alloy
AB_5 型贮氢合金，其结构为 $CaCu_5$ 型六方晶体结构，典型代表为 $LaNi_5$ 合金。A 为稀土金属镧(La)或混合稀土金属(富铈或富镧)；B 成分主要为金属镍。A、B 可用不同元素部分取代。

02.1019 拉弗斯相贮氢合金 Laves phase hydrogen storage alloy
AB_2 型贮氢合金，其拉弗斯相为拓扑结构，典型代表为 $TiMn_2$ 和 $ZrMn_2$ 合金。主要用做金属氢化物－镍电池的负极材料等。

02.1020 钛铁贮氢合金 titanium-iron hydrogen storage alloy
由 Ti 和 Fe 按化学比制取的 AB 型贮氢材料。体心立方结构。A、B 可用不同元素部分取代。

02.1021 镁系贮氢合金 magnesium-based hydrogen storage alloy
A_2B 型贮氢合金。以 Mg_2Ni 二元合金为基础，用不同元素部分取代 Mg (A)和 Ni (B)制取的镁系合金，六方和斜方型结构。具有优异的吸放氢特性。

02.1022 钒基固溶体贮氢合金 solid solution type vanadium-based hydrogen storage alloy
钒(V)与一种或几种金属。如 Ti、Ni、Cr、Al 等形成固溶体型并具有吸放氢特性的合金。

02.1023 碳纳米贮氢材料 carbon nanomaterials for hydrogen storage
碳有不同的纳米级形态(包括纳米碳纤维、碳纳米管和富勒烯)由纳米级形态的碳组成的具有优异的贮氢特性的材料。工作温度低，工作压力适中，贮氢量大约为 5%~20%(质量分数)，形状选择性好。

02.03.06 裂变堆及聚变堆材料

02.1024 核反应堆 nuclear reactor
简称"反应堆"。用铀(或钍)作核燃料产生可控的核裂变链式反应并释放能量的装置。

02.1025 热中子反应堆 thermal neutron reactor
简称"热堆"。主要由能量小于 1eV 的热中子引起核裂变的反应堆。

02.1026 核材料 nuclear materials
核工业用材料的总称。通常指裂变反应堆和聚变反应堆使用的材料。

02.1027 核燃料 nuclear fuel
在反应堆中能进行裂变反应或聚变反应的材料的总称。

02.1028 裂变核燃料 fission fuel
含有易裂变核素、在反应堆内能实现自持核裂变链式反应的材料。主要有铀-235、钚-239 和铀-233。

02.1029 易裂变材料 fissile materials
含有一种或几种易裂变核素的材料。在适当条件下它可用做核燃料、原子弹装料和氢弹引爆材料。

02.1030 铀 uranium
元素周期表中原子序数 92。属ⅢB 族锕系放射性元素,元素符号 U。天然铀含 ^{234}U、^{235}U 和 ^{238}U 三种同位素。不同富集度的铀可分别用于制成核燃料、核武器装料、穿甲弹和 γ 屏蔽材料。

02.1031 天然铀 natural uranium
天然存在的铀。含 ^{234}U、^{235}U 和 ^{238}U 三种核素,其中易裂变核素 ^{235}U 的天然丰度 0.714%,^{238}U 为 99.284%。曾用做石墨水冷堆的燃料。也是生产富集铀的原料。

02.1032 富集铀 enriched uranium
又称"浓缩铀"。同位素 ^{235}U 含量高于天然丰度 0.714%的铀或铀化合物。

02.1033 贫化铀 depleted uranium
同位素 ^{235}U 含量低于天然丰度 0.714%的铀或铀化合物。是铀同位素分离厂和乏燃料后处理厂的副产品。

02.1034 二氧化铀 uranium dioxide
铀与氧二元系中的一种热力学稳定相。属非化学计量离子化合物,以 $UO_{2\pm x}$ 表示。用做轻水堆和重水堆燃料组件。

02.1035 六氟化铀 uranium hexafluoride
由铀与氟组成的具有挥发性的化合物。化学式 UF_6。是分离铀同位素的理想工作介质。

02.1036 氮化铀 uranium nitride
铀与氮组成的二元化合物。是 UO_2 的替代核燃料,可用于空间反应堆。

02.1037 铀合金 uranium alloy
以铀为基体元素与一种或多种合金元素组成的合金。包括调质铀、γ 相铀合金、铝－铀合金、锆－铀合金等。

02.1038 黄饼 yellow cake
以重铀酸盐或铀酸盐形式存在的铀浓缩物。呈黄色。铀含量 40%~70%(质量分数),是制备核纯级铀和铀化物的原料。

02.1039 钍 thorium
元素周期表中原子序数 90。属ⅢB 族锕系放射性元素,化学符号 Th。有 6 种天然同位素和 19 种人工同位素。其中只有 ^{232}Th 可转换核素。钍－铀、钍－钚－铀－锆是有希望的快堆燃料；钍－铀混合氧化物是高温气冷堆燃料。

02.1040 金属型燃料 metallic fuel
包含裂变材料 ^{235}U、^{233}U、^{239}Pu 和可转变材料 ^{238}U、^{232}Th，用做核燃料的金属或合金。

02.1041 陶瓷型燃料 ceramic fuel
铀、钚、钍的氧化物、碳化物和氮化物或其混合物组成的核燃料。

02.1042 混合氧化物燃料 mixed oxide fuel
铀钚、铀钍混合氧化物燃料的统称。以 $(U, Pu)O_2$、$(U, Th)O_2$ 表示。分别含易裂变核素 ^{239}Pu、^{235}U 和可转换核素 ^{238}U 和 ^{232}Th。

02.1043 弥散型燃料 dispersion fuel
以细颗粒状燃料弥散在基体材料中的混合燃料。常用的有 UAl_4-Al、U_3O_8-Al、$(U, Th)O_2$-石墨和 U_3Si_2-Al 等。

02.1044 包覆颗粒燃料 coated particle fuel
由包覆燃料颗粒弥散在石墨基体内制成的混合燃料。燃料相是由燃料总核和包覆层组成的球状颗粒，直径 0.6~1.0 mm。

02.1045 燃料元件 fuel element
泛指核反应堆内具有独立结构的燃料使用单元。包括从单一的圆柱状短棒到结构复杂的大组件。通常指由燃料芯体和包壳组成的燃料单元，如燃料棒、燃料板和燃料球。

02.1046 板状燃料元件 plate type fuel element
由多块燃料板与少数构件组成的独立燃料单元。有平板型、弧板型和渐开线型三种。

02.1047 燃料芯块 fuel pellet
叠装成燃料棒芯体的圆柱状小块。直径约

5~10mm，高度与直径比一般为 1~1.5。有实心和空心两种。

02.1048 燃料组件 fuel assembly
由一组燃料棒或燃料板按一定排列方式组装起来的集合构件。装卸、使用和运输时均无须拆开。

02.1049 轻水堆燃料组件 light water reactor fuel assembly
用于轻水动力堆的燃料组件。包括压水堆燃料组件和沸水堆燃料组件。

02.1050 快中子增殖堆燃料组件 fast neutron breeder reactor fuel assembly
用于快中子增殖堆的燃料组件。由燃料棒束、六角形外套管和端部连接件组成。

02.1051 燃料包壳 fuel cladding
封装燃料芯体的金属外壳。呈圆管状，两端与端塞密封。CANDU 型重水堆燃料棒采用薄壁(0.4mm)锆-4 合金管制成的坍塌型包壳。

02.1052 核用锆合金 zirconium alloy for nuclear reactor
中子吸收截面小、含锡的一类锆合金。包括锆-2 合金和锆-4 合金。用做核反应堆燃料包壳材料。

02.1053 核用不锈钢 stainless steel for nuclear reactor
中子吸收截面小、具有优异综合性能的一类不锈钢。包括 18-8 系列铬镍不锈钢。用做燃料包壳、反应堆容器、热交换器、冷却剂主管道和导管等材料。

02.1054 慢化剂材料 moderator materials
热中子堆内用做降低裂变(快)中子能量的材料。通常采用轻水、重水、石墨、铍和氮等轻元素材料。

02.1055 轻水 light water
又称"天然水"。化学式 H_2O，分子量 18，密度 $1.00g/cm^3$（3.98℃时），常压下冰点 0℃，沸点 100℃。慢化能力 $1.35cm^{-1}$，慢化比 61，慢化性能良好。

02.1056 重水 heavy water
氢同位素氘和氧的化合物，化学式 D_2O，熔点 3.82℃，沸点 101.2℃，密度 $1.104g/cm^3$（室温）。慢化能力 $0.179cm^{-1}$，慢化比 5400，慢化性能良好。

02.1057 核用石墨 graphite for nuclear reactor
慢化性能仅次于重水和氧化铍的一种碳素材料。密度 $(1.65\sim1.75)g/cm^3$。慢化能力 $0.064cm^{-1}$，慢化比 170。用做高温气冷堆慢化剂。

02.1058 核用铍 beryllium for nuclear reactor
具有良好慢化性能的一种金属。元素符号 Be。属 ⅡA 族元素，原子序数为 4。慢化能力 $0.154cm^{-1}$，慢化比 150。用做中子反应堆的慢化剂和反射层。

02.1059 核用氧化铍 beryllium oxide for nuclear reactor
具有良好慢化性能的铍氧化物。化学式 BeO。密集六方结构，密度 $3.025g/cm^3$，是金属铍的代用品。

02.1060 控制材料 control materials
又称"中子吸收材料"。能显著吸收中子，有效控制核反应堆反应性的材料。分为控制棒材料、化学补偿剂和可燃毒物三类。

02.1061 控制棒组件 control rod assembly
反应堆内用于控制核裂变反应速率的可移动的集合构件。通常由不同几何形状（如棒、片、球状）的控制元件组成。

02.1062 控制棒导向管 control rod guide thimble
燃料组件骨架中供控制棒、可燃毒物或中子源棒、阻流塞棒插入的管件。具有为控制棒运动提供导向和为控制棒下落提供缓冲的功能。

02.1063 核用银铟镉合金 silver-indium-cadmium alloy for nuclear reactor
以银为基体元素同合金元素铟、镉组成的合金。典型的合金是 Ag-15In-5Cd，其中子吸收截面大、耐中子辐照、抗高温水腐蚀。用做热中子反应堆控制棒材料。

02.1064 核用碳化硼 boron carbide for nuclear reactor
中子吸收截面大、具有高强度、高化学稳定性的硼碳化物。化学式 B_4C，密度 $2.519g/cm^3$。用做反应堆中子吸收剂。

02.1065 核用铪 hafnium for unclear reactor
天然铪的热中子吸收截面高达 $105\times10^{-28}m^2$，约为锆的五百多倍，因而作为重要的核材料，被用做水冷动力堆的控制材料。

02.1066 铪控制棒 hafnium control rod
用原子能级铪制作的棒状控制元件。利用铪具有高的热中子吸收截面的优异核性能。

02.1067 冷却剂材料 coolant materials
又称"载热剂材料"。用于冷却反应堆堆芯、并将堆芯产生的热量带出堆外的介质。轻水、重水、二氧化碳和氦气是常用的热中子反应堆冷却剂，液态金属钠是快中子增殖堆冷却剂。

02.1068 液体冷却剂 liquid coolant

使用形态为液体的冷却剂。常用的有轻水、重水和液态金属钠。

02.1069　气体冷却剂　gas coolant
使用形态为气体的冷却剂。早期曾用二氧化碳作石墨反应堆冷却剂，后来选用氦气作高温气冷堆冷却剂。

02.1070　液态金属冷却剂　liquid metal coolant
使用形态为液态的金属冷却剂。可用的有液态钠（Na）、液态 Na-K 合金和液态锂（Li）。

02.1071　堆内构件材料　materials for reactor internal
用于制造堆内除燃料组件及其相关组件外的所有其他结构件的材料。如 18-8 系列铬镍不锈钢和添加钼、钛、铌等的高铬镍不锈钢。

02.1072　主管道材料　materials for coolant loop
用于制造反应堆冷却回路管道的材料。常用的有 Mo-Mn-Ni 钢和 18-8 系列铬镍不锈钢。

02.1073　屏蔽材料　shielding materials
用于屏蔽反应堆核辐射的结构材料。如 FePb、水、石墨、含硼材料、混凝土等。

02.1074　反射层材料　reflector materials
为减少漏出堆芯的中子数量，在堆芯周围设置反射层所用的材料。常用的有水、重水、石墨和铍等。

02.1075　辐照生长　irradiation growth
各向异性晶体（或材料）受粒子（主要是中子）辐照只引起尺寸改变而无体积改变的现象。

02.1076　辐照肿胀　irradiation swelling
材料在中子（或其他粒子）辐照下发生体积膨胀、密度降低的现象。核燃料的肿胀是由中子引发重核裂变而生成两个轻核所致。

02.1077　辐照脆化　irradiation embrittlement
辐照引起材料（如体心立方金属）塑性韧性下降、伸长率近于零、无延性转变温度升高的现象。

02.1078　辐照蠕变　irradiation creep
辐照引起材料位错攀移速率增加导致蠕变速率增加的现象。

02.1079　辐照试验　irradiation test
为研究材料在粒子作用下发生的结构和性能变化及其变化规律而进行的试验。

02.1080　乏燃料　spent fuel
在核反应堆内使用到规定燃耗后从堆内卸出并不再在该堆内使用的核燃料。

02.1081　聚变堆　fusion reactor
在受控条件下实现持续核聚变反应，并可利用其能量的装置。

02.1082　磁约束聚变　magnetic-confinement fusion
利用磁场约束等离子体实现的核聚变。

02.1083　惯性约束聚变　inertial confinement fusion
利用物质惯性对燃料靶丸进行压缩、加热、点火并达到充分热核反应，从而获得能量增益的过程。

02.1084　聚变堆材料　fusion reactor materials
制造聚变反应堆，以实现核聚变反应所使用的材料。主要有第一壁材料、氚增殖材料、中子倍增材料、冷却剂、慢化剂和反射层材料、屏蔽材料、磁体材料以及绝缘材料。

02.1085　第一壁材料　first wall materials
又称"面向等离子体材料"。用于制造聚变堆内包容等离子体区和真空区部件的材料。

通常有石墨、碳－碳复合材料、铍和氧化铍用作第一壁表面覆盖层材料；不锈钢、钒合金、钼及钨等用做第一壁结构支撑材料。

02.1086　低活化材料　low activation materials
中子辐照后感生放射性活度低的材料。通常选用不含镍的铬－钼奥氏体不锈钢、9Cr-1W和 9Cr-3W 改进型钢、钒合金以及高纯碳纤维增强复合材料等作为低活化第一壁材料。

02.1087　高热流材料　high heat flux materials
能承受高热负荷的材料。如沉淀硬化铜合金、钼合金、铌合金以及钨、铍、石墨等用做承受极高热负荷的第一壁内孔栏和偏滤器材料；碳纤维强化复合材料、铍或石墨用做第一壁部分表面衬板保护材料。

02.1088　聚变核燃料　fusion fuel
又称"热核燃料"。在反应堆内可维持受控聚变反应的核素。有氘-2、氚-3、氦-4、锂(锂-6、锂-7)和硼-11。

02.1089　热核燃料容器材料　materials for thermal nuclear fuel container
放置热核燃料氘氚的容器材料。有玻璃微球、塑料微球、铍球壳、二氧化硅气凝胶等。

02.1090　氘　deuterium
氢的一种稳定同位素。常用符号 D 表示，质量数 2，原子量 2.0144。用做聚变堆燃料。

02.1091　氚　tritium
氢的放射性同位素。常用符号 T 表示，质量数 3。原子量 3.016。是纯β发射体，半衰期 12.3a。用做聚变堆燃料。

02.1092　氦-3　helium-3
氦的一种稳定同位素，^{3}He。元素周期表中原子序数 2，原子量 3.016。用做聚变堆燃料。

02.1093　防氚渗透材料　tritium-permeation-proof materials
阻挡氚渗透的材料。通常采用低渗透率的材料做盛氚容器，如有机材料和金属材料。按防氚渗透能力顺序：丁基橡胶>天然橡胶>氯丁橡胶；钨>铝>钼>不锈钢。

02.1094　氚增殖材料　tritium fertile materials
通过核反应产生氚的材料。锂是唯一可行的氚增殖材料。

02.1095　核用锂　lithium for nuclear reactor
元素周期表中原子序数 3。属 IA 族元素，元素符号 Li。天然锂含 ^{6}Li 和 ^{7}Li 两种同位素。与中子反应都生成氚，是聚变堆氚增殖材料。

02.1096　核用氧化锂　lithium oxide for nuclear reactor
核堆用的一种锂氧化物。化学式 Li_2O。曾被用做聚变堆重要的氚增殖材料。

02.1097　核用偏铝酸锂　lithium aluminate for nuclear reactor
核堆用一种含锂的陶瓷材料。可用做聚变堆氚增殖材料。

02.1098　核用锂－铅合金　lithium-lead alloy for nuclear reactor
核堆用以铅为基体元素加入合金元素锂组成的二元合金。名义成分为 Pb-17Li。是一种液态金属氚增殖材料。

02.1099　中子倍增材料　neutron multiplier materials
含有能产生 $(n, 2n)$ 或 $(n, 3n)$ 反应的核素的材料。铍、铅、铋、锆和含这些元素的合金或化合物，如 Pb-Bi 合金、BeO、PbO 及 Zr_5Pb_3 都是中子倍增材料。

02.1100 聚变堆冷却剂材料 coolant materials of fusion reactor

冷却聚变堆第一壁和增殖区结构并将聚变能载出的介质。候选材料有液态金属锂和锂铅合金、水和氦气。

02.1101 聚变堆绝缘材料 insulator materials of fusion reactor

用于聚变堆绝缘的材料。如 Al_2O_3、Si_3N_4、MgO 和 BeO 等。

02.1102 聚变堆用磁体材料 magnet materials for fusion reactor

聚变堆内使用的磁体材料。主要有磁约束线圈材料、稳定材料和磁体结构材料。

02.1103 聚变堆用超导材料 superconducting materials for fusion reactor

在磁约束聚变堆中，用于制造约束等离子体的磁场线圈的超导材料。有 Nb-Ti 超导合金和 Nb_3Sn 超导化合物。

02.03.07 弹性合金和减振合金

02.1104 弹性合金 elastic alloy

具有优异弹性性能的功能合金。分为高弹性合金和恒弹性合金。

02.1105 高弹性铜合金 high elasticity copper alloy

具有高弹性模量、高弹性极限和高强度的铜合金。如铍青铜。

02.1106 铁基高弹性合金 iron-based elastic alloy

以 Fe 为基体，加入较多的 Cr、Ni、Co 而形成的弹性合金。应用最广的合金有 $Ni_{36}CrTiAl$ 合金以及在其基础上添加 Mo 的 $Ni_{36}CrTiAlMo_5$ 和 $Ni_{36}CrTiAlMo_8$ 合金。

02.1107 镍基高导电高弹性合金 nickel based high electrical conducting and high elasticity alloy

同时具有高的导电性和高的弹性模量和弹性极限的镍基合金。镍－铍合金就是典型的镍基高导电高弹性合金，如 $NiBe_2$(3J31)、$NiBe_2Ti$(3J32)等。

02.1108 镍基高弹性合金 nickel based elastic alloy

以镍为基的高弹性合金。用做弹性元件的变形镍基高温合金。

02.1109 铁镍基恒弹性合金 iron-nickel based constant modulus alloy

利用埃林瓦反常效应发展起来的弹性合金。合金的基本成分为 36%Ni、12%Cr、52%Fe(质量分数)。在较宽的温度范围内具有低的弹性模量温度系数、高的机械品质因数以及等波速等特性。

02.1110 顺磁恒弹性合金 paramagnetic constant modulus alloy

具有顺磁性的一类恒弹性合金。包括有 Nb 基恒弹性合金、Ti 基恒弹性合金、Mn 基恒弹性合金等、Pd 基恒弹性合金等。

02.1111 反铁磁性恒弹性合金 anti-ferromagnetic constant modulus alloy

磁有序伴随着原子间结合状态的改变，因而在奈尔点附近也会出现杨氏模量和热膨胀系数的反常变化的合金。合金系列包括 Cr、Fe-Mn、Mn-Cu、Mn-Ni、Fe-Cr 系合金等。

02.1112 低温度系数恒弹性合金 low temperature coefficient constant modulus alloy

弹性模量温度系数 β_E 值和频率温度系数 β_f 值比较低的恒弹性合金。对于静态应用的合金，一般 $\beta_E \leqslant |20| \times 10^{-6}/℃$；对于动态应用的恒弹性合金，一般 $\beta_f \leqslant |5| \times 10^{-6}/℃$，品质因数 $Q \geqslant 10\ 000$，甚至 $\geqslant 15\ 000$。

02.1113　高温恒弹性合金　high temperature constant modulus alloy

通过加钴提高其居里温度 T_c 来提高弹性模量稳定的上限，能在更高的温度下保持恒弹性的一类合金。

02.1114　非晶态恒弹性合金　amorphous constant modulus alloy

表现出良好恒弹性的某些非晶态材料。例如铁基非晶态合金 Fe-B 系、M-Zr(M=Fe，Ni，Co) 系和 Fe-Ni-P-B 系等。

02.1115　贵金属弹性材料　precious metal elastic materials

具有高弹性的贵金属材料。分为高弹性合金和恒弹性合金两大类。广泛应用的是铂基和钯基弹性合金。

02.1116　弹性铌合金　elastic niobium alloy

由基体金属铌同合金元素钛、铝、锆及其他合金元素组成的用做弹性材料的铌合金。具有无磁、耐蚀、恒弹、高储能及高温稳定等特性。

02.1117　钴基高弹性合金　cobalt based high elasticity alloy

具有高弹性模量、高比例极限、高强度的钴基合金。

02.1118　钴基恒弹性合金　cobalt based constant elasticity alloy

合金的弹性模量 E(或 G)随温度的变化保持基本不变或变化很小的钴基合金。

02.1119　埃尔因瓦合金　Elinvar alloy

具有埃尔因瓦效应即温度升高弹性模量反而增加或变化很小的现象的合金。

02.1120　减振合金　damping alloy

又称"消声合金"、"阻尼合金"。内耗很大、能将机械振动能迅速衰减的金属和合金。

02.1121　复合型减振合金　composite damping alloy

主要为 Fe-C-Si 系合金。其减振机制是受振时由第二相与基体界面发生塑性流动或第二相变形而吸收振动能，并将振动能变成热能而耗散。

02.1122　铁磁性减振合金　damping ferromagnetic alloy

高内耗来源于铁磁性的一类减振合金。典型合金有：铁基合金(Fe-Cr、Fe-Cr-Mo)、镍钴基合金等。

02.1123　减振铜合金　damping copper alloy

具有减振降噪功能的铜合金。典型的有铜-锰系合金，如 Cu-40Mn-2Al 等。

02.1124　孪晶型减振合金　twin type damping alloy

合金内的热弹性型马氏体中，通过相变的孪晶晶界或伴随母相和马氏体相的晶粒边界运动的静态滞后(或应力弛豫)损耗来衰减振动的合金。

02.1125　位错型减振合金　dislocation type damping alloy

晶体中可滑动位错在振动应力的作用下与杂质原子相互作用，脱离了杂质原子的钉扎，引起内耗来衰减振动的合金。典型合金为 Mg-Zr 合金。

02.1126 减振锌合金 damping zinc alloy
具有良好减振性能的锌合金。主要是 Zn-Al 合金。合金质量轻，强度高，低频下阻尼性能好，适于 100℃以下工作。

02.03.08 热 膨 胀 合 金

02.1127 热膨胀合金 expansion alloy
具有异常或可控热膨胀特性的一种功能合金。分为低膨胀合金、定膨胀合金和高膨胀合金。

02.1128 因瓦效应 Invar effect
固态物质具有反常的低热膨胀系数的现象。

02.1129 可瓦合金 Kovar alloy
又称"Fe-Ni-Co 定膨胀合金（Fe-Ni-Co controlled-expansion alloy）"。含 28.5~29.5%镍、16.8~17.8%钴（质量分数），余为铁的定膨胀合金。中国牌号为 4J29。

02.1130 铁镍钴超因瓦合金 iron-nickel-cobalt super Invar alloy
用钴代替因瓦合金中的 Ni 而制成的一种因瓦合金。其常温附近的膨胀系数约为 $10^{-7}℃^{-1}$，中国牌号为 4J32，成分为 31.5%~33.0%Ni，3.20%~4.20%Co，0.40%~0.80%Cu（质量分数），余 Fe。

02.1131 非铁磁性因瓦合金 non-ferrous magnetic Invar alloy
不具有铁磁性的因瓦合金。

02.1132 低膨胀合金 low expansion alloy
又称"因瓦合金（Invar alloy）"。在一定温度范围内尺寸几乎不随温度变化的合金。是膨胀合金的一种。

02.1133 定膨胀合金 controlled expansion alloy，constant expansion alloy
又称"封接合金"。在 −70~500℃温度范围内，平均线膨胀系数为 $(4~10) \times 10^{-6}℃$ 的合金。

02.1134 镍基膨胀合金 nickel based expansion alloy
具有反常热膨胀特性的一类镍基合金。包括低膨胀合金、定膨胀合金。如 $4J80(Ni_{78}Mo_{10}W_{10}Cu_2)$。

02.1135 热双金属 thermobimetal，thermostat metal
由两种（或多种）具有不同热膨胀系数的金属或合金组元层牢固地结合在一起的复合材料。

02.1136 高敏感型热双金属 bimetal with high thermal sensitive
具有很高的比弯曲值的热双金属。

02.1137 特定电阻型热双金属 bimetal with specific electronical resistivity
在相同敏感性情况下，具有规定的比电阻值的热双金属。大多用于系列化热继电器和低压断路器等产品。

02.1138 高温型热双金属 bimetal for high temperature
线性温度范围和允许使用温度范围都比较高的一类高温型热双金属。

02.1139 耐腐蚀型热双金属 anticorrosion bimetal
对水、湿气等腐蚀介质有一定抗锈能力，以及耐盐雾和氧化腐蚀的热双金属。

02.03.09 电 阻 合 金

02.1140 电阻合金 electrical resistance alloy
以电阻特性为主要特征的一类金属功能材料。包括精密电阻合金、电热合金、热敏电阻合金、应变电阻合金、薄膜电阻合金、非晶电阻合金等。

02.1141 精密电阻合金 precision electrical resistance alloy
在工作温度、环境状态及时间发生变化的条件下，仍然保持电阻值不变或变化很小，且对铜热电势值较小的电阻合金。

02.1142 厚膜电阻材料 thick film resistance materials
由不同粒度导体粉料、玻璃粉料、有机载体和其他添加剂混合压制成型后，经过高温烧制而成的电阻材料。

02.1143 薄膜电阻材料 thin film resistance materials
采用真空蒸镀、直流或交流溅射、化学沉积等方法制成的厚度一般在 0.5~1μm 以下的膜式电阻材料。有 Ni-Co 系、Ta 系、Si 系、金属陶瓷系电阻膜以及 Au-Cr、Ni-P 等电阻薄膜。

02.1144 应变电阻材料 strain resistance materials
电阻应变灵敏系数大，电阻温度系数绝对值小的电阻材料。

02.1145 热敏电阻材料 thermistor materials
电阻温度系数大且为定值的电阻材料。

02.1146 感温电阻材料 temperature-sensitive resistance materials
电阻与温度成一定函数关系的材料。用于测量温度和检测仪表等，可以与显示、控制或调节仪表配套来调节温度。

02.1147 湿敏电阻材料 humidity-sensitive resistance materials
电阻与湿度成一定函数关系的材料。常用的有纯金属 Se 蒸发膜和 LiCl，可用来制作测量温度的温度计。

02.1148 光敏电阻材料 photosensitive resistance materials
电阻随光照的变化而变化的材料。常用的是 CdS 和 PbS，可用来制作电位器或测光仪。

02.1149 磁电阻效应 magnetoresistance effect
由于外加磁场引起物质电阻变化的效应。

02.1150 巨磁电阻材料 giant magnetoresistance materials，GMR materials
电阻率由于磁化状态的变化呈现显著改变的材料。

02.1151 各向显性磁电阻材料 anisotropic magnetoresistance materials，AMR materials
具有各向异性的磁电阻的材料。当电流与磁场方向平行时测得之电阻变化成为纵向磁电阻，当电流与磁场方向垂直时，电阻变化为横向磁电阻。

02.1152 薄膜巨磁电阻材料 thin film giant magnetoresistance materials
采用电沉积、溶胶－凝胶、磁控溅射等方法制成的膜式巨磁电阻材料。

02.1153 庞磁电阻材料 colossal magnetoresistance materials，CMR materials
在磁场作用下，电阻率有特大幅度变化的超巨磁电阻效应的材料。

02.1154 电热电阻材料 electrothermal resistance materials

利用材料的固有电阻特性来制造不同功能元件的材料。电热合金主要有 Ni-Cr 系和 Fe-Cr-Al 系。

02.1155 热电偶材料 thermocouple materials

利用金属的热电动势随温度差的变化特性制造热电偶的功能合金材料。

02.1156 补偿电阻材料 compensation resistance materials

用来补偿测量时受环境温度变化影响的材料。

02.1157 电触头材料 electric contact materials

适用于电路通电或连接的导电材料。按工作电流的负荷大小分为电力工业中用的强电或中电电触头，仪器仪表、电子装置、计算机等设备中的弱电电触头。

02.1158 贵金属电接触材料 precious metal contact materials

又称"贵金属电接点材料"。用于制备电接触的贵金属材料。其导电性、导热性和化学稳定性良好，抗电弧性能、耐磨性也良好。

02.1159 贵金属电阻材料 precious metal resistance materials

利用贵金属电阻特性(如电阻率、电阻温度系数等)来制备各种功能元器件的贵金属材料。包括精密电阻合金、电阻应变材料、热电偶材料和电阻温度计材料。

02.1160 高电阻铝合金 high resistance aluminum alloy

通过添加锂等元素而具有高电阻的铝合金。也可作为热核反应材料。

02.1161 镍基电阻合金 nickel based electrical resistance alloy

以镍为基体加入合金元素(如 Cr)使之具有较大的电阻特性的合金。

02.1162 镍基电热合金 nickel based electrical thermal alloy

利用合金的高电阻特性，将电能转换为热能的镍合金。如 Ni80Cr20 合金。

02.1163 镍基精密电阻合金 nickel based precision electrical resistance alloy

具有电阻温度系数小，对铜的热电势的绝对值小且稳定的镍基电阻合金。

02.1164 镍基应变电阻合金 nickel based strain electrical resistance alloy

电阻应变灵敏系数大、电阻温度系数绝对值小的镍基电阻合金。

02.1165 镍基热电偶合金 nickel based thermocouple alloy

热电动势大且其数值与其接头间的温度差成正比、非常稳定的一种测量温度用镍合金。

02.04　粉末冶金材料

02.1166 粉末冶金 powder metallurgy

制取金属、合金、金属化合物等粉末，以及将这些粉末或粉末混合料经过成形、烧结制造成材料或制品的冶金技术。

02.1167 金属陶瓷法 metal ceramic technique

通过制粉、成形、烧结等来制取材料和制品的工艺技术。

02.1168　粉末　powder
通常指尺寸小于1mm的分散颗粒的集合体。

02.1169　粉末颗粒　powder particle
简称"颗粒"。组成粉末体的最小单位或个体。

02.1170　粗粉　coarse powder
粒度在 150~500μm 范围内的颗粒所组成的粉末。

02.1171　细粉　fine powder
由粒度为 10~44μm 的颗粒组成的粉末。

02.1172　亚微粉　submicron powder
粒度小于 1μm 的粉末。

02.1173　超细粉　ultrafine powder
粒度在 0.01~0.10μm 范围内的粉末。

02.1174　纳米粉　nanosized powder
小于 100nm 的颗粒组成的粉末。

02.1175　平均粒度　mean particle size
代表粉末或粉末中某个分级粉中颗粒的平均大小。随测定方法和计算的基准不同而有不同的平均径。

02.1176　粒度范围　particle size range
代表某一分级粉中颗粒的粒度变化区间或幅度。

02.1177　规则状粉　regular powder
颗粒具有对称性几何外形的粉末。

02.1178　不规则状粉　irregular powder
颗粒形状不对称的粉末。

02.1179　球状粉　spheroidal powder
由近似球形颗粒组成的粉末。

02.1180　粒状粉　granular powder
由近似等轴但形状不规则的颗粒组成的粉末。

02.1181　角状粉　angular powder
由具有棱角或近似多面体的颗粒组成的粉末。

02.1182　片状粉　flaky powder, lamellar powder
颗粒的厚度比长和宽两个方向的尺寸较小的扁平状或板条状的粉末。

02.1183　瘤状粉　nodular powder
颗粒表面圆滑的,形状不规则的粉末。

02.1184　树枝状粉　dendritic powder
颗粒具有典型的松树枝状结构的粉末。

02.1185　纤维状粉　fibrous powder
由规则或不规则纤维状颗粒组成的粉末。

02.1186　球磨粉　ball milled powder
用球磨机研磨所得的粉末。

02.1187　粉碎粉　comminuted powder
通过机械粉碎固态金属而制成的粉末。

02.1188　沉淀粉　precipitated powder
由溶液通过化学沉淀而制成的粉末。

02.1189　海绵粉　sponge powder
将还原法制得的内部呈多孔海绵状的粉体粉碎而制成的多孔性还原粉末。

02.1190　雾化粉　atomized powder
利用高速气流或液流及其他方法,使熔融金属或合金机械地分散成颗粒而制成的粉末。

02.1191　电解粉　electrolytic powder
用电解沉积法而制得的粉末。

02.1192 还原粉 reduced powder
用化学还原法还原金属化合物而制成的粉末。

02.1193 羰基粉 carbonyl powder
由金属羰基化合物热分解而制得的粉末，如羰基镍粉。

02.1194 热喷涂粉末 thermal spray powder
电弧、等离子喷涂、喷焊、乙炔堆焊等所用的金属或非金属粉末。

02.1195 氢化－脱氢粉 hydride-dehydrate powder
用氢化法所制得金属氢化物粉末，再经脱氢处理而制成的粉末。如钛粉便可以用这种方法制造。

02.1196 快速冷凝粉 rapid solidified powder
液态金属或合金直接或间接通过高冷凝速率制得的粉末。其颗粒具有亚稳的微观结构。

02.1197 机械合金化粉 mechanically alloyed powder
几种单质粉末，经过高能球磨，粉末反复发生塑性变形或破碎而形成的合金粉末。

02.1198 完全合金化粉 completely alloyed powder
粉末中的每一颗粒都具有与整体粉末相同的化学成分的合金粉末。但不一定达到相图所规定的平衡状态。

02.1199 母合金粉 master alloy powder
含有一种或多种难于以纯金属状态加入的高浓度元素的合金化粉末。

02.1200 预合金粉 prealloyed powder
将熔融合金熔体雾化而制成的完全合金化的粉末。

02.1201 混合粉 mixed powder
由不同化学成分的粉末混合而成的粉末。

02.1202 复合粉 composite powder
每一颗粉末均由两种或多种不同成分组成的粉末。

02.1203 难熔金属粉末 refractory metal powder
由难熔金属颗粒组成的粉末。

02.1204 粉末压缩性 powder compressibility
在加压条件下，粉末可被压缩的程度，通常是在封闭模中的单轴向的压制。

02.1205 透过性表面积 permeability surface area
用透过法测定的粉末比表面积。

02.1206 粉末成形性 powder formability
粉末在成形后能保持一定形状的能力。可用转鼓试验测定和用压坯强度表示。

02.1207 吸附表面积 adsorption surface area
用吸附方法测定的粉末比表面积。

02.1208 真密度 true density
多孔材料中去掉开孔和闭孔后的体积除粉末的质量所得到的密度。即同种材料在无孔状态下的密度。

02.1209 理论密度 solid density, theoretical density
又称"全密度"、"100%相对密度"。材质无孔隙时的密度。

02.1210 全致密材料 full density materials
又称"全密度材料"。无残留孔隙或相对密度≥98%的粉末冶金制品或材料。

02.1211 半致密材料 semidense materials
介于多孔材料和致密材料之间的、相对密度

约为 90%~98% 的粉末冶金材料。

02.1212 润滑剂 lubricant
加入两个相对运动表面之间，能减少或避免摩擦磨损的物质。

02.1213 冷压 cold pressing
在室温下的单轴向压制。

02.1214 等静压制 isostatic pressing
对封装于软模中的粉末或压坯施以各向大致相等压力的压制。可分为冷等静压制与热等静压制。

02.1215 烧结合金 sintered alloy
以预合金粉末或混合粉末为原料烧结的有色、黑色合金材料与制品。

02.1216 烧结铁 sintered iron
粉末中没有有意加入碳及其他合金化元素的一种烧结非合金铁。

02.1217 烧结合金钢 sintered alloy steel
以预合金钢粉或混合粉末为原料的烧结合金钢材料。

02.1218 烧结活塞环 sintered piston ring
用粉末冶金方法制取的活塞环。

02.1219 烧结不锈钢 sintered stainless steel
以预合金不锈钢粉末为原料的粉末冶金制品。如不锈钢过滤器、止火器等。

02.1220 烧结铜 sintered copper
以铜粉或铜合金粉末为原料的烧结制品。

02.1221 烧结青铜 sintered bronze
以预合金青铜粉末或混合粉末为原料的烧结制品。

02.1222 烧结铅青铜 sintered lead bronze
以预合金铅青铜粉末或混合粉末为原料制取的烧结制品。

02.1223 烧结白铜 sintered copper-nickel-silver
以预合金的白铜粉末为原料通过粉冶工艺制备的一类白铜材料。包括铜-镍-锌、铜-镍-铁、铜-镍-铝白铜。

02.1224 烧结黄铜 sintered brass
以预合金黄铜粉末或混合粉末为原料的烧结制品。

02.1225 烧结铝 sintered aluminum
用粉末冶金方法制造的一种以 Al_2O_3 弥散强化的铝合金。

02.1226 金属过滤器 metal filter
由金属粉末制成的过滤器。具有较高强度，耐压、受力均匀，耐高温性能好，还具有连通孔孔隙含量高等优点。

02.1227 金属分离膜 metal separation membrane
用金属粉末烧结成的微孔薄片。其厚度小于 1mm，每平方厘米内有几亿个 50nm 的孔隙。用纳米级超细金属(如镍、钛等)粉末，通过粉末轧制或沉降法成形生带材或薄片生坯，再烧结而成。

02.1228 多孔轴承 porous bearing
又称"含油轴承"。用粉末冶金方法制取的多孔减摩制品。经浸油后，使用时具有自润滑性能。

02.1229 自润滑轴承 self lubricating bearing
用自润滑材料制成或预先充以润滑剂后密封起来长期使用，在工作时不外加润滑剂的滑动轴承。

02.1230 含香金属 scented porous metal

多孔金属中浸入液体香料，并储存在孔隙中的粉末冶金制品。

02.1231　泡沫金属　foamed metal
孔隙度达到90%以上，具有一定强度和刚度的多孔金属材料。可用粉末冶金和电化学沉积法制取。这类金属材料透气性很高，几乎都是连通孔，孔隙表面积大。

02.1232　烧结摩擦材料　sintered friction materials
用粉末冶金方法制造的含有润滑组分和可提高摩擦系数的非金属材料（如二氧化硅等）混合物制成的烧结材料。

02.1233　碳/碳复合摩擦材料　carbon/carbon composite friction materials
用碳纤维增强碳基体复合制成的摩擦材料。具有重量轻、耐高温、性能好、寿命长等特点。

02.1234　铁基摩擦材料　iron-based friction materials
采用粉末冶金工艺制造的以铁及铁基合金为主要基体组元，在制动和离合装置中起制动和传递扭矩功能作用的摩擦材料。

02.1235　铜基摩擦材料　copper based friction materials
采用粉末冶金工艺制造的以铜或铜合金为主要基体组元，在制动和离合装置中起制动和传递扭矩功能作用的摩擦材料。

02.1236　半金属汽车刹车材料　semi-metallic brake materials for car
金属及合金组元质量百分比超过35%，应用于汽车刹车的树脂基合成摩擦材料。

02.1237　烧结减摩材料　sintered antifriction materials
采用固体润滑剂与金属基体烧结制成的、摩擦系数小于0.05的材料。常以铜、铁、难熔化合物为基体，合适的固体润滑剂有金、银、铜、铅、石墨等。

02.1238　烧结电工材料　sintered electrical engineering materials
用粉末冶金方法制取的用于电机、电器、电工测量仪表和电气设备方面的具有特殊性能的材料。有电触头材料、磁性材料和电真空材料等。

02.1239　烧结电触头材料　sintered electrical contact materials
具有高电导率和抗弧腐蚀的烧结材料。例如钨－铜，钨－银，银－石墨和银－氧化镉复合材料。

02.1240　熔浸复合材料　infiltrated composite materials
用熔浸法制取的金属和金属、金属和非金属的复合材料。如W-Ag、W-Cu、TiC-Ni等。

02.1241　烧结金属石墨　metal bearing carbon
以石墨为基体，用互不溶解的石墨粉与金属粉为原料制取的烧结组合材料。

02.1242　弥散强化材料　dispersion strengthened materials
采用使金属基体含有高度分散细小的第二相质点的方法来达到强化基体的材料。

02.1243　氧化钍弥散强化镍合金　thoria dispersion nickel，TD nickel
简称"TD镍"。用ThO_2做硬质点弥散在镍基体中的一种弥散强化高温合金。

02.1244　碳化硼控制棒　boron carbide control bar
用烧结方法制取的B_4C或B_4C与Al_2O_3弥散

强化的材料。具有较大的中子吸收截面，可用做核反应堆的控制棒。

02.1245 硬质合金 cemented carbide，hard metal

以一种或几种难熔金属碳化物或氮化物、硼化物等为硬质相和金属黏结剂相组成的烧结材料。

02.1246 碳化钨基硬质合金 cemented carbide based on tungsten carbide

以碳化钨为硬质相和金属黏结相组成的烧结材料。

02.1247 贵金属烧结材料 noble metal sintered materials

由贵金属粉末制成的烧结材料。

02.1248 钢结硬质合金 steel bonded carbide

以金属碳化物（如 TiC、WC 等）为硬质相，用合金钢做黏结相制得的硬质合金。其性能介于硬质合金和高速钢之间。

02.1249 粗晶硬质合金 coarse grain size cemented carbide

碳化物平均晶粒度大于 $2.4\mu m$ 的硬质合金。

02.1250 细晶硬质合金 fine grain cemented carbide

碳化物平均晶粒度在 $0.6\sim1.0\mu m$ 范围内的硬质合金。

02.1251 超细晶粒硬质合金 ultrafine cemented carbide

碳化物平均晶粒度在 $0.1\sim0.6\mu m$ 范围内的硬质合金。

02.1252 整体硬质合金工具 solid carbide tool

刀柄、刀刃为一整体的硬质合金工具。具有

良好的使用性能，但浪费了合金资源。

02.1253 涂层硬质合金 coated cemented carbide

表面涂有难熔金属化合物（如 TiC、TiN、TiC-TiN 等）薄膜的硬质合金。

02.1254 无钨硬质合金 cemented carbide without tungsten carbide

硬质相不含钨元素的硬质合金。如碳氮化钛基硬质合金等。

02.1255 含钨硬质合金 cemented carbide with tungsten carbide

由含钨硬质相与黏结金属组成的硬质材料。

02.1256 司太立特合金 stellite alloy

又称"钴基铬钨合金"。以钴、铬、钨为主要成分的一种高温钴基合金。具有优良的耐磨性和高温性能，较好的热强性、热蚀性以及冷热疲劳性能。

02.1257 多涂层合金 multilayer coating alloy

为使基体合金与涂层之间具有更好的相容性或提高合金使用性能，在合金表面形成多层不同成分、不同厚度的涂层。

02.1258 硬质合金拉丝模 carbide drawing die

用于金属丝、棒、管材等拉拨用的硬质合金模具。

02.1259 金属陶瓷 ceramal，metallic ceramics

金属黏结陶瓷颗粒组成的烧结材料。由至少一种金属相和至少一种通常具有陶瓷性质的非金属相所组成。

02.1260 纳米晶硬质合金 nanosized cemented carbide

硬质相晶粒度小于 $0.1\mu m$ 的硬质合金。

02.1261 复合涂层 composite coating
由两种或多种组分组成的在金属或非金属上的涂层。组分之一往往呈颗粒状。

02.1262 硬质合金钻齿 carbide drilling bits
由硬质合金材料制成的用于地质矿山钻探机钻头齿形部件。

02.1263 硬质合金模具 carbide die
用硬质合金材料制成的模具。具有良好的使用性能。

02.1264 梯度结构硬质合金 functional gradient cemented carbide
成分、结构或性能呈梯度变化，而且没有明显的界面的非均匀结构的硬质合金。

02.1265 均匀结构硬质合金 uniform structure cemented carbide
内部结构均匀一致的硬质合金。各部位具有相同的成分、结构及性能。

02.1266 氧化物基金属陶瓷 cemented based on oxide
用金属黏结氧化物颗粒组成的烧结材料。

02.1267 碳化铬基硬质合金 cemented carbide based on carbochronide
用碳化铬做主要硬质相，与黏结金属组成的烧结材料。

02.1268 碳氮化物基硬质合金 cemented carbide based on carbonitride
用碳氮化物做主要硬质相，与黏结金属组成的烧结材料。

02.1269 金刚石复合合金 metal bonded diamond
又称"金属－金刚石合金"。以铜、铁、钨、钼或碳化钨做基体或黏结剂，在基体上配置粉末状金刚石，用粉末冶金方法制取的复合材料，常用做刀具和模具材料。

02.1270 硬面材料 hardface materials
用于强化工件表面的粉末或块状材料。使工件表面的硬度提高，耐磨耐蚀性增强。

03. 无机非金属材料

03.01 无机非金属材料基础

03.0001 鲍林规则 Pauling rule
鲍林根据大量试验数据和点阵能公式所反映的关系而提出的判断离子化合物结构稳定性的规则、离子晶体中形成离子配位多面体的原理及制约多面体相互连接的规律。

03.0002 负离子配位多面体 coordination polyhedron of anion
在离子化合物中以一个正离子为中心，将其周围配置的最邻近的数个负离子的中心连接起来构成的一个多面体。

03.0003 硅酸盐结构单位 structure unit of silicate
以硅离子为中心，在其周围排布4个氧离子而构成的硅－氧正四面体结构。

03.0004 水化热 heat of hydration
物质与水发生反应生成水化物的过程中所放出或吸收的热量。

03.0005 结晶热 heat of crystallization
物质从液相转变为固相的过程中熔融物或

溶液结晶时所放出的热量。

03.0006 盖斯定律 Hess law
定压定容条件下，任意一个反应其总反应的热效应只与反应的始态和终态有关而与反应的路程无关。

03.0007 晶型转变热 heat of crystal polymorphic transformation
晶体由一种晶型转变为另一种晶型所需的热量。

03.0008 润湿热 heat of wetting
液体润湿单位表面积的固体时所放出的热量。

03.0009 金刚石结构 diamond structure
立方晶系，面心立方格子。碳原子位于面心立方的所有结点位置和交替分布在立方体内的 1/2 四面体间隙的位置。每个碳原子和周围 4 个碳原子按四面体配位，形成碳碳共价单键。

03.0010 石墨结构 graphite structure
全部以 sp^2 杂化轨道和邻近的三个碳原子形成三个共价单键并排列成平面六角的网状结构，这些网状结构以范德瓦耳斯力联成互相平行的平面，构成层片结构。层内原子间距 0.142nm，层间距 0.335nm。

03.0011 氯化钠结构 sodium chloride structure
又称"岩盐型结构"。立方晶系，面心立方格子，其中阴离子按立方最紧密方式堆积，而阳离子则填充于全部的八面体空隙中。

03.0012 氯化铯结构 cesium chloride structure
立方晶系，简单立方格子。其中阴离子位于简单立方格子的 8 个顶角上，而阳离子则位于立方体的中心。

03.0013 立方硫化锌结构 cubic ZnS structure
又称"闪锌矿型结构（zinc blende structure）"。立方晶系，面心立方格子，其中阴离子位于面心立方的结点位置，阳离子则交替填充于 1/2 的四面体空隙中。

03.0014 六方硫化锌结构 hexagonal ZnS structure
又称"纤锌矿型结构（wurtzite structure）"。六方晶系，为简单六方格子，其中阴离子按六方最紧密方式堆积，而阳离子则交替填充于 1/2 的四面体空隙中。

03.0015 金红石型结构 rutile structure
四方晶系，简单四方格子。晶胞中含 2 个阳离子和 4 个阴离子。阴离子作近似的六方紧密堆积，阳离子则交替填充于 1/2 的八面体空隙中并致使近似密堆的晶格发生一定程度的畸变。

03.0016 锐钛矿结构 anatase structure
金红石结构的一种变体。四方晶系，晶体结构中八面体发生较大的畸变。

03.0017 萤石型结构 fluorite structure
又称"氟化钙结构（calcium fluoride structure）"。立方晶系，面心立方格子。阳离子（钙）按立方紧密堆积排列，形成面心立方结构，而阴离子（氟）充填于全部四面体空隙中。

03.0018 反萤石型结构 anti-fluorite structure
立方晶系，面心立方格子。阴阳离子的位置与萤石结构中的情况恰好相反：阴离子按立方紧密方式堆积，阳离子则填充了其中所有的四面体空隙。

03.0019 刚玉型结构 corundum structure
三方晶系（α-Al_2O_3 为代表的 A_2B_3 型二元化合物）。其中阴（氧）离子按六方最紧密方式堆积，而阳（铝）离子则占据其中 2/3 的八面体空隙。

03.0020　钙钛矿结构　perovskite structure
立方晶系($CaTiO_3$ 为代表的一类 ABO_3 型三元化合物），面心立方格子，由 O 离子和半径较大的 A 离子共同组成立方最紧密堆积，而半径较小的 B 离子则填于 1/4 的八面体空隙中。

03.0021　钛铁矿结构　titanic iron ore structure，mohsite
三方晶系($FeTiO_3$ 为代表的一类 ABO_3 型三元化合物）。这一结构中，氧离子按六方最紧密方式堆积，而 A、B 两类阳离子则有序地交替占据其中的八面体空隙。

03.0022　烧绿石结构　pyrochlore structure
又称"焦绿石结构"。$A_2B_2X_7$ 型三元化合物，是萤石结构的一种变体。萤石结构中半数配位数为 8 的 $Ca\text{-}F_8$ 立方体换成配位数为 6 的歪扁的 $B\text{-}X_6$ 八面体。其晶胞比萤石大 2 倍。

03.0023　铌酸锂结构　lithium niobate structure
分子式为 $LiNbO_3$，属于三方晶系，畸变的钛铁矿型结构。

03.0024　磁铅石型结构　magnetoplumbite structure
一种 $AB_{12}X_{19}$ 型化合物形成的六方铁氧体晶体结构。属六方晶系。阴离子（氧）呈紧密堆积，由六方密堆和立方密堆交替重叠而成。晶轴比短(c/a)，大约为 4∶1。适于做永磁铁，具有较高矫顽力。

03.0025　石榴子石型结构　garnet structure
以石榴子石天然硅酸盐矿物宝石（$3MnO \cdot Al_2O_3 \cdot 3SiO_2$）及三价稀土离子取代 Mn^{2+}、Si^{4+} 的钇铁石榴子石（$Gd_3Fe_3(FeO4)_3$）为代表的一种 $A_3B_2(CX_4)_3$ 型化合物的晶体结构。属立方晶系。

03.0026　岛状硅酸盐结构　island silicate structure
以络阴离子团为单个硅氧四面体或由两个硅氧四面体共用一个顶角而连成的硅氧双四面体形成的结构以及有限个硅氧四面体共有顶角连接而成的环状结构。它们之间相互不连接而各自独立。

03.0027　橄榄石类硅酸盐结构　olivine silicate structure
一类岛状硅酸盐矿物。属斜方晶系。化学式为 $R_2[SiO_4]$，R 主要代表 Mg^{2+}、Fe^{2+}、Ca^{2+}、Mn^{2+}等。主要有镁橄榄石、镁铁橄榄石、铁橄榄石、锰橄榄石、钙镁橄榄石等。

03.0028　链状硅酸盐结构　chained silicate structure
硅氧四面体通过公用氧连接起来，在一维方向延伸成链状。有单链和双链，链与链之间通过其他阳离子按一定的配位关系连接起来。

03.0029　辉石类硅酸盐结构　pyroxene silicate structure
单链硅酸盐结构的典型代表。根据所属晶系的不同可以分为两个亚族：属斜方晶系的斜方辉石亚族和属单斜晶系的单斜辉石亚族。辉石类矿物的一般结构式为 $R_2[Si_2O_6]$。

03.0030　角闪石类硅酸盐结构　amphibole silicate structure
双链硅酸盐结构的典型代表。根据所属晶系的不同可以分为两个亚族：属斜方晶系的斜方角闪石和属单斜晶系的单斜角闪石。

03.0031　层状硅酸盐结构　layered silicate structure
硅氧四面体通过三个共同氧在二维平面内延伸成一个硅氧四面体层。在硅氧层中，处于同一平面的三个氧都被硅离子共用而形成一个无限延伸的六角环层。硅氧四面体另一顶角上的氧为自由氧，它将与硅氧层以外的阳离子相连。

03.0032 云母类硅酸盐结构 mica silicate structure

属层状硅酸盐一类结构，其结构与叶腊石、滑石等相似。根据化学组成，云母类可以分为黑云母(镁铁云母)、白云母(铝云母)和鳞云母(锂云母)等三大亚类。

03.0033 黏土类硅酸盐结构 clay silicate structure

属层状硅酸盐一类结构。主要有高岭石、蒙脱石等。其中高岭石为三斜晶系，而蒙脱石和伊利石则为单斜晶系。

03.0034 架状硅酸盐结构 framework silicate structure

每个硅氧四面体的四个角顶氧都分别与其相邻的硅氧四面体公用，形成三维无限连续的硅氧四面体结构。其中部分四面体中的Si^{4+}可以被Al^{3+}所替代，出现多余的负电荷，因而为保持电中性，要有某些带正电离子进入结构中。

03.0035 长石类硅酸盐结构 feldspar silicate structure

属架状硅酸盐一类结构。由$[(Si，Al)O_4]$四面体连接成的四方环构成的沿 *a* 轴的折线状链，链与链之间又以桥氧相连，形成三维架状结构。当结构中由于Al^{3+}替代了Si^{4+}而使网络中出现过剩的负电荷时，K^+、Na^+、Ca^{2+}、Ba^{2+}等离子填充于结构中以达到平衡电荷作用。

03.0036 沸石类硅酸盐结构 zeolite silicate structure

属架状硅酸盐一类结构。$[(Si，Al)O_4]$四面体以角顶相互连接形成架状铝氧骨架，其结构开放性较大，有许多大小均匀的空洞和孔道，这些空洞和孔道为离子和水分子所占据。烘烧过程导致的部分或全部脱水并不破坏其晶体格架。

03.0037 成型 shaping forming, molding

借助外力、工具或模具，将原材料或坯料(半成品)加工成具有一定形状和尺寸并具有一定组织结构和力学性能的坯体或制品的过程。成型方法多种多样，可根据材料的特点选择成型方法。

03.0038 烧成 firing

物料制成的坯体在热处理过程产生脱水、分解、多相反应以及熔融、溶解和烧结等物理与化学过程，伴随颗粒重排、气孔排除、体积收缩和显微结构致密化、强度增加的方法。

03.02 晶 体 材 料

03.0039 非线性晶体 nonlinear crystal

在强光(激光)或外场(电场、磁场、应变场等)作用下能产生非线性光学效应的晶体。

03.0040 磷酸氧钛钾晶体 potassium titanium phosphate crystal

化学式为$KTiOPO_4$的非线性晶体，是综合性能最好的晶体之一。

03.0041 三硼酸锂晶体 lithium borate, LBO

化学式为LiB_3O_5的非线性光学晶体。属正交晶系。

03.0042 偏硼酸钡晶体 barium metaborate, BBO

化学式为BaB_2O_4的非线性光学晶体。存在高温和低温两个相，925℃以上为高温α相($\alpha\text{-}BaB_2O_4$)；925℃以下为低温β相($\beta\text{-}BaB_2O_4$)，属三方晶系，是重要的非线性晶体。

03.0043 硼酸铯锂晶体 cesium lithium borate crystal，CLBO
化学式为 $CsLiB_6O_{10}$ 的非线性光学晶体。属四方晶系。

03.0044 碘酸钾晶体 potassium iodate crystal
化学式为 KIO_3 的非线性光学晶体。属三斜晶系。碘酸钾在 $-163\sim212℃$ 之间具有铁电性，电光系数 $\gamma_{63}=104\times10^{-12}m/V$，$1.06\mu m$ 激光倍频相位匹配角 $\theta_m=14.5°$，$\varphi=45°$。

03.0045 铌酸钾晶体 potassium niobate crystal，KN
化学式为 $KNbO_3$，属正交晶系，具有畸变钙钛矿型结构，是一种具有非线性、压电、电光、铁电等多种性能的材料。居里点 $435℃$，非线性系数 $d_{31}=17.2\times10^{-12}m/V$，相位匹配温度 $71℃$（$1.06\mu m$）。

03.0046 铌酸锶钡晶体 strontium barium niobate crystal，SBN
化学式为 $Sr_{1-x}Ba_xNb_2O_6$，具有钨青铜结构的铌酸盐铁电体，属四方晶系。热电系数 $(6\sim31)\times10^8C/cm^2$，电光系数 $\gamma_{33}=(88\sim114)\times10^{-12}m/V$，居里温度为 $40\sim114℃$。

03.0047 氯化亚铜晶体 cuprous chloride crystal
化学式为 $CuCl$ 的声光晶体，属立方晶系，闪矿型结构。透过波段 $0.4\sim20.5\mu m$，电光系数 $2.3\times10^{-12}m/V$。

03.0048 磷酸二氢钾晶体 potassium dihydrogen phosphate crystal，KDP
化学式为 KH_2PO_4 的非线性光学晶体，属四方晶系。非线性系数 $d_{36}=0.63\times10^{-12}m/V$，对 $0.6943\mu m$ 激光倍频相位匹配角 $\theta_m=50.4\pm1°$。

03.0049 铌酸锂晶体 lithium niobate crystal，LN
化学式为 $LiNbO_3$ 的铁电晶体，属三方晶系，钛铁矿型（畸变钙钛矿型）结构。居里点 $1210℃$，自发极化强度 $50\times10^{-6}C/cm^2$。

03.0050 钽酸锂晶体 lithium tantalate crystal，LT
分子式为 $LiTaO_3$，属三方晶系，钛铁矿（畸变钙钛矿）型结构。

03.0051 电光晶体 electro-optic crystal
具有电光效应的晶体的统称。即在外加电场作用下，折射率发生变化的晶体。

03.0052 声光晶体 acousto-optical crystal
具有声光效应的晶体。常用的有钼酸铅（$PbMoO_4$）、钼酸二铅（Pb_2MoO_5）、二氧化碲（TeO_2）、锗钒酸铅、硫化汞、氯化亚汞。

03.0053 钼酸铅晶体 lead molybdate crystal，PM
化学式为 $PbMoO_4$ 的高品质的声光材料，属四方晶系。

03.0054 二氧化碲晶体 tellurium dioxide crystal
又称"对位黄碲矿晶体（para-tellurite crystal）"。化学式为 $\alpha\text{-}TeO_2$，属于四方晶系，金红石结构。

03.0055 硅酸铋晶体 bismuth silicate crystal，BSO
化学式为 $Bi_{12}SiO_{20}$，属于立方晶系的晶体。具有压电、声光效应及电光和光电导效应。

03.0056 闪烁晶体 scintillation crystal
在 X 射线和 γ 射线等高能粒子的撞击下，能将高能粒子的动能转变为光能而发出闪光的晶体。

03.0057 锗酸铋晶体 bismuth germinate

crystal，BGO

化学式为 $Bi_{12}GeO_{20}$，属于立方晶系的晶体。在可见光、X 射线、γ 射线、α 射线的激发下产生荧光，具有优良的闪烁性能。

03.0058 掺铊碘化铯晶体 Tl-doped cesium iodide crystal

化学式为 $CsI(Tl)$ 的一种常用的闪烁晶体。

03.0059 掺铊碘化钠晶体 Tl-doped sodium iodide crystal

化学式为 $NaI(Tl)$ 的闪烁晶体材料。光输出在所有闪烁晶体材料中是最大的，应用也是最广泛的。

03.0060 掺杂锗酸铋晶体 doped bismuth germinate crystal

掺有 Al，Ga，P，Pb，Cr，Nd，Zn，Fe，Eu 等的锗酸铋晶体。其中 Al，Ga，P 的掺杂可以使锗酸铋晶体退色，并可以增强其暗场传导性能。

03.0061 氟化钡晶体 barium fluoride crystal

化学式为 BaF_2 的晶体。属于立方晶系。是一种良好的闪烁晶体。

03.0062 氟化铈晶体 cerium fluoride crystal

化学式为 CeF_3 的晶体。属三方晶系。是核物理中的重要闪烁晶体。

03.0063 氟化铅晶体 lead fluoride crystal

化学式为 PbF_2 的闪烁晶体。有两种晶体结构。在低温下称之为 α-PbF_2，属于正交晶系。α-PbF_2 在 200℃时转变为 β-PbF_2，属于立方晶系。

03.0064 激光晶体 laser crystal

由基质晶体和激活离子构成的用于固体激光器产生激光的晶体。

03.0065 掺钕钒酸钇晶体 Nd-doped yttrium vanadate crystal

在钒酸钇基质晶体中掺入少量 Nd^{3+} 而形成的激光晶体。

03.0066 掺钕氟化钙晶体 Nd-doped calcium fluoride crystal

易于大尺寸单晶生长、激光输出波长约 1μm、荧光寿命长达毫秒级的强激光材料。

03.0067 掺镍氟化镁晶体 Ni-doped magnesium fluoride crystal

在氟化镁基质晶体中掺入少量 Ni^{2+} 而形成的可调谐激光晶体。

03.0068 掺钴氟化镁晶体 Co-doped magnesium fluoride crystal

在氟化镁基质晶体中掺入少量钴而形成的可调谐激光晶体。

03.0069 掺铬氟铝酸钙锂晶体 Cr-doped calcium lithium aluminum fluoride crystal

将 Cr^{3+} 掺入 Colquiriite 结构的氟化物基质晶体 $LiCaAlF_6$ 中形成的波长可调谐的激光晶体。

03.0070 掺铬氟铝酸锶锂晶体 Cr-doped lithium strontium aluminum fluoride crystal

将 Cr^{3+} 掺入 Colquiriite 结构的氟化物基质晶体 $LiSrAlF_6$ 中形成的波长可调谐的激光晶体。

03.0071 掺钕氟磷酸钙晶体 Nd-doped calcium fluorophosphate crystal

在氟磷酸钙基质晶体中掺入少量 Nd^{3+} 而形成的激光晶体。

03.0072 掺钕钨酸钙激光晶体 Nd-doped calcium tungstate laser crystal

在钨酸钙基质晶体中掺入少量 Nd^{3+} 而形成的激光晶体。

03.0073 掺铬石榴子石晶体 Cr-doped garnet crystal

在钇铝石榴子石（YAG）基质晶体中掺入 Cr^{4+} 形成的可调谐激光晶体。

03.0074 可调谐激光晶体 tunable laser crystal

在改变谐振腔中调谐元件从而改变谐振腔的谐振频率时能连续改变激光的输出波长，构成可调谐激光器的晶体。

03.0075 氟化钇锂晶体 yttrium lithium fluoride crystal

化学式为 $LiYF_4$ 的晶体。属四方晶系，白钨矿结构。掺 Nd 的氟化钇锂晶体是重要的可调谐激光晶体。

03.0076 钆镓石榴子石晶体 gadolinium gallium garnet crystal, GGG

化学式为的 $Gd_3Ga_5O_{12}$ 晶体。属于立方晶系。用 Nd 掺杂得到 Nd：GGG，是一种优良的激光晶体，在室温下能够获得脉冲激光输出，波长为 $1.0633\mu m$。

03.0077 金红石晶体 rutile crystal

化学式为 TiO_2 的晶体。属于四方晶系。P42/mnm 空间群，Ti^{4+} 的配位数是 6，O^{2-} 的配位数是 3。

03.0078 硅酸镁晶体 magnesium silicate crystal

分子式为 Mg_2SiO_4 的晶体。属正交晶系。Mg_2SiO_4 是橄榄石族矿物中的一种，矿物名称为镁橄榄石。Cr^{4+} 激活的镁橄榄石是一种可调谐激光晶体。

03.0079 掺钛蓝宝石晶体 Ti-doped sapphire crystal

在基质晶体中掺入 Ti^{3+} 而形成的可调谐激光晶体。分子式为 $Ti^{3+}：Al_2O_3$，六方晶系。

03.0080 光学晶体 optical crystal

（1）广义上指在光学仪器和装置中起光学效应的晶体。光学效应有线性和非线性两种。
（2）狭义上是指利用线性光学效应传输光的晶体。

03.0081 氟化钙晶体 calcium fluoride crystal

化学式为 CaF_2 的晶体。属立方晶系，透光波段为 $0.13\sim10\mu m$ 的光学晶体材料。是优良的紫外、红外窗口材料。

03.0082 氟化镁晶体 magnesium fluoride crystal

化学式为 MgF_2 的晶体。属四方晶系，透光波段为 $0.11\sim9\mu m$ 的光学晶体材料。是优良的紫外、红外窗口材料。

03.0083 氟化锂晶体 lithium fluoride crystal

化学式为 LiF 的晶体。透光波段为 $0.10\sim7\mu m$ 的光学晶体材料。

03.0084 硫化锌晶体 zinc sulfide crystal

化学式为 ZnS 的晶体。重要的红外窗口材料。透光范围 $0.35\sim14.5\mu m$。

03.0085 压电晶体 piezoelectric crystal

具有压电效应的晶体。主要用于制造测压元件、谐振器、滤波器、声表面波换能及传播基片等。

03.0086 亚硝酸钠晶体 sodium nitrite crystal

化学式为 $NaNO_2$ 的晶体。属正交晶系。是一种各向异性比较明显的材料，并且其光学性质在铁电相中要比在顺电相中具有更高的各向异性。

03.0087 人工水晶 synthetic quartz

用人工方法培育的透明α石英晶体。用水溶液温差法（即水热法）或提拉法生长。

03.0088 硅酸镓镧晶体 lanthanum gallium silicate crystal

简称"LGS 晶体"。化学式为 $La_3Ga_5SiO_{14}$ 的晶体。是一种多功能晶体。和石英同属 32 点群，具有良好的压电和电光性质。

03.0089 超硬晶体 super-hard crystal

显微硬度超过 10~30GPa 范围，适合于加工硬质材料。

03.0090 人造金刚石 synthetic diamond

用人工方法使非金刚石结构的石墨或气相碳原子发生相变转化而成的金刚石。

03.0091 高强度金刚石 high strength diamond

$80^{\#}$ 单颗粒的平均抗压强度在 $1.7\times10^4 kg/cm^2$ 以上的磨料级人造金刚石。其代号为 JR-3。

03.0092 六方金刚石 hexagonal diamond

属于六方晶系，空间群 D46h-P63/mmc，晶格常数 $a=2.52$Å，$c=4.12$Å。单轴正光性，具有双折射性，折射率 2.41~2.42，理论密度 $3.51g/cm^3$，与金刚石相同。其硬度接近金刚石，但脆性大，粒度细。

03.0093 大颗粒金刚石 large size diamond

以单粒、表镶形式使用的金刚石。包括单晶和多晶体金刚石两种。

03.0094 宝石级金刚石 gem diamond

可用做工艺品和装饰用的金刚石单晶。这种金刚石单晶需要有很大的粒度和较高的质量。用做装饰品时，不仅要求颗粒大，而且颜色要求好而均匀，晶体呈透明或半透明，杂质、气泡及裂纹等缺陷少。

03.0095 金刚石多晶薄膜 polycrystalline diamond film

用低压或常压化学气相沉积方法在固相基片上沉积形成的大面积薄膜状金刚石。通常为多晶结构。

03.0096 聚晶金刚石 polycrystalline compact diamond

又称"多晶体金刚石"。由许多细粒金刚石聚集而成的金刚石多晶致密体。其硬度一般稍低于单晶金刚石，但由于它各向同性，无解理面，因此抗冲击与抗弯强度较高。

03.0097 金刚石复合刀具 diamond composite cutting tool

以人造金刚石为磨料，以金属粉、树脂粉、陶瓷等为结合剂，制成的各种型号、规格、用途的割切工具。

03.0098 立方氮化硼晶体 cubic boron nitride crystal

化学式为 BN 的晶体。人造的超硬材料，属等轴晶系。空间群 F43m，晶胞常数为 3.62Å，密度为 $3.48g/cm^3$，熔点 3000℃，抗氧化温度 1300℃左右，努氏硬度为 47GPa。

03.0099 立方氧化锆晶体 cubic zirconia crystal

化学式为 ZrO_2。常温下保持立方相的氧化锆晶体，具有硬度高（莫氏硬度 8~8.5），折射率高（于 6830Å 处，$n\approx2.149$），色散性强（~0.056）和化学稳定性好等特性。

03.0100 磁光晶体 magnetooptical crystal

具有磁光效应的晶体。按磁性分为铁磁性、顺磁性和抗磁性磁光晶体。

03.0101 激光玻璃光纤 laser glass fiber

掺有一定浓度激活离子，在某些特定波长光的激励下能产生激光的玻璃光纤。

03.0102　多功能激光晶体　multifunctional laser crystal
在产生激光后，利用自身的功能赋予激光以某种特性的激光晶体。

03.0103　石榴子石型激光晶体　garnet laser crystal
以镧系元素取代 YAG 晶体格位的 Y，并用过渡金属元素取代 A(Al)，再以适当的稀土和过渡金属离子掺杂作为激活离子的一类激光晶体。

03.0104　四磷酸锂钕晶体　neodymium lithium tetraphosphate crystal
化学式为 $NdLiP_4O_{12}$，激光跃迁截面较大的自激活激光晶体。

03.0105　单晶光纤　single crystal optical fiber
又称"纤维单晶"、"晶体纤维"。由单晶材料制成的光学纤维。具有单晶的物理、化学特性和纤维的导光性。

03.0106　硫化钙：铕(Ⅱ)　calcium sulfide activated by europium
化学式为 $CaS：Eu^{2+}$，用做薄膜电致发光材料，发出红色荧光，峰值波长 650nm，色坐标 $x=0.680$，$y=0.310$，效率(1kHz)0.05lm/W，亮度(1kHz)170cd/m^2。

03.03　陶　瓷

03.03.01　传 统 陶 瓷

03.0107　长石　feldspar
一系列不含水的碱金属或碱土金属铝硅酸盐矿物的总称。陶瓷主要原料之一。

03.0108　瓷土　china clay，porcelain clay
主要成分为高岭石，含量约 90%左右，矿物粒度小于 2μm，显微晶质或隐晶质结构常为致密块状或松散土状集合体。制造瓷器的主要原料。

03.0109　黏土　clay
主体为黏土矿物，并含有部分非黏土矿物或有机物的一种天然细颗粒矿物集合体。与水混合具有可塑性。

03.0110　瓷石　china stone
以绢云母和石英为主，或含有少量长石、高岭石和碳酸盐矿物的混合体。属于绢云母类黏土。是一种可供制瓷的石质原料。

03.0111　次生黏土　redeposited clay，secondary clay
原生黏土从原生地经风力、水力搬运到远地沉积下来的黏土。

03.0112　陶土　syderolite，pottery clay
主要由高岭石、蒙脱石、石英、长石组成的粉砂质黏土。可以烧制一般生活用品的陶器具。

03.0113　化妆土　engobe
敷施在陶瓷坯体表面的有色土料。是一种常用的陶瓷装饰材料。具有质地细腻、色泽均匀、遮盖力较强、耐火度高、表现力丰富等特性。烧成后不玻化，一般起遮盖或装饰作用。

03.0114　淘洗　elutriation
将粉状原料在水中进行搅拌，利用重力的差异，使粗颗粒和夹杂物分离而精选原料的方法。

03.0115　瘠性原料　non-plastic materials, lean materials

没有塑性和黏性的物料。对硅酸盐原料起瘠化作用。用在陶瓷和耐火材料生产中，可降低配合料的可塑性以及减少坯体在干燥和烧成时的收缩。

03.0116　波美度　baume degree

把波美比重计浸入所测溶液中，得到的度数。是表示溶液浓度的一种方法。

03.0117　玻化　vitrification

坯体或釉焙烧时，由玻璃相开始生成直至制品烧成的过程。

03.0118　彩绘　decoration

以各种人造着色无机化合物、天然着色矿物或金属着色材料，在陶瓷制品上画出的花纹装饰。

03.0119　彩陶　faience pottery

以彩绘作为装饰的陶器。

03.0120　测温环　firing ring

用来校对和监测高温窑炉的真实烧制过程的圆环状温度指示物。

03.0121　测温锥　fusible cone

又称"测温三角锥"。用来校对和监测高温窑炉的真实烧制过程的三角锥状温度指示物。

03.0122　陈腐　aging

将坯料在适宜温度和高湿度环境中存放一定时间，以改善其成型性能的工艺过程。

03.0123　底款　bottom stamp of ceramic ware

用文字或图案标记在陶瓷制品底部的标志。

03.0124　粗坯　crude green body

未经加工修整、表面粗糙的生坯。

03.0125　陶器　pottery, earthenware

胎体在800~1000℃高温下焙烧而成的制品，气孔率较高、有不同程度渗水性，机械强度低、断面粗糙无光泽的制品，但有耐火、抗氧化、不易腐蚀等优点，分粗陶和精陶。

03.0126　粗陶　crude pottery

胎体不致密、吸水率较大、不施釉、制作粗糙的一类陶器。

03.0127　精陶　fine pottery

白色胎或浅色胎上施釉的一类陶器，一般工艺先将坯胎高温素烧，然后施釉后再烧釉。

03.0128　白云陶　dolomite earthen-ware

又称"轻质陶瓷"。以白云石为主要原料制作的轻质陶器。

03.0129　细陶器　fine pottery

胎体颗粒细、气孔率小、结构均匀、制作精细、施釉或不施釉的陶瓷制品。

03.0130　紫砂陶　zisha ware

用质地细腻、含铁量较高的特种黏土制成的，呈色以赤褐为主，质地较坚硬的无釉精陶制品。

03.0131　长石质瓷　feldspathic porcelain

坯体中以长石为主要熔剂的长石-石英-高岭土三组分瓷。

03.0132　瓷器　china, porcelain

以瓷土、长石、石英等天然原料制得坯胎经高温烧制获得的陶瓷制品。胎体玻化或部分玻化，而且一般都上釉。气孔率低，吸水率不大于3%、质地硬、强度大、敲击声清脆等特点的一类制品。

03.0133　细瓷　fine porcelain

使用质量好的原料，经细致加工所得到的胎体细腻、釉面光润、白度较高（不低于70%）、吸水率不大于0.5%的一类瓷器。

03.0134　炻瓷　stone ware
胎全部玻化、质地较致密、透光性差、断面呈石状、带任意颜色的一类瓷器。

03.0135　硬质瓷　hard porcelain
胎釉中含高岭土量较多，长石及其他熔剂物质含量较少，高温黏度大，瓷化程度好，有较好的半透明性，烧成温度一般在1300℃以上的瓷器。

03.0136　德化白瓷　lard white of Dehua
又称"建白"、"象牙白"。福建德化一带生产的具有独特风格的白釉瓷器。釉色温润如玉，白度和透光性都非常好。是我国古瓷中的一个著名品种。

03.0137　薄胎瓷　eggshell porcelain
胎体极薄、透光性极好、做工精致的高级艺术瓷。

03.0138　传统陶瓷　traditional ceramics
又称"普通陶瓷"。以黏土及其他天然矿物为主要原料，经过粉碎加工、成型、干燥、烧成等传统陶瓷工艺制成的陶瓷产品。包括日用陶瓷、建筑陶瓷、电瓷、化工陶瓷和多孔陶瓷等。

03.0139　日用陶瓷　domestic ceramics, ceramics for daily use
供日常生活使用的各类陶瓷制品。有陶、细瓷、炻瓷三大类。主要品种有餐具、茶具、咖啡具、酒具、文具、窑具、耐热烹饪具及美术陈设制品等。

03.0140　电瓷　electric porcelain
又称"电工陶瓷"、"电力陶瓷"。作为隔电、机械支撑以及连接用的瓷质绝缘器件。是电气工业中主要的绝缘材料。

03.0141　钧瓷　jun porcelain
河南禹县一带生产的以铜为着色剂，釉色呈紫红、天蓝、月白等多种色调的陶瓷制品。

03.0142　低压电瓷　low tension electrical porcelain，low-voltage electric porcelain
一般用于额定电压在1kV以内的电瓷。

03.0143　高压电瓷　high tension insulator，high-voltage electric porcelain
一般额定电压在1~110kV以内的电瓷。

03.0144　高石英瓷　quartz enriched porcelain
以石英为主要原料的高档细瓷。其机械强度高，透明度好，瓷质细腻，釉面光润，色泽柔和，热稳定性好。

03.0145　建筑陶瓷　construction ceramics，ceramics for building material
普通陶瓷类型之一，用于铺设地面、砌筑和装饰墙壁、铺设输水管道以及装备卫生间的各种陶瓷材料或制品。分有釉、无釉两种。其性能具有较好的耐磨性、抗冷冻性、耐腐蚀性等。

03.0146　卫生陶瓷　sanitary ceramics
用于卫生设施上的带釉陶瓷制品。

03.0147　骨质瓷　bone china
又称"骨灰瓷"。坯体中以骨灰为主要原料的磷酸盐-长石-石英-高岭土四组分瓷。

03.0148　电瓷釉　glaze for electric porcelain
施在电瓷制品坯体表面的釉料。常用的釉有高温长石釉、半导体釉、黏结用的釉以及商标釉，可提高电瓷的电气性能、机械强度、

化学稳定性，并使瓷体表面光滑美观且便于
清洗。

03.0149　电光彩　luster color decoration
在陶瓷制品釉面上彩绘电光水，再经烤烧而
成的装饰。瓷器表面上，呈现出像金属、珍
珠、月光的闪烁光泽的色彩，彩烧温度在
750~850℃。

03.0150　电光水　liquid luster
铋和各种金属盐类混于一种树脂中制成金
属皂，然后再溶解在一些油类中制成。

03.0151　斗彩　doucai contrasting color
瓷器釉彩名。广义的指釉下青花和釉上彩色
相结合的彩瓷工艺。狭义的指将青花与彩色
拼凑起来，有釉下斗彩和翻上斗彩两种。

03.0152　瓷胎画珐琅　color enamel，famille rose
又称"珐琅彩"、"古月轩"、"蔷薇彩"。将
金属胎画珐琅的珐琅彩料，移植到瓷胎上，
是一种瓷器装饰技法，是非常名贵的釉上
彩。色泽鲜艳明丽，画工精致。

03.0153　矾红　fan hong，alum red
陶瓷低温釉上颜料，以三氧化二铁悬浊体着
色的低温红釉和红彩。这种红釉和红彩，用
硫酸亚铁(青矾)为原料，经煅烧、漂洗制得
生矾。

03.0154　粉彩　famille rose decoration
一种线条纤秀、画面工整、色彩柔和、绚丽
粉润、形象逼真的传统陶瓷釉上彩装饰。

03.0155　腐蚀金　acid gilding，acid gold etching
又称"陶瓷雕金"。在瓷釉面上腐蚀出花饰，
在花饰处填上金水烤烧而成的装饰。

03.0156　钡釉　barite glaze，barium glaze

以氧化钡为主要助熔氧化物的釉料。

03.0157　长石釉　feldspathic glaze
以长石类原料为主要熔剂的釉。

03.0158　变色釉　photochromic glaze
瓷器釉色之一，在基釉中掺入金属氧化物、
非金属氧化物以及稀土金属氧化物的混合
物作为着色剂烧成的瓷器，在不同光线下呈
现不同的颜色。

03.0159　窑具　kiln furniture
陶瓷制造过程所用的烧成设备中为烧成服
务的辅助耐火器物。如匣钵、棚板、推板等。

03.0160　匣钵　saggar
烧成时用来盛装陶瓷坯体的耐火容器。

03.0161　定窑　Dingyao
宋代著名瓷窑，窑址在今河北曲阳涧磁村及
东西燕川村，古属定州，因此得名。

03.0162　汝窑　Ru kiln
宋代五大名窑之一，与官(河南开封)、钧(河
南禹县)、哥(浙江龙泉)、定(河北曲阳)窑
齐名于世。汝窑以产青瓷著称。北宋后期被
官府选为宫廷烧御用瓷器。釉滋润，天青色，
薄胎，底有细小支钉痕。

03.0163　哥窑　Ge kiln
相传宋代著名瓷窑之一，产地至今未明。传
世产品中公认的哥窑器，其胎有黑、深灰、
浅灰及土黄多种，黑灰胎有铁骨之称。

03.0164　弟窑　Di kiln
相传宋代有章生一、章生二两兄弟在龙泉烧
窑，章生一所主之窑为哥窑；章生二所主为
弟窑。宋代的龙泉青瓷有两种，分别为弟窑
的白胎青瓷和哥窑的黑胎青瓷。弟窑器以无
纹者为贵，粉青釉为最佳。

03.0165　官窑　official kiln
中国古代由朝廷直接控制的官办瓷窑，专烧宫廷、官府用瓷。官窑始于宋代，有北宋官窑和南宋官窑之分。北宋官窑也称汴京官窑。

03.0166　龙窑　Long kiln
又称"长窑"、"蜈蚣窑"、"蛇窑"。陶瓷窑炉之一，依山势倾斜砌筑，形状似龙而得名。

03.0167　倒焰窑　up-and-down draught kiln
火焰由燃烧室的喷火口上升至窑顶，然后转折下降经匣钵柱间传热给制品，再经窑底的吸火孔进入烟道，由烟囱排出的陶瓷窑炉。

03.0168　钟罩窑　bell top kiln
窑炉外形如一座高大的钟。烧成时需将窑体罩在产品上，烧成完毕再将钟罩吊起来，放在一旁。钟罩窑特别适用于烧成特大型的绝缘子电瓷产品及大件的艺术陶瓷产品。

03.0169　隧道窑　tunnel kiln
陶瓷窑炉之一，现代连续烧成陶瓷制品的热工设备。形似隧道，装有坯体的窑车排列在窑内轨道上，由顶车机推动通过。

03.0170　梭式窑　shuttle kiln
以可移动的窑车车台面代替间歇式窑的固定窑底，制品的装卸可在窑外进行，装好坯件的窑车推入窑内，经烧成、冷却后再拉出窑外。窑门仅在一端设置，窑车在同一处进出，形如抽屉，似穿梭。

03.0171　推板窑　pusher kiln
采用耐火质推板输送制品入窑烧成的一种连续式隧道窑。其结构形式分为单通道和多通道，明焰式和隔焰式，煤、油、气和电等均可做其热源。

03.0172　辊道窑　roller hearth furnace
又称"辊底窑"。一种连续式的小截面隧道窑。

03.0173　广彩　Guangdong decoration
一种起源于广东、色彩浓艳、间以金色平涂、画面金碧辉煌，有如堆金织玉之感独具一格的釉上彩装饰。

03.0174　广钧　jun glaze of Guangdong
广东石湾仿制的钧釉产品。有蓝钧、白钧、绿钧、灰钧、三稔花、金丝黄、翠毛、虎皮斑等，釉质凝重浑厚，釉色古朴大方。

03.0175　釉　glaze
熔着在陶瓷制品表面的类玻璃薄层。

03.0176　釉浆　glaze slurry
釉料加适量水调制成具有符合施釉要求的浆料。

03.0177　陶瓷釉　ceramic color glaze
覆盖在陶瓷表面的玻璃质薄层。

03.0178　滚釉　rollaway glaze
又称"缩釉"。瓷器缺釉的一种现象。指釉面向两边滚缩，形成中间缺釉露出胎骨。

03.0179　黑陶　carbonized pottery, black pottery
新石器时代的一种黑色素胎陶质器皿。有夹碳黑陶和渗碳黑陶。典型产品薄如蛋壳，表面光亮润滑，胎的断面里外墨黑。还有一种黑皮陶或黑衣陶，其胎呈灰色或红色仅胎的表面呈黑色。

03.0180　黑釉瓷　black glazed porcelain
以黑釉为主要釉面装饰的瓷器。以 Fe_2O_3 含量高达 5%~10% 的黑釉进行装饰的瓷器。是我国传统颜色釉瓷的重要分支。

03.0181 花釉 fancy glaze
用多种不同色釉施于一器之上，经高温焙烧后，釉面呈现出多种色彩交混、花纹和图案。

03.0182 结晶釉 crystalline glaze
釉层内含有明显可见晶体的艺术釉。

03.0183 金砂釉 aventurine glaze
又称"砂金釉"。一种特殊类型的氧化铁结晶釉。将适量的氧化铁色料引入瓷砖釉料内，高温烧成后期冷凝时析出许多微细氧化铁结晶粒，形成金砂状，极细微的金粒悬浮在釉玻璃体内而闪出熠熠光彩。

03.0184 钧红釉 jun red glaze
宋代的钧窑利用铜的氧化物为着色剂，在还原气氛中烧成的铜红釉。钧红釉制品中，常出现红、蓝、紫三色互相交错、如火如霞的绚丽画面。

03.0185 金水 liquid gold
由硫化香膏与三氯化金结合而成硫化香膏金的复合物，溶解于挥发油和有机溶剂，并配加铋、铑、铬化合物等制成，高温烤烧后呈现金色光泽。是陶瓷装饰原料之一，外观呈现棕褐色的黏稠液体。

03.0186 绢云母质瓷 sericite porcelain
坯体中以绢云母为主要熔剂的绢云母－石英－高岭土三组分瓷。

03.0187 烤花 decorating firing
将经过釉上彩饰的陶瓷制品在一定温度下烤烧，使颜色渗透深入的工艺。

03.0188 刻划花 engraved, incising decoration
在半成品上直接刻划纹样的装饰。

03.0189 空心注浆 hollow casting, drain casting
将泥浆注入多孔模型内，当注件达到要求的厚度时，排出多余的泥浆而形成空心注件的注浆法。

03.0190 拉坯 throwing
将炼就的泥料放于转动的盘件(辘轳车)上，借旋转之力，用双手将泥拉成器坯的成型方法。

03.0191 练泥 pugging
用真空练泥机或其他方法对可塑成型的坯料进行捏练，使坯料中气体逸散、水分均匀、提高可塑性的工艺过程。

03.0192 辽三彩 Liao sancai
辽代生产的低温彩色釉陶制品。多用黄、绿、白三色釉，器形中的方碟、海棠花式长盘、鸡冠壶、筒式瓶等，富有契丹民族的风格。

03.0193 裂纹釉 cracked glaze
瓷器釉面布满许多小裂纹，有疏有密，有粗有细，有长有短，有曲有直，形似龟裂、蟹爪或冰裂的纹路。釉裂纹本是制瓷工艺中的一种缺陷。以后利用来装饰瓷器。哥窑即以此特点而著称。

03.0194 玲珑瓷 rice perforation, pierced decoration
先在坯体上镂出一定形状的通洞，再用特殊釉料填满，烧成后孔眼呈半透明状的装饰方法。

03.0195 龙泉青瓷 Longquan ware
浙江龙泉一带生产的青瓷器，釉呈粉青、梅子青等色，部分产品釉面有开片。

03.0196 喷彩 color spraying
用压缩空气和喷枪将陶瓷颜料喷成雾状，直接或通过镂空模版，组成不同的图案，附着于坯面或制品釉面上的彩饰法。

03.0197 青白瓷 bluish white porcelain
宋、元时期我国南方地区生产的一种重要瓷器品种,其釉色白中闪青,青中显白,介于青白之间,故名。

03.0198 青瓷 celadon
我国古代最主要的瓷器品种。以铁为着色剂的青釉瓷器的泛称。在坯体上施含有铁分的釉,在还原气氛中烧成,呈现青色。

03.0199 青花瓷 blue-and-white porcelain
以钴矿作为颜料绘于生胎表面,施以透明釉,在高温下一次烧成的蓝色彩饰的釉下彩瓷器。

03.0200 影青瓷 shadowy blue ware, shadowy blue glaze porcelain
宋、元时期我国南方地区生产的一种重要瓷器品种。其釉色白中闪青,青中显白,介于青白之间,其质感如青白玉,胎质细洁,釉色青莹,光照见影。

03.0201 熔块 frit
水溶性原料、毒性原料与其他配料熔制而成的物料。用于制造玻璃、陶瓷、釉料或搪瓷的高温熔融或部分熔融的块状物质。

03.0202 乳浊釉 opaque glaze, opal glaze
又称"盖地釉"。釉呈乳浊状态。陶瓷坯体上不透明的玻璃状覆盖层,可以掩盖坯体的颜色和缺陷。在普通透明釉中添加乳浊剂而形成的。此外,釉层中含有大量微细气泡时也可形成乳浊。

03.0203 三阳开泰瓷 San Yang Kai Tai porcelain
由郎窑红和黑色乌金两种色釉组成,松柴做燃料烧成。红釉四周,喷射出黄、青、绿各色丝,好似太阳的光芒。以成语"三阳开泰"描述并命名。

03.0204 邢窑白瓷 white porcelain in Xing kiln
邢窑出产的白瓷制品。其胎体坚硬细薄,釉色洁白干净而微闪青灰或淡黄,有"类银类雪"之誉。

03.0205 石膏浆初凝 initial setting of plaster slip, initial setting of gypsum slurry
石膏浆开始失去流动性时的状态。

03.0206 石膏浆终凝 final setting of plaster slip, final setting of gypsum slurry
石膏浆开始硬化时的状态。

03.0207 石灰碱釉 lime-alkali glaze
以氧化钙和氧化钾、氧化钠为主要助熔剂的釉料。

03.0208 石灰釉 lime glaze
以钙质原料为主要熔剂的釉。

03.0209 实心注浆 sold casting
泥浆中的水分被模型吸收,注件在两模之间形成,没有多余的泥浆排出的注浆法。

03.0210 素烧 biscuit firing
坯体施釉前进行的焙烧工艺过程。

03.0211 塑性原料 plastic raw materials
在陶瓷配料中赋予可塑性与结合性的物料。

03.0212 胎 body
经高温烧成后构成陶瓷制品的非釉、非化妆土部分。

03.0213 胎釉中间层 glaze body interface
在胎和釉之间形成的化学组成、性质、微观

结构都介于胎和釉之间的过渡层。

03.0214 唐三彩 Tang tricolor, tri-colored glazed pottery of the Tang dynasty
色釉中以铜、铁、钴、锰、锑等为着色剂，经过焙烧，形成多种色彩，但多以黄、褐、绿三色为主的一种低温釉陶器。其色釉有浓淡变化、互相浸润、斑驳淋漓的效果，因盛产于唐朝而得名。

03.0215 天目釉 tianmu glaze
以铁的氧化物为主要着色剂的黑釉。色调丰富多彩。天目釉亦是建窑烧制的黑盏在日本的叫法。其胎体厚实、坚致，色呈浅黑或紫黑，器型以碗、盏为主。

03.0216 曜变天目釉 yohen tenmoku
在黑釉里自然浮现着大大小小的斑点，围绕着这些斑点四周还有红、绿、天蓝等彩色光晕在不同方位的光照下闪耀，而且随着观察角度的不同而出现大面积的色彩变幻的天目釉。

03.0217 贴花 decal
将陶瓷贴花纸贴到坯体或制品釉面上的彩饰法。

03.0218 铁红釉 iron-red glaze
以三氧化二铁着色的，呈铁红、棕红色的颜色釉。

03.0219 铜红釉 copper red glaze
以铜为着色剂，经高温还原气氛烧成，主色调为红色的一系列色釉的统称。主要品种有钧红、郎窑红、祭红、桃花片等。

03.0220 透明釉 clear glaze
就釉的外表特征而言，釉料经过高温熔融后所生成的无定形玻璃体，坯体本身的色泽能够通过釉层反映出来。

03.0221 乌金釉 mirror black glaze
清康熙时景德镇新烧的一种光润透亮、色黑如漆的纯正黑釉。因主要采用景德镇附近所产的乌金土制釉，故名。

03.0222 无光釉 mat glaze
釉面反光能力较弱，表面无玻璃光泽而呈现柔和丝状或绒状光泽的艺术釉。

03.0223 盐釉 salt glaze
当陶瓷坯体在高温时向燃烧室内加入适量食盐，引起表面发生化学反应，从而生成一层棕黄色有光泽的玻璃态薄膜。

03.0224 宜钧 jun glaze of Yixing
江苏宜兴仿制钧釉釉色与风格的产品。有天青、天蓝、芸豆及月白等品种。以铁、铜、钴、锰为着色剂，釉层较厚，开片细密。

03.0225 印坯 hand-pressing, molding by stamping
将可塑坯料用人工在模型中挤压，使其延展印成一定形状粗坯的成型方法。是非常古老的手工做陶瓷的技术，陶瓷生产中的一种成形方法。

03.0226 釉里红 red under the glaze
元代江西景德镇创烧的一种釉下彩绘。以铜的氧化物为着色剂，高温还原后呈现红色。古代制作釉里红瓷器，先要在瓷坯上描绘图案，然后施上一层透明釉后，再进窑在1300 ℃左右的高温中一次烧成。

03.0227 釉料 glaze materials
经加工精制后，施在坯体表面而形成釉面用的物料。

03.0228 釉上彩 over-glaze decoration
先烧成白釉瓷器，在白釉上进行彩绘，再入彩炉低温二次烤烧而成的装饰方法。

03.0229 釉下彩 under-glaze decoration
用色料在晾干的素坯上绘制各种纹饰，然后罩以白色透明釉或者其他浅色面釉，高温（1200~1400℃）一次烧成。烧成后的图案被一层透明的釉膜覆盖在下边，表面光亮柔和、平滑不凸出，显得晶莹透亮的装饰方法。

03.0230 釉中彩 in-glaze decoration
颜料的熔剂成分不含铅或少含铅，按釉上彩方法施于器物釉面，通过 1100~1260℃的高温快烧（约半小时），使颜料渗入釉内，冷却后釉面封闭的装饰方法。具有细腻晶莹、滋润悦目，抗腐蚀、耐磨损，具有釉下彩的效果。

03.0231 琉璃 colored glaze
用各种颜色的人造水晶（含 24%的氧化铅）为原料，用水晶脱蜡铸造法高温烧成的艺术作品。对光的折射率高。

03.0232 琉璃瓦 glazed tile
施以各种颜色釉并在较高温度下烧成的上釉瓦，通常施以金黄、翠绿、碧蓝等彩色铅釉。

03.0233 料垛阻力 resistance of setting
窑内气体流动时，因料垛存在所产生的阻力。

03.0234 水力旋流法 hydraulic cyclone method
采用水力旋流器，使粉状原料在离心力作用下，按比重及颗粒大小的差异各自分离而精选原料的方法。

03.03.02 先 进 陶 瓷

03.0235 先进陶瓷 advanced ceramics
又称"特种陶瓷（special ceramics）"、"精细陶瓷（fine ceramics）"、"高性能陶瓷（high performance ceramics）"、"高技术陶瓷（high technology ceramics）"。在原料、工艺方面有别于传统陶瓷，通常采用高纯、超细原料，通过组成和结构设计并采用精确的化学计量和新型制备技术制成性能优异的陶瓷材料。

03.0236 结构陶瓷 structural ceramics
具有耐高温、耐热冲击、耐腐蚀、耐磨、高硬度、高强度、低蠕变速率等一系列优异性能，可承受严酷工作环境的先进陶瓷。

03.0237 功能陶瓷 functional ceramics
具有电、磁、光、声、热等功能以及它们之间耦合功能的先进陶瓷。

03.0238 电子陶瓷 electronic ceramics
用于制造电子元器件和电子系统结构零部件的功能陶瓷。

03.0239 纳米陶瓷 nano-ceramics
具有纳米尺度的显微结构，并具有纳米效应的陶瓷材料。

03.0240 多相复合陶瓷 multiphase composite ceramics
由两个以上的相或物质复合而成的陶瓷。如陶瓷（玻璃、水泥、碳）基复合材料、氧化锆相变增韧陶瓷以及两种以上的基体相构成的层状结构、梯度结构或机械混合等的多相材料。

03.0241 光电子陶瓷 photonic-electronic ceramics
具有特定光电或电光转换性能的陶瓷材料。是功能陶瓷的一个分支。

03.0242 化工陶瓷 ceramics for chemical industry

用于化工设备上的陶瓷材料。具有优异的耐腐蚀性能，不易氧化。其低端产品属于传统陶瓷范畴，其高新产品也属于工程陶瓷范畴。

03.0243 多孔陶瓷 porous ceramics
具有高孔隙率的陶瓷材料。常用于过滤、吸附、催化剂载体技术上。

03.0244 智能陶瓷 intelligent ceramics，smart ceramics
既具有感知周围环境的功能（传感器功能）又具有对所感知的信息做出自动调节、自动修复反应的陶瓷。

03.0245 可切削陶瓷 workability ceramics
又称"可机械加工全瓷材料（machinable all-ceramic materials）"。能够用普通金属加工机械进行车、刨、铣、钻孔等工艺加工的特种陶瓷。陶瓷玻璃基质中所含的结晶相即允许裂纹切入，又能限制其任意扩展，表现出良好的可切削性。

03.0246 梯度功能材料 functionally graded materials
通过连续平滑地改变两种素材的组织，使其结合部位的界面消失，从而获得功能相应于组织的变化而变化的非均质材料。

03.0247 发光材料 luminescent materials
各种形式能量激发下能发光的物质。按激发能量方式不同有光致发光材料、阴极射线发光材料、电致发光材料、化学发光材料、X射线发光材料、放射性发光材料等。

03.0248 永久性发光材料 persistent luminescent materials
加入适量放射性物质，如镭（^{226}Ra）、氚（^{3}H）、钷（^{147}Pm），可持续数年以上发光的材料。

03.0249 闪烁体 scintillator
在高能粒子作用下，发出闪烁脉冲光的材料。

03.0250 固体氧化物燃料电池 solid oxide fuel cell
采用氧离子导体为电解质的全固态燃料电池。主要由固体电解质材料、阳极材料、阴极材料和连接材料构成。

03.0251 氧化物陶瓷 oxide ceramics
用一种或多种金属氧化物为原料制成的陶瓷材料。主要包括氧化铝、氧化锆、氧化铍、氧化镁、莫来石、尖晶石等。

03.0252 非氧化物陶瓷 non-oxide ceramics
用各种非氧化物、非金属无机物质作为陶瓷的主要成分的陶瓷材料。

03.0253 碳化物陶瓷 carbide ceramics
采用金属与碳反应或碳还原金属氧化物制得的以碳化物为主要成分的陶瓷材料。常用的有 SiC、B_4C、TiC、ZrC、Cr_3C_2、WC 等陶瓷。

03.0254 硅化物陶瓷 silicide ceramics
以硅化物为主要成分的陶瓷材料。具有良好的抗腐蚀性和热稳定性。某些金属硅化物（如硅化钼、硅化钽等）熔点很高，超过 2000 ℃，可以制成耐高温、抗氧化陶瓷材料或部件。

03.0255 硼化物陶瓷 boride ceramics
以硼化物为主要成分的陶瓷材料。常用的有硼化锆（ZrB_2）、硼化镧（LaB_6）、硼化钛（TiB_2）、硼化钽（TaB_2）、硼化铬（CrB）、硼化钨（W_2B_5）等。

03.0256 硫化物陶瓷 sulfide ceramics
以硫化物为主要成分的陶瓷材料。某些硫化物是红外（1~12μm）窗口材料。

03.0257　氮化硅陶瓷　silicon nitride ceramics
以氮化硅（Si_3N_4）为主要成分的陶瓷材料。

03.0258　反应烧结氮化硅陶瓷　reaction sintered silicon nitride ceramics, reaction bonded silicon nitride ceramics
将硅粉或氮化硅和硅粉构成的混合物成型为素坯，在氮气气氛中加热（约1400℃），硅与氮发生反应，生成氮化硅，填充原来素坯内的气孔同时发生烧结的陶瓷材料。

03.0259　重烧结氮化硅陶瓷　post-sintered reactive bonded silicon nitride ceramics, PRBSN ceramics, resintered reactive bonded silicon nitride ceramics
配料时加入助烧剂，进行反应预烧结，再将预烧结体（可预加工）埋于氮化硅粉末中，在高温下重新烧结使之致密化的陶瓷材料。烧结收缩小、性能优异。

03.0260　热压烧结氮化硅陶瓷　hot pressure sintered silicon nitride ceramics
以氮化硅粉为原料，通过热压烧结工艺制造（温度1700~1800℃，压力20~30MPa）的氮化硅陶瓷。

03.0261　无压烧结氮化硅陶瓷　pressureless sintering silicon nitride ceramics
以氮化硅细粉为原料，加入一定数量的烧结助剂，在常压的氮气气氛下加热烧结所得到的氮化硅材料。

03.0262　赛隆陶瓷　sialon
以硅（Si）、铝（Al）、氧（O）、氮（N）四元素为主要成分的陶瓷。化学式为 $Si_{6-x}Al_xO_xN_{8-x}$（x 为铝原子置换硅原子的数目，范围是0~4.2）。

03.0263　碳化硅陶瓷　silicon carbide ceramics
以碳化硅（SiC）为主要成分的陶瓷材料。

03.0264　反应烧结碳化硅陶瓷　reaction sintered silicon carbide ceramics, reaction bonded silicon carbide ceramics, RBSC ceramics
用碳化硅粉、碳粉和金属硅粉制成素坯或用碳化硅粉和石墨粉组成素坯，置于金属硅层之上，在还原或惰性气氛中加热到高温（1400~1650℃），通过熔融硅或气相硅与碳的反应生成碳化硅，同时与素坯内原来的碳化硅颗粒烧结致密化的陶瓷材料。

03.0265　热压烧结碳化硅　hot pressing sintered silicon carbide
用热压烧结工艺制造的碳化硅制品。

03.0266　无压烧结碳化硅陶瓷　pressureless sintered silicon carbide ceramics
又称"常压烧结碳化硅"。以高纯、超细碳化硅粉为原料，加入少量的烧结助剂，如硼、碳等，在大气压的惰性气体或真空气氛中，1950~2100℃高温下烧结，所得制品几乎完全致密，具有优良力学性能的陶瓷材料。

03.0267　高温等静压烧结碳化硅陶瓷　high temperature isostatic pressed sintered silicon carbide ceramics
将高纯、超细碳化硅粉为原料含有少量烧结助剂的素坯，或预烧结体包封入石英玻璃或耐热金属的模套内，在惰性气体或真空气氛中，进行热等静压烧结得到的碳化硅烧结制品。

03.0268　重结晶碳化硅陶瓷　recrystallized silicon carbide ceramics
高纯超细碳化硅为原料，碳化硅在2100℃高温及一定压力的气氛保护下，发生蒸发-凝聚再结晶作用，在颗粒接触处发生颗粒共生形成的烧结体。其基本不收缩，但具有一定数量孔隙。

03.0269　氧化锆陶瓷　zirconia ceramics
以氧化锆(ZrO$_2$)为主要成分的陶瓷材料。

03.0270　全稳定氧化锆陶瓷　full stabilized zirconia ceramics
在制造氧化锆原料时添加足够数量的稳定剂(如 CaO、MgO、Y$_2$O$_3$、CeO$_2$ 等)使之固溶入氧化锆内，形成立方相氧化锆，在整个温度范围内不发生相变，也就没有体积变化的陶瓷材料。

03.0271　立方氧化锆陶瓷　cubic zirconia ceramics
用全稳定的立方氧化锆固溶体为原料烧制的陶瓷材料。

03.0272　氧化锆相变增韧陶瓷　zirconia phase transformation toughened ceramics，ZTC
在陶瓷基体中加入一定量的亚稳四方氧化锆，利用氧化锆发生马氏体相变时伴随着体积和形状的变化，能量的吸收，减缓裂纹尖端应力集中，阻止裂纹扩展，提高陶瓷韧性达到增韧效果的陶瓷材料。

03.0273　四方氧化锆多晶体　tetragonal zirconia polycrystal，TZP
通过添加一定种类和数量的稳定剂，制成四方氧化锆固溶体粉料，以此原料烧制成细晶粒组成的四方氧化锆多晶体陶瓷。

03.0274　部分稳定氧化锆陶瓷　partially stabilized zirconia ceramics，PSZ
具有立方 ZrO$_2$(c 相)和一部分四方 ZrO$_2$(t 相)组成的双相组织结构的 ZrO$_2$ 陶瓷。其中 c 相是稳定的，而 t 相是亚稳定的，在外力作用下可以诱发 t 相到 m 相的马氏体相变，从而起到增韧作用。

03.0275　氧化锆增韧莫来石陶瓷　zirconia toughened mullite ceramics，ZTM
莫来石为基体的氧化锆相变增韧陶瓷。

03.0276　氧化锆增韧氧化铝陶瓷　zirconia toughened alumina ceramics，ZTA
氧化铝为基体的氧化锆相变增韧陶瓷。

03.0277　氧化锆增韧氮化硅陶瓷　zirconia toughened silicon nitride ceramics
氮化硅为基体的氧化锆相变增韧陶瓷。

03.0278　氧化铝陶瓷　alumina ceramics
以氧化铝(Al$_2$O$_3$)为主要成分的陶瓷材料。

03.0279　透明氧化铝陶瓷　transparent alumina ceramics
可见光的透过率大于 90% 或更高的氧化铝陶瓷。

03.0280　刚玉瓷　corundum ceramics
主要由刚玉(α-Al$_2$O$_3$)(含量大于 80%)构成的陶瓷材料。

03.0281　高纯氧化铝陶瓷　high-purity alumina ceramics
材料成分中 Al$_2$O$_3$ 含量≥99.5%的陶瓷材料。

03.0282　99 氧化铝陶瓷　99 alumina ceramics
氧化铝含量达 99% 的陶瓷材料。

03.0283　95 氧化铝陶瓷　95 alumina ceramics
氧化铝含量达 95% 的陶瓷材料。

03.0284　85 氧化铝陶瓷　85 alumina ceramics
氧化铝含量达 85% 的陶瓷材料。

03.0285　普通氧化铝陶瓷　ordinary alumina ceramics
一般指以氧化铝为主要成分，且氧化铝含量大于 75% 的陶瓷材料。

03.0286　重结晶氧化铝陶瓷　recrystallized alumina ceramics

坯体在液相烧结过程中小颗粒氧化铝溶解于液相，当液相内氧化铝达到过饱和后在大颗粒氧化铝晶体表面沉积、析出，细小的氧化铝颗粒消失，而大颗粒氧化铝长得更大的陶瓷材料。这种显微结构有助于提高材料的抗热震性。

03.0287　复合碳化物陶瓷　composite carbide ceramics

由多种碳化物或碳化物同其他物质(如硼化物、氮化物、氧化物或金属)组成的陶瓷材料。

03.0288　碳化钛硅陶瓷　titanium silicon carbide ceramics

简称"钛硅碳陶瓷"。19世纪80~90年代发现的主要成分为碳化钛硅化合物(Ti_3SiC_2)的一种新型陶瓷材料。具有极好的导电、导热能力，优良的可加工性。

03.0289　碳化钛铝陶瓷　titanium aluminum carbide ceramics

简称"钛铝碳陶瓷"。19世纪80~90年代发现的主要成分为碳化钛铝化合物(Ti_3AlC_2)的一系列三元层状碳化物之一。具有较高的强度和弹性模量，还有高的导热和导电系数，良好的可加工性。

03.0290　可加工陶瓷　machinable ceramics

可以用对金属加工的工具和器械对其进行钻孔、车削、铣刨等加工的陶瓷材料。

03.0291　云母陶瓷　mica ceramics

以云母(如金云母、氟金云母等)为主要成分的陶瓷材料。

03.0292　氧化物共晶陶瓷　oxide eutectic ceramics

多种氧化物以共晶析出方式构成的陶瓷。

03.0293　化学结合陶瓷　chemical bonded ceramics

又称"不烧陶瓷"。不经过高温烧结，而是将原材料进行活化处理并加入某些化学物质或结合剂，通过其发生化学反应将坯体内颗粒黏结成为致密的陶瓷材料。

03.0294　熔石英陶瓷　fused quartz ceramics

又称"石英陶瓷"。以二氧化硅(SiO_2)为主要成分的陶瓷材料。通常以熔融石英玻璃为原料烧结而成的陶瓷。

03.0295　超硬陶瓷　super-hard ceramics, ultrahard ceramics

硬度接近金刚石的陶瓷材料。如碳化硼、立方氮化硼、碳化钨等陶瓷。

03.0296　铁电陶瓷　ferroelectric ceramics

具有铁电性的陶瓷。材料在一定温度范围内能够自发极化，且自发极化能随外电场取向的性质。

03.0297　铁电-铁磁体　ferroelectric-ferromagnetics

既具有铁电性又具有铁磁性的物质。

03.0298　反铁电陶瓷　anti-ferroelectric ceramics

主晶相为反铁电体的陶瓷。反铁电体的特点是每个子晶格内有因离子位移产生的极化，但相邻子晶格极化方向相反，因此总的自发极化强度为零。

03.0299　弛豫铁电陶瓷　relaxor ferroelectric ceramics

具有频率色散和弥散相变特征的铁电陶瓷。即低温介电峰和损耗峰随测试频率的提高而略向高温方向移动，峰值略有变化；顺电和铁电相变是渐变而不是突变，而且介电峰宽化。

03.0300 压电陶瓷 piezoelectric ceramics
具有压电效应的陶瓷材料。

03.0301 钛酸钡压电陶瓷 barium titanate piezoelectric ceramics
以钛酸钡或其固溶体为主晶相的压电陶瓷。属钙钛矿结构。

03.0302 锆钛酸铅压电陶瓷 lead zirconate titanate piezoelectric ceramics
化学式为 $Pb(Zr_{1-x}Ti_x)O_3$ 的二元系压电陶瓷。属钙钛矿结构。

03.0303 铌镁酸铅-钛酸铅-锆酸铅压电陶瓷 lead magnesium niobate-lead titanate-lead zirconate piezoelectric ceramics
化学式为 $Pb(Mg_{1/3}Nb_{2/3})xTi_yZr_zO_3$ $(x+y+z=1)$ 的复合钙钛矿结构的三元系压电陶瓷。

03.0304 热[释]电陶瓷 pyroelectric ceramics
具有热释电效应的陶瓷。即由于温度的变化使材料出现结构上的电荷中心相对位移和自发极化强度发生变化，从而在它们的两端产生异号的束缚电荷。

03.0305 钛酸铅热释电陶瓷 lead titanate pyroelectric ceramics
以 $PbTiO_3$ 为基体的钙钛矿型热释电陶瓷。

03.0306 改性锆钛酸铅热释电陶瓷 modified PZT pyroelectric ceramics
属于钙钛矿型结构的化学式为 $Pb(Zr_xTi_y)O_3$ $(x:y>85:15)$ 的具有较大热释电系数的陶瓷材料。

03.0307 铌酸锶钡热释电陶瓷 $Sr_{1-x}Ba_xNb_2O_6$ pyroelectric ceramics
化学式为 $Sr_{1-x}Ba_xNb_2O_6$ $(0.25 \leqslant x \leqslant 0.75)$ 呈四方钨青铜结构的热释电陶瓷。

03.0308 钽钪酸铅热释电陶瓷 lead scandium tantanate pyroelectric ceramics
钙钛矿结构的钽钪酸铅系热释电陶瓷。

03.0309 红外陶瓷 infrared ceramics
对红外波段的电磁波具有透过、吸收或辐射功能的陶瓷材料。按其功能分为红外透过陶瓷、红外吸收陶瓷和红外辐射陶瓷。

03.0310 铁弹陶瓷 ferroelastic ceramics
具有铁弹效应的陶瓷。即在外力作用下，材料的应力与应变之间的关系呈现类似于磁滞回线那样的滞后现象的陶瓷。

03.0311 磁电陶瓷 magnetoelectric ceramics
具有磁电转换功能即磁电效应的新型陶瓷材料。是压电相和磁致伸缩铁氧体相的机械混合物。

03.0312 电致伸缩陶瓷 electrostrictive ceramics
具有由电场引起的伸缩形变效应的陶瓷。

03.0313 微波介质陶瓷 microwave dielectric ceramics
主晶相为 $BaTi_4O_9$，用于微波频段的陶瓷介质材料。是典型的微波介质陶瓷。

03.0314 电致变色陶瓷 electrochromic ceramics
在电场的作用下，发生离子与电子的共注入和共抽出，从而导致材料的价态和化学组分或结构发生可逆变化而产生变色的陶瓷材料。

03.0315 铁氧体 ferrite
又称"铁淦氧"、"磁性陶瓷(magnetic ce-

ramics)"。由多种金属的氧化物复合而成的具有亚铁磁性的物质。

03.0316 光敏半导体陶瓷 light sensitive semiconductive ceramics
电参量随环境光学参量变化而变化的半导体陶瓷材料。

03.0317 软磁铁氧体 soft magnetic ferrite
具有软磁特性的铁氧体。其特征是容易磁化和退磁。

03.0318 锰锌铁氧体 Mn-Zn ferrite
化学式为 $(Mn_{0.5}Zn_{0.5})Fe_2O_4$ 的一种尖晶石型结构的软磁铁氧体。

03.0319 硬磁铁氧体 permanent magnetic ferrite，hard ferrite
又称"永磁铁氧体"。去掉磁场后仍能对外长久显示较强磁性的铁氧体。晶体结构为磁铅石型，化学式为 $MFe_{12}O_{19}$，M 为 Pb、Sr、Ba 中的一种或几种。

03.0320 铁酸钡硬磁铁氧体 $BaFe_{12}O_{18}$ permanent magnetic ferrite，hard magnetic iron barium ferrite
又称"钡铁氧体"。化学式为 $BaFe_{12}O_{18}$ 的磁铅石型结构的硬磁陶瓷。

03.0321 微波铁氧体 microwave ferrite
又称"旋磁铁氧体"。可在微波波段(包括微米波至毫米波)使用的铁氧体材料。主要有尖晶石型、石榴石型和磁铅石型等三种。

03.0322 矩磁铁氧体 rectangular loop ferrite
具有矩形磁滞回线且矫顽力较小的铁氧体。

03.0323 磁致伸缩陶瓷 magnetostrictive ceramics
又称"压磁铁氧体(magnetostriction ferrite)"。

在磁场中磁化时，发生长度或体积变化并具有较高磁致伸缩系数的陶瓷材料。在外加交变电场中产生机械变形，可用来产生超声波。

03.0324 高压电容器陶瓷 high-voltage capacitor ceramics
应用于高压系统的瓷介质电容器。瓷介质材料有含铅和无铅体系，含铅的介质性能好，但有毒性；无铅体系有 $BaTiO_3$ 和 $SrTiO_3$ 介质材料。$BaTiO_3$ 介质材料介电常数大、交流损耗大；$SrTiO_3$ 介质材料介电常数小、耐压强度高、交流损耗小。在 $BaTiO_3$ 基无铅高压电容器陶瓷材料中添加适量的 $SrTiO_3$、$CaTiO_3$、Bi_2O_3、$3TiO_2$ 可以有效地改善介质材料的介电性能。

03.0325 晶界层电容器陶瓷 grain boundary layer capacitor ceramics
以具有半导体性质的晶粒和高绝缘性晶界为显微结构特征的电容器陶瓷材料。

03.0326 介电陶瓷 dielectric ceramics
又称"电解质陶瓷(electrolyte ceramics)"。在电场作用下具有电极化能力的陶瓷。按用途和性能分为电绝缘、电容器、压电、热释电和铁电陶瓷。

03.0327 导电陶瓷 conductive ceramics
电导率大于 $10^{-2}S/cm$ 的一类陶瓷材料。

03.0328 固体电解质 solid electrolyte
又称"快离子导体(fast ionic conductor)"、"超离子导体(superionic conductor)"。完全或主要由离子迁移而导电的固态物质。按离子传导的性质可分为阴离子导体、阳离子导体和混合离子导体。

03.0329 快离子导体材料 fast ion conducting materials

离子电导率高于 10^{-2}S/cm、离子电导激活能低于 0.4eV 的离子导体。

03.0330　滑石陶瓷　talc ceramics，steatite ceramics

主晶相为原顽辉石，以滑石为主要原料，加入适量的黏土、膨润土和碳酸钡经高温烧结而成的陶瓷材料。具有高强度，较低介电损耗。用于高频装置零件、小容量大功率电容器和微调瓷介电热器。

03.0331　半导体陶瓷　semiconductive ceramics

具有半导体特性的陶瓷材料。导电性能介于金属与绝缘体之间，电导率在 $(10^{-8}\sim10^{3})$ S/cm 之间。

03.0332　敏感陶瓷　sensitive ceramics

电参量随环境的物理、化学参量变化而变化的陶瓷材料。

03.0333　热敏陶瓷　thermosensitive ceramics

在工作温度范围内，零功率电阻值随温度变化而变化的陶瓷材料。

03.0334　正温度系数热敏陶瓷　positive temperature coefficient thermosensitive ceramics

电阻率具有很大的正温度系数，即存在所谓正温度系数效应的热敏陶瓷。

03.0335　负温度系数热敏陶瓷　negative temperature coefficient thermosensitive ceramics

存在负温度系数效应，即电阻率随温度增加而减小的热敏陶瓷。可分为常温热敏材料、高温热敏材料、低温热敏材料、临界负温热敏材料、线性热敏材料等。

03.0336　钛酸钡热敏陶瓷　barium titanate thermosensitive ceramics

具有热敏效应的以钛酸钡为基的半导体陶瓷。属典型的钙钛矿型结构。

03.0337　低温钛酸钡系热敏陶瓷　low temperature barium titanate based thermosensitive ceramics

居里温度在 120℃ 以下的热敏陶瓷。除主成分钛酸钡外，还含锶、铝、钇、硅等氧化物。主要用于制作彩电消磁、马达启动、过流保护等元件。

03.0338　高温热敏陶瓷　high temperature thermosensitive ceramics，high temperature thermal sensitive ceramics

工作温度在 350℃ 以上的热敏陶瓷。主要有 ZrO_2 系，(Zn, Mg, Co, Ni)(Al, Cr, Fe)$_2O_4$ 系，Cr_2O_3-Al_2O_3 系，$PrFeO_3$ 系，SiC 系陶瓷等。

03.0339　氧化锰基负温度系数热敏陶瓷　MnO-based negative temperature coefficient thermosensitive ceramics

以 MnO 为主要成分的热敏陶瓷。通常与 Co、Ni 等形成 Mn-Co、Mn-Co-Ni 系复合金属氧化物陶瓷。

03.0340　压敏陶瓷　varistor ceramics

具有电压电流非线性现象（压敏效应）的半导体陶瓷。元件两端的外加电压超过某一临界值时，其伏安特性就转变为非线性，电压稍有增加，电流就陡然增加几个数量级之多，即所谓的压敏效应。

03.0341　碳化硅压敏陶瓷　silicon carbide voltage-sensitive ceramics

以黑色六方晶系的 SiC 粉末为主要原料，添加适量的陶瓷黏合剂经成型、烧结而成的压敏材料。

03.0342　氧化锌压敏陶瓷　zinc oxide volt-

age-sensitive ceramics

以具有半导体性质的 ZnO 晶粒和晶界层界面形成肖特基势垒为结构特征的压敏陶瓷材料。

03.0343　气敏陶瓷　gas sensitive ceramics

电学参量随环境气体种类和浓度变化而变化的敏感陶瓷材料。

03.0344　氧化锡系气敏陶瓷　SnO_2 gas sensitive ceramics

具有气敏效应的氧化锡系半导体陶瓷。

03.0345　氧化锆系气敏陶瓷　ZrO_2 gas sensitive ceramics

具有气敏效应的氧化锆系半导体陶瓷。

03.0346　湿敏陶瓷　humidity-sensitive ceramics

具有湿敏效应的半导体陶瓷，利用水分子在表面吸附所引起的电导率变化来检测环境湿度变化。

03.0347　Cu_2S-CdS 陶瓷太阳能电池　copper sulfide-cadmium sulfide ceramics solar cell

利用光生伏特效应将太阳能转换为电能的 Cu_2S-CdS 陶瓷元件。

03.0348　光学陶瓷　optical ceramics

具有一定透光性或具有光性能与其他性能相互转换效应(如电光效应、磁光效应等)的陶瓷材料。

03.0349　高温超导陶瓷　high temperature superconducting ceramics

具有较高临界温度的超导氧化物陶瓷。其超导临界温度在液氮温区以上，晶体结构由钙钛矿结构演变而来，呈各向异性。

03.0350　钇铝石榴子石晶体　yttrium aluminum garnet crystal，YAG

化学式为 $Y_3Al_5O_{12}$，属于立方晶系，石榴石型结构的晶体。

03.0351　非晶态离子导体　amorphous ion conductor

又称"玻璃态离子导体(glassy ion conductor)"。具有无定形结构的快离子导体。

03.0352　蓄光材料　light-retaining materials

一类吸收了激发光能并储存起来，光激发停止后，再把储存的能量以光的形式缓慢释放出来，并可持续数小时甚至十几小时的发光材料。

03.0353　长余辉发光材料　luminescent materials with long afterglow

在阳光和紫外线照射停止后仍能发光，并具有较长余辉时间的材料。

03.0354　荧光材料　fluorescence materials

人眼感觉不到余辉，即余辉时间极短的发光材料。

03.0355　光致发光材料　photoluminescent materials

用紫外线、可见光及红外光激发发光材料而产生发光现象的材料。

03.0356　电致发光材料　electroluminescent materials

又称"场致发光材料"。在直流或交流电场作用下，依靠电流和电场的激发，将电能直接转换成光能的材料。

03.0357　灯用发光材料　phosphor for lamp

用于各种类型气体放电灯的发光材料的统称。

03.0358 黑光灯用发光材料 phosphor for black light lamp

用于黑光灯(发光峰值在 320~370nm)的发光材料。黑光灯是一种特制的气体放电灯,灯管的管壁内涂的荧光粉能放射出一种人看不见的紫外线,农业害虫有很大趋光性,广泛用于农业。

03.0359 多光子发光材料 multiphoton phosphor

上转换发光材料和光子倍增发光材料的统称。

03.0360 上转换发光材料 up-conversion phosphor

把数个红外光子置换成一个可见光子的发光材料。

03.0361 光子倍增发光材料 photon multi-plication phosphor

把一个紫外光子转换成数个可见光子的发光材料。

03.0362 高能粒子发光材料 radiolumines-cent phosphor

又称"放射性发光材料"。在 γ 射线、α粒子或β粒子等高能粒子激发下产生发光的材料。

03.0363 光激励发光材料 photostimulated phosphor

受光或射线(X 射线或高能粒子)激发后,再经光激励,又以光的形式释放出存储能量的发光材料。

03.0364 热致发光材料 thermolumine-scence phosphor

受光或射线激发后,通过加热升温,以光的形式释放出存储能量的发光材料。

03.0365 激光陶瓷 laser ceramics

作为激光工作物质的陶瓷材料。如掺钕的透明氧化钇陶瓷。在 Y_2O_3 中加入少量 ThO_2 和微量 Nb_2O_5。它比激光玻璃导热性能好,比单晶激光材料容易制造,便于制成大尺寸。有可能做成中等增益的高平均脉冲功率的激光物质。

03.0366 声光陶瓷 acousto-optic ceramics

具有声光效应的陶瓷材料。当声波在介质中通过时,介质的疏密随声波振幅的强弱而产生相应的周期性的疏密变化,它对光的作用有如条纹光栅。可用于光调制器件等。

03.0367 电光陶瓷 electro-optic ceramics

具有电光效应的陶瓷材料。

03.0368 抗菌陶瓷 anti-bacterial ceramics

具有抑制微生物生长、繁殖或杀灭微生物功能的陶瓷制品。

03.03.03 陶瓷材料性能

03.0369 三点弯曲试验 three-point bending test

测量材料弯曲性能的一种试验方法。将条状试样平放于弯曲试验夹具中,形成简支梁形式,支撑试样的两个下支撑点间的距离视试样长度可调,而试样上方只有一个加载点。

03.0370 四点弯曲试验 four-point bending test

测量材料弯曲性能的一种试验方法。将条状试样平放于弯曲试验夹具中,形成简支梁形式,支撑试样的两个下支撑点间的距离视试样长度可调,试样上方有两个对称的加载点。

03.0371 载荷-位移曲线 load-displacement curve

试样在受力过程中测得的试样受力点处的

位移随外加载荷的变化关系曲线。

03.0372 断裂功 work of fracture
材料受力作用直至发生断裂破坏这一过程中所吸收的能量。

03.0373 维氏硬度 Vickers hardness
将相对面夹角为 136° 的正四棱锥金刚石压头以一定的载荷压入试样表面并保持一定的时间后卸除试验力，所使用的载荷与试样表面上形成的压痕的面积之比。

03.0374 洛氏硬度 Rockwell hardness
用洛氏硬度压头所测得的材料硬度值。洛氏硬度压头是一个金刚石圆锥体，锥角为 120°。

03.0375 努氏硬度 Knoop hardness
用努氏压头测得的材料硬度值。努氏压头是一个金刚石菱面锥体，所得到的压痕面是一个菱形。

03.0376 自润滑 self-lubrication
通过在承载基体中复合进具有低摩擦系数的固体润滑剂，以减低摩擦表面间的摩擦力或其他形式的表面破坏作用。

03.0377 韦布尔模数 Weibull modulus
统计断裂力学中韦布尔分布函数中的一个参数。对陶瓷材料，韦伯模数多用于反映材料强度的离散性。韦伯模数越高，离散性越小。

03.0378 极化率 polarizability
衡量原子、离子或分子在电场作用下极化强度的微观参数，为原子、离子或分子在电场作用下形成的偶极矩与作用于原子、离子或分子上的有效内电场之比。

03.0379 自发极化 spontaneous polarization
某些晶体中因电偶极子的规则排列而产生的极化。

03.0380 电子弛豫极化 electronic relaxation polarization
介电体中由弱束缚电子在一个或几个离子范围内做定向运动，造成电荷不对称分布而产生的极化。

03.0381 离子弛豫极化 ionic relaxation polarization
离子型介电体在外电场作用下，弱束缚离子在一个或几个离子范围内做定向运动，导致电荷不对称分布而产生的极化。

03.0382 分子取向极化 molecular orientation polarization
介电体中的极性分子或极性基团在电场作用下定向排列，使介电体单位体积内的偶极矩不为零的现象。

03.0383 电子位移极化 electronic displacement polarization
在外电场作用下，介电体内部束缚在原子、离子或分子上的电子相对于原子核发生弹性位移而形成的极化。

03.0384 机电耦合系数 electromechanical coupling factor
与压电效应相联系的弹电相互作用能密度与弹性能密度和介电能密度乘积的几何平均值之比。

03.0385 介电损耗角正切 tangent of dielectric loss angle
介电体在交变电场作用下有功功率与无功功率的比值。是表征介电体损耗的一个无量纲物理量，记为 $\tan\delta$。

03.0386 四端电极法 four-probe method
材料电导率的一种测量方法。通常在试样上排布四个电极，内侧的两个电极用于测量电压，而外侧的两个电极则用于测量电流。

03.03.04　陶瓷材料工艺

03.0387　轮碾　roll grinding
碾盘上的物料被置于其上的转动中的碾轮挤压粉碎的过程。

03.0388　对辊粉碎　rollers crushing
强迫物料通过两个转动中的对置碾辊之间的缝隙，将物料碾压粉碎的过程。

03.0389　圆盘磨粉碎　disc roll grinding
物料在一对同心旋转的圆盘间隙内被碾、挤粉碎的过程。

03.0390　雷蒙磨粉碎　Raymond milling
一种旋转冲击方式的粉碎工艺过程。

03.0391　球磨　ball mill
利用磨球在筒状磨机内翻滚、打击，使物料变成细粉的工艺设备。

03.0392　振动磨　vibration mill
利用磨球在磨机内振动、冲击作用使物料变成细粉的工艺设备。

03.0393　搅拌磨　attrition mill
利用搅棒驱使磨机内的大量磨球快速转动，将物料碾磨成细粉的工艺设备。

03.0394　固相法制粉　solid state processing for making powder
利用固相反应合成粉料的工艺方法。

03.0395　气相反应法制粉　gas reaction preparation of powder
利用气相反应合成粉料的工艺方法。

03.0396　热[分]解法制粉　pyrolysis processing for making powder
利用热分解反应合成粉料的方法。

03.0397　机械力化学法制粉　making powder through mechanochemistry
通过机械研磨，使物料发生化学反应，生成所需要的粉料的方法。

03.0398　湿化学法制粉　making powder through wet chemistry
通过溶液中的化学反应生成粉料的工艺方法。

03.0399　化学共沉淀法制粉　chemical coprecipitation process for making powder
通过两种物相同时沉淀的化学反应制备粉料的方法。

03.0400　水热法制粉　hydrothermal process of powder
在高温、高压下通过水溶液合成粉料的方法。

03.0401　溶胶凝胶法制粉　making powder through sol-gel process
通过溶胶－凝胶转变制备粉料、薄膜或块体材料的工艺方法。

03.0402　有机盐反应法制粉　making powder through reaction of organic salt
利用金属有机盐类为前驱体，经过化学反应制备粉料的工艺方法。

03.0403　乳液法制粉　making powder through emulsion process
利用乳化液内的反应生成粉料的工艺方法。

03.0404　喷雾热分解法制粉　making powder through spray pyrolysis
将溶液喷雾并送入高温区，使液滴内水分蒸发，进而发生热分解生成粉料的工艺方法。

03.0405　等离子合成法制粉　plasma process for making powder

利用等离子体为热源的制粉工艺。

03.0406　激光诱导化学气相反应制粉　making powder through laser inducing gas reaction

利用激光诱发气相内进行化学反应，生成粉料的工艺。

03.0407　化学气相沉积法制粉　chemical vapor deposition process for making powder，CVD process for making powder

利用化学气相沉积工艺制粉的方法。

03.0408　火焰合成法　flame synthesis of powder

利用燃烧反应在火焰中生成粉料的工艺。

03.0409　离心脱水　centrifugal dewatering，centrifugal sedimentation

又称"离心沉降"。用离心机将料浆中的自由水分去除，粉体颗粒沉积为具有一定强度的坯体的过程。

03.0410　挤压脱水　pressing leaching，squeeze dehydration

通过挤压将泥料内水分滤出的过程。

03.0411　真空抽滤　vacuum filtration

利用抽气造成的负压加速滤水的方法。

03.0412　喷雾干燥　spray drying

利用不同的喷雾器，将悬浮液或黏滞的液体喷成雾状，与热空气之间发生热量和质量传递而进行脱水干燥的过程。

03.0413　冷冻干燥　frozen drying

又称"升华干燥"。将物料冷冻至水的冰点以下，并置于较高真空（10~40Pa）的容器中，通过供热使物料中的水分直接从固态冰升华为水汽的一种干燥方法。

03.0414　超临界干燥　super critical drying

通过加温、加压，使泥浆的温度和压力超过其液相的临界点，在高压下排气，除去液相的工艺。

03.0415　造粒工艺　granulation technology

采用一定措施将细粉料加工形成较大颗粒状物料的工艺。

03.0416　团聚体　aggregate，agglomeration

硬团聚体、软团聚体的统称。粉体颗粒通过化学键结合在一起而形成的是硬团聚体，而通过范德瓦耳斯作用力而形成的是软团聚体。

03.0417　解团聚　deaggregating process

采用筛分、机械研磨、制备高分散悬浮体、加入表面活性剂等措施解除泥浆中的团聚结构。

03.0418　滚压成型　roller forming

用旋状的滚头，对同方向旋转的模型中的可塑坯料进行滚压，坯料受压延力的作用均匀展开而形成坯体的方法。

03.0419　注浆成型　slip casting

又称"浇注成型"。将泥浆注入多孔模型内，借助于模型的吸水能力而成型的方法。

03.0420　挤压成型　extrusion forming

可塑性泥料在压力作用下通过挤压成型机口的模具，形成具有一定形状的柱状或带状坯体的成型工艺。

03.0421　压力注浆成型　pressure slip casting

对泥浆施加压力的注浆成型。

03.0422　离心注浆成型 centrifugal slip casting

利用离心力的注浆成型。

03.0423　热压铸成型 low pressure injection molding，hot injection molding

将瓷料和熔化的蜡类搅拌混合均匀成为具有流动性料浆，用压缩空气把加热熔化的料浆压入金属模腔，使料浆在模具内冷却凝固成型。

03.0424　冷等静压成型 cold isostatic pressing molding

将装满粉料的橡胶膜具放置到密闭的容器中，通过油泵施加各向同等的压力，在高压的作用下，制得致密的坯体的成型工艺。

03.0425　流延成型 tap casting，doctor blading

利用陶瓷泥浆在刮刀作用下在平面上延展形成陶瓷片状坯体的成型工艺。

03.0426　轧膜成型 rolling film forming

可塑性泥料通过一对辊子碾压，形成片状坯体的成型工艺。

03.0427　浸渍法成型 infiltration forming

将多孔模板浸入陶瓷泥浆中，使泥浆充满空隙，取出经干燥形成坯体的成型工艺。

03.0428　凝胶注模成型 gel casting

将有机单体、交联剂、引发剂、催化剂加入到陶瓷料浆内，把料浆注入非孔膜具内，用温度诱导有机单体发生聚合反应而固化形成坯体的成型工艺。

03.0429　直接凝固成型 direct coagulation casting

用生物酶催化反应来控制陶瓷料浆的 pH 值和电解质浓度，使其在双电层排斥能最小时依靠范德瓦耳斯力而原位凝固成型的方法。

03.0430　胶态成型 colloidal forming

采用物理、化学或物理化学方法使具有一定流动性的悬浮体料浆固化为结构均匀坯体的方法。传统的湿法成型都归属胶态成型。

03.0431　胶态注射成型 colloidal injection molding

将凝胶注模和注射成型工艺结合并采用温度和压力综合诱导单体聚合固化原理制备结构均匀、强度高的坯体的成型工艺。

03.0432　冷冻浇注成型 frozen casting forming

把充满模具的陶瓷泥浆冷冻成固体，出模后在负压下将料浆内液体升华排除，形成陶瓷坯体的成型工艺。

03.0433　电泳成型 electrophoretic forming

利用电泳现象，使泥浆内的陶瓷颗粒定向沉积在作为电极的模板上，形成陶瓷坯体的成型工艺。

03.0434　压滤成型 pressure filtration

将泥浆注入多孔模具，通过施加压力将泥浆内水分从模具中滤出，从而形成坯体的成型工艺。

03.0435　激光快速成型 laser rapid prototyping，LRP

将计算机辅助设计、计算机辅助制造、计算机数字控制、激光、精密伺服驱动和新材料等先进技术集成的一种全新制造技术。主要有立体光造型、选择性激光烧结、激光熔覆成型、激光近形、激光薄片叠层制造、激光诱发热应力成型及三维印刷技术等。

03.0436　真空干燥 vacuum drying

将素坯置于真空干燥箱内进行的干燥。

03.0437　微波干燥 microwave drying

将素坯置于微波场中，通过微波加热素坯进行的干燥。

03.0438 红外线干燥 infrared radiation drying
利用红外线加热素坯的干燥。

03.0439 无压烧结 pressureless sintering
常压下，具有一定形状的素坯在高温下烧结为致密、坚硬、体积稳定具有一定性能的烧结体的方法。此工艺简单、成本低，但性能不及热压烧结制品。

03.0440 重烧结法 post-sintering method, resintering method
以反应烧结制品为前驱体，再进行高温烧结的方法。先制成形状复杂、含有助烧剂的反应烧结制品为前驱材料，然后进行兼具反应烧结和热压烧结优点的重烧结获得高精度、高致密度、高性能复杂形状陶瓷。

03.0441 热等静压烧结 hot isostatic pressing sintering
将粉末压坯或装入特制容器的粉末体置入热等静压机高压容器中，施以高温和各向均等气体高压，使粉末体被压制和烧结成致密的零件或材料的烧结过程。

03.0442 爆炸烧结法 explosion sintering
利用可控爆炸作为加热、加压手段的烧结技术。

03.0443 自蔓延高温燃烧合成法 self-propagating combustion high temperature synthesis
利用某些合成反应的强放热作用，反应一旦开始即能自我维持，并迅速扩展、蔓延至整个试样区，完成合成反应的方法。

03.0444 陶瓷电火花加工 electric discharge spark machining of ceramics
利用对导电陶瓷工件的脉冲放电所形成的高温，将工件微小区域内的物质熔化或气化，实现对工件的加工。

03.0445 陶瓷超声加工 ultrasonic machining of ceramics
利用超声波加工陶瓷的技术。

03.0446 陶瓷与陶瓷焊接 jointing of ceramics, soldering of ceramics
利用焊接工艺将两个陶瓷部件连接成整体的技术。

03.0447 陶瓷与金属焊接 jointing of ceramics with metal, soldering of ceramics with metal
利用焊接工艺将陶瓷部件和金属部件连接成整体的技术。

03.04 玻 璃

03.0448 玻璃 glass
熔融后冷却至固态未析晶的无定形物质。

03.0449 传统熔融法 traditional fusion method
将原料经混合均匀后，放入耐火材料制成的坩埚或池窑中，加热熔融，并在常规条件下进行冷却而制成玻璃的方法。冷却速度 $(10^2 \sim 10^3)$ K/s，大量的玻璃及绝大部分品种都是通过这种方法获得的。

03.0450 淬冷法 quenching method
又称"超速冷却法"。其最高冷却速度达 $(10^6 \sim 10^8)$ K/s，使许多金属或离子化合物都能形成玻璃的方法。

03.0451 玻璃内耗 internal friction of glass

由于内部的原因而使机械能消耗的现象。玻璃中离子或原子团的移动，某些阳离子在玻璃中配位的变化都会在内耗曲线上有所反映。根据内耗峰的温度和振动频率的关系还可以求出内耗活化能。

03.0452 玻璃分相 phase splitting in glass
玻璃在冷却过程中或在一定温度下热处理时，由于内部质点迁移，某些组分分别浓集，从而形成化学组分不同的两个相的现象。这种分相大都发生在相平衡图的液相线以下，反应产物分两个玻璃相，在热力学上处于亚稳状态。

03.0453 玻璃失透 devitrification of glass
玻璃失去原有的透明性。是玻璃的缺陷之一，在玻璃制造工艺中力求避免。

03.0454 玻璃晶化 crystallization of glass
使某些组成的玻璃自玻璃态转化为结晶态的有效析晶过程。一般可分为成核阶段和晶体生长阶段。

03.0455 玻璃成型 forming of glass
从玻璃熔体制成制品的过程。分造型和定型两个阶段，成型方法一般分吹制、压制和拉制。

03.0456 玻璃着色 coloring of glass
玻璃着色的过程。可分为玻璃体着色和玻璃表面着色。

03.0457 玻璃退火 annealing of glass
为了减少玻璃制品在成型或热加工后由于冷却过程内外温差而残留的永久应力，在一定温度范围内进行热处理的过程。

03.0458 玻璃热处理 heat treatment of glass
将成型的玻璃重新加热到需要的温度并保温一定时间或快速冷却的过程。

03.0459 玻璃表面处理 surface treatment of glass
用一种或多种手段改变玻璃表面组成或形态，获得具有特定性能的玻璃制品的方法。

03.0460 玻璃冷加工 cold working of glass
在不加热的情况下，通过机械的方法来改变玻璃制品的外形和表面状态的过程。通常包括研磨、抛光、切割、车刻、钻孔、磨砂和喷砂等。

03.0461 钠钙玻璃 soda-lime-silica glass
主要组成是 71% 左右的氧化硅，14% 左右的稳定氧化物(包括氧化铝、氧化钙、氧化镁、氧化钡)以及 15% 左右的助熔剂(包括氧化钠、氧化钾、氧化硼、三氧化硫)的玻璃。

03.0462 硼硅酸盐玻璃 borosilicate glass
主要成分为碱硼硅酸盐玻璃($R_2O-B_2O_5-SiO_2$)以及不含碱低硅硼酸盐玻璃($RO-B_2O_5-SiO_2$)的玻璃。

03.0463 铝硅酸盐玻璃 aluminosilicate glass
$RO-Al_2O_3-SiO_2$ 系统玻璃。R 是二价元素，通常在 $RO-Al_2O_3-SiO_2$ 系统的共熔点状态，添加少量 B_2O_3、Na_2O、K_2O 等便成为铝硅酸盐玻璃。

03.0464 卤化物玻璃 halide glass
以氟化铍或氯化铍玻璃形成物为主要成分的玻璃。

03.0465 硫系玻璃 chalcogenide glass
以硫化物、硒化物、锑化物为主要成分的玻璃。包括含有氧化物的硫系化合物玻璃。

03.0466 石英玻璃 quartz glass
只含二氧化硅的玻璃。通常分为透明石英玻璃和不透明石英玻璃两大类。

03.0467　紫外透过石英玻璃　ultraviolet transmitting silica glass

在紫外波长范围具有良好透过率的石英玻璃。分远紫外和一般紫外两种。

03.0468　红外透过石英玻璃　infrared transmitting silica glass

在近红外波长范围具有良好透过率的石英玻璃。应用于光谱波长范围为 26~350μm。

03.0469　超低膨胀石英玻璃　ultra-low thermal expansion quartz glass

又称"低膨胀石英玻璃"。掺有二氧化钛的石英玻璃。20~100℃ 的热膨胀系数为 $\pm 0.3 \times 10^{-7}/℃$，比一般石英玻璃低一个数量级。

03.0470　防辐照光学玻璃　radiation-protection optical glass

对高能辐照有较大的吸收能力的玻璃，有高铅玻璃和 $CaO-B_2O_3$ 系统玻璃，前者可防止 γ 射线和 X 射线辐照，后者可吸收慢中子和热中子。

03.0471　耐辐照光学玻璃　radiation resistant optical glass

在一定的 γ 射线、X 射线辐照下，可见区透过率变化较少，品种和牌号与无色光学玻璃相同，用于制造高能辐照下的光学仪器和窥视窗口的玻璃。

03.0472　高硅氧玻璃　high-silica glass

SiO_2 含量为 96% 左右的玻璃。将钠硼硅玻璃经过分相、酸处理、干燥、烧结几步处理即可制得。

03.0473　平板玻璃　flat glass

板状无机玻璃制品的统称。多系钠钙硅酸盐玻璃。具有透光、透视、隔音、隔热、耐磨、耐气候变化等性能。

03.0474　封接玻璃　sealing glass

把玻璃、陶瓷、金属及复合材料等相互间封接起来的中间层玻璃。可分为低温封接玻璃和高温封接玻璃。

03.0475　焊料玻璃　solder glass

又称"低熔点玻璃"。材料为钼组、铂组及其他特殊组成的电真空玻璃。要求其热膨胀系数和被封接材料很接近。

03.0476　光致变色玻璃　photochromic glass

简称"光色玻璃"。在一定波长的激活辐射能量作用下产生着色生成色心而在激活辐射终止后又退色，色心破坏的玻璃。

03.0477　光敏玻璃　photosensitive glass

在光照(可见光、紫外线、激光)下会发生变性，或是变换颜色，或是改变折射率，或是析出晶体等的玻璃。

03.0478　发泡玻璃　foamed glass

气孔率在 90% 以上，由均匀的气孔组成的隔热玻璃。具有不透气、不燃烧、不变形、不变质、不污染食品等特点。

03.0479　彩色玻璃　color glass

溶解在玻璃中的过渡金属离子或稀土金属离子的电子跃迁而引起的光吸收，或者分散在玻璃中呈胶体状的元素或化合物微粒子的色散与吸收，或者放射线等的照射所产生的着色中心所引起的光吸收等产生着色的玻璃。

03.0480　显像管玻璃　picture tube glass

制造显像管外壳(屏、锥、颈)的玻璃。常采用相同组成的锂钡硅酸盐玻璃。

03.0481　中空玻璃　insulating glass

又称"双层玻璃"。将两片以上的平板玻璃用铝制空心边框框住，用胶结或焊接密封，中间形成自由空间，并充以干燥空气，具有隔热、隔音、防霜、防结露等优良性能的玻璃。

03.0482　玻璃细珠　glass microsphere，glass bead

又称"玻璃微珠"。直径几到几十微米的实心或空心的玻璃珠。有无色的和有色的两种。

03.0483　氧氮化物玻璃　oxynitride glass

氧化物玻璃中熔进了一部分氮后所形成的玻璃。

03.0484　激光玻璃　laser glass

以玻璃为基质的固体激光材料，由基质玻璃和激活离子两部分组成，其物理化学性质主要由基质玻璃决定，而它的光谱性质则主要由激活离子决定。

03.0485　红外激光玻璃　infrared laser glass

能激发出红外线（0.76~20μm）的激光玻璃。

03.0486　光学玻璃　optical glass

用于制造光学仪器或机械系统的透镜、棱镜、反射镜、窗口等的玻璃材料。通过折射、反射、透过方式传递光线或通过吸收改变光的强度或光谱分布，具有稳定的光学性质和高度光学均匀性。

03.0487　无色光学玻璃　colorless optical glass

无基色的光学玻璃。具有可见区高透过、无选择吸收着色等特点，能满足各种透过、吸收、折射、反射、偏振等性能以及化学、力学、热学等方面的要求，对光学常数有特定要求。

03.0488　稀土光学玻璃　rare earth containing optical glass

含有较多稀土或稀有元素氧化物，具有高折射率、低色的光学玻璃。

03.0489　热光稳定光学玻璃　thermo-optical stable optical glass

当温度变化或存在着温度梯度时，玻璃本身或由它制成的光学元件的某些光学性质保持不变的光学玻璃。

03.0490　紫外高透过光学玻璃　ultraviolet high transmitting optical glass

具有和某些无色光学玻璃相同的光学常数和物理、化学性质，但紫外和可见光的透过率较一般要高得多的光学玻璃。

03.0491　微晶玻璃　microcrystalline glass

又称"玻璃陶瓷（glass-ceramics）"。某些组成的玻璃料中，加入成核剂，经熔炼成型后再进行晶化处理，在玻璃相内均匀的析出大量的细小晶体，形成晶相和玻璃相组成的复合体。晶体大小可从毫米级到微米级，晶体数量占 50%~90%。

03.0492　镁铝硅系微晶玻璃　MgO-Al$_2$O$_3$-SiO$_2$ system glass-ceramics

由 MgO-Al$_2$O$_3$-SiO$_2$ 系统制得的玻璃。有 TiO$_2$-ZrO$_2$ 之类晶核剂存在时，经 1250℃热处理，可得到主晶相为堇青石的微晶玻璃。

03.0493　锂铝硅系微晶玻璃　Li$_2$O-Al$_2$O$_3$-SiO$_2$ system glass-ceramics

以 Li$_2$O-Al$_2$O$_3$-SiO$_2$ 为基础成分的，种类繁多的微晶玻璃系统。主要包括透明微晶玻璃、超低膨胀微晶玻璃、高膨胀微晶玻璃以及光敏微晶玻璃。

03.0494　超低膨胀微晶玻璃　ultra-low thermal expansion glass-ceramics

一般指膨胀系数为 -10~10×10^{-7}/℃ 的微晶玻璃。属于 Li$_2$O-Al$_2$O$_3$-SiO$_2$ 系统，具有优异的

耐温急变和耐高温性能。

**03.0495　零膨胀微晶玻璃　zero thermal ex-
pansion glass-ceramics**
具有近乎于零的热膨胀系数以及出色的三
维的均匀度的微晶玻璃。通过在玻璃中析出
负膨胀的微晶体与基础玻璃的膨胀相抵消，
使微晶玻璃的膨胀系数接近于零。

**03.0496　可切削微晶玻璃　machinable glass-
ceramics**
主晶相为氟金云母、锂云母、锂镁云母等云
母型微晶玻璃。具有金属切削加工性能。

03.0497　矿渣微晶玻璃　slag glass-ceramics
属于 $CaO-Al_2O_3-SiO_2$ 系统的微晶玻璃。主要
原料为炼铁废渣和有色金属矿渣，如铜渣、
铅渣、铬渣、磷矿渣等，还可用矿物原料。
外观类似大理石、花岗石，具有优良的耐磨、
耐腐蚀性，机械强度比天然石材高一倍。

03.0498　光导纤维　optical fiber
又称"光学纤维"。把光能闭合在纤维中而
产生导光作用的纤维。

03.0499　纤维面板　fiber plate
由成百上千根细丝按一定格式排列组合经
熔压而成的刚性原件是一种新型的光学原
件。

03.0500　微通道板　microchannel plate，MCP
以玻璃为基的一种大面阵的高空间分辨的
电子倍增探测器。具备非常高的时间分辨
率。

03.0501　安全玻璃　safety glass
经剧烈振动或撞击不破碎，即使破碎也不易
伤人的玻璃。

03.0502　减反射玻璃　anti-reflective glass
又称"防眩玻璃"、"低反射玻璃"。将玻璃
表面单面或双面经过特殊覆膜工艺处理，透
过率达 80% 以上，反射率小于 3% 的玻璃。
有对光线近程高透光、远程慢反射的特性。

**03.0503　半导体钝化玻璃　semiconductor
passivation glass**
半导体器件用的钝化封装玻璃粉。具有良好
的电性能，而且具有极低的碱金属离子含量
和良好的工艺特性，并具备较高的反向击穿
电压和机械强度及抗热冲击能力。

03.0504　电致变色玻璃　electrochromic glass
一种新型的具有电致变色功能的玻璃。

03.0505　真空玻璃　vacuum glass
在两块玻璃中间做出一个没有空气的空间
玻璃。通常的办法是把玻璃中间的空气抽
掉。

**03.0506　隐身玻璃　stealth glass，invisible
glass**
能有效地阻断雷达波透过的玻璃。

03.0507　建筑玻璃　architectural glass
建筑用玻璃。包括中空玻璃、夹层玻璃、钢
化玻璃、半钢化玻璃和镀膜玻璃。

03.0508　隐形玻璃　invisible glass
具有隐形功能的玻璃。通过将反射影像移到
人的视野以外或者几乎无反射，使人觉察不
到玻璃的存在。是一种深加工玻璃产品。可
用于制作临街店面橱窗、博物馆的画框和展
柜、商店柜面。

03.0509　压花玻璃　patterned glass
又称"花纹玻璃"、"滚花玻璃"。采用压延
方法制造的一种平板玻璃。其理化性能基本
与普通透明平板玻璃相同，仅在光学上具有
透光不透明的特点。

03.0510 毛玻璃 frosted glass，ground glass
一面和普通玻璃一样平滑，另一面却像砂纸一样粗糙的玻璃。因为光线经过凹凸不平的一面时不能有规则地折射，而是向四面八方散开，所以隔着毛玻璃会看不清东西。

03.0511 浮法玻璃 float glass
用海沙、石英砂岩粉、纯碱、白云石等原料配制，经熔窑高温熔融，玻璃液从池窑连续流至并浮在金属液面上，摊成厚度均匀平整、经火焰抛光的玻璃带，冷却硬化后脱离金属液，再经退火切割而成的透明无色平板玻璃。

03.0512 磨光玻璃 polished glass
用金刚砂、硅砂等磨料对普通平板玻璃或压延玻璃的两个表面进行研磨使之平坦以后，再用红粉、氧化锡及毛毡进行抛光的玻璃产品。

03.0513 喷砂玻璃 sand glass
经自动水平喷砂机或立式喷砂机在玻璃上加工成水平或凹雕图案的玻璃产品。也可在图案上加上色彩称之谓"喷绘玻璃"。包括喷花玻璃和砂雕玻璃。

03.0514 防弹玻璃 bullet-proof glass
在夹层玻璃的基础上，经过工艺和结构的改进，制造成具有防弹、防爆等特性的玻璃。

03.0515 导电玻璃 conductive glass
在熔融状态时，核外电子得到能量，可以脱离核的束缚，成为可以自由移动的自由电子，能导电的玻璃。

03.0516 电磁屏蔽玻璃 electromagnetic
shielding glass
能阻挡电磁波透过玻璃、防止电磁辐射、保护信息不泄露、抗电磁干扰的透光屏蔽器件。是通过特殊工艺处理，在玻璃表面附着导电涂层和在玻璃中夹入特殊介质而实现对电磁波的阻挡和衰减。

03.0517 吸热玻璃 endothermic glass
能吸收大量红外线辐射能而又保持良好的可见光透过率的玻璃。

03.0518 热反射玻璃 heat reflective glass
又称"镀膜玻璃"。用物理或者化学的方法在玻璃表面镀一层金属或者金属氧化物薄膜的玻璃。对太阳光有较高的反射能力，但仍有良好的透光性。

03.0519 低辐射镀膜玻璃 low-emission glass
简称"低辐射玻璃"。所镀膜层具有极低的表面辐射率的玻璃。它可以将80%以上的远红外线热辐射反射回去，具有良好的阻隔热辐射透过作用。

03.0520 电热玻璃 electric heating glass
通电后能发热升温的夹层玻璃制品。其原理为：在夹层玻璃中间膜一侧嵌入极细的钨丝或铜丝等金属电热丝，或者在玻璃内表面涂透明导电膜，通电后使玻璃受热。

03.0521 泡沫玻璃 foam glass
由碎玻璃、发泡剂、改性添加剂和发泡促进剂等，经过细粉碎和均匀混合后，再经过高温熔化，发泡、退火而制成的无机非金属玻璃材料。具有优越的绝热(保冷)、吸声、防潮、防火、轻质高强等特性。

03.0522 乳白玻璃 opal glass
通过氟化物中的微小粒子在光散射作用下产生乳浊效果的玻璃材料。

03.0523 冰花玻璃 ice glass
利用平板玻璃经特殊处理形成具有自然冰花纹理的玻璃材料。

03.0524 釉面玻璃 ceramic enameled glass
以普通平板玻璃、压延玻璃、磨光玻璃或玻璃砖为基体，在其表面涂敷一层彩色易熔性色釉，在熔炉中加热至釉料熔融，使釉层与玻璃牢固结合在一起，再经退火或钢化等热处理制成具有美丽色彩或图案的玻璃材料。

03.0525 饰面玻璃 decorative glass
用做建筑装饰玻璃的统称。

03.0526 锦玻璃 mosaic glass
又称"玻璃锦砖"、"玻璃纸皮砖"。一种小规格的彩色饰面玻璃。

03.0527 钢化玻璃 tempered glass
又称"强化玻璃"。经强化处理，在玻璃表面上形成一个压应力层，从而具有良好的机械性能和耐热震性能的玻璃的统称。

03.0528 半钢化玻璃 semi-tempered glass
又称"热强化玻璃(heat-strengthened glass)"。介于普通平板玻璃和钢化玻璃之间的一个玻璃品种。兼有钢化玻璃的部分优点，同时又回避了钢化玻璃平整度差、易自爆之弱点。

03.0529 夹层玻璃 laminated glass
由两层或几层玻璃片间夹嵌透明的塑料薄片，经热压黏合而成的一种安全玻璃。此种玻璃经较大的冲击和较剧烈的震动，仅现裂纹，不致粉碎。

03.0530 热弯玻璃 hot bending glass
由平板玻璃加热软化在模具中成型，再经退火制成的曲面玻璃。一般在电炉中进行加工。

03.0531 贴膜玻璃 stick-film glass
平板玻璃表面贴多层聚酯薄膜的平板玻璃。能改善玻璃的性能和强度，使玻璃具有节能、隔热、保温、防爆、防紫外线、美化外观、遮蔽私密、安全等功能。

03.0532 镀膜玻璃 coated glass
又称"反射玻璃"。表面涂镀一层或多层金属、合金或金属化合物薄膜的玻璃。可以改变玻璃的光学性能，满足某种特定要求。

03.0533 夹丝玻璃 wired glass
又称"防碎玻璃"。将普通平板玻璃加热到红热软化状态时，再将预热处理过的铁丝或铁丝网压入玻璃中间而制成的玻璃。

03.0534 槽形玻璃 channel-section glass
采用普通玻璃所用的原料制成的，纵向呈条状，横剖面呈槽形，并由一个底边和两个与底边基本垂直和高相等的翼构成的玻璃。

03.0535 防火玻璃 fire-resistance glass
具有防火功能的建筑外墙用幕墙或门窗玻璃。是采用物理与化学的方法，对浮法玻璃进行处理而得到的。其它在1000℃火焰冲击下能保持(84~183)min不炸裂，从而有效地阻止火焰与烟雾的蔓延。

03.05 无 机 涂 层

03.0536 无机涂层 inorganic coating
在某种底材上加涂一层无机材料(如非金属氧化物，氧化锆、氧化钛等)保护层或薄膜，以抵御外部环境对底材的伤害，从而提高它们的使用效能或延长使用寿命。

03.0537 高辐射涂层 high radiating coating
在耐火材料或物体表面涂覆一层具有高发射率的涂层材料，改变原来表面的物理化学性能的一种表面处理技术。

03.0538　陶瓷棒火焰喷涂　ceramic rod flame spray coating

通过喷枪内驱动机构送线滚轮将陶瓷棒材从喷枪中心孔送出，由燃料气体（氧-乙炔）的火焰将其熔化，用压缩空气将涂料雾化成微粒，并将其喷射到基体表面沉积成为涂层。

03.0539　溶胶凝胶涂层工艺　sol-gel coating technology

用溶胶凝胶膜技术制备涂层。以金属盐或者有机盐溶液为原料，经过适当的水解和聚合反应，在陶瓷或金属基体上制成含有金属氧化物或氢氧化物离子的溶液胶，并凝胶化，再把凝胶加热，最后经干燥、煅烧和烧结获得所需的薄膜。

03.0540　电化学工艺　electrochemical technology

通过电化学手段，使金属与某种特定的化学处理液相接触，从而在金属表面形成一层附着力好、能保护基体金属免受各种腐蚀介质的影响或能赋予表面其他性能的化合物膜层的技术。

03.0541　阳极氧化涂层　anodizing coating

将合金等金属置于适当的电解液中，并作为阳极，在外加电流的作用下，使其表面生成的厚为 $10\sim200\mu m$ 的氧化膜。

03.0542　高温抗氧化涂层　high temperature anti-oxidation coating

将一些耐高温性能较好的金属氧化物，在金属基体表面上喷涂或刷镀，通过黏结剂的黏结作用在金属基体表面形成的一层粉料涂层。

03.0543　高温防腐蚀涂层　high temperature corrosion-resistant coating

在金属零部件表面上加涂的，在 200℃以上腐蚀介质中不变色、不脱落，仍能保持适当物理机械性能的一种涂层。

03.0544　热处理保护涂层　heat treatment protective coating

在金属零部件表面上加涂的，用来保护金属在不同气氛中热处理时抗氧化、防渗碳、防渗氮和防脱碳等用的一种工艺性涂层。

03.0545　红外辐射涂层　infrared radiating coating

具有发射高强度红外线能力的涂层。

03.0546　热反射涂层　thermal reflective coating

对太阳的热辐射具有高反射率的涂层。

03.0547　光谱选择性吸收涂层　selective absorption spectrum coating

主要是借助于半导体薄膜的吸收作用和低金属表面的红外反射特性设计而成的涂层。根据涂层的光性和膜系的组成特点可分为干涉滤波型涂层和体吸收型涂层。

03.0548　隐形涂层　invisible coating

又称"伪装涂层(camouflage coating)"。在一定探测环境中降低目标的可探测性，使其在一定范围内难以被发现的一种涂层。

03.0549　温控涂层　temperature control coating

又称"热控涂层(thermal control coating)"。具有特定的热辐射性质，用于调节物体辐射热交换的表面层。例如可调节进出航天器的热流，从而达到控制航天器表面温度的目的。

03.0550　耐磨涂层　abrasion-resistant coating，wear-resistant coating

在金属材料表面覆盖一层由无机非金属耐

磨材料制成的涂层。通常用喷涂的方法制成，具有硬度高、耐磨性好、与金属材料结合强度高、耐酸、耐碱、抗腐蚀性强等特点。

03.0551　高温绝缘漆　heat-resistance electric insulating paint，high temperature electric insulating paint
涂覆在工件表面并能形成牢固附着、连续而均匀、高温下依然保持电绝缘性能的漆膜。

03.0552　导电涂层　conducting coating
电导率达到 10^{-12}S/m 以上要求的涂层。

03.0553　隔热涂层　heat insulation coating
又称"热障涂层(thermal barrier coating)"。具有热导率低，可隔绝热传导的涂层。包括高温隔热涂层和多层箔隔热涂层两类。

03.0554　防火涂层　fire-proofing coating
涂装在物体表面，可防止火警发生，阻止火势蔓延传播，或隔离火源，延长基材着火时间，或增大绝热性能以推迟结构破坏时间的一类涂层的总称。

03.0555　高温润滑涂层　high temperature lubricating coating
涂覆在运动物体表面，可在高温(700~1800 ℃)下减小互相接触的运动物体之间的摩擦力，从而满足某一要求的一类涂层。

03.0556　电磁波吸收涂层　electromagnetic wave absorbing coating
在涂料中加入易将电磁波能量转化为机械能、电能或热能的填料，如石墨粉、碳粉、铁氧体等，也可以选用几种填料混合在一起，以吸收电磁波，从而导致电磁波能量在涂层中损耗掉的一类涂层。

03.0557　电致变色涂层　electrochromic coating
电变色涂层本身是一种透明涂层，加涂在玻璃表面上，通电后这种涂层会变色，变成蓝色、灰色等颜色。当反方向再通电时它又会恢复到透明。

03.0558　搪瓷　porcelain enamel
曾称"珐琅(enamel)"。在金属表面涂覆一层或数层瓷釉，通过烧成，两者发生物理化学反应而牢固结合的一种复合材料。有金属固有的机械强度和加工性能，又有涂层具有的耐腐蚀、耐磨、耐热、无毒及可装饰性。

03.0559　卫生搪瓷　sanitary enamel
用搪瓷制作的卫生洁具。主要有浴盆和盥洗器等。一般用钢板或铸铁作为坯体，表面涂烧耐水性较好的瓷釉。有的浴盆在内底部釉面涂烧有花纹图案的防滑涂层。

03.0560　艺术搪瓷　art enamel，enamel in art，artistic enamel
用搪瓷制成的各种艺术品的统称。包括景泰蓝、绘图珐琅、浮雕珐琅、凹凸珐琅等。

03.0561　装饰搪瓷　decorative enamel
以各种纹样饰面搪瓷板装配而成的搪瓷物件。如以橡皮滚筒印刷的木纹、大理石纹等饰面搪瓷板装配而成的各种家具。

03.0562　太阳热收集搪瓷　solar heat enamel collector
吸收和利用太阳热的搪瓷制品。由若干块大面积的搪瓷板和装置在板面上的多个开口搪瓷罐构成。

03.0563　远红外辐射搪瓷　far infrared radiation enamel
在金属基材上覆盖一层远红外辐射物质，加热时能辐射出远红外线的搪瓷。瓷釉以 $ZrO_2 \cdot SiO_2$ 为主体，瓷层具有较宽的辐射波段，能与分子振动波长相匹配，从而引起分子共振，使受辐射物体发热达到干燥。

03.0564 化工搪瓷 enamelled chemical engineering apparatus
适用于化学工业的各种搪瓷器械。对一般酸、碱、盐等化学介质具有高度的耐蚀性，瓷面容易洗净。

03.0565 日用搪瓷 domestic enamelware
日常生活用的搪瓷制品的统称。一般以薄钢板冲压成坯，也可用铸铁铸成薄胎。经表面清洁处理，涂搪瓷釉烧制而成。

03.0566 搪瓷烧皿 enamelled cooking utensil
厨房炊烧用的搪瓷制品的统称。

03.0567 低熔搪瓷 low melting enamel
又称"低温搪瓷"。烧成温度相对较低的搪瓷。

03.0568 电致发光搪瓷 electroluminescent enamel
由电场作为激发能源的发光搪瓷。是以金属坯胎为一极，涂搪掺有发光体的瓷釉，表面上热喷透明氧化锡导电薄膜为另一极。发光体内的固有的电子因受到两电极间强交变电场的激发和跃迁而引起发光。

03.0569 自洁搪瓷 self-cleaning enamel coating
能在一定温度下将溅落在瓷面上的油垢氧化成灰粒而自行清洁瓷面的搪瓷。其瓷釉含有氧化触媒，如氧化铁、氧化钴之类。烧成时应形成多孔性的瓷面。

03.0570 景泰蓝 cloisonne
又称"铜胎掐丝珐琅"、"烧青"。在金属胎上嵌丝后再施搪瓷釉的艺术搪瓷。始于明代的中国著名特种工艺品。

03.0571 绘画珐琅 painted enamel, limoge
又称"绘图珐琅"。在金属坯胎上用各色彩釉按绘画艺术加工而成的搪瓷工艺品。

03.0572 凹凸珐琅 embossing enamel
又称"錾胎珐琅"、"剔花珐琅"。在金属坯件表面錾刻、凿槽、挖穴，剔成凹坑，留出凸露金属丝，或用模型铸出凹坑图案，然后于凹坑内填入珐琅釉，经烧成、磨光而成。

03.0573 玲珑珐琅 dainty enamel
又称"透光珐琅"、"透底珐琅"。利用无色或彩色透光瓷釉进行彩饰，透过瓷釉可隐约看见光亮的纹样。制作方法是在金属坯胎上雕成各种空洞花纹，垫上云母片或铜片，填入瓷釉灼烧直至完全填满，将垫片除去，然后磨平抛光使空洞处显出光亮的瓷釉。

03.0574 发光珐琅 luminescent enamel
在搪瓷釉中掺入发光物质，以各种激发能源致使发光的一类搪瓷。致使发光的激发能源有放射性元素、光线和电场等。按照发光特征可分为荧光搪瓷和磷光搪瓷。亦有以激发能源不同而成为光致发光搪瓷、放射发光搪瓷以及场致发光搪瓷等。

03.06 耐火材料

03.0575 耐火材料 refractory materials
能满足高温环境中使用要求的无机非金属材料及制品。耐火度不低于 1580℃。分酸性、中性、碱性三类；烧成或不烧制品；定形或不定形产品。常使用有：硅质、黏土质、高铝质、刚玉质、镁质、白云石质、含碳质或复合耐火材料等。

03.0576 烧成砖 burnt brick
具有一定形状和尺寸的块状的烧成制得的

耐火制品。对不同砖种，应制定相应的烧成曲线和烧制气氛，以使耐火坯体得到充分烧结。

03.0577　酸性耐火材料　acid refractory
通常指 SiO_2 含量较高的耐火材料。其主要特点是在高温下抵抗酸性渣的侵蚀，但易于与碱性熔渣起反应。

03.0578　硅质耐火材料　siliceous refractory
以石英砂为主要原料制成的 SiO_2 含量大于 93% 的酸性耐火材料。主要有硅砖、熔融石英制品以及不定形硅质耐火材料等。

03.0579　硅砖　silica brick
SiO_2 含量在 93% 以上的酸性耐火制品。主要矿相为鳞石英和方石英以及少量残余石英和玻璃相。用于炼焦炉、炼铁热风炉及玻璃熔窑等。

03.0580　熔融石英制品　fused quartz product
以熔融石英（即石英玻璃）为原料制得的再结合制品。其热膨胀系数小，强度高，耐化学侵蚀（特别是酸和氯气），但在 1000℃ 以上长期使用时，晶型朝方石英转变，易造成制品裂纹和剥落。

03.0581　硅酸铝耐火材料　aluminosilicate refractory
以 Al_2O_3 和 SiO_2 为主要成分的耐火材料。一般由叶蜡石、耐火黏土、高铝矾土、硅线石族矿物等天然原料或刚玉、莫来石等人工合成原料制成。按制品中的 Al_2O_3 含量（15%~30%，30%~48%，>48%），可分为半硅质、黏土质和高铝质制品。

03.0582　半硅砖　semisilica brick
Al_2O_3 含量为 15%~30% 的硅酸铝质耐火材料。生产用主要原料有叶蜡石、黏土、石英等。

03.0583　[叶]蜡石砖　pyrophyllite brick
以叶蜡石为原料制成的半硅质耐火制品。蜡石的烧失量和烧成收缩小，可直接用来制砖。

03.0584　黏土砖　chamotte brick，fire clay brick
Al_2O_3 含量在 30%~48% 的硅酸铝质耐火制品。采用黏土熟料为主要原料，配以结合黏土，以半干法或可塑法成型，经约 1300~1400℃ 烧成制得。

03.0585　石墨黏土砖　graphite clay brick
用黏土熟料、结合黏土与石墨粉制成耐火砖。生产工艺与黏土砖近似，只是将坯体放置在填满碳粒的匣钵内进行烧成。

03.0586　高铝砖　high alumina brick
Al_2O_3 含量大于 48% 的硅酸铝质耐火制品。以高铝矾土、硅线石族矿物以及刚玉、合成莫来石等为主要原料，加入适量黏土等结合剂，混匀后干压成型，干燥后高温烧成。

03.0587　高铝堇青石砖　high alumina cordierite brick
含有堇青石的高铝质耐火制品。由高铝原料、人工合成堇青石和结合剂制成。制品的热震稳定性很好，可用做陶瓷窑具、热交换器、净化废气的触媒载体等。

03.0588　刚玉砖　corundum brick
Al_2O_3 含量大于 90%，以刚玉为主晶相的耐火制品。机械强度高，荷重软化温度高，化学稳定性好，抗渣侵蚀能力强，但热震稳定性较差。主要用于炼铁高炉和热风炉、炼钢炉外精炼炉、玻璃熔窑以及石化工业炉。

03.0589　熔铸砖　fused cast brick
又称"电熔砖（electrically fused brick）"。用熔融法将混合原料高温熔化后浇铸成一定形状的耐火制品。熔铸砖的抗渣、抗玻璃液的侵蚀性强。主要使用在玻璃熔窑中的熔化池等冲刷、侵蚀最严重的部位。

03.0590 莫来石砖 mullite brick

以莫来石为主晶相的高铝质耐火制品。莫来石砖一般含 Al_2O_3 64%~75%，耐火度 >1790℃，常温耐压强度 70~260MPa，荷重软化开始点为 1600~1700℃。其制造方法分为熔铸法和烧结法。

03.0591 硅线石砖 sillimanite brick

由硅线石类矿物(硅线石、红柱石、蓝晶石)为主要原料制成的高铝质耐火砖。其荷重软化开始点 1500~1659℃，高温蠕变率低、重烧线收缩小、热震性和抗渣性好。

03.0592 锆刚玉砖 corundum-zirconia brick

含 ZrO_2 33%~45%，主要矿物组成为刚玉及斜锆石和玻璃相的耐火砖。品种有：熔铸锆刚玉砖(AZS 熔铸砖)，其导热性较好；烧结锆刚玉砖，其气孔率较高，组织结构均匀，导热性较低。

03.0593 铬刚玉砖 corundum-chrome brick

主要矿物组成是 α-Al_2O_3-Cr_2O_3 固溶体，次要组成是少量复合尖晶石或不含复合尖晶石仅含 Cr_2O_3 1%~3%的耐火砖。按生产工艺分为三种：熔铸铬刚玉砖、烧结铬刚玉砖、泥浆浇注砖。

03.0594 铝铬砖 alumina-chrome brick

以 Al_2O_3 为主要成分、掺入少量 Cr_2O_3 为原料或以铝铬渣为原料的高铝质耐火制品。用烧结法或熔铸法生产。该砖抗热震性好，抗侵蚀性优于高铝砖。

03.0595 碱性耐火材料 basic refractory

以 MgO、CaO 或 MgO 和 CaO 为主要成分的耐火材料。按化学矿物组成可分为镁质、镁铬质、镁硅质、镁铝质、镁白云石质、白云石质和石灰质等。耐火度都较高，抵抗碱性渣的能力强。

03.0596 烧结镁砂 sintered magnesite

菱镁矿、水镁石等原料经高温烧结后的产物。其主成分为 MgO，还含少量 SiO_2、CaO、B_2O_3 等，结构致密、强度高、抗碱性渣侵蚀好，是镁质耐火材料的重要原料，经破碎也可作为冶金炉捣打料和修补料。

03.0597 镁砖 magnesite brick

MgO 含量 90%以上，以方镁石为主晶相的碱性耐火制品。分为烧成镁砖和不烧镁砖。

03.0598 镁铝砖 magnesite-alumina brick

以方镁石为主晶相，镁铝尖晶石为主要结合相的碱性耐火制品。制品中 Al_2O_3 含量一般小于 10%。镁铝砖的特点是抗热震性优于镁砖，荷重软化开始温度较高。

03.0599 镁尖晶石砖 magnesite-spinel brick

以方镁石和镁铝尖晶石为主要矿物组成的耐火制品。一般由镁砂和合成镁铝尖晶石为原料而制成。

03.0600 镁钙砖 magnesia calcia brick

又称"高钙镁砖"。以镁钙砂为原料，经粉碎、配料、混炼、成型后，在 1550~1600℃高温下烧成得到的以方镁石为主晶相以硅酸三钙为次晶相的镁质耐火材料。含 MgO 80%~87%，CaO 6%~9%，CaO/SiO_2 比在 2.2~3.0 之间。

03.0601 镁橄榄石砖 forsterite brick

以镁橄榄石作为主要矿物组成的耐火制品。MgO 含量为 35%~55%，MgO/SiO_2 质量比为 0.94~1.33，其抵抗熔融氧化铁侵蚀的能力较强，对 CaO 的抵抗作用较弱，并且热震稳定性较普通镁砖好。

03.0602 镁铬砖 magnesite-chrome brick

以 MgO、Cr_2O_3 为主要成分,方镁石和尖晶石为主晶相的耐火制品。镁铬砖抗碱性渣侵蚀性强,热震稳定性好,高温强度较高。用于砌筑炼钢炉、炉外精炼炉、有色金属冶炼炉、水泥回转窑和玻璃窑等。

03.0603 镁炭砖 magnesite-carbon brick

以镁砂和石墨为主要原料制成的耐火制品(碳含量一般为 10%~25%),显气孔率较低,具有优良的抗渣侵蚀性、抗熔渣渗透性、热震稳定性和导热性。主要用于炼钢氧气转炉,高功率、超高功率电炉及炉外精炼炉等。

03.0604 白云石砖 dolomite brick

以白云石为主要原料烧制而成的一种碱性耐火材料。耐火度 1750~1900℃。抗碱性熔渣的性能好。用于炼钢炉、水泥回转窑等。

03.0605 镁白云石砖 magnesite-dolomite brick

由镁白云石制成的耐火砖是氧化镁含量较高的碱性耐火制品。镁质白云的 CaO/MgO 的质量比小于 1.39,其生产工艺与制造白云石砖类同。主要用于炼钢炉、化铁炉以及水泥窑等。

03.0606 中性耐火材料 neutral refractory

高温下与酸性和碱性熔渣都不发生明显反应的耐火材料。如碳质、碳化硅质和铬质耐火材料等。

03.0607 铬砖 chrome brick

由铬矿制成的含 Cr_2O_3 大于 30%的耐火制品。高温下酸性和碱性熔渣对铬砖的作用很弱,主要用于有色冶炼炉。该制品在氧化气氛和碱性熔渣中会产生有毒的 Cr^{6+}。

03.0608 致密氧化铬砖 dense chrome brick

以 Cr_2O_3 为主要成分的致密耐火制品,一般

约含 Cr_2O_3 96 %,TiO_2 4%。耐玻璃液特别是无碱玻璃液的侵蚀性强。主要用于无碱玻璃纤维、化学玻璃纤维熔池。不能用于碱性熔渣部位,因为会产生有毒的 Cr^{6+}。

03.0609 含碳耐火材料 carbon-bearing refractory

含有碳素的耐火材料。主要由耐火氧化物、碳化物和石墨等制成。具有优良的抗渣性和热震稳定性,其弱点是碳素抗氧化能力差。

03.0610 炭砖 carbon brick

以煅烧无烟煤、焦炭或石墨为原料,以焦油沥青或酚醛树脂为结合剂制成的耐火制品。其耐火度高,高温体积稳定,热导率很高,热震稳定性好,耐酸、碱、盐、有机物及熔融金属的侵蚀性能优良,但抗氧化性很差。

03.0611 锆英石砖 zirconite brick

以锆英石($ZrO_2 \cdot SiO_2$)为主要成分,含 ZrO_2 约65%的耐火制品。砖的热震稳定性好,有良好的化学稳定性、耐磨性和耐碱性渣侵蚀性,主要用于盛钢桶、连铸中间包以及玻璃熔窑等。

03.0612 铝炭砖 alumina-carbon brick

以 Al_2O_3 和 C 为主要成分的耐火制品。其耐火度高,化学稳定性好,耐侵蚀,热震稳定性好。主要用做滑动水口滑板、连铸中间包整体塞棒、浸入式水口、长水口、铁水预处理用包衬等。

03.0613 锆炭砖 zirconia-carbon brick

以稳定的 ZrO_2 和鳞片石墨为主要原料制成的耐火制品。主要用于连铸中间包整体塞棒的端部和复合于铝碳质浸入式水口与保护渣接触的部位等。

03.0614 铝镁炭砖 alumina magnesite carbon brick

以高铝矾土熟料或刚玉砂、镁砂和鳞片状石墨为主要原料，加适当结合剂及添加剂（如Al、Si 粉等）经成型和热处理而制成。在高温下具有良好的耐侵蚀性、不易剥落。主要用于超高功率电炉和炉外精炼炉。

03.0615 镁钙炭砖 magnesia calcia carbon brick
以含游离 CaO 的白云石为主要原料，加入适量的炭黑和石墨等，以残碳率较高无水有机结合剂制成的耐火材料。具有优良的抗渣侵蚀性（对高 Fe_2O_3 低 CaO/SiO_2 比炉渣尤为显著）、热震稳定性和导热性，也有净化钢水的作用。

03.0616 镁白云石炭砖 magnesia dolomite carbon brick
以白云石砂和镁砂及石墨为主要原料制成的含碳耐火制品。具有热稳定性好、抗渣性强、耐剥落等特点，主要用于炼钢转炉及炉外精炼炉。

03.0617 铝硅炭砖 Al-Si carbon brick, corundum-silicon carbide brick
以刚玉或矾土熟料、SiC、炭素原料（鳞片状石墨）为主要原料，一般加入树脂为结合剂和适量抗氧化剂制成的含碳耐火制品。具有优良的抗渣侵蚀性（特别是抗 Na_2CO_3 和 $CaO-CaF_2$ 的侵蚀）、热震稳定性、抗机械冲刷和耐磨性。用于铁水预处理等。

03.0618 碳化硅耐火制品 silicon carbide refractory product
以碳化硅为主要成分的耐火制品。包括砖、管、棒及各种异形制品。具有高温强度大、耐磨性优、热导率高、热震稳定性以及耐蚀性好等优点。碳化硅砖由于结合方式不同，其性能差别较大。使用领域广泛。

03.0619 黏土结合碳化硅制品 clay bonded

silicon carbide product
以碳化硅为主要原料，以黏土为结合剂烧成的耐火制品。该制品热导率较高、抗热震性和耐磨性好。用做铝精炼炉衬砖、锌蒸馏炉用蒸馏罐以及水泥窑冷却器等。

03.0620 氧化物结合碳化硅制品 oxide bonded silicon carbide product
以碳化硅为主晶相，氧化物为结合相的烧成耐火制品（二氧化硅结合碳化硅制品、莫来石结合碳化硅制品等）。广泛地用于冶金、陶瓷、建材等行业。

03.0621 自结合碳化硅制品 self-bonded silicon carbide product
又称"重结晶碳化硅制品"。靠碳化硅晶粒的再结晶作用制成。该制品主要用做优质窑具、烧嘴喷嘴头、陶瓷辐射加热管、元件保护管等。

03.0622 氮化硅结合碳化硅制品 silicon nitride bonded silicon carbide product
由 SiC 骨料加入工业硅粉，硅粉与氮气在高温下反应生成 Si_3N_4 并与 SiC 颗粒紧密结合而形成 Si_3N_4 结合 SiC 的制品材料。具有抗蠕变性、抗化学侵蚀性、导热好和耐磨性强等特点。

03.0623 赛隆结合碳化硅制品 sialon-bonded silicon carbide product
以 SiC 为主要原料，配入 Si、Al_2O_3、SiO_2 或 Si_3N_4 或赛隆粉，经混合、成型后在氮化气氛下烧成，获得以赛隆为主要结合相的碳化硅制品。其高温性能好，热传导率高、抗热震性及抗渣侵蚀性优良。

03.0624 赛隆结合刚玉制品 sialon-bonded corundum product
以赛隆为主要结合相的刚玉耐火制品，由硅、铝和刚玉为原料在氮气氛下高温烧成而得。制品具有优良的抗碱、抗氧化、抗热震以及抗铁水熔损性能，且热导率较低。主要用于高炉炉腹、炉腰及炉身下部部位。

03.0625　阿隆结合刚玉制品　AlON-bonded corundum product

以阿隆（AlON，氧氮化铝）作为结合相的刚玉质耐火制品。阿隆是一种立方晶格的氧氮化合物尖晶石晶体。具有良好的化学和力学性能，可用于冶金炉中与铁水、钢水和炉渣接触的部位。

03.0626　阿隆结合尖晶石制品　AlON-bonded spinel product

以阿隆作为结合相的尖晶石耐火制品。该复合材料具有十分优良的抗铁水及炉渣侵蚀和冲刷的性能，热稳定性优于其与刚玉结合的制品。更优于碳结合材料。

03.0627　氧化锆复合耐火材料　zirconia composite refractory

由稳定或部分稳定 ZrO_2 与其他氧化物或非氧化物复合的耐火制品。具有良好的力学和抗侵蚀性能。

03.0628　熔铸锆刚玉砖　fused cast zirconia corundum brick

简称"AZS 熔铸砖"。又称"电熔锆刚玉砖"。主要由斜锆石和刚玉组成的熔铸耐火制品。其结构致密，耐玻璃液侵蚀性强，是玻璃熔窑关键部位的主要筑炉材料（AZS 分别代表组成为 Al_2O_3 40%~50%，ZrO_2 30%~50%，SiO_2 10%~17%）。

03.0629　功能耐火材料　functional refractory

通过精密工艺生产的能用于特殊部位的、能满足某些特殊功能的耐火材料。如连铸用浸入式水口、精炼用钢液过滤器、转炉供气元件及直流电炉用导电耐火材料等。

03.0630　滑动水口　slide gate nozzle

安装在盛钢桶底部外面，用以堵塞和调节浇注钢流的耐火部件。材料的高温强度大、抗热震性和抗渣性能好、抗钢水冲刷能力强。

03.0631　塞棒　stopper rod

钢水浇注过程用于截止和调节钢流的一种耐火部件。其长时间浸泡在钢水中，受渣和钢液的侵蚀及冲刷作用比较严重，需要塞棒具有优越的抗侵蚀能力、抗冲刷能力和一定的机械强度。

03.0632　供气砖　porous plug brick

又称"透气砖（gas permeable brick）"。炼钢系统的一种供气元件。具有稳定的结构、优良的抗侵蚀和抗剥落能力。一般分两类：安置于钢包底部用于吹氩或吹氮的；安置于顶底复吹转炉底部用于吹氩的。通常以高纯电熔镁砂和优质石墨为主要原料，经等静压成型，再经加工处理而成。

03.0633　非氧化物耐火材料　non-oxide refractory

由碳化物、氮化物、硼化物、硅化物等难熔化合物为主要原料制成的耐火制品。在制备过程中常引入一些添加剂以改善烧结和抗氧化性能。制品适用于还原或弱氧化气氛中。

03.0634　氮化硼制品　boron nitride product

以氮化硼（BN）为主要成分的耐火制品。BN通常为六方晶型（与石墨性质相似），在高温和超高压下可转化为立方晶型（与金刚石超硬材料相似）。具有优良的热震稳定性，良好的抗酸、碱侵蚀性，可机械加工。在惰性气氛中使用可达 2800℃。

03.0635　氮化硼基复合制品　boron nitride based composite product

为改进氮化硼强度低、抗氧化性差、易潮解性能，可在氮化硼材料中加入某些氧化物、硼化物和氮化物形成的复合耐火制品。

03.0636 金属复合耐火材料 metal composite refractory

金属（Si、Al、Fe 等）与氧化物或氧化物－非氧化物复合的耐火材料。如 Si-Si_3N_4-刚玉，Si-SiC-刚玉，Si(Fe)-MgO-Si_2N_4 等材料。材料具有高的热稳定性和抗侵蚀性，甚至具有自修复性能。

03.0637 轻质耐火材料 light weight refractory

又称"隔热耐火材料（heat insulating refractory）"。显气孔率高（40%~85%）、体积密度低（一般小于 1.3g/cm^3）的耐火材料。因导热性能低、隔热性能好，其组织比较疏松，力学强度低，耐磨性差，只用做热工设备的保温隔热层。

03.0638 泡沫氧化铝砖 foamed alumina brick

又称"泡沫刚玉砖"。含 Al_2O_3 大于 90%，主要由刚玉组成的轻质耐火制品。如可以用 α-Al_2O_3 及适量的黏土和黏结剂为原料，加入气体发泡剂的方法制备。制品有良好的高温结构性能，能用于 1600~1800℃的工业窑炉。

03.0639 空心球砖 bubble brick

通常以不同规格的氧化铝或氧化锆薄壁空心球进行颗粒级配，加入黏结剂，成型、干燥后，置于高温窑内烧成的制品。其导热系数小，高温机械强度大，可直接砌筑在与火焰接触的高温窑炉内衬。

03.0640 硅藻土砖 diatomite brick

采用天然多孔硅藻土为主要原料，加入少量的结合黏土与可燃物，经混炼、成型、干燥和烧成工序制成不同形状的砖块。最高使用温度 900~1000℃，用做中温隔热层。

03.0641 蛭石砖 vermiculite brick

蛭石经过 800℃处理，原矿结晶水被排出后，呈现 10~30 倍的膨胀。制砖时将不同级配的颗粒加入适量的结合剂，经混炼、低压成型、低温烘烤而成的砖块。其强度较低，高温性能较差，使用范围局限在 800~900℃以下。

03.0642 粉煤灰砖 fly ash brick

又称"漂珠砖"。用从热电厂粉煤灰中浮选出来的硅铝质玻璃空心珠体制成的隔热制品。将浮选出的漂珠经干燥、配料后引入结合剂和添加剂，再经混料、成型、干燥后烧成。用于 1200℃以下的高温工业窑炉。

03.0643 耐火纤维制品 refractory fiber product

以耐火纤维棉为主要原料，经加工制成的各种毯、毡、板、绳、纸等高温隔热制品。制品的容重小、导热率低、热稳定性和抗机械震动性能好，可广泛应用于各种工业窑炉。

03.0644 硅酸铝耐火纤维制品 aluminosilicate refractory fiber product

以普通或高纯硅酸铝耐火纤维为主要原料，加工制成的耐火纤维制品。该制品的长期使用最高温度一般为 1000~1100℃。因过高温度使用会有析晶现象，使纤维变脆甚至粉化而失去隔热保温效果。

03.0645 含铬硅酸铝耐火纤维制品 chrome-containing aluminosilicate refractory fiber product

以含铬硅酸铝耐火纤维为主要原料加工制成的耐火纤维制品。其含量为 Al_2O_3>47%，SiO_2 47%~55%，Cr_2O_3 3%~6%。Cr_2O_3 对硅酸铝纤维的析晶及晶粒长大有明显的抑制作用。制品可在 1300℃长期使用。

03.0646 高铝耐火纤维制品 high alumina refractory fiber product

以高铝耐火纤维为主要原料加工制成的耐火纤维制品。其含量为 $Al_2O_3>60\%$，$(Al_2O_3+SiO_2)>98.8\%$，一般采用工业氧化铝粉及硅石砂为原料，熔融法生产。因其析晶引起的纤维质量恶化程度较小，长期使用的最高温度约为 $1200\,℃$。

03.0647 氧化铝耐火纤维制品 alumina refractory fiber product

以氧化铝多晶耐火纤维为主要原料制成的高温耐火纤维制品。其化学组成为 Al_2O_3 $80\%\sim99\%$，SiO_2 $1\%\sim20\%$。广泛应用于高温工业窑炉及其他热工设备的隔热内衬，长期使用温度为 $1400\sim1500\,℃$。

03.0648 莫来石耐火纤维制品 mullite refractory fiber product

以莫来石耐火纤维为主要原料加工制成的耐火纤维制品。如胶体法制造莫来石纤维的化学组成为 Al_2O_3（$72\%\sim74\%$），SiO_2（$20\%\sim22\%$），主晶相为莫来石。其制品长期使用最高温度为 $1350\sim1400\,℃$。

03.0649 耐火纤维毡 refractory fiber felt

以耐火纤维为原料，加入结合剂，经加压成型的隔热耐火纤维制品。如采用湿法加工工艺，加入的结合剂可为甲基纤维素或乳胶。制品具有适宜的柔软性和强度、容重范围大、耐高温、低热容。用于高温隔热、密封等。

03.0650 耐火纤维毯 refractory fiber blanket

以耐火纤维为原料，采用干法针刺工艺制成的耐火纤维制品。该工艺可提高耐火纤维毯的抗张强度和抗气流冲刷性。制品具有表面平整、柔韧性和回弹性能好、收缩率小等特点，用于工业窑炉的高温隔热。

03.0651 不定形耐火材料 unshaped refractory

又称"散状耐火材料"。由一定级配的骨料和粉料、结合剂和外加剂组成的形状不定且不需高温烧成即可直接使用的耐火材料。具有生产工艺简单、适应性强、便于机械化施工等特点。其品种繁多，广泛应用于各个领域的窑炉及热工装备。

03.0652 不烧耐火砖 unfired refractory brick

又称"不烧砖"。不经烧成而能直接使用的耐火制品。几乎所有耐火原料均可以制成不烧砖，可按所用结合剂或原料进行分类。制品的热震稳定性较高，高温强度低于烧成砖。能在广泛应用领域取代烧成的耐火制品。

03.0653 耐火纤维喷涂料 refractory fiber spraying materials

用喷射机进行喷射施工的由耐火纤维和耐火粉料、结合剂和外加剂组成的混合泥料。根据使用温度不同可采用不同的耐火纤维。耐火纤维喷涂料的容重较小、导热系数小。一般用做工业炉窑的隔热衬和工作衬。

03.0654 耐火浇注料 refractory castable

由耐火骨料、粉料、结合剂、外加剂等组成的用浇注法施工的不定形耐火材料。施工时加一定量的水（或含结合剂的溶液），搅拌后浇注成型，再经养护、烘烤。可根据使用条件对所用材质和结合剂等加以选择。

03.0655 轻质耐火浇注料 light weight refractory castable

用轻质耐火骨料、耐火粉料、结合剂和外加剂等，在施工时加水或含结合剂的溶液调配成的可浇注成型的不定形耐火材料。一般用做热工设备的隔热衬，以保温降低能耗。

03.0656 铝镁耐火浇注料 alumina magnesite refractory castable

又称"刚玉－尖晶石浇注料"。以刚玉为骨

料，用尖晶石料及刚玉粉做基质，纯铝酸钙水泥为结合剂的耐火浇注料。其化学成分为 Al_2O_3 89%~93%，MgO 5%~8%。具有良好的抗侵蚀性和抗渣渗透性，可做连铸用大型钢包内衬。

03.0657　氧化铝-碳化硅耐火浇注料　alumina-silicon carbide refractory castable

以刚玉或矾土、碳化硅为主要原料，掺加超微粉、结合剂和外加剂配制的耐火浇注料。具有耐铁水和熔渣的侵蚀、抗冲刷能力强、体积稳定性和抗热震稳定性好等特点，主要用于高炉出铁沟和渣沟。

03.0658　黏土结合耐火浇注料　clay bonded refractory castable

由软质黏土作结合剂与硅酸铝质或刚玉莫来石质等耐火骨料、粉料和外加剂配制的耐火浇注料。与水泥结合耐火浇注料相比，具有中温强度、热态强度、高温下体积稳定性高和耐剥落性强等特点。常用于轧钢加热炉、均热炉、均热炉、混铁车等。

03.0659　高铝耐火浇注料　high alumina refractory castable

以高铝质原料为骨料和粉料，加入结合剂制成的耐火浇注料。具有较高的机械强度和良好的抗热震、抗磨蚀等性能，主要用做锅炉、高炉热风炉、加热炉、陶瓷窑炉等各种窑炉的内衬。

03.0660　莫来石耐火浇注料　mullite refractory castable

以莫来石为骨料和粉料与一定结合剂制成的耐火浇注料。具有较高的机械强度和良好的抗热震、抗磨蚀等性能，主要用做锅炉、高炉热风炉、加热炉、陶瓷窑炉等各种窑炉的内衬。

03.0661　刚玉耐火浇注料　corundum refractory castable

以刚玉为骨料和粉料外加一些结合剂所制备的耐火浇注料。具有比高铝耐火浇注料和莫来石耐火浇注料更高的机械强度和抗磨蚀等性能，但抗热震性能稍差些。主要用做锅炉、高炉热风炉、加热炉、陶瓷窑炉等各种窑炉的内衬材料。

03.0662　耐酸耐火浇注料　acid-resistant refractory castable

以耐酸的耐火原料作为骨料和粉料，以水玻璃为结合剂而配制成的能抵抗酸和酸性气体侵蚀的耐火浇注料。具有较好的抗氢氟酸和热磷酸以外的所有无机酸和有机酸的侵蚀作用的能力，主要用做防腐蚀内衬，最高使用温度约为 1200℃。

03.0663　耐碱耐火浇注料　alkali-resistant refractory castable

能抵抗碱金属氧化物（如 K_2O 和 Na_2O）侵蚀的耐火浇注料。所用的骨料有耐碱陶粒、黏土质熟料、废瓷器块、高强度膨胀珍珠岩等，结合剂用铝酸钙水泥或水玻璃。

03.0664　自流耐火浇注料　self-flowing refractory castable

无需振动即可进行浇注施工的耐火浇注料。其特点是在不降低或不显著降低浇注料性能的条件下，无需振动可自流浇注成各种形状，特别适应于薄壁或形状复杂、无法振动施工的工业窑炉部位。

03.0665　钢纤维增强耐火浇注料　steel fiber-reinforced refractory castable

以耐火骨料、粉料、结合剂、外加剂和钢纤维（可用耐热不锈钢纤维，含量一般为0.6%~2.5%）配制成的耐火浇注料。具有强度大、耐磨性和抗热震性强等特点。适用于砌筑高温下有机械震动、热冲击、磨损等部位。

03.0666　耐火捣打料　refractory ramming materials

由具有合理级配的耐火骨料、粉料和结合剂、外加剂等组成的，采用人工或机械捣打方法施工的不定形耐火材料。如可用做感应炉、加热炉、均热炉的内衬以及转炉炉衬的填料、铝电解槽等。

03.0667　耐火可塑料　refractory plastic

具有一定可塑性的泥坯状或泥团状的不定形耐火材料。由一定颗粒级配的耐火骨料和粉料、结合剂和外加剂组成的、加水或含结合剂的液体经混炼制成。使用温度一般为1300~1500℃。采用捣固法或挤压法施工时必须加锚固件及支撑件。

03.0668　耐火喷补料　refractory gunning mix

用喷射机进行喷补施工的不定形耐火材料。由具有一定粒度组成的耐火骨料和粉料、结合剂和外加剂组成。按材质分有碱性、硅酸铝质、含锆质和含碳化硅质等。主要用于钢铁和有色金属熔炼炉、以及加热炉等的修补。

03.0669　隔热涂料　thermal barrier coating materials

将基料和填料调成糊状，然后用砂磨机研磨后，加入溶剂分散即可制得的一种耐高温且起隔热作用的特殊涂料。基料主要有有机硅树脂、硅酮树脂等；填料主要有钛白粉、空心玻璃粉等。

03.0670　高温节能涂料　high temperature and energy-saving coating materials

由碳化物系或磁铁矿–长石质系材料制得的高辐射率涂料。涂于炉壁砖表面以提高其高温下的黑度和短波长光的辐射能力，获得节能效果。节能效果与涂层结构中的气孔数量和尺寸有关。

03.0671　耐火泥　refractory mortar

又称"火泥"。用于填充耐火砌体接缝的不定形耐火材料。由一定颗粒配比的耐火粉料和结合剂、外加剂组成，加水或液态结合剂调成的泥料。选用时，应与耐火砌体的种类一致或物性相似。

03.0672　干式捣打料　dry-ramming refractory

需用人工或机械方法捣打施工，并在高于常温的热态下硬化的不定形耐火原料。由一定颗粒级配的耐火骨料、粉料、结合剂和外加剂组成。

03.0673　干式振动料　dry-vibrating refractory

由耐火骨料、粉料、烧结剂和外加剂组成，不加水或液体结合剂，仅借助振动通过颗粒、细粉之间的滑动可形成致密均匀的整体的不定形耐火原料。加热时靠热固性结合剂或陶瓷烧结剂使其产生强度。应用在中间包工作衬、铁水沟和电炉炉底等。

03.0674　耐火压入料　press-in refractory

又称"压注料"。借助于挤压机或挤压泵产生的压力，进行挤压施工的泥膏状不定形耐火原料。由耐火骨料、粉料、结合剂和外加剂组成。有冷固性压入料和热固性压入料。用于高炉的炮泥和炉身修补、转炉工作衬与永久衬间的填缝等。

03.0675　耐火投射料　slinging refractory

采用投射机投射施工的不定形耐火原料。由耐火骨料和粉料、结合剂和促凝剂组成。按其材质分硅质、锆石英质、高铝质等。主要用于修筑耐火内衬。

03.0676　耐火原料　refractory raw materials

用于制造耐火材料的高熔点或高耐火度的单质、氧化物、非氧化物或复合化合物。包括天然矿物原料、工业原料或人工合成原料。

03.0677　耐火黏土　refractory clay

一种以黏土矿物为主要成分，掺杂其他氧化物和有机物所构成的混合物。黏土矿的主要成分为高岭石（$Al_2O_3 \cdot 2SiO_2 \cdot 2H_2O$）。耐火黏土分为硬质、软质和半软质黏土。其耐火性能随 Al_2O_3 的增加而提高。

03.0678　硬质黏土　flint clay

在水中不易分散、可塑性较低的耐火黏土。用于制造黏土质耐火材料。

03.0679　硅线石族矿物　mineral of sillimanite group

硅线石、红柱石和蓝晶石的统称。硅线石、红柱石和蓝晶石为同质异形体（晶体结构分别为斜方、三斜和斜方晶系）。化学式为 $Al_2O_3 \cdot SiO_2$，其共性是耐火度高、质地纯净、抗侵蚀性好，煅烧后转变为莫来石和游离二氧化硅，但转变温度和产生的体积膨胀都不同。用做耐火原料。

03.0680　硅石　silica rock

脉石英、石英岩、燧石和砂岩的统称。其主要化学成分是 SiO_2，一般含有铁、铝、铬和钛的氧化物等杂质。可用做玻璃原料、冶金溶剂、石料和制造硅质耐火材料等。

03.0681　焦宝石　jiaobao stone

一种硬质黏土，出产于中国山东淄博及其附近地区。煅烧后呈白色，其 Al_2O_3 含量约为44%，结构致密均匀，断面呈贝壳状断口。用于制造优质黏土质耐火材料。

03.0682　镁橄榄石　forsterite

橄榄石族矿物中的一种，斜方晶系，化学式 Mg_2SiO_4，常含有 $2FeO \cdot SiO_2$ 和少量的 Na、K 和 Al 的氧化物的混合物。纯镁橄榄石晶体为无色透明体，加热时体积变化很小，耐火度大于1710℃，可不经煅烧直接做耐火骨料。

03.0683　煤系高岭土　coal series kaolinite

一种与煤共伴生的硬质高岭土原料。一般含1%~6%的碳。中国储量居世界前列。经煅烧后具有化学性能稳定、电绝缘性好、热稳定性好和白度高等特点。广泛用于造纸、橡胶、塑料、陶瓷、耐火材料、航空材料等工业领域。

03.0684　海水镁砂　sea-water magnesia

采用化学法从海水中提取的沉淀物再经高温烧结生产的烧结镁砂。其优点是化学纯度和体积密度高，一般 MgO>98%，$CaO/SiO_2 \geqslant 2$，体积密度约 $3.45g/cm^3$。产物用于生产优质镁质和镁炭质耐火材料。

03.0685　卤水镁砂　brine magnesite

采用化学方法从盐场晒盐后富含 $MgCl_2$ 的卤水、盐湖卤水、盐井卤水或卤块中提取的沉淀物，再经高温烧结生产的烧结镁砂。产物用于生产优质镁质和优质镁碳耐火材料。

03.0686　工业氧化铝　industrial alumina

主要成分为 $\gamma\text{-}Al_2O_3$ 的矿物。用化学法从高铝矾土矿除去 Si、Fe、Ti 等杂质制得的。在1300~1400℃煅烧变成 $\alpha\text{-}Al_2O_3$，并有体积收缩。主要用于生产烧结莫来石、烧结氧化铝和电熔刚玉质耐火材料以及人造红宝石等。

03.0687　高温体积稳定性　high temperature stability of volume

耐火材料在高温下长期使用时，其外形尺寸保持稳定的程度。其评定标准可以用重烧后体积（或线性）的变化率表示，是耐火材料的一个重要的性能指标。

03.0688　重烧线变化　linear change on re-heating

又称"残余线变化"。耐火制品试样加热到规定温度和保温一定时间，待冷却至室温后，其长度方向所产生的残余膨胀率或收缩率。是高温体积稳定性的表征方法之一。

03.0689 荷重软化温度 refractoriness under load

又称"高温荷重变形温度"。耐火制品在持续升温条件下，承受恒定载荷产生一定变形的温度。表示耐火制品对高温和荷重共同作用的抵抗性能。

03.0690 抗渣性 slag resistance

耐火材料在高温下，抵抗各类熔融物料侵蚀作用的能力。常用的测定方法分为静态法和动态法。一般通过试验前后试样的体积或重量损失等判断抗渣性能。

03.0691 耐火度 refractoriness

耐火材料在无荷重时抵抗高温不熔化的性能。耐火度与熔点不同，因耐火材料一般由多相固体混合物组成，无统一的熔点。

03.0692 抗热震性 thermal shock resistance

耐火材料受激烈的温度变化或在一定温度范围内冷热交替而不致破坏的能力。检验方法有水浴法和气浴法两种。

03.0693 显气孔率 apparent porosity

又称"开口气孔率"。耐火材料中与大气相通的气孔为开口气孔。开口气孔体积与试样总体积(包括实物体积和全部气孔体积)的百分比率为显气孔率。是评价耐火原料或制品质量的重要指标之一。

03.0694 颗粒级配 particle grading composition

物料中不同粒度的颗粒所占有的比例。常以各个粒度级别所占的百分数表示。为了得到一个高致密制品，通常一个物料由 2~4 个级别的粒度所组成，且必须进行粒度和含量的合理配制。

03.0695 睏料 aging

将混炼好的泥料在一定湿度和温度条件下存放一定时间。其主要作用因泥料性质的不同而异，如改善泥料成性能、避免坯体在干燥时的开裂等。

03.0696 二步煅烧 two-step calcination

原料经过相对较低温度和高温两个步骤的煅烧工艺。前者是为了得到多缺陷、高活性的物料；后者是为制得高密度熟料。其作用在于促进烧结致密化。

03.0697 轻烧 light burning, soft burning

在原料的烧结范围内以较低的温度焙烧。目的在于活化。产物中的晶体发育不完全、晶格缺陷多、活性高。一般而言，每个物质都有一个最佳轻烧温度。

03.0698 死烧 dead burning, hard burning

耐火原料经高温煅烧后达到的完全烧结，烧后物料的晶粒尺寸大、活性降低、体积稳定。死烧温度大大高于轻烧温度，如白云石轻烧温度约 1000℃，死烧温度在 1700~1800℃。

03.0699 骨料 aggregate

在耐火材料中，常指粒度大于 0.088mm 的颗粒料。大多为熟料，在泥料成型后和制品中起到骨架作用。

03.07 胶凝材料及混凝土

03.0700 胶凝材料 cementitious materials

通过物理、化学作用，能从浆体变成坚固的固体，并能胶结其他物料，形成有一定机械强度的固体物质。可分为水硬性胶凝材料和非水硬性胶凝材料。

03.0701　水硬性胶凝材料　hydraulic cementitious materials

能与水发生化学反应凝结和硬化，且在水下也能够凝结和硬化并保持和发展其强度的胶凝材料。水泥是一种典型的水硬性胶凝材料。

03.0702　气硬性胶凝材料　nonhydraulic cementitious materials

只能在空气中（干燥条件下）硬化，并保持或持续发展其强度的胶凝材料。这类材料不宜用于潮湿环境中，更不能用于水中。常用的气硬性胶凝材料有石膏、石灰和水玻璃等。

03.0703　氯镁胶凝材料　magnesium chloride cementitious materials

主要原料为菱苦土、氯化镁，采用沸石粉、硅灰、磨细粉煤灰、高岭土、高铝水泥作为外掺物。还可以掺入砂、石、木纤维（木屑）、玻璃纤维等填料制成的菱镁混凝土制品。

03.0704　水玻璃　water glass

又称"硅酸钠"。俗称"泡花碱"。化学式为 $Na_2O \cdot nSiO_2$。无色、青绿色或棕色黏稠液体，常用做耐酸、耐热砂浆和混凝土的胶凝材料，也可用做防水剂等。

03.0705　熟料　clinker

以石灰石和黏土为主要原料，按适当比例配制成生料，烧至部分或全部熔融，并经冷却而获得的半成品。主要矿物组成为硅酸三钙、硅酸二钙、铝酸三钙和铁铝酸四钙。

03.0706　硅酸三钙　tricalcium silicate

水泥水化后形成胶结强度的主要组分。化学式为 $3CaO \cdot SiO_2$，简写为 C_3S。常温下的纯 C_3S 为三斜晶系，在 $CaCl_2$ 或 CaF_2 熔融体中得到的 C_3S 有六种变体。若含 FeO 较多，则易引起分解。

03.0707　硅酸二钙　dicalcium silicate

水泥组分中水化较为缓慢的组分。化学式为 $2CaO \cdot SiO_2$，简写为 C_2S。纯硅酸二钙在 $1450\,℃$ 以下有六种变体，由氧化钙和二氧化硅通过高温固相反应生成。在熟料中的含量一般为 20%。通常加入一些稳定剂，以防止其晶型转化。

03.0708　铝酸三钙　tricalcium aluminate

硅酸盐水泥熟料中暗色中间体的主要组成。化学式 $3CaO \cdot Al_2O_3$，简写为 C_3A。等轴晶系。当熟料铝氧率大于 1.6 且慢冷时，结构中有较多的空隙，会引起水泥急凝，生产中加入石膏使水泥缓凝。

03.0709　铁铝酸四钙　tetracalcium aluminoferrite

又称"钙铁石"。铁铝酸盐矿物固溶系列之一。化学式 $4CaO \cdot Al_2O_3 \cdot Fe_2O_3$，简写为 C_4AF。有明显多色性，能和 MgO 形成固溶体改善水泥颜色。是硅酸盐水泥矿物（C 矿）的主要成分。含 C_4AF 的水泥抗硫酸盐性能好，水化热低。

03.0710　游离氧化钙　free lime

又称"游离石灰"。熟料中含有未化合的氧化钙。由于高温煅烧使游离氧化钙结构致密，水化很慢，且生成氢氧化钙时，体积膨胀约 1 倍，使硬化水泥体受到膨胀应力。通常硅酸盐水泥熟料中，游离氧化钙含量控制在 1.0% 以下。

03.0711　矿物掺和料　mineral additive, mineral admixtures

在水泥净浆、砂浆或混凝土拌制前或拌制过程中加入的、可以减少水泥用量并改善新拌和硬化混凝土性能的矿物类物质。主要有粉煤灰、矿渣、硅粉等。其掺量一般较大。

03.0712 化学外加剂 chemical admixture，chemical additive

为改善水泥净浆、砂浆和混凝土某些性能而掺入的化学品。依靠物理、化学或物理化学作用，常用的有减水剂、引气剂、缓凝剂、早强剂、速凝剂、防水剂等。

03.0713 减水剂 water-reducing admixture

可保持水泥净浆、砂浆和混凝土工作度不变而显著减少其拌和用水量的外加剂。能显著提高混凝土强度，改善混凝土的抗冻性，抗渗性或减少水泥用量。

03.0714 高效减水剂 high range water-reducing admixture

可大幅度增加混凝土拌合物工作度，以满足泵送或配制自密实混凝土需要，或在保持混凝土工作度不变条件下，能大幅度减少拌合用水量的减水剂。

03.0715 调凝剂 adjusting admixture

调节水泥和混凝土凝结时间的外加剂。包括促凝剂、速凝剂和缓凝剂。能改善混凝土的工作进度或可操作时间。

03.0716 速凝剂 accelerator

用于喷射混凝土施工中需要的，能使水泥混凝土迅速凝结硬化的外加剂。能与水泥矿物作用生成稳定和难溶的化合物，加速凝聚结构生成。

03.0717 引气剂 air entraining agent

水泥混凝土化学外加剂。通过降低固－液－气相界面张力、提高气泡膜机械强度和韧性等作用，使搅拌过程带入的空气形成微小而稳定的气泡均匀分布于混凝土中，提高混凝土的抗冻性、抗渗性以及抗侵蚀性。

03.0718 防冻早强剂 anti-freezing and hardening accelerating agent

既能促进砂浆和混凝土凝结硬化，加速早期强度发展，又能降低其中水分结冰点的外加剂。

03.0719 膨胀剂 expansive agent

在砂浆和混凝土中能通过化学反应产生膨胀的外加剂。目前主要使用可生成钙矾石或氢氧化钙、氢氧化镁的膨胀剂。常用于工程中的后浇带施工，或其他需要通过补偿收缩、减少开裂的工程部位。

03.0720 矿渣 slag

矿山开采、选矿及加工冶炼过程中产生的固体废弃物的统称。

03.0721 高炉矿渣 blast furnace slag

在高炉冶炼生铁时，所得以硅酸盐与硅铝酸盐为主要成分的熔融物。经淬冷成粒后为粒化高炉矿渣，是水泥生产重要的混合材和混凝土生产重要的矿物掺合料。

03.0722 混合材 mineral additive，admixture

在水泥粉磨过程，为减少熟料用量、调节水泥标号而加入的矿物质材料。

03.0723 火山灰质混合材 pozzolanic admixture

在水泥粉磨过程加入的火山灰质材料。以氧化硅、氧化铝为主要成分，单独磨细加水拌合并不能硬化，但与水泥熟料混合后，可以与其加水拌合时释放的氢氧化钙反应生成水化硅酸钙，具有水硬性。

03.0724 粉煤灰 fly ash

煤经过粉磨并燃烧后的残余通过气流传输及冷却用静电式除尘器收集下来的粉尘。现已广泛用做矿物掺合料，可改善新拌混凝土的工作度和硬化混凝土的各种性能。

03.0725 硅灰 silica fume

电弧炉生产纯硅和含硅合金所形成的副产品，呈非常微细的非晶态颗粒(平均粒径约0.1μm)。用做矿物掺合料，在大剂量高效减水剂与强烈搅拌作用下，可以大幅度降低拌合物的水胶比，应用于配制超高强度的混凝土。

03.0726　硅酸盐水泥　Portland cement
又称"波特兰水泥"。以硅酸钙为主要成分的水泥的总称。是不掺混合材料，仅在水泥熟料中加适量石膏共同磨细而成的水泥品种，也是我国主要水泥品种之一。

03.0727　普通硅酸盐水泥　ordinary Portland cement
简称"普硅水泥"。由水泥熟料和少量混合材料，掺加适量石膏共同磨细而成。是我国主要水泥品种之一，已广泛应用于各种混凝土和钢筋混凝土工程。

03.0728　矿渣硅酸盐水泥　Portland slag cement
简称"矿渣水泥"。由硅酸盐水泥熟料、粒化高炉矿渣、适量石膏共同磨细或分别磨细后混匀而成。

03.0729　火山灰质硅酸盐水泥　Portland pozzolana cement
简称"火山灰水泥"。由硅酸盐水泥熟料、火山灰质混合材、适量石膏共同磨细或分别磨细后混匀而成。

03.0730　粉煤灰硅酸盐水泥　Portland fly-ash cement
简称"粉煤灰水泥"。由硅酸盐水泥熟料、粉煤灰、适量石膏共同磨细或分别磨细后混匀而成。其水化热较低，适用于大体积混凝土，也可用于一般工业和民用建筑。

03.0731　高铝水泥　high alumina cement
又称"矾土水泥"。以石灰石和矾土为主要原料，配制适当成分的生料，经熔融或烧结所得以铝酸一钙为主要矿物的熔块或熟料，再经磨细而成。是铝酸盐水泥的主要品种。

03.0732　硫铝酸盐水泥　calcium sulfoaluminate cement
用品位较低的矾土和石灰石、石膏为原料，烧制成以无水硫铝酸钙和β型硅酸二钙为主要矿物组成的熟料，外掺适量二水石膏磨细而成。配制的混凝土强度高、可在低温下浇注，或具有微膨胀性。

03.0733　高性能混凝土　high performance concrete
在大幅度提高普通混凝土性能的基础上采用现代混凝土技术制作的新型高技术混凝土。针对不同的用途要求，对下列性能有重点地予以保证：耐久性、工作性、适用性、强度、体积稳定性、经济性等。

03.0734　收缩补偿混凝土　shrinkage-compensating concrete
一种有膨胀性组分(膨胀剂或膨胀水泥)材料配制的混凝土，通过配筋或者其他手段使其膨胀及时受到适当约束时，可产生等于或稍大于预期收缩形成应力的补偿效果，以减小或消除混凝土的开裂敏感性。

03.0735　中热水泥　moderate heat Portland cement
由硅酸盐水泥熟料、少量粒化高炉矿渣或火山灰混合材料和适量石膏磨细制成的水泥。其水化热指标应符合相关标准的规定。

03.0736　砌筑水泥　masonry cement
火山灰活性混合材料，加入适量硅酸盐水泥熟料和石膏磨细制成，主要用于配制砌筑砂浆的水泥。

03.0737 钙矾石 ettringite
分子式为 $3CaO \cdot Al_2O_3 \cdot 3CaSO_4 \cdot 30{\sim}32H_2O$；结构式为 $Ca_{12}Al(OH)_{24}(SO_4)_6 \cdot 50H_2O$。三方晶系，晶体呈假六方针状。密度 $1.73g/cm^3$。当钙钒石在水泥石中以局部反应形成时，其结晶压力可使水泥石或混凝土全部崩解。

03.0738 抗硫酸盐水泥 sulphate resisting Portland cement
由硅酸盐水泥熟料，加入适量石膏磨细制成的抗硫酸盐性能良好的水泥。

03.0739 水化硅酸钙 hydrated calcium silicate
由硅酸和氧化钙或氢氧化钙化合而成的含水盐类，或硅酸钙与水作用生成的水化产物的总称。其中氧化钙与二氧化硅之比（CaO/SiO_2）取决于水灰比、水化温度及液相中石灰浓度。

03.0740 铝酸钙水化物 calcium aluminate hydrate
由铝酸盐和氧化钙或氢氧化钙化合而成的含水盐类。

03.0741 混凝土 concrete
用胶凝材料将骨料胶结成整体的复合固体材料的总称。普通混凝土通常用水泥、水、砂、石子以及矿物掺合料和化学外加剂按设计比例配制，经搅拌、成型、养护而得的水泥混凝土。

03.0742 自密实混凝土 self-compacting concrete
又称"自流平混凝土"。无需振捣就可浇注成型，仅通过自重即能充满配筋填充空隙。生产与配筋和预埋件黏结良好，且没有蜂窝（在模板内所有部位均填充密实）和孔隙（没有裹入气泡）构件的流态混凝土。

03.0743 高强混凝土 high strength concrete
抗压强度达到或超过 50MPa 的混凝土。

03.0744 轻骨料混凝土 lightweight-aggregate concrete
以轻骨料、或混合使用轻骨料和普通密度骨料配制的混凝土。

03.0745 加气混凝土 gas concrete
利用发气剂在料浆中与其组分的化学反应产生气体，形成多孔结构。主要由硅质材料加石灰或水泥蒸压或蒸养而成的多孔混凝土。

03.0746 泡沫混凝土 foam concrete
用机械方法将掺有泡沫剂的水溶液制备成泡沫，加入到含硅质材料（砂、粉煤灰）、钙质材料（石灰、水泥）、水及助剂组成的料浆中，经混合搅拌、浇注成型、蒸气养护而成的一种轻质多孔混凝土。

03.0747 喷射混凝土 shotcrete
施工时将水泥、砂、石、水和外加剂拌和制成，后借助高压气流通过喷嘴喷射至施工面上的混凝土。特点是硬化快，能承受早期应力，抗渗性好，与岩石的黏结力强，施工不用支模板。

03.0748 大体积混凝土 mass concrete
用于结构断面尺寸很大部位浇注的混凝土。石子粒径较大、水泥用量较少，通常掺入大量矿物掺合料。如大坝、大桥墩，使用时主要是降低温峰、减小温差和加速冷却过程。

03.0749 防水混凝土 water tight concrete
抗渗性能良好的混凝土。通过改善骨料级配、减少用水量、掺用适当外加剂等措施来提高混凝土的抗渗性。浇注质量要求均匀密实，并需要适当的湿养护以防止干缩裂纹。

03.0750　防辐射混凝土　radiation shielding concrete

又称"屏蔽混凝土"。能屏蔽 X、γ 射线或中子辐射的混凝土。材料对射线的吸收能力与材料的表观密度成正比,因此常用表观密度较大的重混凝土。

03.0751　耐火混凝土　refractory concrete

由适当的胶凝材料、耐火骨料、掺合料和水按一定比例配制而成的特种混凝土。能在 900℃ 以上高温长期作用下保持所需要的力学性能。

03.0752　耐热混凝土　heat-resistant concrete

暴露于恒定或循环变化的高温中,因形成陶瓷类黏结产物而不会碎裂的混凝土。

03.0753　纤维增强混凝土　fiber reinforced concrete

由均匀分散的纤维与砂浆或混凝土组成的一种复合材料。其抗裂性能可得到不同程度的改善,力学性能不同程度的提高。

03.0754　活性粉末混凝土　reactive powder concrete

以细砂为骨料,掺入大量硅灰等矿物掺合料、高效减水剂和微细钢纤维,薄弱的界面得到大幅度加强,使断裂能提高两个数量级以上,成为一种高强度、高韧性、低孔隙率的混凝土材料。

03.0755　碾压混凝土　roller compacted concrete

用振动碾压设备压实成型的超干硬混凝土。该工艺适用于筑坝和道路工程建设,造价低、建设速度快。

03.0756　沥青混凝土　asphalt concrete

以石油沥青(也有用煤沥青)作为胶凝材料,与石粉、粗细骨料加热拌匀,经铺筑、碾压成形后降温固化的混凝土。施工环境温度不低于 5℃,最高使用温度不高于 60℃。主要用于路面、防水层地面等。

03.0757　聚合物混凝土　polymer concrete

以水、水泥、骨料和聚合物拌和而成的混凝土。使用单体时可在原位聚合。

03.0758　聚合物浸渍混凝土　polymer impregnated concrete

将已经硬化的混凝土(基材)经干燥后浸入有机单体,用加热或辐射等方法使混凝土孔隙内的单体聚合而成具有高强、耐腐蚀、抗渗、抗冻、耐磨、抗冲击等优良物理力学性能的混凝土。

03.0759　硫磺混凝土　sulfur concrete

以熔化的硫磺与骨料混合,冷却后所得的混凝土。强度高、耐蚀性强、快凝、抗渗性好。但暴露在热循环的环境中时,其耐久性较差。

03.0760　化学激发胶凝材料　chemically-activated cementitious materials

原本不具胶凝性的物质或混合物经适当的化学方法处理后转变为具有胶凝性质材料的统称。原料应是工业废渣(铝硅酸盐玻璃体质晶体)、尾矿等;选用不同的化学激发剂,不用高温处理;处理过程中,材料内部结构发生重新排列组合。

03.0761　碱激发矿渣胶凝材料　alkali-activated slag cementitious materials

化学激发胶凝材料,它以强碱为激发剂,以水淬高炉矿渣为被激发材料。

03.0762　新拌混凝土　concrete mixture

又称"混凝土拌和物"。混凝土原材料按一定配比搅拌均匀的混合料。在静止状态下可视作宾厄姆体,在振动状态下可视作牛顿流体。按稀稠程度大致可分为干硬性、低塑性和塑性几种。

04. 高分子材料

04.01 高分子科学

04.0001 聚合物 polymer
单体经聚合反应形成的、由许多以共价键相连接的重复单元组成的物质。其分子量通常在 10^4 以上。

04.0002 高分子 macromolecule
又称"大分子"。在结构上由许多个实际或概念上的低分子量分子结构作为重复单元组成的高分子量分子。其分子量通常在 10^4 以上。

04.0003 低聚物 oligomer
曾称"齐聚物"。通常指平均分子量低于 10^4 的聚合物。

04.0004 天然高分子 natural macromolecule
由自然界产生的高分子的总称。

04.0005 无机高分子 inorganic macromolecule
主链由非碳元素构成的高分子物质。

04.0006 金属有机高分子 organometallic macromolecule
结构单元中含有金属或亚金属原子的高分子物质。

04.0007 元素有机高分子 element macro-molecule
又称"元素高分子"。分子主链由碳、氧、氮、硫等以外的原子组成并连接有机基团的高分子物质。

04.0008 碳链聚合物 carbon chain polymer
主链完全由碳原子组成的链型聚合物。

04.0009 杂链聚合物 heterochain polymer
主链中除了碳原子外,还有氧、氮、硫等杂原子的链型聚合物。

04.0010 杂环聚合物 heterocyclic polymer
聚合物链的重复单元中含有杂原子环的聚合物。

04.0011 烯类聚合物 vinyl polymer
由乙烯基单体加成聚合而得的聚合物。

04.0012 手性聚合物 chiral polymer
又称"光活性聚合物"。主链上带有镜面不对称碳原子、含有不同数量的 D 或 L 型不对称结构或整个聚合物由于庞大侧基的体积效应而使其呈单向螺旋构型且具有手性特征的聚合物。

04.0013 光敏聚合物 photosensitive polymer
对光敏感、受光的作用其结构或性质会产生某种显著变化的聚合物。

04.0014 配位聚合物 coordination polymer
结构重复单元含有金属离子配位键的聚合物。

04.0015 预聚物 prepolymer
带有反应性基团的低聚物。

04.0016 均聚物 homopolymer
由同一种结构重复单元构成的聚合物。

04.0017 有规立构聚合物 stereoregular polymer, tactic polymer
分子链中仅有一种构型重复单元、以单一的顺序排列的规整聚合物。

04.0018 无规立构聚合物 atactic polymer
构型重复单元在聚合物主链上无规排列的聚合物。

04.0019 全同立构聚合物 isotactic polymer
又称"等规聚合物"。由相同构型重复单元所组成的有规立构聚合物。

04.0020 间同立构聚合物 syndiotactic polymer
又称"间规聚合物"。主链中相邻两个构型单元具有相反构型，且规则排列的聚合物。

04.0021 共聚物 copolymer
由两种或两种以上结构重复单元构成的聚合物。

04.0022 无规共聚物 random copolymer
结构重复单元无规排列的共聚物。

04.0023 交替共聚物 alternating copolymer
两种结构重复单元在主链上相间规则排列的共聚物。

04.0024 嵌段共聚物 block copolymer
又称"嵌段聚合物"。由两种或两种以上重复单元各自组成长序列链段而彼此经共价键连接的共聚物。

04.0025 两亲嵌段共聚物 amphiphilic block copolymer
既含有疏水性链段、又含有亲水性链段的嵌段共聚物。

04.0026 接枝共聚物 graft copolymer
又称"接枝聚合物（graft polymer）"。分子主链上带有若干长支链，且支链的组成与主链不同的聚合物。

04.0027 接枝点 grafting site
接枝共聚物中聚合物主链与聚合物支链的连接点。

04.0028 接枝效率 efficiency of grafting
接枝共聚合反应中，单体或聚合物支链接到接枝共聚物中的量与初始投入的待接枝的单体或待接枝的聚合物支链的总量之比。

04.0029 接枝度 grafting degree
聚合物主链上已被接枝的接枝点数与所有可被接枝的接枝点总数之比。

04.0030 梯度共聚物 gradient copolymer
沿着分子链，从一种结构重复单元为主逐渐变化到另一种重复单元为主的共聚物。

04.0031 线型聚合物 linear polymer
分子链呈线型结构的聚合物。

04.0032 交联聚合物 crosslinked polymer
又称"网络聚合物（network polymer）"、"体型聚合物（three-dimensional polymer）"。高分子链具有三维空间的体型（或网状）结构的聚合物。

04.0033 梯形聚合物 ladder polymer
由双股主链构成梯形结构的聚合物。

04.0034 梳形聚合物 comb polymer
多个线型支链同时接枝在一个主链之上所形成的像梳子形状的聚合物。

04.0035 星形聚合物 star polymer
从一个枝化点呈放射形连接出三条以上线型链的聚合物。

04.0036 树状高分子 dendrimer, dendritic polymer
由枝化基元组成的高度枝化且结构规整的树枝状聚合物。

04.0037　支化聚合物　branched polymer
在分子链上带有一些长短不一的支链的聚合物。

04.0038　超支化聚合物　hyperbranched polymer
由枝化基元组成的高度枝化但结构不规整的聚合物。

04.0039　遥爪聚合物　telechelic polymer
在聚合物分子链两端各带有特定官能团、能通过这些反应性端基进一步聚合的高分子物质。

04.0040　互穿网络聚合物　interpenetrating polymer
由两种或两种以上互相贯穿的交联聚合物组成的共混物。

04.0041　缔合聚合物　association polymer
依靠氢键、电荷转移或离子间相互作用生成的聚合物。

04.0042　螯合聚合物　chelate polymer
能与金属离子以配位键形成金属离子螯合物的聚合物。

04.0043　两亲聚合物　amphiphilic polymer
表现出既亲水又亲油性质的聚合物。

04.0044　单体　monomer
可与同种或他种分子聚合的小分子的统称。

04.0045　官能度　functionality
一个单体分子所含官能团的数目。

04.0046　大分子单体　macromer, macro-monomer
具有可聚合基团、通常分子量为1000到2000左右的可作为单体使用的大分子物质。

04.0047　聚合　polymerization
将一种单体或多种单体的混合物转化成聚合物的过程。

04.0048　聚合度　degree of polymerization，DP
聚合物分子中每个分子包含的单体结构单元数。

04.0049　均聚反应　homopolymerization
生成均聚物的聚合反应。

04.0050　预聚合　prepolymerization
单体经初步聚合形成分子量不大的聚合物的反应。

04.0051　后聚合　post polymerization
通常指低温辐照聚合中，停止辐照后继续进行的聚合反应。

04.0052　再聚合　repolymerization
将聚合物解聚形成的可聚合产物再次进行的聚合反应。

04.0053　活性种　reactive species
具有引发单体进行增长反应的带有活性端基的各种链长的活性链。

04.0054　链式聚合　chain polymerization
又称"连锁聚合"。由活性种引发的以链式反应历程(至少包括链引发和链增长)进行的聚合反应。

04.0055　逐步聚合　step growth polymerization
通过单体与单体、单体与二聚体或多聚体及二聚体或多聚体间的键合反应，聚合体系中分子数逐步减少，分子量逐步增大的聚合反应。

04.0056　自由基聚合　free radical polymerization

以自由基为活性链的活性中心的链式聚合。

04.0057　可控自由基聚合　controlled radical polymerization，CRP
在自由基聚合体系中，利用增长自由基与各类休眠种之间的平衡，控制聚合物的分子量、分子量分布和末端功能性的自由基聚合反应。

04.0058　原子转移自由基聚合　atom transfer radical polymerization，ATRP
引入卤代烃并以低价过渡金属络合物作为卤原子转移剂，催化可逆的卤原子转移过程，从而达到增长自由基和休眠种间的平衡的一种可控自由基聚合。

04.0059　可逆加成断裂链转移聚合　reversible addition fragmentation chain transfer polymerization
在自由基聚合反应中，当有二硫酯类化合物存在时，发生聚合物增长链与二硫酯化合物的可逆加成、加成物的可逆断裂以及链转移反应，从而控制聚合物的分子量和分子量分布的、具有活性聚合特点的聚合反应。

04.0060　氮氧自由基调控聚合　nitroxide mediated polymerization，NMP
在自由基聚合体系中，引入稳定的氮氧自由基(如2，2，6，6-四甲基氧化哌啶自由基)，通过建立增长链和氮氧自由基与增长链的加成物形成的休眠种之间的可逆平衡，从而控制聚合物分子量和分子量分布的聚合反应。

04.0061　引发剂　initiator
可产生自由基或离子等活性种，以引发链式聚合的物质。

04.0062　自由基引发剂　radical initiator
能分解生成自由基而引发单体聚合的物质。

04.0063　偶氮类引发剂　azo-initiator
用于引发自由基聚合的、含有偶氮基(N=N)、并与相同或不同的基团相连接的化合物。

04.0064　过氧化物引发剂　peroxide initiator
用于引发自由基聚合的过氧化物。

04.0065　过硫酸盐引发剂　persulphate initiator
通过分子中的过硫酸根受热分解生成负离子自由基的水溶性自由基聚合引发剂。

04.0066　氧化还原引发剂　redox initiator
通过氧化-还原反应产生自由基用于引发自由基聚合的引发剂。

04.0067　光敏引发剂　photoinitiator
在紫外或可见光照射下能生成自由基或正离子用于引发单体聚合的物质。

04.0068　大分子引发剂　macroinitiator
具有引发剂功能的大分子物质。

04.0069　引发剂效率　initiator efficiency
参加引发反应的引发剂量占引发剂分解量的百分数。

04.0070　诱导期　induction period
又称"阻聚期"。聚合反应开始实施至聚合反应正常进行所需要的时间。

04.0071　引发-转移剂　initiator transfer agent，inifer
同时具有引发剂作用和链转移作用的化合物。

04.0072　引发-转移-终止剂　initiator transfer agent terminator，iniferter
除能引发外，还具有链转移和链终止作用的

一类特殊的自由基聚合引发剂。

04.0073　链引发　chain initiation
链式聚合反应中，使单体产生活性中心的过程。

04.0074　链增长　chain growth，chain propagation
链式聚合反应中，由引发反应所产生的活性中心与单体加成导致聚合度增加的过程。

04.0075　链终止　chain termination
链式聚合反应中，增长链活性中心失活的过程。

04.0076　歧化终止　disproportionation termination
在两个链自由基之间，通过β碳上质子转移发生歧化反应而使链式聚合终止的反应。

04.0077　偶合终止　coupling termination
两个链自由基相互偶联成一个分子，而使链式聚合终止的反应。

04.0078　单分子终止　unimolecular termination
链式聚合的终止是由增长链的单分子引起的终止反应。

04.0079　链终止剂　chain termination agent
聚合反应中加入的能使聚合反应中断的化合物。

04.0080　链转移　chain transfer
活性链与其他物质作用，原活性中心终止，同时又生成一个新活性链的反应过程。

04.0081　链转移剂　chain transfer agent
能与活性链发生链转移反应、且生成新活性链的物质。

04.0082　链转移常数　chain transfer constant
活性链与链转移剂反应的速率常数和活性链与单体增长反应速率常数之比。是表示链转移反应和链增长反应两者竞争能力的参数。

04.0083　动力学链长　kinetic chain length
自由基聚合时，自由基从引发到终止所有键接的单体单元数。

04.0084　聚合最高温度　ceiling temperature of polymerization
又称"聚合极限温度"。聚合与解聚处于平衡状态的温度。在实际应用中，选取聚合物浓度趋近于零（或单体浓度等于100%）时的温度为聚合最高温度。

04.0085　缓聚作用　retardation
又称"延迟作用"。自由基活性链与其他分子发生链转移反应，生成稳定非自由基或低活性自由基，使聚合反应速度降低的现象。

04.0086　阻聚作用　inhibition
因链转移生成无活性产物，而使链式聚合反应速度迅速降为零的过程。

04.0087　封端　end capping
将聚合物的活性端基转化为稳定结构端基的反应。

04.0088　自动加速效应　autoacceleration effect
又称"凝胶效应"。自由基聚合中，因体系黏度增大使活性链端基间碰撞机会减少，双基终止难以发生，而单体仍能与活性链发生增长反应所引起的聚合速度自动加快的现象。

04.0089　光引发聚合　photo-initiated polymerization

在紫外或可见光照下，直接引发或使用能生成自由基或正离子的光引发剂引发的光聚合反应。

04.0090　光敏聚合　photosensitized polymerization
在光敏剂存在下，将其激发能传递给反应分子并促进光反应进行的光聚合。

04.0091　热聚合　thermal polymerization
单体在一定温度下的自引发聚合。

04.0092　正离子聚合　cationic polymerization
又称"阳离子聚合"。链增长活性中心为正离子的离子型聚合。

04.0093　负离子聚合　anionic polymerization
又称"阴离子聚合"。链增长活性中心为负离子的离子型聚合。

04.0094　配位聚合　coordination polymerization
由两种或两种以上的组分所构成的络合催化剂引发的链式聚合反应。

04.0095　齐格勒-纳塔催化剂　Ziegler-Natta catalyst
一般指由元素周期表的Ⅳ~Ⅷ族过渡金属盐，如钛、钒、钴、镍等盐和Ⅰ~Ⅲ族的金属烷基化合物、卤化或氧化烷基化合物等组成的用于进行烯烃配位聚合的催化剂。

04.0096　过渡金属催化剂　transition metal catalyst
由元素周期表Ⅳ~Ⅷ族的过渡金属化合物组成的催化剂。

04.0097　后过渡金属催化剂　late transition metal catalyst
由元素周期表Ⅷ族中的 Fe、Ni、Ru、Rh、Pd 等金属络合物组成的催化剂。

04.0098　茂金属催化剂　metallocene catalyst
主要由双环戊二烯基配位的金属化合物与助催化剂甲基铝氧烷或硼系化合物组成的一类烯烃聚合催化剂。

04.0099　甲基铝氧烷　methylaluminoxane, MAO
由三甲基铝与水反应而得的线型及环型的产物。

04.0100　缩聚反应　condensation polymerization, polycondensation
又称"缩合聚合反应"。双官能团或多官能团单体之间，通过重复的缩合反应生成高分子的反应。

04.0101　熔融缩聚　melt phase polycondensation
在熔融状态下进行的缩聚反应。

04.0102　体型缩聚　three-dimensional polycondensation
反应中形成的大分子向三维方向增长形成交联结构聚合物的缩聚反应。

04.0103　氧化还原聚合　redox polymerization
用氧化还原引发剂进行的烯类单体的聚合反应。

04.0104　电荷转移聚合　charge transfer polymerization
链引发或链增长中，包含电子受体-给体相互作用的聚合反应。

04.0105　氢转移聚合　hydrogen transfer polymerization
一种有氢离子分子内转移重排的异构化聚合。

04.0106　基团转移聚合　group transfer polymerization，GTP

引发剂基团（如烯酮硅烷的不饱和酯基）一边向增长的链端转移，一边进行聚合的聚合反应。

04.0107　消除聚合　elimination polymerization

单体在聚合过程中，其结构中的部分组分脱除掉，从而生成重复单元与单体结构不同的聚合物的反应过程。

04.0108　模板聚合　template polymerization

限定在模板物质的模腔内或模板物质其他特定位置或方向上的聚合反应。

04.0109　插层聚合　intercalation polymerization

单体插入层状硅酸盐或其他层状物质的片层间进行的原位聚合反应。

04.0110　开环聚合　ring opening polymerization

环状单体在离子引发剂的作用下，开环形成线型聚合物的聚合反应。

04.0111　均相聚合　homogeneous polymerization

聚合反应自始至终是在均一体系中进行的聚合反应。

04.0112　非均相聚合　heterogeneous polymerization

聚合反应在非均相体系中进行的聚合反应。

04.0113　本体聚合　bulk polymerization, mass polymerization

不加其他介质，只有单体本身在引发剂或催化剂、热、光、辐射等的作用下进行的聚合反应。

04.0114　溶液聚合　solution polymerization

单体和催化剂、引发剂等溶解在溶剂中进行的聚合反应。

04.0115　沉淀聚合　precipitation polymerization

在本体或溶液聚合中，聚合物不溶于聚合介质中而沉淀出来的聚合反应。

04.0116　淤浆聚合　slurry polymerization

沉淀聚合中，所用催化剂和生成的聚合物都不溶于溶剂中，以致溶剂和聚合物混在一起呈淤浆状的聚合反应。

04.0117　悬浮聚合　suspension polymerization

以水为介质，将溶有引发剂的单体在水中分散成小液滴并在小液滴内进行聚合的聚合反应。

04.0118　反相悬浮聚合　inverse suspension polymerization

以有机溶剂为介质，将溶有引发剂的水溶性单体在有机溶剂中分散成小液滴并在小液滴内进行的聚合反应。

04.0119　种子聚合　seed polymerization

在聚合反应体系中，加入聚合物作为进一步聚合的种子以活化单体进行的聚合反应。

04.0120　乳液聚合　emulsion polymerization

在水介质中生成的自由基进入由乳化剂或其他方式生成的胶束或乳胶粒中引发其中单体进行聚合的非均相聚合。

04.0121　反相乳液聚合　inverse emulsion polymerization

以水溶性单体的水溶液作为分散相、与水不混溶的有机溶剂作为连续相，在乳化剂作用下形成油包水型乳液而进行的乳液聚合。

04.0122 无乳化剂乳液聚合 emulsifier free emulsion polymerization

又称"无皂乳液聚合"。不加乳化剂或仅加浓度小于临界胶束浓度的微量乳化剂的乳液聚合。

04.0123 微乳液聚合 micro-emulsion polymerization

单体几乎全溶于大量乳化剂形成的胶束时进行的乳液聚合。

04.0124 界面聚合 interfacial polymerization

两种单体在两相界面处进行的聚合。

04.0125 界面缩聚 interfacial polycondensation

利用高反应活性的单体在互不相溶的两种液体界面处迅速进行的非均相缩聚。

04.0126 环加成聚合 cycloaddition polymerization

又称"环化加聚"。通过环加成反应如第尔斯－阿尔德(Diels-Alder)反应或 1,3-偶极环化加成反应，生成含有环状结构聚合物的聚合。

04.0127 共聚合 copolymerization

由两种或两种以上单体聚合生成共聚物的聚合。

04.0128 竞聚率 reactivity ratio

链式共聚合时，以某一单体的结构单元为末端的活性链分别与该单体及参与共聚的另一种单体的加成反应的速度常数之比。

04.0129 自由基共聚合 radical copolymerization

以自由基链式聚合机理进行的共聚合反应。

04.0130 前末端基效应 penultimate effect

自由基共聚合中，活性链末端倒数第二个基团对活性中心自由基反应性的影响。

04.0131 序列长度分布 sequence length distribution

共聚物主链中单体单元排列长度的统计分布。

04.0132 交联 crosslinking

能形成不溶、不熔的三维(体型)网状结构高分子的反应。

04.0133 化学交联 chemical crosslinking

通过化学反应使线型聚合物变为体型聚合物的化学变化过程。

04.0134 物理交联 physical crosslinking

通过范德瓦耳斯力、氢键等物理相互作用形成交联网状结构的变化过程。

04.0135 光交联 photocrosslinking

光照下使线型聚合物变为体型聚合物的变化过程。

04.0136 自交联 self-crosslinking

在不加任何交联剂的情况下，聚合物的交联反应。

04.0137 固化 curing

使液态树脂发生交联并呈固态的过程。

04.0138 解聚 depolymerization

从聚合物末端开始，以连锁方式进行的、失去单体同时生成自由基的过程。是链式聚合的逆过程。

04.0139 降解 degradation

聚合物主链或侧基发生断裂的现象。

04.0140 细菌降解 bacterial degradation

聚合物在细菌作用下发生的降解。

04.0141 生物降解 biodegradation
聚合物在细菌、霉菌等生物有机体作用下，发生的降解。

04.0142 化学降解 chemical degradation
聚合物在化学试剂作用下发生的降解。

04.0143 辐照降解 irradiation degradation
聚合物在高能射线作用下发生的降解。

04.0144 热降解 thermal degradation
聚合物在热的作用下发生的降解。

04.0145 热氧化降解 thermal oxidative degradation
聚合物在热和氧的作用下发生的降解。

04.0146 光降解 photodegradation
聚合物在光的作用下发生的降解。

04.0147 光氧化降解 photo-oxidative degradation
聚合物在光和氧的作用下发生的降解。

04.0148 力化学降解 mechanochemical degradation
聚合物在机械外力作用下发生的降解。

04.0149 高分子链结构 polymer chain structure
高分子链中结构单元的化学组成、空间构型、键接方式、键接序列、分子链的支化、交联、分子量、形状和尺寸等。

04.0150 近程结构 short-range structure
高分子链中重复单元或链段尺度上的结构。

04.0151 远程结构 long-range structure
高分子单链或多链或更大尺度上的结构。

04.0152 近程分子内相互作用 short-range intramolecular interaction
沿分子链近距离（一般不超过 10 个化学键）的原子或基团之间的空间相互作用。

04.0153 远程分子内相互作用 long-range intramolecular interaction
因柔性高分子链弯曲所导致的沿分子链远距离的原子或基团之间的空间相互作用。

04.0154 立构规整度 tacticity, stereo-regularity
高分子链、嵌段或低聚物分子中，构型重复单元顺序连接的程度。

04.0155 平均分子量 average relative molecular mass, average molecular weight, average molar mass
又称"平均相对分子质量"。聚合物中分子量的统计平均值。

04.0156 数均分子量 number-average relative molecular mass, number-average molecular weight, number-average molar mass
又称"数均相对分子质量"。聚合物以分子数统计平均的分子量值。

04.0157 重均分子量 weight-average relative molecular mass, weight-average molecular weight, weight-average molar mass
又称"重均相对分子质量"。聚合物以重量统计平均的分子量值。

04.0158 黏均分子量 viscosity-average relative molecular mass, viscosity-average molecular weight, viscosity-average molar mass
又称"黏均相对分子质量"。聚合物从其稀溶液的特性黏数按马克－豪温克方程计算的平均分子量值。

04.0159 Z均分子量 Z-average relative molecular mass，Z-average molecular weight，Z-average molar mass

又称"Z均相对分子质量"。聚合物以Z函数统计平均的分子量值。

04.0160 分子量多分散性 polydispersity of relative molecular mass

聚合物中所有分子的分子量的不均一性。

04.0161 分子量多分散性指数 polydispersity index of relative molecular mass

表征聚合物分子量不均一性的参数。以重均与数均分子量之比或Z均与重均分子量之比表征。

04.0162 分子量分布 relative molecular mass distribution，molecular weight distribution，MWD

又称"相对分子质量分布"。聚合物中各分子量与具有该分子量的分子所占相对量的函数关系。

04.0163 分子量微分分布 differential relative molecular mass distribution

聚合物中各分子量与具有该分子量的分子的数量或质量分数之间的函数关系。

04.0164 分子量累积分布 cumulative relative molecular mass distribution

聚合物中各分子量与具有小于或等于该分子量的所有分子的数量或质量分数之和之间的函数关系。

04.0165 临界分子量 critical relative molecular mass，critical molecular weight

聚合物的性质随分子量的增加或减少，变化规律发生转折所对应的分子量。

04.0166 分级 fractionation

将化学组成、分子量、支化、立构体规整度等结构特征具有多分散性的高分子按某一特征分离成若干级份的过程。

04.0167 沉淀分级 precipitation fractionation

基于高分子在溶剂中溶解度的差别使高分子溶质按溶解度自小至大分离出若干级份的过程。

04.0168 洗脱分级 elution fractionation

基于高分子对色谱柱中介质材料吸附性的差别，通过逐渐改变淋洗溶剂的组成或沿色谱柱方向逐渐改变温度而将高分子溶质按溶解度的变化分离成若干级份的过程。

04.0169 链构象 chain conformation

因高分子链上单键内旋转所造成的高分子链组成原子或基团在空间的不同排布。

04.0170 自由连接链 freely-jointed chain

由很多个无限细、等长度直线状统计单元头尾连接且连接点完全自由因而各统计单元在空间的所有取向概率均等的假想高分子链。

04.0171 链段 chain segment

高分子链上对应于伸直长度和柔性与该高分子链相同的自由连结链内一个统计单元的一段分子链。

04.0172 柔性链 flexible chain

链段长度或分子链末端距远小于分子链伸直长度的分子链。

04.0173 无规线团 random coil

又称"统计线团（statistic coil）"。一个不受外力作用的柔性高分子链因分子热运动而呈现的随时间无规变化的线团状链构象的总称。

04.0174 高斯链 Gaussian chain
组成重复单元足够多，其末端距的统计分布符合高斯函数关系的假想链状分子。

04.0175 无扰尺寸 unperturbed dimension
实际链状分子在 θ 态的无规线团尺寸。

04.0176 末端距 end-to-end distance
一个给定构象的链状分子两末端之间的矢量长度。

04.0177 均方末端距 mean square end-to-end distance
一个链状分子所有构象末端距的均方值。

04.0178 均方根末端距 root-mean-square end-to-end distance
一个链状分子所有链构象末端距的均方根值。

04.0179 回转半径 radius of gyration
物体质心到物体上任意一点的矢量长度。

04.0180 均方回转半径 mean square radius of gyration
一个分子回转半径的均方值。

04.0181 伸直[链]长度 contour length
一个链状分子的最大末端距。

04.0182 刚性因子 rigidity factor, steric hindrance parameter
又称"空间位阻参数"。真实高分子在 θ 态的均方末端距与假设该高分子链在键长键角固定但内旋转自由时的均方末端距之比的平方根。

04.0183 结晶聚合物 crystalline polymer
可形成长程三维有序晶体的聚合物。

04.0184 半结晶聚合物 semi-crystalline polymer
又称"部分结晶聚合物"。可部分形成晶相部分形成非晶相的聚合物。

04.0185 球晶 spherulite
包含从同一中心发射的条状、纤维状或片晶，外观大致为球状的多晶体。

04.0186 串晶结构 shish-kebab structure
纤维晶上附生许多片晶且晶片方向基本平行于纤维轴向的晶体结构。

04.0187 纤维晶 fibrous crystal
一维方向上的尺度远大于另外二维尺度的晶体。

04.0188 伸展链晶体 extended-chain crystal
基本上由伸展构象分子链构成的聚合物晶体。

04.0189 折叠链晶片 folded-chain lamella
通过高分子链折叠所形成的厚度为纳米量级的扁平状晶体。

04.0190 黑十字花样 Maltese cross
聚合物球晶在正交偏光显微镜下呈现的十字形消光形貌。

04.0191 同质多晶[现象] polymorphism, polytropism
同一聚合物形成数种不同晶型的现象。

04.0192 结晶度 degree of crystallinity, crystallinity
本体结晶聚合物内晶区的质量或体积分数。

04.0193 长周期 long period
结晶聚合物内片晶之间的平均堆砌距离。

04.0194 片晶厚度 lamella thickness
结晶聚合物的长周期与结晶度的乘积。

04.0195 主期结晶 primary crystallization
又称"初级结晶"。通常指大部分球晶表面达到相互接触之前的初始结晶阶段。

04.0196 次期结晶 secondary crystallization
又称"二次结晶"。主期结晶之后发生的结晶。通常以较低速度进行。

04.0197 半结晶时间 half-crystallization time，half time of crystallization
结晶过程进行到一半的时间。

04.0198 平衡熔点 equilibrium melting point
聚合物在一定压力下完善晶体与非晶相达到热力学平衡的温度。

04.0199 熔限 melting temperature range
结晶聚合物自熔融开始至熔融结束的温度范围。

04.0200 凝胶 gel
柔软而具有一定强度，在溶剂中不溶解，加热不熔化的轻度化学交联的聚合物。

04.0201 冻胶 jelly
在溶剂中可溶解，加热或搅拌下会流动的物理交联聚合物。

04.0202 交联度 degree of crosslinking，network density
又称"网络密度"。表征聚合物交联程度的物理量。

04.0203 凝胶点 gel point
聚合物体系中，连接链段间的化学键和物理作用达到形成网络结构的临界状态。

04.0204 链缠结 chain entanglement
分子链缠绕、交叠、贯穿及由链段间动态相互作用形成物理交联点的作用。

04.0205 凝聚缠结 cohesional entanglement，physical entanglement
又称"物理缠结"。因分子线团收缩或分子间相互接近从而链段之间达到范德瓦耳斯作用距离时所形成的链缠结。

04.0206 受限非晶相 constrained amorphous phase
部分结晶聚合物中非晶相内分子运动受邻接晶相限制的部分。

04.0207 自由非晶相 free amorphous phase
部分结晶聚合物中非晶相内离晶相较远因而其分子运动基本不受晶相限制的部分。

04.0208 物理老化 physical aging
聚合物因物理结构变化而发生性能随时间逐渐变化的现象。

04.0209 取向 orientation
在外场作用下聚合物中几何形状不对称的单元如分子链、链段、晶体或相区等沿外场择优有序排列的过程。

04.0210 解取向 disorientation
聚合物中分子链、链段、晶体或相区从有序取向变为无序排列的过程。

04.0211 单轴取向 uniaxial orientation
在单向外场作用下聚合物的取向单元沿外场方向平行排列的过程。

04.0212 双轴取向 biaxial orientation，biorientation
在两个相互垂直的外场作用下，聚合物的取向单元趋于沿外场作用平面平行排列而在平面内无序排列的过程。

04.0213 取向度 degree of orientation
聚合物中分子链、链段、晶体或相区等取向

单元有序排列的程度。

04.0214 液晶高分子 liquid crystal polymer
可以处于液晶相的聚合物。

04.0215 光学织构 optical texture
聚合物薄膜试样在正交偏光显微镜下呈现的形貌。

04.0216 条带织构 banded texture
分子链沿应力方向排列并周期性地弯曲成锯齿状的织态结构，在正交偏光显微镜下呈草席状特征形貌。

04.0217 聚合物共混物 polyblend, polymer blend
两种或两种以上热力学上不相溶的聚合物所形成的动力学上相对稳定的混合物，包括嵌段共聚物和接枝共聚物在内。

04.0218 高分子合金 polyalloy, polymer alloy
两种或两种以上热力学上不相溶但相容的聚合物共混物。

04.0219 相溶性 miscibility
聚合物共混物在一定温度、压力与组成范围内形成单一相态的能力。

04.0220 相容性 compatibility
在两相或多相聚合物共混物或复合物中相与相之间的界面黏结能力。

04.0221 增容作用 compatibilization
提高两相或多相聚合物共混物中相界面黏结力并使相织构稳定化的作用。

04.0222 高分子[异质]同晶现象 macromolecular isomorphism
共聚物链内或链间，或不同均聚物链间，不

同重复单元形成共晶的现象。

04.0223 低共熔共聚物 eutectic copolymer
熔点低于组分结构单元相应均聚物的熔点的二元无规共聚物。

04.0224 海－岛结构 island-sea structure
聚合物共混物中一相为基本球状分散相，另一相为连续相的结构。

04.0225 双结点 binodal point
部分互溶聚合物共混物的混合自由能－组成关系曲线上的极小值。

04.0226 双结线 binodal curve
部分互溶聚合物共混物二元相图上不同温度下双结点的连线。

04.0227 斯皮诺达点 spinodal point
部分互溶聚合物共混物的混合自由能－组成关系曲线上的拐点。

04.0228 斯皮诺达线 spinodal curve
部分互溶聚合物共混物二元相图上不同温度下斯皮诺达点的连线。

04.0229 稳态相分离 binodal decomposition
部分互溶二元混合物在相图上双结线与斯皮诺达线之间的亚稳区内以成核和生长机理进行的相分离。

04.0230 斯皮诺达相分离 spinodal decomposition
部分互溶二元混合物在相图上斯皮诺达线所包围的不稳定区内以浓度涨落引发和上坡扩散控制机理进行的相分离。

04.0231 最低临界共溶温度 lower critical solution temperature, LCST
一定组成和压力下混合物从不相溶到相溶

的临界温度随组成变化的极小值。低于该温度，混合物在任何组成下都能互溶成单一均相。

04.0232 最高临界共溶温度 upper critical solution temperature，UCST
一定组成和压力下混合物从相溶到不相溶的临界温度随组成变化的极大值。高于该温度，混合物在任何组成下都能互溶成单一均相。

04.0233 分子组装 molecular assembly
在分子间范德瓦耳斯力、氢键、疏水相互作用等非化学键相互作用下若干分子形成某种有序结构聚集体的过程。

04.0234 逾渗阈值 permeation threshold
橡胶增韧塑料从低韧性转变为超韧性所需分散相的临界体积分数。

04.0235 皮-芯结构 skin-core structure
聚合物制件中表层和芯部具有不同取向度、结晶度、结晶形态或组成的结构。

04.0236 弛豫时间 relaxation time
描述弛豫速度的物理量，通常指某一物理参数衰减到起始值 $1/e$ 的时间。

04.0237 弛豫时间谱 relaxation time spectrum
体系内尺寸不同的运动单元的弛豫时间分布函数。

04.0238 弛豫谱 relaxation spectrum
描述弛豫过程的曲线，如力学性能随时间、温度或频率的变化曲线。

04.0239 玻璃态 glassy state
非晶态高分子大尺度构象转变和链段协同运动被冻结的聚集态，其力学行为和玻璃体类似，如显示高模量、低断裂伸长和低冲击强度等。

04.0240 高弹态 high elastic state，elastomeric state
又称"橡胶态(rubbery state)"。非晶态高分子链段的协同运动被激发，但仍不能进行分子整体质心迁移运动的聚集态。其力学行为与橡胶类似，如显示低模量和大弹性形变等。

04.0241 高弹性 high elasticity
又称"橡胶弹性(rubbery elasticity)"。聚合物处于高弹态时的弹性。

04.0242 平衡高弹性 equilibrium high elasticity
聚合物链段运动的弛豫时间远小于观察时间时的高弹性。

04.0243 熵弹性 entropy elasticity
由高分子链构象变化引起的熵变所导致的弹性，如高弹性。

04.0244 高弹平台区 high elastic plateau，rubbery plateau
又称"橡胶平台区"。聚合物弛豫谱上高弹性基本达到平衡态的温度、时间或频率范围。

04.0245 黏流态 viscous flow state
非晶态聚合物分子链整体能进行质心迁移运动的力学状态。

04.0246 玻璃化转变 glass transition
又称"α转变"。非晶态聚合物或部分结晶聚合物中非晶相发生玻璃态-高弹态的转变。

04.0247 玻璃化转变温度 glass transition temperature

非晶态聚合物或部分结晶聚合物中非晶相发生玻璃化转变所对应的温度。其值依赖于温度变化速率和测量频率，常有一定的分布宽度。

04.0248　次级弛豫　secondary relaxation

又称"次级转变（secondary transition）"。高分子链上小于链段的各种运动单元，如局部链段、短支链、侧基等的弛豫运动发生冻结 – 激发的转变。按弛豫运动单元尺度的减小，或弛豫温度的降低，或弛豫频率的增加，依次称为β，γ，δ弛豫。

04.0249　流动温度　flowing temperature，flow temperature

非晶态聚合物发生高弹态 – 黏流态转变所对应的温度。

04.0250　本体黏度　bulk viscosity

不包含溶剂或分散介质的聚合物本身在压缩形变下的黏度。

04.0251　外增塑作用　external plasticization

由外加增塑剂对聚合物产生的增塑作用。

04.0252　内增塑作用　internal plasticization

通过改变高分子链化学结构所产生的增塑作用。

04.0253　反增塑作用　anti-plasticization

能降低聚合物的玻璃化转变温度和流动温度并提高聚合物的流动性，但因抑制了聚合物中小于链段的运动单元的运动而使聚合物在玻璃态的刚性和脆性反而有所增加的作用。

04.0254　三 T 图　curing temperature-curing time-glass transition temperature diagram

树脂/固化剂体系的固化温度 – 固化时间 – 固化产物的玻璃化转变温度之间的关系图。

04.0255　仿射形变　affine deformation

材料发生宏观形变时，假设高分子链发生末端距在空间三维方向的变化与形变材料在空间三维方向上的宏观尺度变化成正比的形变。

04.0256　弹性滞后　elastic hysteresis

黏弹性材料在外力作用下弹性形变滞后于外力变化的现象。

04.0257　黏弹性　viscoelasticity

物质兼具固体弹性和流体黏性的力学行为，其应力不仅依赖于应变，而且依赖于应变速率。

04.0258　线性黏弹性　linear viscoelasticity

由服从胡克定律的理想固体弹性和服从牛顿流动定律的理想流体黏性组合而成的一类黏弹性。其应力 – 应变 – 速率本构方程为线性微分方程。

04.0259　非线性黏弹性　nonlinear viscoelasticity

应力 – 应变 – 应变速率本构方程呈非线性关系的黏弹性。

04.0260　沃伊特 – 开尔文模型　Voigt-Kelvin model

由服从胡克定律的弹簧和服从牛顿流动定律的黏壶并联而成的力学模型。

04.0261　麦克斯韦模型　Maxwell model

由服从胡克定律的弹簧和服从牛顿流动定律的黏壶串联而成的力学模型。

04.0262　静态黏弹性　static viscoelasticity

材料在恒定应力或恒定应变作用下的黏弹

性行为。如蠕变和应力弛豫。

04.0263　动态黏弹性　dynamic viscoelasticity
材料在交变力场作用下的黏弹性行为。主要表现为应力和应变周期相位的不一致性。

04.0264　蠕变柔量　creep compliance
材料蠕变过程中任意时刻的应变与应力之比值。

04.0265　推迟时间　retardation time
黏弹性材料蠕变过程中蠕变柔量发展到平衡蠕变柔量的 $1-1/e$（约 63.2%）所需的时间。

04.0266　蠕变速率　creep rate
材料蠕变柔量－时间双对数曲线上任意时刻的斜率。

04.0267　冷流　cold flow
聚合物在常温下的蠕变现象。

04.0268　应力弛豫模量　stress relaxation modulus
材料应力弛豫过程中任意时刻的应力与应变之比值。

04.0269　应力弛豫时间　stress relaxation time
材料应力弛豫过程中应力弛豫模量衰减到起始应力弛豫模量的 $1/e$ 所需的时间。

04.0270　应力弛豫速率　stress relaxation rate
材料应力弛豫模量－时间双对数曲线上任意时刻的斜率。

04.0271　动态力学性能　dynamic mechanical property
材料在交变力场作用下的力学性能。

04.0272　动态模量　dynamic mudulus
材料在交变力场作用下任意时刻的应力与应变之比值。黏弹性材料的动态模量是复数，包括弹性贡献的实部和黏性贡献的虚部。

04.0273　储能模量　storage modulus
黏弹性材料复数模量中的实部，与材料在每一应力或应变周期内储存的最大弹性能成正比。

04.0274　损耗模量　loss modulus
黏弹性材料复数模量中的虚部，与材料在每一应力或应变周期内以热的形式损耗的能量成正比。

04.0275　损耗因子　loss factor
黏弹性材料在交变力场作用下应变与应力周期相位差角的正切，也等于该材料的损耗模量与储能模量之比。

04.0276　对数减量　logrithmic decrement
黏弹性材料在自由衰减振动中第 n 次振幅的对数与第 $n+1$ 次振幅的对数之差。

04.0277　动态力学热分析　dynamic mechanical thermal analysis
根据程序升温或恒温下聚合物在交变力场作用下的动态力学性能随温度或时间或频率的变化来分析聚合物的物理状态和分子运动的方法。

04.0278　玻尔兹曼叠加原理　Boltzmann superposition principle
认为聚合物在某一时刻的弛豫特性是其在该时刻之前已经历的所有弛豫过程所产生结果的线性加和的理论原理。

04.0279　时－温等效原理　time-temperature equivalent principle，time-temperature superposition principle
又称"时－温叠加原理"。升高（或降低）温度与缩短（或延长）观察时间对聚合物弛豫谱具有等效作用的理论原理。

04.0280　平移因子　horizontal shift factor，
**　　　　　shift factor**
又称"移动因子"。根据时－温等效原理，对于黏弹性材料，在一定温度范围内，任一温度下测得的双对数弛豫谱可通在时间对数横坐标上水平移动一定的量而重叠到参考温度的弛豫谱上，该移动量称为平移因子。

04.0281　垂直移动因子　vertical shift factor
应用时－温等效原理把不同温度下测得的黏弹性材料的弛豫谱平移成参考温度下的弛豫谱时，为修正材料平衡模量或柔量和密度随温度的变化，需在垂直方向即性能对数纵坐标上移动一定的量，该移动量称为垂直移动因子。

04.0282　WLF 方程　Williams-Landel-Ferry
**　　　　　equation，WLF equation**
时－温等效原理中计算平移因子的方程，其适用温度范围为材料的 Tg~Tg+100℃（Tg 为材料玻璃化转变温度）。

04.0283　主曲线　master curve
又称"组合曲线"。用不同温度和相同观察时间范围内测得的一组弛豫谱，应用时－温等效原理，通过水平移动和垂直移动所转化成的参考温度下宽阔观察时间范围内的弛豫谱；或用不同温度和相同频段内测得的一组弛豫谱，应用时－温等效原理，通过水平移动和垂直移动所转化成的参考温度下宽阔频率范围内的弛豫谱。

04.0284　颈缩现象　necking
拉伸过程中试样局部截面骤然缩小的现象。

04.0285　应变软化　strain softening
聚合物屈服后，因某种结构受到破坏，其应力或应力－应变曲线的斜率随应变增大而有一定程度减小的现象。

04.0286　马林斯效应　Mullins effect
又称"应变诱发的塑料－橡胶转变（strain induced plastic-rubber transition）"。某些热塑性弹性体在相继拉伸中从刚性塑料转变为韧性橡胶的现象。

04.0287　应力致白　stress whitening
聚合物材料在应力作用下因产生微裂纹、层间分离等微观结构变化而出现表面局部变白的现象。

04.0288　银纹　craze
聚合物材料在张应力作用下表面或内部出现的垂直于应力方向的裂隙。当光线照射到裂隙面的入射角超过临界角时，裂隙因全反射而呈银色。

04.0289　应力－溶剂银纹　stress-solvent craze
聚合物材料在低于其静抗拉强度的张应力和溶剂的共同作用下表面或内部出现的银纹。

04.0290　应力开裂　stress cracking
材料在低于其静抗拉强度的张应力作用下表面或内部出现银纹或裂纹的现象。

04.0291　环境应力开裂　environmental stress
**　　　　　cracking**
材料在低于其静抗拉强度的张应力和溶剂、气氛之类环境因素的共同作用下表面或内部出现银纹或裂纹的现象。

04.0292　表观黏度　apparent viscosity
流体流动中给定应变速率下的应力与应变速率之比值。

04.0293　非牛顿流动　non-Newtonian flow
剪切应力与剪切速率之间呈非线性关系的黏性流动。

04.0294　表观剪切黏度　apparent shear viscosity
又称"表观切黏度"。非牛顿流动中给定剪切速率下剪切应力与剪切速率之比值。

04.0295　宾厄姆流体　Bingham fluid
又称"塑性流体(plastic fluid)"。当剪切应力小于屈服应力时不能流动,而大于屈服应力时产生牛顿流动的一种非牛顿流体。

04.0296　假塑性流体　pseudoplastic fluid
其表观剪切黏度随剪切速率的增加而减小的一种非牛顿流体。

04.0297　膨胀性流体　dilatant fluid
其表观剪切黏度随剪切速率的增加而提高的一种非牛顿流体。

04.0298　触变性流体　thixotropic fluid
在恒温和恒剪切速率作用下剪切应力随时间递减的流体。

04.0299　震凝性流体　rheopectic flow
在恒温和恒剪切速率作用下剪切应力随时间递增的流体。

04.0300　剪切稀化　shear thinning
非牛顿流体的表观剪切黏度随剪切速率增加而降低的现象。

04.0301　剪切增稠　shear thickening
非牛顿流体的表观剪切黏度随剪切速率增加而增大的现象。

04.0302　非牛顿指数　non-Newtonian index
非牛顿流动方程中剪切速率的幂。

04.0303　零剪切速率黏度　zero shear viscosity
剪切速率趋于零时聚合物流体的表观剪切黏度。

04.0304　极限黏度　limiting viscosity
剪切速率趋于无穷大时聚合物流体的表观剪切黏度。

04.0305　拉伸黏度　tensile viscosity
流体在拉伸流动中的拉伸应力与拉伸应变速率之比值。

04.0306　体积黏度　volumetic viscosity
流体在流体静压作用下压力与体积应变速率之比值。

04.0307　魏森贝格效应　Weissenberg effect
转轴在聚合物熔体中快速旋转时熔体包轴上爬,或当转轴为空心管时,管内液面上升的现象。

04.0308　挤出胀大比　die swelling ratio
聚合物熔体挤出物的平衡截面积与模口截面积之比值。

04.0309　法向应力差　normal stress difference
黏弹性流体流动时,因弹性形变在三维方向上产生的三个附加法向应力中任意二个法向应力之差。

04.0310　第一法向应力差　first normal stress difference
黏弹性流体流动时,流动方向的法向应力与垂直方向的法向应力之差。

04.0311　第二法向应力差　secondary normal stress difference
黏弹性流体流动时,与流动方向垂直的二个方向上的法向应力之差。

04.0312　动态黏度　dynamic viscosity
流体在交变力场作用下任意时刻的应力与应变速率之比值。黏弹性流体的动态黏度是复数,包括黏性贡献的实部和弹性贡献的虚部。

04.0313 流动双折射 flow birefringence, streaming birefringence
聚合物本体、溶液或分散体之类的流体流动时，因分子链或其他各向异性单元沿流动方向取向而使流体具有双折射度的现象。

04.0314 溶解度参数 solubility parameter
表征物质在给定溶剂中溶解能力的参数，其值等于物质内聚能密度的平方根。

04.0315 溶胀 swelling
聚合物因吸收液体或气体而发生体积膨胀的现象。

04.0316 溶胀比 swelling ratio
聚合物溶胀后的体积与溶胀前的体积之比值。

04.0317 平衡溶胀比 equilibrium swelling ratio
在一定温度下交联聚合物的溶胀达到平衡后的体积与溶胀前的体积之比值。

04.0318 良溶剂 good solvent
对高分子溶质具有较强溶解能力，与高分子溶质的相互作用参数 χ 小于 0.5 的溶剂。

04.0319 不良溶剂 poor solvent
对高分子溶质具有较弱溶解能力，与高分子溶质的相互作用参数 χ 接近或大于 0.5 的溶剂。

04.0320 θ 态 theta state
溶液中高分子的链收缩和扩张力达到平衡，或溶剂-链段和链段-链段相互作用达到平衡，从而表观上呈现理想溶液的状态。

04.0321 θ 溶剂 theta solvent
在给定温度下，使高分子溶液呈 θ 态的溶剂。

04.0322 θ 温度 theta temperature
在给定溶剂中，使高分子溶液呈 θ 态的温度。

04.0323 弗洛里-哈金斯溶液理论 Flory-Huggins theory
基于混合熵和吉布斯自由能降低概念推导溶液热力学性质的聚合物溶液热力学理论。

04.0324 哈金斯参数 Huggins parameter
在高聚物内放进一个溶剂分子所引起的能量变化与玻尔兹曼常数和热力学温度的乘积之比值。

04.0325 位力系数 virial coefficient
曾称"维里系数"。在高分子溶液的溶剂化学势与浓度的关系式中，各浓度幂次方项的系数。

04.0326 等效球 equivalent sphere
与高分子稀溶液内包含束缚溶剂的一个无规线团状高分子链体积相等的球。

04.0327 流体力学体积 hydrodynamic volume
高分子溶液中等效球的体积。

04.0328 排除体积 excluded volume
高分子或链段在溶液中可有效地排除所有其他高分子或链段的体积。

04.0329 相对黏度 relative viscosity, viscosity ratio
又称"黏度比"。溶液黏度与溶剂黏度之比值。

04.0330 相对黏度增量 relative viscosity increment
又称"增比黏度"。溶液黏度与溶剂黏度之差与溶剂黏度的比值。

04.0331 比浓黏度 viscosity number, reduced viscosity

又称"黏数"。溶液的相对黏度增量与质量浓度之比值。

04.0332 比浓对数黏度 inherent viscosity, logarithmic viscosity number

溶液相对黏度的自然对数与质量浓度之比值。

04.0333 特性黏度 intrinsic viscosity, limiting viscosity number

又称"特性黏数"。质量浓度外推至零时溶液的比浓度黏度或比浓对数黏度极限值，等于单位质量聚合物在测试条件下的流体力学体积。

04.0334 马克－豪温克方程 Mark-Houwink equation

描述高分子稀溶液特性黏数与分子量间相互关系的方程。

04.0335 扩张因子 expansion factor

高分子在给定溶剂内和给定温度下的尺寸与它在相同温度下 θ 态的尺寸之比值。

04.0336 瑞利比 Rayleigh ratio, Rayleigh factor

表征散射体受入射光照射时给定散射角的散射光强度的物理量。

04.0337 普适标定 universal calibration

基于溶质分子或分散颗粒的保留体积与其流体力学体积（与化学组成和结构无关）的单值函数关系，对体积排除色谱进行标定的方法。

04.0338 致宽效应 widening effect

单分散性聚合物凝胶渗透色谱曲线的宽度大于理论零宽度的现象。

04.0339 热释电流 thermal stimulated discharge current

驻极体在无外电场作用下受热时，因驻极体内原先被冻结的取向偶极矩的解取向、被俘获在陷阱内的真实电荷解俘获以及电极极板上感应电荷的释放而产生的电流。

04.02 塑 料

04.0340 树脂 resin

能直接或经交联后作为塑料、黏合剂、涂料等高分子材料使用或作为它们的主要原料成分使用的天然、天然改性或合成物质。

04.0341 天然树脂 natural resin

由植物或动物分泌物得到的树脂。如来自植物的琥珀、松香、大漆、达玛树脂和来自动物的虫胶、化石树脂等。

04.0342 合成树脂 synthetic resin

人工合成的树脂。

04.0343 古马龙－茚树脂 coumarone-indene resin

煤焦油和石油中 140~185℃馏分的茚和苯并呋喃（氧茚）等混合物，经聚合而得的低分子量物质。其中聚茚的含量占大多数，聚氧茚质量百分比含量通常不到 10%。

04.0344 石油树脂 petroleum resin

石油馏分的烯烃、二烯烃、环烯烃、苯乙烯衍生物和杂环化合物等混合物，经聚合得的树脂状物质。因所用原料不同，分 C9 石油树脂、C5 石油树脂、C5/C9 共聚石油树脂等。

04.0345　萜烯树脂　polyterpene resin
松节油中的α蒎烯或β蒎烯，经聚合而得的从液体到固体的线型聚合物。是一种优良的增黏剂。

04.0346　环戊二烯树脂　polycyclopentadiene resin
石油裂解的副产物环戊二烯（C5 馏分）和双环戊二烯（C9 馏分），经前处理、聚合等工艺生成的分子量通常介于 300~3000 的热塑性低聚物。

04.0347　乙烯基咔唑树脂　poly（N-vinyl car-bazole），PNVC

重复单元为 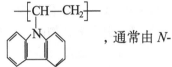，通常由 N-乙烯基咔唑聚合而得的无定形热塑性聚合物。

04.0348　塑料　plastics
玻璃化温度或结晶聚合物熔点在室温以上，添加辅料后能在成型中塑制成一定形状的高分子材料。

04.0349　通用塑料　general purposed plastics
产量大、价格低、应用广的塑料。其使用温度通常较低，如无规聚苯乙烯、聚氯乙烯、聚乙烯、聚丙烯等。

04.0350　工程塑料　engineering plastics
强度、模量和韧性等性能较高，且具有较高的使用温度，有较长的使用寿命，可代替金属作结构材料使用的塑料。如聚酰胺、聚碳酸酯、聚甲醛等。

04.0351　热塑性树脂　thermoplastic resin
受热软化、冷却后硬化，可反复塑制的一类线型结构的聚合物。如聚乙烯、聚苯乙烯、聚丙烯等。

04.0352　热固性树脂　thermosetting resin
受热后能形成网状体型结构的树脂。具有不溶、不熔的性质。如热固性酚醛树脂、氨基树脂等。

04.0353　泡沫塑料　foamed plastics
内部具有大量微小气孔的塑料。

04.0354　模塑料　molding compound
塑料粉体、颗粒料或它们与各种添加剂的混合体，通过挤出设备得到的料条经切粒后的材料。

04.0355　聚乙烯　polyethylene，PE
重复单元为 $-\!\!+\!CH_2\!-\!CH_2\!+\!\!-$ 的聚合物。有低密度、中密度、高密度聚乙烯之分。

04.0356　低密度聚乙烯　low density polyeth-ylene，LDPE
主链中平均每 1000 个碳原子带有约 20~30 个乙基、丁基或其他支链，密度通常为 $0.910~0.925g/cm^3$ 的聚乙烯。

04.0357　高密度聚乙烯　high density poly-ethylene，HDPE
主链中平均每1000 个碳原子仅含几个支链，密度通常为 $0.946~0.976g/cm^3$ 的聚乙烯。

04.0358　中密度聚乙烯　medium density polyethylene，MDPE
主链上的支链数介于高密度与低密度聚乙烯之间的聚乙烯。

04.0359　超低密度聚乙烯　ultra-low density polyethylene，ULDPE
乙烯和α-烯烃共聚而成的，分子结构中不含低密度聚乙烯所具有的长支链，但短支链较多，密度通常仅为 0.88~0.91g/cm³ 的聚乙烯。

04.0360　线型低密度聚乙烯　linear low den-

sity polyethylene，LLDPE
由乙烯与少量α-烯烃（如 1-丁烯、1-辛烯等）共聚生成的线型聚乙烯。

04.0361　茂金属线型低密度聚乙烯　metallocene linear low density polyethylene，MLLDPE
用茂金属化合物做催化剂，经配位聚合得到的具有窄分布分子量的乙烯和α-烯烃的线型共聚物。

04.0362　超高分子量聚乙烯　ultra-high molecular weight polyethylene，UHMWPE
具有超高分子量（分子量通常达 150 万以上）的聚乙烯品种。具有优良的耐冲击性和自润滑性。

04.0363　高分子量高密度聚乙烯　high molecular weight high density polyethylene，HMWHDPE
由乙烯与α-烯烃共聚得到的，分子量通常为 20 万~50 万、密度通常为 0.941~0.965g/cm³ 的线型聚乙烯。

04.0364　低分子量聚乙烯　low molecular weight polyethylene，LMPE
又称"聚乙烯蜡"。通常分子量只有 500~5000 的蜡状聚乙烯品种。是塑料、橡胶良好的加工助剂。

04.0365　交联聚乙烯　crosslinked polyethylene
具有网状结构的聚乙烯。有突出的耐磨和耐应力开裂性。

04.0366　氯化聚乙烯　chlorinated polyethylene，CPE
聚乙烯分子链上的部分氢原子被氯原子取代后的产物。氯的质量百分比一般为 25%~45%，有良好的耐热老化和耐油性能。

04.0367　氯磺酰化聚乙烯　chlorosulfonated polyethylene
由氯和二氧化硫与聚乙烯反应并通过磺酰氯基硫化后得到的一种交联聚合物。具有良好的耐臭氧老化性。

04.0368　乙烯－醋酸乙烯酯共聚物　ethylene-vinylacetate copolymer，EVA
乙烯与醋酸乙烯酯的无规共聚物。比低密度聚乙烯有更好的弹性、柔韧性、相容性和透明性。

04.0369　离子交联聚合物　ionomer
把离子引入聚合物内，以离子键作为交联键的聚合物。受热时熔融流动，冷却时又恢复交联状态，属热塑性聚合物。

04.0370　聚丙烯　polypropylene，PP
重复单元为 $\left[\begin{matrix}CH-CH_2\\ \ \ |\\ CH_3\end{matrix}\right]$ 的聚合物。根据分子构型不同，有等规聚丙烯、间规聚丙烯、无规聚丙烯三种。

04.0371　等规聚丙烯　isotactic polypropylene，IPP
具有等规构型结构的聚丙烯。是一种高结晶性热塑性树脂，具有优良的刚性和高温抗冲击性。

04.0372　间规聚丙烯　syndiotactic polypropylene，SPP
具有间规构型结构的聚丙烯。是一种低结晶度、高弹性的热塑性树脂，密度仅为 0.88g/cm³，具有良好的柔性、韧性和透明性。

04.0373　无规聚丙烯　atactic polypropylene，APP
具有无规构型结构的聚丙烯。是一种非结

晶、分子量低、力学和热学性能差的聚合物，但有良好的黏附性、疏水性和化学稳定性。

04.0374　丙烯－乙烯无规共聚物　propylene-ethylene random copolymer
丙烯和乙烯的无规共聚物。结晶度低，具有透明、韧性、耐寒和耐冲击性好的特点。

04.0375　丙烯－乙烯嵌段共聚物　propylene-ethylene block copolymer，PEB
乙烯－丙烯嵌段共聚物和少量聚乙烯、聚丙烯的混合物。具有较高的刚性和较好的低温韧性。

04.0376　氯化聚丙烯　chlorinated polypropylene，CPP
聚丙烯中部分叔碳上的氢被氯取代的改性聚丙烯。与聚丙烯相比，有更好的耐热、耐光、耐老化、耐燃、黏结和可染性。

04.0377　接枝聚丙烯　graft polypropylene
聚丙烯的接枝改性品种。如接上弹性组分，可改善聚丙烯的脆性；接上极性组分，可提高聚丙烯的亲水性、黏结性等。

04.0378　等规聚1-丁烯　isotactic poly（1-butene），PB-1
重复单元为 $\left[CH-CH_2\right]$ 的具有等规构型结构的聚合物。有良好的韧性、耐应力开裂性和耐蠕变性。

04.0379　聚4-甲基-1-戊烯
poly（4-methyl-1-pentene），PMP
重复单元为 H_3C-CH 的聚合物。通常由4-甲基-1-戊烯配位聚合而得。密度

非常小，有很高的刚性和良好的耐腐蚀性和耐老化性。

04.0380　聚氯乙烯　polyvinylchloride，PVC
重复单元为 $\left[CH-CH_2\right]$（Cl）的具有无规构型结构的聚合物。是一种通用型合成树脂。根据添加增塑剂的不同，可分为硬质和软质聚氯乙烯两类。

04.0381　高分子量聚氯乙烯　high molecular weight polyvinylchloride，HMPVC
通常指聚合度达2000~3000的聚氯乙烯。可由氯乙烯单体在较低温度下聚合而得。具有耐热、耐磨、耐疲劳的特性。

04.0382　聚偏二氯乙烯　polyvinylidenechloride，PVDC
重复单元为 $\left[C-CH_2\right]$（Cl，Cl）的聚合物。韧性大、硬度高，但热稳定性差，加工成型比较困难。

04.0383　氯化聚氯乙烯　chlorinated polyvinylchloride，CPVC
聚氯乙烯中的氢部分被氯取代的产物。通常由聚氯乙烯树脂经氯化反应制得。含氯质量百分比约为65%，具有耐热、耐酸、耐碱的性能。比聚氯乙烯的耐热温度高40~50℃，在100℃的条件下，可保持足够高的强变。

04.0384　聚氯乙烯糊　polyvinylchloride paste，PVCP
由氯乙烯采用乳液、微悬浮或种子乳液聚合制得的一种糊状物。

04.0385　硬聚氯乙烯　rigid polyvinylchloride，rigid PVC
不加或稍加增塑剂的聚氯乙烯。硬度大，加工比较困难，通常用于制备各种类型的型材或管材。

04.0386 软聚氯乙烯 flexible polyvinylchloride，flexible PVC

加入较多(通常大于 25%)增塑剂的聚氯乙烯。其柔韧性和加工性比较好，常作为膜材料及软管材料。

04.0387 氯乙烯－醋酸乙烯酯共聚物 vinylchloride-vinylacetate copolymer

氯乙烯与醋酸乙烯酯的共聚产物。由于在聚合物的侧链引入酯基，起到内增塑的作用，改善了聚氯乙烯的柔韧性和加工性。

04.0388 聚苯乙烯 polystyrene，PS

重复单元为 $\left[\!\begin{array}{c}\text{CH—CH}_2\\ \text{C}_6\text{H}_5\end{array}\!\right]$ 的聚合物。

04.0389 无规聚苯乙烯 atactic polystyrene，APS

具有无规构型结构的聚苯乙烯。具有优异的电绝缘性和良好的加工性。

04.0390 间规聚苯乙烯 syndiotactic polystyrene，SPS

具有间规构型结构的聚苯乙烯。保留了无规聚苯乙烯的低密度和容易成型的优点，但熔点高达270℃，有很高的耐热性。

04.0391 丙烯腈－丁二烯－苯乙烯共聚物 acrylonitrile-butadiene-styrene copolymer，ABS copolymer

丙烯腈、丁二烯、苯乙烯的三元共聚物。可分为主链为丁－苯橡胶弹性体的接枝共聚物和主链为苯乙烯－丙烯腈共聚物的接枝共聚物两大类。两类树脂均具有良好的刚性和韧性。

04.0392 苯乙烯－丙烯腈共聚物 styrene-acrylonitrile copolymer，AS copolymer

由苯乙烯、丙烯腈共聚而成的热塑性树脂。具有耐油、耐热和耐冲击的特点。

04.0393 高抗冲聚苯乙烯 high impact polystyrene，HIPS

具有高抗冲性能的聚苯乙烯。通常为橡胶接枝型。

04.0394 甲基丙烯酸甲酯－丁二烯－苯乙烯共聚物 methylmethacrylate-butadiene-styrene copolymer，MBS copolymer

甲基丙烯酸甲酯、丁二烯和苯乙烯的三元接枝共聚物。是一种耐寒、耐冲击、透明的塑料。

04.0395 聚甲基丙烯酸甲酯 polymethylmethacrylate，PMMA

重复单元为 $\left[\!\begin{array}{c}\text{CH}_3\\ \text{C—CH}_2\\ \text{COOCH}_3\end{array}\!\right]$ 的无定形聚合物。

透光率可达 90%~92%，具有优良的耐气候性和电绝缘性。

04.0396 聚甲基丙烯酸甲酯模塑料 polymethylmethacrylate molding materials

甲基丙烯酸甲酯经悬浮聚合得到的粉状树脂制得的模塑料。制品吸水率低、透光率高和耐化学腐蚀性好。

04.0397 聚乙烯醇 polyvinylalcohol

重复单元为 $\left[\!\begin{array}{c}\text{CH—CH}_2\\ \text{OH}\end{array}\!\right]$ 的聚合物。

04.0398 聚乙烯醇缩甲醛 polyvinylformal，PVF

甲醛中的羰基与聚乙烯醇中相邻两个羟基反应生成的具有六元环缩醛结构的聚合物。具有较高的强度、刚度和硬度，并有良好的黏结性和化学稳定性。

04.0399 聚乙烯醇缩乙醛 polyvinylacetal，PVA

乙醛中的羰基与聚乙烯醇中相邻两个羟基

反应生成的具有六元环缩醛结构的聚合物。与聚乙烯醇缩甲醛相比，具有较大的弹性和较高的伸长率。

04.0400　聚乙烯醇缩丁醛　polyvinylbutyral
丁醛中的羰基与聚乙烯醇中相邻两个羟基反应生成的具有六元环缩醛结构的聚合物。具有良好的柔韧性、黏结性和耐寒性。

04.0401　硝酸纤维素　cellulose nitrate
纤维素中的部分羟基被硝酸酯化后的产物

04.0402　硝酸纤维素塑料　cellulose nitrate plastics，CN plastics
俗称"赛璐珞"。硝酸纤维素中加入约 20% 的樟脑作为增塑剂得到的可塑性材料。

04.0403　醋酸纤维素　cellulose acetate，CA
纤维素中的部分羟基被醋酸酯化后的产物。具有坚韧、透明、光泽好的特点。

04.0404　醋酸丙酸纤维素　cellulose acetatepropionate，CAP
纤维素中的部分羟基被醋酸和丙酸酯化后的产物。具有抗湿、耐寒、柔软、透明等特点。

04.0405　醋酸丁酸纤维素　cellulose acetatebutyrate，CAB
纤维素中的部分羟基被醋酸和丁酸酯化后的产物。具有抗湿、耐紫外线、柔韧、透明、耐寒等特点。

04.0406　羧甲基纤维素　sodium carboxymethyl cellulose
纤维素中的部分或全部羟基上的氢被羧甲基取代的产物。具有增稠、黏结、乳化等功能。

04.0407　甲基纤维素　methyl cellulose，MC

纤维素中的部分或全部羟基上的氢被甲基取代的产物。具有成膜性好、表面耐磨、储存稳定的特点。

04.0408　乙基纤维素　ethyl cellulose，EC
纤维素中的部分或全部羟基上的氢被乙基取代的产物。具有良好的韧性、耐寒性和成膜性。

04.0409　羟乙基纤维素　hydroxyethyl cellulose，HEC
纤维素中的部分或全部羟基上的氢被羟乙基取代的产物。具有良好的成膜性和透明性。

04.0410　氰乙基纤维素　cyanoethyl cellulose，CEC
纤维素中的部分或全部羟基上的氢被氰乙基取代的产物。具有高介电常数及耐高温的特性。

04.0411　苯酚-甲醛树脂　phenol-formaldehyde resin，PF resin
简称"酚醛树脂"。苯酚在邻位和(或)对位通过亚甲基相连而成的树脂。分为热固性和热塑性两类。

04.0412　酚醛模塑料　phenolic molding compound
又称"电木粉"。由热塑性酚醛树脂加固化剂、填料等制备的模塑料。具有良好的加工性。适于模压成型或注塑成型。

04.0413　氨基树脂　amino resin
由含有氨基或酰胺基的单体与醛类(主要是甲醛)缩聚而得的热固性树脂的总称。重要的品种有脲醛树脂、三聚氰胺甲醛树脂。

04.0414　脲甲醛树脂　urea-formaldehyde resin，UF resin

尿素与甲醛缩聚而成的热固性树脂。有良好的耐电弧性和自熄性。

04.0415 三聚氰胺甲醛树脂 melamine formaldehyde resin，MF resin

三聚氰胺与甲醛缩聚而成的热固性树脂。有良好的耐电弧性、耐热性及耐碱性。

04.0416 脲三聚氰胺甲醛树脂 urea melamine formaldehyde resin

尿素、三聚氰胺、甲醛缩聚而成的热固性树脂。具有比脲甲醛树脂更高的耐热性。

04.0417 脲甲醛泡沫塑料 urea-formaldehyde foam

以脲甲醛树脂为基质的泡沫塑料。具有质轻和良好的保温、隔热性能。

04.0418 苯胺甲醛树脂 aniline-formaldehyde resin，AF resin

由苯胺与甲醛缩聚形成的树脂。苯胺、甲醛比例不同时，树脂的性能不同，但都具有耐水、耐油和耐碱的特点。

04.0419 环氧树脂 epoxy resin

分子中带有两个或两个以上环氧基的低分子量物质及其交联固化产物的总称。其最重要的一类是双酚 A 型环氧树脂。

04.0420 双酚 A 型环氧树脂 bisphenol A epoxy resin

分子结构为 H_2C—CH—CH_2... 的不同 n 的混合

物。通常 n 小于 10，也可以为零。可由双酚 A 和环氧氯丙烷在 NaOH 作用下制备。

04.0421 聚氨酯 polyurethane

又称"聚氨基甲酸酯"。以氨基甲酸酯基为结构特征基团的一类聚合物。可作塑料、橡胶、黏合剂等各种材料使用。

04.0422 聚氨酯泡沫塑料 polyurethane foam

由聚氨酯制得的泡沫塑料。有聚醚型和聚酯型或软质和硬质聚氨酯泡沫塑料之分。具有质轻、隔热、保温、吸声和减震等优良性能。

04.0423 整皮聚氨酯泡沫塑料 integral skin polyurethane foam

具有低密度的泡沫芯层和高密度的表面层的聚氨酯泡沫塑料。制品质软、回弹性好。适合做汽车坐垫。

04.0424 硬质反应性注塑成型聚氨酯塑料 rigid reaction injection molding polyurethane plastics

通过反应性注塑成型(如通过二苯基甲烷-4，4'-二异氰酸酯改性)而得的硬质聚氨酯塑料。制品具有良好的刚性、耐磨性，一次成型的优点。

04.0425 热塑性聚氨酯 thermoplastic polyurethane，TPU

线型结构的聚氨酯热塑性树脂。常见有聚醚或聚酯型。都具有良好的耐磨、耐油和耐臭氧性能。

04.0426 呋喃树脂 furan resin

重复单元含呋喃环的一类能热固化的树脂。主要有糠醇、糠醛、糠酮、糠脲树脂等。该类树脂的热固化物具有较高的耐热性和抗化学腐蚀性。

04.0427　糠醇树脂　furfuryl alcohol resin
以糠醇为原料制得的呋喃树脂。室温下加入固化剂能迅速固化为热固性材料。

04.0428　糠醛树脂　furfural resin
以糠醛为原料制得的呋喃树脂。可在固化剂六亚甲基四胺作用下生成热固性树脂。

04.0429　糠酮树脂　acetone-furfural resin
以糠醛和丙酮为原料制得的呋喃树脂。可在苯磺酸、对氯苯磺酸等固化剂的作用下，形成热固性树脂。

04.0430　糠脲树脂　furfuralcohol-modified urea formaldehyde resin
糠醇改性的脲醛树脂。可在芳烃磺酸与磷酸固化剂的作用下生成热固性树脂。

04.0431　聚丙烯酰胺　polyacrylamide，PAM
重复单元为 $\begin{array}{c} +CH-CH_2+ \\ | \\ CONH_2 \end{array}$ 的聚合物。是一种水溶性高分子。可用做污水处理添加剂。

04.0432　聚丙烯酸钠　sodium polyacrylate
重复单元为 $\begin{array}{c} +CH-CH_2+ \\ | \\ COONa \end{array}$ 的聚合物。是一类聚阴离子电解质，易溶于水，具有增稠、乳化、赋形、膨化、稳定等多种功能。

04.0433　聚酰胺　polyamide，PA
重复单元以酰胺基为结构特征基团的一类聚合物。包括脂肪族、半脂肪族及芳香族聚酰胺。

04.0434　聚酰胺-6　polyamide-6
重复单元为 $+NH-(CH_2)_5CO+$ 的聚合物。通常由己内酰胺水解缩聚或开环缩聚而成。有较好的韧性、耐磨性和自润滑性。商品名：尼龙-6。

04.0435　聚酰胺-12　polyauryllactam
又称"聚十二内酰胺"。重复单元为 $+NH-(CH_2)_{11}CO+$ 的聚合物。通常由十二内酰胺经开环缩聚而成。具有密度小、吸水率低、耐低温性好的特点。商品名：尼龙-12。

04.0436　聚酰胺-66　polyamide 66
重复单元为 $+NH-(CH_2)_6-NHCO-(CH_2)_4-CO+$ 的聚合物。通常由己二酸和己二胺形成的 66 盐经缩聚而得。其耐磨性好，力学强度高，自润滑性和耐油性优良。商品名：尼龙-66。

04.0437　聚酰胺－1010　polydecamethylene-sebacamide
重复单元为 $+NH-(CH_2)_{10}-NHCO-(CH_2)_8-CO+$ 的聚合物。通常由癸二酸和癸二胺形成的盐缩聚而得。其力学强度高，冲击韧性、耐磨性和自润滑性好。商品名：尼龙-1010。

04.0438　聚对苯二甲酰三甲基己二胺　polytrimethylhexamethyleneterephthalamide
由对苯二甲酸与三甲基己二胺缩聚而得的聚酰胺。透光性优于双酚 A 聚碳酸酯，透光率可达 90%。

04.0439　单体浇铸聚酰胺　monomer-casting polyamide，MC polyamide
将熔融的己内酰胺单体注入模具中在催化剂作用下聚合而成的聚酰胺-6。分子量比通常的聚酰胺-6高，可达 3.5 万~7 万。

04.0440　反应注塑成型聚酰胺　reaction injection molding polyamide
将己内酰胺、催化剂和共聚单体混合后，注塑到闭合模具中固化而得的聚合物。其原料黏度低、流动性好，适于制作大型制品。

04.0441　芳香族聚酰胺　polyarylamide
重复单元含苯环或芳环的聚酰胺。全芳香聚

酰胺由芳香二胺与芳香二酸缩聚而得；半芳香聚酰胺由脂肪二胺与芳香二酸或芳香二胺与脂肪二酸缩聚而得。

04.0442　聚甲醛　polyoxymethylene，POM
重复单元为 $+CH_2O+$ 的聚合物。有优异的刚性，是重要的工程塑料。

04.0443　共聚甲醛　oxymethylene copolymer
通常指三聚甲醛与二氧六环开环聚合而得的共聚物。与均聚甲醛相比，其熔点、机械强度稍低，但热稳定性好，易于加工。

04.0444　高润滑性聚甲醛　high lubrication polyoxymethylene
聚甲醛与润滑剂(如硅油、聚四氟乙烯、二硫化钼、石墨等)共混制得的聚甲醛品种。其磨擦、磨损性能优异。

04.0445　聚苯醚　polyphenyleneoxide，PPO
重复单元为的聚合物。通常由2,6-二甲基苯酚经氧化、偶联、缩聚制得。具有优良的力学性能，热稳定性好。

04.0446　改性聚苯醚　modified polyphenyleneoxide
聚苯醚的改性品种。常见的品种有聚苯醚与聚苯乙烯或高冲击聚苯乙烯机械共混品种(Noryl)、聚苯醚分子链上接枝苯乙烯品种(Xyron)和聚苯醚与聚烯烃的共混合金品种(Noryl Xtra)。

04.0447　聚醚　polyether
重复单元以醚基为结构特征基团的一类聚合物。是生产聚氨酯的重要原料，具有消泡、破乳、分散、渗透、乳化等多种功能。

04.0448　四氢呋喃均聚醚　furfuryl polyether
又称"聚四氢呋喃"。重复单元为 $+O-(CH_2)_4+$

的聚合物。通常是由四氢呋喃开环聚合制备，是制备聚氨酯的重要原料。

04.0449　聚酯类树脂　polyester resin
结构单元以酯基团为结构特征基团的树脂。

04.0450　醇酸树脂　alkyd resin
主侧链结构中均含有酯基团的低分子量聚酯树脂。有线型(支链短而少)和支链型之分。通常由甘油或季戊四醇、邻苯二甲酸酐、脂肪酸反应制备。成膜性好，膜层具有优良的耐气候性和耐盐水性。

04.0451　聚己内酯　polycaprolactone，PCL
重复单元为的聚合物。通常由 ε-己内酯开环聚合制得，易受微生物侵蚀，是一种微生物降解型的热塑性塑料。

04.0452　聚对苯二甲酸乙二酯　polyethyleneterephthalate，PET
重复单元为的聚合物。可由对苯二甲酸二甲酯与乙二醇经酯交换缩聚制备，或由对苯二甲酸与乙二醇酯化缩聚反应制备。

04.0453　聚对苯二甲酸丁二酯　polybutyleneterephthalate，PBT
重复单元为的聚合物。可由对苯二甲酯、1,4-丁二醇经酯交换缩聚制备，或由对苯二甲酸与 1,4-丁二酸经酯化、缩聚反应制备。

04.0454　聚对苯二甲酸丙二酯　polypropyleneterephthalate，polytrimetyleneterephthalate，PTT

重复单元为 $\left[O-(CH_2)_3-O-C-\langle\rangle-C\right]$ 的聚合物。可由对苯二甲酸与 1,3-丙二醇缩聚制备。

04.0455　双酚 A 聚碳酸酯　polycarbonate, PC

简称"聚碳酸酯"。重复单元为 $\left[O-\langle\rangle-\overset{CH_3}{\underset{CH_3}{C}}-\langle\rangle-O-C\right]$ 的聚合物。通常由碳酸二苯酯和双酚 A 经酯交换或由双酚 A 和光气缩聚而得，冲击韧性和透明性好，是优良的工程塑料。

04.0456　不饱和聚酯树脂　unsaturated polyester resin

主链带有碳碳双键的线型聚酯树脂。可由不饱和二元羧酸(或酸酐)、饱和二元羧酸(或酸酐)与二元醇(一般为饱和二元醇)缩聚而成，与乙烯基单体共聚可形成网状体型结构的材料。

04.0457　双酚 A 型不饱和聚酯树脂　bisphenol A type unsaturated polyester resin

二元醇以双酚 A 为主制备的不饱和聚酯树脂。固化物具有优良的耐腐蚀性，特别是耐碱性。

04.0458　不饱和聚酯模塑料　unsaturated polyester molding compound

由不饱和聚酯加固化剂、填料(常采用玻璃纤维)等制成的模塑料。分片状不饱和聚酯模塑料(SMC)和团状不饱和聚酯模塑料(DMC)两类，其制品特点是力学强度高、尺寸稳定性好。

04.0459　不饱和聚酯树脂泡沫塑料　unsaturated polyester resin foam

由不饱和聚酯制得的泡沫塑料。其表面耐磨性好，耐寒、耐热和耐电弧性优良。

04.0460　聚邻苯二甲酸二烯丙酯　polydiallylphthalate, PDAP

由邻苯二甲酸二烯丙酯在控制条件下加聚而成的聚合物。具有优良的耐热性和介电性能主要用做工程塑料。

04.0461　聚间苯二甲酸二烯丙酯　polydiallylisophthalate, DAIP

由间苯二甲酸二烯丙酯加聚而成的预聚物或其交联固化物。具有优良的耐热性、耐水性和电绝缘性等。

04.0462　聚芳砜　polyarylsulfone, PASF

重复单元以芳砜和芳醚基为结构特征基团的一类聚合物。它们对金属有极强的黏结力，常作为金属的黏结剂。

04.0463　双酚 A 聚砜　bisphenol A type polysulfone

$\left[\langle\rangle-\overset{CH_3}{\underset{CH_3}{C}}-\langle\rangle-O\right]$

简称"聚砜"。重复单元为 $\left[O-\langle\rangle-\overset{O}{\underset{O}{S}}-\langle\rangle\right]$

的聚芳砜。可由双酚 A 钠盐与 4,4-二氯二苯砜缩聚制备。

04.0464　聚醚砜　polyethersulfone, PESF

重复单元为 $\left[\langle\rangle-O-\langle\rangle-SO_2\right]$ 的聚芳砜。在高、低温下都有优良的力学、耐热、自熄、耐水解和耐辐射性能。

04.0465　聚酰亚胺　polyimide, PI

重复单元以酰亚胺基为结构特征基团的一类聚合物。具有耐高温、耐腐蚀和优良的电性能。

04.0466　均苯型聚酰亚胺　polypyromellitimide, PPMI

均苯四甲酸二酐与各种芳香二胺缩聚生成的聚酰亚胺。具有高的耐热性和耐低温性，耐辐射性能突出。

04.0467　可熔性聚酰亚胺　meltable polyimide，MPI

可融熔的聚酰亚胺。可用做特种工程塑料以及原子能和宇航工业的耐辐射材料。

04.0468　双马来酰亚胺树脂　bismaleimide resin，BMI

两端带有马来酰亚胺端基的树脂。可由马来酸酐及其衍生物与二胺缩聚而得。固化物具有良好的耐高温、耐辐射和耐水性能。

04.0469　降冰片烯封端聚酰亚胺　norborne-neanhydride-terminated polyimide

由 5-降冰片烯-2，3-二羧酸酐或 5-降冰片烯-2，3-二羧酸单甲酯封端的热固性聚酰亚胺树脂。加工性能和机械性能优良。

04.0470　乙炔基封端聚酰亚胺　ethynyl-terminated polyimide

以乙炔基为封端基制备的热固性聚酰亚胺树脂。具有优异的耐热性和热稳定性，制品孔隙率低。

04.0471　聚酰胺酰亚胺　polyamide-imide，PAI

重复单元以酰胺基和酰亚胺基为结构特征基团的一类聚合物。柔韧性、耐磨性、耐碱性、加工性及黏结性均较好。

04.0472　聚醚酰亚胺　polyetherimide，PEI

芳醚基直接与芳酰亚胺基的苯环相连的，重复单元以醚基和酰亚胺基为结构特征基团的一类聚合物。通常由芳香二酚和二硝基双酰亚胺单体经亲核取代聚合而成，是一种综合性能优良的热塑性工程塑料。

04.0473　聚酯酰亚胺　polyesterimide

重复单元以酯基和酰亚胺基为结构特征基团的一类聚合物。通常由聚酯酰胺酸经亚胺化制得，具有耐高温、加工性好的特点。

04.0474　聚酰亚胺泡沫塑料　polyimide foam

聚酰亚胺经发泡而成的泡沫塑料。有突出的耐高温性能和优良的力学性能。

04.0475　聚苯硫醚　polyphenylene sulfide，PPS

重复单元为 $\left[\!\!-\!\!\langle\bigcirc\rangle\!\!-\!\!S\!\!-\!\!\right]$ 的聚合物。可由对二氯苯和硫化钠缩聚而成，有优良的耐热性、自熄性和黏合性，是一种典型的特种工程塑料。

04.0476　聚对羟基苯甲酸　poly（p-hydroxybenzoic acid）

重复单元为 $\left[\!\!-\!\!OC_6H_4CO\!\!-\!\!\right]$ 的聚合物。可由对羟基苯甲酸的苯酚酯通过自身的酯交换反应制备，性能类似金属，导热率极高，在高温下呈现出与金属相似的非黏性流动。

04.0477　聚苯并咪唑　polybenzimidazole，PBI

重复单元以苯并咪唑基为结构特征基团的聚合物。通常苯并咪唑基间通过芳基连接，具有热变形温度高、线胀系数低的特点是一种高强度的结构材料。

04.0478　聚苯并咪唑酰亚胺　poly（benzimidazole-imide）

重复单元以苯并咪唑基和酰亚胺基为结构特征基团的聚合物。具有优异的高温力学性能。

04.0479　聚苯并噻唑　polybenzothiazole，PBT

重复单元以苯并噻唑基为结构特征基团的聚合物。耐高温、耐烧蚀及耐水性能均好。

04.0480 聚苯并噁唑 polybenzoxazole，PBO
重复单元以苯并噁唑基为结构特征基团的聚合物。具有耐氧化、耐潮湿、耐紫外线和耐辐射性能。其强度、刚度高，但加工性能不佳。

04.0481 聚苯 polyphenylene
重复单元为 〔◯〕 的聚合物。具有耐热氧化、耐辐射和耐烧蚀的性能。

04.0482 H 树脂 H-resin
乙炔基封端的聚苯低聚物。具有优良的耐氧化性和耐烧蚀性能。

04.0483 聚对二甲苯 poly-*p*-xylylene
重复单元为 〔◯—CH$_2$CH$_2$〕 的聚合物。通常由对二甲苯的环状二聚体开环聚合制备。具有优异的电性能、耐热性、耐候性和耐辐射性能，通常制成薄膜使用。

04.0484 聚芳醚酮 polyaryletherketone，PAEK
重复单元为醚基和酮基按一定的顺序由对亚苯基连接的聚合物。包括聚醚醚酮、聚醚砜酮、聚醚酮、聚醚酮酮、聚醚醚酮酮、聚醚酮醚酮酮等品种，都具有良好的耐高温性能、力学性能和加工性能。

04.0485 聚醚醚酮 polyetheretherketone，PEEK
重复单元为 的聚合物。可由 4，4′-二氟二苯酮、对苯二酚和碳酸钠缩聚而成，其耐热水性和耐蒸气性极好，耐辐射性和绝缘性亦佳。

04.0486 聚醚酮 polyetherketone，PEK
重复单元为 的聚合物。

其耐热性优于聚醚醚酮。

04.0487 聚醚酮酮 polyetherketoneketone，PEKK
重复单元为 的聚合物。耐热性能好。在聚芳醚酮类聚合物中具有突出的高熔点和高玻璃化转变温度。

04.0488 聚醚醚酮酮 polyetheretherketoneketone，PEEKK
重复单元为 的聚合物。其熔点和玻璃化转变温度与聚醚酮相近，具有优异的耐热性能和力学强度。

04.0489 聚醚酮醚酮酮 polyetherketoneetherketoneketone，PEKEKK
重复单元为 的聚合物。具有极突出的耐热性、耐化学腐蚀性和耐辐射性能。

04.0490 聚醚砜酮 polyethersulfoneketone，PESK
重复单元以醚基、砜基和酮基为结构特征基团的聚合物。耐热等级高，但加工流动性能差。

04.0491 共聚芳酯 copolyarylate
结构单元以芳酯基为结构特征基团的共聚物。其中由对苯二甲酸、对羟基苯甲酸和4，4′-联苯二酚经缩聚而得的品种，商品名为 Xydar，属液晶聚合物，耐热性好。

04.0492 含萘共聚芳酯 naphthalene-containing

copolyarylate
含亚萘基的共聚芳酯。其中由在酸酐存在下对羟基苯甲酸和 2-羟基-6-萘酸经酯化缩聚而成的品种，商品名为 Vectra，属液晶聚合物，性能与共聚芳酯相似。

04.0493　聚四氟乙烯　polytetrafluoroethylene，PTFE

重复单元为 $\left[\!\!\!-CF_2\!-\!CF_2\!-\!\right]$ 的聚合物。通常由四氟乙烯加聚而成。耐热性好，耐溶剂性优异。

04.0494　四氟乙烯-六氟丙烯共聚物　tetrafluoroethylene-hexafluoropropylene copolymer

四氟乙烯和六氟丙烯的共聚物。保持了聚四氟乙烯的优异性能，但加工性能较好。

04.0495　乙烯-四氟乙烯共聚物　ethylene-tetrafluoroethylene copolymer

乙烯和四氟乙烯的共聚物。基本保持了氟塑料的特性，但可用热塑性成型方法加工。

04.0496　聚三氟氯乙烯　polychlorotrifluoroethylene，PCTFE

重复单元为 $\left[\!\!\!\begin{array}{c}-CF-CH_2-\\|\\Cl\end{array}\right]$ 的聚合物。可由三氟氯乙烯加聚而成，与金属黏结性能良好。

04.0497　乙烯-三氟氯乙烯共聚物　ethylene-chlorotrifluoroethylene copolymer，ECTFE

乙烯与三氟氯乙烯的共聚物。有较好的耐化学腐蚀性，耐辐射性及加工性能。

04.0498　聚氟乙烯　polyvinylfluoride，PVF

重复单元为 $\left[\!\!\!\begin{array}{c}-CH-CH_2-\\|\\F\end{array}\right]$ 的聚合物。具有一般氟树脂的特点，有优异的耐候性。

04.0499　聚偏二氟乙烯　polyvinylidenefluoride，PVDF

重复单元为 $\left[\!\!\!-CF_2\!-\!CH_2\!-\!\right]$ 的聚合物。可由偏二氟乙烯加聚而成，力学性能和耐候性能好，易于加工。

04.0500　偏二氟乙烯-三氟乙烯共聚物　difluoroethylene-trifluoroethylene copolymer

偏二氟乙烯和三氟乙烯的共聚物。耐腐蚀性和耐热性较好。

04.03　橡　　胶

04.0501　橡胶　rubber
玻璃化温度低于室温，在环境温度下能显示高弹性的高分子物质。

04.0502　生胶　crude rubber
从种植园或工厂生产出来的未经配合加工的天然橡胶和合成橡胶。

04.0503　硫化胶　vulcanized rubber
生胶经硫化交联的产物。

04.0504　天然橡胶　natural rubber
通常指由巴西三叶橡胶树的胶乳制得的橡胶。其分子链主要重复单元为

$$\left[\!\!\!\begin{array}{c}CH_2\\ \\CH_3\end{array}\!\!\!C\!=\!C\!\!\!\begin{array}{c}CH_2\\ \\H\end{array}\right]$$

04.0505　氢氯化天然橡胶　natural rubber hydrochloride
氯化氢与天然橡胶中不饱和双键进行加成

得到的饱和弹性体。氯含量通常为
29%~30%。具有优异的黏合性能。

04.0506 接枝天然橡胶 grafted natural rubber

天然橡胶与烯烃类单体接枝聚合的产物。

04.0507 环化天然橡胶 cyclized natural rubber

又称"热戊橡胶"。用硫酸或甲苯磺酸等使天然橡胶的线型分子带有环状结构而得到的改性天然橡胶。

04.0508 环氧化天然橡胶 epoxidized natural rubber

用过氧化有机酸或过氧化氢等处理天然橡胶溶液或天然胶乳而得到的一种带环氧基团的改性天然橡胶。

04.0509 古塔波胶 gutta percha

一种主要取自马来西亚的古塔波橡胶树的野生天然橡胶。其主要化学成分为反式 1，4-聚异戊二烯，分子链的主要重复单元为

$$\left[\begin{array}{c} CH_2 \\ | \\ CH_3 \end{array} C = C \begin{array}{c} H \\ | \\ CH_2 \end{array} \right]$$，在室温下呈皮革状，

质地坚硬。

04.0510 巴拉塔胶 balata rubber

由主产于亚马逊河流域、巴拿马等地的一种山榄科植物的胶乳制得的野生天然橡胶。其主要化学成分为反式 1，4-聚异戊二烯，分子链的主要重复单元为

$$\left[\begin{array}{c} CH_2 \\ | \\ CH_3 \end{array} C = C \begin{array}{c} H \\ | \\ CH_2 \end{array} \right]$$。

04.0511 杜仲胶 *Eucommia ulmoides* rubber

从杜仲橡胶树的汁液中提取的一种天然橡胶。其主要化学成分为反式 1，4-聚异戊二烯，分子链的主要重复单元为

$$\left[\begin{array}{c} CH_2 \\ | \\ CH_3 \end{array} C = C \begin{array}{c} H \\ | \\ CH_2 \end{array} \right]$$。

04.0512 银菊胶 parthenium argentatum

从银胶菊的植株中提取出来的一种天然橡胶。其主要化学成分为顺式 1，4-聚异戊二烯，分子链的主要重复单元为

$$\left[\begin{array}{c} CH_2 \\ | \\ CH_3 \end{array} C = C \begin{array}{c} CH_2 \\ | \\ H \end{array} \right]$$。

04.0513 天然胶乳 natural rubber latex

由橡胶树树干割口中流出的汁液。

04.0514 天甲胶乳 grevertex

天然胶乳经甲基丙烯酸甲酯接枝共聚制得的胶乳。固含量约为 60%。用这种胶乳制得的膜具有良好的耐磨性、耐弯曲性、耐动态疲劳性和耐老化性能。

04.0515 环氧化天然胶乳 epoxidized natural rubber latex

将新鲜天然胶乳经加工处理(如稀释后加入硬脂酸胺、环氧乙烷和丙酸或乙酸，在 50~60℃下反应 24h)得到的环氧化程度大于 50%的胶乳。

04.0516 肼－甲醛胶乳 hydrazine-formaldehyde latex

加有水合肼和甲醛的天然胶乳。这种胶乳可长期保存，用其制造的硫化胶模量高，抗撕裂性能较好。

04.0517 羧胺胶乳 carboxylation and amination latex

采用 0.2%氨、0.24%硼酸和 0.24%月桂酸作为保存体系的天然胶乳。属一种专用胶乳，标称干胶含量为 60%~64%。

04.0518　液体天然橡胶　liquid natural rubber
又称"解聚橡胶"。将天然橡胶的分子量降解至 1 万~2 万范围而得到的一种黏稠而有流动性黏流体。

04.0519　聚异戊二烯橡胶　polyisoprene rubber
顺式聚异戊二烯和反式聚异戊二烯橡胶的统称。通常是以异戊二烯为单体采用溶液聚合的方法合成。

04.0520　顺式 1,4-聚异戊二烯橡胶　cis-1,4-polyisoprene rubber
又称"合成天然橡胶"。顺式 1,4-聚异戊二烯含量为 92%~96%的橡胶。

04.0521　反式 1,4-聚异戊二烯橡胶　trans-1,4-polyisoprene rubber
反式 1,4-聚异戊二烯含量达 96%~98%的橡胶。

04.0522　聚丁二烯橡胶　polybutadiene rubber
丁二烯聚合得到的橡胶总称。

04.0523　高顺丁橡胶　high-cis-1,4-polybutadiene rubber
顺式 1,4-聚丁二烯含量大于 96%的聚丁二烯橡胶。主要用于制造轮胎胎面以及其他耐磨制品、耐寒制品等。

04.0524　反式 1,4-聚丁二烯橡胶　trans-1,4-polybutadiene rubber
反式 1,4-聚丁二烯含量达 80%以上的聚丁二烯弹性体。可用于制造鞋底、垫圈、电器制品等。

04.0525　乙烯基聚丁二烯橡胶　vinyl polybutadiene rubber
又称"1,2-聚丁二烯橡胶"。使丁二烯单体产生部分 1,2 加成聚合形成的弹性体，依乙烯基含量可分为高（70% 以上）、中（35%~65%）、低（约 8%)乙烯基聚丁二烯橡胶三种。

04.0526　乳聚丁二烯橡胶　emulsion polymerized polybutadiene
丁二烯经乳液聚合制得的橡胶。通常顺式 1,4 加成结构含量约 14%，反式 1,4 加成结构含量约 69%，1,2 加成结构含量约 17%。

04.0527　端羧基液体聚丁二烯橡胶　carboxyl-terminated liquid polybutadiene rubber
分子两端均为羧基的低分子量液体聚丁二烯。

04.0528　端羟基液体聚丁二烯橡胶　hydroxyl-terminated liquid polybutadiene rubber
分子两端均为羟基的低分子量液体聚丁二烯。

04.0529　丁钠橡胶　sodium-butadiene rubber
以碱金属钠为引发剂，由丁二烯单体经本体聚合制得的丁二烯橡胶。是最早的合成丁二烯橡胶，其乙烯基含量高达 40%~66%。

04.0530　丁锂橡胶　lithium-butadiene rubber
以金属锂为引发剂，由丁二烯经气相本体聚合制得的聚丁二烯橡胶。

04.0531　丁吡橡胶　butadiene-vinylpyridine rubber
丁二烯与乙烯基吡啶或其衍生物经乳液聚合得到的共聚物。常用的是含 5%~15% 2-甲基-5-乙烯基吡啶的产物。

04.0532　集成橡胶　integral rubber
苯乙烯、异戊二烯、丁二烯三种单体经阴离子聚合制成的无规共聚物。是一种主要用于制备轮胎胎面胶的弹性体材料。

04.0533 丁苯橡胶 styrene-butadiene rubber
丁二烯和苯乙烯的无规共聚物。其中苯乙烯的质量百分比为 23.5%~25%。

04.0534 乳聚丁苯橡胶 emulsion polymerized styrene-butadiene rubber，E-SBR
丁二烯和苯乙烯经乳液聚合制成的弹性体。在聚合乳液中加入环烷油或芳烃油，经凝聚后可制成充油丁苯橡胶。

04.0535 高苯乙烯丁苯橡胶 styrene-butadiene rubber with high styrene content
苯乙烯质量含量达 85%~90% 的苯乙烯和丁二烯混合物经乳液聚合制得的胶乳再和丁苯橡胶胶乳混合共凝聚而得到的弹性体。

04.0536 溶聚丁苯橡胶 solution polymerized styrene-butadiene rubber
苯乙烯和丁二烯在有机锂引发下，经阴离子溶液聚合而合成的弹性体。

04.0537 锡偶联溶聚丁苯橡胶 Sn-coupled solution styrene-butadiene rubber，Sn-S-SBR
以有机锂为引发剂，四氯化锡为偶联剂，苯乙烯和丁二烯按一定比例经阴离子溶液聚合而合成的部分偶联结构的弹性体。

04.0538 高反式丁苯橡胶 high *trans*-styrene-butadiene rubber
聚丁二烯部分中的反式 1，4-结构含量在 76% 以上的丁二烯和苯乙烯的共聚物。通常以二叔醇钡氢氧化物与有机锂络合物作为引发剂聚合而成。

04.0539 丁苯胶乳 styrene-butadiene latex
丁二烯和苯乙烯经乳液共聚制得的胶乳。按照聚合温度的不同可分为高温(50℃)丁苯胶乳和低温(5℃)丁苯胶乳。

04.0540 羧基丁苯橡胶胶乳 carboxylated styrene-butadiene rubber latex
由丁二烯、苯乙烯和少量不饱和羧酸(丙烯酸或甲基丙烯酸)经乳液聚合制得的胶乳。

04.0541 高苯乙烯胶乳 high styrene latex
苯乙烯结构单元质量百分比超过 50% 的丁二烯－苯乙烯经乳液聚合制成的共聚物胶乳。主要用于胶乳涂料、海绵、造纸加工、纺织纤维处理。

04.0542 丁苯吡胶乳 butadiene-styrene-vinylpyridine latex
丁二烯、苯乙烯、乙烯基吡啶三种单体的重量之比为 70：15：15 的乳液共聚物。

04.0543 液体丁苯橡胶 liquid styrene-butadiene rubber
平均分子量一般为 500~10 000 的丁二烯和苯乙烯的液态共聚物。

04.0544 氯丁橡胶 chloroprene rubber
2-氯-1,3-丁二烯经乳液聚合而制成的弹性体。其中反式 1,4-加成结构约占 85%，顺式 1,4-加成结构约占 10%，少量为 1,2-或 3,4-加成结构。

04.0545 氯丁橡胶胶乳 chlorobutadiene rubber latex
由 2-氯-1,3-丁二烯经乳液聚合而得到的一种合成胶乳。分为通用型和特殊型两大类。

04.0546 氯腈橡胶 chlorobutadiene-acrylonitrile rubber
氯丁二烯和丙烯腈的乳液共聚物。属非硫黄调节型氯丁橡胶，有丙烯腈含量为约 10% 和 20% 两种类型。

04.0547 凝胶型氯丁橡胶 gel chloroprene rubber

在氯丁二烯聚合过程中，不使用分子量调节剂，得到的分子量较大、支链较多的氯丁橡胶。有 S 型和 AG 型两种。

04.0548 高反式聚氯丁二烯橡胶 high *trans*-chloroprene rubber

又称"古塔波式氯丁橡胶"。聚氯丁二烯中反式 1，4-加成结构约 93% 的硬度较高的橡胶。

04.0549 液体氯丁橡胶 liquid chloroprene rubber

分子量一般在 1000~4000 的 2-氯-1，3-丁二烯的均聚物或分子链端带有羧基、羟基、硫醇基等的改性聚 2-氯-1，3-丁二烯。常温下为液体。

04.0550 羧基氯丁橡胶 carboxylated chloroprene rubber

经羧基改性的氯丁橡胶。生产的牌号有 AF、AJ 两种。前者适于制作室温硫化或耐热性胶黏剂，后者主要用做压敏性胶黏剂及单组分型胶黏剂。

04.0551 二元乙丙橡胶 ethylene-propylene rubber

乙烯和丙烯的无规共聚弹性体。由于其分子链中不含双键，化学稳定性高。

04.0552 三元乙丙橡胶 ethylene-propylene-diene-terpolymer rubber

乙烯（质量百分数 45%~70%）、丙烯（质量百分数 30%~40%）和双烯第三单体（质量百分数 1%~3%）形成的无规共聚物。第三单体通常为双环戊二烯、1，4-己二烯或 2-亚乙基降冰片烯。

04.0553 卤化乙丙橡胶 halogenated ethylene-propylene-diene-terpolymer rubber

三元乙丙橡胶经过卤化（氯化或溴化）反应制得的弹性体。有氯化乙丙橡胶和溴化乙丙橡胶两种。

04.0554 氯磺化乙丙橡胶 chlorosulfonated ethylene propylene rubber

在三元乙丙橡胶的分子链上引入磺酰氯基团的弹性体。通常用三元乙丙橡胶的胶液与氯气和二氧化硫反应来制备。

04.0555 丙烯腈改性乙丙橡胶 nitrile-modified ethylene propylene rubber

将丙烯腈接枝到乙丙橡胶分子链上而得到的弹性体。

04.0556 丙烯酸酯改性乙丙橡胶 acrylate-modified ethylene propylene rubber

丙烯酸酯单体与三元乙丙橡胶接枝共聚而成的弹性体材料。主要用于耐油、耐热老化、耐低温、低压缩变形的橡胶制品。

04.0557 丁腈橡胶 acrylonitrile-butadiene rubber

丁二烯与丙烯腈经乳液聚合得到的无规共聚物。按丙烯腈质量百分含量分为低腈（17%~23%）、中腈（24%~30%）、中高腈（31%~34%）、高腈（35%~41%）、极高腈（42%~53%）五类。

04.0558 丁腈胶乳 acrylonitrile-butadiene latex

丁二烯与丙烯腈乳液聚合制得的胶乳。按丙烯腈质量百分含量分为高腈（35%~45%）、中腈（25%~33%）、低腈（20%~25%）三种。

04.0559 氢化丁腈橡胶 hydrogenated nitrile rubber

又称"高饱和丁腈橡胶"。丁腈橡胶中分子链上的碳碳双键加氢饱和得到的产物。

04.0560 羧基丁腈橡胶 carboxyl nitrile rubber

含羧基的单体(丙烯酸或甲基丙烯酸等)和丁二烯、丙烯腈三元共聚制得的一类特种丁腈橡胶。

04.0561　羧基丁腈胶乳　carboxylated acrylonitrile-butadiene latex

丁二烯、丙烯腈和少量丙烯酸单体经乳液共聚而得到的胶乳。

04.0562　部分交联型丁腈橡胶　partially crosslinked nitrile rubber

在丁二烯、丙烯腈进行共聚时加入少量(质量百分含量 1%~3%)双官能团单体(如二乙烯基苯),使共聚物中凝胶的质量百分含量为 40%~80% 的丁腈橡胶。

04.0563　丁腈酯橡胶　acrylonitrile-butadiene-acrylate rubber

丁二烯、丙烯腈和丙烯酸酯经乳液共聚得到的橡胶。依三种单体的链节比不同可有不同的品种。

04.0564　液体丁腈橡胶　liquid acrylonitrile-butadiene rubber

丁二烯 – 丙烯腈液体共聚物。平均分子量通常小于 1 万。

04.0565　交替丁腈橡胶　nitrile-butadiene alternating copolymer rubber

丁二烯和丙烯腈交替共聚制得的橡胶。

04.0566　丁基橡胶　butyl rubber, isobutylene rubber

异丁烯和少量异戊二烯(质量百分含量约为 1.5%~4.5%)经聚合而得的高饱和共聚物。

04.0567　卤化丁基橡胶　halogenated butyl rubber

丁基橡胶经卤化(氯化或溴化)反应制得的弹性体。有氯化丁基橡胶和溴化丁基橡胶之分。

04.0568　星形支化丁基橡胶　star-branched butyl rubber

由高分子量星形支化结构和低分子量线形结构的分子组成的丁基橡胶。具有优良的弹性和加工性。

04.0569　交联丁基橡胶　crosslinked butyl rubber

由异丁烯、异戊二烯和少量二乙烯基苯进行三元共聚,得到的含有一定程度交联的弹性体。

04.0570　聚异丁烯橡胶　polyisobutylene rubber

异丁烯聚合所得到的一类橡胶。分子链的主要重复单元为 $\left[CH_2-\underset{\underset{CH_3}{|}}{\overset{\overset{CH_3}{|}}{C}}\right]$。

04.0571　聚丙烯酸酯橡胶　polyacrylate rubber

以丙烯酸烷基酯为主要单体经聚合制得的弹性体材料。分子链主要重复单元为 $\left[\underset{\underset{O=C-OR}{|}}{CH}-CH_2\right]$。按不同的交联方式可分为含氯多胺、不含氯多胺、羧酸铵盐、皂和自交联型五类。

04.0572　含氟丙烯酸酯橡胶　fluoroacrylate rubber

由含氟丙烯酸酯单体聚合形成的弹性体。如聚丙烯酸全氟丁酯($1F_4$)和聚丙烯酸全氟丙酯($2F_4$)。

04.0573　乙烯 – 醋酸乙烯酯橡胶　ethylene-vinylacetate rubber

乙烯与醋酸乙烯酯的无规共聚物形成的弹性体。

04.0574　氯磺化聚乙烯橡胶　chlorosulfonated polyethylene

聚乙烯经磺酰氯化得到的弹性体。

04.0575 氯化聚乙烯橡胶 chlorinated poly-ethylene elastomer

聚乙烯中部分氢被氯取代制得的弹性体。通常其含氯质量百分数为 25%~48%。

04.0576 硅橡胶 silicone rubber

分子主链由硅和氧原子交替构成，硅原子上通常连有两个有机基团的高分子弹性体。

04.0577 二甲基硅橡胶 dimethyl silicone rubber

硅原子上连有两个甲基的硅橡胶。分子链的主要重复单元为

$$\left[\begin{array}{c} CH_3 \\ | \\ Si-O \\ | \\ CH_3 \end{array}\right]。$$

04.0578 甲基乙烯基三氟丙基硅橡胶 methyl vinyl trifluoropropyl silicone rubber

又称"氟硅橡胶"。在乙烯基硅橡胶的硅原子上引入三氟丙基—CH_2—CH_2—CF_3 而得到的特种硅橡胶。

04.0579 苯撑硅橡胶 phenylene silicone rubber

分子链中含有苯撑链节的新品种硅橡胶。分子链的示意式为

各单元无规分布，m，n，p，r 表示分子中各重复单元的数目。

04.0580 腈硅橡胶 nitrile silicone rubber

部分硅原子上带有 2-氰乙基或3-氰丙基的一类硅橡胶。

04.0581 硅硼橡胶 boron-silicone rubber

分子主链中含有十硼硅笼形结构的一类新型硅橡胶。具有高度耐热老化性。

04.0582 硅氮橡胶 nitrogenous silicone rubber

分子主链含环二硅氮烷的弹性体。具有很好的热稳定性，可在 350℃长期使用。分子链的结构示意式为

其中 x 表示硅氧烷链节的重复单元数目。

04.0583 室温硫化硅橡胶 room temperature vulcanized silicone rubber

室温下能硫化的硅橡胶。通常其分子链两端含有羟基、乙烯基等活性基团，分子量比较低。有单组分室温硫化硅橡胶和双组分室温硫化硅橡胶两种。

04.0584 加成硫化型硅橡胶 addition vulcanized silicone rubber

又称"液体硅橡胶"。聚合度为 1000 左右，两端为乙烯基的聚二甲基硅氧烷。

04.0585 氟橡胶 fluororubber

又称"氟弹性体"。主链或侧链的碳原子上含有氟原子的一类合成高分子弹性体。

04.0586 四丙氟橡胶 terafluoroethylene-propylene rubber

由四氟乙烯与丙烯共聚得到的弹性体。具有优异的耐高温(200℃以上)和耐油性能。

04.0587　亚硝基氟橡胶　nitroso fluororubber
分子主链含有 N—O 结构的一种氟橡胶。常见的有二元亚硝基氟橡胶(如四氟乙烯－三氟亚硝基甲烷共聚物)和三元羧基亚硝基氟橡胶(如四氟乙烯、三氟亚硝基甲烷和亚硝基全氟丁酸共聚物)。

04.0588　全氟醚橡胶　fluoroether rubber
由全氟甲基乙烯基醚、四氟乙烯与全氟烯丙基醚三元共聚得到的一类弹性体。

04.0589　氟化磷腈橡胶　fluoro-phosphazene rubber
分子主链由磷原子和氮原子交替组成,磷原子上带有氟代烷氧基的一类弹性体。具有代表性的一种分子链的重复单元为

$$\left[P \!\!\begin{array}{c} O-CH_2-CF_3 \\ \| \\ =N \\ | \\ O-CH_2-\underset{F}{\overset{CF_3}{C}}-\underset{F}{\overset{F}{C}}-H \\ CF_3 \end{array} \right]$$

。

04.0590　聚氨酯橡胶　polyurethane rubber
主链以氨基甲酸基(—NHCOO—)为结构特征基团的一类聚合物弹性体。通常为含端羟基的低分子量聚醚或聚酯多元醇和二异氰酸酯的缩聚产物,有聚醚型和聚酯型之分。

04.0591　浇注型聚氨酯橡胶　castable polyurethane rubber
又称"液体聚氨酯橡胶"。由聚酯或聚醚二元醇、二异氰酸酯和扩链剂经混合、预聚、浇注、固化成型为制品的聚氨酯弹性材料。

04.0592　混炼型聚氨酯橡胶　millable polyurethane rubber
一种分子量较低(约 2 万~3 万)的由聚醚或聚酯柔性链段和氨基甲酸酯刚性链段构成的线形聚合物,可通过混炼的方法改性制备所需性能的弹性体。

04.0593　热塑性聚氨酯橡胶　thermoplastic polyurethane rubber
由分子量为 1.5 万以上的低熔点聚醚或聚酯柔性链段和可形成结晶结构的高熔点的氨基甲酸酯刚性段组成的聚氨酯弹性体。

04.0594　氯醚橡胶　epichlorohydrin rubber
又称"氯醇橡胶"。侧基上含氯的聚醚型橡胶。有均聚氯醚橡胶和共聚氯醚橡胶两种。主要用于耐油的橡胶制品。

04.0595　共聚型氯醚橡胶　copolymerized epichlorohydrin-ethylene oxide rubber
由环氧氯丙烷、环氧乙烷或它们和烯丙基缩水甘油醚二元或三元共聚而成的弹性体材料。

04.0596　均聚型氯醚橡胶　homopolymerized epichlorohydrin rubber
环氧氯丙烷经均聚而形成的弹性体材料。分子链的主要重复单元为
$$\left[CH_2-\underset{CH_2Cl}{CH}-O \right]$$
。

04.0597　聚硫橡胶　polysulfide rubber
主链含有硫原子(S_n, $n>2$)的特种合成橡胶的总称。通常由有机二卤化物和碱金属的多硫化物缩合而成,有固态、液态聚硫橡胶两类。

04.0598　热塑性弹性体　thermoplastic elastomer
在常温下显示橡胶弹性,在高温下能够塑化成型的高分子材料。

04.0599　生物弹性体　bioelastomer
具有生物相容性,在人体温度范围(35~40℃)伸长率通常可达 150%以上,除去外力后又可基本恢复到原长的高分子物质。

04.0600　苯乙烯类热塑性弹性体　styrenic thermoplastic elastomer

通常指由苯乙烯和丁二烯（或异戊二烯）通过阴离子聚合制得的嵌段共聚物。

04.0601　星形苯乙烯热塑性弹性体　star styrenic thermoplastic elastomer
分子链呈星形结构的苯乙烯热塑性弹性体。

04.0602　聚酯型热塑性弹性体　polyether ester thermoplastic elastomer
由二元羧酸及其衍生物、两端为羟基的聚醚及小分子二醇经缩合聚合制成的具有结晶硬段和高弹性软段的可塑化成型的弹性体。

04.0603　聚烯烃型热塑性弹性体　olefinic thermoplastic elastomer
通常指二元乙丙橡胶（EPM）、三元乙丙橡胶（EPDM）或聚苯乙烯－聚二稀－聚苯乙烯嵌段共聚物（SBS）等与聚烯烃树脂共混，毋需硫化即可成型加工的一类热塑性弹性体。

04.0604　动态硫化热塑性弹性体　dynamically vulcanized thermolplastic elastomer
少量塑料（如聚丙烯）和橡胶（如三元乙丙橡胶）共混，然后经动态硫化形成塑料为连续相，橡胶为分散相，常温下显示橡胶弹性，高温下能塑化成型的高分子材料。

04.0605　海绵橡胶　foaming rubber
采用发泡方法，使橡胶材料在硫化过程中形成含微孔结构的弹性体材料。

04.0606　硬质胶　hard rubber
由不饱和橡胶用高剂量硫磺硫化制成的硬而坚韧的硫化胶。主要用于制备汽车电瓶壳等绝缘制品。

04.0607　结合胶　bonded rubber
橡胶与炭黑共混过程中，与炭黑表面化学键键合的橡胶。

04.0608　吸留胶　occluded rubber
橡胶与炭黑共混过程中，填充至炭黑凝聚体表面孔洞中的橡胶。

04.0609　再生胶　reclaimed rubber
废橡胶经化学、热及机械加工处理后，因交联网状结构被破坏而重新形成的可塑化成型的弹性体材料。

04.0610　硫化胶粉　cured rubber powder
采用机械、冷冻粉碎法，将废橡胶制品中的交联橡胶粉碎到一定细度的粉末。

04.0611　活化胶粉　active waste rubber powder
硫化胶粉经表面活化处理而得到的具有反应活性的弹性体粉末。

04.0612　肖氏硬度 A　Shore hardness A
用肖氏硬度计测定的硬度值。测定原理是在用外力把肖氏硬度计的钝针压在试样表面上，依据钝针压入的深浅指示橡胶硬度的高低。主要用于测量软质橡胶。

04.0613　肖氏硬度 D　Shore hardness D
用肖氏 D 型硬度计测定的硬度值。测定原理是在规定负荷的压痕器作用下，在规定时间，测定压痕器的压针压入硬质橡胶的深度，并以该深度表示硬度。

04.0614　肖氏 W 型硬度　Asker-C hardness
又称"Asker-C 型硬度"。在规定负荷下用标准弹簧压针压入试样的深度表示的硬度值。主要用于测量微孔橡胶制品的硬度。

04.0615　球压式硬度　ball hardness
在规定负荷作用下，将一定直径的钢球（赵氏硬度：5mm；邵坡尔硬度：10mm）压入试样，经一定时间后测定钢球压入的深度和面积，用试样单位面积承受的力表示试样的硬度。有赵氏硬度和邵坡尔硬度两种。

04.0616 橡胶国际硬度 international rubber hardness
分别测量钢球在较小的接触压力和较大的总压力作用下，在规定时间内压入试样的深度之差，按标准换算表得到的硬度值。

04.0617 穆尼黏度 Mooney viscosity
用穆尼黏度计测定的生胶或混炼胶对转子的反抗剪切力矩值，规定以 84.6N·m 的剪切力矩为一个穆尼黏度值。

04.0618 可塑度 plasticity
未硫化的橡胶试样在恒定压力作用下产生变形，当外力解除且经规定时间恢复后，试样的永久形变的度量值。

04.0619 穆尼焦烧 Mooney scorch
采用穆尼黏度计测定胶料的穆尼黏度下降至最小值后再上升 5 个穆尼值所需要的时间。可作为橡胶胶料初期硫化特性的一种评价。

04.0620 硫化仪 curemeter，vulcameter
在橡胶硫化过程中，连续测定随橡胶交联密度的增加而导致的胶料抵抗外力变形能力增高的仪器。

04.0621 焦烧 scorching
橡胶胶料在混炼、压延或压出操作中，以及在硫化前的储存过程中出现的早期硫化现象。

04.0622 焦烧时间 scorching time
衡量胶料在加工过程中发生早期硫化所需要的时间。是加工安全性的一种评价指标。

04.0623 硫化 vulcanization
使塑性橡胶线性分子结构转变为三维网状

体形结构的过程。

04.0624 后硫化 post cure，after cure，after vulcanization
在胶料已达到预定硫化程度之后或除去硫化热源后继续进行的硫化。

04.0625 正硫化点 optimum cure point
橡胶硫化中，胶料的综合性能接近最佳值时所需要的最短硫化时间。

04.0626 硫化返原 cure reversion
橡胶硫化过程中，由于硫化温度高、硫化时间过长而产生的硫化胶交联网出现裂解，继而硫化胶料的性能降低的现象。

04.0627 硫化平坦期 plateau cure
在一定温度和压力下使硫化胶获得最佳物理、力学性能或接近最佳性能的硫化延续时间。

04.0628 硫化程度 curing degree
硫化橡胶的交联程度。

04.0629 定伸强度 tensile stress at specific elongation
橡胶试样在拉力试验机上被拉伸至规定伸长率（常为 100%、300% 和 500%）时，拉力与拉伸前试样的截面积之比。

04.0630 直角撕裂强度 right-angled tearing strength
将直角形硫化橡胶试片在一定温度下（常为 23℃），恒速拉伸（500 mm/min）直至拉断时的最大拉力与试片直角处厚度的比值。

04.0631 橡胶圆弧撕裂强度 arc tearing strength of rubber
用圆弧形裁刀裁取硫化橡胶试样，在试样圆弧凹边的中心处割口，沿试样主轴方向拉伸试样，直至开裂时的最大拉力与试片厚度的比值。

04.0632 裤形撕裂强度 trousers tearing strength

在长、宽、厚度分别为 100mm、15mm、2mm 的长方形试样中心沿长度方向割口 40mm，然后按裤形拉开，恒速拉伸直至拉断时的最大拉力与试片厚度的比值。

04.0633 德尔夫特撕裂强度 Delft tearing strength

用新月形裁刀裁取硫化橡胶试样，在试样圆弧凹边的中心处割口，沿主轴方向拉伸试样，直至开裂时的最大拉力与试片厚度的比值。

04.0634 H 抽出试验 cord-H-pull test

将帘线两端按规定长度埋入两橡胶块中，测定把单根帘线从硫化胶块中抽出时所需要的力。

04.0635 横向折断强度 cross-breaking strength

将硬质胶的长方形条状试样放在水平的两支点上，然后在两支点中间施加载荷，试样发生折断时达到的最大弯曲力矩与试样横向截面模量之比值。

04.0636 邵坡尔磨耗试验 Schopper abrasion test

将圆柱形橡胶试样以一定的接触压力压在旋转的砂纸辊筒上，在旋转或不旋转的条件下，让试样在辊筒上做横向移动，测量一定行程后橡胶试样的磨耗体积。

04.0637 阿克隆磨耗试验 Akron abrasion test

将厚 3.2mm、宽 12.7 mm 的长条状橡胶试样粘在胶轮上，胶轮以 15° 偏斜角与砂轮接触

进行滚动摩擦，经预磨和砂轮运行 1.61km 后，测定胶条的磨耗体积。

04.0638 兰伯恩磨耗试验 Lanborn abrasion test

在水平放置的磨盘上，垂直安放一个圆盘形试样，试样由马达驱动，由于摩擦力带动磨盘转动，经预磨和运行 1000m 后，计算试样的磨耗体积。

04.0639 皮克磨耗试验 Pico abrasion test

把平行的(规定几何形状和尺寸的)合金刀作为摩擦物，在一定负荷和转速条件下，对旋转的试样表面上刮擦，测试试样在一定转数时的磨损体积。

04.0640 磨耗指数 abrasion index

在同一条件下标准胶料的磨耗量与试验胶料的磨耗量之比。

04.0641 屈挠龟裂试验 flex cracking test

将具有中间带沟槽的长条状试样夹持在可往复运动的夹持器上，在反复屈挠过程中，测定试样产生裂口所需的屈挠次数和割口扩展的速率的实验。

04.0642 回转屈挠疲劳实验 rotary flex fatigue test

将圆柱状橡胶试样夹在两个夹持板之间，其中一边夹持板可轴向移动对试样进行压缩，另一边夹持板旋转，带动试样和轴向夹持板转动，测定试样的温升和达到破坏时的转数的实验。

04.0643 动静刚度比 the ratio of dynamic stiffness and static stiffness

橡胶类弹性材料动态模量与静态模量的比值。主要用来描述弹性缓冲制件的动态回弹性。

04.0644 老化性能试验 aging characteristic test

将橡胶试样放在特定的大气和化学物质条件下一定时间，测定橡胶试样性能的变化率的实验。常用抗张强度、扯断伸长率的变化量（或变化率）表示。

04.0645　定负荷压缩疲劳试验 compression fatigue test with constant load

将圆柱形橡胶试样夹在位于恒温室的两圆板间，施以恒定负荷，以 30Hz 的频率进行压缩，测定试样温升、动静压缩变形和压缩破裂等性能的试验。

04.0646　压缩耐温实验 compression and recovery in low temperature test

将橡胶试样压缩至一定高度，然后将其置于低温下一定时间，测定除去负载后于低温下的弹性恢复性能的实验。单位压缩高度产生的永久变形值为压缩耐温系数。

04.0647　塑炼 mastication

通过热、氧、机械力或化学试剂的作用使生胶由强韧性的弹性状态转变为柔软的可塑性状态，从而使弹性材料增加流动性的工艺过程。

04.0648　混炼 mixing

生胶（经过或未经过塑炼）和各种配合剂经过机械混合翻炼达到均化和分散的加工工艺过程。

04.0649　喷霜 blooming

硫化胶或混炼胶内的液体或固体配合剂迁移至制品或胶片表面的现象。

04.0650　擦胶压延 fractioning calendering

布基和胶料同时通过压延机中以不同线速度回转的两棍筒之间，把胶料擦入织物间隙的工艺过程。

04.0651　贴胶压延 skim-coating calendering

织物和胶片同时通过等速回转的压延机辊筒间隙，在辊筒压力作用下，贴合成为覆有一定厚度胶层的挂胶织物的压延工艺过程。

04.0652　压延效应 calender effect

胶料在压延过程中由于橡胶和各向异性的配合剂在压延力作用下沿压延方向定向排列，致使胶片的纵横方向物理机械性能不同的现象。

04.0653　二次硫化 secondary cure

橡胶经一次硫化（或预硫化）之后再次进行硫化的过程。硅橡胶和氟橡胶等特种橡胶为达到最佳硫化程度需二次硫化。

04.0654　连续硫化 continuous vulcanization

将未硫化橡胶半成品从硫化装置的一端装入，使之连续移动，而从另一端顺次获得硫化制品的方法。适用于电线、电缆、胶带、胶管等制品的硫化。

04.0655　流化床硫化 fluid bed vulcanization

在盛满玻璃微珠的容器下面通入蒸气或热空气，使玻璃微珠上下翻滚而呈流态化，成为流化床，然后让压出制品通过流化床，从而实现连续硫化的工艺。

04.0656　微波预热连续硫化 microwave pre-heating continuous vulcanization

利用频率 900~2500MHz，波长为 10cm 左右的超高频电流，使橡胶自感应而发热，达到硫化温度后，再进入热空气管道保温完成硫化的工艺。

04.0657　鼓式硫化机硫化 drum type vulcan-izer vulcanization

橡胶半成品连续通过鼓式硫化机的硫化鼓，在钢丝带对硫化鼓加压、内外加热条件下，胶料达到硫化的工艺。

04.0658 电子束辐照连续硫化 electron beam irradiation continuous vulcanization
电子束辐照装置发射快速电子辐照橡胶，与橡胶中的电子相互作用，将能量传递给橡胶分子，使之活化、离子化，继而发生交联反应的过程。

04.0659 裸硫化 open cure
成型好的半成品不包覆任何材料裸露送入硫化罐内用蒸气直接硫化的工艺过程。常用于纯胶管、胶布等制品的硫化。

04.0660 包布硫化 wrapped cure
将成型好的制品缠上湿包布，然后放入硫化罐内通入蒸气直接硫化的工艺方法。常用于夹布胶管、胶辊等制品的硫化。

04.0661 埋粉硫化 powder-burying cure
长度较大的压出制品（如纯胶管、压出嵌条等）盛放于滑石粉盘中进行加热硫化的方法。

04.0662 盐浴硫化 salt bath cure
又称"液体连续硫化"。压出的半成品连续经过存有低熔点物（共熔金属或共熔盐混合物）的槽池中加热而获得硫化的工艺方法。

04.04 纤 维

04.04.01 天 然 纤 维

04.0663 天然纤维 natural fiber
自然界生长和存在的可用于纺织或用作增强材料的一类纤维。包括植物纤维、动物纤维和矿物纤维等。

04.0664 植物纤维 plant fiber
从植物的种子、茎、叶、果实上得到的纤维。主要成分是纤维素。

04.0665 种子纤维 seed fiber
从植物种子表面得到的纤维。如棉、木棉纤维等。

04.0666 棉纤维 cotton fiber
又称"棉花"。生长在棉属植物种子表面的纤维。主要成分是纤维素。

04.0667 麻纤维 bast fiber
从各种麻类植物取得的纤维的统称。包括韧皮纤维和叶纤维。

04.0668 韧皮纤维 stem fiber
又称"茎纤维"。由植物韧皮部分形成的纤维。

04.0669 叶纤维 leaf fiber
从草本单子叶植物叶子获得的纤维。

04.0670 棕榈纤维 palm fiber
简称"棕"。棕榈树杆外围叶鞘形成的网状棕衣纤维。

04.0671 动物纤维 animal fiber
又称"天然蛋白质纤维"。动物毛或分泌物构成的天然纤维。主要成分是蛋白质。

04.0672 蛋白质纤维 protein fiber
由线形氨基酸高分子构成的纤维。包括毛、蚕丝等天然蛋白质纤维和由乳酪、大豆等制成的人造蛋白质纤维。

04.04.02 化 学 纤 维

04.0673 化学纤维 chemical fiber
用经化学或物理方法改性的天然聚合物或合成聚合物为原料制成的纤维。包括再生纤维、半合成纤维和合成纤维。

04.0674 再生纤维 regenerated fiber
用天然高分子为原料，经化学方法制成的与天然高分子化学组成基本相同的化学纤维。包括再生纤维素纤维和再生蛋白质纤维。

04.0675 再生纤维素纤维 regenerated cellulose fiber
用天然纤维素为原料，经化学方法制成的再生纤维。

04.0676 再生蛋白质纤维 regenerated protein fiber
又称"人造蛋白质纤维"。由天然蛋白质为原料制成的再生纤维。如大豆蛋白纤维、酪素纤维等。

04.0677 黏胶纤维 viscose fiber, viscose rayon
用黏胶法制成的再生纤维素纤维。如天然纤维素与 NaOH 和 CS$_2$ 反应制成黏胶，经纺丝制成的化学纤维。

04.0678 半合成纤维 semi-synthetic fiber
由天然高分子经化学处理，使大分子结构发生变化制得的化学纤维。如醋酯纤维等。

04.0679 醋酯纤维 acetate fiber, cellulose acetate fiber
又称"醋酸纤维"。以纤维素醋酸酯为原料制得的半合成纤维。包括二醋酯纤维和三醋酯纤维。

04.0680 海藻纤维 alginate fiber, alginate rayon
以海藻植物(如海带、海草)中分离出的海藻酸为原料制成的纤维。纤维组分为海藻酸金属盐，如钠盐、钙盐等。

04.0681 合成纤维 synthetic fiber
以化学原料合成的聚合物制成的化学纤维。按主链化学结构分为碳链纤维和杂链纤维两大类。

04.0682 碳链纤维 carbon chain fiber
大分子主链完全由碳原子组成的合成纤维。

04.0683 聚烯烃纤维 polyolefin fiber
由脂肪族聚烯烃纺制成的合成纤维。如聚乙烯纤维和聚丙烯纤维。

04.0684 聚丙烯纤维 polypropylene fiber
又称"丙纶"。由等规聚丙烯纺制成的合成纤维。

04.0685 聚乙烯纤维 polyethylene fiber
又称"乙纶"。由线形聚乙烯纺制成的合成纤维。

04.0686 聚丙烯腈纤维 polyacrylonitrile fiber
又称"腈纶"。由聚丙烯腈或丙烯腈含量大于 85%(质量百分比)的丙烯腈共聚物制成的合成纤维。常用的第二单体为非离子型单体，如丙烯酸甲酯、甲基丙烯酸甲酯等，第三单体为离子型单体如丙烯磺酸钠和 2-亚甲基-1，4-丁二酸等。

04.0687 改性聚丙烯腈纤维 modacrylic fiber
由丙烯腈含量为 35%~85%(质量百分比)的丙烯腈共聚物制成的合成纤维。有丙烯腈/氯乙烯共聚纤维、丙烯腈/偏二氯乙烯共聚纤维等。

04.0688 丙烯腈-氯乙烯共聚纤维 acrylonitrile-vinyl chloride copolymer fiber

又称"氯丙纤维"、"腈氯纶"。由质量百分比 40%~60% 的丙烯腈与氯乙烯共聚物纺制成的合成纤维。

04.0689 聚乙烯醇缩甲醛纤维 formalized polyvinyl alcohol fiber

又称"维纶"。成分为聚乙烯醇缩甲醛化产物的合成纤维。

04.0690 聚乙烯醇纤维 polyvinylalcohol fiber

由聚乙烯醇纺制成的合成纤维。一般为水溶性纤维。

04.0691 含氯纤维 chlorofiber

由含氯元素的碳链聚合物(包括均聚物和共聚物)纺制成的合成纤维。主要单体有氯乙烯、偏氯乙烯、丙烯腈和醋酸乙烯酯等。

04.0692 聚氯乙烯纤维 poly(vinyl chloride) fiber

又称"氯纶"。由线形聚氯乙烯纺制成的纤维。

04.0693 聚偏氯乙烯纤维 poly(vinylidene chloride) fiber

又称"偏氯纶"。由质量百分比占 80% 以上的偏氯乙烯和少量氯乙烯、丙烯腈(或其他类乙烯衍生物)的共聚物为原料纺制成的合成纤维。

04.0694 含氟纤维 fluorofiber

由含氟元素的碳链聚合物纺制成的合成纤维。如聚四氟乙烯纤维和各种含氟烯烃类共聚物纤维。

04.0695 聚四氟乙烯纤维 polytetrafluoroethylene fiber

由聚四氟乙烯纺制成的合成纤维。

04.0696 四氟乙烯-六氟丙烯共聚物纤维 tetrafluoroethylene-hexafluoropropylene copolymer fiber

又称"全氟乙丙共聚物纤维"。由四氟乙烯和六氟丙烯共聚物纺制成的纤维。

04.0697 乙烯-三氟氯乙烯共聚物纤维 ethylene-trifluorochloroethylene copolymer fiber

由乙烯和三氟氯乙烯共聚物纺制成的合成纤维。

04.0698 杂链纤维 heterochain fiber

由大分子主链除含碳原子外，还含有氧、氮及硫等其他元素原子的一类聚合物纺制成的合成纤维。

04.0699 聚酰胺纤维 polyamide fiber

由线形聚酰胺纺制成的合成纤维。

04.0700 脂肪族聚酰胺纤维 fatty polyamide fiber

又称"锦纶"、"耐纶"。只含脂肪链的一类线形聚酰胺纺制成的合成纤维。

04.0701 芳香族聚酰胺纤维 aromatic polyamide fiber

又称"芳纶"。含芳香环的一类线形聚酰胺纺制成的合成纤维。分为全芳香族聚酰胺纤维和含芳香环的脂肪族聚酰胺纤维。

04.0702 聚己二酰己二胺纤维 polyhexamethylene adipamide fiber

又称"耐纶66"、"锦纶66纤维"。重复单元为 $-C(CH_2)_4C-N(CH_2)_6N-$ 的聚酰胺纺制成的合成纤维。

04.0703　聚己内酰胺纤维　polycaprolactam fiber

又称"耐纶 6"、"锦纶 6 纤维"。重复单元为

$$-N(CH_2)_5C- \quad (\text{with } \overset{H}{\underset{}{N}} \text{ and } \overset{O}{\underset{}{C}})$$

的聚酰胺纺制成的合成纤维。

04.0704　聚丁内酰胺纤维　polybutyrolactam fiber

又称"耐纶 4"、"锦纶 4 纤维"。重复单元为

$$-N(CH_2)_3C- \quad (\text{with } \overset{H}{\underset{}{N}} \text{ and } \overset{O}{\underset{}{C}})$$

的聚酰胺纺丝制成的合成纤维。

04.0705　聚醚酰亚胺纤维　polyetherimide fiber

简称"PEI 纤维"。由线形聚醚酰亚胺一类聚合物纺制成的合成纤维。

04.0706　聚酯纤维　polyester fiber

由聚酯类线形聚合物纺制成的合成纤维。包括含芳香环的脂肪族聚酯纤维和全芳香族聚酯维。

04.0707　芳香族聚酯纤维　aromatic polyester fiber

又称"聚芳酯纤维"。全芳香族聚酯纺制成的合成纤维。

04.0708　聚对苯二甲酸乙二酯纤维　poly-ethyleneterephthalate fiber

简称"PET 纤维",又称"涤纶"。由聚对苯二甲酸乙二酯纺制成的合成纤维。

04.0709　聚对苯二甲酸丁二酯纤维　polybutyleneterephthalate fiber

简称"PBT 纤维"。由聚对苯二甲酸 1, 4-丁二酯纺制成的合成纤维。

04.0710　聚对苯二甲酸丙二酯纤维　poly-trimethy-leneterephthalate fiber

简称"PTT 纤维"。由聚对苯二甲酸 1, 3-丙二酯纺制成的合成纤维。

04.0711　聚对苯二甲酸乙二酯-3, 5-二甲酸二甲酯苯磺酸钠共聚纤维　ethylene terephthalate-3, 5-dimethyl sodium sulfoisophthalate copolymer fiber

又称"阳离子可染纤维"、"可染聚酯纤维"、"CDP 纤维"。由对苯二甲酸、乙二醇和 3, 5-二甲酸二甲酯苯磺酸钠的共聚物纺制成的合成纤维。

04.0712　聚丙烯酸酯纤维　polyacrylate fiber

由聚丙烯酸酯和金属形成的络合物纺制成的合成纤维。

04.0713　聚氨基甲酸酯纤维　polyurethane fiber

又称"氨纶"。由聚氨酯制成的弹性纤维。

04.0714　聚环氧乙烷纤维　polyethylene oxide fiber

又称"聚氧亚乙基纤维"。由聚环氧乙烷纺制成的合成纤维。

04.0715　聚苯乙烯纤维　polystyrene fiber

由无规立构聚苯乙烯或全同立构聚苯乙烯纺制成的合成纤维。

04.04.03　特　种　纤　维

04.0716　改性纤维　modified fiber

又称"变性纤维"。以化学或物理方法改进常规化学纤维的某些性能所得到的纤维。

04.0717　表面改性纤维　surface modified fiber

以化学或物理方法对纤维进行表面处理得到的具有某些特殊性能的纤维。

04.0718　差别化纤维　differential fiber
经过化学或物理改性，得到与原纤维有不同性能的纤维。

04.0719　有光纤维　bright fiber, lustrous fiber
生产过程中，未经化学或物理方法消光处理制成的化学纤维。

04.0720　消光纤维　dull fiber, matt fiber
生产过程中，经过化学或物理方法消光处理制成的化学纤维。有微消光纤维、半消光纤维和消光纤维之分。

04.0721　色纺纤维　spun-dyed fiber
又称"着色纤维"。由含有着色剂的纺丝原液或熔体纺制成的有色纤维。

04.0722　涂层纤维　coated fiber
表面完全涂覆某些物质的纤维。如由聚甲基丙烯酸甲酯纤维外涂聚四氟乙烯制成的光导纤维。

04.0723　弹性丝　elastic yarn
由线形弹性聚合物纺制成，具有高回弹性和高延伸性的一类纤维。

04.0724　变形纤维　textured fiber
具有（或潜在地具有）卷曲、螺旋、环圈等外观特性而呈现蓬松性、伸缩性的化学纤维。

04.0725　拉伸变形丝　draw textured yarn
简称"DTY 丝"。化纤长丝的拉伸阶段，全部或部分地与变形工艺在同一机台上进行而制成的变形纤维。

04.0726　假捻变形丝　false-twist textured yarn
采用分段法或连续法将长丝经高度加捻、热定型及退捻的变形工艺而制成的变形丝。

04.0727　假捻定型变形丝　false-twist stabi-
lized textured yarn
假捻变形丝再经连续热定型工艺或间歇热定型工艺制成的变形丝。

04.0728　伸缩性变形丝　stretch textured yarn
化纤长丝经变形加工得到具有伸缩性的变形丝。

04.0729　低弹变形丝　low stretch yarn
简称"低弹丝"。由假捻变形加工得到具有低伸缩率的假捻定型变形丝。伸缩率一般小于 25%。

04.0730　高弹变形丝　high stretch yarn
简称"高弹丝"。由假捻变形加工得到具有高伸缩率的假捻定型变形丝。伸缩率一般大于 50%。

04.0731　膨体纱　bulk yarn
由两种收缩性不同纤维混纺成纱，经加热回缩处理得到的膨松纱。

04.0732　交络丝　interlaced yarn, tangled yarn
又称"网络丝"、"喷气交缠纱"。预取向丝或拉伸变形丝经高压气流吹捻，单丝间相互交缠，形成周期性的网络结构的丝条。

04.0733　包覆弹性丝　covered elastomeric
yarn
又称"包缠纱"。以弹性丝为芯，外表螺旋式包以其他长丝或纱线形成的复合丝。

04.0734　异型截面纤维　modified
cross-section fiber
经一定几何形状（非圆形）喷丝孔纺制成的具有特殊横截面形状的化学纤维。

04.0735　仿生纤维　biomimetic fiber
在形态结构、观感及性能方面类似天然纤维的化学纤维。

04.0736　仿毛纤维　wool-like fiber
在形态结构、观感及性能方面类似动物毛的化学纤维。

04.0737　仿丝纤维　silk-like fiber
在形态结构、观感及性能方面类似蚕丝的化学纤维。

04.0738　仿麻纤维　flax-like fiber
在形态结构、观感及性能方面类似麻的化学纤维。

04.0739　复合纤维　composite fiber
由两种及两种以上聚合物，或具有不同性质的同类聚合物经复合纺丝制成的化学纤维。

04.0740　皮芯型复合纤维　sheath-core composite fiber
两种组分聚合物分别沿纤维纵向连续形成皮层和芯层的复合纤维。

04.0741　并列型复合纤维　side-by-side composite fiber
沿纤维纵向两种组分聚合物分列于纤维两侧的复合纤维。要求两组分界面要有一定的黏着力，以免发生界面剥离。

04.0742　海岛型复合纤维　sea-island composite fiber
又称"基体-微纤型复合纤维"。由分散相聚合物（岛）均匀嵌在连续相聚合物（海）中形成的复合纤维。

04.0743　高性能纤维　high performance fiber
物理机械性能、热性能突出，或有某些特殊性能的纤维。

04.0744　碳纤维　carbon fiber
由碳元素构成的无机纤维。纤维的碳含量大于90%。一般分为普通型、高强型和高模型三大类。

04.0745　耐高温纤维　high temperature resistant fiber
在较长时间经受高温（如200℃以上）能基本保持纤维原有的物理机械性能的纤维。

04.0746　抗燃纤维　anti-flame fiber
能减慢、中止或防止自身有焰燃烧的纤维。极限氧指数（LOI）一般大于32。

04.0747　阻燃纤维　flame retardant fiber
在火焰中仅阴燃，本身不发生火焰，离开火焰，阴燃自行熄灭的纤维。极限氧指数（LOI）一般为30左右。

04.0748　聚丙烯腈预氧化纤维　polyacrylonitrile preoxidized fiber
聚丙烯腈纤维在一定温度下经空气氧化形成部分环化结构的黑色纤维。极限氧指数（LOI）一般在40~60。

04.0749　高强度高模量纤维　high strength and high modulus fiber
拉伸断裂强度和模量很高的纤维。一般指拉伸断裂强度大于2GPa、拉伸模量大于100GPa。

04.0750　超高分子量聚乙烯纤维　ultra-high molecular weight polyethylene fiber
又称"超高强度聚乙烯纤维"。超高分子量聚乙烯纺制成的合成纤维。其分子量一般为100万~300万。

04.0751　聚对苯二甲酰对苯二胺纤维　poly (*p*-phenylene terephthalamide) fiber
又称"芳纶1414"、"凯芙拉（kevlar）"。由重复单元为

$$\text{[}\underset{\text{O}}{\overset{\text{O}}{\text{C}}}\text{—}\underset{\text{}}{\text{}}\text{—}\underset{\text{O}}{\overset{\text{O}}{\text{C}}}\text{—}\underset{\text{H}}{\overset{\text{}}{\text{N}}}\text{—}\underset{\text{}}{\text{}}\text{—}\underset{\text{H}}{\overset{\text{}}{\text{N}}}\text{]}$$

的全芳香族聚酰胺纺制成的合成纤维。

04.0752　聚对苯甲酰胺纤维　poly (*p*-ben-

zamide) fiber

又称"芳纶 14"、"凯芙拉 49(kevlar 49)"。

由重复单元为 ⁅C⏤◯⏤N⁆ 的全芳族
聚酰胺纺制成的合成纤维。

04.0753 聚间苯二甲酰间苯二胺纤维 poly
(*m*-phenylene isophthalamide) fiber
又称"芳纶 1313"、"诺梅克斯(Nomex)"。由
重复单元为 ⁅C⏤◯⏤C⏤N⏤◯⏤N⁆ 的
全芳香族聚酰胺纺制成的合成纤维。

04.0754 聚酰胺酰亚胺纤维 polyamide-im-
ide fiber
由聚酰胺酰亚胺聚合物纺制成的合成纤维。

04.0755 聚酰亚胺纤维 polyimide fiber
由聚酰亚胺纺制成的纤维。

04.0756 聚对亚苯基苯并双𫫇唑纤维 poly
(*p*-phenylene benzobisoxazole) fiber
简称"PBO 纤维"。由对苯二甲酸和二氨基
间苯二酚缩聚物经液晶纺丝制成的合成纤
维。

04.0757 聚对亚苯基苯并双噻唑纤维 poly
(*p*-phenylene benzobisthiazole) fiber
简称"PBZT 纤维"。由对苯二甲酸和 4, 4'-
二巯基对苯二胺缩聚物经液晶纺丝制成的
合成纤维。

04.0758 聚苯并咪唑纤维 polybenzimidazole
fiber
简称"PBI 纤维"。由聚苯并咪唑聚合物纺制
成的合成纤维。

04.0759 聚对苯硫醚纤维 poly (*p*-phenylene
sulfide) fiber

简称"PPS 纤维"。由纤维级聚对苯硫醚纺
制成的合成纤维。

**04.0760 四氟乙烯－全氟烷基乙烯基醚共聚
物纤维** tetrafluoroethyl-
ene-perfluorinated alkylvinylether co-
polymer fiber
由四氟乙烯和少量全氟烷基乙烯基醚共聚
得到可熔性共聚物纺制成的合成纤维。

04.0761 聚 2, 6-萘二甲酸乙二酯纤维
poly (ethylene-2, 6-naphthalate) fiber
简称"PEN 纤维"。由聚 2, 6-萘二甲酸乙二
酯纺制成的合成纤维。

04.0762 聚缩醛纤维 polyacetal fiber
由聚缩醛熔纺挤出超拉伸得到的合成纤维。

04.0763 聚甲醛纤维 polyformalolehyole
fiber, polyoxymethylene fiber
简称"POM 纤维"。由聚甲醛熔纺挤出超拉
伸得到的合成纤维。

04.0764 酚醛纤维 phenolic fiber
由热塑性线形酚醛树脂经熔纺并与甲醛交
联得到的网状结构纤维，或由热固性酚醛树
脂经载体纺丝制成的合成纤维。

04.0765 聚醚醚酮纤维 polyetheretherketone
fiber
简称"PEEK 纤维"。以醚键、醚键、酮基的
顺序依次与亚苯基相连而成的聚醚醚酮纺
制成的合成纤维。

04.0766 纤维素－聚硅酸纤维 cellulosic ma-
trix polysilicic acid fiber
在纤维素基体中含有聚硅酸酯分子链的化
学纤维。

04.0767 聚醚酯弹性纤维 polyether ester

elastic fiber

由主链含聚氧化亚烷基类软链段和聚酯类硬链段的多嵌段共聚物纺制成的弹性纤维。

04.0768　功能纤维　functional fiber

具有特殊功能的纤维。

04.0769　中空纤维　hollow fiber

轴向具有管状空腔的化学纤维。

04.0770　中空纤维膜　hollow fiber membrane

又称"多孔质中空纤维膜"。纤维壁具有微孔的选择透过性中空纤维的分离膜。微孔尺寸为纳米至微米级。

04.0771　吸油纤维　oil absorbent fiber

具有突出吸油、保油能力的纤维。

04.0772　活性碳纤维　activated carbon fiber

碳化纤维经活化处理得到表面有大量微孔结构，并有很大比表面积的纤维。一般比表面积大于 $500m^2/g$。

04.0773　塑料光导纤维　plastic optical fiber

能传导光的同心皮芯型复合纤维或涂层纤维。

04.0774　光敏变色纤维　chameleon fiber

随外界光照条件变化而色泽发生可逆变化的纤维。

04.0775　热敏变色纤维　polychromatic fiber

随温度变化色泽发生可逆变化的纤维。

04.0776　离子交换纤维　ion exchange fiber

具有离子交换功能的纤维。有阳离子型、阴离子型和两性型三类。

04.0777　发光纤维　luminescent fiber, luminous fiber

受到光和射线照射时能发出可见光的纤维。

04.0778　蓄热纤维　heat accumulating fiber

能将太阳光或红外线转变为热能并储存于纤维中的功能纤维。

04.0779　磁性纤维　magnetic fiber

含磁性物质并具有磁性的化学纤维。

04.0780　消臭纤维　offensive odour eliminating fiber

具有消除恶臭功能的化学纤维。

04.0781　医用纤维　medical fiber

医学专用的特种纤维。包括用于制备人体代用材料和医疗卫生材料的纤维。

04.0782　抗微生物纤维　anti-microbial fiber

对微生物有杀灭或抑制其生长作用的纤维。

04.0783　抗细菌纤维　anti-bacterial fiber

含有杀菌剂具有抗细菌功能的纤维。

04.0784　止血纤维　stanch fiber

有优良黏附性和凝血作用且无毒性和可吸收的多孔柔软纤维。

04.0785　可吸收纤维　absorbable fiber

植入人类或动物肌体内，在一定时间内能自行降解并被植入机体组织完全吸收的纤维。

04.0786　微生物分解纤维　micro-organism decomposable fiber

在土壤或海水中能受微生物作用而完全分解的纤维。

04.0787　反应型活性纤维　reactive fiber

在大分子主链或侧链含有化学反应性基团的纤维。

04.0788　抗辐射纤维　radiation resistant fiber

对射线和中子流等具有突出抗辐射性能的纤维。

04.0789 抗紫外线纤维 ultraviolet-resistant fiber
具有抵抗紫外线破坏能力的纤维。是一种含抗紫外线添加剂和光稳定剂的纤维。

04.0790 导电纤维 electroconductive fiber
具有导电性能的纤维。

04.0791 抗静电纤维 antistatic fiber
不易集聚静电荷，有防止产生静电和消除静电作用的纤维。

04.0792 高收缩纤维 high shrinkage fiber
干热收缩率和沸水收缩率超过 20% 的纤维。

04.0793 水溶性纤维 water soluble fiber
能溶解于水的纤维。

04.0794 吸湿纤维 hydroscopic fiber
能从周围环境中吸着大量水分的纤维。

04.0795 高吸水纤维 water absorbing fiber
具有高吸水能力，能吸收大量液态水的纤维。

04.0796 吸附纤维 adsorptive fiber
对气相或液相物质具有强吸附作用的纤维。

04.0797 抗起球纤维 anti-pilling fiber
制成的织物受到摩擦时，不易出现纤维端伸出布面，形成绒毛或小球状凸起的纤维。

04.04.04 其 他 纤 维

04.0798 纺织纤维 textile fiber
可以用于纺织加工制成纺织品的纤维。有天然纤维和化学纤维之分。

04.0799 初生纤维 as-formed fiber
从喷丝孔挤出的聚合物细流在纺丝场中固化成形的纤维。

04.0800 长丝 filament, continuous filament
连续长度很长的单根或多根丝条。长度一般以千米计。

04.0801 卷绕丝 winding yarn
在化学纤维纺丝成型中，聚合物流体从喷丝孔挤出，经固化后被卷绕机卷曲的纤维。因卷绕速度不同分为 POY 丝、FOY 丝等。

04.0802 预取向丝 pre-oriented yarn, partially oriented yarn
简称"POY 丝"。由高速纺丝得到在未取向丝和拉伸丝之间的取向卷绕丝。

04.0803 全取向丝 fully oriented
简称"FOY 丝"。由超高速纺丝得到的结晶高取向卷绕丝。

04.0804 全拉伸丝 fully drawn yarn
简称"FDY 丝"。由纺丝–拉伸一步法得到的高结晶度取向卷绕丝。

04.0805 未取向丝 unoriented yarn
由中低速纺丝得到的未经拉伸的卷绕丝。

04.0806 短纤维 staple fiber
长度较短的天然纤维或化学纤维的切段纤维。

04.0807 毛型纤维 wool type fiber
长度约为 70~50mm，细度在 3.33 dtex 以上，形态结构和性能与天然毛相似的化学纤维，或由长丝经变形加工制成的毛纱。

04.0808 棉型纤维 cotton type fiber
长度约为 30~40mm，细度在 1.67 dtex 左右，形态结构和性能与棉纤维相似的化学纤维。

04.0809 中长纤维 mid fiber
长度约为 51~65mm，细度在 2.78~3.33 dtex，介于棉型纤维和毛型纤维之间的化学纤维。用于加工装饰用布。

04.0810 超细纤维 superfine fiber, ultrafine fiber
单丝细度小于 0.44 dtex 的化学纤维。

04.0811 原纤维 fibril
构成纤维的纤维状微细组织。根据尺寸大小可分为大原纤维(直径约 200nm)、微原纤维(直径约为 6~8nm，长 10~50nm)和原生原纤(直径约 2nm)。

04.0812 膜裂纤维 split fiber, split-film fiber
又称"裂膜纤维"。高聚物薄膜经纵向拉伸、撕裂、原纤化制成的化学纤维。

04.0813 切膜纤维 slit fiber, slit-film fiber
又称"扁丝"。高聚物薄膜经纵向切割，拉伸制成的化学纤维。

04.0814 外科手术缝合线 surgical suture
用于人体或动物外科手术中缝合伤口的专用线。分机体可吸收和不可吸收两类。

04.0815 纤条体 fibrid
又称"沉析纤维"。具有纤维状结构的合成聚合物。

04.0816 帘子线 tyre cord
用做帘子布经纱的强力股线。

04.04.05 纤 维 性 能

04.0817 纤度 fineness
表示单丝，复丝或纱的线密度的量度。单位有支数和特克斯(tex)或分特克斯(dtex)。支数为每克质量纤维或纱线所具有以米表示的长度数。特克斯为每千米纤维或纱线所具有的质量克数。1tex=10dtex。

04.0818 纤维湿[态]强度 fiber wet strength
纤维在湿态测得的拉伸断裂强度。

04.0819 钩接强度 loop tenacity
又称"互扣强度"。将两根纤维或纱线相互勾结套成环状，拉伸至钩接处断裂时测得的强度。

04.0820 结节强度 knot tenacity
又称"打结强度"。将纤维或纱线打成结，拉伸至结节处断裂时测得的强度。单位为CN/dtex。规定 Z 捻纤维打"O"结，S 捻纤维打"U"结，使打结方向与捻向相互交叉。

04.0821 卷曲数 number of crimp
处于卷曲状态下的纤维单位长度(一般为25mm)中弯曲波数量。从一个弯曲波峰到相邻一个弯曲波峰为一个卷曲。

04.0822 卷曲度 degree of crimp, crimp index
又称"卷曲率"。表示纤维卷曲程度的指标。为卷曲纤维伸直长度与卷曲状态长度的差对伸直长度的百分比。

04.0823 三维卷曲 three-dimensional crimp, helical crimp
又称"立体螺旋形卷曲"。一种在直角坐标系中 X、Y、Z 三个方向上均有卷曲的卷曲形式。

04.0824 捻度 twist
复丝或纱线在退捻前的规定长度内的捻回数，一般以每米捻回数或每厘米的捻回数表示。按加捻方向分为 Z 捻和 S 捻。

04.0825 沸水收缩 shrinkage in boiling water
为纤维放入沸水后长度减少值对原长度的
百分比。是纤维耐热水性的表征之一。

04.0826 可纺性 spin-ability
在化学纤维纺丝成形中，聚合物流体挤出喷
丝孔后，受到单轴拉伸时可能承受的最大不
可逆变形能力。以形变量来度量；或在纺织
纤维加工中，由纤维制成纱线时的难易程

度。

04.0827 成纤性 fiber forming property
聚合物能良好地制成纤维所必须具备的性
能。如可纺性、可定型性、耐热性等。

04.0828 拉伸倍数 draw ratio，draft ratio
又称"拉伸比"。纤维经拉伸后的长度与拉
伸前长度的比值。

04.05 胶黏剂与涂料

04.05.01 胶 黏 剂

04.0829 胶黏剂 adhesive
又称"黏接剂"。能通过表面黏附作用使固
体材料连接在一起的物质。

04.0830 被粘物 adherend
被胶黏剂连接的固体材料。

04.0831 黏接 bonding
又称"胶接"。用胶黏剂将被粘物连接在一
起的过程。

04.0832 结构胶黏剂 structural adhesive
适用于黏接承力结构件的胶黏剂。这类胶黏
剂能承受设计要求的载荷并具有所要求的
使用寿命。

04.0833 非结构胶黏剂 non-structure adhesive
用于黏接非承力结构的胶黏剂。

04.0834 密封胶黏剂 sealant
又称"密封胶"。用于填充空隙、防止流体
透过的一类胶黏剂。

04.0835 热熔胶黏剂 hot-melt adhesive
又称"热熔胶"。在熔融状态下进行施胶，
通过熔体冷却实现固化的一类胶黏剂。

04.0836 压敏胶黏剂 pressure sensitive adhesive，PSA
又称"压敏胶"。俗称"不干胶"。在干态下
具有黏性，通过少许加压即能牢固地黏合固
体表面的一类胶黏剂。

04.0837 压敏胶带 pressure sensitive adhesive tape，PSA tape
将压敏胶黏剂涂布于带状载体得到的制品。

04.0838 接触型胶黏剂 contact adhesive
涂于被粘物表面，经晾干后叠合在一起即可
形成粘接的一类胶黏剂。

04.0839 厌氧胶黏剂 anaerobic adhesive
在氧气存在下可储存，隔绝氧气时能自行固
化的一类胶黏剂。

04.0840 光敏胶黏剂 photosensitive adhesive
在光能激励下引发固化的一类胶黏剂。

04.0841 水基胶黏剂 water borne adhesive
以水为溶剂或分散介质的一类胶黏剂。

04.0842 乳液胶黏剂 latex adhesive
在高分子乳液基础上配制成的一类胶黏剂。

04.0843 溶剂型胶黏剂 solvent adhesive
在高分子溶液的基础上配制成的一类胶黏剂。

04.0844 反应型胶黏剂 reactive adhesive
通过化学反应实现固化的一类胶黏剂。

04.0845 膜状胶黏剂 film adhesive
以薄膜形式使用的胶黏剂的总称。它们可带载体或不带载体，通过加热、加压进行固化。

04.0846 无衬胶膜 unsupported adhesive film
不带载体的膜状胶黏剂。

04.0847 糊状胶黏剂 paste adhesive
具有显著的屈服应力，呈浆糊状的一类胶黏剂。

04.0848 塑溶胶 plastisol
高分子微粒分散在增塑剂中，通过加热使增塑剂被高分子颗粒吸收实现固化的糊状材料。

04.0849 底胶 primer
为了改善黏接性能，在施加胶黏剂前涂于被粘物表面的物质。

04.0850 导电胶 electrically conductive adhesive
具有导电性能的一类胶黏剂。

04.0851 单向导电胶 anisotropic conductive adhesive
在加压方向具有导电性，而在垂直于压力方向不导电的一类胶黏剂。

04.0852 接缝密封胶 gap-filling adhesive
用于填充结构件接缝具有密封作用的一类胶黏剂。通常要求这类胶黏剂固化收缩率低而延伸率高。

04.0853 折边胶 hemming adhesive
在汽车制造中用于折边连接的一类胶黏剂。它能提高结构强度又能起密封作用。

04.0854 氰基丙烯酸酯胶黏剂 cyanoacrylate adhesive
以 2-氰基丙烯酸酯为主要成分的一类瞬干胶黏剂。

04.0855 环氧胶黏剂 epoxy adhesive
以环氧树脂为主要成分的一类胶黏剂。

04.0856 酚醛胶黏剂 phenolic adhesive
以酚醛树脂为主要成分的一类胶黏剂。

04.0857 脲甲醛胶黏剂 urea-formaldehyde adhesive
以脲醛树脂为主要成分的一类胶黏剂。

04.0858 聚氨酯胶黏剂 polyurethane adhesive
以聚氨酯为主要成分的一类胶黏剂。

04.0859 聚酰亚胺胶黏剂 polyimide adhesive
以聚酰亚胺为主要成分的一类胶黏剂。

04.0860 酚醛-丁腈胶黏剂 nitrile-phenolic adhesive
以酚醛树脂与丁腈橡胶为主要成分的一类胶黏剂。

04.0861 酚醛-缩醛胶黏剂 vinyl-phenolic adhesive
以酚醛树脂与聚乙烯醇缩醛为主要成分的一类胶黏剂。

04.0862 环氧-丁腈胶黏剂 nitrile-epoxy adhesive
以环氧树脂与丁腈橡胶为主要成分的一类

胶黏剂。

04.0863 氯丁胶黏剂 neoprene adhesive
以氯丁橡胶为主要成分的一类胶黏剂。

04.0864 天然橡胶胶黏剂 natural rubber adhesive
以天然橡胶为主要成分的一类胶黏剂。

04.0865 EVA 胶黏剂 ethylene vinylacetate copolymer adhesive
以乙烯-醋酸乙烯酯共聚物为主要成分的一类胶黏剂。

04.0866 聚乙烯醇缩丁醛胶膜 polyvinylbutyral adhesive film
以聚乙烯醇缩丁醛为主要成分的一类膜状胶黏剂。

04.0867 聚硫密封胶 polysulfide sealant
以液体聚硫橡胶为主要成分的一类密封胶黏剂。

04.0868 聚氨酯密封胶 polyurethane sealant
在聚氨酯预聚物的基础上配制成的一类密封胶黏剂。

04.0869 有机硅密封胶 silicone sealant
又称"硅酮密封胶"。以室温硫化硅橡胶为主要成分的一类密封胶黏剂。

04.0870 MS 密封胶 MS sealant
以三烷氧基硅基封端聚醚为主要成分的密封胶黏剂。

04.0871 SPUR 密封胶 SPUR sealant
以三烷氧基硅基封端聚氨酯预聚物为主要成分的密封胶黏剂。

04.0872 动物胶 animal glue
以动物的皮、毛、骨、腱、血为原料制成的

胶黏剂的总称。

04.0873 酪素胶黏剂 casein glue
以乳酪蛋白为主要成分的一类胶黏剂。

04.0874 植物胶 vegetable glue
由淀粉、植物蛋白、树胶等产品制成的胶黏剂的总称。

04.0875 淀粉胶黏剂 starch adhesive
由淀粉经糊精化等工艺过程制成的一类胶黏剂。

04.0876 黏附破坏 adhesive failure
粘接件破坏时胶黏剂与被粘物在界面处分离。

04.0877 内聚破坏 cohesive failure
粘接件破坏时在胶黏剂或被粘物内部发生断裂，而胶黏剂仍黏附在被粘物上。

04.0878 胶瘤 fillet
填充在两被粘物交角处的那部分胶黏剂。

04.0879 潜伏性固化剂 latent curing agent
在常态下惰性而经特定方法激活后能发生化学反应的固化剂。使用这类固化剂时所配制成的物料有较长的储存期。

04.0880 适用期 pot life
胶黏剂配制后保持可使用性能的时间。

04.0881 晾置时间 open assemble time
在黏接过程中，表面涂胶后至叠合前暴露于空气中的时间。

04.0882 胶接体系 adhesive bonding system
制造耐久胶接结构所需的一系列技术综合形成的体系。包括表面处理、底胶、胶黏剂的选择和使用、胶缝密封等。

04.0883 胶接接头 adhesive joint

用胶黏剂把两个被粘物黏接在一起形成的接头。

04.0884 搭接接头 lap joint
两个被粘物端部叠合黏接形成的胶接接头。

04.0885 对接接头 butt joint
两个被粘物端面黏接形成的胶接接头。

04.0886 接触黏性 tack
胶黏剂在轻微压力下经短暂接触后对表面发生黏附的能力。

04.0887 增黏剂 tackifier
用于提高胶黏剂接触黏性的一类添加剂。

04.0888 初始强度 green strength
胶黏剂在固化以前把两个被粘物表面结合在一起的能力。

04.0889 拉伸剪切强度 lap shear strength
搭接接头在拉伸载荷作用下破坏时单位胶接面所承受的应力。

04.0890 楔子试验 wedge test
按照规定几何尺寸制造胶接件,在胶缝中插入楔子,测定在规定的环境中裂缝扩展的速度。

04.0891 湿热老化试验 hot-humid aging test
测定胶接试件在规定的温度和湿度环境中放置后强度变化的试验。

04.05.02 涂 料

04.0892 涂料 coating
俗称"漆"。涂于物体表面,能形成具有保护、装饰或特殊性能的固态涂层的液体或固体材料的总称。

04.0893 涂装 coating
使涂料在工件表面形成漆膜的工艺过程。

04.0894 浸涂 dipping coating
将工件放入漆槽中浸渍,取出后让表面多余的漆液自然滴落的施工方法。

04.0895 成膜物 binder
又称"基料"。涂料中能形成漆膜并黏接颜料的组分。

04.0896 色漆 paint
含有颜料,能形成有色不透明漆膜的一类涂料。

04.0897 漆料 vehicle
色漆中的液相部分。

04.0898 清漆 varnish
不含着色物质的一类涂料。

04.0899 无溶剂漆 solvent-free paint
不含溶剂的涂料。

04.0900 调合漆 ready-mixed paint
不需调配即能使用的色漆。

04.0901 涂漆 coating paint
采用浸涂法进行涂装的涂料。

04.0902 电泳漆 electrodeposition coating
采用电沉积法进行涂装的涂料。

04.0903 乳胶漆 latex paint
以高分子乳液为成膜物的一类涂料。

04.0904 烘漆 baking enamel

在常温下不能干燥，只有在一定温度下烘烤时成膜物发生交联反应而固化的涂料。

04.0905 瓷漆 enamel
施涂后所形成的漆膜坚硬、平整光滑，外观类似于搪瓷的色漆。

04.0906 大漆 Chinese lacquer
从漆树分泌物得到的清漆树脂。其主要成分为漆酚、漆酶、树脂质和水。

04.0907 干性油 drying oil
具有高不饱和度和共轭结构脂肪酸的甘油三酯。在空气中能较快交联，如桐油、亚麻油等。

04.0908 油度 oil content，oil length
(1)油基漆中油与树脂的质量比。(2)油改性醇酸树脂中油脂的质量百分含量。

04.0909 长油醇酸树脂 long oil alkyd resin
油含量在 60% 以上的油改性醇酸树脂。

04.0910 短油醇酸树脂 short oil alkyd resin
油含量在 40% 以下的油改性醇酸树脂。

04.0911 醇酸涂料 alkyd coating
以醇酸树脂为成膜物的一类涂料。

04.0912 丙烯酸涂料 acrylic coating
以丙烯酸酯树脂为成膜物的一类涂料。

04.0913 丙烯酸氨基烘漆 acrylic amino baking coating
以丙烯酸酯树脂及氨基树脂为成膜物的一类烘漆。

04.0914 环氧涂料 epoxy coating
以环氧树脂为成膜物的一类涂料。

04.0915 酚醛涂料 phenolic coating
以酚醛树脂为成膜物的一类涂料。

04.0916 聚酯涂料 polyester coating
以不饱和聚酯为成膜物的一类涂料。

04.0917 聚氨酯涂料 polyurethane coating
以聚氨酯为成膜物的一类涂料。

04.0918 沥青涂料 asphalt coating
以沥青为成膜物的一类涂料。

04.0919 主色 mass-tone
又称"本色"。颜料和漆料的混合物在完全遮盖基材时用反射光观测所呈的颜色。

04.0920 底色 undertone
应用于基材上的一薄层颜料和漆料混合物所呈的颜色。

04.0921 原色 primary color
(1)涂料中指颜料的红、黄、蓝色。(2)光学中因不同波长所引起色调感觉可以用红、绿、蓝按不同比例调配而得到的三种波长的颜色。

04.0922 色差 color difference
定量表示色知觉差异的物理量。

04.0923 互补色 complementary color
凡两种颜色相结合产生白色或灰色，则称其中一种颜色为另一种颜色的互补色。

04.0924 着色力 tinting strength
在规定的条件下有色颜料给白色颜料着色的能力。

04.0925 遮盖力 covering power
颜料在漆膜中遮盖基材表面颜色的能力。

04.0926 颜料吸油量 oil absorption volume
在规定的试验条件下，使一定质量的颜料形

成均匀团块所需精制亚麻仁油的最少质量。

04.0927 颜料体积浓度 pigment volume concentration，PVC
颜料在色漆的干漆膜中所占的体积分数。

04.0928 颜基比 pigment binder ratio
在色漆中颜料与基料的体积（或质量）之比值。

04.0929 研磨 grinding
通过机械作用使颜料分散在介质中的工艺过程。

04.0930 底漆 primer
多层涂装时直接涂于基材上的涂料。

04.0931 富锌底漆 zinc-rich primer
含有大量锌粉的底漆。

04.0932 面漆 top coating
多层涂装时涂于最上层的色漆或清漆。

04.0933 腻子 patty
用于消除基材表面缺陷的厚浆状涂料。

04.0934 紫外光固化涂料 ultraviolet curing coating
成膜物通过紫外线照射进行固化的涂料。

04.0935 电子束固化涂料 electron beam curing coating
成膜物通过电子束照射进行固化的涂料。

04.0936 水性涂料 water borne coating
完全或主要以水为介质的涂料。

04.0937 高固体分涂料 high solid with content coating
溶剂含量比传统涂料低得多的溶剂型涂料。一般指固体组分质量百分含量为 60%~80%

的溶剂型涂料。

04.0938 防污涂料 antifouling coating
能防止海洋生物附着的涂料。

04.0939 隐形涂料 stealthy coating
能通过涂装降低物体可被识别特征的涂料。

04.0940 防火涂料 fire retardant coating
本身不燃而且涂装后能提高基材耐火能力的涂料。

04.0941 防腐蚀涂料 anticorrosion coating
又称"防锈涂料"。用于防止介质对金属基材侵蚀的涂料。一般应包括从底漆到面漆的整个涂料系统。

04.0942 防水涂料 water proof coating
用于防止水侵入和渗漏的涂料。

04.0943 外墙涂料 exterior coating
用于装饰建筑物外墙的涂料的总称。

04.0944 内墙涂料 interior coating
用于建筑物室内装修的涂料的总称。

04.0945 有光漆 gloss paint
一般指涂层光泽度在 80%以上的涂料。

04.0946 哑光漆 lusterless paint
一般指涂层光泽度小于 5%的涂料。

04.0947 半光漆 semi-gloss paint
涂层光泽度在 30%~70%的涂料。

04.0948 涂布率 spreading rate
单位体积（或质量）涂料所覆盖基材的面积。

04.0949 VOC 含量 volatile organic compound content
挥发性有机化合物的含量，其值为涂料中总

挥发物含量扣除水分含量。

干燥不发黏的漆膜随后又呈发黏的现象。

04.0950　最低成膜温度　minimum filming temperature，MFT
高分子乳液干燥后能形成连续膜的最低温度。

04.0953　龟裂　cracking
表面形成微细裂纹的现象。

04.0954　黄变　yellowing
漆膜在老化过程中变黄的现象。

04.0951　流平性　leveling
涂料在施涂后湿漆膜流动而消除涂痕，干燥后形成均匀漆膜的性能。

04.0955　光泽度　gloss
来自试样表面的正面反射光量与在相同条件下来自标准板表面的正面反射光量之百分比。

04.0952　回黏　after tack

04.06　有机硅材料及其他元素有机高分子材料

04.0956　有机硅化合物　organosilicon compound
含有硅－碳键的硅化合物的总称。

合的硅烷，结构式为
$$Cl-\underset{\underset{Cl}{|}}{\overset{\overset{Cl}{|}}{Si}}-CH_3。$$

04.0957　硅烷　silane
分子通式为 Si_nH_{2n+2} 的一类化合物。n 为 1 时称为"甲硅烷(monosilane)"，其衍生物命名时往往将"甲"字略去。甲硅烷是制备高纯度多晶硅的主要原料。

04.0962　二甲基二氯硅烷　dimethyldichlorosilane
分子中硅原子与二个甲基及二个氯原子键合的硅烷，结构式为
$$Cl-\underset{\underset{CH_3}{|}}{\overset{\overset{Cl}{|}}{Si}}-CH_3。$$

04.0958　聚硅烷　polysilane
以硅－硅键为主链的一类聚合物。

04.0959　二硅烯　silylene
分子结构中具有硅－硅双键的一类化合物。

04.0963　三甲基氯硅烷　trimethyl chlorosilane
分子中硅原子与三个甲基及一个氯原子键合的硅烷，结构式为
$$Cl-\underset{\underset{CH_3}{|}}{\overset{\overset{CH_3}{|}}{Si}}-CH_3。$$

04.0960　三氯硅烷　trichlorosilane
又称"硅氯仿"。分子中硅原子与三个氯原子及一个氢原子键合的硅烷，结构式为
$$Cl-\underset{\underset{Cl}{|}}{\overset{\overset{Cl}{|}}{Si}}H$$

04.0964　甲基氢二氯硅烷　methyl hydrogendichlorosilane
分子中硅原子与一个甲基、一个氢原子及二个氯原子键合的硅烷，结构式为
$$Cl-\underset{\underset{Cl}{|}}{\overset{\overset{CH_3}{|}}{Si}}-H。$$

04.0961　甲基三氯硅烷　methyl trichlorosilane
分子中硅原子与一个甲基及三个氯原子键

04.0965　苯基三氯硅烷　phenyl trichlorosilane

分子中硅原子与一个苯基及三个氯原子键合的硅烷，结构式为

$$Cl-\underset{\underset{Cl}{|}}{Si}-Cl$$

。

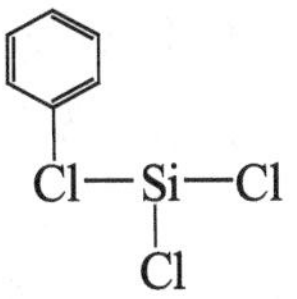

04.0966　二苯基二氯硅烷　diphenyldichlorosilane

分子中硅原子与二个苯基及二个氯原子键合的硅烷，结构式为

$$\underset{\underset{Cl}{|}}{Si}-Cl$$

。

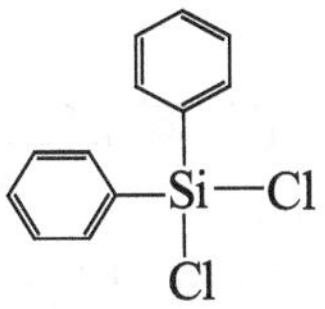

04.0967　有机氯硅烷直接法合成　direct synthesis of chlorosilane

通过氯代烃与硅在催化剂的作用下直接高温反应得到有机氯硅烷的合成方法。

04.0968　二甲基二乙氧基硅烷　dimethyldiethoxysilane

分子中硅原子与二个甲基及二个乙氧基键合的硅烷，结构式为 $C_2H_5O-\underset{\underset{CH_3}{|}}{\overset{\overset{OC_2H_5}{|}}{Si}}-CH_3$ 。

04.0969　四乙氧基硅烷　tetraethoxysilane

又称"正硅酸乙酯"。分子中硅原子与四个乙氧基键合的硅烷，结构式为 $C_2H_5O-\underset{\underset{OC_2H_5}{|}}{\overset{\overset{OC_2H_5}{|}}{Si}}-OC_2H_5$。

04.0970　二硅氧烷　disiloxane

具有一个硅－氧－硅基的有机硅化合物。

04.0971　聚硅氧烷　polysiloxane，silicone

俗称"硅酮"。具有硅原子与氧原子交替键合主链的一类聚合物。

04.0972　聚二甲基硅氧烷　polydimethylsiloxane

分子链重复单元为 $\begin{bmatrix} & \overset{CH_3}{|} & \\ O- & Si & \\ & \underset{CH_3}{|} & \end{bmatrix}$ 的一类聚硅氧烷。

04.0973　单官能硅氧烷单元　monofunctional siloxane unit

俗称"M单元"。硅原子上带有三个有机基团并与一个氧原子键合的硅氧烷结构单元。

04.0974　双官能硅氧烷单元　difunctional siloxane unit

俗称"D单元"。硅原子上带有二个有机基团并与二个氧原子键合的硅氧烷结构单元。

04.0975　三官能硅氧烷单元　trifunctional siloxane unit

俗称"T单元"。硅原子上带有一个有机基团并与三个氧原子键合的硅氧烷结构单元。

04.0976　四官能硅氧烷单元　quadrifunctional siloxane unit

俗称"Q单元"。硅原子与四个氧原子键合的硅氧烷结构单元。

04.0977　环聚硅氧烷　cyclopolysiloxane

具有由硅原子与氧原子交替键合形成环状结构的聚硅氧烷。

04.0978　八甲基环四硅氧烷　octamethylcyclotetrasiloxane

俗称"D4"。四个硅原子与四个氧原子交替键合且每个硅原子上带有二个甲基的环聚硅氧烷。

04.0979　六甲基环三硅氧烷　hexamethylcyclotrisiloxane

俗称"D3"。三个硅原子与三个氧原子交替键合且每个硅原子上带有二个甲基的环聚硅氧烷。

04.0980 聚倍半硅氧烷 polysilsesquioxane
分子中氧原子数为硅原子数的 1.5 倍的一类聚硅氧烷。

04.0981 笼状聚倍半硅氧烷 polyhedral oligomeric silsesquioxane，POSS
一类带有官能团的具有笼状结构的倍半硅氧烷低聚物。

04.0982 硅烷偶联剂 silane coupling agent
能提高树脂与固体表面之间的黏合强度与耐久性的一类硅烷。通常是硅原子上连接带官能团的有机基，同时又与可水解基团相键合的一类硅烷。

04.0983 硅醇 silanol
硅原子与羟基相键合的有机硅化合物的总称。

04.0984 硅氢加成反应 hydrosilylation
硅氢键加成到不饱和基的反应。

04.0985 硅烷水解缩合反应 hydrolytic condensation of silane
与硅原子相键合的可水解基团水解成为硅醇，并进一步缩合生成硅氧烷的一系列反应。

04.0986 环聚硅氧烷的平衡化聚合 equilibrium polymerization of cyclopolysiloxane
环聚硅氧烷单体在催化剂的作用下聚合，得到的聚合物可发生降解和分子链重整，最后使聚硅氧烷的分子种类及分子量分布达到平衡状态的一类聚合反应。

04.0987 环聚硅氧烷的非平衡化聚合

non-equilibrium polymerization of cyclopolysiloxane
环聚硅氧烷单体在催化剂的作用下聚合，选择适当的催化剂及聚合条件避免聚合物降解和分子链重整发生的聚合反应。

04.0988 硅油 silicone oil
由聚硅氧烷组成的液体制品。

04.0989 二甲基硅油 dimethyl silicone oil
由聚二甲基硅氧烷组成的一类硅油。

04.0990 甲基苯基硅油 methyl phenyl silicone oil
部分甲基被苯基取代的二甲基硅油。

04.0991 羟基硅油 hydroxyl silicone oil
分子末端具有硅醇基的硅油。

04.0992 乙烯基硅油 vinyl silicone oil
部分硅原子上带有乙烯基的低分子量聚硅氧烷。

04.0993 甲基含氢硅油 methyl hydrogen silicone oil

含有部分甲基氢硅氧结构单元 $\left(O-Si\right)$ 的
二甲基硅油。

04.0994 氨基改性硅油 amino-modified silicone oil
部分硅原子上带有含氨基的有机基团的硅油。

04.0995 聚醚改性硅油 polyether-modified silicone oil
部分硅原子上带有含聚醚链节的有机基团的硅油。

04.0996 氯苯基硅油 chlorophenyl silicone oil
部分硅原子上带有氯代苯基的二甲基硅油

或甲基苯基硅油。

04.0997 有机硅乳液 silicone emulsion
聚硅氧烷在水中的乳状分散液。

04.0998 甲基硅橡胶 methyl silicone rubber
由聚二甲基硅氧烷硫化得到的橡胶。

04.0999 加成型硅橡胶 addition type silicone rubber
通过硅氢加成反应进行硫化的一类硅橡胶。

04.1000 缩合型硅橡胶 condensation type silicone rubber
通过端基缩合反应进行硫化的一类硅橡胶。

04.1001 高温硫化硅橡胶 high temperature vulcanized silicone rubber，HTV silicone rubber
通过高温下加热进行硫化的一类硅橡胶。

04.1002 甲基乙烯基硅橡胶 methyl vinyl silicone rubber
含有部分甲基乙烯基硅氧结构单元为

$$+O-Si+\underset{CH=CH_2}{\overset{CH_3}{|}}$$

的甲基硅橡胶。通过乙烯基交联进行硫化。

04.1003 氟硅橡胶 fluoro-silicone rubber
由聚γ-三氟丙基甲基硅氧烷硫化得到的一类弹性体。

04.1004 注射成型硅橡胶 injection silicone rubber
适合于注射成型的硅橡胶。通常通过硅氢加成反应进行硫化。

04.1005 硅树脂 silicone resin
由硅氧结构单元构成的一类受热可固化并形成三维网状结构的树脂。

04.1006 MQ 硅树脂 MQ silicone resin
俗称"MQ 树脂"。由单官能硅氧烷结构单元及四官能硅氧烷结构单元构成的硅树脂。

04.1007 硅漆 silicone coating
以硅树脂为成膜物的一类涂料。

04.1008 硅脂 silicone grease
由硅油和填料混合组成的脂状物。

04.1009 导热硅脂 heat-conducting silicone grease
由硅油和导热填料混合组成的具有高导热系数的硅脂。

04.1010 有机硅脱模剂 silicone releasing agent
以聚硅氧烷为主要成分的脱模剂。

04.1011 硅凝胶 silicone gel
低度交联聚硅氧烷组成的一类低模量凝胶材料。

04.1012 硅溶胶 silica sol
微细二氧化硅颗粒在水中形成的稳定分散体系。

04.1013 硅胶 silica gel
具有很大比表面积的多孔性固体二氧化硅材料。

04.1014 拒水剂 water repellent agent
能使织物具有拒水整理作用的整理剂。

04.1015 硅氮烷 silazane
分子中含有硅－氮键的有机硅化合物。

04.1016 聚硅氮烷 polysilazane
具有硅原子与氮原子交替键合分子链的一类聚合物。

04.1017 聚硅碳烷 polycarbosilane

具有硅原子与碳原子交替键合形成的分子链的一类聚合物。

04.1018 聚(碳硼烷硅氧烷) polycarborane-siloxane

又称"聚(卡硼烷硅氧烷)"。主链结构单元中含有笼状碳十硼烷的聚硅氧烷。

04.07 功能高分子材料

04.1019 功能高分子材料 functional polymer materials

具有光、电、磁、生物活性、吸水性等特殊功能的聚合物材料。

04.1020 高分子分离膜 polymeric separate membrane

由高分子材料制成的具有分离功能的膜材料。通常是利用选择性渗透，压力差，浓度差或电位差、孔隙大小等的作用实现流体或气体混合物的分离。

04.1021 高分子半透膜 polymeric semiper-meable membrane

由高分子材料组成的半透膜。通过选择性地透过溶液或气体混合物的某种组分而实现分离。有超滤膜、透析膜、反渗透膜等。

04.1022 高分子气体分离膜 polymeric gas separation membrane

用于分离混合气体的高分子膜。通常分为多孔膜和非多孔膜，主要参数为透渗系数和分离系数。

04.1023 高分子反渗透膜 polymeric reverse osmosis membrane

由高分子材料制成的具有只允许溶剂分子透过，而不允许溶质通过的半透膜。即在浓溶液一侧施加足够压力，将浓溶液中的溶剂分子通过半透膜逆向扩散到稀溶液中。

04.1024 高分子超滤膜 polymeric ultrafiltra-tion membrane

由高分子材料制成的具有"筛分"分离功能的多孔膜。分离范围一般为 2~20nm。要求膜孔密度大，孔径分布窄。根据膜结构可分为对称膜和非对称膜。

04.1025 电渗析膜 electrodialysis membrane

又称"离子选择性透过膜"、"离子交换膜"。由阳离子交换材料或阴离子交换材料构成的分离膜。根据所用离子交换基团可分为阳离子交换膜和阴离子交换膜。

04.1026 高分子透析膜 polymeric dialysis membrane

以浓度差为推动力的高分子分离膜。一般为孔径在 $1\mu m$ 以下，不带电荷的高分子多孔均质膜。

04.1027 全氟离子交换膜 perfluorinated ionomer membrane

由全氟磺酸和全氟羧酸离子交换树脂制备的离子交换膜。由致密膜和支撑膜构成，具有优良的离子导电性和离子选择透过性。

04.1028 透析蒸发膜 pervaporation mem-brane

又称"渗透气压膜"。利用膜两侧的分压差来实现气体分离的膜。通常是由复合物制成的均质多层复合膜。

04.1029 高分子镶嵌膜 polymeric piezodia-lysis membrane

由阳离子聚电解质和阴离子聚电解质相互交错，或由共混物有规交错形成具有镶嵌图案型态的膜。

04.1030 高分子微滤膜 polymeric microfiltration membrane
又称"高分子微孔膜"。由高分子材料制成的均匀多孔膜。平均孔径一般在 50Å 到几百纳米之间。

04.1031 控制释放膜 controlled released membrane
具有通过化学反应、扩散、外加磁场等作用达到某种组分控制释放的聚合物膜。释放速度主要受膜材料性质、结构、孔径和孔密度等影响。

04.1032 高分子致密膜 polymeric dense membrane
由聚合物组成的孔径约在 5~10Å，孔隙率通常小于 10%，厚度约为 0.1~1.25μm 的膜。

04.1033 高分子各向同性膜 symmetric membrane
又称"高分子对称膜"。化学和物理结构及孔隙率在各个方向一致的膜。

04.1034 高分子微孔烧结膜 polymeric microporous sintered membrane
聚合物膜材料加热至熔点以上形成的膜。具有表面光滑、透气性好、运行阻力低、过滤精度高、能水洗及反复使用的优点。

04.1035 高分子支撑膜 polymeric support membrane
在高分子分离膜中起支撑作用的一种高分子多孔膜。

04.1036 膜蒸馏 membrane distillation
利用高分子膜的微孔性、疏水性和低热导性来达到纯化水或浓缩溶液的一种有类似蒸馏作用的膜分离技术。

04.1037 膜反应器 membrane reactor
将催化剂固定在分离膜内部或表面，既用做分离，又可做反应器用的一种功能膜。

04.1038 聚电解质 polyelectrolyte
结构单元中含有可解离的离子基团的聚合物。具有离子传导性，可分为聚阳离子、聚阴离子和两性聚电解质。

04.1039 表面等离子体聚合 surface plasma polymerization
在物体表面利用等离子发生器所产生的等离子进行的聚合。主要应用于对物体的表面改性。

04.1040 导电高分子 conductive polymer
主链具有共轭π电子体系，可通过掺杂达到导电态，电导率达 10^3 S/cm 以上的高分子材料。

04.1041 聚乙炔 polyacetylene
具有单、双碳键交替重复单元(CH=CH)的共轭高分子。掺杂后导电率可达 10^3 S/cm 以上。

04.1042 聚吡咯 polypyrrole
主链以吡咯环为结构单元的高分子。掺杂后具有导电性，其导电率一般为 10^0~10^2 S/cm。可通过吡咯单体的电化学氧化聚合或化学氧化聚合制备。

04.1043 聚苯胺 polyanilene
由苯胺单体聚合而成的高分子。主链有三种结构形式：氧化掺杂态、全氧化态和中性态。氧化掺杂态为导电态，其导电率一般为 10^{-1}~10^1 S/cm。

04.1044 聚噻吩 polythiophene
主链以噻吩环为结构单元的高分子。掺杂后具有导电性，电导率可达 10^2 S/cm。可通过催化聚合、化学氧化聚合或电化学氧化聚合制备。

04.1045 导电高分子吸波材料 conductive polymer radar absorbing materials

具有吸收电磁波功能的导电高分子材料。可通过对导电高分子结构修饰或掺杂得到。

04.1046 有机导体 organic conductor

具有导电性的有机化合物。通常为电荷转移复合物。

04.1047 有机电荷转移络合物 organic charge transfercomplex

电子给体和电子受体通过电荷转移相互作用形成的复合物。

04.1048 有机超导体 organic superconductor

在一定压力和温度条件下，能呈现零电阻的有机化合物。

04.1049 有机半导体 organic semiconductor

具有热激活电导，且电导率在 $10^{-10} \sim 10^{0}$ S/cm 范围的有机化合物。

04.1050 高分子驻极体 polymer electret

偶极取向可在冷却后被固定，能长期保持极化状态的聚合物电介质材料。

04.1051 压电高分子 piezoelectric polymer

能实现机械效应（压力）和电效应（电压）相互转换的高分子材料。如聚偏氟乙烯。这种材料能将机械能转变成电能或将电能转变成机械能。

04.1052 热[释]电高分子 pyroelectric polymer

具有随温度改变其电极化性质发生变化，或反之随外加电场改变会产生热效应的聚合物。

04.1053 高分子绝缘材料 polymeric insulating materials

通常指体积电阻率大于 $10^{9}\Omega \cdot$ cm 的高分子材料。

04.1054 磁性高分子 magnetic polymer

具有本征铁磁性和顺磁性的聚合物材料。一般具有大的共轭、非定域 π 电子体系，其电导率呈半导体特性。

04.1055 光弹性聚合物 photoelastic polymer

受到应力作用时能产生光学各向异性和双折射现象的聚合物。

04.1056 光降解聚合物 photodegradable polymer

在可见光或紫外光作用下能较快发生分子链断裂而降解的聚合物。

04.1057 光交联聚合物 photocrosslinking polymer

能够通过光化学反应使分子间发生交联，形成不溶、不熔的、具有网状结构的聚合物。

04.1058 光致高分子液晶 photo-induced liquid-crystal polymer

在光的作用下能产生液晶现象的高分子。

04.1059 高吸油性聚合物 supper oil absorption polymer

又称"亲油性凝胶"。由亲油性单体聚合而成的并具有高吸油能力的高分子。吸油量可高达聚合物本身重量的几十倍。

04.1060 化学功能性聚合物 polymer with chemical function

具有化学活性功能的高分子材料。如高分子催化剂、高分子固定化酶等。

04.1061 离子交换树脂 ion exchange resin

具有可与溶液中离子进行离子交换功能的

树脂。由网状结构的母体树脂和可进行离子交换的功能基组成，可分为阳离子、阴离子和两性离子交换树脂。

04.1062　阴离子交换树脂　anion exchange resin

带有阴离子(通常是氢氧根离子)碱性功能基，可与溶液中的阴离子进行交换的离子交换树脂。

04.1063　阳离子交换树脂　cation exchange resin

带有阳离子(通常是氢离子)酸性功能基，能与溶液中阳离子进行交换的离子交换树脂。

04.1064　螯合型离子交换树脂　chelating ion-exchange resin

又称"螯合树脂"。包含具有螯合能力的基团，通过螯合作用能对特定离子进行选择性吸附并进行离子交换的树脂。

04.1065　凝胶型离子交换树脂　gel ion exchange resin

外观透明的凝胶型珠状离子交换树脂。干态时其交联骨架无孔，湿态时发生溶胀，形成可供离子通过的微孔。

04.1066　热再生离子交换树脂　heat regenerable ion exchange resin

一种同时带有弱碱、弱酸基的两性离子交换树脂。在室温下能通过离子交换吸收氯化钠等盐类，用热水处理，使盐解析达到热再生。

04.1067　氧化还原型交换树脂　redox exchange resin

又称"电子交换树脂(electron exchange resin)"。含有氧化还原性功能基团，能与周围分子发生氧化还原反应，进行电子交换的树脂。

04.1068　大孔型交换树脂　macroporous ion exchange resin

在凝胶类树脂基础上发展起来的，珠体内具有类似于活性炭、泡沸石样物理孔结构的离子交换树脂。由于具有大孔结构，能交换吸附尺寸较大的离子和分子。

04.1069　高吸水性树脂　supper absorbent resin

能快速吸收大量水分并膨润成凝胶状的树脂。具有高吸水性和保水性，吸水能力可达自重的数百倍，甚至千倍。通常由水溶性高分子适度交联制成。

04.1070　光导热塑高分子材料　photoconductive thermal-plastic polymer materials

由光导聚合物和热塑性高分子组成，可用做全息记录介质的高分子材料。光照下其光导层产生载流子形成静电场，加热时其热塑层在电场作用下产生形变以记录信息。

04.1071　有机光致变色材料　organic photochromic materials

又称"有机光色存储材料"。在适当波长光的照射下，发生颜色变化，可实现信息记录的有机材料。

04.1072　光[电]导聚合物　photoconductive polymer

光照前为绝缘体，光照后具有导电性的聚合物。可用于静电照相及制备光敏二极管。

04.1073　光折变记录材料　photo-refractive recording materials

在光作用下可发生化学反应或物理变化并导致折射率改变，从而实现信息记录和图像记录有机记录材料。

04.1074　有机光电子材料　organic optoelectronic materials

用于光电子技术的，具有光子和电子的产生、转换和传输特性的有机材料。

04.1075 有机光伏材料 organic photovoltaic materials

通过光伏作用将太阳能或其他光能直接转换为电能的有机材料。

04.1076 有机电致发光材料 organic electroluminescence materials

在电场作用下能发出光的高分子或小分子有机材料。

04.1077 有机发光二极管 organic light emitting diode，OLED

用有机材料作为发光层制成的发光二极管。

04.1078 光盘存储材料 optical disk storage materials

具有记录、存储和读出功能的光盘材料。

04.1079 有机光导纤维 organic optical waveguide fiber

简称"有机光纤"。能使光以波导方式传输，可用于光通信等技术的有机纤维材料。

04.1080 形状记忆聚合物 shape memory polymer

在一定条件(如温度、压力等)下能发生形变并能固定形状，而在合适外界条件下，可恢复原状且这种可逆变化可重复出现的聚合物。

04.1081 温度敏感高分子 temperature-sensitive polymer

对温度变化敏感的高分子材料。如温度变化引起导电率，导热系数，折射率等性质的改变，可用于制备高分子温敏传感器。

04.1082 两亲性高分子材料 amphiphilic polymer materials

兼具亲水性和亲脂性的高分子材料。

04.1083 高分子药物 polymer medicine

具有药理活性可作为药用的高分子材料。

04.1084 生物降解高分子 biodegradable polymer

可被真菌、细菌等微生物分解或降解并最终转化为水、二氧化碳及其他对人体无害小分子的高分子材料。

04.1085 人工种皮 seed coat

人工胚乳和外种皮合在一起的统称。人工胚乳为体细胞胚(或芽)的发育提供营养，外种皮能保持人工胚乳中的水分和营养物质，以防止外来机械破坏并具一定的透气性。

04.1086 药物控释材料 materials for drug controlled delivery

能根据需要自动控制药物释放速度的生物医学材料。可制成能承载药物的骨架、膜、管或微胶囊等形态，与药物一起组成药物控制释放体系。

04.1087 药物缓释材料 materials for drug delivery

可在使用条件下使药物缓慢释放以延长药物作用时间的材料。如制成可承装药物并使其缓慢释放的高分子微胶囊。

04.1088 人工玻璃体 artificial vitreous

能用于替换眼球内玻璃体并具有维持眼球的形状及屈光功能的透明材料。通常为水凝胶。

04.1089 抗凝血高分子材料 anti-thrombogenetic polymer

能制止或延缓血液凝固的高分子材料。常用的材料有医用聚氨酯、心血管用硅橡胶、壳聚糖及类肝素材料等。

04.1090　组织相容性材料　tissue compatible materials
能和生物体组织接触无不利影响，无机体反应和排异现象的材料。

04.1091　全氟碳乳剂　perfluorocarbon emulsion
由全氟碳化合物与高分子乳化剂及渗透压调节剂制成的一种乳剂。既可携氧又无毒副作用，可用做人工血液。

04.1092　高分子隐形材料　polymeric stealth materials
能减弱各种电磁波信号，达到隐形技术所要求的高分子功能材料。

04.1093　高分子智能材料　polymeric intelligent materials
又称"高分子机敏材料"。具有感知、反馈和响应功能的一类高分子材料。

04.1094　高分子凝胶　polymeric gel
具有三维交联网络的高分子材料。网络中可固定水等溶剂，可应用于卫生、生物医学等领域，如水凝胶等。

04.1095　高分子快离子导体　polymeric fast ion conductor
具有高离子导电性的高分子材料。一般离子电导率高于 10^{-2} S/cm，活化能低于 0.5 eV。

04.1096　高分子单离子导体　polymeric single-ionic conductor
仅能迅速传导一种电荷的离子，而无反离子迁移的高分子离子导体。

04.1097　聚合物 LB 膜　polymeric Langmuir-Blodgett film，polymeric LB film
用朗缪尔－布洛杰特(Langmuir-Blodgett)成膜技术制备的聚合物分子有序薄膜。

04.1098　高分子电光材料　polymeric electro-optical materials
具有电光效应的高分子材料。其高频响应特性优于无机电光晶体，是光通信宽带(>100GHz)电光调制器的主流材料。

04.1099　有机非线性光学材料　organic nonlinear optical materials
具有光学非线性特性的有机或高分子材料。具有大的二阶非线性极化率，或在强激光作用下产生三阶非线性极化响应等非线性光学性质。

04.1100　铁电液晶高分子　ferroelectric liquid crystal polymer
具有永久偶极矩，并且在外电场作用下，偶极矩可反转的液晶显示材料。

04.1101　主链型铁电液晶高分子　ferroelectric liquid crystal polymer in main chain
主链上含铁电液晶基元的高分子液晶。

04.1102　侧链型铁电液晶高分子　ferroelectric liquid crystal polymer in side chain
侧链上含铁电液晶基元的高分子液晶。

04.1103　主侧链混合型铁电液晶高分子　mixed in main and side chain of ferroelectric liquid crystal polymer
主侧链都含有铁电液晶基元的高分子液晶。

04.1104　反铁电液晶材料　anti-ferroelectric liquid crystal materials
用于制备反铁电液晶器件的材料。响应速度快，能实现微秒量级的响应。在足够的外部电场作用下，反铁电液晶分子可由反铁电状态转变为铁电状态。

04.1105 旋光性高分子 optically active polymer
又称"光学活性高分子"。因含有手性不对称碳原子，或在固态、溶液中存在规整的螺旋结构而具有旋光性的高分子。

04.1106 高分子催化剂 polymeric catalyst
将具有催化活性的基团如过渡金属化合物或络合物等键合或附载固定在高分子上形成的催化剂。通常具有高的反应活性和选择性。

04.1107 高分子相转移催化剂 polymeric

phase transfer catalyst
具有相转移催化活性的高分子材料。

04.1108 高分子冠醚 polymer with crown ether
键合有冠醚基团的高分子材料。

04.1109 高分子金属络合物催化剂 polymeric metal complex catalyst
通过物理或化学方法将金属络合物固定在高分子载体上所形成的一种催化剂。

04.1110 塑料闪烁剂 plastic scintillater
当带电粒子通过时，吸收辐射后能发出光子产生闪烁光的塑料。

04.08 高分子材料性能及其测试方法

04.1111 端基分析法 end group analysis process
通过测定聚合物试样中分子一端或两端的官能团数目来计算聚合物分子量的方法。

04.1112 沸点升高法 ebullioscopy
通过测定聚合物稀溶液的沸点较之纯溶剂沸点的升高值来计算聚合物溶质分子量的方法。

04.1113 冰点下降法 cryoscopy
通过测定聚合物稀溶液的冰点较之纯溶剂冰点的下降值来计算聚合物溶质分子量的方法。

04.1114 蒸气压渗透法 vapor pressure osmometry
通过测定在充满溶剂饱和蒸气的恒温密闭容器内的一滴聚合物溶液和一滴纯溶剂之间的温差来计算聚合物溶质分子量的方法。

04.1115 膜渗透法 membrane osmometry

通过测定分别置于溶剂分子可穿透而溶质分子不可穿透的半透膜两侧的聚合物溶液和纯溶剂达到渗透平衡时的渗透压来计算聚合物溶质分子量的方法。

04.1116 超离心沉降速度法 ultracentrifugation sedimentation velocity method
通过测定聚合物溶液在 1000r/s 以上的超离心作用下因聚合物溶质分子沉降所引起的溶液与溶剂界面的移动速度来计算聚合物溶质分子量的方法。

04.1117 超离心沉降平衡法 ultracentrifugation sedimentation equilibrium method
通过测定聚合物溶液在约300r/s 的超离心作用下聚合物溶质分子的沉降和扩散达到平衡时溶液的浓度梯度来计算聚合物溶质分子量的方法。

04.1118 黏度法 viscosity method
用乌氏或奥氏黏度计测定聚合物的特性黏数并利用 Mark-Housink-Sakurada 方程来计

算聚合物溶质黏均分子量的方法。

04.1119 凝胶渗透色谱法 gel permeation chromatography，GPC
用填充了多孔非吸附凝胶的色谱柱分离具有不同流体力学体积的聚合物分子或粒子的技术。常用来表征聚合物的分子量和分子量分布。

04.1120 光散射法 light scattering method
通过测定平行入射光束穿过介质（如聚合物溶液）后在入射方向之外的其他方向上的散射光强度来计算介质中颗粒或聚合物分子的尺寸和聚合物分子量的方法。

04.1121 小角激光光散射法 small angle laser light scattering，low angle laser light scattering
用小角激光光散射仪研究聚合物薄层试样内凝聚态结构的方法。

04.1122 偏光显微镜法 polarization microscopy
用偏光显微镜研究聚合物薄层试样内分子凝聚态结构的方法。

04.1123 双折射度 degree of birefringence
光线沿三个互相垂直的方向中任意两个方向入射时，试样的折射率之差。

04.1124 浊点 cloud point
透明样品在规定条件下刚出现混浊的温度。

04.1125 浊点法 cloud point method
利用浊点的测定来研究溶液或溶质性质的分析方法。也是判断共混聚合物组分混溶性的方法之一。

04.1126 洗脱体积 elution volume
在体积排除色谱技术中，从进样到检测器接收样品信号时通过色谱柱的溶剂体积。

04.1127 密度法结晶度 crystallinity by density measurement
测定部分结晶聚合物的密度，并按其与该聚合物完全结晶和完全非结晶时的密度或比容的线性加和关系计算的结晶度。

04.1128 X 射线衍射法结晶度 crystallinity by X-ray diffraction
根据部分结晶聚合物的 X 射线衍射强度峰总面积中晶区部分贡献的百分数计算的结晶度。

04.1129 热焓法结晶度 crystallinity by enthalpy measurement
根据部分结晶聚合物的熔融热焓相对于该聚合物完全结晶时熔融热焓的百分数计算的结晶度。

04.1130 平衡溶胀法交联度 crosslinkage by equilibrium swelling
以交联聚合物试样在一定温度溶剂内的平衡溶胀比计算的交联点间平均分子量所表征的交联度。

04.1131 接触角 contact angle
均匀平滑固体表面上的液滴在固、液、气三相交界处固 - 液界面与气 - 液界面之间的夹角。

04.1132 悬滴法表面张力和界面张力 surface tension and interface tension by pendant drop method
根据一种液体在空气中或在另一种液态介质中的悬滴形状计算的表面张力或界面张力。

04.1133 自由衰减振动法 free decay oscillation method

通过测定试样和惯性元件构成的组合件在初始扭矩作用下发生扭转并随即除去扭矩后其扭振振幅随时间的衰减和扭振周期来表征试样刚度和阻尼的方法。

04.1134　扭摆法　torsion-pendulum method
几何形状规则的片状或棒状试样的自由衰减振动法。

04.1135　扭辫法　torsion-braid method
几何形状不够规则的纤维辫状试样的自由衰减振动法。

04.1136　强迫共振法　forced resonance method
作用频率在试样固有频率及其附近范围内的动态力学分析法。

04.1137　强迫非共振法　forced non-resonance method
作用频率远离试样固有频率的动态力学分析法。

04.1138　声速法弹性模量　elastic modulus by sonic velocity method
根据声波在材料内的传播速度和材料密度计算的弹性模量。

04.1139　动态介电分析　dynamic dielectric analysis
通过测定试样在交变电场作用下的介电系数和介质损耗随温度、频率或时间的变化来分析试样材料物理、化学变化的方法。

04.1140　热释电流法　thermal stimulated discharge current method
通过测定驻极体在升温过程中释放的电流强度随温度的变化来研究物质分子运动的方法。

04.1141　维卡软化温度　Vicat softening temperature
在按规定速率升温的液体介质内，热塑性塑料平板试样在规定负荷作用下、截面积为 $1mm^2$ 的圆柱状压针头压入 1mm 深时所对应的温度。

04.1142　热变形温度　heat distorsional temperature
在按规定速率升温的液体介质内，标准塑料试样在规定简支梁静弯曲应力作用下达到规定挠度(0.254 mm)时所对应的温度。

04.1143　熔体指数　melt index
又称"熔体流率"。规定温度下的聚合物熔体在规定压力作用下于 10min 内流过规定尺寸毛细管的熔体质量。单位为 g/10 min。

04.1144　熔体强度　melt strength
在一定温度下熔体支持自重的能力。

04.1145　切黏度　shear viscosity
又称"剪切黏度"。流体在剪切流动中的切应力与切变速率之比值。

04.1146　落球测黏法　falling ball viscometry
通过测定玻璃球或钢球在垂直或倾斜圆管内的聚合物流体中的自由均速下降速度来计算聚合物流体切黏度的方法。

04.1147　毛细管测黏法　capillary viscometry
通过测定聚合物熔体在压力作用下从毛细管中挤出的体积流率来计算聚合物熔体切黏度的方法。

04.1148　同轴圆筒测黏法　coaxial cylinder viscometry
通过测定在一个固定和另一个在力矩作用下可旋转的两个同轴圆筒间隙内的聚合物

流体的剪切速率与力矩之间的关系来计算聚合物流体切黏度的方法。

04.1149 锥板测黏法 cone and plate viscometry
通过测定在一块固定和另一块在力矩作用下可旋转的同心平板－锥板(锥角一般小于5°)间隙内的聚合物熔体的剪切速率与力矩之间的关系来计算聚合物熔体切黏度的方法。

04.1150 平行板测黏法 parallel plate viscometry
通过测定在一块固定和另一块在力矩作用下可旋转的两个同心平行板间隙内的聚合物熔体的剪切速率与力矩之间的关系来计算聚合物熔体切黏度的方法。

04.1151 等温纺丝拉伸黏度 tensile viscosity by isothermal spinning
根据等温纺丝中来自喷丝口的纤维状熔体所受的单轴拉伸应力和产生的拉伸应变速率所计算的拉伸黏度。

04.1152 薄膜熔体拉伸黏度 tensile viscosity of film melt
根据悬浮在硅油内且夹在两组上、下圆辊之间的薄膜状熔体，在相对转速不同的两辊组作用下产生的拉伸应变速率和所受到的单轴平面拉伸应力所计算的拉伸黏度。

04.1153 肖氏硬度 Shore hardness
根据规定形状的压针在标准弹簧压力作用下于规定时间内压入试样的深度转换成的硬度值。

04.1154 赵氏硬度 Zhao hardness
根据规定直径(5mm)的钢球在规定载荷作用下于规定时间内压入试样的深度，按试样单位面积承受的力表示的试样硬度。

04.1155 短期静液压强度 short-time static hydraulic pressure strength
塑料管在规定时间内破坏前管壁所能承受的最大张应力。

04.1156 爆破强度 burst strength
使压力容器产生裂缝或破裂所需的内压强或周向应力。

04.1157 简支梁冲击强度 Charpy impact strength
试样水平放置，两端支持在支点上，用摆锤冲击试样跨距中点使试样断裂所需要的能量。

04.1158 悬臂梁式冲击强度 Izod impact strength
试样垂直放置，下端被夹持，上端自由，用摆锤冲击试样自由端使试样断裂所需的能量。

04.1159 落重冲击试验 falling weight impact test
利用自由下落物体(如圆锥头锤体、球或头部呈球状的标枪)冲击试样或制件使之破裂的试验。冲击能量用下落物体的重量和下落前它与被冲击物体之间的垂直距离计算。

04.1160 落镖冲击试验 dart impact test
用头部呈球状的标枪为自由下落物体的落重冲击试验。

04.1161 撕裂强度 tearing strength
用规定方法撕裂高分子材料所需要的应力。

04.1162 圆弧撕裂强度 circular arc tearing strength
完全撕裂标准圆弧形试样所需的力与试样厚度之比。

04.1163 埃尔门多夫法撕裂强度 Elmendorf tearing strength

在规定载荷条件下使带切口试样的切口扩展到规定长度所需的力与试样厚度之比值。

04.1164 泰伯磨耗试验 Taber abrasion test

用泰伯磨耗试验机测量试样在一定转数磨耗后质量损失的试验。

04.1165 纵向尺寸回缩率 longitudinal dimension recovery ratio

在非受限条件下单轴取向聚合物试样在升温至其玻璃化转变温度以上时轴向回缩长度与试样起始轴向长度之比值。

04.1166 抗银纹性 crazing resistance

材料抵抗出现银纹的能力。

04.1167 抗溶剂银纹性 solvent craze resistance

材料在溶剂作用下抵抗出现银纹的能力。

04.1168 抗蠕变性 creep resistance

材料在一定温度和恒定应力作用下保持其起始形状的能力。

04.1169 耐环境应力开裂 environmental stress cracking resistance

材料在一定环境因素(如温度、湿度、气氛、液体介质)和应力作用下保持不开裂的能力。常指受多轴应力作用并接触介质的聚合物试样或制件抵抗表面出现脆性开裂的能力。

04.1170 臭氧老化 ozon aging

材料在臭氧作用下性能随时间的变化。

04.1171 热空气老化 air oven aging

材料在热空气作用下性能随时间的变化。

04.1172 人工气候老化 artificial weathering

aging

材料在人工模拟气候条件(阳光、雨淋、温度)下性能随时间的变化。

04.1173 自然气候老化 natural weathering aging

又称"大气老化"。材料在特定地点户外暴露中性能随时间的变化。

04.1174 动态大气老化 dynamic weathering

材料在交变气候条件作用下性能随时间的变化。

04.1175 加速大气老化 accelerated weathering

材料在比实际气候更恶劣的条件下性能随时间的变化。

04.1176 自然储存老化 natural storing aging

材料在自然储存条件下性能随时间的变化。

04.1177 光老化 light aging，photoaging

材料在光照下性能随时间的变化。

04.1178 热氧老化 thermal oxidative aging

材料在热和氧共同作用下性能随时间的变化。

04.1179 生物老化 biological aging

材料在微生物作用下性能随时间的变化。

04.1180 气候暴露试验 weather exposure test

将材料暴露在气候条件下并测定材料的性能随时间变化的试验方法。

04.1181 老化性能变化率 property variation percent during aging

材料老化后的性能与老化前的性能之差相对于老化前性能的百分数。

04.1182 塑料白度 plastic whiteness

白色或近白色的不透明粉末树脂和板状塑

料表面对规定蓝光漫反射的辐射能与同样条件下全反射漫射体反射的辐射能之比。

04.1183　雾度　haze
透明材料的透明度因光散射而下降的百分数。

04.1184　黄色指数　yellowness index，yellow index
无色透明、半透明或近白色的高分子材料偏离白色的程度。

04.1185　镜面光泽度　degree of specular gloss
试样镜面对以规定入射角入射的平行光的反射率。

04.1186　水蒸气渗透率　water vapor permeability coefficient
在一定温度和压力下水蒸气在单位时间内渗透过单位面积薄膜的质量。

04.1187　可燃性　flammability
材料在火焰中燃烧或产生可燃物并燃烧的性质。

04.1188　灼烧性　ignitability
材料在灼烧热条件下被燃烧的性质。

04.1189　骤燃温度　flash ignition temperature
流动空气中的试样能被外面小引火源点燃或放出足够量可燃气体所需的最低流动空气温度。

04.1190　点着温度　ignition temperature
流动空气中的试样能在无点火源时自燃并闪光所需的最低流动空气温度。

04.1191　氧指数　oxygen index
在规定试验条件下，恰好维持初始温度为室温的试样稳定燃烧的氧、氮混合气体的最低氧浓度。

04.1192　氧化诱导时间　oxydation induced time
材料从接触含氧气氛开始到发生氧化的时间。

04.1193　无焰燃烧　after glow
又称"余辉"。材料经引燃并离开点火源后保持的辉光固相燃烧。

04.1194　有焰燃烧　after flame
又称"余焰"。在规定试验条件下材料经引燃并离开点火源后保持的发光气相燃烧。

04.1195　水平燃烧法　horizontal burning method
以一端被夹持的规定尺寸和形状的棒状试样处于水平位置且自由端暴露在规定气体火焰上的方式测定试样线性燃烧速率的试验方法。

04.1196　垂直燃烧法　vertical burning method
以上端被夹持的规定尺寸和形状的棒状试样处于垂直位置且自由端暴露在规定气体火焰上的方式，测定试样有焰燃烧和无焰燃烧的时间及燃烧状态的试验方法。

04.1197　烟密度　smoke density
材料受辐射或燃烧时所产生的最大比光密度。比光密度（入射光密度与透射光密度之比）以规定试验箱容积、光程长度和试验面积下所测定的透光率计算。

04.1198　烟密度试验　smoke density test
根据材料燃烧时产生的烟密度来表征材料燃烧性能的试验方法。

04.1199　烟雾生成性　smoke producibility
材料在火焰中生成烟雾或烟雾细粒的能力。

04.1200 抗烧蚀性 ablation resistance, antiablation

材料在高温和火焰中保持质量不变的能力。

04.1201 抗菌性 bacterial resistance, micro-organism resistance

材料在细菌或微生物作用下保持不失效的能力。

04.1202 耐溶剂性 solvent resistance

材料抵抗溶剂使之溶胀、溶解或开裂等的能力。

04.1203 耐溶剂-应力开裂性 solvent-stress cracking resistance

材料在溶剂和应力共同作用下保持不开裂的能力。通常用出现开裂的时间或在规定时间内出现开裂的最低应力表征之。

04.1204 尺寸稳定性 dimensional stability

制品在环境条件变化时保持其外形尺寸的能力。

04.1205 后收缩率 post-shrinkage

已成形模制品在后处理、储存或使用期间的收缩率。

04.1206 自黏性 self adhesion

同一材料互相接触后因物理或化学作用而彼此黏结的性质。

04.1207 回弹性 resilience

导致物体形变的外力撤除后，物体迅速恢复其原来形状的能力。通常用应变的试样在应力除去后快速回复时的输出能与使试样应变时的输入能之比值来量度。

04.1208 冲击式弹性计 impact elastometer, impact resiliometer

测定橡胶冲击弹性的仪器。通常是指用一个

有支点的摆锤撞击橡胶试样，测定摆锤回弹幅度的摆锤式弹性计。

04.1209 疲劳温升 temperature rise by fatigue

材料在疲劳试验过程中因部分弹性能转变为热能所引起的温升。

04.1210 扯断伸长率 maximum percentage elongation

橡胶试样拉伸断裂前的最大伸长率。

04.1211 屈挠疲劳寿命 flex fatigue life

橡胶试样在循环屈挠作用下直至出现裂口或失效的屈挠次数。

04.1212 定负荷压缩疲劳温升 temperature rise caused by compression fatigue with constant load

材料在定负荷压缩疲劳试验中因部分弹性能转变为热能而引起的温升。

04.1213 回转屈挠疲劳失效 rotational flex fatigue failure

材料在回转屈挠疲劳试验中性能的下降和失效。

04.1214 回转屈挠疲劳温升 temperature rise caused by rotational flex fatigue

材料在回转屈挠疲劳试验中因部分弹性能转变为热能所引起的温升。

04.1215 有转子硫化仪 curemeter with rotator, vulcameter with rotator

将未硫化橡胶放入有转子的恒温模腔内，在转子的水平摆动剪切作用下，测定胶料硫化过程中对转子反作用力矩（表征硫化程度）连续变化的仪器。

04.1216 无转子硫化仪 curemeter without

rotator, vulcameter without rotator
将未硫化橡胶放入恒温模腔内，在下模腔的水平摆动剪切作用下，测定胶料硫化过程中对下模腔反作用力矩(表征硫化程度)连续变化的仪器。

04.1217 压缩耐温系数 coefficient of compression and recovery in low temperature

橡胶试样被压缩至一定高度并在低温下除去负载后单位压缩高度产生的永久变形值。

04.1218 威氏塑性计 Williams plasticity tester
将圆柱形试样置于上下两平行板之间，在一定温度和负荷下轴向压缩试样，经一定时间压缩和恢复后，测定试样厚度变化率的仪器。

04.09 高分子加工

04.09.01 加 工 设 备

04.1219 开炼机 open mill，mixing mill
主要由两个平行排列辊筒构成的开放式塑胶间歇混炼设备。根据用途不同又分为塑炼机、热炼机等。

04.1220 密炼机 internal mixer
由两个平行排列转子、上顶栓、下顶栓和密封装置构成的密闭式塑胶间歇混炼设备。

04.1221 捏合机 kneader
由一对相互啮合且转动的 Z 形或 S 形叶片构成的用于半干态或黏稠态材料均匀混合的机械。

04.1222 挤出机 extruder
由加料系统、挤压系统、传动机构、加热冷却系统和控制系统等主要部分组成的用于橡胶、塑料连续混合、挤出成型的装置。包括单螺杆和双螺杆挤出机等。

04.1223 模压机 compression molding ma-
chine
由上、下模板和压力及加热系统构成的塑胶压制成型设备。

04.1224 注塑机 injection molding machine
又称"注射成型机"。由塑化系统、注射系统、合模系统和传动系统等组成的塑胶注射成型装置。有立式和卧式两种。

04.1225 吹塑机 blow molding machine
通过充气使塑胶预成型物变形胀大、紧贴模具并冷却成型的设备。

04.1226 切粒机 pelletizer
将条状或片状塑胶切成颗粒状材料的设备或机器的总称。

04.1227 布拉本德塑化仪 Brabender plasti-
corder
能快速、准确测定物料混炼、挤出等工艺参数的设备。

04.09.02 加工成型工艺

04.1228 聚合物加工 polymer processing
采用适当方法使塑胶成为所需形状(粉料、粒料、液体或熔体)或制成所需制品的工艺过程。

04.1229　共混　blending
将两种或两种以上塑胶通过物理方法混合形成新材料的一种方法。

04.1230　复合　compounding
将两种或两种以上物理或化学性质不同的材料组合成新材料的一种方法。

04.1231　分布混合　distributive mixing
通过外剪切应力使材料中不同组成的原料分布均一化，但不改变原料颗粒大小的混合方法。

04.1232　捏合　kneading
通过一对旋转且互相啮合的 Z 形或 S 形叶片的剪切和搅拌作用，使半干状态或黏稠状塑胶均匀混合的过程。

04.1233　塑化过程　plasticating process
通过热能和（或）机械能使热塑性塑胶软化并赋予可塑性的过程。

04.1234　动态硫化　dynamic vulcanization, dynamic cure
在橡塑共混体系中，使分散相的橡胶组分在剪切作用下，边分散、边硫化成型的加工工艺。

04.1235　塑料焊接　plastic welding
借助压力使熔体塑料大分子相互扩散、紧密黏接在一起的塑料连接方法。

04.1236　挤出成型　extrusion
挤出机通过加热、塑化、加压使物料以流动状态连续通过口模成型的方法。

04.1237　注射成型　injection molding
通过注塑机加热、塑化、加压使液体或熔体物料间歇式充模、冷却成型的方法。

04.1238　挤出层压复合　extrusion lamination
通过挤出机将熔融聚合物涂覆或贴合到基材上的成型方法。

04.1239　多层挤塑成型　multilayer extrusion
采用多台挤出机将不同物料挤入同一机头或口模而制取多层层合制品的成型方法。

04.1240　柱塞挤出成型　ram extrusion
通过柱塞式挤出机进行塑胶挤出成型的方法。

04.1241　反应注射成型　reaction injection molding, RIM
通过原料在注塑过程中的化学反应，将两种或多种具有化学活性的混合原料通过注塑机直接成型的方法。

04.1242　多层注射成型　multilayer injection molding
由多台注射成型机分别向同一模具注入不同颜色或不同聚合物的注射成型方法。

04.1243　气体辅助注射成型　gas-assisted injection molding
在熔融塑胶注入模腔的同时，向模腔引入高压氮气推动塑胶充模过程的注射成型方法。

04.1244　热成型　thermoforming
通过压力使加热的塑料片材贴近模具型面且获得与型面相仿型样的成型方法。

04.1245　真空成型　vacuum forming
通过抽真空改变压差使加热的塑料片材贴到模具型面上的成型方法。

04.1246　吹塑成型　blow molding
又称"中空吹塑成型"。通过充气使组合模具内的塑胶预成型物膨胀并紧贴模具型面的中空制品成型方法。主要用于吹膜。

04.1247　挤出－拉伸吹塑成型 extrusion-drawing blow molding

先将挤出的型坯置于吹塑模具中预吹胀和封端，再对其拉伸、吹胀和冷却定型的中空制品成型方法。

04.1248　多层吹塑成型 multilayer blow molding

将注塑或挤出成型的多层塑胶型坯再次中空吹塑的成型方法。

04.1249　滚塑成型 rotational molding

又称"回转成型"。通过加热和旋转模具使模腔内的塑胶糊料、液体、热塑性塑胶粉料或烧结性塑胶干粉料塑化涂覆于模腔内壁、冷却制备空心制品的成型方法。

04.1250　发泡成型 expansion molding

使塑料内部产生微孔结构的成型方法。

04.1251　二次成型 post forming

将塑料型材和型坯通过再加热和外力作用制成所需形状制品的方法。

04.1252　夹层模塑 sandwich molding

将可形成泡沫塑料的物料注入树脂内芯夹层中的成型方法。

04.1253　化学发泡法 chemical expansion

通过成型过程中化学反应生成的挥发分使材料产生泡孔的方法。

04.1254　物理发泡法 physical expansion

通过成型过程中材料的挥发分或分散在材料中的挥发分使材料产生泡孔的方法。

04.1255　共挤出 coextrusion

使用数台挤出机向一个复合机头同时供给不同塑胶熔融料流、汇合成多层复合制品的挤出工艺。

04.1256　溶液涂膜 solution casting

将熔体或液体塑胶涂覆于载体，制备薄膜或与载体层合的成型方法。

04.1257　铸膜 film casting

在一定条件下使塑胶溶液涂覆于载体、挥发溶剂制膜的成型方法。

04.09.03　加工相关性能

04.1258　拖曳流 drag flow

又称"牵引流"、"顺流"。聚合物熔体或液体随流道运动而运动的流动。

04.1259　拉伸流动 elongational flow

高聚物熔体或液体的流动速度沿流动方向变化的流动。

04.1260　模口膨胀 die swell

又称"挤出胀大（extrudate swell）"。高聚物熔体挤出物尺寸大于模口尺寸的现象。

04.1261　入口效应 entrance effect

又称"巴勒斯效应（Barus effect）"。熔融聚合物大分子链通过细长流道发生取向且弹性储能的现象。

04.1262　流痕 flow mark

残留在制品表面的熔融物料流动的痕迹。

04.1263　涌泉流动 fountain flow

由流道内中间速度快、两边速度慢所导致的熔体质量和能量从中间向两边转移的现象。一般发生在熔体的前沿。

04.1264　不稳定流动 instability flow

挤出过程中造成挤出物表面粗糙、尺寸周期性起伏直至破裂成碎块的流动。

04.1265　熔体破裂　melt fracture
高分子材料熔体挤出物表面出现不规则凹凸、失光甚至外形畸变以至断裂现象的总称。

04.1266　喷射现象　jetting phenomena
由于机头压力过大导致熔体从挤出模口喷出的现象。

04.1267　泄流　leakage flow
聚合物熔体随注塑时间而减少的现象。

04.1268　横流　transverse flow
挤出机中物料沿螺杆螺槽垂直断面的流动。

04.1269　熔融　melting
通过温度升高使物料由固态变为熔体的过程。

04.1270　保留时间　residence time
物料通过加工设备或反应器的时间。

04.1271　鲨鱼皮现象　sharkskin phenomena
由于剪切速率等因素引起挤出物表面呈现周期性波纹的现象。

04.1272　壁滑效应　wall slip effect
聚合物溶液、胶乳及聚合物熔体沿模具壁面滑移，在壁附近形成大的速度梯度的现象。

04.1273　翘曲　warpage
成型过程中应力 - 应变分布不均匀引起制品不均匀弯曲形变。

04.1274　成型收缩　molding shrinkage
又称"模后收缩"。降温和结晶等导致塑胶成型品尺寸小于模具型腔尺寸的现象。

04.1275　收缩痕　sink mark
成型加工过程中高分子材料制品体积缩小时表面所产生的痕迹。

04.1276　临界剪切速率　critical shear rate
导致聚合物熔体发生不稳定流动的最小剪切速率。

04.1277　单轴取向膜　uniaxial oriented film
沿一个方向拉伸取向的膜。

04.1278　双轴拉伸膜　biaxial oriented film
同时沿纵横两个方向拉伸取向的膜。

04.10　高分子材料相关助剂

04.1279　助剂　auxiliary
为改善高分子加工性能和(或)物理机械性能或增强功能而加入高分子体系中的各种辅助物质。

04.1280　高分子添加剂　polymeric additive
又称"助剂功能高分子"。有助剂功能的一类功能高分子。可改善高分子的加工性能、提高制品的应用性能和实用价值。

04.1281　交联剂　crosslinking agent
又称"固化剂"。在一定条件下能将单体、
线型高分子或预聚物转变成三维网状结构的物质。

04.1282　扩散剂　diffusion agent
能促使颗粒分散于介质中的物质。

04.1283　抗凝剂　anticoagulant
能防止胶乳早期凝固的添加剂。

04.1284　凝聚剂　coagulating agent
能使胶乳或悬浮颗粒凝聚析出的助剂。

04.1285 破乳剂 demulsifier
能破坏乳浊液使其中的分散相凝聚析出的物质。

04.1286 增稠剂 thickening agent
能提高熔体黏度或液体黏度的助剂。

04.1287 稀释剂 diluent
能降低熔体黏度或液体黏度的助剂。通常只降低黏度，不具备其他附加功能。

04.1288 聚合物表面活性剂 polymer surfactant
具有界面活性的聚合物。分子量通常在1000以上。可分为阴离子、阳离子和非离子型三类。

04.1289 增塑剂 plasticizer
能降低高分子材料玻璃化转变温度并提高塑性的助剂。

04.1290 主增塑剂 primary plasticizer
与聚合物在一定的范围内完全相容、可单独使用的增塑剂。

04.1291 辅助增塑剂 secondary plasticizer
又称"非溶剂型增塑剂"。对聚合物有相容性，但只起辅助主增塑剂的作用、不能单独使用的增塑剂。

04.1292 成核剂 nucleater，nucleating agent
可诱发高分子异相成核结晶并影响结晶过程、晶粒形状与尺寸的添加剂。

04.1293 发泡剂 foaming agent
能使橡胶、塑料形成微孔结构的物质。可以是固体、液体或气体，包括化学发泡剂和物理发泡剂。

04.1294 化学发泡剂 chemical foaming agent
能在发泡过程中通过化学变化释放气体导致高分子材料膨化并形成泡沫结构的物质。

04.1295 物理发泡剂 physical foaming agent
能通过物理变化导致高分子材料膨化并形成泡沫结构的无机或有机物质。物理变化可以是一定温度范围内物理状态的变化，也可以是压缩气体的膨胀或溶剂的挥发。

04.1296 增容剂 compatibilizer
能减小界面能，提高性能各异的两种聚合物共混相容性和形成均匀分散相的助剂。

04.1297 增韧剂 toughener
又称"抗冲击剂"。能降低高分子材料脆性、提高抗冲击性能的添加剂。

04.1298 色母料 color concentrate
又称"色母粒"。由树脂和大量颜料或染料、分散剂等物质配制成的高浓度颜色的混合物。

04.1299 脱模剂 releasing agent
又称"防黏剂"。能防止聚合物材料熔融加工时与机械和模具黏着的物质。

04.1300 增强纤维 reinforcing fiber
与树脂（聚合物）复合后能提高聚合物力学强度与制品尺寸稳定性、降低收缩率或减少热变形的纤维状物质。

04.1301 增强剂 reinforcing agent
又称"补强剂"。用量较少但能大幅度提高聚合物材料力学强度、尺寸稳定性和热变形温度的添加剂。

04.1302 填充剂 filler
俗称"填料"。能降低成本并(或)提高制品某些性能而添加到高分子材料基质中的固体物质。

04.1303 胶凝剂 gelating agent
又称"絮凝剂"。能使胶乳转变成均匀、半刚性固体凝胶并保持原有形状的外加物质。多为强酸弱碱盐或强碱弱酸盐。

04.1304 橡胶助剂 rubber ingredient
能改善橡胶制品加工和使用性能或降低成本的各种添加剂的总称。

04.1305 硫化剂 vulcanizator
能使橡胶分子链交联成为硫化橡胶的配合剂。常用的有硫磺、有机过氧化物、有机多硫化物、金属氧化物等。

04.1306 给硫剂 sulfur donor
能在硫化温度下可游离出活性硫的有机硫化物。常作为不饱和橡胶的交联剂使用。

04.1307 硫化促进剂 vulcanization accelerator
能促进硫化、缩短硫化时间、降低硫化温度、减少硫化剂用量、提高橡胶物理机械性能的物质。

04.1308 硫化活性剂 vulcanization activator
能提高硫化促进剂活性、减少硫化促进剂用量或缩短硫化时间的无机或有机物质。

04.1309 硫化迟延剂 anti-scorching agent
能防止橡胶胶料在加工过程中发生早期硫化现象的物质。

04.1310 防焦剂 scorch retarder
能防止胶料在操作期间产生早期硫化(即焦烧现象)的助剂。

04.1311 化学增塑剂 chemical plasticizer
能通过化学作用增加高分子塑炼效果、缩短塑炼时间的物质。

04.1312 橡胶补强剂 rubber-strengthening agent
能提高橡胶制品强度的配合剂。

04.1313 防老剂 antiager
能防止或抑制诸如氧、热、光、臭氧、机械应力、重金属离子等因素破坏制品性能、延长制品储存和使用寿命的配合剂。

04.1314 防黏连剂 antiblock agent
又称"隔离剂"。能用于防止胶片或半成品表面互相黏结的配合剂。

04.1315 橡胶软化剂 softener of rubber
能改善胶料塑性,使生胶料软化,有助于其他配合剂分散的橡胶助剂。

04.1316 软化剂 softening agent
又称"柔软剂"。能增加纺织品、皮革、纸张等柔软性的助剂。

04.1317 脱色剂 stripping agent
能除去已染纤维中的部分或全部染料的试剂。

04.1318 消光剂 flatting agent
能降低纤维反射程度且消除其强烈光泽的添加剂。如钛白粉等。

04.1319 荧光增白剂 fluorescent whitening agent
能吸收近紫外线(波长 300~400nm)、再放射出蓝紫色荧光(420~480nm)的无色有机化合物。多数是具有较大共轭体系的有机化合物。

04.1320 增深剂 deepening agent
能提高分散染料在合成树脂纤维织物上染色深度的助剂。如尿素、聚丙烯酰胺、多元醇磺化物等。

04.1321 消泡剂 defoamer
具有较低表面张力和较高表面活性、能抑制

或消除液体中泡沫的物质。

04.1322 均染剂 leveling agent
能使纤维纱、线或织物在染色过程中染色均匀，不产生色条、色斑等疵点的添加剂。包括亲纤维型和亲染料型添加剂。

04.1323 促染剂 accelerating agent
又称"快速均染剂"。能使分散染料对纤维织物快速染色质量的助剂。通常是阴离子型与非离子型表面活性剂的复配物。

04.1324 抗菌剂 anti-microbial
对细菌和霉菌等微生物高度敏感且具有抗菌作用的化学物质。

04.1325 抗日晒牢度剂 antisolarization fast-ness agent
能提高有色纱、线、织物或有色基质上的颜色在日光或人造光源照射后的坚牢程度的助剂。

04.1326 高分子分散剂 polymeric dispersant agent
能吸附于液‒固界面并显著降低液‒固界面自由能、促使固体粉末均匀分散于液体中的助剂。

04.1327 乳化剂 emulsifier
能吸附于液‒液界面并显著降低液‒液界面自由能、促使两种不混溶的液体形成均匀而稳定乳液的物质。

04.1328 偶联剂 coupling agent
能提高树脂与固体表面黏合强度的助剂。常用的偶联剂有硅烷、钛酸酯、磷酸酯、铬络合物等类型。

04.1329 润湿剂 wetting agent
能有效改善液体对固体表面润湿性质、降低液体表面张力和固液界面张力的添加剂。

04.1330 催干剂 dryer
能加速油基漆氧化、聚合或干燥结膜的添加剂。通常是过渡金属的有机酸盐。

04.1331 触变剂 thixotropic agent
能增加液体黏度并使该液体具有触变性的助剂。如聚乙烯醇、有机膨润土、金属皂等。

04.1332 防流挂剂 anti-sagging agent
能防止涂料在立面施工中因流动性过强而发生留坠现象的助剂。

04.1333 去漆剂 remover
能溶解或溶胀高分子涂膜，使涂膜脱离被涂物的物质。

04.1334 防潮剂 moisture-proof agent
又称"防白剂"。能阻止漆膜因吸湿而泛白的助剂。

04.1335 稳定剂 stabilizer
能防止或抑制高分子材料由光、热、氧、霉菌等引起的老化作用的助剂的总称。

04.1336 反应性稳定剂 reactive stabilizer
又称"聚合型稳定剂"。分子中带有可反应功能团，能与高分子形成键合的稳定剂。

04.1337 复合稳定剂 complex stabilizer
有协同效应的两种或两种以上不同功能稳定剂组合成的稳定剂。

04.1338 热稳定剂 heat stabilizer
能抑制聚合物在加工与使用过程中发生热老化的物质。

04.1339 抗氧剂 antioxidant
又称"抗氧化剂"。能阻断、抑制或延缓聚

合物氧化或自动氧化过程的物质。包括自由基抑制剂(自由基捕捉剂)和过氧化物分解剂等。

04.1340 预防型抗氧剂 preventive antioxidant
又称"辅助抗氧剂"。能抑制或延缓高分子链降解、生成自由基和其他活性基的物质。

04.1341 抗臭氧剂 antiozonant
能阻止或延缓臭氧对高分子材料老化作用的物质。

04.1342 光稳定剂 light stabilizer
能防止或延缓高分子材料发生光老化作用的物质。包括光屏蔽剂、紫外线稳定剂、淬灭剂等。

04.1343 光屏蔽剂 light screener
能通过屏蔽作用使高分子减少或免于光老化的光稳定剂。

04.1344 光敏剂 photosensitizer
能加速光聚合或高分子材料光降解、光交联作用的化合物。

04.1345 阻燃剂 flame retardant，fire retardant
能阻止或延缓高分子材料燃烧的物质。

04.1346 卤素阻燃剂 halogen-flame retardant
含有卤族元素的阻燃剂。

04.1347 无卤阻燃剂 non-halogen-flame retardant
不含卤族元素的无机或有机阻燃剂。

04.1348 除臭剂 deodorant
具有除臭功能的一类高分子材料助剂。

04.1349 防雾剂 antifogging agent

能减少或消除塑料表面因湿气引起的冷凝、起雾的助剂。通常是非离子型表面活性剂。

04.1350 防腐剂 antiseptic agent
能杀灭或抑制微生物或霉菌生长的药剂。

04.1351 抗微生物剂 biocide
能破坏微生物的细胞构造，抑制酶的活性，杀死霉菌或抑制微生物生长和繁殖的一类添加剂。

04.1352 抗静电剂 antistatic agent
能降低材料或制品表面电阻和体积电阻，适度提高导电性、阻止静电蓄积的物质。

04.1353 抗龟裂剂 anticracking agent
能防止或延缓硫化胶静态或动态裂口产生的物质。

04.1354 透明剂 transparent agent
又称"增透剂"。能改善聚合物透光性能的添加剂。

04.1355 染料 dyestuff
能使纤维或其他材料坚牢染上颜色的化合物。

04.1356 电致变色染料 electrochromic dye
能通过电场控制颜色的染料。

04.1357 光致变色染料 photochromic dye
能通过光照引起颜色变化的染料。

04.1358 热致变色染料 thermochromic colorant
能在特定温度下引发颜色变化的染料。

04.1359 色淀染料 lake dye
能在沉淀剂作用下沉淀并转化为水不溶性颜料的一类水溶性染料。

04.1360 偶氮染料 azo dye
分子链中含有偶氮（—N═N—）基团的一类有机染料。

04.1361 着色剂 colorant
能改变塑料、橡胶和纤维固有颜色的有色化学物质的总称。包括无机颜料、有机颜料和溶剂染料。

04.1362 颜料 pigment
不溶于水、油、溶剂和树脂等介质，且不与介质发生化学反应的有机和无机微细固体物质。具有光学、保护和装饰等作用。

04.1363 体积颜料 bulk pigment
白色或稍带其他颜色的、折光率小于 1.7 的颜料。

04.1364 钛白粉 titanium oxide
主要成分为二氧化钛（TiO_2）的白色颜料。

04.1365 珠光颜料 pearlescent pigment
由透明薄片组成，在涂料中由于薄片平行取向，通过反射光干涉产生珍珠特征光泽的一类颜料。

04.1366 荧光颜料 fluorescent pigment
能在光照下发荧光的颜料。

04.1367 金属颜料 metallic pigment
由金属粉末、金属氧化物通过适当方法加工制得的一类颜料。

04.1368 高分子颜料 polymer pigment
本身是高分子的颜料。通常由带孔隙的高分子微球组成并有强光散射作用。

04.1369 防锈颜料 anticorrosive pigment
能赋予涂料防锈功能的颜料。

04.1370 润滑颜料 lubricant pigment
能赋予润滑性能的颜料。

04.1371 红丹 red lead，lead oxide
又称"铅丹"。四氧化三铅（Pb_3O_4）的俗称。

04.1372 铁蓝 iron blue
又称"普鲁士蓝"、"华蓝"。以铁氰化亚铁 {$Fe_4[Fe(CN)_6]_3$} 为主要成分的颜料。

04.1373 酞菁染料 phthalocyanine
具有酞菁结构（四氮杂苯并结构）的一类高共轭体系化合物形成的染料。有高的化学稳定性，对可见光有强吸收，如酞菁蓝和酞菁绿等。

04.1374 铅铬黄 chrome yellow
简称"铬黄"。以铬酸铅为主要成分的黄色颜料。

04.1375 铅铬绿 lead chrome green
以铬黄和铁蓝（$PbCrO_4 \cdot xPbSO_4 \cdot yFeKFe(CN)_6$）或铬黄和酞菁蓝为主要成分的混合颜料。

04.1376 群青 ultramarine
又称"云青"、"洋蓝"。含有多硫化钠和特殊结构的硼酸铝的半透明蓝色颜料。

04.1377 锶铬黄 strontium yellow
由硝酸锶与铬酸钠在水溶液反应得到的沉淀。是一种黄颜色颜料。

04.1378 锌铬黄 zinc yellow
又称"锌黄"。含有铬酸锌的淡黄色颜料。

04.1379 大白粉 nature calcium carbonate
具有微晶钙质贝壳晶体特征，来源于白垩的天然碳酸钙。

04.1380 锌钡白 lithopone
又称"立德粉"。以硫化锌（ZnS）和硫酸钡

（BaSO₄）为主要成分的白色颜料。一般含硫化锌 28%~30%。

04.1381 铅白 albus
又称"珠光粉"。以碱式碳酸铅为主要成分的白色颜料。

04.1382 锌白 zinc white
以氧化锌（ZnO）为主要成分的白色颜料。

05. 复 合 材 料

05.01 总 论

05.0001 先进复合材料 advanced composite
具有优异的力学性能或特定功能的复合材料。

05.0002 复合材料组分 component of composite
又称"复合材料组元"。构成复合材料的组元材料。可分为基体组分和增强组分。

05.0003 复合材料基体 matrix of composite
将增强体或功能体连接在一起形成复合材料整体的组分。起传递外力载荷与保护增强体和功能体的作用。

05.0004 复合材料界面 interface of composite
复合材料中组元材料相互间接触的区域。起到力或功能的传递作用，具有一定尺度。

05.0005 复合材料界面相 interphase of composite
复合材料中组元材料之间具有一定尺度、在结构上和原组元材料有明显差别的新相。

05.0006 增强体 reinforcement
在复合材料中主要承受外力载荷作用的组元。

05.0007 结构复合材料 structural composite
以承受外力载荷为主的复合材料。

05.0008 功能复合材料 functional composite
具有特定物理、化学性能的复合材料。

05.0009 聚合物基复合材料 polymer matrix composite，PMC
又称"树脂基复合材料"。以有机高分子聚合物为基体构成的复合材料。包括热固性聚合物基复合材料和热塑性聚合物基复合材料。

05.0010 金属基复合材料 metal matrix composite，MMC
以金属或合金为基体构成的复合材料。

05.0011 陶瓷基复合材料 ceramic matrix composite，CMC
以陶瓷为基体构成的复合材料。

05.0012 玻璃基复合材料 glass matrix composite
以玻璃为基体构成的复合材料。

05.0013 水泥基复合材料 cement matrix composite
以硅酸盐水泥为基体构成的复合材料。

05.0014 碳基复合材料 carbon matrix composite

以碳材料为基体构成的复合材料。

05.0015 混杂纤维复合材料 hybrid composite
增强相由两种或两种以上纤维构成的复合材料。

05.0016 纳米复合材料 nano-composite
某一组元具有纳米尺度并具有纳米效应的复合材料。

05.0017 仿生复合材料 biomimetic composite
仿照生物体结构特征与功能而设计、制备的复合材料。

05.0018 功能梯度复合材料 functional gradient composite
在材料厚度或长度方向上其组成、结构和性能连续或准连续变化的功能复合材料。

05.0019 机敏复合材料 smart composite

能检知环境变化并做出响应，或具有自诊断、自适应、自修补等功能的复合材料。

05.0020 原位复合材料 in-situ composite
材料在制备成形时通过化学反应或物理作用在材料内部原位生成新相而形成的复合材料。

05.0021 复合材料增强体体积分数 volume fraction of reinforcement in composite
复合材料中增强体体积占整体材料的体积百分数。

05.0022 复合效应 composition effect
组元材料协同作用产生的新效应。包括线性效应(如加和效应)和非线性效应(如乘积效应)。

05.0023 协同增韧 synergistically toughening
使用一种以上增韧体，通过增韧体的互相促进，使增韧效果远高于使用单一增韧体的增韧方式。

<h2 style="text-align:center">05.02 增 强 体</h2>

05.0024 纤维增强体 fiber reinforcement
长度很长，连续的单根或束状多根的纤维状增强材料。可分为天然纤维和人造纤维两类。

05.0025 连续纤维增强体 continuous fiber reinforcement
长径比足够大(一般大于 1000)、能够实现沿长度方向起不间断增强效应的纤维材料。

05.0026 短纤维增强体 short fiber reinforcement
长度比较短(一般在 150mm 以下)的纤维增强材料。

05.0027 有机纤维增强体 organic fiber reinforcement
由有机化学物质形成的纤维，如聚酯、聚酰胺、聚烯烃、聚氟烯烃等纤维增强材料。

05.0028 金属纤维增强体 metal filament reinforcement
由金属制成的纤维增强材料。

05.0029 多组分复合纤维增强体 multicomponent fiber reinforcement
由两种或两种以上高聚物制成的，以截面为并列、皮芯或揉入分散形式的复合纤维增强材料。

05.0030 石墨纤维增强体 graphite fiber reinforcement

又称"高模量碳纤维增强体"。由碳纤维经高温热处理后具有类似石墨结构的层状六方晶格，含碳量大于99%的纤维增强材料。

05.0031 碳纤维增强体 carbon fiber reinforcement

以聚丙烯腈纤维、黏胶纤维、沥青纤维、酚醛纤维、聚乙烯醇纤维及有机耐高温纤维等为原丝，通过加热法去除碳以外的其他元素制得的，含碳量在90%以上的高强度、高模量纤维增强材料。

05.0032 聚丙烯腈基碳纤维增强体 polyacrylonitrile based carbon fiber reinforcement

由氢气和烃类碳源，在高温反应器内的基板上生成的各种形式的碳纤维增强材料。

05.0033 黏胶基碳纤维增强体 rayon based carbon fiber reinforcement

以高纤维素含量的木浆或棉浆为原料，经湿法纺丝、水洗、浸渍、预氧化、碳化或石墨化表面处理等一系列加工工艺制得的碳纤维增强材料。

05.0034 沥青基碳纤维增强体 pitch based carbon fiber reinforcement

由石油沥青、煤沥青等为原料，经过熔融纺丝、不熔化处理、碳化、石墨化等一系列加工工艺制得的碳纤维增强材料。

05.0035 碳纳米管增强体 carbon nanotube reinforcement

由呈六边形排列的碳原子构成的单层的或多层同轴的、直径为纳米级的无缝管状增强材料。

05.0036 碳纤维电解氧化表面处理 surface treatment of carbon fiber by electrolytic oxidation

又称"碳纤维阳极氧化表面处理"。以碳纤维作阳极，靠电解产生的新生态氧对碳纤维表面进行氧化和腐蚀，使其表面物理和化学状态发生变化的处理技术。

05.0037 碳纤维气相氧化表面处理 surface treatment of carbon fiber by gas phase oxidation

以氧化性气体为处理介质，与碳纤维表面的不饱和碳原子作用，使碳纤维表面发生物理和化学变化，提高碳纤维与基体的界面结合强度的处理技术。

05.0038 碳纤维热解碳涂层表面处理 surface treatment of carbon fiber by pyrolytic carbon coating

在高温下将烷烃、碳化物等热解后沉积到碳纤维表面形成膜状或晶须，增加碳纤维的比表面积，改善其与基体的界面结合的表面处理方法。

05.0039 碳纤维等离子体表面处理 surface treatment of carbon fiber by plasma

用等离子体对碳纤维进行腐蚀、氧化，使其表面物理和化学状态发生变化的处理方法。表面形成腐蚀沟槽并生成一些化学基团，以改善其与基体的界面结合。

05.0040 聚烯烃纤维增强体 polyolefin fiber reinforcement

用于增强基体材料的烯烃类聚合物或共聚物纤维。如聚丙烯、聚乙烯、聚苯乙烯、聚丁二烯纤维和乙烯丙烯共聚纤维等增强材料。

05.0041 超高分子量聚乙烯纤维增强体 ultra-high molecular polyethylene fiber reinforcement

以超高分子质量聚乙烯为原料，采用界面结晶生长法、粗单晶拉伸法、超高压挤出法或凝胶纺丝法制成的高强高模纤维增强材料。

05.0042 聚丙烯纤维增强体 polypropylene fiber reinforcement

又称"丙纶纤维增强体"。由全同立构聚丙烯经熔融纺丝和拉伸而制得的纤维增强材料，包括长丝、短丝、短切纤维或膜裂法纤维等形式。

05.0043 聚四氟乙烯纤维增强体 polytetra-fluoroethylene fiber reinforcement

又称"特氟纶纤维增强体（teflon fiber reinforcement）"。以聚四氟乙烯为原料，经纺丝或制成薄膜后切割或形成原纤化而制得的纤维增强材料。

05.0044 预氧化聚丙烯腈纤维增强体 pre-oxidation polyacrylonitrile fibre reinforcement

将丙烯腈等单体经溶液或沉淀共聚合成聚合物（其中丙烯腈含量大于85%），再经湿法或干法纺丝得到的聚合物纤维经预氧化处理后得到的增强材料。

05.0045 聚酰胺纤维增强体 polyamide fiber reinforcement

又称"尼龙纤维增强体"。由大分子主链内存在重复酰胺键的线型高分子材料为原料，经熔融纺丝和拉伸而制得的聚酰胺纤维增强材料。如尼龙-6、尼龙-66纤维等。

05.0046 聚酰亚胺纤维增强体 polyimide fiber reinforcement

由芳香族四羧酸二酐和芳香族二胺缩合而成的，主链上含有酰亚胺基团的聚合物纤维增强材料。

05.0047 芳香族聚酰胺纤维增强体 aromatic polyamide fiber reinforcement

主链上含有酰胺键及苯环的纤维增强材料。如聚对苯甲酰胺（PBA）、芳纶1414（PPTA）等。

05.0048 聚芳酰胺浆粕增强体 aromatic polyamide pulp reinforcement

由特殊加工工艺制得，纤化成多枝状、毛羽结构丰富且比表面很大的聚芳酰胺短纤维增强材料。

05.0049 聚酯纤维增强体 polyester fiber reinforcement

由二元醇与二元酸缩聚成含有酯键的线型聚合物，经熔融纺丝和拉伸而成的纤维增强材料。

05.0050 聚芳酯纤维增强体 polyaromatic ester fiber reinforcement

主链上含有芳香环及酯键结构的具有高强度、高模量、耐热性的芳香族聚酯纤维增强材料。

05.0051 聚芳杂环纤维增强体 polyaromatic heterocyclic fiber reinforcement

高分子主链上含有氮、氧、硫等杂原子的杂环与苯环组成的高聚物纤维增强材料。

05.0052 聚酚醛纤维增强体 polyphenol-aldehyde fiber reinforcement

由三维交联聚酚醛制得的增强纤维。以改善复合材料抗燃性。

05.0053 聚苯并咪唑纤维增强体 polybenzimidazole fiber reinforcement

高分子主链上含有苯并咪唑的杂环类耐热纤维增强材料。如聚-2，2'-间苯撑-5，5'-双苯并咪唑纤维增强材料。

05.0054　聚苯并噻唑纤维增强体　polyben-
　　　　　zothiazole fiber reinforcement

由芳族四酸二酐和芳族四胺在极性溶剂中
缩聚，并经纺丝而制得的芳杂环有机耐热纤
维增强材料。

05.0055　聚苯并噁唑纤维增强体　polyben-
　　　　　zoxazole fiber reinforcement

主要由双－邻氨基苯酚(或其衍生物)与二
羧酸衍生物(二酰氯、二酰胺)缩聚而成的具
有高结晶度、低密度、高拉伸强度和模量的
有机纤维增强材料。

05.0056　聚醚醚酮纤维增强体　polyether-
　　　　　etherketonefiber reinforcement

以 4,4'-二氟苯酮、对苯二酚和碳酸钠或碳
酸钾为原料，苯酚为溶剂所制得的纤维增强
材料。

05.0057　植物纤维增强体　plant fiber rein-
　　　　　forcement

由植物的籽、茎、皮、叶等获得的天然纤维
增强材料。

05.0058　玻璃纤维增强体　glass fiber rein-
　　　　　forcement

由主要成分为二氧化硅、氧化铝、氧化钙、
氧化硼、氧化镁、氧化钠等构成的玻璃熔体
拉制而成的、直径几微米到二十几微米的纤
维增强材料。束丝由数百至上千根单丝组
成，用做复材料中的增强材料，电绝缘材料
和绝热保温材料。

05.0059　石英玻璃纤维增强体　quartz fiber
　　　　　reinforcement

又称"熔凝硅石纤维增强体"。由水晶或纯
净 SiO_2 为原料经过熔融拉丝或棒法拉丝等
方法制成的石英玻璃纤维增强材料。其 SiO_2
含量达到 99.9%。

05.0060　高硅氧玻璃纤维增强体　refrasil
　　　　　fiber reinforcement

又称"硅石纤维增强体"。将普通玻璃纤维
经过酸沥滤，滤出可溶性成分，使二氧化硅
富集量达 96%以上，再经热烧结定型制得的
耐高温玻璃纤维增强材料。

05.0061　石棉纤维增强体　asbestos fiber re-
　　　　　inforcement

一种天然无机矿物纤维增强材料。根据其矿
物成分和化学组成不同，可分为蛇纹石石
棉、角闪石石棉和铁石棉三类。

05.0062　玄武岩纤维增强体　basalt fiber re-
　　　　　inforcement

以天然玄武岩矿石为原料，通过喷丝板熔融
拉伸成连续纤维增强材料。主要由 SiO_2、
Al_2O_3、Fe_2O_3、CaO、MgO、K_2O 及 TiO_2 等
多种氧化物组成。

05.0063　碳化硅纤维增强体　silicon carbide
　　　　　fiber reinforcement

用于增强金属基、陶瓷基复合材料的一种碳
化硅陶瓷纤维。主要有先驱体法碳化硅纤维
和化学气相沉积法碳化硅纤维。

05.0064　氧化锆纤维增强体　zirconia fiber
　　　　　reinforcement

以氧化锆制成的多晶纤维增强材料。抗氧化
性能好，热导率小，化学稳定性好。

05.0065　氧化铝纤维增强体　alumina fiber
　　　　　reinforcement

主要成分为氧化铝的多晶质陶瓷纤维增强
材料。

05.0066　氮化硅纤维增强体　silicon nitride
　　　　　fiber reinforcement

用硅纤维直接氮化法或用有机硅聚合物纤
维先驱体热解转化法制得的具有强共价键

性主要成分为氮化硅的纤维增强材料。

05.0067 硼纤维增强体 boron fiber reinforcement

将硼元素通过高温化学气相沉积在钨丝或碳芯表面上从而制得的高性能纤维增强材料。

05.0068 硼化钛纤维增强体 titanium boride fiber reinforcement

以硼化钛为皮层，钨或其他丝为芯层的皮-芯型无机复合纤维增强材料。

05.0069 碳化硼纤维增强体 boron carbide fiber reinforcement

以碳化硼为皮层，钨丝为芯层的耐热、高强度、高模量的陶瓷无机复合纤维增强材料。

05.0070 钛酸钾纤维增强体 potassium titanate fiber reinforcement

以钛酸钾为原料制得的具有较好耐热性、隔热性和介电性能的多晶无机纤维增强材料。

05.0071 织物增强体 fabric reinforcement

以纤维材料构成的特殊结构的织物形式的增强体。包括纺织织物增强体和非纺织织物增强体。

05.0072 无纺布增强体 non-woven fabrics reinforcement

又称"非织造布增强体"。用机械或化学的方法制备而成的非纺织织物薄层增强材料。

05.0073 毡状增强体 felt reinforcement

由短纤维或连续纤维通过无序平面分布，并用黏接剂黏合在一起制成的用于增强基体材料的毡状无纺材料。

05.0074 浆粕增强体 pulp reinforcement

经化学和机械方法处理而得到的多枝状、短

而原纤化的、毛羽结构丰富且比表面很大、在复合材料中起增强作用的纤维状聚集体。

05.0075 增强纤维上浆剂 sizing for fiber reinforcement

用以改善碳纤维表面性能、加工性能及复合材料性能的一类有机化合物。

05.0076 晶须增强体 whisker reinforcement

人工控制条件下以单晶形式生长成的一种短纤维增强材料。不含有通常材料中存在的缺陷，强度接近完整晶体的理论值，其直径为微米、亚微米数量级。

05.0077 金属晶须增强体 metallic whisker reinforcement

由金属材料制成的晶须状增强材料。

05.0078 石墨晶须增强体 graphite whisker reinforcement

用化学法、气相生长法或熔体生长法等制备的石墨晶须增强材料。

05.0079 碳晶须增强体 carbon whisker reinforcement

含碳量大于99%的针状单晶晶须增强材料。

05.0080 碳化硅晶须增强体 silicon carbide whisker reinforcement

用稻壳或炭黑、二氧化硅等为原料制备的SiC含量≥99%的晶须增强材料。

05.0081 碳化硼晶须增强体 boron carbide whisker reinforcement

由无水三氧化二硼固体，在高温下经气-气反应形成的碳化硼晶须增强材料。用于抗高温的金属基或树脂基复合材料的增强体。

05.0082 氮化硼晶须增强体 boron nitride whisker reinforcement

用等离子体法将硼烷(B_2H_6)和氮在高频氢等离子中进行气相反应，并在石墨基体上生成的晶须增强材料。

05.0083　氧化锆晶须增强体　zirconia whisker reinforcement

由四氯化锆和氧在 1250~1350℃温度下发生气相反应，以莫来石为基质，经过气相反应沿(010)方向或垂直于(104)方向生成的晶须增强材料。

05.0084　氧化硅晶须增强体　silica whisker reinforcement

将金属硅细粉在 25℃以下通氧、水蒸气或过氧化氢气体，使之渗入多孔三氧化铝陶瓷基板内，在 1250~1420℃温度和氢气环境烧结 1h 左右，金属硅通过中间体生长成为二氧化硅晶须的增强材料。

05.0085　氧化铝晶须增强体　alumina whisker reinforcement

用于增强金属和非金属材料的 Al_2O_3 晶须。有 α-Al_2O_3 刚玉单晶体和 α-Al_2O_3 单晶体两种变体。增强的复合材料具有强度高、重量轻和耐高温的特点。

05.0086　氧化锌晶须增强体　zinc oxide whisker reinforcement

具有独特的立体四针状空间构型和良好的单晶性的氧化锌晶须增强材料。

05.0087　硼化钛晶须增强体　titanium boride whisker reinforcement

用做增强钛基复合材料的晶须状二硼化钛。

05.0088　硼硅酸铝晶须增强体　aluminum borosilicate whisker reinforcement

主要成分为 $xAl_2O_3 \cdot yB_2O_3 \cdot zSiO_2$（x=3~9，y=1.5~2，z=12.7~32.7），是氧化铝、氧化硼和氧化硅的复合体晶须状增强材料。可用做金属基和陶瓷基复合材料增强体。

05.0089　硼酸铝晶须增强体　aluminum borate whisker reinforcement

主要成分为 $xAl_2O_3 \cdot yB_2O_3$ 的无机晶须增强材料。常见的三种形式是 x=9，y=2；x=2，y=1；x=1，y=1。可作为热塑性树脂、热固性树脂、陶瓷、金属和水泥的增强材料。

05.0090　硼酸镁晶须增强体　magnesium borate whisker reinforcement

以氯化镁、硼酸、氢氧化钠为原料，氯化钾、氯化钠或氯化钙为助溶剂，经常温混合及高温烧结而制得的晶须状增强材料。

05.0091　碱式硫酸镁晶须增强体　basic magnesium sulfate whisker reinforcement

主要成分为 $xMg(OH)_2 \cdot yMgSO_4 \cdot zH_2O$，有 x=5，y=1，z=3；x=1，y=2，z=3 两种形式的晶须状增强材料。

05.0092　钛酸钾晶须增强体　otassium titanate whisker reinforcement

化学式为 $K_2O \cdot nTiO_2$，n=2，4，6，8 的单斜晶系晶须状增强材料。制备方法有烧结法、熔融法、溶剂法和水热法。

05.0093　莫来石晶须增强体　mullite whisker reinforcement

分子式为 $3Al_2O_3 \cdot 2SiO_2$ 的晶须增强材料。通常以 SiO_2 为基本原料，与氟化铝(AlF_2)混合，在 SiF_3 气氛中及 1100℃以上的高温环境中密闭烧制而成。

05.0094　颗粒增强体　particle reinforcement

为了改善复合材料性能而引入基体的异质颗粒状材料。分为延性颗粒和刚性颗粒增强体两种。

05.0095 碳化硅颗粒增强体 silicon carbide
particle reinforcement

用做复合材料增强体的碳化硅粉末。对纯度、粒度、颗粒形状及表面质量都有严格要求，一般通过固相法、溶胶－凝胶法或化学法等方法制得。

05.0096 碳化硼颗粒增强体 boron carbide
particle reinforcement

在金属基复合材料和陶瓷基复合材料中用做复合材料增强材料的针状或片状的 B_4C 颗粒。

05.0097 碳化钛颗粒增强体 titanium carbide
particle reinforcement

主要用于增强陶瓷基复合材料的 TiC 颗粒增强材料。常和 Al_2O_3、Si_3N_4、SiC 复合制备耐磨性能好的复合材料。如在 Si_3N_4 陶瓷中引入 TiC 颗粒，可使材料的断裂韧性提高。

05.0098 氮化铝颗粒增强体 aluminum ni-
tride particle reinforcement

以改善陶瓷的抗热震性能为目的而加入到氧化铝陶瓷中的高导热氮化铝颗粒材料。

05.0099 氧化铝颗粒增强体 alumina particle
reinforcement

主要用于改善金属基复合材料的粉末状 Al_2O_3 增强材料。与基体具有很好的化学相容性。

05.0100 硼化钛颗粒增强体 titanium boride
particle reinforcement

用做复合材料增强材料的 TiB_2 颗粒。具有熔点高、耐磨性好、热导率高和电导率高等特点，常用于增强金属基和陶瓷基复合材料。

05.0101 玻璃微球增强体 glass microballoon
reinforcement

以钠钙玻璃为原料加工而成，粒度为 $10\sim250\mu m$，直径小于 1mm 的球状增强材料。

05.0102 碳微球增强体 carbon microballoon
reinforcement

具有自烧结性，直径为 $5\sim400\mu m$ 的碳质微球材料，可不加填料而直接烧成各向同性的碳－碳复合材料。

05.0103 空心微球增强体 hollowed mi-
croballoon reinforcement

用来增强基体材料的一种低密度、粒度可控制的空心球状材料。分为无机空心球和有机空心球增强体两种。

05.0104 片晶增强体 platelet crystalline re-
inforcement

结晶完整、晶粒宽厚比大于 5 的片状单晶体增强材料。

05.0105 碳化硅片晶增强体 silicon carbide
platelet reinforcement

主要成分为 SiC 的片状的单晶体增强材料。一般由二氧化硅碳还原法和β-SiC 粉末升华－结晶法制取。

05.0106 片状增强体 flake reinforcement

具有片状结构的多晶体增强材料的统称。通常为长与宽尺度相近的薄片。

05.0107 无机层状材料增强体 inorganic
layered material reinforcement

具有层状结构的天然硅酸盐黏土矿物如蒙脱土、滑石、沸石等的增强材料。可以用聚合物进行插层，构成低维纳米复合材料(层片厚度为纳米级)。

05.03 聚合物基复合材料

05.0108 碳纤维增强聚合物基复合材料
carbon fiber reinforced polymer composite

以碳纤维或石墨纤维或其制品为增强体的聚合物基复合材料。具有模量高、强度高、热稳定性好等优异特点。

05.0109 芳酰胺纤维增强聚合物基复合材料
aramid fiber reinforced polymer composite

以芳香族聚酰胺纤维或其制品为增强体的聚合物基复合材料。作为结构材料，其抗压强度比较低。

05.0110 玻璃纤维增强聚合物基复合材料
glass fiber reinforced polymer composite

以玻璃纤维或其制品为增强体的聚合物基复合材料。是常用的玻璃纤维增强复合材料。

05.0111 石英纤维增强聚合物基复合材料
quartz fiber reinforced polymer composite

以石英纤维或其制品为增强材料，以聚合物为基体的复合材料。

05.0112 硼纤维增强聚合物基复合材料
boron fiber reinforced polymer composite

以硼纤维或其制品为增强材料，以聚合物为基体的复合材料。

05.0113 超高分子量聚乙烯纤维增强聚合物基复合材料 ultra-high molecular weight polyethylene fiber reinforced polymer composite

以超高分子量聚乙烯纤维或其制品为增强体的聚合物基复合材料。具有突出的抗冲击性能。

05.0114 连续纤维增强聚合物基复合材料
continuous fiber reinforced polymer matrix composite

以连续的纤维为增强材料、以聚合物为基体的复合材料。具有突出的力学性能可设计性。

05.0115 短纤维增强聚合物基复合材料
short fiber reinforced polymer composite

以短纤维、短切纤维为增强材料、以聚合物为基体的复合材料。其纤维可随机取向，复合材料制品具有各向同性特点。

05.0116 长纤维增强聚合物基复合材料
long fiber reinforced polymer composite

以长纤维为增强材料，以聚合物为基体的复合材料。

05.0117 颗粒增强聚合物基复合材料 particulate filled polymer composite

以颗粒状物料填充增强的聚合物基复合材料。其性能一般是各向同性。

05.0118 织物增强聚合物基复合材料 fabric reinforced polymer composite

采用纤维编织物为增强材料，聚合物为基体的复合材料。

05.0119 混杂纤维增强聚合物基复合材料
hybrid fiber reinforced polymer composite

由两种或两种以上纤维增强同一种聚合物基体的复合材料。

05.0120　层内混杂纤维复合材料　intraply hybrid composite

同一铺层内具有两种或两种以上纤维的混杂复合材料。

05.0121　层间混杂纤维复合材料　interply hybrid composite

不同铺层采用不同纤维的混杂复合材料。

05.0122　夹芯混杂复合材料　sandwich hybrid composite

以一种纤维铺层或铺层组为面层，另一种纤维铺层或铺层组为芯层构成的混杂复合材料。

05.0123　超混杂复合材料　supper hybrid composite

由纤维增强树脂基复合材料薄层和金属薄板交替叠合形成的复合材料。如芳纶－铝合金层合板（ARALL 层合板）、玻璃纤维－铝合金层合板（GLARE 层合板）。

05.0124　热固性树脂基复合材料　thermosetting resin composite

以热固性树脂为基体的复合材料。在复合材料形成过程中发生固化反应，具有不溶、不熔的特点，回收比较困难。

05.0125　热塑性树脂基复合材料　thermoplastic resin composite

以热塑性树脂为基体的复合材料。一般冲击韧性好，复合工艺难。

05.0126　环氧树脂基复合材料　epoxy resin composite

以环氧树脂为基体的复合材料。在成型过程中可选用的固化剂类型多，工艺适应性好，

是最常用的先进树脂基复合材料。

05.0127　不饱和聚酯树脂基复合材料　unsaturated polyester resin composite

以不饱和聚酯树脂为基体的复合材料。常以玻璃纤维做增强体，在民用领域应用广泛。

05.0128　酚醛树脂基复合材料　phenolic resin composite

以酚醛树脂为基体的复合材料。具有很好的耐热性和耐烧蚀性，在固化反应过程中有小分子放出。

05.0129　聚酰亚胺树脂基复合材料　polyimide resin composite

以聚酰亚胺树脂为基体的复合材料。是目前耐温性能最高的一类先进树脂基复合材料。

05.0130　双马来酰亚胺树脂基复合材料　bismaleimide resin composite

以双马来酰亚胺树脂为基体的复合材料。是先进复合材料的一种，一般其力学性能与耐温性优于环氧树脂基复合材料。

05.0131　聚醚酰亚胺树脂基复合材料　polyetherimide resin composite

以聚醚酰亚胺树脂为基体的复合材料。是热塑性树脂基复合材料中耐温性较高的一种，具有突出的电性能。

05.0132　聚酰胺酰亚胺基复合材料　polyamide-imide composite

以聚酰胺－酰亚胺树脂为基体的复合材料。

05.0133　氰酸酯树脂基复合材料　cyanate resin composite

以氰酸酯树脂为基体的复合材料，具有优异的介电性能，多用做宽频高透波结构材料。

05.0134 脲甲醛树脂基复合材料 urea-formaldehyde resin composite

以脲醛树脂为基体的复合材料。

05.0135 聚氨酯树脂基复合材料 polyurethane resin composite

以聚氨酯树脂为基体的复合材料。

05.0136 三聚氰胺甲醛树脂基复合材料 melamine formaldehyde resin composite

以热固性三聚氰胺甲醛树脂为基体的复合材料。

05.0137 有机硅树脂基复合材料 silicone resin composite

以有机硅树脂为基体的复合材料。具有良好的耐高温和耐低温性，及出色的电绝缘性和耐电弧性。

05.0138 互穿网络聚合物基复合材料 interpenetrating network polymer composite

以具有互穿网络结构的聚合物为基体的复合材料。材料中除树脂-增强体界面外，还有聚合物-聚合物界面。

05.0139 聚苯硫醚基复合材料 polyphenylene sulfide composite

以聚苯硫醚树脂为基体的复合材料。是一种先进的热塑性复合材料。

05.0140 聚芳醚酮基复合材料 polyaryletherketone composite

以聚芳醚酮树脂为基体的复合材料。是一类先进的热塑性复合材料，主要包括聚醚醚酮（PEEK）、聚醚酮（PEK）和聚醚酮酮（PEKK）基复合材料。

05.0141 聚醚砜基复合材料 polyethersulfone composite

以聚醚砜树脂为基体的复合材料。

05.0142 聚砜基复合材料 polysulfone composite

以聚砜树脂为基体的复合材料。

05.0143 聚甲醛树脂基复合材料 polyformaldehyde composite

以聚甲醛树脂为基体的复合材料。

05.0144 聚丙烯基复合材料 polypropylene composite

以聚丙烯树脂为基体的复合材料。

05.0145 聚氯乙烯基复合材料 poly（vinyl chloride）composite

以硬质聚氯乙烯树脂为基体的复合材料。

05.0146 聚四氟乙烯基复合材料 polytetrafluoroethylene composite

以聚四氟乙烯树脂为基体的复合材料。具有突出的热稳定性、耐腐蚀性和摩擦学性能。

05.0147 聚苯并咪唑基复合材料 polybenzimidazole composite

以聚苯并咪唑树脂为基体的复合材料。

05.0148 聚喹噁啉基复合材料 polyquinoxaline composite

以聚喹噁啉树脂为基体的复合材料。

05.0149 液晶聚合物原位复合材料 liquid crystalline polymer in-situ composite

采用热致液晶高分子作为组分，通过原位成纤增强的聚合物基复合材料。

05.0150 碳纳米管聚合物基复合材料 carbon nanotube polymer composite

以碳纳米管为增强材料，以聚合物为基体的

复合材料。

05.0151 插层复合材料 intercalation composite
将树脂体系插入具有层状结构物质的层间而制得的复合材料。

05.0152 聚合物/无机层状氧化物复合材料 polymer/inorganic layered oxide intercalation composite
利用化学或物理的方法将聚合物分子插入到无机纳米层状氧化物的层间制备的复合材料。

05.0153 树脂插层蒙脱土复合材料 resin/montmorillonite intercalation composite
将树脂基体插入具有天然纳米层状结构的蒙脱土中制得的复合材料。

05.0154 植物纤维增强聚合物基复合材料 plant fiber reinforced polymer composite
以植物纤维为增强材料,以聚合物为基体的复合材料。

05.0155 热压罐成型 autoclave process
用真空袋密封复合材料坯件组合件放入热压罐中,在加热、加压的条件下进行固化成型制备复合材料制件的一种工艺方法。

05.0156 真空袋成型 vacuum bag molding
通过抽真空的方式使袋内复合材料坯件受到均匀压力来制备复合材料制件的一种成型方法。真空袋材料通常使用聚酰胺、聚酯等薄膜或其他柔性材料制成。

05.0157 手糊成型 hand lay-up process
主要以手工作业在常温常压下成型复合材料制件的工艺方法。工艺简单,操作方便,无需专业设备,但制件质量难以保证。

05.0158 拉挤成型 pultrusion process
在牵引设备的作用下,将浸渍树脂的连续纤维或其织物通过成型模加热使树脂固化,生产复合材料型材的工艺方法。

05.0159 缠绕成型 filament winding
通过缠绕机控制张力和缠绕角,将浸有树脂的连续纤维或带,以一定方式缠绕到芯模上成型复合材料制件的工艺方法。

05.0160 拉挤-缠绕成型 pultrusion-filament winding
将拉挤成型和缠绕成型结合制备复合材料制件的方法。

05.0161 模压成型 compression molding
将预混料或预浸料坯件装入封闭模具内,在一定温度、压力下固化成型的方法。

05.0162 搓卷成型 rolling process
利用上台面的移动将放在下台面上的预浸料缠绕在芯轴上,然后经加热并借助于热收缩膜施加压力而制造管状制件的成型方法。

05.0163 软模成型 flexible die forming
在刚性模具与制件之间用具有一定柔性的软模来产生和传递压力,使制件上的压力与所压制件各个表面都近似垂直且基本相等的工艺方法。

05.0164 袋压成型 bag molding
利用柔性袋传递流体压力,将铺放在刚性单面模具上的复合材料坯件固化成型的工艺方法。

05.0165 树脂膜渗透成型 resin film infusion,RFI
将基体树脂膜和增强材料预成型体预先装

入模具中，通过加热加压、抽真空使树脂膜熔融浸渗增强材料并固化成型的复合材料制造方法。

05.0166 喷射成型 spray-up process, reaction injection molding
将树脂体系与短纤维（或晶须、颗粒）同时喷射到模具上成型复合材料制件的工艺方法。

05.0167 泡沫夹层结构复合材料 foam core sandwich composite
由面板（蒙皮）与轻质泡沫芯材组成的层状结构复合材料。

05.0168 蜂窝夹层复合材料 honeycomb core sandwich composite
由面板（蒙皮）与蜂窝芯材组成的层状结构复合材料。

05.0169 片状模塑料 sheet molding compound, SMC
添加有各种助剂的树脂混合物浸渍短纤维或毡片，两面覆盖塑料薄膜而形成的片状预混料，是复合材料制件的中间材料。

05.0170 团状模塑料 bulk molding compound, BMC
添加有各种助剂的树脂混合物浸渍短纤维而形成的团状预混料，是复合材料制件的中间材料。

05.0171 混杂界面数 hybrid interface number
不同种类纤维铺层相接触面的数目。

05.0172 混杂比 hybrid ratio
混杂纤维复合材料中各种纤维含量之比，通常指体积含量之比。

05.0173 预浸料 prepreg
已浸渍树脂的纤维或其织物经烘干或预聚后形成的一种片状中间材料。

05.0174 预浸单向带 prepreg tape
由相互平行的连续纤维或单向织物经浸渍树脂后制成的一种带状预浸料。

05.0175 预浸织物 preimpregnated fabric
将连续纤维编织物浸渍树脂后得到的，多用于制备层压复合材料制件的中间材料。

05.0176 湿法预浸料 solution prepared prepreg
又称"溶液法预浸料"。通过树脂溶液浸渍纤维束或织物制备的预浸料。

05.0177 浆料法预浸料 slurry prepared prepreg
将树脂粉末悬浮于具有要求特征的液体介质中制成聚合物淤浆，用其浸渍纤维或织物制备的预浸料。

05.0178 热熔法预浸料 melting prepared prepreg
又称"熔融法预浸料"。将树脂体系加热熔融成为流动状态，用其浸渍纤维或织物而制备的预浸料。

05.0179 粉末法预浸料 powder prepared prepreg
使树脂粉末均匀分散到纤维或织物上而后加热制备的预浸料。

05.0180 预浸料适用期 pot life of prepreg
在与固化剂混合后，热固性树脂体系仍能适合预期加工处理的时间周期。

05.0181 预浸料树脂流动度 resin flow of prepreg
预浸料中树脂体系流动性大小的量度。一般指在规定的温度、时间和压力条件下，预浸料中树脂的流出量，以预浸料质量的百分数表示。

05.0182　预浸料纤维面密度　area weight of fiber

单位面积预浸料中所含的纤维质量。

05.0183　预浸料单层厚度　lamina thickness of prepreg

一个片层预浸料的厚度。

05.0184　预浸料黏性　prepreg tack

预浸料表面的黏着性。为预浸料铺叠性、铺层间黏合性及预浸料与模具可黏贴性的表征。

05.0185　预浸料凝胶时间　gel time of prepreg

预浸料中的树脂在一定的反应温度下从反应起始到出现凝胶状态的时间。

05.0186　预浸料凝胶点　gel point of prepreg

预浸料体系黏度增加，开始出现凝胶化现象时对应的温度、时间及反应程度等参数的值。

05.0187　预浸料挥发分含量　volatile content of prepreg

又称"预浸料挥发物含量"。预浸料中可挥发物质量与挥发前预浸料质量的比值。

05.0188　预浸料树脂含量　resin content of prepreg

预浸料中树脂基体的含量。

05.0189　纤维预制体　fiber preform

通常采用定型剂或纺织方法等将增强材料预成型为所需要形状的纤维复合材料增强体。

05.0190　纤维体积含量　fiber volume content

纤维体积占复合材料体积的百分数。

05.0191　含胶量　resin mass content

又称"树脂含量"。树脂质量占复合材料质量的百分数。

05.0192　复合材料空隙率　void content of composite

复合材料中空隙体积占整个复合材料体积的百分数。是评价树脂基复合材料质量的重要指标之一。

05.0193　复合材料富树脂区　resin-rich area of composite

复合材料制件中局部树脂含量明显高于制件平均树脂含量的区域。

05.0194　复合材料贫树脂区　resin-starved area of composite

复合材料制件中局部树脂含量明显低于制件平均树脂含量的区域。

05.0195　复合材料离型纸　release paper of composite

复合材料成型中的一种作为预浸料或树脂膜载体使用的表面涂有硅树脂的纸制材料。其对预浸料既有一定的黏附力又易于分离。

05.0196　复合材料脱模剂　mold release agent of composite

复合材料成型中的一种使复合材料制件与模具易于分离的辅助材料。一般涂于模具表面，使制件易与模具分离。

05.0197　复合材料隔离膜　composite release film

复合材料成型中的一种起隔离作用的辅助材料。有孔隔离膜置于复合材料坯件与吸胶层之间，无孔隔离膜置于吸胶层与模具之间，一般由聚四氟乙烯膜材料制成。

05.0198 固化促进剂 cure accelerator
能加速固化反应或降低固化温度的物质。

05.0199 复合材料偶联剂 coupling agent of composite
能提高基体与增强体界面结合强度的化合物。一般含有两种官能团，可分别与基体和增强体产生结合作用。

05.0200 树脂稀释剂 resin diluent
为降低树脂体系黏度，改善其工艺性而加入的与树脂混溶性好的液体。分活性稀释剂和非活性稀释剂。

05.0201 胶膜 adhesive film
一种薄膜状的胶黏剂。

05.0202 随炉件 procession control panel
与制件的材料和工艺相同，并在同炉固化成型的一种层压板或试样件。用以评定制件质量，对工艺过程进行监控。

05.0203 复合材料固化 composite cure
通过热、光、辐射或化学添加剂等的作用，使树脂体系发生不可逆的化学交联反应形成复合材料的过程。

05.0204 复合材料热固化 thermal curing of composite
通过热能引发树脂体系产生化学交联形成复合材料的过程。

05.0205 复合材料辐射固化 radiation curing of composite
通过电磁波辐射引发树脂体系产生化学交联形成复合材料的过程。

05.0206 复合材料微波固化 microwave curing of composite
通过微波作用产生热能而引发树脂体系产

生化学交联形成复合材料的过程。

05.0207 复合材料电子束固化 electron beam curing of composite
通过电子束能量引发树脂体系产生化学交联形成复合材料的过程。辐射固化的一种。

05.0208 复合材料光固化 photopolymerization of composite
通过光照引发树脂体系产生化学交联形成复合材料的过程。辐射固化的一种。

05.0209 复合材料紫外线固化 ultraviolet curing of composite
通过紫外光引发树脂体系产生化学交联形成复合材料的过程。辐射固化的一种。

05.0210 固化周期 curing cycle
完成一次复合材料制件固化成型的全部过程所需的时间。

05.0211 树脂基体固化度 curing degree of resin
复合材料中树脂发生固化交联反应的程度，即树脂基体中已发生交联反应的官能团数目占可固化的官能团总数的百分比。

05.0212 复合材料固化收缩 curing shrinkage of composite
复合材料固化成型期间或固化成型后制件尺寸缩小的现象。

05.0213 复合材料加压窗口 pressure window of composite
复合材料固化成型过程中在一定的温度制度下最适宜的加压时间段。

05.0214 复合材料共固化 co-curing of composite
将两个或两个以上有连接关系的复合材料

制件，在一个固化周期中同时完成固化成型和胶接成整体制件的工艺方法。

05.0215　复合材料预固化　precuring of composite

将复合材料坯件在规定温度和压力下预先进行一定程度的固化过程。一般指在共固化和二次胶接的工艺过程中，将其中一个或多个制件预先进行完全或部分固化的工艺过程。

05.0216　复合材料后固化　post-curing of composite

固化后已基本定型的复合材料制件，为进一步提高强度和耐温性而进行的热处理工序。

05.0217　复合材料二次胶接　secondary bonding of composite

已固化的复合材料不同制件通过胶黏剂再次进行胶接固化使它们连接成一个整体制件的工艺方法。

05.0218　复合材料固化模型　composite cure model

基于复合材料固化过程中的热化学、流动、空隙、残余应力等参数之间的关系所建立的数学模型。

05.0219　复合材料树脂流动模型　resin flow model of composite

基于复合材料固化过程中树脂流速与温度、压力及时间之间关系所建立的数学模型。

05.0220　复合材料热化学模型　thermo-chemical model of composite

描述复合材料由热引发的固化反应进程与温度和时间的相互关系的模型。

05.0221　复合材料空隙率模型　void content model of composite

描述复合材料空隙含量与固化温度、压力之间关系的数学模型。

05.0222　复合材料固化残余应力模型　residual stress model of composite

描述复合材料残余应力与固化温度、时间及压力之间关系的数学模型。

05.0223　介电法固化监测　dielectric cure monitoring

利用固化过程中制件介电常数随固化反应的进行而变化的特性，对整个固化过程实行全程监测，并确定适宜的加压时机和固化程度的技术。

05.0224　热电偶法固化监测　thermal couple cure monitoring

用热电偶跟踪固化过程中制件内部温度的变化，对整个固化过程实行全程监测，以控制和调节固化温度的技术。

05.0225　光导纤维固化监测　optical fiber cure monitoring

将制件在固化过程中的变化信息通过光导纤维传输出来，对整个固化过程实行全程监测，并确定适宜的加压时机和固化程度的技术。

05.0226　复合材料脱黏　composite debonding

由各种因素引起的复合材料层内、层间或胶接接头间产生分离的现象。

05.0227　复合材料分层　composite delamination

由制造缺陷或层间残余应力等引起的复合材料铺层之间的脱黏现象。

05.0228　渗透率　permeability

表征纤维增强体在一定体积分数下，某一特定方向上其网络结构对树脂流动的阻挡能力。一般有饱和渗透率和非饱和渗透率之分。

05.0229 饱和渗透率 saturated permeability
预先浸有树脂的纤维增强体的渗透率。

05.0230 非饱和渗透率 unsaturated permeability
预先未浸有树脂的纤维增强体的渗透率。

05.0231 树脂体系黏度模型 resin viscosity model
描述树脂体系黏度与温度、时间或固化度等参数之间关系的数学模型。

05.0232 纤维可压缩性 compressibility of fiber
表征纤维铺层沿厚度方向压力作用下该方向上的变形能力。

05.04 金属基复合材料

05.0233 连续纤维增强金属基复合材料 continuous fiber reinforced metal matrix composite
用高性能连续长纤维或金属丝增强的以金属或合金为基体的复合材料。

05.0234 短纤维增强金属基复合材料 short fiber reinforced metal matrix composite
以短纤维增强的以金属或合金为基体的复合材料。

05.0235 颗粒增强金属基复合材料 particulate reinforced metal matrix composite
以碳化物、氮化物、氧化物、石墨等颗粒增强的以金属或合金为基体的复合材料。

05.0236 晶须增强金属基复合材料 whisker reinforced metal matrix composite
以各种晶须增强的以金属或合金为基体的复合材料。

05.0237 片晶增强金属基复合材料 platelet reinforced metal matrix composite
以新型增强体-片晶增强的以金属或合金为基体的复合材料。

05.0238 混杂增强金属基复合材料 hybrid reinforced metal matrix composite
以两种或两种以上的增强体混合增强的以金属或合金为基体的复合材料。

05.0239 陶瓷－金属复合材料 ceramic-metal composite
金属或合金基体中陶瓷相呈连续或接近连续的三维骨架结构的复合材料。

05.0240 颗粒增强铁基复合材料 particulate reinforced Fe-matrix composite
以铁或铁合金为基体，用碳化物、氮化物以及硼化物等颗粒增强的复合材料。

05.0241 定向凝固共晶金属基复合材料 directionally solidified eutectic reinforced metal matrix composite
通过共晶合金的单向凝固，在金属或合金基体中形成定向排列纤维状或细片状增强体的原位生长复合材料。

05.0242 硼纤维增强铝基复合材料 boron fiber reinforced Al-matrix composite
以轻质高强的硼纤维增强铝或铝合金为基体的复合材料。其特点是比强度大，比模量高，压缩性能好。

05.0243 碳纤维/石墨增强铝基复合材料
carbon/graphite fiber reinforced Al-matrix composite

以高性能碳或石墨纤维增强铝或铝合金为基体的复合材料。具有密度低、强度高、刚性好、导热导电性能好及尺寸稳定性好等优点。

05.0244 碳纤维/石墨增强镁基复合材料
carbon/graphite fiber reinforced Mg-matrix composite

以碳或石墨纤维增强镁或镁合金为基体的复合材料。其突出特点是比模量极高，热膨胀系数接近零。

05.0245 碳化硅纤维增强钛基复合材料
silicon carbide filament reinforced Ti-matrix composite

以化学气相沉积法制备的碳化硅粗纤维(直径 80~140μm)作为增强体、以钛或钛合金为基体的复合材料。主要用做使用温度不超过 800℃的航空发动机零部件。

05.0246 硅酸铝纤维增强铝基复合材料
alumina silicate fiber reinforced Al-matrix composite

以硅酸铝短纤维增强铝或铝合金为基体的复合材料。其成本较低，常用于发动机活塞的耐磨部位。

05.0247 氧化铝纤维增强金属间化合物基复合材料 alumina fiber reinforced intermetallic compound matrix composite

以氧化铝连续纤维增强金属间化合物为基体的复合材料。

05.0248 金属丝增强高温合金基复合材料
metal filament reinforced superalloy matrix composite

以钨合金丝为增强体，利用其良好的高温性能以及镍基、钴基、铁基等高温合金为基体的抗氧化性而制成的复合材料。

05.0249 金属丝增强难熔金属基复合材料
metal filament reinforced refractory metal matrix composite

以抗氧化能力强的难熔金属为基体，以高温性能优异的钨或钨合金丝等为增强体的复合材料。

05.0250 不锈钢丝增强铝基复合材料
stainless steel filament reinforced Al-matrix composite

以直径范围在几十到几百微米之间的不锈钢丝增强铝或铝合金基体的复合材料。具有高强、高韧和优良的抗蠕变性能。

05.0251 钨丝增强铀金属基复合材料 tungsten filament reinforced U-matrix composite

以钨丝增强贫铀为基体的复合材料。主要用做穿甲弹的弹芯材料。

05.0252 碳化硅晶须增强铝基复合材料
silicon carbide whisker reinforced Al-matrix composite

以碳化硅晶须作为增强体的铝或铝合金为基体的复合材料。其增强效果突出，强度水平较高。

05.0253 硼化钛晶须增强钛基复合材料
titanium boronide whisker reinforced Ti-matrix composite

以硼化钛晶须作为增强体的钛或钛合金基的复合材料。增强体与基体之间具有良好的化学相容性，该复合材料具有良好的高温性能。

05.0254 硼酸铝晶须增强铝基复合材料
aluminium borate whisker reinforced

Al-matrix composite

以成本相对较低的硼酸铝晶须为增强体、铝或铝合金为基体的复合材料。

05.0255 碳化硅颗粒增强铝基复合材料
silicon carbide particulate reinforced
Al-matrix composite

以碳化硅颗粒增强铝或铝合金为基体的复合材料。是金属基复合材料中可以大批量生产和应用的主要品种。

05.0256 氧化铝颗粒增强铝基复合材料
alumina particulate reinforced
Al-matrix composite

以氧化铝颗粒增强铝或铝合金为基体的复合材料。增强体与基体之间具有良好的化学相容性，该复合材料是可以大批量生产和应用的金属基复合材料品种之一。

05.0257 碳化钛颗粒增强铝基复合材料
titanium carbide particulate reinforced
Al-matrix composite

以碳化钛颗粒增强铝或铝合金为基体的复合材料。碳化钛颗粒在铝基体中较易分散，其增强效果较好，综合性能较高。

05.0258 碳化硼颗粒增强铝基复合材料
boron carbide particulate reinforced
Al-matrix composite

以碳化硼颗粒增强铝或铝合金为基体的复合材料。其特点是轻质、耐磨且具有热中子吸收截面高、吸收中子的能量范围较宽的功能特性。

05.0259 氮化铝颗粒增强铝基复合材料
aluminium nitride particulate reinforced Al-matrix composite

以氮化铝颗粒增强铝或铝合金为基体的复合材料，具有相对较好的机械加工性能。

05.0260 碳化硅颗粒增强镁基复合材料
silicon carbide particulate reinforced
Mg-matrix composite

以碳化硅颗粒增强镁或镁合金为基体的复合材料。

05.0261 碳化硼颗粒增强镁基复合材料
boron carbide particulate reinforced
Mg-matrix composite

以碳化硼颗粒增强镁或镁合金为基体的复合材料。

05.0262 金属基复合材料真空吸铸 vacuum suction casting of metal matrix composite

在铸型内形成一定负压条件，使液态金属或颗粒增强金属基复合材料自下而上吸入型腔凝固后形成铸件的工艺方法。

05.0263 金属基复合材料原位复合工艺
in-situ reaction fabrication of metal matrix composite

制备过程中通过元素间的各种反应形成增强体的金属基复合材料制备工艺。

05.0264 金属基复合材料无压浸渗制备工艺
pressureless infiltration fabrication of metal matrix composite

金属液在无外加压力的情况下，自发渗入多孔的陶瓷堆积体或预制体中获得复合材料的工艺方法。

05.0265 金属基复合材料热压制备工艺 hot pressing fabrication of metal matrix composite

连续纤维和基体合金在一定的加热温度和压力下，通过扩散结合制备金属基复合材料的固相复合工艺。

05.05 陶瓷基复合材料

05.0266 纤维增强陶瓷基复合材料 fiber reinforced ceramic matrix composite
在陶瓷基体中添加纤维来增加强度和韧性的复合材料。

05.0267 纤维增强水泥复合材料 fiber reinforced cement matrix composite
用纤维增强的水泥为基质的复合材料。

05.0268 碳纤维增强碳基复合材料 carbon fiber reinforced carbon matrix composite
用碳纤维增强的碳基复合材料。

05.0269 晶须补强陶瓷基复合材料 whisker reinforced ceramic matrix composite
用晶须增强的陶瓷基复合材料。

05.0270 碳化硅晶片补强陶瓷基复合材料 silicon carbide wafer reinforced ceramic matrix composite
用片状碳化硅增强的陶瓷基复合材料。

05.0271 莫来石晶片补强陶瓷基复合材料 mullite wafer reinforced ceramic matrix composite
添加片状莫来石增强的陶瓷基复合材料。

05.0272 颗粒弥散强化陶瓷 particle dispersion strengthened ceramics
细小颗粒增强体均匀地分布在陶瓷基体中，使陶瓷材料的强度增大的陶瓷基复合材料。

05.0273 原位生长陶瓷基复合材料 in-situ growth ceramic matrix composite
在制备过程中，通过反应、相变或析出、在基体内部形成条状、柱状、片状等不同形态增强体的陶瓷基复合材料。

05.0274 层状陶瓷材料 laminated ceramics
具有层状结构的陶瓷材料。

05.06 功能复合材料

05.0275 导电复合材料 electrical conductive composite
以非良导体、绝缘体为基体材料，通过加入导电粒子或纤维构成可导电的复合材料。

05.0276 高导电复合材料 highly conductive composite
以橡胶、树脂等绝缘高分子材料为基体，银、铜、镍等高导电性金属粒子，高导电性炭黑、石墨粉以及金属纤维，金属化无机材料纤维和碳纤维等高导电相为导电填料而构成的复合材料。

05.0277 绝缘复合材料 electrical insulation composite
以绝缘填料与高聚物复合而成的具有电绝缘功能的复合材料。可分为电工绝缘用和电子装置绝缘用两大类。

05.0278 超导复合材料 superconducting functional composite
使用金属间化合物超导体与铜等金属复合而成的具有超导功能的复合材料。

05.0279 高温超导复合材料 high temperature superconducting composite

以金属为基体，与钇钡铜氧（$YBa_2Cu_3O_7$）等高温超导材料复合而制成的复合材料。

05.0280 电磁屏蔽复合材料 electromagnetic shielding composite
具有对电磁波产生屏蔽作用的复合材料。

05.0281 透电磁波复合材料 electromagnetic wave transparent composite
又称"透波复合材料"。用具有低的介电常数和介电损耗的功能体材料与基体构成的具有透电磁波功能的复合材料。

05.0282 雷达隐形复合材料 radar stealthy composite
通过吸收或无效反射雷达波达到隐形目的的功能复合材料。

05.0283 红外隐形复合材料 infrared stealthy composite
通过对红外线进行吸收和漫反射达到隐形目的的功能复合材料。由吸收和漫反射填料和树脂基体复合而成。

05.0284 压电复合材料 piezoelectric composite
以橡胶、环氧树脂、压电高分子材料（如PVDF）为基体材料，锆钛酸铅（PZT）、钛酸铅、偏铌酸铅等压电陶瓷粉末为功能体复合而成，具有压电性质的复合材料。

05.0285 永磁复合材料 permanent magnetic composite
具有永磁性的功能复合材料。基本上由磁性物质和橡胶或塑料等高聚物复合而成。

05.0286 软磁性复合材料 soft magnetic composite
由软磁性铁氧体和高聚物基体复合而成的具有软磁性功能的复合材料。

05.0287 选择滤光功能复合材料 selective light filtering composite
以透明的高聚物、玻璃、单晶体和多晶陶瓷为基体，并将各种颜料均匀的分散在其中，形成的对可见光波有选择吸收，从而达到滤光目的的功能复合材料。

05.0288 光致变色复合材料 photochromic composite
以光致变色物质为光敏组分，在光激发下能改变颜色的复合材料。其主要特点是光敏组分的光致变色性质。

05.0289 辐射屏蔽复合材料 radiation shielding composite
由吸收放射性射线、粒子的材料与基体复合的或再用增强体与上述材料进行复合的复合材料。

05.0290 透 X 射线复合材料 X-ray transparent composite
具有优良的透 X 射线的功能复合材料。

05.0291 光致发光复合材料 photoluminescent composite
能够在紫外、可见光以及红外光激发下产生发光现象的复合材料。

05.0292 抗声呐复合材料 anti-sonar composite
以橡胶、聚氨酯等黏弹性材料或塑料等为基体，加多孔性填料，并以纤维等材料增强而成的一种水声吸声复合材料。

05.0293 阻燃复合材料 flame retardant composite
难燃烧、燃烧时发烟少、产生有害气体少的复合材料。

05.0294 减振复合材料 damping composite

能将振动能吸收并转变成其他形式的能量（如热能）而耗散，从而减小机械振动和降低噪声的一种复合材料。

05.0295 摩擦功能复合材料 friction functional composite

具有高摩擦系数、低磨损速率的复合材料。

05.0296 密封功能复合材料 sealed functional composite

具有静态和动态密封功能的复合材料。有两种基本形式，一种为纤维增强高聚物；一种为青铜塑料钢背三层复合材料。

05.0297 抗腐蚀功能复合材料 anticorrosive functional composite

具有耐应力、耐生物和耐化学腐蚀性能的一类复合材料。通常由抗腐蚀基体、填料和增强材料复合而成，并可用偶联剂对填料和增强体进行表面处理，提高材料性能。

05.0298 选择分离聚合物膜复合材料 selective separative polymeric composite

具有对化学物质选择分离的一种功能复合材料。由具有选择分离功能的高聚物膜和膜支持层构成的复合材料。

05.0299 烧蚀防热复合材料 ablative composite

又称"防热复合材料(heat-resistant composite)"。利用材料在高温下产生裂解气化、熔化蒸发、升华、炭化等物理化学作用，借助材料表面的质量迁移带走大量热量，达到保护内部结构的复合材料。

05.0300 透光复合材料 light-transparent composite

以玻璃纤维及其织物和透明合成高聚物为原料复合而成的具有透光功能的复合材料。其中所用的高聚物基体主要有不饱和聚酯和丙烯酸类。

05.0301 磁性复合材料 magnetic composite

热固性或热塑性高分子与磁性材料复合而成的具有磁性功能的复合材料。常见的磁性复合材料包括磁性环氧树脂、磁性酚醛树脂、磁性聚乙烯、磁性合金及复合型磁性高分子材料等。

05.0302 低密度防热复合材料 low density ablative composite

又称"低密度烧蚀材料"。密度低于 $1g/cm^3$ 的具有烧蚀防热功能的复合材料。通常用填料增强酚醛树脂、环氧树脂或有机硅弹性体材料而成。

05.0303 隔热复合材料 thermal insulation composite

具有阻止热量传递或隔热功能的复合材料。主要以泡沫、纤维、中空板材或涂层等形式应用，如聚苯乙烯泡沫、聚氨酯泡沫等已广泛用于管道、冷库的防冻保温。

05.0304 结构阻尼复合材料 structural damping composite

具有阻尼与承载双重功能的复合材料。一般是在结构复合材中通过结构设计或加入改性丁腈橡胶等阻尼改性剂以实现结构复合材料的阻尼性能。

05.0305 防热隐形复合材料 heat-resistant stealthy composite

具有隐形与防热双重功能的复合材料。

05.0306 结构隐形复合材料 structural stealthy composite

具有隐形与承载双重功能的复合材料。

05.0307 隐形复合材料 stealthy composite

能够通过结构设计或添加特征吸收剂或涂

层以减少军事目标的雷达特征、红外特征、光电特征、声学特征或目视特征等，达到隐形目的的功能复合材料。

05.0308 复合材料残碳率 carbon yield ratio of composite

复合材料在一定的温度、气氛环境内灼烧一定时间后产物残余游离碳的相对百分含量。

05.0309 碳/碳复合材料石墨化度 graphitization degree of carbon/carbon composite

在含有石墨晶体及各种过渡态碳的碳/碳复合材料中，石墨晶体所占的百分比。

05.0310 复合材料线烧蚀速率 linear ablating rate of composite

又称"烧蚀后退率"。复合材料在烧蚀过程中，单位时间内材料沿法线方向后退的距离。

05.0311 复合材料质量烧蚀速率 mass ablating rate of composite

复合材料在烧蚀过程中，单位时间内材料质量的损失。

05.0312 抗氧化碳/碳复合材料 oxidation-resistant carbon/carbon composite

通过向碳/碳复合材料基体中添加氧化抑制剂（抗氧化剂）或在碳/碳复合材料表面形成抗氧化涂层等途径而获得的一种抗高温氧化的碳/碳复合材料。

05.0313 高硅氧玻璃/酚醛防热复合材料 high-silica glass/phenolic ablative composite

以高硅氧玻璃纤维为增强体、酚醛树脂为基体进行复合得到的具有耐烧蚀防热功能的复合材料。

05.0314 玻璃/酚醛防热复合材料 glass/phenolic ablative composite

以玻璃纤维为增强体、酚醛树脂为基体进行复合得到的具有烧蚀防热功能的复合材料。

05.0315 碳/碳防热复合材料 carbon/carbon ablative composite

由碳纤维增强材料与碳基体组成，具有防热功能的复合材料。

05.0316 石英纤维/二氧化硅透波复合材料 quartz/silica wave-transparent composite

利用二氧化硅纤维增强二氧化硅基体复合而成的具有透电磁波功能的复合材料。

05.0317 碳/酚醛防热复合材料 carbon/phenolic ablative composite

以碳纤维为增强体、酚醛树脂为基体进行复合得到的具有烧蚀防热功能的复合材料。

05.0318 碳/二氧化硅防热复合材料 carbon/silica ablative composite

以碳纤维为增强体、氧化硅为基体进行复合得到的具有烧蚀防热功能的复合材料。

05.07 复合材料结构设计及表征、测试

05.0319 层 lamina, ply

又称"单层"、"单层板"。构成层合复合材料中的某一层。由铺层经铺贴、固化而成，是层合板宏观力学分析中的最基本单元。

05.0320 铺层 lay up

按设计和工艺要求剪裁的供铺贴制件使用的预浸料片材。是复合材料制件结构设计和制造成型的最基本单元。

05.0321　铺层角　ply angle
又称"纤维取向"。铺层中纵向或经向纤维与参考坐标系 x 轴之间的夹角。由 x 轴量起，以逆时针方向为正。

05.0322　铺层顺序　ply stacking sequence
铺层在层合板中的铺叠排列顺序。是层合板铺层结构的具体体现。

05.0323　铺层组　ply group
层合板中连续铺设的具有相同特性的，一般指具有相同铺层角的一组铺层。

05.0324　铺层比　ply ratio
层合板中各铺层角层数占总层数之比。

05.0325　单层弹性主方向　principle direction of lamina
单层中沿纤维方向（纵向、0°方向）和垂直纤维方向（横向、90°方向）或双向织物单层中经向纤维的方向和纬向纤维的方向。常用 L 向和 T 向表示。

05.0326　单层正轴　on-axis of lamina
与单层弹性主方向一致的参考坐标系。常用1-2 坐标系表示。

05.0327　单层偏轴　off-axis of lamina
与单层弹性主方向有一个偏角的参考坐标系。常用 x-y 坐标系表示。

05.0328　单层正轴工程常数　on-axis engineering constant of lamina
对单向及织物层合板进行单轴拉伸、压缩及纵横剪切试验直接测得的常数。包括拉伸、压缩、剪切强度和弹性模量，以及主泊松比。

05.0329　单层正轴应力－应变关系　on-axis stress-strain relation of lamina
正轴应力与正轴应变物理关系表达式。由单

向板正轴单轴载荷试验确定，一般假设为线性关系。

05.0330　单层正轴刚度　on-axis stiffness of lamina
单层正轴方向抵抗变形的能力。以产生单位正轴应变所对应的正轴应力表示。正轴刚度矩阵为对称矩阵，且拉－剪耦合刚度为零。

05.0331　单层正轴柔度　on-axis compliance of lamina
单位正轴应力作用下产生正轴应变（变形）大小的度量。正轴柔度矩阵为对称矩阵，且拉－剪耦合柔度为零。

05.0332　单层偏轴应力－应变关系　off-axis stress-strain relation of lamina
偏轴应力与偏轴应变物理关系表达式。

05.0333　单层偏轴刚度　off-axis stiffness of lamina
单层偏轴方向抵抗变形的能力。以产生单位偏轴应变所对应的偏轴应力表示。特点是有拉－剪耦合刚度。

05.0334　单层偏轴柔度　off-axis compliance of lamina
单位偏轴应力作用下产生偏轴应变（变形）大小的度量。特点是有拉－剪耦合柔度。

05.0335　单层偏轴弹性模量　off-axis elastic modulus of lamina
由单层偏轴方向（非材料主方向）单轴载荷作用定义的偏轴方向的拉压弹性模量。主泊松比和剪切弹性模量，以及常规材料没有的反映法向与切向耦合关系的剪切耦合系数。铺层角密切相关。

05.0336　单层剪切耦合系数　shear coupling coefficient of lamina

又称"相互影响系数"。偏轴方向纯剪切应力引起的线变形或偏轴方向单轴正应力引起的剪切变，是单层板新的特有的工程常数。

05.0337 刚度不变量 stiffness invariant
正轴与偏轴坐标变换中保持不变的正轴刚度系数的线性组合。4 个独立正轴刚度系数决定了有 4 个独立刚度不变量。

05.0338 柔度不变量 compliance invariant
正轴与偏轴坐标变换中保持不变的正轴柔度系数的线性组合。

05.0339 经典层合板理论 laminated plate theory
基于基尔霍夫 – 勒夫(Kirchhoff-Love)假设即直法线假设和法线长度保持不变，z 向应力可以忽略假设，而建立的薄层合板中面变形方程。

05.0340 层合板 laminate
由两层或两层以上铺层经铺贴、固化而成的复合材料板。

05.0341 单向板 unidirectional laminate
由纤维或单向带沿同一方向铺叠、压制而成的板材。是最基本的层合板。

05.0342 层合板面内刚度 in-plane stiffness of laminate
层合板抵抗面内变形(应变)的能力。产生单位中面应变所施加的中面合力在数值上等于对应的面内刚度值。以[A]矩阵表示。

05.0343 层合板耦合刚度 coupling stiffness of laminate
层合板抵抗中面面内与面外耦合变形(拉伸、压缩、纯剪切与弯曲、扭转耦合变形)的能力。以[B]矩阵表示。

05.0344 层合板弯曲刚度 bending stiffness of laminate
层合板抵抗中面面外变形(弯曲变形和扭转变形)的能力。以[D]矩阵表示。

05.0345 层合板面内柔度 in-plane compliance of laminate
层合板单位中面合力引起的中面应变。

05.0346 层合板耦合柔度 coupling compliance of laminate
层合板单位中面合力引起的中面面外变形(弯曲变形和扭转变形)或单位中面合力矩(弯曲力矩和扭转力矩)引起的中面面内应变(变形)。

05.0347 层合板弯曲柔度 bending compliance of laminate
层合板中面合力矩(弯曲力矩和扭转力矩)引起的中面曲率(弯曲曲率和扭转曲率)。

05.0348 层合板中面应变 midplane strain of laminate
层合板在外力作用下中面产生的线应变和剪应变。

05.0349 层合板中面曲率 midplane curvature of laminate
层合板在外力作用下中面产生的弯曲曲率和扭转曲率。

05.0350 层合板泊松比 Poisson's ratio of laminate
层合板在材料的比例极限内，由均匀分布的纵向应力所引起的横向应变与相应的纵向应变之比的绝对值。

05.0351 层合板拉 – 剪耦合 shear coupling of laminate
层合板中面单轴载荷引起中面剪应变的现

象，或中面剪切载荷引起中面线应变的现象。

05.0352 层合板拉－弯耦合 stretching-bending coupling of laminate

层合板中面面内载荷引起弯曲、扭转面外变形，或面外载荷弯曲、扭转引起中面面内线变形、剪变形的现象。

05.0353 层合板弯－扭耦合 bending-twisting coupling of laminate

层合板弯曲载荷引起扭转曲率，或扭转载荷引起弯曲变形的现象。

05.0354 复合材料湿热效应 hygrothermal effect of composite

因温度改变和吸入水分而引起的复合材料性能(体积、强度、模量、玻璃化转变温度等)变化的现象。

05.0355 正交层合板 cross-ply laminate

仅由0°铺层和90°铺层交替依次叠合、压制而成的板材。是一种呈正交异性的层合板。

05.0356 斜交层合板 angle-ply laminate

仅由$+\theta$铺层和$-\theta$铺层交替依次叠合、压制而成的板材。其总层数为偶数时是均衡层合板；为奇数时是对称层合板。

05.0357 准各向同性层合板 quasi-isotropic laminate

一种面内刚度只有两个独立的系数，呈现各向同性材料特征的特殊均衡对称层合板。

05.0358 对称层合板 symmetric laminate

相对于板的几何中面，两边各单层一一对应成镜像的层合板。其耦合刚度矩阵为零，利于工艺成型。

05.0359 反对称层合板 anti-symmetric laminate

由相对于板的几何中面、铺层角大小相同而方向相反、且材料特性和参数相同的铺层构成的层合板。

05.0360 非对称层合板 unsymmetric laminate

一种铺层既不满足对称、又不满足反对称的特殊铺层层合板。

05.0361 均衡层合板 balanced laminate

铺层的各种特性和参数相同，铺层角为$+\theta$与$-\theta$的层数相等的层合板

05.0362 均衡对称层合板 balanced symmetric laminate

既均衡又对称的层合板。

05.0363 对称非均衡层合板 symmetric unbalanced laminate

不满足均衡的对称层合板，是一种利用耦合效应，又有利于固化成型的铺层剪裁设计的特殊层合板。

05.0364 均衡非对称层合板 balanced unsymmetric laminate

不满足对称的均衡层合板，是一种利用面内载荷与面外载荷耦合效应的特殊层合板。

05.0365 规则层合板 periodic laminate

具有相同单层数目的各铺层组做重复间隔铺设而成的层合板。

05.0366 $\pi/4$ 层合板 $\pi/4$ laminate

由0°、90°、±45°四个铺层角铺成的层合板。

05.0367 子层合板 sublaminate

层合板中具有相同铺层结构的、重复的铺层组。

05.0368　层合板族　laminate family
一些具有相同的铺层数和铺层角度，但各种角度铺层的铺层比不同的层合板。

05.0369　层合板最大应力失效判据　maximum stress failure criteria of laminate
认为引起层合板单层破坏的因素是正轴应力，当五个正轴应力其中之一等于其对应的正轴强度时，即认为层合板发生破坏。

05.0370　层合板最大应变失效判据　maximum strain failure criteria of laminate
认为引起层合板单层破坏的因素是正轴应变，当五个正轴应变其中之一等于其对应的正轴强度除以正轴模量所得破坏应变时，即认为层合板发生破坏。判据考虑了泊松效应。

05.0371　蔡-希尔失效判据　Tsai-Hill failure criteria
由蔡为伦(Stephen W. Tsai)将单向板破坏强度与冯米泽斯(Von Mises)-希尔(R. Hill)各向异性材料屈服准则的强度参数联系起来建立的层合板单层失效准则。

05.0372　层合板蔡-吴失效判据　Tsai-Wu failure criteria of laminate
蔡为伦(Stephen W. Tsai)和吴(Edward M. Wu)通过将所有现存的唯象理论破坏准则归为高阶张量多项式破坏准则的特殊情况，建立的一种张量形式的层合板单层失效准则。

05.0373　层合板最先一层失效载荷　first ply failure load of laminate
在载荷作用下，多向层合板中出现第一个失效层时，标志层合板的失效启始。与其相应的最先一层失效载荷通常作为层合板设计的最大允许载荷。

05.0374　层合板逐层失效　successive ply failure of laminate
随着载荷的增加，多向层合板中最先一层失效后发生的单层连续失效。

05.0375　层合板最终失效　last ply failure of laminate
又称"最后一层失效"。达到极限载荷时多向层合板发生的整体结构失稳。

05.0376　层合板失效包线　failure envelope of laminate
在应力或应变空间里，由失效判据确定的、层合板复杂应力或应变下的失效限界。二维空间为一条包线、三维空间为一个包面；在应力空间与铺层角和铺层比有关，在应变空间仅与铺层角有关。

05.0377　层合板最先一层失效包线　first ply failure envelope of laminate
不同铺层比系列层合板在正应力合力空间中的失效包线叠加重合部分构成的内包线，或在正应变空间中各单层失效包线重合部分构成的内包线。

05.0378　层合板最终失效包线　last ply failure envelope
不同铺层比系列层合板在正应力合力空间中的失效包线叠加后的外轮廓包线，或在正应变空间中各单层失效包线的外轮廓包线。

05.0379　层合板强度比　strength ratio of laminate
层合板单层许用应力或应变与对应的施加应力或应变之比。与等比加载情况安全裕度有关的度量。

05.0380　复合材料许用值　allowable of composite
在一定的载荷类型与环境条件下，主要由试样试验数据，按规定要求统计分析后确定的具有一定置信度和可靠度的复合材料力学性能表征值。

05.0381 复合材料设计许用值 design allowable of composite

为保证结构完整性，根据具体工程项目要求，在材料许用值和代表结构典型特征的试样、元件、典型结构件试验结果，以及设计与使用经验基础上确定的复合材料结构强度、刚度设计限制值。

05.0382 铺层设计 layer design

针对给定的使用要求，选择铺层角、铺层比（层数），确定铺层顺序和铺层递减等细节的层合板设计过程。

05.0383 层合板等代设计 replacement design of laminate

采用准各向同性层合板，按刚度或强度相等的原则，替换原有的金属板零件的设计方法，复合材料在结构上应用初期的一种设计方法。

05.0384 层合板准网络设计 netting design of laminate

仅考虑复合材料中纤维承载能力的层合板铺层设计方法。用于初步设计估算。

05.0385 层合板主应力设计 [0]principal stress design of laminate

按主应力的方向和大小确定单层铺设方向和铺层数的层合板铺层初步设计方法。

05.0386 层合板等刚度设计 isostiffness design of laminate

具有等刚度裕度的变厚度层合板设计方法。

05.0387 层合板排序法设计 ranking design of laminate

一种仅承受面内载荷的对称层合板利用计算机分析程序进行的给定 2~4 个铺层角、子层合板 2~10 层的按刚度、强度或其他特性分类排列优化的设计方法。

05.0388 复合材料气动弹性剪裁优化设计 aerodynamic elasticity tailor optimum design of composite

利用层合板刚度可设计性和耦合效应控制翼面结构气动弹性变形，以提高翼面静、动气动弹性特性的一种以最小重量为设计目标的优化设计方法。

05.0389 层合结构耐久性设计 durability design of laminar structure

考虑工具坠落、踩踏、冰雹等在使用和维护中可能出现的低能量冲击损伤（冲击能量和频数），通常采用静力覆盖疲劳的设计方法。一般选取极低的设计许用应变并通过 2 倍使用寿命试验验证。

05.0390 复合材料细观-宏观一体化设计 micro-macro design of composite, MIC-MAC design of composite

利用计算机模糊控制，将复合材料及其结构自身可设计变量（组分材料的性能、增强体的尺寸、体积分数和分布、界面形态、成型工艺、结构几何参数等）和使用工况（载荷和环境）不确定性，综合权衡完成结构设计的复合材料结构软科学设计方法。

05.0391 复合材料设计制造一体化 design for manufacture of composite

利用计算机技术将复合材料结构设计与成型工艺设计同时完成的设计方法。

05.0392 复合材料修理容限 repair tolerance of composite

复合材料制品的缺陷或损伤需要与不需要修理，能与不能修理的两个定量限界。

05.0393 积木式方法 building block approach，BBA

按照试件尺寸和试验规模、环境复杂程度逐级增加、数量逐级减少、后一级利用前一级结果进行试验与分析相结合的低技术风险、低费用复合材料结构设计研制和验证技术。

05.0394 复合材料纵向强度 longitudinal strength of composite

单层纤维增强复合材料沿正轴纵向单轴拉伸或压缩载荷作用下的极限应力。

05.0395 复合材料横向强度 transverse strength of composite

单层纤维增强复合材料沿正轴横向单轴拉伸或压缩载荷作用下的极限应力。

05.0396 复合材料纵向弹性模量 longitudinal modulus of composite

单层纤维增强复合材料沿正轴纵向单轴拉伸或压缩载荷作用下，在线性范围内产生单位线应变所对应的应力值。

05.0397 复合材料横向弹性模量 transverse modulus of composite

单层纤维增强复合材料沿正轴横向单轴拉伸或压缩载荷作用下，在线性范围内，产生单位线应变所对应的应力值。

05.0398 复合材料纵横剪切强度 longitudinal-transverse shear strength of composite

单层纤维增强复合材料沿正轴纵向和横向纯剪切载荷作用下的极限剪应力。

05.0399 复合材料纵横剪切弹性模量 longitudinal-transverse shear modulus of composite

单层纤维增强复合材料沿正轴纵向和横向纯剪切载荷作用下，在线性范围内产生单位

剪应变所对应的剪应力值。

05.0400 复合材料主泊松比 main Possion ratio of composite

单层纤维增强复合材料沿正轴纵向单轴载荷作用下，横向应变与纵向应变的比值。

05.0401 复合材料比强度 specific strength of composite

单层纤维增强复合材料纵向拉伸强度与其密度之比。

05.0402 复合材料比模量 specific modulus of composite

单层纤维增强复合材料纵向拉伸弹性模量与其密度之比。

05.0403 毯式曲线 carpet plot

以 0°层、90°层、±45°层任意铺层比的函数给出均衡对称层合板单轴载荷(拉伸、压缩或纵横剪切)对应的弹性模量或强度的一种层合板设计曲线。

05.0404 复合材料吸湿平衡 moisture equilibrium of composite

在给定环境条件下，复合材料所含水分质量基本上保持不变的状态。

05.0405 复合材料平衡吸湿率 moisture equilibrium content of composite

在给定周围环境条件下，复合材料所能达到的最高所含水分增加的质量百分数。

05.0406 复合材料吸湿率 moisture content of composite

在大气或使用环境条件下，复合材料所含水分增加的质量百分数。

05.0407 工程干态试样 engineering dry specimen

聚合物基复合材料试样在 70°C 烘干处理达到每天质量减少不大于 0.02% 时的状态。

05.0408 复合材料湿膨胀系数 moisture expansion coefficient of composite
聚合物基复合材料吸入水分增加 1% 质量所引起的长度相对改变量。

05.0409 复合材料耐介质性 composite resistance against fluid
复合材料在一定使用环境下的耐介质特性。

05.0410 层合板冲击损伤 impact damage of laminate
层合板受外来物冲击引起的结构异常。

05.0411 层合板目视可检损伤 barely visible impact damage，BVID
用肉眼可以辨认出的外来物冲击引起的层合板表面最小的异常。

05.0412 复合材料损伤阻抗 damage resistance of composite
复合材料在与损伤事件相关的力、能量或其他参数作用下所产生损伤尺寸、类型、严重程度的表征。

05.0413 复合材料准静态压痕力试验 concentrated quasi-static indentation force testing of composite
用准各向同性π/4 均匀厚度层合板测定连续纤维增强复合材料对缓慢施加的集中压痕力按临界接触力定量的损伤阻抗的试验方法。

05.0414 层合板开孔拉伸强度 open hole tension strength of laminate
用层合板带通孔试样测得的抗拉强度。

05.0415 层合板开孔压缩强度 open hole compression strength of laminate
用层合板带通孔试样测得的抗压强度。

05.0416 层合板 I 型层间断裂韧性 model I interlaminar fracture toughness of laminate
用 0° 单向板测得的张开型层间裂纹沿纤维方向起始扩展的临界能量释放率。

05.0417 层合板 II 型层间断裂韧性 model II interlaminar fracture toughness of laminate
用 0° 单向板测得的滑移型层间裂纹沿纤维方向起始扩展的临界能量释放率。

05.0418 层合板冲击后压缩强度 compression strength after impact of laminate
层合板测得的承受一定能量冲击后的剩余压缩强度。

05.0419 层合板充填孔拉伸强度 filled-hole tension strength of laminate
层合板带通孔试样充填栓钉后测得的抗拉强度。

05.0420 层合板充填孔压缩强度 filled-hole compression strength of laminate
层合板带通孔试样充填栓钉后测得的抗压强度。

05.0421 层合板层间应力 interlaminar stress of laminate
层合板中与厚度方向(z 向)有关的三个应力分量 τ_{zx}、τ_{zy} 和 σ_z。

05.0422 层合板边缘效应 edge effect of laminate
多向层合板自由边出现局部层间应力集中的现象。

05.0423 ±45°层合板拉伸剪切试验 ±45° laminate shear testing

利用±45°层合板拉伸试验测量纵横剪切性能（模量和强度）的方法。拉伸应力与剪切应力同时存在，对试验结果的准确性有一定影响。

05.0424 短梁层间剪切强度 short-beam shear strength

小跨高比层合板三点弯曲试样发生层间剪切破坏时对应的最大弯曲剪应力。

05.0425 层间剪切强度 interlaminar shear strength

层合板层间纯剪切载荷作用下的强度极限。用于评估层间性能。

05.0426 复合材料超声 C-扫描检验 ultrasonic C-scan inspection of composite

利用超声波（工作频率一般在 1~10MHz）纵波斜入射显示被检复合材料的纵剖面图形的快速扫查制品缺陷的无损检测方法。

05.0427 复合材料混合定律 rule of mixture of composite

复合材料的性能与组分材料体积含量变化呈线性关系的一种假设。

05.0428 复合材料界面相容性 interfacial compatibility of composite

复合材料中增强体与基体相接触构成界面时，两者之间产生的物理和化学的相容性。如浸润性、反应性和互溶性等。

05.0429 复合材料界面反应 interfacial reaction of composite

复合材料中增强体与基体相接触表面发生的化学反应。

05.0430 复合材料界面黏接强度 bonding strength of composite interface

复合材料中增强体与基体相接触面间物理作用力和化学作用力的综合度量。

05.0431 复合材料界面改性 modification of composite interface

为提高复合材料整体性能而采取的改善增强体与基体接触面性能的措施的总称。

05.0432 复合材料界面残余应力 residual stress of composite interface

复合材料中增强体和基体热物理性能的差异，固化成型后在两者接触面产生的内应力和热应力之和。

05.0433 复合材料界面热应力 thermo-stress of composite interface

复合材料中增强体和基体热膨胀系数差异，固化成型后在两者接触面产生的应力。

05.0434 复合材料界面脱黏 interfacial debonding of composite

复合材料中增强体与基体接触面分离的现象。

05.0435 复合材料界面力学 mechanics of composite interface

研究复合材料中增强体与基体界面或界面相的力学行为的一门分支学科。

05.0436 层合板屈曲 buckling of laminate

在单轴压缩、纯剪切或轴压－剪切组合载荷作用下，层合板突然出现总体或局部侧向面外位移失效的现象。

05.0437 复合材料黏弹性力学 viscoelastic mechanics of composite

复合材料中聚合物基体受剪时出现模量与时间相关关系，为此进行的力学行为分析的学科。通常采用基体模量与时间呈线性关系而增强体模量与时间无关的假设计算复合材料有效模量。

05.0438 层合板损伤力学 damage mechanics of laminate

研究层合板在各种加载条件下，其中损伤随变形而演化发展并最终导致破坏的力学规律一门分支学科。

05.0439 子层屈曲 buckling of sublaminate

在轴压或轴压－剪切载荷作用下，层合板分层部位局部突然出现侧向面外位移的失效。

05.0440 [层合板]冲击损伤阻抗 impact damage resistance of laminate

外来物冲击下层合板损伤大小和程度的表征。取决于聚合物基体韧性、纤维的应力－应变性能、结构构型和局部设计细节等。

06. 半 导 体 材 料

06.01 总 论

06.0001 半导体 semiconductor

电阻率介于导体和绝缘体之间，其范围为 $10^{-3} \sim 10^{10} \Omega \cdot cm$ 的一种固体物质。电流是带正电的空穴或带负电的电子定向传输实现的。

06.0002 本征半导体 intrinsic semiconductor

晶格完整且不含杂质的晶体半导体。参与导电的电子和空穴的数目相等。

06.0003 n型半导体 n-type semiconductor

多数载流子为电子的半导体。

06.0004 p型半导体 p-type semiconductor

多数载流子为空穴的半导体。

06.0005 单晶半导体 monocrystalline semi-conductor

不含大角晶界或孪晶界的半导体晶体。

06.0006 多晶半导体 polycrystalline semi-conductor

结晶学方向不同的单晶体组成的半导体。

06.0007 集成电路 integrated circuit

将一个电路的大量元器件集合于一个单晶片上所制成的器件。

06.0008 载流子 carrier

导带或价带中的荷电粒子。在电场作用下定向运动而形成电流。半导体中有两种载流子：导带中的电子和价带中的空穴。

06.0009 少数载流子 minority carrier

在p型半导体中，电子的浓度小于空穴的浓度，称电子为少数载流子。在n型半导体中，空穴为少数载流子。

06.0010 多数载流子 majority carrier

在n型半导体中，电子的浓度大于空穴的浓度，称电子为多数载流子。在p型半导体中，空穴为多数载流子。

06.0011 载流子浓度 carrier concentration

单位体积的载流子数目。在室温无补偿存在的条件下等于电离杂质的浓度。

06.0012 净载流子浓度 net carrier concentration

全部由导电杂质提供的多数载流子浓度。

06.0013 少数载流子寿命 minority carrier lifetime
半导体材料中非平衡载流子因复合其浓度降为 1/e 的时间。

06.0014 少数载流子扩散长度 minority carrier diffusion length
表面注入的少数载流子向内部扩散,因复合浓度逐渐降低,当浓度是起始浓度的 1/e 倍时经过的距离。

06.0015 导电类型 conductivity type
半导体材料中多数载流子的性质所决定的导电特性。

06.0016 本征光电导 intrinsic photoconductivity
在光照下本征半导体电导率增加的现象。本征半导体中价带电子吸收光子而跃迁至导带,使导带电子数和价带的空穴数均增加,从而增加了半导体的电导率。

06.0017 杂质光电导 impurity photoconductivity
在光照下掺杂半导体电导率增加的现象。电子可以从禁带中的施主束缚态激发到导带而产生电子导电,也可以从价带激发到禁带中的受主态以增加价带中的空穴而产生的空穴导电,统称为杂质光电导。

06.0018 电阻率温度系数 temperature coefficient of resistivity
表征导体或半导体的电阻率随温度变化的物理量。

06.0019 径向电阻率变化 radial resistivity variation
晶片中心点与偏离晶片中心的某一点或若干对称分布的设定点的电阻率之间的差值。可以表示为中心值的百分数。

06.0020 电阻率允许偏差 allowable resistivity tolerance
晶片中心或晶锭断面中心点的电阻率与标称电阻率的最大允许偏差值。可用标称值的百分数来表示。

06.0021 薄层电阻 sheet resistance
又称"方块电阻(square resistance)"。半导体膜或薄金属膜单位面积上的电阻。

06.0022 扩展电阻 spreading resistance
半导体中微区电阻率分布。其值等于导电金属探针与半导体表面上一个参考点之间的电势降与流过探针的电流之比。

06.0023 霍尔效应 Hall effect
当电流垂直于外磁场方向通过导体或半导体薄片时,在垂直于电流和磁场方向的薄片两侧产生电势差的现象。

06.0024 霍尔系数 Hall coefficient
霍尔效应定量关系式中的比例系数 R,$E_H = R(J \cdot B)$ 式中 E_H 为霍尔电场强度,J 为电流密度,B 为磁感应强度。

06.0025 霍尔迁移率 Hall mobility
霍尔系数和电导率的乘积($R_H \sigma$)。

06.0026 锂离子漂移迁移率 lithium ion drift mobility
在 p 型锗和硅中扩散的锂形成的 p-n 结,在反方向电场作用下锂离子做漂移运动,单位电场所获得的速度。

06.0027 红外吸收光谱 infrared absorption spectrum
当半导体受到红外光照射时,产生振动能级

的跃迁，吸收红外光子所形成的光谱。

06.0028　吸收系数　absorption coefficient
单色射线（I_0）穿过物体时被物质所吸收，其强度 I 随吸收体厚度 d 的增加而按指数规律减弱，写成 $I = I_0 e^{-ad}$，式中α为吸收系数。

06.0029　折射率温度系数　temperature coefficient of refractive index
光的折射指数与温度有关，单位温度引起折射指数的变化。

06.0030　折射指数均匀性　homogeneity of refractive index
在一个大尺寸的平片样品上，各点折射指数不同，用最大折射指数与最小折射指数之差和平均折射指数之比表示。

06.0031　空穴　hole
半导体结构中的一种运动空位。其作用就像一个正有效质量的带正电荷的电子一样。在 p 型半导体材料中，空穴为多数载流子。

06.0032　空位团　vacancy cluster
单一的空位（肖特基缺陷）在一定能量条件下可聚集为空位对、三重空位或由更多空位组成的空位集团。

06.0033　陷阱　trap
能显著俘获一种非平衡载流子的杂质能级或缺陷能级。分为空穴陷阱和电子陷阱。

06.0034　等电子杂质　isoelectronic impurity
与被替代基体原子具有相同价电子结构的杂质。

06.0035　边界层　boundary layer
又称"速度边界层（velocity boundary layer）"。黏性流体流经固体边壁时，在壁面附近垂直于壁面方向上形成的流速梯度明显的流动薄层。

06.0036　温度边界层　thermal boundary layer
又称"热边界层"。黏性流体流动在壁面附近形成的以热焓（或温度）剧变为特征的流体薄层。

06.0037　扩散边界层　diffusion boundary layer
黏性流体流过固体壁面时，因化学反应造成物质在固体表面上淀积和流体中物质的消耗而在边界附近形成的浓度梯度的薄层。

06.0038　热分解反应　thermal decomposition reaction
将前体化合物在一定条件下加热使其分解的反应。

06.0039　有序化　ordering
多元合金或多元半导体固溶体中发生晶格格点上某元素原子从无序随机分布转变为有序分布的过程。

06.0040　耗尽层　depletion layer
载流子电荷不足以中和施主和受主的净固定电荷密度的区域。

06.0041　应变层　strain layer
因晶格畸变导致材料中产生应力的薄层。

06.0042　浸润层　wetting layer
又称"润湿层"。在层－岛生长模式中，最先在衬底表面生长的二维薄层晶体。

06.0043　扩散层　diffused layer
采用固体扩散工艺，将杂质引入晶体，使晶体近表面层形成相同或相反导电型的区域。

06.0044　质量输运方程　mass-transport equation

流体力学中描述某一组分由高浓度区向低浓度区的转移的数学表达式。质量传递方式包括扩散和对流。

06.0045 热量输运方程 heat transport equation

流体力学中描述以温度差为驱动力的能量传递数学表达式。能量传递方式包括热传导、对流和辐射。

06.0046 溶质扩散系数 solute diffusion coefficient

在溶体中溶质传输只有扩散时，溶质扩散速率与浓度梯度的比值。

06.0047 表面覆盖率 fraction of surface coverage

指单层吸附时，单位面积表面已吸附分子数与单位面积表面按二维密堆积所覆盖的最大吸附分子数之比。

06.0048 动力学限制生长 kinetically limited growth

外延层的生长速度受反应动力学因素控制，生长速度与生长温度、衬底取向有关。

06.0049 质量输运限制生长 mass-transport-limited growth

外延层的生长速度由反应剂到达生长表面的输运速度所控制，几乎与生长温度、衬底取向无关。

06.0050 层-层生长模式 layer-layer growth mode

简称"FM 生长模式"。外延生长过程中，原子先在衬底表面凝聚形成一个单层，覆盖整个表面后再形成第二层，如此重复的一种晶体生长模式。

06.0051 层-岛生长模式 layer-island growth

mode

简称"SK 生长模式"。当外延层与衬底晶格失配较大时，在衬底表面先进行二维生长，达到临界厚度则转变成三维岛状生长，以降低表面能、界面能和畸变能的一种晶体生长模式。

06.0052 岛状生长模式 island growth mode

简称"VW 生长模式"。当外延层与衬底存在大晶格失配时，在衬底(籽晶)表面以三维岛状生长的一种晶体生长模式。

06.0053 台阶流 step flow

在平台-台阶结构的邻位晶面上，吸附到平台上的气相分子在台阶处并入晶格，使各个台阶平行向前流动的一种晶体生长模式。

06.0054 台阶聚集 step bunching

在平台-台阶结构的邻位面上，在生长过程中一群一群的台阶会聚积形成大台阶和宽平台的一种晶体生长模式。

06.0055 自组织生长 self-organization growth

又称"自组装生长(self-assembly growth)"。在气-固相变中自发地出现空间结构的宏观现象。

06.0056 黏滞流体 adhesive fluid

有内摩擦、切变模量不为零的流体。

06.0057 黏滞系数 viscosity coefficient

描述流体黏性大小的物理量。其值等于流体中剪切应力与垂直于流动方向的速度梯度之比。

06.0058 复合中心 recombination center

半导体中对电子和空穴起复合作用的杂质或缺陷。

06.0059 补偿 compensation

半导体内同时存在施主杂质和受主杂质，施主杂质施放的电子为受主杂质接受。

06.0060　施主杂质　donor impurity
又称"n 型导电杂质"。能够向导带提供电子，同时自身变为正电荷离子的杂质。

06.0061　施主能级　donor level
当电子被束缚于施主杂质中心时，其能量水平（能级）低于导带底的能量相应的能级。

06.0062　受主杂质　acceptor impurity
又称"p 型导电杂质"。电子能级高于价带顶，能够从价带接受电子，同时自身变为负电荷离子的杂质。

06.0063　受主能级　acceptor level
当电子束缚于受主杂质中心时，其能量水平（能级）高于导带顶的能量相应的能级。

06.0064　深能级　deep level
在半导体禁带中，能级位置距离导带或价带边缘较远的，也即位于禁带中央杂质或缺陷的能级。

06.0065　深能级杂质　deep level impurity
能在半导体中形成深能级的杂质元素。将其引入半导体中，形成一个或多个能级。该能级距离导带底、价带顶较远，且多位于禁带的中央区域。

06.0066　浅能级　shallow level
半导体禁带中靠近导带或价带边缘的杂质或缺陷的能级。

06.0067　浅能级杂质　shallow level impurity
能在半导体中形成浅能级的杂质元素。在半导体禁带中靠近导带边缘的杂质。

06.0068　电活性杂质　electro-active impurity
对材料的电学性质有显著影响的杂质。

06.0069　电中性杂质　electro-neutrality impurity
始终保持电荷中性的杂质。

06.0070　两性杂质　amphoteric impurity
又称"双性杂质"。在同一半导体中既可起施主作用，又可起受主作用的杂质。

06.0071　杂质浓度　impurity concentration
单位体积内杂质原子的数目。

06.0072　掺杂　doping
将特定的杂质掺入到半导体中，以控制电阻率和导电类型的技术。

06.0073　掺杂剂　dopant
以痕量掺入半导体中，用以确定其导电类型和电阻率等的一种化学元素。

06.0074　自掺杂　autodoping, self-doping
在外延生长工艺中，来自衬底的掺杂杂质掺入到外延层中。

06.0075　重掺杂　heavy doping
掺入半导体材料中的杂质量比较多，如硅单晶中杂质浓度达到大于每立方厘米存有 10^{18} 个原子。

06.0076　中子嬗变掺杂　neutron transmutation doping，NTD
用热中子流辐照硅单晶锭，使单晶体中的 Si^{30} 嬗变成磷原子而使硅单晶掺杂的技术。

06.0077　离子注入掺杂　ion implantation doping
采用离子注入方式达到掺杂的目的。

06.0078　气相掺杂　gas phase doping，vapor phase doping
通过气相使杂质进入半导体的技术。

06.0079　补偿掺杂　compensation doping
向 P 型半导体中掺入施主杂质或向 N 型半导体中掺入受主杂质，以达到电学性能相互补偿的目的。

06.0080　调制掺杂　modulation doping，MD
在外延生长期间，使载流子与其掺杂剂母体原子在空间上分隔开的一种杂质掺入技术。

06.0081　δ掺杂　delta function-like doping，δ-doping
又称"原子平面掺杂"。在外延间断生长期间，将单个原子层厚度的掺杂剂原子，淀积到二维晶体平面上的掺杂技术。

06.0082　正常凝固　normal freezing
熔体在一定的温度梯度下，从一端开始结晶的过程。

06.0083　杂质分凝　impurity segregation
由两种或两种以上元素构成的固溶体熔化再凝固时，含量少的元素在固体和熔体中的浓度分布不同的现象。

06.0084　平衡分凝系数　equilibrium segregation coefficient
假设熔体凝固速度无限缓慢，即固相与液相接近平衡状态时，固相中的杂质浓度与液相中的杂质浓度的比值，即 $k_0=C_S/C_L$，k_0 为杂质对某一种半导体材料的平衡分凝系数。

06.0085　有效分凝系数　effective segregation coefficient
在固-液交界面处，固相杂质浓度 C_S 与远离界面的熔体内部的杂质浓度 C_{L0} 的比值 (k_{eff})，即 $k_{eff}=C_S/C_{L0}$。

06.0086　劳厄法　Laue method
用连续谱的 X 射线投射到固定的单晶体上，满足布拉格定律的 X 射线反射线进行分析，以确定晶体宏观对称性的一种 X 射线衍射方法。

06.0087　晶向偏离　off-orientation
晶片表面法线与晶体结晶学方向偏离的角度。

06.0088　正交晶向偏离　orthogonal misorientation
{111}单晶片做取向偏离切割时，晶片表面的法线矢量在 {111}晶面上的投影与最邻近的 <110>晶向在{ 111}晶面上的投影之间的夹角。

06.0089　小平面效应　facet effect
又称"小平面生长 (facet growth)"。在强制生长系统中弯曲的生长界面上出现的平坦并沿晶体纵向形成管道状的杂质富集区域。该区域内杂质分布非常均匀，其浓度与非小平面区域差异很大。

06.0090　无位错单晶　dislocation free monocrystal
位错密度小于某一限度值的单晶。如硅单晶中的位错密度小于 500 个/cm^2 的单晶。

06.0091　零位错单晶　zero dislocation monocrystal
晶体体内不存在位错线的晶体。

06.0092　位错蚀坑　dislocation etch pit
在晶体表面的位错应力区域，由择优腐蚀而产生的一种界限清晰，形状规则的腐蚀坑。

06.0093　位错排　dislocation array
位错蚀坑的某一边排列在一条直线上的位错组态。

06.0094　系属结构　lineage
小角晶界或位错排的局部密集排列。

06.0095 星形结构 star structure
一系列位错排沿<110>方向密集排列成的星状结构。在{111}面上星形结构呈三角形或六角形组态，在{100}面上呈井字形组态。

06.0096 六角网络 turret network
通常出现在重掺杂单晶尾部的横截面上，呈现的一组其外围是杂质富集条纹的封闭的六角环状网络。

06.0097 嵌晶 imbedded crystal
在单晶内部存在与基体取向不同的小晶体。

06.0098 失配位错 misfit dislocation
异质外延时，由于衬底与外延层之间及相邻的两个外延层之间发生晶格失配而在界面处形成的位错。

06.0099 晶格失配 lattice mismatch
在由两种晶体材料构成的界面附近，由于两种材料的晶格常数不完全相同，使晶格连续性受到破坏的现象。

06.0100 新施主缺陷 new donor defect, ND defect
含氧直拉硅单晶，经 550~800℃热处理形成的与氧杂质相关、具有施主性质的缺陷。

06.0101 热施主缺陷 thermal donor defect, TD defect
含氧直拉硅单晶，经 350~500℃热处理形成的与氧杂质相关、具有施主性质的缺陷。

06.02 元素半导体材料

06.0102 锗 germanium
原子序数为 32，属元素周期表中第ⅣA族元素，元素符号为 Ge，是重要的半导体材料。

06.0103 本征锗 intrinsic germanium
不含有杂质的锗晶体。室温下的电阻率约为 $50\Omega \cdot cm$。

06.0104 半导体锗 semiconductor germanium
质量符合半导体器件要求的锗材料。包括高纯度多晶锗、单晶锗、锗片等。

06.0105 锗富集物 germanium collection
含锗量为 2%~20%的富集物。供生产四氯化锗、二氧化锗和金属锗用。

06.0106 四氯化锗 germanium tetrachloride
由锗精矿与一定浓度的盐酸共热反应生成的锗的氯化物。分子式为 $GeCl_4$。主要用于高纯锗和光纤的制备。

06.0107 还原锗锭 reduced germanium ingot
又称"粗锗锭"、"光谱纯锗"。二氧化锗经氢还原后制备的锗锭。主要用于制备区熔锗锭。

06.0108 区熔锗锭 zone-refined germanium ingot
还原锗锭经区域提纯而制得的锗锭。杂质含量大约为每立方厘米有 4×10^{13} 个原子，对应的电阻率约为 $50\Omega \cdot cm$。

06.0109 多晶锗 polycrystalline germanium
由大量不同晶向、不同尺寸的锗单晶体构成的固体。包括还原锗、区熔锗等。

06.0110 锗单晶 monocrystalline germanium
不含大角晶界或孪晶的锗晶体。呈金刚石型晶体结构，是重要的半导体材料。

06.0111 n 型锗单晶 n-type monocrystalline germanium

多数载流子为电子的锗单晶。是晶体中掺入施主杂质形成的。

06.0112 p 型锗单晶 p-type monocrystalline germanium

多数载流子为空穴的锗单晶。是晶体中掺入受主杂质形成的。

06.0113 水平法锗单晶 horizontal Bridgman grown monocrystalline germanium

采用水平法生长的，具有一定直径尺寸和晶向的高纯度锗单晶。也可制备具有预定导电型号和电阻率范围的锗单晶。

06.0114 直拉单晶锗 Czochralski grown monocrystalline germanium

采用直拉法从锗熔体中拉制出的具有一定直径、晶向、导电型号和电阻率范围的锗单晶。

06.0115 红外光学用锗 germanium for infrared optics

用作红外光学元件(窗口、透镜、棱镜、转鼓等)的锗晶体。包括单晶锗和多晶锗。

06.0116 硅 silicon

原子序数 14，属元素周期表中第ⅣA 族元素，元素符号为 Si，金刚石结构，室温下禁带宽度为 1.12eV，是重要的半导体材料。

06.0117 四氯化硅 silicon tetrachloride

由硅粉与无水氯化氢反应生成的化合物。分子式为 $SiCl_4$。是生产多晶硅和光纤石英棒的重要原料。

06.0118 多晶硅 polycrystalline silicon

由大量结晶学方向不相同的硅单晶体组成的硅晶体。

06.0119 颗粒状多晶硅 granular polysilicon

在流态化床内进行化学气相沉积制成的，平均粒径为 1mm 左右的颗粒状多晶硅。

06.0120 西门子法多晶硅 polycrystalline silicon by Siemens process

经过精馏提纯的高纯度三氯氢硅($SiHCl_3$)通过高纯度氢气(H_2)还原而制得的多晶硅棒。因制备工艺为西门子公司发明而得名。

06.0121 硅烷法多晶硅 polycrystalline silicon by silane process

将高纯硅烷热分解制得的多晶硅。

06.0122 本征硅 intrinsic silicon

晶格完整且不含杂质的硅单晶，其中参与导电的电子和空穴数目相等。室温下本征硅的电阻率约为 $2.3 \times 10^5 \Omega \cdot cm$。

06.0123 单晶硅 monocrystalline silicon

不含有大角晶界或孪晶界的硅晶体。

06.0124 直拉单晶硅 Czochralski monocrystalline silicon

沿着垂直方向从硅熔体中拉制出的具有一定尺寸、晶向、导电型号和电阻率范围的硅单晶。

06.0125 磁控直拉硅单晶 monocrystalline silicon by magnetic field Czochralski crystal growth

熔体在外加磁场作用下拉制出的具有氧含量可控、杂质条纹轻、微缺陷密度低以及质量参数得到相应改善的硅单晶。

06.0126 重掺杂硅单晶 heavily-doped monocrystalline silicon

掺入杂质量比较多的半导体硅单晶。通常杂质浓度大于每立方厘米原子数为 10^{18} 个。

06.0127 悬浮区熔硅 floating-zone grown

silicon
采用悬浮区熔法生长的具有一定尺寸和晶面的高纯度硅单晶。

06.0128 蹼状硅晶体 web silicon crystal
简称"蹼晶"。由两根并列的枝蔓晶体在生长过程中向上黏起的熔液薄膜凝固后和枝蔓晶体一起形成鸭蹼状的硅晶体。

06.0129 硅工艺中的硅晶锭 ingot in silicon technology, silicon ingot
圆柱形或长方形固态的硅多晶或硅单晶。

06.0130 切割 cutting
把半导体单晶锭切割成具有一定晶向和一定厚度的晶片的加工工艺。

06.0131 主参考面 primary orientation flat
又称"主取向参考面"、"第一参考面"。规范化圆形晶片上长度最长的参考面。其取向通常是特定的晶体方向。

06.0132 副参考面 secondary orientation flat
又称"第二参考面"。规范化圆形晶片上长度比主参考面短的参考面。用其相对于主参考面的位置来标记晶片的导电类型和取向。

06.0133 半导体晶片切口 notch on a semi-conductor wafer
有意在硅片周边上加工成具有规定形状和尺寸的凹槽。通过凹槽中心的直径平行于规定的低指数晶向，用做识别标示。

06.0134 研磨 lapping
利用研磨液，将切割片研磨成具有一定几何参数的晶片的工艺。

06.0135 各向异性刻蚀 anisotropic etching
沿着不同的结晶学平面，呈现不同腐蚀速率的腐蚀方法。

06.0136 各向同性刻蚀 isotropic etching
通常是指不同的结晶学平面呈现出相同腐蚀速率的腐蚀方法。

06.0137 择优腐蚀 preferential etching
沿着特定的结晶学平面，呈现腐蚀速率加快的腐蚀方法。

06.0138 腐蚀坑 etch pit
在晶片表面上存在晶体缺陷或应力区处，因择优腐蚀形成的凹坑。

06.0139 化学－机械抛光 chemical mechanical polishing, CMP
利用化学和机械同时作用去除材料表面沾污及损伤层，使其获得镜面表面的一种工艺。

06.0140 抛光片 polished wafer
经过单面或双面化学机械抛光加工的半导体晶片。

06.0141 抛光面 polished surface
晶片经化学－机械抛光后而获得的如镜面状完美的表面。

06.0142 掺杂片 doping wafer
经工艺处理已变成含有附加结构，可进入器件加工工艺的半导体基片。

06.0143 焦平面 focal plane
与成像系统的光轴垂直且包含成像系统焦点的平面。

06.0144 合格质量区 fixed quality area, FQA
标称边缘除去后所确定的晶片表面中心区域。其中各参数值均符合规定的要求。

06.0145 平整度 flatness
晶片表面与基准平面之间最高点和最低点

的差值。

06.0146　局部平整度　site flatness
在合格质量区内，一个局部区域的总指示读数的最大值。

06.0147　锥度　taper
又称"平行度"。硅片正、背两表面的平行度。代表整个硅片厚度变化的线性度。

06.0148　总指示读数　total indicator reading, TIR
与基准平面平行的两个平面之间的最小垂直距离。该两平面包括晶片正表面合格质量区内或规定的局部区域内的所有的点。

06.0149　表面织构　surface texture
真实表面与基准表面的形貌偏差。包括粗糙度、波纹和织构主方向。

06.0150　表面织构主方向　lay
表面织构起主要作用的方向。

06.0151　弯曲度　bow
晶片中心面凹凸形变的一种度量。它与晶片可能存在任何厚度变化无关，是晶片的一种体性质而不是表面特性。

06.0152　翘曲度　warp
晶片中心面与基准平面之间的最大和最小距离之差。是晶片的体性质而不是其表面特性。

06.0153　晶片厚度　thickness of slices
晶片中心点的厚度。

06.0154　厚度允许偏差　allowable thickness tolerance
晶片厚度的测量值与标称值的最大允许差值。

06.0155　总厚度变化　total thickness variation, TTV
在厚度扫描或一系列点的厚度测量中，所测晶片的最大厚度与最小厚度的绝对差值。

06.0156　线性厚度变化　linear thickness variation, LTV
晶片的正面和背面能用两个非平行平面表示的晶片厚度变化。

06.0157　非线性厚度变化　nonlinear thickness variation, NTV
宏观非均匀厚度变化。此种晶片的剖面近似于凸透镜或凹透镜的剖面。

06.0158　晶片机械强度　mechanical strength of slices
晶片抗破碎与翘曲的内在力学性能。

06.0159　边缘去除区域　edge exclusion area
晶片的合格质量区和晶片实际周边之间的区域。该区域随晶片实际尺寸而变化。

06.0160　边缘凸起　edge crown
距晶片边缘　3.2mm　处的表面高度与晶片边缘处高度之间的差值。

06.0161　中心面　median surface
与晶片的正面和背面等距离点的轨迹。

06.0162　介质绝缘晶片　delectric insolation wafer
由多晶硅、二氧化硅和硅单晶区域组成的一种晶片。

06.0163　正片　prime wafer
用于制造集成电路的硅片。

06.0164　测试片　test wafer
用于加工工艺检测、区域和加工洁净度检

测的硅片。等级比机械测试片高，比正片低。

06.0165 外延片 epitaxial wafer
用气相、液相、分子束等方法在基质衬底上生长的半导体单晶薄层的晶片。

06.0166 外延层厚度 thickness of an epitaxial layer
从晶片表面到外延层–衬底界面的距离。

06.0167 埋层 buried layer
又称"副扩散层"、"膜下扩散层"。外延层覆盖的扩散区。

06.0168 平均粗糙度 average roughness
在求值长度内相对于中间线，表面轮廓高度偏差 $Z(x)$ 的平均值。

06.0169 微粗糙度 microroughness
在不规则物（空间波长）之间的间隔于小于 $100\mu m$ 时的表面粗糙度分量。

06.0170 吸除 gettering
使晶片中有害杂质固定在远离器件有源区，以获得表面洁净区的工艺。

06.0171 本征吸除 intrinsic gettering
又称"内吸除"。利用硅片自身的因素引起的吸除效应。如采用高–低–高三步热处理工艺在硅片内部形成高密度的氧沉淀，吸除硅片有源区有害杂质。

06.0172 非本征吸除 extrinsic gettering
又称"外吸除"。由晶片本身以外的因素引起的吸除效应。如采用背损伤或硅片背面长多晶硅等方法。

06.0173 洁净区 denuded zone
在硅片正表面之下很薄的一个特定区域。该区域中非故意掺入杂质（如氧和金属杂质）的浓度和缺陷（如氧沉淀）的密度都很低。

06.0174 背封 backseal
利用低压化学气相沉积技术在硅片背表面沉淀一层二氧化硅或其他绝缘体薄膜，以抑制外延生长过程中的自掺杂。

06.0175 热生长氧化物 thermally grown oxide
对于硅片而言，利用干氧、湿氧或水汽氧化工艺形成的二氧化硅薄膜。

06.0176 氧化物缺失 oxide incomplete, oxide deficient
背封硅片背表面缺少氧化物的肉眼可辨别的区域。

06.0177 刀痕 saw mark
晶锭切割时，在晶片表面留下的圆弧状痕迹。

06.0178 退刀痕 saw exit mark
切割时由刀片退出引起的晶片圆周上的一些小缺口或小崩边缺损。

06.0179 缺口 indent
上下贯穿的晶片边缘缺损。

06.0180 周边锯齿状凹痕 peripheral indent
来自一种平滑的周边轮廓的局部偏移。但它不表示贝壳状断裂的征兆。

06.0181 机械应力缺陷 mechanical stress defect
晶片加工时，在其表面引入的机械应力缺陷。经腐蚀后可显现出该种缺陷的痕迹。

06.0182 残留机械损伤 residual mechanical damage
晶片经过切、磨、抛加工之后，表面残留下来的没有完全去除的机械损伤。

06.0183 局部光散射体 localized light-scatter
又称"光点缺陷"。晶片表面上一种孤立的颗粒或腐蚀坑相对于晶片表面的光散射强度，导致散射强度增加。

06.0184 探针损伤 probe damage
由探针操作引起的距离等于探针间距的坑状局部损伤。

06.0185 嵌入磨料颗粒 imbedded abrasive grain
在切磨抛过程中，由于机械作用压入晶片表面的磨料颗粒。

06.0186 崩边 chipping
晶片边缘或表面未贯穿晶片的局部缺损区域。其尺寸由径向深度和周边弦长给出。

06.0187 痕迹 mark
由真空吸盘和吸笔或用不清洁的镊子夹持晶片边缘引起的表面局部沾污，及可能由包装引起的环绕整个边缘区域的痕迹。

06.0188 夹痕 chuck mark
由机器手、吸盘或条形码读入器引起的晶片表面上的任一物理印迹。

06.0189 区域沾污 contamination area
在半导体硅片上，非有意地附加到硅片表面上的物质。其线度远大于局部光散射体。

06.0190 斑点 spot
洗涤剂、溶剂或蜡的残留物液滴在半导体硅片上的痕迹。

06.0191 色斑 stain
本质上是化学试剂沾污，除非经过进一步的研磨或抛光，否则不能去除。

06.0192 鸦爪 crow feet

在(111)晶面上呈类似乌鸦爪的"Y"形图样，在(100)晶面上呈"+"字形图样的可能贯穿晶片厚度的解理或裂纹。

06.0193 塌边 edge subside
在硅片抛光工艺中，使晶片边缘区域形成斜坡状的加工缺陷。

06.0194 凹坑 dimple
抛光片表面的一种浅凹陷。在适当的光照条件下，表面呈现的一种目视可见的带渐变斜面的凹状圆形浅坑。

06.0195 小坑 pit
晶片表面的凹陷。具有陡峭的倾斜面，该侧面以可分辨的方式与表面相交，和凹坑的圆滑侧面形成对照。

06.0196 划道 scratch
在切割、研磨、抛光过程中晶片表面被划伤所留下的痕迹。其长宽比大于 5:1。

06.0197 橘皮 orange peel
在荧光照明下晶片表面上呈现的一种肉眼可见的、形如橘皮状为特征的大面积不规则粗糙表面。

06.0198 小丘 mound
晶体表面出现的由一个或多个不规则小平面构成的无规则形状的凸起物。它们可能是材料体内缺陷或各种杂质沾污的延伸，或两者兼有。

06.0199 波纹 wave
在大面积漫散射光照射下，抛光片表面肉眼可见的波形外貌。

06.0200 微缺陷 microdefect
晶体中尺寸通常在微米或亚微米数量级范围内的缺陷。如堆垛层错、氧沉淀等。

06.0201　旋涡缺陷　swirl defect

无位错单晶择优腐蚀后肉眼可见的呈螺旋状或同心圆状为特征的微缺陷。在放大 150 倍条件下观察呈现不连续状。

06.0202　晶体原生凹坑　crystal originated pit，COP

又称"表面微缺陷(surface defect)"。在晶体生长中引入的一个或一些小凹坑。当它们与硅片表面相交时，类似局部光散射体，在一些情况下它们的作用与颗粒缺陷相似。

06.0203　流动图形缺陷　flow pattern defects，FPDs

硅片表面用腐蚀剂择优腐蚀后显示出的呈流线状的腐蚀痕迹。

06.0204　雾缺陷　haze

由表面外形(微粗糙度)或表面的或近表面高浓度的不完整性引起的非定向光散射现象。

06.0205　红外散射缺陷　laser scattering to-pography defects，LSTDs

利用红外激光散射层折射成像观察到的缺陷。

06.0206　沉积物　precipitate

晶体生长时或其后高温工艺中达到溶解度极限的掺杂剂或杂质形成的局部富集物。

06.0207　杂质条纹　impurity striation

又称"电阻率条纹"。晶体生长时，在旋转的固液界面处发生周期性的温度起伏，引起晶体内杂质分布周期性变化，使电阻率局部发生变化。择优腐蚀后可在晶体横截面上呈现出同心圆状或螺旋状条纹。

06.0208　氧化层错　oxidation induced stacking fault，OISF

晶片表面存在机械损伤、杂质沾污和微缺陷等时，在热氧化过程中，其近表面层长大或转化的层错。

06.0209　棱锥　pyramid

外延生长后在表面出现的一种棱锥状突起物。

06.03　化合物半导体材料

06.0210　化合物半导体材料　compound semiconductor materials

由两种或两种以上元素组成的半导体材料。如 GaAs、GaP、CuInSe$_2$ 等。

06.0211　III-V族化合物半导体材料　III-V compound semiconductor

由元素周期表IIIA族和VA族元素组成的一类半导体材料。如 GaAs、GaP 等。

06.0212　II-VI族化合物半导体材料　II-VI compound semiconductor

由元素周期表IIB族和VIA族元素组成的一类半导体材料。如 ZnS、CdTe 等。

06.0213　IV-IV族化合物半导体材料　IV-IV compound semiconductor

由元素周期表IVA族元素组成的一类半导体材料。如碳化硅等。

06.0214　氧化物半导体材料　oxide semiconductor materials

具有半导体性质的氧化物材料。如 ZnO、Cu$_2$O 等。

06.0215　窄禁带半导体材料　narrow bandgap semiconductor materials

室温下禁带宽度小于 0.26 eV 的半导体。主要用于红外光探测和红外成像。

06.0216 直接跃迁型半导体材料 direct transition semiconductor materials

导带极小值和价带极大值位于 k 空间同一点的半导体。电子和光子直接相互作用不需声子参与而实现导带和价带间跃迁。

06.0217 间接跃迁型半导体材料 indirect transition semiconductor materials

导带极小值和价带极大值不在 k 空间同一点，电子在价带和导带间的跃迁需要声子参与的半导体。

06.0218 宽带隙半导体材料 wide band-gap semiconductor materials

室温下禁带宽度大于 2.2 eV 的半导体。主要用于短波长发光器件、紫外光探测和高温、高功率电子器件。

06.0219 红外用半导体材料 semiconductor materials for infrared optic

红外光辐射是透明的半导体材料。

06.0220 红外探测器用半导体材料 semiconductor materials for infrared detector

具有红外热效应、红外光电效应或红外光磁电效应，即对红外敏感可制造红外探测器的半导体材料。

06.0221 砷化镓 gallium arsenide

由ⅢA 族元素 Ga 和ⅤA 族元素 As 化合而成的半导体材料。分子式为 GaAs。室温下禁带宽度为 1.42eV，属直接跃迁型能带结构。

06.0222 半绝缘砷化镓单晶 semi-insulating GaAs single crystal

室温下电阻率大于 $1 \times 10^6 \Omega \cdot cm$ 的砷化镓单晶。

06.0223 水平砷化镓单晶 horizontal Bridgman GaAs single crystal

采用水平布里奇曼法生长的半圆形砷化镓单晶，具有一定尺寸、晶向、导电型号和电阻率范围。

06.0224 直拉砷化镓单晶 liquid encapsulated Czochralski grown gallium arsenide single crystal，LEC GaAs single crystal

采用液封直拉技术从砷化镓熔体中拉制出的，具有一定尺寸、晶向、导电型号和电阻率范围的砷化镓单晶。

06.0225 磷化镓 gallium phosphide

由ⅢA 族元素 Ga 和ⅤA 族元素 P 化合而成的半导体材料。分子式为 GaP。室温下禁带宽度为 2.26eV，属间接跃迁型能带结构。

06.0226 磷化铟 indium phosphide

由ⅢA 族元素 In 和ⅤA 族元素 P 化合而成的半导体材料。分子式为 InP。室温下禁带宽度为 1.35eV，属直接跃迁型能带结构。

06.0227 砷化铟 indium arsenide

由ⅢA 族元素 In 和ⅤA 族元素 As 化合而成的半导体材料。分子式为 InAs。室温下禁带宽度为 0.35~0.46eV，属间接跃迁型能带结构。

06.0228 锑化镓 gallium antimonide

由ⅢA 族元素 Ga 和ⅤA 族元素 Sb 化合而成的半导体材料。分子式为 GaSb。室温下禁带宽度为 0.70eV，属直接跃迁型能带结构。

06.0229 锑化铟 indium antimonide

由ⅢA 族元素 In 和ⅤA 族元素 Sb 化合而成的半导体材料。分子式为 InSb。室温下禁带宽度为 0.18eV，属直接跃迁型能带结构。

06.0230 氮化镓 gallium nitride

由ⅢA 族元素 Ga 和ⅤA 族元素 N 化合而成的半导体材料。分子式为 GaN。室温下禁带宽度为 2.05eV,属直接跃迁型能带结构。

06.0231　氮化铟　indium nitride
由ⅢA 族元素 In 和ⅤA 族元素 N 化合而成的半导体材料。分子式为 InN。室温下禁带宽度为 0.90eV,属直接跃迁型能带结构。

06.0232　氮化硼　boron nitride
由ⅢA 族元素 B 和ⅤA 族元素 N 化合而成的共价半导体材料。分子式为 BN。有两种晶型,六方 BN 较软,称"白色石墨",立方BN 硬度高,与金刚石相当。

06.0233　氮化铝　aluminum nitride
由ⅢA 族元素 Al 和ⅤA 族元素 N 化合而成的半导体材料。分子式为 AlN。室温下禁带宽度为 6.42eV,属直接跃迁型能带结构。

06.0234　磷化硼　boron phosphide
由ⅢA 族元素 B 和ⅤA 族元素 P 化合而成的半导体材料。分子式为 BP。室温下禁带宽度为 6.24eV,属直接跃迁型能带结构。

06.0235　硒化锡　tin selenide
由ⅣA 族元素 Sn 和ⅥA 族元素 Se 化合而成的半导体材料。分子式为 SnSe。室温下禁带宽度为 0.90eV,属直接跃迁型能带结构。

06.0236　碲化锡　tin telluride
由ⅣA 族元素 Sn 和ⅥA 族元素 Te 化合而成的Ⅳ-Ⅵ族化合物半导体材料。分子式为SnTe。室温下禁带宽度为 0.60eV,属直接跃迁型能带结构。

06.0237　碲化铅　lead telluride
由ⅣA 族元素 Pb 和ⅥA 族元素 Te 化合而成的半导体材料。分子式为 PbTe。室温下禁带宽度为 0.31eV,属直接跃迁型能带结构。

06.0238　硫化铅　lead sulfide
由ⅣA 族元素 Pb 和ⅥA 族元素 S 化合而成的半导体材料。分子式 PbS。室温下禁带宽度为 0.42eV,属直接跃迁型能带结构。

06.0239　硒化铅　lead selenide
由ⅣA 族元素 Pb 和ⅥA 族元素 Se 化合而成的半导体材料。分子式为 PbSe。室温下禁带宽度为 0.28eV,属直接跃迁型能带结构。

06.0240　硫化锌　zinc sulfide
由ⅡB 族元素 Zn 和ⅥA 族元素 S 化合而成的半导体材料。分子式为 ZnS。室温下禁带宽度 3.5ev,属直接跃迁型能带结构。

06.0241　碲化镉　cadmium telluride
由ⅡB 族元素 Cd 和ⅥA 族元素 Te 化合而成的半导体材料。分子式为 CdTe。室温下禁带宽度为 1.5eV,属间接跃迁型能带结构。

06.0242　硒化镉　cadmium selenide
由ⅡB 族元素 Cd 和ⅥA 族元素 Se 化合而成的半导体材料。分子式为 CdSe。室温下禁带宽度为 1.7eV,属直接跃迁型能带结构。

06.0243　硫化镉　cadmium sulphide
由ⅡB 族元素 Cd 和ⅥA 族元素 S 化合而成的半导体材料。分子式为 CdS。室温下禁带宽度为 2.42eV,属直接跃迁型能带结构。

06.0244　硒化锌　zinc selenide
由ⅡB 族元素 Zn 和ⅥA 族元素 Se 化合而成的半导体材料。分子式为 ZnSe。室温下禁带宽度为 2.7eV,属直接跃迁型能带结构,也是重要的红外窗口材料。

06.0245　碳化硅　silicon carbide
由ⅣA 族元素 C 和 Si 化合而成的半导体材料。分子式为 SiC。室温下禁带宽度随晶体结构和晶型而变,范围为 2.6~3.23eV,属直接跃迁型能带结构。

06.0246 β碳化硅 β-silicon carbide
碳和硅化合共价键非常强的化合物。因制备方法不同有多种晶体结构，如闪锌矿立方结构的碳化硅称β碳化硅。

06.0247 氧化锌 zinc oxide
由ⅡB族元素 Zn 和Ⅵ族元素 O 化合而成的半导体材料。分子式为 ZnO。室温下禁带宽度为 3.2eV，属直接跃迁型能带结构。

06.0248 相互扩散 interdiffusion
又称"化学扩散(chemical diffusion)"。多组元构成的非均匀系统中发生各个组元的扩散。

06.0249 砷反位缺陷 arsenic antisite defect
砷化镓单晶中砷原子占据镓原子格点位置而形成的缺陷。

06.0250 镓反位缺陷 gallium antisite defect
砷化镓单晶中镓原子占据砷原子格点位置而形成的缺陷。

06.0251 镓空位 gallium vacancy
砷化镓单晶体中在镓原子格点上缺失镓原子而形成的空格点。

06.0252 砷空位 arsenic vacancy
砷化镓单晶体中在砷原子格点上缺失砷原子而形成的空格点。

06.04 固溶体半导体材料

06.0253 固溶体半导体材料 semiconducting solid solution materials
又称"混晶材料(mixed crystal materials)"。由元素半导体或化合物半导体互相溶解而形成的具有半导体性质的固体材料。其禁带宽度和晶格常数随材料的组分不同连续可调。

06.0254 镓砷磷 gallium arsenic phosphide
由砷化镓和磷化镓组成的固溶体。分子式为 $Ga_xAs_{1-x}P$。主要用于发光器件。

06.0255 镓铟砷 gallium indium arsenide
由砷化镓和砷化铟组成的固溶体。分子式为 $Ga_xIn_{1-x}As$。主要用于发光器件。

06.0256 镓铝砷 aluminium gallium arsenide
砷化镓和砷化铝组成的固溶体。分子式为 $Ga_xAl_{1-x}As$。以外延层形式使用，是重要的光电子、微电子材料。

06.0257 铟砷磷 indium arsenide phosphide
由砷化铟和磷化铟组成的固溶体。分子式为 $In_xAs_{1-x}P$。主要用于光电子器件。

06.0258 镓铟磷 gallium indium phosphide
由磷化镓和磷化铟组成的固溶体。分子式为 $GaIn_{1-x}P_x$。是光电子重要材料。

06.0259 铟镓氮 indium gallium nitride
由氮化镓和氮化铟组成的固溶体。分子式为 $Ga_xIn_{1-x}N$。是光电子和微电子材料。

06.0260 镓铟铝氮 aluminium gallium indium nitride
由铝、镓、铟和氮构成的四元固溶体。分子式为 $Ga_xIn_{1-x}Al_yN_{1-y}$。是宽波段(紫外到近红外)发光材料。

06.0261 镓铟砷磷 gallium indium arsenide phosphide
由镓、铟、砷和磷四元素构成的四元连续固溶体。分子式为 $Ga_xIn_{1-x}As_yP_{1-y}$。是重要的光电子材料。

06.0262　镓铟砷锑　gallium indium arsenide antimonide
由镓、铟、砷和锑四元素构成的四元固溶体。分子式为 $Ga_xIn_{1-x}As_ySb_{1-y}$。主要用于红外探测器。

06.0263　碲锡铅　lead tin telluride
由碲、锡和铅构成的三元固溶体。分子式为 $Pb_xSn_{1-x}Te$。是红外激光与探测器材料。

06.0264　碲镉汞　mercury cadmium telluride
由碲、镉和汞组成的三元固溶体。分子式为 $Hg_xCd_{1-x}Te$。是主要的远红外（8~12μm）探测器材料。

06.0265　碲锌镉　zinc cadmium telluride
由碲、锌和镉组成的三元固溶体。分子式为 $Cd_xZn_{1-x}Te$。是探测器和碲镉汞探测器衬底材料。

06.05　非晶和微晶半导体材料

06.0266　安德森定域　Anderson localization
当固体晶格的无序大到一定程度时，电子只能局限在某一格点附近，而不能在无序系统中自由运动的现象。

06.0267　定域态　localized state
由于晶格长程无序，被局限在原子间距尺寸范围内的电子态。

06.0268　带尾[态]　band tail [state]
在非晶态半导体中，由于原子排列缺乏长程序，键长和键角的无序涨落使导带和价带分别向禁带延伸形成的定域态。

06.0269　带隙态　band gap state
在非晶态半导体带隙中，由于悬键等结构缺陷形成的电子态。

06.0270　扩展态　extended state
由于原子排列的近程有序化，使电子波函数在非晶半导体内可延伸到宏观尺寸范围，电子可以像在晶体能带中一样，保持共有化的状态。

06.0271　迁移率边　mobility edge
电子在定域态中的迁移率要比在扩展态中小很多，在定域态与扩展态的交界处迁移率有突变，此交界处称为迁移率边。

06.0272　迁移率隙　mobility gap
从价带迁移率边到导带迁移率边的能量间隙。

06.0273　相关能　correlation energy
中性的悬键态，具有一个电子，它可以失去这个电子，也可以再捕获一个电子。由于电子与电子之间的库仑排斥作用，使悬键获得第二个电子比获得第一个电子需要更多的能量，此能量差即为相关能。

06.0274　负相关能　negative correlation energy
一般相关能是正的，但由于非晶硅网络的不均匀性和无序性，有些区域可能比较松弛，当悬键捕获第二个电子时，伴随发生的晶格弛豫导致总能量降低，使电子的有效相关能是负值。

06.0275　跳跃电导　hopping conductivity
在非晶半导体中，定域态中的电子通过热激活跳跃到相邻或更远格点上形成的电导。

06.0276　变程跳跃电导　variable range hopping conductivity

在定域化不太强，或在低温下，电子将越过近邻跳到更远的格点上，以求找到在能量上比较相近的格点，在此变程跳跃过程形成的电导。

06.0277 直流电导机制 direct current conductivity mechanism

非晶态半导体中，能够形成载流子直流导电的机理。

06.0278 非晶态半导体漂移迁移率 drift mobility of amorphous semiconductor

非晶态半导体中存在带尾态和带隙态，它们能起陷阱作用，当载流子在扩展态中漂移时，会长时间停留在陷阱中，因而，实际迁移率要比扩展态中自由载流子迁移率小得多，即为非晶态漂移迁移率。

06.0279 弥散输运 dispersive transport

非晶态半导体中，载流子在漂移时不断地被陷、被释放，由于起陷阱作用的定域态能级的无规则分布造成输运的弥散比晶态半导体严重的多。

06.0280 微晶半导体 microcrystalline semiconductor

由平均尺寸为数十纳米到数微米的微结构相，散布于无定形相基质中的半导体材料。

06.0281 氢化非晶硅 hydrogenated amorphous silicon

含有大量硅氢键的非晶硅。

06.0282 氢化微晶硅 hydrogenated microcrystalline silicon

晶粒尺寸在数十纳米到数微米的硅晶粒自镶嵌于氢化非晶硅基质中的半导体材料。

06.0283 氢化纳米晶硅 hydrogenated nanocrystalline silicon

晶粒尺寸为数纳米到 100nm 的硅晶粒自镶嵌于氢化非晶硅基质中的半导体材料。

06.0284 初晶态非晶硅 protocrystalline silicon

邻近非晶硅到微晶硅相变阈值的非晶硅材料。其网络结构仍是长程无序的，但其短程序和中程序有所改善，使其输运性质和稳定性有所改善。

06.0285 类晶结构 crystalline-like structure

在氢化非晶硅无序网络中形成的应变晶粒结构。尺寸约 1~3nm。它们在拓扑学上是晶态的，但其衍射谱由于结构应变却是无定形的。

06.0286 含晶粒非晶硅 polymorphous silicon

含有少量微晶硅晶粒的非晶硅。是一种处于非晶到微晶相变阈附近的材料，在其非晶网络中已形成了一些微晶晶粒，具有复相结构。

06.0287 氧化纳米晶硅 oxygenated nanocrystalline silicon

由自镶嵌在氧化硅基质中的纳米硅晶粒或者纳米硅原子团构成。常写为 $nc-Si-SiO_2$。

06.0288 非晶锗硅膜 amorphous silicon germanium film

含有硅和锗的非晶态合金膜。带隙宽度随锗含量而降低，是一种窄带隙光伏电池材料，常写为 $\alpha-SiGe：H$。

06.0289 非晶碳硅膜 amorphous silicon carbon film

含有硅和碳的非晶态合金膜。带隙宽度随碳含量而增加，可达 2eV 以上，是一种宽带隙窗口层光伏电池材料。

06.0290　类金刚石碳膜　diamond-like carbon film

具有类似于金刚石正四面体键结构的多晶或非晶碳膜。具有负电子亲和势，高的硬度和抗腐蚀性，可用作光电阴极材料和多种器件的钝化保护膜。

06.0291　辉光放电沉积　glow discharge deposition

利用等离子体分解化合物源，以淀积生长薄膜晶体的技术。

06.0292　非晶硅叠层太阳能电池　α-Si based tandem solar cell

由两个非晶硅基 PIN 结电池叠合构成的电池。通常，上下电池有不同带隙宽度，分别吸收不同光谱段的太阳光，可提高电池稳定效率。

06.0293　柔性衬底非晶硅太阳能电池　α-Si based solar cell on flexible substrate

在不锈钢箔或聚酯薄膜柔性衬底上沉积的非晶硅太阳能电池。具有重量轻和比功率大等优点，易与建筑物集成，也适合空间应用。

06.0294　非晶硅/非晶锗硅/非晶锗硅三结叠层太阳能电池　α-Si/α-SiGe/α-SiGe triple junction solar cell

由宽带隙非晶硅电池、中带隙非晶锗硅电池和窄带隙非晶锗硅电池依次叠合构成的电池。各子电池分别吸收不同光谱段的阳光，具有较高的稳定效率。

06.0295　非晶硅/晶体硅异质结太阳能电池　amorphous/crystalline silicon heterojunction solar cell

又称"HIT 电池(heterojunction with intrinsic thin layer)"。由掺杂非晶硅发射区、极薄非晶硅本征层(数纳米厚)和晶体硅基区构成的异质结电池。用以改善电池表面的钝化特性和降低电池的制备温度(200℃以下)。

06.0296　微晶/非晶硅叠层电池　micromorph cell

由微晶硅底电池与非晶硅顶电池叠合构成的电池。可将电池的长波吸收限向晶体硅的能带隙扩展，以提高电池的光电流。

06.0297　非晶硅薄膜晶体管　α-Si：H thin film transistor，TFT

利用氢化非晶硅具有敏感的场效应特性制备的薄膜场效应晶体管。具有很低的关断电流和很高的开关电流比，广泛用于液晶显示屏和平面摄像器件的地址矩阵。

06.0298　纳米硅太阳能电池　nc-Si：H solar cell

由氢化纳米硅或微晶硅薄膜构成的 pin 型太阳电池。其性能依赖于纳米晶粒的大小、晶相比、氢含量及微结构，一般具有良好的稳定性和长波吸收特性。

06.06　半导体微结构材料及器件

06.0299　光子器件　photonic device

以光子为信息载体的功能器件。包括发光器件(发光管、激光器等)、探测器件、光波导器件、光开关、太阳能电池等。

06.0300　光电子器件　optoelectronic device

利用半导体光子－电子，或电子－光子转换效应制成的各种功能器件。包括发光二极管(LED)、激光二极管(LD)、光电探测器，太阳能电池、光波导、光开关、光调制器等。

06.0301　发光二极管　light emitting diode，

LED

可产生荧光的半导体 pn 结二极管。其发射波长几乎覆盖了紫外－可见光－红外－远红外的广阔范围。

06.0302 耿氏二极管 Gunn diode

基于 n 型砷化镓的导带双谷——高能谷和低能谷结构，具有负阻效应的一类特殊二极管。主要用于制作振荡器。

06.0303 半导体激光器 semiconductor laser

以半导体材料为光增益介质的一类激光器。包括激光二极管以及由光泵浦或电子束泵浦的半导体激光器。

06.0304 激光二极管 laser diode，LD

以直接带隙半导体材料为光增益介质，通过 pn 结注入载流子实现粒子数反转，以法布里-珀罗腔或分布布拉格光栅为谐振腔，进行受激发射光的放大，从而发出激光的二极管。

06.0305 光电二极管 photoelectric diode，PD

由 pn 结或金属－半导体（肖特基）接触等构成，能够将光信号转变为电信号的半导体光电探测器件。

06.0306 光电晶体管 photoelectric transistor

将光信号转换为电信号的半导体光电子器件。可分为双极型晶体管和场效应晶体管。

06.0307 PIN 光电二极管 PIN photoelectric diode，PIN PD

在 p+和 n+之间加进一个接近本征材料的 I 区，形成 PIN 结构的一种应用最广泛的半导体光电探测器。

06.0308 超辐射发光二极管 super lumines-cent diode，SLED

结构和性能介于发光二极管和激光二极管之间的半导体发光器件。能产生光放大，不

产生受激辐射振荡作用，是一种很接近激射，但光增益始终低于光损耗的器件。

06.0309 超高亮度发光二极管 super high brightness light emitting diode

按照发光强度来划分，发光强度>100mcd 的发光二极管。具有寿命长、发光效率高、抗振动等特点。

06.0310 垂直腔面发射激光器 vertical cavity surface emitting laser，VCSEL

激光发射方向垂直于 pn 结平面而谐振腔面平行于 pn 结平面的半导体激光器。

06.0311 大光腔激光二极管 large optical cavity laser diode，LOCLD

四层非对称介质波导结构的激光二极管。是在有源区和一侧限制层之间加入一个波导层，光强能从有源层扩展到波导层中，增大了激光器的发光面积，提高了激光输出功率。

06.0312 单量子阱激光器 single quantum well laser，SQW laser

有源区只包含由一个势阱构成的量子阱结构的半导体激光二极管。

06.0313 多量子阱激光二极管 multi-quan-tum-well laser diode

由多个势阱组成的量子阱结构为多量子阱，其有源区由多个势阱组成的量子阱结构构成的半导体激光二极管。

06.0314 单模激光二极管 single mode laser diode

以注入载流子泵浦，在激光器谐振腔内形成的稳定光强分布，为十分尖锐的单一发射光谱的半导体激光器。

06.0315 单片光电子集成电路 single-chip

opto-electronic integrated circuit
在同一衬底材料或芯片上集成半导体光电子器件和电子器件的新型单个多功能光电子器件。

06.0316 单异质结激光器 single-hetero-structure laser
有源区的一侧由两种不同晶体介质构成的材料界面构成的半导体激光二极管。

06.0317 单纵模激光二极管 single longitu-dinal mode laser diode
在激光器的谐振腔内沿光场传播方向，只能形成单一峰值稳定光强分布的半导体激光器。

06.0318 动态单模激光二极管 dynamic sin-gle mode laser diode
用高速信号直接调制时，在激光器的谐振腔内仅保持一个振荡模式的半导体激光器。

06.0319 分布反馈半导体激光器 distributed feedback semiconductor laser
利用分布式反馈布拉格光栅做谐振腔的一种激光二极管。

06.0320 分离限制异质结构 separated con-finement heterostructure，SCH
由有源层、两层波导层和两层光限制层组成的五层对称介质波导结构。该结构能将载流子和光子分别限制在有源层和波导层中。

06.0321 分离限制异质结构多量子阱激光器 separated confinement heterostructure multiple quantum well laser
有源层为多个量子阱，整体结构为分离限制异质结构的半导体激光二极管。

06.0322 高功率半导体激光器 high power semiconductor laser
连续输出功率在 100mW 以上，脉冲输出功率在 5W 以上的半导体激光器。目前由该器件组成的阵列式激光器连续输出功率可达 200W，准连续输出功率可达数千瓦，脉冲输出功率可达数万瓦。

06.0323 光波导耦合器 optical waveguide coupler
在不同的光波导之间，能够将传输的光波的模式和光能进行耦合的器件。分为定向耦合器、光栅耦合器、Y 分支器、多模干涉耦合器等。

06.0324 光传输复用器 optical multiplexer
将阵列波导中不同波长的光波输入进平板波导，经平板波导衍射后进入阵列波导，然后经第二个平板波导汇聚到同一个波导中输出，从而完成复用功能的器件。

06.0325 光电探测器 optoelectronic detector
将光信号转变为实时的电信号的器件。按结构可分为光电二极管、PIN 光电二极管、雪崩光电二极管和金属－半导体－金属光电探测器等。

06.0326 光电子集成电路 optoelectronic integrated circuit，OEIC
将光电子器件、无源光器件和电子器件集成在一起，以实现光通信系统或光信息处理系统中某种特定功能的集成化组件。

06.0327 光调制器 optical modulator
将外加电信号加载到激光载波上，使输出的光携带与电信号相关信息的组件。分为强度调制器、频率调制器、相位调制器和偏振调制器。

06.0328 光调制解调器 optical modulator/demodulator
将信息加载到激光载波上，光解并从经过调

制的激光载波中提取信息，即能完成光通信中信息上传和下载的器件。

06.0329 光晶体管 optical transistor
由双极型晶体管或场效应晶体管等三端器件构成的光电子器件。光在这类器件的有源区内被吸收，产生光生载流子，通过内部电放大机构，产生光电流增益。

06.0330 光开关 optical switch
具有通断控制、切换光路或逻辑操作功能的器件。

06.0331 光开关阵列 optical switch matrix
将多个单元光开关集成在一起组成的阵列。

06.0332 化合物雪崩光电二极管 compound avalanche photo-diode
利用光生载流子在二极管耗尽区内受高电场作用产生雪崩效应制备的二极管。其有源区为Ⅲ-Ⅴ族化合物半导体。

06.0333 环形激光器 ring laser
采用环形结构谐振腔的激光器。其中，光子可以在谐振腔内同时沿顺时针和逆时针方向传播，形成反向传输的两束光。

06.0334 脊形波导激光二极管 ridge waveguide laser diode
通过控制刻蚀工艺，在接近有源层的上部形成横截面为脊形结构，在平行于有源层的方向上形成实折射率波导的激光二极管。

06.0335 金属-半导体-金属光电探测器 metal-semiconductor-metal photodetector
在半导体表面制作出梳状金属电极，形成金属-半导体-金属结构，当两个电极上加有一定的电压时，会形成光生电流的器件。

06.0336 可变光衰减器 variable optical attenuator
光通信中用来衰减或控制光信号的器件。按照调谐方式可以分为机械、磁光效应、热光效应、电光效应、声光效应等多种类型。

06.0337 可见光半导体激光器 visible light semiconductor laser
以半导体材料为受激发射物质、激射光波长在可见光波段（390~760）nm 的激光器。

06.0338 量子阱 quantum well, QW
由带隙宽度不同的两种薄层材料交替生长在一起，而且窄带隙薄层被包夹在宽带隙材料中间的一种微结构。其中，窄带隙势阱层的厚度小于电子的德布罗意（de Broglie）波长，电子的能级变成分立的量子化能级，该微结构为量子阱。

06.0339 量子线 quantum wire
能使电子在空间两个方向（如 x,y 方向）上的运动均受到约束，只能沿长度方向（z 方向）自由运动的低维结构材料。

06.0340 量子点结构 quantum dot structure, QD structure
当半导体材料在三个空间维度上的尺寸都比电子的德布罗意波长小时，电子在三个方向上都不能自由运动，其能量是量子化的。该结构称为量子点结构。

06.0341 可见光发光二极管 visible light emitting diode
以固体半导体芯片为发光材料，通过载流子复合释放出过剩的能量而引起光子发射，波长范围在 390~760nm 的半导体固体发光器件。

06.0342 可见光激光二极管 visible light laser diode

以直接带隙半导体为光发射物质，以载流子注入为泵浦方式，以法布里 - 珀罗腔或布拉格光栅为谐振腔，发光波长在可见光范围的半导体激光器。

06.0343 拉曼激光二极管 Raman laser diode
采用光学泵浦方式激射具有拉曼散射效应的光学物质，散射光经放大后形成激光的二极管。

06.0344 量子阱激光二极管 quantum well laser diode
以量子阱结构为有源区，利用载流子在有源区中的二维运动特性实现受激发射的激光二极管。

06.0345 量子阱红外光电探测器 quantum well infrared photo-detector
用量子阱代替普通的 pn 结实现光电转换，完成红外波段光信号探测的器件。具有量子效率高、暗电流低等优点。

06.0346 马赫 - 曾德尔电光调制器 Mach-Zehnder interferometer electro-optic modulator
利用马赫 - 曾德尔干涉效应和电光效应制成的光学调制器。是将输入光分成相等的两路信号，它们的相位随外加的电信号变化，使干涉合波后的光强度也随电信号而变化而实现光强的调制。

06.0347 热光开关 thermo-optic switch
通过温度改变光介质的光学性质，实现光强度调制的一种具有切换光路作用的功能器件。

06.0348 双沟道平面隐埋异质结构激光二级管 double-channel planar-buried-heterostructure laser diode
在有双刻槽的衬底上外延生长异质结构，并

在 pn 结平面形成载流子限制和光限制的激光二级管。

06.0349 量子微腔 quantum microcavity
能使光子和原子相互作用变得强烈，从而导致产生一系列量子效应的微光学腔。该微腔至少沿一个方向的尺寸可与光波波长相比。

06.0350 双稳态半导体激光二极管 bistable semiconductor laser diode
利用半导体激光器光源本身的光学非线性特性，实现光学双稳态运转的激光二极管。

06.0351 双异质结构光电子开关 double heterostructure optoelectronic switch
利用双异质结构激光器的反常自脉动、正向负阻开关和记忆开关等性质制造的光开关。

06.0352 双异质结激光二极管 double heterostructure laser diode
在激光器的法布里 - 珀罗腔中，有源区为窄直接带隙半导体材料，夹在两层掺杂型号相反的宽带隙半导体限制层之中，构成一个类似"三明治"（夹层）结构的激光二极管。

06.0353 锁相激光器阵列 phase locking laser array
在同一片半导体基片上，同时制备出 n 个结构相同的激光二极管，它们彼此之间距离很小，发出的光波相互交叠，产生耦合作用，使整体的光场模式锁定、相位相关、频率确定的器件。

06.0354 条形结构激光器 stripe-geometry structure laser
在平行于 pn 结平面的方向上，制造出条形结构，使平行和垂直于 pn 结平面的两个方向上都能限制载流子，并产生光增益，建立起稳定的光振荡的激光器。

06.0355　微腔激光器　microcavity laser
谐振腔的尺寸小到光在半导体介质中传播波长量级的半导体激光器。常见的微腔激光器包括垂直腔面发射激光器、微盘(回音壁型微腔)激光器、光子晶体激光器和随机激光器等。

06.0356　吸收区倍增区分置雪崩光电二极管　separated absorption and multiplication region avalanche photodiode
吸收与倍增区相互分离的雪崩光电二极管。在这种二极管中，入射光子首先被窄带隙的吸收材料吸收，所产生的光生载流子被扫进宽带隙的倍增区并在该区倍增。

06.0357　肖特基势垒光电二极管　Schottky barrier photodiode
利用金属与半导体接触形成内建电场制备的光电二极管。适合用难掺杂的半导体材料制备光电探测器。

06.0358　雪崩光电二极管　avalanche photodiode
利用光生载流子的雪崩倍增效应制成的、具有内部增益、能将探测到的光电流进行放大的半导体光电探测器。

06.0359　异质结　heterojunction
由两种不同元素或不同成分材料构成的结。结两边材料的禁带宽度不同，异质结器件有高放大倍数和响应速度。

06.0360　异质结激光器　heterostructure laser
有源区为窄直接带隙半导体材料，限制层为宽带隙半导体材料所形成的三层结构二极管激光器。

06.0361　异质结光电晶体管　heterojunction phototransistor
发射区由宽带隙材料构成，基区和收集区由窄带隙材料构成的光电晶体管。

06.0362　隐埋多量子阱　buried multiple quantum well
由多量子阱组成有源层，在垂直和平行量子阱的方向上均被宽带隙材料有效地包围所形成的低维结构。

06.0363　应变层单量子阱　strained-layer single quantum well
由于量子阱与衬底上外延材料晶格常数不同，导致在量子阱中产生应变，该应变改变的单量子阱材料的能带结构。

06.07　半磁半导体材料

06.0364　半磁半导体　semimagnetic semiconductor
又称"稀磁半导体(dilute magnetic semiconductor)"。用磁性离子或原子(一般为过渡族元素或稀土元素)部分替代普通半导体材料中的非磁性离子或原子所形成的一类新型半导体材料。

06.0365　巨磁电阻半导体　giant magnetoresistance semiconductor
由外磁场引起材料电阻率产生巨大变化的半导体材料。

06.0366　反常霍尔效应　abnormal Hall effect
在铁磁金属材料中，霍尔效应正比于材料磁化强度的现象。

06.0367　自旋二极管　spin diode
利用自旋极化的载流子工作的二极管。

06.0368　自旋晶体管　spin transistor
利用电子的电荷和自旋自由度，并具有能耗低、速度快等特点的晶体管。

06.0369　自旋量子态　spin quantum state
用量子力学描写的微观粒子的自旋状态，常用自旋量子数表示。

06.0370　自旋玻璃　spin glass
物体的磁性介于铁磁体与顺磁体之间的一种"自旋短程有序，长程无序"的材料。

06.08　半导体敏感材料

06.0371　半导体传感器材料　semiconductor materials for transducer
又称"半导体敏感材料"。能将非电的物理量(光、热、力、磁等)转换为可测电信号的半导体材料。

06.0372　气敏电阻器材料　gas sensitive resistor materials
半导体材料表面吸附气体后自身阻值发生变化的材料。

06.0373　湿敏电阻器材料　humidity-sensitive resistor materials
感湿层、电极、引线和基体构成。感湿层吸收水分，电阻发生变化，直接将相对湿度转换成电阻值。

06.0374　光敏电阻器材料　photoresistor materials
光敏电阻器利用光电导效应，阻值随光照强度而下降的材料。其结构包括光导电材料、电极、绝缘衬底和引线。

06.0375　半导体光敏材料　semiconductor light sensitive materials
半导体的电学参量随环境光学参量的变化而改变的材料。

06.0376　半导体压敏材料　semiconductor pressure sensitive materials
又称"半导体压力材料"。电阻值随外部施加作用力的变化而改变的半导体材料。

06.0377　射线敏材料　radiation sensitive materials
射线辐照到材料表面，射线能量可使材料的电学参数发生变化的材料。

06.0378　半导体磁敏材料　semiconductor magneto-sensitive materials
能把磁学物理量转变成电信号或霍尔效应显著的半导体材料。

06.0379　压敏电阻合金　pressure sensitive resistance alloy
制作压敏传感器元件的一类材料。其电阻值随压力而变化，可将力学量转换成电量，用以测量应力、转矩、加速度、压强以及位移等。

06.0380　半导体热敏材料　semiconductor thermosensitive materials
可将温度转换为电信号的半导体材料。

06.0381　热敏器件　thermosensitive device
用硅制作的热敏晶体管。工作温度在$-50\sim200\,℃$范围内。

06.0382　气敏元件　gas sensitive component
性能参数随外界气体种类和浓度变化而改变的工作元件。

06.0383　光敏电阻　photoresistor
电阻值随照射光强度增加而下降的固体材料。

06.0384　压敏电阻　piezo-resistor
电阻值随施加在材料上的压力而改变的固体材料。

06.0385　热敏电阻　thermistor
电阻率值随温度变化而显著改变的固体材料。

06.09　温差电材料

06.0386　温差电材料　thermoelectric materials
又称"热电材料"。具有显著的温差发电或温差电制冷效应的材料。

06.0387　焦耳效应　Joule effect
单位时间内由恒定电流通过导电材料产生的热量与导体电阻和电流平方之积成正比的现象。

06.0388　汤姆孙热量　Thomson heat
汤姆孙效应中吸收或放出的热量。

06.0389　埃廷斯豪森效应　Ettingshausen effect
当电流通过导电材料时，如果在垂直于电流的方向施加磁场，则在垂直于电流和磁场的方向产生温差的现象。

06.0390　能斯特效应　Nernst effect
在磁场下，当有热流通过导电材料时，会在与热流及磁场的垂直方向产生电动势的现象。

06.0391　里吉－勒迪克效应　Righi-Leduc effect
当有热流通过导电材料时，与热流垂直的磁场可在与热流及磁场垂直方向上产生温度差的现象。

06.0392　温差电模块　thermoelectric module
又称"热电模块"。根据佩尔捷(Peltier)效应的原理，可以将 p 型、n 型热电材料做成 π 型元件，按照导电串联、导热并联的方式将一定数量的 π 型元件焊接在高导热的绝缘陶瓷基板上构成的温差电器件。

06.0393　功率因子　power factor
在温差电材料中，泽贝克(Seebeck)系数的平方与电导率之积(具有功率的量纲)。

06.0394　温差电优值　thermoelectric figure of merit
又称"品质因数"、"优化系数"。描述温差电材料本征特性的物理量，其值等于功率因子与热导率之比，与元件的几何因子无关，该值越大表明温差电元件冷端与热端温度差越大。

06.0395　温差电转换　thermoelectric conversion
通过泽贝克效应和佩尔捷(Peltier)效应将热能和电能相互转换的过程。

06.0396　温差电制冷　thermoelectric cooling
又称"热电致冷"。利用佩尔捷(Peltier)效应，用电能把热量从冷端转移到热端的技术。

06.0397　热电发电　thermoelectric power generation
利用泽贝克效应，把热能转换为电能的技术。

06.0398　致冷电堆　refrigeration pile
一组具有显著佩尔捷(Peltier)效应的柱状体

组合，有电流流过时一端吸热一端放热。

06.0399 碲化铋 bismuth telluride
分子式为 Bi_2Te_3。辉碲铋矿型结构，六方晶系，电学、热学性质各向异性，是致冷材料。

06.0400 碲化锑 antimony telluride
分子式为 Sb_2Te_3。辉碲铋矿型结构，六方晶系，电学、热学性质各向异性，是致冷材料。

06.0401 硒化铋 bismuth selenide
分子式为 Bi_2Se_3。辉碲铋矿型结构，六方晶系，电学、热学性质各向异性，是致冷材料。

06.10 硅基半导体材料

06.0402 硅基半导体材料 silicon based semiconductor materials
以硅材料为基础发展起来的新型材料。包括绝缘层上的硅材料、锗硅材料、多孔硅、微晶硅以及以硅为基底异质外延其他化合物半导体材料等。

06.0403 多孔硅 porous silicon
体内有大量空洞的硅材料，空隙度约为60%~90%，内表面积很大，每立方厘米硅材料中达数百平方米的面积。

06.0404 硅-锗合金 alloy of silicon-germanium
硅和锗两种元素构成的合金。

06.0405 $Si_{1-x}Ge_x$/Si 异质结构材料
$Si_{1-x}Ge_x$/Si heterojunction materials
由硅-锗合金和硅构成的 $Si_{1-x}Ge_x$/Si 异质结构的材料。其性能优异并具有重要的应用价值，被认为是"第二代硅"材料。

06.0406 SOS 外延片 silicon on sapphire epitaxial wafer, SOS expitaxial wafer
在蓝宝石衬底上外延生长的硅单晶薄膜材料。

06.0407 化合物–硅材料 compound-silicon materials
在硅衬底上外延生长的化合物。如外延砷化镓用来增大材料尺寸和拓宽其应用以及获得新的功能材料的途径。

06.0408 绝缘体上硅 silicon on insulator, SOI
底部为衬底材料，顶部为硅单晶层，中间夹有二氧化硅等绝缘层的三层结构。

06.0409 键合技术 bonding technique
在室温下两个硅片受范德瓦耳斯力作用相互吸引，硅片表面基团发生化学作用而键合在一起的技术。

06.0410 键合晶片 bonded wafer
两个不同晶片键合在一起，中间可以有绝缘层，也可以没有绝缘层的晶片。

06.0411 键合界面 bonding interface
两种晶片之间的键合平面。

06.0412 基底硅片 base wafer
硅基半导体材料的支撑硅。

06.11 有机半导体材料

06.0413 有机半导体材料 organic semiconductor materials
电导率介于有机绝缘体和有机导体之间的一类有机化合物材料。其电导率一般为$(10^{-10} \sim 10^2)/\Omega \cdot cm$。

06.0414 聚合物半导体材料 polymer semiconductor materials
由高分子化合物组成的,具有半导体性能、可用来制作半导体器件和集成电路的有机电子材料。

06.0415 有机光导材料 organic photoconductive materials
在光的作用下,能引起光生载流子形成并迁移的有机半导体光功能材料。

06.0416 有机无机复合半导体材料 organic-inorganic hybrid semiconductor materials
含有大配比的两种或两种以上有机和无机组分的具有半导体性质的复合材料。

06.0417 小分子有机电致发光材料 small molecular organic light-emitting materials
用于有机电致发光的小分子有机材料。

06.0418 聚合物电致发光材料 polymer light-emitting materials
用于有机电致发光的聚合物材料。

06.0419 金属配合物发光材料 light emitting metal materials
具有发光性能的金属配合物材料。

06.0420 低聚物发光材料 oligopolymer light-emitting materials
又称"齐聚物发光材料"。具有发光性能的材料。

06.0421 有机电子传输材料 organic electron transport materials
在有机电致发光器件中用于传输电子的有机材料。

06.0422 有机单线态发光材料 organic singlet state luminescent materials
又称"有机荧光材料"。利用单线态激子辐射发光的有机材料。

06.0423 有机三线态发光材料 organic triplet state light-emitting materials
又称"有机磷光材料"。利用三线态激子辐射发光的有机材料。

06.12 半导体材料制备

06.0424 熔体生长法 melt growth method
在材料的熔点下,从熔体中凝固形成单晶的方法。

06.0425 水平[晶体]生长法 horizontal crystal growth method
沿着水平方向生长单晶的一种方法。既可进行物料提纯,又可进行生长单晶。

06.0426 直拉法 vertical pulling method
又称"乔赫拉尔斯基法(Czochralski method)",简称"CZ法"。沿着垂直方向从熔体中拉制单晶的方法。该方法为波兰学者丘克拉斯基所发明。

06.0427 磁场直拉法 magnetic field Czochralski method
简称"MCZ 法"。在直拉法生长工艺基础上，对坩埚内的熔体施加一强磁场，使熔体热对流受到抑制，用于生长低氧浓度的直拉硅单晶的方法。

06.0428 悬浮区熔法 floating-zone method
简称"FZ 法"，又称"无坩埚法"。区熔时，熔区完全依靠表面张力和高频电磁力的支托，悬浮于多晶料棒与下方生长的单晶之间的方法。

06.0429 液封覆盖直拉法 liquid encapsu-lated Czochralski method
简称"LEC 法"。熔体表面有一层覆盖剂，晶体是从被覆盖剂包裹的熔体中拉制出来。主要用于制备具有挥发性组分的化合物半导体单晶的方法。

06.0430 覆盖剂 encapsulated agent
用于抑制化合物中具有挥发组分逸出和保持生长的晶体表面不被解离的物质。

06.0431 升华再结晶法 sublimate recrystal-lization method
物料受热获得热能后，不经过液态而直接由固态转化为气态并在设定温度条件下重新结晶的工艺。

06.0432 垂直梯度凝固法 vertical gradient freeze method, VGF
装有物料的容器垂直置于炉中设定的相应温度梯度部位，物料全熔后，从下部一端缓慢结晶并延续到上部一端的晶体生长方法。

06.0433 边缘限定填料法 edge-defined film-fed growth, EFG
俗称"倒模法"。有细孔的模具插入熔体中，利用毛细管作用从模具上表面拉制截面限定且异形的一种晶体生长方法。

06.0434 外延 epitaxy
利用物理或化学变化在单晶衬底上沿特定结晶学生长单晶薄膜的方法。

06.0435 外延层 epitaxial layer
又称"外延薄膜(epitaxy thin film)"。在基质衬底上按特定的结晶学生长的单晶薄膜。衬底决定外延层的晶向。

06.0436 外延衬底 epitaxial substrate
又称"基片(substrate)"。具有特定晶面和适当电学、光学和机械特性的用于生长外延层的洁净单晶薄片。

06.0437 同质外延 homoepitaxy
外延层与衬底具有相同或近似的化学组成，但两者中掺杂剂或掺杂浓度不同的外延。

06.0438 异质外延 heteroepitaxy
外延层和衬底不是同种材料的外延。

06.0439 液相外延 liquid-phase epitaxy, LPE
通过降温，使溶质从过饱和溶液中析出在衬底上进行的外延。

06.0440 气相外延 vapor phase epitaxy, VPE
将外延层所需的化学组分以气相的形式，通过物理或化学变化在衬底上进行的外延。

06.0441 氢化物气相外延 hydride vapor phase epitaxy, HVPE
在外延生长所需的化学组分中，至少采用一种氢化物的气相外延。

06.0442 固态源分子束外延 solid source

molecular beam epitaxy，SSMBE

对化合物半导体薄膜而言，各组分均采用固体源物质的分子束外延生长的技术。

06.0443 气态源分子束外延 gas source molecular beam epitaxy，GSMBE

对化合物半导体薄膜而言，某些组分采用固体源物质，而某些组分采用气态源物质的分子束外延生长的技术。

06.0444 表面黏附系数 sticking coefficient of surface

已经被黏附于衬底表面上的原子(分子)数与喷射抵达表面的原子(分子)总数之比。

06.0445 金属有机源分子束外延 metal-organic molecular beam epitaxy，MOMBE

对化合物半导体薄膜而言，某些组分采用金属有机化合物作为源物质，而某些组分为固态源物质的分子束外延生长技术。

06.0446 化学束外延 chemical beam epitaxy，CBE

将金属有机源气体和非金属氢化物等气体形成的分子束流直接喷向加热的基底表面，发生反应并有序地排列起来形成外延层的外延生长技术。

06.0447 原子层外延 atomic layer epitaxy，ALE

在分子束外延和金属有机物化学气相淀积过程中，利用化学反应中异种组元原子(分子)的化学吸附能力不同的特性，控制组元原子束流的种类和供应量，使交替生长的薄膜晶体达到原子尺度平整度的晶体生长技术。

06.0448 分子层外延 molecular layer epitaxy，MLE

将含有化合物半导体组元的气体分子，单独交替地引入到生长室，在准分子激光或紫外光同步辐照下，加速衬底表面被吸附分子的化学分解与表面迁移，促进薄膜晶体生长的技术。

06.0449 锁相外延 phase-locked epitaxy，PLE

分子束外延生长过程中，通过监测反射高能电子衍射强度振荡，锁定组分原子(分子)束流挡板的开启与关闭，达到原子级平整度外延生长的技术。

06.0450 迁移增强外延 migration enhanced epitaxy，MEE

在Ⅲ-Ⅴ族化合物薄膜材料的分子束外延生长过程中，使Ⅲ族金属原子束流与Ⅴ族原子(分子)束流在较低的温度下交替喷射到生长晶体表面，获得原子级平整度薄膜晶体外延生长的技术。

06.0451 椭圆缺陷 oval defect，OD

用分子束外延技术生长Ⅲ-Ⅴ族化合物薄膜材料时，在(001)取向晶体表面上形状为椭圆形，椭圆的长轴沿<110>方向，尺寸在1~20μm范围的表面型缺陷。

06.0452 射频等离子体辅助分子束外延 radio frequency plasma assisted molecular beam epitaxy

在分子束外延生长中，利用射频高压放电产生等离子体，提供高度活性的气态源粒子(原子、分子、离子等)，降低薄膜的生长温度，提高生长速率的技术。

06.0453 微波等离子体辅助分子束外延 microwave plasma assisted molecular beam epitaxy

在分子束外延生长中，用高能量微波激励气体源物质辉光放电，产生活性气体源粒子，提高生长薄膜晶体质量的技术。

06.0454 激光辅助等离子体分子束外延 laser assisted plasma molecular beam epitaxy

在分子束外延生长中，利用准分子脉冲激光烧蚀高熔点氧化物靶，使氧化物沉积到衬底上生长薄膜的技术。

06.0455 金属有机化合物气相外延 metal-organic vapor phase epitaxy

利用金属有机化合物进行金属组分输运，在半导体单晶衬底上沿确定晶向生长单晶薄层的工艺。

06.0456 低压金属有机化合物气相外延 low pressure metalorganic vapor phase epitaxy，LP-MOVP

在小于100Pa的压力下，进行金属有机化合物气相外延的工艺。

06.0457 低压金属有机化学气相沉积 low pressure metalorganic chemical vapor phase deposition

在低于一个大气压条件下，将金属有机化合物通过气相输运到材料的衬底上的工艺。生长的薄层不一定是单晶。

06.0458 常压金属有机化合物气相外延 atmosphere pressure metalorganic vapor phase epitaxy

在常压条件下，利用金属有机化合物的分解和化合，在半导体单晶衬底上沿确定的晶向生长单晶薄层的工艺。

06.0459 常压金属有机化学气相沉积 atmospheric pressure metalorganic chemical vapor phase deposition

在常压条件下，将金属有机化合物通过气相输运到材料的衬底上的工艺。生长的薄层不一定是单晶。

06.0460 等离子增强金属有机化合物气相外延 plasma enhanced metalorganic vapor phase epitaxy，PE-MOVPE

利用等离子体促进化学反应、降低反应温度的金属有机化合物气相外延。

06.0461 等离子体辅助外延 plasma assisted epitaxy

利用等离子体促进化学反应、降低反应温度的气相外延。

06.0462 光增强金属有机化合物气相外延 photo-enhanced metalorganic phase vapor epitaxy

利用光子能量促进化学反应、降低反应温度的金属有机化合物气相外延。

06.0463 离子束外延 ion beam epitaxy，IBE

在真空环境中，用含有外延生长所需元素的低能离子束在衬底上生长单晶薄层的工艺。

06.0464 金属有机化合物原子层外延 metal-organic atomic layer epitaxy

以金属有机化合物为原料生长单原子薄层的外延工艺。

06.0465 激光原子层外延 laser atomic layer epitaxy

利用激光能量促进化学反应的原子层外延。

06.0466 选择性外延生长 selective epitaxy growth

在衬底上限定的区域内进行的外延生长。

06.0467 侧向外延 epitaxial lateral over-growth

带有掩模的图形衬底上进行外延时，横向生长速度快于纵向生长速度，导致起始的选择生长外延层扩展到窗口外并最终形成连续外延层的方法。

06.0468 热壁外延 hot wall epitaxy，HWE
化学气相沉积时反应器由外部加热处于高温，反应剂不会在反应器壁上沉积的外延技术。

06.0469 冷壁外延 cool wall epitaxy
化学气相沉积时反应器壁被冷却，而外延衬底被加热，外延生长在单晶衬底上进行，而不会发生在反应器壁上的单晶薄层制备方法。

06.0470 低压化学气相沉积 low pressure chemical vapor deposition，LP-CVD
在低于一个大气压的条件下进行的化学气相沉积。

06.0471 射频等离子体化学气相沉积 radio frequency plasma chemical vapor deposition
利用射频电磁场产生的等离子体促进化学反应降低反应温度的化学气相沉积技术。

06.0472 微波等离子体化学气相沉积 microwave plasma chemical vapor deposition
利用微波放电产生的等离子体促进化学反应降低反应温度的化学气相沉积技术。

06.0473 等离子体辅助物理气相沉积 plasma assisted physical vapor deposition
等离子体促进的蒸发沉积和溅射沉积等的物理气相沉积技术。

06.0474 激光辅助化学气相沉积 laser assisted chemical vapor deposition
利用激光光子能量促进化学反应降低反应温度的化学气相沉积技术。

06.0475 激光增强化学气相沉积 laser enhancement chemical vapor deposition
利用激光光子能量促进化学反应降低反应温度的化学气相沉积。

06.0476 激光诱导化学反应 laser induced chemical reaction
利用激光光子能量有选择地激励的化学反应。

06.0477 立式反应室 vertical reactor
气流垂直地流向衬底表面的化学气相沉积或气相外延生长的反应室。

06.0478 水平反应室 horizontal reactor
气流水平地流过衬底表面的化学气相沉积或气相外延生长的反应室。

06.0479 基座 susceptor
在反应室内能被加热并将热量传递给衬底的承载体。

06.0480 气体输运系统 gas handling system
在化学气相沉积或外延生长系统中，向反应室提供原料气体的管路系统。

06.0481 固相外延 solid phase epitaxy
单晶衬底上的非晶层，在远低于单晶材料熔点或共晶点的温度下，外延再结晶的生长工艺。

06.0482 迁移增强外延法 migration enhanced epitaxy
根据低温下原子比分子更容易在晶体表面上迁移的特性而发展起来的一项分子层外延的衍生技术。

06.0483 离子束增强沉积 ion beam enhanced deposition，IBED
电子束蒸发或溅射沉积薄膜的同时，用一定能量的离子束进行轰击，以在衬底上形成具有特定性能表面覆盖层的技术。

06.13 半导体材料性能测试

06.0484 热探针法 thermal probe method
利用被加热的钨探针与室温下半导体表面相接触产生的温差电动势，判断半导体导电类型的技术。

06.0485 二探针法 two-probe measurement
在柱形样品两端通以直流电流，测量垂直压在被测样品侧面的两支金属探针之间的电位差，由此计算被测半导体样品平均体电阻率的电学测量技术。

06.0486 三探针法 three-probe measurement
以直线排列的三支金属探针与半导体外延样品表面接触，测量反向电流－电压特征，从击穿电压计算掺杂浓度再换算电阻率值的电学测量技术。

06.0487 四探针法 four-probe measurement
将等间隔直线排列的四支金属探针，垂直压在任意形状半导体样品表面，使电流从两支外探针间通过，测量两支内探针间的电位差，依据一定的公式和修正方法可以求出半导体的电阻率的电学测量技术。该方法也可用于测量导电薄膜的方块电阻。

06.0488 扩展电阻法 spreading resistance profile
通过测量金属探针与半导体接触形成的扩展电阻，根据已有的扩展电阻与电阻率的校正曲线，获得半导体微区电阻率的电学测量技术。此方法可用于测量半导体器件中载流子浓度的纵向分布等。

06.0489 霍尔系数测量 measurement of Hall coefficient
在半导体上施加互相垂直的电场和磁场，在一定的电流下测量霍尔电压，由此得到霍尔

系数的电学测量技术。

06.0490 直流光电导衰退法 direct current measurement of photoconductivity decay
在光脉冲照射下，测量通以恒定电流的半导体样品两端的电压衰减过程的时间常数，从而确定半导体中少数载流子寿命的电学测量技术。

06.0491 高频光电导衰退法 high frequency measurement of photoconductivity decay method
通过电容将高频振荡信号耦合到半导体样品上，在光脉冲照射下，测量信号振幅衰减的时间常数，确定半导体中少数载流子寿命的电学测量技术。

06.0492 电容电压法 capacitance-voltage method，C-V method
利用 pn 结或肖特基势垒在反向偏压时的电容特性，测量体材料、外延材料以及低维量子结构材料等的载流子浓度及其分布的电学测量技术。

06.0493 热激电流谱 thermally stimulated current spectrum，TSCS
低温下利用光照射产生的电子－空穴对将深能级陷阱填满，然后从不同升温速率下结电流随温度变化的特性，探测半导体中深能级缺陷能级及其浓度的电学测量技术。

06.0494 热激电容谱 thermally stimulated capacitance spectrum
通过改变单边 pn 结或者肖特基结的空间电荷区宽度和结温来改变深能级的荷电状态，从而改变结电容，通过测量结电容的变化可

以测出深能级杂质的浓度和发射参数电学测量技术。

06.0495 深能级瞬态谱 deep level transient spectroscopy, DLTS

当 pn 结或肖特基势垒处于反向偏压时，利用载流子脉冲注入和"发射率窗"的信号处理技术，测量结电容随脉冲注入时间及温度的瞬态变化，获得导电材料中深能级中心性质的电学测量技术。

06.0496 光激发瞬态电流谱 optical transient current spectrum, OTCS

又称"电流深能级瞬态谱(current deep level transient spectroscopy, I-DLTS)"。在低温下，用脉冲光照射样品，使光生载流子填满深能级陷阱，然后随温逐渐升高，检测样品上两平行电极之间的瞬态电流变化，确定高阻半导体材料中深能级的能级位置及发射速率等的电学测量技术。

06.0497 光热电离谱 photothermal ionization spectroscopy, PTIS

当半导体处于低温和红外光照射下时，利用光和热两步激发，探测入射光子能量与由电子(或空穴)跃迁引起的光电导响应关系，确定杂质种类及其浓度的技术。

06.0498 光致发光谱 photoluminescence spectrum

受光照激发的物质处于较高能态，在回复到低能态时，多余能量将以光和热的形式释放出来，其中以光形式发射出来，以此测量物质吸收光子能量所产生激发态的辐射跃迁强度与波长(或波数)关系的技术。

06.0499 反射差分光谱 reflectance difference spectroscopy, RDS

在近于垂直样品表面的单色光照射下，测量样品平面内两个互相垂直方向上反射系数

相对差异，获取该样品光谱信息的技术。

06.0500 光声光谱 photoacoustic spectroscopy

入射光经音频速率斩光器调制后照射在密闭样品池中的物体上，引起密闭池中气体压力的波动而产生声波，利用灵敏的微音器探测这种声波信号与入射光波长关系的技术。

06.0501 时间分辨光致发光谱 time-resolution photoluminescence spectrum, TRPL spectrum

在脉冲单色光照射下，探测物质激发态辐射跃迁光谱随时间变化动力学过程的光谱技术。

06.0502 傅里叶变换红外吸收光谱 Fourier transformation infrared absorption spectroscopy

波长在 0.7~1000μm 范围的入射光，经干涉仪调制成干涉光，透过试样后得到干涉图，利用计算机将此干涉图按傅里叶变换式换算成吸收强度与波长(波数)关系的光谱技术。

06.0503 电子顺磁共振谱 electron paramagnetic resonance spectrum, EPRS

又称"电子自旋共振谱(electron spin resonance spectrum, ESRS)"。在恒定(直流)磁场下，探测顺磁物质对高频(微波)磁场能量共振吸收随频率变化关系的技术。

06.0504 电子-核双共振谱 electron-nuclear double resonance spectrum, ENDORS

在恒定(直流)磁场下，探测物质中电子与原子核对高频(微波)磁场能量共振吸收随频率变化关系的技术。

06.0505 感应耦合等离子发射谱 inductively

coupled plasma atomic emission spectrum, ICP-AES

在高频感应电磁场的作用下，使气体放电产生高频等离子体，探测由等离子体载带的被测物质所发射的特征谱线，确定物质组分及含量的微量元素分析技术。

07. 天 然 材 料

07.01　矿　　物

07.0001　矿物　mineral
由地质作用形成的具有相对固定的化学成分和确定的内部结构的天然单质或化合物。

07.0002　矿物加工　mineral processing
对有用矿物提纯、改性的过程。

07.0003　矿物材料　mineral materials
经过加工处理后，能用于制造相关制品的矿物。

07.0004　矿物原料　raw materials of mineral
未经过加工处理的矿物。

07.0005　工业矿物　industrial mineral
除天然燃料外，在化学成分、晶体结构或物理、化学性能方面可供工业利用，并具有经济价值的矿物。

07.0006　工业岩石　industrial rock
除天然燃料外，在矿物组成、化学成分、结构、构造或物理、化学性能方面可供工业利用，并具有经济价值的岩石。

07.0007　农业矿物　agriculture mineral
能直接使用或经加工处理后，在促进农作物生长、土壤改良、动物饲料、农畜牧药剂等方面有明显效用、能取得经济效益的矿物原料。

07.0008　医药矿物　medicine mineral

又称"矿物药"、"药用矿物"。其化学成分、晶体结构和物化性状对防病、治病有明显疗效的矿物原料。

07.0009　环境矿物　environment mineral
其化学成分、晶体结构或物理化学性能对人类生存环境的保护、治理和净化有实效的矿物原料。

07.0010　矿物光性　optical property of mineral
光在不同成分和结构的矿物晶体中传播时所发生的折射、反射、干涉等现象。可通过测量折光率、双折射率、反射率、反射色等光学数据来鉴定和研究矿物。

07.0011　岩相分析　petrographic analysis
运用各种手段，研究岩石的矿物组分、化学成分、结构、构造，从而确定岩石成因和名称，了解各岩石间的相互关系及其演变等。

07.0012　偏光显微镜　polarization microscope
能产生和检测偏振光的显微镜。能使入射到矿物晶体的自然光变成偏振光，用于测量矿物晶体的折射率、双折射率、轴性和光性符号等。

07.0013　单质矿物　single substance mineral
由单一元素结晶形成的矿物。如自然金、自然银、自然硫、金刚石、石墨等。

07.0014 金刚石 diamond
碳元素的单质同素异构体之一。为面心立方结构，每个碳原子都以 sp^3 杂化轨道与另外 4 个碳原子形成共价键，构成正四面体，是典型的原子晶体。具有超硬、耐磨、热传导、半导体等优异的物理性能。

07.0015 石墨 graphite
碳元素的单质同素异构体之一。属六方或三方晶系的层状非金属单质矿物。根据结晶形态不同分为块状石墨、鳞片石墨和隐晶质石墨三类。

07.0016 雄黄 realgar
化学式为 AsS，属单斜晶系的单硫化物矿物。是提取砷、制造砷化物的矿物原料。

07.0017 雌黄 orpiment
化学式为 As_2S_3，属单斜晶系的单硫化物矿物。是提取砷、制造砷化物的矿物原料。

07.0018 黄铁矿 pyrite
化学式为 FeS_2，属等轴晶系的复硫化物矿物。是提取硫磺、制造硫酸的矿物原料。含金、钴者可综合利用。

07.0019 辰砂 cinnabar
化学式为 HgS，属三方晶系的单硫化物矿物。是提取汞、制造汞盐的矿物原料。晶体可做激光调制材料。

07.0020 黄铜矿 chalcopyrite
化学式为 $CuFeS_2$，属四方晶系的单硫化物矿物。是提取铜、制造铜合金的矿物原料。

07.0021 辉铜矿 chalcocite
化学式为 Cu_2S，属于斜方（正交）晶系的单硫化物矿物。是提取铜、制造铜合金的矿物原料。

07.0022 斑铜矿 bornite
化学式为 Cu_5FeS_4，属等轴或四方晶系的单硫化物矿物。是提取铜、制造铜合金的矿物原料。

07.0023 辉银矿 argentite
化学式为 Ag_2S，属等轴晶系的单硫化物矿物。是提取银、制造银合金的矿物原料。

07.0024 辉钼矿 molybdenite
化学式为 MoS_2，属六方晶系的单硫化物矿物。是提取钼和铼、制造耐腐蚀、抗高热钼合金的矿物原料。

07.0025 磁黄铁矿 pyrrhotite
化学式为 $Fe_{1-x}S$，属六方或单斜晶系的单硫化物矿物。是提取硫磺、制造硫酸的矿物原料。

07.0026 毒砂 arsenopyrite
化学式为 FeAsS，属单斜或三斜晶系的复硫化物矿物。是提取砷、制造砷化物的矿物原料。

07.0027 辉锑矿 stibnite
化学式为 Sb_2S_3，属斜方（正交）晶系的单硫化物矿物。是提取锑、制造锑合金的矿物原料。

07.0028 辉铋矿 bismuthinite
化学式为 Bi_2S_3，属斜方（正交）晶系的单硫化物矿物。是提取铋、制造铋合金的矿物原料。

07.0029 闪锌矿 sphalerite
化学式为 ZnS，属等轴晶系的单硫化物矿物。是提取锌、铟、镉，制造锌合金的矿物原料。

07.0030 方铅矿 galena
化学式为 PbS，属等轴晶系的单硫化物矿物。是提取铅、银，制造铅合金的矿物原料。晶体可做检波器。

07.0031 萤石 fluorite

化学式为 CaF_2，属等轴晶系的卤化物矿物。是提取氟、制取氟化物的矿物原料。

07.0032 石盐 halite

化学式为 $NaCl$，属等轴晶系的卤化物矿物。是提取钠、制造盐酸和各种钠盐的矿物原料。

07.0033 光卤石 carnallite

化学式为 $KMgCl_3 \cdot 6H_2O$，属斜方（正交）晶系的卤化物矿物。是提取金属钾、镁，制造钾的化合物、钾肥的矿物原料。

07.0034 钾盐 sylvite

化学式为 KCl，属等轴晶系的卤化物矿物。是提取钾、制造钠钾合金、钾肥和反应堆热交换剂的矿物原料。

07.0035 刚玉 corundum

化学式为 α-Al_2O_3，属于三方晶系的氧化物矿物。用做研磨材料和精密仪表的轴承等，色泽绚丽、透明无瑕者为名贵宝石。

07.0036 赤铁矿 hematite

化学式为 α-Fe_2O_3，属三方晶系的氧化物矿物。是提取铁、制造生铁、熟铁、纯铁、颜料和矿物药等的矿物原料。

07.0037 钛铁矿 ilmenite

化学式为 $FeTiO_3$，晶体属三方晶系的氧化物矿物。是提取钛、制造钛合金的矿物原料。

07.0038 金红石 rutile

化学式为 TiO_2，晶体属四方晶系的氧化物矿物。是提取钛、制造钛合金、钛白、海绵钛、焊条涂料等的矿物原料。

07.0039 板钛矿 brookite

化学式为 TiO_2，晶体属斜方（正交）晶系的氧化物矿物。大量富集时，可用做提取钛、制造钛合金、钛白等的矿物原料。

07.0040 锐钛矿 anatase

化学式为 TiO_2，晶体属四方晶系的氧化物矿物。是提取钛、制造钛合金、钛白等的矿物原料。

07.0041 锡石 cassiterite

化学式为 SnO_2，晶体属四方晶系的氧化物矿物。是提取锡、制造锡合金的矿物原料。

07.0042 石英 quartz

化学式为 α-SiO_2，晶体属三方晶系的氧化物矿物。可选用做压电材料、光学材料、耐火材料、熔炼材料、建筑材料、宝石材料和矿物药等。

07.0043 燧石 chert

俗称"火石"。化学式为 SiO_2，晶体属于三方晶系的一种隐晶质石英异种。可选用做研磨材料、制造陶瓷和玻璃等的矿物原料。

07.0044 蛋白石 opal

化学式为 $SiO_2 \cdot nH_2O$，内部结构部分二氧化硅球粒呈规则排列的非晶质矿物。可选用做宝石饰品、过滤介质、催化剂载体、保温材料和优质填料等。

07.0045 尖晶石 spinel

化学式为 $MgAl_2O_4$，晶体属等轴晶系的氧化物矿物。色泽鲜艳透明者可作为宝石，富铬变种为提取铬的矿物原料。

07.0046 磁铁矿 magnetite

化学式为 Fe_3O_4，晶体属于等轴晶系的氧化物矿物。是提取铁、制造生铁、钢、纯铁、各种铁合金和矿物药的矿物原料。

07.0047 铬铁矿 chromite

化学式为 $(Fe, Mg)Cr_2O_4$，晶体属等轴晶系的氧化物矿物。是提取铬、制造铬合金、重铬酸盐的矿物原料。

07.0048 软锰矿 pyrolusite
化学式为 MnO_2，晶体属四方晶系的氧化物矿物。是提取锰和制造锰合金的矿物原料。

07.0049 黑钨矿 wolframite
又称"钨锰铁矿"。化学式为 $(Fe, Mn)WO_4$，晶体属单斜晶系的氧化物矿物。是提取钨，制造高硬度碳化钨、钨合金及化合物的矿物原料。

07.0050 金绿宝石 chrysoberyl
化学式为 $BeAl_2O_4$，晶体属斜方（正交）晶系的氧化物矿物。主要用做科学仪器的轴承材料，具猫眼效应者是高档的宝石原料。

07.0051 褐钇铌矿 fergusonite
化学式为 $YNbO_4$，晶体属四方晶系的氧化物矿物。是提取钇、铈稀土、铌、钽，制造合金钢的矿物原料。

07.0052 黄钇钽矿 formanite
化学式为 $YTaO_4$，晶体属四方晶系的氧化物矿物。是提取钇、铈，制造难熔合金的矿物原料。

07.0053 铌铁矿 columbite
化学式为 $(Fe, Mn)Nb_2O_6$，晶体属斜方（正交）晶系的氧化物矿物。是提取铌、钽，制造各种合金钢的矿物原料。

07.0054 钽铁矿 tantalite
化学式为 $(Fe, Mn)Ta_2O_6$，晶体属斜方（正交）晶系的氧化物矿物。是提取钽、铌，制造超耐热合金钢的矿物原料。

07.0055 铌钇矿 samarskite
化学式为 $Y(Fe, U)(Nb, Ta)_2O_8$，晶体属单斜

晶系的氧化物矿物。是提取铌、钇、铀，制造耐高温合金的矿物原料。

07.0056 易解石 aeschynite
化学式为 $Ce(Ti, Nb)_2O_6$，晶体属斜方（正交）晶系的氧化物矿物。是提取铈、铌、钽、钛及其化合物，制造稀土合金的矿物原料。

07.0057 黑稀金矿 euxenite
化学式为 $Y(Nb, Ti)_2O_6$，晶体属斜方（正交）晶系的氧化物矿物。是提取铌、钽、钇、铈、钛，制造稀土合金及其化合物的矿物原料。

07.0058 烧绿石 pyrochlore
化学式为 $(Ca, Na)_2Nb_2O_6(OH, F)_2$，晶体属等轴晶系的氧化物矿物。是提取铌、钽、钍、铀、钇，制造合金及其化合物的矿物原料。

07.0059 晶质铀矿 uraninite
化学式为 $UO_{2.17~2.70}$，晶体属等轴晶系的氧化物矿物。是提取铀和镭的重要矿物原料。

07.0060 方钍石 thorianite
化学式为 ThO_2，晶体属等轴晶系的氧化物矿物。提取钍、铀的矿物原料。

07.0061 水镁石 brucite
化学式 $Mg(OH)_2$，晶体属三方晶系的氢氧化物矿物。是提取金属镁，制造优质耐火材料、化工制品的填料和涂料等的矿物原料。是替代温石棉的理想材料。

07.0062 水锰矿 manganite
化学式为 $MnO(OH)$，晶体属单斜晶系的氢氧化物矿物。是提取锰，制造锰铁合金和非铁合金的矿物原料。

07.0063 褐铁矿 imonite
以针铁矿 $FeO(OH)$ 或水针铁矿 $FeO(OH) \cdot nH_2O$ 为主，并含纤铁矿、铝的

氢氧化物、含水二氧化硅、黏土矿物等天然多矿物混合物。是提取铁，制造生铁、钢、纯铁的矿物原料。

07.0064 铝土矿 bauxite

化学式为 $Al_2O_3 \cdot nH_2O$。以三水铝石、一水硬铝石等含水氧化铝矿物为主，并含高岭石、蛋白石、赤铁矿等组成的多矿物混合物。是提取铝、制造耐火材料和高铝水泥的矿物原料。

07.0065 锆石 zircon

化学式为 $ZrSiO_4$，属四方晶系的岛状硅酸盐矿物。可耐受 $3000℃$ 以上的高温，可用做航天器的绝热材料。色泽绚丽而透明无瑕者，可用做宝石。

07.0066 橄榄石 olivine

化学式为 $(Mg，Fe)_2(SiO_4)$，是镁橄榄石 $Mg_2(SiO_4)$ 和铁橄榄石 $Fe_2(SiO_4)$ 固溶体系列的总称，晶体属斜方（正交）晶系的岛状硅酸盐矿物。是制造镁质耐火材料的优质矿物原料，透明绚丽者可用做宝石。

07.0067 石榴子石 garnet

化学式为 $A_3B_2(SiO_4)_3$，晶体属等轴晶系的一种岛状硅酸盐矿物族的总称。其中 A 代表 Mg^{2+}、Fe^{2+}、Mn^{2+}、Ca^{2+}等；B 代表 Al^{3+}、Fe^{3+}、Cr^{3+}、V^{3+} 和 Ti^{4+}、Zr^{4+}等。主要用做研磨材料。

07.0068 蓝晶石 kyanite

化学式为 $Al_2(SiO_4)O$，晶体属三斜晶系的岛状硅酸盐矿物。是提取铝、制造高级耐火材料、高强度轻质合金、特件陶瓷、合成莫来石等矿物原料。色泽绚丽、纯净透明者可用做宝石。

07.0069 红柱石 andalusite

化学式为 $Al_2(SiO_4)O$，晶体属斜方（正交）晶系的岛状硅酸盐矿物。是提取铝、制造高强度轻质合金、高级耐火材料、陶瓷、电缆、合成莫来石等的矿物原料，还用做宝石、观赏石和雕刻工艺品的原材料。

07.0070 绿柱石 beryl

化学式为 $Be_3Al_2(Si_6O_{18})$，晶体属六方晶系的环状硅酸盐矿物。是提取铍，制造铍合金，用做反应堆中子减速剂、X 射线管窗口等的矿物原料，色泽美而透明无瑕的绿柱石亚种（祖母绿、海蓝宝石）是高档昂贵的宝石原料。

07.0071 堇青石 cordierite

化学式为 $(Mg，Fe)_2Al_3(AlSi_5O_{18})$，晶体属斜方（正交）晶系的环状硅酸盐矿物。用于制造电绝缘陶瓷、催化剂载体等的矿物原料，有的可用做宝石。

07.0072 电气石 tourmaline

化学式为 $Na(Mg，Fe，Mn，Li，Al)_3Al_6(Si_6O_{18})(BO_3)_3(OH，F)_4$，环状结构，晶体属三方晶系含硼的铝的硅酸盐矿物族的总称。有镁电气石、黑电气石、锂电气石、钠锰电气石等。主要用做压电材料、研磨材料、声电材料和薄膜材料等。

07.0073 辉石 pyroxene

化学式为 $(Na，Ca)(Mn，Fe，Mg，Al)[(Si，Al)_2O_6]$，晶体属斜方（正交）或单斜晶系的单链结构硅酸盐矿物族的总称。有顽火辉石、透辉石、普通辉石、锂辉石等。紫锂辉石和翠绿锂辉石可做宝石。

07.0074 透辉石 diopside

化学式为 $CaMg(Si_2O_6)$，晶体属单斜晶系的单链硅酸盐矿物。有的可作为宝石。

07.0075 硬玉 jadeite

化学式为 $NaAl(Si_2O_6)$，晶体属单斜晶系的单链硅酸盐矿物。是组成翡翠的主要矿物，用于雕制各种玉器的玉石材料。

07.0076 硅灰石 wollastonite
化学式为 $Ca_3(Si_3O_9)$ 或 $CaSiO_3$，晶体属三斜晶系的单链硅酸盐矿物。是制造陶瓷、油漆、涂料的矿物原料。

07.0077 闪石 amphibole
化学式为 $A_{0-1}X_2Y_5(T_4O_{11})_2(OH，F，Cl)_2$，晶体属斜方（正交）或单斜晶系的双链结构硅酸盐矿物族的总称。有直闪石、铁闪石、普通角闪石、蓝闪石等。

07.0078 透闪石 tremolite
化学式为 $Ca_2Mg_5(Si_8O_{22})(OH)_2$，晶体属单斜晶系的双链硅酸盐矿物。是组成软玉的主要矿物，用做雕刻工艺品、饰物。

07.0079 阳起石 actinolite
化学式为 $Ca_2(Mg，Fe^{2+})_5(Si_8O_{22})(OH)_2$，晶体属单斜晶系的双链硅酸盐矿物。是组成软玉的主要矿物，用做观赏石、雕刻工艺品、饰物和矿物药。

07.0080 莫来石 mullite
化学式为 $Al(Al_xSi_{2-x}O_{5.5-0.5x})$，晶体属斜方（正交）晶系的双链硅酸盐矿物。是制造优质耐火材料、陶瓷制品，用做陶瓷基体复合材料、金属复合材料的增强体等的矿物原料。

07.0081 石棉 asbestos
天然纤维状或能劈分成纤维状的矿物集合体的总称。根据矿物化学成分、晶体结构可划分为蛇纹石石棉、闪石石棉、水镁石石棉、坡缕石石棉、海泡石石棉、叶蜡石石棉等。

07.0082 夕线石 sillimanite
化学式为 $Al(AlSiO_5)$，晶体属斜方（正交）晶系的链状硅酸盐矿物。是提取铝，制造夕线石砖等高级耐火材料的矿物原料。

07.0083 滑石 talc
化学式为 $Mg_3(Si_4O_{10})(OH)_2$，晶体属单斜或三斜晶系的层状硅酸盐矿物。是制造高频电瓷绝缘材料、耐火材料的矿物原料。

07.0084 叶蜡石 pyrophyllite
化学式为 $Al_2(Si_4O_{10})(OH)_2$，晶体属三斜或单斜晶系的层状硅酸盐矿物。是制造陶瓷、耐火材料、玻璃钢、白色水泥、润滑剂、化工制品填料、雕刻工艺品等的矿物原料。

07.0085 蛇纹石 serpentine
化学式为 $Mg_6(Si_4O_{10})(OH)_8$ 的层状结构硅酸盐矿物族的总称。主要有叶蛇纹石（单斜晶系）、利蛇纹石（单斜晶系）和纤蛇纹石（单斜或正交晶系）三个同质多像变体。也是雕刻工艺美术品的玉石材料。

07.0086 高岭石 kaolinite
化学式为 $Al_4(Si_4O_{10})(OH)_8$、晶体属三斜晶系的层状硅酸盐矿物。

07.0087 迪开石 dickite
化学式为 $Al_4(Si_4O_{10})(OH)_8$，晶体属单斜晶系的层状硅酸盐矿物。是制造陶瓷、耐火材料、橡胶、塑料、涂料、纸张的矿物填料。

07.0088 埃洛石 halloysite
又称"多水高岭石"、"叙永石"。化学式为 $Al_4[Si_4O_{10}](OH)_8 \cdot 4H_2O$，晶体属单斜晶系的层状硅酸盐矿物。

07.0089 蒙脱石 montmorillonite
化学式为 $(Na，Ca)(Al，Mg，Fe)_2((Si，Al)_4O_{10})(OH)_2 \cdot nH_2O$，晶体属单斜晶系的层状硅酸盐矿物。是冶金领域的重要矿物原料。

07.0090　海泡石　sepiolite
化学式为 $Mg_8(H_2O)_4[Si_6O_{15}]_2(OH)_4 \cdot 8H_2O$，晶体属斜方（正交）或单斜晶系的层链状硅酸盐矿物。

07.0091　坡缕石　palygorskite
又称"凹凸棒石(attapulgite)"。化学式为 $(Mg, Al)_5(H_2O)_4((Si, Al)_4O_{10})(OH)_2 \cdot 4H_2O$，晶体属单斜或斜方（正交）晶系的层链状硅酸盐矿物。是重要的钻井泥浆矿物原料。

07.0092　白云母　muscovite
化学式为 $K\{Al_2[Si_3AlO_{10}](OH)_2\}$，晶体属单斜晶系的层状硅酸盐矿物。是良好的电绝缘、耐高温产物矿物原料。

07.0093　绢云母　sericite
化学式为 $K[Al_2[Si_3AlO_{10}](OH)_2]$，呈极细鳞片状或隐晶质块状集合体的白云母。晶体属单斜晶系的层状硅酸盐矿物。

07.0094　锂云母　lepidolite
化学式为 $K\{Li_{2-x}Al_{1+x}[Si_{4-2x}Al_2O_{10}](F,OH)_2\}$，晶体属单斜晶系的层状硅酸盐矿物。是提取锂、制造锂化合物的主要矿物原料。

07.0095　金云母　phlogopite
化学式为 $K\{(Mg_{>2/3}Fe_{<1/3})_3[Si_3AlO_{10}](OH,F)_2\}$ 晶体属单斜或三方晶系的层状硅酸盐矿物。

07.0096　黑云母　biotite
化学式为 $K\{(Mg_{<2/3}Fe_{>1/3})_3[Si_3AlO_{10}](OH)_2\}$，晶体属单斜或三方晶系的层状硅酸盐矿物。

07.0097　蛭石　vermiculite
化学式为 $Mg_x\{Mg_{3-x}[AlSi_3O_{10}](OH)_2\} \cdot 4H_2O\}$，晶体属单斜晶系的层状硅酸盐矿物。是制造轻质保温材料的原料。

07.0098　伊利石　illite
化学式为 $K_{1-x}(H_2O)_x\{Al_2[Al_{1-x}Si_{3+x}O_{10}](OH)_2\}$，式中 $x=0.25\sim0.50$，晶体以单斜晶系为主的层状硅酸盐矿物。

07.0099　海绿石　glauconite
化学式为 $(K, Na)_{1-x}\{(Al, Fe, Mg)_2[Si_{3+x}Al_{1-x}O_{10}](OH)_2\}$，晶体属单斜晶系的层状硅酸盐矿物。

07.0100　端员矿物　end-member mineral
构成固溶体矿物的一种化合物。与固溶体矿物本身具有相同的结构，可以作为独立矿物存在。

07.0101　斜长石　plagioclase
化学式为 $Na_{1-x}Ca_x(Al_{1+x}Si_{3-x}O_8)$，式中 $x=0\sim1$，晶体属三斜晶系的架状硅酸盐矿物。是由端员矿物钠长石和钙长石及它们的中间矿物（更长石、中长石、拉长石、培长石）组成的类质同像系列的矿物总称。

07.0102　钠长石　albite
化学式为 $Na(AlSi_3O_8)$，晶体属三斜晶系的架状硅酸盐矿物。是组成斜长石类质同像系列的端员矿物之一。

07.0103　钙长石　anorthite
化学式为 $Ca(Al_2Si_2O_8)$，晶体属三斜晶系的架状硅酸盐矿物。是组成斜长石类质同像系列的端员矿物之一。

07.0104　钾长石　potassium feldspar
化学式为 $K(AlSi_3O_8)$，晶体属单斜或三斜晶系的架状硅酸盐矿物。有透长石、正长石和微斜长石等。

07.0105　天河石　amazonite
化学式为 $(K, Rb, Cs)(AlSi_3O_8)$，其中 Rb_2O 含量可达 $1.4\%\sim3.3\%$、Cs_2O 可达 $0.2\%\sim0.6\%$，晶体属三斜晶系的绿色微斜长石。是提取

铷、铯及用做雕刻工艺品或装饰品的矿物原料。

07.0106　霞石　nepheline

化学式为 $Na_3K(AlSiO_4)_4$ 或 $Na(AlSiO_4)$，晶体属六方晶系硅酸盐类的一种似长石矿物。是提取铝，制造碳酸钠、氧化铝的矿物原料。

07.0107　白榴石　leucite

化学式为 $K(AlSi_2O_6)$，晶体属四方晶系硅酸盐类的一种似长石矿物。是提取钾、铝，制造钾化合物和铝化合物的矿物原料。

07.0108　沸石　zeolite

化学成分变化大，化学组成为 $A_mX_pO_{2p} \cdot nH_2O$，式中 A 代表 K、Na、Ca、Sr、Ba，X 代表 Si、Al，Al∶Si=1∶5~1∶1，具特征笼状晶体结构、含沸石水的铝硅酸盐矿物。有方沸石、斜发沸石、丝光沸石等。可作为吸附材料、催化材料。

07.0109　白钨矿　scheelite

化学式为 $Ca(WO_4)$，晶体属四方晶系的钨酸盐矿物。是提取钨的矿物原料。

07.0110　硼镁石　szaibelyite

化学式为 $Mg_2[B_2O_4(OH)](OH)$，晶体属单斜晶系的硼酸盐矿物。是提取硼的矿物原料。

07.0111　硼砂　borax

化学式为 $Na_2[B_4O_5(OH)_4] \cdot 8H_2O$，晶体属单斜晶系的硼酸盐矿物。是提取硼的矿物原料。

07.0112　钠硼解石　ulexite

化学式为 $NaCa[B_5O_6(OH)_6] \cdot 5H_2O$，晶体属三斜晶系的硼酸盐矿物。是提取硼的矿物原料。

07.0113　硼镁铁矿　ludwigite

化学式为 $(Mg,Fe)_2Fe^{3+}(BO_3)(OH)_2$，晶体属斜方晶系的硼酸盐矿物。是提取硼的矿物原料。

07.0114　柱硼镁石　pinnoite

化学式为 $Mg[B_2O(OH)_6]$，晶体属四方晶系的硼酸盐矿物。是提取硼的矿物原料。

07.0115　独居石　monazite

化学式为 $(Ce,La,Th)(PO_4)$，晶体属单斜晶系的磷酸盐矿物。是提取铈、镧等稀土元素的矿物原料。

07.0116　磷灰石　apatite

化学式为 $Ca_5(PO_4)_3(F,Cl,OH)$，晶体属六方晶系的磷酸盐矿物。是制造磷酸、磷肥和各种磷盐的矿物原料，有的可用做激光、抗菌材料和宝石。

07.0117　绿松石　turquoise

化学式为 $Cu(Al,Fe)_6(PO_4)_4(OH)_8 \cdot 4H_2O$，晶体属三斜晶系的磷酸盐矿物。是用做玉器雕刻、中高档首饰、中国画颜料的矿物原料。

07.0118　石膏　gypsum

化学式为 $Ca(SO_4) \cdot 2H_2O$，晶体属单斜晶系的硫酸盐矿物。是制造硫酸、硅酸盐水泥、轻质板材、灰泥、农肥、农药的矿物原料。

07.0119　硬石膏　anhydrite

化学式为 $CaSO_4$，晶体属斜方（正交）晶系的硫酸盐矿物。是制造硫酸、各种石膏板及墙体构件、灰泥、建筑速凝剂、模型、矿物药等的矿物原料。

07.0120　重晶石　barite

化学式为 $(Ba,Sr)SO_4$，晶体属斜方（正交）晶系的硫酸盐矿物。是提取钡、锶和钡的化合物等的矿物原料，可用做泥浆原料。

07.0121 天青石 celestite
化学式为 $(Sr, Ba)SO_4$，晶体属斜方（正交）晶系的硫酸盐矿物。是提取锶、制造锶化合物等的矿物原料。

07.0122 无水芒硝 thenardite
化学式为 Na_2SO_4，晶体属斜方（正交）晶系的硫酸盐矿物。是提取钠、制造钠的化合物等的矿物原料。

07.0123 芒硝 mirabilite
化学式为 $Na_2SO_4 \cdot 10H_2O$，晶体属单斜晶系的硫酸盐矿物。是提取钠、制造钠化合物等的矿物原料。

07.0124 明矾石 alunite
化学式为 $KAl_3(SO_4)_2(OH)_6$，晶体属三方晶系的硫酸盐矿物。是提取明矾、制造硫酸钾、硫酸铝、硫酸、氧化铝等的矿物原料。

07.0125 钙芒硝 glauberite
化学式为 $Na_2Ca(SO_4)_2$，晶体属单斜晶系的硫酸盐矿物。是提取钠、制造钠化合物等的矿物原料。

07.0126 钠硝石 soda niter, nitronatrite
化学式为 $NaNO_3$，晶体属三方晶系的硝酸盐矿物。是制造氮肥、硝酸、硝酸钾等的矿物原料。

07.0127 方解石 calcite
化学式为 $CaCO_3$，晶体属三方晶系的碳酸盐矿物。是制造纯碱、碳化钾等化合物的矿物原料，可用做光学材料。

07.0128 冰洲石 iceland spar
化学式为 $CaCO_3$，杂质含量仅万分之几，无色透明、结晶良好的方解石晶体。

07.0129 白云石 dolomite

化学式为 $CaMg(CO_3)_2$，晶体属三方晶系的碳酸盐矿物。是提取镁和氧化镁等的矿物原料。

07.0130 菱镁矿 magnesite
化学式为 $MgCO_3$，晶体属三方晶系的碳酸盐矿物。是提取镁与镁的化合物等的矿物原料。

07.0131 菱铁矿 siderite
化学式为 $FeCO_3$，晶体属三方晶系的碳酸盐矿物。是提取铁、制造铁合金、生铁、熟铁、纯铁等的矿物原料。

07.0132 菱锰矿 rhodochrosite
化学式为 $MnCO_3$，晶体属三方晶系的碳酸盐矿物。是提取锰，制造锰合金、锰化合物等的矿物原料。

07.0133 菱锌矿 smithsonite
化学式为 $ZnCO_3$，晶体属三方晶系的碳酸盐矿物。是提取锌，制造锌化合物、锌合金等的矿物原料。

07.0134 碳酸锶矿 strontianite
又称"菱锶矿"。化学式为 $SrCO_3$，晶体属斜方（正交）晶系的碳酸盐矿物。是提取锶和锶化合物，制造技术陶瓷、特种玻璃、医疗药剂、焰火等的矿物原料。

07.0135 碳酸钡矿 witherite
又称"毒重石"。化学式为 $BaCO_3$，晶体属斜方（正交）晶系的碳酸盐矿物。是提取钡和钡化合物等的矿物原料。

07.0136 孔雀石 malachite
化学式为 $Cu_2CO_3(OH)_2$，晶体属单斜晶系的碳酸盐矿物。是提取铜、制造铜合金、雕刻工艺品、宝石、观赏石等的矿物原料。

07.0137 蓝铜矿 azurite
化学式为 $Cu_3(CO_3)_2(OH)_2$，晶体属单斜晶系的碳酸盐矿物。是提取铜、制造铜合金、观赏石、宝石等的矿物原料。

07.0138 氟碳铈矿 bastnaesite
化学式为$(Ce，La，Nd)(CO_3)F$，晶体属六方晶系的碳酸盐矿物。提取铈、镧等稀土元素的矿物原料。

07.0139 泡碱 natron
又称"苏打"。化学式为 $Na_2(CO_3)\cdot10H_2O$，晶体属单斜晶系的碳酸盐矿物。是提取碱和钠的化合物等的矿物原料。

07.0140 天然碱 trona
化学式为 $Na_3[H(CO_3)_2]\cdot2H_2O$，晶体属单斜晶系的碳酸盐矿物。是制取纯碱、烧碱、小苏打等化合物等的矿物原料。

07.0141 岩石结构 texture of rock
组成岩石的矿物的结晶程度、大小以及它们之间相互关系的特征。

07.0142 岩石构造 structure of rock
岩石中不同矿物集合体之间、岩石的各个组成部分之间或矿物集合体与岩石其他组成部分之间的相互关系的特征。

07.0143 火成岩 igneous rock
又称"岩浆岩(magmatic rock)"。由岩浆在地下或喷出地表冷却凝固结而成的岩石。

07.0144 沉积岩 sedimentary rock
由成层沉积的松散沉积物固结而成的岩石。

07.0145 变质岩 metamorphic rock
地球上已形成的岩石，经变质作用而形成的岩石。

07.0146 橄榄岩 peridotite
铁镁矿物(橄榄石、辉石)含量达90%以上的超基性侵入岩。与橄榄岩有关的矿产有铂、铬、镍、钴、石棉、滑石、菱镁矿等。橄榄石可作宝石原料、耐火材料原料。

07.0147 超基性岩 ultrabasi crock
火成岩的一个大类。指化学成分中 SiO_2 含量小于 45%，同时 MgO、FeO 等基性组分含量高的火成岩。

07.0148 深成岩 pluton
岩浆在地下深处(大于3km)缓慢冷却、凝固而生成的全晶质粗粒岩石。如花岗岩、闪长岩、辉长岩等。

07.0149 金伯利岩 kimberlite
又称"角砾云母橄榄岩"。因最初发现于南非金伯利地区而得名。它是具有斑状或碎屑结构的偏碱性超基性岩，是原生金刚石的主要母岩。

07.0150 辉石岩 pyroxenite
SiO_2 含量在 55%~60%，几乎全由铁镁矿物组成的超镁铁质岩。辉石岩中的顽火辉石可做陶瓷原料，透明美丽的透辉石晶体可做宝石。

07.0151 角闪石岩 hornblendite
以普通角闪石为主要矿物的超镁铁质侵入岩。通常为全晶质粒状结构，块状构造，为超镁铁质岩浆侵入作用的产物。

07.0152 辉长岩 gabbro
主要由辉石和基性斜长石组成的基性深成岩。有关矿产有铂、铜、镍、钴等，颜色美丽并有花纹，可用作装饰石材。

07.0153 闪长岩 diorite
含 SiO_2 53%~66%的中性深成岩，主要由中性斜长石和普通角闪石组成。是很好的建筑石材。

07.0154 正长岩 syenite
主要由钾长石组成，含 SiO_2 约 60%，但碱含量较高，属硅酸饱和的中性深成岩。其中钾长石广泛用做玻璃、陶瓷、釉料等原料。

07.0155 安山岩 andesite
成分相当于闪长岩的中性喷出岩，具斑状结构，斑晶以斜长石为主，块状构造有时有气孔，杏仁构造。有关矿产有金、银、铜、黄铁矿等。致密安山岩可做建筑材料。

07.0156 玄武岩 basalt
成分与辉长岩相当的基性喷出岩。主要矿物成分为基性斜长石和单斜辉石。有关矿产为铜、铁、锌、钴、冰州石、玛瑙等。可作为优质的铸石原料，并可做优良石材。

07.0157 辉绿岩 diabase
主要由基性斜长石和普通辉石组成的基性浅成岩。具典型的辉绿结构，块状构造，多呈岩脉、岩墙、岩床产出。有关矿产为铜、镍、铁等。

07.0158 粗面岩 trachyte
成分相当于正长岩的中性喷出岩，以岩石断口粗糙而得名。具粗面岩成分的火山灰可制水泥及做陶瓷原料，也可制作耐酸器皿和做建筑材料。

07.0159 流纹岩 rhyolite
成分相当于花岗岩的酸性喷出岩，岩石具明显的流纹构造而得名。有关矿产有明矾石、叶蜡石、蒙脱石，流纹岩本身可做建筑材料。

07.0160 伟晶岩 pegmatite
粗粒甚至巨粒的浅色脉岩。与伟晶岩有关的矿产达 40 多种以上，大多是稀有元素矿产。

07.0161 花岗岩 granite
主要由钾长石、石英、斜长石组成的酸性侵入岩，半自形粒状结构或似斑状结构、块状构造，常呈岩株、岩基产出。有关矿产有稀有金属、放射性元素矿床。

07.0162 霞石正长岩 nepheline syenite
一种碱性的侵入岩。其化学成分特征是 K_2O，Na_2O 含量高，而 SiO_2 不饱和。霞石正长岩主要用做玻璃、陶瓷原料，有关矿产为稀土和放射性元素矿床。

07.0163 黑曜岩 obsidian
几乎全部由火山玻璃组成，岩石中含水量小于 1%。优质黑曜岩可做宝石原料。

07.0164 松脂岩 pitchstone
具有松脂光泽的玻璃质岩石，含水约 8%左右。

07.0165 珍珠岩 pearlite
酸性喷出岩的一个特殊变种。其特点是酸性火山玻璃基质中含有球粒或含有大量珍珠状裂纹。可制作轻型保温材料，膨胀珍珠岩制品。

07.0166 粉石英 silt-quartz
由白色、灰白色、结构松散的微晶石英组成，粒度均匀，大小在 5~20um，是优良的玻璃原料。

07.0167 石英砂岩 quartz sandstone
由 95%以上的石英碎屑(包括石英岩屑、硅质岩屑)组成的砂岩。

07.0168 浮岩 pumice
俗称"浮石"。一种多孔的玻璃质喷出岩。密度较小($0.3~0.4g/cm^3$)能浮于水面。

07.0169 火山渣 scoria

又称"岩渣"。火山喷发的碎屑产物之一。是黑色多孔玻璃质岩石碎块，形状不规则，大小不一，外貌似冶金炉渣。

07.0170　火山灰　volcanic dust
粒径小于 2mm 的火山喷发碎屑。

07.0171　火山岩　volcanic rock
又称"喷出岩"。岩浆喷出地表冷凝而成的岩石。

07.0172　脉岩　vein rock
呈脉状产出的火成岩。

07.0173　煌斑岩　lamprophyre
暗色矿物含量高的脉岩。暗色矿物呈自形晶，岩石多具斑状结构。斑晶为暗色矿物，且斑晶与基质都具有同种暗色矿物，长石一般分布在基质中。

07.0174　细晶岩　aplite
细粒的、浅色的脉岩。主要由长石和石英组成，暗色矿物较低，最多达 5%~7%。

07.0175　油石　oil stone
由细粒石英颗粒组成的石英岩经加工制成，具有结构致密均匀，硬度大，磨损小等性能。是机械工业中加工精密零件的研磨工具之一。

07.0176　石英岩　quartzite
主要由石英(85%以上)组成的岩石。按成因可分为沉积石英岩和变质石英岩，岩石硬度大、强度高，并具很高的耐火度。

07.0177　脉石英　vein quartz
矿体呈脉状的石英。宽数米至数十米，长十余米至数百米。主要产于花岗岩或混合岩中，是很好的玻璃原料。

07.0178　卵石　ratchel

粒径大于 5mm 的岩石碎块。其外形呈滚圆状，是重要的建筑材料。

07.0179　砂岩　sandstone
在碎屑岩中，粒度为 2~0.05mm 的碎屑物含量占 50%以上，由胶结物胶结起来的岩石。

07.0180　石英砂　quartz sand
碎屑石英含量在 85%以上，呈未胶结松散状。颗粒大小在 2~0.05mm，有棱角状、次棱角状、浑圆状等形状。是很好的建筑材料和玻璃原料。

07.0181　长石砂岩　arkose
长石碎屑含量大于 25%，石英碎屑小于 75%的砂岩。

07.0182　粉砂岩　siltstone
粒径在 0.05~0.005mm 的碎屑含量 50%以上，由胶结物胶结起来的岩石。碎屑成分以石英长石为主，常含数量不定的白云母。

07.0183　黄土　loess
一种半固结的粉砂岩。矿物成分以石英、长石为主。可作为制造水泥的黏土质原料，也是很好的制砖材料。

07.0184　黏土岩　clay rock
粒度小于 0.005mm 的碎屑和黏土矿物组成的岩石。是沉积岩中分布最广的岩石。

07.0185　砾岩　conglomerate rock
颗粒直径大于 2mm 的圆形、次圆形砾石经胶结而形成的沉积碎屑岩。可做混凝土骨料，有些砾岩中还含有金、铂及金刚石等矿产。

07.0186　累托石黏土　rectorite clay
以累托石为主的黏土。累托石是云母层和蒙

脱石层 1:1 规则混层黏土矿物,具有特殊的层间结构和优良的物化性能。

07.0187　坡缕石黏土　attapulgite clay
又称"凹凸棒黏土"。以凹凸棒石为主要组成的一种黏土。因发现于美国佐治亚州的凹凸堡而得名。凹凸棒石具有特殊的分散、耐温、耐盐碱及较高的吸附脱色能力。

07.0188　海泡石黏土　sepiolite clay
以海泡石为主要矿物的一种黏土。质轻、能浮于水面,类似于质轻多孔的乌贼板而得名。

07.0189　伊利石黏土　illite clay
以伊利石为主要矿物的一种黏土。在黏土岩中分布最广,量也最多。可做陶瓷原料,也可作造纸、塑料的填料。伊利石处理原子能(放射性)半衰期长的锶、铯同位素产物有独特的吸附固定能力。

07.0190　黏土砂　clay sand
含泥量小于或等于 50% 的天然原砂,主要用于铸铁及有色金属铸件用的型砂及芯砂的附加物,提高湿强度,改善造型性能。

07.0191　沥青岩　pitch rock
黑色天然产出的含沥青质的岩石。沥青为碳水化合物,以碳为主,主要用于铺设公路路面、建筑工程的隔水材料等。

07.0192　页岩　shale
泥质沉积物经成岩作用后固结而成的岩石。具明显的页理构造。

07.0193　油页岩　oil shale
高灰分(含量在 40%~80%)的可燃烧的有机岩石。含油率约 3.5%~15% 左右。主要用于炼油,综合利用可回收化工产品,含油量大于 5% 的油页岩可直接作为燃料。

07.0194　膨润土　bentonite
主要由蒙脱石组成的岩石。吸水后高度膨胀。是冶金领域重要的矿物原料。

07.0195　木节土　mujie clay, kibushi clay
一种富含有机质的高可塑性沉积黏土,主要矿物成分为高岭石、多水高岭石和一水铝石。是外来的日本名词。外观与木节相似。

07.0196　陶粒　ceramisite
一种人造轻质粗集料,外壳表面粗糙而坚硬,内部多孔,一般由页岩、黏土岩等经粉碎、筛分、再高温下烧结而成。主要用于配制轻集料混凝土、轻质砂浆,也可做耐酸、耐热混凝土集料。常根据原料命名,如页岩陶粒、黏土陶粒等。

07.0197　碧玉岩　jasper rock
一种致密坚硬的硅质岩石,主要由细粒石英、玉髓及氧化铁混入物所组成。常呈红色、棕色、绿色、玫瑰色等,具贝壳状断口。美丽坚硬者可做各种工艺品。

07.0198　海绿石砂岩　glauconite sandstone
以海绿石石英砂岩或石英岩为主,也有海绿石长石砂岩。属于海相或海浸相的沉积岩。

07.0199　绿砂　glauconite sand
现代海洋底部含明显数量海绿石而显绿色的砂。海绿石的含量常为 5%~20% 左右。

07.0200　海绿石质岩　glauconitic rock
含海绿石 5%~20%,岩石常带有绿色色调的沉积岩。如海绿石质页岩、石灰岩等。

07.0201　煤矸石　gangue
黑色、灰黑色,不易燃烧、坚硬的炭质黏土岩。可烧制砖瓦,烧制时可节能,变废为宝。

07.0202　高岭土　kaolin

成分以高岭石为主，含量约占 90%左右，粒度小于 2μm，产于我国江西省高岭而得名。高岭土具有广泛的用途，应用的领域有陶瓷、玻璃、造纸、橡胶、日用化工、农业等。

07.0203　磷块岩　phosphatic rock
又称"磷质岩"。一种富含磷酸盐矿物的沉积岩。主要矿物成分为磷灰石、细晶磷灰石、胶磷石。

07.0204　铝矾土　bauxitic rock
一种富含铝质矿物的化学或生物化学岩。主要矿物成分为一水硬铝石、一水软铝石、三水铝石。主要由铝硅酸盐类矿物受强热化学风化，带出溶解的氧化铝，搬运到海湖盆地沉积而成。

07.0205　石灰岩　limestone
俗称"石灰石"、"青石"，主要由方解石组成的沉积碳酸盐岩，按成因可分为生物灰岩、化学灰岩及碎屑灰岩，是烧制石灰、水泥的主要原料，在冶金工业中做熔剂等。石灰石是商业名称，色彩花纹美丽者可做装饰石材。

07.0206　硅藻土　diatomite
白色或浅黄色粉状硅质岩石，由硅藻遗体组成，硅藻含量可达 70%~90%。硅藻土质轻，多孔，孔隙度达 90%，吸附能力强。可制做轻质、保温、过滤材料。

07.0207　红黏土　red clay
一种产于石灰岩风化壳中的红色黏土质和铁质生成物。形成于炎热和润湿交替的气候条件下含有大量的氧化硅、氢氧化铁和氧化铝。

07.0208　泥灰岩　marl
介于碳酸盐岩与黏土岩之间的过渡类型岩石。其中黏土含量为 25%~50%，与石灰岩的区别是泥灰岩滴稀盐酸后，留下暗色泥质残余物。

07.0209　白垩　chalk
一种柔软、易碎的粉末状的微晶灰岩，含有 99%以上的碳酸盐矿物（方解石或文石），主要由颗石藻、钙球等浮游的微体化石组成。粒径小于 5μm。形成于温暖浅海，一般水深（54~90）m。

07.0210　麦饭石　maifan stone
一类半风化的花岗质岩石。经过分析鉴定和加工处理达到质量标准，才能成为麦饭石。

07.0211　角岩　hornfels
具有角岩结构（细粒粒状变晶结构）和块状构造，经中、高温热接触变质作用而形成的岩石。原岩可以是黏土岩、粉砂岩、火成岩及火山碎屑岩。

07.0212　板岩　slate
具特征板状构造的浅变质岩石。由黏土岩、粉砂岩和中酸性凝灰岩经轻微变质作用所形成。可以作为建筑材料和装饰材料。

07.0213　千枚岩　phyllite
具有千枚状构造的岩石。主要由细小的绢云母、绿泥石、石英等矿物组成。岩石具细粒鳞片变晶结构，片理面上具有明显的丝绢光泽，并常具皱纹构造。

07.0214　片岩　schist
具有明显片状构造的变质岩石。岩石具鳞片变晶结构、纤状变晶结构和斑状变晶结构。石英含量一般大于长石，长石含量常少于 25%~30%，按主要片状或柱状矿物的不同可分为云母片岩、滑石片岩、石墨片岩等。

07.0215　绢云母片岩　sericite-schist
岩石呈鳞片花岗变晶结构，鳞片变晶结构，

主要矿物成分为绢云母、石英，绢云母的含量在 25%~35% 以上。

07.0216　滑石片岩　talc-schist
由超基性岩或富含镁质的碳酸盐岩经区域变质作用而形成的一种变质岩。除主要矿物滑石外，还有少量云母、石英、绿泥石等。岩石具鳞片变晶结构、片状构造、硬度小、有滑感。

07.0217　滑石菱镁片岩　listwanite, listvenite
又称"滑石菱镁岩"。主要由滑石和菱镁矿组成的变质岩石。一般为浅色，具有中细粒鳞片粒状变晶结构及片状构造。

07.0218　石墨片岩　graphite-schist
由煤或沥青质沉积物在区域变质作用下形成的变质岩。主要由石墨组成。岩石呈灰黑色、鳞片变晶结构，片状构造。

07.0219　片麻岩　gneiss
由酸性或中性喷出岩、浅成岩、长石砂岩、泥质岩经区域变质作用形成的具明显片麻状构造的变质岩。主要由石英、长石、云母、角闪石等组成的岩石，具鳞片粒状变晶结构。可做建筑石料和铺路材料。

07.0220　大理岩　marble
又称"大理石"。由细粒到粗粒的重结晶方解石或白云石组成的变质岩。具有粒状变晶结构，中国云南大理盛产而得名，包括大理岩、石灰岩、白云岩及白云岩化大理岩、蛇纹石化大理岩等。主要用做建筑石料或装饰石料。

07.0221　蛇纹岩　serpentinite
以蛇纹石为主，由超基性岩经中低温热液交代作用或中低级区域变质作用形成的岩石。岩石外表像蛇皮的花纹。

07.0222　云英岩　greisen

由花岗岩（主要为黑云母花岗岩）经高温热液交代蚀变形成的变质岩。主要由石英（70%）和云母（30%）组成，岩石致密坚硬，具有等粒变晶结构、块状构造。

07.0223　漂白土　bleaching clay
又称"漂白黏土"。一种活性很强的天然黏土。最初用做漂白剂，主要矿物成分为蒙脱石族矿物，化学成分与膨润土相似。

07.0224　碳酸盐岩　carbonate rock
主要由碳酸盐矿物——方解石、白云石组成的一类化学及生物化学沉积岩。是重要储油、储气层，是重要的水泥，耐火材料原料和建筑材料。

07.0225　碳酸岩　carbonatite
以碳酸盐类矿物为主要成分的岩石。是一种富碳酸熔体侵入到围岩中结晶而形成的，也由直接喷出地表的碳酸熔岩形成。

07.0226　泥炭　peat
又称"泥煤"。植物遗体在沼泽中经过生物化学变化和物理变化而形成的堆积物。是一种极松散的未压实的物质。主要有水、气相、矿物质和有机质组成。

07.0227　煤　coal
一种可燃有机岩，含有 50% 以上碳质及少量水分。由植物遗体经过地质作用转变而成的，是重要的能源矿产资源。

07.0228　石煤　stone coal
又称"石炭"。由低等海生植物菌藻类死亡后沉积形成的腐泥煤质岩石。

07.0229　可燃冰　gas hydrate
又称"天然气水合物"。由天然气和水所组成，呈固体状态，其外貌像冰雪或固体酒精，点火即可燃烧。

07.0230 宝石 gem

天然珠宝玉石(包括天然宝石、天然玉石和天然有机宝石)和人工宝石(包括合成宝石、人造宝石、拼合宝石和再造宝石)的统称。

07.0231 天然宝石 natural gemstone

由自然界产出,具有美观、耐久、稀少性,可加工成装饰品的矿物的单晶体(可含双晶)。

07.0232 天然玉石 natural jade

由自然界产出,具有美观、耐久、稀少性和工艺价值的矿物集合体。少数为非晶质体。

07.0233 天然有机宝石 natural organic substance

由自然界生物生成,部分或全部由有机物质组成可用于首饰及装饰品的材料。养殖珍珠也归于此类。

07.0234 人工宝石 artificial gem

完全或部分由人工生产或制造用做首饰及装饰品的材料。包括合成宝石、人造宝石、拼合宝石和再造宝石。

07.0235 合成宝石 synthetic stone

完全或部分由人工制造且自然界有已知对应物的晶质或非晶质体。其物理性质,化学成分和晶体结构与所对应的天然珠宝玉石基本相同。

07.0236 人造宝石 artificial stone

由人工制造且自然界无已知对应物的晶质或非晶质体。如"人造钇铝榴石"。

07.0237 拼合宝石 composite stone

简称"拼合石"。由两块或两块以上材料经人工拼合而成,给人以整体印象的珠宝玉石。

07.0238 再造宝石 reconstructed stone

通过人工手段将天然珠宝玉石的碎块或碎屑熔接或压结成具整体外观的珠宝玉石。

07.0239 钻石 diamond

宝石级的金刚石。因含微量的氮和硼等杂质而呈无色-浅黄色,少数为彩色。有"宝石之王"的美称。

07.0240 红宝石 ruby

粉红色、紫红-深红色的宝石级刚玉品种。颜色与痕量(1%~3%)的 Cr_2O_3 置换部分 Al_2O_3 进入晶体结构有关。

07.0241 蓝宝石 sapphire

除红色外的其他各种颜色的宝石级刚玉品种。颜色丰富,有无色、蓝色、黄色、绿色、褐色等。

07.0242 海蓝宝石 aquamarine

天蓝、浅蓝绿直至清澈绿色(海绿色)的宝石级绿柱石品种。因海蓝宝石颜色较浅,故目前市场上出现的深色海蓝宝石多由黄色绿柱石辐射而成。

07.0243 祖母绿 emerald

黄绿至蓝绿色、翠绿色的宝石级绿柱石品种。其绿色主要与 Cr^{3+} 有关,其次是 V^{3+},铁离子也对最终色调有一定影响。

07.0244 欧泊 opal

在地质作用过程中形成的具有变彩或无变彩达到玉石级的蛋白石。

07.0245 黄晶 citrine

又称"黄水晶"。透明的黄色石英。颜色变化范围可从淡金黄色到浅橙黄色,含痕量的 Fe^{3+} 是其致色原因。

07.0246 变石 alexandrite

又称"亚历山大石"。具有变色效应的宝石级金绿宝石品种，日光下为草绿色，钨丝灯下为莓红色，与含微量的铬元素有关。

07.0247 金绿宝石猫眼 chrysoberyl cat's eye
简称"猫眼(cat's eye)"。具有猫眼效应的宝石级金绿宝石品种。颜色从浅黄色到深黄褐色，以蜜黄色的为最佳。

07.0248 水晶 rock crystal
无色透明的石英单晶。

07.0249 黄玉 topaz
又称"托帕石"。一种铝氟硅酸盐矿物，其成分为 $Al_2(F，OH)_2(SiO_4)$。无色、蓝色、黄色、红色透明的品种可做宝石。

07.0250 碧玺 tourmaline
用做宝石、透明而色泽绚丽的电气石。

07.0251 芙蓉石 rose quartz
又称"蔷薇石英"。石英的一个亚种，是淡红 - 蔷薇红色、没有一定结晶外形的块状石英。主要用于做玉器原料，少数也可用于首饰镶嵌。

07.0252 日光石 sun stone
奥长石的一个宝石品种。以内部定向排列的片状晶体对光的反射作用形成砂金效应为特征。

07.0253 月光石 moon stone
透明 - 半透明、色美符合工艺石雕要求的拉长石。

07.0254 翡翠 jadeite
在地质作用过程中形成的、主要由硬玉、钠铬辉石或绿辉石组成的达到玉石级的矿物集合体。以绿色为主，有白色、紫色、红色、黄色和黑色品种。

07.0255 软玉 nephrite
在地质作用过程中形成的、主要由透闪石和(或)阳起石组成并达到玉石级的矿物集合体。按颜色分为白玉(包括羊脂玉)、青白玉、青玉、碧玉、墨玉等许多品种。按产出状态分为山料、仔料。

07.0256 和田玉 Hetian jade
产于我国新疆和田的软玉。主要由透闪石、阳起石矿物组成，质地致密、细腻、温润、坚韧、光洁。

07.0257 玉髓 chalcedony
隐晶质石英集合体。为半透明至不透明，可或多或少的显示带状构造。颜色多种多样，如绿玉髓、葱绿玉髓、肉红玉髓等。

07.0258 玛瑙 agate
具有不同颜色纹带构造的玉髓。通常有绿、黄、红、红褐、白和蓝色等多种颜色。按图案及杂质类型可分缟玛瑙、缠丝玛瑙、苔玛瑙、城堡玛瑙等。

07.0259 东陵石 aventurine quartz
又称"东陵玉"、"砂金石英"。含大量的片状云母或铁矿物而显砂金效应的石英岩。

07.0260 岫玉 xiuyan jade
主要由微细蛇纹石组成的矿物集合体。因主要产于辽宁岫岩而得名。颜色有淡绿、黄绿、白色、绿色、烟灰色、黑色和花斑色等。

07.0261 寿山石 shoushan stone
以迪开石、叶蜡石、伊利石等矿物为主、并达到图章石雕琢工艺要求的岩石。因主要产于福建寿山而得名。

07.0262 鸡血石 bloodstone
主要由迪开石、高岭石和辰砂组成，因其中的辰砂色泽艳丽，红色如鸡血，故得此名。

鸡血石中红色部分称为"血"，红色以外的部分称为"地"、"地子"或"底子"，可呈多种颜色。

07.0263　田黄　tianhuang stone

为寿山石中的特殊品种，因产于福建寿山村坑头溪两岸水田及河流底部的沙砾层中而得名。具有一定的磨圆度，呈自然卵形，质地细腻、温润、手摸有滑感，并常有石皮、红格、罗卜纹等标志。

07.0264　独山玉　dushan jade

又称"独玉"、"南阳玉"。主要由斜长石和斜黝帘石组成的矿物集合体。产于河南南阳市郊独山，常见黄、绿、白、青、紫、红、黑等颜色，以色彩丰富、分布不均为特征。

07.0265　合成立方氧化锆　synthetic cubic zirconia

又称"方晶锆石"。人工合成的仿钻材料。化学成分为 ZrO_2，均质体，颜色多样，光泽为亚金刚光泽。

07.0266　琥珀　amber

石化的天然植物树脂。分子式可大致为 $C_{10}H_{16}O$。为非晶质体，内部常含植物碎屑、小动物等包裹体及流线构造等。

07.0267　珍珠　pearl

产于软体动物内由分泌作用形成的以碳酸钙矿物（主要是文石）为主并含有机质的一种有机宝石材料。组成以碳酸钙为主（82%~86%），其次是介壳质（10%~14%）和水（2%~4%）。

07.0268　珊瑚　coral

海洋生物珊蝴虫的分泌物，构成珊蝴虫身体的支撑结构。分为钙质型珊瑚和角质型珊瑚两种。钙质型珊瑚主要由无机成分、有机成分和水等组成，主要包括红珊瑚、白珊瑚和蓝珊瑚；角质型珊瑚几乎全部由有机质组成，包括金珊瑚和黑珊瑚。

07.0269　煤精　jet

又称"煤玉"。褐煤的一个变种。由树木埋置于地下转变而来的一种黑色不透明的有机岩石。其化学成分变化很大，主要由碳、氢、氧、氮等组成。

07.0270　象牙　ivory

大象的一对獠牙（长牙）及其两边的小牙。

07.0271　宝石折射仪　refractometer

根据全反射原理制作的用于测定宝石折射率、双折射率、轴性、光性正负的一种常规鉴定仪器。测定折射率的范围通常为 1.35~1.81。

07.0272　滤色镜　color filter

又称"滤光片"、"滤色片"。对一定波长范围内的光线进行选择性吸收或透过的仪器。常用来获得某种波长的单色光。

07.0273　钻石 4C 分级　4C grading standard of diamond

对钻石克拉重量（carat weight）、颜色（color）、净度（clarity）和切工（cut）的分级。是评价钻石的质量好坏的四个标准。

07.0274　二色镜　dichroscope

用于观察具有双折射有色宝石的多色性的一种宝石常规鉴定仪器。有方解石二色镜和偏振滤光片二色镜两种。

07.0275　分光镜　spectroscope

用于观察宝石在可见光范围内对可见光的吸收谱线或谱带的一种宝石常规鉴定仪器。可鉴定天然宝石、优化处理宝石与合成宝石，确定宝石中的致色离子。

07.0276　偏光镜　polariscope
利用上下偏光片观察宝石的光性特征的一种常规宝石鉴定仪器。可确定宝石是单折射、双折射或集合消光、异常消光等性质。

07.0277　石材　dimension stone
以天然岩石为原材料加工制作成的具有一定的物理、化学性能和规格、形状的工业产品。

07.0278　料石　squared stone
由矿山开采的形状不规则的，经加工具有一定规格，能用来砌筑建筑物的石料。

07.0279　荒料　quarry stone
由矿山分离下来形状不规则的，经加工而成的具有一定规格，能用来加工饰面板材的石料。

07.0280　成荒料率　stone block yield
矿山分离下来的石料中能加工成为荒料的比例。常用体积的百分比来表示。

07.0281　石材工艺　stone process
石材产品生产加工过程中的各种方法。

07.0282　汉白玉　white marble
天然白色大理石。

07.02　纸

07.0283　纸　paper
以经过适当处理的植物纤维为主的水悬浮液在成型设备上脱水成形并经压榨、干燥后制成的均匀片状物。

07.0284　纸板　board
定量相对较高的纸种。

07.0285　纸浆　pulp
由植物纤维原料通过不同方法制得的用于造纸的纤维状物质。

07.0286　风干浆　air-dry pulp
水分与周围环境平衡时的纸浆。该水分通常为 10%。

07.0287　木浆　wood pulp
由木材制得的纸浆。

07.0288　绒毛浆　fluff pulp
专门用来加工成绒毛状纤维的纸浆。是一种良好的液体吸收材料，作为生产纸尿裤、卫生巾等产品的原料。

07.0289　竹浆　bamboo pulp
由竹材制成的纸浆。

07.0290　苇浆　reed pulp
用芦苇制得的纸浆。

07.0291　甘蔗渣浆　bagasse pulp
由甘蔗制糖废料（甘蔗渣）制成的纸浆。

07.0292　草浆　straw pulp
用草类纤维原料制得的纸浆。

07.0293　废纸浆　recycled pulp
用废纸生产的、经脱墨或不脱墨的纸浆。

07.0294　化学浆　chemical pulp
用化学方法从植物纤维原料中除去大部分非纤维素成分而制得的纸浆。

07.0295　硫酸盐浆　sulfate pulp
俗称"牛皮浆"。用主要含氢氧化钠、硫化钠的溶液蒸煮植物纤维原料所制得的化学浆。

07.0296 半化学浆 semi-chemical pulp
将化学蒸煮与机械处理相结合所制得的纸浆。

07.0297 机械浆 mechanical pulp
将植物纤维原料用机械方法制成的纸浆。

07.0298 化学机械浆 chemi-mechanical pulp
需要用化学药品进行预处理制得的机械浆。

07.0299 磨木浆 groundwood pulp
用磨石磨木机制得的纸浆。

07.0300 全漂浆 fully bleached pulp
漂白至高亮度的纸浆。通常指亮度在85%以上的纸浆。

07.0301 半漂浆 semi-bleached pulp
漂白至中等亮度的纸浆。

07.0302 未漂浆 unbleached pulp
未经漂白处理的纸浆。

07.0303 纸料 stock
经过打浆处理和添加辅料后用于抄纸的成浆。

07.0304 [造纸]填料 filler
为改善纸和纸板的性能,在抄纸时加到浆料中的白色矿物质颜料。

07.0305 制浆废液 spent liquor
从化学浆蒸煮后的产物中分离出来的废液。硫酸盐法或烧碱法制浆的废液为黑液;亚硫酸盐法制浆的废液为红液。

07.0306 纸幅 web
纸或纸板在制造或加工过程中的连续长段。

07.0307 [制浆]蒸煮 cooking
通常在一定压力下,用化学药液对天然纤维原料进行加热处理的工艺过程。

07.0308 [造纸]碎浆 slushing
通过解离将造纸用纸浆或纸变成纤维悬浮液的工艺过程。

07.0309 [纸浆]洗涤 washing
用水把纸浆中废液置换出来的工艺过程。

07.0310 [纸浆]筛选 screening
用一个或数个筛子将浆料净化的过程。

07.0311 [造纸]打浆 beating
在打浆设备内浆料受到机械作用,使纤维切断、分丝帚化的过程。

07.0312 纤维帚化 fibrillation
经过打浆,使纤维细胞壁产生起毛、撕裂、分丝等现象。

07.0313 [纸浆]漂白 bleaching
为提高纸浆的亮度,将纸浆的有色成分脱除或改性至一定程度的工艺过程。

07.0314 [造纸]施胶 sizing
将施胶剂加在浆内或涂在纸和纸板的表面,以增强纸和纸板对水溶液的抗渗透性和防扩散性的工艺过程。

07.0315 [纸张]成形 formatting
纤维在纸张成型设备上分散、排列、交织、定形的过程。

07.0316 [造纸]压榨 pressing
纸张通过纸机上的压辊挤压出水分,并提高紧度的过程。

07.0317 [造纸]压光 calendaring
用压光机对含有一定水分的纸或纸板进行加工,以改进纸的平滑度和光泽度,并在一定程度上对纸或纸板的厚度进行控制的工艺过程。

07.0318 废纸脱墨 de-inking
从废纸浆中脱除油墨的工艺过程。

07.0319 碱回收 alkali recovery
从碱法制浆蒸煮废液中回收蒸煮所用的化学药品的工艺过程。

07.0320 新闻纸 newsprint
以机械浆、废纸为主要原料，用于报纸印刷的纸。

07.0321 胶版印刷纸 offset printing paper
胶版印刷书刊、图片等用的印刷纸。

07.0322 轻型印刷纸 low density printing paper
低定量、高松厚度的印刷纸。

07.0323 字典纸 bible paper
用于印刷袖珍手册、工具书、科技刊物等的高级印刷用纸。具有薄而紧度大、不透明等特点。

07.0324 无碳复写纸 carbonless copy paper
用一种物质涂布一面或两面，或将此物加在涂料中，使其在局部加压的情况下无须插入复写纸就能在完成手稿或打印稿的同时获得一份或多份复制品的涂布纸。

07.0325 防伪纸 safety paper
应用防伪技术所生产的具有防伪特性的纸。

07.0326 证券纸 bond paper
具有耐久性、高强度和防伪性能的书写和印刷用纸。主要用于耐久储存的文书及证券用纸。

07.0327 钞票纸 banknote paper
具有高耐折度、耐久性和防伪性能的专门印制钞票的纸。

07.0328 涂布纸和纸板 coated paper and coated board
一面或两面经过涂布加工的纸和纸板。

07.0329 涂布美术印刷纸 coated art paper
俗称"铜版纸"。原纸涂布后，经压光整饰制成的印刷纸。主要用于单色或多色印刷的美术图片等。

07.0330 轻量涂布纸 light weight coated paper
单面涂布量通常不大于 $10g/m^2$ 的涂布纸。主要用于单色或多色印刷书刊、宣传材料等。

07.0331 涂布白卡纸 coated ivory board
原纸的面层、底层以漂白木浆为主，中间层加有机械木浆，经单面或双面涂布后，又经压光整饰制成的纸。主要用于印制美术印刷品或印刷后制作高档商品的包装纸盒。

07.0332 涂布白纸板 coated white board
原纸的面层为漂白木浆，经单面涂布后压光整饰制成的纸板。在单面彩色印刷后，用于制作包装纸盒。

07.0333 铸涂纸 cast coated paper
以不同定量的纸或卡纸为原料经涂布加工，其涂布面干燥时与精抛光金属面接触而得到的纸。主要用于制作印刷美术卡片、书籍封面、不干胶商标以及商品的高档包装盒。

07.0334 地图纸 map paper
主要原料为化学木浆和棉浆，经重施胶、具有较高湿强度的印刷纸。具有高强度性质，撕裂度、耐折度和耐磨性能好，并具有很好的尺寸稳定性。适用于胶版多色印制地形图和地图。

07.0335 制图纸 drawing paper
主要原料为漂白化学浆和棉浆,具有不透明、无斑点和高耐擦性的纸。适用于供铅笔、墨线绘制工程图、机械图、测绘地形图等。

07.0336 描图纸 tracing paper
半透明,用于描绘原稿图形、数字、图案或曲线等的纸。

07.0337 信封用纸 envelope paper
具有适当强度,用于制作信封、信袋的纸,能经受书写、印刷,并可在其上面涂以适当的胶黏剂。

07.0338 复印纸 copy paper
一般未经涂布,用于静电复印机、喷墨打印机,以及其他类型复印和打印设备上的纸。

07.0339 书写纸 writing paper
具有一定的施胶度,适用于印制表格、练习簿、记录本、账簿及其他书写用纸。

07.0340 复写纸 carbon paper
在压力和敲击的作用下可转移颜料涂布层的纸。

07.0341 喷墨打印纸 inkjet printing paper
可接收并保持喷墨打印影像的专用纸张。

07.0342 热敏纸 thermal-sensitive paper
一面涂有热敏涂料的纸。在接收电脉冲后能产生高分辨率的文字或图像。通常用在电热打印机上。

07.0343 晒图纸 diazotype paper
以晒图原纸为基材,将重氮感光药剂涂布其上而制得的一种纸。

07.0344 宣纸 xuan paper
出自安徽泾县、主要供中国毛笔书画以及裱、拓、水印等使用的高级艺术用纸。具有

良好的润墨性、耐久性、变形性和抗虫性。

07.0345 滤纸 filter paper
能从流体悬浮物中有选择地滞留颗粒的纸。

07.0346 滤芯纸板 filter core board
用于冲压制作滤清器的垫片或垫架,供汽车、拖拉机等滤机油用的纸板。

07.0347 铝箔衬纸 aluminum foil backing paper
裱糊铝箔内衬基纸。该种纸与铝箔一起组成紧密、不透气、不透水的铝箔纸。

07.0348 电容器纸 capacitor tissue paper, condenser paper
作为金属化纸介电容器以及标准型电容器用纸。用于制造电容器的电绝缘体,一般为低定量的绝缘纸。

07.0349 电解电容器纸 electrolytic capacitor paper
在电解电容器中隔离电极和吸附电解质的纸张。

07.0350 防锈纸 anti-tarnish paper
加有某种能防止金属表面生锈的物质的一类纸。

07.0351 电缆纸 cable paper
用于电线或电缆使用的绝缘纸。

07.0352 石膏纸板 gypsum board
牢固地黏合在石膏板上用于增强其表面强度的纸板。

07.0353 箱纸板 linerboard
在生产瓦楞纸板、纸盒制品等产品时,作为面层材料的纸板。

07.0354 瓦楞原纸 corrugating medium

用于制造瓦楞纸板芯层的纸。

07.0355 瓦楞纸板 corrugated container board
由一层或多层瓦楞纸黏合在一张箱纸板上或几张纸板之间所组成的纸板。

07.0356 蜂窝纸板 honeycomb board
由两层面纸与中间蜂窝纸芯胶黏而成的纸板。

07.0357 牛皮纸 kraft paper
采用未漂的硫酸盐针叶木浆为原料生产的纸。是坚韧耐水的包装用纸。

07.0358 玻璃纸 cellophane
俗称"赛璐玢"。精制浆经烧碱、二硫化碳处理，形成胶黏状物质，再经脱气、陈化，从狭缝中喷出，经凝固浴凝固、水洗、漂白、干燥而成的透明薄膜纸。

07.0359 拷贝纸 copying paper
供复写、打字及高级装潢包装等用的双面光薄页纸。

07.0360 半透明纸 translucent paper
由化学浆制成的，经高度超级压光，正反面均非常平滑并有光泽，具有高度防油性和耐脂性，天然半透明的防油纸。供包装、装潢用。

07.0361 防油纸 grease proof paper
对油脂和脂肪具有良好抗渗透能力的纸。

07.0362 食品包装纸 food wrapping paper
抗油、符合食品包装安全要求的用于包装食品的纸。

07.0363 中性包装纸 neutral wrapping paper
供包装军用产品或某些金属制品的一种专用纸。该纸的 pH 值为 7 左右。

07.0364 中性石蜡纸 neutral paraffin paper
用石蜡或其他蜡进行浸渍或表面处理的中性纸。用于精密机械部件、金属制品及军工产品等产品的内包装。

07.0365 浸渍纸和纸板 saturating paper and board
用橡胶乳或树脂等浸渍后的纸和纸板。

07.0366 钢纸 vulcanized paper
由钢纸原纸经氯化锌($ZnCl_2$)溶液处理后，再经黏合、脱盐老化、清洗干燥、热压整形等工序加工而成的纸。具有质轻、坚实、弹性好、电绝缘性高的特点。分为硬钢纸和软钢纸。

07.0367 封套纸板 heavy envelope paper board
用于制作精装著作、画册、重要文献、珍藏古籍或线装书匣使用的一种纸板。

07.0368 不干胶纸 non-dry adhesive paper
单面或双面涂有胶黏剂的纸。

07.0369 防黏纸 release paper
又称"离型纸(separating paper)"。用做不干胶纸防护衬层的纸。该纸经化学处理或涂布后很容易和有黏性的压感胶黏面分离开。

07.0370 壁纸 wall paper
以纸为基材，经特殊加工处理，用于墙面或天花板的装饰材料。

07.0371 纸张尘埃 dirt
纸面上在任何照射角度下，能见到的与纸面颜色有显著区别的纤维束及其他任何非纤维性杂质。

07.0372 纸张定量 paper grammage
按规定的试验方法，测定纸和纸板单位面积

的质量。

07.0373　纸张绝干物含量　paper dry solid content
在规定条件下，纸张试样在(105±2)℃下干燥至恒重时的质量与试样的初始质量之比。

07.0374　纸张挺度　paper stiffness
在规定条件下测定的纸或纸板抗弯曲的程度。

07.0375　纸张耐破度　paper bursting strength
纸或纸板在单位面积上所能承受的均匀地增大的最大压力。

07.0376　纸张耐折度　paper folding endurance
在规定条件下，纸张试样往复折叠断裂时的双折叠次数的对数(以 10 为底)。

07.0377　纸张平滑度　paper smoothness
纸张平滑的程度。在特定的接触状态和一定的压差下，纸张试样面和环形板面之间由大气泄入一定量空气所需的时间。

07.0378　纸张施胶度　paper sizing value
用于评定纸张的抗水性能的指标。通常以特殊墨水划线时，纸面不扩散、背面不渗透的线条最大毫米宽度表示。

07.0379　纸张光泽度　paper gloss
纸张表面方向性选择反射的性质，这一性质决定了呈现在纸张表面所能见到的强反射光或纸张镜像的程度。

07.0380　纸张撕裂度　paper tearing resistance
在规定条件下，将预先切口的纸(或纸板)，撕至一定长度所需力的平均值。

07.0381　纸张紧度　paper density

单位体积纸或纸板的质量。

07.0382　纸张松厚度　paper bulk
纸或纸板紧度的倒数。

07.0383　纸张透气度　paper air permeance
在规定条件下，在单位时间和单位压差下，通过单位面积纸或纸板的平均空气流量。

07.0384　纸张拉毛　paper picking
在印刷过程中，当油墨作用于纸或纸板表面的外向拉力大于纸或纸板表面的内聚力时，引起表面的剥裂。

07.0385　纸张印刷适性　paper printability
纸或纸板的一种综合性质，包括纸或纸板在无玷污和透印的情况下促使油墨转移、凝固和干燥的能力，以及提供反差好、逼真度高的能传递信息的图像的能力。

07.0386　纸浆游离度值　pulp freeness value
用标准测试方法测定和表示的纸浆悬浮液的滤水能力。

07.0387　纸浆卡帕值　pulp kappa number
在规定条件下，1g 绝干浆消耗 0.02mol/L 高锰酸钾溶液的毫升数。可用于衡量纸浆木素含量(硬度)或可漂性。

07.0388　纤维粗度　fiber coarseness
特定纤维单位长度的绝干质量。

07.0389　纸张亮度　brightness
在规定条件下，纸样对主波长(457±0.5)nm 蓝光的内反射因数。

07.0390　纸张灰分　ash
纸、纸板和纸浆在规定温度下灼烧后的剩余物质的质量与原绝干试样的质量之比。

07.03 皮　革

07.0391　原料皮　rawskin, rawhide
从屠宰后动物身上剥离下来的动物皮肤。是制革生产的对象，包括牛皮、猪皮、羊皮、马皮、驴皮、鱼皮、袋鼠皮、鸵鸟皮和鳄鱼皮等。

07.0392　鲜皮　green skin, green hide
从屠宰后动物身上剥离下来未经过防腐处理直接用做制革生产原料的动物皮。

07.0393　盐湿皮　salted skin, salted hide
从屠宰后动物身上剥离下来经过盐腌防腐处理用做制革生产原料的动物皮。

07.0394　盐干皮　dry salted skin
从屠宰后动物身上剥离下来的动物皮经盐腌防腐处理后再进行干燥，用做制革生产的原料。

07.0395　干板皮　dried skin
从屠宰后动物身上剥离下来经过干燥处理后用做制革生产原料的动物皮。

07.0396　灰皮　limed skin, limed hide
动物皮经过脱毛浸灰处理后得到的处于膨胀状态的在制品。可以进行去肉和片皮等机械操作。

07.0397　硝皮　taw
动物皮经过脱毛和脱灰等操作后再用芒硝处理得到的在制品。可以进行片皮和削匀等机械操作。

07.0398　裸皮　pelt
将动物皮的毛和表皮脱去后得到的在制品。一般是指在制革生产中脱灰后或软化后的在制品。

07.0399　酸皮　pickled skin
动物皮经过脱毛、脱灰和软化等操作后再用盐和酸处理得到的在制品。可以进行储存和运输。

07.0400　蓝湿革　wet blue
用碱式铬盐鞣制得到的外观呈蓝色的在制品。可以进行片皮和削匀等机械操作，以及储存和运输。

07.0401　白湿革　wet white
用除了铬盐以外的鞣剂鞣制得到的外观呈白色的在制品。可以进行片皮和削匀等机械操作，一般作为主鞣前的预鞣或用于制造无铬鞣革。

07.0402　坯革　crust
制革原料皮进行各种水场湿操作后再经过干燥得到的在制品。

07.0403　皮革　leather
制革原料皮经过一系列化学作用和机械作用后得到的具有使用性能的产品。包括耐湿热、耐折裂、耐化学试剂和微生物作用等性能。

07.0404　毛皮　fur
原料皮经过一系列化学作用和机械作用后得到的具有使用性能、保留了毛面并以毛面为主要用途的产品。

07.0405　毛革　double face leather
一面是毛面，另一面是革面的皮革产品，是将动物皮经过化学和机械处理后再将其肉面进行类似于皮革表面的修饰而得到的产品。

07.0406 细杂皮 furskin
皮张较小、产量较低并以毛面作为主要用途的毛皮产品。包括水貂皮、狐狸皮、水獭皮和黄狼皮等。

07.0407 粒面 grain surface
表皮经脱毛去除后暴露出来的粒纹表面。不同的动物皮具有不同的表面纹路。

07.0408 乳头层 papillary layer
又称"粒面层"、"恒温层"。皮或革的纵切面中靠近表面的一层纤维组织。在该层纤维组织中胶原纤维较细而且呈紧密网络结构，腺体较多。

07.0409 网状层 reticular layer
皮或革的纵切面中除去皮下组织后靠近肉面的一层编织如同网状的纤维组织。在该层纤维组织中胶原纤维比较粗壮，腺体较少。

07.0410 真皮层 corium layer
位于表皮以下和皮下组织以上、主要由胶原纤维编织而成的结构。是皮或革的主要成分，包括乳头层和网状层。

07.0411 肉面 flesh side
动物皮上与动物体相连的一面。

07.0412 毛孔 pore
脱除毛根后皮或革的粒面上露出来的孔状结构。不同的动物皮具有不同的毛孔大小和特殊的排列，形成不同的粒面纹路。

07.0413 胶原纤维 collagen fiber
纤维状蛋白，是真皮的最主要成分，皮或革主要是由胶原纤维经过复杂的三维编织而成。

07.0414 网状纤维 reticulin fiber
由网蛋白构成的纤维状蛋白。主要分布在表皮和真皮的交界处，并在胶原纤维表面形成疏松的网套。

07.0415 弹性纤维 elastic fiber
由弹性蛋白构成的纤维状蛋白。具有很大的弹性，主要分布在各种腺体的周围。

07.0416 胶原蛋白 collagen
胶原纤维经过部分降解后得到的具有较好水溶性的蛋白质。

07.0417 纤维间质 interfibrilliary substance
需要在制革过程中除去的充斥于生皮胶原纤维之间起润滑和保护作用的一类混合物。主要由水、糖类物质、白蛋白和球蛋白等组成。

07.0418 擦拭革 cleaning leather
主要用于擦拭眼镜和玻璃仪器等的一类皮革产品。一般使用油鞣方法生产并且表面具有细腻的绒头。

07.0419 植鞣革 vegetable-tanned leather
主要使用植物鞣剂进行主鞣制得到的一类皮革产品。一般比较坚实而且具有较好的成型性能。

07.0420 油鞣革 oil-tanned leather
主要使用不饱和油脂等油鞣剂进行主鞣制得到的一类皮革产品。一般用做擦拭革，具有较好的耐汗和耐洗涤性能。

07.0421 矿物鞣革 mineral-tanned leather
主要使用如铬盐、铝盐、钛盐和锆盐等矿物质进行主鞣制得到的一类皮革产品。

07.0422 轻革 light leather
在生产中基本不使用植物鞣剂而得到的密度比较低、手感比较柔软的一类皮革产品。一般用于鞋面、服装和手套等。

07.0423 重革 heavy leather
主要使用植物鞣剂进行生产而得到的密度
比较高、革身比较坚硬的一类皮革产品。一
般用于鞋底和工业用革。

07.0424 头层革 grain leather
片皮后含有粒面的一层皮或革。

07.0425 二层革 split leather
片皮后不含有粒面的一层皮或革。

07.0426 全粒面革 full grain leather
天然粒面保持完整，天然毛孔和粒纹清晰可
见的皮革。

07.0427 修面革 corrected grain leather
将皮革的粒面部分磨去以减轻粒面瑕疵，再
经过表面整饰做出一个假粒面的皮革。

07.0428 纳巴革 nappa leather
比较柔软的全粒面鞋面革、服装革或装饰革
等。

07.0429 移膜革 transfer coating leather
通过转移方法将预制成的膜材黏附在皮革
表面，或通过膜材组合物的遇水凝固成膜方
法在皮革表面做出人造表面的皮革。

07.0430 印花革 printed leather
采用印刷方法在皮革表面印出各种花纹而
得到的皮革。

07.0431 压花革 embossed leather
使用具有一定纹路的模具在皮革表面压出
凹凸花纹或压出动物皮的表面粒纹以掩盖
其本来纹路的皮革。

07.0432 磨砂革 nubuck leather
通过轻磨粒面得到的表面具有非常细小绒
头的一类皮革。

07.0433 绒面革 suede leather
表面具有均匀绒头的一类皮革产品。包括正
绒面革、反绒面革和二层绒面革。

07.0434 打光革 glazed leather
在皮革的涂饰中采用了打光处理而得到的
一种表面光泽好、表面粒纹清晰的皮革。

07.0435 抛光革 polished leather
在涂饰前对皮革粒面进行抛光处理而得到
的一种具有光滑粒面或某种特殊效应的皮
革。

07.0436 油光革 grease glazed leather
使用油脂对皮革表面进行处理和打光处理
而得到的一种表面具有油脂光泽和手感的
皮革。

07.0437 擦色革 brush-off leather
将表面涂饰着色后的部分涂层擦去而得到
的具有双色效应或仿古效应的一种皮革。

07.0438 变色革 pull-up leather
在皮革的生产中加入了变色油，在受到拉伸
时皮革拉伸处的颜色会变浅的一种皮革。

07.0439 水染革 full dyed leather
具有较好表面状况、仅依靠染料着色而不需
要表面涂饰以覆盖表面缺陷的皮革。

07.0440 苯胺革 aniline leather
皮革表面涂饰仅用染料着色而不用遮盖性
颜料膏、具有透明涂层的较高档次皮革。

07.0441 半苯胺革 semi-aniline leather
涂饰底层使用遮盖性颜料膏着色、中层和顶
层使用染料着色而得到的具有部分透明涂
层、模仿苯胺革的皮革。

07.0442 防水革 water proof leather
在皮革生产中加入了防水材料，表面难以被

水润湿而具有防水性能的皮革。

07.0443　漆革　patent leather
以漆为涂料得到的表面涂饰层很厚，具有高光亮和高光洁度的皮革。

07.0444　摔纹革　milled leather
将皮革在转鼓内干摔，利用转鼓的机械作用而得到表面具有自然皱纹的皮革。

07.0445　搓纹革　boarded leather
利用搓纹板或搓纹机在皮革表面搓出各种特殊纹路的皮革。

07.0446　缩纹革　shrunk grain leather
利用鞣剂的强收缩作用，使用化学方法在皮革表面产生特殊纹路的皮革。

07.0447　特殊效应革　special effect leather
在皮革的染整和涂饰阶段采用特殊的处理工艺而得到的一类具有双色效应、水洗效应和梦幻效应等特殊效应的皮革产品。

07.0448　生态皮革　ecological leather
各项生态指标符合生态标准要求的皮革产品。生态指标包括皮革中的六价铬含量、甲醛含量、致癌芳香胺含量和五氯苯酚含量。

07.0449　原料皮路分　different source of raw hide
由于动物产地的不同、生长环境的不同，不同区域原料皮的大小、纤维编织和表面状况等毛性不同对原料皮进行的分类。

07.0450　原料皮草刺伤　burr of raw skin
动物在生长过程中由于附着在动物毛被上的草刺对皮肤的划伤而对原料皮所造成的缺陷。

07.0451　原料皮虻眼　warble hole of raw hide
动物在生长过程中由于寄生的虻虫进入皮肤中而在原料皮上留下的孔状缺陷。

07.0452　皮革粒面伤残　damage of leather grain
动物在生长过程中、动物皮在保存过程中或是动物皮在加工过程中所产生的皮革表面的缺陷。包括印记、虫咬和烫伤等。

07.0453　皮革丰满性能　fullness of leather
皮革产品在触摸时所产生的类似于可压缩性能的感官特性。

07.0454　皮革成型性能　mouldability of leather
由于皮革特有的胶原纤维编织形态而使产品具有的能根据所受应力状况而定型的性能。使手套和皮鞋能贴合穿着者的手型和脚型。

07.0455　皮革柔软性能　softness of leather
皮革产品在触摸时所产生的类似于可曲挠性能的感官特性。

07.0456　皮革管皱　piping of leather
由于皮革内部结构空松的原因，皮革产品在受到弯折时在弯折处产生的较粗管状皱纹。

07.0457　皮革松面　loose grain of leather
由于皮革内部结构不够紧实的原因，皮革产品在受到弯折时在弯折处产生的多条细皱纹。

07.0458　皮革裂面　crack grain of leather
皮革产品在受到拉伸或顶伸时，皮革粒面由于延伸性不足而产生的表面裂纹。

07.0459　皮革粒纹　grain of leather
皮革表面的特殊粒状纹路，不同动物皮制成的皮革产品具有不同的表面粒纹。

07.0460　皮革血筋　vein mark of leather

由于原料皮比较薄瘦的原因，在做成皮革后肉面的血管在皮革上呈现出来的筋状缺陷。

07.0461 皮革白霜 spew of leather
从皮革内部渗出来并在皮革产品表面聚集的白色霜状物。按照霜状物的成分不同可以分为硫霜、盐霜和油霜。

07.0462 皮革肋条纹 ribbed grain of leather
皮革产品表面上出现的类似于肋条状纹路的缺陷。

07.0463 皮革等电点 isoelectric point
皮革处于电荷中性时的 pH 值。皮革是两性聚电解质，低 pH 值时呈正电荷性，高 pH 值时呈负电荷性。

07.0464 原料皮浸水 soaking of raw hide
使原料皮吸收水分并使其结构基本回复到生皮状态的工序，同时除去原料皮上粪便、血迹等污物和防腐用的盐和防腐剂等。

07.0465 原料皮脱脂 degreasing of raw hide
利用物理或化学方法除去原料皮中的天然油脂的操作。包括去肉方法、皂化方法、乳化方法和干洗方法等。

07.0466 脱毛 unhairing
利用化学及物理方法除去原料皮上毛和表皮的操作。包括硫化物脱毛法、酶脱毛法、氧化脱毛法和有机胺脱毛法等。

07.0467 包灰 painting with lime
在原料皮上涂抹以石灰为主的浆状组合物以加强个别部位的松散处理或进行脱毛。

07.0468 包酶 painting with enzyme
在原料皮上涂抹以酶为主要活性物的浆状组合物以加强个别部位的松散处理或进行脱毛。

07.0469 浸灰 liming
用石灰为主的碱性材料处理原料皮的操作。目的是松散胶原纤维结构和除去纤维间质，一般和脱毛同浴进行。

07.0470 脱灰 deliming
使用洗涤和中和的方法去除浸灰后存在于灰皮中的碱性物质的操作。降低在制品的 pH 值并基本消除碱膨胀。

07.0471 软化 bating
使用以酶为主的组合物处理在制品以去除纤维间质和松散胶原纤维结构的操作。

07.0472 浸酸 pickling
利用酸降低在制品的 pH 值使之满足后续鞣制所需 pH 的操作。也可进一步松散胶原纤维，浸酸时需要加入盐类物质以抑制酸膨胀。

07.0473 鞣制 tanning
利用鞣剂的化学作用在胶原纤维之间形成交联以提高皮革结构稳定性和耐湿热稳定性的操作。根据鞣剂的不同可分为铬鞣、铝鞣、醛鞣和油鞣等。

07.0474 提碱 basification
在鞣制过程中使用弱碱性物质提高浴液和在制品的 pH 值以促进鞣剂和胶原纤维之间结合的操作。

07.0475 蒙囿 masking
在使用铬、铝等矿物鞣剂鞣制前，先使用含酸根物质与鞣剂结合以降低鞣剂与胶原纤维的结合性能，从而促进鞣剂在皮革中的渗透。

07.0476 挤水 samming

利用挤水机的挤压作用除去蓝湿革中多余的水分以适合后续片皮工序的需要，或是在干燥前除去在制品中多余水分以节约干燥成本的操作。

07.0477　片皮　splitting
利用片皮机中快速运动的带状刀片将皮革在制品一层剖成多层的操作。根据在制品的区别可以分为片灰皮、片硝皮和片蓝皮。

07.0478　滚锯末　sawdust milling
将锯末和蓝湿革在转鼓内一起转动，以调节蓝湿革的水分含量并使黏附了锯末的蓝湿革在削匀时增加摩擦力。

07.0479　削匀　shaving
利用削匀机中快速转动的刀辊削去皮革在制品中的过厚部分，使皮革厚度均匀一致的操作。

07.0480　修边　trimming
除去皮革在制品中带有夹痕、钉孔和破损皮边的操作。使皮形完整，避免破损现象，提高产品的外观。

07.0481　复鞣　retanning
利用复鞣剂对主鞣后在制品进行的处理。以弥补主鞣剂在某些性能方面的不足，如提高丰满性能，改善粒面紧实性能和减少部位差别等。

07.0482　填充　filling
将丙烯酸树脂、氨基树脂、蛋白质填料和栲胶等填充物质引入到皮革在制品中以改善皮革产品的丰满性能和紧实性能等的操作。

07.0483　加脂　fatliquoring
将油脂类物质引入到皮革在制品中，使胶原纤维表面覆盖一层油脂材料以起到润滑纤维和增加皮革柔软性能的作用的操作。

07.0484　伸展　stretching
通过伸展机中刀辊的刮伸作用使皮革在制品变得更平整，从而为后续的片皮操作做好准备，或是提高皮革产品的平整性能和增加面积的操作。

07.0485　回潮　conditioning
使干燥后的皮革重新吸收一定量的水分，从而使皮革中的水分分布均匀并使其水分含量符合后续的机械做软需要的操作。

07.0486　做软　staking
对干燥后的皮革施以弯折和拉伸等机械作用，松散干燥黏结的胶原纤维而使皮革获得所需的柔软程度的操作。包括拉软、摔软、铲软和振软等。

07.0487　绷板　toggling
使用钉子或夹子等工具将皮革绷开并在加热条件下定型，从而增加皮革的面积并使皮革变得平整的操作。

07.0488　磨革　buffing
利用磨革机中高速运动砂粒的切削作用切断胶原纤维并使皮革表面起绒的操作。包括磨面、磨里和磨绒等。

07.0489　净面　cleaning
使用机械方法去除裸皮中残留的毛根的操作。或是指在涂饰前使用净面材料去除坯革表面的污物为涂饰做好准备的操作。

07.0490　补伤　mending
使用具有消光性和遮盖性的组合物填补和覆盖皮革表面上的伤残区域，再进行涂饰，从而改善皮革表面的均匀性的操作。

07.0491　熨平　ironing
利用熨平机上具有光滑表面的平板或光辊在加热下对皮革表面施加一定的压力，使皮革表面平整的操作。

07.0492 压花 embossed
利用压花机上具有一定纹路的平板或花辊在皮革表面压出凹凸花纹或压出动物皮的表面粒纹以掩盖其本来纹路的操作。

07.0493 打光 glazing
利用打光机中的玻璃或玛瑙辊打磨皮革表面，使皮革表面紧实、平整光亮的操作。

07.0494 摔纹 milling
利用皮革在转鼓中干摔时所产生的对皮革的重复弯折作用，从而在皮革表面产生比较自然的皱纹的操作。

07.0495 搓纹 boarding
利用搓纹板或搓纹机对皮革的重复搓揉弯折作用，从而在皮革表面搓出各种特殊纹路的操作。

07.0496 量尺 area measuring
在皮革生产过程中或入库前使用量革机或其他方法量出皮革在制品或皮革产品面积大小的操作。

07.0497 脱鞣 de-tanning
为了皮革废弃物重复利用或其他的目的，使用化学方法将与皮革结合的鞣剂脱离出来的操作。

07.0498 烫毛 ironing
利用烫毛机上快速旋转的高温烫毛辊加热并拉扯毛被上的毛，使毛变直的操作。

07.0499 皮革撕裂强度 tearing strength of leather
皮革受到拉伸时，皮革裂口在裂开部分单位厚度上所承受的负荷数。以 N/mm 表示。

07.0500 崩裂强度 bursting strength
皮革产品一面受到压力后，另一面出现裂纹或破裂时所承受的压力。以 N/mm^2 表示。

07.0501 透气性 air permeability
在规定气压差下单位面积皮革透过空气的速率。是以 10cm 水柱气压差下每小时通过 $1cm^2$ 试样的空气体积(ml)表示。

07.0502 透水气性 vapor permeability
在规定湿度差下，单位面积皮革上所透过的水蒸气量。

07.0503 收缩温度 shrink temperature
用来表征皮革的耐湿热稳定性能，是将湿透的试样浸泡在逐渐加热的水中，试样开始收缩时的温度。

07.0504 耐磨强度 abrasion resistance
皮革在规定压力下使用旋转的砂轮或砂纸摩擦皮革表面，规定转数下试样的重量损失或厚度减少。

07.0505 折裂强度 cracking strength
皮革产品在规定折叠形状下，试样表面重复弯曲直到表面破裂时的弯曲次数。

07.0506 颜色坚牢度 color fastness
皮革的颜色在皮革产品使用过程中受到外界作用而发生变化的承受能力。包括日晒作用、热作用和洗涤作用等。

07.0507 雾化值 fogging value
在一定温度和时间下从皮革产品中挥发出来的物质在冷却玻璃上凝结的量，或是指该玻璃片的透光度与干净玻璃片的百分比。

07.0508 皮质含量 content of hide substance
皮革中源自原料皮的量(胶原成分)占总量的百分比。

07.0509 耐晒坚牢度 color fastness to light

皮革产品在受到日晒时表面颜色发生褪色的程度。

07.0510 耐洗性能 washing fastness

皮革产品在一定条件下经过多次洗涤后，试样的颜色、柔软程度和其他性能的变化程度。

07.0511 油脂含量 oil content

皮革产品或在制品中可以被有机溶剂（二氯甲烷等）萃取出来的油脂的量占试样总质量的百分比。

07.04 木 材

07.04.01 总 论

07.0512 木材 wood

来源于树木维管组织的次生木质部，由纤维素、半纤维素和木质素等主要成分组成的天然生物高分子材料。

07.0513 原条 tree-length

树木经伐倒、打枝后的干材。

07.0514 原木 log

伐倒的树干经打枝和造材后的木段。

07.0515 锯材 sawn timber, sawed timber

将原木锯制成各种规格（包括不带钝棱的）的木材。分为板材与方材两大类。

07.0516 板材 board

宽度尺寸为厚度尺寸 2 倍以上的锯材。分薄板、中板、厚板和特厚板几种。

07.0517 方材 square

断面为方形的木材。按断面宽厚尺寸的乘积分小方、中方、大方和特大方四种。

07.0518 毛方材 cant

原木在头道锯割后尚需继续锯制的半成品材。

07.0519 毛边材 unedged lumber

未经截边的锯材。

07.0520 阔叶树材 broad-leaved wood

又称"硬材（hardwood）"。由杨树、白蜡树、榆树等阔叶树生成的木材。

07.0521 针叶树材 coniferous wood

又称"软材（softwood）"。由松、杉、柏木、落叶松等针叶树生成的木材。

07.0522 木材构造 structure of wood，wood structure

在肉眼、放大镜、光学显微镜或电子显微镜下所观察到的木材各类细胞的组成和形态。

07.0523 木材识别 wood identification

根据木材构造、材色、纹理与气味特征确定木材树种名称的工作。

07.0524 幼龄材 juvenile wood

形成层尚未成熟时分生形成的木材。

07.0525 成熟材 mature wood

成熟的形成层分生形成的木材。

07.0526 木质部 xylem

位于树木形成层与髓之间的部分。由管胞、木纤维、导管和木薄壁细胞等组成。

07.0527 形成层 cambium

又称"维管形成层（vascular cambium）"。位

于韧皮部和木质部之间的植物侧生分生组织。

07.0528 韧皮部 phloem
俗称"内树皮"。位于形成层与树皮之间，主要由筛管分子、薄壁组织、纤维和石细胞组成的部分。

07.0529 横切面 cross section
又称"横截面(transverse section)"。与树干主轴或木材纹理相垂直的切面。

07.0530 径切面 radial section
通过髓心，与木射线平行或与年轮垂直的树干纵切面。

07.0531 弦切面 tangential section
不通过髓心，与木射线垂直或与年轮平行的树干纵切面。

07.0532 边材 sapwood
位于树干外侧靠近树皮部分的木材。含有生活细胞和贮藏物质(如淀粉等)。边材树种是指心与边材颜色无明显差别的树种。

07.0533 心材 heartwood
在木材横切面上，靠近髓心部分，木材颜色较深的木材。由边材演化而成。心材树种是心材和边材区别明显的树种。

07.0534 生长轮 growth ring
树木形成层在每个生长周期所形成并在树干横切面上所看到的围绕着髓心的同心环。

07.0535 年轮 annual ring，year ring
在温带和寒带地区，生长周期为一年的生长轮。

07.0536 胞间道 intercellular canal
木材内部由具有分泌次生代谢产物功能的分泌细胞围绕而成的长形胞间空隙。可分泌树脂或树胶。按其发生情况的不同，可分为正常胞间道和创伤胞间道两种。

07.0537 无孔材 non-pored wood
不具导管的木材。如全部针叶树材和少数阔叶树材等。

07.0538 有孔材 pored wood
具有导管的木材。

07.0539 管孔式 pore pattern
阔叶树材管孔在一个年轮内排列的方式。可分为环孔材、散孔材、半散孔材或半环孔材等类别。

07.0540 环孔材 ring porous wood
在一个生长轮内，早材管孔明显大于前一生长轮和同一生长轮的晚材管孔，并形成一个明显的带或环，急变到同一生长轮晚材的木材。如水曲柳、刺槐、榆木等。

07.0541 散孔材 diffuse-porous wood
一个年轮内早晚材管孔的大小没有显著区别，分布也均匀的木材。如槭木、杨木、椴木、桦木、赤杨等。

07.0542 半环孔材 semi-ring porous wood
又称"半散孔材(semi-diffuse porous wood)"。管孔的排列介于环孔材与散孔材之间的木材。

07.0543 辐射孔材 radial porous wood
早晚材管孔的大小无显著差别，但其分布不均匀或很不均匀，只呈显著的径向辐射排列的木材。

07.0544 花样孔材 figured porous wood
早晚材管孔的大小无显著差别，但其分布呈不规则的块状分布或左右倾斜相联结而呈人字形、八字形、之字形、X 形或 Y 形等图形的木材，如鼠李、木犀和油橄榄敦果、海桐和秤锤树等。

07.0545　管胞　tracheid
存在于针叶树材与部分阔叶树材的一种具有缘纹孔、木质化的闭管木材细胞。是针叶树材的主要组成细胞。

07.0546　导管　vessel
由若干个两端穿孔的开口导管分子纵向合生而成，为有节和长度不定的筒状或管状结构。管壁具有缘纹孔，是阔叶树材的主要输导组织。

07.0547　木射线　wood ray
在木材横切面上从髓心向树皮呈辐射状排列的射线薄壁细胞群。来源于形成层中的射线原始细胞，是树木体内的一种贮藏组织。

07.0548　木纤维　wood fiber
木质部内各种纤维的统称。包括针叶树材的管胞和阔叶材中的韧型纤维及纤维管胞。有时也特指阔叶树材次生木质部内的两端尖削、壁厚、腔小、木质化的具有缘纹孔的闭管细胞，主要有韧型纤维和纤维管胞。

07.0549　内含物　inclusion
导管分子内的填充物。最常见的有侵填体和无定形的树胶、树脂或白垩质等，淀粉或晶体属稀有存在。

07.0550　木材细胞壁　wood cell wall
包被木材细胞内含物，如原生质等生活物质而又相当结实的膜。在成熟的细胞中其细胞壁是由初生壁、次生壁所构成。

07.0551　微纤丝角　microfibril angle
次生壁（一般指次生壁中层 S_2）中的微纤丝与细胞纵轴方向之间的夹角。

07.0552　纤维素结晶区　crystalliferous region of cellulose
微纤丝内纤维素分子链平行排列、定向良好、呈清晰的 X 射线衍射图形的区域。

07.0553　纤维素无定形区　amorphous region of cellulose
微纤丝内纤维素分子链排列不平行、不整齐和无规律的区域。

07.0554　木薄壁组织　xylem parenchyma
存在于树木木质部的薄壁细胞群。包括轴向薄壁组织和射线薄壁组织。

07.0555　木材轴向薄壁组织　longitudinal parenchyma of wood
形成层纺锤形原始细胞所形成的沿树干方向长轴相连成串的、一般具单纹孔的薄壁细胞群。分为离管及傍管薄壁组织两大类。

07.0556　离管薄壁组织　apotrachel paren-chyma
轴向薄壁组织在模式情况下，不依附管孔或导管者，分轮界、星散、星散－聚合和带状薄壁组织等。

07.0557　傍管薄壁组织　paratracheal paren-chyma
轴向薄壁组织、与导管及维管管胞在模式情况下依附管孔或导管者。可分为稀疏傍管类、环管、翼状、聚翼状、单侧傍管、傍管带状薄壁组织六类。

07.0558　木材纹理　wood grain
木材体内轴向分子（如木纤维、管胞、导管）排列方向的表现形式。可分为直纹理、斜纹理、螺旋纹理、波形纹理和交错纹理等类型。

07.0559　木材花纹　wood figure
木材的各种组织和构造特征经加工在纵切面上所综合形成的图案。如带状花纹、波形纹、鸟眼花纹、泡状花纹和卷曲花纹等。

07.0560 木材缺陷 wood defect
存在于木材中的能影响木材质量和使用价
值的各种缺陷。包括木材天然缺陷、干燥缺
陷、加工缺陷。

07.0561 应力木 reaction wood
又称"偏心材"。树干或树枝部分的髓心偏
向一侧，偏离髓心一侧的年轮特别宽，相对
一侧年轮正常或狭窄。应力木的构造、材性
均与正常木材有差异。包括应压木和应拉
木。

07.0562 木材化学组分 chemical composi-
tion of wood
组成木材的化学物质，有纤维素、半纤维素
和木质素等主要成分与树脂、脂肪、萜烯类
和单宁等次要成分。

07.0563 木材灰分 wood ash
木材燃烧后留下的钙、镁、硅等的氧化物。

07.0564 纤维素 cellulose
由许多失水的β葡萄糖所组成的天然有机高
分子多糖。为高等植物细胞壁中的主要成
分。

07.0565 纤维素结晶度 crystallinity of cel-
lulose
在具有结晶区和非结晶区（无定形区）的纤
维素微纤丝中，结晶区占纤维素微纤丝整体
的百分率。

07.0566 半纤维素 hemicellulose
植物细胞壁内可以溶解于稀碱性溶液且可
为稀无机酸类酸解而成为单糖类的多聚糖。

07.0567 木[质]素 lignin
木材细胞壁的主要组分，由对－香豆醇、松
柏醇和芥子醇脱氢聚合而成的一种分子量
很大、具三维结构的芳香族聚合物。

07.0568 木材 pH 值 pH value of wood
木材中水溶性物质的酸碱性。通常以木粉的
水抽提物的 pH 值表征。

07.0569 木材缓冲容量 buffer capacity of
wood
木材因加入酸性或碱性物质使其 pH 值变化
的能力。在单位体积缓冲溶液中，使 pH 值
改变一个单位时，所需加一元强酸或强碱的
物质的量。

07.0570 木材抽提物 wood extractive
木材用乙醇、苯、乙醚、丙酮或二氯甲烷等
有机溶剂或水进行处理所得的各种物质的
总称。主要包括树脂、树胶、精油、色素、
生物碱、脂肪、蜡、糖、淀粉和硅化物等。

07.0571 木材含水率 moisture content of
wood
木材中的水分质量占木材质量的百分数。分
为相对含水率和绝对含水率。相对含水率是
木材所含水分的质量占木材和所含水分总
质量的百分率；木材绝对含水率是木材所含
水分质量占木材绝干材质量的百分率。

07.0572 全干材含水率 moisture content of
oven dry wood
又称"绝干材含水率"。木材放在（103±2）℃
的温度下干燥，水分几乎全部排出的木材，
其含水率理论上接近于零。

07.0573 木材平衡含水率 equilibrium mois-
ture content of wood
在一定的湿度和温度条件下，木材中的水分
与空气中的水分不再进行交换而达到稳定
状态时的含水率。

07.0574　木材纤维饱和点　fiber saturation point of wood

木材细胞腔中自由水丧失殆尽，而细胞壁中吸着水达到最大状态时的含水率。一般是各种木材物理力学性质的转折点。

07.0575　木材吸湿性　hygroscopicity of wood

木材在湿空气环境中吸收水分或水蒸气的能力。

07.0576　木材吸水性　water-absorbing capacity of wood

木材浸渍于水中吸收水分的能力。

07.0577　木材吸湿滞后　adsorption hysteresis of wood

在相同空气状态下，木材吸湿平衡含水率低于解吸平衡含水率的现象。

07.0578　木材密度　density of wood

单位体积木材的质量。与木材含水率密切相关，通常分为基本密度、生材密度、气干密度和绝干密度四种，而以基本密度、气干密度最常用。

07.0579　木材基本密度　basic density of wood

全干材的质量与该木材在饱和含水率状态下体积的比值。

07.0580　气干密度　air-dry density

在一定的大气条件状态下达到平衡含水率（一般温带地区为 12%，热带地区为 15%）时，木材单位体积的质量。

07.0581　木材声学性质　acoustical property of wood

木材的声物理性质。如木材的传声、吸音、透声和共振性能。与木材树种、密度、含水率等有密切联系，即使同一块木材其横向与纵向声学性质也有很大不同。

07.0582　木材透声系数　coefficient of acoustic permeability of wood

木材透过声音能力的大小。是衡量木材隔声能力的物理量，等于透射的声能与入射声能之比。

07.0583　木材热值　calorific value of wood

单位质量木材完全燃烧时所释放的热量。不同含水率的木材，其热值有较大区别。

07.0584　木材光激发　photoluminescence of wood

木材受电磁波辐射所引起的发光现象。包括木材抽提物的荧光现象和木材的磷光现象。

07.0585　木材荧光现象　fluorescence of wood

部分木材抽提物受紫外线照射时所发出的比紫外线波长更长而振动频率较低的弱光现象。

07.0586　木材磷光现象　phosphorescence of wood

木材受射线照射激发或某些木材腐朽菌寄生而产生的一种发光现象。

07.0587　木材渗透性　permeability of wood

流体在压力差（内力和外力）的作用下出入和通过木材的性质。木材纵向渗透性远大于横向渗透性，相差几百倍。

07.0588　木材尺寸稳定性　dimensional stability of wood

在有变化的温度或湿度环境中，木材保持其原有尺寸和形状的能力。

07.0589　木材各向异性　anisotropic of wood

木材在不同方向（纵向、径向和弦向）具有的不同物理、化学和力学性质的特性。

07.0590 木材流变性质 rheological property of wood

木材在载荷条件下，木材应力应变随时间的变化特性。包括木材分子的热运动、木材的力学松弛、木材化学应力松弛、蠕变等。

07.0591 木材抗弯强度 bending strength of wood

木材受横向静力载荷作用时所产生的最大弯曲应力。

07.0592 木材顺纹抗压强度 compression strength parallel to the grain of wood

木材顺纹方向受压力作用所产生的最大应力。

07.0593 木材横纹抗压强度 compression strength perpendicular to the grain of wood

压力与木纹方向成垂直时所产生的最大应力。

07.0594 木材顺纹抗拉强度 tensile strength parallel to the grain of wood

简称"顺拉强度"。木材沿纵轴方向因受拉伸而在破坏前瞬间产生的最大抵抗应力。

07.0595 木材横纹抗拉强度 tensile strength perpendicular to the grain of wood

简称"横拉强度"。拉力方向与木纹成任何角度的倾斜，直到与木纹相垂直时所产生的最大应力。有时特指拉力与木纹相垂直时的最大应力。

07.0596 木材横纹抗剪强度 lateral-cut shearing strength to the grain of wood

简称"横剪强度"。剪力与木纹纵切面相垂直作用时所产生的最大应力。

07.0597 木材垂直剪切强度 vertical shear strength of wood

剪力与木纹横切面相垂直作用时所产生的最大应力。木材的剪断常在梁弯曲时出现，也存在于构件的接榫处。

07.0598 木材冲击抗剪强度 impact shear strength of wood

木材受冲击载荷所发生的最大剪应力。

07.0599 木材抗劈力 cleavage resistance of wood, resistance to the splitting of wood

木材抵抗劈开的能力。

07.0600 木材握钉力 holding power of nails and screw of wood

木材抵抗钉子或螺钉拔除的能力。

07.0601 木材机械应力分等 machine stress grading of wood

用应力分等机，通过无损检测技术对木材进行的应力分等的方法。

07.0602 木材变异性 variability of wood

由于树种、树株和树干轴向与径向的部位、立地条件、森林培育措施等的不同，树木木材不同代之间与同代不同个体之间在木材构造、木材组成与木材性质方面均有差异的现象。

07.0603 木材功能性改良 wood modification

又称"木材改性"。采用物理的、化学的和生物的方法对木材进行处理，改善其物理、力学、生物学性能，提高木材使用价值或延长木材使用寿命的方法和技术。

07.0604 木材漂白 wood bleaching

用化学药品除去木材中的有色物质，使材色浅淡并均匀的方法或过程。

07.0605　木材着色　wood coloring
在保持木材原有属性的基础上，采用染料、颜料和化学药剂等使木材获得所要求的颜色的方法与加工过程。

07.0606　木材染色　wood dyeing
用染色剂采用加压浸注和高压蒸煮等方法使木材表面或内部着色的方法或过程。

07.0607　木材耐光性　lightfastness of wood
木材抵抗光(特别是紫外光)照射的褪、变色特性。

07.0608　木材涂饰　wood finishing
在木材表面涂饰涂料以形成保护层，并使产品美观悦目的工艺。分透明涂饰和不透明涂饰。

07.0609　木材液化　wood liquidation
将木材中的木素、纤维素和半纤维素转化成具有一定反应活性的液体物质，用于制胶、模注材料和泡沫塑料的方法。

07.0610　木材软化　wood softening
使木材变软以便于旋切、弯曲或表面模塑成型的处理方法。

07.0611　木材陶瓷　wood ceramics
木材或其他木质材料浸渍热固性树脂后，在隔绝氧气的条件下，经高温烧结而成的一类多孔炭材料。

07.0612　木塑复合材料　wood plastic composite
以木材为主要原料，经过适当的处理使其与各种塑料通过不同的复合方法生成的高性能、高附加值的新型复合材料。

07.0613　木材腐朽　wood decay，wood rot
木材细胞壁被腐朽菌(多数为真菌)或其他微生物分解引起的木材腐烂和解体的现象。包括白腐、褐腐和软腐。

07.0614　木材白腐　white rot of wood
由白腐菌分解木质素同时也破坏部分纤维素所形成的腐朽。其腐朽材多呈白色或浅黄白色或浅红褐色，露出纤维状结构。

07.0615　木材褐腐　brown rot of wood
由褐腐菌分解破坏纤维素所形成的腐朽。腐朽材外观呈红褐色或棕褐色，质脆，中间有纵交错的块状裂隙。

07.0616　木材软腐　soft rot of wood
木材在高湿状态下，表层遭球毛壳属真菌等侵害，使木材表层材质变软发黑，干燥后呈细龟裂状。

07.0617　木材变色　wood stain，discoloration of wood
由各种生物的、物理的或化学的因素导致木材(原木和成材)与木制品固有颜色发生改变的现象。如褪色或变色。

07.0618　木材蓝变　blue stain，log blue
又称"青变"。边材变色中最常见的一种，由长啄壳属等蓝变菌所形成，多见于松木、橡胶木等木材。主要影响木材外观，一般不影响木材力学性质。

07.0619　湿心材　wetwood
受到外界环境因素与生物遗传因子的作用，含水率高于边材，且木材颜色较正常材深的心材。是一种木材缺陷。

07.0620　木材防腐　wood preservation
采用各种化学的、物理的或生物的方法对木材进行防腐朽、防真菌变色、防霉、防虫蛀处理，延长木材使用寿命的方法与技术。

07.0621 木材阻燃处理 fire-retarding treat-ment of wood

又称"木材滞火处理"。用阻燃剂处理木材或木基材料以提高其阻燃性和降低其燃烧性能的方法与技术。

07.0622 木材熏蒸处理 fumigation of wood

在有控条件下用熏蒸剂以其蒸气来毒杀木材中的害虫及其虫卵的技术方法。

07.0623 木材变色防治 wood discoloration controlling

采用各种物理的、化学的和生物的方法防止木材变色，以及对已经变色的木材进行色斑消除的技术。

07.0624 木材天然耐久性 natural durability of wood

木材对木腐菌、木材害虫以及各种气候变化因子损害的天然抵抗能力。

07.0625 木材防霉 wood anti-mold

采用各种化学的、物理的和生物的方法防止木材霉变的技术。以化学防霉为主。

07.0626 木材干存法 dry storage of wood

使原木边材含水率在短期内迅速降低到25%以下，防止木材变质的贮存方法。

07.0627 木材湿存法 wet storage of wood

将原木紧密堆成大楞，并经常喷水，使原木保持高含水率，以防受菌、虫侵蚀与开裂的一种保存方法。

07.0628 木材水存法 water storage of wood

将原木放置于河道、湖泊、贮水池中，以防止菌、虫危害和干裂的一种保存方法。

07.0629 木材风化 weathering of wood

木材长期暴露于室外空气中，受光辐射、风、雨、霜、雪、雹、沙尘、真菌等侵蚀而引起的变色、开裂和损毁现象。

07.0630 木材干燥 wood seasoning, wood drying

使不同含水率状态的木材在一定的条件下失水，而达到适合某种用途的含水率与质量要求的过程。

07.0631 木材大气干燥 air seasoning of wood

又称"天然干燥"、"自然干燥"。在大气条件下，将木材堆放在空旷地或通风良好的棚舍内，利用太阳辐射加热的空气对流使木材内的水分逐步蒸发变干的过程。通常用于人工干燥的预干燥。

07.0632 木材人工干燥 artificial drying of wood

在人工控制介质条件下对木材进行的干燥。

07.0633 木材常规干燥 conventional drying of wood

以饱和蒸气等为热源，湿空气为介质的传统窑干木材的方法。

07.0634 木材高温干燥 high temperature drying of wood

干燥介质(湿空气、过热蒸气)的温度超过100℃的窑干木材的方法。

07.0635 木材过热蒸气干燥 drying with superheated steam of wood

以过热蒸气为介质对木材进行对流加热的高温干燥方法。

07.0636 木材炉气干燥 furnace gas drying of wood

以燃烧燃料所生成的炽热炉气为热源，又以炉气－湿空气的混合气体为介质对木材进行的干燥。

07.0637　木材特种干燥　special drying of wood

常规干燥之外的其他人工干燥。如真空干燥、太阳能干燥、化学干燥等。

07.0638　木材干燥基准　drying schedule of wood

在木材干燥过程中，规定各含水率或时间阶段的介质温度、相对湿度等参数和湿热处理的操作程序。生产中主要使用含水率干燥基准和时间干燥基准。

07.0639　木材加工　wood processing

对木材或木质材料施加一定的力使之变成有用木制品的工艺与技术。广义的木材加工，包括切削、研削、胶结、涂饰、干燥、弯曲、注入等加工方法。

07.0640　指接材　finger joint wood

采用齿型接合而成的较长木材。

07.0641　工程木制品　engineered wood products

用于建筑物结构承重的木材产品。包括实木、结构用胶合板及定向刨花板、胶合木等。

07.0642　胶合木　glued laminated wood, glulam

又称"集成材"、"层积材"。同一种木材经锯材加工干燥后，根据不同需求规格，由小块板方材通过指接、胶拼、层积，通常在常温条件下加压胶合而成的木质材料。

07.0643　实木地板　solid wood flooring

用木材直接机械加工而成的地板。

07.0644　实木复合地板　parquet

以实木拼板或单板为面层，实木条为芯层、单板为底层制成的企口地板或以单板为面层、胶合板为基材制成的企口地板。以面层树种来确定地板树种名称。

07.0645　防腐木　preservative-treated timber

应用防腐剂对木材进行抽真空与加压处理，具有防腐性能的木材。

07.0646　红木　hongmu

紫檀属、黄檀属、柿属、崖豆属及铁刀木属五属八类(紫檀木、花梨木、香枝木、黑酸枝、红酸枝、乌木、条纹乌木和鸡翅木)树种的心材。其密度、结构和木材颜色(以在大气中变深的木材颜色进行分类)符合国家《红木》标准。是当前国内家具用材约定俗成的名称。

07.0647　全树利用　whole-tree utilization

将整株林木的生物质(包括地上和地下两部分)全部予以收获利用的木材生产方式。

07.0648　生物质材料　biomass materials

以木本植物、禾本植物和藤本植物及其加工剩余物和废弃物为原材料，通过物理、化学和生物学等高技术手段，加工制造性能优异、附加值高的新材料。

07.04.02　人　造　板

07.0649　人造板　wood-based panel

以木材或其他非木材植物为原料，加工成单板、刨花或纤维等形状各异的组元材料，经施加(或不加)胶黏剂和其他添加剂，重新组合制成的板材。

07.0650　胶合板　plywood

由三层或多层(一般为奇数)，且相邻层的单板纹理方向互相垂直排列胶合而成的板状材料。

07.0651 单板 veneer
用旋切机、刨切机或锯机从木段或木方切得的薄片状材料。

07.0652 旋切单板 peeled rotary veneer
木段在旋切机上旋转运动，刀刃进给时沿木段年轮方向切下的薄木片。主要用做胶合板或单板层积材的原料。

07.0653 刨切单板 sliced veneer
刨切机刨刀从木段切下的薄木片。主要用做人造板表面装饰材料，厚度较大的单板也可用做胶合板、复合地板的表层材料。

07.0654 重组装饰单板 reconstituted decorative veneer
某些质次树种的旋切或刨切单板，经漂白和染色后，根据目标图案设计配坯胶压成木方，再刨切制得的装饰单板。

07.0655 面板 face veneer
胶合板正面的单板，为各层单板中质量最好的，一般厚度不小于 0.55mm。

07.0656 背板 back veneer
与胶合板面板相对应的一层单板。

07.0657 芯板 core veneer
在胶合板面、背板之间的单板。

07.0658 单板封边 veneer sealing edge
旋切单板两端贴上胶纸带或尼龙线，以增强单板的横纹抗拉强度，减少单板端部开裂，方便运输和加工。

07.0659 单板拼接 veneer splicing
用胶线、胶纸带或树脂胶将两条或两条以上单板在宽度方向上拼合的加工过程。

07.0660 单板剪裁 veneer clipping
将单板按材质和尺寸要求进行铡剪的加工过程。

07.0661 单板修补 veneer patching
对单板中存在不符合标准要求的缺陷，如死节、腐朽、裂口、缺损等材质与加工缺陷进行修理、拼接、挖补等加工。

07.0662 单板斜接 veneer scarf jointing
用铣削或磨削的方法，将单板端头沿厚度方向加工成斜面，再在斜面上涂胶后接长的过程。

07.0663 单板指接 veneer finger jointing
将两片单板端面加工成指形榫，涂胶后接长的过程。

07.0664 单板透胶 glue penetration
胶黏剂透过面板，使板面污染的过程。是一种加工缺陷。

07.0665 单板柔化处理 veneer tenderizing
采用切痕或辊碾等方法，使单板正面出现一些细小的裂缝，消除单板松紧面造成的内应力，保持单板的平整。

07.0666 单板陈化时间 veneer assembly time
涂胶单板组坯后，为了防止加压时产生透胶，在冷压或热压前放置的一段时间。

07.0667 胶合板组坯 plywood assembly, plywood layup
将涂胶芯板与表、背板按一定的方向和次序叠合，组成板坯的工艺过程。

07.0668 芯板离缝 veneer gap, veneer open joint
胶合板的芯板中，在同一层单板间，由于拼接不严等原因出现的间隙或裂缝的工艺过程。

07.0669 单板叠层 veneer overlap
由于同层相邻单板边缘互相重叠而在胶合板表面或芯层形成的局部脊状隆起。

07.0670 胶合板预压 plywood prepressing
对组坯后的胶合板单板在冷压机中加压一段时间，使各层单板基本粘成一体，便于向热压机进板的工艺过程。

07.0671 人造板热压 wood-based panel hot pressing
在人造板生产过程中将板坯送入热压机进行加压、加热，并保持一定时间，使板坯内胶黏剂固化成板的加工过程。

07.0672 胶合强度 bond strength
胶黏剂与木材组元的界面或其邻近处发生破坏所需的应力。

07.0673 胶合板鼓泡 plywood blister, plywood bump
因板坯内单板的局部缺胶或含水率过高，以及卸压过快等原因而造成的胶合层破坏，使板面出现的局部凸起。

07.0674 胶合板分层 plywood delamination
胶合板的单板层间局部或全部的分离。

07.0675 细木工板 blockboard
板芯用木条、蜂窝材料组拼，上下两面各胶贴一层或二层单板制成的人造板。

07.0676 木材层积塑料板 wood laminated plastic board
用树脂浸渍后的单板经干燥、热压制成的胶合板。

07.0677 单板层积材 laminated veneer lumber, LVL
将纹理方向相同的单板经涂胶、组坯、胶合

而成的一种工程材料。

07.0678 成型胶合板 formed plywood
涂胶单板依一定要求组成板坯，在特定形状的模具内热压而成的板材。

07.0679 耐候胶合板 weather proof plywood
由酚醛树脂胶或其他性能相当的胶黏剂胶合而成，能在室外条件下使用的胶合板。

07.0680 耐湿胶合板 humidity proof plywood
通过(63±3)℃热水浸渍试验的胶合板。由脲醛树脂胶或其他性能相当的胶黏剂胶合而成，能在潮湿条件下使用。

07.0681 顺纹胶合板 long grained plywood, longitudinal grain plywood
表板木纹方向与长边平行或接近平行的胶合板。

07.0682 横纹胶合板 cross grain plywood, perpendicular to grain plywood
表板木纹方向与长边垂直或接近垂直的胶合板。

07.0683 纤维板 fiberboard
以木材和其他植物纤维为原料，通过铺装使纤维交织成型，利用纤维自有的胶黏性或辅以胶黏剂、防水剂等助剂，经热压制成的一种人造板。按密度分为低、中和高密度纤维板。

07.0684 纤维分离 fiber separation, defibrating
用机械或化学机械的方法，将木片或其他植物纤维解离成单体纤维或纤维束的工艺过程。通常使用热磨机完成。

07.0685 纤维分离度 fiber separative degree,

beating degree

纤维分离的程度。通常利用纤维滤水性能的快慢，间接反映纤维的粗细等形态。纤维分离越细，纤维的比表面积越大，其滤水性和透气性就越差。

07.0686　纤维筛分值　fiber screen classifying value

留于或者通过各种规格筛网的纤维占浆料的质量百分率。

07.0687　纤维分级　fiber classification

在干法和半干法纤维板生产过程中，用气流或机械方法将不同形态和密度的纤维予以分选的过程。

07.0688　铺装成型　spreading forming，mat forming

施胶后的纤维或刨花按工艺要求均匀铺撒在成型带上，形成具有一定结构和密度的板坯带过程。

07.0689　纤维板后处理　fiberboard past treatment

对热压后的毛边硬质板或干燥后的毛边软质板，所进行加湿处理或热处理及后续的裁边、砂光、锯切与钻孔等处理。

07.0690　吸水厚度膨胀率　thickness expansion rate of water absorbing

按标准规定的方法，截取一定量的试样浸入水中，浸泡一定时间后，测得的吸水前后厚度差与浸水前厚度之比。

07.0691　中密度纤维板　medium density fiberboard，MDF

以木质纤维或其他植物纤维为原料，施加合成树脂在加热加压条件下压制成厚度不小于 1.5mm、密度范围在 $(0.65\sim0.80)\,g/cm^3$ 的板材。

07.0692　浮雕纤维板　relief fiberboard

用带有图案的垫板压制出深度较浅的表面浮雕图案的纤维板。

07.0693　木纤维瓦楞板　corrugated fiberboard

经瓦楞模具成型，再热压而成的纤维板。

07.0694　非木材纤维板　non-wood-based fiberboard

木材以外的植物纤维(如竹材、农作物秸秆等)制得的纤维板。

07.0695　地板基材用纤维板　fiberboard for flooring

专用于地板基材的厚度大于 5mm，密度大于 $0.8\,g/cm^3$ 的纤维板。一般有较高的耐湿性能和力学性能。

07.0696　刨花板　shaving board

又称"碎料板"。以木材或其他非木材植物加工成刨花或碎料，施加胶黏剂和其他添加剂热压而成的板材。按板材结构分单层、三层、渐变结构刨花板。

07.0697　刨花　particle

又称"碎料"。木材或其他非木材植物材料，经机械加工得到的各种规格和形态的刨花。

07.0698　拌胶　blending

将胶液及助剂按预定配量与刨花或纤维混合的过程。

07.0699　刨花模压制品　molding particleboard

将已施胶的刨花按一定要求铺成板坯，在特定形状的模具内热压而成的成型产品。

07.0700　定向刨花板　oriented strand board，OSB

在铺装时刨花按一定方向排列制成的平压刨花板。通常刨花长50~80mm，宽5~20mm，厚0.45~0.60mm。

07.0701 华夫刨花板 waferboard
又称"大片刨花板"。以长度(50~70mm)和宽度(5~20mm)都较大的刨花为原料经平压制得的刨花板。

07.0702 水泥刨花板 cement particleboard
以水泥作为胶凝剂和木质刨花为主要原料，经搅拌、铺装、冷压、加热养护、脱模、分板、锯边、自然养护和调湿(干燥)等处理制成的板材。

07.0703 石膏刨花板 gypsum particleboard
用石膏作为胶凝剂和木质刨花为主要原料，并加入其他添加剂压制而成的刨花板。

07.0704 矿渣刨花板 slag particleboard
用矿渣粉末作为胶凝剂和木质刨花为主要原料，并加入其他添加剂压制而成的刨花板。

07.0705 木基复合材料 wood-based composite materials
以木质材料如单板、碎料、纤维为原料和其他材料复合制得的板材。如木塑复合材料。

07.0706 夹心板 sandwich board
以刨花板、纤维板等为芯板，以金属、木单板或其他材料为表板制得的夹心结构板材。

07.0707 蜂窝板 honeycomb core board
用牛皮纸、塑料薄片或管型人造板等制成蜂窝状芯板，经树脂胶处理后，表面覆以胶合板或纤维板等制成的板材。

07.0708 结构人造板 structural panel
适宜做承重结构的人造板。通常具有优良的耐湿和力学性能。

07.0709 人造板表面加工 surface processing of wood-based panel
通过砂光等方法清除人造板表面上各种污迹、不平、预固化层和胶纸带等的加工过程。

07.0710 人造板表面装饰 surface finishing of wood-based panel
对人造板表面进行的涂饰或覆面。可以美化表面和提高表面的耐磨、耐热、耐水和耐化学药剂腐蚀等性能。

07.0711 直接印刷人造板 direct printed panel
表面直接印刷仿真木纹或其他图案的人造板。

07.0712 装饰单板覆面人造板 decorative veneered wood-based panel
用具有装饰效果的单板贴于表面的人造板。

07.0713 浸渍胶膜纸覆面人造板 surface decorated wood-based panel with paper impregnated thermosetting resin
将浸渍有树脂的胶膜纸热压覆贴于表面的人造板。

07.0714 聚氯乙烯薄膜覆面人造板 surface decorated wood-based panel with polyvinyl chloride film
用胶黏剂将聚氯乙烯薄膜贴于表面的人造板。

07.0715 不饱和聚酯树脂装饰胶合板 unsaturated polyester resin decorative plywood
面板经不饱和聚酯树脂涂饰具有美丽图案或色泽的胶合板。

07.0716 混凝土模板 panel for construction form

构建建筑物用的模板。通常采用表面覆贴胶膜纸的木、竹胶合板模板和金属模板。

07.0717 浸渍纸层压木质地板 laminate flooring

又称"强化地板"。以一层或多层专用纸浸渍热固性氨基树脂,铺装在刨花板、高密度纤维板等人造板基材表面,背面加平衡层、正面加耐磨层,经热压、成型的地板。

07.0718 集成材地板 block-jointed flooring

将实木小方料拼接加工制得的木地板。

07.0719 水泥木丝板 wood cement board, wood wool cement board

木丝用水泥做凝结剂制得的板材。有良好的阻燃和隔音性能。

07.0720 空心圆柱积材 hollow cylindrical lumber, HCL

由单板条卷缠并加热加压而成的圆柱材。卷缠层数根据需要而定,在住宅建筑支柱上有较多应用。

07.0721 单板条定向层积材 parallel strand lumber, PSL

由宽约 12mm,长不超过 1m 的针叶树材单板条施以室外型胶黏剂,纵向定向铺装后用微波加热的连续式压机压制而成的板材。可代替实木做梁、柱等构件。

07.0722 大片刨花定向层积材 laminated strand lumber, LSL

用长约 220mm,宽约 10mm 以上,厚约 1mm 的大片刨花,经拌胶(异氰酸酯+石蜡)、定向铺装、热压而成的板材。用途与单板条定向层积材相似,可替代实木用于门、窗、梁、柱等。

07.0723 剖面密度 section density

人造板端面上在垂直板面方向不同部位的密度。

07.0724 人造板甲醛释放限量 formaldehyde emission content in wood-based panel

在保证人体健康的前提下,允许人造板在生产和使用过程中逸出甲醛的最高量。

07.0725 功能胶合板 function plywood

经特殊处理具有高强度或耐腐或阻燃性能的胶合板。如强化胶合板、防腐胶合板和阻燃胶合板等。

07.0726 专用胶合板 specialized plywood

经过专门处理,用于特定场合的胶合板。如航空胶合板、船舶胶合板、客车车厢胶合板、集装箱底板胶合板、乒乓球拍胶合板、电工及纺织层压木、茶叶包装箱胶合板等。

07.0727 非木质人造板 non-wood-based board

木材以外的其他植物纤维原料,加入胶黏剂及其他添加剂制成的人造板。如蔗渣板、麦秸板、棉秆板、麻屑板等。

07.04.03 林产化工材料

07.0728 松脂 oleoresin, pine gum, naval store

松树中含有的一种无色透明滞状液体,是固体树脂酸(70%~80%)溶解在萜烯类(20%~30%)中所形成的溶液。松脂经水蒸气蒸馏后可得松节油和松香。

07.0729 松香 rosin, colophony

从松脂、明子或木浆浮油中制得。是一种复杂的混合物,主要由各种二萜树脂酸组成,还含有少量脂肪酸和中性物，其量按松香种类不同而异。

07.0730 松节油 turpentine
精油的一种。是萜烯类混合物，主要成分为蒎烯。可从松脂、明子或硫酸盐法松木制浆废气冷凝液加工制得。

07.0731 松香衍生物 rosin derivative
利用松香或改性松香中的树脂酸分子内存在的羧基来进行化学反应得到的产品的统称。其中以松香酯类产品最重要，其他还有树脂酸盐类、松香胺等。

07.0732 松香酯 rosin ester
松香树脂酸分子中的羧基与一元醇或多元醇作用生成的酯类产品。如松香乙酯、松香甘油酯、松香季戊四醇酯等。

07.0733 改性松香 modified rosin
松香树脂酸（如枞酸）结构中存在的共轭双键通过化学反应引进适当的基团所得产品的统称。主要有氢化松香、歧化松香、马来松香、聚合松香等。松香经改性后性能更稳定。

07.0734 樟脑 camphor
一种双环单萜酮。系统命名法命名为：莰酮-2。天然樟脑由樟树的根、干、枝、叶蒸馏产物中分离制得。合成樟脑由松节油中蒎烯经过一系列化学反应后制得。易升华，有特殊香气。

07.0735 松油醇 terpineol，terpilenol
又称"萜品醇"。以旋光、不旋光的游离醇或其酯的形式存在于松油、樟油、橙花油等精油中，也可由松节油合成制得。为无色稠厚液体。有紫丁香的芳香和甜味。

07.0736 冰片 borneol，camphol
又称"梅片、d 龙脑"。一种双环单萜仲醇，系统命名法命名为：莰醇-2，以游离或酯的形式存在于植物体中。也可由松节油在有机酸的作用下合成。极易升华。有像樟脑的气味，有清凉感。

07.0737 紫胶 shellac，lac
又称"虫胶"。紫胶虫吸食树液后分泌的一种天然树脂。是一些多羟基羧酸的内酯和交酯组成的复杂混合物。主要成分为紫胶桐酸、壳脑酸和壳脑醛酸等。

07.0738 精油 essential oil，volatile oil
又称"香精油"、"挥发油"、"芳香油"。从芳香植物的花、叶、根、皮、茎、枝、果实、种子等部分，采取蒸馏、压榨、萃取、吸附等方法制得的具有特征香气的油状物质。它们是许多化合物的混合物。主要有萜烯烃类、芳香烃类、醇类、醛类、酮类、醚类、酯类和酚类等。

07.0739 冷杉胶 Canada balsam
从冷杉树皮的皮囊（树脂胞）中采集的树脂，经有机溶剂溶解、净化、蒸馏等工序制得的浅黄色、清亮、透明的树脂状固体。主要成分是枞酸、新枞酸和海松酸等树脂酸，还有二萜烃类及其含氧衍生物。

07.0740 柏木油 oil of cedar wood，cedar [wood] oil
由柏科植物的根、茎、枝、叶以水蒸气蒸馏而得的精油。出油率 1%~4%，主要成分为柏木脑、柏木烯、松油烯、松油醇等。用于香料及医药方面。

07.0741 桉叶油 leaf oil of eucalyptus
又称"桉树油（eucalyptus oil）"。天然桉叶油系将桉树的叶子和顶端枝条经水蒸气蒸馏而得的精油。按用途有工业用桉叶油、医用桉叶油和香料用桉叶油三种类型。

07.0742 山苍子油 oil of *Litsea cubeba*
又称"木姜子油"。由樟科植物山鸡椒的果皮经水蒸气蒸馏而得的精油。淡黄色至橘黄色液体。主要成分为柠檬醛(60%~90%)，其余为香叶醇、香叶酯、柠檬烯等。

07.0743 薄荷油 oil of peppermint，mint oil
又称"薄荷原油"。薄荷的叶和茎适当干燥后再用水蒸气蒸馏而得的精油。

07.0744 松针油 pine needle oil
由红松和马尾松等针叶用水蒸气蒸馏而得的精油。产油量 0.2%~0.4%，主要成分为α-蒎烯、β蒎烯和反式石竹烯等，可供制消毒剂和做香料等用途。

07.0745 杉木油 oil of *Cunninghamia lanceolata*
又称"沙木油"、"刺杉油"。杉木木屑经水蒸气蒸馏所得的精油。主要成分为杉木脑、α-松油醇、柏木脑、α-柏木烯、β-石竹烯等，可用于香料及防腐。

07.0746 松焦油 pine tar
松根干馏产品之一。由松根焦油蒸馏时210~400℃馏出的轻焦油和另一次蒸馏达270℃后残留在釜内的重焦油按一定比例混合调制而成的黑色黏稠液体。

07.0747 植物鞣料 vegetable tanning materials
含单宁丰富且可用于鞣革的植物性物料。通常是植物的皮、干、根、叶、果实。依所含单宁的化学结构的不同而分为缩合类鞣料和水解类鞣料。

07.0748 栲胶 tannin extract，tanning extract
植物鞣料提取液的浓缩产品。为富含单宁的固体(粉状或块状)或浆状体，是鞣制生皮使之成革并有多种用途的化工原料。

07.0749 单宁胶黏剂 tannin-based adhesive
单宁与醛缩聚制成的胶黏剂。通过对缩合单宁进行预处理、添加补强剂及采用分步聚缩的方法，可解决其强度不足，活性期过短等缺点。

07.0750 木材热解 wood pyrolysis
在隔绝空气或通入少量空气的条件下，将木材(如薪炭材、森林采伐或木材加工剩余物等)加热，使其分解并制取各种热解产品的方法。包括木材干馏、木材炭化、木材气化、松根干馏等。

07.0751 活性炭 activated carbon，active carbon，activated charcoal
孔隙结构发达，比表面积很大(1500m^2/g 以上)，吸附能力很强的炭。是以煤、木材和果壳等原料，经炭化、活化和后处理而得。按外观形状可分为粉状活性炭、颗粒活性炭、成型活性炭和活性炭纤维。

07.0752 纤维状活性炭 fiber active carbon
将纤维状含碳原料在特定条件下经炭化、活化等处理而制得的材料。主要原料有酚醛树脂类纤维、聚丙烯腈类纤维及人造纤维类纤维。

07.0753 木材水解 wood hydrolysis
木材等植物纤维原料所含的半纤维素和纤维素在催化剂(酸、酸性盐、酶等)存在下经水、热作用分解成单糖(木糖、葡萄糖)等产物的过程。

07.0754 低聚木糖 xylooligosaccharide
由 2~10 个木糖通过 β-1,4-糖苷键结合而成的低度聚合糖类。属于功能性低聚糖的范畴。将富含木聚糖原料(玉米芯、甘蔗渣等)经定向水解，分离提纯而得。

07.0755 糠醛 furfural

又称"呋喃甲醛"。由植物原料中的戊聚糖水解成戊糖后，进一步脱水而成。工业上将玉米芯等富含戊聚糖的原料与稀硫酸共热，再经汽提、冷凝、蒸馏、真空精制而得。

07.0756　栓皮　cork
又称"木栓"。俗称"软木"。从栓皮栎等树木剥下的外皮。栓皮由辐射排列的许多纤维质扁平细胞组成，细胞内常含有树脂和单宁等化合物。具有质柔软、富弹性、不传热、不导电、不透水和耐磨等特性。

07.0757　生漆　raw lacquer
将漆树树干韧皮部割破，收集流出的乳白色黏稠液体，经滤去杂质而得到的漆。为中国特产。主要成分是漆酚，还有漆酶、树胶质、含氮物质和水分等。

07.0758　熟漆　ripe lacquer
又称"棉漆"、"推光漆"。生漆在搅拌下经日晒或低温烘烤，进行氧化聚合，并脱去一部分水而得。含水量约 6%~8%，颜色为紫红或深棕色。如加入颜料，可制成各种色漆。

07.0759　漆蜡　urushi wax, urushi tallow
又称"漆脂"。由漆树果实(漆子)的果皮中所得的脂肪。在常温下为固体，似蜡状。为高熔点低碘值的油脂，主要成分为棕榈酸，其次为硬脂酸、肉豆蔻酸等。

07.04.04　竹　藤　材

07.0760　竹材　bamboo wood
来源于竹类植物的地上秆茎。由纤维素、半纤维素和木质素等主要成分组成。

07.0761　毛竹材　moso bamboo wood
毛竹的主干。其秆形通直高大、材质优良，是竹加工产业中经济价值最大的材种。

07.0762　竹壁　bamboo culm wall
竹秆表皮至髓腔的统称。主要由薄壁的基本组织细胞和以厚壁细胞为主体的维管束组成。竹壁从外向内分为竹青、竹肉和竹黄三个部分。

07.0763　竹青　bamboo outer skin
竹秆径向外侧组织紧密、质坚硬而强韧的部分。表面覆有蜡质层。

07.0764　竹黄　bamboo inner skin
竹秆径向内侧无纤维管束的主要由髓细胞组成的内环层。

07.0765　竹肉　middle part of bamboo culm wall
竹壁中竹青和竹黄之间的部分。由维管束和基本组织构成。

07.0766　竹纤维　bamboo fiber
竹材纤维制品的构成单元，可为单体纤维细胞或纤维束。

07.0767　竹编胶合板　woven-mat plybamboo
竹篾相互交错编织成竹席，再经组合胶压而成的竹材胶合板。

07.0768　竹篾层压板　laminated bamboo sliver lumber
竹篾以顺纹方向为主，经组合胶压而成的板材或方材。

07.0769　竹材拼花板　bamboo parquet board
小竹片按一定的图案拼接成形的小块竹条。

07.0770　竹丝板　bamboo thread board
竹子的丝状纤维物(束)和胶黏剂混合制成的板材。

07.0771 乙酰化竹材 acetylated bamboo
用乙酸酐和乙酰氯作为乙酰化试剂，将竹材中的氢原子(尤其是与氧、氮结合的氢原子)与乙酰基发生置换反应而处理过的竹材。

07.0772 竹木复合制品 bamboo-wood composite product
由竹材和木材为构成单元，经一系列工序加工而成的产品。

07.0773 竹塑复合材料 bamboo-plastic composite
以竹纤维、竹粉的形态为增强材料或填料添加到热塑性塑料中，并通过加热使竹材与熔融状态的热塑性塑料进行复合而成或指将有机单体注入竹材的微细结构中，然后采用辐射法或触媒法等处理，使有机单体与竹材组分产生接枝共聚或均聚物的一种材料。

07.0774 竹篾 bamboo sliver
竹片在厚度方向经劈分成较薄的单元。

07.0775 竹片 bamboo strip
竹筒经开片后形成的窄长片材。

07.0776 竹丝 bamboo strand
竹片或竹篾经劈、拉等加工形成的横截面宽度与厚度基本相近的细长独立单元。

07.0777 竹炭 bamboo charcoal
竹材或其加工剩余物热解后的固体产物。

07.0778 竹焦油 bamboo tar
竹材或其加工剩余物在热解过程中产生的气体混合物经冷凝器分离后，得到棕黑色的液体，经澄清后分为两层，上层为澄清竹醋液，下层为竹焦油。

07.0779 藤材 rattan
一种攀缘植物的茎。属棕榈科。常见有黄藤和白藤，黄藤是我国特有品种，是编织各种藤器的重要材料。

07.0780 原藤 raw cane
又称"绿藤"。藤植株砍伐后，经剥除叶片和叶鞘后没有经过任何处理的藤茎干。

07.0781 藤制品 rattan product
藤条经加工处理后制成的产品。

08. 生 物 材 料

08.01 总 论

08.0001 生物材料 biomaterials
又称"生物医学材料"，"生物医用材料(biomedical materials)"。用以诊断、治疗、修复或替换机体组织、器官或增进其功能的材料。

08.0002 纳米生物材料 nano-biomaterials
三维空间内至少有一维处于纳米尺度范围(1~100nm)或由它们作为基本单元构成的生物材料。

08.0003 仿生材料 biomimetic materials
模拟生物结构或生物功能的材料。

08.0004 天然生物材料 natural biomaterials
在自然条件下生成的生物材料。主要包括天然纤维、生物体组织、结构蛋白和生物矿物等材料。

08.0005 智能生物材料 smart biomaterials, intelligent biomaterials

能感知生理环境及外部刺激，如温度、酸碱度、光、生物活性分子、场效应（力场、磁场、电场）或超声波等，并做出特定适度响应的生物材料。

08.0006 磁性生物材料 magnetic biomaterials

具有磁学性质的生物材料。如应用于磁（靶向）诊断与治疗的铁磁纳米微球、磁性骨修复材料等。

08.0007 生物惰性材料 bioinert materials

在生理环境下化学和物理性质稳定，基本不发生化学变化的生物材料。如金、铂、聚四氟乙烯、氧化铝陶瓷等。

08.0008 生物活性材料 bioactive materials

由材料表面/界面引起特殊生物或化学反应，促进或影响组织和材料之间的连接、诱发细胞活性或新组织再生的生物材料。

08.0009 生物降解材料 biodegradable materials

在生理环境或生物体中，发生的破坏，如腐蚀、分解、溶解或分子量降低的材料。

08.0010 可吸收生物材料 bioabsorbable materials

可被机体吸收、利用或参与机体代谢的可降解生物材料。

08.0011 生物相容性材料 biocompatible materials

生理环境下或生物体中，不引起任何不良宿主反应（材料引起的生物体反应）的材料。

08.0012 硬组织修复材料 repairing materials of hard tissue

用以修复和替代机体中发生病变或者损伤的硬组织（骨、牙等），恢复或部分恢复原有组织形态和功能的材料。

08.0013 硬组织填充材料 filling materials of hard tissue

植入生物体内，占据硬组织损伤或者病变造成的空腔或缺损部位，替代或部分替代其原有功能的材料。

08.0014 软组织修复材料 repairing materials of soft tissue

用以修复和替代机体中发生病变或者损伤的软组织（软骨、气管等），恢复或部分恢复原有组织形态和功能的材料。

08.0015 软组织填充材料 filling materials of soft tissue

植入生物体内，占据软组织损伤或者病变造成的空腔和缺损部位，替代并行使或增强其原有功能的材料。

08.0016 心血管系统生物材料 biomaterials of cardiovascular system

具有优异的抗疲劳性能和抗老化性能以及血液相容性，对病变或损伤的心血管系统（如心脏或血管）进行修复或替换的材料。

08.0017 抗凝血生物材料 anti-thrombogenetic biomaterials

表面能阻止血小板、纤维蛋白原等凝血因子聚集的材料。

08.0018 血液相容性生物材料 blood compatible biomaterials

与血液接触时，不引起凝血或溶血，不损伤血液组成和功能的材料。

08.0019 组织诱导性材料 tissue inducing materials

能诱导多分化潜能的间充质细胞定向分化并形成相应组织的材料。

08.0020 假体 prosthesis
又称"修复体(restoration)"。用以在形体上或者同时在形体及功能上替代或部分替代人体肢体、器官或组织的医疗装置。包括体内假体和体外假体等。

08.0021 生物假体 bioprosthesis
又称"生物修复体(biorestoration)"。全部或主要由经过处理的供体组织构成的可植入修复体。

08.0022 植入体 implant
全部或部分长期(30 天以上)埋入体内的假体。

08.0023 移植物 graft
从供体移植到受体的活体组织或活体细胞群。如取自供体的一片皮肤、一块骨、一段血管等,可用于重建受体某一部位。

08.0024 同种移植物 allograft
取自与受体相同种系生物体的移植物。

08.0025 自体移植物 autograft
取自受体自身,即供体和受体为同一生物体的移植物。

08.0026 异种移植物 xenograft
取自与受体不同种系生物体的移植物。

08.0027 经皮器件 percutaneous device
一端植入体内,另一端暴露于体外的用于体内外信息和物质传递的植入体。如植入式耳听骨、植入式假肢等。

08.0028 角膜接触镜 corneal contact lens
又称"隐形眼镜"。直接贴附于角膜表面,用于矫正不规则屈光面和治疗角膜疾病的镜片。

08.0029 微囊化 microencapsulation
将物质或细胞包裹于囊内的技术。囊的直径为微米量级、由半透膜制成。

08.0030 生物矿化 biominerization
生理环境下形成无机矿物质的过程。

08.0031 生物制造 biomanufacture
运用现代制造科学和生命科学的原理与方法,通过单个细胞或细胞簇的直接或间接的受控三维组装,完成具有新陈代谢功能的生命体的成型制造。

08.0032 生物材料快速成型 rapid prototyping of biomaterials
基于发散堆集原理,模仿计算机控制打印机技术,逐点堆集生物材料的三维仿生快速成型技术。

08.0033 生物医学高分子材料 biomedical polymer
生物医学用的高分子及其复合材料。主要是指那些能用于防病、治病、人体功能辅助及卫生保健制品的高分子材料。

08.0034 生物大分子 bio-macromolecule
由机体产生的大分子化合物,如蛋白质、核酸、多糖、纤维素等。

08.0035 脱氧核糖核酸杂化材料 deoxyribonucleic acid hybrid materials
简称"DNA 杂化材料"。由脱氧核糖核酸与材料通过一定的化学键或其他方式结合而成的复合材料。

08.0036 生物陶瓷 bioceramics
应用于生物材料的陶瓷。主要包括生物惰性陶瓷、生物活性陶瓷、生物可吸收陶瓷等。

08.0037 生物玻璃 bioglass
主要由 $Na_2O\text{-}CaO\text{-}SiO_2\text{-}P_2O_5$ 体系为基础形成的、具有特殊表面活性，植入体内后可增强与周围组织相互作用的玻璃。

08.0038 生物活性玻璃陶瓷 bioactive glass ceramics
又称"生物活性微晶玻璃"。经热处理，从无定形生物玻璃中析出微晶相而形成的陶瓷。既保持了生物玻璃良好生物相容性和生物活性，又提高了力学强度。

08.0039 磷酸钙基生物陶瓷 bioceramics based on calcium phosphate
由羟基磷灰石、氟磷灰石、磷酸三钙和碳酸磷灰石等磷酸钙盐或其复合物构成的生物陶瓷。Ca/P 原子比和材料结构决定其表面是否具有生物活性或生物可吸收性。

08.0040 羟基磷灰石生物活性陶瓷 hydroxyapatite bioactive ceramics
由化学式为 $Ca_{10}(PO_4)_6(OH)_2$ 的磷灰石构成的磷酸钙基生物活性陶瓷。

08.0041 可吸收生物陶瓷 absorbable bioceramics
生物环境中可被机体吸收的生物陶瓷。如磷酸三钙等。

08.0042 骨诱导性生物陶瓷 osteoinduction bioceramics
在生理环境中，能诱导间充质细胞分化为骨组织细胞的生物活性陶瓷。

08.0043 磷酸三钙生物陶瓷 tricalcium phosphate bioceramics，TCP bioceramics
由 Ca/P=1.5 的磷酸钙化合物构成的生物陶瓷。含 6 种不同的晶体结构，常用的磷酸三钙化学式为 $Ca_3(PO_4)_2$。

08.0044 双相磷酸钙陶瓷 biphasic calcium phosphate ceramics
由羟基磷灰石和β-磷酸三钙两相成分构成的陶瓷。通常其生物活性高于羟基磷灰石陶瓷。

08.0045 压电生物陶瓷 piezoelectric bioceramics
具有压电功能的生物陶瓷。主要用于制作人体信息探测的压电传感器。

08.0046 脱钙骨基质 decalcified bone matrix，DBM
由同种异体骨或异种骨经脱钙处理，能降低免疫原性的骨移植材料。

08.0047 类骨磷灰石 bone-like apatite
化学组成、结晶度、晶粒度及形貌等类似于自然骨组织矿物的磷灰石。

08.0048 抗菌性生物陶瓷 anti-bacterial bioceramics
具有抑制微生物生长和繁殖功能的生物陶瓷。

08.0049 医用金属材料 biomedical metal materials
又称"生物医用金属材料"。用做生物材料的金属材料。主要有不锈钢、钛及钛合金、钴基合金、镍钛形状记忆合金、贵金属等。

08.0050 可降解医用金属材料 biodegradable medical metal materials
在人体生理环境下，满足人体可吸收金属离子的安全范围内，逐渐腐蚀的医用金属材料。主要包括镁及其合金等。

08.0051 生物腐蚀 bioerosion
生理环境下，植入体等表面逐渐侵蚀的现象。其结果是导致植入体形变及性能退变。

08.0052　起搏电极　pacing electrode
心脏起搏器与心脏植入部位之间具有传导和感知起搏信号功能的连接器件。是人工心脏起搏器的重要组成部分。

08.0053　生物传感器　biosensor
曾称"生物电极"。基于生物反应进行检测的、以对生物变化信号敏感的材料为敏感元件，电势或电流为特征检测信号的一类精致的分析器件。

08.0054　微生物传感器　microbial sensor, microbial biosensor
曾称"微生物电极"。由固定化微生物、换能器和信号输出装置组成，以微生物活体作为分子识别敏感材料固定于电极表面构成的一种生物传感器。

08.0055　免疫传感器　immuno-sensor
曾称"免疫电极"。偶联抗原/抗体分子的生物敏感膜与信号转换器组成的，基于抗原抗体特异性免疫反应的一种生物传感器。

08.0056　生物芯片　biochip
采用微加工和微电子技术，将大量具识别功能的生物分子有序固化于支持物表面，成二维分子密集排列的分子微阵列或生物化学微分析系统。主要有基因芯片、蛋白质芯片、组织芯片和芯片实验室等。

08.0057　生物相容性　biocompatibility
在某一应用过程中，材料与宿主相互作用的能力，是生物材料区别于其他高技术材料的最重要的特征。包括血液相容性和组织相容性等。

08.0058　分子生物相容性　molecular bio-compatibility
材料对细胞的 DNA 和 RNA 复制、表达及细胞外基质活性的影响。用于在分子水平上评价材料与机体相互作用的能力。

08.0059　组织相容性　histocompatibility
(1)植入材料与机体组织之间相互作用共存的能力。(2)器官、组织移植中，不同组织共存的能力。

08.0060　血液相容性　blood compatibility
材料与血液直接接触时，与血液相互作用不引起凝血或血栓、不损伤血液组成和功能等的能力和性能。

08.0061　生物力学相容性　biomechanical compatibility
负荷情况下，材料与所处部位的生物组织的弹性形变相匹配的性质和能力。取决于组织-界面的性质和所承受负荷的大小。

08.0062　生物活性　bioactivity
材料具有活体组织或器官功能的能力。如肝的解毒、肾的过滤、心脏的泵血以及免疫系统的防御功能。

08.0063　细胞亲和性　cell affinity
材料对细胞的吸引或结合的能力。可用于评价生物材料的相容性。

08.0064　生长因子　growth factor
能调节细胞分裂的多肽激素。

08.0065　神经生长因子　nerve growth factor
存在于外周组织、能促进神经细胞分裂，或促进感觉和交感神经系统突触形成的生长因子。

08.0066　血管生长因子　angiogenesis factor
具有促进血管生长、发育、再生和创伤修复功能的生长因子。如碱性纤维细胞生长因子、血管内皮细胞生长因子等。

08.0067　表皮生长因子　epidermal growth factor

能促进角质细胞分裂和表皮再生的生长因子。在组织愈合中起重要作用。

08.0068　成纤维细胞生长因子　fibroblast growth factor

能促进成纤维细胞分裂的生长因子。包括酸性成纤维细胞生长因子、碱性成纤维细胞生长因子、FGF-3 和 FGF-4 等。

08.0069　生物化学信号　biochemical signal

细胞间相互联络的生化分子。如短肽、蛋白质、气体分子(NO、CO)、氨基酸、核苷酸、脂质及胆固醇衍生物等。

08.0070　材料反应　materials response

生物环境对植入材料蜕变、降解等性能的影响。

08.0071　宿主反应　host response

植入材料引起的机体反应。包括植入部位的局部反应和全身反应。有害的宿主反应包括全身毒性、过敏、致畸、致癌、溶血、凝血等；有益的宿主反应是指材料提供一种环境或支撑，促进组织的修复或重构。

08.0072　补体系统　complement system

存在于人或脊椎动物血清与组织液中的一组经活化后具有酶活性的蛋白质。包括 30 多种可溶性蛋白和膜结合蛋白。

08.0073　补体活化能力　complement activation ability

材料与血液接触时激活补体系统的能力。

08.0074　补体抑制能力　complement inhibition ability

材料接触血液时抑制补体激活的能力。

08.0075　异物反应　foreign body reaction

任何外来物质介入或误入生物机体时所发生的反应。外来物质不包括食物和药物。

08.0076　炎性反应　inflammatory reaction

机体对材料所产生的一种以炎性细胞浸润为特征的反应。典型表现为局部的红、肿、热、痛等症状。

08.0077　生物粘连　bioadhesion

细胞或组织在材料表面上的黏附。羟基、羧基、胺基、酰胺基等化学基团之间形成的氢键或范德瓦耳斯力是形成生物粘连的主要结合方式。

08.0078　生物附着　bioattachment

细胞或组织在材料表面上的固着。包括物理锁合。

08.0079　生物学环境　biological environment

能够维持活性机体生存的环境。

08.0080　生理环境　physiological environment

用可调节的化学(无机)组成和温度进行部分模拟生物学、生理学或细胞周围的环境。

08.0081　微环境　microenvironment

细胞赖以生存的体内理化环境。其研究主要包括细胞－细胞间、细胞－间质及各种细胞因子间的相互作用等。

08.0082　形态结合　morphological fixation

植入体与组织之间形成的一种机械嵌合或锁合。是材料与机体组织间的一种基本结合类型，主要发生在生物惰性材料与机体组织之间。

08.0083　生物结合　biological fixation

植入体与组织间所形成的一种以物理浸入为特征的结合。主要发生在多孔生物惰性材料与组织之间，以周围软组织或血管长入多孔植入体的孔隙为特征，这种结合优于形态结合。

08.0084　生物活性结合　bioactive fixation
植入体与组织间所形成的一种以化学键合为特征的结合。主要是由表面的活性基团与组织间形成的一种化学键性结合。

08.0085　细胞治疗　cell therapy
利用患者自体(或异体)的成体细胞(或干细胞)对组织、器官进行修复的治疗方法。广泛用于骨髓移植、晚期肝硬化、股骨头坏死、恶性肿瘤、心肌梗死等疾病。

08.0086　基因治疗　gene therapy
将人的正常基因或有治疗作用的基因通过一定方式导入人体靶细胞，修正基因的缺陷或者发挥治疗作用，从而实现疾病治疗的生物医学技术。

08.0087　体细胞核移植　somatic cell nuclear transfer
又称"治疗性克隆(therapeutic cloning)"。将供体的细胞核植入到去核卵细胞中的技术。常被用于胚胎干细胞的研究或再生医学。

08.0088　网状内皮系统　reticulo-endothelial system，RES
巨噬细胞和血液内的单核细胞，以及骨髓、肝、淋巴器官中的网状细胞和内皮细胞的总称。广泛分布于人类机体各部位，具有吞噬功能。

08.0089　特异性　specificity
反应物之间的相互识别，并具有严格选择性结合的能力。常指酶－底物、抗原－抗体、配基－受体之间的反应。

08.0090　生物材料诱导作用　inducing of biomaterials

材料在机体环境中能诱发细胞分裂、组织或器官再生的作用。

08.0091　特异性[生物材料]表面　specific biomaterial surface
可与生物物质发生特异性反应的材料表面。

08.0092　珍珠面型多孔表面　multi-pearl-like surface
在金属表面上，由众多直径约 1 mm 的金属小球铸造形成的类似多珍珠面状的多孔表面。

08.0093　钛丝烧结多孔表面　porous surface of sintered titanium wire
在金属表面上，由扭结为单层或多层的钛丝网经高温烧结而成的多孔表面。厚度通常为 2~3mm，孔隙尺寸可由钛丝直径调控。

08.0094　钛珠烧结微孔表面　micro-porous surface of sintered titanium bead
由钛珠浆料(或钛珠)涂覆(或自然密堆积)于金属基体上，经真空烧结而成的微孔表面。

08.0095　等离子喷涂钛多孔表面　plasma sprayed porous titanium coating
在惰性气体保护或真空环境下，采用等离子喷涂技术在医用金属基体表面沉积钛形成的多孔表面。

08.0096　生物活性涂层　bioactive coating
将生物活性材料涂覆在基体表面而制得的涂层。主要包括羟基磷灰石涂层、磷酸钙涂层、生物玻璃涂层、胶原膜等。

08.0097　生物玻璃涂层　bioglass coating
用等离子体喷涂或熔融烧结等工艺将生物玻璃或其复合材料沉积在基体表面的涂层。

08.0098 羟基磷灰石涂层 hydroxyapatite coating

采用等离子体喷涂、电化学沉积或仿生沉积等技术将羟基磷灰石沉积在基体表面的涂层。

08.0099 生物陶瓷涂层 bioceramic coating

将生物陶瓷涂覆于基体表面形成的涂层。分为生物活性陶瓷涂层、生物惰性陶瓷涂层和可吸收生物陶瓷涂层。

08.0100 等离子体喷涂涂层 plasma sprayed coating

用电弧将可产生等离子体的气体(如氩、氮和氢等气体)加热和电离，形成高温高速等离子体射流，使粉体或丝材熔化和雾化，并高速喷射到基体表面形成的涂层。

08.0101 碳涂层 carbon coating

将碳化合物或石墨沉积于医用金属或高分子材料表面形成的涂层。主要包括低温各向同性碳涂层、超低温各向同性碳涂层和类金刚石薄膜等。

08.0102 高分子涂层 polymer coating

将有机高分子涂覆于基体表面形成的涂层。主要用于提高材料的抗凝血性、绝缘性和减小表面摩擦系数等。

08.0103 生物活性梯度涂层 bioactive gradient coating

组成、结构和性能沿厚度方向呈梯度渐变的生物活性涂层。

08.0104 仿生沉积磷灰石涂层 biomimetic hydroxyapatite coating

模仿生物体内磷灰石的矿化机制，在类似机体环境条件的水溶液中自然沉积于基体表面的磷灰石涂层。其成分类似机体骨无机质。

08.0105 微弧氧化活化改性 bioactivation modification by micro-arc oxidation

通过施加高于某一临界电压发生微弧放电，使置于电解液中的铝、镁、锌等金属表面生成氧化膜的改性技术。

08.0106 碱热处理活化改性 bioactivation modification by alkaline-heat treatment

钛、钽等金属置于强碱溶液中一段时间后取出，再经高温后处理，形成具有生物活性表面的改性技术。

08.0107 溶胶凝胶活化改性 bioactivation modification by sol-gel

材料(如钛金属)浸没于溶胶凝胶体系(如钛溶胶凝胶)后取出，再在适当温度下进行热处理得到具有生物活性表面的改性技术。

08.0108 硅烷化活化改性 bioactivation modification by silane

基体材料表面硅烷化后，进而实现材料表面改性的技术。

08.0109 接枝胶原改性 modification by grafted collagen

通过化学反应在基体上接枝胶原分子或其片断，使其表面活化的改性技术。

08.0110 抗凝血表面改性 anti-thrombogenetic modification of surface

改变材料表面物理化学性质，使其具有或提高抗凝血性能的表面改性技术。

08.0111 表面生物活化 bioactivation of metallic surface

使材料表面能与生物环境发生特殊表面反应，从而与周围组织形成化学结合的表面处理技术。

08.0112 表面生物化 surface biological modification
通过在材料表面固定生物分子、种植细胞等方法，赋予材料生物功能的技术。

08.0113 生物材料表面内皮化 endothelialization of surface
通过在材料表面生长内皮细胞，赋予其抗凝血等性能的技术。

08.0114 热原 pyrogen
由微生物污染所产生的，导致机体发热的有机物质。所引起的机体反应有发热、寒战、恶心、呕吐、头痛、腰及四肢关节痛、甚至休克、死亡等。

08.0115 溶血 hemolysis
因红细胞破坏而导致血红蛋白释放进入血浆的现象。

08.0116 刺激 irritation
一次、多次或持续与一种材料接触所引起的局部非特异性炎症反应。

08.0117 皮肤刺激 skin irritation
材料或其浸提液与宿主完整的皮肤在规定时间内相接触，所引起的局部皮肤反应。

08.0118 眼刺激 eye irritation
材料或其浸提液滴入宿主眼中，角膜、红膜与结膜所产生的反应。

08.0119 皮内反应 intracutaneous reactivity
材料或其浸提液进入皮内引起的皮肤应答反应。

08.0120 植入 implantation
用外科手术或穿刺方法，将材料放入生物体内预定部位(如皮下、肌肉、骨内、牙科组织)的过程。

08.0121 致敏性 sensitization
机体对材料产生的特异性免疫应答反应。表现为组织损伤和(或)生理功能紊乱。

08.0122 系统毒性 systemic toxicity
涉及整个生物体的毒性反应。包括全身各个系统的组织、器官或细胞等毒性。全身毒性分为急性毒性、亚急性毒性、亚慢性毒性和慢性毒性。

08.0123 急性毒性 acute toxicity
材料或其浸提液以一次或多次给予后在 24h 内引起的不良反应。

08.0124 亚急性毒性 sub-acute toxicity
材料或其浸提液每天一次或多次给予后在 14~28 天内引起的不良反应。

08.0125 亚慢性毒性 subchronic toxicity
材料或其浸提液每天一次或多次给予后，在寿命期的一段时间内(不超过动物寿命期的10%，如大鼠一般不超过 90 天)引起的不良反应。

08.0126 慢性毒性 chronic toxicity
材料或其浸提液每天一次或多次给予后，在大于 10%寿命期(如大鼠需超过 90 天)引起的不良反应。

08.0127 致癌性 carcinogenicity
经过一次或多次接触材料导致肿瘤形成的能力或趋势。

08.0128 遗传毒性 genotoxicity
引起基因突变、染色体结构畸变以及其他DNA 或基因变化的不良反应。

08.0129 突变性 mutagenicity
又称"诱变性"。在某种诱发条件下，细胞遗传物质突然发生无规则变化而引起的表型和功能偏离正常的现象。

08.0130 染色体诱变 chromatosome mutagenesis
又称"染色体畸变"。染色体出现结构及数目异常的现象。

08.0131 生殖毒性 reproductive toxicity
对生殖功能、胚胎发育(致畸性),以及胎儿或婴儿早期发育产生的不良反应。

08.0132 致畸性 teratogenicity
引起发育中的胎体发生永久性的结构或功能异常的不良反应。

08.0133 细胞毒性 cytotoxicity
引起细胞溶解(细胞死亡)、抑制细胞生长或对细胞产生其他不良反应。

08.02 人工器官

08.0134 人工器官 artificial organ
能部分或全部替代人体某一器官功能的医疗设备和装置。可整体或部分植入体内,也可以是一种体外辅助装置。

08.0135 杂化人工器官 hybrid artificial organ
由活性细胞与一种或多种生物材料共同构建的人工器官。

08.0136 人工骨 artificial bone, bone substitute
具有类似天然骨结构和(或)功能的骨组织替代物。

08.0137 人工皮肤 artificial skin
具有皮肤功能的,用合成或生物衍生材料或其复合材料制备的薄膜。可分为两类:一类是由惰性材料制备;另一类是运用组织工程原理制备。

08.0138 人工关节 artificial joint
模拟人体关节功能,替代病变或受损关节的植入性假体。

08.0139 人工心脏 artificial heart
能替代心脏泵血功能的装置。分为可置入性装置和非置入性装置。

08.0140 人工心脏瓣膜 artificial heart valve, prosthetic heart valve
能替代心脏瓣膜功能的人造器件。分为两大类:一类是机械瓣;另一类是生物瓣。

08.0141 人工晶状体 intraocular lens
用透明材料制成的、可替代天然晶状体的植入装置。

08.0142 人工血管 vascular prosthesis, artificial blood vessel
可替代病变血管的管形植入物。

08.0143 血液代用品 blood substitute
具有载氧能力的、能代替血液在组织中进行氧气和二氧化碳交换的代用品。

08.0144 人工细胞 artificial cell
用高分子半透膜包裹生物活性物质(酶、辅酶或氨基酸等),模拟人体细胞功能的微囊。

08.0145 人工耳蜗 cochlear implant, artificial cochlear, electronic cochlear implant
能将电子信号直接输送到耳蜗以恢复听力的植入装置。

08.0146 人工胰 artificial pancreas

能模拟人体胰腺分泌生理性胰岛素的一种植入装置。

08.0147　人工肝　artificial liver
又称"人工肝支持系统(artificial liver support system)"。用生物材料或肝细胞制成的能替代肝脏的解毒、合成等功能的装置。按其性质可分为生物型和非生物型两种。

08.0148　人工肾　artificial kidney
基于半透膜原理所构建的一种能过滤清除血液毒素的装置。

08.0149　人工肺　artificial lung，artificial oxygenator
能够使循环的血液、氧气和二氧化碳进行可控交换的装置。

08.03　血液净化材料

08.0150　血液净化材料　blood purification materials
用于清除患者血液中致病物质的生物材料。如人工肾或人工肝辅助装置中的膜、中空纤维和吸附剂等。

08.0151　膜　membrane
具有选择性透过作用的二维材料。如血液净化膜、透析膜、过滤膜、血浆分离膜及富氧膜等。

08.0152　生物功能膜　bio-functional membrane
能模拟和实现某些生物功能(如过滤、代谢、解毒等)的人工合成膜。

08.0153　血液透析膜　membrane for hemodialysis
能选择性透过中、小分子的半透膜。用于净化血液中的毒素，以达到治疗目的。

08.0154　血液过滤膜　membrane for hemofiltration
用于人工肾或人工肝辅助装置、具有过滤功能的一种半透膜。

08.0155　透氧膜　oxygenator membrane
用于膜式人工肺或氧合器，模拟生物肺泡膜功能进行体外血气交换，以使血液摄取氧并排除二氧化碳的一种气体渗透膜。

08.0156　血浆置换　plasma exchange
从全血中将含有毒素或致病物质的血浆从细胞中分离出去的治疗方法。

08.0157　血液滤过　hemo-filtration
用不同孔径和结构的膜材对血浆进行过滤，以分离分子量不同的物质。常用膜有聚砜、聚丙烯腈膜等。

08.0158　免疫吸附　immunoadsorption
具有抗原－抗体之间的高度识别作用的吸附过程。

08.0159　血液灌流　hemoperfusion
将患者血液引出体外通过吸附剂清除内源性和外源性毒物，达到净化血液的治疗方法。

08.0160　血液灌流吸附材料　adsorbent for hemoperfusion
血液灌流方法中所用的吸附剂。

08.0161 组织工程 tissue engineering
应用生命科学与工程的原理与方法，将细胞种植于天然或人工合成的支架材料上，经体外培养或直接植入体内后获得具有生命活性的人体组织替代物，修复和重建受损组织或器官的工程。

08.0162 再生医学 regenerative medicine
研究促进组织再生或自我修复的学科。

08.0163 组织工程支架 scaffold for tissue engineering
在组织工程中，为细胞生长输送营养及排泄代谢产物的三维多孔结构的细胞载体。

08.0164 脱细胞支架 decellularized matrix as scaffold
由经化学和物理的方法去除异体或异种组织中的细胞，形成无免疫原性或低免疫原性的材料构建的组织工程支架。

08.0165 纳米复合支架 nano-composite scaffold
由复合材料构建的、三维空间内至少有一维处于纳米尺度范围(1~100nm)的组织工程支架。

08.0166 智能支架 intelligent scaffold
由智能生物材料构建的组织工程支架。

08.0167 种子细胞 seed cell
用于种植到组织工程支架上的细胞。

08.0168 干细胞 stem cell
个体发育过程中产生的具有自我更新和多向分化潜能的未成熟细胞。

08.0169 胚胎干细胞 embryonic stem cell
起源于胚胎发育囊胚期的原始内细胞群，具有无限增殖和向胎儿或成体各种细胞类型分化能力的正常核型的干细胞。

08.0170 成体干细胞 adult stem cell
存在于成体组织和器官中，具有自我更新能力及分化产生一种或一种以上子代组织细胞的未成熟细胞。

08.0171 骨髓间充质干细胞 bone marrow stem cell，BMSC
存在于骨髓中的间充质干细胞。具有定向或多向分化的潜能，可以分化为骨细胞、软骨细胞或脂肪细胞等。

08.0172 脂肪干细胞 adipose derived stem cell，ASC
来源于脂肪组织的一种间充质干细胞。可以分化为间质类的细胞，如骨细胞、软骨细胞或脂肪细胞等。

08.0173 造血干细胞 hematopoietic stem cell，HSC
存在于骨髓和血液中的一种可以产生各种类型血细胞的始祖细胞。具有自我更新和较强分化能力。

08.0174 祖细胞 progenitor
又称"前体细胞(precursor cell)"。具有向专一功能成熟细胞分化潜能的多能干细胞。

08.0175 细胞诱导 cell induction
用化学物质或生长因子等物质促使细胞表达另一种表型的现象。

08.0176 细胞分化 cell differentiation
同一来源的细胞，通过细胞分裂在细胞间产

生形态结构、生化特性和生理功能稳定性差异，形成不同细胞类群的过程。

08.0177　三维细胞培养　3D cell culture
在一定的环境条件下，将细胞种植在三维支架中，构建出具有特定形态和功能细胞的方法。

08.0178　生物反应器　bioreactor
模拟体内环境，在体外构建组织的一种装置。力学环境是最常被模拟的环境之一。

08.0179　生物力学　biomechanics
应用力学原理和方法对生物体中的力学问题进行定量研究的学科。是生物物理学的一个分支。

08.0180　组织构建与修复　tissue reconstruction and repair
利用组织工程方法形成或再生组织，并用于组织缺损修复的技术。

08.0181　复合组织　composite tissue
由两种或两种以上不同组织所构建的、具有多组分性能优势的组织。

08.05　介 入 器 材

08.0182　介入放射学　interventional radiology
在影像设备的监视下，通过经皮穿刺或某种原有体内通道，将特制的导管、导丝等器械插入至人体病变区进行特殊诊断和治疗的微创技术。

08.0183　介入材料　intervention materials
介入诊断和治疗中的配件、导管、导丝以及植入人体管腔内的专用器械。

08.0184　血管成形术　angioplastry
经皮穿刺病人外周动脉插入特制的球囊导管至病人病变血管，扩张狭窄的病变部或植入支架，使病变血管疏通的微创技术。

08.0185　支架植入术　stent implanting
在医学影像设备引导下，将由金属或高分子材料制成的能够长期或临时留置于人体管腔内的管体支架，通过输送系统放置到目标病变处，用于支撑体内狭窄管腔而使其成开放状态的微创技术。

08.0186　球囊血管成形术　percutaneous transluminal angioplastry，PTA
采用经皮穿刺的方法，将带导管的球囊置于血管狭窄处进行扩张成形的微创技术。

08.0187　血管腔内斑块旋切术　transluminal extraction-atherectomy therapy
在血管腔内，用高速旋磨钻头切除血管壁斑块组织或将斑块研磨乳化成微小颗粒，以达到消除或减轻管腔狭窄、拓宽管腔的微创技术。

08.0188　激光血管成形术　laser angioplasty
用激光消融血管内狭窄和阻塞性病变，再通和重建血流的微创技术。

08.0189　支架　stent
由医用材料制成的、用于支撑由于病变造成的血管或其他管腔狭窄的管状材料。

08.0190　血管支架　vascular stent
用于支持人体内因病变而狭窄、闭塞的血管，恢复血液流通的管状器件。采用金属或高分子材料加工制成，可长期或暂时留于人体血管内。

08.0191　球囊扩张式支架　balloon-expandable stent

由医用不锈钢和钴铬合金等制成的预先装于球囊导管上的支架。与球囊一起输送到病变部位，球囊加压，释放支架，扩张后的支架使病变血管畅通。

08.0192　药物洗脱支架　drug eluting stent
药物可控释放的支架。能减少血管壁对损伤修复过程中内膜的过度增生造成的再狭窄，常用于血管狭窄的治疗。

08.0193　自膨胀式支架　self-expandable stent
由镍钛超弹合金薄壁管经过激光精密雕刻制成的超弹性支架。通过压握式输送导管到达病变处，解除固定后自扩张使血液畅通，并对病变部位起支撑作用。

08.0194　记忆合金支架　memonic alloy stent
又称"记忆效应自膨胀支架"。用具有形状记忆功能的镍钛合金制成的支架。输入目标血管内，感受血液温度时即发生形状恢复，对狭窄病变区起支撑作用。

08.0195　覆膜支架　coated stent graft
金属支架上涂覆特殊膜性材料(聚四氟乙烯、涤纶、聚酯、聚氨基甲酸乙酯等)的支架。既保留了金属支架的功能，又具有膜性材料的特性。

08.0196　生物降解性管腔支架　biodegradable stent
在生理环境中发生分子量下降、分解或表面腐蚀的管腔支架。

08.0197　非血管支架　non-vascular stent
用于植入人体非血管管腔的支架。主要包括胆道支架、胰腺支架、食道支架、气管支架、尿道支架和肠道支架等。

08.0198　放射性管腔内支架　radioactive stent
与放射性同位素结合，植入人体管腔后对病变部位能进行放射治疗的支架。可防止支架内再狭窄，常用的放射性同位素有碘-125、磷-32、钴-60、铱-192等。

08.0199　导管　catheter
可插入体内空腔，输入或输出液体，并能协助进行其他操作的弹性管状器件。

08.0200　微导管　micro catheter
通常由高分子材料制成的直径小于 3F(1.01 mm)的导管。特点是管壁柔软，可进入比较细的血管内进行介入治疗。

08.0201　导管鞘　catheter sheath
由扩张管、鞘管和止血阀构成的薄壁管状套鞘。通常由聚四氟乙烯制成。

08.0202　支架输送系统　stent delivery system
介入治疗中将支架输送到人体病变部位的辅助器械。包括穿刺针、导管鞘、导丝、导管和球囊等。

08.0203　切割球囊　cutting balloon
外表面轴向装有小型刀片的球囊。用于球囊扩张的同时可对血管病变部位的斑块进行切割。

08.0204　导丝　guide wire
可插入导管内，为导管提供导引和支撑的介入治疗器材。一般分为两层，外层是钢丝卷绕而成的弹簧圈，内层是直而硬的钢丝，根据目的不同可以制成不同的长度及直径。

08.0205　微导丝　micro-guide wire
插入微导管内，提供导引和支撑的介入诊疗用器材。头端比较柔软，便于选择性进入血管；尾端较硬，可很好地发挥支撑作用。

08.0206　超滑导丝　super smooth guide wire
一种特殊的介入诊疗用导丝，外层涂覆生物

材料，接触水或血液后表面变光滑，可减少对操作部位的损伤。

08.0207 远端保护器 distal protection device
介入治疗前放于狭窄部位远端，由金属丝编制的固定在导丝上的过滤网。用于阻止脱落斑块通过，避免发生栓塞。

08.0208 静脉滤器 vein filter
用镍钛丝材编织或者激光切割镍钛管材制成的、阻止血栓通过静脉系统的过滤装置。可分为可回收与不可回收两种。

08.0209 心脏封堵器 occluder
由超弹性镍钛合金丝编织而成，放置于心脏缺损部位的自膨胀性双伞结构的器械。用于治疗先天性心脏病室间隔缺损和房间隔缺损，实现完全封闭心脏缺损部位。

08.0210 螺圈 coil

通过介入手术植入病变相关血管内，闭塞血管并中断供血的器械。主要由铜、钨、铂和不锈钢等制成。

08.0211 栓塞剂 embolic materials
通过导管向血管内注入的、用于控制出血、治疗肿瘤和血管性病变以及消除器官功能的材料。临床上常用聚乙烯醇颗粒作为永久性固体栓塞材料，明胶海绵作为可吸收性固体栓塞材料。

08.0212 液体栓塞剂 liquid embolism agent
栓塞瘤腔、隔离血液或栓塞病变血管的液态制剂。其主要成分为乙酸纤维素和乙烯－乙烯醇共聚物，有机溶剂为二甲基亚砜。

08.0213 结石收集器 stone dislodger
由超弹性钛镍合金或不锈钢制成，能自动收集结石破碎治疗中的碎屑并带出体外的器械。

08.06 药物控制释放材料

08.0214 药物释放系统 drug delivery system, DDS
又称"药物控制释放系统"。由药物与载体或介质制成的、能使药物按设计剂量和可控方式释放的装置。以达到治疗某种疾病或提高机体免疫能力等目的。

08.0215 基因传递系统 gene delivery system
又称"基因导入系统"。将目的基因(外源基因)装配于特定载体中，输送并导入到靶细胞进行表达的系统。

08.0216 靶向药物释放系统 targeting drug delivery system
能穿透生物学屏障到达目标器官、组织或细胞的药物释放系统。包括主动靶向和被动靶向药物释放系统。

08.0217 主动靶向药物释放系统 active targeting drug delivery system
依据生物体内某些部位或某些病变区的特殊生物化学环境，或生物的抗原抗体反应机制而构建的、能通过特异性相互作用浓集于特定器官、组织或细胞的药物释放系统。

08.0218 被动靶向药物释放系统 passive targeting drug delivery system
依据机体不同组织部位的生理学特性对不同大小微粒的阻留性差异而构建的、能浓集于特定部位的药物释放系统。

08.0219 智能型药物释放系统 smart drug delivery system
能感知生理环境及外部刺激，如温度、酸碱度、光、生物活性分子、场效应(力场、磁场、电场)或超声波等等，并做出特定适度响应的药物释放系统。

08.0220 自调节药物释放系统 self-regulated drug delivery system

根据人体自身需要进行调控的药物释放系统。

08.0221 整体型药物释放系统 monolithic drug delivery system

又称"基质型药物释放系统"。药物均匀分散或溶解于基质载体构建的药物释放系统。

08.0222 贮库型药物释放系统 reservoir drug delivery system

药物被载体材料包覆构成的药物释放系统。

08.0223 扩散控制型药物释放系统 diffusion controlled drug delivery system

药物释放速率由扩散控制的药物释放系统。

08.0224 化学控制药物释放系统 chemically controlled drug delivery system

利用载体材料或其与药物偶联的化学键在生理环境下发生化学变化而实现控制药物释放的系统。

08.0225 渗透压控制药物释放系统 osmotically controlled drug delivery system

利用由半渗透膜形成的渗透压差构建的药物释放系统。

08.0226 溶胀控制药物释放系统 swelling-con-trolled drug delivery system

利用载体材料的亲水性能，使其在体液或水中发生溶胀实现药物控制释放的系统。

08.0227 药物载体 drug carrier

在药物释放系统中，用以负载药物并实现药物传递和控制释放等目的的材料。

08.0228 基因载体 gene vector

用于装配基因、导入到靶细胞或相应的宿主细胞，使基因进行表达所必须的介质。分为病毒型载体和非病毒型载体两大类。

08.0229 表面降解 surface degradation

材料表面发生的腐蚀、分解、溶解或分子量降低的过程。

08.0230 本体降解 bulk degradation

材料表面和内部同时发生分解、溶解或分子量降低，导致材料强度下降，最终出现崩解的现象。

08.0231 零级释放 zero-order release

又称"恒速释放"。药物释放速率不随时间变化而改变，即在药物释放周期内速率保持恒定的释放。

08.0232 脉冲释放 pulsed release

药物释放速率在瞬间出现上下极限波动的释放。

08.0233 微胶囊 microcapsule

由高分子材料构建的、尺寸在微米量级(通常在几微米到数十微米)的空心泡囊。

08.0234 高分子微球 polymer microsphere

由高分子材料构建的、尺寸在微米量级(通常在几微米到数十微米)的球状体。

08.0235 高分子胶束 polymeric micelle

利用两亲性高分子材料的亲、疏水链段的相互作用形成的核 - 壳结构。

08.0236 脂质体 liposome

由类脂质双分子层(厚度约 4 nm)形成的、尺寸在微米或纳米量级的泡囊。包括含有单一双分子层的单室脂质体，及含有多层双分子层的多室脂质体。

08.07 口 腔 材 料

08.0237 颌面赝复材料 maxillofacial pros-thetic materials
又称"颌面[缺损]修复材料"。用口腔修复的原理和方法对颌面部软硬组织缺损进行修复所用的人工材料。制作的假体(赝复体)能修复缺损部位的外形和部分功能,如义颌、义鼻、义眼、义耳。

08.0238 口腔植入材料 dental implant mate-rials
植入到口腔颌面部组织内以替代颌面部组织缺损、缺失的组织结构和功能的材料。有骨植入材料、软组织植入材料和牙种植材料。

08.0239 牙科材料 dental materials
专门制备和(或)提供给牙科专业人员从事牙科业务和(或)与其有关的操作过程中所使用的物质或物质的组合体。如金属、陶瓷、有机高分子材料等。

08.0240 牙科修复材料 dental restorative materials
用于修复牙齿外形和(或)功能的材料。

08.0241 牙科充填材料 dental filling materi-als
用于牙齿窝洞的暂时性或永久性充填的材料,可以或不必恢复其牙齿外形和(或)功能。如银汞合金、复合树脂。

08.0242 牙科银合金粉 alloy for dental amalgam
银铜锡体系合金,呈细粉状以使易于和汞调合形成牙科银汞合金。

08.0243 牙科银汞合金 dental amalgam
由牙科银合金粉与汞调合形成的修复材料。

08.0244 复合树脂充填材料 composite resin filling materials
由可聚合的树脂基质、无机填料以及引发体系等组成的牙科充填修复材料。树脂基质以双酚 A 甲基丙烯酸缩水甘油酯为代表。

08.0245 复合体 compomer
单组份、光固化、不含水、经聚酸改性的复合树脂。用于牙齿缺损的充填修复。树脂经聚酸改性,填料为氟铝硅酸钙玻璃粉。

08.0246 牙科水门汀 dental cement
各组份调合后能形成可硬化的塑性团块,适用于衬层、粘固、充填和暂时性或永久性修复的非金属牙科材料。通常是由金属盐或其氧化物作为粉剂并与专用液体调和而成的无机非金属材料。

08.0247 氧化锌丁香酚水门汀 zinc oxide-eugenol cement
活化的氧化锌粉末与丁香酚进行酸碱反应形成的水门汀。氧化锌丁香酚螯合物的形成使水门汀固化变硬。

08.0248 聚羧酸锌水门汀 zinc polycarboxy-late cement
又称"聚丙烯酸锌水门汀(zinc polyacrylate cement)"。经钝化处理的氧化锌为主要成分及少量其他氧化物组成的粉,与浓缩的聚羧酸水溶液经酸碱反应形成的水门汀。

08.0249 玻璃离子水门汀 glass-ionomer ce-ment, glass polyalkenoate cement
含氟化物的硅酸铝玻璃粉,与浓缩的聚羧酸水溶液经酸碱反应形成的水门汀。呈半透明状态。可用于牙体修复、窝沟封闭、粘固和衬层等。

08.0250　磷酸锌水门汀　zinc phosphate cement

以钝化的氧化锌粉末为主体和少量其他氧化物组成的粉，与含有铝和其他金属磷酸盐为缓冲剂的浓缩的正磷酸水溶液经酸碱反应形成的水门汀。反应生成磷酸盐使水门汀固化变硬，呈不透明状态。

08.0251　洞衬剂　cavity liner

位于中、深度牙齿窝洞充填体或修复体与洞壁或洞底牙本质之间的一层能隔绝冷热或化学刺激以保护牙髓的材料。包括洞漆和衬层材料。

08.0252　盖髓材料　pulp capping materials

用于覆盖近髓牙本质或暴露的牙髓，以保存牙髓活力的材料。

08.0253　牙科酸蚀剂　dental etching agent

使牙齿表面脱矿、粗糙或使修复体组织面粗糙的酸性制剂。牙釉质酸蚀剂常用的是 37% 磷酸水溶液或凝胶；牙本质酸蚀剂可含柠檬酸、三氯化铁、草酸、聚丙烯酸、马来酸；陶瓷修复体酸蚀剂常为氢氟酸。

08.0254　根管充填材料　root canal filling materials

牙齿根管治疗中用于严密填塞和封闭根管系统的材料。以防根管系统再感染。牙胶是常用的根管充填材料。根管封闭材料有氧化锌丁香酚、氢氧化钙、树脂类和玻璃离子类封闭剂。

08.0255　牙周塞治剂　periodontal pack, periodontal dressing

牙周术后覆盖在术区组织表面，起到保护创面组织正常愈合、压迫止血、固定龈瓣作用

的材料。有含丁香酚和不含丁香酚的氧化锌牙周塞治剂两种，内加松香、鞣酸、抗生素等。

08.0256　窝沟封闭剂　pit and fissure sealant

用于预防性封闭牙齿釉质窝沟的材料。以预防龋齿的发生。常用的为树脂基窝沟封闭剂，由树脂基质、稀释剂、阻聚剂和引发剂等组成。

08.0257　牙科印模材料　dental impression materials

用于制取牙齿和口腔软硬组织印模（阴模）的材料。印模是物体的阴模，可记录或复制牙齿和口腔组织形态及其关系。有弹性和非弹性、可逆和不可逆印模材料。

08.0258　印模膏　impression compound

一种热软冷硬的热塑性非弹性可逆性印模材料。主要成分为萜二烯树脂或达玛树脂、虫胶、松脂、滑石粉填料、蜡、硬脂酸和颜料。

08.0259　水胶体印模材料　hydrocolloid impression materials

以可逆或不可逆水胶体为基质的牙科印模材料。

08.0260　藻酸盐［基］印模材料　alginate-based impression materials

不可逆性的水胶体印模材料。由可溶性的藻酸盐和添加剂组成粉，与水混合不可溶性的盐析出而固化，生成不可逆的凝胶体。

08.0261　琼脂［基］印模材料　agar-based impression materials

以琼脂为基质的可逆性水胶体印模材料。

08.0262　弹性体印模材料　elastomeric impression materials

以非水聚合物体系(聚硫、聚硅、聚醚和其他合成材料)为基质的印模材料。固化后显示类似橡胶的性质。

08.0263 聚硫基印模材料 polysulfide based impression materials
又称"聚硫橡胶印模材料"。以二硫化物为重复单元连接起来的有机聚合物为基质的弹性体印模材料。通常是由链增长和交链而固化。

08.0264 聚醚基印模材料 polyether based impression materials
又称"聚醚橡胶印模材料"。以乙撑亚胺为侧基的聚醚为基质的弹性体印模材料。加入催化剂(芳香磺酸酯)而固化。

08.0265 聚硅基印模材料 silicone based impression materials
又称"硅橡胶印模材料"。以聚硅氧烷与氢氧根反应的缩聚物或与乙烯基反应的加成聚合物为基质的弹性体印模材料。

08.0266 牙科模型材料 dental model materials
用于复制牙齿和口腔软硬组织形态及其关系的材料,即制取阳模的材料。将模型材料灌入印模中,固化后形成阳模。主要有石膏类、树脂类、低熔合金类和蜡等模型材料。

08.0267 牙科蜡 dental wax
由一种或几种物质混合而成、具有类似于天然蜡的热塑性质的材料。用于牙科和(或)与其有关的操作。常用牙科蜡的主要成分为石蜡、蜂蜡、地蜡和合成蜡;可分为印模蜡、模型蜡(铸造基托蜡、嵌体蜡)、造型蜡等。

08.0268 义齿材料 denture materials
在缺损牙体和缺损、缺失牙列的治疗中制作人造牙、基托、固位体、连接杆、冠、桥及嵌体等修复体的材料。

08.0269 造牙粉 powder for synthetic polymer tooth
制作义齿中人造牙、冠、桥的树脂(非金属)部分以及个别缺失牙修复的粉状材料。有热凝和自凝两类,组成与牙托粉相似。主要成分为聚甲基丙烯酸甲酯。与造牙水配套使用。

08.0270 造牙水 liquid for synthetic polymer tooth
制作义齿中人造牙、冠、桥的树脂(非金属)部分以及个别缺失牙修复的液状材料。有热凝和自凝两类,组成与牙托水基本相同。主要成分为甲基丙烯酸甲酯单体。

08.0271 义齿基托聚合物 denture base polymer
制作支撑人造牙并且与软组织接触的义齿基托部分所用的聚合物。可由聚丙烯酸酯类树脂、聚乙烯、聚苯乙烯、尼龙及其共聚物或混合物以及其他聚合物制成。最常用的是丙烯酸聚合物,分热凝和自凝两类。

08.0272 热固化型义齿基托聚合物 heat-curing denture base polymer
通过加热方式引发聚合的义齿基托材料。

08.0273 化学固化型义齿基托聚合物 chemical-curing denture base polymer
又称"化学固化型义齿基托树脂(self-curing denture base resin)"、"自凝型义齿基托树脂(autopolymerizing denture base resin)"。在室温条件下,通过氧化还原体系引发聚合的基托材料。

08.0274 牙托粉 denture base polymer powder
制作义齿基托聚合物的粉剂材料。牙托粉为

商品名，分自凝和热凝两类，牙托粉的主要组成为聚甲基丙烯酸甲酯的均聚粉。

08.0275　牙托水　denture base polymer liquid
制作义齿基托聚合物的液剂材料。牙托水为商品名，分自凝和热凝两类。牙托水的主要组成为甲基丙烯酸甲酯。

08.0276　义齿软衬材料　soft denture lining materials
衬在义齿基托组织面上的软质材料，以减轻支撑组织的创伤。主要有丙烯酸酯类义齿软衬材料和硅橡胶类义齿软衬材料等。

08.0277　烤瓷合金　ceramic-metal alloy
用于制作金属烤瓷修复体的合金。有贵金属和非贵金属烤瓷合金。

08.0278　牙科铸造包埋材料　dental casting investment materials
制作牙科铸模用的包埋材料。其主要成分之一是二氧化硅的同素异形体，用来调整所需的热膨胀系数；之二是结合剂，有石膏结合剂（适用于铸造低熔点合金）或磷酸盐和硅酸盐结合剂（适用于高熔点合金）。

08.0279　烤瓷粉　porcelain powder, ceramic powder
在牙科烤瓷工艺中，进行烧结加工制作烤瓷修复体所采用的粉状瓷料。主要有长石质和氧化铝质烤瓷粉，以及各种晶体增强型烤瓷粉。

08.0280　金属烤瓷粉　ceramic fused to metal materials
烧附于金属冠核表面，用于制作金属烤瓷修复体的烤瓷粉。烤瓷粉中含有能遮盖金属色泽并能与金属表面氧化物相结合的成分，如 SnO、ZrO_2、TiO_2 等。

08.0281　牙科分离剂　dental separating agent
易使相互接触的两表面分开的材料。目的是在两种相同的或不同的材料之间、材料与模具之间形成隔离膜，使二者间不发生粘连，完成操作后易于分离。主要有石膏分离剂、树脂分离剂、蜡分离剂和其他如硅油、凡士林等。

08.0282　正畸材料　orthodontic materials
在矫治牙齿排列不齐、上下牙弓殆关系异常以及牙、颌与颅面关系不协调过程（牙科正畸）中所使用的制作矫治器的材料。有金属、高分子和陶瓷材料等。

08.0283　牙科铸造陶瓷　castable dental ceramics
用失蜡铸造工艺进行铸造的牙科陶瓷。多为玻璃陶瓷。材料在高温熔化后浇铸成所需形状的铸件（玻璃体），再在一定温度下进行结晶化热处理，析出结晶相而瓷化。按结晶化后的主晶相分为硅氟云母铸造陶瓷和磷灰石铸造陶瓷。

08.0284　牙科烧结全瓷材料　dental sintered all-ceramic materials
采用烧结技术制作牙科全瓷修复体的材料。有氧化铝基烤瓷、白榴石增强长石质烤瓷、镁基核瓷等。

08.0285　玻璃浸渗牙科陶瓷　glass-infiltrated dental ceramics
又称"玻璃渗透牙科陶瓷"。烧结成多孔状并随后用玻璃浸渗的牙科陶瓷。

08.0286　注射成型牙科陶瓷　injectable dental ceramics
在熔化状态下经注射法注入模型的牙科陶瓷。

08.0287　牙线　dental floss
由合成纤维制成的线或带。用于去除牙齿邻

面及固定修复装置龈面的菌斑及（或）食物残渣。

08.0288　义齿　denture
由义齿材料制成的，用于修复牙体缺损、牙列缺损或缺失及相关组织的牙科修复装置。按固位方式分为固定义齿和可摘义齿。此外还有即刻义齿、覆盖义齿和种植义齿等。

08.0289　全口义齿　complete denture，full denture
能替代缺失的上颌或下颌完整牙列及相关组织，为恢复单颌或双颌全牙缺失而制作的黏膜支持式活动义齿。由基托和人工牙两部分组成。

08.0290　固定局部义齿　fixed partial denture，FPD
又称"固定义齿"、"固定桥(fixed partial bridge，FPB)"。利用缺牙间隙一端或两端的天然牙、牙根和(或)种植体做支持，在其上制作固位体，并与人工牙连接成为一个整体的修复体。用于恢复缺失牙的解剖形态和功能。患者不能自行摘戴。

08.0291　牙科固定桥　dental fixed bridge
由固位体、桥体、连接体三部分组成的固定义齿。固位体粘固在一端或两端基牙上，连接体与固位体由桥体连接，三者连同基牙一起成为一个相对固定的具有咀嚼功能的整体。包括双端固定桥、半固定桥、单端固定桥和复合固定桥。

08.0292　可摘局部义齿　removable partial denture，RPD
利用余留天然牙和义齿基托所覆盖的黏膜、骨组织作支持，通过义齿的固位体和基托固位，患者能自行摘戴的一种修复体。由固位体、连接体、基托和人工牙组成，用于牙列缺损修复。

08.0293　牙科植入体　dental implant
又称"牙种植体"。经手术植入颌骨内或骨膜下，对上部结构起支持、固位作用的装置。可以是穿经牙龈，或完全位于牙龈下。通常由植入骨内的植入体体部、穿龈的颈部和连接上部结构的基桩三部分组成。

08.0294　种植义齿　implant denture，implant supported denture
又称"种植牙"。由牙种植体和其所支持的上部结构组成的修复体。用于牙列缺损、缺失的修复。其中人工牙种植体植入缺牙区颌骨内或骨膜下，对上部结构起支持和固位作用；上部修复体起到恢复组织形态和功能的作用。

08.0295　覆盖义齿　overdenture，overlay denture
义齿的基托覆盖并支持在牙根或牙冠或牙种植体上的一种可摘局部义齿或全口义齿。

08.0296　人造冠　artificial crown
覆盖或替代大部分或全部牙齿临床冠的修复体。可用金属、树脂、陶瓷或金属与树脂、金属与陶瓷联合制作。

08.0297　桩核冠　post-and-core crown
由桩、核和冠三部分组成的全冠修复体。在残冠或残根上利用插入牙根管内的桩固位，并形成核，然后再制作全冠。

08.0298　金属烤瓷冠　metallo-ceramic crown
简称"金瓷冠"。又称"烤瓷熔附金属全冠(porcelain fused to metal crown，PFMC)"、冠的内部结构为金属，陶瓷熔附于金属上以获得所需的外形和外观。

08.0299　嵌体　inlay
嵌入牙冠内的修复体。用以恢复缺损牙齿形态和功能。可采用高分子材料、陶瓷或金属材料等。

08.0300　卡环　crasp
可摘局部义齿附着在基牙牙冠表面的一种直接固位体。由金属制成，直接卡抱在基牙上，对局部义齿其固定、支持和稳定作用。

08.0301　基托　baseplate
(1)活动义齿或正畸矫治器中置于黏膜上用于固定卡环、正畸弹簧等的部分。(2)安放𬌗堤或试戴基托的基座。

08.0302　义齿基托　denture base
可摘局部义齿的一部分，使人工牙与义齿连接。基托覆盖在缺失牙的牙槽嵴上，能把义齿的各部分连接成一个整体，是排列人工牙的基地，并把人工牙所承受的力均匀地传递到口腔组织上的托架。由金属和(或)树脂制成。

08.0303　人工牙　artificial tooth, denture tooth
又称"人造牙"。模仿天然牙冠，用于义齿修复的预制件。是义齿代替缺失牙建立咬合关系，恢复咀嚼功能和外形的部分。有瓷牙、复合树脂牙/塑料牙、金属塑料结合牙和金属牙。

08.0304　瓷牙　ceramic tooth
由陶瓷材料制成的人工牙。

08.0305　合成树脂牙　synthetic resin tooth
又称"树脂牙(resin tooth)、塑料牙(plastic tooth)"。由含或不含有填料的聚合物制成的牙。如丙烯酸酯类树脂、工程塑料、尼龙、聚碳酸酯、聚砜等。

08.0306　烤瓷　porcelain
在口腔修复治疗时，直接采用各种粉状瓷料经过烧结制作烤瓷修复体或金属烤瓷修复体的一种工艺过程。

08.0307　正畸丝　orthodontic wire
用于制作牙科正畸矫治器的各类金属弓丝。

08.0308　正畸矫治器　orthodontic appliance
用于主动或被动正畸治疗的装置。矫治错𬌗牙齿时采用的安放在口内或口外的一种主动或被动正畸治疗装置。按结构可分为活动矫治器和固定矫治器。按力的来源可分为机械性矫治器和功能性矫治器。

08.0309　微漏　microleakage
口腔内液体和残渣自由进出充填体和牙齿窝洞之间的微小缝隙的现象。

08.0310　即刻义齿　immediate denture
又称"预成义齿"。在患者的天然牙拔除前开始制作，在拔牙后立即戴入的一种活动义齿。为过渡性义齿。

08.08　骨 科 材 料

08.0311　纳米人工骨　nano-artificial bone
三维空间内至少有一维处于纳米尺度范围，或由它们作为基本单元构成的、具有类似天然骨结构和特性的骨缺损修复材料。

08.0312　骨水泥　bone cement
由粉剂和液剂双组份构成的黏结剂或骨填充剂。用于人工关节的粘接固定、骨缺损的填充、骨折的固定及药物控释载体等。

08.0313　接骨丝　bone wire
用于固定骨折和连结碎骨的医用金属丝。通常为奥氏体不锈钢。用于髌骨、尺骨鹰嘴骨折的固定，短骨的斜行骨折的固定或其他内固定术。

08.0314　骨螺钉　bone screw
用于骨折部位固定的内固定器件。单独或与接骨板组合使用。常用的有松质骨螺钉、皮质骨螺钉、骨栓和空心螺钉等。

08.0315　髓内钉　intramedullary nail
长条针形骨折内固定器械。属骨钉的一种，是治疗管状骨骨折的首选器械之一，按其结构可分为中空型和实体型两大类。

08.0316　骨填充材料　bone filling materials
用以充填骨缺损腔或骨植入器件与骨床间空隙的材料。其作用是加速骨缺损愈合或使骨植入器件固定。

08.0317　生物衍生骨　bioderived bone，biologically derived bone
天然骨组织经过清洁、脱脂、脱钙、消毒、冷冻干燥、辐照灭菌和煅烧等一系列特殊处理而得的骨修复材料。

08.0318　骨针　bone needle
又称"骨钉(bone pin)"、"接骨钉(bone needle)"。长条针形骨折内固定器件。常用于骨牵引和骨折内固定等，主要由医用不锈钢和钛合金制成。

08.0319　接骨板　internal fixation plate
又称"骨板(bone plate)"。带孔板状骨折内固定器件。临床上常与骨螺钉或接骨丝配合使用，分为普通接骨板和加压接骨板两类，根据不同用途可制成条形、Y形、L形、T形等。

08.0320　脊柱矫形材料　biomaterials in spinal fusion
用于制作人工椎体和内固定脊柱矫形器的材料。主要有医用不锈钢、钛合金、钴基合金、镍钛记忆合金、碳素材料、高分子材料和生物陶瓷等。

08.0321　颅骨修复体　cranial graft
又称"人工颅骨假体(artificial cranial graft)"、"颅骨板(cranial plate)"。用于颅骨缺损治疗的医疗器件。形状多为弧形板状，对小尺寸圆形缺损孔也可用瓶塞形修复体。

08.0322　矫形器　orthosis
用于人体躯干和四肢的外固定装置。以治疗、改善或代偿由于骨骼、肌肉和神经系统病变所致的机体畸形和功能障碍。

08.0323　骨传导　osteoconduction
骨组织从植入体－骨节界面沿植入体表面或其内部孔隙、通道或管道攀附延伸的现象。

08.0324　骨诱导　osteoinduction
间充质干细胞被诱导分化为成骨细胞或成软骨细胞，最后形成骨组织的现象。

08.0325　骨键合　bone bonding
植入体和骨基质间通过物理－化学过程达到的无界面结合，即植入体和骨基质间在分子水平上实现的结合。

08.0326　骨整合　osteointegration
又称"骨性结合"。在光学显微镜下，植入体与骨组织之间呈现的无纤维结缔组织界面层的直接接触。

英 汉 索 引

A

ab initio calculation　从头计算法　01.0845

ablation resistance　抗烧蚀性　04.1200

ablative composite　烧蚀防热复合材料　05.0299

abnormal grain growth　反常晶粒长大　01.0418

abnormal Hall effect　反常霍尔效应　06.0366

abnormal segregation　反常偏析　02.0179

abnormal structure　反常组织　01.0431

abrasion　磨损　01.0795，磨料磨损　01.0797

abrasion index　磨耗指数　04.0640

abrasion loss　磨损[耗]量　01.0751

abrasion resistance　耐磨强度　07.0504

abrasion-resistant coating　耐磨涂层　03.0550

abrasive wear　磨料磨损　01.0797

ABS copolymer　丙烯腈–丁二烯–苯乙烯共聚物　04.0391

absolute stability　绝对稳定性　01.0965

absorbable bioceramics　可吸收生物陶瓷　08.0041

absorbable fiber　可吸收纤维　04.0785

absorption coefficient　吸收系数　06.0028

AC　加速冷却　02.0171

accelerated cooling　加速冷却　02.0171

accelerated crucible rotation technique　坩埚加速旋转技术　01.1884

accelerated weathering　加速大气老化　04.1175

accelerating agent　促染剂，* 快速均染剂　04.1323

accelerator　速凝剂　03.0716

acceptor impurity　受主杂质，* p型导电杂质　06.0062

acceptor level　受主能级　06.0063

accumulator lead alloy　蓄电池铅合金　02.0678

acetate fiber　醋酯纤维，* 醋酸纤维　04.0679

acetone-furfural resin　糠酮树脂　04.0429

acetylated bamboo　乙酰化竹材　07.0771

acicular ferrite　针状铁素体　02.0016

acicular ferrite steel　针状铁素体钢　02.0302

acicular martensite　* 针状马氏体　02.0027

acicular structure　针状组织　01.0433

acid electrode　酸性焊条　01.1676

acid gilding　腐蚀金，* 陶瓷雕金　03.0155

acid gold etching　腐蚀金，* 陶瓷雕金　03.0155

acid pickling　酸洗　01.1172

acid refractory　酸性耐火材料　03.0577

acid-resistant refractory castable　耐酸耐火浇注料　03.0662

acid slag　酸性渣　02.0127

A-15[compound] superconductor　A-15[化合物]超导体　02.0945

acoustical property of wood　木材声学性质　07.0581

acoustic emission technique　声发射技术　01.0681

acoustic levitation　声悬浮　01.1012

acoustic microscopy　声学显微术　01.0682

acousto-optical crystal　声光晶体　03.0052

acousto-optic ceramics　声光陶瓷　03.0366

acousto-optic effect　声光效应　01.0149

A_1 critical point　A_1临界点　02.0055

A_3 critical point　A_3临界点　02.0056

A_{cm} critical point　A_{cm}临界点　02.0057

acrylate-modified ethylene propylene rubber　丙烯酸酯改性乙丙橡胶　04.0556

acrylic amino baking coating　丙烯酸氨基烘漆　04.0913

acrylic coating　丙烯酸涂料　04.0912

acrylonitrile-butadiene-acrylate rubber　丁腈酯橡胶　04.0563

acrylonitrile-butadiene latex　丁腈胶乳　04.0558

acrylonitrile-butadiene rubber　丁腈橡胶　04.0557

acrylonitrile-butadiene-styrene copolymer　丙烯腈–丁二烯–苯乙烯共聚物　04.0391

acrylonitrile-vinyl chloride copolymer fiber　丙烯腈–氯乙烯共聚纤维，* 氯丙纤维，* 腈氯纶　04.0688

actinolite　阳起石　07.0079

activated carbon　活性炭　07.0751

activated carbon fiber　活性碳纤维　04.0772

activated charcoal　活性炭　07.0751

activated reactive evaporation deposition　活性反应蒸镀

01.1926

activated sintering　活化烧结　01.1804

activation　激活，＊活化　01.0206

activation energy　激活能，＊活化能　01.0208

activation energy of nucleation　形核激活能　01.0933

activator　活化剂　01.1805

active carbon　活性炭　07.0751

active targeting drug delivery system　主动靶向药物释
放系统　08.0217

active waste rubber powder　活化胶粉　04.0611

activity　活度，＊有效浓度　01.0173

acute toxicity　急性毒性　08.0123

addition reagent of steelmaking　炼钢添加剂　02.0146

addition type silicone rubber　加成型硅橡胶　04.0999

addition vulcanized silicone rubber　加成硫化型硅橡胶，
＊液体硅橡胶　04.0584

adherend　被粘物　04.0830

adhesion strength　黏合强度，＊黏接强度　01.0500

adhesive　胶黏剂，＊黏接剂　04.0829

adhesive bonding system　胶接体系　04.0882

adhesive failure　黏附破坏　04.0876

adhesive film　胶膜　05.0201

adhesive fluid　黏滞流体　06.0056

adhesive joint　胶接接头　04.0883

adhesive wear　黏着磨损，＊咬合磨损　01.0796

adiabatic combustion temperature　绝热燃烧温度
01.1839

adipose derived stem cell　脂肪干细胞　08.0172

adjacent interface growth　邻位面生长　01.1853

adjusted pressure casting　调压铸造　01.1035

adjusting admixture　调凝剂　03.0715

admittance　导纳　01.0549

admixture　混合材　03.0722

adsorbent for hemoperfusion　血液灌流吸附材料
08.0160

adsorption　吸附　01.0209

adsorption hysteresis of wood　木材吸湿滞后　07.0577

adsorption surface area　吸附表面积　02.1207

adsorptive fiber　吸附纤维　04.0796

adult stem cell　成体干细胞　08.0170

advanced ceramics　先进陶瓷　03.0235

advanced composite　先进复合材料　05.0001

advanced materials　先进材料，＊新型材料，＊高技术
材料　01.0027

AEM　分析电子显微术　01.0639

aerodynamic elasticity tailor optimum design of composite
复合材料气动弹性剪裁优化设计　05.0388

AES　俄歇电子能谱法　01.0644，原子发射光谱
01.0647

aeschynite　易解石　07.0056

affine deformation　仿射形变　04.0255

AF resin　苯胺甲醛树脂　04.0418

AF steel　针状铁素体钢　02.0302

after cure　后硫化　04.0624

after flame　有焰燃烧，＊余焰　04.1194

after glow　无焰燃烧，＊余辉　04.1193

after tack　回黏　04.0952

after vulcanization　后硫化　04.0624

agar-based impression materials　琼脂[基]印模材料
08.0261

agate　玛瑙　07.0258

age hardening　时效硬化　01.0521

agglomeration　团聚　01.1737，团聚体　03.0416

aggregate　团聚体　03.0416，骨料　03.0699

aging　陈腐　03.0122，晒料　03.0695

aging characteristic test　老化性能试验　04.0644

aging treatment　时效处理　01.1370

agriculture mineral　农业矿物　07.0007

air-dry density　气干密度　07.0580

air-dry pulp　风干浆　07.0286

air entraining agent　引气剂　03.0717

airless spraying　无气喷涂　01.1523

air oven aging　热空气老化　04.1171

air permeability　透气性　07.0501

air seasoning of wood　木材大气干燥，＊天然干燥，＊自
然干燥　07.0631

air spraying　空气喷涂　01.1566

Akron abrasion test　阿克隆磨耗试验　04.0637

albite　钠长石　07.0102

albus　铅白，＊珠光粉　04.1381

ALE　原子层外延　06.0447

alexandrite　变石，＊亚历山大石　07.0246

alginate-based impression materials　藻酸盐[基]印模材
料　08.0260

alginate fiber　海藻纤维　04.0680

alginate rayon　海藻纤维　04.0680

alkali-activated slag cementitious materials　碱激发矿渣
胶凝材料　03.0761

alkali recovery 碱回收 07.0319

alkali-resistant refractory castable 耐碱耐火浇注料 03.0663

alkyd coating 醇酸涂料 04.0911

alkyd resin 醇酸树脂 04.0450

allograft 同种移植物 08.0024

allotrophism 同位异构，* 同素异构 01.0259

allowable of composite 复合材料许用值 05.0380

allowable resistivity tolerance 电阻率允许偏差 06.0020

allowable thickness tolerance 厚度允许偏差 06.0154

alloy 合金 01.0017

alloy cast iron 合金铸铁，* 特殊性能铸铁 02.0421

alloyed cementite 合金渗碳体 02.0044

alloyed powder 合金粉 01.1734

alloy electroplating 合金电镀 01.1539

alloy for dental amalgam 牙科银合金粉 08.0242

alloy of silicon-germanium 硅－锗合金 06.0404

alloy steel 合金钢 02.0210

alloy structural steel 合金结构钢 02.0271

alloy superconductor 合金超导体 02.0940

alloy tool steel 合金工具钢 02.0345

alloy transfer efficiency 合金过渡系数 01.1660

alloy white cast iron 合金白口铸铁 02.0426

alnico permanent magnet 铝镍钴永磁体 02.0882

AlON-bonded corundum product 阿隆结合刚玉制品 03.0625

AlON-bonded spinel product 阿隆结合尖晶石制品 03.0626

Al-Si carbon brick 铝硅炭砖 03.0617

alternating copolymer 交替共聚物 04.0023

alumina-carbon brick 铝炭砖 03.0612

alumina ceramics 氧化铝陶瓷 03.0278

85 alumina ceramics 85 氧化铝陶瓷 03.0284

95 alumina ceramics 95 氧化铝陶瓷 03.0283

99 alumina ceramics 99 氧化铝陶瓷 03.0282

alumina-chrome brick 铝铬砖 03.0594

alumina fiber reinforced intermetallic compound matrix composite 氧化铝纤维增强金属间化合物基复合材料 05.0247

alumina fiber reinforcement 氧化铝纤维增强体 05.0065

alumina magnesite carbon brick 铝镁炭砖 03.0614

alumina magnesite refractory castable 铝镁耐火浇注料，

* 刚玉－尖晶石浇注料 03.0656

alumina particle reinforcement 氧化铝颗粒增强体 05.0099

alumina particulate reinforced Al-matrix composite 氧化铝颗粒增强铝基复合材料 05.0256

alumina refractory fiber product 氧化铝耐火纤维制品 03.0647

alumina silicate fiber reinforced Al-matrix composite 硅酸铝纤维增强铝基复合材料 05.0246

alumina-silicon carbide refractory castable 氧化铝－碳化硅耐火浇注料 03.0657

alumina whisker reinforcement 氧化铝晶须增强体 05.0085

aluminium 铝 02.0447

aluminium borate whisker reinforced Al-matrix composite 硼酸铝晶须增强铝基复合材料 05.0254

aluminium brass 铝黄铜 02.0598

aluminium bronze 铝青铜 02.0602

aluminium coated sheet 镀铝钢板 02.0248

aluminium gallium arsenide 镓铝砷 06.0256

aluminium gallium indium nitride 镓铟铝氮 06.0260

aluminium nitride particulate reinforced Al-matrix composite 氮化铝颗粒增强铝基复合材料 05.0259

aluminized steel 渗铝钢 02.0329

aluminizing 渗铝 01.1572

aluminosilicate glass 铝硅酸盐玻璃 03.0463

aluminosilicate refractory 硅酸铝耐火材料 03.0581

aluminosilicate refractory fiber product 硅酸铝耐火纤维制品 03.0644

aluminum 铝 02.0447

aluminum alloy 铝合金 02.0452

1××× aluminum alloy 1×××系铝合金 02.0453

2××× aluminum alloy 2×××系铝合金 02.0454

3××× aluminum alloy 3×××系铝合金 02.0455

4××× aluminum alloy 4×××系铝合金 02.0456

5××× aluminum alloy 5×××系铝合金 02.0457

6××× aluminum alloy 6×××系铝合金 02.0458

7××× aluminum alloy 7×××系铝合金 02.0459

8××× aluminum alloy 8×××系铝合金 02.0460

aluminum alloy for integrate circuit down-lead 集成电路引线铝合金 02.0494

aluminum alloy for magnetic disk 磁盘基片铝合金 02.0881

aluminum-base bearing alloy 铝基轴瓦合金 02.0486

aluminum borate whisker reinforcement　硼酸铝晶须增
　强体　05.0089

aluminum borosilicate whisker reinforcement　硼硅酸铝
　晶须增强体　05.0088

aluminum-copper cast aluminum alloy　铝铜系铸造铝合
　金　02.0474

aluminum- copper-silicon cast aluminum alloy　铝铜硅系
　铸造铝合金　02.0475

aluminum-copper wrought aluminum alloy　铝铜系变形
　铝合金　02.0466

aluminum foil　铝箔　02.0503

aluminum foil backing paper　铝箔衬纸　07.0347

aluminum-lead alloy　铝铅合金　02.0487

aluminum-lithium alloy　铝锂合金　02.0463

aluminum-magnesium alloy powder　铝镁合金粉
　02.0498

aluminum-magnesium cast aluminum alloy　铝镁系铸造
　铝合金，＊耐蚀铝合金　02.0476

aluminum-magnesium-silicon wrought aluminum alloy
　铝镁硅系变形铝合金，＊锻铝 LD××　02.0470

aluminum-magnesium wrought aluminum alloy　铝镁系
　变形铝合金，＊防锈铝 LF××　02.0469

aluminum-manganese wrought aluminum alloy　铝锰系
　变形铝合金　02.0467

aluminum nitride　氮化铝　06.0233

aluminum nitride particle reinforcement　氮化铝颗粒增
　强体　05.0098

aluminum paste　铝膏　02.0499

aluminum-plastic composite laminate　铝塑复合板
　02.0500

aluminum-plastic composite tube　铝塑复合管　02.0501

aluminum-rare earth metal alloy　稀土铝合金　02.0464

aluminum-silicon cast aluminum alloy　铝硅系铸造铝合
　金，＊硅铝明合金　02.0473

aluminum-silicon wrought aluminum alloy　铝硅系变形
　铝合金　02.0468

aluminum-tin cast aluminum alloy　铝锡系铸造铝合金
　02.0478

aluminum white copper　铝白铜　02.0614

aluminum-zinc cast aluminum alloy　铝锌系铸造铝合金
　02.0477

aluminum-zinc-magnesium alloy　铝锌镁系合金
　02.0462

aluminum-zinc-magnesium-copper alloy　铝锌镁铜系合

金　02.0461

aluminum-zinc wrought aluminum alloy　铝锌系变形铝
　合金　02.0471

alum red　矾红　03.0153

alunite　明矾石　07.0124

amazonite　天河石　07.0105

amber　琥珀　07.0266

amino-modified silicone oil　氨基改性硅油　04.0994

amino resin　氨基树脂　04.0413

amorphous aluminum alloy　非晶铝合金　02.0492

amorphous coating　非晶涂层　01.1478

amorphous constant modulus alloy　非晶态恒弹性合金
　02.1114

amorphous/crystalline silicon heterojunction solar cell　非
　晶硅/晶体硅异质结太阳能电池　06.0295

amorphous ion conductor　非晶态离子导体　03.0351

amorphous magnesium alloy　非晶镁合金　02.0530

amorphous materials　非晶材料　01.0021

amorphous region of cellulose　纤维素无定形区
　07.0553

amorphous silicon carbon film　非晶碳硅膜　06.0289

amorphous silicon germanium film　非晶锗硅膜
　06.0288

amphibole　闪石　07.0077

amphibole silicate structure　角闪石类硅酸盐结构
　03.0030

amphiphilic block copolymer　两亲嵌段共聚物
　04.0025

amphiphilic polymer　两亲聚合物　04.0043

amphoteric impurity　两性杂质，＊双性杂质　06.0070

AMR effect　各向异性磁电阻效应　01.0120

AMR materials　各向显性磁电阻材料　02.1151

anaerobic adhesive　厌氧胶黏剂　04.0839

analytical electron microscopy　分析电子显微术
　01.0639

anatase　锐钛矿　07.0040

anatase structure　锐钛矿结构　03.0016

anchor steel　锚链钢　02.0286

andalusite　红柱石　07.0069

Anderson localization　安德森定域　06.0266

andesite　安山岩　07.0155

anelasticity　滞弹性　01.0456

anelasticity creep　滞弹性蠕变，＊微蠕变　01.0488

anelasticity damping　滞弹性内耗　01.0490

angiogenesis factor　血管生长因子　08.0066

angioplastry　血管成形术　08.0184

angle of female die　凹模锥角　01.1292

angle-ply laminate　斜交层合板　05.0356

angle steel　角钢　02.0241

angular powder　角状粉　02.1181

anhydrite　硬石膏　07.0119

aniline-formaldehyde resin　苯胺甲醛树脂　04.0418

aniline leather　苯胺革　07.0440

animal fiber　动物纤维，＊天然蛋白质纤维　04.0671

animal glue　动物胶　04.0872

anion exchange resin　阴离子交换树脂　04.1062

anionic polymerization　负离子聚合，＊阴离子聚合　04.0093

anisotropic conductive adhesive　单向导电胶　04.0851

anisotropic etching　各向异性刻蚀　06.0135

anisotropic magnetoresistance effect　各向异性磁电阻效应　01.0120

anisotropic magnetoresistance materials　各向显性磁电阻材料　02.1151

anisotropic of wood　木材各向异性　07.0589

anisotropic radar absorbing materials　各向异性吸波材料　02.1011

anisotropy of crystal　晶体各向异性　01.0265

annealing　退火　01.1394

annealing of glass　玻璃退火　03.0457

annealing twin　退火孪晶　01.0319

annual ring　年轮　07.0535

anodic dissolution　阳极溶解　01.0759

anodic oxidation　阳极氧化　01.1489

anodic oxidation film　阳极氧化膜　01.1490

anodizing coating　阳极氧化涂层　03.0541

anorthite　钙长石　07.0103

antiablation　抗烧蚀性　04.1200

antiager　防老剂　04.1313

anti-bacterial bioceramics　抗菌性生物陶瓷　08.0048

anti-bacterial ceramics　抗菌陶瓷　03.0368

anti-bacterial fiber　抗细菌纤维　04.0783

antibiosis stainless steel　抗菌不锈钢　02.0395

anti-blast aluminum alloy　防爆铝合金，＊铝合金抑爆材料　02.0488

anti-blast magnesium alloy　防爆镁合金，＊镁合金抑爆材料　02.0528

antiblock agent　防黏连剂，＊隔离剂　04.1314

anticoagulant　抗凝剂　04.1283

anticorrosion bimetal　耐腐蚀型热双金属　02.1139

anticorrosion coating　防腐蚀涂料，＊防锈涂料　04.0941

anticorrosive functional composite　抗腐蚀功能复合材料　05.0297

anticorrosive pigment　防锈颜料　04.1369

anticracking agent　抗龟裂剂　04.1353

anti-ferroelectric ceramics　反铁电陶瓷　03.0298

antiferroelectricity　反铁电性　01.0135

anti-ferroelectric liquid crystal materials　反铁电液晶材料　04.1104

anti-ferromagnetic constant modulus alloy　反铁磁性恒弹性合金　02.1111

antiferromagnetism　反铁磁性　01.0106

anti-flame fiber　抗燃纤维　04.0746

anti-fluorite structure　反萤石型结构　03.0018

antifogging agent　防雾剂　04.1349

antifouling coating　防污涂料　04.0938

anti-freezing and hardening accelerating agent　防冻早强剂　03.0718

anti-graphitized element　阻碍石墨化元素，＊非石墨化元素　02.0054

anti-hydrogen embrittlement superalloy　抗氢脆高温合金　02.0809

anti-microbial　抗菌剂　04.1324

anti-microbial fiber　抗微生物纤维　04.0782

antimony　锑　02.0691

antimony telluride　碲化锑　06.0400

anti-neutron radiation superalloy　抗中子辐射高温合金　02.0810

antioxidant　抗氧剂，＊抗氧化剂　04.1339

antiozonant　抗臭氧剂　04.1341

antiphase domain　反相畴　01.0270

antiphase domain wall　反相畴界　01.0271

anti-pilling fiber　抗起球纤维　04.0797

anti-plasticization　反增塑作用　04.0253

anti-reflective glass　减反射玻璃，＊防眩玻璃，＊低反射玻璃　03.0502

anti-sagging agent　防流挂剂　04.1332

anti-scorching agent　硫化迟延剂　04.1309

antiseptic agent　防腐剂　04.1350

antisolarization fastness agent　抗日晒牢度剂　04.1325

anti-sonar composite　抗声呐复合材料　05.0292

antistatic agent　抗静电剂　04.1352

antistatic fiber　抗静电纤维　04.0791

anti-symmetric laminate　反对称层合板　05.0359

anti-tarnish paper　防锈纸　07.0350

anti-thrombogenetic biomaterials　抗凝血生物材料　08.0017

anti-thrombogenetic modification of surface　抗凝血表面改性　08.0110

anti-thrombogenetic polymer　抗凝血高分子材料　04.1089

AOD　氩氧脱碳法　02.0154

apatite　磷灰石　07.0116

APC　人工钉扎中心　02.0980

aplite　细晶岩　07.0174

apotrachel parenchyma　离管薄壁组织　07.0556

APP　无规聚丙烯　04.0373

apparent density　松装密度　01.1738

apparent porosity　显气孔率，＊开口气孔率　03.0693

apparent shear viscosity　表观剪切黏度，＊表观切黏度　04.0294

apparent viscosity　表观黏度　04.0292

APS　无规聚苯乙烯　04.0389

aquamarine　海蓝宝石　07.0242

aramid fiber reinforced polymer composite　芳酰胺纤维增强聚合物基复合材料　05.0109

arc brazing　电弧钎焊　01.1651

arc evaporation　电弧蒸发　01.1907

architectural glass　建筑玻璃　03.0507

arc ion plating　电弧离子镀　01.1928

arc plasma gun　电弧等离子枪　01.0914

arc spraying　电弧喷涂　01.1532

arc tearing strength of rubber　橡胶圆弧撕裂强度　04.0631

arc welding　[电]弧焊　01.1599

area measuring　量尺　07.0496

area weight of fiber　预浸料纤维面密度　05.0182

argentite　辉银矿　07.0023

argon arc welding　氩弧焊　01.1606

argon-oxygen decarburization　氩氧脱碳法　02.0154

arkose　长石砂岩　07.0181

aromatic polyamide fiber　芳香族聚酰胺纤维，＊芳纶　04.0701

aromatic polyamide fiber reinforcement　芳香族聚酰胺纤维增强体　05.0047

aromatic polyamide pulp reinforcement　聚芳酰胺浆粕增强体　05.0048

aromatic polyester fiber　芳香族聚酯纤维，＊聚芳酯纤维　04.0707

arsenic antisite defect　砷反位缺陷　06.0249

arsenic vacancy　砷空位　06.0252

arsenopyrite　毒砂　07.0026

art enamel　艺术搪瓷　03.0560

artificial blood vessel　人工血管　08.0142

artificial bone　人工骨　08.0136

artificial cell　人工细胞　08.0144

artificial cochlear　人工耳蜗　08.0145

artificial cranial graft　＊人工颅骨假体　08.0321

artificial crown　人造冠　08.0296

artificial crystal　人工晶体　01.1846

artificial drying of wood　木材人工干燥　07.0632

artificial gem　人工宝石　07.0234

artificial heart　人工心脏　08.0139

artificial heart valve　人工心脏瓣膜　08.0140

artificial joint　人工关节　08.0138

artificial kidney　人工肾　08.0148

artificial liver　人工肝　08.0147

artificial liver support system　＊人工肝支持系统　08.0147

artificial lung　人工肺　08.0149

artificial organ　人工器官　08.0134

artificial oxygenator　人工肺　08.0149

artificial pancreas　人工胰　08.0146

artificial pinning center　人工钉扎中心　02.0980

artificial skin　人工皮肤　08.0137

artificial stone　人造宝石　07.0236

artificial tooth　人工牙，＊人造牙　08.0303

artificial vitreous　人工玻璃体　04.1088

artificial weathering aging　人工气候老化　04.1172

artistic enamel　艺术搪瓷　03.0560

asbestos　石棉　07.0081

asbestos fiber reinforcement　石棉纤维增强体　05.0061

ASC　脂肪干细胞　08.0172

AS copolymer　苯乙烯–丙烯腈共聚物　04.0392

as-formed fiber　初生纤维　04.0799

ash　纸张灰分　07.0390

Asker-C hardness　肖氏 W 型硬度，＊Asker-C 型硬度　04.0614

asphalt coating　沥青涂料　04.0918

asphalt concrete 沥青混凝土 03.0756

assembled component sintering 组合烧结 01.1830

association polymer 缔合聚合物 04.0041

asymmetrical rolling 异步轧制 01.1159

atactic polymer 无规立构聚合物 04.0018

atactic polypropylene 无规聚丙烯 04.0373

atactic polystyrene 无规聚苯乙烯 04.0389

atmosphere pressure metalorganic vapor phase epitax 常压金属有机化合物气相外延 06.0458

atmospheric corrosion 大气腐蚀 01.0782

atmospheric pressure metalorganic chemical vapor phase deposition 常压金属有机化学气相沉积 06.0459

atomic emission spectrum 原子发射光谱 01.0647

atomic layer epitaxy 原子层外延 06.0447

atomic magnetic moment 原子磁矩 01.0098

atomized powder 雾化粉 02.1190

atom transfer radical polymerization 原子转移自由基聚合 04.0058

ATRP 原子转移自由基聚合 04.0058

attapulgite * 凹凸棒石 07.0091

attapulgite clay 坡缕石黏土，* 凹凸棒黏土 07.0187

attrition mill 搅拌磨 03.0393

Auger electron spectrometry 俄歇电子能谱法 01.0644

Auger transition 俄歇跃迁 01.0083

ausforming 形变淬火 01.1411

ausforming steel 奥氏体形变热处理钢 02.0322

austempered ductile iron 奥贝球铁 02.0431

austempered nodular iron 奥贝球铁 02.0431

austempering 等温淬火 01.1415

austenite 奥氏体 02.0007

austenite-ferrite transformation 奥氏体-铁素体相变 02.0059

austenite stabilized element 奥氏体稳定元素，* 扩大奥氏体相区元素 02.0047

austenitic cast iron 奥氏体铸铁 02.0429

austenitic heat-resistant steel 奥氏体耐热钢 02.0401

austenitic precipitation hardening stainless steel 奥氏体沉淀硬化不锈钢 02.0383

austenitic stainless steel 奥氏体不锈钢 02.0377

austenitic steel 奥氏体钢 02.0267

austenitizing 奥氏体化 01.1385

autoacceleration effect 自动加速效应，* 凝胶效应 04.0088

autoclave leaching 高压釜浸出 01.0868

autoclave process 热压罐成型 05.0155

autodoping 自掺杂 06.0074

autograft 自体移植物 08.0025

autopolymerizing denture base resin * 自凝型义齿基托树脂 08.0273

autoradiography 放射自显像术 01.0669

auxiliary 助剂 04.1279

avalanche photodiode 雪崩光电二极管 06.0358

aventurine glaze 金砂釉，* 砂金釉 03.0183

aventurine quartz 东陵石，* 东陵玉，* 砂金石英 07.0259

average deformation rate * 平均应变速率 01.1136

average molar mass 平均分子量，* 平均相对分子质量 04.0155

average molecular weight 平均分子量，* 平均相对分子质量 04.0155

average relative molecular mass 平均分子量，* 平均相对分子质量 04.0155

average roughness 平均粗糙度 06.0168

axis distribution figure 轴分布图 01.0264

azo dye 偶氮染料 04.1360

azo-initiator 偶氮类引发剂 04.0063

azurite 蓝铜矿 07.0137

B

Babbitt metal 巴氏合金，* 巴比特合金，* 轴瓦合金 02.0680

backseal 背封 06.0174

back tension 逆张力 01.1289

back veneer 背板 07.0656

backward extrusion 反[向]挤压 01.1190

backwash extractor 反萃 01.0875

bacterial degradation 细菌降解 04.0140

bacterial resistance 抗菌性 04.1201

$BaFe_{12}O_{18}$ permanent magnetic ferrite 铁酸钡硬磁铁氧体，* 钡铁氧体 03.0320

bag 包套 01.1792

bagasse pulp 甘蔗渣浆 07.0291

bag molding 袋压成型 05.0164

bainitic austempering 贝氏体等温淬火 01.1410

bainitic ductile iron 贝氏体球铁 02.0430

bainitic nodular iron 贝氏体球铁 02.0430

bainitic steel 贝氏体钢 02.0266

baking enamel 烘漆 04.0904

balanced laminate 均衡层合板 05.0361

balanced symmetric laminate 均衡对称层合板 05.0362

balanced unsymmetric laminate 均衡非对称层合板 05.0364

balata rubber 巴拉塔胶 04.0510

ball hardness 球压式硬度 04.0615

ball mill 球磨 03.0391

ball milled powder 球磨粉 02.1186

balloon-expandable stent 球囊扩张式支架 08.0191

bamboo charcoal 竹炭 07.0777

bamboo culm wall 竹壁 07.0762

bamboo fiber 竹纤维 07.0766

bamboo inner skin 竹黄 07.0764

bamboo outer skin 竹青 07.0763

bamboo parquet board 竹材拼花板 07.0769

bamboo pulp 竹浆 07.0289

bamboo sliver 竹篾 07.0774

bamboo strand 竹丝 07.0776

bamboo strip 竹片 07.0775

bamboo tar 竹焦油 07.0778

bamboo thread board 竹丝板 07.0770

bamboo wood 竹材 07.0760

bamboo-wood composite product 竹木复合制品 07.0772

banded structure 带状组织 01.0428

banded texture 条带织构 04.0216

band gap state 带隙态 06.0269

band segregation 带状偏析 01.1866

band tail [state] 带尾[态] 06.0268

band theory of solid 固体能带论 01.0043

banknote paper 钞票纸 07.0327

bar 棒材 02.0240

Bardeen-Cooper-Schrieffer theory 巴丁-库珀-施里弗理论 01.0095

barely visible impact damage 层合板目视可检损伤 05.0411

barite 重晶石 07.0120

barite glaze 钡釉 03.0156

barium fluoride crystal 氟化钡晶体 03.0061

barium glaze 钡釉 03.0156

barium-cadmium 1∶11 type alloy 钡镉 1∶11 型合金 02.0918

barium metaborate 偏硼酸钡晶体 03.0042

barium titanate piezoelectric ceramics 钛酸钡压电陶瓷 03.0301

barium titanate thermosensitive ceramics 钛酸钡热敏陶瓷 03.0336

barrier layer 阻挡层 01.1491

Barus effect ＊巴勒斯效应 04.1261

basalt 玄武岩 07.0156

basalt fiber reinforcement 玄武岩纤维增强体 05.0062

baseplate 基托 08.0301

base steel 普通质量钢 02.0211

base wafer 基底硅片 06.0412

basic density of wood 木材基本密度 07.0579

basic electrode 碱性焊条 01.1677

basic magnesium sulfate whisker reinforcement 碱式硫酸镁晶须增强体 05.0091

basic refractory 碱性耐火材料 03.0595

basic slag 碱性渣 02.0128

basification 提碱 07.0474

bast fiber 麻纤维 04.0667

bastnaesite 氟碳铈矿 07.0138

bating 软化 07.0471

baume degree 波美度 03.0116

Bauschinger effect 包辛格效应 01.0489

bauxite 铝土矿 07.0064

bauxitic rock 铝矾土 07.0204

BBA 积木式方法 05.0393

BBO 偏硼酸钡晶体 03.0042

B-1 [compound] superconductor B-1[化合物]超导体 02.0946

BCS theory ＊BCS 理论 01.0095

beam-plasma remelting 等离子束重熔法 01.0918

bearing steel 轴承钢 02.0338

beating [造纸]打浆 07.0311

beating degree 纤维分离度 07.0685

bell top kiln 钟罩窑 03.0168

bending 弯曲 01.1302

bending compliance of laminate 层合板弯曲柔度 05.0347

bending modulus 弯曲模量 01.0463

bending stiffness of laminate 层合板弯曲刚度

05.0344

bending strength　抗弯强度　01.0499

bending strength of wood　木材抗弯强度　07.0591

bending-twisting coupling of laminate　层合板弯－扭耦合　05.0353

bentonite　膨润土　07.0194

beryl　绿柱石　07.0070

beryllium bronze　铍青铜　02.0607

beryllium for nuclear reactor　核用铍　02.1058

beryllium oxide for nuclear reactor　核用氧化铍　02.1059

BET method　吸附比表面测试法，＊BET 法　01.1752

BGO　锗酸铋晶体　03.0057

biaxial orientation　双轴取向　04.0212

biaxial oriented film　双轴拉伸膜　04.1278

bible paper　字典纸　07.0323

bimetal casting　双金属铸造　01.1028

bimetal for high temperature　高温型热双金属　02.1138

bimetal with high thermal sensitive　高敏感型热双金属　02.1136

bimetal with specific electronical resistivity　特定电阻型热双金属　02.1137

binary phase diagram　二元相图　01.0191

binder　黏结剂　01.1766，成膜物，＊基料　04.0895

binder metal　黏结金属　01.1801

binder phase　黏结相　01.1800

Bingham fluid　宾厄姆流体　04.0295

binodal curve　双结线　04.0226

binodal decomposition　稳态相分离　04.0229

binodal point　双结点　04.0225

bioabsorbable materials　可吸收生物材料　08.0010

bioactivation modification by alkaline-heat treatment　碱热处理活化改性　08.0106

bioactivation modification by micro-arc oxidation　微弧氧化活化改性　08.0105

bioactivation modification by silane　硅烷化活化改性　08.0108

bioactivation modification by sol-gel　溶胶凝胶活化改性　08.0107

bioactivation of metallic surface　表面生物活化　08.0111

bioactive coating　生物活性涂层　08.0096

bioactive fixation　生物活性结合　08.0084

bioactive glass ceramics　生物活性玻璃陶瓷，＊生物活性微晶玻璃　08.0038

bioactive gradient coating　生物活性梯度涂层　08.0103

bioactive materials　生物活性材料　08.0008

bioactivity　生物活性　08.0062

bioadhesion　生物粘连　08.0077

bioattachment　生物附着　08.0078

bioceramic coating　生物陶瓷涂层　08.0099

bioceramics　生物陶瓷　08.0036

bioceramics based on calcium phosphate　磷酸钙基生物陶瓷　08.0039

biochemical signal　生物化学信号　08.0069

biochip　生物芯片　08.0056

biocide　抗微生物剂　04.1351

biocompatibility　生物相容性　08.0057

biocompatible materials　生物相容性材料　08.0011

biodegradable materials　生物降解材料　08.0009

biodegradable medical metal materials　可降解医用金属材料　08.0050

biodegradable polymer　生物降解高分子　04.1084

biodegradable stent　生物降解性管腔支架　08.0196

biodegradation　生物降解　04.0141

bioderived bone　生物衍生骨　08.0317

bioelastomer　生物弹性体　04.0599

bioerosion　生物腐蚀　08.0051

bio-functional membrane　生物功能膜　08.0152

bioglass　生物玻璃　08.0037

bioglass coating　生物玻璃涂层　08.0097

bioinert materials　生物惰性材料　08.0007

biological aging　生物老化　04.1179

biological [engineering] titanium alloy　生物[工程]钛合金　02.0554

biological environment　生物学环境　08.0079

biological fixation　生物结合　08.0083

biologically derived bone　生物衍生骨　08.0317

bio-macromolecule　生物大分子　08.0034

biomanufacture　生物制造　08.0031

biomass materials　生物质材料　07.0648

biomaterials　生物材料，＊生物医学材料　08.0001

biomaterials in spinal fusion　脊柱矫形材料　08.0320

biomaterials of cardiovascular system　心血管系统生物材料　08.0016

biomechanical compatibility　生物力学相容性　08.0061

biomechanics　生物力学　08.0179

biomedical materials　＊生物医用材料　08.0001

biomedical metal materials 医用金属材料，* 生物医用金属材料 08.0049

biomedical polymer 生物医学高分子材料 08.0033

biomedical precious metal materials 生物医学贵金属材料 02.0647

biomimetic composite 仿生复合材料 05.0017

biomimetic fiber 仿生纤维 04.0735

biomimetic hydroxyapatite coating 仿生沉积磷灰石涂层 08.0104

biomimetic materials 仿生材料 08.0003

biominerization 生物矿化 08.0030

bioprosthesis 生物假体 08.0021

bioreactor 生物反应器 08.0178

biorestoration * 生物修复体 08.0021

biorientation 双轴取向 04.0212

biosensor 生物传感器，* 生物电极 08.0053

biotite 黑云母 07.0096

biphasic calcium phosphate ceramics 双相磷酸钙陶瓷 08.0044

biscuit firing 素烧 03.0210

bismaleimide resin 双马来酰亚胺树脂 04.0468

bismaleimide resin composite 双马来酰亚胺树脂基复合材料 05.0130

bismuth 铋 02.0684

bismuth germinate crystal 锗酸铋晶体 03.0057

bismuthinite 辉铋矿 07.0028

bismuth selenide 硒化铋 06.0401

bismuth silicate crystal 硅酸铋晶体 03.0055

bismuth solder 铋焊料 02.0687

bismuth telluride 碲化铋 06.0399

bisphenol A epoxy resin 双酚 A 型环氧树脂 04.0420

bisphenol A type polysulfone 双酚 A 聚砜，* 聚砜 04.0463

bisphenol A type unsaturated polyester resin 双酚 A 型不饱和聚酯树脂 04.0457

bistable semiconductor laser diode 双稳态半导体激光二极管 06.0350

Bi-system superconductor 铋系超导体 02.0959

black glazed porcelain 黑釉瓷 03.0180

black grain 黑晶 02.0820

black pottery 黑陶 03.0179

blank forging die cavity 制坯模槽 01.1267

blanking 冲裁 01.1304

blast furnace gas 高炉煤气 02.0092

blast furnace ironmaking 高炉炼铁 02.0083

blast furnace slag 高炉矿渣 03.0721

bleaching [纸浆]漂白 07.0313

bleaching clay 漂白土，* 漂白黏土 07.0223

blending 共混 04.1229，拌胶 07.0698

blockboard 细木工板 07.0675

block copolymer 嵌段共聚物，* 嵌段聚合物 04.0024

blocker cavity 预锻模槽 01.1266

block-jointed flooring 集成材地板 07.0718

blood compatibility 血液相容性 08.0060

blood compatible biomaterials 血液相容性生物材料 08.0018

blood purification materials 血液净化材料 08.0150

bloodstone 鸡血石 07.0262

blood substitute 血液代用品 08.0143

blooming 初轧 01.1161，喷霜 04.0649

blooming forging 开坯锻造 01.1271

blow end point control 终点控制 02.0145

blow molding 吹塑成型，* 中空吹塑成型 04.1246

blow molding machine 吹塑机 04.1225

blue-and-white porcelain 青花瓷 03.0199

blue stain 木材蓝变，* 青变 07.0618

bluing 发蓝处理，* 发黑 01.1445

bluish white porcelain 青白瓷 03.0197

BMC 团状模塑料 05.0170

BMI 双马来酰亚胺树脂 04.0468

BMSC 骨髓间充质干细胞 08.0171

board 纸板 07.0284，板材 07.0516

boarded leather 搓纹革 07.0445

boarding 搓纹 07.0495

body 胎 03.0212

body-centered cubic structure 体心立方结构 01.0267

Bohr magneton 玻尔磁子 01.0099

boiler steel 锅炉钢 02.0280

boiling water sealing 沸水封孔 01.1507

Boltzmann constant 玻尔兹曼常量 01.0166

Boltzmann superposition principle 玻尔兹曼叠加原理 04.0278

bonded magnet 黏结磁体 02.0905

bonded rubber 结合胶 04.0607

bonded wafer 键合晶片 06.0410

bond energy 键能 01.0230

bonding 黏接，* 胶接 04.0831

bonding gold wire 键合金丝，* 球焊金丝 02.0650

bonding interface　键合界面　06.0411

bonding strength　结合强度　01.1545

bonding strength of composite interface　复合材料界面黏接强度　05.0430

bonding technique　键合技术　06.0409

bonding theory of solid　固体键合理论　01.0048

bond paper　证券纸　07.0326

bond strength　胶合强度　07.0672

bone bonding　骨键合　08.0325

bone cement　骨水泥　08.0312

bone china　骨质瓷，＊骨灰瓷　03.0147

bone filling materials　骨填充材料　08.0316

bone-like apatite　类骨磷灰石　08.0047

bone marrow stem cell　骨髓间充质干细胞　08.0171

bone needle　骨针，＊接骨钉　08.0318

bone pin　＊骨钉　08.0318

bone plate　＊骨板　08.0319

bone screw　骨螺钉　08.0314

bone substitute　人工骨　08.0136

bone wire　接骨丝　08.0313

borax　硼砂　07.0111

boride ceramics　硼化物陶瓷　03.0255

boriding　渗硼　01.1443

borneol　冰片，＊梅片，＊d龙脑　07.0736

bornite　斑铜矿　07.0022

boron carbide control bar　碳化硼控制棒　02.1244

boron carbide fiber reinforcement　碳化硼纤维增强体　05.0069

boron carbide for nuclear reactor　核用碳化硼　02.1064

boron carbide particle reinforcement　碳化硼颗粒增强体　05.0096

boron carbide particulate reinforced Al-matrix composite　碳化硼颗粒增强铝基复合材料　05.0258

boron carbide particulate reinforced Mg-matrix composite　碳化硼颗粒增强镁基复合材料　05.0261

boron carbide superconductor　硼碳化合物超导体　02.0950

boron carbide whisker reinforcement　碳化硼晶须增强体　05.0081

boron fiber reinforced Al-matrix composite　硼纤维增强铝基复合材料　05.0242

boron fiber reinforced polymer composite　硼纤维增强聚合物基复合材料　05.0112

boron fiber reinforcement　硼纤维增强体　05.0067

boronized steel　渗硼钢　02.0328

boronizing　渗硼　01.1443

boron nitride　氮化硼　06.0232

boron nitride based composite product　氮化硼基复合制品　03.0635

boron nitride product　氮化硼制品　03.0634

boron nitride whisker reinforcement　氮化硼晶须增强体　05.0082

boron phosphide　磷化硼　06.0234

boron-silicone rubber　硅硼橡胶　04.0581

borosilicate glass　硼硅酸盐玻璃　03.0462

boson　玻色子　01.0065

bottom blown oxygen converter steelmaking　氧气底吹转炉炼钢　02.0119

bottom stamp of ceramic ware　底款　03.0123

boundary condition　边界条件　01.0824

boundary layer　边界层　06.0035

bow　弯曲度　06.0151

B2 phase　B2 相　02.0576

Brabender plasticorder　布拉本德塑化仪　04.1227

braided conductor　编织导体　02.0967

branched polymer　支化聚合物　04.0037

brass　黄铜　02.0592

α brass　α黄铜，＊单相黄铜　02.0593

α+β brass　α+β黄铜　02.0595

brazability　钎焊性　01.1690

brazing　钎焊　01.1645，硬钎焊　01.1646

brazing alloy　钎料　01.1687

brazing flux　钎剂　01.1688

brazing in controlled atmosphere　保护气氛钎焊　01.1653

bridging growth of lamellar eutectic　搭桥生长机制　01.0982

Bridgman-Stockbarger method　布里奇曼－斯托克巴杰法，＊坩埚下降法　01.1881

brightening agent　光亮剂　01.1551

bright fiber　有光纤维　04.0719

bright heat treatment　光亮热处理　01.1365

brightness　纸张亮度　07.0389

brine magnesite　卤水镁砂　03.0685

brittle fracture　脆性断裂　01.0717

brittle fracture surface　脆性断口　01.0720

broad-leaved wood　阔叶树材　07.0520

bronze　青铜　02.0601

bronze process　青铜法　02.0981

brookite　板钛矿　07.0039

brown rot of wood　木材褐腐　07.0615

brucite　水镁石　07.0061

Brunauer-Emmett-Teller method　吸附比表面测试法，
　＊BET 法　01.1752

brush-off leather　擦色革　07.0437

brush plating　电刷镀　01.1542

BSO　硅酸铋晶体　03.0055

bubble brick　空心球砖　03.0639

buckling of laminate　层合板屈曲　05.0436

buckling of sublaminate　子层屈曲　05.0439

buffer capacity of wood　木材缓冲容量　07.0569

buffing　磨革　07.0488

building block approach　积木式方法　05.0393

building steel　建筑钢　02.0275

bulging　胀形　01.1299，鼓肚　02.0163

bulk degradation　本体降解　08.0230

bulk modulus　体积模量，＊压缩模量　01.0462

bulk molding compound　团状模塑料　05.0170

bulk pigment　体积颜料　04.1363

bulk polymerization　本体聚合　04.0113

bulk viscosity　本体黏度　04.0250

bulk yarn　膨体纱　04.0731

bullet-proof glass　防弹玻璃　03.0514

burden　炉料　02.0085

Burgers vector　伯格斯矢量，＊伯氏矢量　01.0286

buried layer　埋层，＊副扩散层，＊膜下扩散层
　06.0167

buried multiple quantum well　隐埋多量子阱　06.0362

burn resistant magnesium alloy　阻燃镁合金　02.0527

burn resistant titanium alloy　阻燃钛合金　02.0562

burnt brick　烧成砖　03.0576

burr of raw skin　原料皮草刺伤　07.0450

bursting strength　崩裂强度　07.0500

burst strength　爆破强度　04.1156

butadiene-styrene-vinylpyridine latex　丁苯吡胶乳
　04.0542

butadiene-vinylpyridine rubber　丁吡橡胶　04.0531

butt joint　对接接头　04.0885

butyl rubber　丁基橡胶　04.0566

BVID　层合板目视可检损伤　05.0411

C

CA　醋酸纤维素　04.0403

CAB　醋酸丁酸纤维素　04.0405

cable-in-conduit conductor　导管电缆导体　02.0968

cable paper　电缆纸　07.0351

cadmium　镉　02.0682

cadmium bronze　镉青铜　02.0609

cadmium-mercury amalgam　镉汞合金，＊金属汞齐
　02.0690

cadmium selenide　硒化镉　06.0242

cadmium solder　镉焊料　02.0689

cadmium sulphide　硫化镉　06.0243

cadmium telluride　碲化镉　06.0241

calcite　方解石　07.0127

calcium aluminate hydrate　铝酸钙水化物　03.0740

calcium fluoride crystal　氟化钙晶体　03.0081

calcium fluoride structure　＊氟化钙结构　03.0017

calcium-silicon alloy　硅钙合金　02.0190

calcium sulfide activated by europium　硫化钙∶铕（Ⅱ）
　03.0106

calcium sulfoaluminate cement　硫铝酸盐水泥　03.0732

calendaring　［造纸]压光　07.0317

calender effect　压延效应　04.0652

calibrating strap　定径带，＊工作带　01.1218

calorific value of wood　木材热值　07.0583

CALPHAD　相图计算技术，＊CALPHAD 技术
　01.0852

cambium　形成层　07.0527

camouflage coating　＊伪装涂层　03.0548

camouflage materials　伪装材料　02.0993

camphol　冰片，＊梅片，＊d 龙脑　07.0736

camphor　樟脑　07.0734

can　包套　01.1792

Canada balsam　冷杉胶　07.0739

cant　毛方材　07.0518

CAP　醋酸丙酸纤维素　04.0404

capacitance-voltage method　电容电压法　06.0492

capacitor tissue paper　电容器纸　07.0348

capillary viscometry　毛细管测黏法　04.1147

ε carbide　ε碳化物　02.0045

χ carbide　χ碳化物　02.0046

carbide ceramics　碳化物陶瓷　03.0253

carbide die　硬质合金模具　02.1263

carbide dispersion strengthened copper alloy 碳化物弥散强化铜合金 02.0618

carbide drawing die 硬质合金拉丝模 02.1258

carbide drilling bits 硬质合金钻齿 02.1262

carbide forming element 碳化物形成元素 02.0049

carbide-free bainite 无碳化物贝氏体，＊超低碳贝氏体 02.0034

carbide reaction 碳化物生成反应 01.1940

carbide-strengthening superalloy 碳化物强化高温合金 02.0813

carbonate rock 碳酸盐岩 07.0224

carbonatite 碳酸岩 07.0225

carbon-bearing refractory 含碳耐火材料 03.0609

carbon black absorber 导电碳黑吸收剂 02.1012

carbon brick 炭砖 03.0610

carbon/carbon ablative composite 碳/碳防热复合材料 05.0315

carbon/carbon composite friction materials 碳/碳复合摩擦材料 02.1233

carbon chain fiber 碳链纤维 04.0682

carbon chain polymer 碳链聚合物 04.0008

carbon coating 碳涂层 08.0101

carbon-dioxide arc welding 二氧化碳气体保护电弧焊，＊CO_2焊 01.1608

carbon equivalent 碳当量 01.1706

carbon fiber 碳纤维 04.0744

carbon fiber reinforced carbon matrix composite 碳纤维增强碳基复合材料 05.0268

carbon fiber reinforced polymer composite 碳纤维增强聚合物基复合材料 05.0108

carbon fiber reinforcement 碳纤维增强体 05.0031

carbon/graphite fiber reinforced Al-matrix composite 碳纤维/石墨增强铝基复合材料 05.0243

carbon/graphite fiber reinforced Mg-matrix composite 碳纤维/石墨增强镁基复合材料 05.0244

carbonitriding 碳氮共渗 01.1575

carbonized pottery 黑陶 03.0179

carbonless copy paper 无碳复写纸 07.0324

carbon matrix composite 碳基复合材料 05.0014

carbon microballoon reinforcement 碳微球增强体 05.0102

carbon nanomaterials for hydrogen storage 碳纳米贮氢材料 02.1023

carbon nanotube 碳纳米管，＊巴基管 01.0324

carbon nanotube absorber 碳纳米管吸收剂，＊纳米碳管吸收剂 02.1007

carbon nanotube polymer composite 碳纳米管聚合物基复合材料 05.0150

carbon nanotube reinforcement 碳纳米管增强体 05.0035

carbon paper 复写纸 07.0340

carbon/phenolic ablative composite 碳/酚醛防热复合材料 05.0317

carbon potential 碳势 01.1440

carbon/silica ablative composite 碳/二氧化硅防热复合材料 05.0318

carbon structural steel 碳素结构钢 02.0270

carbon thermal reduction 碳热还原 01.0925

carbon tool steel 碳素工具钢 02.0344

carbon whisker reinforcement 碳晶须增强体 05.0079

carbon yield ratio of composite 复合材料残碳率 05.0308

carbonyl iron absorber 羰基铁吸收剂 02.0999

carbonyl powder 羰基粉 02.1193

carbonyl process 羰基法 01.0891

carboxylated acrylonitrile-butadiene latex 羧基丁腈胶乳 04.0561

carboxylated chloroprene rubber 羧基氯丁橡胶 04.0550

carboxylated styrene-butadiene rubber latex 羧基丁苯橡胶胶乳 04.0540

carboxylation and amination latex 羧胺胶乳 04.0517

carboxyl nitrile rubber 羧基丁腈橡胶 04.0560

carboxyl-terminated liquid polybutadiene rubber 端羧基液体聚丁二烯橡胶 04.0527

carburized steel 渗碳钢 02.0326

carburizer 渗碳剂 01.1580

carburizing 渗碳 01.1573

carburizing bearing steel 渗碳轴承钢 02.0340

carcinogenicity 致癌性 08.0127

carnallite 光卤石 07.0033

carpet plot 毯式曲线 05.0403

carrier 载流子 06.0008

carrier concentration 载流子浓度 06.0011

cartridge-case brass 弹壳黄铜 02.0600

CAS 密闭式吹氩成分微调法 02.0156

case hardening steel 表面硬化钢 02.0325

casein glue 酪素胶黏剂 04.0873

case quenching　表面淬火　01.1408

cassiterite　锡石　07.0041

castability　铸造性能　01.1043

castable dental ceramics　牙科铸造陶瓷　08.0283

castable polyurethane rubber　浇注型聚氨酯橡胶，＊液体聚氨酯橡胶　04.0591

cast aluminum alloy　铸造铝合金　02.0472

cast coated paper　铸涂纸　07.0333

cast copper alloy　铸造铜合金　02.0619

casting　铸造　01.1016，铸件　01.1017

casting defect　铸造缺陷　01.1071

casting pig iron　铸造生铁　02.0164

casting powder　保护渣　02.0160

casting stress　铸造应力　01.1084

casting texture　铸造织构　01.0437

cast-in process　镶铸法　01.1029

cast iron　铸铁　02.0225

cast lead alloy　铸造铅合金　02.0676

cast magnesium alloy　铸造镁合金　02.0515

cast magnet　铸造磁体　02.0907

cast rolling　铸轧　01.1166

cast steel　铸钢　02.0432

cast superalloy　铸造高温合金　02.0826

cast titanium alloy　铸造钛合金　02.0558

cast titanium aluminide alloy　铸造钛铝合金　02.0569

cast zinc alloy　铸造锌合金　02.0659

catalysis　催化　01.0213

catheter　导管　08.0199

catheter sheath　导管鞘　08.0201

cathode sputtering　阴极溅射法　01.1892

cathodic corrosion　阴极腐蚀　01.0760

cathodic deposition　阴极沉积　01.1914

cation exchange resin　阳离子交换树脂　04.1063

cationic polymerization　正离子聚合，＊阳离子聚合　04.0092

cat's eye　＊猫眼　07.0247

caustic embrittlement　碱脆　01.0780

cavitation corrosion　空化腐蚀，＊空蚀，＊气蚀　01.0788

cavitation damage resistant steel　耐气蚀钢　02.0396

cavity liner　洞衬剂　08.0251

CBE　化学束外延　06.0446

CDQ　干熄焦　02.0081

CDS copper alloy　碳化物弥散强化铜合金　02.0618

CEC　氰乙基纤维素　04.0410

cedar [wood] oil　柏木油　07.0740

ceiling temperature of polymerization　聚合最高温度，＊聚合极限温度　04.0084

celadon　青瓷　03.0198

celestite　天青石　07.0121

cell affinity　细胞亲和性　08.0063

cell automaton method　元胞自动机法　01.0836

cell differentiation　细胞分化　08.0176

cell induction　细胞诱导　08.0175

cellophane　玻璃纸，＊赛璐玢　07.0358

cell therapy　细胞治疗　08.0085

cellular-dendrite interface transition　胞－枝转变　01.0964

cellular interface　胞状界面　01.1855

cellulose　纤维素　07.0564

cellulose acetate　醋酸纤维素　04.0403

cellulose acetate-butyrate　醋酸丁酸纤维素　04.0405

cellulose acetate fiber　醋酯纤维，＊醋酸纤维　04.0679

cellulose acetate-propionate　醋酸丙酸纤维素　04.0404

cellulose electrode　纤维素型焊条　01.1683

cellulose nitrate　硝酸纤维素　04.0401

cellulose nitrate plastics　硝酸纤维素塑料，＊赛璐珞　04.0402

cellulosic matrix polysilicic acid fiber　纤维素－聚硅酸纤维　04.0766

cemented based on oxide　氧化物基金属陶瓷　02.1266

cemented carbide　硬质合金　02.1245

cemented carbide based on carbochronide　碳化铬基硬质合金　02.1267

cemented carbide based on carbonitride　碳氮化物基硬质合金　02.1268

cemented carbide based on tungsten carbide　碳化钨基硬质合金　02.1246

cemented carbide without tungsten carbide　无钨硬质合金　02.1254

cemented carbide with tungsten compound　含钨硬质合金　02.1255

cementite　渗碳体　02.0008

cementitious materials　胶凝材料　03.0700

cement matrix composite　水泥基复合材料　05.0013

cement particleboard　水泥刨花板　07.0702

centrifugal atomization　离心雾化　01.1716

centrifugal casting　离心铸造　01.1027

centrifugal casting process　离心浇铸成形　01.1354

centrifugal dewatering　离心脱水，＊离心沉降　03.0409

centrifugal sedimentation　离心脱水，＊离心沉降
　　03.0409

centrifugal slip casting　离心注浆成型　03.0422

ceramal　金属陶瓷　02.1259

ceramic color glaze　陶瓷釉　03.0177

ceramic enameled glass　釉面玻璃　03.0524

ceramic fuel　陶瓷型燃料　02.1041

ceramic fused to metal materials　金属烤瓷粉　08.0280

ceramic matrix composite　陶瓷基复合材料　05.0011

ceramic-metal alloy　烤瓷合金　08.0277

ceramic-metal composite　陶瓷-金属复合材料
　　05.0239

ceramic powder　烤瓷粉　08.0279

ceramic radar absorbing materials　陶瓷吸波材料
　　02.1013

ceramic rod flame spray coating　陶瓷棒火焰喷涂
　　03.0538

ceramics for building material　建筑陶瓷　03.0145

ceramics for chemical industry　化工陶瓷　03.0242

ceramics for daily use　日用陶瓷　03.0139

ceramic tooth　瓷牙　08.0304

ceramisite　陶粒　07.0196

cerium fluoride crystal　氟化铈晶体　03.0062

cesium chloride structure　氯化铯结构　03.0012

cesium lithium borate crystal　硼酸铯锂晶体　03.0043

cerium-nickel-silicon 2∶17∶9 type alloy　铈镍硅2∶
　　17∶9型合金　02.0920

4C grading standard of diamond　钻石4C分级　07.0273

chain conformation　链构象　04.0169

chained silicate structure　链状硅酸盐结构　03.0028

chain entanglement　链缠结　04.0204

chain growth　链增长　04.0074

chain initiation　链引发　04.0073

chain polymerization　链式聚合，＊连锁聚合　04.0054

chain propagation　链增长　04.0074

chain segment　链段　04.0171

chain termination　链终止　04.0075

chain termination agent　链终止剂　04.0079

chain transfer　链转移　04.0080

chain transfer agent　链转移剂　04.0081

chain transfer constant　链转移常数　04.0082

chalcedony　玉髓　07.0257

chalcocite　辉铜矿　07.0021

chalcogenide glass　硫系玻璃　03.0465

chalcopyrite　黄铜矿　07.0020

chalk　白垩　07.0209

chameleon fiber　光敏变色纤维　04.0774

chamotte brick　黏土砖　03.0584

channeling effect　通道效应，＊沟道效应　01.0085

channel-section glass　槽形玻璃　03.0534

channel steel　槽钢　02.0242

characteristic acoustic resistance　特性声阻　01.0598

charge　炉料　02.0085

charge density wave　电荷密度波　01.0057

charge transfer polymerization　电荷转移聚合　04.0104

Charpy impact strength　简支梁冲击强度　04.1157

chelate polymer　螯合聚合物　04.0042

chelating ion-exchange resin　螯合型离子交换树脂，
　　＊螯合树脂　04.1064

chemical additive　化学外加剂　03.0712

chemical admixture　化学外加剂　03.0712

chemical adsorption　化学吸附　01.0211

chemical beam epitaxy　化学束外延　06.0446

chemical bonded ceramics　化学结合陶瓷，＊不烧陶瓷
　　03.0293

chemical coloring　化学着色　01.1496

chemical composition of wood　木材化学组分　07.0562

chemical conversion film　化学转化膜　01.1559

chemical coprecipitation method　化学共沉淀法
　　01.1755

chemical coprecipitation process for making powder　化
　　学共沉淀法制粉　03.0399

chemical crosslinking　化学交联　04.0133

chemical-curing denture base polymer　化学固化型义齿
　　基托聚合物　08.0273

chemical degradation　化学降解　04.0142

chemical diffusion　＊化学扩散　06.0248

chemical expansion　化学发泡法　04.1253

chemical fiber　化学纤维　04.0673

chemical foaming agent　化学发泡剂　04.1294

chemical heat treatment　化学热处理　01.1360

chemical heat treatment with rare earth element　稀土化
　　学热处理　01.1576

chemically activated cementitious materials　化学激发胶
　　凝材料　03.0760

chemically controlled drug delivery system　化学控制药

物释放系统 08.0224

chemical mechanical polishing 化学－机械抛光 06.0139

chemical plasticizer 化学增塑剂 04.1311

chemical polishing 化学抛光 01.1558

chemical potential 化学势 01.0351

chemical precipitation method 化学沉淀法 01.1754

chemical pulp 化学浆 07.0294

chemical reaction method 化学反应法 01.1877

chemical vapor deposition 化学气相沉积 01.1930

chemical vapor deposition process for making powder 化学气相沉积法制粉 03.0407

chemi-mechanical pulp 化学机械浆 07.0298

chemisorption 化学吸附 01.0211

chert 燧石，＊火石 07.0043

Chevrel phase [compound] superconductor 谢弗雷尔相[化合物]超导体 02.0948

chill 冷铁 01.1114

chilled cast iron 冷硬铸铁 02.0424

chill zone 激冷层 01.1065

china 瓷器 03.0132

china clay 瓷土 03.0108

china stone 瓷石 03.0110

Chinese lacquer 大漆 04.0906

chipping 崩边 06.0186

chip spinning 切片纺丝法 01.1964

chiral polymer 手性聚合物，＊光活性聚合物 04.0012

chloridizing metallurgy 氯化冶金 01.0856

chlorinated polyethylene 氯化聚乙烯 04.0366

chlorinated polyethylene elastomer 氯化聚乙烯橡胶 04.0575

chlorinated polypropylene 氯化聚丙烯 04.0376

chlorinated polyvinylchloride 氯化聚氯乙烯 04.0383

chlorobutadiene-acrylonitrile rubber 氯腈橡胶 04.0546

chlorobutadiene rubber latex 氯丁橡胶胶乳 04.0545

chlorofiber 含氯纤维 04.0691

chlorophenyl silicone oil 氯苯基硅油 04.0996

chloroprene rubber 氯丁橡胶 04.0544

chlorosulfonated ethylene propylene rubber 氯磺化乙丙橡胶 04.0554

chlorosulfonated polyethylene 氯磺酰化聚乙烯 04.0367，氯磺化聚乙烯橡胶 04.0574

chromatosome mutagenesis 染色体诱变，＊染色体畸变 08.0130

chrome brick 铬砖 03.0607

chrome-containing aluminosilicate refractory fiber product 含铬硅酸铝耐火纤维制品 03.0645

chrome yellow 铅铬黄，＊铬黄 04.1374

chromite 铬铁矿 07.0047

chromium based cast superalloy 铬基铸造高温合金 02.0830

chromium based wrought superalloy 铬基变形高温合金 02.0816

chromium bronze 铬青铜 02.0610

chromium electroplating 铬电镀 01.1553

chronic toxicity 慢性毒性 08.0126

chrysoberyl 金绿宝石 07.0050

chrysoberyl cat's eye 金绿宝石猫眼 07.0247

chuck mark 夹痕 06.0188

CICC 导管电缆导体 02.0968

cine-fluorography 荧光图电影摄影术 01.0662

cine-radiography 射线[活动]电影摄影术 01.0666

cinnabar 辰砂 07.0019

circular arc tearing strength 圆弧撕裂强度 04.1162

cis-1,4-polyisoprene rubber 顺式 1,4-聚异戊二烯橡胶，＊合成天然橡胶 04.0520

citrine 黄晶，＊黄水晶 07.0245

cladding extrusion 包覆挤压 01.1197

cladding layer 熔覆层 01.1475

clad steel plate 复合钢板 02.0253

clad steel sheet 复合钢板 02.0253

clay 黏土 03.0109

clay bonded refractory castable 黏土结合耐火浇注料 03.0658

clay bonded silicon carbide product 黏土结合碳化硅制品 03.0619

clay rock 黏土岩 07.0184

clay sand 黏土砂 07.0190

clay silicate structure 黏土类硅酸盐结构 03.0033

CLBO 硼酸铯锂晶体 03.0043

cleaning 净面 07.0489

cleaning leather 擦拭革 07.0418

clean steel 洁净钢 02.0214

clean superconductor 干净超导体 02.0935

clear glaze 透明釉 03.0220

cleavage fracture 解理断裂 01.0723

cleavage resistance of wood 木材抗劈力 07.0599

clinker 熟料 03.0705

cloisonne 景泰蓝，＊铜胎掐丝珐琅，＊烧青 03.0570

closed die forging 闭式模锻 01.1260

closed porosity 闭孔孔隙度 01.1820

closed system 封闭系统 01.0156

cloud point 浊点 04.1124

cloud point method 浊点法 04.1125

clustering 原子簇聚，＊原子偏聚 01.0338

CMC 陶瓷基复合材料 05.0011

CMP 化学-机械抛光 06.0139

CMR effect 超巨磁电阻效应 01.0122

CMR materials 庞磁电阻材料 02.1153

CMS 计算材料学，＊材料计算学 01.0810

CN plastics 硝酸纤维素塑料，＊赛璐珞 04.0402

coagulating agent 凝聚剂 04.1284

coal 煤 07.0227

coal series kaolinite 煤系高岭土 03.0683

coarse grain ring 粗晶环 01.1219

coarse grain size cemented carbide 粗晶硬质合金 02.1249

coarse powder 粗粉 02.1170

coated art paper 涂布美术印刷纸，＊铜版纸 07.0329

coated cemented carbide 涂层硬质合金 02.1253

coated fiber 涂层纤维 04.0722

coated glass 镀膜玻璃，＊反射玻璃 03.0532

coated ivory board 涂布白卡纸 07.0331

coated paper and coated board 涂布纸和纸板 07.0328

coated particle fuel 包覆颗粒燃料 02.1044

coated sheet 涂层钢板，＊镀层钢板 02.0245

coated steel sheet 涂层钢板，＊镀层钢板 02.0245

coated stent graft 覆膜支架 08.0195

coated superconductor 涂层超导体，＊第二代高温超导线[带]材 02.0963

coated white board 涂布白纸板 07.0332

coating 涂层 01.1456，涂料，＊漆 04.0892，涂装 04.0893

coating internal stress 镀层内应力 01.1546

coating of electrode 药皮 01.1669

coating paint 涂漆 04.0901

coaxial cylinder viscometry 同轴圆筒测黏法 04.1148

cobalt 钴 02.0790

cobalt based alloy 钴基合金 02.0791

cobalt based axle alloy 钴基轴尖合金 02.0792

cobalt based cast superalloy 钴基铸造高温合金 02.0829

cobalt based constant elasticity alloy 钴基恒弹性合金 02.1118

cobalt based high elasticity alloy 钴基高弹性合金 02.1117

cobalt based magnetic alloy 钴基磁性合金 02.0885

cobalt based magnetic recording alloy 钴基磁记录合金 02.0889

cobalt based noncrystalline magnetic head alloy 钴基非晶态磁头合金 02.0888

cobalt based noncrystalline soft magnetic alloy 钴基非晶态软磁合金 02.0887

cobalt high speed steel 含钴高速钢 02.0354

cochlear implant 人工耳蜗 08.0145

co-curing of composite 复合材料共固化 05.0214

Co-doped magnesium fluoride crystal 掺钴氟化镁晶体 03.0068

coefficient of acoustic permeability of wood 木材透声系数 07.0582

coefficient of compression and recovery in low temperature 压缩耐温系数 04.1217

coefficient of surface resistance 表面电阻系数 01.0580

coefficient of thermal conductivity ＊导热系数 01.0535

coefficient of thermal expansion 热膨胀系数 01.0531

coefficient of volume resistance ＊体积电阻系数 01.0579

coefficient of wet expansion 湿胀系数 01.0602

coercive force 矫顽力 01.0565

coextrusion 共挤出 04.1255

cohenite 陨铁 02.0185

coherent hardening 共格硬化 01.0518

coherent interface 共格界面 01.0328

coherent precipitation 共格脱溶 01.0391

cohesional entanglement 凝聚缠结，＊物理缠结 04.0205

cohesive energy of crystal 晶体结合能 01.0182

cohesive failure 内聚破坏 04.0877

cohesive force of crystal 晶体结合力 01.0183

coil 螺圈 08.0210

coke 焦炭 02.0077

coke charge 焦料 02.0087

coke dry quenching 干熄焦 02.0081

coke ratio 焦比 02.0097

coking 炼焦，＊焦化 02.0079

cold blanking tool steel 冷冲裁模具钢 02.0359

cold box process 冷芯盒法 01.1117

cold cracking 冷裂 01.1090

cold crucible crystal growth method 冷坩埚晶体生长法 01.1889

cold deformation 冷变形 01.1138

cold drawing 冷拉 01.1293

cold extrusion 冷挤压 01.1193

cold extrusion tool steel 冷挤压模具钢 02.0361

cold flow 冷流 04.0267

cold forging steel 冷[顶]镦钢 02.0285

cold heading 冷镦 01.1275

cold heading steel ＊铆螺钢 02.0285

cold heading tool steel 冷镦模具钢 02.0360

cold isostatic pressing 冷等静压制 01.1785

cold isostatic pressing molding 冷等静压成型 03.0424

cold pressing 冷压 02.1213

cold pressure welding 冷压焊 01.1642

cold rolled steel 冷轧钢材 02.0260

cold rolled tube 冷轧管材 01.1175

cold rolling 冷轧 01.1163

cold sealing 冷封孔 01.1509

cold shut 冷隔 01.1091

cold treatment 冷处理 01.1416

cold working die steel 冷作模具钢 02.0347

cold working of glass 玻璃冷加工 03.0460

collagen fiber 胶原纤维 07.0413

collagen 胶原蛋白 07.0416

collapsibility 溃散性 01.1100

collision 碰撞 01.1587

colloidal forming 胶态成型 03.0430

colloidal injection molding 胶态注射成型 03.0431

colophony 松香 07.0729

colorant 着色剂 04.1361

color center 色心 01.0051

color coated steel sheet 彩色涂层钢板，＊彩涂钢板 02.0252

color coating 彩涂 01.1569

color concentrate 色母料，＊色母粒 04.1298

color difference 色差 04.0922

colored glaze 琉璃 03.0231

color enamel 瓷胎画珐琅，＊珐琅彩，＊古月轩，＊蔷薇彩 03.0152

color fastness 颜色坚牢度 07.0506

color fastness to light 耐晒坚牢度 07.0509

color filter 滤色镜，＊滤光片，＊滤色片 07.0272

color glass 彩色玻璃 03.0479

coloring of anodized film 氧化膜着色 01.1495

coloring of glass 玻璃着色 03.0456

coloring with inorganic pigment 无机染色 01.1498

coloring with organic dyestuff 有机染色 01.1497

colorless optical glass 无色光学玻璃 03.0487

color painted steel strip 彩色涂层钢板，＊彩涂钢板 02.0252

color spraying 喷彩 03.0196

colossal magnetoresistance effect 超巨磁电阻效应 01.0122

colossal magnetoresistance materials 庞磁电阻材料 02.1153

columbite 铌铁矿 07.0053

columnar crystal 柱状晶 01.0958

columnar structure 柱状组织 01.0429

combined wire 复合焊丝 01.1675

comb polymer 梳形聚合物 04.0034

combustion synthesis ＊燃烧合成 01.1729

combustion wave rate 燃烧波速率 01.1840

commercial purity aluminum 工业纯铝 02.0449

commercial purity magnesium 工业纯镁 02.0506

commercial purity titanium 工业纯钛 02.0536

comminuted powder 粉碎粉 02.1187

compact 压坯 01.1776

compacted graphite cast iron 蠕墨铸铁 02.0418

compact strip production 紧凑带钢生产技术，＊CSP技术 02.0174

compatibility 相容性 04.0220

compatibilization 增容作用 04.0221

compatibilizer 增容剂 04.1296

compatible condition 相容性条件 01.0823

compensation 补偿 06.0059

compensation doping 补偿掺杂 06.0079

compensation resistance materials 补偿电阻材料 02.1156

complement activation ability 补体活化能力 08.0073

complementary color 互补色 04.0923

complement inhibition ability 补体抑制能力 08.0074

complement system 补体系统 08.0072

complete denture 全口义齿 08.0289

completely alloyed powder 完全合金化粉 02.1198

complete solid solution 连续固溶体 01.0379

complex agent 络合剂 01.1549

complex brass 复杂黄铜 02.0596

complex dielectric constant 复介电常数 01.0554

complex ferroalloy 复合铁合金 02.0188

complex stabilizer 复合稳定剂 04.1337

compliance invariant 柔度不变量 05.0338

compomer 复合体 08.0245

component 组元 01.0188

component of composite 复合材料组分，＊复合材料组元 05.0002

composite 复合材料 01.0015

composite carbide ceramics 复合碳化物陶瓷 03.0287

composite coating 复合涂层 02.1261

composite cure 复合材料固化 05.0203

composite cure model 复合材料固化模型 05.0218

composite damping alloy 复合型减振合金 02.1121

composite debonding 复合材料脱黏 05.0226

composite delamination 复合材料分层 05.0227

composite fiber 复合纤维 04.0739

composite materials 复合材料 01.0015

composite powder 复合粉 02.1202

composite release film 复合材料隔离膜 05.0197

composite resin filling materials 复合树脂充填材料 08.0244

composite resistance against fluid 复合材料耐介质性 05.0409

composite stone 拼合宝石，＊拼合石 07.0237

composite superconductor 复合超导体 02.0969

composite tissue 复合组织 08.0181

composition adjustment by sealed argon bubbling 密闭式吹氩成分微调法 02.0156

compositional wave 成分波 01.0049

composition effect 复合效应 05.0022

compound avalanche photo-diode 化合物雪崩光电二极管 06.0332

compounding 复合 04.1230

Ⅲ-Ⅴ compound semiconductor Ⅲ-Ⅴ族化合物半导体材料 06.0211

Ⅱ-Ⅵ compound semiconductor Ⅱ-Ⅵ族化合物半导体材料 06.0212

Ⅳ-Ⅳ compound semiconductor Ⅳ-Ⅳ族化合物半导体材料 06.0213

compound semiconductor materials 化合物半导体材料 06.0210

compound-silicon materials 化合物-硅材料 06.0407

compound spinning 复合纺丝 01.1962

compound superconductor 化合物超导体 02.0944

compressibility 压缩性 01.1740

compressibility of fiber 纤维可压缩性 05.0232

compression and recovery in low temperature test 压缩耐温实验 04.0646

compression curve 压缩性曲线 01.1783

compression fatigue test with constant load 定负荷压缩疲劳试验 04.0645

compression molding 模压成型 05.0161

compression molding machine 模压机 04.1223

compression ratio 压缩比 01.1742

compression strength after impact of laminate 层合板冲击后压缩强度 05.0418

compression strength parallel to the grain of wood 木材顺纹抗压强度 07.0592

compression strength perpendicular to the grain of wood 木材横纹抗压强度 07.0593

compressive strength 抗压强度，＊压缩强度 01.0492

computational materials science 计算材料学，＊材料计算学 01.0810

computer calculation of phase diagram 相图计算技术，＊CALPHAD 技术 01.0852

computer modeling 计算机建模 01.0813

computer simulation 计算机模拟，＊计算机仿真 01.0814

computer tomography 计算机断层扫描术 01.0696

concentrated quasi-static indentation force testing of composite 复合材料准静态压痕力试验 05.0413

concrete 混凝土 03.0741

concrete bar steel 钢筋钢 02.0276

concrete mixture 新拌混凝土，＊混凝土拌和物 03.0762

condensation polymerization 缩聚反应，＊缩合聚合反应 04.0100

condensation type silicone rubber 缩合型硅橡胶 04.1000

condenser paper 电容器纸 07.0348

conditional fatigue limit ＊条件疲劳极限 01.0496

conditioning 回潮 07.0485

conditioning heat treatment 预备热处理 01.1363

conducting coating 导电涂层 03.0552

conductive ceramics 导电陶瓷 03.0327

conductive glass 导电玻璃 03.0515

conductive polymer 导电高分子 04.1040

conductive polymer radar absorbing materials 导电高分子吸波材料 04.1045

conductivity type 导电类型 06.0015

cone and plate viscometry 锥板测黏法 04.1149

cone angle of matrix 凹模锥角 01.1292

conglomerate rock 砾岩 07.0185

coniferous wood 针叶树材 07.0521

conservation law of crystal plane 晶面交角守恒定律 01.0255

constantan alloy 康铜，＊锰白铜 02.0615

constant displacement specimen 恒位移试样 01.0745

constant expansion alloy 定膨胀合金，＊封接合金 02.1133

constant load specimen 恒载荷试样 01.0744

constant permeability alloy 恒磁导率合金 02.0876

constitutional fluctuation 浓度起伏 01.0942

constitutional undercooling 成分过冷 01.0945

constitutional vacancy 组元空位 01.0282

constitution undercooling 组成过冷，＊组分过冷 01.0423

constitutive equation 本构方程 01.0841

constrained amorphous phase 受限非晶相 04.0206

constrained crystal growth 强制性晶体生长 01.0960

construction ceramics 建筑陶瓷 03.0145

contact adhesive 接触型胶黏剂 04.0838

contact angle 接触角 04.1131

contact fatigue 接触疲劳 01.0505

contact fatigue wear 接触疲劳磨损，＊表面疲劳磨损 01.0799

contact reaction brazing 接触反应钎焊 01.1656

container 挤压筒 01.1236

container extrusion 扁坯料挤压，＊扁挤压筒挤压 01.1211

contamination area 区域沾污 06.0189

content of hide substance 皮质含量 07.0508

continous precipitation 连续脱溶 01.0383

continuous cast extrusion 连续铸挤 01.1204

continuous casting 连续铸造，＊连铸 01.1031

continuous casting and rolling 连铸连轧 01.1167

continuous casting steel 连续铸钢 02.0158

continuous cooling transformation 连续冷却转变 01.1393

continuous cooling transformation diagram 连续冷却转变图，＊CCT 图 02.0061

continuous directional solidification 连续定向凝固 01.0990

continuous extrusion 连续挤压 01.1203

continuous fiber reinforced metal matrix composite 连续纤维增强金属基复合材料 05.0233

continuous fiber reinforced polymer matrix composite 连续纤维增强聚合物基复合材料 05.0114

continuous fiber reinforcement 连续纤维增强体 05.0025

continuous filament 长丝 04.0800

continuous laser decomposition 连续激光沉积 01.1905

continuous laser welding 连续激光焊 01.1621

continuous phase transformation ＊连续相变 01.0353

continuous rolling 连轧 01.1165

continuous steelmaking process 连续炼钢法 02.0114

continuous vulcanization 连续硫化 04.0654

continuum approximation 连续体近似方法 01.0829

continuum growth 连续生长 01.1860

contour length 伸直[链]长度 04.0181

controlled atmosphere heat treatment 可控气氛热处理 01.1367

controlled cooling 控制冷却 01.1187

controlled expansion alloy 定膨胀合金，＊封接合金 02.1133

controlled radical polymerization 可控自由基聚合 04.0057

controlled released membrane 控制释放膜 04.1031

controlled rolling 控制轧制 01.1185

control materials 控制材料，＊中子吸收材料 02.1060

control rod assembly 控制棒组件 02.1061

control rod guide thimble 控制棒导向管 02.1062

conventional cast superalloy 等轴晶铸造高温合金 02.0832

conventional drying of wood 木材常规干燥 07.0633

converse piezoelectric effect ＊逆压电效应 01.0139

converter steel 转炉钢 02.0219

converter steelmaking 转炉炼钢 02.0111

cooking [制浆]蒸煮 07.0307

coolant materials 冷却剂材料，＊载热剂材料 02.1067

coolant materials of fusion reactor　聚变堆冷却剂材料　02.1100

cooling curve　冷却曲线　01.1387

cooling-die extrusion　冷却模挤压　01.1206

cooling rate　冷却速度　01.1388

cooling schedule　冷却制度　01.1386

cool wall epitaxy　冷壁外延　06.0469

Cooper electron pair　库珀电子对　01.0094

coordinate precipitation　配位沉淀　01.0883

coordination number　配位数　01.0258

coordination polyhedron of anion　负离子配位多面体　03.0002

coordination polymer　配位聚合物　04.0014

coordination polymerization　配位聚合　04.0094

COP　晶体原生凹坑　06.0202

copolyarylate　共聚芳酯　04.0491

copolymer　共聚物　04.0021

copolymerization　共聚合　04.0127

copolymerized epichlorohydrin-ethylene oxide rubber　共聚型氯醚橡胶　04.0595

copper　铜　02.0585

copper alloy　铜合金　02.0591

copper based friction materials　铜基摩擦材料　02.1235

copper based shape memory alloy　铜基形状记忆合金　02.0624

copper dioxide plane　铜氧面　02.0956

copper dioxide sheet　＊铜氧层　02.0956

copper-nickel-iron permanent magnetic alloy　铜镍铁永磁合金　02.0894

copper-oxide superconductor　铜氧化物超导体　02.0957

copper red glaze　铜红釉　03.0219

copper sulfide-cadmium sulfide ceramics solar cell　Cu_2S-CdS 陶瓷太阳能电池　03.0347

copper to superconductor [volume] ratio　铜–超导体[体积]比　02.0979

coprecipitation　共沉淀　01.0888

copying paper　拷贝纸　07.0359

copy paper　复印纸　07.0338

copy skew rolling　仿形斜轧　01.1353

coral　珊瑚　07.0268

cord-H-pull test　H 抽出试验　04.0634

cordierite　堇青石　07.0071

core　芯[子]　01.1115，铁芯　02.0863

core assembly molding　组芯造型　01.1121

core bar expanding　芯棒扩孔　01.1248

core bar stretching　芯棒拔长　01.1247

core making　制芯　01.1020

core veneer　芯板　07.0657

core wire　焊芯　01.1668

corium layer　真皮层　07.0410

cork　栓皮，＊木栓，＊软木　07.0756

corneal contact lens　角膜接触镜，＊隐形眼镜　08.0028

corrected grain leather　修面革　07.0427

correcting　校形　01.1309

correlation energy　相关能　06.0273

corrosion　腐蚀　01.0756

corrosion fatigue　腐蚀疲劳　01.0790

corrosion in aqueous environment　水介质[中]腐蚀　01.0783

corrosion potential　腐蚀电位　01.0793

corrosion potential series　腐蚀电位序　01.0794

corrosion prevention　腐蚀防护　01.0757

corrosion rate　腐蚀速率　01.0792

corrosion resistance　耐[腐]蚀性　01.0791

corrosion resistant bearing steel　耐蚀轴承钢，＊不锈轴承钢　02.0342

corrosion resistant cast iron　耐蚀铸铁　02.0428

corrosion resistant cast steel　耐蚀铸钢　02.0439

corrosion resistant copper alloy　耐蚀铜合金　02.0622

corrosion resistant intermetallic compound　耐蚀金属间化合物　02.0860

corrosion resistant lead alloy　耐蚀铅合金　02.0681

corrosion resistant magnesium alloy　耐蚀镁合金　02.0526

corrosion resistant nickel alloy　耐蚀镍合金　02.0785

corrosion resistant tantalum alloy　耐蚀钽合金　02.0747

corrosion resistant titanium alloy　耐蚀钛合金　02.0552

corrosion resistant zirconium alloy　耐蚀锆合金　02.0769

corrosion resisting steel　耐蚀钢　02.0373

corrosion wear　磨蚀，＊腐蚀磨损　01.0798

corrugated containerboard　瓦楞纸板　07.0355

corrugated fiber board　木纤维瓦楞板　07.0693

corrugated steel sheet　瓦楞钢板，＊波纹板　02.0251

corrugating medium　瓦楞原纸　07.0354

corse grained steel　本质粗晶粒钢　02.0307

corundum　刚玉　07.0035

corundum brick　刚玉砖　03.0588

corundum ceramics　刚玉瓷　03.0280

corundum-chrome brick　铬刚玉砖　03.0593

corundum refractory castable　刚玉耐火浇注料　03.0661

corundum-silicon carbide brick　铝硅炭砖　03.0617

corundum structure　刚玉型结构　03.0019

corundum-zirconia brick　锆刚玉砖　03.0592

co-solvent　助溶剂　01.1880

co-solvent method　助溶剂法　01.1879

co-spinning　共纺丝　01.1957

cotton fiber　棉纤维，* 棉花　04.0666

cotton type fiber　棉型纤维　04.0808

Cottrell atmosphere　科氏气团　01.0308

coumarone-indene resin　古马龙‑茚树脂　04.0343

counter gravity casting　反重力铸造　01.1033

counter pressure casting　差压铸造　01.1036

coupled growth zone　共生区　01.0978

coupling agent　偶联剂　04.1328

coupling agent of composite　复合材料偶联剂　05.0199

coupling compliance of laminate　层合板耦合柔度　05.0346

coupling stiffness of laminate　层合板耦合刚度　05.0343

coupling termination　偶合终止　04.0077

covalent bond　共价键　01.0226

covered elastomeric yarn　包覆弹性丝，* 包缠纱　04.0733

covered electrode　焊条　01.1667

covering power　遮盖力　04.0925

CPE　氯化聚乙烯　04.0366

CPP　氯化聚丙烯　04.0376

CPVC　氯化聚氯乙烯　04.0383

cracked gas　裂化气　01.1828

cracked glaze　裂纹釉　03.0193

crack grain of leather　皮革裂面　07.0458

crack growth　裂纹扩展　01.0508

crack growth driving force　裂纹扩展动力　01.0729

crack growth rate　裂纹扩展速率　01.0509

crack growth resistance　裂纹扩展阻力　01.0728

cracking　龟裂　04.0953

cracking strength　折裂强度　07.0505

crack nucleation　裂纹形核　01.0507

crack propagation　裂纹扩展　01.0508

crack stress yield　裂纹应力场　01.0453

crack susceptibility　裂纹敏感性　01.1703

crack-tip opening displacement　裂纹顶端张开位移　01.0734

cranial graft　颅骨修复体　08.0321

cranial plate　* 颅骨板　08.0321

crasp　卡环　08.0300

crater　弧坑　01.1666

craze　银纹　04.0288

crazing resistance　抗银纹性　04.1166

Cr-doped calcium lithium aluminum fluoride crystal　掺铬氟铝酸钙锂晶体　03.0069

Cr-doped garnet crystal　掺铬石榴子石晶体　03.0073

Cr-doped lithium strontium aluminum fluoride crystal　掺铬氟铝酸锶锂晶体　03.0070

creep compliance　蠕变柔量　04.0264

creep embrittlement　蠕变脆性　01.0477

creep rate　蠕变速率　04.0266

creep resistance　抗蠕变性　04.1168

creep rupture life　持久寿命　01.0707

creep strength　蠕变强度，* 蠕变极限　01.0495

creep test　蠕变试验　01.0706

crevice corrosion　缝隙腐蚀　01.0767

crimp index　卷曲度，* 卷曲率　04.0822

critical cooling rate　临界冷却速度　01.1391

critical crack propagation force　临界裂纹扩展力　01.0730

critical diameter　临界直径　01.1419

critical molecular weight　临界分子量　04.0165

critical nucleus radius　临界晶核半径　01.0932

critical relative molecular mass　临界分子量　04.0165

critical resolved shear stress　临界分切应力　01.0447

critical shear rate　临界剪切速率　04.1276

critical stress intensity factor　临界应力强度因子　01.0452

critical temperature　临界温度，* 临界点　01.0194

critical time of non-equilibrium grain boundary segregation　非平衡晶界偏聚临界时间　02.0862

cross-breaking strength　横向折断强度　04.0635

cross grain plywood　横纹胶合板　07.0682

crosslinkage by equilibrium swelling　平衡溶胀法交联度　04.1130

crosslinked butyl rubber　交联丁基橡胶　04.0569

crosslinked polyethylene　交联聚乙烯　04.0365

crosslinked polymer　交联聚合物　04.0032

crosslinking　交联　04.0132

crosslinking agent　交联剂，＊固化剂　04.1281

cross-ply laminate　正交层合板　05.0355

cross rolling　横轧　01.1152

cross section　横切面　07.0529

cross-slip　交滑移　01.0313

cross wedge rolling　楔横轧　01.1155

crow feet　鸦爪　06.0192

CRP　可控自由基聚合　04.0057

crude green body　粗坯　03.0124

crude magnesium　粗镁　02.0505

crude pottery　粗陶　03.0126

crude rubber　生胶　04.0502

crust　坯革　07.0402

cryogenic austenitic stainless steel　低温奥氏体不锈钢　02.0313

cryogenic ferritic steel　低温铁素体钢　02.0309

cryogenic high-strength steel　低温高强度钢　02.0310

cryogenic iron-nickel-based superalloy　低温铁镍基超合金　02.0815

cryogenic maraging stainless steel　低温马氏体时效不锈钢　02.0315

cryogenic nickel steel　低温镍钢　02.0311

cryogenic non-magnet stainless steel　低温无磁不锈钢　02.0314

cryogenic stainless steel　低温不锈钢　02.0312

cryogenic steel　低温钢　02.0308

cryogenic titanium alloy　低温钛合金　02.0563

cryogenic treatment　深冷处理　01.1417

cryoscopy　冰点下降法　04.1113

crystal　晶体　01.0233

crystal cell　晶胞　01.0248

crystal defect　晶体缺陷　01.0277

crystal direction　晶向　01.0249

crystal face　晶面　01.0250

crystal-field theory　晶体场理论　01.0124

crystal growth　晶体生长　01.1847

crystalliferous region of cellulose　纤维素结晶区　07.0552

crystalline glaze　结晶釉　03.0182

crystalline-like structure　类晶结构　06.0285

crystalline materials　晶体材料　01.0020

crystalline polymer　结晶聚合物　04.0183

crystallinity　结晶度　04.0192

crystallinity by density measurement　密度法结晶度　04.1127

crystallinity by enthalpy measurement　热熔法结晶度　04.1129

crystallinity by X-ray diffraction　X 射线衍射法结晶度　04.1128

crystallinity of cellulose　纤维素结晶度　07.0565

crystallization　结晶　01.0927

crystallization interface　＊结晶界面　01.1852

crystallization of glass　玻璃晶化　03.0454

crystal nucleus　晶核　01.1851

crystal originated pit　晶体原生凹坑　06.0202

crystal plastic model　晶体塑性模型　01.0843

crystal shower　结晶雨　01.1075

crystal structure　晶体结构　01.0241

crystal system　晶系　01.0242

CSP　紧凑带钢生产技术，＊CSP 技术　02.0174

CT　计算机断层扫描术　01.0696

CTOD　裂纹顶端张开位移　01.0734

cube-on-edge texture　＊立方棱织构　01.0438

cube texture　立方织构，＊立方面织构　01.0439

cubic boron nitride crystal　立方氮化硼晶体　03.0098

cubic zirconia crystal　立方氧化锆晶体　03.0099

cubic zirconia ceramics　立方氧化锆陶瓷　03.0271

cubic ZnS structure　立方硫化锌结构　03.0013

cumulative relative molecular mass distribution　分子量累积分布　04.0164

Cunife alloy　＊库尼非合金　02.0894

cuprate superconductor　铜氧化物超导体　02.0957

cupronickel　白铜　02.0612

cuprous chloride crystal　氯化亚铜晶体　03.0047

cure accelerator　固化促进剂　05.0198

cured rubber powder　硫化胶粉　04.0610

curemeter　硫化仪　04.0620

curemeter with rotator　有转子硫化仪　04.1215

curemeter without rotator　无转子硫化仪　04.1216

cure reversion　硫化返原　04.0626

Curie law　居里定律　01.0111

Curie temperature　居里温度　01.0112

curing　固化　04.0137

curing cycle　固化周期　05.0210

curing degree　硫化程度　04.0628

curing degree of resin　树脂基体固化度　05.0211

curing shrinkage of composite 复合材料固化收缩 05.0212

curing temperature-curing time-glass transition temperature diagram 三T图 04.0254

current deep level transient spectroscopy ＊电流深能级瞬态谱 06.0496

cutting 切割 06.0130

cutting balloon 切割球囊 08.0203

CVD 化学气相沉积 01.1930

CVD process for making powder 化学气相沉积法制粉 03.0407

C-V method 电容电压法 06.0492

cyanate resin composite 氰酸酯树脂基复合材料 05.0133

cyanide leaching 氰化浸出 01.0867

cyanoacrylate adhesive 氰基丙烯酸酯胶黏剂 04.0854

cyanoethyl cellulose 氰乙基纤维素 04.0410

cyclized natural rubber 环化天然橡胶，＊热戊橡胶 04.0507

cycloaddition polymerization 环加成聚合，＊环化加聚 04.0126

cyclopolysiloxane 环聚硅氧烷 04.0977

cyclotron resonance 回旋共振 01.0054

cytotoxicity 细胞毒性 08.0133

Czochralski grown monocrystalline germanium 直拉单晶锗 06.0114

Czochralski method ＊乔赫拉尔斯基法 06.0426

Czochralski monocrystalline silicon 直拉单晶硅 06.0124

D

dainty enamel 玲珑珐琅，＊透光珐琅，＊透底珐琅 03.0573

DAIP 聚间苯二甲酸二烯丙酯 04.0461

damage mechanics of laminate 层合板损伤力学 05.0438

damage of leather grain 皮革粒面伤残 07.0452

damage resistance of composite 复合材料损伤阻抗 05.0412

damage tolerance 损伤容限 01.0741

damping alloy 减振合金，＊消声合金，＊阻尼合金 02.1120

damping composite 减振复合材料 05.0294

damping copper alloy 减振铜合金 02.1123

damping ferromagnetic alloy 铁磁性减振合金 02.1122

damping zinc alloy 减振锌合金 02.1126

dart impact test 落镖冲击试验 04.1160

DBM 脱钙骨基质 08.0046

3D cell culture 三维细胞培养 08.0177

DDS 深冲钢 02.0287，药物释放系统，＊药物控制释放系统 08.0214

dead burning 死烧 03.0698

dead zone in extrusion 挤压死区，＊前端弹性变形区 01.1216

deaggregating process 解团聚 03.0417

Debye temperature 德拜温度 01.0532

decal 贴花 03.0217

decalcified bone matrix 脱钙骨基质 08.0046

decarburization 脱碳 01.0922

decarburization for iron and steel 钢铁脱碳 02.0122

decellularized matrix as scaffold 脱细胞支架 08.0164

decomposition of vapor phase 气体分解法 01.1893

decorating firing 烤花 03.0187

decoration 彩绘 03.0118

decorative enamel 装饰搪瓷 03.0561

decorative glass 饰面玻璃 03.0525

decorative veneered wood-based panel 装饰单板覆面人造板 07.0712

deep drawing ＊深冲 01.1298

deep drawing plate 深冲钢板 02.0254

deep drawing sheet steel 深冲钢板 02.0254

deep drawing steel 深冲钢 02.0287

deepening agent 增深剂 04.1320

deep level 深能级 06.0064

deep level impurity 深能级杂质 06.0065

deep level transient spectroscopy 深能级瞬态谱 06.0495

deep undercooling 深过冷 01.1007

deep undercooling rapid solidification 深过冷快速凝固 01.1008

defibrating 纤维分离 07.0684

defoamer 消泡剂 04.1321

deformation 变形 01.0454

deformation band 形变带 01.0320

deformation degree　变形程度　01.1135

deformation induced ferrite transformation　形变诱导铁素体相变　02.0062

deformation induced matensite transformation　形变诱导马氏体相变　02.0063

deformation induced phase transition　形变诱导相变　01.0371

deformation induced precipitation　形变诱导脱溶　01.0386

deformation orientation　形变取向　01.1973

deformation rate　变形速率　01.1136

deformation resistance　变形抗力　01.1146

deformation temperature　变形温度　01.1137

deformation texture　变形织构　01.1141

deformation twin　形变孪晶　01.0318

degaussing curve　退磁曲线　01.0567

degradation　降解　04.0139

degreasing　脱脂，＊排胶　01.1769

degreasing of raw hide　原料皮脱脂　07.0465

degree of birefringence　双折射度　04.1123

degree of crimp　卷曲度，＊卷曲率　04.0822

degree of crosslinking　交联度，＊网络密度　04.0202

degree of crystallinity　结晶度　04.0192

degree of freedom　自由度　01.0187

degree of orientation　取向度　04.0213

degree of polymerization　聚合度　04.0048

degree of specular gloss　镜面光泽度　04.1185

degree of swelling　溶胀度　01.1970

de Haas-van Alphen effect　德哈斯-范阿尔芬效应　01.0063

dehydrogenation　脱氢　01.0909

dehydrogenation annealing　＊脱氢退火　01.1397

de-inking　废纸脱墨　07.0318

delayed crack　延迟裂纹　01.1700

delayed fracture　延迟断裂　01.0726

delayed hydride cracking　延迟氢脆，＊延迟氢化开裂　01.0778

delectric insolation wafer　介质绝缘晶片　06.0162

Delft tearing strength　德尔夫特撕裂强度　04.0633

deliming　脱灰　07.0470

delta function-like doping　δ 掺杂，＊原子平面掺杂　06.0081

demagnetization curve　退磁曲线　01.0567

demagnetizing curve　退磁曲线　01.0567

demulsifier　破乳剂　04.1285

dendrimer　树状高分子　04.0036

dendrite coarsening　枝晶粗化　01.0968

dendrite segregation　枝晶偏析　02.0177

dendrite spacing　枝晶间距　01.0967

dendrite tip radius　枝晶尖端半径　01.0966

dendritic polymer　树状高分子　04.0036

dendritic powder　树枝状粉　02.1184

dense chrome brick　致密氧化铬砖　03.0608

densification　致密化　01.1817

density of wood　木材密度　07.0578

density segregation　密度偏析　02.0180

dental amalgam　牙科银汞合金　08.0243

dental casting investment materials　牙科铸造包埋材料　08.0278

dental cement　牙科水门汀　08.0246

dental etching agent　牙科酸蚀剂　08.0253

dental filling materials　牙科充填材料　08.0241

dental fixed bridge　牙科固定桥　08.0291

dental floss　牙线　08.0287

dental implant　牙科植入体，＊牙种植体　08.0293

dental implant materials　口腔植入材料　08.0238

dental impression materials　牙科印模材料　08.0257

dental materials　牙科材料　08.0239

dental model materials　牙科模型材料　08.0266

dental restorative materials　牙科修复材料　08.0240

dental separating agent　牙科分离剂　08.0281

dental sintered all-ceramic materials　牙科烧结全瓷材料　08.0284

dental wax　牙科蜡　08.0267

denture　义齿　08.0288

denture base　义齿基托　08.0302

denture base polymer　义齿基托聚合物　08.0271

denture base polymer liquid　牙托水　08.0275

denture base polymer powder　牙托粉　08.0274

denture materials　义齿材料　08.0268

denture tooth　人工牙，＊人造牙　08.0303

denuded zone　洁净区　06.0173

deodorant　除臭剂　04.1348

deoxidation　脱氧　01.0908

deoxidized copper by phosphor　磷脱氧铜　02.0589

deoxidizer　脱氧剂　02.0142

deoxyribonucleic acid hybrid materials　脱氧核糖核酸杂化材料，＊DNA 杂化材料　08.0035

dephosphorization　脱磷　02.0110

depleted uranium　贫化铀　02.1033

depletion layer　耗尽层　06.0040

depolymerization　解聚　04.0138

deposited metal　熔敷金属　01.1662

deposition efficient　熔敷系数　01.1657

depth of fusion　熔深　01.1664

descaling　除鳞　01.1171

design allowable of composite　复合材料设计许用值　05.0381

design for manufacture of composite　复合材料设计制造一体化　05.0391

desorption　脱附　01.0212

desquamation　剥离　01.1451

desulfurization　脱硫　01.0921

desulfurization for iron and steel　钢铁脱硫　02.0109

de-tanning　脱鞣　07.0497

deterministic simulation method　确定性模拟方法　01.0830

detonation flame spraying　爆炸喷涂　01.1525

deuterium　氘　02.1090

devitrification of glass　玻璃失透　03.0453

DHC　延迟氢脆，＊延迟氢化开裂　01.0778

diabase　辉绿岩　07.0157

diamagnetism　抗磁性　01.0107

diamond　金刚石　07.0014，钻石　07.0239

diamond composite cutting tool　金刚石复合刀具　03.0097

diamond-like carbon film　类金刚石碳膜　06.0290

diamond structure　金刚石结构　03.0009

diatomite　硅藻土　07.0206

diatomite brick　硅藻土砖　03.0640

diazotype paper　晒图纸　07.0343

dicalcium silicate　硅酸二钙　03.0707

dichroscope　二色镜　07.0274

dickite　迪开石　07.0087

die　模具　01.1093

die casting　压铸　01.1038

die casting magnesium alloy　压铸镁合金　02.0531

die casting mold　压铸模　01.1094

die forging　模锻　01.1250，模锻件　01.1269

dielectric　介电体，＊电介质　01.0552

dielectric absorption　介电吸收　01.0557

dielectric breakdown　介电击穿　01.0558

dielectric ceramics　介电陶瓷　03.0326

dielectric constant　介电常数，＊电容率　01.0553

dielectric cure monitoring　介电法固化监测　05.0223

dielectric loss　介电损耗　01.0559

dielectric phase angle　介电相位角　01.0560

dielectric relaxation　介电弛豫，＊介电松弛　01.0556

dielectric stress　介电应力　01.0555

die steel　模具钢　02.0346

die steel for plastic material forming　塑料模具钢　02.0349

die swell　模口膨胀　04.1260

die swelling ratio　挤出胀大比　04.0308

die zinc alloy　模具锌合金　02.0662

differential fiber　差别化纤维　04.0718

differential relative molecular mass distribution　分子量微分分布　04.0163

differential scanning calorimetry　差示扫描量热法，＊示差扫描量热法　01.0678

differential thermal analysis　差热分析　01.0676

different source of raw hide　原料皮路分　07.0449

difficult-to-deform superalloy　难变形高温合金　02.0803

diffused interface　漫散界面　01.0388，弥散界面　01.1857

diffused layer　扩散层　06.0043

diffuse-porous wood　散孔材　07.0541

diffusion　扩散　01.0342

diffusion activation energy　扩散激活能　01.0346

diffusion agent　扩散剂　04.1282

diffusion alloyed powder　扩散粉　01.1735

diffusional transition　扩散型转变　01.0363

diffusion annealing　＊扩散退火　01.1399

diffusion bonding　扩散焊　01.1639

diffusion boundary layer　扩散边界层　06.0037

diffusion coefficient　扩散系数　01.0344

diffusion controlled drug delivery system　扩散控制型药物释放系统　08.0223

diffusion deoxidation　扩散脱氧，＊间接脱氧　02.0133

diffusionless transition　非扩散转变　01.0364

diffusion metallizing　渗金属　01.1444，渗镀　01.1570

diffusion welding　扩散焊　01.1639

difluoroethylene-trifluoroethylene copolymer　偏二氟乙烯-三氟乙烯共聚物　04.0500

DIFT　形变诱导铁素体相变　02.0062

difunctional siloxane unit 双官能硅氧烷单元，＊D 单元 04.0974

Di kiln 弟窑 03.0164

dilatant fluid 膨胀性流体 04.0297

dilatometer method 膨胀仪法 01.0679

diluent 稀释剂 04.1287

dilute magnetic semiconductor ＊稀磁半导体 06.0364

dimensional stability 尺寸稳定性 04.1204

dimensional stability of wood 木材尺寸稳定性 07.0588

dimension stone 石材 07.0277

dimethyldichlorosilane 二甲基二氯硅烷 04.0962

dimethyldiethoxysilane 二甲基二乙氧基硅烷 04.0968

dimethyl silicone oil 二甲基硅油 04.0989

dimethyl silicone rubber 二甲基硅橡胶 04.0577

dimple 凹坑 06.0194

Dingyao 定窑 03.0161

diopside 透辉石 07.0074

diorite 闪长岩 07.0153

diphenyldichlorosilane 二苯基二氯硅烷 04.0966

dipping coating 浸涂 04.0894

direct coagulation casting 直接凝固成型 03.0429

direct current arc evaporation 直流电弧放电蒸发 01.1908

direct current conductivity mechanism 直流电导机制 06.0277

direct current diode ion deposition 直流二极型离子镀 01.1925

direct current hot cathode plasma chemical vapor deposition 直流热阴极等离子体化学气相沉积 01.1947

direct current measurement of photoconductivity decay 直流光电导衰退法 06.0490

direct extrusion 正[向]挤压 01.1189

directionally solidified eutectic reinforced metal matrix composite 定向凝固共晶金属基复合材料 05.0241

directionally solidified eutectic superalloy 定向凝固共晶高温合金 02.0837

directionally solidified superalloy 定向凝固高温合金 02.0798

directional recrystallization of oxide dispersion strengthened superalloy 氧化物弥散强化合金定向再结晶 02.0856

directional solidification 定向凝固 01.0985

direct piezoelectric effect ＊正压电效应 01.0139

direct printed panel 直接印刷人造板 07.0711

direct reduction 直接还原 02.0103

direct reduction process for ironmaking 直接还原炼铁 02.0100

direct reduction process in shaft furnace 竖炉直接炼铁 02.0102

direct spinning 直接纺丝法 01.1963

direct spot welding 双面点焊 01.1629

direct steelmaking process 直接炼钢法，＊一步炼钢法 02.0115

direct synthesis of chlorosilane 有机氯硅烷直接法合成 04.0967

direct transition semiconductor materials 直接跃迁型半导体材料 06.0216

dirt 纸张尘埃 07.0371

dirty superconductor 脏超导体 02.0936

discard 挤压残料，＊压余 01.1224

disclination 向错 01.0290

discoloration of wood 木材变色 07.0617

discontinuous phase transition 不连续相变 01.0356

discontinuous precipitation 不连续脱溶 01.0384

disc roll grinding 圆盘磨粉碎 03.0389

disiloxane 二硅氧烷 04.0970

dislocation 位错 01.0285

dislocation array 位错排 06.0093

dislocation cell 位错胞 01.0293

dislocation climb 位错攀移 01.0307

dislocation density 位错密度 01.0298

dislocation dynamics method 位错动力学方法 01.0842

dislocation etch pit 位错蚀坑 06.0092

dislocation free monocrystal 无位错单晶 06.0090

dislocation intercross 位错交割 01.0304

dislocation jog 位错割阶 01.0305

dislocation kink 位错扭折 01.0306

dislocation line tension 位错线张力 01.0299

dislocation loop 位错环 01.0291

dislocation martensite ＊位错马氏体 02.0026

dislocation pair 位错对 01.0292

dislocation pile-up 位错塞积 01.0303

dislocation source 位错源 01.0302

dislocation type damping alloy 位错型减振合金 02.1125

disordered solid solution 无序固溶体 01.0381

disorientation 解取向 04.0210

dispersed phase 弥散相 01.0341

dispersing agent 分散剂 01.1765

dispersion fuel 弥散型燃料 02.1043

dispersion strengthened copper alloy 弥散强化铜合金 02.0616

dispersion strengthened materials 弥散强化材料 02.1242

dispersion strengthening 弥散强化 01.0527

dispersion strengthening phase 弥散强化相 02.0857

dispersive power 色散本领 01.0589

dispersive transport 弥散输运 06.0279

displacement precipitation 置换沉淀 01.0884

displacive phase transition 位移型相变 01.0358

disproportionation termination 歧化终止 04.0076

dissipative structure 耗散结构 01.0205

distal protection device 远端保护器 08.0207

distance of dispersion strengthening particle 弥散强化质点间距 02.0858

distillation method 蒸馏法 01.0872

distributed feedback semiconductor laser 分布反馈半导体激光器 06.0319

distributive mixing 分布混合 04.1231

divorced eutectic 分离共晶体 01.0977

DLTS 深能级瞬态谱 06.0495

doctor blading 流延成型 03.0425

dolomite 白云石 07.0129

dolomite brick 白云石砖 03.0604

dolomite earthen-ware 白云陶，＊轻质陶瓷 03.0128

domestic ceramics 日用陶瓷 03.0139

domestic enamelware 日用搪瓷 03.0565

donor impurity 施主杂质，＊n 型导电杂质 06.0060

donor level 施主能级 06.0061

dopant 掺杂剂 06.0073

doped bismuth germinate crystal 掺杂锗酸铋晶体 03.0060

doped molybdenum powder 掺杂钼粉 02.0718

doped molybdenum wire 掺杂钼丝 02.0720

doped tungsten filament 掺杂钨丝，＊抗下垂钨丝，＊不下垂钨丝 02.0698

doped tungsten powder 掺杂钨粉 02.0695

doping 掺杂 06.0072

δ-doping δ掺杂，＊原子平面掺杂 06.0081

doping wafer 掺杂片 06.0142

double-action pressing 双向压制 01.1781

double-channel planar-buried-heterostructure laser diode 双沟道平面隐埋异质结构激光二级管 06.0348

double coated electrode 双药皮焊条 01.1685

double diffusion convection 双扩散对流 01.1015

double extrusion 二次挤压 01.1220

double face leather 毛革 07.0405

double heterostructure laser diode 双异质结激光二极管 06.0352

double heterostructure optoelectronic switch 双异质结构光电子开关 06.0351

double roller quenching 双辊激冷法 01.1002

double source electron beam evaporation 双蒸发蒸镀 01.1912

doucai contrasting color 斗彩 03.0151

DP 聚合度 04.0048

draft ratio 拉伸倍数，＊拉伸比 04.0828

drag flow 拖曳流，＊牵引流，＊顺流 04.1258

drain casting 空心注浆 03.0189

drawing 拔长 01.1242，拉拔 01.1279，拉延，＊拉深 01.1298

drawing by roller 滚模拉拔 01.1285

drawing die 拉拔模具 01.1296

drawing force 拉拔力 01.1288

drawing paper 制图纸 07.0335

drawing speed 拉拔速度 01.1290

drawing stress 拉拔应力 01.1291

draw orientation 拉伸取向 01.1972

draw ratio 拉伸倍数，＊拉伸比 04.0828

draw taper 脱模斜度 01.1782

draw textured yarn 拉伸变形丝，＊DTY 丝 04.0725

dried skin 干板皮 07.0395

drift mobility of amorphous semiconductor 非晶态半导体漂移迁移率 06.0278

drug carrier 药物载体 08.0227

drug delivery system 药物释放系统，＊药物控制释放系统 08.0214

drug eluting stent 药物洗脱支架 08.0192

drum test 转鼓试验 01.1796

drum type vulcanizer vulcanization 鼓式硫化机硫化 04.0657

dry air heat setting 干热空气定型 01.1989

dryer 催干剂 04.1330

drying oil 干性油 04.0907

drying schedule of wood　木材干燥基准　07.0638

drying with superheated steam of wood　木材过热蒸气干燥　07.0635

dry-jet wet spinning　干–湿法纺丝　01.1950

dry-pressing　干压成形　01.1794

dry-ramming refractory　干式捣打料　03.0672

dry salted skin　盐干皮　07.0394

dry sand mold　干[砂]型　01.1123

dry storage of wood　木材干存法　07.0626

dry-vibrating refractory　干式振动料　03.0673

DSC　差示扫描量热法，* 示差扫描量热法　01.0678

DTA　差热分析　01.0676

dual microstructure heat treatment　双重组织热处理　02.0846

dual-phase steel　双相钢　02.0268

dual property disk　双性能涡轮盘　02.0845

ductile-brittle transition temperature　韧脆转变温度　01.0701

ductile fracture　韧性断裂，* 延性断裂　01.0716

ductile fracture surface　韧性断口　01.0718

dull fiber　消光纤维　04.0720

Dulong-Petit law　杜隆–珀蒂定律　01.0082

dummy block　挤压垫　01.1239

dump leaching　堆浸　01.0871

duplex stainless steel　双相不锈钢　02.0380

durability design of laminar structure　层合结构耐久性设计　05.0389

duralumin　* 杜拉铝　02.0484

dushan jade　独山玉，* 独玉，* 南阳玉　07.0264

dyestuff　染料　04.1355

dynamically vulcanized thermolplastic elastomer　动态硫化热塑性弹性体　04.0604

dynamic calorimetry　动态量热法　01.0677

dynamic cure　动态硫化　04.1234

dynamic dielectric analysis　动态介电分析　04.1139

dynamic grain refinement　* 动力学细化　01.1050

dynamic mechanical property　动态力学性能　04.0271

dynamic mechanical thermal analysis　动态力学热分析　04.0277

dynamic mudulus　动态模量　04.0272

dynamic recovery　动态回复　01.0403

dynamic recrystallization　动态再结晶　01.0414

dynamic single mode laser diode　动态单模激光二极管　06.0318

dynamic strain aging　动态应变时效　01.0395

dynamic viscoelasticity　动态黏弹性　04.0263

dynamic viscosity　动态黏度　04.0312

dynamic vulcanization　动态硫化　04.1234

dynamic weathering　动态大气老化　04.1174

dynamitic solidification curve　凝固动态曲线　01.0948

E

earing　制耳，* 凸耳　01.1314

earthenware　陶器　03.0125

EBSD　电子背散射衍射　01.0632

ebullioscopy　沸点升高法　04.1112

EC　乙基纤维素　04.0408

ecological leather　生态皮革　07.0448

ecomaterials　生态环境材料　01.0034

ECTFE　乙烯–三氟氯乙烯共聚物　04.0497

EDDS　超深冲钢　02.0288

eddy current testing　涡流检测　01.0698

edge crown　边缘凸起　06.0160

edge-defined film-fed crystal growth method　导模提拉法　01.1888

edge-defined film-fed growth　边缘限定填料法，* 倒模法　06.0433

edge dislocation　刃[型]位错　01.0287

edge effect of laminate　层合板边缘效应　05.0422

edge exclusion area　边缘去除区域　06.0159

edge rolling　立轧　01.1153

edge subside　塌边　06.0193

EDS　能量色散 X 射线谱　01.0624

EELS　电子能量损失谱　01.0643

effective feeding distance　有效补缩距离　01.1070

effective hardening depth　有效淬硬深度　01.1424

effective segregation coefficient　有效分凝系数　06.0085

effective volume of blast furnace　高炉有效容积　02.0096

efficiency of grafting　接枝效率　04.0028

efficiency of space filling　致密度　01.0257

EFG　边缘限定填料法，* 倒模法　06.0433

eggshell porcelain　薄胎瓷　03.0137

Einstein temperature　爱因斯坦温度　01.0533

elastic alloy　弹性合金　02.1104

elastic deformation 弹性变形 01.0457

elastic fiber 弹性纤维 07.0415

elastic hysteresis 弹性滞后 04.0256

elasticity 弹性 01.0455

elastic modulus ＊弹性模量 01.0460

elastic modulus by sonic velocity method 声速法弹性模量 04.1138

elastic niobium alloy 弹性铌合金 02.1116

elastic wave 弹性波 01.0459

elastic yarn 弹性丝 04.0723

elastomeric impression materials 弹性体印模材料 08.0262

elastomeric state 高弹态 04.0240

electrical conductive composite 导电复合材料 05.0275

electrical insulation composite 绝缘复合材料 05.0277

electrically conductive adhesive 导电胶 04.0850

electrically fused brick ＊电熔砖 03.0589

electrical resistance alloy 电阻合金 02.1140

electrical steel 电工钢 02.0406

[electric] conductivity 电导率 01.0545

electric contact materials 电触头材料 02.1157

electric discharge spark machining of ceramics 陶瓷电火花加工 03.0444

electric furnace steel 电炉钢 02.0221

electric heating glass 电热玻璃 03.0520

[electric] impedance 阻抗 01.0548

electric loss absorber 电损耗吸收剂 02.1003

electric loss radar absorbing materials 电损耗吸波材料 02.1004

electric porcelain 电瓷，＊电工陶瓷，＊电力陶瓷 03.0140

[electric] resistance 电阻 01.0546

[electric] resistivity 电阻率 01.0547

electric spark sintering 电火花烧结 01.1812

electric steelmaking 电炉炼钢，＊电弧炉炼钢 02.0112

electro-active impurity 电活性杂质 06.0068

electrochemical corrosion 电化学腐蚀 01.0758

electrochemical corrosion wear 电化学腐蚀磨损 01.0805

electrochemical reaction 电化学反应法 01.1878

electrochemical technology 电化学工艺 03.0540

electrochromic ceramics 电致变色陶瓷 03.0314

electrochromic coating 电致变色涂层 03.0557

electrochromic dye 电致变色染料 04.1356

electrochromic glass 电致变色玻璃 03.0504

electroconductive fiber 导电纤维 04.0790

electrodeposited copper foil 电解铜箔 02.0627

electrodeposition 电沉积 01.1536

electrodeposition coating 电泳漆 04.0902

electrodeposit 电镀层 01.1544

electrodialysis membrane 电渗析膜，＊离子选择性透过膜，＊离子交换膜 04.1025

electro-explosive forming 电爆成形 01.1346

electrohydraulic forming 液电成形，＊电液成形 01.1333

electroless plating 化学镀 01.1556

electroluminescent enamel 电致发光搪瓷 03.0568

electroluminescent materials 电致发光材料，＊场致发光材料 03.0356

electrolyte ceramics ＊电解质陶瓷 03.0326

electrolytic aluminum 电解铝 02.0448

electrolytic capacitor paper 电解电容器纸 07.0349

electrolytic carburizing 电解渗碳 01.1579

electrolytic coloring 电解着色 01.1500

electrolytic coloring in nickel slat 镍盐电解着色 01.1503

electrolytic coloring in tin slat 锡盐电解着色 01.1502

electrolytic copper 电解铜，＊阴极铜 02.0590

electrolytic iron 电解铁 02.0182

electrolytic powder 电解粉 02.1191

electrolytic process 电解法 01.1722

electromagnetic forming 电磁成形 01.1344

electromagnetic iron 电磁纯铁 02.0408

electromagnetic levitation 电磁悬浮 01.1011

electromagnetic shaping 电磁约束成形 01.0991

electromagnetic shielding composite 电磁屏蔽复合材料 05.0280

electromagnetic shielding glass 电磁屏蔽玻璃 03.0516

electromagnetic stirring 电磁搅拌，＊EMS 技术 01.0923

electromagnetic wave absorbing coating 电磁波吸收涂层 03.0556

electromagnetic wave transparent composite 透电磁波复合材料，＊透波复合材料 05.0281

electromechanical coupling factor 机电耦合系数 03.0384

electrometallurgy 电冶金 01.0854

electromigration 电迁移 01.0561

electron backscattering diffraction 电子背散射衍射 01.0632

electron beam curing coating 电子束固化涂料 04.0935

electron beam curing of composite 复合材料电子束固化 05.0207

electron beam evaporation 电子束蒸发 01.1902

electron beam irradiation continuous vulcanization 电子束辐照连续硫化 04.0658

electron beam remelting 电子束重熔 01.0912

electron beam surface alloying 电子束表面合金化 01.1487

electron beam surface amorphousizing 电子束表面非晶化 01.1488

electron beam surface cladding 电子束表面熔覆 01.1486

electron beam surface fused 电子束表面熔凝 01.1485

electron beam surface modification 电子束表面改性 01.1582

electron beam surface quenching 电子束表面淬火 01.1484

electron beam welding 电子束焊 01.1619

electron bombard 电子轰击电弧放电蒸发 01.1909

electron cyclotron resonance plasma chemical vapor deposition 微波电子回旋共振等离子体化学气相沉积 01.1934

electron diffraction 电子衍射 01.0629

electron energy loss spectrum 电子能量损失谱 01.0643

electro-neutrality impurity 电中性杂质 06.0069

electron exchange resin ＊电子交换树脂 04.1067

electronic ceramics 电子陶瓷 03.0238

electronic cochlear implant 人工耳蜗 08.0145

electronic conduction 电子导电性 01.0058

electronic displacement polarization 电子位移极化 03.0383

electronic relaxation polarization 电子弛豫极化 03.0380

electron microprobe analysis 电子微探针分析 01.0645

electron microscopy 电子显微术 01.0633

electron-nuclear double resonance spectrum 电子－核双共振谱 06.0504

electron paramagnetic resonance spectrum 电子顺磁共振谱 06.0503

electron spin resonance spectrum ＊电子自旋共振谱 06.0503

electron theory of metal 金属电子论 01.0044

electron tunnel effect spectroscopy 电子隧道谱法 01.0646

electro-optic ceramics 电光陶瓷 03.0367

electro-optic crystal 电光晶体 03.0051

electro-optic effect 电光效应 01.0148

electrophoretic forming 电泳成型 03.0433

electrophoretic painting 电泳涂装 01.1510

electroplating 电镀 01.1535

electroplating anodic nickel 电镀用阳极镍 02.0783

electroplating solution 电镀液 01.1547

electroslag remelting 电渣重熔 01.0911

electroslag welding 电渣焊 01.1610

electro-spinning 电纺丝，＊静电纺丝 01.1956

electrostatic fluidized bed dipping painting 静电流化床浸涂 01.1568

electrostatic spraying 静电喷涂 01.1524

electrostriction coefficient 电致伸缩系数 01.0575

electrostriction materials 电致伸缩材料 01.0576

electrostrictive ceramics 电致伸缩陶瓷 03.0312

electrothermal resistance materials 电热电阻材料 02.1154

elemental powder 元素粉 01.1733

element macromolecule 元素有机高分子，＊元素高分子 04.0007

elimination polymerization 消除聚合 04.0107

Elinvar alloy 埃尔因瓦合金 02.1119

ELI titanium alloy 超低间隙元素钛合金，＊ELI 钛合金 02.0553

Elmendorf tearing strength 埃尔门多夫法撕裂强度 04.1163

elongational flow 拉伸流动 04.1259

elution fractionation 洗脱分级 04.0168

elutriation 淘洗 03.0114

elution volume 洗脱体积 04.1126

embolic materials 栓塞剂 08.0211

embossed 压花 07.0492

embossed leather 压花革 07.0431

embossing enamel 凹凸珐琅，＊錾胎珐琅，＊剔花珐琅 03.0572

350℃ embrittlement 不可逆回火脆性，＊第一类回火

脆性，＊低温回火脆性　01.1436

embrittlement of materials　[材料]脆性　01.0476

embryonic stem cell　胚胎干细胞　08.0169

emerald　祖母绿　07.0243

empirical electron theory of solid and molecule　固体与分子经验电子理论，＊EET 理论　01.0849

EMS　电磁搅拌，＊EMS 技术　01.0923

emulsifier　乳化剂　04.1327

emulsifier free emulsion polymerization　无乳化剂乳液聚合，＊无皂乳液聚合　04.0122

emulsion polymerization　乳液聚合　04.0120

emulsion polymerized polybutadiene　乳聚丁二烯橡胶　04.0526

emulsion polymerized styrene-butadiene rubber　乳聚丁苯橡胶　04.0534

emulsion spinning　乳液纺丝　01.1960

enamel　瓷漆　04.0905，＊珐琅　03.0558

enamel in art　艺术搪瓷　03.0560

enamelled chemical engineering apparatus　化工搪瓷　03.0564

enamelled cooking utensil　搪瓷烧皿　03.0566

encapsulated agent　覆盖剂　06.0430

end capping　封端　04.0087

end group analysis process　端基分析法　04.1111

end-member mineral　端员矿物　07.0100

ENDORS　电子与核双共振谱　06.0504

endothelialization of surface　生物材料表面内皮化　08.0113

endothermic atmosphere　吸热式气氛　01.1372

endothermic glass　吸热玻璃　03.0517

end quenching test　端淬试验　01.1420

end-to-end distance　末端距　04.0176

energy of magnetocrystalline anisotropy　磁晶各向异性能　01.0103

energy release rate　能量释放率　01.1842

energy release rate of crack propagation　裂纹扩展能量释放率　01.0510

engineered wood products　工程木制品　07.0641

engineering dry specimen　工程干态试样　05.0407

engineering plastics　工程塑料　04.0350

engobe　化妆土　03.0113

engraved　刻划花　03.0188

enriched uranium　富集铀，＊浓缩铀　02.1032

enthalpy　焓　01.0168

entrance effect　入口效应　04.1261

entropy　熵　01.0167

entropy elasticity　熵弹性　04.0243

envelope paper　信封用纸　07.0337

environmental fracture　环境断裂　01.0771

environmental stress cracking　环境应力开裂　04.0291

environmental stress cracking resistance　耐环境应力开裂　04.1169

environment mineral　环境矿物　07.0009

epichlorohydrin rubber　氯醚橡胶，＊氯醇橡胶　04.0594

epidermal growth factor　表皮生长因子　08.0067

epitaxial lateral overgrowth　侧向外延　06.0467

epitaxial layer　外延层　06.0435

epitaxial substrate　外延衬底　06.0436

epitaxial wafer　外延片　06.0165

epitaxy　外延　06.0434

epitaxy thin film　＊外延薄膜　06.0435

EP method　发热剂法　01.0986

epoxidized natural rubber　环氧化天然橡胶　04.0508

epoxidized natural rubber latex　环氧化天然胶乳　04.0515

epoxy adhesive　环氧胶黏剂　04.0855

epoxy coating　环氧涂料　04.0914

epoxy resin　环氧树脂　04.0419

epoxy resin composite　环氧树脂基复合材料　05.0126

EPRS　电子顺磁共振谱　06.0503

equal channel angular pressing　等通道转角挤压　01.1205

equation of state　物态方程　01.0178

equiaxed crystal　等轴晶　01.0959

equiaxed ferrite　等轴状铁素体　02.0015

equiaxed structure　等轴晶组织　01.0430

equilibrium cooling epitaxial growth　平衡降温生长　01.1943

equilibrium high elasticity　平衡高弹性　04.0242

equilibrium melting point　平衡熔点　04.0198

equilibrium moisture content of wood　木材平衡含水率　07.0573

equilibrium polymerization of cyclopolysiloxane　环聚硅氧烷的平衡化聚合　04.0986

equilibrium potential　平衡电位　01.0894

equilibrium segregation coefficient　平衡分凝系数　06.0084

equilibrium solidification 平衡凝固 01.0994

equilibrium swelling ratio 平衡溶胀比 04.0317

equivalent sphere 等效球 04.0326

equivalent thickness 当量厚度 01.1066

erosion 冲蚀 01.0789

erosive wear 冲蚀磨损 01.0802

E-SBR 乳聚丁苯橡胶 04.0534

ESR 电渣重熔 01.0911

ESRS ＊电子自旋共振谱 06.0503

essential oil 精油，＊香精油，＊挥发油，＊芳香油 07.0738

etch pit 腐蚀坑 06.0138

ethyl cellulose 乙基纤维素 04.0408

ethylene-chlorotrifluoroethylene copolymer 乙烯-三氟氯乙烯共聚物 04.0497

ethylene-propylene-diene-terpolymer rubber 三元乙丙橡胶 04.0552

ethylene-propylene rubber 二元乙丙橡胶 04.0551

ethylene terephthalate-3, 5-dimethyl sodium sulfoisophthalate copolymer fiber 聚对苯二甲酸乙二酯-3, 5-二甲酸二甲酯苯磺酸钠共聚纤维，＊阳离子可染纤维，＊可染聚酯纤维，＊CDP 纤维 04.0711

ethylene-tetrafluoroethylene copolymer 乙烯-四氟乙烯共聚物 04.0495

ethylene-trifluorochloroethylene copolymer fiber 乙烯-三氟氯乙烯共聚物纤维 04.0697

ethylene-vinylacetate copolymer 乙烯-醋酸乙烯酯共聚物 04.0368

ethylene-vinylacetate copolymer adhesive EVA 胶黏剂 04.0865

ethylene-vinylacetate rubber 乙烯-醋酸乙烯酯橡胶 04.0573

ethynyl-terminated polyimide 乙炔基封端聚酰亚胺 04.0470

Ettingshausen effect 埃廷斯豪森效应 06.0389

ettringite 钙矾石 03.0737

eucalyptus oil ＊桉树油 07.0741

Eucommia ulmoides rubber 杜仲胶 04.0511

Euler law 欧拉定律 01.0254

eutectic cementite 共晶渗碳体 02.0040

eutectic copolymer 低共熔共聚物 04.0223

eutectic graphite 共晶石墨 02.0037

eutectic point 共晶点 01.0198

eutectic reaction 共晶反应 01.0397

eutectic solidification 共晶凝固 01.0969

eutectic spacing 共晶间距 01.0970

eutectic transformation 共晶反应 01.0397

eutectoid cementite 共析渗碳体 02.0042

eutectoid ferrite 共析铁素体，＊珠光体铁素体 02.0014

eutectoid point 共析点 01.0200

eutectoid reaction 共析反应 01.0400

eutectoid steel 共析钢 02.0261

eutectoid transformation 共析反应 01.0400

euxenite 黑稀金矿 07.0057

EVA 乙烯-醋酸乙烯酯共聚物 04.0368

evacuated die casting 真空压铸 01.1039

evaporation 蒸发 01.1899

evaporation deposition 蒸镀 01.1897

EXAFS 扩展 X 射线吸收精细结构 01.0623

exchange bias ＊交换偏置 01.0047

exchange coupling 交换耦合 01.0047

exchange interaction 交换作用 01.0114

excited state lifetime 受激态寿命 01.0592

exciton 激子 01.0069

excluded volume 排除体积 04.0328

exo-endothermic atmosphere 放热-吸热式气氛 01.1374

exothermic atmosphere 放热式气氛 01.1373

exothermic mixture 发热剂 01.1097

exothermic powder method 发热剂法 01.0986

expansion 扩口 01.1307

expansion alloy 热膨胀合金 02.1127

expansion factor 扩张因子 04.0335

expansion molding 发泡成型 04.1250

expansive agent 膨胀剂 03.0719

experienced interatomic potential function 经验势函数 01.0847

expert system for materials design 材料设计专家系统 01.0809

explosion method 爆炸法 01.1726

explosion sintering 爆炸烧结法 03.0442

explosive consolidation 爆炸固结 01.1791

explosive forming 爆炸成形 01.1345

explosive welding 爆炸焊 01.1638

extended-chain crystal 伸展链晶体 04.0188

extended dislocation 扩展位错 01.0294

extended state 扩展态 06.0270

extended X-ray absorption fine structure 扩展 X 射线吸收精细结构 01.0623

exterior coating 外墙涂料 04.0943

external desiliconization 铁水脱硅 02.0108

external plasticization 外增塑作用 04.0251

extraction 萃取 01.0874

extra deep drawing sheet steel 超深冲钢板 02.0255

extra deep drawing steel 超深冲钢 02.0288

extra low carbon stainless steel 超低碳不锈钢 02.0389

extra low interstitial titanium alloy 超低间隙元素钛合金，* ELI 钛合金 02.0553

extrinsic gettering 非本征吸除，* 外吸除 06.0172

extrudability 可挤压性 01.1226

extrudate swell * 挤出胀大 04.1260

extruder 挤出机 04.1222

extrusion 挤压 01.1188，挤出成型 04.1236

extrusion cladding * 挤压包覆 01.1197

extrusion die 挤压模 01.1235

extrusion die cone angle 挤压模角 01.1227

extrusion-drawing blow molding 挤出－拉伸吹塑成型 04.1247

extrusion forging 镦挤 01.1262

extrusion forming 挤压成型 03.0420

extrusion funnel 挤压缩尾 01.1217

extrusion lamination 挤出层压复合 04.1238

extrusion of section 型材挤压 01.1230

extrusion of tube 管材挤压 01.1229

extrusion of variable section 变断面挤压 01.1231

extrusion pressure 挤压力 01.1222

extrusion ram 挤压杆 01.1237

extrusion ratio 挤压比 01.1221

extrusion speed 挤压速度 01.1223

extrusion stem 挤压杆 01.1237

extrusion without remnant material 无压余挤压，* 无残余挤压，* 坯料接坯料挤压 01.1208

eye irritation 眼刺激 08.0118

F

fabric reinforced polymer composite 织物增强聚合物基复合材料 05.0118

fabric reinforcement 织物增强体 05.0071

face-centered cubic structure 面心立方结构 01.0266

facet effect 小平面效应 06.0089

facet growth * 小平面生长 06.0089

facet interface 奇异面，* 小平面界面 01.1856

face veneer 面板 07.0655

facing 堆焊 01.1624

faience pottery 彩陶 03.0119

failure analysis 失效分析 01.0755

failure envelope of laminate 层合板失效包线 05.0376

falling ball viscometry 落球测黏法 04.1146

falling weight impact test 落重冲击试验 04.1159

false twisting 假捻 01.1983

false twisting degree 假捻度 01.1984

false-twist stabilized textured yarn 假捻定型变形丝 04.0727

false-twist textured yarn 假捻变形丝 04.0726

famille rose 瓷胎画珐琅，* 珐琅彩，* 古月轩，* 蔷薇彩 03.0152

famille rose decoration 粉彩 03.0154

fancy glaze 花釉 03.0181

fan hong 矾红 03.0153

far infrared radiation enamel 远红外辐射搪瓷 03.0563

fast ion conducting materials 快离子导体材料 03.0329

fast ionic conductor * 快离子导体 03.0328

fast neutron breeder reactor fuel assembly 快中子增殖堆燃料组件 02.1050

fatigue 疲劳 01.0502

fatigue fracture 疲劳断裂 01.0725

fatigue life 疲劳寿命 01.0503

fatigue limit * 疲劳极限 01.0496

fatigue strength 疲劳强度 01.0496

fatigue test 疲劳试验 01.0703

fatigue wear 接触疲劳磨损，* 表面疲劳磨损 01.0799

fatliquoring 加脂 07.0483

fatty polyamide fiber 脂肪族聚酰胺纤维，* 锦纶，* 耐纶 04.0700

F-center F 心 01.0052

FEA * 有限元分析 01.0840

feeding bounary 补缩边界 01.1067

feeding channel 补缩通道 01.1068

feeding difficulty zone 补缩困难区 01.1069

F[E]EM 场[发射]电子显微术 01.0638

Fe-Fe$_3$C phase diagram 铁－渗碳体相图 02.0011

Fe-graphite phase diagram 铁－石墨相图 02.0012

feldspar 长石 03.0107

feldspar silicate structure 长石类硅酸盐结构 03.0035

feldspathic glaze 长石釉 03.0157

feldspathic porcelain 长石质瓷 03.0131

felt reinforcement 毡状增强体 05.0073

FEM 有限元法 01.0840

Fe-Ni-Co controlled-expansion alloy *Fe-Ni-Co 定膨胀合金 02.1129

fergusonite 褐钇铌矿 07.0051

Fermi level 费米能级 01.0086

fermion 费米子 01.0064

ferrimagnetism 亚铁磁性 01.0105

ferrite 铁素体 02.0005，铁氧体，*铁淦氧 03.0315

δ-ferrite δ铁素体 02.0006

ferrite-pearlite steel 铁素体-珠光体钢 02.0301

ferrite radar absorbing materials 铁氧体吸波材料 02.0997

ferrite stabilized element 铁素体稳定元素，*扩大铁素体相区元素 02.0048

ferritic heat-resistant steel 铁素体耐热钢 02.0402

ferritic stainless steel 铁素体不锈钢 02.0378

ferroalloy 铁合金 02.0187

ferroalloy with rare earth element 稀土铁合金 02.0204

ferroboron 硼铁 02.0201

ferrochromium 铬铁 02.0193

ferroelastic ceramics 铁弹陶瓷 03.0310

ferroelastic effect 铁弹效应 01.0144

ferroelasticity 铁弹性 01.0133

ferroelastic phase transition 铁弹相变 01.0361

ferroelectric ceramics 铁电陶瓷 03.0296

ferroelectric domain 铁电畴 01.0138

ferroelectric-ferromagnetics 铁电-铁磁体 03.0297

ferroelectricity 铁电性 01.0134

ferroelectric liquid crystal polymer 铁电液晶高分子 04.1100

ferroelectric liquid crystal polymer in main chain 主链型铁电液晶高分子 04.1101

ferroelectric liquid crystal polymer in side chain 侧链型铁电液晶高分子 04.1102

ferroelectric phase transition 铁电相变 01.0370

ferroelectrics 铁电体 01.0136

ferromagnetic phase transition 铁磁相变 01.0360

ferromagnetism 铁磁性 01.0104

ferromanganese 锰铁 02.0192

ferromolybdenum 钼铁 02.0197

ferroniobium 铌铁 02.0202

ferrophosphorus 磷铁 02.0203

ferrosilicocalcium 硅钙合金 02.0190

ferrosilicochromium 硅铬合金 02.0194

ferrosilicomanganese 锰硅合金，*锰硅铁合金 02.0191

ferrosilicon 硅铁 02.0189

ferrotitanium 钛铁 02.0198

ferrotungsten 钨铁 02.0196

ferrovanadium 钒铁 02.0199

fiber active carbon 纤维状活性炭 07.0752

fiberboard 纤维板 07.0683

fiberboard for flooring 地板基材用纤维板 07.0695

fiberboard past treatment 纤维板后处理 07.0689

fiber classification 纤维分级 07.0687

fiber coarseness 纤维粗度 07.0388

fiber forming property 成纤性 04.0827

fiber plate 纤维面板 03.0499

fiber preform 纤维预制体 05.0189

fiber reinforced cement matrix composite 纤维增强水泥复合材料 05.0267

fiber reinforced ceramic matrix composite 纤维增强陶瓷基复合材料 05.0266

fiber reinforced concrete 纤维增强混凝土 03.0753

fiber reinforced titanium alloy 纤维增强钛合金 02.0565

fiber reinforcement 纤维增强体 05.0024

fiber saturation point of wood 木材纤维饱和点 07.0574

fiber screen classifying value 纤维筛分值 07.0686

fiber separation 纤维分离 07.0684

fiber separative degree 纤维分离度 07.0685

fiber speckle 丝斑 01.1979

fiber spinning 纺丝 01.1948

fiber spinning from crystalline state 液晶纺丝 01.1961

fiber structure 纤维组织 01.1149

fiber surface modify 纤维表面改性 01.1992

fiber volume content 纤维体积含量 05.0190

fiber wet strength 纤维湿[态]强度 04.0818

fibrid 纤条体，*沉析纤维 04.0815

fibril 原纤维 04.0811

fibrillation 纤维帚化 07.0312

fibroblast growth factor 成纤维细胞生长因子 08.0068

fibrous crystal 纤维晶 04.0187

fibrous powder 纤维状粉 02.1185

Fick law 菲克定律 01.0343

field [emission] electron microscopy 场[发射]电子显微术 01.0638

field ion microscopy 场离子显微术 01.0640

field of weld temperature 焊接温度场 01.1692

figured porous wood 花样孔材 07.0544

filament 长丝 04.0800

filament winding 缠绕成型 05.0159

filled-hole compression strength of laminate 层合板充填孔压缩强度 05.0420

filled-hole tension strength of laminate 层合板充填孔拉伸强度 05.0419

filler 填充剂，* 填料 04.1302，[造纸]填料 07.0304

fillet 胶瘤 04.0878

fill factor 装填系数 01.1743

filling 充型 01.0939，填充 07.0482

filling materials of hard tissue 硬组织填充材料 08.0013

filling materials of soft tissue 软组织填充材料 08.0015

film adhesive 膜状胶黏剂 04.0845

film casting 铸膜 04.1257

filter core board 滤芯纸板 07.0346

filter paper 滤纸 07.0345

filtration and deaeration 过滤和脱泡 01.1954

filtration combustion 渗透燃烧 01.1835

FIM 场离子显微术 01.0640

final forging die cavity 终锻模槽 01.1265

final setting of gypsum slurry 石膏浆终凝 03.0206

final setting of plaster slip 石膏浆终凝 03.0206

final transient region 末端过渡区 01.0955

fine ceramics * 精细陶瓷 03.0235

fine grain cast superalloy 细晶铸造高温合金 02.0834

fine grain cemented carbide 细晶硬质合金 02.1250

fine grained steel 细晶粒钢 02.0304，本质细晶粒钢 02.0306

fineness 纤度 04.0817

fine porcelain 细瓷 03.0133

fine pottery 精陶 03.0127，细陶器 03.0129

fine powder 细粉 02.1171

finger joint wood 指接材 07.0640

finishing 精整 01.1168

finite element analysis * 有限元分析 01.0840

finite element method 有限元法 01.0840

fire clay brick 黏土砖 03.0584

fire-proofing coating 防火涂层 03.0554

fire-resistance glass 防火玻璃 03.0535

fire-resistant steel 耐火钢 02.0296

fire retardant 阻燃剂 04.1345

fire retardant coating 防火涂料 04.0940

fire-retarding treatment of wood 木材阻燃处理，* 木材滞火处理 07.0621

firing 烧成 03.0038

firing ring 测温环 03.0120

first normal stress difference 第一法向应力差 04.0310

first-order phase transition 一级相变 01.0352

first ply failure envelope of laminate 层合板最先一层失效包线 05.0377

first ply failure load of laminate 层合板最先一层失效载荷 05.0373

first stage tempering 低温回火 01.1428

first wall materials 第一壁材料，* 面向等离子体材料 02.1085

Fisher subsieve sizer 费氏法 01.1751

fissile materials 易裂变材料 02.1029

fission fuel 裂变核燃料 02.1028

fixed dummy block extrusion 固定垫片挤压 01.1209

fixed partial bridge * 固定桥 08.0290

fixed partial denture 固定局部义齿，* 固定义齿 08.0290

fixed quality area 合格质量区 06.0144

flake 白点 01.1092

flake reinforcement 片状增强体 05.0106

flaky powder 片状粉 02.1182

flame remolten 火焰重熔 01.1520

flame retardant 阻燃剂 04.1345

flame retardant composite 阻燃复合材料 05.0293

flame retardant fiber 阻燃纤维 04.0747

flame soldering 火焰钎焊 01.1648

flame spraying 火焰喷涂 01.1517

flame spraying gun 火焰喷枪 01.1521

flame synthesis of powder 火焰合成法 03.0408

flammability 可燃性 04.1187

flanging 翻边 01.1301

flash evaporation 闪蒸蒸镀 01.1911

flash ignition temperature 骤燃温度 04.1189

flashless die forging ＊无边模锻 01.1260

flash radiography 闪光射线透照术 01.0665

flash welding 闪光对焊 01.1632

flaskless molding 无箱造型 01.1119

flat anvil stretching 平砧拔长 01.1244

flat anvil upsetting 平砧镦粗 01.1245

flat die forging 自由锻 01.1241

flat extrusion 扁坯料挤压，＊扁挤压筒挤压 01.1211

flat glass 平板玻璃 03.0473

flatness 平整度 06.0145

flatting agent 消光剂 04.1318

flat yarn 原丝 01.1993

flax-like fiber 仿麻纤维 04.0738

FLD 成形极限图 01.1311

flesh side 肉面 07.0411

flex cracking test 屈挠龟裂试验 04.0641

flex fatigue life 屈挠疲劳寿命 04.1211

flexible chain 柔性链 04.0172

flexible die forming 软模成型 05.0163

flexible multi-point forming 柔性多点成形 01.1348

flexible polyvinylchloride 软聚氯乙烯 04.0386

flexible PVC 软聚氯乙烯 04.0386

flint clay 硬质黏土 03.0678

float glass 浮法玻璃 03.0511

floating mandrel tube drawing 浮动芯头拉管 01.1284

floating-zone grown silicon 悬浮区熔硅 06.0127

floating-zone method 悬浮区熔法，＊FZ 法，＊无坩埚法 06.0428

Flory-Huggins theory 弗洛里－哈金斯溶液理论 04.0323

flow ability 流动性 01.1744

flow birefringence 流动双折射 04.0313

flowing temperature 流动温度 04.0249

flow mark 流痕 04.1262

flow pattern defects 流动图形缺陷 06.0203

flow soldering 波峰钎焊 01.1655

flow temperature 流动温度 04.0249

fluff pulp 绒毛浆 07.0288

fluid bed vulcanization 流化床硫化 04.0655

fluidization technology 流态化技术 01.0924

fluidized bed dipping painting 流化床浸涂 01.1567

fluid sand molding 流态砂造型 01.1125

fluorescence conversion efficiency 荧光转换效率 01.0594

fluorescence energy conversion efficiency 荧光能量转换效率 01.0596

fluorescence lifetime 荧光寿命 01.0593

fluorescence materials 荧光材料 03.0354

fluorescence of wood 木材荧光现象 07.0585

fluorescence quantum conversion efficiency 荧光量子效率 01.0595

fluorescent pigment 荧光颜料 04.1366

fluorescent whitening agent 荧光增白剂 04.1319

fluorite 萤石 07.0031

fluorite structure 萤石型结构 03.0017

fluoroacrylate rubber 含氟丙烯酸酯橡胶 04.0572

fluoroether rubber 全氟醚橡胶 04.0588

fluorofiber 含氟纤维 04.0694

fluoro-phosphazene rubber 氟化磷腈橡胶 04.0589

fluororubber 氟橡胶，＊氟弹性体 04.0585

fluoro-silicone rubber 氟硅橡胶 04.1003

flux 熔剂 01.1046

flux cored wire 药芯焊丝 01.1673

fly ash 粉煤灰 03.0724

fly ash brick 粉煤灰砖，＊漂珠砖 03.0642

foam concrete 泡沫混凝土 03.0746

foam core sandwich composite 泡沫夹层结构复合材料 05.0167

foamed alumina brick 泡沫氧化铝砖，＊泡沫刚玉砖 03.0638

foamed aluminum 泡沫铝 02.0490

foamed glass 发泡玻璃 03.0478

foamed magnesium alloy 泡沫镁合金 02.0529

foamed metal 泡沫金属 02.1231

foamed plastics 泡沫塑料 04.0353

foam glass 泡沫玻璃 03.0521

foaming agent 发泡剂 04.1293

foaming rubber 海绵橡胶 04.0605

foaming slag 泡沫渣 02.0129

focal plane 焦平面 06.0143

fogging value 雾化值 07.0507

foil 箔材，＊超薄带 02.0232

folded-chain lamella 折叠链晶片 04.0189

food wrapping paper 食品包装纸 07.0362

force-cooled superconducting wire 迫冷超导线 02.0973

forced non-resonance method 强迫非共振法 04.1137

forced resonance method 强迫共振法 04.1136

foreign body reaction　异物反应　08.0075

forgeability　可锻性　01.1277

forging　锻造　01.1240

forging defect　锻件缺陷　01.1268

forging die　锻造模具　01.1278

forging die steel　锻模钢　02.0366

forging force　锻造力　01.1264

forging ratio　锻造比　01.1263

formability　成形性　01.1741

formaldehyde emission content in wood-based panel　人造板甲醛释放限量　07.0724

formalized polyvinyl alcohol fiber　聚乙烯醇缩甲醛纤维，＊维纶　04.0689

formanite　黄钇钽矿　07.0052

formatting　[纸张]成形　07.0315

formed plywood　成型胶合板　07.0678

formed section　冷弯型材　01.1317

forming limit diagram　成形极限图　01.1311

forming of glass　玻璃成型　03.0455

forsterite　镁橄榄石　03.0682

forsterite brick　镁橄榄石砖　03.0601

forward extrusion　正[向]挤压　01.1189

forward slip　前滑　01.1181

foundry　铸造　01.1016

foundry coke　铸造焦　02.0080

fountain flow　涌泉流动　04.1263

Fourier transformation infrared absorption spectroscopy　傅里叶变换红外吸收光谱　06.0502

four-point bending test　四点弯曲试验　03.0370

four-probe measurement　四探针法　06.0487

four-probe method　四端电极法　03.0386

FPB　＊固定桥　08.0290

FPD　固定局部义齿，＊固定义齿　08.0290

FPDs　流动图形缺陷　06.0203

FQA　合格质量区　06.0144

fractional precipitation　分步沉淀　01.0889

fractionation　分级　04.0166

fractioning calendering　擦胶压延　04.0650

fraction of surface coverage　表面覆盖率　06.0047

fractography analysis　断口分析　01.0711

fracture　断裂　01.0715

fracture mechanics　断裂力学　01.0039

fracture physics　断裂物理学　01.0040

fracture strength　断裂强度　01.0494

fracture stress　断裂应力，＊断裂真应力　01.0727

fracture toughness　断裂韧度　01.0473

fracture toughness test　断裂韧度试验　01.0710

framework silicate structure　架状硅酸盐结构　03.0034

Frank partial dislocation　弗兰克不全位错　01.0296

freckle　黑斑　02.0817

free amorphous phase　自由非晶相　04.0207

free crystal growth　非强制性晶体生长　01.0961

free-cutting copper alloy　易切削铜合金　02.0626

free-cutting hot rolled high strength steel　易切削非调质钢　02.0332

free-cutting stainless steel　易切削不锈钢　02.0387

free-cutting steel　易切削钢　02.0324

free decay oscillation method　自由衰减振动法　04.1133

free energy　＊自由能　01.0169

free enthalpy　＊自由焓　01.0169

free forming　无模成形　01.1349

free lime　游离氧化钙，＊游离石灰　03.0710

freely-jointed chain　自由连接链　04.0170

free machining steel　易切削钢　02.0324

free radical polymerization　自由基聚合　04.0056

freeze drying process　冷冻干燥法　01.1723

Frenkel defect　弗仑克尔缺陷　01.0284

Frenkel pair　弗仑克尔对　01.0081

frequency constant　频率常数　01.0603

fretting　微动磨损，＊微动损伤　01.0800

fretting fatigue　微动疲劳　01.0506

fretting wear　微动磨损，＊微动损伤　01.0800

friction functional composite　摩擦功能复合材料　05.0295

friction stir welding　搅拌摩擦焊　01.1637

friction welding　摩擦焊　01.1634

frit　熔块　03.0201

frosted glass　毛玻璃　03.0510

frozen casting forming　冷冻浇注成型　03.0432

frozen drying　冷冻干燥，＊升华干燥　03.0413

FR steel　耐火钢　02.0296

fuel assembly　燃料组件　02.1048

fuel cladding　燃料包壳　02.1051

fuel element　燃料元件　02.1045

fuel injection　喷吹燃料　02.0088

fuel pellet　燃料芯块　02.1047

fuel rate　燃料比　02.0098

fuel ratio 燃料比 02.0098

fugacity 逸度 01.0174

full annealing 完全退火 01.1400

full density materials 全致密材料，＊全密度材料 02.1210

full denture 全口义齿 08.0289

full dyed leather 水染革 07.0439

fullerene 富勒烯 01.0323

fullerene ［compound］ superconductor 富勒烯［化合物］超导体 02.0949

full grain leather 全粒面革 07.0426

full mold casting 实型铸造 01.1041

fullness of leather 皮革丰满性能 07.0453

full stabilized zirconia ceramics 全稳定氧化锆陶瓷 03.0270

fully bleached pulp 全漂浆 07.0300

fully drawn yarn 全拉伸丝，＊FDY丝 04.0804

fully oriented 全取向丝，＊FOY丝 04.0803

fumigation of wood 木材熏蒸处理 07.0622

functional ceramics 功能陶瓷 03.0237

functional composite 功能复合材料 05.0008

functional fiber 功能纤维 04.0768

functional gradient cemented carbide 梯度结构硬质合金 02.1264

functional gradient composite 功能梯度复合材料 05.0018

functionality 官能度 04.0045

functionally graded materials 梯度功能材料 03.0246

functional materials 功能材料 01.0029

functional polymer materials 功能高分子材料 04.1019

functional refractory 功能耐火材料 03.0629

function plywood 功能胶合板 07.0725

fur 毛皮 07.0404

furan resin 呋喃树脂 04.0426

furfural 糠醛，＊呋喃甲醛 07.0755

furfuralcohol-modified urea formaldehyde resin 糠脲树脂 04.0430

furfural resin 糠醛树脂 04.0428

furfuryl alcohol resin 糠醇树脂 04.0427

furfuryl polyether 四氢呋喃均聚醚，＊聚四氢呋喃 04.0448

furnace cooling 炉冷 01.1389

furnace gas drying of wood 木材炉气干燥 07.0636

furskin 细杂皮 07.0406

fused cast brick 熔铸砖 03.0589

fused cast zirconia corundum brick 熔铸锆刚玉砖，＊AZS熔铸砖，＊电熔锆刚玉砖 03.0628

fused quartz ceramics 熔石英陶瓷，＊石英陶瓷 03.0294

fused quartz product 熔融石英制品 03.0580

fused salt corrosion 熔盐腐蚀 01.0786

fusible alloy 低熔点合金，＊易熔合金 02.0685

fusible cone 测温锥，＊测温三角锥 03.0121

fusible pattern 熔模 01.1129

fusion electrolysis 熔盐电解 01.0897

fusion fuel 聚变核燃料，＊热核燃料 02.1088

fusion reactor 聚变堆 02.1081

fusion reactor materials 聚变堆材料 02.1084

fusion reduction 熔融还原 01.0920

fusion type plasma arc welding 熔透型等离子弧焊，＊熔透法 01.1618

fusion welding 熔［化］焊 01.1598

fusion zone 熔合区 01.1694

G

gabbro 辉长岩 07.0152

gadolinium gallium garnet crystal 钆镓石榴子石晶体 03.0076

galena 方铅矿 07.0030

gallium antimonide 锑化镓 06.0228

gallium antisite defect 镓反位缺陷 06.0250

gallium arsenic phosphide 镓砷磷 06.0254

gallium arsenide 砷化镓 06.0221

gallium indium arsenide 镓铟砷 06.0255

gallium indium arsenide antimonide 镓铟砷锑 06.0262

gallium indium arsenide phosphide 镓铟砷磷 06.0261

gallium indium phosphide 镓铟磷 06.0258

gallium nitride 氮化镓 06.0230

gallium phosphide 磷化镓 06.0225

gallium vacancy 镓空位 06.0251

galvanic corrosion 电偶腐蚀，＊接触腐蚀，＊异金属腐蚀 01.0770

galvanized sheet 镀锌钢板，＊白铁皮，＊镀锌铁皮 02.0247

gangue 煤矸石 07.0201

gap-filling adhesive　接缝密封胶　04.0852

garnet　石榴子石　07.0067

garnet laser crystal　石榴子石型激光晶体　03.0103

garnet structure　石榴子石型结构　03.0025

gas-assisted injection molding　气体辅助注射成型　04.1243

gas atomization　气体雾化　01.1711

gas bulging forming　气胀成形　01.1330

gas chromatography mass spectrometry　气相色谱－质谱法　01.0657

gas concrete　加气混凝土　03.0745

gas coolant　气体冷却剂　02.1069

gas flow levitation　气体悬浮　01.1013

gas handling system　气体输运系统　06.0480

gas hole　气孔　01.1085

gas hydrate　可燃冰，＊天然气水合物　07.0229

gas permeability　透气度　01.0601

gas permeable brick　＊透气砖　03.0632

gas phase doping　气相掺杂　06.0078

gas phase reaction method　气相反应法　01.1757

gas phase synthesis　气体合成法　01.1894

gas pressure sintering　气压烧结，＊烧结－热等静压　01.1806

gas reaction preparation of powder　气相反应法制粉　03.0395

gas sensitive ceramics　气敏陶瓷　03.0343

gas sensitive component　气敏元件　06.0382

gas sensitive resistor materials　气敏电阻器材料　06.0372

gas shielded arc welding　气体保护电弧焊，＊气体保护焊　01.1601

gas source molecular beam epitaxy　气态源分子束外延　06.0443

gas valve steel　＊气阀钢　02.0404

gating system　浇注系统　01.1102

Gaussian chain　高斯链　04.0174

GC-MS　气相色谱－质谱法　01.0657

Ge kiln　哥窑　03.0163

gel　凝胶　04.0200

gelating agent　胶凝剂，＊絮凝剂　04.1303

gel casting　凝胶注模成型　03.0428

gel chloroprene rubber　凝胶型氯丁橡胶　04.0547

gel ion exchange resin　凝胶型离子交换树脂　04.1065

gel permeation chromatography　凝胶渗透色谱法　04.1119

gel point　凝胶点　04.0203

gel point of prepreg　预浸料凝胶点　05.0186

gel spinning　凝胶纺丝　01.1955

gel time of prepreg　预浸料凝胶时间　05.0185

gem　宝石　07.0230

gem diamond　宝石级金刚石　03.0094

gene delivery system　基因传递系统，＊基因导入系统　08.0215

general corrosion　均匀腐蚀　01.0764

general purposed plastics　通用塑料　04.0349

gene therapy　基因治疗　08.0086

gene vector　基因载体　08.0228

genotoxicity　遗传毒性　08.0128

geometrical softening　几何软化　01.0516

germanium　锗　06.0102

germanium collection　锗富集物　06.0105

germanium for infrared optics　红外光学用锗　06.0115

germanium tetrachloride　四氯化锗　06.0106

getter　吸气剂　01.1798

gettering　吸除　06.0170

GGG　钆镓石榴子石晶体　03.0076

giant magnetoresistance effect　巨磁电阻效应　01.0121

giant magnetoresistance materials　巨磁电阻材料　02.1150

giant magnetoresistance semiconductor　巨磁电阻半导体　06.0365

Gibbs free energy　吉布斯自由能　01.0169

Gibbs phase rule　＊吉布斯相律　01.0186

Gibbs-Thomson factor　吉布斯－汤姆孙系数　01.0951

glass　玻璃　03.0448

glass bead　玻璃细珠，＊玻璃微珠　03.0482

glass-ceramics　＊玻璃陶瓷　03.0491

glass fiber reinforced polymer composite　玻璃纤维增强聚合物基复合材料　05.0110

glass fiber reinforcement　玻璃纤维增强体　05.0058

glass fluxing technique　熔融玻璃净化法　01.1009

glass-infiltrated dental ceramics　玻璃浸渗牙科陶瓷，＊玻璃渗透牙科陶瓷　08.0285

glass-ionomer cement　玻璃离子水门汀　08.0249

glass lubricant extrusion　玻璃润滑挤压　01.1213

glass matrix composite　玻璃基复合材料　05.0012

glass microballoon reinforcement　玻璃微球增强体　05.0101

glass microsphere 玻璃细珠，＊玻璃微珠 03.0482

glass/phenolic ablative composite 玻璃/酚醛防热复合材料 05.0314

glass polyalkenoate cement 玻璃离子水门汀 08.0249

glass transition 玻璃化转变，＊α转变 04.0246

glass transition temperature 玻璃化转变温度 04.0247

glassy ion conductor ＊玻璃态离子导体 03.0351

glassy state 玻璃态 04.0239

glauberite 钙芒硝 07.0125

glauconite 海绿石 07.0099

glauconite sand 绿砂 07.0199

glauconite sandstone 海绿石砂岩 07.0198

glauconitic rock 海绿石质岩 07.0200

glaze 釉 03.0175

glaze body interface 胎釉中间层 03.0213

glazed leather 打光革 07.0434

glazed tile 琉璃瓦 03.0232

glaze for electric porcelain 电瓷釉 03.0148

glaze materials 釉料 03.0227

glaze slurry 釉浆 03.0176

glazing 打光 07.0493

gloss 光泽度 04.0955

gloss paint 有光漆 04.0945

glow discharge carburizing ＊辉光放电渗碳 01.1578

glow discharge deposition 辉光放电沉积 06.0291

glow discharge heat treatment 离子轰击热处理 01.1378

glow discharge nitriding 离子渗氮 01.1442

glued laminated wood 胶合木，＊集成材，＊层积材 07.0642

glue penetration 单板透胶 07.0664

glulam 胶合木，＊集成材，＊层积材 07.0642

GMR effect 巨磁电阻效应 01.0121

GMR materials 巨磁电阻材料 02.1150

gneiss 片麻岩 07.0219

gold 金 02.0628

gold based alloy 金基合金 02.0631

good solvent 良溶剂 04.0318

Gor'kov-Eliashberg theory 戈里科夫-耶利亚什贝尔格理论 01.0097

Goss texture 戈斯织构 01.0438

GPC 凝胶渗透色谱法 04.1119

gradient copolymer 梯度共聚物 04.0030

graft 移植物 08.0023

graft copolymer 接枝共聚物 04.0026

grafted natural rubber 接枝天然橡胶 04.0506

grafting degree 接枝度 04.0029

grafting site 接枝点 04.0027

graft polymer ＊接枝聚合物 04.0026

graft polypropylene 接枝聚丙烯 04.0377

grain 晶粒 01.0332

grain boundary 晶界 01.0334

grain boundary layer capacitor ceramics 晶界层电容器陶瓷 03.0325

grain growth 晶粒长大 01.0416

grain leather 头层革 07.0424

grain multiplication 晶粒增殖 01.1074

grain of leather 皮革粒纹 07.0459

grain refinement 晶粒细化 01.1049

grain refinement strengthening 晶粒细化强化 01.0525

grain refiner 细化剂 01.1051

grain surface 粒面 07.0407

granite 花岗岩 07.0161

granular bainite 粒状贝氏体 02.0033

granular perlite 粒状珠光体 02.0024

granular polysilicon 颗粒状多晶硅 06.0119

granular powder 粒状粉 02.1180

granulation 造粒，＊制粒 01.1731

granulation technology 造粒工艺 03.0415

graphite 石墨 07.0015

graphite clay brick 石墨黏土砖 03.0585

graphite electrode 石墨电极 02.0141

graphite fiber reinforcement 石墨纤维增强体，＊高模量碳纤维增强体 05.0030

graphite for nuclear reactor 核用石墨 02.1057

graphite non-stabilized element 阻碍石墨化元素，＊非石墨化元素 02.0054

graphite-schist 石墨片岩 07.0218

graphite stabilized element 石墨化元素，＊促进石墨化元素 02.0053

graphite structure 石墨结构 03.0010

graphite whisker reinforcement 石墨晶须增强体 05.0078

graphitic steel 石墨钢 02.0368

graphitizable steel 石墨钢 02.0368

graphitization degree of carbon/carbon composite 碳/碳复合材料石墨化度 05.0309

graphitized element 石墨化元素，＊促进石墨化元素

02.0053

graphitizing treatment　石墨化退火　01.1404

gravity segregation　重力偏析　01.1083

grease glazed leather　油光革　07.0436

grease proof paper　防油纸　07.0361

green compact　生坯　01.1774

green hide　鲜皮　07.0392

green sand mold　湿[砂]型　01.1122

green skin　鲜皮　07.0392

green strength　初始强度　04.0888

greisen　云英岩　07.0222

grevertex　天甲胶乳　04.0514

grey cast iron　灰口铸铁，* 灰铸铁　02.0416

grinding　研磨　04.0929

groove　孔型　01.1178，坡口　01.1661

groove rolling　孔型轧制　01.1160

ground glass　毛玻璃　03.0510

groundwood pulp　磨木浆　07.0299

group transfer polymerization　基团转移聚合　04.0106

growth　生长　01.0934

growth by dislocation　位错生长　01.1862

growth factor　生长因子　08.0064

growth interface　生长界面　01.1852

growth mechanism by twin　孪晶生长机制　01.1864

growth rate　生长速率　01.1865

growth ring　生长轮　07.0534

GSMBE　气态源分子束外延　06.0443

GTP　基团转移聚合　04.0106

Guangdong decoration　广彩　03.0173

guide and guard　导卫　01.1179

guide wire　导丝　08.0204

Guinier-Preston zone　GP 区　01.0389

Gunn diode　耿氏二极管　06.0302

gutta percha　古塔波胶　04.0509

gypsum　石膏　07.0118

gypsum board　石膏纸板　07.0352

gypsum particleboard　石膏刨花板　07.0703

H

hafnium　铪　02.0771

hafnium alloy　铪合金　02.0775

hafnium control rod　铪控制棒　02.1066

hafnium electrode　铪电极　02.0776

hafnium for unclear reactor　核用铪　02.1065

hafnium powder　铪粉　02.0774

half-crystallization time　半结晶时间　04.0197

half time of crystallization　半结晶时间　04.0197

halide glass　卤化物玻璃　03.0464

halite　石盐　07.0032

Hall coefficient　霍尔系数　06.0024

Hall effect　霍尔效应　06.0023

Hall mobility　霍尔迁移率　06.0025

halloysite　埃洛石，* 多水高岭石，* 叙永石　07.0088

Hall-Petch relationship　霍尔-佩奇关系　01.0514

halogenated butyl rubber　卤化丁基橡胶　04.0567

halogenated ethylene-propylene-diene-terpolymer rubber　卤化乙丙橡胶　04.0553

halogen-flame retardant　卤素阻燃剂　04.1346

hammer blow　锤击　01.1466

hand lay-up process　手糊成型　05.0157

hand-pressing　印坯　03.0225

hard aluminum alloy　硬铝合金，* 硬铝　02.0484

hard burning　死烧　03.0698

hardenability　淬透性　01.1418

hardenability band　淬透性带　01.1422

hardenability curve　淬透性曲线　01.1421

hardened zone　硬化区　01.1697

hardening capacity　淬硬性　01.1423

hardface materials　硬面材料　02.1270

hard ferrite　硬磁铁氧体，* 永磁铁氧体　03.0319

hard lead alloy　硬铅合金　02.0671

hard magnetic iron barium ferrite　铁酸钡硬磁铁氧体，* 钡铁氧体　03.0320

hard magnetic materials　硬磁材料　02.0877

hard metal　硬质合金　02.1245

hardness　硬度　01.0512

hardness test　硬度试验　01.0702

hard porcelain　硬质瓷　03.0135

hard rubber　硬质胶　04.0606

hard steel wire　硬线钢　02.0298

hardwood　* 硬材　07.0520

Hastelloy alloy　哈氏合金　02.0786

HAZ　热影响区　01.1695

haze　雾度　04.1183，雾缺陷　06.0204

HCL　空心圆柱积材　07.0720

HDPE 高密度聚乙烯 04.0357

heading 顶镦 01.1274

heap leaching 堆浸 01.0871

heartwood 心材 07.0533

heat accumulating fiber 蓄热纤维 04.0778

heat affected zone 热影响区 01.1695

heat capacity 热容[量] 01.0171

heat-conducting silicone grease 导热硅脂 04.1009

heat-curing denture base polymer 热固化型义齿基托聚合物 08.0272

heat distorsional temperature 热变形温度 04.1142

heat-induced pore 热诱导孔洞 02.0849

heat insulating refractory ＊ 隔热耐火材料 03.0637

heat insulation coating 隔热涂层 03.0553

heat of crystallization 结晶热 03.0005

heat of crystal polymorphic transformation 晶型转变热 03.0007

heat of fusion 熔化热 01.0893

heat of hydration 水化热 03.0004

heat of wetting 润湿热 03.0008

heat reflective glass 热反射玻璃，＊ 镀膜玻璃 03.0518

heat regenerable ion exchange resin 热再生离子交换树脂 04.1066

heat-resistance electric insulating paint 高温绝缘漆 03.0551

heat-resistant alloy 耐热合金 02.0801

heat-resistant aluminum alloy 耐热铝合金 02.0481

heat-resistant cast iron 耐热铸铁 02.0427

heat-resistant cast steel 耐热铸钢 02.0438

heat-resistant cast titanium alloy 耐热铸造钛合金 02.0559

heat-resistant composite ＊ 防热复合材料 05.0299

heat-resistant concrete 耐热混凝土 03.0752

heat-resistant magnesium alloy 耐热镁合金 02.0525

heat-resistant spring steel 耐热弹簧钢 02.0335

heat-resistant stealthy composite 防热隐形复合材料 05.0305

heat-resistant steel 耐热钢 02.0397

heat-resistant tantalum alloy 耐热钽合金 02.0748

heat-resistant titanium alloy 耐热钛合金，＊ 热强钛合金 02.0551

heat resisting temperature 耐热温度 01.0511

heat setting 热定型 01.1985

heat setting at constant length 定长热定型 01.1987

heat setting under tension 控制张力热定型 01.1986

heat stabilizer 热稳定剂 04.1338

heat-strengthened glass ＊ 热强化玻璃 03.0528

heat transport equation 热量输运方程 06.0045

heat treatment 热处理 01.1359

heat treatment in fluidized bed 流态床热处理 01.1379

heat treatment in protective gas 保护气氛热处理 01.1371

heat treatment of glass 玻璃热处理 03.0458

heat treatment protective coating 热处理保护涂层 03.0544

heavily-doped monocrystalline silicon 重掺杂硅单晶 06.0126

heavy doping 重掺杂 06.0075

heavy envelope paper board 封套纸板 07.0367

heavy leather 重革 07.0423

heavy steel plate 厚钢板 02.0229

heavy water 重水 02.1056

HEC 羟乙基纤维素 04.0409

helical crimp 三维卷曲，＊ 立体螺旋形卷曲 04.0823

helium-3 氦-3 02.1092

helium-arc welding 氦弧焊 01.1609

Helmholtz free energy 亥姆霍兹自由能 01.0170

Helmholtz function ＊ 亥姆霍兹函数 01.0170

hematite 赤铁矿 07.0036

hematopoietic stem cell 造血干细胞 08.0173

hemicellulose 半纤维素 07.0566

hemming adhesive 折边胶 04.0853

hemo-filtration 血液滤过 08.0157

hemolysis 溶血 08.0115

hemoperfusion 血液灌流 08.0159

Hess law 盖斯定律 03.0006

heterochain fiber 杂链纤维 04.0698

heterochain polymer 杂链聚合物 04.0009

heterocyclic polymer 杂环聚合物 04.0010

heteroepitaxy 异质外延 06.0438

heterogeneous nucleation 非均匀形核，＊ 异质形核 01.0930

heterogeneous polymerization 非均相聚合 04.0112

heterojunction 异质结 06.0359

heterojunction phototransistor 异质结光电晶体管 06.0361

heterojunction with intrinsic thin layer ＊ HIT 电池 06.0295

heterostructure laser　异质结激光器　06.0360

Hetian jade　和田玉　07.0256

hexagonal close-packed structure　密排六方结构　01.0268

hexagonal diamond　六方金刚石　03.0092

hexagonal ZnS structure　六方硫化锌结构　03.0014

hexamethylcyclotrisiloxane　六甲基环三硅氧烷，＊D3　04.0979

HIC　氢致开裂　01.0775

high alloy cast steel　高合金铸钢　02.0435

high alloy ultra-high strength steel　高合金超高强度钢　02.0320

high alumina brick　高铝砖　03.0586

high alumina cement　高铝水泥，＊矾土水泥　03.0731

high alumina cordierite brick　高铝堇青石砖　03.0587

high alumina refractory castable　高铝耐火浇注料　03.0659

high alumina refractory fiber product　高铝耐火纤维制品　03.0646

high basic slag　＊高碱度渣　02.0128

high boron-low carbon superalloy　高硼低碳高温合金　02.0831

high carbon chromium bearing steel　高碳铬轴承钢　02.0339

high carbon steel　高碳钢　02.0218

high-cis-1,4-polybutadiene rubber　高顺丁橡胶　04.0523

high damping titanium alloy　高减振钛合金　02.0555

high density polyethylene　高密度聚乙烯　04.0357

high density tungsten alloy　高密度钨合金，＊钨基重合金，＊高比重合金　02.0700

high elasticity　高弹性　04.0241

high elasticity copper alloy　高弹性铜合金　02.1105

high elastic modulus aluminum alloy　高弹性模量铝合金　02.0496

high elastic plateau　高弹平台区，＊橡胶平台区　04.0244

high elastic state　高弹态　04.0240

high energy ball milling　高能球磨　01.1720

high energy heat treatment　高能束热处理　01.1380

high frequency induction heating evaporation　高频感应加热蒸发　01.1901

high frequency induction welding　高频焊　01.1644

high frequency magnetron sputtering　高频磁控溅射　01.1917

high frequency measurement of photoconductivity decay method　高频光电导衰退法　06.0491

high frequency plasma gun　高频等离子枪　01.0915

high grade energy welding　高能束焊　01.1611

high-gravity solidification　超重力凝固　01.0998

high heat flux materials　高热流材料　02.1087

high impact polystyrene　高抗冲聚苯乙烯　04.0393

high isotropy die steel　高等向性模具钢　02.0367

high lubrication polyoxymethylene　高润滑性聚甲醛　04.0444

highly conductive composite　高导电复合材料　05.0276

high magnetostriction alloy　高磁致伸缩合金　02.0871

high manganese steel　高锰钢　02.0437

high molecular weight high density polyethylene　高分子量高密度聚乙烯　04.0363

high molecular weight polyvinylchloride　高分子量聚氯乙烯　04.0381

high order phase transition　高级相变　01.0354

high performance ceramics　＊高性能陶瓷　03.0235

high performance concrete　高性能混凝土　03.0733

high performance fiber　高性能纤维　04.0743

high performance permanent magnet　高性能永磁体　02.0922

high performance steel　高性能钢　02.0372

high permeability alloy　高磁导率合金　02.0875

high phosphorus cast iron　高磷铸铁　02.0425

high plastic and low strength titanium alloy　高塑低强钛合金　02.0547

high power semiconductor laser　高功率半导体激光器　06.0322

high pressure ammonium leaching　高压氨浸　01.0866

high pressure Bridgman method　高压布里奇曼法　01.1885

high pressure hydrometallurgy　高压湿法冶金　01.0859

high pressure leaching　高压浸出　01.0865

high pressure molding　高压造型　01.1128

high pressure solidification　高压凝固　01.0999

high-purity alumina ceramics　高纯氧化铝陶瓷　03.0281

high-purity aluminum　高纯铝　02.0450

high-purity copper　高纯铜　02.0587

high-purity ferritic stainless steel　高纯铁素体不锈钢　02.0391

high-purity magnesium alloy　高纯镁合金　02.0507

high-purity molybdenum 高纯钼 02.0717

high-purity tungsten 高纯钨 02.0694

high radiating coating 高辐射涂层 03.0537

high range water-reducing admixture 高效减水剂 03.0714

high rate solidification method 高速凝固法 01.0988

high resistance aluminum alloy 高电阻铝合金 02.1160

high resolution electron microscopy 高分辨电子显微术 01.0641

high shrinkage fiber 高收缩纤维 04.0792

high-silica glass 高硅氧玻璃 03.0472

high-silica glass/phenolic ablative composite 高硅氧玻璃/酚醛防热复合材料 05.0313

high silicon steel 高硅钢 02.0413

high solid with content coating 高固体分涂料 04.0937

high speed die forging 高速模锻 01.1255

high speed forming 高速成形,＊高能率成形 01.1339

high speed hammer forging 高速锤锻造 01.1273

high speed steel 高速钢 02.0350

high speed tool steel ＊高速工具钢 02.0350

high strength aluminum alloy 高强铝合金 02.0483

high strength and heat resistant aluminum alloy 高强耐热铝合金 02.0482

high strength and heat resistant cast aluminum alloy 热强铸造铝合金,＊耐热铸造铝合金 02.0480

high strength and high conduction copper alloy 高强高导电铜合金 02.0625

high strength and high modulus fiber 高强度高模量纤维 04.0749

high strength cast aluminum alloy 高强铸造铝合金 02.0479

high strength cast magnesium alloy 高强度铸造镁合金 02.0516

high strength cast titanium alloy 高强铸造钛合金 02.0560

high strength concrete 高强混凝土 03.0743

high strength diamond 高强度金刚石 03.0091

high strength low alloy steel 低合金高强度钢 02.0272

high strength stainless steel 高强度不锈钢 02.0381

high strength titanium alloy 高强钛合金 02.0549

high stretch yarn 高弹变形丝,＊高弹丝 04.0730

high styrene latex 高苯乙烯胶乳 04.0541

high technology ceramics ＊高技术陶瓷 03.0235

high temperature alloy 高温合金 02.0793

high temperature alloy for combustion chamber 燃烧室高温合金 02.0807

high temperature and energy-saving coating materials 高温节能涂料 03.0670

high temperature anti-oxidation coating 高温抗氧化涂层 03.0542

high temperature bearing steel 高温轴承钢,＊耐热轴承钢 02.0341

high temperature constant modulus alloy 高温恒弹性合金 02.1113

high temperature corrosion-resistant coating 高温防腐蚀涂层 03.0543

high temperature drying of wood 木材高温干燥 07.0634

high temperature electric insulating paint 高温绝缘漆 03.0551

high temperature forced hydrolysis 高温强制水解 01.0890

high temperature isostatic pressed sintered silicon carbide ceramics 高温等静压烧结碳化硅陶瓷 03.0267

high temperature lubricating coating 高温润滑涂层 03.0555

high temperature magnet 高温磁体 02.0926

high temperature niobium alloy 高温铌合金 02.0736

high temperature oxidation 高温氧化 01.0785

high temperature radar absorbing materials 高温吸波材料 02.1005

high temperature resistant fiber 耐高温纤维 04.0745

high temperature stability of volume 高温体积稳定性 03.0687

high temperature stream sealing 高温蒸气封孔 01.1506

high temperature strength steel 热强钢 02.0398

high temperature structural intermetallic compound 高温结构金属间化合物 02.0859

high temperature superconducting ceramics 高温超导陶瓷 03.0349

high temperature superconducting composite 高温超导复合材料 05.0279

high temperature superconductor 高温超导体 02.0939

high temperature tempering 高温回火 01.1430

high temperature thermal sensitive ceramics 高温热敏陶瓷 03.0338

high temperature thermosensitive ceramics 高温热敏陶

瓷 03.0338

high temperature titanium alloy ＊高温钛合金 02.0551

high temperature vulcanized silicone rubber 高温硫化硅橡胶 04.1001

high tension insulator 高压电瓷 03.0143

high top-pressure operation 高压操作 02.0093

high *trans*-chloroprene rubber 高反式聚氯丁二烯橡胶，＊古塔波式氯丁橡胶 04.0548

high *trans*-styrene-butadiene rubber 高反式丁苯橡胶 04.0538

high vanadium high speed steel 高碳高钒高速钢，＊高钒高速钢 02.0353

high velocity arc spraying 高速电弧喷涂 01.1534

high velocity compaction 高速压制 01.1790

high-voltage capacitor ceramics 高压电容器陶瓷 03.0324

high-voltage electric porcelain 高压电瓷 03.0143

high-voltage electron microscopy 高压电子显微术 01.0642

HIPS 高抗冲聚苯乙烯 04.0393

histocompatibility 组织相容性 08.0059

HMPVC 高分子量聚氯乙烯 04.0381

HMWHDPE 高分子量高密度聚乙烯 04.0363

holding 静置 01.1057

holding power of nails and screw of wood 木材握钉力 07.0600

hole 空穴 06.0031

hole conduction 空穴导电性 01.0060

hole expansion test 扩孔试验 01.1306

hollow casting 空心注浆 03.0189

hollow cathode deposition 空心阴极离子镀 01.1927

hollow cathode electron-gun 空心阴极电子枪 01.1903

hollow cylindrical lumber 空心圆柱积材 07.0720

hollow drawing 空拉 01.1282

hollow drill steel 中空钢 02.0369

hollowed microballoon reinforcement 空心微球增强体 05.0103

hollow fiber 中空纤维 04.0769

hollow fiber membrane 中空纤维膜，＊多孔质中空纤维膜 04.0770

hollow section extrusion 空心型材挤压 01.1232

holographic testing 全息检测 01.0684

homeostasis liquid phase epitaxy 稳态液相外延 01.1941

homoepitaxy 同质外延 06.0437

homogeneity of refractive index 折射指数均匀性 06.0030

homogenizing 均匀化退火 01.1399

homogeneous deformation 均匀变形 01.1144

homogeneous nucleation 均匀形核，＊均质形核 01.0929

homogeneous polymerization 均相聚合 04.0111

homopolymer 均聚物 04.0016

homopolymerization 均聚反应 04.0049

homopolymerized epichlorohydrin rubber 均聚型氯醚橡胶 04.0596

honeycomb board 蜂窝纸板 07.0356

honeycomb core board 蜂窝板 07.0707

honeycomb core sandwich composite 蜂窝夹层复合材料 05.0168

hongmu 红木 07.0646

hopping conductivity 跳跃电导 06.0275

horizontal Bridgman GaAs single crystal 水平砷化镓单晶 06.0223

horizontal Bridgman grown monocrystalline germanium 水平法锗单晶 06.0113

horizontal burning method 水平燃烧法 04.1195

horizontal crystal growth method 水平[晶体]生长法 06.0425

horizontal extrusion 卧式挤压 01.1233

horizontal reactor 水平反应室 06.0478

horizontal shift factor 平移因子，＊移动因子 04.0280

hornblendite 角闪石岩 07.0151

hornfels 角岩 07.0211

horn gate 牛角式浇口 01.1110

host response 宿主反应 08.0071

hot bending glass 热弯玻璃 03.0530

hot bending section 热弯型钢 01.1322

hot box process 热芯盒法 01.1118

hot corrosion 热腐蚀 01.0787

hot corrosion resistant cast superalloy 抗热腐蚀铸造高温合金 02.0835

hot cracking 热裂 01.1089

hot deformation 热变形 01.1139

hot dipping 热浸镀 01.1561

hot dip tinning 热镀锡 01.1562

hot dip zinc-aluminum alloy 热镀锌铝 01.1563

hot drawing 热拉 01.1294

hot extrusion 热挤压 01.1192

hot extrusion die steel 热挤压模具钢 02.0364

hot galvanizing 热镀锌 01.1560

hot-humid aging test 湿热老化试验 04.0891

hot injection molding 热压铸成型 03.0423

hot isostatic pressing 热等静压制 01.1786

hot isostatic pressing sintering 热等静压烧结 03.0441

hot-melt adhesive 热熔胶黏剂，＊热熔胶 04.0835

hot metal charge 铁水热装 02.0113

hot metal pretreatment 铁水预处理 02.0107

hot pressing 热压 01.1779

hot pressing fabrication of metal matrix composite 金属
基复合材料热压制备工艺 05.0265

hot pressing sintered silicon carbide 热压烧结碳化硅
03.0265

hot press processing 热压成型 01.1355

hot press sintering 热压烧结 01.1831

hot pressure sintered silicon nitride ceramics 热压烧结
氮化硅陶瓷 03.0260

hot pressure welding 热压焊 01.1643

hot rolled high strength steel 非调质钢 02.0331

hot rolled seamless steel tube 热轧无缝钢管 01.1174

hot rolled steel 热轧钢材 02.0258

hot rolling 热轧 01.1162

hot-shearing tool steel 热剪切工具钢 02.0363

hot solidification of oxide dispersion strengthened
superalloy 氧化物弥散强化合金热固实化 02.0853

hot tearing 热裂 01.1089

hot-top-segregation 热顶偏析 01.1082

hot wall epitaxy 热壁外延 06.0468

hot-working die steel 热作模具钢 02.0348

HREM 高分辨电子显微术 01.0641

H-resin H 树脂 04.0482

HRS method 高速凝固法 01.0988

HSC 造血干细胞 08.0173

H-shaped steel H 型钢 02.0244

HSLA steel 低合金高强度钢 02.0272

HTV silicone rubber 高温硫化硅橡胶 04.1001

Huang scattering 黄昆散射 01.0142

Huggins parameter 哈金斯参数 04.0324

humidity proof plywood 耐湿胶合板 07.0680

humidity-sensitive ceramics 湿敏陶瓷 03.0346

humidity-sensitive resistance materials 湿敏电阻材料

02.1147

humidity-sensitive resistor materials 湿敏电阻器材料
06.0373

Hund rule 洪德定则 01.0115

HVEM 高压电子显微术 01.0642

HVPE 氢化物气相外延 06.0441

HWE 热壁外延 06.0468

hybrid artificial organ 杂化人工器官 08.0135

hybrid composite 混杂纤维复合材料 05.0015

hybrid fiber reinforced polymer composite 混杂纤维增
强聚合物基复合材料 05.0119

hybrid interface number 混杂界面数 05.0171

hybrid ratio 混杂比 05.0172

hybrid reinforced metal matrix composite 混杂增强金属
基复合材料 05.0238

hydrated calcium silicate 水化硅酸钙 03.0739

hydraulic cementitious materials 水硬性胶凝材料
03.0701

hydraulic cyclone method 水力旋流法 03.0234

hydraulic forming 液压成形 01.1335

hydrazine-formaldehyde latex 肼－甲醛胶乳 04.0516

hydride-dehydrate powder 氢化－脱氢粉 02.1195

hydride vapor phase epitaxy 氢化物气相外延 06.0441

hydrocolloid impression materials 水胶体印模材料
08.0259

hydrodynamic volume 流体力学体积 04.0327

hydrogenated amorphous silicon 氢化非晶硅 06.0281

hydrogenated microcrystalline silicon 氢化微晶硅
06.0282

hydrogenated nanocrystalline silicon 氢化纳米晶硅
06.0283

hydrogenated nitrile rubber 氢化丁腈橡胶，＊高饱和丁
腈橡胶 04.0559

hydrogen attack 氢蚀 01.0779

hydrogen bond 氢键 01.0229

hydrogen damage ＊氢损伤 01.0777

hydrogen embrittlement 氢脆 01.0777

hydrogen embrittlement susceptibility 氢脆敏感性
01.0740

hydrogen hardening 氢致硬化 01.0736

hydrogen induced cracking 氢致开裂 01.0775

hydrogen induced ductility loss 氢致塑性损失
01.0776

hydrogen precipitation 氢气沉淀 01.0882

hydrogen relief annealing　预防白点退火　01.1397

hydrogen softening　氢致软化　01.0735

hydrogen storage alloy　贮氢合金　02.1017

hydrogen storage materials　贮氢材料　02.1015

hydrogen transfer polymerization　氢转移聚合　04.0105

hydrolysis precipitation　水解沉淀　01.0885

hydrolysis reaction　水解反应　01.1939

hydrolytic condensation of silane　硅烷水解缩合反应　04.0985

hydromechanical forming　液压－机械成形　01.1338

hydrometallurgy　湿法冶金　01.0858

hydro-rubber forming　液压－橡皮模成形　01.1337

hydroscopic fiber　吸湿纤维　04.0794

hydrosilylation　硅氢加成反应　04.0984

hydrostatic extrusion　静液挤压　01.1214

hydrothermal process of powder　水热法制粉　03.0400

hydrothermal synthesis　水热合成　01.0862

hydroxyapatite bioactive ceramics　羟基磷灰石生物活性陶瓷　08.0040

hydroxyapatite coating　羟基磷灰石涂层　08.0098

hydroxyethyl cellulose　羟乙基纤维素　04.0409

hydroxyl silicone oil　羟基硅油　04.0991

hydroxyl-terminated liquid polybutadiene rubber　端羟基液体聚丁二烯橡胶　04.0528

hygroscopicity of wood　木材吸湿性　07.0575

hygrothermal effect of composite　复合材料湿热效应　05.0354

hyperbranched polymer　超支化聚合物　04.0038

hypereutectic　过共晶体　01.0975

hyper-eutectoid steel　过共析钢　02.0263

hypersonic spraying　高超声速喷涂　01.1526

hypoeutectic　亚共晶体　01.0974

hypo-eutectoid steel　亚共析钢　02.0262

I

IBAD　离子束辅助沉积　01.1595

IBE　离子束外延　06.0463

IBED　离子束增强沉积　06.0483

ice glass　冰花玻璃　03.0523

iceland spar　冰洲石　07.0128

ICP-AES　感应耦合等离子发射谱　06.0505

ideal solution　理想溶液，＊理想溶体　01.0175

I-DLTS　＊电流深能级瞬态谱　06.0496

IF steel　无间隙原子钢　02.0291

igneous rock　火成岩　07.0143

ignitability　灼烧性　04.1188

ignition temperature　点着温度　04.1190

illite　伊利石　07.0098

illite clay　伊利石黏土　07.0189

ilmenite　钛铁矿　07.0037

ilmenite electrode　钛铁矿型焊条　01.1681

image analysis　图像分析　01.0692

imbedded abrasive grain　嵌入磨料颗粒　06.0185

imbedded crystal　嵌晶　06.0097

immediate denture　即刻义齿，＊预成义齿　08.0310

immunoadsorption　免疫吸附　08.0158

immuno-sensor　免疫传感器，＊免疫电极　08.0055

imonite　褐铁矿　07.0063

impact damage of laminate　层合板冲击损伤　05.0410

impact damage resistance of laminate　[层合板]冲击损伤阻抗　05.0440

impact elastometer　冲击式弹性计　04.1208

impact extrusion　冲击挤压　01.1207

impact resiliometer　冲击式弹性计　04.1208

impact shear strength of wood　木材冲击抗剪强度　07.0598

impact test　冲击试验　01.0700

impact toughness　冲击韧性　01.0472

impact wear　冲击磨损　01.0801

imperfect dislocation　不全位错，＊偏位错　01.0295

implant　植入体　08.0022

implantation　植入　08.0120

implant denture　种植义齿，＊种植牙　08.0294

implant supported denture　种植义齿，＊种植牙　08.0294

impregnation　浸渍　01.1833

impression compound　印模膏　08.0258

improved zircaloy-4　改进锆-4合金，＊低锡锆-4合金　02.0765

impulse laser welding　脉冲激光焊　01.1622

impurity concentration　杂质浓度　06.0071

impurity photoconductivity　杂质光电导　06.0017

impurity segregation　杂质分凝　06.0083

impurity striation　杂质条纹，＊电阻率条纹　06.0207

incipient melting　初熔　02.0839

incising decoration　刻划花　03.0188

inclusion　内含物　07.0549

incoherent interface　非共格界面　01.0330

incommensurate structure　非公度结构　01.0440

incubation period　孕育期　01.1392

indent　缺口　06.0179

indirect extrusion　反[向]挤压　01.1190

indirect reduction　间接还原　02.0104

indirect spot welding　单面点焊　01.1630

indirect transition semiconductor materials　间接跃迁型
半导体材料　06.0217

indium　铟　02.0683

indium antimonide　锑化铟　06.0229

indium arsenide　砷化铟　06.0227

indium arsenide phosphide　铟砷磷　06.0257

indium gallium nitride　铟镓氮　06.0259

indium nitride　氮化铟　06.0231

indium phosphide　磷化铟　06.0226

indium-silver solder　铟银焊料　02.0688

inducing of biomaterials　生物材料诱导作用　08.0090

induction brazing　感应钎焊　01.1649

induction hardening　感应淬火　01.1414

induction period　诱导期，＊阻聚期　04.0070

inductively coupled plasma atomic emission spectrum　感
应耦合等离子发射谱　06.0505

industrial alumina　工业氧化铝　03.0686

industrial mineral　工业矿物　07.0005

industrial rock　工业岩石　07.0006

inert-gas [arc] welding　惰性气体保护焊　01.1602

inertia friction welding　惯性摩擦焊　01.1635

inertial confinement fusion　惯性约束聚变　02.1083

infiltrated composite materials　熔浸复合材料　02.1240

infiltration　熔浸，＊熔渗　01.1824

infiltration by pressure　加压熔浸　01.1825

infiltration forming　浸渍法成型　03.0427

infiltration in vacuum　真空熔浸　01.1826

infiltration process　浸渍法　02.0984

inflammatory reaction　炎性反应　08.0076

information materials　信息材料　01.0030

infrared absorption spectrum　红外吸收光谱　06.0027

infrared ceramics　红外陶瓷　03.0309

infrared laser glass　红外激光玻璃　03.0485

infrared radiating coating　红外辐射涂层　03.0545

infrared radiation drying　红外线干燥　03.0438

infrared spectroscopy　红外光谱法　01.0626

infrared stealthy composite　红外隐形复合材料
05.0283

infrared stealthy materials　红外隐形材料，＊红外伪装
材料　02.0990

infrared testing　红外检测　01.0672

infrared thermography　红外热成像术　01.0673

infrared transmitting silica glass　红外透过石英玻璃
03.0468

ingate　内浇道　01.1106

in-glaze decoration　釉中彩　03.0230

ingot　钢锭　02.0157

ingot in silicon technology　硅工艺中的硅晶锭
06.0129

ingot iron　工业纯铁　02.0183

inherent viscosity　比浓对数黏度　04.0332

inhibition　阻聚作用　04.0086

inhomogeneous deformation　不均匀变形　01.1145

inifer　引发－转移剂　04.0071

iniferter　引发－转移－终止剂　04.0072

initial condition　初值条件　01.0826

initial setting of gypsum slurry　石膏浆初凝　03.0205

initial setting of plaster slip　石膏浆初凝　03.0205

initial tearing strength　直角撕裂强度　04.0630

initial transient region　初始过渡区　01.0953

initiator　引发剂　04.0061

initiator efficiency　引发剂效率　04.0069

initiator transfer agent　引发－转移剂　04.0071

initiator transfer agent terminator　引发－转移－终止剂
04.0072

injectable dental ceramics　注射成型牙科陶瓷　08.0286

injection metallurgy　喷射冶金，＊喷粉冶金　01.0857

injection molding　注射成型　04.1237

injection molding machine　注塑机，＊注射成型机
04.1224

injection silicone rubber　注射成型硅橡胶　04.1004

inkjet printing paper　喷墨打印纸　07.0341

inlay　嵌体　08.0299

inoculant　孕育剂　01.1053

inoculated cast iron　孕育铸铁，＊变质铸铁　02.0422

inoculation process　孕育处理　01.1048

inoculation treatment　孕育处理　01.1048

inorganic coating　无机涂层　03.0536

inorganic layered material reinforcement　无机层状材料

增强体　05.0107

inorganic macromolecule　无机高分子　04.0005

inorganic nonmetallic materials　无机非金属材料
　01.0013

inorganic sealing　无机物封孔　01.1511

in-plane compliance of laminate　层合板面内柔度
　05.0345

in-plane stiffness of laminate　层合板面内刚度
　05.0342

insert process　镶铸法　01.1029

in-situ composite　原位复合材料　05.0020

in-situ growth ceramic matrix composite　原位生长陶瓷
　基复合材料　05.0273

in-situ reaction fabrication of metal matrix composite　金
　属基复合材料原位复合工艺　05.0263

insoluble salt precipitation　难溶盐沉淀法　01.0887

instability flow　不稳定流动　04.1264

insulating glass　中空玻璃，* 双层玻璃　03.0481

insulating magnet　绝缘磁体　02.0923

insulator materials of fusion reactor　聚变堆绝缘材料
　02.1101

integral rubber　集成橡胶　04.0532

integral skin polyurethane foam　整皮聚氨酯泡沫塑料
　04.0423

integrated circuit　集成电路　06.0007

intelligent biomaterials　智能生物材料　08.0005

intelligent ceramics　智能陶瓷　03.0244

intelligent materials　智能材料　01.0033

intelligent scaffold　智能支架　08.0166

intensity of polarization　极化强度　01.0572

interatomic potential　原子间势　01.0050

interatomic potential model　原子间作用势模型
　01.0846

intercalation composite　插层复合材料　05.0151

intercalation polymerization　插层聚合　04.0109

intercellular canal　胞间道　07.0536

interconnected porosity　连通孔隙度　01.1819

intercritical hardening　亚温淬火，* 亚临界淬火，* 临
　界区淬火　01.1412

interdiffusion　相互扩散　06.0248

interface　界面　01.0327

interface electronic state　界面电子态　01.0067

interface free energy　* 界面自由能　01.0950

interface of composite　复合材料界面　05.0004

interface stability　界面稳定性　01.0962

interfacial compatibility of composite　复合材料界面相
　容性　05.0428

interfacial debonding of composite　复合材料界面脱黏
　05.0434

interfacial energy　界面能　01.0331

interfacial polycondensation　界面缩聚　04.0125

interfacial polymerization　界面聚合　04.0124

interfacial reaction of composite　复合材料界面反应
　05.0429

interfibrilliary substance　纤维间质　07.0417

intergranular corrosion　晶间腐蚀　01.0768

intergranular fracture　沿晶断裂，* 晶间断裂　01.0721

interior coating　内墙涂料　04.0944

interlaced yarn　交络丝，* 网络丝，* 喷气交缠纱
　04.0732

interlaminar shear strength　层间剪切强度　05.0425

interlaminar stress of laminate　层合板层间应力
　05.0421

internal energy　内能　01.0165

internal fixation plate　接骨板　08.0319

internal friction　内耗　01.0150

internal friction of glass　玻璃内耗　03.0451

internal mixer　密炼机　04.1220

internal oxidation　内氧化　01.1829

internal plasticization　内增塑作用　04.0252

internal pressure forming　内压成形　01.1336

internal stress　内应力　01.0446

internal tin process　内锡法　02.0983

international rubber hardness　橡胶国际硬度　04.0616

interpenetrating network polymer composite　互穿网络聚
　合物基复合材料　05.0138

interpenetrating polymer　互穿网络聚合物　04.0040

interphase of composite　复合材料界面相　05.0005

interphase precipitation　相间脱溶，* 相间沉淀
　01.0385

interply hybrid composite　层间混杂纤维复合材料
　05.0121

interstitial atom　间隙原子　01.0280

interstitial-free steel　无间隙原子钢　02.0291

interstitial ordering in alloy　合金的填隙有序　01.0274

interstitial solid solution　间隙固溶体　01.0378

interstitial solution strengthening　置换固溶强化
　01.0524

interventional radiology　介入放射学　08.0182

intervention materials　介入材料　08.0183

intracutaneous reactivity　皮内反应　08.0119

intragranular ferrite　晶内铁素体　02.0017

intramedullary nail　髓内钉　08.0315

intraocular lens　人工晶状体　08.0141

intraply hybrid composite　层内混杂纤维复合材料　05.0120

intrinsic coercive force　本征矫顽力　01.0566

intrinsic diffusion coefficient　本征扩散系数　01.0345

intrinsic germanium　本征锗　06.0103

intrinsic gettering　本征吸除，＊内吸除　06.0171

intrinsic photoconductivity　本征光电导　06.0016

intrinsic scale　内禀性标度　01.0822

intrinsic semiconductor　本征半导体　06.0002

intrinsic silicon　本征硅　06.0122

intrinsic viscosity　特性黏度，＊特性黏数　04.0333

Invar alloy　＊因瓦合金　02.1132

Invar effect　因瓦效应　02.1128

inverse emulsion polymerization　反相乳液聚合　04.0121

inverse pole figure　反极图，＊轴向投影图　01.0263

inverse segregation　逆偏析　01.1081

inverse suspension polymerization　反相悬浮聚合　04.0118

investment casting　熔模铸造　01.1024

invisible coating　隐形涂层　03.0548

invisible glass　隐身玻璃　03.0506，隐形玻璃　03.0508

iodide-process titanium　碘化法钛　02.0534

ion assisted deposition　离子辅助沉积　01.1924

ion beam assisted deposition　离子束辅助沉积　01.1595

ion beam doping　离子束掺杂　01.1583

ion beam enhanced deposition　离子束增强沉积　06.0483

ion beam epitaxy　离子束外延　06.0463

ion beam mixing　离子束混合　01.1585

ion beam sputtering　离子束溅射　01.1922

ion beam surface modification　离子束表面改性　01.1581

ion bombardment　离子轰击热处理　01.1378

ion carburizing　离子渗碳　01.1578

ion channeling backscattering spectrometry　离子沟道背散射谱法　01.0653

ion etching　离子刻蚀　01.1596

ion exchange fiber　离子交换纤维　04.0776

ion exchange process　离子交换法　01.0876

ion exchange resin　离子交换树脂　04.1061

ionic bond　离子键　01.0227

ionic conduction　离子导电性　01.0059

ionic polarization　离子极化　01.0232

ionic radius　离子半径　01.0231

ionic relaxation polarization　离子弛豫极化　03.0381

ion implantation　离子注入　01.1584

ion implantation doping　离子注入掺杂　06.0077

ion microprobe analysis　离子微探针分析　01.0651

ion nitriding　离子渗氮　01.1442

ionography　电离射线透照术　01.0668

ionomer　离子交联聚合物　04.0369

ion plating　离子镀　01.1923

ion scattering analysis　离子散射分析　01.0650

ion source　离子源　01.1588

IPP　等规聚丙烯　04.0371

iridium alloy　铱合金　02.0640

iron　铁　02.0001

α-iron　α铁　02.0002

γ-iron　γ铁　02.0004

δ-iron　δ铁　02.0003

iron-based cast superalloy　铁基铸造高温合金　02.0827

iron-based elastic alloy　铁基高弹性合金　02.1106

iron-based friction materials　铁基摩擦材料　02.1234

iron-based wrought superalloy　铁基变形高温合金　02.0804

iron blue　铁蓝，＊普鲁士蓝，＊华蓝　04.1372

iron-chromium-cobalt permanent magnet　铁铬钴永磁体　02.0883

iron-cobalt-vanadium permanent magnetic alloy　铁钴钒永磁合金　02.0884

iron fiber absorber　铁纤维吸收剂　02.1000

ironing　变薄拉延　01.1300，熨平　07.0491，烫毛　07.0498

iron loss　铁损　01.0570

ironmaking　炼铁　02.0082

iron-nickel based constant modulus alloy　铁镍基恒弹性合金　02.1109

iron-nickel-cobalt super Invar alloy　铁镍钴超因瓦合金　02.1130

iron ore　铁矿石　02.0065

iron oxide electrode　氧化铁型焊条　01.1682

iron phosphide eutectic　铁磷共晶　02.0009

iron-red glaze　铁红釉　03.0218

irradiation creep　辐照蠕变　02.1078

irradiation damage　辐照损伤　01.1586

irradiation degradation　辐照降解　04.0143

irradiation embrittlement　辐照脆化　02.1077

irradiation growth　辐照生长　02.1075

irradiation induced transition　辐照诱发相变　01.0369

irradiation swelling　辐照肿胀　02.1076

irradiation test　辐照试验　02.1079

irregular powder　不规则状粉　02.1178

irreversible process　不可逆过程　01.0160

irritation　刺激　08.0116

Ising model　伊辛模型　01.0832

island growth mode　岛状生长模式，＊VW 生长模式　06.0052

island-sea structure　海－岛结构　04.0224

island silicate structure　岛状硅酸盐结构　03.0026

isobutylene rubber　丁基橡胶　04.0566

isoelectric point　皮革等电点　07.0463

isoelectronic impurity　等电子杂质　06.0034

isoforming　等温形变珠光体化处理　01.1405

isostatic pressing　等静压制　02.1214

isostiffness design of laminate　层合板等刚度设计　05.0386

isotactic poly（1-butene）　等规聚 1-丁烯　04.0378

isotactic polymer　全同立构聚合物，＊等规聚合物　04.0019

isotactic polypropylene　等规聚丙烯　04.0371

isothermal extrusion　等温挤压　01.1195

isothermal forging　等温锻造　01.1252

isothermal quenching　等温淬火　01.1415

isothermal transformation diagram　等温转变图　02.0060

isotropic etching　各向同性刻蚀　06.0136

isotropic radar absorbing materials　各向同性吸波材料　02.1010

ivory　象牙　07.0270

Izod impact strength　悬臂梁式冲击强度　04.1158

J

jadeite　硬玉　07.0075，翡翠　07.0254

Jahn-Teller effect　杨－特勒效应　01.0087

jasper rock　碧玉岩　07.0197

jelly　冻胶　04.0201

jelly roll process　包卷法　02.0985

jet　煤精，＊煤玉　07.0269

jet mill　气流粉碎　01.1728

jetting phenomena　喷射现象　04.1266

jiaobao stone　焦宝石　03.0681

J-integral　J 积分　01.0733

jointing of ceramics　陶瓷与陶瓷焊接　03.0446

jointing of ceramics with metal　陶瓷与金属焊接　03.0447

jolting roll extrusion　振动滚压　01.1462

Jominy test　端淬试验　01.1420

Josephson effect　约瑟夫森效应　01.0092

Joule effect　焦耳效应　06.0387

jun glaze of Guangdong　广钧　03.0174

jun glaze of Yixing　宜钧　03.0224

jun porcelain　钧瓷　03.0141

jun red glaze　钧红釉　03.0184

juvenile wood　幼龄材　07.0524

K

kaolin　高岭土　07.0202

kaolinite　高岭石　07.0086

KDP　磷酸二氢钾晶体　03.0048

kevlar　＊凯芙拉　04.0751

kevlar 49　＊凯芙拉 49　04.0752

keyhole-made welding　小孔型等离子弧焊，＊小孔法　01.1617

kibushi clay　木节土　07.0195

killed steel　镇静钢　02.0223

kiln furniture　窑具　03.0159

kimberlite　金伯利岩，＊角砾云母橄榄岩　07.0149

kinetically limited growth　动力学限制生长　06.0048

kinetic chain length　动力学链长　04.0083

Kirkendall effect　克肯达尔效应　01.0348

KN　铌酸钾晶体　03.0045

kneader　捏合机　04.1221

kneading　捏合　04.1232

Knoop hardness　努氏硬度　03.0375

knot tenacity　结节强度，＊打结强度　04.0820

Kohn-Peierls instability　科恩-派尔斯失稳　01.0078

Kovar alloy　可瓦合金　02.1129

kraft paper　牛皮纸　07.0357

k-white gold　k 白白金　02.0636

kyanite　蓝晶石　07.0068

kyropoulus method　泡生法，＊受冷籽晶法　01.1882

L

lac　紫胶，＊虫胶　07.0737

ladder polymer　梯形聚合物　04.0033

ladle degasing　钢包脱气　01.0907

ladle powder injection　钢包喷粉　02.0151

ladle refining　钢包精炼　02.0149

ladle treatment　钢包处理　02.0147

ladle wire feeding　钢包喂丝　02.0150

lake dye　色淀染料　04.1359

lamellar eutectic　层状共晶体　01.0971

lamellar powder　片状粉　02.1182

lamella thickness　片晶厚度　04.0194

lamina　层，＊单层，＊单层板　05.0319

laminate　层合板　05.0340

π/4 laminate　π/4 层合板　05.0366

laminated bamboo sliver lumber　竹篾层压板　07.0768

laminated ceramics　层状陶瓷材料　05.0274

laminated glass　夹层玻璃　03.0529

laminated plate theory　经典层合板理论　05.0339

laminated strand lumber　大片刨花定向层积材　07.0722

laminated veneer lumber　单板层积材　07.0677

laminate family　层合板族　05.0368

laminate flooring　浸渍纸层压木质地板，＊强化地板　07.0717

±45° laminate shear testing　±45°层合板拉伸剪切试验　05.0423

lamina thickness of prepreg　预浸料单层厚度　05.0183

lamprophyre　煌斑岩　07.0173

Lanborn abrasion test　兰伯恩磨耗试验　04.0638

Langmiur-Blodgett film　LB 膜　01.0223

lanthanum-cobalt 1∶13 type alloy　镧钴 1∶13 型合金　02.0919

lanthanum gallium silicate crystal　硅酸镓镧晶体，＊LGS 晶体　03.0088

lap joint　搭接接头　04.0884

lapping　研磨　06.0134

lap shear strength　拉伸剪切强度　04.0889

lard white of Dehua　德化白瓷，＊建白，＊象牙白　03.0136

large optical cavity laser diode　大光腔激光二极管　06.0311

large size diamond　大颗粒金刚石　03.0093

laser alloying　激光合金化　01.1473

laser amorphousizing　激光非晶化　01.1477

laser angioplasty　激光血管成形术　08.0188

laser assisted chemical vapor deposition　激光辅助化学气相沉积　06.0474

laser assisted plasma molecular beam epitaxy　激光辅助等离子体分子束外延　06.0454

laser atomic layer epitaxy　激光原子层外延　06.0465

laser brazing　激光钎焊　01.1652

laser ceramics　激光陶瓷　03.0365

laser chemical vapor deposition　激光化学气相沉积　01.1935

laser cladding　激光熔覆　01.1474

laser corrosion　激光刻蚀　01.1481

laser crystal　激光晶体　03.0064

laser diode　激光二极管　06.0304

laser enhancement chemical vapor deposition　激光增强化学气相沉积　06.0475

laser evaporation deposition　激光蒸发沉积　01.1904

laser fused　激光熔凝　01.1472

laser glass　激光玻璃　03.0484

laser glass fiber　激光玻璃光纤　03.0101

laser glazing　＊激光上釉　01.1477

laser induced chemical reaction　激光诱导化学反应　06.0476

laser induced chemical vapor deposition　气相激光辅助反应法　01.1759

laser microprobe mass spectrometry　激光微探针质谱法　01.0656

laser molecular beam epitaxy　激光分子束外延　01.1946

laser phase-change hardening　＊激光相变硬化

01.1469

laser rapid prototyping　激光快速成型　03.0435

laser scattering topography defects　红外散射缺陷
　06.0205

laser shock forming　激光冲击成形　01.1350

laser shock hardening　激光冲击硬化　01.1482

laser sintering　激光烧结　01.1815

laser soldering　激光钎焊　01.1652

laser surface adorning　激光表面修饰　01.1480

laser surface annealing　激光表面退火　01.1470

laser surface cleaning　激光表面清理　01.1479

laser surface modification　激光表面改性　01.1468

laser surface quenching　激光表面淬火　01.1469

laser surface tempering　激光表面回火　01.1471

laser thermal chemical vapor deposition　激光热化学气
　相沉积　01.1936

laser vapor deposition　激光气相沉积　01.1483

laser welding　激光焊　01.1620

last ply failure envelope　层合板最终失效包线
　05.0378

last ply failure of laminate　层合板最终失效，＊最后一
　层失效　05.0375

latent curing agent　潜伏性固化剂　04.0879

latent heat of phase transition　相变潜热　01.0355

lateral broadening　横向展宽　01.1243

lateral-cut shearing strength to the grain of wood　木材横
　纹抗剪强度，＊横剪强度　07.0596

lateral extrusion　侧[向]挤压　01.1191

late transition metal catalyst　后过渡金属催化剂
　04.0097

latex adhesive　乳液胶黏剂　04.0842

latex paint　乳胶漆　04.0903

lath martensite　板条马氏体　02.0026

lattice　晶格，＊晶体点阵　01.0247

lattice gas　点阵气，＊无相互作用点阵气　01.0080

lattice inversion　晶格反演　01.0848

lattice mismatch　晶格失配　06.0099

lattice thermal conduction　点阵热传导　01.0068

lattice wave　点阵波　01.0079

Laue method　劳厄法　06.0086

Laves phase [compound] superconductor　拉弗斯相[化
　合物]超导体　02.0947

Laves phase hydrogen storage alloy　拉弗斯相贮氢合金
　02.1019

law of conservation of energy　能量守恒定律　01.0179

law of rational indices　有理指数定律　01.0256

lay　表面织构主方向　06.0150

layer design　铺层设计　05.0382

layered silicate structure　层状硅酸盐结构　03.0031

layer-island growth mode　层-岛生长模式，＊SK 生长模
　式　06.0051

layer-layer growth mode　层-层生长模式，＊FM 生长模
　式　06.0050

lay up　铺层　05.0320

LBO　三硼酸锂晶体　03.0041

LCST　最低临界共溶温度　04.0231

LD　激光二极管　06.0304

LD-AC process　喷石灰粉顶吹氧气转炉炼钢　02.0118

LDPE　低密度聚乙烯　04.0356

LD process　＊LD 法　02.0117

LDR　极限拉延比　01.1313

leaching　浸出　01.0863

leaching of ores　矿石浸出　01.0864

leaching rate　浸出率　01.0869

lead　铅　02.0669

lead alloy　铅合金　02.0670

lead antimony alloy　铅锑合金　02.0673

lead based Babbitt　＊铅基巴氏合金　02.0674

lead based bearing alloy　铅基轴承合金　02.0674

lead-bath treatment　铅浴处理，＊铅浴淬火　01.1446

lead bullion　粗铅　02.0675

lead chrome green　铅铬绿　04.1375

lead fluoride crystal　氟化铅晶体　03.0063

leading phase　领先相　01.0979

lead magnesium niobate-lead titanate-lead zirconate piezo-
　electric ceramics　铌镁酸铅-钛酸铅-锆酸铅压电陶
　瓷　03.0303

lead molybdate crystal　钼酸铅晶体　03.0053

lead oxide　红丹，＊铅丹　04.1371

lead scandium tantanate pyroelectric ceramics　钽钪酸铅
　热释电陶瓷　03.0308

lead selenide　硒化铅　06.0239

lead solder　铅焊料　02.0672

lead sulfide　硫化铅　06.0238

lead telluride　碲化铅　06.0237

lead tin telluride　碲锡铅　06.0263

lead titanate pyroelectric ceramics　钛酸铅热释电陶瓷
　03.0305

lead zirconate titanate piezoelectric ceramics 锆钛酸铅压电陶瓷 03.0302

leaf fiber 叶纤维 04.0669

leaf oil of eucalyptus 桉叶油 07.0741

leakage flow 泄流 04.1267

lean materials 瘠性原料 03.0115

leather 皮革 07.0403

LEC GaAs single crystal 直拉砷化镓单晶 06.0224

LED 发光二极管 06.0301

ledeburite 莱氏体 02.0035

ledeburitic steel 莱氏体钢 02.0264

LEED 低能电子衍射 01.0631

lepidolite 锂云母 07.0094

less-common metal 稀有金属 02.0441

leucite 白榴石 07.0107

leveling 流平性 04.0951

leveling agent 整平剂 01.1550，均染剂 04.1322

levitation melting 悬浮熔炼法 01.1010

Liao sancai 辽三彩 03.0192

life prediction 寿命预测 01.0742

light aging 光老化 04.1177

light burning 轻烧 03.0697

light emitting diode 发光二极管 06.0301

light emitting metal materials 金属配合物发光材料 06.0419

lightfastness of wood 木材耐光性 07.0607

light leather 轻革 07.0422

light-retaining materials 蓄光材料 03.0352

light scattering method 光散射法 04.1120

light scattering technique of powder 粉末光散射法 01.1749

light screener 光屏蔽剂 04.1343

light sensitive semiconductive ceramics 光敏半导体陶瓷 03.0316

light stabilizer 光稳定剂 04.1342

light-transparent composite 透光复合材料 05.0300

light water 轻水，＊天然水 02.1055

light water reactor fuel assembly 轻水堆燃料组件 02.1049

light weight-aggregate concrete 轻骨料混凝土 03.0744

light weight coated paper 轻量涂布纸 07.0330

light weight refractory 轻质耐火材料 03.0637

light weight refractory castable 轻质耐火浇注料 03.0655

lignin 木[质]素 07.0567

lime-alkali glaze 石灰碱釉 03.0207

limed hide 灰皮 07.0396

limed skin 灰皮 07.0396

lime glaze 石灰釉 03.0208

limestone 石灰岩，＊石灰石，＊青石 07.0205

liming 浸灰 07.0469

limit drawing ratio 极限拉延比 01.1313

limiting viscosity 极限黏度 04.0304

limiting viscosity number 特性黏度，＊特性黏数 04.0333

limoge 绘画珐琅，＊绘图珐琅 03.0571

lineage 系属结构 06.0094

linear ablating rate of composite 复合材料线烧蚀速率，＊烧蚀后退率 05.0310

linear change on reheating 重烧线变化，＊残余线变化 03.0688

linear friction welding 线性摩擦焊 01.1636

linear growth rate 线长大速度 01.0425

linear low density polyethylene 线型低密度聚乙烯 04.0360

linear polymer 线型聚合物 04.0031

linear thickness variation 线性厚度变化 06.0156

linear viscoelasticity 线性黏弹性 04.0258

linerboard 箱纸板 07.0353

Li_2O-Al_2O_3-SiO_2 system glass-ceramics 锂铝硅系微晶玻璃 03.0493

liposome 脂质体 08.0236

lip runner 压边浇口 01.1109

liquid acrylonitrile butadiene rubber 液体丁腈橡胶 04.0564

liquid bath heat setting 浴液定型 01.1991

liquid chloroprene rubber 液体氯丁橡胶 04.0549

liquid coolant 液体冷却剂 02.1068

liquid crystal 液晶 01.0236

liquid crystalline polymer in-situ composite 液晶聚合物原位复合材料 05.0149

liquid crystal materials 液晶材料 01.0023

liquid crystal polymer 液晶高分子 04.0214

liquid die forging 液态模锻 01.1254

liquid embolism agent 液体栓塞剂 08.0212

liquid encapsulated Czochralski grown gallium arsenide single crystal 直拉砷化镓单晶 06.0224

liquid encapsulated Czochralski method 液封覆盖直拉法，＊LEC 法 06.0429

liquid extrusion 液态挤压 01.1201

liquid for synthetic polymer tooth 造牙水 08.0270

liquid fraction 液相分数 01.0947

liquid gold 金水 03.0185

liquid luster 电光水 03.0150

liquid metal coolant 液态金属冷却剂 02.1070

liquid metal cooling method 液态金属冷却法 01.0989

liquid metal corrosion ＊液态金属腐蚀 01.0774

liquid metal corrosion resistant steel 耐液态金属腐蚀不锈钢 02.0390

liquid metal embrittlement 液态金属致脆 01.0774

liquid natural rubber 液体天然橡胶，＊解聚橡胶 04.0518

liquid-phase epitaxy 液相外延 06.0439

liquid-phase reaction 液相反应法 01.1753

liquid-phase sintering 液相烧结 01.1808

liquid-solid interface energy 液固界面能 01.0950

liquid-solid interface morphology 凝固界面形貌 01.0956

liquid styrene-butadiene rubber 液体丁苯橡胶 04.0543

liquidus 液相线 01.0195

liquidus surface ＊液相面 01.0195

listvenite 滑石菱镁片岩，＊滑石菱镁岩 07.0217

listwanite 滑石菱镁片岩，＊滑石菱镁岩 07.0217

lithium aluminate for nuclear reactor 核用偏铝酸锂 02.1097

lithium borate 三硼酸锂晶体 03.0041

lithium-butadiene rubber 丁锂橡胶 04.0530

lithium fluoride crystal 氟化锂晶体 03.0083

lithium for nuclear reactor 核用锂 02.1095

lithium ion drift mobility 锂离子漂移迁移率 06.0026

lithium-lead alloy for nuclear reactor 核用锂-铅合金 02.1098

lithium niobate crystal 铌酸锂晶体 03.0049

lithium niobate structure 铌酸锂结构 03.0023

lithium oxide for nuclear reactor 核用氧化锂 02.1096

lithium tantalate crystal 钽酸锂晶体 03.0050

lithopone 锌钡白，＊立德粉 04.1380

LLDPE 线型低密度聚乙烯 04.0360

LMBE 激光分子束外延 01.1946

LMC method 液态金属冷却法 01.0989

LMPE 低分子量聚乙烯，＊聚乙烯蜡 04.0364

LN 铌酸锂晶体 03.0049

load-displacement curve 载荷-位移曲线 03.0371

local heat treatment 局部热处理 01.1362

localized corrosion 局部腐蚀 01.0765

localized light-scatter 局部光散射体，＊光点缺陷 06.0183

localized state 定域态 06.0267

local nanocrystalline aluminum alloy 局部纳米晶铝合金 02.0493

LOCLD 大光腔激光二极管 06.0311

loess 黄土 07.0183

log 原木 07.0514

logarithmic viscosity number 比浓对数黏度 04.0332

log blue 木材蓝变，＊青变 07.0618

logrithmic decrement 对数减量 04.0276

long arc foaming slag operation 长弧泡沫渣操作 02.0130

long fiber reinforced polymer composite 长纤维增强聚合物基复合材料 05.0116

long grained plywood 顺纹胶合板 07.0681

longitudinal dimension recovery ratio 纵向尺寸回缩率 04.1165

longitudinal grain plywood 顺纹胶合板 07.0681

longitudinal modulus of composite 复合材料纵向弹性模量 05.0396

longitudinal parenchyma of wood 木材轴向薄壁组织 07.0555

longitudinal rolling 纵轧 01.1151

longitudinal strength of composite 复合材料纵向强度 05.0394

longitudinal-transverse shear modulus of composite 复合材料纵横剪切弹性模量 05.0399

longitudinal-transverse shear strength of composite 复合材料纵横剪切强度 05.0398

Long kiln 龙窑，＊长窑，＊蜈蚣窑，＊蛇窑 03.0166

long oil alkyd resin 长油醇酸树脂 04.0909

long period 长周期 04.0193

Longquan ware 龙泉青瓷 03.0195

long-range intramolecular interaction 远程分子内相互作用 04.0153

long-range order parameter 长程有序参量 01.0272

long-range structure 远程结构 04.0151

loop rolling 活套轧制 01.1156

loop tenacity 钩接强度，＊互扣强度 04.0819

loose grain of leather 皮革松面 07.0457

Lorentz force 洛伦兹力 01.0055

loss factor 损耗因子 04.0275

loss modulus 损耗模量 04.0274

lost foam casting ＊ 消失模铸造 01.1041

lost-wax casting ＊ 失蜡铸造 01.1024

low activation materials 低活化材料 02.1086

low alloy cast steel 低合金铸钢 02.0434

low alloy high speed steel 低合金高速钢，＊ 经济型高速钢 02.0357

low alloy ultra-high strength steel 低合金超高强度钢 02.0318

low angle grain boundary 小角度晶界 01.0335

low angle laser light scattering 小角激光光散射法 04.1121

low basic slag ＊ 低碱度渣 02.0128

low carbon electrical steel 低碳电工钢 02.0407

low carbon steel 低碳钢 02.0216

low density ablative composite 低密度防热复合材料，＊ 低密度烧蚀材料 05.0302

low density polyethylene 低密度聚乙烯 04.0356

low density printing paper 轻型印刷纸 07.0322

low-dimensional lattice magnet 低维磁性体 02.0867

low-dimensional magnet 低维磁性体 02.0867

low-dimensional materials 低维材料 01.0019

low-emission glass 低辐射镀膜玻璃，＊ 低辐射玻璃 03.0519

low-energy electron diffraction 低能电子衍射 01.0631

lower bainite 下贝氏体 02.0032

lower critical solution temperature 最低临界共溶温度 04.0231

lower yield point ＊ 下屈服点 01.0478

low expansion alloy 低膨胀合金 02.1132

low hardenability steel 低淬透性钢 02.0336

low hydrogen electrode 低氢型焊条 01.1678

low melting enamel 低熔搪瓷，＊ 低温搪瓷 03.0567

low molecular weight polyethylene 低分子量聚乙烯，＊ 聚乙烯蜡 04.0364

low pressure arc spraying 低压电弧喷涂 01.1533

low pressure casting 低压铸造 01.1034

low pressure chemical vapor deposition 低压化学气相沉积 06.0470

low pressure heat treatment 真空热处理 01.1364

low pressure injection molding 热压铸成型 03.0423

low pressure metalorganic chemical vapor phase deposition 低压金属有机化学气相沉积 06.0457

low pressure metalorganic vapor phase epitaxy, LP-MOVP 低压金属有机化合物气相外延 06.0456

low segregation cast superalloy 低偏析铸造高温合金 02.0836

low segregation superalloy 低偏析高温合金 02.0814

low stretch yarn 低弹变形丝，＊ 低弹丝 04.0729

low temperature barium titanate based thermosensitive ceramics 低温钛酸钡系热敏陶瓷 03.0337

low temperature coefficient constant modulus alloy 低温度系数恒弹性合金 02.1112

low temperature coefficient magnet 低温度系数磁体 02.0924

low temperature duplex stainless steel 低温双相不锈钢 02.0316

low temperature rolling 低温轧制 01.1186

low temperature superconductor 低温超导体 02.0938

low temperature superplasticity 低温超塑性 01.1324

low temperature tempering 低温回火 01.1428

low tension electrical porcelain 低压电瓷 03.0142

low-voltage electric porcelain 低压电瓷 03.0142

low yield point steel 低屈服点钢 02.0292

low yield ratio steel 低屈强比钢 02.0293

LP-CVD 低压化学气相沉积 06.0470

LPE 液相外延 06.0439

LP-MOVPE 低压金属有机物气相外延 06.0456

LRP 激光快速成型 03.0435

LSL 大片刨花定向层积材 07.0722

LSTDs 红外散射缺陷 06.0205

LT 钽酸锂晶体 03.0050

LTV 线性厚度变化 06.0156

lubricant 润滑剂 02.1212

lubricant pigment 润滑颜料 04.1370

lubrication extrusion 润滑挤压 01.1212

ludwigite 硼镁铁矿 07.0113

luminescent enamel 发光珐琅 03.0574

luminescent fiber 发光纤维 04.0777

luminescent materials 发光材料 03.0247

luminescent materials with long afterglow 长余辉发光材料 03.0353

luminous fiber 发光纤维 04.0777

luster color decoration 电光彩 03.0149

lusterless paint 哑光漆 04.0946

lustrous fiber 有光纤维 04.0719

LVL 单板层积材 07.0677

M

machinable all-ceramic materials ＊可机械加工全瓷材料 03.0245

machinable ceramics 可切削陶瓷 03.0290

machinable glass-ceramics 可切削微晶玻璃 03.0496

machine stress grading of wood 木材机械应力分等 07.0601

Mach-Zehnder interferometer electro-optic modulator 马赫－曾德尔电光调制器 06.0346

macrodefect-free steel 无宏观缺陷钢 02.0162

macroinitiator 大分子引发剂 04.0068

macromer 大分子单体 04.0046

macromolecular chemistry 高分子化学 01.0153

macromolecular isomorphism 高分子[异质]同晶现象 04.0222

macromolecule 高分子，＊大分子 04.0002

macromonomer 大分子单体 04.0046

macroporous ion exchange resin 大孔型交换树脂 04.1068

macroscale 宏观尺度 01.0818

macro-segregation 宏观偏析 01.1076

macrostructure 宏观组织 01.0326

magmatic rock ＊岩浆岩 07.0143

magnesia calcia brick 镁钙砖，＊高钙镁砖 03.0600

magnesia calcia carbon brick 镁钙炭砖 03.0615

magnesia dolomite carbon brick 镁白云石炭砖 03.0616

magnesite 菱镁矿 07.0130

magnesite-alumina brick 镁铝砖 03.0598

magnesite brick 镁砖 03.0597

magnesite-carbon brick 镁炭砖 03.0603

magnesite-chrome brick 镁铬砖 03.0602

magnesite-dolomite brick 镁白云石砖 03.0605

magnesite-spinel brick 镁尖晶石砖 03.0599

magnesium 镁 02.0504

magnesium-aluminum-manganese [cast] alloy 镁铝锰系[铸造]合金，＊AM 系合金 02.0523

magnesium-aluminum-rare earth [cast] alloy 镁铝稀土系[铸造]合金，＊AE 系合金 02.0519

magnesium-aluminum-silicon-[manganese cast] alloy 镁铝硅[锰]系[铸造]合金，＊AS 系合金 02.0522

magnesium-aluminum-yttrium-rare earth-zirconium [cast] alloy 镁铝钇稀土锆系[铸造]合金，＊WE 系合金 02.0520

magnesium-aluminum-zinc cast magnesium alloy 镁铝锌系铸造镁合金 02.0517

magnesium-aluminum-zinc wrought magnesium alloy 镁铝锌系变形镁合金，＊AZ 系合金 02.0510

magnesium-based hydrogen storage alloy 镁系贮氢合金 02.1021

magnesium borate whisker reinforcement 硼酸镁晶须增强体 05.0090

magnesium chloride cementitious materials 氯镁胶凝材料 03.0703

magnesium diboride superconductor 二硼化镁超导体 02.0964

magnesium fluoride crystal 氟化镁晶体 03.0082

magnesium-lithium alloy 镁锂合金，＊超轻镁合金 02.0524

magnesium-manganese-rare earth metal wrought magnesium alloy 镁锰稀土系变形镁合金，＊ME 系合金 02.0513

magnesium-manganese wrought magnesium alloy 镁锰系变形镁合金 02.0509

magnesium-rare earth alloy 镁稀土合金 02.0518

magnesium-rare earth-silver-zirconium [cast] alloy 镁稀土银锆系[铸造]合金，＊EQ 系合金 02.0521

magnesium silicate crystal 硅酸镁晶体 03.0078

magnesium-zinc-rare earth metal wrought magnesium alloy 镁锌稀土系变形镁合金，＊ZE 系合金 02.0514

magnesium-zinc-zirconium wrought magnesium alloy 镁锌锆系变形镁合金，＊ZK 系合金 02.0511

magnesium-zirconium-rare earth metal wrought magnesium alloy 镁锆稀土系变形镁合金，＊KE 系合金 02.0512

magnetic alloy 磁性合金 02.0879

magnetic biomaterials 磁性生物材料 08.0006

magnetic bubble materials 磁泡材料 02.0870

magnetic ceramics ＊磁性陶瓷 03.0315

magnetic composite 磁性复合材料 05.0301

magnetic-confinement fusion　磁约束聚变　02.1082

magnetic domain　磁畴　01.0119

magnetic energy product　磁能积　01.0568

magnetic fiber　磁性纤维　04.0779

magnetic field Czochralski method　磁场直拉法，＊MCZ
法　06.0427

magnetic fluid　磁流体　02.0869

magnetic heat treatment　磁场热处理　01.1366

magnetic hysteresis loop　磁滞回线　01.0110

magnetic hysteresis loss　磁滞损耗　01.0569

magnetic loss absorber　磁损耗吸收剂　02.1001

magnetic loss radar absorbing materials　磁损耗吸波材
料　02.1002

magnetic mold casting　磁型铸造，＊磁丸铸造　01.1042

magnetic particle testing　磁粉检测，＊磁粉探伤，＊磁
力探伤　01.0697

magnetic permeability　磁导率　01.0551

magnetic polarization　磁极化　01.0116

magnetic polymer　磁性高分子　04.1054

magnetic resistivity　磁阻　01.0550

magnetic rubber　磁性橡胶　02.0865

magnetic susceptibility　磁化率　01.0564

magnetic thin film　磁性薄膜　02.0872

magnetism　磁性　01.0100

magnetism aluminum alloy　磁性铝合金　02.0880

magnetite　磁铁矿　07.0046

magnetization　磁化　01.0118

magnetization [intensity]　磁化强度　01.0117

magnet materials for fusion reactor　聚变堆用磁体材料
02.1102

magnetocrystalline anisotropy　磁晶各向异性　01.0101

magnetoelectric ceramics　磁电陶瓷　03.0311

magnetoelectric effect　磁电效应　01.0143

magnetooptical crystal　磁光晶体　03.0100

magneto-optic effect　磁光效应　01.0145

magnetoplumbite structure　磁铅石型结构　03.0024

magnetoresistance effect　磁电阻效应　02.1149

magnetostriction　磁致伸缩　01.0125

magnetostriction coefficient　磁致伸缩系数　01.0577

magnetostriction ferrite　＊压磁铁氧体　03.0323

magnetostriction nickel based alloy　磁致伸缩镍合金
02.0892

magnetostrictive ceramics　磁致伸缩陶瓷　03.0323

magnetron sputtering　磁控溅射　01.1915

magnet steel　磁钢　02.0414

maifan stone　麦饭石　07.0210

main Possion ratio of composite　复合材料主泊松比
05.0400

majority carrier　多数载流子　06.0010

making powder through emulsion process　乳液法制粉
03.0403

making powder through laser inducing gas reaction　激光
诱导化学气相反应制粉　03.0406

making powder through mechanochemistry　机械力化学
法制粉　03.0397

making powder through reaction of organic salt　有机盐
反应法制粉　03.0402

making powder through sol-gel process　溶胶凝胶法制
粉　03.0401

making powder through spray pyrolysis　喷雾热分解法
制粉　03.0404

making powder through wet chemistry　湿化学法制粉
03.0398

malachite　孔雀石　07.0136

malleable cast iron　可锻铸铁，＊玛钢　02.0420

malleablizing　可锻化退火　01.1403

Maltese cross　黑十字花样　04.0190

mandrelless drawing　空拉　01.1282

manganese-bismuth film　锰铋膜　02.0873

manganese bronze　锰青铜　02.0606

manganite　水锰矿　07.0062

MAO　甲基铝氧烷　04.0099

map paper　地图纸　07.0334

maraging stainless steel　马氏体时效不锈钢　02.0386

maraging steel　马氏体时效钢　02.0321

marble　大理岩，＊大理石　07.0220

marine corrosion　海洋腐蚀　01.0784

mark　痕迹　06.0187

Mark-Houwink equation　马克－豪温克方程　04.0334

marl　泥灰岩　07.0208

marquenching　分级淬火　02.0175

martempering　分级淬火　02.0175

martensite　马氏体　01.0366

martensite temperature　马氏体相变温度　02.0058

martensitic heat-resistant steel　马氏体耐热钢　02.0403

martensitic precipitation hardening stainless steel　马氏体
沉淀硬化不锈钢　02.0385

martensitic stainless steel　马氏体不锈钢　02.0379

martensitic steel　马氏体钢　02.0265

martensitic transformation temperature　马氏体相变温度　02.0058

martensitic transition　马氏体相变　01.0365

masking　蒙面　07.0475

masonry cement　砌筑水泥　03.0736

mass ablating rate of composite　复合材料质量烧蚀速率　05.0311

mass coloring　整体发色，＊合金发色　01.1499

mass combustion rate　质量燃烧速率　01.1841

mass concrete　大体积混凝土　03.0748

massive transformation　块形相变，＊块状转变　01.0362

mass polymerization　本体聚合　04.0113

mass spectrometry　质谱法　01.0654

mass-tone　主色，＊本色　04.0919

mass-transport equation　质量输运方程　06.0044

mass-transport-limited growth　质量输运限制生长　06.0049

master alloy　中间合金　01.1045

master alloy　母合金　02.0838

master alloy powder　中间合金粉末　02.0852

master alloy powder　母合金粉　02.1199

master curve　主曲线，＊组合曲线　04.0283

mastication　塑炼　04.0647

materials　材料　01.0001，材料学　01.0006

materials design　材料设计　01.0807

materials ecodesign　材料生态设计　01.0808

materials for coolant loop　主管道材料　02.1072

materials for drug controlled delivery　药物控释材料　04.1086

materials for drug delivery　药物缓释材料　04.1087

materials for energy application　能源材料　01.0031

materials for new energy　新能源材料　01.0034

materials for reactor internal　堆内构件材料　02.1071

materials for thermal nuclear fuel container　热核燃料容器材料　02.1089

materials modeling　材料模型化　01.0811

materials physics and chemistry　材料物理与化学　01.0005

materials processing engineering　材料加工工程　01.0007

materials response　材料反应　08.0070

materials science　材料科学　01.0004

materials science and engineering　材料科学与工程　01.0002

materials science and technology　材料科学技术　01.0003

materials simulation　材料模拟，＊材料仿真　01.0812

mat forming　铺装成型　07.0688

mat glaze　无光釉　03.0222

matrix of composite　复合材料基体　05.0003

matrix [phase]　基体[相]　01.0339

matrix steel　基体钢　02.0358

matrix to superconductor [volume] ratio　基－超导体[体积]比　02.0978

matte　锍　02.0076

matt fiber　消光纤维　04.0720

Matthias rule　马蒂亚斯定则　01.0096

mature wood　成熟材　07.0525

maxillofacial prosthetic materials　颌面赝复材料，＊颌面[缺损]修复材料　08.0237

maximum percentage elongation　扯断伸长率　04.1210

maximum strain failure criteria of laminate　层合板最大应变失效判据　05.0370

maximum stress failure criteria of laminate　层合板最大应力失效判据　05.0369

Maxwell model　麦克斯韦模型　04.0261

MBS copolymer　甲基丙烯酸甲酯－丁二烯－苯乙烯共聚物　04.0394

MC　甲基纤维素　04.0407

MCP　微通道板　03.0500

MC polyamide　单体浇铸聚酰胺　04.0439

MD　调制掺杂　06.0080

MDF　中密度纤维板　07.0691

MD method　分子动力学方法　01.0844

MDPE　中密度聚乙烯　04.0358

mean dispersion　平均色散　01.0586

mean free path of electron　电子平均自由程　01.0062

mean particle size　平均粒度　02.1175

mean square end-to-end distance　均方末端距　04.0177

mean square radius of gyration　均方回转半径　04.0180

measurement of Hall coefficient　霍尔系数测量　06.0489

mechanical alloying　机械合金化　01.1721

mechanical comminution　机械粉碎　01.1727

mechanical grain refinement　机械细化　01.1050

mechanically alloyed powder　机械合金化粉　02.1197

mechanically alloyed superalloy 机械合金化高温合金 02.0850

mechanically reinforced superconducting wire 机械增强超导线 02.0974

mechanical property 力学性能 01.0443

mechanical pulp 机械浆 07.0297

mechanical strength of slices 晶片机械强度 06.0158

mechanical stress defect 机械应力缺陷 06.0181

mechanical surface strengthening 表面机械强化 01.1459

mechanics of composite interface 复合材料界面力学 05.0435

mechanochemical degradation 力化学降解 04.0148

median surface 中心面 06.0161

medical fiber 医用纤维 04.0781

medicine mineral 医药矿物, * 矿物药, * 药用矿物 07.0008

medium alloy ultra-high strength steel 中合金超高强度钢 02.0319

medium carbon steel 中碳钢 02.0217

medium density fiberboard 中密度纤维板 07.0691

medium density polyethylene 中密度聚乙烯 04.0358

medium dispersion 介质色散率 01.0585

medium strength titanium alloy 中强钛合金 02.0548

medium temperature tempering 中温回火 01.1429

MEE 迁移增强外延 06.0450

Meissner effect 迈斯纳效应 01.0093

melamine formaldehyde resin 三聚氰胺甲醛树脂 04.0415

melamine formaldehyde resin composite 三聚氰胺甲醛树脂基复合材料 05.0136

meltable polyimide 可熔性聚酰亚胺 04.0467

melt extraction 熔体拖出法 01.1006

melt fracture 熔体破裂 04.1265

melt growth method 熔体生长法 06.0424

melt index 熔体指数, * 熔体流率 04.1143

melting 熔化 01.0420, 熔融 04.1269

melting back 回熔 01.0941

melting heat 熔化热 01.0893

melting point * 熔点 01.0534

melting prepared prepreg 热熔法预浸料, * 熔融法预浸料 05.0178

melting temperature 熔融温度 01.0534

melting temperature range 熔限 04.0199

melt overflow process 溢流法 01.1005

melt phase polycondensation 熔融缩聚 04.0101

melt spinning 单辊激冷法 01.1001, 熔体纺丝, * 熔法纺丝, * 熔融纺丝 01.1949

melt spinning crystallization 熔体纺丝结晶 01.1969

melt spinning orientation 熔体纺丝取向 01.1968

melt strength 熔体强度 04.1144

melt-textured growth process 熔融织构生长法 02.0986

membrane 膜 08.0151

membrane distillation 膜蒸馏 04.1036

membrane for hemodialysis 血液透析膜 08.0153

membrane for hemofiltration 血液过滤膜 08.0154

membrane osmometry 膜渗透法 04.1115

membrane reactor 膜反应器 04.1037

memonic alloy stent 记忆合金支架, * 记忆效应自膨胀支架 08.0194

mending 补伤 07.0490

mercury cadmium telluride 碲镉汞 06.0264

mesoscale 介观尺度 01.0819

metal active gas arc welding 活性气体保护电弧焊, * MAG 焊 01.1605

metal based magnet 金属永磁体 02.0878

metal bearing carbon 烧结金属石墨 02.1241

metal bonded diamond 金刚石复合合金, * 金属-金刚石合金 02.1269

metal cementation 渗金属 01.1444

metal/ ceramic composite electroplating 金属/陶瓷粒子复合电镀 01.1540

metal ceramic technique 金属陶瓷法 02.1167

metal complex ion electroplating 金属络合离子电镀 01.1538

metal composite refractory 金属复合耐火材料 03.0636

metal filament reinforced refractory metal matrix composite 金属丝增强难熔金属基复合材料 05.0249

metal filament reinforced superalloy matrix composite 金属丝增强高温合金基复合材料 05.0248

metal filament reinforcement 金属纤维增强体 05.0028

metal filter 金属过滤器 02.1226

metal hydride 金属氢化物 02.1016

metal inert-gas arc welding 熔化极惰性气体保护电弧焊, * MIG 焊 01.1603

metal infiltrated tungsten　金属熔渗钨　02.0705

metallic bond　金属键　01.0225

metallic ceramics　金属陶瓷　02.1259

metallic conductivity　金属导电性　01.0541

metallic fuel　金属型燃料　02.1040

metallic ion implantation　金属离子注入　01.1594

metallic main salt　金属主盐　01.1548

metallic pigment　金属颜料　04.1367

metallic whisker reinforcement　金属晶须增强体　05.0077

metallocene catalyst　茂金属催化剂　04.0098

metallocene linear low density polyethylene　茂金属线型低密度聚乙烯　04.0361

metallo-ceramic crown　金属烤瓷冠，＊金瓷冠　08.0298

metallographic examination　金相检查　01.0689

metallography　金相学　01.0008，金相检查　01.0689

metallurgical coke　冶金焦　02.0078

metallurgical melt　冶金熔体　02.0067

metallurgy　冶金学　01.0009

metal materials　金属材料　01.0011

metal matrix composite　金属基复合材料　05.0010

metal melt　金属熔体　02.0071

metalorganic atomic layer epitaxy　金属有机化合物原子层外延　06.0464

metalorganic molecular beam epitaxy　金属有机源分子束外延　06.0445

metalorganic source　金属有机源　01.1945

metalorganic vapor phase epitaxy　金属有机化合物气相外延　06.0455

metal penetration　黏砂　01.1133

metal physics　金属物理学　01.0041

metal precipitation　金属沉淀法　01.0886

metal-semiconductor-metal photo-detector　金属－半导体－金属光电探测器　06.0335

metal separation membrane　金属分离膜　02.1227

metamorphic rock　变质岩　07.0145

metastable β titanium alloy　亚稳定β钛合金　02.0545

meteoric iron　陨铁　02.0185

methylaluminoxane　甲基铝氧烷　04.0099

methyl cellulose　甲基纤维素　04.0407

methyl hydrogen-dichlorosilane　甲基氢二氯硅烷　04.0964

methyl hydrogen silicone oil　甲基含氢硅油　04.0993

methylmethacrylate-butadiene-styrene copolymer　甲基丙烯酸甲酯－丁二烯－苯乙烯共聚物　04.0394

methyl phenyl silicone oil　甲基苯基硅油　04.0990

methyl silicone rubber　甲基硅橡胶　04.0998

methyl trichlorosilane　甲基三氯硅烷　04.0961

methyl vinyl silicone rubber　甲基乙烯基硅橡胶　04.1002

methyl vinyl trifluoropropyl silicone rubber　甲基乙烯基三氟丙基硅橡胶，＊氟硅橡胶　04.0578

Metropolis-Monte Carlo algorithm　米特罗波利斯－蒙特卡罗算法　01.0834

MF resin　三聚氰胺甲醛树脂　04.0415

MFT　最低成膜温度　04.0950

MgO-Al$_2$O$_3$-SiO$_2$ system glass-ceramics　镁铝硅系微晶玻璃　03.0492

mica ceramics　云母陶瓷　03.0291

mica silicate structure　云母类硅酸盐结构　03.0032

MIC-MAC design of composite　复合材料细观－宏观一体化设计　05.0390

microalloy carbonitride　微合金碳氮化物　02.0010

microalloyed steel　微合金化钢　02.0274

microalloying　微合金化　02.0170

microalloying steel　微合金钢　02.0273

micro-arc oxidation　微弧阳极氧化　01.1513

microbial biosensor　微生物传感器，＊微生物电极　08.0054

microbial sensor　微生物传感器，＊微生物电极　08.0054

microcapsule　微胶囊　08.0233

micro catheter　微导管　08.0200

microcavity laser　微腔激光器　06.0355

microchannel plate　微通道板　03.0500

microcrystalline glass　微晶玻璃　03.0491

microcrystalline semiconductor　微晶半导体　06.0280

microdefect　微缺陷　06.0200

micro-emulsion polymerization　微乳液聚合　04.0123

microencapsulation　微囊化　08.0029

microenvironment　微环境　08.0081

microfibril angle　微纤丝角　07.0551

microfocus radiography　微焦点射线透照术　01.0663

micro-gravity solidification　微重力凝固　01.0997

micro-guide wire　微导丝　08.0205

microhardness　显微硬度　01.0513

microleakage　微漏　08.0309

micro-macro design of composite 复合材料细观－宏观一体化设计 05.0390

micromorph cell 微晶/非晶硅叠层电池 06.0296

micro-organism decomposable fiber 微生物分解纤维 04.0786

micro-organism resistance 抗菌性 04.1201

micro-plasma arc welding 微束等离子弧焊 01.1616

micro-porosity 疏松，＊显微缩松 01.1072

micro-porous surface of sintered titanium bead 钛珠烧结微孔表面 08.0094

microroughness 微粗糙度 06.0169

microscale 微观尺度 01.0820

microscopic reversibility 微观可逆性 01.0180

micro-segregation 微观偏析，＊显微偏析 01.1077

microstructure 显微组织 01.0325

microstructure simulation 微观组织模拟 01.0815

microwave curing of composite 复合材料微波固化 05.0206

microwave dielectric ceramics 微波介质陶瓷 03.0313

microwave drying 微波干燥 03.0437

microwave ferrite 微波铁氧体，＊旋磁铁氧体 03.0321

microwave plasma assisted molecular beam epitaxy 微波等离子体辅助分子束外延 06.0453

microwave plasma chemical vapor deposition 微波等离子体化学气相沉积 06.0472

microwave pre-heating continuous vulcanization 微波预热连续硫化 04.0656

microwave sintering 微波烧结 01.1814

microwave testing 微波检测 01.0687

middle part of bamboo culm wall 竹肉 07.0765

mid fiber 中长纤维 04.0809

midplane curvature of laminate 层合板中面曲率 05.0349

midplane strain of laminate 层合板中面应变 05.0348

Miedema model 米德马模型 01.0181

migration enhanced epitaxy 迁移增强外延 06.0450，迁移增强外延法 06.0482

millable polyurethane rubber 混炼型聚氨酯橡胶 04.0592

milled leather 摔纹革 07.0444

Miller-Bravais indices 米勒－布拉维指数 01.0252

Miller indices 米勒指数，＊晶面指数 01.0251

milling 摔纹 07.0494

mineral 矿物 07.0001

mineral additive 矿物掺和料 03.0711，混合材 03.0722

mineral admixtures 矿物掺和料 03.0711

mineral materials 矿物材料 07.0003

mineral of sillimanite group 硅线石族矿物 03.0679

mineral processing 矿物加工 07.0002

mineral-tanned leather 矿物鞣革 07.0421

minimum bending radius 最小弯曲半径 01.1321

minimum filming temperature 最低成膜温度 04.0950

minority carrier 少数载流子 06.0009

minority carrier diffusion length 少数载流子扩散长度 06.0014

minority carrier lifetime 少数载流子寿命 06.0013

mint oil 薄荷油，＊薄荷原油 07.0743

mirabilite 芒硝 07.0123

mirror black glaze 乌金釉 03.0221

miscibility 相溶性 04.0219

miscibility gap 溶解度间隙，＊混溶间隙 01.0203

misfit dislocation 失配位错 06.0098

mixed crystal materials ＊混晶材料 06.0253

mixed grain microstructure 混晶组织 02.0819

mixed in main and side chain of ferroelectric liquid crystal polymer 主侧链混合型铁电液晶高分子 04.1103

mixed oxide fuel 混合氧化物燃料 02.1042

mixed powder 混合粉 02.1201

mixing 混炼 04.0648

mixing mill 开炼机 04.1219

MLE 分子层外延 06.0448

MLLDPE 茂金属线型低密度聚乙烯 04.0361

MMC 金属基复合材料 05.0010

MnO-based negative temperature coefficient thermosensitive ceramics 氧化锰基负温度系数热敏陶瓷 03.0339

Mn-Zn ferrite 锰锌铁氧体 03.0318

mobility edge 迁移率边 06.0271

mobility gap 迁移率隙 06.0272

mobility of current carrier 载流子迁移率 01.0091

modacrylic fiber 改性聚丙烯腈纤维 04.0687

mode I cracking I型开裂，＊张开型开裂 01.0746

mode II cracking II型开裂，＊滑开型开裂 01.0747

mode III cracking III型开裂，＊撕开型开裂 01.0748

model I interlaminar fracture toughness of laminate 层合板 I 型层间断裂韧性 05.0416

model Ⅱ interlaminar fracture toughness of laminate 层合板Ⅱ型层间断裂韧性 05.0417

moderate heat Portland cement 中热水泥 03.0735

moderate temperature sealing 中温封孔 01.1508

moderator materials 慢化剂材料 02.1054

modification 变质处理 01.1047, 改性 01.1457

modification by grafted collagen 接枝胶原改性 08.0109

modification of composite interface 复合材料界面改性 05.0431

modified cross-section fiber 异型截面纤维 04.0734

modified fiber 改性纤维, * 变性纤维 04.0716

modified polyphenyleneoxide 改性聚苯醚 04.0446

modified PZT pyroelectric ceramics 改性锆钛酸铅热释电陶瓷 03.0306

modified rosin 改性松香 07.0733

modifier 变质剂 01.1052

modulation doping 调制掺杂 06.0080

modulus age hardening 模量时效硬化 01.0520

modulus of sodium silicate 水玻璃模数 01.1101

mohsite 钛铁矿结构 03.0021

moisture content of composite 复合材料吸湿率 05.0406

moisture content of oven dry wood 全干材含水率, * 绝干材含水率 07.0572

moisture content of wood 木材含水率 07.0571

moisture equilibrium content of composite 复合材料平衡吸湿率 05.0405

moisture equilibrium of composite 复合材料吸湿平衡 05.0404

moisture expansion coefficient of composite 复合材料湿膨胀系数 05.0408

moisture-proof agent 防潮剂, * 防白剂 04.1334

mold 铸型 01.1018, 模具 01.1093

mold cavity 型腔 01.1113

mold filling capacity 充型能力 01.1044

molding 造型 01.1019, 成型 03.0037

molding by stamping 印坯 03.0225

molding compound 模塑料 04.0354

molding particleboard 刨花模压制品 07.0699

molding sand 型砂 01.1095

molding shrinkage 成型收缩, * 模后收缩 04.1274

mold powder 保护渣 02.0160

mold release agent of composite 复合材料脱模剂

05.0196

molecular assembly 分子组装 04.0233

molecular biocompatibility 分子生物相容性 08.0058

molecular dynamics method 分子动力学方法 01.0844

molecular layer epitaxy 分子层外延 06.0448

molecular orientation polarization 分子取向极化 03.0382

molecular weight distribution 分子量分布, * 相对分子质量分布 04.0162

molten pool 熔池 01.1665

molten pool stirring 熔池搅拌 02.0123

molten salt electroplating 熔盐电镀 01.1541

molten salt method 熔盐法 01.1874

molybdenite 辉钼矿 07.0024

molybdenum 钼 02.0716

molybdenum alloy 钼合金 02.0721

molybdenum alloy piercing mandrel 钼顶头 02.0733

molybdenum-copper materials 钼铜材料, * 钼铜复合材料 02.0732

molybdenum filament 钼丝 02.0719

molybdenum-hafnium-carbon alloy 钼铪碳合金 02.0725

molybdenum high speed steel 钼系高速钢 02.0352

molybdenum-lanthanum alloy 钼镧合金 02.0730

molybdenum-rare earth metal alloy 钼稀土合金 02.0729

molybdenum-rhenium alloy 钼铼合金 02.0728

molybdenum-titanium alloy 钼钛合金 02.0722

molybdenum-titanium-zirconium alloy 钼钛锆合金 02.0723

molybdenum-titanium-zirconium-carbon alloy 钼钛锆碳合金 02.0724

molybdenum-tungsten alloy 钼钨合金 02.0727

molybdenum wire 钼丝 02.0719

molybdenum-yttrium alloy 钼钇合金 02.0731

molybdenum-zirconium-hafnium-carbon alloy 钼锆铪碳合金 02.0726

MOMBE 金属有机源分子束外延 06.0445

monazite 独居石 07.0115

Monel alloy 莫内尔合金, * 蒙乃尔合金 02.0787

monocrystalline germanium 锗单晶 06.0110

monocrystalline semiconductor 单晶半导体 06.0005

monocrystalline silicon 单晶硅 06.0123

monocrystalline silicon by magnetic field Czochralski

crystal growth　磁控直拉硅单晶　06.0125

monofilament　单丝　01.1994

monofunctional siloxane unit　单官能硅氧烷单元，＊M单元　04.0973

monolithic drug delivery system　整体型药物释放系统，＊基质型药物释放系统　08.0221

monolithic superconducting wire　一体化超导线　02.0975

monomer　单体　04.0044

monomer-casting polyamide　单体浇铸聚酰胺　04.0439

monosilane　＊甲硅烷　04.0957

monotectic reaction　偏晶反应，＊独晶反应　01.0399，偏晶凝固　01.0984

monotectic solidification　偏晶凝固　01.0984

monotectic transformation　偏晶反应，＊独晶反应　01.0399

Monte Carlo method　蒙特卡罗法　01.0833

montmorillonite　蒙脱石　07.0089

Mooney scorch　穆尼焦烧　04.0619

Mooney viscosity　穆尼黏度　04.0617

moon stone　月光石　07.0253

morphological fixation　形态结合　08.0082

mosaic glass　锦玻璃，＊玻璃锦砖，＊玻璃纸皮砖　03.0526

moso bamboo wood　毛竹材　07.0761

Mössbauer spectroscopy　穆斯堡尔谱法　01.0610

mould　铸型　01.1018

mouldability of leather　皮革成型性能　07.0454

mound　小丘　06.0198

MPI　可熔性聚酰亚胺　04.0467

MQ silicone resin　MQ硅树脂，＊MQ树脂　04.1006

MS　质谱法　01.0654

MS sealant　MS密封胶　04.0870

M_d temperature　M_d 温度　02.0064

mujie clay　木节土　07.0195

Mullins effect　马林斯效应　04.0286

mullite　莫来石　07.0080

mullite brick　莫来石砖　03.0590

mullite refractory castable　莫来石耐火浇注料　03.0660

mullite refractory fiber product　莫来石耐火纤维制品　03.0648

mullite wafer reinforced ceramic matrix composite　莫来石晶片补强陶瓷基复合材料　05.0271

mullite whisker reinforcement　莫来石晶须增强体　05.0093

multi-arc ion plating　多弧离子镀　01.1929

multicomponent fiber reinforcement　多组分复合纤维增强体　05.0029

multicored forging　多向模锻　01.1261

multi-die drawing　多模拉拔　01.1287

multifunctional laser crystal　多功能激光晶体　03.0102

multilayer blow molding　多层吹塑成型　04.1248

multilayer coating alloy　多涂层合金　02.1257

multilayer extrusion　多层挤塑成型　04.1239

multilayer injection molding　多层注射成型　04.1242

multi-pearl-like surface　珍珠面型多孔表面　08.0092

multiphase composite ceramics　多相复合陶瓷　03.0240

multiphoton phosphor　多光子发光材料　03.0359

multi-quantum-well laser diode　多量子阱激光二极管　06.0313

multi-ram forging　多向模锻　01.1261

multi-scale simulation of materials　材料多尺度仿真　01.0817

multi-state Potts Monte Carlo model　多态波茨蒙特卡罗模型　01.0835

muscovite　白云母　07.0092

mushy zone　糊状区　01.1063

mutagenicity　突变性，＊诱变性　08.0129

MWD　分子量分布，＊相对分子质量分布　04.0162

N

NAA　中子活化分析　01.0658

nano-artificial bone　纳米人工骨　08.0311

nano-biomaterials　纳米生物材料　08.0002

nano-ceramics　纳米陶瓷　03.0239

nano-composite　纳米复合材料　05.0016

nano-composite scaffold　纳米复合支架　08.0165

nanocrystal　纳米晶体　01.0322

nanocrystalline composite permanent magnet　纳米晶复合永磁体，＊交换弹簧永磁体　02.0908

nanocrystalline soft magnetic alloy　纳米晶软磁合金　02.0909

nanomaterials　纳米材料　01.0018

nano-powder absorber　纳米吸收剂　02.1008

nanoscale　纳观尺度　01.0821

nanosized cemented carbide　纳米晶硬质合金　02.1260

nanosized powder　纳米粉　02.1174

naphthalene-containing copolyarylate　含萘共聚芳酯　04.0492

nappa leather　纳巴革　07.0428

narrow band-gap semiconductor materials　窄禁带半导体材料　06.0215

narrow hardenability steel　窄淬透性钢　02.0337

natron　泡碱，＊苏打　07.0139

natural biomaterials　天然生物材料　08.0004

natural durability of wood　木材天然耐久性　07.0624

natural fiber　天然纤维　04.0663

natural gemstone　天然宝石　07.0231

natural jade　天然玉石　07.0232

natural macromolecule　天然高分子　04.0004

natural materials　天然材料　01.0016

natural organic substance　天然有机宝石　07.0233

natural resin　天然树脂　04.0341

natural rubber　天然橡胶　04.0504

natural rubber adhesive　天然橡胶胶黏剂　04.0864

natural rubber hydrochloride　氢氯化天然橡胶　04.0505

natural rubber latex　天然胶乳　04.0513

natural storing aging　自然储存老化　04.1176

natural uranium　天然铀　02.1031

natural weathering aging　自然气候老化，＊大气老化　04.1173

nature calcium carbonate　大白粉　04.1379

naval store　松脂　07.0728

Nb₃Sn compound superconductor　铌三锡化合物超导体　02.0951

NCR　未再结晶控制轧制　02.0169

nc-Si：H solar cell　纳米硅太阳能电池　06.0298

ND defect　新施主缺陷　06.0100

Nd-doped calcium fluoride crystal　掺钕氟化钙晶体　03.0066

Nd-doped calcium fluorophosphate crystal　掺钕氟磷酸钙晶体　03.0071

Nd-doped calcium tungstate laser crystal　掺钕钨酸钙激光晶体　03.0072

Nd-doped yttrium vanadate crystal　掺钕钒酸钇晶体　03.0065

NDI　无损检测　01.0694

near-equilibrium solidification　近平衡凝固　01.0996

near-infrared camouflage materials　近红外伪装材料　02.0995

near-net shape forming　近净成形　01.1795

near rapid solidification　近快速凝固　01.0993

near surface layer　近表面层　01.1454

near α titanium alloy　近α钛合金　02.0541

near β titanium alloy　近β钛合金　02.0544

necking　缩口　01.1308，颈缩记录　04.0284

Néel temperature　奈尔温度　01.0113

negative correlation energy　负相关能　06.0274

negative segregation　负偏析　01.1079

negative temperature coefficient thermosensitive ceramics　负温度系数热敏陶瓷　03.0335

neodymium-iron-boron permanent magnet　钕铁硼永磁体　02.0900

neodymium-iron-boron rapidly quenched powder　钕铁硼快淬粉　02.0913

neodymium lithium tetraphosphate crystal　四磷酸锂钕晶体　03.0104

neodymium-iron-titanium 3：29 type alloy　钕铁钛3：29型合金　02.0917

neoprene adhesive　氯丁胶黏剂　04.0863

nepheline　霞石　07.0106

nepheline syenite　霞石正长岩　07.0162

nephrite　软玉　07.0255

Nernst effect　能斯特效应　06.0390

nerve growth factor　神经生长因子　08.0065

net carrier concentration　净载流子浓度　06.0012

netting design of laminate　层合板准网络设计　05.0384

network density　交联度，＊网络密度　04.0202

network polymer　＊网络聚合物　04.0032

network structure　网状组织　01.0436

neutral atmosphere　中性气氛　01.1375

neutralizing hydrolysis　中和水解　01.0873

neutral paraffin paper　中性石蜡纸　07.0364

neutral refractory　中性耐火材料　03.0606

neutral wrapping paper　中性包装纸　07.0363

neutron activation analysis　中子活化分析　01.0658

neutron diffraction　中子衍射　01.0630

neutron multiplier materials　中子倍增材料　02.1099

neutron radiography　中子照相术　01.0659

neutron testing　中子检测［法］　01.0671

neutron transmutation doping　中子嬗变掺杂　06.0076

new donor defect　新施主缺陷　06.0100

newsprint　新闻纸　07.0320

nickel 镍 02.0782

nickel alloy 镍合金 02.0784

nickel alloy for artificial diamond 人造金刚石触媒用镍合金 02.0788

nickel based cast superalloy 铸造镍基高温合金 02.0796

nickel based cast superalloy 镍基铸造高温合金 02.0828

nickel based constant permeability alloy 镍基恒磁导率软磁合金 02.0893

nickel based elastic alloy 镍基高弹性合金 02.1108

nickel based electrical resistance alloy 镍基电阻合金 02.1161

nickel based electrical thermal alloy 镍基电热合金 02.1162

nickel based expansion alloy 镍基膨胀合金 02.1134

nickel based high electrical conducting and high elasticity alloy 镍基高导电高弹性合金 02.1107

nickel based precision electrical resistance alloy 镍基精密电阻合金 02.1163

nickel based rectangular hysteresis loop alloy 镍基矩磁合金 02.0891

nickel based soft magnetic alloy 镍基软磁合金 02.0890

nickel based strain electrical resistance alloy 镍基应变电阻合金 02.1164

nickel based superalloy 镍基高温合金 02.0794

nickel based thermocouple alloy 镍基热电偶合金 02.1165

nickel based wrought superalloy 镍基变形高温合金 02.0805

nickel brass 镍黄铜 02.0599

nickel equivalent 镍当量 02.0376

Ni-doped magnesium fluoride crystal 掺镍氟化镁晶体 03.0067

niobium 铌 02.0734

niobium alloy 铌合金 02.0735

niobium-hafnium alloy 铌铪系合金 02.0738

niobium-silicon alloy 铌硅系合金 02.0743

niobium-tantalum-tungsten alloy 铌钽钨系合金 02.0741

niobium-titanium alloy 铌钛合金 02.0742

niobium-titanium superconducting alloy 铌钛超导合金 02.0942

niobium-titanium-tantalum superconducting alloy 铌钛钽超导合金 02.0943

niobium-tungsten-hafnium alloy 铌钨铪系合金 02.0740

niobium-tungsten-molybdenum-zirconium alloy 铌钨钼锆合金 02.0744

niobium-tungsten-zirconium alloy 铌钨锆系合金 02.0739

niobium-zirconium alloy 铌锆系合金 02.0737

niobium-zirconium superconducting alloy 铌锆超导合金 02.0941

nitride-containing ferroalloy 含氮铁合金 02.0207

nitriding 渗氮, * 氮化 01.1574

nitriding steel 渗氮钢, * 氮化钢 02.0327

nitrile-butadiene alternating copolymer rubber 交替丁腈橡胶 04.0565

nitrile-epoxy adhesive 环氧－丁腈胶黏剂 04.0862

nitrile-modified ethylene propylene rubber 丙烯腈改性乙丙橡胶 04.0555

nitrile-phenolic adhesive 酚醛－丁腈胶黏剂 04.0860

nitrile silicone rubber 腈硅橡胶 04.0580

nitrocarburizing 氮碳共渗 01.1441

nitrogen containing ferrochromium 氮化铬铁 02.0195

nitrogenous silicone rubber 硅氮橡胶 04.0582

nitronatrite 钠硝石 07.0126

nitroso fluororubber 亚硝基氟橡胶 04.0587

nitroxide mediated polymerization 氮氧自由基调控聚合 04.0060

NMP 氮氧自由基调控聚合 04.0060

NMR 核磁共振 01.0680

noble metal 贵金属 02.0446

noble metal sintered materials 贵金属烧结材料 02.1247

nodular corrosion 疖状腐蚀 02.0770

nodular iron 球墨铸铁, * 球铁 02.0417

nodularizing treatment of graphite 石墨球化处理 01.1132

nodular powder 瘤状粉 02.1183

nodulizer 球化剂 02.0165

Nomex * 诺梅克斯 04.0753

non-alloy cast steel 非合金铸钢 02.0433

non-carbide forming element 非碳化物形成元素 02.0052

non-constrained crystal growth 非强制性晶体生长

non-cyanide electroplating　无氰电镀　01.1554

non-destructive inspection　无损检测　01.0694

non-dry adhesive paper　不干胶纸　07.0368

non-equilibrium ordered structure　＊非平衡有序结构　01.0205

non-equilibrium polymerization of cyclopolysiloxane　环聚硅氧烷的非平衡化聚合　04.0987

non-equilibrium solidification　非平衡凝固　01.0995

non-ferrous magnetic Invar alloy　非铁磁性因瓦合金　02.1131

non-ferrous metal　有色金属　02.0440

non-halogen-flame retardant　无卤阻燃剂　04.1347

nonhydraulic cementitious materials　气硬性胶凝材料　03.0702

non-ideal solution　非理想溶液，＊非理想溶体　01.0176

nonlinear crystal　非线性晶体　03.0039

nonlinear refractivity　非线性折射率　01.0584

nonlinear thickness variation　非线性厚度变化　06.0157

nonlinear viscoelasticity　非线性黏弹性　04.0259

non-magnetic steel　无磁钢，＊低磁性钢，＊非磁性钢　02.0415

non-Newtonian flow　非牛顿流动　04.0293

non-Newtonian index　非牛顿指数　04.0302

non-oriented electrical steel with low carbon and low silicon　低碳低硅无取向电工钢　02.0410

non-oriented silicon steel　无取向硅钢　02.0411

non-oxide ceramics　非氧化物陶瓷　03.0252

non-oxide refractory　非氧化物耐火材料　03.0633

non-plastic materials　瘠性原料　03.0115

non-pored wood　无孔材　07.0537

non-quenched and tempered steel　非调质钢　02.0331

non-recrystallization controlled rolling　未再结晶控制轧制　02.0169

non-recrystallization temperature　无再结晶温度，＊未再结晶温度　01.0413

non-regular eutectic　非规则共晶体　01.0973

nonspontaneous process　非自发过程　01.0162

non-structure adhesive　非结构胶黏剂　04.0833

non-structure sensitivity　非组织结构敏感性能　01.0445

nontransferred arc　非转移弧，＊等离子焰　01.1613

non-vascular stent　非血管支架　08.0197

non-wood-based board　非木质人造板　07.0727

non-wood-based fiberboard　非木材纤维板　07.0694

non-woven fabrics reinforcement　无纺布增强体，＊非织造布增强体　05.0072

norborneneanhydride-terminated polyimide　降冰片烯封端聚酰亚胺　04.0469

normal ferroelectrics　正规铁电体　01.0137

normal freezing　正常凝固　06.0082

normal grain growth　正常晶粒长大　01.0417

normalized steel　正火钢材　02.0259

normalizing　正火　01.1395

normal process　正常过程，＊匹规过程　01.0073

normal segregation　正常偏析　01.1080

normal stress difference　法向应力差　04.0309

notch on a semiconductor wafer　半导体晶片切口　06.0133

notch sensitivity　缺口敏感性　01.0487

no twist rolling　无扭轧制　01.1157

N-process　＊N过程　01.0073

NRA　核反应分析　01.0661

NTD　中子嬗变掺杂　06.0076

NTV　非线性厚度变化　06.0157

n-type monocrystalline germanium　n型锗单晶　06.0111

n-type semiconductor　n型半导体　06.0003

nubuck leather　磨砂革　07.0432

nuclear fuel　核燃料　02.1027

nuclear hafnium　原子能级铪　02.0773

nuclear magnetic resonance　核磁共振　01.0680

nuclear materials　核材料　02.1026

nuclear reaction analysis　核反应分析　01.0661

nuclear reactor　核反应堆，＊反应堆　02.1024

nuclear zirconium　原子能级锆　02.0760

nucleater　成核剂　04.1292

nucleating agent　成核剂　04.1292

nucleation　形核　01.0928

nucleation rate　形核率　01.0424

nucleation substrate　形核基底　01.0931

number-average molar mass　数均分子量，＊数均相对分子质量　04.0156

number-average molecular weight　数均分子量，＊数均相对分子质量　04.0156

number-average relative molecular mass　数均分子量，＊数均相对分子质量　04.0156

number of crimp　卷曲数　04.0821

O

OB 氧气吹炼 02.0121

obsidian 黑曜岩 07.0163

occluded rubber 吸留胶 04.0608

occluder 心脏封堵器 08.0209

octamethylcyclotetrasiloxane 八甲基环四硅氧烷，*D4 04.0978

OD 椭圆缺陷 06.0451

ODS copper alloy 氧化物弥散强化铜合金 02.0617

ODS superalloy 氧化物弥散强化高温合金 02.0851

OEIC 光电子集成电路 06.0326

OES *光学发射光谱 01.0647

off-axis compliance of lamina 单层偏轴柔度 05.0334

off-axis elastic modulus of lamina 单层偏轴弹性模量 05.0335

off-axis of lamina 单层偏轴 05.0327

off-axis stiffness of lamina 单层偏轴刚度 05.0333

off-axis stress-strain relation of lamina 单层偏轴应力-应变关系 05.0332

offensive odour eliminating fiber 消臭纤维 04.0780

official kiln 官窑 03.0165

off-orientation 晶向偏离 06.0087

offset printing paper 胶版印刷纸 07.0321

oil absorbent fiber 吸油纤维 04.0771

oil absorption volume 颜料吸油量 04.0926

oil content 油度 04.0908，油脂含量 07.0511

oil length 油度 04.0908

oil of cedar wood 柏木油 07.0740

oil of *Cunninghamia lanceolata* 杉木油，*沙木油，*刺杉油 07.0745

oil of *Litsea cubeba* 山苍子油，*木姜子油 07.0742

oil of peppermint 薄荷油，*薄荷原油 07.0743

oil shale 油页岩 07.0193

oil stone 油石 07.0175

oil-tanned leather 油鞣革 07.0420

OISF 氧化层错 06.0208

OLED 有机发光二极管 04.1077

olefinic thermoplastic elastomer 聚烯烃型热塑性弹性体 04.0603

oleoresin 松脂 07.0728

oligomer 低聚物，*齐聚物 04.0003

oligopolymer light-emitting materials 低聚物发光材料，*齐聚物发光材料 06.0420

olivine 橄榄石 07.0066

olivine silicate structure 橄榄石类硅酸盐结构 03.0027

on-axis compliance of lamina 单层正轴柔度 05.0331

on-axis engineering constant of lamina 单层正轴工程常数 05.0328

on-axis of lamina 单层正轴 05.0326

on-axis stiffness of lamina 单层正轴刚度 05.0330

on-axis stress-strain relation of lamina 单层正轴应力-应变关系 05.0329

opal 蛋白石 07.0044，欧泊 07.0244

opal glass 乳白玻璃 03.0522

opal glaze 乳浊釉，*盖地釉 03.0202

opaque glaze 乳浊釉，*盖地釉 03.0202

open assemble time 晾置时间 04.0881

open cure 裸硫化 04.0659

open die forging 自由锻 01.1241，开式模锻 01.1259

open hearth steel 平炉钢 02.0220

open hole compression strength of laminate 层合板开孔压缩强度 05.0415

open hole tension strength of laminate 层合板开孔拉伸强度 05.0414

open mill 开炼机 04.1219

open porosity 开孔孔隙度 01.1818

open system 开放系统 01.0157

O phase O 相 02.0575

O phase alloy O 相合金，*Ti₂AlNb 基合金 02.0573

opposite-direction combined extrusion 正反联合挤压 01.1215

optical ceramics 光学陶瓷 03.0348

optical crystal 光学晶体 03.0080

optical disk storage materials 光盘存储材料 04.1078

optical emission spectrum *光学发射光谱 01.0647

optical fiber 光导纤维，*光学纤维 03.0498

optical fiber cure monitoring 光导纤维固化监测 05.0225

optical glass 光学玻璃 03.0486

optically active polymer 旋光性高分子，*光学活性高分子 04.1105

optical metallography 光学金相 01.0690

optical modulator 光调制器 06.0327

optical modulator/demodulator 光调制解调器 06.0328

optical multiplexer　光传输复用器　06.0324

optical property of mineral　矿物光性　07.0010

optical switch　光开关　06.0330

optical switch matrix　光开关阵列　06.0331

optical texture　光学织构　04.0215

optical transient current spectrum　光激发瞬态电流谱　06.0496

optical transistor　光晶体管　06.0329

optical waveguide coupler　光波导耦合器　06.0323

optimum cure point　正硫化点　04.0625

optoelectronic detector　光电探测器　06.0325

optoelectronic device　光电子器件　06.0300

optoelectronic integrated circuit　光电子集成电路　06.0326

orange peel　橘皮　06.0197

order-disorder transformation　有序无序转变　01.0396

ordered solid solution　有序固溶体　01.0380

ordering　有序化　06.0039

ordering energy　有序能　01.0204

order parameter　序参量　01.0349

ordinary alumina ceramics　普通氧化铝陶瓷　03.0285

ordinary Portland cement　普通硅酸盐水泥，＊普硅水泥　03.0727

ore charge　矿料　02.0086

organic charge transfer complex　有机电荷转移络合物　04.1047

organic conductor　有机导体　04.1046

organic electroluminescence materials　有机电致发光材料　04.1076

organic electron transport materials　有机电子传输材料　06.0421

organic fiber reinforcement　有机纤维增强体　05.0027

organic-inorganic hybrid semiconductor materials　有机无机复合半导体材料　06.0416

organic light emitting diode　有机发光二极管　04.1077

organic nonlinear optical materials　有机非线性光学材料　04.1099

organic optical waveguide fiber　有机光导纤维，＊有机光纤　04.1079

organic optoelectronic materials　有机光电子材料　04.1074

organic photo-chromic materials　有机光致变色材料，＊有机光色存储材料　04.1071

organic photoconductive materials　有机光导材料　06.0415

organic photovoltaic materials　有机光伏材料　04.1075

organic sealing　有机物封孔　01.1512

organic semiconductor　有机半导体　04.1049

organic semiconductor materials　有机半导体材料　06.0413

organic singlet state luminescent materials　有机单线态发光材料，＊有机荧光材料　06.0422

organic superconductor　有机超导体　04.1048

organic triplet state light-emitting materials　有机三线态发光材料，＊有机磷光材料　06.0423

organometallic macromolecule　金属有机高分子　04.0006

organosilicon compound　有机硅化合物　04.0956

orientation　取向　04.0209

oriented silicon steel　取向硅钢　02.0412

oriented strand board　定向刨花板　07.0700

ornamental copper alloy　装饰铜合金　02.0623

Orowan process　奥罗万过程　01.0314

orpiment　雌黄　07.0017

orthodontic appliance　正畸矫治器　08.0308

orthodontic materials　正畸材料　08.0282

orthodontic wire　正畸丝　08.0307

orthogonal misorientation　正交晶向偏离　06.0088

orthosis　矫形器　08.0322

OSB　定向刨花板　07.0700

osmium alloy　锇合金　02.0642

osmotically controlled drug delivery system　渗透压控制药物释放系统　08.0225

osteoconduction　骨传导　08.0323

osteoinduction　骨诱导　08.0324

osteoinduction bioceramics　骨诱导性生物陶瓷　08.0042

osteointegration　骨整合，＊骨性结合　08.0326

Ostwald ripening of secondary phase　第二相聚集长大　01.0419

otassium titanate whisker reinforcement　钛酸钾晶须增强体　05.0092

OTCS　光激发瞬态电流谱　06.0496

oval defect　椭圆缺陷　06.0451

over aging　过时效　01.1437

overdenture　覆盖义齿　08.0295

over-glaze decoration　釉上彩　03.0228

overheated structure　过热组织　01.0434

overheated zone 过热区 01.1696

overlay denture 覆盖义齿 08.0295

overpotential 超电位 01.0895

oversintering 过烧 01.1822

oxidation 氧化 01.1450

oxidation induced stacking fault 氧化层错 06.0208

oxidation precipitation 氧化沉淀 01.0879

oxidation-resistant carbon/carbon composite 抗氧化碳/碳复合材料 05.0312

oxidation-resistant steel 抗氧化钢，＊耐热不起皮钢，＊高温不起皮钢 02.0399

oxidation-resistant superalloy 抗氧化高温合金 02.0808

oxidation wear 氧化磨损 01.0806

oxide bonded silicon carbide product 氧化物结合碳化硅制品 03.0620

oxide ceramics 氧化物陶瓷 03.0251

oxide deficient 氧化物缺失 06.0176

oxide dispersion strengthened copper alloy 氧化物弥散强化铜合金 02.0617

oxide dispersion strengthened nickel based superalloy 氧化物弥散强化镍基高温合金 02.0800

oxide dispersion strengthened superalloy 氧化物弥散强化高温合金 02.0851

oxide eutectic ceramics 氧化物共晶陶瓷 03.0292

oxide incomplete 氧化物缺失 06.0176

oxide semiconductor materials 氧化物半导体材料 06.0214

oxide superconductor 氧化物超导体 02.0955

oxidizing atmosphere 氧化气氛 01.1376

oxidizing slag 氧化渣 02.0125

oxydation induced time 氧化诱导时间 04.1192

oxygenated nanocrystalline silicon 氧化纳米晶硅 06.0287

oxygenator membrane 透氧膜 08.0155

oxygen blowing 氧气吹炼 02.0121

oxygen enriched blast 富氧鼓风 02.0091

oxygen free copper 无氧铜 02.0588

oxygen index 氧指数 04.1191

oxygen lime process 喷石灰粉顶吹氧气转炉炼钢 02.0118

oxymethylene copolymer 共聚甲醛 04.0443

oxynitride glass 氧氮化物玻璃 03.0483

ozon aging 臭氧老化 04.1170

P

PA 聚酰胺 04.0433

pacing electrode 起搏电极 08.0052

PAEK 聚芳醚酮 04.0484

PAI 聚酰胺酰亚胺 04.0471

paint 色漆 04.0896

painted enamel 绘画珐琅，＊绘图珐琅 03.0571

painting with enzyme 包酶 07.0468

painting with lime 包灰 07.0467

palladium alloy 钯合金 02.0638

palm fiber 棕榈纤维，＊棕 04.0670

palygorskite 坡缕石 07.0091

PAM 聚丙烯酰胺 04.0431

panel for construction form 混凝土模板 07.0716

paper 纸 07.0283

paper air permeance 纸张透气度 07.0383

paper bulk 纸张松厚度 07.0382

paper bursting strength 纸张耐破度 07.0375

paper density 纸张紧度 07.0381

paper dry solid content 纸张绝干物含量 07.0373

paper folding endurance 纸张耐折度 07.0376

paper gloss 纸张光泽度 07.0379

paper grammage 纸张定量 07.0372

paper picking 纸张拉毛 07.0384

paper printability 纸张印刷适性 07.0385

paper sizing value 纸张施胶度 07.0378

paper smoothness 纸张平滑度 07.0377

paper stiffness 纸张挺度 07.0374

paper tearing resistance 纸张撕裂度 07.0380

papillary layer 乳头层，＊粒面层，＊恒温层 07.0408

parallel plate viscometry 平行板测黏法 04.1150

parallel strand lumber 单板条定向层积材 07.0721

paramagnetic constant modulus alloy 顺磁恒弹性合金 02.1110

paramagnetism 顺磁性 01.0108

para-tellurite crystal ＊对位黄碲矿晶体 03.0054

paratracheal parenchyma 傍管薄壁组织 07.0557

parquet 实木复合地板 07.0644

parthenium argentatum 银菊胶 04.0512

partial dislocation 不全位错，＊偏位错 01.0295

partial dispersion 部分色散 01.0587

partial heat treatment 局部热处理 01.1362

partially alloyed powder 部分合金化粉 01.1736

partially crosslinked nitrile rubber 部分交联型丁腈橡胶 04.0562

partially oriented yarn 预取向丝，＊POY 丝 04.0802

partially stabilized zirconia ceramics 部分稳定氧化锆陶瓷 03.0274

partial recrystallization 部分再结晶 01.0408

particle 刨花，＊碎料 07.0697

particle dispersion strengthened ceramics 颗粒弥散强化陶瓷 05.0272

particle grading composition 颗粒级配 03.0694

particle reinforced titanium alloy 颗粒增强钛合金 02.0564

particle reinforcement 颗粒增强体 05.0094

particle size 粒度 01.1746

particle size distribution 粒度分布 01.1747

particle size range 粒度范围 02.1176

particulate filled polymer composite 颗粒增强聚合物基复合材料 05.0117

particulate reinforced Fe-matrix composite 颗粒增强铁基复合材料 05.0240

particulate reinforced metal matrix composite 颗粒增强金属基复合材料 05.0235

PAS 正电子湮没术 01.0648

PASF 聚芳砜 04.0462

passivation 钝化 01.0761

passivation treating 钝化处理 01.1555

passive film 钝化膜 01.0762

passive targeting drug delivery system 被动靶向药物释放系统 08.0218

paste adhesive 糊状胶黏剂 04.0847

patenting 铅浴处理，＊铅浴淬火 01.1446

patent leather 漆革 07.0443

path-dependency 路径相关性 01.0828

patterned glass 压花玻璃，＊花纹玻璃，＊滚花玻璃 03.0509

patty 腻子 04.0933

Pauling rule 鲍林规则 03.0001

PB-1 等规聚 1-丁烯 04.0378

PBI 聚苯并咪唑 04.0477

PBO 聚苯并噁唑 04.0480

PBT 聚对苯二甲酸丁二酯 04.0453，聚苯并噻唑 04.0479

PC 双酚 A 聚碳酸酯，＊聚碳酸酯 04.0455

PCI rate 喷煤比 02.0090

PCL 聚己内酯 04.0451

PCTFE 聚三氟氯乙烯 04.0496

PD 光电二极管 06.0305

PDAP 聚邻苯二甲酸二烯丙酯 04.0460

PD method 功率降低法 01.0987

PE 聚乙烯 04.0355

pearl 珍珠 07.0267

pearlescent pigment 珠光颜料 04.1365

pearlite 珠光体 02.0021，珍珠岩 07.0165

pearlitic cementite ＊珠光体渗碳体 02.0042

pearlitic heat-resistant steel 珠光体耐热钢 02.0400

peat 泥炭，＊泥煤 07.0226

PEB 丙烯－乙烯嵌段共聚物 04.0375

PEEK 聚醚醚酮 04.0485

PEEKK 聚醚醚酮酮 04.0488

peeled rotary veneer 旋切单板 07.0652

peeling extrusion 脱皮挤压 01.1198

peel strength 剥离强度 01.0501

pegmatite 伟晶岩 07.0160

PEI 聚醚酰亚胺 04.0472

Peierls-Nabarro force 派－纳力 01.0309

PEK 聚醚酮 04.0486

PEKEKK 聚醚酮醚酮酮 04.0489

PEKK 聚醚酮酮 04.0487

pellet 球团矿 02.0070

pelletizer 切粒机 04.1226

pelletizing process 球团工艺 02.0068

pelt 裸皮 07.0398

Peltier effect 佩尔捷效应 01.0130

PE-MOVPE 等离子增强金属有机化合物气相外延 06.0460

penetrate testing 渗透检测 01.0685

penetration ratio 溶合比 01.1658

penultimate effect 前末端基效应 04.0130

percentage elongation after fracture 断后伸长率 01.0483

percentage reduction of area after fracture 断面收缩率，＊面缩率 01.0484

percentage uniform elongation 均匀伸长率 01.0482

percolation 逾渗 01.0224

percutaneous device 经皮器件 08.0027

percutaneous transluminal angioplasty 球囊血管成形术

08.0186

perfluorinated ionomer membrane　全氟离子交换膜　04.1027

perfluorocarbon emulsion　全氟碳乳剂　04.1091

performance　使用性能　01.0441

peridotite　橄榄岩　07.0146

periodic boundary condition　周期性边界条件　01.0825

periodic laminate　规则层合板　05.0365

periodontal dressing　牙周塞治剂　08.0255

periodontal pack　牙周塞治剂　08.0255

period reverse anodizing　周期换向阳极氧化　01.1494

peripheral indent　周边锯齿状凹痕　06.0180

peritectic point　包晶点　01.0199

peritectic reaction　包晶反应　01.0398

peritectic solidification　包晶凝固　01.0983

peritectic transformation　包晶反应　01.0398

peritectoid point　包析点　01.0201

peritectoid reaction　包析反应　01.0401

peritectoid transformation　包析反应　01.0401

pearlite　珠光体　02.0021

permanent magnetic composite　永磁复合材料　05.0285

permanent magnetic ferrite　硬磁铁氧体，＊永磁铁氧体　03.0319

permanent magnetic materials　＊永磁材料　02.0877

permanent mold casting　金属型铸造，＊永久型铸造　01.1026

permeability　透过性　01.1834，渗透率　05.0228

permeability of wood　木材渗透性　07.0587

permeability surface area　透过性表面积　02.1205

permeation threshold　逾渗阈值　04.0234

perovskite [compound] superconductor　钙钛矿[化合物]超导体　02.0954

perovskite structure　钙钛矿结构　03.0020

peroxide initiator　过氧化物引发剂　04.0064

perpendicular to grain plywood　横纹胶合板　07.0682

persistent luminescent materials　永久性发光材料　03.0248

persulphate initiator　过硫酸盐引发剂　04.0065

perturbed angular correlation　受扰角关联　01.0686

pervaporation membrane　透析蒸发膜，＊渗透气压膜　04.1028

PESF　聚醚砜　04.0464

PESK　聚醚砜酮　04.0490

PET　聚对苯二甲酸乙二酯　04.0452

petrographic analysis　岩相分析　07.0011

petroleum resin　石油树脂　04.0344

PFMC　＊烤瓷熔附金属全冠　08.0298

PF resin　苯酚－甲醛树脂，＊酚醛树脂　04.0411

phase　相　01.0185

γ phase　γ相　02.0821

γ″ phase　γ″相　02.0822

δ phase　δ相　02.0823

η phase　η相　02.0824

μ phase　μ相　02.0825

phase analysis　相分析　01.0609

phase boundary　相界　01.0337

phase diagram　相图　01.0189

phase field kinetics model　相场动力学模型　01.0838

phase field method　相场方法　01.0837

phase interface　相界　01.0337

phase-locked epitaxy　锁相外延　06.0449

phase locking laser array　锁相激光器阵列　06.0353

phase rule　相律　01.0186

phase separation spinning　相分离纺丝　01.1958

phase splitting in glass　玻璃分相　03.0452

phase transformation　相变　01.0350

phase transformation induced plasticity　相变诱发塑性　01.0475

phase transition　相变　01.0350

phenol-formaldehyde resin　苯酚－甲醛树脂，＊酚醛树脂　04.0411

phenolic adhesive　酚醛胶黏剂　04.0856

phenolic coating　酚醛涂料　04.0915

phenolic fiber　酚醛纤维　04.0764

phenolic molding compound　酚醛模塑料，＊电木粉　04.0412

phenolic resin composite　酚醛树脂基复合材料　05.0128

phenylene silicone rubber　苯撑硅橡胶　04.0579

phenyl trichlorosilane　苯基三氯硅烷　04.0965

phloem　韧皮部，＊内树皮　07.0528

phlogopite　金云母　07.0095

phonon　声子　01.0070

phononic crystal　声子晶体　01.0240

phonon scattering　声子散射　01.0072

phonon spectrum　声子谱　01.0071

phosphatic rock　磷块岩，＊磷质岩　07.0203

phosphating　磷化　01.1447

phosphorescence of wood　木材磷光现象　07.0586

phosphor for black light lamp　黑光灯用发光材料　03.0358

phosphor for lamp　灯用发光材料　03.0357

phosphorus bronze　磷青铜　02.0608

photoacoustic spectroscopy　光声光谱　06.0500

photoaging　光老化　04.1177

photo chemical vapor deposition　光化学气相沉积　01.1937

photochromic composite　光致变色复合材料　05.0288

photochromic dye　光致变色染料　04.1357

photochromic glass　光致变色玻璃，* 光色玻璃　03.0476

photochromic glaze　变色釉　03.0158

photoconductive polymer　光[电]导聚合物　04.1072

photoconductive thermal-plastic polymer materials　光导热塑高分子材料　04.1070

photoconductivity　光电导性　01.0563

photocrosslinking　光交联　04.0135

photocrosslinking polymer　光交联聚合物　04.1057

photodegradable polymer　光降解聚合物　04.1056

photodegradation　光降解　04.0146

photoelastic polymer　光弹性聚合物　04.1055

photoelectric diode　光电二极管　06.0305

photoelectric effect　光电效应　01.0147

photoelectric transistor　光电晶体管　06.0306

photo-enhanced metalorganic phase vapor epitaxy　光增强金属有机化合物气相外延　06.0462

photo-induced liquid-crystal polymer　光致高分子液晶　04.1058

photo-initiated polymerization　光引发聚合　04.0089

photoinitiator　光敏引发剂　04.0067

photoluminescence of wood　木材光激发　07.0584

photoluminescence spectrum　光致发光谱　06.0498

photoluminescent composite　光致发光复合材料　05.0291

photoluminescent materials　光致发光材料　03.0355

photonic crystal　光子晶体　01.0239

photonic device　光子器件　06.0299

photonic-electronic ceramics　光电子陶瓷　03.0241

photon multiplication phosphor　光子倍增发光材料　03.0361

photo-oxidative degradation　光氧化降解　04.0147

photopolymerization of composite　复合材料光固化　05.0208

photo-refractive recording materials　光折变记录材料　04.1073

photoresistor　光敏电阻　06.0383

photoresistor materials　光敏电阻器材料　06.0374

photosensitive adhesive　光敏胶黏剂　04.0840

photosensitive glass　光敏玻璃　03.0477

photosensitive polymer　光敏聚合物　04.0013

photosensitive resistance materials　光敏电阻材料　02.1148

photosensitized polymerization　光敏聚合　04.0090

photosensitizer　光敏剂　04.1344

photostimulated phosphor　光激励发光材料　03.0363

photothermal ionization spectroscopy　光热电离谱　06.0497

photovoltaic effect　光伏效应　01.0590

PH stainless steel　沉淀硬化不锈钢　02.0382

phthalocyanine　酞菁染料　04.1373

pH value of wood　木材 pH 值　07.0568

phyllite　千枚岩　07.0213

physical adsorption　物理吸附　01.0210

physical aging　物理老化　04.0208

physical chemistry　物理化学　01.0152

physical crosslinking　物理交联　04.0134

physical entanglement　凝聚缠结，* 物理缠结　04.0205

physical expansion　物理发泡法　04.1254

physical foaming agent　物理发泡剂　04.1295

physical metallurgy　物理冶金[学]，* 金属学　01.0010

physical softening　物理软化　01.0517

physical vapor deposition　物理气相沉积　01.1896

physics of condensed matter　凝聚体物理学　01.0036

physiological environment　生理环境　08.0080

physisorption　物理吸附　01.0210

PI　聚酰亚胺　04.0465

pickled skin　酸皮　07.0399

pickling　酸洗　01.1172, 浸酸　07.0472

Pico abrasion test　皮克磨耗试验　04.0639

picture tube glass　显像管玻璃　03.0480

pierced decoration　玲珑瓷　03.0194

piercer　穿孔针，* 挤压针　01.1238

piercing　穿孔　01.1177

piercing load　穿孔力　01.1225

piezoelectric bioceramics　压电生物陶瓷　08.0045

piezoelectric ceramics　压电陶瓷　03.0300

piezoelectric composite　压电复合材料　05.0284

piezoelectric constant　压电常数　01.0578

piezoelectric crystal　压电晶体　03.0085

piezoelectricity　压电性　01.0139

piezoelectric polymer　压电高分子　04.1051

piezoelectrics　压电体　01.0140

piezo-resistor　压敏电阻　06.0384

pig iron　生铁　02.0084

pigment　颜料　04.1362

pigment binder ratio　颜基比　04.0928

pigment volume concentration　颜料体积浓度　04.0927

pine gum　松脂　07.0728

pine needle oil　松针油　07.0744

pine tar　松焦油　07.0746

pin hole　针孔　01.1086

pinnoite　柱硼镁石　07.0114

PIN PD　PIN 光电二极管　06.0307

PIN photoelectric diode　PIN 光电二极管　06.0307

pipe　管材　02.0233

pipe line steel　管线钢　02.0284

piping of leather　皮革管皱　07.0456

piston-anvil quenching method　锤砧法　01.1004

PIT　粉末套管法　02.0987

pit　小坑　06.0195

pit and fissure sealant　窝沟封闭剂　08.0256

pitch based carbon fiber reinforcement　沥青基碳纤维增强体　05.0034

pitch rock　沥青岩　07.0191

pitchstone　松脂岩　07.0164

pitting　点蚀　01.0766

PIXE　质子 X 射线荧光分析，* 粒子 X 射线荧光分析　01.0620

plagioclase　斜长石　07.0101

planar-cellular interface transition　平 - 胞转变　01.0963

planar flow casting　平面流动铸造法　01.1003

planar interface　平面界面　01.1854

planar liquid-solid interface　平面液固界面　01.0957

planetary rolling　行星轧制　02.0167

plant fiber　植物纤维　04.0664

plant fiber reinforced polymer composite　植物纤维聚合物基复合材料　05.0154

plant fiber reinforcement　植物纤维增强体　05.0057

plasma arc　等离子弧　01.1612

plasma arc remelting　等离子弧重熔　01.0916

plasma arc spray welding　等离子弧喷焊　01.1530

plasma arc welding　等离子弧焊　01.1615

plasma assisted chemical vapor deposition　气相等离子辅助反应法　01.1758

plasma assisted epitaxy　等离子体辅助外延　06.0461

plasma assisted physical vapor deposition　等离子体辅助物理气相沉积　06.0473

plasma atomization　等离子雾化　01.1715

plasma cold-hearth melting　等离子冷床熔炼　01.0919

plasma enhanced chemical vapor deposition　等离子体增强化学气相沉积　01.1932

plasma enhanced metalorganic vapor phase epitaxy　等离子增强金属有机物化学气相外延　06.0460

plasma exchange　血浆置换　08.0156

plasma heat treatment　离子轰击热处理　01.1378

plasma immersion ion implantation　等离子体浸没离子注入，* 全方位离子注入　01.1590

plasma melting　等离子体冶金　01.0913

plasma melton reduction　等离子熔融还原　01.0917

plasma nitriding　离子渗氮　01.1442

plasma process for making powder　等离子合成法制粉　03.0405

plasma rotating electrode process　等离子旋转电极雾化工艺　02.0842

plasma sheath ion implantation　等离子鞘离子注入　01.1591

plasma source ion implantation　* 等离子源离子注入　01.1590

plasma sprayed coating　等离子体喷涂涂层　08.0100

plasma sprayed porous titanium coating　等离子喷涂钛多孔表面　08.0095

plasma spraying　等离子喷涂　01.1527

plasma spraying gun　等离子喷枪　01.1531

plaster mold　石膏型　01.1112

plaster mold casting　石膏型铸造　01.1030

plasticating process　塑化过程　04.1233

plastic condition diagram　* 塑性状态图　01.1143

plastic deformation　塑性变形　01.0458

plastic diagram　塑性图　01.1143

plastic fluid　* 塑性流体　04.0295

plasticity　可塑度　04.0618

plasticity of metal　金属塑性　01.1142

plasticized-powder extrusion　增塑粉末挤压　01.1788

plasticizer　增塑剂　04.1289

plastic optical fiber　塑料光导纤维　04.0773

plastic raw materials　塑性原料　03.0211

plastics　塑料　04.0348

plastic scintillater　塑料闪烁剂　04.1110

plastics electroplating　塑料表面电镀　01.1543

plastic strain ratio　塑性应变比，＊厚向异性系数　01.1312

plastic tooth　＊塑料牙　08.0305

plastic welding　塑料焊接　04.1235

plastic whiteness　塑料白度　04.1182

plastic working　塑性加工，＊压力加工　01.1134

plastic zone　塑性区　01.0732

plastisol　塑溶胶　04.0848

plateau cure　硫化平坦期　04.0627

platelet crystalline reinforcement　片晶增强体　05.0104

platelet reinforced metal matrix composite　片晶增强金属基复合材料　05.0237

plate type fuel element　板状燃料元件　02.1046

platinum alloy　铂合金　02.0637

platinum-cobalt magnet　铂钴永磁体　02.0897

platinum-iron permanent magnet alloy　铂铁永磁合金　02.0896

platinum metal　铂族金属　02.0630

PLE　锁相外延　06.0449

pluton　深成岩　07.0148

ply　层，＊单层，＊单层板　05.0319

ply angle　铺层角，＊纤维取向　05.0321

ply group　铺层组　05.0323

ply ratio　铺层比　05.0324

ply stacking sequence　铺层顺序　05.0322

plywood　胶合板　07.0650

plywood assembly　胶合板组坯　07.0667

plywood blister　胶合板鼓泡　07.0673

plywood bump　胶合板鼓泡　07.0673

plywood delamination　胶合板分层　07.0674

plywood layup　胶合板组坯　07.0667

plywood prepressing　胶合板预压　07.0670

PM　钼酸铅晶体　03.0053

PMC　聚合物基复合材料，＊树脂基复合材料　05.0009

PMMA　聚甲基丙烯酸甲酯　04.0395

PMP　粉末熔化法　02.0988，聚4－甲基－1－戊烯　04.0379

P/M superalloy　粉末冶金高温合金　02.0841

pneumatic pressure forming technology　气压成形法，＊吹塑成形　01.1327

PNVC　乙烯基咔唑树脂　04.0347

point group　点群　01.0245

Poisson ratio　泊松比，＊横向变形系数　01.0465

Poisson's ratio of laminate　层合板泊松比　05.0350

polariscope　偏光镜　07.0276

polarizability　极化率　03.0378

polarization microscope　偏光显微镜　07.0012

polarization microscopy　偏光显微镜法　04.1122

polarization potential　极化电位　01.0896

polarography　极谱法　01.0628

polaron　极化子　01.0543

polaron conductivity　极化子电导　01.0544

pole figure　极图　01.0262

polished glass　磨光玻璃　03.0512

polished leather　抛光革　07.0435

polished surface　抛光面　06.0141

polished wafer　抛光片　06.0140

polyacetal fiber　聚缩醛纤维　04.0762

polyacetylene　聚乙炔　04.1041

polyacrylamide　聚丙烯酰胺　04.0431

polyacrylate fiber　聚丙烯酸酯纤维　04.0712

polyacrylate rubber　聚丙烯酸酯橡胶　04.0571

polyacrylonitrile based carbon fiber reinforcement　聚丙烯腈基碳纤维增强体　05.0032

polyacrylonitrile fiber　聚丙烯腈纤维，＊腈纶　04.0686

polyacrylonitrile preoxidized fiber　聚丙烯腈预氧化纤维　04.0748

polyalloy　高分子合金　04.0218

polyamide　聚酰胺　04.0433

polyamide-6　聚酰胺-6　04.0434

polyamide-66　聚酰胺-66　04.0436

polyamide fiber　聚酰胺纤维　04.0699

polyamide fiber reinforcement　聚酰胺纤维增强体，＊尼龙纤维增强体　05.0045

polyamide-imide　聚酰胺酰亚胺　04.0471

polyamide-imide composite　聚酰胺酰亚胺基复合材料　05.0132

polyamide-imide fiber　聚酰胺酰亚胺纤维　04.0754

polyanilene　聚苯胺　04.1043

polyaromatic ester fiber reinforcement　聚芳酯纤维增强体　05.0050

polyaromatic heterocyclic fiber reinforcement　聚芳杂环

纤维增强体　05.0051

polyarylamide　芳香族聚酰胺　04.0441

polyaryletherketone　聚芳醚酮　04.0484

polyaryletherketone composite　聚芳醚酮基复合材料　05.0140

polyarylsulfone　聚芳砜　04.0462

polyauryllactam　聚酰胺-12，＊聚十二内酰胺　04.0435

poly(p-benzamide)fiber　聚对苯甲酰胺纤维，＊芳纶14　04.0752

polybenzimidazole　聚苯并咪唑　04.0477

polybenzimidazole composite　聚苯并咪唑基复合材料　05.0147

polybenzimidazole fiber　聚苯并咪唑纤维，＊PBI 纤维　04.0758

polybenzimidazole fiber reinforcement　聚苯并咪唑纤维增强体　05.0053

poly(benzimidazole-imide)　聚苯并咪唑酰亚胺　04.0478

polybenzothiazole　聚苯并噻唑　04.0479

polybenzothiazole fiber reinforcement　聚苯并噻唑纤维增强体　05.0054

polybenzoxazole　聚苯并噁唑　04.0480

polybenzoxazole fiber reinforcement　聚苯并噁唑纤维增强体　05.0055

polyblend　聚合物共混物　04.0217

polybutadiene rubber　聚丁二烯橡胶　04.0522

polybutyleneterephthalate　聚对苯二甲酸丁二酯　04.0453

polybutyleneterephthalate fiber　聚对苯二甲酸丁二酯纤维，＊PBT 纤维　04.0709

polybutyrolactam fiber　聚丁内酰胺纤维，＊耐纶4，＊锦纶4纤维　04.0704

polycaprolactam fiber　聚己内酰胺纤维，＊耐纶6，＊锦纶6纤维　04.0703

polycaprolactone　聚己内酯　04.0451

polycarbonate　双酚A聚碳酸酯，＊聚碳酸酯　04.0455

polycarboranesiloxane　聚(碳硼烷硅氧烷)，＊聚(卡硼烷硅氧烷)　04.1018

polycarbosilane　聚硅碳烷　04.1017

polychlorotrifluoroethylene　聚三氟氯乙烯　04.0496

polychromatic fiber　热敏变色纤维　04.0775

polycondensation　缩聚反应，＊缩合聚合反应　04.0100

polycrystal　多晶　01.0235

polycrystalline compact diamond　聚晶金刚石，＊多晶

体金刚石　03.0096

polycrystalline diamond film　金刚石多晶薄膜　03.0095

polycrystalline germanium　多晶锗　06.0109

polycrystalline semiconductor　多晶半导体　06.0006

polycrystalline silicon　多晶硅　06.0118

polycrystalline silicon by Siemens process　西门子法多晶硅　06.0120

polycrystalline silicon by silane process　硅烷法多晶硅　06.0121

polycrystal materials　多晶材料　01.0025

polycyclopentadiene resin　环戊二烯树脂　04.0346

polydecamethylenesebacamide　聚酰胺-1010　04.0437

polydiallylisophthalate　聚间苯二甲酸二烯丙酯　04.0461

polydiallylphthalate　聚邻苯二甲酸二烯丙酯　04.0460

polydimethylsiloxane　聚二甲基硅氧烷　04.0972

polydispersity index of relative molecular mass　分子量多分散性指数　04.0161

polydispersity of relative molecular mass　分子量多分散性　04.0160

polyelectrolyte　聚电解质　04.1038

polyester coating　聚酯涂料　04.0916

polyester fiber　聚酯纤维　04.0706

polyester fiber reinforcement　聚酯纤维增强体　05.0049

polyesterimide　聚酯酰亚胺　04.0473

polyester resin　聚酯类树脂　04.0449

polyether　聚醚　04.0447

polyether based impression materials　聚醚基印模材料，＊聚醚橡胶印模材料　08.0264

polyether ester elastic fiber　聚醚酯弹性纤维　04.0767

polyether ester thermoplastic elastomer　聚酯型热塑性弹性体　04.0602

polyetheretherketone　聚醚醚酮　04.0485

polyetheretherketone fiber　聚醚醚酮纤维，＊PEEK 纤维　04.0765

polyetheretherketone fiber reinforcement　聚醚醚酮纤维增强体　05.0056

polyetheretherketoneketone　聚醚醚酮酮　04.0488

polyetherimide　聚醚酰亚胺　04.0472

polyetherimide fiber　聚醚酰亚胺纤维，＊PEI 纤维　04.0705

polyetherimide resin composite　聚醚酰亚胺树脂基复合

材料 05.0131

polyetherketone 聚醚酮 04.0486

polyetherketoneetherketoneketone 聚醚酮醚酮酮 04.0489

polyetherketoneketone 聚醚酮酮 04.0487

polyether-modified silicone oil 聚醚改性硅油 04.0995

polyethersulfone 聚醚砜 04.0464

polyethersulfone composite 聚醚砜基复合材料 05.0141

polyethersulfoneketone 聚醚砜酮 04.0490

polyethylene 聚乙烯 04.0355

polyethylene fiber 聚乙烯纤维，＊乙纶 04.0685

poly(ethylene-2,6-naphthalate) fiber 聚 2,6-萘二甲酸乙二酯纤维，＊PEN 纤维 04.0761

polyethylene oxide fiber 聚环氧乙烷纤维，＊聚氧亚乙基纤维 04.0714

polyethyleneterephthalate 聚对苯二甲酸乙二酯 04.0452

polyethyleneterephthalate fiber 聚对苯二甲酸乙二酯纤维，＊PET 纤维，＊涤纶 04.0708

polyformaldehyde composite 聚甲醛树脂基复合材料 05.0143

polyformalolehyole fiber 聚甲醛纤维，＊POM 纤维 04.0763

polygonal ferrite ＊多边形铁素体 02.0015

polygonization 多边形化 01.0406

polyhedral oligomeric silsesquioxane 笼状聚倍半硅氧烷 04.0981

polyhexamethylene adipamide fiber 聚己二酰己二胺纤维，＊耐纶 66，＊锦纶 66 纤维 04.0702

poly(p-hydroxybenzoic acid) 聚对羟基苯甲酸 04.0476

polyimide 聚酰亚胺 04.0465

polyimide adhesive 聚酰亚胺胶黏剂 04.0859

polyimide fiber 聚酰亚胺纤维 04.0755

polyimide fiber reinforcement 聚酰亚胺纤维增强体 05.0046

polyimide foam 聚酰亚胺泡沫塑料 04.0474

polyimide resin composite 聚酰亚胺树脂基复合材料 05.0129

polyisobutylene rubber 聚异丁烯橡胶 04.0570

polyisoprene rubber 聚异戊二烯橡胶 04.0519

polymer 聚合物 04.0001

polymer alloy 高分子合金 04.0218

polymer blend 聚合物共混物 04.0217

polymer chain structure 高分子链结构 04.0149

polymer chemistry 高分子化学 01.0153

polymer coating 高分子涂层 08.0102

polymer concrete 聚合物混凝土 03.0757

polymer electret 高分子驻极体 04.1050

polymeric additive 高分子添加剂，＊助剂功能高分子 04.1280

polymeric catalyst 高分子催化剂 04.1106

polymeric dense membrane 高分子致密膜 04.1032

polymeric dialysis membrane 高分子透析膜 04.1026

polymeric dispersant agent 高分子分散剂 04.1326

polymeric electro-optical materials 高分子电光材料 04.1098

polymeric fast ion conductor 高分子快离子导体 04.1095

polymeric gas separation membrane 高分子气体分离膜 04.1022

polymeric gel 高分子凝胶 04.1094

polymeric insulating materials 高分子绝缘材料 04.1053

polymeric intelligent materials 高分子智能材料，＊高分子机敏材料 04.1093

polymeric Langmuir-Blodgett film 聚合物 LB 膜 04.1097

polymeric LB film 聚合物 LB 膜 04.1097

polymeric metal complex catalyst 高分子金属络合物催化剂 04.1109

polymeric micelle 高分子胶束 08.0235

polymeric microfiltration membrane 高分子微滤膜，＊高分子微孔膜 04.1030

polymeric microporous sintered membrane 高分子微孔烧结膜 04.1034

polymeric phase transfer catalyst 高分子相转移催化剂 04.1107

polymeric piezodialysis membrane 高分子镶嵌膜 04.1029

polymeric reverse osmosis membrane 高分子反渗透膜 04.1023

polymeric semipermeable membrane 高分子半透膜 04.1021

polymeric separate membrane 高分子分离膜 04.1020

polymeric single-ionic conductor 高分子单离子导体 04.1096

polymeric stealth materials 高分子隐形材料 04.1092

polymeric support membrane 高分子支撑膜 04.1035

polymeric ultrafiltration membrane 高分子超滤膜 04.1024

polymer impregnated concrete 聚合物浸渍混凝土 03.0758

polymer/inorganic layered oxide intercalation composite 聚合物/无机层状氧化物复合材料 05.0152

polymerization 聚合 04.0047

polymer light-emitting materials 聚合物电致发光材料 06.0418

polymer materials 高分子材料 01.0012

polymer matrix composite 聚合物基复合材料，＊树脂基复合材料 05.0009

polymer medicine 高分子药物 04.1083

polymer microsphere 高分子微球 08.0234

polymer physics 高分子物理学 01.0042

polymer pigment 高分子颜料 04.1368

polymer processing 聚合物加工 04.1228

polymer semiconductor materials 聚合物半导体材料 06.0414

polymer surfactant 聚合物表面活性剂 04.1288

polymer with chemical function 化学功能性聚合物 04.1060

polymer with crown ether 高分子冠醚 04.1108

polymethylmethacrylate 聚甲基丙烯酸甲酯 04.0395

polymethylmethacrylate molding materials 聚甲基丙烯酸甲酯模塑料 04.0396

poly(4-methyl-1-pentene) 聚4-甲基-1-戊烯 04.0379

polymorphism 同质多晶[现象] 04.0191

polymorphous silicon 含晶粒非晶硅 06.0286

polyolefin fiber 聚烯烃纤维 04.0683

polyolefin fiber reinforcement 聚烯烃纤维增强体 05.0040

polyoxymethylene 聚甲醛 04.0442

polyoxymethylene fiber 聚甲醛纤维，＊POM 纤维 04.0763

polyphenol-aldehyde fiber reinforcement 聚酚醛纤维增强体 05.0052

polyphenylene 聚苯 04.0481

poly(p-phenylene benzobisoxazole) fiber 聚对亚苯基苯并双噁唑纤维，＊PBO 纤维 04.0756

poly(p-phenylene benzobisthiazole) fiber 聚对亚苯基苯并双噻唑纤维，＊PBZT 纤维 04.0757

poly(m-phenylene isophthalamide) fiber 聚间苯二甲酰间苯二胺纤维，＊芳纶 1313 04.0753

polyphenyleneoxide 聚苯醚 04.0445

polyphenylene sulfide 聚苯硫醚 04.0475

polyphenylene sulfide composite 聚苯硫醚基复合材料 05.0139

poly(p-phenylene sulfide) fiber 聚对苯硫醚纤维，＊PPS 纤维 04.0759

poly(p-phenylene terephthalamide) fiber 聚对苯二甲酰对苯二胺纤维，＊芳纶 1414 04.0751

polypropylene 聚丙烯 04.0370

polypropylene composite 聚丙烯基复合材料 05.0144

polypropylene fiber 聚丙烯纤维，＊丙纶 04.0684

polypropylene fiber reinforcement 聚丙烯纤维增强体，＊丙纶纤维增强体 05.0042

polypropyleneterephthalate 聚对苯二甲酸丙二酯 04.0454

polypyromellitimide 均苯型聚酰亚胺 04.0466

polypyrrole 聚吡咯 04.1042

polyquinoxaline composite 聚喹噁啉基复合材料 05.0148

polysilane 聚硅烷 04.0958

polysilazane 聚硅氮烷 04.1016

polysiloxane 聚硅氧烷，＊硅酮 04.0971

polysilsesquioxane 聚倍半硅氧烷 04.0980

polystyrene 聚苯乙烯 04.0388

polystyrene fiber 聚苯乙烯纤维 04.0715

polysulfide based impression materials 聚硫基印模材料，＊聚硫橡胶印模材料 08.0263

polysulfide rubber 聚硫橡胶 04.0597

polysulfide sealant 聚硫密封胶 04.0867

polysulfone composite 聚砜基复合材料 05.0142

polyterpene resin 萜烯树脂 04.0345

polytetrafluoroethylene 聚四氟乙烯 04.0493

polytetrafluoroethylene composite 聚四氟乙烯基复合材料 05.0146

polytetrafluoroethylene fiber 聚四氟乙烯纤维 04.0695

polytetrafluoroethylene fiber reinforcement 聚四氟乙烯纤维增强体 05.0043

polythiophene 聚噻吩 04.1044

polytrimethyleneterephthalate fiber 聚对苯二甲酸丙二酯纤维，＊PTT 纤维 04.0710

polytrimethylhexamethyleneterephthalamide 聚对苯二甲酰三甲基己二胺 04.0438

polytropism 同质多晶[现象] 04.0191

polyurethane 聚氨酯，＊聚氨基甲酸酯 04.0421

polyurethane adhesive 聚氨酯胶黏剂 04.0858

polyurethane coating 聚氨酯涂料 04.0917

polyurethane fiber 聚氨基甲酸酯纤维，＊氨纶 04.0713

polyurethane foam 聚氨酯泡沫塑料 04.0422

polyurethane resin composite 聚氨酯树脂基复合材料 05.0135

polyurethane rubber 聚氨酯橡胶 04.0590

polyurethane sealant 聚氨酯密封胶 04.0868

polyvinylacetal 聚乙烯醇缩乙醛 04.0399

polyvinylalcohol 聚乙烯醇 04.0397

polyvinylalcohol fiber 聚乙烯醇纤维 04.0690

polyvinylbutyral 聚乙烯醇缩丁醛 04.0400

polyvinylbutyral adhesive film 聚乙烯醇缩丁醛胶膜 04.0866

poly (N-vinyl carbazole) 乙烯基咔唑树脂 04.0347

polyvinylchloride 聚氯乙烯 04.0380

poly (vinyl chloride) composite 聚氯乙烯基复合材料 05.0145

poly (vinyl chloride) fiber 聚氯乙烯纤维，＊氯纶 04.0692

polyvinylchloride paste 聚氯乙烯糊 04.0384

polyvinylfluoride 聚氟乙烯 04.0498

polyvinylformal 聚乙烯醇缩甲醛 04.0398

polyvinylidenechloride 聚偏二氯乙烯 04.0382

poly (vinylidene chloride) fiber 聚偏氯乙烯纤维，＊偏氯纶 04.0693

polyvinylidenefluoride 聚偏二氟乙烯 04.0499

poly-p-xylylene 聚对二甲苯 04.0483

POM 聚甲醛 04.0442

poor solvent 不良溶剂 04.0319

porcelain 瓷器 03.0132，烤瓷 08.0306

porcelain clay 瓷土 03.0108

porcelain enamel 搪瓷 03.0558

porcelain fused to metal crown ＊烤瓷熔附金属全冠 08.0298

porcelain powder 烤瓷粉 08.0279

pore 毛孔 07.0412

pored wood 有孔材 07.0538

pore-enlarging 扩孔处理 01.1501

pore forming material 造孔剂 01.1799

pore-free die casting 充氧压铸 01.1040

pore pattern 管孔式 07.0539

porosity 疏松，＊显微缩松 01.1072，孔隙率，＊气孔率，＊孔隙度 01.0605

porous bearing 多孔轴承，＊含油轴承 02.1228

porous ceramics 多孔陶瓷 03.0243

porous materials 多孔材料 01.0026

porous plug brick 供气砖 03.0632

porous silicon 多孔硅 06.0403

porous surface of sintered titanium wire 钛丝烧结多孔表面 08.0093

porous tungsten 多孔钨 02.0706

Portland cement 硅酸盐水泥，＊波特兰水泥 03.0726

Portland fly-ash cement 粉煤灰硅酸盐水泥，＊粉煤灰水泥 03.0730

Portland pozzolana cement 火山灰质硅酸盐水泥，＊火山灰水泥 03.0729

Portland slag cement 矿渣硅酸盐水泥，＊矿渣水泥 03.0728

positive segregation 正偏析 01.1078

positive temperature coefficient thermosensitive ceramics 正温度系数热敏陶瓷 03.0334

positron annihilation spectroscopy 正电子湮没术 01.0648

POSS 笼状聚倍半硅氧烷 04.0981

post-and-core crown 桩核冠 08.0297

postcombustion 二次燃烧 02.0131

post cure 后硫化 04.0624

post-curing of composite 复合材料后固化 05.0216

post forming 二次成型 04.1251

post polymerization 后聚合 04.0051

post-shrinkage 后收缩率 04.1205

post-sintered reactive bonded silicon nitride ceramics 重烧结氮化硅陶瓷 03.0259

post-sintering method 重烧结法 03.0440

potassium dihydrogen phosphate crystal 磷酸二氢钾晶体 03.0048

potassium feldspar 钾长石 07.0104

potassium iodate crystal 碘酸钾晶体 03.0044

potassium niobate crystal 铌酸钾晶体 03.0045

potassium titanate fiber reinforcement 钛酸钾纤维增强体 05.0070

potassium titanium phosphate crystal 磷酸氧钛钾晶体 03.0040

pot life 适用期 04.0880

pot life of prepreg 预浸料适用期 05.0180

pottery 陶器 03.0125

pottery clay 陶土 03.0112

pouring basin 浇口杯 01.1103

pouring cup 浇口杯 01.1103

pouring temperature 浇铸温度 01.1056

powder 粉末 02.1168

powder atomization 雾化制粉 01.1708

powder binder 粉末黏结剂 01.1766

powder-burying cure 埋粉硫化 04.0661

powder coating 粉末涂料 01.1565

powder coating technique 粉体包覆技术 01.1764

powder compressibility 粉末压缩性 02.1204

powder dopant 粉末掺杂剂 01.1767

powder electrostatic spraying 静电粉末喷涂 01.1564

powder extrusion 粉末挤压 01.1202

powder flame spraying 火焰粉末喷涂 01.1518

powder flame spray welding 火焰粉末喷焊 01.1519

powder forging 粉末模锻 01.1256

powder formability 粉末成形性 02.1206

powder for synthetic polymer tooth 造牙粉 08.0269

powder injection molding 粉末注射成形 01.1787

powder-in tube 粉末套管法 02.0987

powder melting process 粉末熔化法 02.0988

powder metallurgy 粉末冶金 02.1166

powder metallurgy high speed steel 粉末[冶金]高速钢 02.0356

powder metallurgy nickel based superalloy 粉末冶金镍基高温合金 02.0799

powder metallurgy superalloy 粉末冶金高温合金 02.0841

powder particle 粉末颗粒,＊颗粒 02.1169

powder prepared prepreg 粉末法预浸料 05.0179

powder rolling 粉末轧制 01.1789

powder sintering 粉末烧结 01.1797

powder surface modification 粉体表面修饰 01.1762

powder titanium aluminide alloy 粉末钛铝[基]合金 02.0571

power down method 功率降低法 01.0987

power factor 功率因子 06.0393

pozzolanic admixture 火山灰质混合材 03.0723

PP 聚丙烯 04.0370

PPB 原始粉末颗粒边界 02.0848

PPMI 均苯型聚酰亚胺 04.0466

PPO 聚苯醚 04.0445

PPS 聚苯硫醚 04.0475

PRBSN ceramics 重烧结氮化硅陶瓷 03.0259

prealloyed powder 预合金粉 02.1200

precious metal 贵金属 02.0446

precious metal catalyst 贵金属催化剂 02.0654

precious metal compound 贵金属化合物 02.0653

precious metal contact materials 贵金属电接触材料,＊贵金属电接点材料 02.1158

precious metal drug medicine 贵金属药物 02.0655

precious metal elastic materials 贵金属弹性材料 02.1115

precious metal electrode materials 贵金属电极材料 02.0646

precious metal evaporation materials 贵金属蒸发材料 02.0652

precious metal hard-ware materials 贵金属器皿材料 02.0634

precious metal hydrogen purifying materials 贵金属氢气净化材料,＊贵金属透氢材料 02.0644

precious metal lead materials 贵金属引线材料 02.0651

precious metal magnetic materials 贵金属磁性材料 02.0895

precious metal matrix composite 贵金属复合材料 02.0645

precious metal paste 贵金属浆料 02.0648

precious metal resistance materials 贵金属电阻材料 02.1159

precious metal solder 贵金属钎料 02.0635

precious metal target materials 贵金属靶材 02.0649

precious metal thermocouple materials 贵金属测温材料 02.0633

precipitated powder 沉淀粉 02.1188

precipitate 沉积物 06.0206

precipitation 脱溶,＊沉淀 01.0382

precipitation deoxidation 沉淀脱氧,＊直接脱氧 02.0132

precipitation fractionation 沉淀分级 04.0167

precipitation hardening stainless steel 沉淀硬化不锈钢 02.0382

precipitation-hardening superalloy 析出强化高温合金,＊时效强化型高温合金 02.0811

precipitation polymerization 沉淀聚合 04.0115

precipitation sequence 脱溶序列 01.0390

precipitation strengthening 沉淀强化 01.0526

precision die forging 精密模锻 01.1251

precision electrical resistance alloy 精密电阻合金 02.1141

precoated sand 覆膜砂 01.1096

precuring of composite 复合材料预固化 05.0215

precursor cell * 前体细胞 08.0174

predominance area diagram 优势区图 01.0202

preferential etching 择优腐蚀 06.0137

preferred crystallographic orientation 择优取向 01.1867

preferred dissolution 择优溶解 01.0763

preform 预成形坯 01.1775

preheating 预热 01.1384

preimpregnated fabric 预浸织物 05.0175

premartensitic transition 预马氏体相变 01.0367

pre-oriented yarn 预取向丝, *POY 丝 04.0802

preoxidation polyacrylonitrile fiber reinforcement 预氧化聚丙烯腈纤维增强体 05.0044

PREP 等离子旋转电极雾化工艺 02.0842

prepolymer 预聚物 04.0015

prepolymerization 预聚合 04.0050

prepreg 预浸料 05.0173

prepreg tack 预浸料黏性 05.0184

prepreg tape 预浸单向带 05.0174

presensitized plate PS[基]板 02.0502

preservative-treated timber 防腐木 07.0645

presintering 预烧 01.1802

press cast zinc alloy 压力铸造锌合金 02.0660

press hardening 加压淬火 01.1409

pressing 压制 01.1777, [造纸]压榨 07.0316

pressing leaching 挤压脱水 03.0410

press-in refractory 耐火压入料, * 压注料 03.0674

pressure filtration 压滤成型 03.0434

pressure head 压头 01.1059

pressureless infiltration fabrication of metal matrix composite 金属基复合材料无压浸渗制备工艺 05.0264

pressureless sintered silicon carbide ceramics 无压烧结碳化硅陶瓷, * 常压烧结碳化硅 03.0266

pressureless sintering 无压烧结 03.0439

pressureless sintering silicon nitride ceramics 无压烧结氮化硅陶瓷 03.0261

pressure sensitive adhesive 压敏胶黏剂, * 压敏胶, * 不干胶 04.0836

pressure sensitive adhesive tape 压敏胶带 04.0837

pressure sensitive resistance alloy 压敏电阻合金 06.0379

pressure slip casting 压力注浆成型 03.0421

pressure window of composite 复合材料加压窗口 05.0213

preventive antioxidant 预防型抗氧剂, * 辅助抗氧剂 04.1340

primary cementite 一次渗碳体, * 初次渗碳体 02.0039

primary color 原色 04.0921

primary crystallization 主期结晶, * 初级结晶 04.0195

primary graphite 一次石墨, * 初次石墨 02.0036

primary orientation flat 主参考面, * 主取向参考面, * 第一参考面 06.0131

primary phase 初生相 01.0980

primary plasticizer 主增塑剂 04.1290

primer 底胶 04.0849, 底漆 04.0930

prime wafer 正片 06.0163

principal stress design of laminate 层合板主应力设计 05.0385

principle direction of lamina 单层弹性主方向 05.0325

printed leather 印花革 07.0430

prior particle boundary 原始粉末颗粒边界 02.0848

probe damage 探针损伤 06.0184

process annealing 中间退火 01.1398

processing property 工艺性能 01.0442

procession control panel 随炉件 05.0202

proeutectoid cementite * 先共析渗碳体 02.0041

proeutectoid ferrite 先共析铁素体 02.0013

proeutetic cementite * 先共晶渗碳体 02.0039

progenitor 祖细胞 08.0174

projection welding 凸焊 01.1628

property variation percent during aging 老化性能变化率 04.1181

proportional solidification 均衡凝固 01.1021

propylene-ethylene block copolymer 丙烯-乙烯嵌段共聚物 04.0375

propylene-ethylene random copolymer 丙烯-乙烯无规共聚物 04.0374

prosthesis 假体 08.0020

prosthetic heart valve 人工心脏瓣膜 08.0140

protein fiber 蛋白质纤维 04.0672

protocrystalline silicon 初晶态非晶硅 06.0284

proton-induced X-ray emission 质子 X 射线荧光分析，＊粒子 X 射线荧光分析 01.0620

proton radiography 质子照相术 01.0660

PS 聚苯乙烯 04.0388

PSA 压敏胶黏剂，＊压敏胶，＊不干胶 04.0836

PSA tape 压敏胶带 04.0837

pseudoeutectic 伪共晶体 01.0976

pseudo-perlite 伪珠光体 02.0025

pseudoplastic fluid 假塑性流体 04.0296

PSII 等离子鞘离子注入 01.1591

PSL 单板条定向层积材 07.0721

PSZ 部分稳定氧化锆陶瓷 03.0274

PTA 球囊血管成形术 08.0186

PTFE 聚四氟乙烯 04.0493

PTIS 光热电离谱 06.0497

PTT 聚对苯二甲酸丙二酯 04.0454

p-type monocrystalline germanium p 型锗单晶 06.0112

p-type semiconductor p 型半导体 06.0004

puddle 熔池 01.1665

pugging 练泥 03.0191

pulling rate 提拉速率 01.1887

pull off method 撕裂法，＊拉脱法 01.0714

pull-up leather 变色革 07.0438

pulp 纸浆 07.0285

pulp capping materials 盖髓材料 08.0252

pulp freeness value 纸浆游离度值 07.0386

pulp kappa number 纸浆卡帕值 07.0387

pulp reinforcement 浆粕增强体 05.0074

pulsating mixing process 脉冲搅拌法 01.0910

pulse current anodizing 脉冲阳极氧化 01.1493

pulse current electrolytic coloring 交流电解着色 01.1504

pulsed argon arc welding 脉冲氩弧焊 01.1607

pulsed ion implantation 脉冲离子注入 01.1592

pulsed laser deposition 脉冲激光沉积 01.1906

pulsed magnetron sputtering 脉冲磁控溅射 01.1918

pulsed release 脉冲释放 08.0232

pultrusion-filament winding 拉挤-缠绕成型 05.0160

pultrusion process 拉挤成型 05.0158

pulverised coal injection into blast furnace 高炉喷煤 02.0089

pulverized coal injection rate 喷煤比 02.0090

pumice 浮岩，＊浮石 07.0168

punching 冲压 01.1297

pure copper 纯铜 02.0586

pure iron 纯铁 02.0181

pusher kiln 推板窑 03.0171

PVA 聚乙烯醇缩乙醛 04.0399

PVC 聚氯乙烯 04.0380，颜料体积浓度 04.0927

PVCP 聚氯乙烯糊 04.0384

PVD 物理气相沉积 01.1896

PVDC 聚偏二氯乙烯 04.0382

PVDF 聚偏二氟乙烯 04.0499

PVF 聚乙烯醇缩甲醛 04.0398，聚氟乙烯 04.0498

pyramid 棱锥 06.0209

pyrite 黄铁矿 07.0018

pyrochlore 烧绿石 07.0058

pyrochlore structure 烧绿石结构，＊焦绿石结构 03.0022

pyroelectric ceramics 热[释]电陶瓷 03.0304

pyroelectric coefficient 热释电系数 01.0537

pyroelectric effect 热释电效应 01.0126

pyroelectric polymer 热[释]电高分子 04.1052

pyrogen 热原 08.0114

pyrolusite 软锰矿 07.0048

pyrolysis 热解法 01.1872

pyrolysis processing for making powder 热[分]解法制粉 03.0396

pyrolytic reaction 热解反应 01.1938

pyrometallurgy 火法冶金 01.0855

pyrophyllite 叶蜡石 07.0084

pyrophyllite brick [叶]蜡石砖 03.0583

pyroxene 辉石 07.0073

pyroxene silicate structure 辉石类硅酸盐结构 03.0029

pyroxenite 辉石岩 07.0150

pyrrhotite 磁黄铁矿 07.0025

Q

QBOF 氧气底吹转炉炼钢 02.0119

QD structure 量子点结构 06.0340

quadrifunctional siloxane unit 四官能硅氧烷单元，＊Q 单元 04.0976

quality steel 优质钢 02.0212

quantitative metallography 定量金相 01.0691

quantum dot structure　量子点结构　06.0340

quantum microcavity　量子微腔　06.0349

quantum well　量子阱　06.0338

quantum well infrared photo-detector　量子阱红外光电探测器　06.0345

quantum well laser diode　量子阱激光二极管　06.0344

quantum wire　量子线　06.0339

quarry stone　荒料　07.0279

quarternary phase diagram　四元相图　01.0193

quartz　石英　07.0042

quartz enriched porcelain　高石英瓷　03.0144

quartz fiber reinforced polymer composite　石英纤维增强聚合物基复合材料　05.0111

quartz fiber reinforcement　石英玻璃纤维增强体，＊熔凝硅石纤维增强体　05.0059

quartz glass　石英玻璃　03.0466

quartzite　石英岩　07.0176

quartz sand　石英砂　07.0180

quartz sandstone　石英砂岩　07.0167

quartz/silica wave-transparent composite　石英纤维/二氧化硅透波复合材料　05.0316

quasi-cleavage fracture　准解理断裂　01.0724

quasicrystal　准晶　01.0237

quasicrystal materials　准晶材料　01.0022

quasi-isotropic laminate　准各向同性层合板　05.0357

quench aging　淬冷时效　01.0392

quenched and tempered steel　调质钢　02.0330

quenching　淬火　01.1406

quenching and tempering　调质　01.1431

quenching intensity　淬冷烈度　01.1390

quenching method　淬冷法，＊超速冷却法　03.0450

quiet basic oxygen furnace　氧气底吹转炉炼钢　02.0119

QW　量子阱　06.0338

R

radar absorber　雷达波吸收剂，＊吸收剂　02.0998

radar absorbing coating　涂覆型吸波材料，＊吸波涂层　02.1014

radar absorbing materials　雷达隐形材料，＊雷达吸波材料　02.0992

radar absorbing nano-membrane　纳米吸波薄膜　02.1006

radar stealthy composite　雷达隐形复合材料　05.0282

radial forging　径向锻造　01.1272

radial porous wood　辐射孔材　07.0543

radial resistivity variation　径向电阻率变化　06.0019

radial section　径切面　07.0530

radiation curing of composite　复合材料辐射固化　05.0205

radiation effect of materials　材料的辐照效应　01.0053

radiationless transition　无辐射跃迁　01.0084

radiation-protection optical glass　防辐照光学玻璃　03.0470

radiation resistant fiber　抗辐射纤维　04.0788

radiation resistant optical glass　耐辐照光学玻璃　03.0471

radiation sensitive materials　射线敏材料　06.0377

radiation shielding composite　辐射屏蔽复合材料　05.0289

radiation shielding concrete　防辐射混凝土，＊屏蔽混凝土　03.0750

radical copolymerization　自由基共聚合　04.0129

radical initiator　自由基引发剂　04.0062

radioactive stent　放射性管腔内支架　08.0198

radio frequency plasma assisted molecular beam epitaxy　射频等离子体辅助分子束外延　06.0452

radio frequency plasma chemical vapor deposition　射频等离子体化学气相沉积　06.0471

radio frequency plasma enhanced chemical vapor deposition　射频等离子体增强化学气相沉积　01.1933

radio frequency sputtering　射频溅射　01.1920

radioluminescent phosphor　高能粒子发光材料，＊放射性发光材料　03.0362

radiometry　辐射度量学　01.0670

radius of critical nucleus　临界晶核半径　01.0932

radius of gyration　回转半径　04.0179

rafting　筏排化　02.0840

rail steel　钢轨钢　02.0289

RAM　雷达隐形材料，＊雷达吸波材料　02.0992

Raman effect　拉曼效应　01.0075

Raman laser diode　拉曼激光二极管　06.0343

Raman scattering　＊拉曼散射　01.0075

Raman spectroscopy　拉曼光谱法　01.0627

ram extrusion　柱塞挤出成型　04.1240

random coil　无规线团　04.0173

random copolymer　无规共聚物　04.0022

random simulation method　随机模拟方法　01.0831

ranking design of laminate　层合板排序法设计
　05.0387

Raoult law　拉乌尔定律　01.0177

rapidly solidified aluminum alloy　快速冷凝铝合金，
　* 急冷凝固铝合金　02.0491

rapid omnidirectional pressing　快速全向压制　01.1793

rapid prototyping　快速原型　01.1334

rapid prototyping of biomaterials　生物材料快速成型
　08.0032

rapid solidification　快速凝固　01.0992

rapid solidified powder　快速冷凝粉　02.1196

rare-dispersed metal　稀有分散金属　02.0442

rare earth 123 bulk superconductor　稀土 123 超导体[块]
　材　02.0961

rare earth cobalt magnet　稀土钴磁体　02.0903

rare earth cobalt permanent magnetic alloy　稀土钴永磁
　合金　02.0886

rare earth containing optical glass　稀土光学玻璃
　03.0488

rare earth element containing ferroalloy　稀土铁合金
　02.0204

rare earth ferrosilicomagnesium　稀土镁硅铁合金
　02.0206

rare earth ferrosilicon　稀土硅铁合金　02.0205

rare earth metal　稀土金属，* 稀土元素　02.0444

rare earth nickel-based hydrogen storage alloy　稀土－镍
　系贮氢合金　02.1018

rare earth permanent magnet used at high temperature　高
　温应用稀土永磁体　02.0904

rare-high melting point metal　稀有高熔点金属
　02.0443

rare metal　稀有金属　02.0441

rare-radioactive metal　稀有放射性金属，* 稀有放射性
　元素　02.0445

ratchel　卵石　07.0178

rate of dilution　稀释率　01.1659

rattan　藤材　07.0779

rattan product　藤制品　07.0781

raw cane　原藤，* 绿藤　07.0780

rawhide　原料皮　07.0391

raw lacquer　生漆　07.0757

raw materials of mineral　矿物原料　07.0004

rawskin　原料皮　07.0391

Rayleigh factor　瑞利比　04.0336

Rayleigh ratio　瑞利比　04.0336

Rayleigh scattering　瑞利散射　01.0146

Rayleigh wave　* 瑞利波　01.0077

Raymond milling　雷蒙磨粉碎　03.0390

rayon based carbon fiber reinforcement　黏胶基碳纤维增
　强体　05.0033

γ-ray radiography　γ 射线照相术　01.0611

RBS　卢瑟福离子背散射谱法　01.0652

RBSC ceramics　反应烧结碳化硅陶瓷　03.0264

RCR　再结晶控制轧制　02.0168

RDS　反射差分光谱　06.0499

reaction bonded silicon carbide ceramics　反应烧结碳化
　硅陶瓷　03.0264

reaction bonded silicon nitride ceramics　反应烧结氮化
　硅陶瓷　03.0258

reaction injection molding　反应注射成型　04.1241，喷
　射成型　05.0166

reaction injection molding polyamide　反应注塑成型聚
　酰胺　04.0440

reaction milling　反应研磨　01.1732

reaction sintered silicon carbide ceramics　反应烧结碳化
　硅陶瓷　03.0264

reaction sintered silicon nitride ceramics　反应烧结氮化
　硅陶瓷　03.0258

reaction sintering　反应烧结　01.1807

reaction spinning　反应纺丝，* 化学纺丝[法]　01.1959

reaction wood　应力木，* 偏心材　07.0561

reactive adhesive　反应型胶黏剂　04.0844

reactive evaporation deposition　反应蒸镀　01.1910

reactive explosion consolidation　反应爆炸固结
　01.1845

reactive fiber　反应型活性纤维　04.0787

reactive hot isostatic pressing　反应热等静压　01.1844

reactive hot pressing　反应热压　01.1843

reactive powder concrete　活性粉末混凝土　03.0754

reactive species　活性种　04.0053

reactive sputtering　反应溅射　01.1921

reactive stabilizer　反应性稳定剂，* 聚合型稳定剂
　04.1336

reactivity ratio　竞聚率　04.0128

ready-mixed paint　调合漆　04.0900

realgar 雄黄 07.0016

reciprocal lattice 倒易点阵 01.0275

reciprocal lattice vector 倒格矢，＊倒易矢 01.0276

reclaimed rubber 再生胶 04.0609

recombination center 复合中心 06.0058

recombination of electron and hole 电子空穴复合 01.0088

reconstituted decorative veneer 重组装饰单板 07.0654

reconstructed stone 再造宝石 07.0238

reconstructive phase transition 重构型相变 01.0357

recovery 回复 01.0402

recovery of low temperature irradiation damage 低温辐照损伤回复 01.0405

recrystallization 再结晶 01.0407

recrystallization controlled rolling 再结晶控制轧制 02.0168

recrystallization diagram 再结晶图 01.0411

recrystallization temperature 再结晶温度，＊完全再结晶温度 01.0412

recrystallized alumina ceramics 重结晶氧化铝陶瓷 03.0286

recrystallized silicon carbide ceramics 重结晶碳化硅陶瓷 03.0268

rectangular loop ferrite 矩磁铁氧体 03.0322

rectorite clay 累托石黏土 07.0186

recycled pulp 废纸浆 07.0293

red clay 红黏土 07.0207

red copper ＊紫铜 02.0586

redeposited clay 次生黏土 03.0111

red lead 红丹，＊铅丹 04.1371

redox exchange resin 氧化还原型交换树脂 04.1067

redox initiator 氧化还原引发剂 04.0066

redox polymerization 氧化还原聚合 04.0103

reduced germanium ingot 还原锗锭，＊粗锗锭，＊光谱纯锗 06.0107

reduced powder 还原粉 02.1192

reduced viscosity 比浓黏度，＊黏数 04.0331

reducing atmosphere 还原气氛 01.1377

reducing slag 还原渣 02.0126

reduction precipitation 还原沉淀 01.0880

reduction process 还原制粉法 01.1707

red under the glaze 釉里红 03.0226

reed pulp 苇浆 07.0290

refining 精炼 02.0135

reflectance difference spectroscopy 反射差分光谱 06.0499

reflector materials 反射层材料 02.1074

refractive index 折射率 01.0581

refractometer 宝石折射仪 07.0271

refractoriness 耐火度 03.0691

refractoriness under load 荷重软化温度，＊高温荷重变形温度 03.0689

refractory castable 耐火浇注料 03.0654

refractory clay 耐火黏土 03.0677

refractory concrete 耐火混凝土 03.0751

refractory fiber blanket 耐火纤维毯 03.0650

refractory fiber felt 耐火纤维毡 03.0649

refractory fiber product 耐火纤维制品 03.0643

refractory fiber spraying materials 耐火纤维喷涂料 03.0653

refractory gunning mix 耐火喷补料 03.0668

refractory materials 耐火材料 03.0575

refractory metal 难熔金属 02.0692

refractory metal powder 难熔金属粉末 02.1203

refractory mortar 耐火泥，＊火泥 03.0671

refractory plastic 耐火可塑料 03.0667

refractory ramming materials 耐火捣打料 03.0666

refractory raw materials 耐火原料 03.0676

refrasil fiber reinforcement 高硅氧玻璃纤维增强体，＊硅石纤维增强体 05.0060

refrigeration pile 致冷电堆 06.0398

regenerated cellulose fiber 再生纤维素纤维 04.0675

regenerated fiber 再生纤维 04.0674

regenerated protein fiber 再生蛋白质纤维，＊人造蛋白质纤维 04.0676

regenerative medicine 再生医学 08.0162

regional segregation 区域偏析，＊宏观偏析 02.0178

regular eutectic 规则共晶体 01.0972

regular powder 规则状粉 02.1177

reheat crack 再热裂纹 01.1701

reinforced bar steel 钢筋钢 02.0276

reinforcement 增强体 05.0006

reinforcing agent 增强剂，＊补强剂 04.1301

reinforcing fiber 增强纤维 04.1300

relative density 相对密度 01.0604

relative molecular mass distribution 分子量分布，＊相对分子质量分布 04.0162

relative partial dispersion 相对部分色散 01.0588

relative refractive index 相对折射率 01.0582

relative viscosity 相对黏度，＊黏度比 04.0329

relative viscosity increment 相对黏度增量，＊增比黏度 04.0330

relaxation spectrum 弛豫谱 04.0238

relaxation time 弛豫时间 04.0236

relaxation time spectrum 弛豫时间谱 04.0237

relaxed heat setting 松弛热定型 01.1988

relaxor ferroelectric ceramics 弛豫铁电陶瓷 03.0299

release paper 防黏纸 07.0369

release paper of composite 复合材料离型纸 05.0195

releasing agent 脱模剂，＊防黏剂 04.1299

relief fiberboard 浮雕纤维板 07.0692

remanent polarization 剩余极化强度 01.0574

removable flask molding 脱箱造型 01.1120

removable partial denture 可摘局部义齿 08.0292

remover 去漆剂 04.1333

repairing materials of hard tissue 硬组织修复材料 08.0012

repairing materials of soft tissue 软组织修复材料 08.0014

repair tolerance of composite 复合材料修理容限 05.0392

rephosphorization 回磷 02.0143

replacement design of laminate 层合板等代设计 05.0383

repolymerization 再聚合 04.0052

re-pressing 复压 01.1832

reproductive toxicity 生殖毒性 08.0131

RES 网状内皮系统 08.0088

reservoir drug delivery system 贮库型药物释放系统 08.0222

residence time 保留时间 04.1270

residual dendrite 残留树枝晶组织 02.0847

residual mechanical damage 残留机械损伤 06.0182

residual resistance 剩余电阻 01.0542

residual stress 残余应力 01.0743

residual stress model of composite 复合材料固化残余应力模型 05.0222

residual stress of composite interface 复合材料界面残余应力 05.0432

resilience 回弹性 04.1207

resin 树脂 04.0340

resin content of prepreg 预浸料树脂含量 05.0188

resin diluent 树脂稀释剂 05.0200

resin film infusion 树脂膜渗透成型 05.0165

resin flow model of composite 复合材料树脂流动模型 05.0219

resin flow of prepreg 预浸料树脂流动度 05.0181

resin mass content 含胶量，＊树脂含量 05.0191

resin/montmorillonite intercalation composite 树脂插层蒙脱土复合材料 05.0153

resin-rich area of composite 复合材料富树脂区 05.0193

resin-starved area of composite 复合材料贫树脂区 05.0194

resintered reactive bonded silicon nitride ceramics 重烧结氮化硅陶瓷 03.0259

resintering method 重烧结法 03.0440

resin tooth ＊树脂牙 08.0305

resin viscosity model 树脂体系黏度模型 05.0231

resistance brazing 电阻钎焊 01.1650

resistance heating evaporation 电阻加热蒸发 01.1900

resistance of setting 料垛阻力 03.0233

resistance to abrasion 抗磨强度，＊抗磨指数 01.0754

resistance to the splitting of wood 木材抗劈力 07.0599

resistance welding 电阻焊 01.1625

resource-saving stainless steel 经济型不锈钢，＊资源节约型不锈钢 02.0393

restoration ＊修复体 08.0020

resulfurization 回硫 02.0144

retained austenite 残余奥氏体 02.0018

retanning 复鞣 07.0481

retardation 缓聚作用，＊延迟作用 04.0085

retardation time 推迟时间 04.0265

reticular layer 网状层 07.0409

reticulin fiber 网状纤维 07.0414

reticulo-endothelial system 网状内皮系统 08.0088

reverse transformed austenite 逆转变奥氏体 02.0020

reversible addition fragmentation chain transfer polymerization 可逆加成断裂链转移聚合 04.0059

reversible process 可逆过程 01.0159

reversion 回归 01.1439

revesible temper brittleness 可逆回火脆性，＊第二类回火脆性，＊高温回火脆性 01.1435

RFI 树脂膜渗透成型 05.0165

RH 真空循环脱气法 02.0148

Rheinstahl-Heraeus 真空循环脱气法 02.0148

rhenium 铼 02.0777

rhenium effect 铼效应 02.0778

rheo forming 流变成形 01.1342

rheological property of wood 木材流变性质 07.0590

rheopectic flow 震凝性流体 04.0299

rhodium alloy 铑合金 02.0639

rhodochrosite 菱锰矿 07.0132

rhyolite 流纹岩 07.0159

ribbed grain of leather 皮革肋条纹 07.0462

rice perforation 玲珑瓷 03.0194

ridge waveguide laser diode 脊形波导激光二极管 06.0334

Righi-Leduc effect 里吉－勒迪克效应 06.0391

rigidity factor 刚性因子，＊ 空间位阻参数 04.0182

rigid polyvinylchloride 硬聚氯乙烯 04.0385

rigid PVC 硬聚氯乙烯 04.0385

rigid reaction injection molding polyurethane plastics 硬质反应性注塑成型聚氨酯塑料 04.0424

RIM 反应注射成型 04.1241

rimmed steel 沸腾钢 02.0222

rimming steel 沸腾钢 02.0222

ring laser 环形激光器 06.0333

ring opening polymerization 开环聚合 04.0110

ring porous wood 环孔材 07.0540

ripe lacquer 熟漆，＊ 棉漆，＊ 推光漆 07.0758

riser 冒口 01.1111

rock crystal 水晶 07.0248

Rockwell hardness 洛氏硬度 03.0374

roll 轧辊 01.1173

rollaway glaze 滚釉，＊ 缩釉 03.0178

roller compacted concrete 碾压混凝土 03.0755

roller die drawing 滚模拉拔 01.1285

roller forming 滚压成型 03.0418

roller hearth furnace 辊道窑，＊ 辊底窑 03.0172

rollers crushing 对辊粉碎 03.0388

roll forging 辊锻 01.1257

roll forming 滚锻，＊ 辊形 01.1276，辊弯成形 01.1316

roll grinding 轮碾 03.0387

rolling 轧制 01.1150

rolling film forming 轧膜成型 03.0426

rolling force 轧制力 01.1182

rolling friction and wear 滚动摩擦磨损 01.0803

rolling power 轧制功率 01.1184

rolling process 搓卷成型 05.0162

rolling torque 轧制力矩 01.1183

roll peening 滚压 01.1461

roll-profiled metal sheet 压型金属板 01.1319

room temperature vulcanized silicone rubber 室温硫化硅橡胶 04.0583

root canal filling materials 根管充填材料 08.0254

root-mean-square end-to-end distance 均方根末端距 04.0178

rose quartz 芙蓉石，＊ 蔷薇石英 07.0251

rosin 松香 07.0729

rosin derivative 松香衍生物 07.0731

rosin ester 松香酯 07.0732

rotary die forging 旋转模锻 01.1258

rotary flex fatigue test 回转屈挠疲劳实验 04.0642

rotary forging 摆辗 01.1356

rotary forming 回转成形 01.1351

rotary swaging ＊ 旋转锻造 01.1272

rotating cup atomization 旋转坩埚雾化 01.1718

rotating disk atomization 旋转盘雾化 01.1717

rotating electrode atomization 旋转电极雾化 01.1719

rotational flex fatigue failure 回转屈挠疲劳失效 04.1213

rotational molding 滚塑成型，＊ 回转成型 04.1249

rough interface 弥散界面 01.1857

RPD 可摘局部义齿 08.0292

rubber 橡胶 04.0501

rubber ingredient 橡胶助剂 04.1304

rubber-strengthening agent 橡胶补强剂 04.1312

rubbery elasticity ＊ 橡胶弹性 04.0241

rubbery plateau 高弹平台区，＊ 橡胶平台区 04.0244

rubbery state ＊ 橡胶态 04.0240

ruby 红宝石 07.0240

Ru kiln 汝窑 03.0162

rule of mixture of composite 复合材料混合定律 05.0427

runner 横浇道 01.1105

ruthenium alloy 钌合金 02.0641

Rutherford ion backscattering spectrometry 卢瑟福离子背散射谱法 01.0652

Rutherford cable 卢瑟福电缆 02.0966

rutile 金红石 07.0038

rutile crystal 金红石晶体 03.0077

rutile structure 金红石型结构 03.0015

sacrificial anode magnesium　镁牺牲阳极　02.0532

sacrificial zinc anode　牺牲阳极用锌合金　02.0664

safety glass　安全玻璃　03.0501

safety paper　防伪纸　07.0325

saggar　匣钵　03.0160

salt bath cure　盐浴硫化，＊液体连续硫化　04.0662

salted hide　盐湿皮　07.0393

salted skin　盐湿皮　07.0393

salt glaze　盐釉　03.0223

salt pattern　盐模　01.1130

samarium-cobalt magnet　钐钴磁体　02.0902

samarium（cobalt，M）1∶7 type intermetallics　Sm（Co，M）₇型中间相　02.0916

samarium-cobalt 1∶5 type magnet　钐钴1∶5型磁体　02.0898

samarium-cobalt 2∶17 type magnet　钐钴2∶17型磁体　02.0899

samarium-iron-nitrogen magnet　钐铁氮磁体　02.0901

samarskite　铌钇矿　07.0055

samming　挤水　07.0476

sand adhering　黏砂　01.1133

sand blasting　喷砂　01.1464

sand casting　砂型铸造　01.1022

sand glass　喷砂玻璃　03.0513

sand hole　砂眼　01.1087

sand inclusion　夹砂　01.1088

sandstone　砂岩　07.0179

sandwich board　夹心板　07.0706

sandwich hybrid composite　夹芯混杂复合材料　05.0122

sandwich molding　夹层模塑　04.1252

sanitary ceramics　卫生陶瓷　03.0146

sanitary enamel　卫生搪瓷　03.0559

San Yang Kai Tai porcelain　三阳开泰瓷　03.0203

sapphire　蓝宝石　07.0241

sapwood　边材　07.0532

saturated intensity of magnetization　饱和磁化强度　01.0571

saturated permeability　饱和渗透率　05.0229

saturated polarization　饱和极化强度　01.0573

saturated solid solution　饱和固溶体　01.0375

saturating paper and board　浸渍纸和纸板　07.0365

saturation magnetization　饱和磁化强度　01.0571

sawdust milling　滚锯末　07.0478

sawed timber　锯材　07.0515

saw exit mark　退刀痕　06.0178

saw mark　刀痕　06.0177

sawn timber　锯材　07.0515

SBN　铌酸锶钡晶体　03.0046

scaffold for tissue engineering　组织工程支架　08.0163

scandium-airon-agallium 1∶6∶6 type alloy　钪铁镓1∶6∶6型合金　02.0921

scanning electron microscopy　扫描电子显微术　01.0634

scanning probe microscopy　扫描探针显微术　01.0636

scanning tunnelling microscopy　扫描隧道显微术　01.0637

SCC　应力腐蚀开裂　01.0772

scented porous metal　含香金属　02.1230

SCH　分离限制异质结构　06.0320

scheelite　白钨矿　07.0109

schist　片岩　07.0214

Schockley partial dislocation　肖克莱不全位错　01.0297

Schopper abrasion test　邵坡尔磨耗试验　04.0636

Schottky barrier　肖特基势垒　01.0090

Schottky barrier photodiode　肖特基势垒光电二极管　06.0357

Schottky defect　肖特基缺陷　01.0283

scintillation crystal　闪烁晶体　03.0056

scintillator　闪烁体　03.0249

scorching　焦烧　04.0621

scorching time　焦烧时间　04.0622

scorch retarder　防焦剂　04.1310

scoria　火山渣，＊岩渣　07.0169

scratch　划道　06.0196

scratch test method　划痕测试法　01.0713

screening　[纸浆]筛选　07.0310

screw dislocation　螺[型]位错　01.0288

screw-thread steel　螺纹钢　02.0277

sea-island composite fiber　海岛型复合纤维，＊基体-微纤型复合纤维　04.0742

sealant　密封胶黏剂，＊密封胶　04.0834

sealed functional composite　密封功能复合材料

05.0296

sealing 封孔 01.1505

sealing glass 封接玻璃 03.0474

seamless steel pipe 无缝钢管 02.0235

seam welding [电阻]缝焊 01.1627

seasoning 天然稳定化处理 01.1438

sea water corrosion resistant steel 耐海水腐蚀钢
02.0374

sea-water magnesia 海水镁砂 03.0684

secondary aluminum 再生铝 02.0451

secondary bonding of composite 复合材料二次胶接
05.0217

secondary cementite 二次渗碳体 02.0041

secondary clay 次生黏土 03.0111

secondary crystallization 次期结晶，＊二次结晶
04.0196

secondary cure 二次硫化 04.0653

secondary graphite 二次石墨 02.0038

secondary hardening 二次硬化 01.1433

secondary metallurgy 精炼 02.0135

secondary normal stress difference 第二法向应力差
04.0311

secondary orientation flat 副参考面，＊第二参考面
06.0132

secondary phase 第二相 01.0340

secondary plasticizer 辅助增塑剂，＊非溶剂型增塑剂
04.1291

secondary recrystallization 二次再结晶 01.0409

secondary relaxation 次级弛豫 04.0248

secondary transition ＊次级转变 04.0248

second extrusion 二次挤压 01.1220

second-order phase transition 二级相变 01.0353

second phase 次生相 01.0981

section density 剖面密度 07.0723

section drawing 型材拉拔 01.1280

section steel 型钢 02.0237

sedimentary rock 沉积岩 07.0144

sedimentation method 沉降法 01.1750

Seebeck effect 泽贝克效应 01.0129

Seebeck electopotential ＊泽贝克电动势 01.0132

seed cell 种子细胞 08.0167

seed coat 人工种皮 04.1085

seed crystal 晶种 01.0878

seed fiber 种子纤维 04.0665

seed polymerization 种子聚合 04.0119

segregation 偏析 01.0427

selective absorption spectrum coating 光谱选择性吸收
涂层 03.0547

selective corrosion 选择性腐蚀 01.0769

selective epitaxy growth 选择性外延生长 06.0466

selective light filtering composite 选择滤光功能复合材
料 05.0287

selective separative polymeric composite 选择分离聚合
物膜复合材料 05.0298

self adhesion 自黏性 04.1206

self-assembly ＊自组装 01.0220

self-assembly growth ＊自组装生长 06.0055

self-assembly system 自组装系统 01.0221

self-bonded silicon carbide product 自结合碳化硅制品，
＊重结晶碳化硅制品 03.0621

self-catalyzed reaction 自催化反应 01.0892

self-cleaning enamel coating 自洁搪瓷 03.0569

self-compacting concrete 自密实混凝土，＊自流平混凝
土 03.0742

self-crosslinking 自交联 04.0136

self-curing denture base resin ＊化学固化型义齿基托树
脂 08.0273

self-doping 自掺杂 06.0074

self-expandable stent 自膨胀式支架 08.0193

self-flowing refractory castable 自流耐火浇注料
03.0664

self-fluxing alloy spray powder 自熔性合金喷涂粉末
01.1522

self-fluxing brazing alloy 自钎剂钎料 01.1689

self-focusing 自聚焦现象 01.0583

self hardening sand 自硬砂 01.1098

self hardening sand molding 自硬砂造型 01.1124

self lubricating bearing 自润滑轴承 02.1229

self-lubrication 自润滑 03.0376

self-organization 自组织 01.0220

self-organization growth 自组织生长 06.0055

self-propagating combustion high temperature synthesis
自蔓延高温燃烧合成法 03.0443

self-propagating high temperature synthesis 自蔓延燃烧
反应法 01.1729

self-quench hardening 自冷淬火 01.1413

self-regulated drug delivery system 自调节药物释放系
统 08.0220

self-resistance heating　垂熔　01.1816

self-shielded welding wire　自保护焊丝　01.1674

self-tempering　自回火　01.1426

SEM　扫描电子显微术　01.0634

semi-aniline leather　半苯胺革　07.0441

semi-austenitic precipitation hardening stainless steel　半奥氏体沉淀硬化不锈钢　02.0384

semi-bleached pulp　半漂浆　07.0301

semi-chemical pulp　半化学浆　07.0296

semicoherent interface　半共格界面　01.0329

semiconducting solid solution materials　固溶体半导体材料　06.0253

semiconductive ceramics　半导体陶瓷　03.0331

semiconductivity　半导体导电性　01.0540

semiconductor　半导体　06.0001

semiconductor germanium　半导体锗　06.0104

semiconductor laser　半导体激光器　06.0303

semiconductor light sensitive materials　半导体光敏材料　06.0375

semiconductor magneto-sensitive materials　半导体磁敏材料　06.0378

semiconductor materials　半导体材料　01.0014

semiconductor materials for infrared detector　红外探测器用半导体材料　06.0220

semiconductor materials for infrared optic　红外用半导体材料　06.0219

semiconductor materials for transducer　半导体传感器材料，* 半导体敏感材料　06.0371

semiconductor passivation glass　半导体钝化玻璃　03.0503

semiconductor pressure sensitive materials　半导体压敏材料，* 半导体压力材料　06.0376

semiconductor thermosensitive materials　半导体热敏材料　06.0380

semi-crystalline polymer　半结晶聚合物，* 部分结晶聚合物　04.0184

semidense materials　半致密材料　02.1211

semi-diffuse porous wood　* 半散孔材　07.0542

semi-gloss paint　半光漆　04.0947

semi-hard magnetic materials　半硬磁材料　02.0864

semi-insulating GaAs single crystal　半绝缘砷化镓单晶　06.0222

semikilled steel　半镇静钢　02.0224

semimagnetic semiconductor　半磁半导体　06.0364

semi-metallic brake materials for car　半金属汽车刹车材料　02.1236

semi-ring porous wood　半环孔材　07.0542

semisilica brick　半硅砖　03.0582

semi-solid die forging　半固态模锻　01.1253

semi-solid extrusion　半固态挤压　01.1200

semi-solid forming　半固态成形　01.1341

semi-synthetic fiber　半合成纤维　04.0678

semi-tempered glass　半钢化玻璃　03.0528

sensitive ceramics　敏感陶瓷　03.0332

sensitization　致敏性　08.0121

separated absorption and multiplication region avalanche photodiode　吸收区倍增区分置雪崩光电二极管　06.0356

separated confinement heterostructure　分离限制异质结构　06.0320

separated confinement heterostructure multiple quantum well laser　分离限制异质结构多量子阱激光器　06.0321

separating paper　* 离型纸　07.0369

sepiolite　海泡石　07.0090

sepiolite clay　海泡石黏土　07.0188

sequence casting　多炉连浇　02.0161

sequence length distribution　序列长度分布　04.0131

sericite　绢云母　07.0093

sericite porcelain　绢云母质瓷　03.0186

sericite-schist　绢云母片岩　07.0215

serpentine　蛇纹石　07.0085

serpentinite　蛇纹岩　07.0221

shadowy blue glaze porcelain　影青瓷　03.0200

shadowy blue ware　影青瓷　03.0200

shale　页岩　07.0192

shallow level　浅能级　06.0066

shallow level impurity　浅能级杂质　06.0067

shaped crystal growth　* 成形晶体生长　01.1888

shape memory polymer　形状记忆聚合物　04.1080

shaping forming　成型　03.0037

sharkskin phenomena　鲨鱼皮现象　04.1271

shaving　削匀　07.0479

shaving board　刨花板，* 碎料板　07.0696

shear coupling coefficient of lamina　单层剪切耦合系数，* 相互影响系数　05.0336

shear coupling of laminate　层合板拉-剪耦合　05.0351

shearing　剪切　01.1305

shear modulus　剪切模量，＊切变模量，＊刚性模量　01.0461

shear strength　抗剪强度　01.0493

shear thickening　剪切增稠　04.0301

shear thinning　剪切稀化　04.0300

shear viscosity　切黏度，＊剪切黏度　04.1145

sheath-core composite fiber　皮芯型复合纤维　04.0740

sheath extrusion　包套挤压　01.1196

sheet metal formability　薄板成形性　01.1315

sheet molding compound　片状模塑料　05.0169

sheet resistance　薄层电阻　06.0021

shellac　紫胶，＊虫胶　07.0737

shell core　壳芯　01.1116

shell mold casting　壳型铸造　01.1025

shell solidification　壳状凝固　01.1062

shielding materials　屏蔽材料　02.1073

shift factor　平移因子，＊移动因子　04.0280

shipbuilding steel　船用钢　02.0281

shish-kebab structure　串晶结构　04.0186

shock chilling　激冷　01.1000

shock resistant tungsten filament　耐震钨丝，＊抗震钨丝　02.0697

shock resistant tool steel　耐冲击工具钢　02.0362

shock-resisting tool steel　耐冲击工具钢　02.0362

Shore hardness　肖氏硬度　04.1153

Shore hardness A　肖氏硬度A　04.0612

Shore hardness D　肖氏硬度D　04.0613

short-beam shear strength　短梁层间剪切强度　05.0424

short fiber reinforced metal matrix composite　短纤维增强金属基复合材料　05.0234

short fiber reinforced polymer composite　短纤维增强聚合物基复合材料　05.0115

short fiber reinforcement　短纤维增强体　05.0026

short oil alkyd resin　短油醇酸树脂　04.0910

short-range intramolecular interaction　近程分子内相互作用　04.0152

short-range order parameter　短程有序参量　01.0273

short-range structure　近程结构　04.0150

short-time static hydraulic pressure strength　短期静液压强度　04.1155

shot blasting　喷丸　01.1465

shotcrete　喷射混凝土　03.0747

shoushan stone　寿山石　07.0261

shower gate　雨淋浇口　01.1107

shrinkage cavity　缩孔　01.1073

shrinkage-compensating concrete　收缩补偿混凝土　03.0734

shrinkage in boiling water　沸水收缩　04.0825

shrink temperature　收缩温度　07.0503

shrunk grain leather　缩纹革　07.0446

shuttle kiln　梭式窑　03.0170

sialon　赛隆陶瓷　03.0262

sialon-bonded corundum product　赛隆结合刚玉制品　03.0624

sialon-bonded silicon carbide product　赛隆结合碳化硅制品　03.0623

α-Si based solar cell on flexible substrate　柔性衬底非晶硅太阳能电池　06.0293

α-Si based tandem solar cell　非晶硅叠层太阳能电池　06.0292

side-by-side composite fiber　并列型复合纤维　04.0741

side extrusion　侧[向]挤压　01.1191

siderite　菱铁矿　07.0131

sieve analysis　筛分析　01.1748

α-Si：H thin film transistor　非晶硅薄膜晶体管　06.0297

silane　硅烷　04.0957

silane coupling agent　硅烷偶联剂　04.0982

silanol　硅醇　04.0983

silazane　硅氮烷　04.1015

silica brick　硅砖　03.0579

silica fume　硅灰　03.0725

silica gel　硅胶　04.1013

silica rock　硅石　03.0680

silica sol　硅溶胶　04.1012

silica whisker reinforcement　氧化硅晶须增强体　05.0084

siliceous refractory　硅质耐火材料　03.0578

silicide ceramics　硅化物陶瓷　03.0254

silicon　硅　06.0116

silicon based semiconductor materials　硅基半导体材料　06.0402

silicon bronze　硅青铜　02.0603

silicon carbide　碳化硅　06.0245

β-silicon carbide　β碳化硅　06.0246

silicon carbide ceramics　碳化硅陶瓷　03.0263

silicon carbide fiber reinforcement　碳化硅纤维增强体　05.0063

silicon carbide filament reinforced Ti-matrix composite 碳化硅纤维增强钛基复合材料 05.0245

silicon carbide particle reinforcement 碳化硅颗粒增强体 05.0095

silicon carbide particulate reinforced Al-matrix composite 碳化硅颗粒增强铝基复合材料 05.0255

silicon carbide particulate reinforced Mg-matrix composite 碳化硅颗粒增强镁基复合材料 05.0260

silicon carbide platelet reinforcement 碳化硅片晶增强体 05.0105

silicon carbide refractory product 碳化硅耐火制品 03.0618

silicon carbide wafer reinforced ceramic matrix composite 碳化硅晶片补强陶瓷基复合材料 05.0270

silicon carbide used as radar absorbing materials 碳化硅类吸波材料 02.1009

silicon carbide voltage-sensitive ceramics 碳化硅压敏陶瓷 03.0341

silicon carbide whisker reinforced Al-matrix composite 碳化硅晶须增强铝基复合材料 05.0252

silicon carbide whisker reinforcement 碳化硅晶须增强体 05.0080

silicone 聚硅氧烷，＊硅酮 04.0971

silicone based impression materials 聚硅基印模材料，＊硅橡胶印模材料 08.0265

silicone coating 硅漆 04.1007

silicone emulsion 有机硅乳液 04.0997

silicone gel 硅凝胶 04.1011

silicone grease 硅脂 04.1008

silicone oil 硅油 04.0988

silicone releasing agent 有机硅脱模剂 04.1010

silicone resin 硅树脂 04.1005

silicone resin composite 有机硅树脂基复合材料 05.0137

silicone rubber 硅橡胶 04.0576

silicone sealant 有机硅密封胶，＊硅酮密封胶 04.0869

silicon ingot 硅工艺中的硅晶锭 06.0129

silicon nitride bonded silicon carbide product 氮化硅结合碳化硅制品 03.0622

silicon nitride ceramics 氮化硅陶瓷 03.0257

silicon nitride fiber reinforcement 氮化硅纤维增强体 05.0066

silicon on insulator 绝缘体上硅 06.0408

silicon on sapphire epitaxial wafer SOS 外延片 06.0406

silicon steel 硅钢 02.0409

silicon tetrachloride 四氯化硅 06.0117

silk-like fiber 仿丝纤维 04.0737

sillimanite 夕线石 07.0082

sillimanite brick 硅线石砖 03.0591

silt-quartz 粉石英 07.0166

siltstone 粉砂岩 07.0182

silver 银 02.0629

silver [alloy] sheathed Bi-2212 superconducting wire 包银[合金]铋-2212 超导线[带]材，＊第一代高温超导线[带]材 02.0962

silver based alloy 银基合金 02.0632

silver-indium-cadmium alloy for nuclear reactor 核用银铟镉合金 02.1063

silylene 二硅烯 04.0959

similarity criterion 相似准则 01.1148

single-action pressing 单向压制 01.1780

single brass 简单黄铜 02.0594

single-chip opto-electronic integrated circuit 单片光电子集成电路 06.0315

single crystal 单晶 01.0234

single crystal materials 单晶材料 01.0024

single crystal nickel based superalloy 单晶镍基高温合金 02.0797

single crystal optical fiber 单晶光纤，＊纤维单晶，＊晶体纤维 03.0105

single crystal superalloy 单晶高温合金 02.0833

single crystal X-ray diffraction 单晶 X 射线衍射术 01.0614

single-heterostructure laser 单异质结激光器 06.0316

single longitudinal mode laser diode 单纵模激光二极管 06.0317

single metal electroplating 单金属电镀 01.1537

single mode laser diode 单模激光二极管 06.0314

single quantum well laser 单量子阱激光器 06.0312

single roller chilling 单辊激冷法 01.1001

single substance mineral 单质矿物 07.0013

sink drawing 空拉 01.1282

sink mark 收缩痕 04.1275

sinter bonding ＊烧结连接 01.1830

sintered alloy 烧结合金 02.1215

sintered alloy steel 烧结合金钢 02.1217

sintered alnico magnet 烧结铝–镍–钴磁体 02.0911

sintered aluminum 烧结铝 02.1225

sintered antifriction materials 烧结减摩材料 02.1237

sintered brass 烧结黄铜 02.1224

sintered bronze 烧结青铜 02.1221

sintered chromium-cobalt-iron magnet 烧结铬–钴–铁磁体 02.0910

sintered copper 烧结铜 02.1220

sintered copper-nickel-silver 烧结白铜 02.1223

sintered electrical contact materials 烧结电触头材料 02.1239

sintered electrical engineering materials 烧结电工材料 02.1238

sintered friction materials 烧结摩擦材料 02.1232

sintered hard magnetic materials 烧结硬磁材料 02.0928

sintered iron 烧结铁 02.1216

sintered lead bronze 烧结铅青铜 02.1222

sintered magnesite 烧结镁砂 03.0596

sintered magnet 烧结磁体 02.0925

sintered neodymium-iron-born magnet 烧结钕–铁–硼磁体 02.0912

sintered ore 烧结矿 02.0069

sintered piston ring 烧结活塞环 02.1218

sintered soft magnetic materials 烧结软磁材料 02.0927

sintered stainless steel 烧结不锈钢 02.1219

sintering atmosphere 烧结气氛 01.1827

sintering distortion 烧结畸变 01.1821

sintering neck 烧结颈 01.1803

sintering process 烧结工艺 02.0066

α-Si/α-SiGe/α-SiGe triple junction solar cell 非晶硅/非晶锗硅/非晶锗硅三结叠层太阳能电池 06.0294

site flatness 局部平整度 06.0146

$Si_{1-x}Ge_x$/Si heterojunction materials $Si_{1-x}Ge_x$/Si 异质结构材料 06.0405

sizing 精整 01.1168，校形 01.1309，[造纸]施胶 07.0314

sizing for fiber reinforcement 增强纤维上浆剂 05.0075

skew rolling 斜轧 01.1154

skim-coating calendering 贴胶压延 04.0651

skin-core structure 皮–芯结构 04.0235

skin irritation 皮肤刺激 08.0117

slag 熔渣 01.1670，渣，* 炉渣 02.0072，矿渣 03.0720

slag fluidity 熔渣流动性 01.1671

slag forming 造渣 02.0124

slag-free tapping 无渣出钢 02.0137

slag glass-ceramics 矿渣微晶玻璃 03.0497

slag making materials 造渣材料 02.0075

slag-metal reaction 渣–金属反应 02.0074

slag particleboard 矿渣刨花板 07.0704

slag ratio 渣比 02.0099

slag resistance 抗渣性 03.0690

slag splashing 溅渣护炉 02.0138

slag system 渣系 02.0073

slag to iron ratio * 渣铁比 02.0099

slate 板岩 07.0212

SLED 超辐射发光二极管 06.0308

sliced veneer 刨切单板 07.0653

slide gate nozzle 滑动水口 03.0630

sliding friction and wear 滑动摩擦磨损 01.0804

slinging refractory 耐火投射料 03.0675

slip 滑移 01.0310

slip band 滑移带 01.0315

slip casting 注浆成型，* 浇注成型 03.0419

slip plane 滑移面 01.0311

slip system 滑移系 01.0312

slit fiber 切膜纤维，* 扁丝 04.0813

slit-film fiber 切膜纤维，* 扁丝 04.0813

slot gate 缝隙浇口 01.1108

slow strain rate tension 慢应变速率拉伸 01.0739

slurry polymerization 淤浆聚合 04.0116

slurry prepared prepreg 浆料法预浸料 05.0177

slushing [造纸]碎浆 07.0308

small angle laser light scattering 小角激光光散射法 04.1121

small molecular organic light-emitting materials 小分子有机电致发光材料 06.0417

smart biomaterials 智能生物材料 08.0005

smart ceramics 智能陶瓷 03.0244

smart composite 机敏复合材料 05.0019

smart drug delivery system 智能型药物释放系统 08.0219

smart materials 机敏材料 01.0032

SMC 片状模塑料 05.0169

smelting 冶炼 01.0860

smelting reduction process for ironmaking　熔融还原炼铁　02.0101

smithsonite　菱锌矿　07.0133

smoke density　烟密度　04.1197

smoke density test　烟密度试验　04.1198

smoke producibility　烟雾生成性　04.1199

Sn-coupled solution styrene-butadiene rubber　锡偶联溶聚丁苯橡胶　04.0537

Snoek effect　斯诺克效应　01.0347

SnO_2 gas sensitive ceramics　氧化锡系气敏陶瓷　03.0344

Sn-S-SBR　锡偶联溶聚丁苯橡胶　04.0537

soaking of raw hide　原料皮浸水　07.0464

soda-lime-silica glass　钠钙玻璃　03.0461

soda niter　钠硝石　07.0126

sodium-butadiene rubber　丁钠橡胶　04.0529

sodium carboxymethyl cellulose　羧甲基纤维素　04.0406

sodium chloride structure　氯化钠结构，* 岩盐型结构　03.0011

sodium nitrite crystal　亚硝酸钠晶体　03.0086

sodium polyacrylate　聚丙烯酸钠　04.0432

sodium silicate-bonded sand　水玻璃砂　01.1099

soft burning　轻烧　03.0697

soft denture lining materials　义齿软衬材料　08.0276

softener of rubber　橡胶软化剂　04.1315

softening agent　软化剂，* 柔软剂　04.1316

soft magnetic alloy for high temperature application　高温应用软磁合金　02.0874

soft magnetic composite　软磁性复合材料　05.0286

soft magnetic ferrite　软磁铁氧体　03.0317

soft magnetic materials　软磁材料　02.0868

soft matter　软物质　01.0222

soft mode　软模　01.0076

softness of leather　皮革柔软性能　07.0455

soft rot of wood　木材软腐　07.0616

softwood　* 软材　07.0521

SOI　绝缘体上硅　06.0408

soil corrosion　土壤腐蚀　01.0781

solar heat enamel collector　太阳热收集搪瓷　03.0562

sold casting　实心注浆　03.0209

solderability　钎焊性　01.1690

solder glass　焊料玻璃，* 低熔点玻璃　03.0475

soldering　钎焊　01.1645，软钎焊　01.1647

soldering alloy　钎料　01.1687

soldering flux　钎剂　01.1688

soldering of ceramics　陶瓷与陶瓷焊接　03.0446

soldering of ceramics with metal　陶瓷与金属焊接　03.0447

sol-gel coating technology　溶胶凝胶涂层工艺　03.0539

sol-gel method　溶胶凝胶法　01.1756

solid carbide tool　整体硬质合金工具　02.1252

solid density　理论密度，* 全密度，* 100%相对密度　02.1209

solid electrolyte　固体电解质　03.0328

solid fraction　固相分数　01.0946

solidification　凝固　01.0926

solidification front　凝固前沿　01.1064

solidification heat latent　凝固潜热　01.0940

solidification interface　液固界面，* 凝固界面　01.0949

solidification of melt fluid　熔体固化成型　01.1967

solidification segregation　凝固偏析　02.0176

solidification temperature region　结晶温度区间　01.0935

solidification with mushy zone　糊状凝固　01.1061

solid loading　固体粉末含量　01.1768

solid oxide fuel cell　固体氧化物燃料电池　03.0250

solid phase epitaxy　固相外延　06.0481

solid solubility　固溶度　01.0372

solid solution　固溶体　01.0373

solid solution strengthening superalloy　固溶强化高温合金　02.0812

solid solution type vanadium-based hydrogen storage alloy　钒基固溶体贮氢合金　02.1022

solid source molecular beam epitaxy　固态源分子束外延　06.0442

solid state chemistry　固体化学，* 固态化学　01.0151

solid state ionics　固体离子学　01.0038

solid state physics　固体物理学　01.0037

solid state processing for making powder　固相法制粉　03.0394

solid state reaction method　固相反应法　01.1760

solid state sintering　固相烧结　01.1809

solid state welding　固相焊，* 固态焊接　01.1633

solidus　固相线　01.0196

solidus surface　* 固相面　01.0196

solid wood flooring　实木地板　07.0643

solubility 溶解度 01.0184

solubility parameter 溶解度参数 04.0314

solubility product 固溶度积 01.0374

solute concentration 溶质浓度 01.0936

solute diffusion coefficient 溶质扩散系数 06.0046

solute enrichment 溶质富集 01.1868

solute partition coefficient 分凝因数，＊溶质再分配系数 01.0952

solute redistribution 溶质再分配 01.1886

solution casting 溶液涂膜 04.1256

solution growth 溶液生长 01.1859

solution polymerization 溶液聚合 04.0114

solution polymerized styrene-butadiene rubber 溶聚丁苯橡胶 04.0536

solution prepared prepreg 湿法预浸料，＊溶液法预浸料 05.0176

solution spinning 溶液纺丝 01.1952

solution strengthening 固溶强化 01.0522

solution treatment 固溶处理 01.1368

solvent adhesive 溶剂型胶黏剂 04.0843

solvent craze resistance 抗溶剂银纹性 04.1167

solvent degreasing 溶剂脱脂 01.1771

solvent evaporation method 溶剂蒸发法 01.1873

solvent for metallurgy 冶金溶剂 01.0861

solvent-free paint 无溶剂漆 04.0899

solvent resistance 耐溶剂性 04.1202

solvent-stress cracking resistance 耐溶剂-应力开裂性 04.1203

solvus 固溶度线 01.0197

somatic cell nuclear transfer 体细胞核移植 08.0087

sorbite 索氏体 02.0022

sorption 吸着 01.0877

SOS expitaxial wafer SOS 外延片 06.0406

space charge layer 空间电荷层 01.0089

space group 空间群 01.0246

space lattice 空间点阵 01.0243

sparking plug electrode nickel alloy 火花塞电极镍合金 02.0789

spark plasma sintering 放电等离子烧结 01.1813

spark source mass spectrometry 火花源质谱法 01.0655

special casting 特种铸造 01.1023

special ceramics ＊特种陶瓷 03.0235

special drying of wood 木材特种干燥 07.0637

special effect leather 特殊效应革 07.0447

specialized plywood 专用胶合板 07.0726

special metallurgy 特种冶金 01.0853

special physical functional steel 特殊物理性能钢，＊功能合金钢 02.0405

special property steel 特殊性能钢 02.0371

special section tube 异型管 02.0234

special spring steel 特殊弹簧钢 02.0334

special steel 优质钢 02.0212，特殊钢 02.0370

specific acoustic impedance 声阻抗率 01.0597

specific biomaterial surface 特异性[生物材料]表面 08.0091

specific heat [capacity] 比热容 01.0172

specificity 特异性 08.0089

specific modulus of composite 复合材料比模量 05.0402

specific strength 比强度 01.0486

specific strength of composite 复合材料比强度 05.0401

specific surface 比表面 01.0606

specific surface area 比表面积 01.1745

specific volume resistance ＊比体积电阻 01.0579

spectroscope 分光镜 07.0275

spent fuel 乏燃料 02.1080

spent liquor 制浆废液 07.0305

spew of leather 皮革白霜 07.0461

sphalerite 闪锌矿 07.0029

spheroidal powder 球状粉 02.1179

spheroidal structure 球状组织 01.0432

spheroidizing 球化退火 01.1396

spheroidizing annealing 球化退火 01.1396

spheroidizing graphite cast iron 球墨铸铁，＊球铁 02.0417

spherulite 球晶 04.0185

spin-ability 可纺性 04.0826

spin dependent scattering 自旋相关散射 01.0046

spin diode 自旋二极管 06.0367

spin-draw ratio 纺丝牵伸比 01.1965

spinel 尖晶石 07.0045

spin glass 自旋玻璃 06.0370

spinning 旋压 01.1357

spinning channel 纺丝甬道 01.1978

spinning solution 纺丝原液 01.1953

spinodal curve 斯皮诺达线 04.0228

spinodal decomposition 斯皮诺达分解 01.0387，斯皮诺达相分离 04.0230

spinodal point 斯皮诺达点 04.0227

spin quantum state 自旋量子态 06.0369

spin transistor 自旋晶体管 06.0368

spintronics 自旋电子学 01.0045

split fiber 膜裂纤维，* 裂膜纤维 04.0812

split-film fiber 膜裂纤维，* 裂膜纤维 04.0812

split-flow die extrusion 分流模挤压 01.1210

split leather 二层革 07.0425

split ratio 分流比 01.1228

splitting 片皮 07.0477

SPM 扫描探针显微术 01.0636

sponge hafnium 海绵铪 02.0772

sponge iron 海绵铁 02.0186

sponge powder 海绵粉 02.1189

sponge titanium 海绵钛 02.0535

sponge zirconium 海绵锆 02.0759

spontaneous polarization 自发极化 03.0379

spontaneous process 自发过程 01.0161

spot 斑点 06.0190

spot welding [电阻]点焊 01.1626

SPP 间规聚丙烯 04.0372

spray casting 雾化铸造 01.1014

spray coating 喷涂 01.1514

spray deposition * 喷射沉积 01.1340

spray drying 喷雾干燥 03.0412

spray forming 喷射成形 01.1340

spray granulation 喷雾造粒 01.1730

spray welding 喷焊 01.1516

spread 宽展 01.1180

spreading forming 铺装成型 07.0688

spreading rate 涂布率 04.0948

spreading resistance 扩展电阻 06.0022

spreading resistance profile 扩展电阻法 06.0488

spring back 回弹 01.1320

spring steel 弹簧钢 02.0333

sprue 直浇道 01.1104

SPS 放电等离子烧结 01.1813，间规聚苯乙烯 04.0390

spun-dyed fiber 色纺纤维，* 着色纤维 04.0721

SPUR sealant SPUR 密封胶 04.0871

sputtering cleaning 溅射清洗 01.1597

sputtering deposition 溅射沉积 01.1913

square 方材 07.0517

squared stone 料石 07.0278

square resistance * 方块电阻 06.0021

squeeze dehydration 挤压脱水 03.0410

SQW laser 单量子阱激光器 06.0312

$Sr_{1-x}Ba_xNb_2O_6$ pyroelectric ceramics 铌酸锶钡热释电陶瓷 03.0307

SSMBE 固态源分子束外延 06.0442

SSRT 慢应变速率拉伸 01.0739

stabilized stainless steel 稳定化不锈钢 02.0388

stabilized superconducting wire 稳定化超导线 02.0972

stabilizer 稳定剂 04.1335

stabilizing treatment 稳定化热处理 01.1381

stable combustion 稳态燃烧 01.1836

α stable element α相稳定元素 02.0538

β stable element β相稳定元素 02.0539

stable β titanium alloy 全β钛合金，* 稳定钛合金 02.0546

stacking fault 堆垛层错 01.0289

stacking fault energy 层错能 01.0301

stacking hardening 层错硬化 01.0519

stacking sequence 堆垛序列，* 堆垛层序 01.0260

stain 色斑 06.0191

stain energy of dislocation 位错应变能 01.0300

stainless steel 不锈钢 02.0375

stainless steel containing nitrogen 含氮不锈钢 02.0394

stainless steel filament reinforced Al-matrix composite 不锈钢丝增强铝基复合材料 05.0250

stainless steel for nuclear reactor 核用不锈钢 02.1053

staking 做软 07.0486

stamping 冲压 01.1297

stamping tool 冲压模具 01.1310

stanch fiber 止血纤维 04.0784

staple fiber 短纤维 04.0806

star-branched butyl rubber 星形支化丁基橡胶 04.0568

starch adhesive 淀粉胶黏剂 04.0875

star polymer 星形聚合物 04.0035

star structure 星形结构 06.0095

star styrenic thermoplastic elastomer 星形苯乙烯热塑性弹性体 04.0601

state function [状]态函数 01.0164

static pressure head 静压头 01.1060

static recovery　静态回复　01.0404

static recrystallization　静态再结晶　01.0415

static strain aging　静态应变时效　01.0394

static viscoelasticity　静态黏弹性　04.0262

statistic coil　＊统计线团　04.0173

steady ion implantation　连续离子注入　01.1593

steady state region　稳定生长区　01.0954

stealth glass　隐身玻璃　03.0506

stealthy coating　隐形涂料　04.0939

stealthy composite　隐形复合材料　05.0307

stealthy materials　隐形材料　02.0989

steatite ceramics　滑石陶瓷　03.0330

steel　钢　02.0208

steel ball rolling　钢球轧制　01.1352

steel bonded carbide　钢结硬质合金　02.1248

steel coil　卷材　02.0230

steel designation　钢号　02.0257

steel fiber-reinforced refractory castable　钢纤维增强耐火浇注料　03.0665

steel fiber　钢纤维　02.0278

steel for automobile frame　汽车大梁钢　02.0283

steel for bridge construction　桥梁钢　02.0282

steel for die-casting mold　压铸模用钢　02.0365

steel for high heat input welding　大线能量焊接用钢　02.0299

steel for mine　矿用钢　02.0290

steel for pressure vessel　压力容器钢　02.0279

steel grade　钢号　02.0257

steel group　钢类　02.0256

steel I-beam　工字钢，＊钢梁　02.0243

steel level control　结晶器液面控制　02.0159

steelmaking　炼钢　02.0105

steelmaking pig iron　炼钢生铁　02.0106

steel plate　钢板　02.0227

steel product　钢材　02.0226

steel sheet　薄钢板　02.0228

steel tubing in different shape　异型管　02.0234

stellite alloy　司太立特合金，＊钴基铬钨合金　02.1256

stem cell　干细胞　08.0168

stem fiber　韧皮纤维，＊茎纤维　04.0668

stent　支架　08.0189

stent delivery system　支架输送系统　08.0202

stent implanting　支架植入术　08.0185

step bunching　台阶聚集　06.0054

step flow　台阶流　06.0053

step growth polymerization　逐步聚合　04.0055

stereographic projection　极射赤面投影　01.0253

stereology in materials science　材料体视学　01.0693

stereo-regularity　立构规整度　04.0154

stereoregular polymer　有规立构聚合物　04.0017

steric hindrance parameter　刚性因子，＊空间位阻参数　04.0182

stibnite　辉锑矿　07.0027

stick-film glass　贴膜玻璃　03.0531

sticking coefficient of surface　表面黏附系数　06.0444

stiffness invariant　刚度不变量　05.0337

STM　扫描隧道显微术　01.0637

stock　纸料　07.0303

stone block yield　成荒料率　07.0280

stone coal　石煤，＊石炭　07.0228

stone dislodger　结石收集器　08.0213

stone process　石材工艺　07.0281

stone ware　炻瓷　03.0134

stop-off agent　阻流剂　01.1691

stopper rod　塞棒　03.0631

storage modulus　储能模量　04.0273

stored energy　形变储[存]能　01.0321

straightening　矫直　01.1170

strain aging　应变时效　01.0393

strained-layer single quantum well　应变层单量子阱　06.0363

strain energy　应变能　01.0468

strain fatigue　应变疲劳　01.0704

strain hardening　＊应变硬化　01.0470

strain hardening exponent　加工硬化指数，＊应变硬化指数　01.0471

strain induced plastic-rubber transition　＊应变诱发的塑料-橡胶转变　04.0286

strain layer　应变层　06.0041

strain rate　应变[速]率　01.0469

strain rate sensitivity exponent　应变速率敏感性指数　01.1325

strain resistance materials　应变电阻材料　02.1144

strain softening　应变软化　04.0285

strand　[连铸]流　01.1032

straw pulp　草浆　07.0292

streaming birefringence　流动双折射　04.0313

stream line　流线　01.1270

strength ratio of laminate　层合板强度比　05.0379

stress concentration　应力集中　01.0449

stress corrosion cracking　应力腐蚀开裂　01.0772

stress corrosion cracking susceptibility　应力腐蚀敏感性
　　01.0773

stress cracking　应力开裂　04.0290

stress fatigue　应力疲劳　01.0705

stress intensity factor　应力强度因子　01.0451

stress relaxation　应力弛豫　01.0450

stress relaxation modulus　应力弛豫模量　04.0268

stress relaxation rate　应力弛豫速率　04.0270

stress relaxation test　应力弛豫试验　01.0709

stress relaxation time　应力弛豫时间　04.0269

stress relief annealing　去应力退火　01.1402

stress relieving　去应力退火　01.1402

stress rupture strength　持久强度　01.0497

stress rupture test　持久强度试验　01.0708

stress-solvent craze　应力-溶剂银纹　04.0289

stress-strain curve　应力-应变曲线　01.0466

stress whitening　应力致白　04.0287

stretching　伸展　07.0484

stretching-bending coupling of laminate　层合板拉-弯耦
　　合　05.0352

stretch textured yarn　伸缩性变形丝　04.0728

stretch-wrap forming　拉弯成形　01.1318

stripe-geometry structure laser　条形结构激光器
　　06.0354

stripping agent　脱色剂　04.1317

strip steel　带钢，＊钢带　02.0231

strong carbide forming element　强碳化物形成元素
　　02.0050

strontianite　碳酸锶矿，＊菱锶矿　07.0134

strontium barium niobate crystal　铌酸锶钡晶体
　　03.0046

strontium yellow　锶铬黄　04.1377

structural adhesive　结构胶黏剂　04.0832

structural ceramics　结构陶瓷　03.0236

structural composite　结构复合材料　05.0007

structural damping composite　结构阻尼复合材料
　　05.0304

structural fluctuation　结构起伏　01.0943

structural materials　结构材料　01.0028

structural panel　结构人造板　07.0708

structural phase transition　结构相变　01.0359

structural radar absorbing materials　结构吸波材料
　　02.0996

structural stealthy composite　结构隐形复合材料
　　05.0306

structural steel　结构钢　02.0269

structural superplasticity　组织超塑性，＊细晶超塑性，
　　＊恒温超塑性　01.1328

[structure] evolution equation　[结构]演化方程
　　01.0827

structure of liquid metals　液态金属结构　01.0421

structure of rock　岩石构造　07.0142

structure of wood　木材构造　07.0522

structure sensitivity　组织结构敏感性能　01.0444

structure unit of silicate　硅酸盐结构单位　03.0003

styrene-acrylonitrile copolymer　苯乙烯-丙烯腈共聚物
　　04.0392

styrene-butadiene latex　丁苯胶乳　04.0539

styrene-butadiene rubber　丁苯橡胶　04.0533

styrene-butadiene rubber with high styrene content　高苯
　　乙烯丁苯橡胶　04.0535

styrenic thermoplastic elastomer　苯乙烯类热塑性弹性
　　体　04.0600

sub-acute toxicity　亚急性毒性　08.0124

subchronic toxicity　亚慢性毒性　08.0125

subcritical annealing　亚相变点退火　01.1401

subgrain　亚晶[粒]　01.0333

subgrain boundary　亚晶界　01.0336

sublaminate　子层合板　05.0367

sublimate recrystallization method　升华再结晶法
　　06.0431

sublimation crystal growth　升华-凝结法　01.1891

submerged arc welding　埋弧焊　01.1600

submicron powder　亚微粉　02.1172

subsolvus heat treatment　亚固溶[热]处理　02.0844

substitutional solid solution　置换固溶体　01.0377

substitutional solution strengthening　间隙固溶强化
　　01.0523

substrate　衬底　01.1848，＊基片　06.0436

subzero treatment　冷处理　01.1416

successive ply failure of laminate　层合板逐层失效
　　05.0374

suede leather　绒面革　07.0433

sulfate pulp　硫酸盐浆，＊牛皮浆　07.0295

sulfide ceramics　硫化物陶瓷　03.0256

sulfide precipitation　硫化沉淀　01.0881

sulfur concrete　硫磺混凝土　03.0759

sulfur donor　给硫剂　04.1306

sulphate resisting Portland cement　抗硫酸盐水泥　03.0738

sulphurizing　渗硫　01.1571

sun stone　日光石　07.0252

superalloy　＊超合金　02.0793

super-clean steel　超洁净钢　02.0215

superconducting element　超导元素　02.0931

superconducting filament　超导[细]丝，＊超导芯丝　02.0970

superconducting film　超导膜　02.0965

superconducting functional composite　超导复合材料　05.0278

superconducting magnet　超导磁体　02.0937

superconducting materials　超导材料　02.0929

superconducting materials for fusion reactor　聚变堆用超导材料　02.1103

superconducting wire　超导[电]线　02.0971

superconductivity　超导性　01.0061，超导电性　02.0930

superconductor　超导体　02.0932

supercooling　过冷　01.0422

supercooling degree　过冷度　01.0944

super critical drying　超临界干燥　03.0414

supercritical extraction degreasing　超临界萃取脱脂　01.1770

superfine fiber　超细纤维　04.0810

super-hard ceramics　超硬陶瓷　03.0295

super-hard crystal　超硬晶体　03.0089

super-hard high speed steel　超硬高速钢　02.0355

superheating　过热处理　01.1055

superheating temperature　过热度　01.1058

superheat treatment　过热处理　01.1055

super high brightness light emitting diode　超高亮度发光二极管　06.0309

super high pressure water atomization　超高压水雾化　01.1710

super high pure stainless steel　超高纯度不锈钢　02.0392

super high temperature isothermal annealing of oxide dispersion strengthened superalloy　氧化物弥散强化合金超高温等温退火　02.0854

super high temperature zone annealing of oxide dispersion strengthened superalloy　氧化物弥散强化合金超高温区域退火　02.0855

superimposed alternating current anodizing　交直流叠加阳极氧化　01.1492

superionic conductor　＊超离子导体　03.0328

superlattice　超晶格，＊超点阵　01.0269

super luminescent diode　超辐射发光二极管　06.0308

super molecular structure　超分子结构，＊聚集态结构　01.1971

super paramagnetism　超顺磁性　01.0109

superplastic forming　超塑性成形　01.1323

superplasticity　超塑性　01.0474

superplasticity instability　超塑性失稳　01.1332

superplasticity steel　超塑性钢　02.0294

superplastic performance index　超塑性能指标　01.1331

superplastic zinc alloy　超塑锌合金　02.0657

super-quality steel　特殊质量钢　02.0213

super-saturated solid solution　过饱和固溶体　01.0376

super-saturated solution　过饱和溶液　01.1869

super-saturation　过饱和度　01.1870

super-saturation ratio　过饱和比　01.1871

super smooth guide wire　超滑导丝　08.0206

supersolidus liquid phase sintering　超固相线烧结　01.1810

supersolvus heat treatment　超固溶[热]处理　02.0843

supersonic plasma spraying　超声速等离子喷涂　01.1529

supersonic roll extrusion　超声波滚压　01.1463

superstructure　＊超结构　01.0269

supper absorbent resin　高吸水性树脂　04.1069

supper hybrid composite　超混杂复合材料　05.0123

supper oil absorption polymer　高吸油性聚合物，＊亲油性凝胶　04.1059

surface acoustic wave　声表面波　01.0077

surface active agent　表面活性剂　01.1552

surface biological modification　表面生物化　08.0112

surface crack　表面裂纹　01.1452

surface decorated wood-based panel with paper impregnated thermosetting resin　浸渍胶膜纸覆面人造板　07.0713

surface decorated wood-based panel with polyvinyl chloride film　聚氯乙烯薄膜覆面人造板　07.0714

surface defect　＊表面微缺陷　06.0202

surface degradation 表面降解 08.0229

surface electronic state 表面电子态 01.0066

surface energy 表面能 01.0215

surface finishing of wood-based panel 人造板表面装饰 07.0710

surface grinding 表面研磨 01.1467

surface heat treatment 表面热处理 01.1361

surface layer 表面层 01.1453

surface metallization 表面金属化 01.1557

surface modification 表面改性 01.1458

surface modification technique 粉体表面改性技术 01.1763

surface modified fiber 表面改性纤维 04.0717

surface nano-crystallization 表面纳米化 01.1460

surface of materials 材料表面 01.0214

surface phonon * 表面声子 01.0077

surface plasma polymerization 表面等离子体聚合 04.1039

surface processing of wood-based panel 人造板表面加工 07.0709

surface quenching 表面淬火 01.1408

surface reconstruction 表面重构，* 表面再构 01.0219

surface relaxation 表面弛豫 01.0218

surface roughness 表面粗糙度 01.0607

surface segregation 表面偏析，* 表面偏聚 01.0217

surface strengthening 表面强化 01.1455

surface stress 表面应力 01.0448

surface tension 表面张力 01.0216

surface tension and interface tension by pendant drop method 悬滴法表面张力和界面张力 04.1132

surface texture 表面织构 06.0149

surface treatment of carbon fiber by electrolytic oxidation 碳纤维电解氧化表面处理 05.0036

surface treatment of carbon fiber by electrolytic oxidation * 碳纤维阳极氧化表面处理 05.0036

surface treatment of carbon fiber by gas phase oxidation 碳纤维气相氧化表面处理 05.0037

surface treatment of carbon fiber by plasma 碳纤维等离子体表面处理 05.0039

surface treatment of carbon fiber by pyrolytic carbon coating 碳纤维热解碳涂层表面处理 05.0038

surface treatment of glass 玻璃表面处理 03.0459

surfacing 堆焊 01.1624

surgical suture 外科手术缝合线 04.0814

susceptor 基座 06.0479

suspension polymerization 悬浮聚合 04.0117

swelling 溶胀 04.0315

swelling-controlled drug delivery system 溶胀控制药物释放系统 08.0226

swelling ratio 溶胀比 04.0316

swing forging 摆锻 01.1358

swirl defect 旋涡缺陷 06.0201

syderolite 陶土 03.0112

syenite 正长岩 07.0154

sylvite 钾盐 07.0034

symmetric laminate 对称层合板 05.0358

symmetric membrane 高分子各向同性膜，* 高分子对称膜 04.1033

symmetric unbalanced laminate 对称非均衡层合板 05.0363

symmetry of crystal 晶体对称性 01.0244

synchronous powder feeding 同步送粉 01.1476

syndiotactic polymer 间同立构聚合物，* 间规聚合物 04.0020

syndiotactic polypropylene 间规聚丙烯 04.0372

syndiotactic polystyrene 间规聚苯乙烯 04.0390

synergistically toughening 协同增韧 05.0023

synthetic cubic zirconia 合成立方氧化锆，* 方晶锆石 07.0265

synthetic diamond 人造金刚石 03.0090

synthetic fiber 合成纤维 04.0681

synthetic quartz 人工水晶 03.0087

synthetic resin 合成树脂 04.0342

synthetic resin tooth 合成树脂牙 08.0305

synthetic stone 合成宝石 07.0235

systemic toxicity 系统毒性 08.0122

szaibelyite 硼镁石 07.0110

T

TA 热分析 01.0675

Taber abrasion test 泰伯磨耗试验 04.1164

tack 接触黏性 04.0886

tackifier 增黏剂 04.0887

tacticity 立构规整度 04.0154

tactic polymer 有规立构聚合物 04.0017

take-up tension 卷绕张力 01.1966

talc 滑石 07.0083

talc ceramics 滑石陶瓷 03.0330

talc-schist 滑石片岩 07.0216

tandem rolling 连轧 01.1165

tangential section 弦切面 07.0531

tangent of dielectric loss angle 介电损耗角正切 03.0385

tangled yarn 交络丝，＊网络丝，＊喷气交缠纱 04.0732

Tang tricolor 唐三彩 03.0214

tannin-based adhesive 单宁胶黏剂 07.0749

tannin extract 栲胶 07.0748

tanning 鞣制 07.0473

tanning extract 栲胶 07.0748

tantalite 钽铁矿 07.0054

tantalum 钽 02.0745

tantalum alloy 钽合金 02.0746

tantalum based dielectric film 钽基介电薄膜 02.0753

tantalum based resistance film 钽基电阻薄膜 02.0754

tantalum for capacitor 电容器用钽 02.0757

tantalum-niobium alloy 钽铌合金 02.0752

tantalum target materials 钽靶材 02.0756

tantalum-titanium alloy 钽钛合金 02.0750

tantalum-tungsten alloy 钽钨合金 02.0749

tantalum-tungsten-hafnium alloy 钽钨铪合金 02.0751

tantalum wire for capacitor 电容器用钽丝 02.0755

tap casting 流延成型 03.0425

tap density 振实密度，＊摇实密度 01.1739

taper 锥度，＊平行度 06.0147

tapping 出钢 02.0136

target 靶材 01.1849

target chamber 靶室 01.1589

targeting drug delivery system 靶向药物释放系统 08.0216

taw 硝皮 07.0397

TCP bioceramics 磷酸三钙生物陶瓷 08.0043

TD defect 热施工缺陷 06.0101

TD nickel 氧化钍弥散强化镍合金，＊TD 镍 02.1243

tearing strength 撕裂强度 04.1161

tearing strength of leather 皮革撕裂强度 07.0499

technological lubrication 工艺润滑 01.1147

teflon fiber reinforcement ＊特氟纶纤维增强体 05.0043

telechelic polymer 遥爪聚合物 04.0039

tellurium dioxide crystal 二氧化碲晶体 03.0054

TEM 透射电子显微术 01.0635

temperature coefficient of refractive index 折射率温度系数 06.0029

temperature coefficient of resistivity 电阻率温度系数 06.0018

temperature compensation alloy 磁温度补偿合金，＊热磁合金，＊热磁补偿合金 02.0866

temperature control coating 温控涂层 03.0549

temperature difference method 温差法 01.1876

temperature rise by fatigue 疲劳温升 04.1209

temperature rise caused by compression fatigue with constant load 定负荷压缩疲劳温升 04.1212

temperature rise caused by rotational flex fatigue 回转屈挠疲劳温升 04.1214

temperature-sensitive polymer 温度敏感高分子 04.1081

temperature-sensitive resistance materials 感温电阻材料 02.1146

temperature treatment 温度处理 01.1054

temperature variation method 变温法 01.1875

temper brittleness 回火脆性 01.1434

tempered glass 钢化玻璃，＊强化玻璃 03.0527

tempered martensite 回火马氏体 02.0028

tempered martensite embrittlement 不可逆回火脆性，＊第一类回火脆性，＊低温回火脆性 01.1436

tempered sorbite 回火索氏体 02.0030

tempered troostite 回火屈氏体 02.0029

tempering 回火 01.1425

tempering resistance 回火稳定性 01.1427

temper resistance 耐回火性 01.1432

temper rolling 平整 01.1169

template polymerization 模板聚合 04.0108

tensile strength parallel to the grain of wood 木材顺纹抗拉强度，＊顺拉强度 07.0594

tensile strength perpendicular to the grain of wood 木材横纹抗拉强度，＊横拉强度 07.0595

tensile stress at specific elongation 定伸强度 04.0629

tensile test 拉伸试验 01.0699

tensile viscosity 拉伸黏度 04.0305

tensile viscosity by isothermal spinning 等温纺丝拉伸黏度 04.1151

tensile viscosity of film melt 薄膜熔体拉伸黏度 04.1152

terafluoroethylene-propylene rubber 四丙氟橡胶 04.0586

teratogenicity 致畸性 08.0132

terbium-copper 1∶7 type alloy 铽铜 1∶7 型合金 02.0915

ternary phase diagram 三元相图 01.0192

terne coated sheet 镀铅-锡合金钢板 02.0249

terne sheet 镀铅-锡合金钢板 02.0249

terpilenol 松油醇，＊萜品醇 07.0735

terpineol 松油醇，＊萜品醇 07.0735

terrace-ledge-kink growth 台阶生长 01.1861

tertiary cementite 三次渗碳体 02.0043

tertiary recrystallization 三次再结晶 01.0410

test of bond strength 表面膜结合强度测试 01.0712

test wafer 测试片 06.0164

tetracalcium aluminoferrite 铁铝酸四钙，＊钙铁石 03.0709

tetraethoxysilane 四乙氧基硅烷，＊正硅酸乙酯 04.0969

tetrafluoroethylene-hexafluoropropylene copolymer 四氟乙烯-六氟丙烯共聚物 04.0494

tetrafluoroethylene-hexafluoropropylene copolymer fiber 四氟乙烯-六氟丙烯共聚物纤维，＊全氟乙丙共聚物纤维 04.0696

tetrafluoroethylene-perfluorinated alkylvinylether copolymer fiber 四氟乙烯-全氟烷基乙烯基醚共聚物纤维 04.0760

tetragonal zirconia polycrystal 四方氧化锆多晶体 03.0273

textile fiber 纺织纤维 04.0798

texture 织构 01.0261

textured fiber 变形纤维 04.0724

texture of rock 岩石结构 07.0141

TFT 非晶硅薄膜晶体管 06.0297

the concentration of solvent vapor in spinning channel [甬道中]溶剂蒸气浓度 01.1980

the first zone of vaporization 起始蒸发区 01.1974

thenardite 无水芒硝 07.0122

theoretical density 理论密度，＊全密度，＊100%相对密度 02.1209

therapeutic cloning ＊治疗性克隆 08.0087

the ratio of dynamic stiffness and static stiffness 动静刚度比 04.0643

thermal activation 热激活 01.0207

thermal analysis 热分析 01.0675

thermal barrier coating ＊热障涂层 03.0553

thermal barrier coating materials 隔热涂料 03.0669

thermal boundary layer 温度边界层，＊热边界层 06.0036

thermal chemical vapor deposition 热化学气相沉积 01.1931

thermal conductivity 热导率 01.0535

thermal control coating ＊热控涂层 03.0549

thermal couple cure monitoring 热电偶法固化监测 05.0224

thermal curing of composite 复合材料热固化 05.0204

thermal cycle 热处理工艺周期 01.1383

thermal decomposition ＊高温分解法 01.1872

thermal decomposition method 热分解法 01.1761

thermal decomposition reaction 热分解反应 06.0038

thermal deformation 热变形 01.1139

thermal degradation 热降解 04.0144

thermal degreasing 热脱脂 01.1772

thermal diffusivity 热扩散系数 01.0538

thermal donor defect 热施主缺陷 06.0101

thermal electron emission 热电子发射 01.0562

thermal emissivity 辐射率，＊热辐射功率 01.0599

thermal explosion 热爆 01.1838

thermal fatigue 热疲劳 01.0504

thermal insulation composite 隔热复合材料 05.0303

thermally grown oxide 热生长氧化物 06.0175

thermally stimulated capacitance spectrum 热激电容谱 06.0494

thermally stimulated current spectrum 热激电流谱 06.0493

thermal neutron control aluminum alloy 热中子控制铝合金 02.0495

thermal neutron reactor 热中子反应堆，＊热堆 02.1025

thermal oxidative aging 热氧老化 04.1178

thermal oxidative degradation 热氧化降解 04.0145

thermal polymerization 热聚合 04.0091

thermal probe method 热探针法 06.0484

thermal reflective coating 热反射涂层 03.0546

thermal resistance 热阻 01.0536

thermal-sensitive paper 热敏纸 07.0342

thermal shock resistance 抗热震性 03.0692

thermal spraying 热喷涂 01.1515

thermal spray powder　热喷涂粉末　02.1194

thermal stimulated discharge current　热释电流　04.0339

thermal stimulated discharge current method　热释电流法　04.1140

thermal stress　热应力　01.1448

thermistor　热敏电阻　06.0385

thermistor materials　热敏电阻材料　02.1145

thermit welding　热剂焊，＊铝热焊　01.1623

thermobimetal　热双金属　02.1135

thermochemical model of composite　复合材料热化学模型　05.0220

thermochromic colorant　热致变色染料　04.1358

thermocouple materials　热电偶材料　02.1155

thermodynamic assessment　热力学评估　01.0850

thermodynamic energy　＊热力学能　01.0165

thermodynamic equilibrium　热力学平衡　01.0163

thermodynamic evaluation　热力学评估　01.0850

thermodynamic function　＊热力学函数　01.0164

thermodynamic optimization　热力学优化　01.0851

thermodynamic process　热力学过程　01.0158

thermodynamics of alloy　合金热力学，＊固体热力学　01.0155

thermodynamics of materials　材料热力学　01.0154

thermodynamic variable　＊热力学变量　01.0164

thermoelastic phase transition　热弹性相变　01.0368

thermoelectric conversion　温差电转换　06.0395

thermoelectric cooling　温差电制冷，＊热电致冷　06.0396

thermoelectric effect　热电效应　01.0127

thermoelectric figure of merit　温差电优值，＊品质因数，＊优化系数　06.0394

thermoelectric materials　热电体　01.0128

thermoelectric materials　温差电材料，＊热电材料　06.0386

thermoelectric module　温差电模块，＊热电模块　06.0392

thermoelectric power generation　热电发电　06.0397

thermoelectromotive force　温差电动势　01.0132

thermoforming　热成型　04.1244

thermogram　热谱图　01.0674

thermography infrared　红外热成像术　01.0673

thermo-infrared camouflage materials　热红外伪装材料　02.0994

thermoluminescence　热致发光　01.0141

thermoluminescence phosphor　热致发光材料　03.0364

thermomechanical control process　热机械控制工艺　02.0172

thermomechanical treatment　形变热处理　01.1382

thermo-optical effect　热光效应　01.0591

thermo-optical stable optical glass　热光稳定光学玻璃　03.0489

thermo-optic switch　热光开关　06.0347

thermoplastic resin composite　热塑性树脂基复合材料　05.0125

thermoplastic elastomer　热塑性弹性体　04.0598

thermoplastic polyurethane　热塑性聚氨酯　04.0425

thermoplastic polyurethane rubber　热塑性聚氨酯橡胶　04.0593

thermoplastic resin　热塑性树脂　04.0351

thermosensitive ceramics　热敏陶瓷　03.0333

thermosensitive device　热敏器件　06.0381

thermosetting resin　热固性树脂　04.0352

thermosetting resin composite　热固性树脂基复合材料　05.0124

thermostat metal　热双金属　02.1135

thermo-stress of composite interface　复合材料界面热应力　05.0433

theta solvent　θ溶剂　04.0321

theta state　θ态　04.0320

theta temperature　θ温度　04.0322

the vaporization with decreasing velocity　降速蒸发区　01.1976

the vaporization with invariable velocity　恒速蒸发区　01.1975

thickening agent　增稠剂　04.1286

thick film resistance materials　厚膜电阻材料　02.1142

thickness expansion rate of water absorbing　吸水厚度膨胀率　07.0690

thickness of an epitaxial layer　外延层厚度　06.0166

thickness of slices　晶片厚度　06.0153

thin film giant magnetoresistance materials　薄膜巨磁电阻材料　02.1152

thin film resistance materials　薄膜电阻材料　02.1143

thin slab [continuous] casting and [direct] rolling　薄板坯连铸连轧技术　02.0173

thixo-forming　触变成形　01.1343

thixotropic agent　触变剂　04.1331

thixotropic fluid　触变性流体　04.0298

Thomson effect　汤姆孙效应　01.0131

Thomson heat　汤姆孙热量　06.0388

thoria dispersion nickel　氧化钍弥散强化镍合金，＊TD
镍　02.1243

thorianite　方钍石　07.0060

thorium　钍　02.1039

thorium-mangnese 1∶12 type alloy　钍锰 1∶12 型合金
02.0914

three-component superconducting wire　三组元超导线
02.0976

three-dimensional crimp　三维卷曲，＊立体螺旋形卷曲
04.0823

three-dimensional laser forming　激光三维成形
01.1347

three-dimensional polycondensation　体型缩聚　04.0102

three-dimensional polymer　＊体型聚合物　04.0032

three-point bending test　三点弯曲试验　03.0369

three-probe measurement　三探针法　06.0486

threshold stress　门槛应力　01.0737

threshold stress intensity factor　门槛应力强度因子
01.0738

through hardening　透淬　01.1407

throwing　拉坯　03.0190

tianhuang stone　田黄　07.0263

tianmu glaze　天目釉　03.0215

Ti-doped sapphire crystal　掺钛蓝宝石晶体　03.0079

time-resolution photoluminescence spectrum　时间分辨
光致发光谱　06.0501

time-temperature equivalent principle　时－温等效原理，
＊时－温叠加原理　04.0279

time-temperature superposition principle　时－温等效原
理，＊时－温叠加原理　04.0279

time-temperature-transformation diagram　＊TTT 图
02.0060

tin　锡　02.0665

tin alloy　锡合金　02.0666

tin based Babbitt　＊锡基巴氏合金　02.0667

tin based bearing alloy　锡基轴承合金　02.0667

tin based white alloy　＊锡基白合金　02.0667

tin brass　锡黄铜　02.0597

tin bronze　锡青铜　02.0604

tin-free steel sheet　无锡钢板　02.0250

tinplate　镀锡钢板，＊马口铁　02.0246

tin-plated sheet　镀锡钢板，＊马口铁　02.0246

tin selenide　硒化锡　06.0235

tin telluride　碲化锡　06.0236

tinting strength　着色力　04.0924

TIR　总指示读数　06.0148

tissue compatible materials　组织相容性材料　04.1090

tissue engineering　组织工程　08.0161

tissue inducing materials　组织诱导性材料　08.0019

tissue reconstruction and repair　组织构建与修复
08.0180

titania calcium electrode　钛钙型焊条　01.1680

titania electrode　氧化钛型焊条，＊钛型焊条　01.1679

titanic iron ore structure　钛铁矿结构　03.0021

titanium　钛　02.0533

titanium alloy　钛合金　02.0537

α titanium alloy　α钛合金　02.0540

α-β titanium alloy　α-β钛合金　02.0542

β titanium alloy　β钛合金　02.0543

titanium alloy cold-hearth melting　钛合金冷床炉熔炼
02.0578

titanium alloy double annealing　钛合金双重退火
02.0581

titanium alloy β fleck　钛合金β斑　02.0584

titanium alloy β heat treatment　钛合金β热处理
02.0582

titanium alloy isothermal forging　钛合金等温锻造
02.0580

titanium alloy powder　钛合金粉　02.0577

titanium aluminum carbide ceramics　碳化钛铝陶瓷，
＊钛铝碳陶瓷　03.0289

titanium-aluminum intermetallic compound　钛铝金属间
化合物　02.0566

γ-titanium aluminide intermetallic compound　γ钛铝金属
间化合物　02.0567

titanium boride fiber reinforcement　硼化钛纤维增强体
05.0068

titanium boride particle reinforcement　硼化钛颗粒增强
体　05.0100

titanium boride whisker reinforcement　硼化钛晶须增强
体　05.0087

titanium boronide whisker reinforced Ti-matrix composite
硼化钛晶须增强钛基复合材料　05.0253

titanium bronze　钛青铜　02.0605

titanium carbide particle reinforcement　碳化钛颗粒增强

体 05.0097

titanium carbide particulate reinforced Al-matrix composite 碳化钛颗粒增强铝基复合材料 05.0257

titanium-iron hydrogen storage alloy 钛铁贮氢合金 02.1020

titanium-nickel shape memory alloy 钛镍系形状记忆合金 02.0556

titanium oxide 钛白粉 04.1364

titanium silicon carbide ceramics 碳化钛硅陶瓷，＊钛硅碳陶瓷 03.0288

titanium & titanium alloy cold-mold arc melting 钛及钛合金冷坩埚熔炼 02.0579

titanium & titanium alloy laser rapid forming 钛及钛合金快速激光成形 02.0583

titanium trialuminide alloy 三铝化钛合金 02.0574

Tl-doped cesium iodide crystal 掺铊碘化铯晶体 03.0058

Tl-doped sodium iodide crystal 掺铊碘化钠晶体 03.0059

Tl-system superconductor 铊系超导体 02.0960

TMCP 热机械控制工艺 02.0172

TMR effect 隧道磁电阻效应 01.0123

toe of weld 焊趾 01.1663

toggling 绷板 07.0487

tool steel 工具钢 02.0343

top and bottom combined blown converter steelmaking 复合吹炼转炉炼钢 02.0120

topaz 黄玉，＊托帕石 07.0249

top blown converter steelmaking 顶吹转炉炼钢 02.0116

top blown oxygen converter steelmaking 氧气顶吹转炉炼钢 02.0117

top coating 面漆 04.0932

top gas 高炉煤气 02.0092

top-pressure recovery turbine 高炉余压回收 02.0094

torsional modulus 扭转模量 01.0464

torsional strength 抗扭强度 01.0498

torsion-braid method 扭辫法 04.1135

torsion-pendulum method 扭摆法 04.1134

total indicator reading 总指示读数 06.0148

total thickness variation 总厚度变化 06.0155

toughener 增韧剂，＊抗冲击剂 04.1297

toughnest fracture surface 韧窝断口 01.0719

tourmaline 电气石 07.0072，碧玺 07.0250

tow 丝束 01.1995

TPU 热塑性聚氨酯 04.0425

tracheid 管胞 07.0545

trachyte 粗面岩 07.0158

tracing paper 描图纸 07.0336

traditional ceramics 传统陶瓷，＊普通陶瓷 03.0138

traditional fusion method 传统熔融法 03.0449

transfer coating leather 移膜革 07.0429

transferred arc 转移弧 01.1614

transformation induced plasticity steel 相变诱发塑性钢 02.0323

transformation strengthening 相变强化 01.0528

transformation stress 相变应力 01.1449

transformation superplasticity 相变超塑性 01.1329

transformation toughening 相变韧化 01.0529

transgranular fracture 穿晶断裂 01.0722

transient liquid phase diffusion bonding 瞬时液相扩散焊，＊过渡液相扩散焊 01.1640

transient liquid phase epitaxy 瞬态液相外延 01.1942

transient liquid phase sintering 过渡液相烧结，＊瞬时液相烧结 01.1811

transitional titanium alloy 过渡型钛合金 02.0561

transition metal catalyst 过渡金属催化剂 04.0096

translucent paper 半透明纸 07.0360

transluminal extraction-atherectomy therapy 血管腔内斑块旋切术 08.0187

transmission electron microscopy 透射电子显微术 01.0635

transparent agent 透明剂，＊增透剂 04.1354

transparent alumina ceramics 透明氧化铝陶瓷 03.0279

trans-1,4-polybutadiene rubber 反式1，4-聚丁二烯橡胶 04.0524

trans-1,4-polyisoprene rubber 反式1，4-聚异戊二烯橡胶 04.0521

transportation agent 输运剂 01.1850

transverse flow 横流 04.1268

transverse modulus of composite 复合材料横向弹性模量 05.0397

transverse rolling 横轧 01.1152

transverse section ＊横截面 07.0529

transverse strength of composite 复合材料横向强度 05.0395

trap 陷阱 06.0033

tree-length 原条 07.0513

tremolite 透闪石 07.0078

tricalcium aluminate 铝酸三钙 03.0708

tricalcium phosphate bioceramics 磷酸三钙生物陶瓷 08.0043

tricalcium silicate 硅酸三钙 03.0706

trichlorosilane 三氯硅烷，* 硅氯仿 04.0960

tri-colored glazed pottery of the Tang dynasty 唐三彩 03.0214

trifunctional siloxane unit 三官能硅氧烷单元，* T 单元 04.0975

triiron aluminide based alloy 铁三铝基合金 02.0861

trimethyl chlorosilane 三甲基氯硅烷 04.0963

trimming 修边 07.0480

triniobium aluminide compound superconductor 铌三铝化合物超导体 02.0952

TRIP steel 相变诱发塑性钢 02.0323

trititanium aluminide based alloy 钛三铝基合金 02.0572

trititanium aluminide intermetallic compound 钛三铝金属间化合物 02.0568

tritium 氚 02.1091

tritium fertile materials 氚增殖材料 02.1094

tritium-permeation-proof materials 防氚渗透材料 02.1093

trivanadium gallium compound superconductor 钒三镓化合物超导体 02.0953

trona 天然碱 07.0140

troostite 屈氏体，* 细珠光体 02.0023

trousers tearing strength 裤形撕裂强度 04.0632

TRPL spectrum 时间分辨光致发光谱 06.0501

TRT 高炉余压回收 02.0094

true density 真密度 02.1208

true stress-strain curve 真应力-应变曲线 01.0467

Tsai-Hill failure criteria 蔡-希尔失效判据 05.0371

Tsai-Wu failure criteria of laminate 层合板蔡-吴失效判据 05.0372

TSCR 薄板坯连铸连轧技术 02.0173

TSCS 热激电流谱 06.0493

TTV 总厚度变化 06.0155

tube 管材 02.0233

tube and pipe rolling 管材轧制 01.1158

tube cold drawing 管材冷拔 01.1281

tube drawing with mandrel 芯棒拉管 01.1283

tube process 管式法 02.0982

tunable laser crystal 可调谐激光晶体 03.0074

tungsten 钨 02.0693

tungsten alloy 钨合金 02.0699

tungsten-cerium alloy 钨铈合金，* 铈钨 02.0711

tungsten-copper gradient materials 钨铜梯度材料 02.0707

tungsten-copper materials * 钨铜材料 02.0703

tungsten-copper pseudoalloy 钨铜假合金 02.0703

tungsten filament 钨丝，* 非合金化钨丝，* 纯钨丝 02.0696

tungsten filament reinforced U-matrix composite 钨丝增强铀金属基复合材料 05.0251

tungsten high speed steel 钨系高速钢 02.0351

tungsten inert gas arc welding 钨极惰性气体保护电弧焊，* TIG 焊 01.1604

tungsten-lanthanum alloy 钨镧合金，* 镧钨 02.0712

tungsten-molybdenum alloy 钨钼合金 02.0715

tungsten-nickel-copper alloy 钨镍铜合金 02.0702

tungsten-nickel-iron alloy 钨镍铁合金 02.0701

tungsten rare earth metal alloy 钨稀土合金，* 稀土钨 02.0708

tungsten-rhenium alloy 钨铼合金 02.0714

tungsten-silver materials 钨银材料 02.0704

tungsten-thorium alloy 钨钍合金，* 钍钨 02.0709

tungsten-thorium cathode materials 钨钍阴极材料 02.0710

tungsten wire 钨丝，* 非合金化钨丝，* 纯钨丝 02.0696

tungsten-yttrium alloy 钨钇合金 02.0713

tunnel effect of electron 电子隧道效应 01.0056

tunnel kiln 隧道窑 03.0169

tunnel magnetoresistance effect 隧道磁电阻效应 01.0123

turpentine 松节油 07.0730

turquoise 绿松石 07.0117

turret network 六角网络 06.0096

twin 孪晶 01.0317

twin electrode 双芯焊条 01.1684

twin martensite 孪晶马氏体 02.0027

twinning 孪生 01.0316

twin roller casting 双辊激冷法 01.1002

twin targets magnetron sputtering 孪生靶磁控溅射 01.1919

twin type damping alloy 孪晶型减振合金 02.1124

twist 捻度 04.0824

twisted superconducting wire 扭转超导线 02.0977

twisting 加捻 01.1981

two-dimensional disc-shaped nucleus growth 二维形核生长 01.1863

two-probe measurement 二探针法 06.0485

two-step calcination 二步煅烧 03.0696

type metal 铅字合金, * 印刷合金 02.0679

type metal alloy 铅字合金, * 印刷合金 02.0679

type Ⅰ superconductor 第Ⅰ类超导体 02.0933

type Ⅱ superconductor 第Ⅱ类超导体 02.0934

tyre cord 帘子线 04.0816

TZP 四方氧化锆多晶体 03.0273

U

UCST 最高临界共溶温度 04.0232

UF resin 脲甲醛树脂 04.0414

UHMWPE 超高分子量聚乙烯 04.0362

ULCB steel 超低碳贝氏体钢 02.0303

ULDPE 超低密度聚乙烯 04.0359

ulexite 钠硼解石 07.0112

[ultimate] tensile strength 抗拉强度, * 拉伸强度 01.0491

ultrabasi crock 超基性岩 07.0147

ultracentrifugation sedimentation equilibrium method 超离心沉降平衡法 04.1117

ultracentrifugation sedimentation velocity method 超离心沉降速度法 04.1116

ultrafine cemented carbide 超细晶粒硬质合金 02.1251

ultrafine fiber 超细纤维 04.0810

ultrafine grained steel 超细晶钢 02.0305

ultrafine powder 超细粉 02.1173

ultrafine silver powder 超细银粉 02.0643

ultrahard ceramics 超硬陶瓷 03.0295

ultra-high molecular polyethylene fiber reinforcement 超高分子量聚乙烯纤维增强体 05.0041

ultra-high molecular weight polyethylene 超高分子量聚乙烯 04.0362

ultra-high molecular weight polyethylene fiber 超高分子量聚乙烯纤维, * 超高强度聚乙烯纤维 04.0750

ultra-high molecular weight polyethylene fiber reinforced polymer composite 超高分子量聚乙烯纤维增强聚合物基复合材料 05.0113

ultra-high strength aluminium alloy * 超硬铝 02.0471

ultra-high strength steel 超高强度钢 02.0317

ultra-high strength titanium alloy 超高强钛合金 02.0550

ultra-low carbon bainite steel 超低碳贝氏体钢 02.0303

ultra-low density polyethylene 超低密度聚乙烯 04.0359

ultra-low thermal expansion glass-ceramics 超低膨胀微晶玻璃 03.0494

ultra-low thermal expansion quartz glass 超低膨胀石英玻璃, * 低膨胀石英玻璃 03.0469

ultramarine 群青, * 云青, * 洋蓝 04.1376

ultrasonic comminution 超声粉碎法 01.1724

ultrasonic C-scan inspection of composite 复合材料超声C-扫描检验 05.0426

ultrasonic gas atomization 超声气体雾化 01.1712

ultrasonic machining of ceramics 陶瓷超声加工 03.0445

ultrasonic testing 超声波检测 01.0695

ultrasonic vibration atomization 超声振动雾化 01.1713

ultrasonic welding 超声波焊 01.1641

ultraviolet curing coating 紫外光固化涂料 04.0934

ultraviolet curing of composite 复合材料紫外线固化 05.0209

ultraviolet high transmitting optical glass 紫外高透过光学玻璃 03.0490

ultraviolet photoelectron spectroscopy 紫外光电子能谱法 01.0649

ultraviolet-resistant fiber 抗紫外线纤维 04.0789

ultraviolet transmitting silica glass 紫外透过石英玻璃 03.0467

umklapp process 倒逆过程 01.0074

unalloyed steel 非合金钢 02.0209

unbalanced magnetron sputtering 非平衡磁控溅射 01.1916

unbleached pulp 未漂浆 07.0302

undercooling 过冷 01.0422

undercooling degree 过冷度 01.0944

undercooling austenite 过冷奥氏体, * 亚稳奥氏体 02.0019

undercooling epitaxial growth　分步降温生长　01.1944

under-glaze decoration　釉下彩　03.0229

undersintering　欠烧　01.1823

undertone　底色　04.0920

unedged lumber　毛边材　07.0519

unfired refractory brick　不烧耐火砖，＊不烧砖　03.0652

unhairing　脱毛　07.0466

uniary phase diagram　单元相图　01.0190

uniaxial magnetic anisotropy　单轴磁各向异性　01.0102

uniaxial orientation　单轴取向　04.0211

uniaxial oriented film　单轴取向膜　04.1277

unidirectional laminate　单向板　05.0341

uniform corrosion　均匀腐蚀　01.0764

uniform deformation　均匀变形　01.1144

uniform structure cemented carbide　均匀结构硬质合金　02.1265

unimolecular termination　单分子终止　04.0078

universal calibration　普适标定　04.0337

unoriented yarn　未取向丝　04.0805

unperturbed dimension　无扰尺寸　04.0175

unsaturated permeability　非饱和渗透率　05.0230

unsaturated polyester molding compound　不饱和聚酯模塑料　04.0458

unsaturated polyester resin　不饱和聚酯树脂　04.0456

unsaturated polyester resin composite　不饱和聚酯树脂基复合材料　05.0127

unsaturated polyester resin decorative plywood　不饱和聚酯树脂装饰胶合板　07.0715

unsaturated polyester resin foam　不饱和聚酯树脂泡沫塑料　04.0459

unshaped refractory　不定形耐火材料，＊散状耐火材料　03.0651

unstable combustion　非稳态燃烧　01.1837

unsupported adhesive film　无衬胶膜　04.0846

unsymmetric laminate　非对称层合板　05.0360

untwisting　解捻　01.1982

up-and-down draught kiln　倒焰窑　03.0167

up-conversion phosphor　上转换发光材料　03.0360

upper bainite　上贝氏体　02.0031

upper critical solution temperature　最高临界共溶温度　04.0232

upper yield point　＊上屈服点　01.0478

U-process　＊U 过程　01.0074

UPS　紫外光电子能谱法　01.0649

upsetting　镦粗　01.1249

upsetting extrusion　镦挤　01.1262

upset welding　电阻对焊　01.1631

uraninite　晶质铀矿　07.0059

uranium　铀　02.1030

uranium alloy　铀合金　02.1037

uranium dioxide　二氧化铀　02.1034

uranium hexafluoride　六氟化铀　02.1035

uranium nitride　氮化铀　02.1036

urea-formaldehyde adhesive　脲甲醛胶黏剂　04.0857

urea-formaldehyde foam　脲甲醛泡沫塑料　04.0417

urea-formaldehyde resin　脲甲醛树脂　04.0414

urea-formaldehyde resin composite　脲甲醛树脂基复合材料　05.0134

urea melamine formaldehyde resin　脲三聚氰胺甲醛树脂　04.0416

urushi tallow　漆蜡，＊漆脂　07.0759

urushi wax　漆蜡，＊漆脂　07.0759

USGA　超声气体雾化　01.1712

utilization coefficient of blast furnace　高炉利用系数　02.0095

V

vacancy　空位　01.0278

vacancy cluster　空位团　06.0032

vacancy-solute complex　空位－溶质原子复合体　01.0281

vacuum arc degassing　真空电弧脱气法　02.0153

vacuum arc melting　真空电弧熔炼　01.0900

vacuum atomization　真空雾化　01.1714

vacuum bag molding　真空袋成型　05.0156

vacuum brazing　真空钎焊　01.1654

vacuum carburizing　真空渗碳　01.1577

vacuum degassing　真空脱气　01.0904

vacuum degreasing　真空脱脂　01.1773

vacuum deoxidation　真空脱氧　02.0134

vacuum die casting　真空压铸　01.1039

vacuum distillation　真空蒸馏　01.0903

vacuum drying　真空干燥　03.0436

vacuum electric resistance melting　真空电阻熔炼　01.0899

vacuum electronic torch melting　真空电子束熔炼　01.0901

vacuum electroslag melting　真空电渣熔炼　01.0902

vacuum evaporation deposition　真空蒸镀，＊真空镀膜　01.1898

vacuum filtration　真空抽滤　03.0411

vacuum forming　真空成型　04.1245

vacuum forming technology　真空成型法　01.1326

vacuum glass　真空玻璃　03.0505

vacuum heat treatment　真空热处理　01.1364

vacuum melting　真空熔炼　01.0905

vacuum metallurgy　真空冶金　01.0898

vacuum oxygen decarburization　真空吹氧脱碳法　02.0152

vacuum plasma spraying　真空等离子喷涂　01.1528

vacuum refining　真空精炼　01.0906

vacuum sealed molding　负压造型，＊真空密封造型　01.1126

vacuum suction casting　真空吸铸　01.1037

vacuum suction casting of metal matrix composite　金属基复合材料真空吸铸　05.0262

VAD　真空电弧脱气法　02.0153

valve steel　阀门钢　02.0404

vanadium　钒　02.0779

vanadium alloy　钒合金　02.0780

vanadium intermetallic compound　钒金属间化合物　02.0781

vanadium nitrogen alloy　钒氮合金　02.0200

van der Waals bond　范德瓦耳斯键　01.0228

vapor-condensation　蒸发－凝聚法　01.1725

vapor growth　气相生长　01.1858

vapor-liquid-solid growth method　气液固法　01.1890

vapor-oxygen decarburization　蒸气氧脱碳法　02.0155

vapor permeability　透水气性　07.0502

vapor phase deposition with assistant gas　外助气相沉积法　01.1895

vapor phase doping　气相掺杂　06.0078

vapor phase epitaxy　气相外延　06.0440

vapor phase synthesis　气体合成法　01.1894

vapor pressure osmometry　蒸气压渗透法　04.1114

variability of wood　木材变异性　07.0602

variable optical attenuator　可变光衰减器　06.0336

variable range hopping conductivity　变程跳跃电导　06.0276

varistor ceramics　压敏陶瓷　03.0340

varnish　清漆　04.0898

vascular cambium　＊维管形成层　07.0527

vascular prosthesis　人工血管　08.0142

vascular stent　血管支架　08.0190

vat leaching　槽浸　01.0870

VCSEL　垂直腔面发射激光器　06.0310

vegetable glue　植物胶　04.0874

vegetable-tanned leather　植鞣革　07.0419

vegetable tanning materials　植物鞣料　07.0747

vehicle　漆料　04.0897

vein filter　静脉滤器　08.0208

vein mark of leather　皮革血筋　07.0460

vein quartz　脉石英　07.0177

vein rock　脉岩　07.0172

velocity boundary layer　＊速度边界层　06.0035

veneer　单板　07.0651

veneer assembly time　单板陈化时间　07.0666

veneer clipping　单板剪裁　07.0660

veneer finger jointing　单板指接　07.0663

veneer gap　芯板离缝　07.0668

veneer open joint　芯板离缝　07.0668

veneer overlap　单板叠层　07.0669

veneer patching　单板修补　07.0661

veneer scarf jointing　单板斜接　07.0662

veneer sealing edge　单板封边　07.0658

veneer splicing　单板拼接　07.0659

veneer tenderizing　单板柔化处理　07.0665

vermicular graphite cast iron　蠕墨铸铁　02.0418

vermiculite　蛭石　07.0097

vermiculite brick　蛭石砖　03.0641

vermiculizer　蠕化剂　02.0166

verneuil method　熔焰法　01.1883

vertex model　顶点模型　01.0839

vertical burning method　垂直燃烧法　04.1196

vertical cavity surface emitting laser　垂直腔面发射激光器　06.0310

vertical extrusion　立式挤压　01.1234

vertical gradient freeze method　垂直梯度凝固法　06.0432

vertical pulling method　直拉法，＊CZ法　06.0426

vertical reactor　立式反应室　06.0477

vertical shear strength of wood　木材垂直剪切强度 07.0597

vertical shift factor　垂直移动因子　04.0281

vessel　导管　07.0546

VGF　垂直梯度凝固法　06.0432

vibrathermography　振动热成像术　01.0683

vibration-assisted compaction　振动压制　01.1784

vibration mill　振动磨　03.0392

vibratory squeezing molding　微振压实造型　01.1127

Vicalloy alloy　* 维加洛合金　02.0884

Vicat softening temperature　维卡软化温度　04.1141

Vickers hardness　维氏硬度　03.0373

vinylchloride-vinylacetate copolymer　氯乙烯－醋酸乙烯酯共聚物　04.0387

vinyl-phenolic adhesive　酚醛－缩醛胶黏剂　04.0861

vinyl polybutadiene rubber　乙烯基聚丁二烯橡胶, * 1，2-聚丁二烯橡胶　04.0525

vinyl polymer　烯类聚合物　04.0011

vinyl silicone oil　乙烯基硅油　04.0992

virial coefficient　位力系数, * 维里系数　04.0325

viscoelasticity　黏弹性　04.0257

viscoelastic mechanics of composite　复合材料黏弹性力学　05.0437

viscose fiber　黏胶纤维　04.0677

viscose rayon　黏胶纤维　04.0677

viscosity　黏度　01.0530

viscosity-average molar mass　黏均分子量, * 黏均相对分子质量　04.0158

viscosity-average molecular weight　黏均分子量, * 黏均相对分子质量　04.0158

viscosity-average relative molecular mass　黏均分子量, * 黏均相对分子质量　04.0158

viscosity coefficient　黏滞系数, * 黏度系数　06.0057

viscosity method　黏度法　04.1118

viscosity number　比浓黏度, * 黏数　04.0331

viscosity ratio　相对黏度, * 黏度比　04.0329

viscous flow state　黏流态　04.0245

visible light emitting diode　可见光发光二极管　06.0341

visible light laser diode　可见光激光二极管　06.0342

visible light semiconductor laser　可见光半导体激光器　06.0337

visible light stealthy materials　可见光隐形材料, * 可见光伪装材料　02.0991

visualization simulation　可视化仿真　01.0816

visual optical testing　目视光学检测　01.0688

vitrification　玻化　03.0117

VOD　真空吹氧脱碳　01.0910, 真空吹氧脱碳法　02.0152

void　孔洞, * 空洞　01.0279

void content model of composite　复合材料空隙率模型　05.0221

void content of composite　复合材料空隙率　05.0192

Voigt-Kelvin model　沃伊特－开尔文模型　04.0260

volatile content of prepreg　预浸料挥发分含量, * 预浸料挥发物含量　05.0187

volatile oil　精油, * 香精油, * 挥发油, * 芳香油　07.0738

volatile organic compound content　VOC 含量　04.0949

volcanic dust　火山灰　07.0170

volcanic rock　火山岩, * 喷出岩　07.0171

volume fraction of reinforcement in composite　复合材料增强体体积分数　05.0021

volume outflow　吐液量　01.1977

volume resistivity　体积电阻率　01.0579

volumetic viscosity　体积黏度　04.0306

VPE　气相外延　06.0440

vulcameter　硫化仪　04.0620

vulcameter with rotator　有转子硫化仪　04.1215

vulcameter without rotator　无转子硫化仪　04.1216

vulcanization　硫化　04.0623

vulcanization accelerator　硫化促进剂　04.1307

vulcanization activator　硫化活性剂　04.1308

vulcanizator　硫化剂　04.1305

vulcanized paper　钢纸　07.0366

vulcanized rubber　硫化胶　04.0503

W

waferboard　华夫刨花板, * 大片刨花板　07.0701

wall paper　壁纸　07.0370

wall slip effect　壁滑效应　04.1272

warble hole of raw hide　原料皮虻眼　07.0451

warm compaction　温压　01.1778

warm deformation　温变形　01.1140

warm drawing　温拉　01.1295

warm extrusion　温挤压　01.1194

warm pressing　温压　01.1778

warm rolling　温轧　01.1164

warp 翘曲度 06.0152

warpage 翘曲 04.1273

washing [纸浆]洗涤 07.0309

washing fastness 耐洗性能 07.0510

water-absorbing capacity of wood 木材吸水性 07.0576

water absorbing fiber 高吸水纤维 04.0795

water absorption 吸水率 01.0600

water atomization 水雾化 01.1709

water borne adhesive 水基胶黏剂 04.0841

water borne coating 水性涂料 04.0936

water cooled furnace roof 水冷炉盖 02.0140

water cooled furnace wall 水冷炉壁 02.0139

water glass 水玻璃, ＊硅酸钠, ＊泡花碱 03.0704

water proof coating 防水涂料 04.0942

water proof leather 防水革 07.0442

water-reducing admixture 减水剂 03.0713

water repellent agent 拒水剂 04.1014

water-sealed extrusion 水封挤压 01.1199

water soluble fiber 水溶性纤维 04.0793

water storage of wood 木材水存法 07.0628

water tight concrete 防水混凝土 03.0749

water toughening 水韧处理 01.1369

water vapor heat setting 水蒸气湿热定型 01.1990

water vapor permeability coefficient 水蒸气渗透率 04.1186

wave 波纹 06.0199

wavelength dispersion X-ray spectroscopy 波长色散 X 射线谱法 01.0625

wave soldering 波峰钎焊 01.1655

wax pattern 蜡模 01.1131

WDS 波长色散 X 射线谱法 01.0625

weak carbide forming element 弱碳化物形成元素 02.0051

wear 磨损 01.0795

wear coefficient 磨耗系数 01.0752

wear & corrosion resistant superalloy 耐磨耐蚀高温合金 02.0806

wear rate 磨损率 01.0753

wear resistance 耐磨性 01.0750

wear-resistant aluminum alloy 耐磨铝合金, ＊低膨胀耐磨铝硅合金 02.0485

wear-resistant cast iron 耐磨铸铁, ＊减磨铸铁 02.0423

wear-resistant cast steel 耐磨铸钢 02.0436

wear-resistant coating 耐磨涂层 03.0550

wear-resistant copper alloy 耐磨铜合金 02.0621

wear-resistant rapidly solidified aluminum alloy 快速冷凝耐磨铝合金 02.0497

wear-resistant zinc alloy 耐磨锌合金 02.0661

wear test 磨损试验 01.0749

weather exposure test 气候暴露试验 04.1180

weathering of wood 木材风化 07.0629

weathering steel 耐候钢, ＊耐大气腐蚀钢 02.0295

weather proof plywood 耐候胶合板 07.0679

web 纸幅 07.0306

web silicon crystal 蹼状硅晶体, ＊蹼晶 06.0128

wedge test 楔子试验 04.0890

Weibull modulus 韦布尔模数 03.0377

weight-average molar mass 重均分子量, ＊重均相对分子质量 04.0157

weight-average molecular weight 重均分子量, ＊重均相对分子质量 04.0157

weight-average relative molecular mass 重均分子量, ＊重均相对分子质量 04.0157

Weissenberg effect 魏森贝格效应 04.0307

weld ability 焊接性 01.1698

weldable aluminum alloy 可焊铝合金 02.0489

weld crack 焊接裂纹 01.1699

welded pipe 焊接管 01.1176

welded steel pipe 焊接钢管 02.0236

welded tube 焊接管 01.1176

welding crack free steel 焊接无裂纹钢 02.0300

welding deformation 焊接变形 01.1705

welding flux 焊剂 01.1686

welding residual stress 焊接残余应力 01.1704

welding wire 焊丝 01.1672

weld intercrystalline corrosion 焊缝晶间腐蚀 01.1702

weld junction 熔合线 01.1693

wet blue 蓝湿革 07.0400

wet spinning 湿法纺丝, ＊湿纺 01.1951

wet storage of wood 木材湿存法 07.0627

wettability 润湿性 01.0426

wetting 润湿 01.0937

wetting agent 润湿剂 04.1329

wetting angle 润湿角 01.0938

wetting layer 浸润层, ＊润湿层 06.0042

wet white 白湿革 07.0401

wetwood 湿心材 07.0619

whisker 晶须 01.0238

whisker reinforced ceramic matrix composite 晶须补强
陶瓷基复合材料 05.0269

whisker reinforced metal matrix composite 晶须增强金
属基复合材料 05.0236

whisker reinforcement 晶须增强体 05.0076

white cast iron 白口铸铁 02.0419

white marble 汉白玉 07.0282

whiteness 白度 01.0608

white porcelain in Xing kiln 邢窑白瓷 03.0204

white rot of wood 木材白腐 07.0614

white spot 白斑 02.0818

whole-tree utilization 全树利用 07.0647

wide anvil forging 宽砧锻造 01.1246

wide band-gap semiconductor materials 宽带隙半导体
材料 06.0218

widening effect 致宽效应 04.0338

Widmanstätten structure 魏氏组织 01.0435

Williams-Landel-Ferry equation WLF 方程 04.0282

Williams plasticity tester 威氏塑性计 04.1218

winding yarn 卷绕丝 04.0801

wire 钢丝 02.0239

wired glass 夹丝玻璃，＊防碎玻璃 03.0533

wire drawing 线材拉拔 01.1286

wire rod 线材，＊盘条 02.0238

witherite 碳酸钡矿，＊毒重石 07.0135

WLF equation WLF 方程 04.0282

wolframite 黑钨矿，＊钨锰铁矿 07.0049

wollastonite 硅灰石 07.0076

wood 木材 07.0512

Wood alloy 伍德合金 02.0686

wood anti-mold 木材防霉 07.0625

wood ash 木材灰分 07.0563

wood-based composite materials 木基复合材料
07.0705

wood-based panel 人造板 07.0649

wood-based panel hot pressing 人造板热压 07.0671

wood bleaching 木材漂白 07.0604

wood cell wall 木材细胞壁 07.0550

wood cement board 水泥木丝板 07.0719

wood ceramics 木材陶瓷 07.0611

wood coloring 木材着色 07.0605

wood decay 木材腐朽 07.0613

wood defect 木材缺陷 07.0560

wood discoloration controlling 木材变色防治 07.0623

wood drying 木材干燥 07.0630

wood dyeing 木材染色 07.0606

wood extractive 木材抽提物 07.0570

wood fiber 木纤维 07.0548

wood figure 木材花纹 07.0559

wood finishing 木材涂饰 07.0608

wood grain 木材纹理 07.0558

wood hydrolysis 木材水解 07.0753

wood identification 木材识别 07.0523

wood laminated plastic board 木材层积塑料板
07.0676

wood liquidation 木材液化 07.0609

wood modification 木材功能性改良，＊木材改性
07.0603

wood plastic composite 木塑复合材料 07.0612

wood preservation 木材防腐 07.0620

wood processing 木材加工 07.0639

wood pulp 木浆 07.0287

wood pyrolysis 木材热解 07.0750

wood ray 木射线 07.0547

wood rot 木材腐朽 07.0613

wood seasoning 木材干燥 07.0630

wood softening 木材软化 07.0610

wood stain 木材变色 07.0617

wood structure 木材构造 07.0522

wood wool cement board 水泥木丝板 07.0719

wool-like fiber 仿毛纤维 04.0736

wool type fiber 毛型纤维 04.0807

workability ceramics 可切削陶瓷 03.0245

workable magnet 可加工磁体 02.0906

workable magnet ＊可变形磁体 02.0906

work hardening 加工硬化 01.0470

work of fracture 断裂功 03.0372

work softening 加工软化 01.0515

woven-mat plybamboo 竹编胶合板 07.0767

wrapped cure 包布硫化 04.0660

wrinkling 起皱 01.1303

writing paper 书写纸 07.0339

wrought aluminum alloy 变形铝合金，＊可压力加工铝
合金 02.0465

wrought copper alloy 变形铜合金，＊加工铜合金
02.0620

wrought iron　熟铁，＊软铁，＊锻铁　02.0184
wrought lead alloy　变形铅合金　02.0677
wrought magnesium alloy　变形镁合金　02.0508
wrought nickel based superalloy　变形镍基高温合金
　　02.0795
wrought superalloy　变形高温合金　02.0802

wrought tin alloy　变形锡合金　02.0668
wrought titanium alloy　变形钛合金　02.0557
wrought titanium aluminide alloy　变形钛铝合金
　　02.0570
wrought zinc alloy　变形锌合金　02.0663
wurtzite structure　＊纤锌矿型结构　03.0014

X

XANES　X射线吸收近边结构　01.0622
xenograft　异种移植物　08.0026
xeroradiography　静电射线透照术　01.0667
xiuyan jade　岫玉　07.0260
XPS　X射线光电子能谱法　01.0621
X-ray absorption near edge structure　X射线吸收近边结
　　构　01.0622
X-ray absorption spectroscopy　X射线吸收谱法
　　01.0616
X-ray analysis　X射线检测　01.0612
X-ray diffuse scattering　X射线漫散射　01.0619
X-ray energy dispersive spectrum　能量色散X射线谱
　　01.0624
X-ray fluorescence spectroscopy　X射线荧光谱法

　　01.0617
X-ray photoelectron spectroscopy　X射线光电子能谱法
　　01.0621
X-ray powder diffraction　X射线粉末衍射术　01.0615
X-ray radiography　X射线照相术　01.0613
X-ray testing　X射线检测　01.0612
X-ray tomography　层析X射线透照术　01.0664
X-ray topography　X射线形貌术　01.0618
X-ray transparent composite　透X射线复合材料
　　05.0290
xuan paper　宣纸　07.0344
xylem　木质部　07.0526
xylem parenchyma　木薄壁组织　07.0554
xylooligosaccharide　低聚木糖　07.0754

Y

YAG　钇铝石榴子石晶体　03.0350
year ring　年轮　07.0535
yellow cake　黄饼　02.1038
yellow index　黄色指数　04.1184
yellowing　黄变　04.0954
yellowness index　黄色指数　04.1184
yield criterion　屈服准则　01.0731
yield effect　屈服效应，＊屈服点现象　01.0479
yield elongation　屈服伸长　01.0481
yield point　屈服点　01.0478

yield ratio　屈强比　01.0485
yield strength　屈服强度　01.0480
yohen tenmoku　曜变天目釉　03.0216
Young modulus　杨氏模量　01.0460
Y-system superconductor　钇系超导体，＊1-2-3超导体
　　02.0958
yttrium aluminum garnet crystal　钇铝石榴子石晶体
　　03.0350
yttrium lithium fluoride crystal　氟化钇锂晶体　03.0075

Z

Z-average molar mass　Z均分子量，＊Z均相对分子质
　　量　04.0159
Z-average molecular weight　Z均分子量，＊Z均相对分
　　子质量　04.0159
Z-average relative molecular mass　Z均分子量，＊Z均相
　　对分子质量　04.0159

Z-direction steel　Z向钢，＊抗层状撕裂钢　02.0297
zeolite　沸石　07.0108
zeolite silicate structure　沸石类硅酸盐结构　03.0036
zero dislocation monocrystal　零位错单晶　06.0091
zero-order release　零级释放，＊恒速释放　08.0231
zero resistivity　零电阻特性　01.0539

zero shear viscosity 零剪切速率黏度 04.0303

zero thermal expansion glass-ceramics 零膨胀微晶玻璃 03.0495

Zhao hardness 赵氏硬度 04.1154

Ziegler-Natta catalyst 齐格勒-纳塔催化剂 04.0095

zinc 锌 02.0656

zinc blende structure ＊闪锌矿型结构 03.0013

zinc cadmium telluride 碲锌镉 06.0265

zinc cupronickel 锌白铜 02.0613

zinc mercury 锌汞合金，＊锌汞齐 02.0658

zinc oxide 氧化锌 06.0247

zinc oxide-eugenol cement 氧化锌丁香酚水门汀 08.0247

zinc oxide voltage-sensitive ceramics 氧化锌压敏陶瓷 03.0342

zinc oxide whisker reinforcement 氧化锌晶须增强体 05.0086

zinc phosphate cement 磷酸锌水门汀 08.0250

zinc-plated steel sheet 镀锌钢板，＊白铁皮，＊镀锌铁皮 02.0247

zinc polycarboxylate cement 聚羧酸锌水门汀，＊聚丙烯酸锌水门汀 08.0248

zinc-rich primer 富锌底漆 04.0931

zinc selenide 硒化锌 06.0244

zinc sulfide 硫化锌 06.0240

zinc sulfide crystal 硫化锌晶体 03.0084

zinc white 锌白 04.1382

zinc yellow 锌铬黄，＊锌黄 04.1378

zircaloy 锆锡系合金 02.0762

zircaloy-2 锆-2合金 02.0763

zircaloy-4 锆-4合金 02.0764

zircon 锆石 07.0065

zirconia-carbon brick 锆炭砖 03.0613

zirconia ceramics 氧化锆陶瓷 03.0269

zirconia composite refractory 氧化锆复合耐火材料 03.0627

zirconia fiber reinforcement 氧化锆纤维增强体 05.0064

zirconia phase transformation toughened ceramics 氧化锆相变增韧陶瓷 03.0272

zirconia toughened alumina ceramics 氧化锆增韧氧化铝陶瓷 03.0276

zirconia toughened mullite ceramics 氧化锆增韧莫来石陶瓷 03.0275

zirconia toughened silicon nitride ceramics 氧化锆增韧氮化硅陶瓷 03.0277

zirconia whisker reinforcement 氧化锆晶须增强体 05.0083

zirconite brick 锆英石砖 03.0611

zirconium 锆 02.0758

zirconium alloy 锆合金 02.0761

zirconium alloy for nuclear reactor 核用锆合金 02.1052

zirconium bronze 锆青铜 02.0611

zirconium-niobium alloy 锆-铌系合金 02.0766

zirconium-niobium-oxygen alloy 锆-铌-氧合金 02.0768

zirconium-niobium-tin-iron alloy 锆铌锡铁合金 02.0767

zisha ware 紫砂陶 03.0130

zone-refined germanium ingot 区熔锗锭 06.0108

ZrO_2 gas sensitive ceramics 氧化锆系气敏陶瓷 03.0345

ZTA 氧化锆增韧氧化铝陶瓷 03.0276

ZTC 氧化锆相变增韧陶瓷 03.0272

ZTM 氧化锆增韧莫来石陶瓷 03.0275

汉 英 索 引

A

阿克隆磨耗试验　Akron abrasion test　04.0637

阿隆结合刚玉制品　AlON-bonded corundum product　03.0625

阿隆结合尖晶石制品　AlON-bonded spinel product　03.0626

埃尔门多夫法撕裂强度　Elmendorf tearing strength　04.1163

埃尔因瓦合金　Elinvar alloy　02.1119

埃洛石　halloysite　07.0088

埃廷斯豪森效应　Ettingshausen effect　06.0389

爱因斯坦温度　Einstein temperature　01.0533

安德森定域　Anderson localization　06.0266

安全玻璃　safety glass　03.0501

安山岩　andesite　07.0155

* 桉树油　eucalyptus oil　07.0741

桉叶油　leaf oil of eucalyptus　07.0741

氨基改性硅油　amino-modified silicone oil　04.0994

氨基树脂　amino resin　04.0413

凹坑　dimple　06.0194

凹模锥角　angle of female die，cone angle of matrix　01.1292

* 凹凸棒黏土　attapulgite clay　07.0187

* 凹凸棒石　attapulgite　07.0091

凹凸珐琅　embossing enamel　03.0572

螯合聚合物　chelate polymer　04.0042

* 螯合树脂　chelating ion-exchange resin　04.1064

螯合型离子交换树脂　chelating ion-exchange resin　04.1064

奥贝球铁　austempered ductile iron，austempered nodular iron　02.0431

奥罗万过程　Orowan process　01.0314

奥氏体　austenite　02.0007

奥氏体不锈钢　austenitic stainless steel　02.0377

奥氏体沉淀硬化不锈钢　austenitic precipitation hardening stainless steel　02.0383

奥氏体钢　austenitic steel　02.0267

奥氏体化　austenitizing　01.1385

奥氏体耐热钢　austenitic heat-resistant steel　02.0401

奥氏体-铁素体相变　austenite-ferrite transformation　02.0059

奥氏体稳定元素　austenite stabilized element　02.0047

奥氏体形变热处理钢　ausforming steel　02.0322

奥氏体铸铁　austenitic cast iron　02.0429

B

八甲基环四硅氧烷　octamethylcyclotetrasiloxane　04.0978

* 巴比特合金　Babbitt metal　02.0680

巴丁-库珀-施里弗理论　Bardeen-Cooper-Schrieffer theory　01.0095

* 巴基管　carbon nanotube　01.0324

巴拉塔胶　balata rubber　04.0510

* 巴勒斯效应　Barus effect　04.1261

巴氏合金　Babbitt metal　02.0680

拔长　drawing　01.1242

钯合金　palladium alloy　02.0638

靶材　target　01.1849

靶室　target chamber　01.1589

靶向药物释放系统　targeting drug delivery system　08.0216

白斑　white spot　02.0818

白点　flake　01.1092

白度　whiteness　01.0608

白垩　chalk　07.0209

k白金　k-white gold　02.0636

白口铸铁　white cast iron　02.0419

白榴石　leucite　07.0107

白湿革　wet white　07.0401

* 白铁皮　galvanized sheet，zinc-plated steel sheet

02.0247

白铜　cupronickel　02.0612

白钨矿　scheelite　07.0109

白云母　muscovite　07.0092

白云石　dolomite　07.0129

白云石砖　dolomite brick　03.0604

白云陶　dolomite earthen-ware　03.0128

柏木油　oil of cedar wood, cedar [wood] oil　07.0740

摆锻　swing forging　01.1358

摆辗　rotary forging　01.1356

斑点　spot　06.0190

斑铜矿　bornite　07.0022

板材　board　07.0516

板钛矿　brookite　07.0039

板条马氏体　lath martensite　02.0026

板岩　slate　07.0212

板状燃料元件　plate type fuel element　02.1046

半奥氏体沉淀硬化不锈钢　semi-austenitic precipitation hardening stainless steel　02.0384

半苯胺革　semi-aniline leather　07.0441

半磁半导体　semimagnetic semiconductor　06.0364

半导体　semiconductor　06.0001

半导体材料　semiconductor materials　01.0014

半导体传感器材料　semiconductor materials for transducer　06.0371

半导体磁敏材料　semiconductor magneto-sensitive materials　06.0378

半导体导电性　semiconductivity　01.0540

半导体钝化玻璃　semiconductor passivation glass　03.0503

半导体光敏材料　semiconductor light sensitive materials　06.0375

半导体激光器　semiconductor laser　06.0303

半导体晶片切口　notch on a semiconductor wafer　06.0133

* 半导体敏感材料　semiconductor materials for transducer　06.0371

半导体热敏材料　semiconductor thermosensitive materials　06.0380

半导体陶瓷　semiconductive ceramics　03.0331

* 半导体压力材料　semiconductor pressure sensitive materials　06.0376

半导体压敏材料　semiconductor pressure sensitive materials　06.0376

半导体锗　semiconductor germanium　06.0104

半钢化玻璃　semi-tempered glass　03.0528

半共格界面　semicoherent interface　01.0329

半固态成形　semi-solid forming　01.1341

半固态挤压　semi-solid extrusion　01.1200

半固态模锻　semi-solid die forging　01.1253

半光漆　semi-gloss paint　04.0947

半硅砖　semisilica brick　03.0582

半合成纤维　semi-synthetic fiber　04.0678

半化学浆　semi-chemical pulp　07.0296

半环孔材　semi-ring porous wood　07.0542

半结晶聚合物　semi-crystalline polymer　04.0184

半结晶时间　half-crystallization time, half time of crystallization　04.0197

半金属汽车刹车材料　semi-metallic brake materials for car　02.1236

半绝缘砷化镓单晶　semi-insulating GaAs single crystal　06.0222

半漂浆　semi-bleached pulp　07.0301

* 半散孔材　semi-diffuse porous wood　07.0542

半透明纸　translucent paper　07.0360

半纤维素　hemicellulose　07.0566

半硬磁材料　semi-hard magnetic materials　02.0864

半镇静钢　semikilled steel　02.0224

半致密材料　semidense materials　02.1211

拌胶　blending　07.0698

棒材　bar　02.0240

包布硫化　wrapped cure　04.0660

* 包缠纱　covered elastomeric yarn　04.0733

包覆弹性丝　covered elastomeric yarn　04.0733

包覆挤压　cladding extrusion　01.1197

包覆颗粒燃料　coated particle fuel　02.1044

包灰　painting with lime　07.0467

包晶点　peritectic point　01.0199

包晶反应　peritectic reaction, peritectic transformation　01.0398

包晶凝固　peritectic solidification　01.0983

包卷法　jelly roll process　02.0985

包酶　painting with enzyme　07.0468

包套　can, bag　01.1792

包套挤压　sheath extrusion　01.1196

包析点　peritectoid point　01.0201

包析反应　peritectoid reaction, peritectoid transformation　01.0401

包辛格效应　Bauschinger effect　01.0489

包银[合金]铋-2212超导线[带]材　silver [alloy] sheathed Bi-2212 superconducting wire　02.0962

胞间道　intercellular canal　07.0536

胞－枝转变　cellular-dendrite interface transition　01.0964

胞状界面　cellular interface　01.1855

薄板成形性　sheet metal formability　01.1315

薄板坯连铸连轧技术　thin slab [continuous] casting and [direct] rolling, TSCR　02.0173

薄层电阻　sheet resistance　06.0021

薄钢板　steel sheet　02.0228

薄膜电阻材料　thin film resistance materials　02.1143

薄膜巨磁电阻材料　thin film giant magnetoresistance materials　02.1152

薄膜熔体拉伸黏度　tensile viscosity of film melt　04.1152

宝石　gem　07.0230

宝石级金刚石　gem diamond　03.0094

宝石折射仪　refractometer　07.0271

饱和磁化强度　saturation magnetization, saturated intensity of magnetization　01.0571

饱和固溶体　saturated solid solution　01.0375

饱和极化强度　saturated polarization　01.0573

饱和渗透率　saturated permeability　05.0229

保护气氛钎焊　brazing in controlled atmosphere　01.1653

保护气氛热处理　heat treatment in protective gas　01.1371

保护渣　casting powder, mold powder　02.0160

保留时间　residence time　04.1270

鲍林规则　Pauling rule　03.0001

刨花　particle　07.0697

刨花板　shaving board　07.0696

刨花模压制品　molding particleboard　07.0699

刨切单板　sliced veneer　07.0653

爆破强度　burst strength　04.1156

爆炸成形　explosive forming　01.1345

爆炸法　explosion method　01.1726

爆炸固结　explosive consolidation　01.1791

爆炸焊　explosive welding　01.1638

爆炸喷涂　detonation flame spraying　01.1525

爆炸烧结法　explosion sintering　03.0442

贝氏体等温淬火　bainitic austempering　01.1410

贝氏体钢　bainitic steel　02.0266

贝氏体球铁　bainitic ductile iron, bainitic nodular iron　02.0430

背板　back veneer　07.0656

背封　backseal　06.0174

钡镉1:11型合金　barium-cadmium 1:11 type alloy　02.0918

* 钡铁氧体　$BaFe_{12}O_{18}$ permanent magnetic ferrite, hard magnetic iron barium ferrite　03.0320

钡釉　barite glaze, barium glaze　03.0156

被动靶向药物释放系统　passive targeting drug delivery system　08.0218

被粘物　adherend　04.0830

本构方程　constitutive equation　01.0841

* 本色　mass-tone　04.0919

本体降解　bulk degradation　08.0230

本体聚合　bulk polymerization, mass polymerization　04.0113

本体黏度　bulk viscosity　04.0250

本征半导体　intrinsic semiconductor　06.0002

本征光电导　intrinsic photoconductivity　06.0016

本征硅　intrinsic silicon　06.0122

本征矫顽力　intrinsic coercive force　01.0566

本征扩散系数　intrinsic diffusion coefficient　01.0345

本征吸除　intrinsic gettering　06.0171

本征锗　intrinsic germanium　06.0103

本质粗晶粒钢　corse grained steel　02.0307

本质细晶粒钢　fine grained steel　02.0306

苯胺革　aniline leather　07.0440

苯胺甲醛树脂　aniline-formaldehyde resin, AF resin　04.0418

苯撑硅橡胶　phenylene silicone rubber　04.0579

苯酚－甲醛树脂　phenol-formaldehyde resin, PF resin　04.0411

苯基三氯硅烷　phenyl trichlorosilane　04.0965

苯乙烯－丙烯腈共聚物　styrene-acrylonitrile copolymer, AS copolymer　04.0392

苯乙烯类热塑性弹性体　styrenic thermoplastic elastomer　04.0600

崩边　chipping　06.0186

崩裂强度　bursting strength　07.0500

绷板　toggling　07.0487

比表面　specific surface　01.0606

比表面积　specific surface area　01.1745

比浓对数黏度 inherent viscosity，logarithmic viscosity number 04.0332

比浓黏度 viscosity number，reduced viscosity 04.0331

比强度 specific strength 01.0486

比热容 specific heat［capacity］ 01.0172

* 比体积电阻 specific volume resistance 01.0579

闭孔孔隙度 closed porosity 01.1820

闭式模锻 closed die forging 01.1260

铋 bismuth 02.0684

铋焊料 bismuth solder 02.0687

铋系超导体 Bi-system superconductor 02.0959

碧玺 tourmaline 07.0250

碧玉岩 jasper rock 07.0197

壁滑效应 wall slip effect 04.1272

壁纸 wall paper 07.0370

边材 sapwood 07.0532

边界层 boundary layer 06.0035

边界条件 boundary condition 01.0824

边缘去除区域 edge exclusion area 06.0159

边缘凸起 edge crown 06.0160

边缘限定填料法 edge-defined film-fed growth，EFG 06.0433

编织导体 braided conductor 02.0967

* 扁挤压筒挤压 flat extrusion，container extrusion 01.1211

扁坯料挤压 flat extrusion，container extrusion 01.1211

* 扁丝 slit fiber，slit-film fiber 04.0813

变薄拉延 ironing 01.1300

变程跳跃电导 variable range hopping conductivity 06.0276

变断面挤压 extrusion of variable section 01.1231

变色革 pull-up leather 07.0438

变色釉 photochromic glaze 03.0158

变石 alexandrite 07.0246

变温法 temperature variation method 01.1875

变形 deformation 01.0454

变形程度 deformation degree 01.1135

变形高温合金 wrought superalloy 02.0802

变形抗力 deformation resistance 01.1146

变形铝合金 wrought aluminum alloy 02.0465

变形镁合金 wrought magnesium alloy 02.0508

变形镍基高温合金 wrought nickel based superalloy 02.0795

变形铅合金 wrought lead alloy 02.0677

变形速率 deformation rate 01.1136

变形钛合金 wrought titanium alloy 02.0557

变形钛铝合金 wrought titanium aluminide alloy 02.0570

变形铜合金 wrought copper alloy 02.0620

变形温度 deformation temperature 01.1137

变形锡合金 wrought tin alloy 02.0668

变形纤维 textured fiber 04.0724

变形锌合金 wrought zinc alloy 02.0663

变形织构 deformation texture 01.1141

* 变性纤维 modified fiber 04.0716

变质处理 modification 01.1047

变质剂 modifier 01.1052

变质岩 metamorphic rock 07.0145

* 变质铸铁 inoculated cast iron 02.0422

表观剪切黏度 apparent shear viscosity 04.0294

表观黏度 apparent viscosity 04.0292

* 表观切黏度 apparent shear viscosity 04.0294

表面层 surface layer 01.1453

表面弛豫 surface relaxation 01.0218

表面粗糙度 surface roughness 01.0607

表面淬火 surface quenching，case quenching 01.1408

表面等离子体聚合 surface plasma polymerization 04.1039

表面电子态 surface electronic state 01.0066

表面电阻系数 coefficient of surface resistance 01.0580

表面覆盖率 fraction of surface coverage 06.0047

表面改性 surface modification 01.1458

表面改性纤维 surface modified fiber 04.0717

表面活性剂 surface active agent 01.1552

表面机械强化 mechanical surface strengthening 01.1459

表面降解 surface degradation 08.0229

表面金属化 surface metallization 01.1557

表面裂纹 surface crack 01.1452

表面膜结合强度测试 test of bond strength 01.0712

表面纳米化 surface nano-crystallization 01.1460

表面能 surface energy 01.0215

表面黏附系数 sticking coefficient of surface 06.0444

* 表面疲劳磨损 contact fatigue wear，fatigue wear 01.0799

* 表面偏聚 surface segregation 01.0217

表面偏析 surface segregation 01.0217

表面强化　surface strengthening　01.1455

表面热处理　surface heat treatment　01.1361

表面生物化　surface biological modification　08.0112

表面生物活化　bioactivation of metallic surface　08.0111

* 表面声子　surface phonon　01.0077

* 表面微缺陷　surface defect　06.0202

表面研磨　surface grinding　01.1467

表面应力　surface stress　01.0448

表面硬化钢　case hardening steel　02.0325

* 表面再构　surface reconstruction　01.0219

表面张力　surface tension　01.0216

表面织构　surface texture　06.0149

表面织构主方向　lay　06.0150

表面重构　surface reconstruction　01.0219

表皮生长因子　epidermal growth factor　08.0067

宾厄姆流体　Bingham fluid　04.0295

冰点下降法　cryoscopy　04.1113

冰花玻璃　ice glass　03.0523

冰片　borneol, camphol　07.0736

冰洲石　iceland spar　07.0128

* 丙纶　polypropylene fiber　04.0684

* 丙纶纤维增强体　polypropylene fiber reinforcement　05.0042

丙烯腈-丁二烯-苯乙烯共聚物　acrylonitrile-butadiene-styrene copolymer，ABS copolymer　04.0391

丙烯腈改性乙丙橡胶　nitrile-modified ethylene pro-pylene rubber　04.0555

丙烯腈-氯乙烯共聚纤维　acrylonitrile-vinyl chloride copolymer fiber　04.0688

丙烯酸氨基烘漆　acrylic amino baking coating　04.0913

丙烯酸涂料　acrylic coating　04.0912

丙烯酸酯改性乙丙橡胶　acrylate-modified ethylene propylene rubber　04.0556

丙烯-乙烯嵌段共聚物　propylene-ethylene block co-polymer，PEB　04.0375

丙烯-乙烯无规共聚物　propylene-ethylene random copolymer　04.0374

并列型复合纤维　side-by-side composite fiber　04.0741

波长色散 X 射线谱法　wavelength dispersion X-ray spectroscopy，WDS　01.0625

波峰钎焊　flow soldering, wave soldering　01.1655

波美度　baume degree　03.0116

* 波特兰水泥　Portland cement　03.0726

波纹　wave　06.0199

* 波纹板　corrugated steel sheet　02.0251

玻尔磁子　Bohr magneton　01.0099

玻尔兹曼常量　Boltzmann constant　01.0166

玻尔兹曼叠加原理　Boltzmann superposition principle　04.0278

玻化　vitrification　03.0117

玻璃　glass　03.0448

玻璃表面处理　surface treatment of glass　03.0459

玻璃成型　forming of glass　03.0455

玻璃分相　phase splitting in glass　03.0452

玻璃/酚醛防热复合材料　glass/phenolic ablative composite　05.0314

玻璃化转变　glass transition　04.0246

玻璃化转变温度　glass transition temperature　04.0247

玻璃基复合材料　glass matrix composite　05.0012

* 玻璃锦砖　mosaic glass　03.0526

玻璃浸渗牙科陶瓷　glass-infiltrated dental ceramics　08.0285

玻璃晶化　crystallization of glass　03.0454

玻璃冷加工　cold working of glass　03.0460

玻璃离子水门汀　glass-ionomer cement, glass polyal-kenoate cement　08.0249

玻璃内耗　internal friction of glass　03.0451

玻璃热处理　heat treatment of glass　03.0458

玻璃润滑挤压　glass lubricant extrusion　01.1213

* 玻璃渗透牙科陶瓷　glass-infiltrated dental ceramics　08.0285

玻璃失透　devitrification of glass　03.0453

玻璃态　glassy state　04.0239

* 玻璃态离子导体　glassy ion conductor　03.0351

* 玻璃陶瓷　glass-ceramics　03.0491

玻璃退火　annealing of glass　03.0457

玻璃微球增强体　glass microballoon reinforcement　05.0101

* 玻璃微珠　glass microsphere, glass bead　03.0482

玻璃细珠　glass microsphere, glass bead　03.0482

玻璃纤维增强聚合物基复合材料　glass fiber reinforced polymer composite　05.0110

玻璃纤维增强体　glass fiber reinforcement　05.0058

玻璃纸　cellophane　07.0358

* 玻璃纸皮砖　mosaic glass　03.0526

玻璃着色 coloring of glass 03.0456

玻色子 boson 01.0065

剥离 desquamation 01.1451

剥离强度 peel strength 01.0501

伯格斯矢量 Burgers vector 01.0286

* 伯氏矢量 Burgers vector 01.0286

泊松比 Poisson ratio 01.0465

铂钴永磁体 platinum-cobalt magnet 02.0897

铂合金 platinum alloy 02.0637

铂铁永磁合金 platinum-iron permanent magnet alloy 02.0896

铂族金属 platinum metal 02.0630

箔材 foil 02.0232

薄胎瓷 eggshell porcelain 03.0137

薄荷油 oil of peppermint, mint oil 07.0743

* 薄荷原油 oil of peppermint, mint oil 07.0743

补偿 compensation 06.0059

补偿掺杂 compensation doping 06.0079

补偿电阻材料 compensation resistance materials 02.1156

* 补强剂 reinforcing agent 04.1301

补伤 mending 07.0490

补缩边界 feeding bounary 01.1067

补缩困难区 feeding difficulty zone 01.1069

补缩通道 feeding channel 01.1068

补体活化能力 complement activation ability 08.0073

补体系统 complement system 08.0072

补体抑制能力 complement inhibition ability 08.0074

不饱和聚酯模塑料 unsaturated polyester molding compound 04.0458

不饱和聚酯树脂 unsaturated polyester resin 04.0456

不饱和聚酯树脂基复合材料 unsaturated polyester resin composite 05.0127

不饱和聚酯树脂泡沫塑料 unsaturated polyester resin foam 04.0459

不饱和聚酯树脂装饰胶合板 unsaturated polyester resin decorative plywood 07.0715

不定形耐火材料 unshaped refractory 03.0651

* 不干胶 pressure sensitive adhesive, PSA 04.0836

不干胶纸 non-dry adhesive paper 07.0368

不规则状粉 irregular powder 02.1178

不均匀变形 inhomogeneous deformation 01.1145

不可逆过程 irreversible process 01.0160

不可逆回火脆性 tempered martensite embrittlement, 350℃ embrittlement 01.1436

不连续脱溶 discontinuous precipitation 01.0384

不连续相变 discontinuous phase transition 01.0356

不良溶剂 poor solvent 04.0319

不全位错 imperfect dislocation, partial dislocation 01.0295

不烧耐火砖 unfired refractory brick 03.0652

* 不烧陶瓷 chemical bonded ceramics 03.0293

* 不烧砖 unfired refractory brick 03.0652

不稳定流动 instability flow 04.1264

* 不下垂钨丝 doped tungsten filament 02.0698

不锈钢 stainless steel 02.0375

不锈钢丝增强铝基复合材料 stainless steel filament reinforced Al-matrix composite 05.0250

* 不锈轴承钢 corrosion-resistant bearing steel 02.0342

布拉本德塑化仪 Brabender plasticorder 04.1227

布里奇曼-斯托克巴杰法 Bridgman-Stockbarger method 01.1881

部分合金化粉 partially alloyed powder 01.1736

部分交联型丁腈橡胶 partially crosslinked nitrile rubber 04.0562

* 部分结晶聚合物 semi-crystalline polymer 04.0184

部分色散 partial dispersion 01.0587

部分稳定氧化锆陶瓷 partially stabilized zirconia ceramics, PSZ 03.0274

部分再结晶 partial recrystallization 01.0408

C

擦胶压延 fractioning calendering 04.0650

擦色革 brush-off leather 07.0437

擦拭革 cleaning leather 07.0418

材料 materials 01.0001

[材料]表面 surface of materials 01.0214

[材料]脆性 embrittlement of materials 01.0476

材料的辐照效应 radiation effect of materials 01.0053

材料多尺度仿真 multi-scale simulation of materials 01.0817

材料反应 materials response 08.0070

* 材料仿真 materials simulation 01.0812

* 材料计算学 computational materials science, CMS

01.0810

材料加工工程　materials processing engineering
01.0007

材料科学　materials science　01.0004

材料科学技术　materials science and technology
01.0003

材料科学与工程　materials science and engineering
01.0002

材料模拟　materials simulation　01.0812

材料模型化　materials modeling　01.0811

材料热力学　thermodynamics of materials　01.0154

材料设计　materials design　01.0807

材料设计专家系统　expert system for materials design
01.0809

材料生态设计　materials ecodesign　01.0808

材料体视学　stereology in materials science　01.0693

材料物理与化学　materials physics and chemistry
01.0005

材料学　materials　01.0006

彩绘　decoration　03.0118

彩色玻璃　color glass　03.0479

彩色涂层钢板　color painted steel strip，color coated
steel sheet　02.0252

彩陶　faience pottery　03.0119

彩涂　color coating　01.1569

* 彩涂钢板　color painted steel strip，color coated steel
sheet　02.0252

蔡-希尔失效判据　Tsai-Hill failure criteria　05.0371

残留机械损伤　residual mechanical damage　06.0182

残留树枝晶组织　residual dendrite　02.0847

残余奥氏体　retained austenite　02.0018

* 残余线变化　linear change on reheating　03.0688

残余应力　residual stress　01.0743

槽钢　channel steel　02.0242

槽浸　vat leaching　01.0870

槽形玻璃　channel-section glass　03.0534

草浆　straw pulp　07.0292

侧链型铁电液晶高分子　ferroelectric liquid crystal
polymer in side chain　04.1102

侧[向]挤压　side extrusion，lateral extrusion　01.1191

侧向外延　epitaxial lateral overgrowth　06.0467

测试片　test wafer　06.0164

测温环　firing ring　03.0120

* 测温三角锥　fusible cone　03.0121

测温锥　fusible cone　03.0121

层　lamina，ply　05.0319

层-层生长模式　layer-layer growth mode　06.0050

层错能　stacking fault energy　01.0301

层错硬化　stacking hardening　01.0519

层-岛生长模式　layer-island growth mode　06.0051

层合板　laminate　05.0340

π/4 层合板　π/4 laminate　05.0366

层合板边缘效应　edge effect of laminate　05.0422

层合板泊松比　Poisson's ratio of laminate　05.0350

层合板蔡-吴失效判据　Tsai-Wu failure criteria of
laminate　05.0372

层合板层间应力　interlaminar stress of laminate
05.0421

层合板充填孔拉伸强度　filled-hole tension strength of
laminate　05.0419

层合板充填孔压缩强度　filled-hole compression
strength of laminate　05.0420

层合板冲击后压缩强度　compression strength after
impact of laminate　05.0418

层合板冲击损伤　impact damage of laminate　05.0410

[层合板]冲击损伤阻抗　impact damage resistance of
laminate　05.0440

层合板等代设计　replacement design of laminate
05.0383

层合板等刚度设计　isostiffness design of laminate
05.0386

层合板开孔拉伸强度　open hole tension strength of
laminate　05.0414

层合板开孔压缩强度　open hole compression strength of
laminate　05.0415

层合板拉-剪耦合　shear coupling of laminate　05.0351

±45°层合板拉伸剪切试验　±45° laminate shear testing
05.0423

层合板拉-弯耦合　stretching-bending coupling of
laminate　05.0352

层合板面内刚度　in-plane stiffness of laminate
05.0342

层合板面内柔度　in-plane compliance of laminate
05.0345

层合板目视可检损伤　barely visible impact damage，
BVID　05.0411

层合板耦合刚度　coupling stiffness of laminate
05.0343

层合板耦合柔度　coupling compliance of laminate 05.0346

层合板排序法设计　ranking design of laminate 05.0387

层合板强度比　strength ratio of laminate 05.0379

层合板屈曲　buckling of laminate 05.0436

层合板失效包线　failure envelope of laminate 05.0376

层合板损伤力学　damage mechanics of laminate 05.0438

层合板弯－扭耦合　bending-twisting coupling of laminate 05.0353

层合板弯曲刚度　bending stiffness of laminate 05.0344

层合板弯曲柔度　bending compliance of laminate 05.0347

层合板Ⅰ型层间断裂韧性　model Ⅰ interlaminar fracture toughness of laminate 05.0416

层合板Ⅱ型层间断裂韧性　model Ⅱ interlaminar fracture toughness of laminate 05.0417

层合板中面曲率　midplane curvature of laminate 05.0349

层合板中面应变　midplane strain of laminate 05.0348

层合板逐层失效　successive ply failure of laminate 05.0374

层合板主应力设计　principal stress design of laminate 05.0385

层合板准网络设计　netting design of laminate 05.0384

层合板族　laminate family 05.0368

层合板最大应变失效判据　maximum strain failure criteria of laminate 05.0370

层合板最大应力失效判据　maximum stress failure criteria of laminate 05.0369

层合板最先一层失效包线　first ply failure envelope of laminate 05.0377

层合板最先一层失效载荷　first ply failure load of laminate 05.0373

层合板最终失效　last ply failure of laminate 05.0375

层合板最终失效包线　last ply failure envelope 05.0378

层合结构耐久性设计　durability design of laminar structure 05.0389

* 层积材　glued laminated wood, glulam 07.0642

层间混杂纤维复合材料　interply hybrid composite 05.0121

层间剪切强度　interlaminar shear strength 05.0425

层内混杂纤维复合材料　intraply hybrid composite 05.0120

层析X射线透照术　X-ray tomography 01.0664

层状共晶体　lamellar eutectic 01.0971

层状硅酸盐结构　layered silicate structure 03.0031

层状陶瓷材料　laminated ceramics 05.0274

插层复合材料　intercalation composite 05.0151

插层聚合　intercalation polymerization 04.0109

差别化纤维　differential fiber 04.0718

差热分析　differential thermal analysis, DTA 01.0676

差示扫描量热法　differential scanning calorimetry, DSC 01.0678

差压铸造　counter pressure casting 01.1036

掺铬氟铝酸钙锂晶体　Cr-doped calcium lithium aluminum fluoride crystal 03.0069

掺铬氟铝酸锶锂晶体　Cr-doped lithium strontium aluminum fluoride crystal 03.0070

掺铬石榴子石晶体　Cr-doped garnet crystal 03.0073

掺钴氟化镁晶体　Co-doped magnesium fluoride crystal 03.0068

掺镍氟化镁晶体　Ni-doped magnesium fluoride crystal 03.0067

掺钕钒酸钇晶体　Nd-doped yttrium vanadate crystal 03.0065

掺钕氟化钙晶体　Nd-doped calcium fluoride crystal 03.0066

掺钕氟磷酸钙晶体　Nd-doped calcium fluorophosphate crystal 03.0071

掺钕钨酸钙激光晶体　Nd-doped calcium tungstate laser crystal 03.0072

掺铊碘化钠晶体　Tl-doped sodium iodide crystal 03.0059

掺铊碘化铯晶体　Tl-doped cesium iodide crystal 03.0058

掺钛蓝宝石晶体　Ti-doped sapphire crystal 03.0079

掺杂　doping 06.0072

δ掺杂　delta function-like doping, δ-doping 06.0081

掺杂剂　dopant 06.0073

掺杂钼粉　doped molybdenum powder 02.0718

掺杂钼丝　doped molybdenum wire 02.0720

掺杂片　doping wafer 06.0142

掺杂钨粉　doped tungsten powder 02.0695

掺杂钨丝　doped tungsten filament 02.0698

掺杂锗酸铋晶体　doped bismuth germinate crystal　03.0060

缠绕成型　filament winding　05.0159

长程有序参量　long-range order parameter　01.0272

长弧泡沫渣操作　long arc foaming slag operation　02.0130

长石　feldspar　03.0107

长石类硅酸盐结构　feldspar silicate structure　03.0035

长石砂岩　arkose　07.0181

长石釉　feldspathic glaze　03.0157

长石质瓷　feldspathic porcelain　03.0131

长丝　filament, continuous filament　04.0800

长纤维增强聚合物基复合材料　long fiber reinforced polymer composite　05.0116

* 长窑　Long kiln　03.0166

长油醇酸树脂　long oil alkyd resin　04.0909

长余辉发光材料　luminescent materials with long afterglow　03.0353

长周期　long period　04.0193

常压金属有机化合物气相外延　atmosphere pressure metalorganic vapor phase epitax　06.0458

常压金属有机化学气相沉积　atmospheric pressure metalorganic chemical vapor phase deposition　06.0459

* 常压烧结碳化硅　pressureless sintered silicon carbide ceramics　03.0266

场[发射]电子显微术　field [emission] electron microscopy, F[E]EM　01.0638

场离子显微术　field ion microscopy, FIM　01.0640

* 场致发光材料　electroluminescent materials　03.0356

钞票纸　banknote paper　07.0327

* 超薄带　foil　02.0232

超导材料　superconducting materials　02.0929

超导磁体　superconducting magnet　02.0937

超导[电]线　superconducting wire　02.0971

超导电性　superconductivity　02.0930

超导复合材料　superconducting functional composite　05.0278

超导膜　superconducting film　02.0965

超导体　superconductor　02.0932

* 1-2-3 超导体　Y-system superconductor　02.0958

超导态　super conducting state　01.0061

超导[细]丝　superconducting filament　02.0970

* 超导芯丝　superconducting filament　02.0970

超导元素　superconducting element　02.0931

超低间隙元素钛合金　extra-low interstitial titanium alloy, ELI titanium alloy　02.0553

超低密度聚乙烯　ultra-low density polyethylene, ULDPE　04.0359

超低膨胀石英玻璃　ultra-low thermal expansion quartz glass　03.0469

超低膨胀微晶玻璃　ultra-low thermal expansion glass-ceramics　03.0494

* 超低碳贝氏体　carbide-free bainite　02.0034

超低碳贝氏体钢　ultra-low carbon bainite steel, ULCB steel　02.0303

超低碳不锈钢　extra low carbon stainless steel　02.0389

* 超点阵　superlattice　01.0269

超电位　overpotential　01.0895

超分子结构　super molecular structure　01.1971

超辐射发光二极管　super luminescent diode, SLED　06.0308

超高纯度不锈钢　super high pure stainless steel　02.0392

超高分子量聚乙烯　ultra-high molecular weight polyethylene, UHMWPE　04.0362

超高分子量聚乙烯纤维　ultra-high molecular weight polyethylene fiber　04.0750

超高分子量聚乙烯纤维增强聚合物基复合材料　ultra-high molecular weight polyethylene fiber reinforced polymer composite　05.0113

超高分子量聚乙烯纤维增强体　ultra-high molecular polyethylene fiber reinforcement　05.0041

超高亮度发光二极管　super high brightness light emitting diode　06.0309

超高强度钢　ultra-high strength steel　02.0317

* 超高强度聚乙烯纤维　ultra-high molecular weight polyethylene fiber　04.0750

超高强钛合金　ultra-high strength titanium alloy　02.0550

超高压水雾化　super high pressure water atomization　01.1710

超固溶[热]处理　supersolvus heat treatment　02.0843

超固相线烧结　supersolidus liquid phase sintering　01.1810

* 超合金　superalloy　02.0793

超滑导丝　super smooth guide wire　08.0206

超混杂复合材料　supper hybrid composite　05.0123

超基性岩　ultrabasi crock　07.0147

超洁净钢 super-clean steel 02.0215

* 超结构 superstructure 01.0269

超晶格 superlattice 01.0269

超巨磁电阻效应 colossal magnetoresistance effect，CMR effect 01.0122

超离心沉降平衡法 ultracentrifugation sedimentation equilibrium method 04.1117

超离心沉降速度法 ultracentrifugation sedimentation velocity method 04.1116

* 超离子导体 superionic conductor 03.0328

超临界萃取脱脂 supercritical extraction degreasing 01.1770

超临界干燥 super critical drying 03.0414

* 超轻镁合金 magnesium-lithium alloy 02.0524

超深冲钢 extra deep drawing steel，EDDS 02.0288

超深冲钢板 extra deep drawing sheet steel 02.0255

超声波滚压 supersonic roll extrusion 01.1463

超声波焊 ultrasonic welding 01.1641

超声波检测 ultrasonic testing 01.0695

超声粉碎法 ultrasonic comminution 01.1724

超声速等离子喷涂 supersonic plasma spraying 01.1529

超声气体雾化 ultrasonic gas atomization，USGA 01.1712

超声振动雾化 ultrasonic vibration atomization 01.1713

超顺磁性 super paramagnetism 01.0109

* 超速冷却法 quenching method 03.0450

超塑锌合金 superplastic zinc alloy 02.0657

超塑性 superplasticity 01.0474

超塑性成形 superplastic forming 01.1323

超塑性钢 superplasticity steel 02.0294

超塑性能指标 superplastic performance index 01.1331

超塑性失稳 superplasticity instability 01.1332

超细粉 ultrafine powder 02.1173

超细晶钢 ultrafine grained steel 02.0305

超细晶粒硬质合金 ultrafine cemented carbide 02.1251

超细纤维 superfine fiber，ultrafine fiber 04.0810

超细银粉 ultrafine silver powder 02.0643

超硬高速钢 super-hard high speed steel 02.0355

超硬晶体 super-hard crystal 03.0089

* 超硬铝 ultra-high strength aluminium alloy 02.0471

超硬陶瓷 super-hard ceramics，ultrahard ceramics 03.0295

超支化聚合物 hyperbranched polymer 04.0038

超重力凝固 high-gravity solidification 01.0998

扯断伸长率 maximum percentage elongation 04.1210

* 沉淀 precipitation 01.0382

沉淀分级 precipitation fractionation 04.0167

沉淀粉 precipitated powder 02.1188

沉淀聚合 precipitation polymerization 04.0115

沉淀强化 precipitation strengthening 01.0526

沉淀脱氧 precipitation deoxidation 02.0132

沉淀硬化不锈钢 precipitation hardening stainless steel，PH stainless steel 02.0382

沉积物 precipitate 06.0206

沉积岩 sedimentary rock 07.0144

沉降法 sedimentation method 01.1750

* 沉析纤维 fibrid 04.0815

辰砂 cinnabar 07.0019

陈腐 aging 03.0122

衬底 substrate 01.1848

成分波 compositional wave 01.0049

成分过冷 constitutional undercooling 01.0945

成核剂 nucleater，nucleating agent 04.1292

成荒料率 stone block yield 07.0280

成膜物 binder 04.0895

成熟材 mature wood 07.0525

成体干细胞 adult stem cell 08.0170

成纤维细胞生长因子 fibroblast growth factor 08.0068

成纤性 fiber forming property 04.0827

成形极限图 forming limit diagram，FLD 01.1311

* 成形晶体生长 shaped crystal growth 01.1888

成形性 formability 01.1741

成型 shaping forming，molding 03.0037

成型胶合板 formed plywood 07.0678

成型收缩 molding shrinkage 04.1274

弛豫谱 relaxation spectrum 04.0238

弛豫时间 relaxation time 04.0236

弛豫时间谱 relaxation time spectrum 04.0237

弛豫铁电陶瓷 relaxor ferroelectric ceramics 03.0299

持久强度 stress rupture strength 01.0497

持久强度试验 stress rupture test 01.0708

持久寿命 creep rupture life 01.0707

尺寸稳定性 dimensional stability 04.1204

赤铁矿 hematite 07.0036

充型 filling 01.0939

充型能力 mold filling capacity 01.1044

充氧压铸 pore-free die casting 01.1040

重构型相变 reconstructive phase transition 01.0357

重结晶碳化硅陶瓷 recrystallized silicon carbide ceramics 03.0268

* 重结晶碳化硅制品 self-bonded silicon carbide product 03.0621

重结晶氧化铝陶瓷 recrystallized alumina ceramics 03.0286

重烧结氮化硅陶瓷 post-sintered reactive bonded silicon nitride ceramics, PRBSN ceramics, resintered reactive bonded silicon nitride ceramics 03.0259

重烧结法 post-sintering method, resintering method 03.0440

重烧线变化 linear change on reheating 03.0688

重组装饰单板 reconstituted decorative veneer 07.0654

冲裁 blanking 01.1304

冲击挤压 impact extrusion 01.1207

冲击磨损 impact wear 01.0801

冲击韧性 impact toughness 01.0472

冲击式弹性计 impact elastometer, impact resiliometer 04.1208

冲击试验 impact test 01.0700

冲蚀 erosion 01.0789

冲蚀磨损 erosive wear 01.0802

冲压 stamping, punching 01.1297

冲压模具 stamping tool 01.1310

* 虫胶 shellac, lac 07.0737

H 抽出试验 cord-H-pull test 04.0634

臭氧老化 ozon aging 04.1170

出钢 tapping 02.0136

* 初次渗碳体 primary cementite 02.0039

* 初次石墨 primary graphite 02.0036

* 初级结晶 primary crystallization 04.0195

初晶态非晶硅 protocrystalline silicon 06.0284

初熔 incipient melting 02.0839

初生纤维 as-formed fiber 04.0799

初生相 primary phase 01.0980

初始过渡区 initial transient region 01.0953

初始强度 green strength 04.0888

初轧 blooming 01.1161

初值条件 initial condition 01.0826

除臭剂 deodorant 04.1348

除鳞 descaling 01.1171

储能模量 storage modulus 04.0273

触变成形 thixo-forming 01.1343

触变剂 thixotropic agent 04.1331

触变性流体 thixotropic fluid 04.0298

氚 tritium 02.1091

氚增殖材料 tritium fertile materials 02.1094

穿晶断裂 transgranular fracture 01.0722

穿孔 piercing 01.1177

穿孔力 piercing load 01.1225

穿孔针 piercer 01.1238

传统熔融法 traditional fusion method 03.0449

传统陶瓷 traditional ceramics 03.0138

船用钢 shipbuilding steel 02.0281

串晶结构 shish-kebab structure 04.0186

* 吹塑成形 pneumatic pressure forming technology 01.1327

吹塑成型 blow molding 04.1246

吹塑机 blow molding machine 04.1225

垂熔 self-resistance heating 01.1816

垂直腔面发射激光器 vertical cavity surface emitting laser, VCSEL 06.0310

垂直燃烧法 vertical burning method 04.1196

垂直梯度凝固法 vertical gradient freeze method, VGF 06.0432

垂直移动因子 vertical shift factor 04.0281

锤击 hammer blow 01.1466

锤砧法 piston-anvil quenching method 01.1004

纯铁 pure iron 02.0181

纯铜 pure copper 02.0586

* 纯钨丝 tungsten filament, tungsten wire 02.0696

醇酸树脂 alkyd resin 04.0450

醇酸涂料 alkyd coating 04.0911

瓷漆 enamel 04.0905

瓷器 china, porcelain 03.0132

瓷石 china stone 03.0110

瓷胎画珐琅 color enamel, famille rose 03.0152

瓷土 china clay, porcelain clay 03.0108

瓷牙 ceramic tooth 08.0304

磁场热处理 magnetic heat treatment 01.1366

磁场直拉法 magnetic field Czochralski method 06.0427

磁畴 magnetic domain 01.0119

磁导率 magnetic permeability 01.0551

磁电陶瓷 magnetoelectric ceramics 03.0311

磁电效应　magnetoelectric effect　01.0143

磁电阻效应　magnetoresistance effect　02.1149

磁粉检测　magnetic particle testing　01.0697

* 磁粉探伤　magnetic particle testing　01.0697

磁钢　magnet steel　02.0414

磁光晶体　magnetooptical crystal　03.0100

磁光效应　magneto-optic effect　01.0145

磁化　magnetization　01.0118

磁化率　magnetic susceptibility　01.0564

磁化强度　magnetization［intensity］　01.0117

磁黄铁矿　pyrrhotite　07.0025

磁极化　magnetic polarization　01.0116

磁晶各向异性　magnetocrystalline anisotropy　01.0101

磁晶各向异性能　energy of magnetocrystalline aniso-tropy　01.0103

磁控溅射　magnetron sputtering　01.1915

磁控直拉硅单晶　monocrystalline silicon by magnetic field Czochralski crystal growth　06.0125

* 磁力探伤　magnetic particle testing　01.0697

磁流体　magnetic fluid　02.0869

磁能积　magnetic energy product　01.0568

磁盘基片铝合金　aluminum alloy for magnetic disk　02.0881

磁泡材料　magnetic bubble materials　02.0870

磁铅石型结构　magnetoplumbite structure　03.0024

磁损耗吸波材料　magnetic loss radar absorbing materi-als　02.1002

磁损耗吸收剂　magnetic loss absorber　02.1001

磁铁矿　magnetite　07.0046

* 磁丸铸造　magnetic mold casting　01.1042

磁温度补偿合金　temperature compensation alloy　02.0866

磁型铸造　magnetic mold casting　01.1042

磁性　magnetism　01.0100

磁性薄膜　magnetic thin film　02.0872

磁性复合材料　magnetic composite　05.0301

磁性高分子　magnetic polymer　04.1054

磁性合金　magnetic alloy　02.0879

磁性铝合金　magnetism aluminum alloy　02.0880

磁性生物材料　magnetic biomaterials　08.0006

* 磁性陶瓷　magnetic ceramics　03.0315

磁性纤维　magnetic fiber　04.0779

磁性橡胶　magnetic rubber　02.0865

磁约束聚变　magnetic-confinement fusion　02.1082

磁致伸缩　magnetostriction　01.0125

磁致伸缩镍合金　magnetostriction nickel based alloy　02.0892

磁致伸缩陶瓷　magnetostrictive ceramics　03.0323

磁致伸缩系数　magnetostriction coefficient　01.0577

磁滞回线　magnetic hysteresis loop　01.0110

磁滞损耗　magnetic hysteresis loss　01.0569

磁阻　magnetic resistivity　01.0550

雌黄　orpiment　07.0017

次级弛豫　secondary relaxation　04.0248

* 次级转变　secondary transition　04.0248

次期结晶　secondary crystallization　04.0196

次生黏土　redeposited clay，secondary clay　03.0111

次生相　second phase　01.0981

刺激　irritation　08.0116

* 刺杉油　oil of *Cunninghamia lanceolata*　07.0745

从头计算法　ab initio calculation　01.0845

粗粉　coarse powder　02.1170

粗晶环　coarse grain ring　01.1219

粗晶硬质合金　coarse grain size cemented carbide　02.1249

粗镁　crude magnesium　02.0505

粗面岩　trachyte　07.0158

粗坯　crude green body　03.0124

粗铅　lead bullion　02.0675

粗陶　crude pottery　03.0126

* 粗锗锭　reduced germanium ingot　06.0107

* 促进石墨化元素　graphite stabilized element，graphitized element　02.0053

促染剂　accelerating agent　04.1323

醋酸丙酸纤维素　cellulose acetate-propionate，CAP　04.0404

醋酸丁酸纤维素　cellulose acetate-butyrate，CAB　04.0405

* 醋酸纤维　acetate fiber，cellulose acetate fiber　04.0679

醋酸纤维素　cellulose acetate，CA　04.0403

醋酯纤维　acetate fiber，cellulose acetate fiber　04.0679

催干剂　dryer　04.1330

催化　catalysis　01.0213

脆性断口　brittle fracture surface　01.0720

脆性断裂　brittle fracture　01.0717

淬火　quenching　01.1406

淬冷法　quenching method　03.0450

淬冷烈度　quenching intensity　01.1390
淬冷时效　quench aging　01.0392
淬透性　hardenability　01.1418
淬透性带　hardenability band　01.1422
淬透性曲线　hardenability curve　01.1421

淬硬性　hardening capacity　01.1423
萃取　extraction　01.0874
搓卷成型　rolling process　05.0162
搓纹　boarding　07.0495
搓纹革　boarded leather　07.0445

D

搭接接头　lap joint　04.0884
搭桥生长机制　bridging growth of lamellar eutectic
　01.0982
打光　glazing　07.0493
打光革　glazed leather　07.0434
* 打结强度　knot tenacity　04.0820
大白粉　nature calcium carbonate　04.1379
* 大分子　macromolecule　04.0002
大分子单体　macromer, macromonomer　04.0046
大分子引发剂　macroinitiator　04.0068
大光腔激光二极管　large optical cavity laser diode,
　LOCLD　06.0311
大颗粒金刚石　large size diamond　03.0093
大孔型交换树脂　macroporous ion exchange resin
　04.1068
* 大理石　marble　07.0220
大理岩　marble　07.0220
* 大片刨花板　waferboard　07.0701
大片刨花定向层积材　laminated strand lumber, LSL
　07.0722
大漆　Chinese lacquer　04.0906
大气腐蚀　atmospheric corrosion　01.0782
* 大气老化　natural weathering aging　04.1173
大体积混凝土　mass concrete　03.0748
大线能量焊接用钢　steel for high heat input welding
　02.0299
带钢　strip steel　02.0231
带尾[态]　band tail [state]　06.0268
带隙态　band gap state　06.0269
带状偏析　band segregation　01.1866
带状组织　banded structure　01.0428
袋压成型　bag molding　05.0164
单板　veneer　07.0651
单板层积材　laminated veneer lumber, LVL　07.0677
单板陈化时间　veneer assembly time　07.0666
单板叠层　veneer overlap　07.0669
单板封边　veneer sealing edge　07.0658

单板剪裁　veneer clipping　07.0660
单板拼接　veneer splicing　07.0659
单板柔化处理　veneer tenderizing　07.0665
单板条定向层积材　parallel strand lumber, PSL
　07.0721
单板透胶　glue penetration　07.0664
单板斜接　veneer scarf jointing　07.0662
单板修补　veneer patching　07.0661
单板指接　veneer finger jointing　07.0663
* 单层　lamina, ply　05.0319
* 单层板　lamina, ply　05.0319
单层剪切耦合系数　shear coupling coefficient of lamina
　05.0336
单层偏轴　off-axis of lamina　05.0327
单层偏轴刚度　off-axis stiffness of lamina　05.0333
单层偏轴柔度　off-axis compliance of lamina　05.0334
单层偏轴弹性模量　off-axis elastic modulus of lamina
　05.0335
单层偏轴应力-应变关系　off-axis stress-strain relation
　of lamina　05.0332
单层弹性主方向　principle direction of lamina　05.0325
单层正轴　on-axis of lamina　05.0326
单层正轴刚度　on-axis stiffness of lamina　05.0330
单层正轴工程常数　on-axis engineering constant of
　lamina　05.0328
单层正轴柔度　on-axis compliance of lamina　05.0331
单层正轴应力-应变关系　on-axis stress-strain relation
　of lamina　05.0329
单分子终止　unimolecular termination　04.0078
单官能硅氧烷单元　monofunctional siloxane unit
　04.0973
单辊激冷法　single roller chilling, melt spinning
　01.1001
单金属电镀　single metal electroplating　01.1537
单晶　single crystal　01.0234
单晶半导体　monocrystalline semiconductor　06.0005
单晶材料　single crystal materials　01.0024

单晶高温合金　single crystal superalloy　02.0833

单晶光纤　single crystal optical fiber　03.0105

单晶硅　monocrystalline silicon　06.0123

单晶镍基高温合金　single crystal nickel based superalloy　02.0797

单晶 X 射线衍射术　single crystal X-ray diffraction　01.0614

单量子阱激光器　single quantum well laser，SQW laser　06.0312

单面点焊　indirect spot welding　01.1630

单模激光二极管　single mode laser diode　06.0314

单宁胶黏剂　tannin-based adhesive　07.0749

单片光电子集成电路　single-chip opto-electronic integrated circuit　06.0315

单丝　monofilament　01.1994

单体　monomer　04.0044

单体浇铸聚酰胺　monomer-casting polyamide，MC polyamide　04.0439

* 单相黄铜　α brass　02.0593

单向板　unidirectional laminate　05.0341

单向导电胶　anisotropic conductive adhesive　04.0851

单向压制　single-action pressing　01.1780

单异质结激光器　single-heterostructure laser　06.0316

* D 单元　difunctional siloxane unit　04.0974

* M 单元　monofunctional siloxane unit　04.0973

* Q 单元　quadrifunctional siloxane unit　04.0976

* T 单元　trifunctional siloxane unit　04.0975

单元相图　uniary phase diagram　01.0190

单质矿物　single substance mineral　07.0013

单轴磁各向异性　uniaxial magnetic anisotropy　01.0102

单轴取向　uniaxial orientation　04.0211

单轴取向膜　uniaxial oriented film　04.1277

单纵模激光二极管　single longitudinal mode laser diode　06.0317

弹壳黄铜　cartridge-case brass　02.0600

蛋白石　opal　07.0044

蛋白质纤维　protein fiber　04.0672

* 氮化　nitriding　01.1574

* 氮化钢　nitriding steel　02.0327

氮化铬铁　nitrogen containing ferrochromium　02.0195

氮化硅结合碳化硅制品　silicon nitride bonded silicon carbide product　03.0622

氮化硅陶瓷　silicon nitride ceramics　03.0257

氮化硅纤维增强体　silicon nitride fiber reinforcement　05.0066

氮化镓　gallium nitride　06.0230

氮化铝　aluminum nitride　06.0233

氮化铝颗粒增强铝基复合材料　aluminium nitride particulate reinforced Al-matrix composite　05.0259

氮化铝颗粒增强体　aluminum nitride particle reinforcement　05.0098

氮化硼　boron nitride　06.0232

氮化硼基复合制品　boron nitride based composite product　03.0635

氮化硼晶须增强体　boron nitride whisker reinforcement　05.0082

氮化硼制品　boron nitride product　03.0634

氮化铟　indium nitride　06.0231

氮化铀　uranium nitride　02.1036

氮碳共渗　nitrocarburizing　01.1441

氮氧自由基调控聚合　nitroxide mediated polymerization，NMP　04.0060

当量厚度　equivalent thickness　01.1066

刀痕　saw mark　06.0177

氘　deuterium　02.1090

导电玻璃　conductive glass　03.0515

导电复合材料　electrical conductive composite　05.0275

导电高分子　conductive polymer　04.1040

导电高分子吸波材料　conductive polymer radar absorbing materials　04.1045

导电胶　electrically conductive adhesive　04.0850

导电类型　conductivity type　06.0015

导电碳黑吸收剂　carbon black absorber　02.1012

导电陶瓷　conductive ceramics　03.0327

导电涂层　conducting coating　03.0552

导电纤维　electroconductive fiber　04.0790

导管　vessel　07.0546，catheter　08.0199

导管电缆导体　cable-in-conduit conductor，CICC　02.0968

导管鞘　catheter sheath　08.0201

* 导模提拉法　edge-defined film-fed crystal growth method　01.1888

导纳　admittance　01.0549

导热硅脂　heat-conducting silicone grease　04.1009

* 导热系数　coefficient of thermal conductivity　01.0535

导丝　guide wire　08.0204

导卫　guide and guard　01.1179

岛状硅酸盐结构　island silicate structure　03.0026

岛状生长模式　island growth mode　06.0052

倒格矢　reciprocal lattice vector　01.0276

* 倒模法　edge-defined film-fed growth，EFG　06.0433

倒逆过程　umklapp process　01.0074

倒焰窑　up-and-down draught kiln　03.0167

倒易点阵　reciprocal lattice　01.0275

* 倒易矢　reciprocal lattice vector　01.0276

德拜温度　Debye temperature　01.0532

德尔夫特撕裂强度　Delft tearing strength　04.0633

德哈斯-范阿尔芬效应　de Haas-van Alphen effect　01.0063

德化白瓷　lard white of Dehua　03.0136

灯用发光材料　phosphor for lamp　03.0357

等电子杂质　isoelectronic impurity　06.0034

等规聚丙烯　isotactic polypropylene，IPP　04.0371

等规聚 1-丁烯　isotactic poly(1-butene)，PB-1　04.0378

* 等规聚合物　isotactic polymer　04.0019

等静压制　isostatic pressing　02.1214

等离子合成法制粉　plasma process for making powder　03.0405

等离子弧　plasma arc　01.1612

等离子弧重熔　plasma arc remelting　01.0916

等离子弧焊　plasma arc welding　01.1615

等离子弧喷焊　plasma arc spray welding　01.1530

等离子冷床熔炼　plasma cold-hearth melting　01.0919

等离子喷枪　plasma spraying gun　01.1531

等离子喷涂　plasma spraying　01.1527

等离子喷涂钛多孔表面　plasma sprayed porous titanium coating　08.0095

等离子鞘离子注入　plasma sheath ion implantation，PSII　01.1591

等离子熔融还原　plasma melton reduction　01.0917

等离子束重熔法　beam-plasma remelting　01.0918

等离子体辅助外延　plasma assisted epitaxy　06.0461

等离子体辅助物理气相沉积　plasma assisted physical vapor deposition　06.0473

等离子体浸没离子注入　plasma immersion ion implantation　01.1590

等离子体喷涂涂层　plasma sprayed coating　08.0100

等离子体冶金　plasma melting　01.0913

等离子体增强化学气相沉积　plasma enhanced chemical vapor deposition　01.1932

等离子雾化　plasma atomization　01.1715

等离子旋转电极雾化工艺　plasma rotating electrode process，PREP　02.0842

* 等离子焰　nontransferred arc　01.1613

* 等离子源离子注入　plasma source ion implantation　01.1590

等离子增强金属有机化合物气相外延　plasma enhanced metalorganic vapor phase epitaxy，PE-MOVPE　06.0460

等通道转角挤压　equal channel angular pressing　01.1205

等温淬火　isothermal quenching，austempering　01.1415

等温锻造　isothermal forging　01.1252

等温纺丝拉伸黏度　tensile viscosity by isothermal spinning　04.1151

等温挤压　isothermal extrusion　01.1195

等温形变珠光体化处理　isoforming　01.1405

等温转变图　isothermal transformation diagram　02.0060

等效球　equivalent sphere　04.0326

等轴晶　equiaxed crystal　01.0959

等轴晶铸造高温合金　conventional cast superalloy　02.0832

等轴晶组织　equiaxed structure　01.0430

等轴状铁素体　equiaxed ferrite　02.0015

* 低磁性钢　non-magnetic steel　02.0415

低淬透性钢　low hardenability steel　02.0336

* 低反射玻璃　anti-reflective glass　03.0502

低分子量聚乙烯　low molecular weight polyethylene，LMPE　04.0364

* 低辐射玻璃　low-emission glass　03.0519

低辐射镀膜玻璃　low-emission glass　03.0519

低共熔共聚物　eutectic copolymer　04.0223

低合金超高强度钢　low alloy ultra-high strength steel　02.0318

低合金高强度钢　high strength low alloy steel，HSLA steel　02.0272

低合金高速钢　low alloy high speed steel　02.0357

低合金铸钢　low alloy cast steel　02.0434

低活化材料　low activation materials　02.1086

* 低碱度渣　low basic slag　02.0128

低聚木糖　xylooligosaccharide　07.0754

低聚物　oligomer　04.0003

低聚物发光材料　oligopolymer light-emitting materials　06.0420

低密度防热复合材料　low density ablative composite　05.0302

低密度聚乙烯　low density polyethylene，LDPE　04.0356

* 低密度烧蚀材料　low-density ablative composite　05.0302

低能电子衍射　low-energy electron diffraction，LEED　01.0631

低膨胀合金　low expansion alloy　02.1132

* 低膨胀耐磨铝硅合金　wear-resistant aluminum alloy　02.0485

* 低膨胀石英玻璃　ultra-low thermal expansion quartz glass　03.0469

低偏析高温合金　low segregation superalloy　02.0814

低偏析铸造高温合金　low segregation cast superalloy　02.0836

低氢型焊条　low hydrogen electrode　01.1678

低屈服点钢　low yield point steel　02.0292

低屈强比钢　low yield ratio steel　02.0293

* 低熔点玻璃　solder glass　03.0475

低熔点合金　fusible alloy　02.0685

低熔搪瓷　low melting enamel　03.0567

低弹变形丝　low stretch yarn　04.0729

* 低弹丝　low stretch yarn　04.0729

低碳低硅无取向电工钢　non-oriented electrical steel with low carbon and low silicon　02.0410

低碳电工钢　low carbon electrical steel　02.0407

低碳钢　low carbon steel　02.0216

低维材料　low-dimensional materials　01.0019

低维磁性体　low-dimensional magnet，low-dimensional lattice magnet　02.0867

低温奥氏体不锈钢　cryogenic austenitic stainless steel　02.0313

低温不锈钢　cryogenic stainless steel　02.0312

低温超导体　low temperature superconductor　02.0938

低温超塑性　low temperature superplasticity　01.1324

低温度系数磁体　low temperature coefficient magnet　02.0924

低温度系数恒弹性合金　low temperature coefficient constant modulus alloy　02.1112

低温辐照损伤回复　recovery of low temperature irradiation damage　01.0405

低温钢　cryogenic steel　02.0308

低温高强度钢　cryogenic high-strength steel　02.0310

低温回火　low temperature tempering，first stage tempering　01.1428

* 低温回火脆性　tempered martensite embrittlement，350℃ embrittlement　01.1436

低温马氏体时效不锈钢　cryogenic maraging stainless steel　02.0315

低温镍钢　cryogenic nickel steel　02.0311

低温双相不锈钢　low temperature duplex stainless steel　02.0316

低温钛合金　cryogenic titanium alloy　02.0563

低温钛酸钡系热敏陶瓷　low temperature barium titanate based thermosensitive ceramics　03.0337

* 低温搪瓷　low melting enamel　03.0567

低温铁镍基超合金　cryogenic iron-nickel-based superalloy　02.0815

低温铁素体钢　cryogenic ferritic steel　02.0309

低温无磁不锈钢　cryogenic non-magnet stainless steel　02.0314

低温轧制　low temperature rolling　01.1186

* 低锡锆-4 合金　improved zircaloy-4　02.0765

低压电瓷　low tension electrical porcelain，low-voltage electric porcelain　03.0142

低压电弧喷涂　low pressure arc spraying　01.1533

低压化学气相沉积　low pressure chemical vapor deposition，LP-CVD　06.0470

低压金属有机化合物气相外延　low pressure metalorganic vapor phase epitaxy，LP-MOVP　06.0456

低压金属有机化学气相沉积　low pressure metalorganic chemical vapor phase deposition　06.0457

低压铸造　low pressure casting　01.1034

迪开石　dickite　07.0087

* 涤纶　polyethyleneterephthalate fiber　04.0708

底胶　primer　04.0849

底款　bottom stamp of ceramic ware　03.0123

底漆　primer　04.0930

底色　undertone　04.0920

地板基材用纤维板　fiberboard for flooring　07.0695

地图纸　map paper　07.0334

弟窑　Di kiln　03.0164

* 第二参考面　secondary orientation flat　06.0132

* 第二代高温超导线[带]材　coated superconductor　02.0963

第二法向应力差　secondary normal stress difference 04.0311

* 第二类回火脆性　revesible temper brittleness 01.1435

第二相　secondary phase 01.0340

第二相聚集长大　Ostwald ripening of secondary phase 01.0419

第Ⅰ类超导体　type Ⅰ superconductor 02.0933

第Ⅱ类超导体　type Ⅱ superconductor 02.0934

第一壁材料　first wall materials 02.1085

* 第一参考面　primary orientation flat 06.0131

* 第一代高温超导线[带]材　silver [alloy] sheathed Bi-2212 superconducting wire 02.0962

第一法向应力差　first normal stress difference 04.0310

* 第一类回火脆性　tempered martensite embrittlement，350℃ embrittlement 01.1436

缔合聚合物　association polymer 04.0041

碲镉汞　mercury cadmium telluride 06.0264

碲化铋　bismuth telluride 06.0399

碲化镉　cadmium telluride 06.0241

碲化铅　lead telluride 06.0237

碲化锑　antimony telluride 06.0400

碲化锡　tin telluride 06.0236

碲锡铅　lead tin telluride 06.0263

碲锌镉　zinc cadmium telluride 06.0265

点群　point group 01.0245

点蚀　pitting 01.0766

点着温度　ignition temperature 04.1190

点阵波　lattice wave 01.0079

点阵气　lattice gas 01.0080

点阵热传导　lattice thermal conduction 01.0068

碘化法钛　iodide-process titanium 02.0534

碘酸钾晶体　potassium iodate crystal 03.0044

电爆成形　electro-explosive forming 01.1346

电沉积　electrodeposition 01.1536

* HIT 电池　heterojunction with intrinsic thin layer 06.0295

电触头材料　electric contact materials 02.1157

电瓷　electric porcelain 03.0140

电瓷釉　glaze for electric porcelain 03.0148

电磁波吸收涂层　electromagnetic wave absorbing coating 03.0556

电磁成形　electromagnetic forming 01.1344

电磁纯铁　electromagnetic iron 02.0408

电磁搅拌　electromagnetic stirring，EMS 01.0923

电磁屏蔽玻璃　electromagnetic shielding glass 03.0516

电磁屏蔽复合材料　electromagnetic shielding composite 05.0280

电磁悬浮　electromagnetic levitation 01.1011

电磁约束成形　electromagnetic shaping 01.0991

电导率　[electric] conductivity 01.0545

电镀　electroplating 01.1535

电镀层　electrodeposit 01.1544

电镀液　electroplating solution 01.1547

电镀用阳极镍　electroplating anodic nickel 02.0783

电纺丝　electro-spinning 01.1956

电工钢　electrical steel 02.0406

* 电工陶瓷　electric porcelain 03.0140

电光彩　luster color decoration 03.0149

电光晶体　electro-optic crystal 03.0051

电光水　liquid luster 03.0150

电光陶瓷　electro-optic ceramics 03.0367

电光效应　electro-optic effect 01.0148

电荷密度波　charge density wave 01.0057

电荷转移聚合　charge transfer polymerization 04.0104

电弧等离子枪　arc plasma gun 01.0914

[电]弧焊　arc welding 01.1599

电弧离子镀　arc ion plating 01.1928

* 电弧炉炼钢　electric steelmaking 02.0112

电弧喷涂　arc spraying 01.1532

电弧钎焊　arc brazing 01.1651

电弧蒸发　arc evaporation 01.1907

电化学反应法　electrochemical reaction 01.1878

电化学腐蚀　electrochemical corrosion 01.0758

电化学腐蚀磨损　electrochemical corrosion wear 01.0805

电化学工艺　electrochemical technology 03.0540

电活性杂质　electro-active impurity 06.0068

电火花烧结　electric spark sintering 01.1812

电解电容器纸　electrolytic capacitor paper 07.0349

电解法　electrolytic process 01.1722

电解粉　electrolytic powder 02.1191

电解铝　electrolytic aluminum 02.0448

电解渗碳　electrolytic carburizing 01.1579

电解铁　electrolytic iron 02.0182

电解铜　electrolytic copper 02.0590

电解铜箔　electrodeposited copper foil 02.0627

* 电解质陶瓷　electrolyte ceramics 03.0326

电解着色　electrolytic coloring　01.1500

* 电介质　dielectric　01.0552

电缆纸　cable paper　07.0351

电离射线透照术　ionography　01.0668

* 电力陶瓷　electric porcelain　03.0140

* 电流深能级瞬态谱　current deep level transient spectroscopy, I-DLTS　06.0496

电炉钢　electric furnace steel　02.0221

电炉炼钢　electric steelmaking　02.0112

* 电木粉　phenolic molding compound　04.0412

电偶腐蚀　galvanic corrosion　01.0770

电气石　tourmaline　07.0072

电迁移　electromigration　01.0561

电热玻璃　electric heating glass　03.0520

电热电阻材料　electrothermal resistance materials　02.1154

电容电压法　capacitance-voltage method, C-V method　06.0492

* 电容率　dielectric constant　01.0553

电容器用钽　tantalum for capacitor　02.0757

电容器用钽丝　tantalum wire for capacitor　02.0755

电容器纸　capacitor tissue paper, condenser paper　07.0348

* 电熔锆刚玉砖　fused cast zirconia corundum brick　03.0628

* 电熔砖　electrically fused brick　03.0589

电渗析膜　electrodialysis membrane　04.1025

电刷镀　brush plating　01.1542

电损耗吸波材料　electric loss radar absorbing materials　02.1004

电损耗吸收剂　electric loss absorber　02.1003

电冶金　electrometallurgy　01.0854

* 电液成形　electrohydraulic forming　01.1333

电泳成型　electrophoretic forming　03.0433

电泳漆　electrodeposition coating　04.0902

电泳涂装　electrophoretic painting　01.1510

电渣重熔　electroslag remelting, ESR　01.0911

电渣焊　electroslag welding　01.1610

电致变色玻璃　electrochromic glass　03.0504

电致变色染料　electrochromic dye　04.1356

电致变色陶瓷　electrochromic ceramics　03.0314

电致变色涂层　electrochromic coating　03.0557

电致发光材料　electroluminescent materials　03.0356

电致发光搪瓷　electroluminescent enamel　03.0568

电致伸缩材料　electrostriction materials　01.0576

电致伸缩陶瓷　electrostrictive ceramics　03.0312

电致伸缩系数　electrostriction coefficient　01.0575

电中性杂质　electro-neutrality impurity　06.0069

电子背散射衍射　electron backscattering diffraction, EBSD　01.0632

电子弛豫极化　electronic relaxation polarization　03.0380

电子导电性　electronic conduction　01.0058

电子–核双共振谱　electron-nuclear double resonance spectrum, ENDORS　06.0504

电子轰击电弧放电蒸发　electron bombard　01.1909

* 电子交换树脂　electron exchange resin　04.1067

电子空穴复合　recombination of electron and hole　01.0088

电子能量损失谱　electron energy loss spectrum, EELS　01.0643

电子平均自由程　mean free path of electron　01.0062

电子束表面淬火　electron beam surface quenching　01.1484

电子束表面非晶化　electron beam surface amorphousizing　01.1488

电子束表面改性　electron beam surface modification　01.1582

电子束表面合金化　electron beam surface alloying　01.1487

电子束表面熔覆　electron beam surface cladding　01.1486

电子束表面熔凝　electron beam surface fused　01.1485

电子束重熔　electron beam remelting　01.0912

电子束辐照连续硫化　electron beam irradiation continuous vulcanization　04.0658

电子束固化涂料　electron beam curing coating　04.0935

电子束焊　electron beam welding　01.1619

电子束蒸发　electron beam evaporation　01.1902

电子顺磁共振谱　electron paramagnetic resonance spectrum, EPRS　06.0503

电子隧道谱法　electron tunnel effect spectroscopy　01.0646

电子隧道效应　tunnel effect of electron　01.0056

电子陶瓷　electronic ceramics　03.0238

电子微探针分析　electron microprobe analysis　01.0645

电子位移极化　electronic displacement polarization

03.0383

电子显微术　electron microscopy　01.0633

电子衍射　electron diffraction　01.0629

*电子自旋共振谱　electron spin resonance spectrum，
　　ESRS　06.0503

电阻　[electric] resistance　01.0546

[电阻]点焊　spot welding　01.1626

电阻对焊　upset welding　01.1631

[电阻]缝焊　seam welding　01.1627

电阻焊　resistance welding　01.1625

电阻合金　electrical resistance alloy　02.1140

电阻加热蒸发　resistance heating evaporation　01.1900

电阻率　[electric] resistivity　01.0547

*电阻率条纹　impurity striation　06.0207

电阻率温度系数　temperature coefficient of resistivity
　　06.0018

电阻率允许偏差　allowable resistivity tolerance
　　06.0020

电阻钎焊　resistance brazing　01.1650

淀粉胶黏剂　starch adhesive　04.0875

丁苯吡胶乳　butadiene-styrene-vinylpyridine latex
　　04.0542

丁苯胶乳　styrene-butadiene latex　04.0539

丁苯橡胶　styrene-butadiene rubber　04.0533

丁吡橡胶　butadiene-vinylpyridine rubber　04.0531

丁基橡胶　butyl rubber，isobutylene rubber　04.0566

丁腈胶乳　acrylonitrile-butadiene latex　04.0558

丁腈橡胶　acrylonitrile-butadiene rubber　04.0557

丁腈酯橡胶　acrylonitrile-butadiene-acrylate rubber
　　04.0563

丁锂橡胶　lithium-butadiene rubber　04.0530

丁钠橡胶　sodium-butadiene rubber　04.0529

顶吹转炉炼钢　top blown converter steelmaking
　　02.0116

顶点模型　vertex model　01.0839

顶镦　heading　01.1274

定长热定型　heat setting at constant length　01.1987

定负荷压缩疲劳试验　compression fatigue test with
　　constant load　04.0645

定负荷压缩疲劳温升　temperature rise caused by
　　compression fatigue with constant load　04.1212

定径带　calibrating strap　01.1218

定量金相　quantitative metallography　01.0691

定膨胀合金　controlled expansion alloy，constant

expansion alloy　02.1133

*Fe-Ni-Co 定膨胀合金　Fe-Ni-Co controlled-expansion
　　alloy　02.1129

定伸强度　tensile stress at specific elongation　04.0629

定向刨花板　oriented strand board，OSB　07.0700

定向凝固　directional solidification　01.0985

定向凝固高温合金　directionally solidified superalloy
　　02.0798

定向凝固共晶高温合金　directionally solidified eutectic
　　superalloy　02.0837

定向凝固共晶金属基复合材料　directionally solidified
　　eutectic reinforced metal matrix composite　05.0241

定窑　Dingyao　03.0161

定域态　localized state　06.0267

东陵石　aventurine quartz　07.0259

*东陵玉　aventurine quartz　07.0259

动静刚度比　the ratio of dynamic stiffness and static
　　stiffness　04.0643

动力学链长　kinetic chain length　04.0083

*动力学细化　dynamic grain refinement　01.1050

动力学限制生长　kinetically limited growth　06.0048

动态大气老化　dynamic weathering　04.1174

动态单模激光二极管　dynamic single mode laser diode
　　06.0318

动态回复　dynamic recovery　01.0403

动态介电分析　dynamic dielectric analysis　04.1139

动态力学热分析　dynamic mechanical thermal analysis
　　04.0277

动态力学性能　dynamic mechanical property　04.0271

动态量热法　dynamic calorimetry　01.0677

动态硫化　dynamic vulcanization，dynamic cure
　　04.1234

动态硫化热塑性弹性体　dynamically vulcanized
　　thermolplastic elastomer　04.0604

动态模量　dynamic mudulus　04.0272

动态黏度　dynamic viscosity　04.0312

动态黏弹性　dynamic viscoelasticity　04.0263

动态应变时效　dynamic strain aging　01.0395

动态再结晶　dynamic recrystallization　01.0414

动物胶　animal glue　04.0872

动物纤维　animal fiber　04.0671

冻胶　jelly　04.0201

洞衬剂　cavity liner　08.0251

斗彩　doucai contrasting color　03.0151

毒砂　arsenopyrite　07.0026

* 毒重石　witherite　07.0135

* 独晶反应　monotectic reaction，monotectic transformation　01.0399

独居石　monazite　07.0115

独山玉　dushan jade　07.0264

* 独玉　dushan jade　07.0264

* 杜拉铝　duralumin　02.0484

杜隆-珀蒂定律　Dulong-Petit law　01.0082

杜仲胶　*Eucommia ulmoides* rubber　04.0511

* 镀层钢板　coated sheet，coated steel sheet　02.0245

镀层内应力　coating internal stress　01.1546

镀铝钢板　aluminium coated sheet　02.0248

镀膜玻璃　coated glass　03.0532

* 镀膜玻璃　heat reflective glass　03.0518

镀铅-锡合金钢板　terne coated sheet，terne sheet　02.0249

镀锡钢板　tin-plated sheet，tinplate　02.0246

镀锌钢板　galvanized sheet，zinc-plated steel sheet　02.0247

* 镀锌铁皮　galvanized sheet，zinc-plated steel sheet　02.0247

端淬试验　Jominy test，end quenching test　01.1420

端基分析法　end group analysis process　04.1111

端羟基液体聚丁二烯橡胶　hydroxyl-terminated liquid polybutadiene rubber　04.0528

端羧基液体聚丁二烯橡胶　carboxyl-terminated liquid polybutadiene rubber　04.0527

端员矿物　end-member mineral　07.0100

短程有序参量　short-range order parameter　01.0273

短梁层间剪切强度　short-beam shear strength　05.0424

短期静液压强度　short-time static hydraulic pressure strength　04.1155

短纤维　staple fiber　04.0806

短纤维增强金属基复合材料　short fiber reinforced metal matrix composite　05.0234

短纤维增强聚合物基复合材料　short fiber reinforced polymer composite　05.0115

短纤维增强体　short fiber reinforcement　05.0026

短油醇酸树脂　short oil alkyd resin　04.0910

断后伸长率　percentage elongation after fracture　01.0483

断口分析　fractography analysis　01.0711

断裂　fracture　01.0715

断裂功　work of fracture　03.0372

断裂力学　fracture mechanics　01.0039

断裂强度　fracture strength　01.0494

断裂韧度　fracture toughness　01.0473

断裂韧度试验　fracture toughness test　01.0710

断裂物理学　fracture physics　01.0040

断裂应力　fracture stress　01.0727

* 断裂真应力　fracture stress　01.0727

断面收缩率　percentage reduction of area after fracture　01.0484

锻件缺陷　forging defect　01.1268

* 锻铝 LD××　aluminum-magnesium-silicon wrought aluminum alloy　02.0470

锻模钢　forging die steel　02.0366

* 锻铁　wrought iron　02.0184

锻造　forging　01.1240

锻造比　forging ratio　01.1263

锻造力　forging force　01.1264

锻造模具　forging die　01.1278

堆垛层错　stacking fault　01.0289

* 堆垛层序　stacking sequence　01.0260

堆垛序列　stacking sequence　01.0260

堆焊　surfacing，facing　01.1624

堆浸　dump leaching，heap leaching　01.0871

堆内构件材料　materials for reactor internal　02.1071

对称层合板　symmetric laminate　05.0358

对称非均衡层合板　symmetric unbalanced laminate　05.0363

对辊粉碎　rollers crushing　03.0388

对接接头　butt joint　04.0885

对数减量　logrithmic decrement　04.0276

* 对位黄碲矿晶体　para-tellurite crystal　03.0054

镦粗　upsetting　01.1249

镦挤　extrusion forging，upsetting extrusion　01.1262

钝化　passivation　01.0761

钝化处理　passivation treating　01.1555

钝化膜　passive film　01.0762

多边形化　polygonization　01.0406

* 多边形铁素体　polygonal ferrite　02.0015

多层吹塑成型　multilayer blow molding　04.1248

多层挤塑成型　multilayer extrusion　04.1239

多层注射成型　multilayer injection molding　04.1242

多功能激光晶体　multifunctional laser crystal　03.0102

多光子发光材料　multiphoton phosphor　03.0359

多弧离子镀　multi-arc ion plating　01.1929

多晶　polycrystal　01.0235

多晶半导体　polycrystalline semiconductor　06.0006

多晶材料　polycrystal materials　01.0025

多晶硅　polycrystalline silicon　06.0118

* 多晶体金刚石　polycrystalline compact diamond　03.0096

多晶锗　polycrystalline germanium　06.0109

多孔材料　porous materials　01.0026

多孔硅　porous silicon　06.0403

多孔陶瓷　porous ceramics　03.0243

多孔钨　porous tungsten　02.0706

* 多孔质中空纤维膜　hollow fiber membrane　04.0770

多孔轴承　porous bearing　02.1228

多量子阱激光二极管　multi-quantum-well laser diode　06.0313

多炉连浇　sequence casting　02.0161

多模拉拔　multi-die drawing　01.1287

多数载流子　majority carrier　06.0010

* 多水高岭石　halloysite　07.0088

多态波茨蒙特卡罗模型　multi-state Potts Monte Carlo model　01.0835

多涂层合金　multilayer coating alloy　02.1257

多相复合陶瓷　multiphase composite ceramics　03.0240

多向模锻　multi-ram forging, multicored forging　01.1261

多组分复合纤维增强体　multicomponent fiber reinforcement　05.0029

惰性气体保护焊　inert-gas [arc] welding　01.1602

E

俄歇电子能谱法　Auger electron spectrometry，AES　01.0644

俄歇跃迁　Auger transition　01.0083

锇合金　osmium alloy　02.0642

二苯基二氯硅烷　diphenyldichlorosilane　04.0966

二步煅烧　two-step calcination　03.0696

二层革　split leather　07.0425

二次成型　post forming　04.1251

二次挤压　second extrusion，double extrusion　01.1220

* 二次结晶　secondary crystallization　04.0196

二次硫化　secondary cure　04.0653

二次燃烧　postcombustion　02.0131

二次渗碳体　secondary cementite　02.0041

二次石墨　secondary graphite　02.0038

二次硬化　secondary hardening　01.1433

二次再结晶　secondary recrystallization　01.0409

二硅烯　silylene　04.0959

二硅氧烷　disiloxane　04.0970

二级相变　second-order phase transition　01.0353

二甲基二氯硅烷　dimethyldichlorosilane　04.0962

二甲基二乙氧基硅烷　dimethyldiethoxysilane　04.0968

二甲基硅橡胶　dimethyl silicone rubber　04.0577

二甲基硅油　dimethyl silicone oil　04.0989

二硼化镁超导体　magnesium diboride superconductor　02.0964

二色镜　dichroscope　07.0274

二探针法　two-probe measurement　06.0485

二维形核生长　two-dimensional disc-shaped nucleus growth　01.1863

二氧化碲晶体　tellurium dioxide crystal　03.0054

二氧化碳气体保护电弧焊　carbon-dioxide arc welding　01.1608

二氧化铀　uranium dioxide　02.1034

二元相图　binary phase diagram　01.0191

二元乙丙橡胶　ethylene-propylene rubber　04.0551

F

发光材料　luminescent materials　03.0247

发光二极管　light emitting diode，LED　06.0301

发光珐琅　luminescent enamel　03.0574

发光纤维　luminescent fiber，luminous fiber　04.0777

* 发黑　bluing　01.1445

发蓝处理　bluing　01.1445

发泡玻璃　foamed glass　03.0478

发泡成型　expansion molding　04.1250

发泡剂　foaming agent　04.1293

发热剂　exothermic mixture　01.1097

发热剂法　exothermic powder method，EP method　01.0986

乏燃料　spent fuel　02.1080

阀门钢　valve steel　02.0404

筏排化　rafting　02.0840

* BET 法　Brunauer-Emmett-Teller method，BET method　01.1752

* CZ 法　Czochralski method　06.0426

* FZ 法　floating-zone method　06.0428

* LD 法　LD process　02.0117

* LEC 法　liquid encapsulated Czochralski method　06.0429

* MCZ 法　magnetic field Czochralski method　06.0427

法向应力差　normal stress difference　04.0309

* 珐琅　enamel　03.0558

* 珐琅彩　color enamel，famille rose　03.0152

翻边　flanging　01.1301

矾红　fan hong，alum red　03.0153

* 矾土水泥　high alumina cement　03.0731

钒　vanadium　02.0779

钒氮合金　vanadium nitrogen alloy　02.0200

钒合金　vanadium alloy　02.0780

钒基固溶体贮氢合金　solid solution type vanadium-based hydrogen storage alloy　02.1022

钒金属间化合物　vanadium intermetallic compound　02.0781

钒三镓化合物超导体　trivanadium gallium compound superconductor　02.0953

钒铁　ferrovanadium　02.0199

反常霍尔效应　abnormal Hall effect　06.0366

反常晶粒长大　abnormal grain growth　01.0418

反常偏析　abnormal segregation　02.0179

反常组织　abnormal structure　01.0431

反萃　backwash extractor　01.0875

反对称层合板　anti-symmetric laminate　05.0359

反极图　inverse pole figure　01.0263

* 反射玻璃　coated glass　03.0532

反射层材料　reflector materials　02.1074

反射差分光谱　reflectance difference spectroscopy，RDS　06.0499

反式 1,4-聚丁二烯橡胶　*trans*-1,4-polybutadiene rubber　04.0524

反式 1,4-聚异戊二烯橡胶　*trans*-1,4-polyisoprene rubber　04.0521

反铁磁性　antiferromagnetism　01.0106

反铁磁性恒弹性合金　anti-ferromagnetic constant modulus alloy　02.1111

反铁电陶瓷　anti-ferroelectric ceramics　03.0298

反铁电性　antiferroelectricity　01.0135

反铁电液晶材料　anti-ferroelectric liquid crystal materials　04.1104

反相畴　antiphase domain　01.0270

反相畴界　antiphase domain wall　01.0271

反相乳液聚合　inverse emulsion polymerization　04.0121

反相悬浮聚合　inverse suspension polymerization　04.0118

反[向]挤压　backward extrusion，indirect extrusion　01.1190

反应爆炸固结　reactive explosion consolidation　01.1845

* 反应堆　nuclear reactor　02.1024

反应纺丝　reaction spinning　01.1959

反应溅射　reactive sputtering　01.1921

反应热等静压　reactive hot isostatic pressing　01.1844

反应热压　reactive hot pressing　01.1843

反应烧结　reaction sintering　01.1807

反应烧结氮化硅陶瓷　reaction sintered silicon nitride ceramics，reaction bonded silicon nitride ceramics　03.0258

反应烧结碳化硅陶瓷　reaction sintered silicon carbide ceramics，reaction bonded silicon carbide ceramics，RBSC ceramics　03.0264

反应型活性纤维　reactive fiber　04.0787

反应型胶黏剂　reactive adhesive　04.0844

反应性稳定剂　reactive stabilizer　04.1336

反应研磨　reaction milling　01.1732

反应蒸镀　reactive evaporation deposition　01.1910

反应注射成型　reaction injection molding，RIM　04.1241

反应注塑成型聚酰胺　reaction injection molding polyamide　04.0440

反萤石型结构　anti-fluorite structure　03.0018

反增塑作用　anti-plasticization　04.0253

反重力铸造　counter gravity casting　01.1033

范德瓦耳斯键　van der Waals bond　01.0228

方材　square　07.0517

WLF 方程　Williams-Landel-Ferry equation，WLF equation　04.0282

方解石　calcite　07.0127

* 方晶锆石　synthetic cubic zirconia　07.0265

* 方块电阻　square resistance　06.0021

方铅矿　galena　07.0030

方钍石　thorianite　07.0060

* 芳纶　aromatic polyamide fiber　04.0701

* 芳纶 14　poly（p-benzamide）fiber　04.0752

* 芳纶 1313　poly（m-phenylene isophthalamide）fiber　04.0753

* 芳纶 1414　poly（p-phenylene terephthalamide）fiber　04.0751

芳酰胺纤维增强聚合物基复合材料　aramid fiber reinforced polymer composite　05.0109

* 芳香油　essential oil，volatile oil　07.0738

芳香族聚酰胺　polyarylamide　04.0441

芳香族聚酰胺纤维　aromatic polyamide fiber　04.0701

芳香族聚酰胺纤维增强体　aromatic polyamide fiber reinforcement　05.0047

芳香族聚酯纤维　aromatic polyester fiber　04.0707

* 防白剂　moisture-proof agent　04.1334

防爆铝合金　anti-blast aluminum alloy　02.0488

防爆镁合金　anti-blast magnesium alloy　02.0528

防潮剂　moisture-proof agent　04.1334

防氚渗透材料　tritium-permeation-proof materials　02.1093

防弹玻璃　bullet-proof glass　03.0514

防冻早强剂　anti-freezing and hardening accelerating agent　03.0718

防辐射混凝土　radiation shielding concrete　03.0750

防辐照光学玻璃　radiation-protection optical glass　03.0470

防腐剂　antiseptic agent　04.1350

防腐木　preservative-treated timber　07.0645

防腐蚀涂料　anticorrosion coating　04.0941

防火玻璃　fire-resistance glass　03.0535

防火涂层　fire-proofing coating　03.0554

防火涂料　fire retardant coating　04.0940

防焦剂　scorch retarder　04.1310

防老剂　antiager　04.1313

防流挂剂　anti-sagging agent　04.1332

* 防黏剂　releasing agent　04.1299

防黏连剂　antiblock agent　04.1314

防黏纸　release paper　07.0369

* 防热复合材料　heat-resistant composite　05.0299

防热隐形复合材料　heat-resistant stealthy composite 05.0305

防水革　water proof leather　07.0442

防水混凝土　water tight concrete　03.0749

防水涂料　water proof coating　04.0942

* 防碎玻璃　wired glass　03.0533

防伪纸　safety paper　07.0325

防污涂料　antifouling coating　04.0938

防雾剂　antifogging agent　04.1349

* 防锈铝 LF××　aluminum-magnesium wrought aluminum alloy　02.0469

* 防锈涂料　anticorrosion coating　04.0941

防锈颜料　anticorrosive pigment　04.1369

防锈纸　anti-tarnish paper　07.0350

* 防眩玻璃　anti-reflective glass　03.0502

防油纸　grease proof paper　07.0361

仿麻纤维　flax-like fiber　04.0738

仿毛纤维　wool-like fiber　04.0736

仿射形变　affine deformation　04.0255

仿生材料　biomimetic materials　08.0003

仿生沉积磷灰石涂层　biomimetic hydroxyapatite coating　08.0104

仿生复合材料　biomimetic composite　05.0017

仿生纤维　biomimetic fiber　04.0735

仿丝纤维　silk-like fiber　04.0737

仿形斜轧　copy skew rolling　01.1353

纺丝　fiber spinning　01.1948

纺丝牵伸比　spin-draw ratio　01.1965

纺丝甬道　spinning channel　01.1978

纺丝原液　spinning solution　01.1953

纺织纤维　textile fiber　04.0798

放电等离子烧结　spark plasma sintering，SPS　01.1813

放热式气氛　exothermic atmosphere　01.1373

放热-吸热式气氛　exo-endothermic atmosphere　01.1374

* 放射性发光材料　radioluminescent phosphor　03.0362

放射性管腔内支架　radioactive stent　08.0198

放射自显像术　autoradiography　01.0669

非饱和渗透率　unsaturated permeability　05.0230

* 非本征吸除　extrinsic gettering　06.0172

* 非磁性钢　non-magnetic steel　02.0415

非对称层合板　unsymmetric laminate　05.0360

非公度结构　incommensurate structure　01.0440

非共格界面　incoherent interface　01.0330

非规则共晶体 non-regular eutectic 01.0973

非合金钢 unalloyed steel 02.0209

* 非合金化钨丝 tungsten filament, tungsten wire 02.0696

非合金铸钢 non-alloy cast steel 02.0433

非结构胶黏剂 non-structure adhesive 04.0833

非晶材料 amorphous materials 01.0021

非晶硅薄膜晶体管 α-Si：H thin film transistor, TFT 06.0297

非晶硅叠层太阳能电池 α-Si based tandem solar cell 06.0292

非晶硅/非晶锗硅/非晶锗硅三结叠层太阳能电池 α-Si/α-SiGe/α-SiGe triple junction solar cell 06.0294

非晶硅/晶体硅异质结太阳能电池 amorphous/crystalline silicon heterojunction solar cell 06.0295

非晶铝合金 amorphous aluminum alloy 02.0492

非晶镁合金 amorphous magnesium alloy 02.0530

非晶态半导体漂移迁移率 drift mobility of amorphous semiconductor 06.0278

非晶态恒弹性合金 amorphous constant modulus alloy 02.1114

非晶态离子导体 amorphous ion conductor 03.0351

非晶碳硅膜 amorphous silicon carbon film 06.0289

非晶涂层 amorphous coating 01.1478

非晶锗硅膜 amorphous silicon germanium film 06.0288

非均相聚合 heterogeneous polymerization 04.0112

非均匀形核 heterogeneous nucleation 01.0930

非扩散转变 diffusionless transition 01.0364

* 非理想溶体 non-ideal solution 01.0176

非理想溶液 non-ideal solution 01.0176

非木材纤维板 non-wood-based fiberboard 07.0694

非木质人造板 non-wood-based board 07.0727

非牛顿流动 non-Newtonian flow 04.0293

非牛顿指数 non-Newtonian index 04.0302

非平衡磁控溅射 unbalanced magnetron sputtering 01.1916

非平衡晶界偏聚临界时间 critical time of non-equilibrium grain boundary segregation 02.0862

非平衡凝固 non-equilibrium solidification 01.0995

* 非平衡有序结构 non-equilibrium ordered structure 01.0205

非强制性晶体生长 free crystal growth, non-constrained crystal growth 01.0961

* 非溶剂型增塑剂 secondary plasticizer 04.1291

* 非石墨化元素 graphite non-stabilized element, anti-graphitized element 02.0054

非碳化物形成元素 non-carbide forming element 02.0052

非调质钢 hot rolled high strength steel, non-quenched and tempered steel 02.0331

非铁磁性因瓦合金 non-ferrous magnetic Invar alloy 02.1131

非稳态燃烧 unstable combustion 01.1837

非线性厚度变化 nonlinear thickness variation, NTV 06.0157

非线性晶体 nonlinear crystal 03.0039

非线性黏弹性 nonlinear viscoelasticity 04.0259

非线性折射率 nonlinear refractivity 01.0584

非血管支架 non-vascular stent 08.0197

非氧化物耐火材料 non-oxide refractory 03.0633

非氧化物陶瓷 non-oxide ceramics 03.0252

* 非织造布增强体 non-woven fabrics reinforcement 05.0072

非转移弧 nontransferred arc 01.1613

非自发过程 nonspontaneous process 01.0162

非组织结构敏感性能 non-structure sensitivity 01.0445

菲克定律 Fick law 01.0343

翡翠 jadeite 07.0254

废纸浆 recycled pulp 07.0293

废纸脱墨 de-inking 07.0318

沸点升高法 ebullioscopy 04.1112

沸石 zeolite 07.0108

沸石类硅酸盐结构 zeolite silicate structure 03.0036

沸水封孔 boiling water sealing 01.1507

沸水收缩 shrinkage in boiling water 04.0825

沸腾钢 rimming steel, rimmed steel 02.0222

费米能级 Fermi level 01.0086

费米子 fermion 01.0064

费氏法 Fisher subsieve sizer 01.1751

分布反馈半导体激光器 distributed feedback semiconductor laser 06.0319

分布混合 distributive mixing 04.1231

分步沉淀 fractional precipitation 01.0889

分步降温生长 undercooling epitaxial growth 01.1944

分光镜 spectroscope 07.0275

分级 fractionation 04.0166

分级淬火　martempering，marquenching　02.0175

分离共晶体　divorced eutectic　01.0977

分离限制异质结构　separated confinement heterostructure，SCH　06.0320

分离限制异质结构多量子阱激光器　separated confinement heterostructure multiple quantum well laser　06.0321

分流比　split ratio　01.1228

分流模挤压　split-flow die extrusion　01.1210

分凝因数　solute partition coefficient　01.0952

分散剂　dispersing agent　01.1765

分析电子显微术　analytical electron microscopy，AEM　01.0639

分子层外延　molecular layer epitaxy，MLE　06.0448

分子动力学方法　molecular dynamics method，MD method　01.0844

分子量多分散性　polydispersity of relative molecular mass　04.0160

分子量多分散性指数　polydispersity index of relative molecular mass　04.0161

分子量分布　relative molecular mass distribution，molecular weight distribution，MWD　04.0162

分子量累积分布　cumulative relative molecular mass distribution　04.0164

分子量微分分布　differential relative molecular mass distribution　04.0163

分子取向极化　molecular orientation polarization　03.0382

分子生物相容性　molecular biocompatibility　08.0058

分子组装　molecular assembly　04.0233

酚醛－丁腈胶黏剂　nitrile-phenolic adhesive　04.0860

酚醛胶黏剂　phenolic adhesive　04.0856

酚醛模塑料　phenolic molding compound　04.0412

* 酚醛树脂　phenol-formaldehyde resin，PF resin　04.0411

酚醛树脂基复合材料　phenolic resin composite　05.0128

酚醛－缩醛胶黏剂　vinyl-phenolic adhesive　04.0861

酚醛涂料　phenolic coating　04.0915

酚醛纤维　phenolic fiber　04.0764

粉彩　famille rose decoration　03.0154

粉煤灰　fly ash　03.0724

粉煤灰硅酸盐水泥　Portland fly-ash cement　03.0730

* 粉煤灰水泥　Portland fly-ash cement　03.0730

粉煤灰砖　fly ash brick　03.0642

粉末　powder　02.1168

粉末掺杂剂　powder dopant　01.1767

粉末成形性　powder formability　02.1206

粉末法预浸料　powder prepared prepreg　05.0179

粉末光散射法　light scattering technique of powder　01.1749

粉末挤压　powder extrusion　01.1202

粉末颗粒　powder particle　02.1169

粉末模锻　powder forging　01.1256

粉末黏结剂　powder binder　01.1766

粉末熔化法　powder melting process，PMP　02.0988

粉末烧结　powder sintering　01.1797

粉末钛铝[基]合金　powder titanium aluminide alloy　02.0571

粉末套管法　powder-in tube，PIT　02.0987

粉末涂料　powder coating　01.1565

粉末压缩性　powder compressibility　02.1204

粉末冶金　powder metallurgy　02.1166

粉末[冶金]高速钢　powder metallurgy high speed steel　02.0356

粉末冶金高温合金　powder metallurgy superalloy，P/M superalloy　02.0841

粉末冶金镍基高温合金　powder metallurgy nickel based superalloy　02.0799

粉末轧制　powder rolling　01.1789

粉末注射成形　powder injection molding　01.1787

粉砂岩　siltstone　07.0182

粉石英　silt-quartz　07.0166

粉碎粉　comminuted powder　02.1187

粉体包覆技术　powder coating technique　01.1764

粉体表面改性技术　surface modification technique　01.1763

粉体表面修饰　powder surface modification　01.1762

风干浆　air-dry pulp　07.0286

封闭系统　closed system　01.0156

封端　end capping　04.0087

封接玻璃　sealing glass　03.0474

* 封接合金　controlled-expansion alloy，constant expansion alloy　02.1133

封孔　sealing　01.1505

封套纸板　heavy envelope paper board　07.0367

蜂窝板　honeycomb core board　07.0707

蜂窝夹层复合材料　honeycomb core sandwich

composite 05.0168

蜂窝纸板 honeycomb board 07.0356

缝隙腐蚀 crevice corrosion 01.0767

缝隙浇口 slot gate 01.1108

* 呋喃甲醛 furfural 07.0755

呋喃树脂 furan resin 04.0426

弗兰克不全位错 Frank partial dislocation 01.0296

弗仑克尔对 Frenkel pair 01.0081

弗仑克尔缺陷 Frenkel defect 01.0284

弗洛里-哈金斯溶液理论 Flory-Huggins theory 04.0323

芙蓉石 rose quartz 07.0251

氟硅橡胶 fluoro-silicone rubber 04.1003

* 氟硅橡胶 methyl vinyl trifluoropropyl silicone rubber 04.0578

氟化钡晶体 barium fluoride crystal 03.0061

* 氟化钙结构 calcium fluoride structure 03.0017

氟化钙晶体 calcium fluoride crystal 03.0081

氟化锂晶体 lithium fluoride crystal 03.0083

氟化磷腈橡胶 fluoro-phosphazene rubber 04.0589

氟化镁晶体 magnesium fluoride crystal 03.0082

氟化铅晶体 lead fluoride crystal 03.0063

氟化铈晶体 cerium fluoride crystal 03.0062

氟化钇锂晶体 yttrium lithium fluoride crystal 03.0075

氟碳铈矿 bastnaesite 07.0138

* 氟弹性体 fluororubber 04.0585

氟橡胶 fluororubber 04.0585

浮雕纤维板 relief fiberboard 07.0692

浮动芯头拉管 floating mandrel tube drawing 01.1284

浮法玻璃 float glass 03.0511

* 浮石 pumice 07.0168

浮岩 pumice 07.0168

辐射度量学 radiometry 01.0670

辐射孔材 radial porous wood 07.0543

辐射率 thermal emissivity 01.0599

辐射屏蔽复合材料 radiation shielding composite 05.0289

辐照脆化 irradiation embrittlement 02.1077

辐照降解 irradiation degradation 04.0143

辐照蠕变 irradiation creep 02.1078

辐照生长 irradiation growth 02.1075

辐照试验 irradiation test 02.1079

辐照损伤 irradiation damage 01.1586

辐照诱发相变 irradiation induced transition 01.0369

辐照肿胀 irradiation swelling 02.1076

* 辅助抗氧剂 preventive antioxidant 04.1340

辅助增塑剂 secondary plasticizer 04.1291

腐蚀 corrosion 01.0756

腐蚀电位 corrosion potential 01.0793

腐蚀电位序 corrosion potential series 01.0794

腐蚀防护 corrosion prevention 01.0757

腐蚀金 acid gilding, acid gold etching 03.0155

腐蚀坑 etch pit 06.0138

* 腐蚀磨损 corrosion wear 01.0798

腐蚀疲劳 corrosion fatigue 01.0790

腐蚀速率 corrosion rate 01.0792

负离子聚合 anionic polymerization 04.0093

负离子配位多面体 coordination polyhedron of anion 03.0002

负偏析 negative segregation 01.1079

负温度系数热敏陶瓷 negative temperature coefficient thermosensitive ceramics 03.0335

负相关能 negative correlation energy 06.0274

负压造型 vacuum sealed molding 01.1126

复合 compounding 04.1230

复合材料 composite, composite materials 01.0015

复合材料比模量 specific modulus of composite 05.0402

复合材料比强度 specific strength of composite 05.0401

复合材料残碳率 carbon yield ratio of composite 05.0308

复合材料超声 C-扫描检验 ultrasonic C-scan inspection of composite 05.0426

复合材料电子束固化 electron beam curing of composite 05.0207

复合材料二次胶接 secondary bonding of composite 05.0217

复合材料分层 composite delamination 05.0227

复合材料辐射固化 radiation curing of composite 05.0205

复合材料富树脂区 resin-rich area of composite 05.0193

复合材料隔离膜 composite release film 05.0197

复合材料共固化 co-curing of composite 05.0214

复合材料固化 composite cure 05.0203

复合材料固化残余应力模型 residual stress model of composite 05.0222

复合材料固化模型　composite cure model　05.0218

复合材料固化收缩　curing shrinkage of composite　05.0212

复合材料光固化　photopolymerization of composite　05.0208

复合材料横向强度　transverse strength of composite　05.0395

复合材料横向弹性模量　transverse modulus of composite　05.0397

复合材料后固化　post-curing of composite　05.0216

复合材料混合定律　rule of mixture of composite　05.0427

复合材料基体　matrix of composite　05.0003

复合材料加压窗口　pressure window of composite　05.0213

复合材料界面　interface of composite　05.0004

复合材料界面残余应力　residual stress of composite interface　05.0432

复合材料界面反应　interfacial reaction of composite　05.0429

复合材料界面改性　modification of composite interface　05.0431

复合材料界面力学　mechanics of composite interface　05.0435

复合材料界面黏接强度　bonding strength of composite interface　05.0430

复合材料界面热应力　thermo-stress of composite interface　05.0433

复合材料界面脱黏　interfacial debonding of composite　05.0434

复合材料界面相容性　interfacial compatibility of composite　05.0428

复合材料界面相　interphase of composite　05.0005

复合材料空隙率　void content of composite　05.0192

复合材料空隙率模型　void content model of composite　05.0221

复合材料离型纸　release paper of composite　05.0195

复合材料耐介质性　composite resistance against fluid　05.0409

复合材料黏弹性力学　viscoelastic mechanics of composite　05.0437

复合材料偶联剂　coupling agent of composite　05.0199

复合材料贫树脂区　resin-starved area of composite　05.0194

复合材料平衡吸湿率　moisture equilibrium content of composite　05.0405

复合材料气动弹性剪裁优化设计　aerodynamic elasticity tailor optimum design of composite　05.0388

复合材料热固化　thermal curing of composite　05.0204

复合材料热化学模型　thermochemical model of composite　05.0220

复合材料设计许用值　design allowable of composite　05.0381

复合材料设计制造一体化　design for manufacture of composite　05.0391

复合材料湿膨胀系数　moisture expansion coefficient of composite　05.0408

复合材料湿热效应　hygrothermal effect of composite　05.0354

复合材料树脂流动模型　resin flow model of composite　05.0219

复合材料损伤阻抗　damage resistance of composite　05.0412

复合材料脱模剂　mold release agent of composite　05.0196

复合材料脱黏　composite debonding　05.0226

复合材料微波固化　microwave curing of composite　05.0206

复合材料吸湿率　moisture content of composite　05.0406

复合材料吸湿平衡　moisture equilibrium of composite　05.0404

复合材料细观‐宏观一体化设计　micro-macro design of composite，MIC-MAC design of composite　05.0390

复合材料线烧蚀速率　linear ablating rate of composite　05.0310

复合材料修理容限　repair tolerance of composite　05.0392

复合材料许用值　allowable of composite　05.0380

复合材料预固化　precuring of composite　05.0215

复合材料增强体体积分数　volume fraction of reinforcement in composite　05.0021

复合材料质量烧蚀速率　mass ablating rate of composite　05.0311

复合材料主泊松比　main Possion ratio of composite　05.0400

复合材料准静态压痕力试验　concentrated quasi-static indentation force testing of composite　05.0413

复合材料紫外线固化　ultraviolet curing of composite

05.0209

复合材料纵横剪切强度　longitudinal-transverse shear strength of composite　05.0398

复合材料纵横剪切弹性模量　longitudinal-transverse shear modulus of composite　05.0399

复合材料纵向强度　longitudinal strength of composite　05.0394

复合材料纵向弹性模量　longitudinal modulus of composite　05.0396

复合材料组分　component of composite　05.0002

* 复合材料组元　component of composite　05.0002

复合超导体　composite superconductor　02.0969

复合吹炼转炉炼钢　top and bottom combined blown converter steelmaking　02.0120

复合纺丝　compound spinning　01.1962

复合粉　composite powder　02.1202

复合钢板　clad steel plate, clad steel sheet　02.0253

复合焊丝　combined wire　01.1675

复合树脂充填材料　composite resin filling materials　08.0244

复合碳化物陶瓷　composite carbide ceramics　03.0287

复合体　compomer　08.0245

复合铁合金　complex ferroalloy　02.0188

复合涂层　composite coating　02.1261

复合稳定剂　complex stabilizer　04.1337

复合纤维　composite fiber　04.0739

复合效应　composition effect　05.0022

复合型减振合金　composite damping alloy　02.1121

复合中心　recombination center　06.0058

复合组织　composite tissue　08.0181

复介电常数　complex dielectric constant　01.0554

复鞣　retanning　07.0481

复写纸　carbon paper　07.0340

复压　re-pressing　01.1832

复印纸　copy paper　07.0338

复杂黄铜　complex brass　02.0596

副参考面　secondary orientation flat　06.0132

* 副扩散层　buried layer　06.0167

傅里叶变换红外吸收光谱　Fourier transformation infrared absorption spectroscopy　06.0502

富集铀　enriched uranium　02.1032

富勒烯　fullerene　01.0323

富勒烯[化合物]超导体　fullerene [compound] superconductor　02.0949

富锌底漆　zinc-rich primer　04.0931

富氧鼓风　oxygen enriched blast　02.0091

覆盖剂　encapsulated agent　06.0430

覆盖义齿　overdenture, overlay denture　08.0295

覆膜砂　precoated sand　01.1096

覆膜支架　coated stent graft　08.0195

G

钆镓石榴子石晶体　gadolinium gallium garnet crystal, GGG　03.0076 改进锆-4 合金　improved zircaloy-4　02.0765

改性　modification　01.1457

改性锆钛酸铅热释电陶瓷　modified PZT pyroelectric ceramics　03.0306

改性聚苯醚　modified polyphenyleneoxide　04.0446

改性聚丙烯腈纤维　modacrylic fiber　04.0687

改性松香　modified rosin　07.0733

改性纤维　modified fiber　04.0716

钙长石　anorthite　07.0103

钙矾石　ettringite　03.0737

钙芒硝　glauberite　07.0125

钙钛矿[化合物]超导体　Perovskite [compound] superconductor　02.0954

钙钛矿结构　perovskite structure　03.0020

* 钙铁石　tetracalcium aluminoferrite　03.0709

* 盖地釉　opaque glaze, opal glaze　03.0202

盖斯定律　Hess law　03.0006

盖髓材料　pulp capping materials　08.0252

干板皮　dried skin　07.0395

干净超导体　clean superconductor　02.0935

干热空气定型　dry air heat setting　01.1989

干[砂]型　dry sand mold　01.1123

干-湿法纺丝　dry-jet wet spinning　01.1950

干式捣打料　dry-ramming refractory　03.0672

干式振动料　dry-vibrating refractory　03.0673

干熄焦　coke dry quenching, CDQ　02.0081

干性油　drying oil　04.0907

干压成形　dry-pressing　01.1794

甘蔗渣浆　bagasse pulp　07.0291

坩埚加速旋转技术　accelerated crucible rotation technique　01.1884

* 坩埚下降法　Bridgman-Stockbarger method　01.1881

感温电阻材料 temperature-sensitive resistance materials 02.1146

感应淬火 induction hardening 01.1414

感应耦合等离子发射谱 inductively coupled plasma atomic emission spectrum, ICP-AES 06.0505

感应钎焊 induction brazing 01.1649

橄榄石 olivine 07.0066

橄榄石类硅酸盐结构 olivine silicate structure 03.0027

橄榄岩 peridotite 07.0146

干细胞 stem cell 08.0168

刚度不变量 stiffness invariant 05.0337

* 刚性模量 shear modulus 01.0461

刚性因子 rigidity factor, steric hindrance parameter 04.0182

刚玉 corundum 07.0035

刚玉瓷 corundum ceramics 03.0280

* 刚玉-尖晶石浇注料 alumina magnesite refractory castable 03.0656

刚玉耐火浇注料 corundum refractory castable 03.0661

刚玉型结构 corundum structure 03.0019

刚玉砖 corundum brick 03.0588

钢 steel 02.0208

钢板 steel plate 02.0227

钢包处理 ladle treatment 02.0147

钢包精炼 ladle refining 02.0149

钢包喷粉 ladle powder injection 02.0151

钢包脱气 ladle degasing 01.0907

钢包喂丝 ladle wire feeding 02.0150

钢材 steel product 02.0226

* 钢带 strip steel 02.0231

钢锭 ingot 02.0157

钢轨钢 rail steel 02.0289

钢号 steel designation, steel grade 02.0257

钢化玻璃 tempered glass 03.0527

钢结硬质合金 steel bonded carbide 02.1248

钢筋钢 reinforced bar steel, concrete bar steel 02.0276

钢类 steel group 02.0256

* 钢梁 steel I-beam 02.0243

钢球轧制 steel ball rolling 01.1352

钢丝 wire 02.0239

钢铁脱硫 desulfurization for iron and steel 02.0109

钢纤维 steel fiber 02.0278

钢纤维增强耐火浇注料 steel fiber-reinforced refractory castable 03.0665

钢纸 vulcanized paper 07.0366

* 高饱和丁腈橡胶 hydrogenated nitrile rubber 04.0559

高苯乙烯丁苯橡胶 styrene-butadiene rubber with high styrene content 04.0535

高苯乙烯胶乳 high styrene latex 04.0541

* 高比重合金 high density tungsten alloy 02.0700

高超声速喷涂 hypersonic spraying 01.1526

高纯铝 high-purity aluminum 02.0450

高纯镁合金 high-purity magnesium alloy 02.0507

高纯钼 high-purity molybdenum 02.0717

高纯铁素体不锈钢 high-purity ferritic stainless steel 02.0391

高纯铜 high-purity copper 02.0587

高纯钨 high-purity tungsten 02.0694

高纯氧化铝陶瓷 high-purity alumina ceramics 03.0281

高磁导率合金 high permeability alloy 02.0875

高磁致伸缩合金 high magnetostriction alloy 02.0871

高导电复合材料 highly conductive composite 05.0276

高等向性模具钢 high isotropy die steel 02.0367

高电阻铝合金 high resistance aluminum alloy 02.1160

* 高钒高速钢 high vanadium high speed steel 02.0353

高反式丁苯橡胶 high *trans*-styrene-butadiene rubber 04.0538

高反式聚氯丁二烯橡胶 high *trans*-chloroprene rubber 04.0548

高分辨电子显微术 high resolution electron microscopy, HREM 01.0641

高分子 macromolecule 04.0002

高分子半透膜 polymeric semipermeable membrane 04.1021

高分子材料 polymer materials 01.0012

高分子超滤膜 polymeric ultrafiltration membrane 04.1024

高分子催化剂 polymeric catalyst 04.1106

高分子单离子导体 polymeric single-ionic conductor 04.1096

高分子电光材料 polymeric electro-optical materials 04.1098

* 高分子对称膜 symmetric membrane 04.1033

高分子反渗透膜　polymeric reverse osmosis membrane 04.1023

高分子分离膜　polymeric separate membrane　04.1020

高分子分散剂　polymeric dispersant agent　04.1326

高分子各向同性膜　symmetric membrane　04.1033

高分子冠醚　polymer with crown ether　04.1108

高分子合金　polyalloy, polymer alloy　04.0218

高分子化学　polymer chemistry, macromolecular chemistry　01.0153

* 高分子机敏材料　polymeric intelligent materials 04.1093

高分子胶束　polymeric micelle　08.0235

高分子金属络合物催化剂　polymeric metal complex catalyst　04.1109

高分子绝缘材料　polymeric insulating materials 04.1053

高分子快离子导体　polymeric fast ion conductor 04.1095

高分子链结构　polymer chain structure　04.0149

高分子量高密度聚乙烯　high molecular weight high density polyethylene，HMWHDPE　04.0363

高分子量聚氯乙烯　high molecular weight polyvinyl-chloride，HMPVC　04.0381

高分子凝胶　polymeric gel　04.1094

高分子气体分离膜　polymeric gas separation membrane 04.1022

高分子添加剂　polymeric additive　04.1280

高分子透析膜　polymeric dialysis membrane　04.1026

高分子涂层　polymer coating　08.0102

* 高分子微孔膜　polymeric microfiltration membrane 04.1030

高分子微孔烧结膜　polymeric microporous sintered membrane　04.1034

高分子微滤膜　polymeric microfiltration membrane 04.1030

高分子微球　polymer microsphere　08.0234

高分子物理[学]　polymer physics　01.0042

高分子镶嵌膜　polymeric piezodialysis membrane 04.1029

高分子相转移催化剂　polymeric phase transfer catalyst 04.1107

高分子颜料　polymer pigment　04.1368

高分子药物　polymer medicine　04.1083

高分子[异质]同晶现象　macromolecular isomorphism

04.0222

高分子隐形材料　polymeric stealth materials　04.1092

高分子支撑膜　polymeric support membrane　04.1035

高分子致密膜　polymeric dense membrane　04.1032

高分子智能材料　polymeric intelligent materials 04.1093

高分子驻极体　polymer electret　04.1050

高辐射涂层　high radiating coating　03.0537

* 高钙镁砖　magnesia-calcia brick　03.0600

高功率半导体激光器　high power semiconductor laser 06.0322

高固体分涂料　high solid with content coating　04.0937

高硅钢　high silicon steel　02.0413

高硅氧玻璃　high-silica glass　03.0472

高硅氧玻璃/酚醛防热复合材料　high-silica glass/phenolic ablative composite　05.0313

高硅氧玻璃纤维增强体　refrasil fiber reinforcement 05.0060

高合金超高强度钢　high alloy ultra-high strength steel 02.0320

高合金铸钢　high alloy cast steel　02.0435

高级相变　high order phase transition　01.0354

* 高技术材料　advanced materials　01.0027

* 高技术陶瓷　high technology ceramics　03.0235

高减振钛合金　high damping titanium alloy　02.0555

* 高碱度渣　high basic slag　02.0128

高抗冲聚苯乙烯　high impact polystyrene，HIPS 04.0393

高磷铸铁　high phosphorus cast iron　02.0425

高岭石　kaolinite　07.0086

高岭土　kaolin　07.0202

高炉矿渣　blast furnace slag　03.0721

高炉利用系数　utilization coefficient of blast furnace 02.0095

高炉炼铁　blast furnace ironmaking　02.0083

高炉煤气　blast furnace gas，top gas　02.0092

高炉喷煤　pulverised coal injection into blast furnace 02.0089

高炉有效容积　effective volume of blast furnace 02.0096

高炉余压回收　top-pressure recovery turbine，TRT 02.0094

高铝堇青石砖　high alumina cordierite brick　03.0587

高铝耐火浇注料　high alumina refractory castable

03.0659

高铝耐火纤维制品　high alumina refractory fiber product　03.0646

高铝水泥　high alumina cement　03.0731

高铝砖　high alumina brick　03.0586

高锰钢　high manganese steel　02.0437

高密度聚乙烯　high density polyethylene，HDPE　04.0357

高密度钨合金　high density tungsten alloy　02.0700

高敏感型热双金属　bimetal with high thermal sensitive　02.1136

* 高模量碳纤维增强体　graphite fiber reinforcement　05.0030

高能粒子发光材料　radioluminescent phosphor　03.0362

* 高能率成形　high speed forming　01.1339

高能球磨　high energy ball milling　01.1720

高能束焊　high grade energy welding　01.1611

高能束热处理　high energy heat treatment　01.1380

高硼低碳高温合金　high boron-low carbon superalloy　02.0831

高频磁控溅射　high frequency magnetron sputtering　01.1917

高频等离子枪　high frequency plasma gun　01.0915

高频感应加热蒸发　high frequency induction heating evaporation　01.1901

高频光电导衰退法　high frequency measurement of photoconductivity decay method　06.0491

高频焊　high frequency induction welding　01.1644

高强度不锈钢　high strength stainless steel　02.0381

高强度高模量纤维　high strength and high modulus fiber　04.0749

高强度金刚石　high strength diamond　03.0091

高强度铸造镁合金　high strength cast magnesium alloy　02.0516

高强高导电铜合金　high strength and high conduction copper alloy　02.0625

高强混凝土　high strength concrete　03.0743

高强铝合金　high strength aluminum alloy　02.0483

高强耐热铝合金　high strength and heat resistant aluminum alloy　02.0482

高强钛合金　high strength titanium alloy　02.0549

高强铸造铝合金　high strength cast aluminum alloy　02.0479

高强铸造钛合金　high strength cast titanium alloy　02.0560

高热流材料　high heat flux materials　02.1087

高润滑性聚甲醛　high lubrication polyoxymethylene　04.0444

高石英瓷　quartz enriched porcelain　03.0144

高收缩纤维　high shrinkage fiber　04.0792

高顺丁橡胶　high-cis-1，4-polybutadiene rubber　04.0523

高斯链　Gaussian chain　04.0174

高速成形　high speed forming　01.1339

高速锤锻造　high speed hammer forging　01.1273

高速电弧喷涂　high velocity arc spraying　01.1534

高速钢　high speed steel　02.0350

* 高速工具钢　high speed tool steel　02.0350

高速模锻　high speed die forging　01.1255

高速凝固法　high rate solidification method，HRS method　01.0988

高速压制　high velocity compaction　01.1790

高塑低强钛合金　high plastic and low strength titanium alloy　02.0547

高弹变形丝　high stretch yarn　04.0730

高弹平台区　high elastic plateau，rubbery plateau　04.0244

* 高弹丝　high stretch yarn　04.0730

高弹态　high elastic state，elastomeric state　04.0240

高弹性　high elasticity　04.0241

高弹性模量铝合金　high elastic modulus aluminum alloy　02.0496

高弹性铜合金　high elasticity copper alloy　02.1105

高碳钢　high carbon steel　02.0218

高碳高钒高速钢　high vanadium high speed steel　02.0353

高碳铬轴承钢　high carbon chromium bearing steel　02.0339

* 高温不起皮钢　oxidation-resistant steel　02.0399

高温超导复合材料　high temperature superconducting composite　05.0279

高温超导陶瓷　high temperature superconducting ceramics　03.0349

高温超导体　high temperature superconductor　02.0939

高温磁体　high temperature magnet　02.0926

高温等静压烧结碳化硅陶瓷　high temperature isostatic pressed sintered silicon carbide ceramics　03.0267

高温防腐蚀涂层　high temperature corrosion-resistant coating　03.0543

* 高温分解法　thermal decomposition　01.1872

高温合金　high temperature alloy　02.0793

* 高温荷重变形温度　refractoriness under load　03.0689

高温恒弹性合金　high temperature constant modulus alloy　02.1113

高温回火　high temperature tempering　01.1430

* 高温回火脆性　revesible temper brittleness　01.1435

高温节能涂料　high-temperature and energy-saving coating materials　03.0670

高温结构金属间化合物　high temperature structural intermetallic compound　02.0859

高温绝缘漆　heat-resistance electric insulating paint, high temperature electric insulating paint　03.0551

高温抗氧化涂层　high temperature anti-oxidation coating　03.0542

高温硫化硅橡胶　high temperature vulcanized silicone rubber, HTV silicone rubber　04.1001

高温铌合金　high temperature niobium alloy　02.0736

高温强制水解　high temperature forced hydrolysis　01.0890

高温热敏陶瓷　high temperature thermosensitive ceramics, high temperature thermal sensitive ceramics　03.0338

高温润滑涂层　high temperature lubricating coating　03.0555

* 高温钛合金　heat temperature titanium alloy　02.0551

高温体积稳定性　high temperature stability of volume　03.0687

高温吸波材料　high temperature radar absorbing materials　02.1005

高温型热双金属　bimetal for high temperature　02.1138

高温氧化　high temperature oxidation　01.0785

高温应用软磁合金　soft magnetic alloy for high temperature application　02.0874

高温应用稀土永磁体　rare earth permanent magnet used at high temperature　02.0904

高温蒸气封孔　high temperature stream sealing　01.1506

高温轴承钢　high temperature bearing steel　02.0341

高吸水纤维　water absorbing fiber　04.0795

高吸水性树脂　supper absorbent resin　04.1069

高吸油性聚合物　supper oil absorption polymer　04.1059

高效减水剂　high range water-reducing admixture　03.0714

高性能钢　high performance steel　02.0372

高性能混凝土　high performance concrete　03.0733

* 高性能陶瓷　high performance ceramics　03.0235

高性能纤维　high performance fiber　04.0743

高性能永磁体　high performance permanent magnet　02.0922

高压氨浸　high pressure ammonium leaching　01.0866

高压布里奇曼法　high pressure Bridgman method　01.1885

高压操作　high top-pressure operation　02.0093

高压电瓷　high tension insulator, high-voltage electric porcelain　03.0143

高压电容器陶瓷　high-voltage capacitor ceramics　03.0324

高压电子显微术　high-voltage electron microscopy, HVEM　01.0642

高压釜浸出　autoclave leaching　01.0868

高压浸出　high pressure leaching　01.0865

高压凝固　high pressure solidification　01.0999

高压湿法冶金　high pressure hydrometallurgy　01.0859

高压造型　high pressure molding　01.1128

锆　zirconium　02.0758

锆刚玉砖　corundum-zirconia brick　03.0592

锆合金　zirconium alloy　02.0761

锆-2 合金　zircaloy-2　02.0763

锆-4 合金　zircaloy-4　02.0764

锆铌锡铁合金　zirconium-niobium-tin-iron alloy　02.0767

锆-铌系合金　zirconium-niobium alloy　02.0766

锆-铌-氧合金　zirconium-niobium-oxygen alloy　02.0768

锆青铜　zirconium bronze　02.0611

锆石　zircon　07.0065

锆钛酸铅压电陶瓷　lead zirconate titanate piezoelectric ceramics　03.0302

锆炭砖　zirconia-carbon brick　03.0613

锆锡系合金　zircaloy　02.0762

锆英石砖　zirconite brick　03.0611

戈里科夫-耶利亚什贝尔格理论　Gor'kov-Eliashberg theory　01.0097

戈斯织构　Goss texture　01.0438

哥窑　Ge kiln　03.0163

* 隔离剂　antiblock agent　04.1314

隔热复合材料　thermal insulation composite　05.0303

* 隔热耐火材料　heat insulating refractory　03.0637

隔热涂层　heat insulation coating　03.0553

隔热涂料　thermal barrier coating materials　03.0669

镉　cadmium　02.0682

镉汞合金　cadmium-mercury amalgam　02.0690

镉焊料　cadmium solder　02.0689

镉青铜　cadmium bronze　02.0609

各向同性刻蚀　isotropic etching　06.0136

各向同性吸波材料　isotropic radar absorbing materials　02.1010

各向显性磁电阻材料　anisotropic magnetoresistance materials，AMR materials　02.1151

各向异性磁电阻效应　anisotropic magnetoresistance effect，AMR effect　01.0120

各向异性刻蚀　anisotropic etching　06.0135

各向异性吸波材料　anisotropic radar absorbing materials　02.1011

铬电镀　chromium electroplating　01.1553

铬刚玉砖　corundum-chrome brick　03.0593

* 铬黄　chrome yellow　04.1374

铬基变形高温合金　chromium based wrought superalloy　02.0816

铬基铸造高温合金　chromium based cast superalloy　02.0830

铬青铜　chromium bronze　02.0610

铬铁　ferrochromium　02.0193

铬铁矿　chromite　07.0047

铬砖　chrome brick　03.0607

根管充填材料　root canal filling materials　08.0254

耿氏二极管　Gunn diode　06.0302

工程干态试样　engineering dry specimen　05.0407

工程木制品　engineered wood products　07.0641

工程塑料　engineering plastics　04.0350

工具钢　tool steel　02.0343

工业纯铝　commercial purity aluminum　02.0449

工业纯镁　commercial purity magnesium　02.0506

工业纯钛　commercial purity titanium　02.0536

工业纯铁　ingot iron　02.0183

工业矿物　industrial mineral　07.0005

工业岩石　industrial rock　07.0006

工业氧化铝　industrial alumina　03.0686

工艺润滑　technological lubrication　01.1147

工艺性能　processing property　01.0442

工字钢　steel I-beam　02.0243

* 工作带　calibrating strap　01.1218

功率降低法　power down method，PD method　01.0987

功率因子　power factor　06.0393

功能材料　functional materials　01.0029

功能复合材料　functional composite　05.0008

功能高分子材料　functional polymer materials　04.1019

* 功能合金钢　special physical functional steel　02.0405

功能胶合板　function plywood　07.0725

功能耐火材料　functional refractory　03.0629

功能陶瓷　functional ceramics　03.0237

功能梯度复合材料　functional gradient composite　05.0018

功能纤维　functional fiber　04.0768

供气砖　porous plug brick　03.0632

共沉淀　coprecipitation　01.0888

共纺丝　co-spinning　01.1957

共格界面　coherent interface　01.0328

共格脱溶　coherent precipitation　01.0391

共格硬化　coherent hardening　01.0518

共混　blending　04.1229

共挤出　coextrusion　04.1255

共价键　covalent bond　01.0226

共晶点　eutectic point　01.0198

共晶反应　eutectic reaction，eutectic transformation　01.0397

共晶间距　eutectic spacing　01.0970

共晶凝固　eutectic solidification　01.0969

共晶渗碳体　eutectic cementite　02.0040

共晶石墨　eutectic graphite　02.0037

共聚芳酯　copolyarylate　04.0491

共聚合　copolymerization　04.0127

共聚甲醛　oxymethylene copolymer　04.0443

共聚物　copolymer　04.0021

共聚型氯醚橡胶　copolymerized epichlorohydrin-ethy-lene oxide rubber　04.0595

共生区　coupled growth zone　01.0978

共析点　eutectoid point　01.0200

共析反应　eutectoid reaction，eutectoid transformation　01.0400

共析钢　eutectoid steel　02.0261

共析渗碳体　eutectoid cementite　02.0042

共析铁素体　eutectoid ferrite　02.0014

* 沟道效应　channeling effect　01.0085

钩接强度　loop tenacity　04.0819

古马龙-茚树脂　coumarone-indene resin　04.0343

古塔波胶　gutta percha　04.0509

* 古塔波式氯丁橡胶　high *trans*-chloroprene rubber　04.0548

* 古月轩　color enamel, famille rose　03.0152

* 骨板　bone plate　08.0319

骨传导　osteoconduction　08.0323

* 骨钉　bone pin　08.0318

* 骨灰瓷　bone china　03.0147

骨键合　bone bonding　08.0325

骨料　aggregate　03.0699

骨螺钉　bone screw　08.0314

骨水泥　bone cement　08.0312

骨髓间充质干细胞　bone marrow stem cell, BMSC　08.0171

骨填充材料　bone filling materials　08.0316

* 骨性结合　osteointegration　08.0326

骨诱导　osteoinduction　08.0324

骨诱导性生物陶瓷　osteoinduction bioceramics　08.0042

骨针　bone needle　08.0318

骨整合　osteointegration　08.0326

骨质瓷　bone china　03.0147

钴　cobalt　02.0790

钴基磁记录合金　cobalt based magnetic recording alloy　02.0889

钴基磁性合金　cobalt based magnetic alloy　02.0885

钴基非晶态磁头合金　cobalt based noncrystalline magnetic head alloy　02.0888

钴基非晶态软磁合金　cobalt based noncrystalline soft magnetic alloy　02.0887

钴基高弹性合金　cobalt based high elasticity alloy　02.1117

* 钴基铬钨合金　stellite alloy　02.1256

钴基合金　cobalt based alloy　02.0791

钴基恒弹性合金　cobalt based constant elasticity alloy　02.1118

钴基轴尖合金　cobalt based axle alloy　02.0792

钴基铸造高温合金　cobalt based cast superalloy　02.0829

鼓肚　bulging　02.0163

鼓式硫化机硫化　drum type vulcanizer vulcanization　04.0657

固定垫片挤压　fixed dummy block extrusion　01.1209

固定局部义齿　fixed partial denture, FPD　08.0290

* 固定桥　fixed partial bridge, FPB　08.0290

* 固定义齿　fixed partial denture, FPD　08.0290

固化　curing　04.0137

固化促进剂　cure accelerator　05.0198

* 固化剂　crosslinking agent　04.1281

固化周期　curing cycle　05.0210

固溶处理　solution treatment　01.1368

固溶度　solid solubility　01.0372

固溶度积　solubility product　01.0374

固溶度线　solvus　01.0197

固溶强化　solution strengthening　01.0522

固溶强化高温合金　solid solution strengthening superalloy　02.0812

固溶体　solid solution　01.0373

固溶体半导体材料　semiconducting solid solution materials　06.0253

* 固态焊接　solid state welding　01.1633

* 固态化学　solid state chemistry　01.0151

固态源分子束外延　solid source molecular beam epitaxy, SSMBE　06.0442

固体电解质　solid electrolyte　03.0328

固体粉末含量　solid loading　01.1768

固体化学　solid state chemistry　01.0151

固体键合理论　bonding theory of solid　01.0048

固体离子学　solid state ionics　01.0038

固体能带论　band theory of solid　01.0043

* 固体热力学　thermodynamics of alloy　01.0155

固体物理学　solid state physics　01.0037

固体氧化物燃料电池　solid oxide fuel cell　03.0250

固体与分子经验电子理论　empirical electron theory of solid and molecule　01.0849

固相法制粉　solid state processing for making powder　03.0394

固相反应法　solid state reaction method　01.1760

固相分数　solid fraction　01.0946

固相焊　solid state welding　01.1633

* 固相面　solidus surface　01.0196

固相烧结　solid state sintering　01.1809

固相外延　solid phase epitaxy　06.0481

固相线　solidus　01.0196

官能度　functionality　04.0045

官窑　official kiln　03.0165

管胞　tracheid　07.0545

管材　tube，pipe　02.0233

管材挤压　extrusion of tube　01.1229

管材冷拔　tube cold drawing　01.1281

管材轧制　tube and pipe rolling　01.1158

管孔式　pore pattern　07.0539

管式法　tube process　02.0982

管线钢　pipe line steel　02.0284

惯性摩擦焊　inertia friction welding　01.1635

惯性约束聚变　inertial confinement fusion　02.1083

光波导耦合器　optical waveguide coupler　06.0323

光传输复用器　optical multiplexer　06.0324

光导热塑高分子材料　photoconductive thermal-plastic
polymer materials　04.1070

光导纤维　optical fiber　03.0498

光导纤维固化监测　optical fiber cure monitoring
05.0225

* 光点缺陷　localized light-scatter　06.0183

光[电]导聚合物　photoconductive polymer　04.1072

光电导性　photoconductivity　01.0563

光电二极管　photoelectric diode，PD　06.0305

PIN 光电二极管　PIN photoelectric diode，PIN PD
06.0307

光电晶体管　photoelectric transistor　06.0306

光电探测器　optoelectronic detector　06.0325

光电效应　photoelectric effect　01.0147

光电子集成电路　optoelectronics integrated circuit，
OEIC　06.0326

光电子器件　optoelectronic device　06.0300

光电子陶瓷　photonic-electronic ceramics　03.0241

光伏效应　photovoltaic effect　01.0590

光化学气相沉积　photo chemical vapor deposition
01.1937

* 光活性聚合物　chiral polymer　04.0012

光激发瞬态电流谱　optical transient current spectrum，
OTCS　06.0496

光激励发光材料　photostimulated phosphor　03.0363

光降解　photodegradation　04.0146

光降解聚合物　photodegradable polymer　04.1056

光交联　photocrosslinking　04.0135

光交联聚合物　photocrosslinking polymer　04.1057

光晶体管　optical transistor　06.0329

光开关　optical switch　06.0330

光开关阵列　optical switch matrix　06.0331

光老化　light aging，photoaging　04.1177

光亮剂　brightening agent　01.1551

光亮热处理　bright heat treatment　01.1365

光卤石　carnallite　07.0033

光敏半导体陶瓷　light sensitive semiconductive
ceramics　03.0316

光敏变色纤维　chameleon fiber　04.0774

光敏玻璃　photosensitive glass　03.0477

光敏电阻　photoresistor　06.0383

光敏电阻材料　photosensitive resistance materials
02.1148

光敏电阻器材料　photoresistor materials　06.0374

光敏剂　photosensitizer　04.1344

光敏胶黏剂　photosensitive adhesive　04.0840

光敏聚合　photosensitized polymerization　04.0090

光敏聚合物　photosensitive polymer　04.0013

光敏引发剂　photoinitiator　04.0067

光盘存储材料　optical disk storage materials　04.1078

光屏蔽剂　light screener　04.1343

* 光谱纯锗　reduced germanium ingot　06.0107

光谱选择性吸收涂层　selective absorption spectrum
coating　03.0547

光热电离谱　photothermal ionization spectroscopy，PTIS
06.0497

光散射法　light scattering method　04.1120

* 光色玻璃　photochromic glass　03.0476

光声光谱　photoacoustic spectroscopy　06.0500

光弹性聚合物　photoelastic polymer　04.1055

光调制解调器　optical modulator/demodulator　06.0328

光调制器　optical modulator　06.0327

光稳定剂　light stabilizer　04.1342

光学玻璃　optical glass　03.0486

* 光学发射光谱　optical emission spectrum，OES
01.0647

* 光学活性高分子　optically active polymer　04.1105

光学金相　optical metallography　01.0690

光学晶体　optical crystal　03.0080

光学陶瓷　optical ceramics　03.0348

* 光学纤维　optical fiber　03.0498

光学织构　optical texture　04.0215

光氧化降解　photo-oxidative degradation　04.0147

光引发聚合　photo-initiated polymerization　04.0089

光泽度　gloss　04.0955

光增强金属有机化合物气相外延　photo-enhanced metalorganic phase vapor epitaxy　06.0462

光折变记录材料　photo-refractive recording materials　04.1073

光致变色玻璃　photochromic glass　03.0476

光致变色复合材料　photochromic composite　05.0288

光致变色染料　photochromic dye　04.1357

光致发光材料　photoluminescent materials　03.0355

光致发光复合材料　photoluminescent composite　05.0291

光致发光谱　photoluminescence spectrum　06.0498

光致高分子液晶　photo-induced liquid-crystal polymer　04.1058

光子倍增发光材料　photon multiplication phosphor　03.0361

光子晶体　photonic crystal　01.0239

光子器件　photonic device　06.0299

广彩　Guangdong decoration　03.0173

广钧　jun glaze of Guangdong　03.0174

龟裂　cracking　04.0953

规则层合板　periodic laminate　05.0365

规则共晶体　regular eutectic　01.0972

规则状粉　regular powder　02.1177

硅　silicon　06.0116

硅醇　silanol　04.0983

硅氮烷　silazane　04.1015

硅氮橡胶　nitrogenous silicone rubber　04.0582

硅钙合金　ferrosilicocalcium, calcium-silicon alloy　02.0190

硅钢　silicon steel　02.0409

硅铬合金　ferrosilicochromium　02.0194

硅工艺中的硅晶锭　ingot in silicon technology, silicon ingot　06.0129

硅化物陶瓷　silicide ceramics　03.0254

硅灰　silica fume　03.0725

硅灰石　wollastonite　07.0076

硅基半导体材料　silicon based semiconductor materials　06.0402

硅胶　silica gel　04.1013

* 硅铝明合金　aluminum-silicon cast aluminum alloy　02.0473

* 硅氯仿　trichlorosilane　04.0960

硅凝胶　silicone gel　04.1011

硅硼橡胶　boron-silicone rubber　04.0581

硅漆　silicone coating　04.1007

硅青铜　silicon bronze　02.0603

硅氢加成反应　hydrosilylation　04.0984

硅溶胶　silica sol　04.1012

硅石　silica rock　03.0680

* 硅石纤维增强体　refrasil fiber reinforcement　05.0060

硅树脂　silicone resin　04.1005

MQ 硅树脂　MQ silicone resin　04.1006

硅酸铋晶体　bismuth silicate crystal，BSO　03.0055

硅酸二钙　dicalcium silicate　03.0707

硅酸镓镧晶体　lanthanum gallium silicate crystal　03.0088

硅酸铝耐火材料　aluminosilicate refractory　03.0581

硅酸铝耐火纤维制品　aluminosilicate refractory fiber product　03.0644

硅酸铝纤维增强铝基复合材料　alumina silicate fiber reinforced Al-matrix composite　05.0246

硅酸镁晶体　magnesium silicate crystal　03.0078

* 硅酸钠　water glass　03.0704

硅酸三钙　tricalcium silicate　03.0706

硅酸盐结构单位　structure unit of silicate　03.0003

硅酸盐水泥　Portland cement　03.0726

硅铁　ferrosilicon　02.0189

* 硅酮　polysiloxane, silicone　04.0971

* 硅酮密封胶　silicone sealant　04.0869

硅烷　silane　04.0957

硅烷法多晶硅　polycrystalline silicon by silane process　06.0121

硅烷化活化改性　bioactivation modification by silane　08.0108

硅烷偶联剂　silane coupling agent　04.0982

硅烷水解缩合反应　hydrolytic condensation of silane　04.0985

硅线石砖　sillimanite brick　03.0591

硅线石族矿物　mineral of sillimanite group　03.0679

硅橡胶　silicone rubber　04.0576

* 硅橡胶印模材料　silicone based impression materials　08.0265

硅油　silicone oil　04.0988

硅藻土　diatomite　07.0206

硅藻土砖　diatomite brick　03.0640

硅-锗合金　alloy of silicon-germanium　06.0404

硅脂　silicone grease　04.1008

硅质耐火材料　siliceous refractory　03.0578

硅砖　silica brick　03.0579

贵金属　noble metal，precious metal　02.0446

贵金属靶材　precious metal target materials　02.0649

贵金属测温材料　precious metal thermocouple materials　02.0633

贵金属磁性材料　precious metal magnetic materials　02.0895

贵金属催化剂　precious metal catalyst　02.0654

贵金属电极材料　precious metal electrode materials　02.0646

贵金属电接触材料　precious metal contact materials　02.1158

* 贵金属电接点材料　precious metal contact materials　02.1158

贵金属电阻材料　precious metal resistance materials　02.1159

贵金属复合材料　precious metal matrix composite　02.0645

贵金属化合物　precious metal compound　02.0653

贵金属浆料　precious metal paste　02.0648

贵金属器皿材料　precious metal hard-ware materials　02.0634

贵金属钎料　precious metal solder　02.0635

贵金属氢气净化材料　precious metal hydrogen purifying materials　02.0644

贵金属烧结材料　noble metal sintered materials　02.1247

贵金属弹性材料　precious metal elastic materials　02.1115

* 贵金属透氢材料　precious metal hydrogen purifying materials　02.0644

贵金属药物　precious metal drug medicine　02.0655

贵金属引线材料　precious metal lead materials　02.0651

贵金属蒸发材料　precious metal evaporation materials　02.0652

辊道窑　roller hearth furnace　03.0172

* 辊底窑　roller hearth furnace　03.0172

辊锻　roll forging　01.1257

辊弯成形　roll forming　01.1316

* 辊形　roll forming　01.1276

滚动摩擦磨损　rolling friction and wear　01.0803

滚锻　roll forming　01.1276

* 滚花玻璃　patterned glass　03.0509

滚锯末　sawdust milling　07.0478

滚模拉拔　drawing by roller，roller die drawing　01.1285

滚塑成型　rotational molding　04.1249

滚压　roll peening　01.1461

滚压成型　roller forming　03.0418

滚釉　rollaway glaze　03.0178

锅炉钢　boiler steel　02.0280

过饱和比　super-saturation ratio　01.1871

过饱和度　super-saturation　01.1870

过饱和固溶体　super-saturated solid solution　01.0376

过饱和溶液　super-saturated solution　01.1869

*N 过程　N-process　01.0073

*U 过程　U-process　01.0074

过渡金属催化剂　transition metal catalyst　04.0096

过渡型钛合金　transitional titanium alloy　02.0561

* 过渡液相扩散焊　transient liquid phase diffusion bonding　01.1640

过渡液相烧结　transient liquid phase sintering　01.1811

过共晶体　hypereutectic　01.0975

过共析钢　hyper-eutectoid steel　02.0263

过冷　undercooling，supercooling　01.0422

过冷奥氏体　undercooling austenite　02.0019

过冷度　undercooling degree，supercooling degree　01.0944

过硫酸盐引发剂　persulphate initiator　04.0065

过滤和脱泡　filtration and deaeration　01.1954

过热处理　superheating，superheat treatment　01.1055

过热度　superheating temperature　01.1058

过热区　overheated zone　01.1696

过热组织　overheated structure　01.0434

过烧　oversintering　01.1822

过时效　over aging　01.1437

过氧化物引发剂　peroxide initiator　04.0064

H

铪　hafnium　02.0771

铪电极　hafnium electrode　02.0776

铪粉　hafnium powder　02.0774

铪合金　hafnium alloy　02.0775

铪控制棒　hafnium control rod　02.1066

哈金斯参数　Huggins parameter　04.0324

哈氏合金　Hastelloy alloy　02.0786

海－岛结构　island-sea structure　04.0224

海岛型复合纤维　sea-island composite fiber　04.0742

海蓝宝石　aquamarine　07.0242

海绿石　glauconite　07.0099

海绿石砂岩　glauconite sandstone　07.0198

海绿石质岩　glauconitic rock　07.0200

海绵粉　sponge powder　02.1189

海绵锆　sponge zirconium　02.0759

海绵铪　sponge hafnium　02.0772

海绵钛　sponge titanium　02.0535

海绵铁　sponge iron　02.0186

海绵橡胶　foaming rubber　04.0605

海泡石　sepiolite　07.0090

海泡石黏土　sepiolite clay　07.0188

海水镁砂　sea-water magnesia　03.0684

海洋腐蚀　marine corrosion　01.0784

海藻纤维　alginate fiber, alginate rayon　04.0680

* 亥姆霍兹函数　Helmholtz function　01.0170

亥姆霍兹自由能　Helmholtz free energy　01.0170

氦-3　helium-3　02.1092

氦弧焊　helium-arc welding　01.1609

含氮不锈钢　stainless steel containing nitrogen　02.0394

含氮铁合金　nitride-containing ferroalloy　02.0207

含氟丙烯酸酯橡胶　fluoroacrylate rubber　04.0572

含氟纤维　fluorofiber　04.0694

含铬硅酸铝耐火纤维制品　chrome-containing
　aluminosilicate refractory fiber product　03.0645

含钴高速钢　cobalt high speed steel　02.0354

含胶量　resin mass content　05.0191

含晶粒非晶硅　polymorphous silicon　06.0286

VOC 含量　volatile organic compound content　04.0949

含氯纤维　chlorofiber　04.0691

含萘共聚芳酯　naphthalene-containing copolyarylate
　04.0492

含碳耐火材料　carbon-bearing refractory　03.0609

含钨硬质合金　cemented carbide with tungsten
　compound　02.1255

含香金属　scented porous metal　02.1230

* 含油轴承　porous bearing　02.1228

焓　enthalpy　01.0168

汉白玉　white marble　07.0282

* CO_2 焊　carbon-dioxide arc welding　01.1608

* MAG 焊　metal active gas arc welding　01.1605

* MIG 焊　metal inert-gas arc welding　01.1603

* TIG 焊　tungsten inert gas arc welding　01.1604

焊缝晶间腐蚀　weld intercrystalline corrosion　01.1702

焊剂　welding flux　01.1686

焊接变形　welding deformation　01.1705

焊接残余应力　welding residual stress　01.1704

焊接钢管　welded steel pipe　02.0236

焊接管　welded tube, welded pipe　01.1176

焊接裂纹　weld crack　01.1699

焊接温度场　field of weld temperature　01.1692

焊接无裂纹钢　welding crack free steel　02.0300

焊接性　weld ability　01.1698

焊料玻璃　solder glass　03.0475

焊丝　welding wire　01.1672

焊条　covered electrode　01.1667

焊芯　core wire　01.1668

焊趾　toe of weld　01.1663

耗尽层　depletion layer　06.0040

耗散结构　dissipative structure　01.0205

合成宝石　synthetic stone　07.0235

合成立方氧化锆　synthetic cubic zirconia　07.0265

合成树脂　synthetic resin　04.0342

合成树脂牙　synthetic resin tooth　08.0305

* 合成天然橡胶　*cis*-1, 4-polyisoprene rubber　04.0520

合成纤维　synthetic fiber　04.0681

合格质量区　fixed quality area, FQA　06.0144

合金　alloy　01.0017

合金白口铸铁　alloy white cast iron　02.0426

合金超导体　alloy superconductor　02.0940

合金的填隙有序　interstitial ordering in alloy　01.0274

合金电镀　alloy electroplating　01.1539

* 合金发色　mass coloring　01.1499

合金粉　alloyed powder　01.1734

合金钢　alloy steel　02.0210

合金工具钢　alloy tool steel　02.0345

合金过渡系数　alloy transfer efficiency　01.1660

合金结构钢　alloy structural steel　02.0271

合金热力学　thermodynamics of alloy　01.0155

合金渗碳体　alloyed cementite　02.0044

合金铸铁　alloy cast iron　02.0421

和田玉　Hetian jade　07.0256

核材料　nuclear materials　02.1026

核磁共振　nuclear magnetic resonance，NMR　01.0680

核反应堆　nuclear reactor　02.1024

核反应分析　nuclear reaction analysis，NRA　01.0661

核燃料　nuclear fuel　02.1027

核用不锈钢　stainless steel for nuclear reactor　02.1053

核用锆合金　zirconium alloy for nuclear reactor
　02.1052

核用铪　hafnium for unclear reactor　02.1065

核用锂　lithium for nuclear reactor　02.1095

核用锂－铅合金　lithium-lead alloy for nuclear reactor
　02.1098

核用铍　beryllium for nuclear reactor　02.1058

核用偏铝酸锂　lithium aluminate for nuclear reactor
　02.1097

核用石墨　graphite for nuclear reactor　02.1057

核用碳化硼　boron carbide for nuclear reactor　02.1064

核用氧化锂　lithium oxide for nuclear reactor　02.1096

核用氧化铍　beryllium oxide for nuclear reactor
　02.1059

核用银铟镉合金　silver-indium-cadmium alloy for nu-
　clear reactor　02.1063

荷重软化温度　refractoriness under load　03.0689

* 颌面[缺损]修复材料　maxillofacial prosthetic materi-
　als　08.0237

颌面赝复材料　maxillofacial prosthetic materials
　08.0237

褐铁矿　imonite　07.0063

褐钇铌矿　fergusonite　07.0051

黑斑　freckle　02.0817

黑光灯用发光材料　phosphor for black light lamp
　03.0358

黑晶　black grain　02.0820

黑十字花样　Maltese cross　04.0190

黑陶　carbonized pottery，black pottery　03.0179

黑钨矿　wolframite　07.0049

黑稀金矿　euxenite　07.0057

黑曜岩　obsidian　07.0163

黑釉瓷　black glazed porcelain　03.0180

黑云母　biotite　07.0096

痕迹　mark　06.0187

恒磁导率合金　constant permeability alloy　02.0876

* 恒速释放　zero-order release　08.0231

恒速蒸发区　the vaporization with invariable velocity
　01.1975

恒位移试样　constant displacement specimen　01.0745

* 恒温层　papillary layer　07.0408

* 恒温超塑性　structural superplasticity　01.1328

恒载荷试样　constant load specimen　01.0744

* 横剪强度　lateral-cut shearing strength to the grain of
　wood　07.0596

横浇道　runner　01.1105

* 横截面　transverse section　07.0529

* 横拉强度　tensile strength perpendicular to the grain of
　wood　07.0595

横流　transverse flow　04.1268

横切面　cross section　07.0529

横纹胶合板　cross grain plywood，perpendicular to grain
　plywood　07.0682

* 横向变形系数　Poisson ratio　01.0465

横向展宽　lateral broadening　01.1243

横向折断强度　cross-breaking strength　04.0635

横轧　cross rolling，transverse rolling　01.1152

烘漆　baking enamel　04.0904

红宝石　ruby　07.0240

红丹　red lead，lead oxide　04.1371

红木　hongmu　07.0646

红黏土　red clay　07.0207

红外辐射涂层　infrared radiating coating　03.0545

红外光谱法　infrared spectroscopy　01.0626

红外光学用锗　germanium for infrared optics　06.0115

红外激光玻璃　infrared laser glass　03.0485

红外检测　infrared testing　01.0672

红外热成像术　infrared thermography，thermography
　infrared　01.0673

红外散射缺陷　laser scattering topography defects，
　LSTDs　06.0205

红外探测器用半导体材料　semiconductor materials for infrared detector　06.0220

红外陶瓷　infrared ceramics　03.0309

红外透过石英玻璃　infrared transmitting silica glass　03.0468

* 红外伪装材料　infrared stealthy materials　02.0990

红外吸收光谱　infrared absorption spectrum　06.0027

红外线干燥　infrared radiation drying　03.0438

红外隐形材料　infrared stealthy materials　02.0990

红外隐形复合材料　infrared stealthy composite　05.0283

红外用半导体材料　semiconductor materials for infrared optic　06.0219

红柱石　andalusite　07.0069

宏观尺度　macroscale　01.0818

宏观偏析　macro-segregation　01.1076

* 宏观偏析　regional segregation　02.0178

宏观组织　macrostructure　01.0326

洪德定则　Hund rule　01.0115

后过渡金属催化剂　late transition metal catalyst　04.0097

后聚合　post polymerization　04.0051

后硫化　post cure，after cure，after vulcanization　04.0624

后收缩率　post-shrinkage　04.1205

厚度允许偏差　allowable thickness tolerance　06.0154

厚钢板　heavy steel plate　02.0229

厚膜电阻材料　thick film resistance materials　02.1142

* 厚向异性系数　plastic strain ratio　01.1312

弧坑　crater　01.1666

糊状胶黏剂　paste adhesive　04.0847

糊状凝固　solidification with mushy zone　01.1061

糊状区　mushy zone　01.1063

琥珀　amber　07.0266

互补色　complementary color　04.0923

互穿网络聚合物　interpenetrating polymer　04.0040

互穿网络聚合物基复合材料　interpenetrating network polymer composite　05.0138

* 互扣强度　loop tenacity　04.0819

花岗岩　granite　07.0161

* 花纹玻璃　patterned glass　03.0509

花样孔材　figured porous wood　07.0544

花釉　fancy glaze　03.0181

华夫刨花板　waferboard　07.0701

* 华蓝　iron blue　04.1372

滑动摩擦磨损　sliding friction and wear　01.0804

滑动水口　slide gate nozzle　03.0630

* 滑开型开裂　mode II cracking　01.0747

滑石　talc　07.0083

滑石菱镁片岩　listwanite，listvenite　07.0217

* 滑石菱镁岩　listwanite，listvenite　07.0217

滑石片岩　talc-schist　07.0216

滑石陶瓷　talc ceramics，steatite ceramics　03.0330

滑移　slip　01.0310

滑移带　slip band　01.0315

滑移面　slip plane　01.0311

滑移系　slip system　01.0312

化工搪瓷　enamelled chemical engineering apparatus　03.0564

化工陶瓷　ceramics for chemical industry　03.0242

化合物半导体材料　compound semiconductor materials　06.0210

化合物超导体　compound superconductor　02.0944

A-15[化合物]超导体　A-15 [compound] superconductor　02.0945

B-1[化合物]超导体　B-1 [compound] superconductor　02.0946

化合物-硅材料　compound-silicon materials　06.0407

化合物雪崩光电二极管　compound avalanche photo-diode　06.0332

化学沉淀法　chemical precipitation method　01.1754

化学镀　electroless plating　01.1556

化学发泡法　chemical expansion　04.1253

化学发泡剂　chemical foaming agent　04.1294

化学反应法　chemical reaction method　01.1877

* 化学纺丝[法]　reaction spinning　01.1959

化学功能性聚合物　polymer with chemical function　04.1060

化学共沉淀法　chemical coprecipitation method　01.1755

化学共沉淀法制粉　chemical coprecipitation process for making powder　03.0399

化学固化型义齿基托聚合物　chemical-curing denture base polymer　08.0273

* 化学固化型义齿基托树脂　self-curing denture base resin　08.0273

化学机械浆　chemi-mechanical pulp　07.0298

化学-机械抛光　chemical mechanical polishing，CMP

06.0139

化学激发胶凝材料 chemically-activated cementitious materials 03.0760

化学浆 chemical pulp 07.0294

化学降解 chemical degradation 04.0142

化学交联 chemical crosslinking 04.0133

化学结合陶瓷 chemical bonded ceramics 03.0293

化学控制药物释放系统 chemically controlled drug delivery system 08.0224

* 化学扩散 chemical diffusion 06.0248

化学抛光 chemical polishing 01.1558

化学气相沉积 chemical vapor deposition，CVD 01.1930

化学气相沉积法制粉 chemical vapor deposition process for making powder，CVD process for making powder 03.0407

化学热处理 chemical heat treatment 01.1360

化学势 chemical potential 01.0351

化学束外延 chemical beam epitaxy，CBE 06.0446

化学外加剂 chemical admixture，chemical additive 03.0712

化学吸附 chemical adsorption，chemisorption 01.0211

化学纤维 chemical fiber 04.0673

化学增塑剂 chemical plasticizer 04.1311

化学转化膜 chemical conversion film 01.1559

化学着色 chemical coloring 01.1496

化妆土 engobe 03.0113

划道 scratch 06.0196

划痕测试法 scratch test method 01.0713

还原沉淀 reduction precipitation 01.0880

还原粉 reduced powder 02.1192

还原气氛 reducing atmosphere 01.1377

还原渣 reducing slag 02.0126

还原锗锭 reduced germanium ingot 06.0107

还原制粉法 reduction process 01.1707

* 环化加聚 cycloaddition polymerization 04.0126

环化天然橡胶 cyclized natural rubber 04.0507

环加成聚合 cycloaddition polymerization 04.0126

环境断裂 environmental fracture 01.0771

环境矿物 environment mineral 07.0009

环境应力开裂 environmental stress cracking 04.0291

环聚硅氧烷 cyclopolysiloxane 04.0977

环聚硅氧烷的非平衡化聚合 non-equilibrium polymerization of cyclopolysiloxane 04.0987

环聚硅氧烷的平衡化聚合 equilibrium polymerization of cyclopolysiloxane 04.0986

环孔材 ring porous wood 07.0540

环戊二烯树脂 polycyclopentadiene resin 04.0346

环形激光器 ring laser 06.0333

环氧-丁腈胶黏剂 nitrile-epoxy adhesive 04.0862

环氧化天然胶乳 epoxidized natural rubber latex 04.0515

环氧化天然橡胶 epoxidized natural rubber 04.0508

环氧胶黏剂 epoxy adhesive 04.0855

环氧树脂 epoxy resin 04.0419

环氧树脂基复合材料 epoxy resin composite 05.0126

环氧涂料 epoxy coating 04.0914

缓聚作用 retardation 04.0085

荒料 quarry stone 07.0279

黄变 yellowing 04.0954

黄饼 yellow cake 02.1038

黄晶 citrine 07.0245

黄昆散射 Huang scattering 01.0142

黄色指数 yellowness index，yellow index 04.1184

* 黄水晶 citrine 07.0245

黄铁矿 pyrite 07.0018

黄铜 brass 02.0592

α黄铜 α brass 02.0593

α+β黄铜 α+β brass 02.0595

黄铜矿 chalcopyrite 07.0020

黄土 loess 07.0183

黄钇钽矿 formanite 07.0052

黄玉 topaz 07.0249

煌斑岩 lamprophyre 07.0173

灰口铸铁 grey cast iron 02.0416

灰皮 limed skin，limed hide 07.0396

* 灰铸铁 grey cast iron 02.0416

* 挥发油 essential oil，volatile oil 07.0738

辉铋矿 bismuthinite 07.0028

辉长岩 gabbro 07.0152

辉光放电沉积 glow discharge deposition 06.0291

* 辉光放电渗碳 glow discharge carburizing 01.1578

辉绿岩 diabase 07.0157

辉钼矿 molybdenite 07.0024

辉石 pyroxene 07.0073

辉石类硅酸盐结构 pyroxene silicate structure 03.0029

辉石岩 pyroxenite 07.0150

辉锑矿 stibnite 07.0027

辉铜矿　chalcocite　07.0021

辉银矿　argentite　07.0023

回潮　conditioning　07.0485

回复　recovery　01.0402

回归　reversion　01.1439

回火　tempering　01.1425

回火脆性　temper brittleness　01.1434

回火马氏体　tempered martensite　02.0028

回火屈氏体　tempered troostite　02.0029

回火索氏体　tempered sorbite　02.0030

回火稳定性　tempering resistance　01.1427

回磷　rephosphorization　02.0143

回硫　resulfurization　02.0144

回黏　after tack　04.0952

回熔　melting back　01.0941

回弹　spring back　01.1320

回弹性　resilience　04.1207

回旋共振　cyclotron resonance　01.0054

回转半径　radius of gyration　04.0179

回转成形　rotary forming　01.1351

* 回转成型　rotational molding　04.1249

回转屈挠疲劳失效　rotational flex fatigue failure　04.1213

回转屈挠疲劳实验　rotary flex fatigue test　04.0642

回转屈挠疲劳温升　temperature rise caused by rotational flex fatigue　04.1214

绘画珐琅　painted enamel, limoge　03.0571

* 绘图珐琅　painted enamel, limoge　03.0571

混合材　mineral additive, admixture　03.0722

混合粉　mixed powder　02.1201

混合氧化物燃料　mixed oxide fuel　02.1042

* 混晶材料　mixed crystal materials　06.0253

混晶组织　mixed grain microstructure　02.0819

混炼　mixing　04.0648

混炼型聚氨酯橡胶　millable polyurethane rubber　04.0592

混凝土　concrete　03.0741

* 混凝土拌和物　concrete mixture　03.0762

混凝土模板　panel for construction form　07.0716

混杂比　hybrid ratio　05.0172

混杂界面数　hybrid interface number　05.0171

混杂纤维复合材料　hybrid composite　05.0015

混杂纤维增强聚合物基复合材料　hybrid fiber reinforced polymer composite　05.0119

混杂增强金属基复合材料　hybrid reinforced metal matrix composite　05.0238

活度　activity　01.0173

* 活化　activation　01.0206

活化剂　activator　01.1805

活化胶粉　active waste rubber powder　04.0611

* 活化能　activation energy　01.0208

活化烧结　activated sintering　01.1804

活套轧制　loop rolling　01.1156

活性反应蒸镀　activated reactive evaporation deposition　01.1926

活性粉末混凝土　reactive powder concrete　03.0754

活性气体保护电弧焊　metal active gas arc welding　01.1605

活性炭　activated carbon, active carbon, activated charcoal　07.0751

活性碳纤维　activated carbon fiber　04.0772

活性种　reactive species　04.0053

火成岩　igneous rock　07.0143

火法冶金　pyrometallurgy　01.0855

火花塞电极镍合金　sparking plug electrode nickel alloy　02.0789

火花源质谱法　spark source mass spectrometry　01.0655

* 火泥　refractory mortar　03.0671

火山灰　volcanic dust　07.0170

* 火山灰水泥　Portland pozzolana cement　03.0729

火山灰质硅酸盐水泥　Portland pozzolana cement　03.0729

火山灰质混合材　pozzolanic admixture　03.0723

火山岩　volcanic rock　07.0171

火山渣　scoria　07.0169

* 火石　chert　07.0043

火焰重熔　flame remolten　01.1520

火焰粉末喷焊　powder flame spray welding　01.1519

火焰粉末喷涂　powder flame spraying　01.1518

火焰合成法　flame synthesis of powder　03.0408

火焰喷枪　flame spraying gun　01.1521

火焰喷涂　flame spraying　01.1517

火焰钎焊　flame soldering　01.1648

霍尔-佩奇关系　Hall-Petch relationship　01.0514

霍尔迁移率　Hall mobility　06.0025

霍尔系数　Hall coefficient　06.0024

霍尔系数测量　measurement of Hall coefficient　06.0489

霍尔效应　Hall effect　06.0023

J

机电耦合系数　electromechanical coupling factor　03.0384

机敏材料　smart materials　01.0032

机敏复合材料　smart composite　05.0019

机械粉碎　mechanical comminution　01.1727

机械合金化　mechanical alloying　01.1721

机械合金化粉　mechanically alloyed powder　02.1197

机械合金化高温合金　mechanically alloyed superalloy　02.0850

机械浆　mechanical pulp　07.0297

机械力化学法制粉　making powder through mechano-chemistry　03.0397

机械细化　mechanical grain refinement　01.1050

机械应力缺陷　mechanical stress defect　06.0181

机械增强超导线　mechanically reinforced superconducting wire　02.0974

鸡血石　bloodstone　07.0262

J 积分　J-integral　01.0733

积木式方法　building block approach，BBA　05.0393

PS[基]板　presensitized plate　02.0502

基-超导体[体积]比　matrix to superconductor［volume］ratio　02.0978

基底硅片　base wafer　06.0412

* Ti₂AlNb 基合金　O phase alloy　02.0573

* 基料　binder　04.0895

* 基片　substrate　06.0436

基体钢　matrix steel　02.0358

* 基体-微纤型复合纤维　sea-island composite fiber　04.0742

基体[相]　matrix [phase]　01.0339

基团转移聚合　group transfer polymerization，GTP　04.0106

基托　baseplate　08.0301

基因传递系统　gene delivery system　08.0215

* 基因导入系统　gene delivery system　08.0215

基因载体　gene vector　08.0228

基因治疗　gene therapy　08.0086

* 基质型药物释放系统　monolithic drug delivery system　08.0221

基座　susceptor　06.0479

激光表面淬火　laser surface quenching　01.1469

激光表面改性　laser surface modification　01.1468

激光表面回火　laser surface tempering　01.1471

激光表面清理　laser surface cleaning　01.1479

激光表面退火　laser surface annealing　01.1470

激光表面修饰　laser surface adorning　01.1480

激光玻璃　laser glass　03.0484

激光玻璃光纤　laser glass fiber　03.0101

激光冲击成形　laser shock forming　01.1350

激光冲击硬化　laser shock hardening　01.1482

激光二极管　laser diode，LD　06.0304

激光非晶化　laser amorphousizing　01.1477

激光分子束外延　laser molecular beam epitaxy，LMBE　01.1946

激光辅助等离子体分子束外延　laser assisted plasma molecular beam epitaxy　06.0454

激光辅助化学气相沉积　laser assisted chemical vapor deposition　06.0474

激光焊　laser welding　01.1620

激光合金化　laser alloying　01.1473

激光化学气相沉积　laser chemical vapor deposition　01.1935

激光晶体　laser crystal　03.0064

激光刻蚀　laser corrosion　01.1481

激光快速成型　laser rapid prototyping，LRP　03.0435

激光气相沉积　laser vapor deposition　01.1483

激光钎焊　laser brazing，laser soldering　01.1652

激光热化学气相沉积　laser thermal chemical vapor deposition　01.1936

激光熔覆　laser cladding　01.1474

激光熔凝　laser fused　01.1472

激光三维成形　three-dimensional laser forming　01.1347

* 激光上釉　laser glazing　01.1477

激光烧结　laser sintering　01.1815

激光陶瓷　laser ceramics　03.0365

激光微探针质谱法　laser microprobe mass spectrometry　01.0656

* 激光相变硬化　laser phase-change hardening　01.1469

激光血管成形术 laser angioplasty 08.0188

激光诱导化学反应 laser induced chemical reaction 06.0476

激光诱导化学气相反应制粉 making powder through laser inducing gas reaction 03.0406

激光原子层外延 laser atomic layer epitaxy 06.0465

激光增强化学气相沉积 laser enhancement chemical vapor deposition 06.0475

激光蒸发沉积 laser evaporation deposition 01.1904

激活 activation 01.0206

激活能 activation energy 01.0208

激冷 shock chilling 01.1000

激冷层 chill zone 01.1065

激子 exciton 01.0069

吉布斯-汤姆孙系数 Gibbs-Thomson factor 01.0951

* 吉布斯相律 Gibbs phase rule 01.0186

吉布斯自由能 Gibbs free energy 01.0169

即刻义齿 immediate denture 08.0310

极化电位 polarization potential 01.0896

极化率 polarizability 03.0378

极化强度 intensity of polarization 01.0572

极化子 polaron 01.0543

极化子电导 polaron conductivity 01.0544

极谱法 polarography 01.0628

极射赤面投影 stereographic projection 01.0253

极图 pole figure 01.0262

极限拉延比 limit drawing ratio, LDR 01.1313

极限黏度 limiting viscosity 04.0304

* 急冷凝固铝合金 rapidly solidified aluminum alloy 02.0491

急性毒性 acute toxicity 08.0123

* 集成材 glued laminated wood, glulam 07.0642

集成材地板 block-jointed flooring 07.0718

集成电路 integrated circuit 06.0007

集成电路引线铝合金 aluminum alloy for integrate circuit down-lead 02.0494

集成橡胶 integral rubber 04.0532

瘠性原料 non-plastic materials, lean materials 03.0115

几何软化 geometrical softening 01.0516

挤出层压复合 extrusion lamination 04.1238

挤出成型 extrusion 04.1236

挤出机 extruder 04.1222

挤出-拉伸吹塑成型 extrusion drawing blow molding 04.1247

* 挤出胀大 extrudate swell 04.1260

挤出胀大比 die swelling ratio 04.0308

挤水 samming 07.0476

挤压 extrusion 01.1188

* 挤压包覆 extrusion cladding 01.1197

挤压比 extrusion ratio 01.1221

挤压残料 discard 01.1224

挤压成型 extrusion forming 03.0420

挤压垫 dummy block 01.1239

挤压杆 extrusion stem, extrusion ram 01.1237

挤压力 extrusion pressure 01.1222

挤压模 extrusion die 01.1235

挤压模角 extrusion die cone angle 01.1227

挤压死区 dead zone in extrusion 01.1216

挤压速度 extrusion speed 01.1223

挤压缩尾 extrusion funnel 01.1217

挤压筒 container 01.1236

挤压脱水 pressing leaching, squeeze dehydration 03.0410

* 挤压针 piercer 01.1238

给硫剂 sulfur donor 04.1306

脊形波导激光二极管 ridge waveguide laser diode 06.0334

脊柱矫形材料 biomaterials in spinal fusion 08.0320

计算材料学 computational material science, CMS 01.0810

计算机断层扫描术 computer tomography, CT 01.0696

* 计算机仿真 computer simulation 01.0814

计算机建模 computer modeling 01.0813

计算机模拟 computer simulation 01.0814

记忆合金支架 memonic alloy stent 08.0194

* 记忆效应自膨胀支架 memonic alloy stent 08.0194

* CALPHAD 技术 computer calculation of phase diagram, CALPHAD 01.0852

* CSP 技术 compact strip production, CSP 02.0174

* EMS 技术 electromagnetic stirring, EMS 01.0923

加成硫化型硅橡胶 addition vulcanized silicone rubber 04.0584

加成型硅橡胶 addition type silicone rubber 04.0999

加工软化 work softening 01.0515

* 加工铜合金 wrought copper alloy 02.0620

加工硬化 work hardening 01.0470

加工硬化指数 strain hardening exponent 01.0471

加捻　twisting　01.1981

加气混凝土　gas concrete　03.0745

加速大气老化　accelerated weathering　04.1175

加速冷却　accelerated cooling，AC　02.0171

加压淬火　press hardening　01.1409

加压熔浸　infiltration by pressure　01.1825

加脂　fatliquoring　07.0483

夹层玻璃　laminated glass　03.0529

夹层模塑　sandwich molding　04.1252

夹痕　chuck mark　06.0188

夹砂　sand inclusion　01.1088

夹丝玻璃　wired glass　03.0533

夹心板　sandwich board　07.0706

夹芯混杂复合材料　sandwich hybrid composite　05.0122

镓反位缺陷　gallium antisite defect　06.0250

镓空位　gallium vacancy　06.0251

镓铝砷　aluminium gallium arsenide　06.0256

镓砷磷　gallium arsenic phosphide　06.0254

镓铟磷　gallium indium phosphide　06.0258

镓铟铝氮　aluminium gallium indium nitride　06.0260

镓铟砷　gallium indium arsenide　06.0255

镓铟砷磷　gallium indium arsenide phosphide　06.0261

镓铟砷锑　gallium indium arsenide antimonide　06.0262

* 甲硅烷　monosilane　04.0957

甲基苯基硅油　methyl phenyl silicone oil　04.0990

甲基丙烯酸甲酯–丁二烯–苯乙烯共聚物　methylme-thacrylate-butadiene- styrene copolymer，MBS co-polymer　04.0394

甲基硅橡胶　methyl silicone rubber　04.0998

甲基含氢硅油　methyl hydrogen silicone oil　04.0993

甲基铝氧烷　methylaluminoxane，MAO　04.0099

甲基氢二氯硅烷　methyl hydrogen-dichlorosilane　04.0964

甲基三氯硅烷　methyl trichlorosilane　04.0961

甲基纤维素　methyl cellulose，MC　04.0407

甲基乙烯基硅橡胶　methyl vinyl silicone rubber　04.1002

甲基乙烯基三氟丙基硅橡胶　methyl vinyl trifluoropro-pyl silicone rubber　04.0578

钾长石　potassium feldspar　07.0104

钾盐　sylvite　07.0034

架状硅酸盐结构　framework silicate structure　03.0034

假捻　false twisting　01.1983

假捻变形丝　false-twist textured yarn　04.0726

假捻定型变形丝　false-twist stabilized textured yarn　04.0727

假捻度　false twisting degree　01.1984

假塑性流体　pseudoplastic fluid　04.0296

假体　prosthesis　08.0020

尖晶石　spinel　07.0045

间规聚苯乙烯　syndiotactic polystyrene，SPS　04.0390

间规聚丙烯　syndiotactic polypropylene，SPP　04.0372

* 间规聚合物　syndiotactic polymer　04.0020

间同立构聚合物　syndiotactic polymer　04.0020

减反射玻璃　anti-reflective glass　03.0502

* 减磨铸铁　wear-resistant cast iron　02.0423

减水剂　water-reducing admixture　03.0713

减振合金　damping alloy　02.1120

减振复合材料　damping composite　05.0294

减振铜合金　damping copper alloy　02.1123

减振锌合金　damping zinc alloy　02.1126

剪切　shearing　01.1305

剪切模量　shear modulus　01.0461

* 剪切黏度　shear viscosity　04.1145

剪切稀化　shear thinning　04.0300

剪切增稠　shear thickening　04.0301

简单黄铜　single brass　02.0594

简支梁冲击强度　Charpy impact strength　04.1157

碱脆　caustic embrittlement　01.0780

碱回收　alkali recovery　07.0319

碱激发矿渣胶凝材料　alkali-activated slag cementitious materials　03.0761

碱热处理活化改性　bioactivation modification by alka-line-heat treatment　08.0106

碱式硫酸镁晶须增强体　basic magnesium sulfate whisker reinforcement　05.0091

碱性焊条　basic electrode　01.1677

碱性耐火材料　basic refractory　03.0595

碱性渣　basic slag　02.0128

间接还原　indirect reduction　02.0104

* 间接脱氧　diffusion deoxidation　02.0133

间接跃迁型半导体材料　indirect transition semiconduc-tor materials　06.0217

间隙固溶强化　substitutional solution strengthening　01.0523

间隙固溶体　interstitial solid solution　01.0378

间隙原子　interstitial atom　01.0280

* 建白　lard white of Dehua　03.0136

建筑玻璃　architectural glass　03.0507

建筑钢　building steel　02.0275

建筑陶瓷　construction ceramics，ceramics for building material　03.0145

润滑剂　lubricant　02.1212

溅射沉积　sputtering deposition　01.1913

溅射清洗　sputtering cleaning　01.1597

溅渣护炉　slag splashing　02.0138

键合技术　bonding technique　06.0409

键合界面　bonding interface　06.0411

键合金丝　bonding gold wire　02.0650

键合晶片　bonded wafer　06.0410

键能　bond energy　01.0230

浆料法预浸料　slurry prepared prepreg　05.0177

浆粕增强体　pulp reinforcement　05.0074

降冰片烯封端聚酰亚胺　norborneneanhy-dride-terminated polyimide　04.0469

降解　degradation　04.0139

降速蒸发区　the vaporization with decreasing velocity　01.1976

交滑移　cross-slip　01.0313

交换耦合　exchange coupling　01.0047

* 交换偏置　exchange bias　01.0047

* 交换弹簧永磁体　nanocrystalline composite permanent magnet　02.0908

交换作用　exchange interaction　01.0114

交联　crosslinking　04.0132

交联丁基橡胶　crosslinked butyl rubber　04.0569

交联度　degree of crosslinking，network density　04.0202

交联剂　crosslinking agent　04.1281

交联聚合物　crosslinked polymer　04.0032

交联聚乙烯　crosslinked polyethylene　04.0365

交流电解着色　pulse current electrolytic coloring　01.1504

交络丝　interlaced yarn，tangled yarn　04.0732

交替丁腈橡胶　nitrile-butadiene alternating copolymer rubber　04.0565

交替共聚物　alternating copolymer　04.0023

交直流叠加阳极氧化　superimposed alternating current anodizing　01.1492

浇口杯　pouring cup，pouring basin　01.1103

* 浇注成型　slip casting　03.0419

浇注系统　gating system　01.1102

浇注型聚氨酯橡胶　castable polyurethane rubber　04.0591

浇铸温度　pouring temperature　01.1056

胶版印刷纸　offset printing paper　07.0321

胶合板　plywood　07.0650

胶合板分层　plywood delamination　07.0674

胶合板鼓泡　plywood blister，plywood bump　07.0673

胶合板预压　plywood prepressing　07.0670

胶合板组坯　plywood assembly，plywood layup　07.0667

胶合木　glued laminated wood，glulam　07.0642

胶合强度　bond strength　07.0672

* 胶接　bonding　04.0831

胶接接头　adhesive joint　04.0883

胶接体系　adhesive bonding system　04.0882

胶瘤　fillet　04.0878

胶膜　adhesive film　05.0201

胶黏剂　adhesive　04.0829

EVA 胶黏剂　ethylene vinylacetate copolymer adhesive　04.0865

胶凝材料　cementitious materials　03.0700

胶凝剂　gelating agent　04.1303

胶态成型　colloidal forming　03.0430

胶态注射成型　colloidal injection molding　03.0431

胶原蛋白　collagen　07.0416

胶原纤维　collagen fiber　07.0413

焦宝石　jiaobao stone　03.0681

焦比　coke ratio　02.0097

焦耳效应　Joule effect　06.0387

* 焦化　coking　02.0079

焦料　coke charge　02.0087

* 焦绿石结构　pyrochlore structure　03.0022

焦平面　focal plane　06.0143

焦烧　scorching　04.0621

焦烧时间　scorching time　04.0622

焦炭　coke　02.0077

角钢　angle steel　02.0241

* 角砾云母橄榄岩　kimberlite　07.0149

角膜接触镜　corneal contact lens　08.0028

角闪石类硅酸盐结构　amphibole silicate structure　03.0030

角闪石岩　hornblendite　07.0151

角岩　hornfels　07.0211

角状粉　angular powder　02.1181

矫顽力　coercive force　01.0565

矫形器　orthosis　08.0322

矫直　straightening　01.1170

搅拌摩擦焊　friction stir welding　01.1637

搅拌磨　attrition mill　03.0393

校形　sizing, correcting　01.1309

疖状腐蚀　nodular corrosion　02.0770

接触反应钎焊　contact reaction brazing　01.1656

* 接触腐蚀　galvanic corrosion　01.0770

接触角　contact angle　04.1131

接触黏性　tack　04.0886

接触疲劳　contact fatigue　01.0505

接触疲劳磨损　contact fatigue wear，fatigue wear
　　01.0799

接触型胶黏剂　contact adhesive　04.0838

接缝密封胶　gap-filling adhesive　04.0852

接骨板　internal fixation plate　08.0319

* 接骨钉　bone needle　08.0318

接骨丝　bone wire　08.0313

接枝点　grafting site　04.0027

接枝度　grafting degree　04.0029

接枝共聚物　graft copolymer　04.0026

接枝胶原改性　modification by grafted collagen
　　08.0109

接枝聚丙烯　graft polypropylene　04.0377

* 接枝聚合物　graft polymer　04.0026

接枝天然橡胶　grafted natural rubber　04.0506

接枝效率　efficiency of grafting　04.0028

洁净钢　clean steel　02.0214

洁净区　denuded zone　06.0173

结构材料　structural materials　01.0028

结构复合材料　structural composite　05.0007

结构钢　structural steel　02.0269

结构胶黏剂　structural adhesive　04.0832

结构起伏　structural fluctuation　01.0943

结构人造板　structural panel　07.0708

结构陶瓷　structural ceramics　03.0236

结构吸波材料　structural radar absorbing materials
　　02.0996

结构相变　structural phase transition　01.0359

[结构]演化方程　[structure] evolution equation
　　01.0827

结构隐形复合材料　structural stealthy composite
　　05.0306

结构阻尼复合材料　structural damping composite
　　05.0304

结合胶　bonded rubber　04.0607

结合强度　bonding strength　01.1545

结节强度　knot tenacity　04.0820

结晶　crystallization　01.0927

结晶度　degree of crystallinity，crystallinity　04.0192

* 结晶界面　crystallization interface　01.1852

结晶聚合物　crystalline polymer　04.0183

结晶器液面控制　steel level control　02.0159

结晶热　heat of crystallization　03.0005

结晶温度区间　solidification temperature region
　　01.0935

结晶釉　crystalline glaze　03.0182

结晶雨　crystal shower　01.1075

结石收集器　stone dislodger　08.0213

解聚　depolymerization　04.0138

* 解聚橡胶　liquid natural rubber　04.0518

解理断裂　cleavage fracture　01.0723

解捻　untwisting　01.1982

解取向　disorientation　04.0210

解团聚　deaggregating process　03.0417

介电常数　dielectric constant　01.0553

介电弛豫　dielectric relaxation　01.0556

介电法固化监测　dielectric cure monitoring　05.0223

介电击穿　dielectric breakdown　01.0558

* 介电松弛　dielectric relaxation　01.0556

介电损耗　dielectric loss　01.0559

介电损耗角正切　tangent of dielectric loss angle
　　03.0385

介电陶瓷　dielectric ceramics　03.0326

介电体　dielectric　01.0552

介电吸收　dielectric absorption　01.0557

介电相位角　dielectric phase angle　01.0560

介电应力　dielectric stress　01.0555

介观尺度　mesoscale　01.0819

介入材料　intervention materials　08.0183

介入放射学　interventional radiology　08.0182

介质绝缘晶片　delectric insolation wafer　06.0162

介质色散率　medium dispersion　01.0585

界面　interface　01.0327

界面电子态　interface electronic state　01.0067

界面聚合　interfacial polymerization　04.0124

界面能　interfacial energy　01.0331

界面缩聚　interfacial polycondensation　04.0125

界面稳定性　interface stability　01.0962

* 界面自由能　interface free energy　01.0950

金　gold　02.0628

金伯利岩　kimberlite　07.0149

* 金瓷冠　metallo-ceramic crown　08.0298

金刚石　diamond　07.0014

金刚石多晶薄膜　polycrystalline diamond film　03.0095

金刚石复合刀具　diamond composite cutting tool　03.0097

金刚石复合合金　metal bonded diamond　02.1269

金刚石结构　diamond structure　03.0009

金红石　rutile　07.0038

金红石晶体　rutile crystal　03.0077

金红石型结构　rutile structure　03.0015

金基合金　gold based alloy　02.0631

金绿宝石　chrysoberyl　07.0050

金绿宝石猫眼　chrysoberyl cat's eye　07.0247

金砂釉　aventurine glaze　03.0183

金属-半导体-金属光电探测器　metal-semiconductor-metal photo-detector　06.0335

金属材料　metal materials　01.0011

金属沉淀法　metal precipitation　01.0886

金属导电性　metallic conductivity　01.0541

金属电子论　electron theory of metal　01.0044

金属分离膜　metal separation membrane　02.1227

金属复合耐火材料　metal composite refractory　03.0636

* 金属汞齐　cadmium-mercury amalgam　02.0690

金属过滤器　metal filter　02.1226

金属基复合材料　metal matrix composite，MMC　05.0010

金属基复合材料热压制备工艺　hot pressing fabrication of metal matrix composite　05.0265

金属基复合材料无压浸渗制备工艺　pressureless infiltration fabrication of metal matrix composite　05.0264

金属基复合材料原位复合工艺　in-situ reaction fabrication of metal matrix composite　05.0263

金属基复合材料真空吸铸　vacuum suction casting of metal matrix composite　05.0262

金属键　metallic bond　01.0225

* 金属-金刚石合金　metal bonded diamond　02.1269

金属晶须增强体　metallic whisker reinforcement　05.0077

金属烤瓷粉　ceramic fused to metal materials　08.0280

金属烤瓷冠　metallo-ceramic crown　08.0298

金属离子注入　metallic ion implantation　01.1594

金属络合离子电镀　metal complex ion electroplating　01.1538

金属配合物发光材料　light emitting metal materials　06.0419

金属氢化物　metal hydride　02.1016

金属熔渗钨　metal infiltrated tungsten　02.0705

金属熔体　metal melt　02.0071

金属丝增强高温合金基复合材料　metal filament reinforced superalloy matrix composite　05.0248

金属丝增强难熔金属基复合材料　metal filament reinforced refractory metal matrix composite　05.0249

金属塑性　plasticity of metal　01.1142

金属陶瓷　ceramal，metallic ceramics　02.1259

金属陶瓷法　metal ceramic technique　02.1167

金属/陶瓷粒子复合电镀　metal/ceramic composite electroplating　01.1540

金属物理学　metal physics　01.0041

金属纤维增强体　metal filament reinforcement　05.0028

金属型燃料　metallic fuel　02.1040

金属型铸造　permanent mold casting　01.1026

* 金属学　physical metallurgy　01.0010

金属颜料　metallic pigment　04.1367

金属永磁体　metal based magnet　02.0878

金属有机高分子　organometallic macromolecule　04.0006

金属有机化合物气相外延　metalorganic vapor phase epitaxy　06.0455

金属有机化合物原子层外延　metalorganic atomic layer epitaxy　06.0464

金属有机源　metalorganic source　01.1945

金属有机源分子束外延　metalorganic molecular beam epitaxy，MOMBE　06.0445

金属主盐　metallic main salt　01.1548

金水　liquid gold　03.0185

金相检查　metallographic examination，metallography　01.0689

金相学　metallography　01.0008

金云母　phlogopite　07.0095

紧凑带钢生产技术　compact strip production，CSP　02.0174

堇青石　cordierite　07.0071

锦玻璃　mosaic glass　03.0526

* 锦纶　fatty polyamide fiber　04.0700

* 锦纶 4 纤维　polybutyrolactam fiber　04.0704

* 锦纶 6 纤维　polycaprolactam fiber　04.0703

* 锦纶 66 纤维　polyhexamethylene adipamide fiber　04.0702

近表面层　near surface layer　01.1454

近程分子内相互作用　short-range intramolecular interaction　04.0152

近程结构　short-range structure　04.0150

近红外伪装材料　near-infrared camouflage materials　02.0995

近净成形　near-net shape forming　01.1795

近快速凝固　near rapid solidification　01.0993

近平衡凝固　near-equilibrium solidification　01.0996

近α钛合金　near α titanium alloy　02.0541

近β钛合金　near β titanium alloy　02.0544

浸出　leaching　01.0863

浸出率　leaching rate　01.0869

浸灰　liming　07.0469

浸漆　dipping coating　04.0901

浸润层　wetting layer　06.0042

浸酸　pickling　07.0472

浸涂　dipping coating　04.0894

浸渍　impregnation　01.1833

浸渍法　infiltration process　02.0984

浸渍法成型　infiltration forming　03.0427

浸渍胶膜纸覆面人造板　surface decorated wood-based panel with paper impregnated thermosetting resin　07.0713

浸渍纸层压木质地板　laminate flooring　07.0717

浸渍纸和纸板　saturating paper and board　07.0365

经典层合板理论　laminated plate theory　05.0339

经济型不锈钢　resource-saving stainless steel　02.0393

* 经济型高速钢　low alloy high speed steel　02.0357

经皮器件　percutaneous device　08.0027

经验势函数　experienced interatomic potential function　01.0847

* 茎纤维　stem fiber　04.0668

晶胞　crystal cell　01.0248

晶格　lattice　01.0247

晶格反演　lattice inversion　01.0848

晶格失配　lattice mismatch　06.0099

晶核　crystal nucleus　01.1851

* 晶间断裂　intergranular fracture　01.0721

晶间腐蚀　intergranular corrosion　01.0768

晶界　grain boundary　01.0334

晶界层电容器陶瓷　grain boundary layer capacitor ceramics　03.0325

晶粒　grain　01.0332

晶粒长大　grain growth　01.0416

晶粒细化　grain refinement　01.1049

晶粒细化强化　grain refinement strengthening　01.0525

晶粒增殖　grain multiplication　01.1074

晶面　crystal face　01.0250

晶面交角守恒定律　conservation law of crystal plane　01.0255

* 晶面指数　Miller indices　01.0251

晶内铁素体　intragranular ferrite　02.0017

晶片厚度　thickness of slices　06.0153

晶片机械强度　mechanical strength of slices　06.0158

晶体　crystal　01.0233

* LGS 晶体　lanthanum gallium silicate crystal　03.0088

晶体材料　crystalline materials　01.0020

晶体场理论　crystal-field theory　01.0124

* 晶体点阵　lattice　01.0247

晶体对称性　symmetry of crystal　01.0244

晶体各向异性　anisotropy of crystal　01.0265

晶体结构　crystal structure　01.0241

晶体结合力　cohesive force of crystal　01.0183

晶体结合能　cohesive energy of crystal　01.0182

晶体缺陷　crystal defect　01.0277

晶体生长　crystal growth　01.1847

晶体塑性模型　crystal plastic model　01.0843

* 晶体纤维　single crystal optical fiber　03.0105

晶体原生凹坑　crystal originated pit，COP　06.0202

晶系　crystal system　01.0242

晶向　crystal direction　01.0249

晶向偏离　off-orientation　06.0087

晶型转变热　heat of crystal polymorphic transformation　03.0007

晶须　whisker　01.0238

晶须补强陶瓷基复合材料　whisker reinforced ceramic matrix composite　05.0269

晶须增强金属基复合材料　whisker reinforced metal matrix composite　05.0236

晶须增强体　whisker reinforcement　05.0076

晶质铀矿　uraninite　07.0059

晶种　seed crystal　01.0878

腈硅橡胶　nitrile silicone rubber　04.0580

* 腈氯纶　acrylonitrile-vinyl chloride copolymer fiber　04.0688

* 腈纶　polyacrylonitrile fiber　04.0686

精炼　refining, secondary metallurgy　02.0135

精密电阻合金　precision electrical resistance alloy　02.1141

精密模锻　precision die forging　01.1251

精陶　fine pottery　03.0127

* 精细陶瓷　fine ceramics　03.0235

精油　essential oil, volatile oil　07.0738

精整　finishing, sizing　01.1168

肼-甲醛胶乳　hydrazine-formalde-hyde latex　04.0516

颈缩现象　necking　04.0284

景泰蓝　cloisonne　03.0570

净面　cleaning　07.0489

净载流子浓度　net carrier concentration　06.0012

径切面　radial section　07.0530

径向电阻率变化　radial resistivity variation　06.0019

径向锻造　radial forging　01.1272

竞聚率　reactivity ratio　04.0128

* 静电纺丝　electro-spinning　01.1956

静电粉末喷涂　powder electrostatic spraying　01.1564

静电流化床浸涂　electrostatic fluidized bed dipping painting　01.1568

静电喷涂　electrostatic spraying　01.1524

静电射线透照术　xeroradiography　01.0667

静脉滤器　vein filter　08.0208

静态回复　static recovery　01.0404

静态黏弹性　static viscoelasticity　04.0262

静态应变时效　static strain aging　01.0394

静态再结晶　static recrystallization　01.0415

静压头　static pressure head　01.1060

静液挤压　hydrostatic extrusion　01.1214

静置　holding　01.1057

镜面光泽度　degree of specular gloss　04.1185

居里定律　Curie law　01.0111

居里温度　Curie temperature　01.0112

局部腐蚀　localized corrosion　01.0765

局部光散射体　localized light-scatter　06.0183

局部纳米晶铝合金　local nanocrystalline aluminum alloy　02.0493

局部平整度　site flatness　06.0146

局部热处理　local heat treatment, partial heat treatment　01.1362

橘皮　orange peel　06.0197

矩磁铁氧体　rectangular loop ferrite　03.0322

巨磁电阻材料　giant magnetoresistance materials, GMR materials　02.1150

巨磁电阻效应　giant magnetoresistance effect, GMR effect　01.0121

巨磁电阻半导体　giant magnetoresistance semiconductor　06.0365

拒水剂　water repellent agent　04.1014

锯材　sawn timber, sawed timber　07.0515

* 聚氨基甲酸酯　polyurethane　04.0421

聚氨酯　polyurethane　04.0421

聚氨酯胶黏剂　polyurethane adhesive　04.0858

聚氨酯密封胶　polyurethane sealant　04.0868

聚氨酯泡沫塑料　polyurethane foam　04.0422

聚氨酯树脂基复合材料　polyurethane resin composite　05.0135

聚氨酯涂料　polyurethane coating　04.0917

聚氨酯橡胶　polyurethane rubber　04.0590

聚倍半硅氧烷　polysilsesquioxane　04.0980

聚苯　polyphenylene　04.0481

聚苯胺　polyanilene　04.1043

聚苯并噁唑　polybenzoxazole, PBO　04.0480

聚苯并噁唑纤维增强体　polybenzoxazole fiber reinforcement　05.0055

聚苯并咪唑　polybenzimidazole, PBI　04.0477

聚苯并咪唑基复合材料　polybenzimidazole composite　05.0147

聚苯并咪唑纤维　polybenzimidazole fiber　04.0758

聚苯并咪唑纤维增强体　polybenzimidazole fiber reinforcement　05.0053

聚苯并咪唑酰亚胺　poly(benzimidazole-imide)　04.0478

聚苯并噻唑　polybenzothiazole, PBT　04.0479

聚苯并噻唑纤维增强体　polybenzothiazole fiber reinforcement　05.0054

聚苯硫醚　polyphenylene sulfide, PPS　04.0475

聚苯硫醚基复合材料　polyphenylene sulfide composite

05.0139

聚苯醚 polyphenyleneoxide，PPO 04.0445

聚苯乙烯 polystyrene，PS 04.0388

聚苯乙烯纤维 polystyrene fiber 04.0715

聚吡咯 polypyrrole 04.1042

聚变堆 fusion reactor 02.1081

聚变堆材料 fusion reactor materials 02.1084

聚变堆绝缘材料 insulator materials of fusion reactor
02.1101

聚变堆冷却剂材料 coolant materials of fusion reactor
02.1100

聚变堆用超导材料 superconducting materials for fusion
reactor 02.1103

聚变堆用磁体材料 magnet materials for fusion reactor
02.1102

聚变核燃料 fusion fuel 02.1088

聚丙烯 polypropylene，PP 04.0370

聚丙烯基复合材料 polypropylene composite 05.0144

聚丙烯腈基碳纤维增强体 polyacrylonitrile based car-
bon fiber reinforcement 05.0032

聚丙烯腈纤维 polyacrylonitrile fiber 04.0686

聚丙烯腈预氧化纤维 polyacrylonitrile preoxidized fiber
04.0748

聚丙烯酸钠 sodium polyacrylate 04.0432

* 聚丙烯酸锌水门汀 zinc polyacrylate cement
08.0248

聚丙烯酸酯纤维 polyacrylate fiber 04.0712

聚丙烯酸酯橡胶 polyacrylate rubber 04.0571

聚丙烯纤维 polypropylene fiber 04.0684

聚丙烯纤维增强体 polypropylene fiber reinforcement
05.0042

聚丙烯酰胺 polyacrylamide，PAM 04.0431

聚电解质 polyelectrolyte 04.1038

聚丁二烯橡胶 polybutadiene rubber 04.0522

*1,2-聚丁二烯橡胶 vinyl polybutadiene rubber
04.0525

聚丁内酰胺纤维 polybutyrolactam fiber 04.0704

聚对苯二甲酸丙二酯 polypropyleneterephthalate，PTT
04.0454

聚对苯二甲酸丙二酯纤维 polytrimethyleneterephthalate
fiber 04.0710

聚对苯二甲酸丁二酯 polybutyleneterephthalate，PBT
04.0453

聚对苯二甲酸丁二酯纤维 polybutyleneterephthalate
fiber 04.0709

聚对苯二甲酸乙二酯 polyethyleneterephthalate，PET
04.0452

聚对苯二甲酸乙二酯-3,5-二甲酸二甲酯苯磺酸钠共聚
纤维 ethylene terephthalate-3,5-dimethyl sodium sul-
foisophthalate copolymer fiber 04.0711

聚对苯二甲酸乙二酯纤维 polyethyleneterephthalate
fiber 04.0708

聚对苯二甲酰对苯二胺纤维 poly（p-phenylene
terephthalamide）fiber 04.0751

聚对苯二甲酰三甲基己二胺 polytrimethylhexame-
thyleneterephthalamide 04.0438

聚对苯甲酰胺纤维 poly（p-benzamide）fiber 04.0752

聚对苯硫醚纤维 poly（p-phenylene sulfide）fiber
04.0759

聚对二甲苯 poly-p-xylylene 04.0483

聚对羟基苯甲酸 poly（p-hydroxybenzoic acid）
04.0476

聚对亚苯基苯并双噁唑纤维 poly（p-phenylene benzo-
bisoxazole）fiber 04.0756

聚对亚苯基苯并双噻唑纤维 poly（p-phenylene benzo-
bisthiazole）fiber 04.0757

聚二甲基硅氧烷 polydimethylsiloxane 04.0972

聚芳砜 polyarylsulfone，PASF 04.0462

聚芳醚酮 polyaryletherketone，PAEK 04.0484

聚芳醚酮基复合材料 polyaryletherketone composite
05.0140

聚芳酰胺浆粕增强体 aromatic polyamide pulp rein-
forcement 05.0048

聚芳杂环纤维增强体 polyaromatic heterocyclic fiber
reinforcement 05.0051

* 聚芳酯纤维 aromatic polyester fiber 04.0707

聚芳酯纤维增强体 polyaromatic ester fiber reinforce-
ment 05.0050

聚酚醛纤维增强体 polyphenol-aldehyde fiber rein-
forcement 05.0052

* 聚砜 bisphenol A type polysulfone 04.0463

聚砜基复合材料 polysulfone composite 05.0142

聚氟乙烯 polyvinylfluoride，PVF 04.0498

聚硅氮烷 polysilazane 04.1016

聚硅基印模材料 silicone based impression materials
08.0265

聚硅碳烷 polycarbosilane 04.1017

聚硅烷 polysilane 04.0958

聚硅氧烷　polysiloxane, silicone　04.0971

聚合　polymerization　04.0047

聚合度　degree of polymerization，DP　04.0048

* 聚合极限温度　ceiling temperature of polymerization 04.0084

聚合物　polymer　04.0001

聚合物半导体材料　polymer semiconductor materials 06.0414

聚合物表面活性剂　polymer surfactant　04.1288

聚合物电致发光材料　polymer light-emitting materials 06.0418

聚合物共混物　polyblend, polymer blend　04.0217

聚合物混凝土　polymer concrete　03.0757

聚合物基复合材料　polymer matrix composite，PMC 05.0009

聚合物加工　polymer processing　04.1228

聚合物浸渍混凝土　polymer impregnated concrete 03.0758

聚合物LB膜　polymeric Langmuir-Blodgett film, polymeric LB film　04.1097

聚合物/无机层状氧化物复合材料　polymer/inorganic layered oxide intercalation composite　05.0152

* 聚合型稳定剂　reactive stabilizer　04.1336

聚合最高温度　ceiling temperature of polymerization 04.0084

聚环氧乙烷纤维　polyethylene oxide fiber　04.0714

* 聚集态结构　super molecular structure　01.1971

聚己二酰己二胺纤维　polyhexamethylene adipamide fiber　04.0702

聚己内酰胺纤维　polycaprolactam fiber　04.0703

聚己内酯　polycaprolactone, PCL　04.0451

聚甲基丙烯酸甲酯　polymethylmethacrylate, PMMA 04.0395

聚甲基丙烯酸甲酯模塑料　polymethylmethacrylate molding materials　04.0396

聚4-甲基-1-戊烯　poly(4-methyl-1-pentene)，PMP 04.0379

聚甲醛　polyoxymethylene, POM　04.0442

聚甲醛树脂基复合材料　polyformaldehyde composite 05.0143

聚甲醛纤维　polyformalolehyole fiber, polyoxymethylene fiber　04.0763

聚间苯二甲酸二烯丙酯　polydiallylisophthalate, DAIP 04.0461

聚间苯二甲酰间苯二胺纤维　poly(m-phenylene isophthalamide) fiber　04.0753

聚晶金刚石　polycrystalline compact diamond　03.0096

* 聚(卡硼烷硅氧烷)　polycarboranesiloxane　04.1018

聚喹噁啉基复合材料　polyquinoxaline composite 05.0148

聚邻苯二甲酸二烯丙酯　polydiallylphthalate, PDAP 04.0460

聚硫基印模材料　polysulfide based impression materials 08.0263

聚硫密封胶　polysulfide sealant　04.0867

聚硫橡胶　polysulfide rubber　04.0597

* 聚硫橡胶印模材料　polysulfide based impression materials　08.0263

聚氯乙烯　polyvinylchloride, PVC　04.0380

聚氯乙烯薄膜覆面人造板　surface decorated wood-based panel with polyvinyl chloride film 07.0714

聚氯乙烯糊　polyvinylchloride paste, PVCP　04.0384

聚氯乙烯基复合材料　poly(vinyl chloride) composite 05.0145

聚氯乙烯纤维　poly(vinyl chloride) fiber　04.0692

聚醚　polyether　04.0447

聚醚砜　polyethersulfone, PESF　04.0464

聚醚砜基复合材料　polyethersulfone composite 05.0141

聚醚砜酮　polyethersulfoneketone, PESK　04.0490

聚醚改性硅油　polyether-modified silicone oil　04.0995

聚醚基印模材料　polyether based impression materials 08.0264

聚醚醚酮　polyetheretherketone, PEEK　04.0485

聚醚醚酮酮　polyetheretherketoneketone, PEEKK 04.0488

聚醚醚酮纤维　polyetheretherketone fiber　04.0765

聚醚醚酮纤维增强体　polyetheretherketone fiber reinforcement　05.0056

聚醚酮　polyetherketone, PEK　04.0486

聚醚酮醚酮酮　polyetherketoneetherketoneketone, PEKEKK　04.0489

聚醚酮酮　polyetherketoneketone, PEKK　04.0487

聚醚酰亚胺　polyetherimide, PEI　04.0472

聚醚酰亚胺树脂基复合材料　polyetherimide resin composite　05.0131

聚醚酰亚胺纤维　polyetherimide fiber　04.0705

聚醚橡胶印模材料　polyether based impression materials　08.0264

聚醚酯弹性纤维　polyether ester elastic fiber　04.0767

聚 2,6-萘二甲酸乙二酯纤维　poly（ethylene-2,6-naphthalate）fiber　04.0761

聚偏二氟乙烯　polyvinylidenefluoride，PVDF　04.0499

聚偏二氯乙烯　polyvinylidenechloride，PVDC　04.0382

聚偏氯乙烯纤维　poly（vinylidene chloride）fiber　04.0693

聚噻吩　polythiophene　04.1044

聚三氟氯乙烯　polychlorotrifluoroethylene，PCTFE　04.0496

* 聚十二内酰胺　polyauryllactam　04.0435

聚四氟乙烯　polytetrafluoroethylene，PTFE　04.0493

聚四氟乙烯基复合材料　polytetrafluoroethylene composite　05.0146

聚四氟乙烯纤维　polytetrafluoroethylene fiber　04.0695

聚四氟乙烯纤维增强体　polytetrafluoroethylene fiber reinforcement　05.0043

* 聚四氢呋喃　furfuryl polyether　04.0448

聚羧酸锌水门汀　zinc polycarboxylate cement　08.0248

聚缩醛纤维　polyacetal fiber　04.0762

聚（碳硼烷硅氧烷）　polycarboranesiloxane　04.1018

* 聚碳酸酯　polycarbonate，PC　04.0455

聚烯烃纤维　polyolefin fiber　04.0683

聚烯烃纤维增强体　polyolefine fiber reinforcement　05.0040

聚烯烃型热塑性弹性体　olefinic thermoplastic elastomer　04.0603

聚酰胺　polyamide，PA　04.0433

聚酰胺-6　polyamide-6　04.0434

聚酰胺-12　polyauryllactam　04.0435

聚酰胺-66　polyamide 66　04.0436

聚酰胺-1010　polydecamethylenesebacamide　04.0437

聚酰胺纤维　polyamide fiber　04.0699

聚酰胺纤维增强体　polyamide fiber reinforcement　05.0045

聚酰胺酰亚胺　polyamide-imide，PAI　04.0471

聚酰胺酰亚胺基复合材料　polyamide-imide composite　05.0132

聚酰胺酰亚胺纤维　polyamide-imide fiber　04.0754

聚酰亚胺　polyimide，PI　04.0465

聚酰亚胺胶黏剂　polyimide adhesive　04.0859

聚酰亚胺泡沫塑料　polyimide foam　04.0474

聚酰亚胺树脂基复合材料　polyimide resin composite　05.0129

聚酰亚胺纤维　polyimide fiber　04.0755

聚酰亚胺纤维增强体　polyimide fiber reinforcement　05.0046

* 聚氧亚乙基纤维　polyethylene oxide fiber　04.0714

聚乙炔　polyacetylene　04.1041

聚乙烯　polyethylene，PE　04.0355

聚乙烯醇　polyvinylalcohol　04.0397

聚乙烯醇缩丁醛　polyvinylbutyral　04.0400

聚乙烯醇缩丁醛胶膜　polyvinylbutyral adhesive film　04.0866

聚乙烯醇缩甲醛　polyvinylformal，PVF　04.0398

聚乙烯醇缩甲醛纤维　formalized polyvinyl alcohol fiber　04.0689

聚乙烯醇缩乙醛　polyvinylacetal，PVA　04.0399

聚乙烯醇纤维　polyvinylalcohol fiber　04.0690

* 聚乙烯蜡　low molecular weight polyethylene，LMPE　04.0364

聚乙烯纤维　polyethylene fiber　04.0685

聚异丁烯橡胶　polyisobutylene rubber　04.0570

聚异戊二烯橡胶　polyisoprene rubber　04.0519

聚酯类树脂　polyester resin　04.0449

聚酯涂料　polyester coating　04.0916

聚酯纤维　polyester fiber　04.0706

聚酯纤维增强体　polyester fiber reinforcement　05.0049

聚酯酰亚胺　polyesterimide　04.0473

聚酯型热塑性弹性体　polyether ester thermoplastic elastomer　04.0602

卷材　steel coil　02.0230

卷曲度　degree of crimp，crimp index　04.0822

* 卷曲率　degree of crimp，crimp index　04.0822

卷曲数　number of crimp　04.0821

卷绕丝　winding yarn　04.0801

卷绕张力　take-up tension　01.1966

绢云母　sericite　07.0093

绢云母片岩　sericite-schist　07.0215

绢云母质瓷　sericite porcelain　03.0186

绝对稳定性　absolute stability　01.0965

* 绝干材含水率　moisture content of oven dry wood　07.0572

绝热燃烧温度　adiabatic combustion temperature　01.1839

绝缘磁体　insulating magnet　02.0923

绝缘复合材料　electrical insulation composite　05.0277

绝缘体上硅　silicon on insulator，SOI　06.0408

均苯型聚酰亚胺　polypyromellitimide，PPMI　04.0466

均方根末端距　root-mean-square end-to-end distance　04.0178

均方回转半径　mean square radius of gyration　04.0180

均方末端距　mean square end-to-end distance　04.0177

Z 均分子量　Z-average relative molecular mass，Z-average molecular weight，Z-average molar mass　04.0159

均衡层合板　balanced laminate　05.0361

均衡对称层合板　balanced symmetric laminate　05.0362

均衡非对称层合板　balanced unsymmetric laminate　05.0364

均衡凝固　proportional solidification　01.1021

均聚反应　homopolymerization　04.0049

均聚物　homopolymer　04.0016

均聚型氯醚橡胶　homopolymerized epichlorohydrin rubber　04.0596

均染剂　leveling agent　04.1322

*Z均相对分子质量　Z-average relative molecular mass，Z-average molar mass，Z-average molecular weight　04.0159

* 均相间断区　miscibility gap　01.0203

均相聚合　homogeneous polymerization　04.0111

均匀变形　uniform deformation，homogeneous deformation　01.1144

均匀腐蚀　general corrosion，uniform corrosion　01.0764

均匀化退火　homogenizing　01.1399

均匀结构硬质合金　uniform structure cemented carbide　02.1265

均匀伸长率　percentage uniform elongation　01.0482

均匀形核　homogeneous nucleation　01.0929

* 均质形核　homogeneous nucleation　01.0929

钧瓷　jun porcelain　03.0141

钧红釉　jun red glaze　03.0184

K

卡环　crasp　08.0300

开放系统　open system　01.0157

开环聚合　ring opening polymerization　04.0110

开孔孔隙度　open porosity　01.1818

* 开口气孔率　apparent porosity　03.0693

开炼机　open mill，mixing mill　04.1219

开坯锻造　blooming forging　01.1271

开式模锻　open die forging　01.1259

* 凯芙拉　kevlar　04.0751

* 凯芙拉 49　kevlar 49　04.0752

康铜　constantan alloy　02.0615

糠醇树脂　furfuryl alcohol resin　04.0427

糠脲树脂　furfuralcohol-modified urea formaldehyde resin　04.0430

糠醛　furfural　07.0755

糠醛树脂　furfural resin　04.0428

糠酮树脂　acetone-furfural resin　04.0429

* 抗层状撕裂钢　Z-direction steel　02.0297

* 抗冲击剂　toughener　04.1297

抗臭氧剂　antiozonant　04.1341

抗磁性　diamagnetism　01.0107

抗辐射纤维　radiation resistant fiber　04.0788

抗腐蚀功能复合材料　anticorrosive functional composite　05.0297

抗龟裂剂　anticracking agent　04.1353

抗剪强度　shear strength　01.0493

抗静电剂　antistatic agent　04.1352

抗静电纤维　antistatic fiber　04.0791

抗菌不锈钢　antibiosis stainless steel　02.0395

抗菌剂　anti-microbial　04.1324

抗菌陶瓷　anti-bacterial ceramics　03.0368

抗菌性　bacterial resistance，micro-organism resistance　04.1201

抗菌性生物陶瓷　anti-bacterial bioceramics　08.0048

抗拉强度　[ultimate] tensile strength　01.0491

抗硫酸盐水泥　sulphate resisting Portland cement　03.0738

抗磨强度　resistance to abrasion　01.0754

* 抗磨指数　resistance to abrasion　01.0754

抗凝剂　anticoagulant　04.1283

抗凝血表面改性　anti-thrombogenetic modification of surface　08.0110

抗凝血高分子材料　anti- thrombogenetic polymer　04.1089

抗凝血生物材料　anti-thrombogenetic biomaterials　08.0017

抗扭强度　torsional strength　01.0498

抗起球纤维　anti-pilling fiber　04.0797

抗氢脆高温合金　anti-hydrogen embrittlement superalloy　02.0809

抗燃纤维　anti-flame fiber　04.0746

抗热腐蚀铸造高温合金　hot corrosion resistant cast superalloy　02.0835

抗热震性　thermal shock resistance　03.0692

抗日晒牢度剂　antisolarization fastness agent　04.1325

抗溶剂银纹性　solvent craze resistance　04.1167

抗蠕变性　creep resistance　04.1168

抗烧蚀性　ablation resistance，antiablation　04.1200

抗声呐复合材料　anti-sonar composite　05.0292

抗弯强度　bending strength　01.0499

抗微生物剂　biocide　04.1351

抗微生物纤维　anti-microbial fiber　04.0782

抗细菌纤维　anti-bacterial fiber　04.0783

* 抗下垂钨丝　doped tungsten filament　02.0698

抗压强度　compressive strength　01.0492

抗氧化钢　oxidation-resistant steel　02.0399

抗氧化高温合金　oxidation-resistant superalloy　02.0808

* 抗氧化剂　antioxidant　04.1339

抗氧化碳/碳复合材料　oxidation-resistant carbon/carbon composite　05.0312

抗氧剂　antioxidant　04.1339

抗银纹性　crazing resistance　04.1166

抗渣性　slag resistance　03.0690

* 抗震钨丝　shock resistant tungsten filament　02.0697

抗中子辐射高温合金　anti-neutron radiation superalloy　02.0810

抗紫外线纤维　ultraviolet-resistant fiber　04.0789

钪铁镓1：6：6型合金　scandium-iron-gallium 1：6：6 type alloy　02.0921

拷贝纸　copying paper　07.0359

栲胶　tannin extract，tanning extract　07.0748

烤瓷　porcelain　08.0306

烤瓷粉　porcelain powder，ceramic powder　08.0279

烤瓷合金　ceramic-metal alloy　08.0277

* 烤瓷熔附金属全冠　porcelain fused to metal crown，PFMC　08.0298

烤花　decorating firing　03.0187

科恩－派尔斯失稳　Kohn-Peierls instability　01.0078

科氏气团　Cottrell atmosphere　01.0308

* 颗粒　powder particle　02.1169

颗粒级配　particle grading composition　03.0694

颗粒弥散强化陶瓷　particle dispersion strengthened ceramics　05.0272

颗粒增强金属基复合材料　particulate reinforced metal matrix composite　05.0235

颗粒增强聚合物基复合材料　particulate filled polymer composite　05.0117

颗粒增强钛合金　particle reinforced titanium alloy　02.0564

颗粒增强体　particle reinforcement　05.0094

颗粒增强铁基复合材料　particulate reinforced Fe-matrix composite　05.0240

颗粒状多晶硅　granular polysilicon　06.0119

壳芯　shell core　01.1116

壳型铸造　shell mold casting　01.1025

壳状凝固　shell solidification　01.1062

可变光衰减器　variable optical attenuator　06.0336

* 可变形磁体　workable magnet　02.0906

可锻化退火　malleablizing　01.1403

可锻性　forgeability　01.1277

可锻铸铁　malleable cast iron　02.0420

可纺性　spin-ability　04.0826

可焊铝合金　weldable aluminum alloy　02.0489

* 可机械加工全瓷材料　machinable all-ceramic materials　03.0245

可挤压性　extrudability　01.1226

可加工磁体　workable magnet　02.0906

可加工陶瓷　machinable ceramics　03.0290

可见光半导体激光器　visible light semiconductor laser　06.0337

可见光发光二极管　visible light emitting diode　06.0341

可见光激光二极管　visible light laser diode　06.0342

* 可见光伪装材料　visible light stealthy materials　02.0991

可见光隐形材料　visible light stealthy materials　02.0991

可降解医用金属材料　biodegradable medical metal materials　08.0050

可控气氛热处理　controlled atmosphere heat treatment　01.1367

可控自由基聚合 controlled radical polymerization，CRP 04.0057

可逆过程 reversible process 01.0159

可逆回火脆性 revesible temper brittleness temper embrittlement，temper brittleness 01.1435

可逆加成断裂链转移聚合 reversible addition fragmentation chain transfer polymerization 04.0059

可切削陶瓷 workability ceramics 03.0245

可切削微晶玻璃 machinable glass-ceramics 03.0496

可燃冰 gas hydrate 07.0229

可燃性 flammability 04.1187

* 可染聚酯纤维 ethylene terephthalate-3，5-dimethyl sodium sulfoisophthalate copolymer fiber 04.0711

可熔性聚酰亚胺 meltable polyimide，MPI 04.0467

可视化仿真 visualization simulation 01.0816

可塑度 plasticity 04.0618

可调谐激光晶体 tunable laser crystal 03.0074

可瓦合金 Kovar alloy 02.1129

可吸收生物材料 bioabsorbable materials 08.0010

可吸收生物陶瓷 absorbable bioceramics 08.0041

可吸收纤维 absorbable fiber 04.0785

* 可压力加工铝合金 wrought aluminum alloy 02.0465

可摘局部义齿 removable partial denture，RPD 08.0292

克肯达尔效应 Kirkendall effect 01.0348

刻划花 engraved，incising decoration 03.0188

* 空洞 void 01.0279

空化腐蚀 cavitation corrosion 01.0788

空间点阵 space lattice 01.0243

空间电荷层 space charge layer 01.0089

空间群 space group 01.0246

* 空间位阻参数 rigidity factor，steric hindrance parameter 04.0182

空拉 sink drawing，mandrelless drawing，hollow drawing 01.1282

空气喷涂 air spraying 01.1566

* 空蚀 cavitation corrosion 01.0788

空位 vacancy 01.0278

空位-溶质原子复合体 vacancy-solute complex 01.0281

空位团 vacancy cluster 06.0032

空心球砖 bubble brick 03.0639

空心微球增强体 hollowed microballoon reinforcement 05.0103

空心型材挤压 hollow section extrusion 01.1232

空心阴极电子枪 hollow cathode electron-gun 01.1903

空心阴极离子镀 hollow cathode deposition 01.1927

空心圆柱积材 hollow cylindrical lumber，HCL 07.0720

空心注浆 hollow casting，drain casting 03.0189

空穴 hole 06.0031

空穴导电性 hole conduction 01.0060

孔洞 void 01.0279

孔雀石 malachite 07.0136

* 孔隙度 porosity 01.0605

孔隙率 porosity 01.0605

孔型 groove 01.1178

孔型轧制 groove rolling 01.1160

控制棒导向管 control rod guide thimble 02.1062

控制棒组件 control rod assembly 02.1061

控制材料 control materials 02.1060

控制冷却 controlled cooling 01.1187

控制释放膜 controlled released membrane 04.1031

控制轧制 controlled rolling 01.1185

控制张力热定型 heat setting under tension 01.1986

口腔植入材料 dental implant materials 08.0238

* 库尼非合金 Cunife alloy 02.0894

库珀电子对 Cooper electron pair 01.0094

裤形撕裂强度 trousers tearing strength 04.0632

块形相变 massive transformation 01.0362

* 块状转变 massive transformation 01.0362

* 快离子导体 fast ionic conductor 03.0328

快离子导体材料 fast ion conducting materials 03.0329

* 快速均染剂 accelerating agent 04.1323

快速冷凝粉 rapid solidified powder 02.1196

快速冷凝铝合金 rapidly solidified aluminum alloy 02.0491

快速冷凝耐磨铝合金 wear-resistant rapidly solidified aluminum alloy 02.0497

快速凝固 rapid solidification 01.0992

快速全向压制 rapid omnidirectional pressing 01.1793

快速原型 rapid prototyping 01.1334

快中子增殖堆燃料组件 fast neutron breeder reactor fuel assembly 02.1050

宽带隙半导体材料 wide band-gap semiconductor materials 06.0218

宽展　spread　01.1180
宽砧锻造　wide anvil forging　01.1246
矿料　ore charge　02.0086
矿石浸出　leaching of ores　01.0864
矿物　mineral　07.0001
矿物材料　mineral materials　07.0003
矿物掺和料　mineral additive，mineral admixtures
　　03.0711
矿物光性　optical property of mineral　07.0010
矿物加工　mineral processing　07.0002
矿物鞣革　mineral-tanned leather　07.0421
* 矿物药　medicine mineral　07.0008
矿物原料　raw materials of mineral　07.0004
矿用钢　steel for mine　02.0290
矿渣　slag　03.0720
矿渣刨花板　slag particleboard　07.0704
矿渣硅酸盐水泥　Portland slag cement　03.0728
* 矿渣水泥　Portland slag cement　03.0728
矿渣微晶玻璃　slag glass-ceramics　03.0497
溃散性　collapsibility　01.1100
睏料　aging　03.0695
* 扩大奥氏体相区元素　austenite stabilized element
　　02.0047
* 扩大铁素体相区元素　ferrite stabilized element
　　02.0048

扩孔处理　pore-enlarging　01.1501
扩孔试验　hole expansion test　01.1306
扩口　expansion　01.1307
扩散　diffusion　01.0342
扩散边界层　diffusion boundary layer　06.0037
扩散层　diffused layer　06.0043
扩散粉　diffusion alloyed powder　01.1735
扩散焊　diffusion bonding，diffusion welding　01.1639
扩散激活能　diffusion activation energy　01.0346
扩散剂　diffusion agent　04.1282
扩散控制型药物释放系统　diffusion controlled drug
　　delivery system　08.0223
* 扩散退火　diffusion annealing　01.1399
扩散脱氧　diffusion deoxidation　02.0133
扩散系数　diffusion coefficient　01.0344
扩散型转变　diffusional transition　01.0363
扩展电阻　spreading resistance　06.0022
扩展电阻法　spreading resistance profile　06.0488
扩展 X 射线吸收精细结构　extended X-ray absorption
　　fine structure，EXAFS　01.0623
扩展态　extended state　06.0270
扩展位错　extended dislocation　01.0294
扩张因子　expansion factor　04.0335
阔叶树材　broad-leaved wood　07.0520

L

拉拔　drawing　01.1279
拉拔力　drawing force　01.1288
拉拔模具　drawing die　01.1296
拉拔速度　drawing speed　01.1290
拉拔应力　drawing stress　01.1291
拉弗斯相[化合物]超导体　Laves phase [compound]
　　superconductor　02.0947
拉弗斯相贮氢合金　Laves phase hydrogen storage alloy
　　02.1019
拉挤-缠绕成型　pultrusion-filament winding　05.0160
拉挤成型　pultrusion process　05.0158
拉曼光谱法　Raman spectroscopy　01.0627
拉曼激光二极管　Raman laser diode　06.0343
* 拉曼散射　Raman scattering　01.0075
拉曼效应　Raman effect　01.0075
拉坯　throwing　03.0190
拉伸倍数　draw ratio，draft ratio　04.0828

* 拉伸比　draw ratio，draft ratio　04.0828
拉伸变形丝　draw textured yarn　04.0725
拉伸剪切强度　lap shear strength　04.0889
拉伸流动　elongational flow　04.1259
拉伸黏度　tensile viscosity　04.0305
* 拉伸强度　[ultimate] tensile strength　01.0491
拉伸取向　draw orientation　01.1972
拉伸试验　tensile test　01.0699
* 拉深　drawing　01.1298
* 拉脱法　pull off method　01.0714
拉弯成形　stretch-wrap forming　01.1318
拉乌尔定律　Raoult law　01.0177
拉延　drawing　01.1298
蜡模　wax pattern　01.1131
莱氏体　ledeburite　02.0035
莱氏体钢　ledeburitic steel　02.0264
铼　rhenium　02.0777

铼效应　rhenium effect　02.0778

兰伯恩磨耗试验　Lanborn abrasion test　04.0638

蓝宝石　sapphire　07.0241

蓝晶石　kyanite　07.0068

蓝湿革　wet blue　07.0400

蓝铜矿　azurite　07.0137

镧钴1：13型合金　lanthanum-cobalt 1：13 type alloy　02.0919

* 镧钨　tungsten-lanthanum alloy　02.0712

劳厄法　Laue method　06.0086

老化性能变化率　property variation percent during aging　04.1181

老化性能试验　aging characteristic test　04.0644

铑合金　rhodium alloy　02.0639

酪素胶黏剂　casein glue　04.0873

雷达波吸收剂　radar absorber　02.0998

* 雷达吸波材料　radar absorbing materials，RAM　02.0992

雷达隐形材料　radar absorbing materials，RAM　02.0992

雷达隐形复合材料　radar stealthy composite　05.0282

雷蒙磨粉碎　Raymond milling　03.0390

类骨磷灰石　bone-like apatite　08.0047

类金刚石碳膜　diamond-like carbon film　06.0290

类晶结构　crystalline-like structure　06.0285

累托石黏土　rectorite clay　07.0186

棱锥　pyramid　06.0209

冷壁外延　cool wall epitaxy　06.0469

冷变形　cold deformation　01.1138

冷冲裁模具钢　cold blanking tool steel　02.0359

冷处理　subzero treatment, cold treatment　01.1416

冷等静压成型　cold isostatic pressing molding　03.0424

冷等静压制　cold isostatic pressing　01.1785

冷[顶]镦钢　cold forging steel　02.0285

冷冻干燥　frozen drying　03.0413

冷冻干燥法　freeze drying process　01.1723

冷冻浇注成型　frozen casting forming　03.0432

冷镦　cold heading　01.1275

冷镦模具钢　cold heading tool steel　02.0360

冷封孔　cold sealing　01.1509

冷坩埚晶体生长法　cold crucible crystal growth method　01.1889

冷隔　cold shut　01.1091

冷挤压　cold extrusion　01.1193

冷挤压模具钢　cold extrusion tool steel　02.0361

冷拉　cold drawing　01.1293

冷裂　cold cracking　01.1090

冷流　cold flow　04.0267

冷却剂材料　coolant materials　02.1067

冷却模挤压　cooling-die extrusion　01.1206

冷却曲线　cooling curve　01.1387

冷却速度　cooling rate　01.1388

冷却制度　cooling schedule　01.1386

冷杉胶　Canada balsam　07.0739

冷铁　chill　01.1114

冷弯型材　formed section　01.1317

冷芯盒法　cold box process　01.1117

冷压　cold pressing　02.1213

冷压焊　cold pressure welding　01.1642

冷硬铸铁　chilled cast iron　02.0424

冷轧　cold rolling　01.1163

冷轧钢材　cold rolled steel　02.0260

冷轧管材　cold rolled tube　01.1175

冷作模具钢　cold working die steel　02.0347

离管薄壁组织　apotrachel parenchyma　07.0556

* 离心沉降　centrifugal dewatering，centrifugal sedimentation　03.0409

离心浇铸成形　centrifugal casting process　01.1354

离心脱水　centrifugal dewatering，centrifugal sedimentation　03.0409

离心雾化　centrifugal atomization　01.1716

离心注浆成型　centrifugal slip casting　03.0422

离心铸造　centrifugal casting　01.1027

* 离型纸　separating paper　07.0369

离子半径　ionic radius　01.0231

离子弛豫极化　ionic relaxation polarization　03.0381

离子导电性　ionic conduction　01.0059

离子镀　ion plating　01.1923

离子辅助沉积　ion assisted deposition　01.1924

离子沟道背散射谱法　ion channeling backscattering spectrometry　01.0653

离子轰击热处理　plasma heat treatment，ion bombardment，glow discharge heat treatment　01.1378

离子极化　ionic polarization　01.0232

离子键　ionic bond　01.0227

离子交换法　ion exchange process　01.0876

* 离子交换膜　electrodialysis membrane　04.1025

离子交换树脂　ion exchange resin　04.1061

离子交换纤维　ion exchange fiber　04.0776

离子交联聚合物　ionomer　04.0369

离子刻蚀　ion etching　01.1596

离子散射分析　ion scattering analysis　01.0650

离子渗氮　plasma nitriding, ion nitriding, glow discharge nitriding　01.1442

离子渗碳　ion carburizing　01.1578

离子束表面改性　ion beam surface modification　01.1581

离子束掺杂　ion beam doping　01.1583

离子束辅助沉积　ion beam assisted deposition, IBAD　01.1595

离子束混合　ion beam mixing　01.1585

离子束溅射　ion beam sputtering　01.1922

离子束外延　ion beam epitaxy, IBE　06.0463

离子束增强沉积　ion beam enhanced deposition, IBED　06.0483

离子微探针分析　ion microprobe analysis　01.0651

* 离子选择性透过膜　electrodialysis membrane　04.1025

离子源　ion source　01.1588

离子注入　ion implantation　01.1584

离子注入掺杂　ion implantation doping　06.0077

里吉–勒迪克效应　Righi-Leduc effect　06.0391

* BCS 理论　BCS theory　01.0095

* EET 理论　empirical electron theory of solid and molecule　01.0849

理论密度　solid density, theoretical density　02.1209

* 理想溶体　ideal solution　01.0175

理想溶液　ideal solution　01.0175

锂离子漂移迁移率　lithium ion drift mobility　06.0026

锂铝硅系微晶玻璃　Li_2O-Al_2O_3-SiO_2 system glass-ceramics　03.0493

锂云母　lepidolite　07.0094

力化学降解　mechanochemical degradation　04.0148

力学性能　mechanical property　01.0443

* 立德粉　lithopone　04.1380

立方氮化硼晶体　cubic boron nitride crystal　03.0098

* 立方棱织构　cube-on-edge texture　01.0438

立方硫化锌结构　cubic ZnS structure　03.0013

* 立方面织构　cube texture　01.0439

立方氧化锆晶体　cubic zirconia crystal　03.0099

立方氧化锆陶瓷　cubic zirconia ceramics　03.0271

立方织构　cube texture　01.0439

立构规整度　tacticity, stereo-regularity　04.0154

立式反应室　vertical reactor　06.0477

立式挤压　vertical extrusion　01.1234

* 立体螺旋形卷曲　three-dimensional crimp, helical crimp　04.0823

立轧　edge rolling　01.1153

沥青混凝土　asphalt concrete　03.0756

沥青基碳纤维增强体　pitch based carbon fiber reinforcement　05.0034

沥青涂料　asphalt coating　04.0918

沥青岩　pitch rock　07.0191

砾岩　conglomerate rock　07.0185

粒度　particle size　01.1746

粒度范围　particle size range　02.1176

粒度分布　particle size distribution　01.1747

粒面　grain surface　07.0407

* 粒面层　papillary layer　07.0408

粒状贝氏体　granular bainite　02.0033

粒状粉　granular powder　02.1180

粒状珠光体　granular perlite　02.0024

* 粒子 X 射线荧光分析　proton-induced X-ray emission, PIXE　01.0620

* 连锁聚合　chain polymerization　04.0054

连通孔隙度　interconnected porosity　01.1819

连续定向凝固　continuous directional solidification　01.0990

连续固溶体　complete solid solution　01.0379

连续激光沉积　continuous laser decomposition　01.1905

连续激光焊　continuous laser welding　01.1621

连续挤压　continuous extrusion　01.1203

连续冷却转变　continuous cooling transformation　01.1393

连续冷却转变图　continuous cooling transformation diagram　02.0061

连续离子注入　steady ion implantation　01.1593

连续炼钢法　continuous steelmaking process　02.0114

连续硫化　continuous vulcanization　04.0654

连续生长　continuum growth　01.1860

连续体近似方法　continuum approximation　01.0829

连续脱溶　continous precipitation　01.0383

连续纤维增强金属基复合材料　continuous fiber reinforced metal matrix composite　05.0233

连续纤维增强聚合物基复合材料　continuous fiber reinforced polymer matrix composite 05.0114

连续纤维增强体 continuous fiber reinforcement 05.0025

* 连续相变 continuous phase transformation 01.0353

连续铸钢 continuous casting steel 02.0158

连续铸挤 continuous cast extrusion 01.1204

连续铸造 continuous casting 01.1031

连轧 continuous rolling, tandem rolling 01.1165

* 连铸 continuous casting 01.1031

连铸连轧 continuous casting and rolling 01.1167

[连铸]流 strand 01.1032

帘子线 tyre cord 04.0816

练泥 pugging 03.0191

炼钢 steelmaking 02.0105

炼钢生铁 steelmaking pig iron 02.0106

炼钢添加剂 addition reagent of steelmaking 02.0146

炼焦 coking 02.0079

炼铁 ironmaking 02.0082

链缠结 chain entanglement 04.0204

链段 chain segment 04.0171

链构象 chain conformation 04.0169

链式聚合 chain polymerization 04.0054

链引发 chain initiation 04.0073

链增长 chain growth, chain propagation 04.0074

链终止 chain termination 04.0075

链终止剂 chain termination agent 04.0079

链转移 chain transfer 04.0080

链转移常数 chain transfer constant 04.0082

链转移剂 chain transfer agent 04.0081

链状硅酸盐结构 chained silicate structure 03.0028

良溶剂 good solvent 04.0318

量尺 area measuring 07.0496

两亲聚合物 amphiphilic polymer 04.0043

两亲嵌段共聚物 amphiphilic block copolymer 04.0025

两性杂质 amphoteric impurity 06.0070

量子点结构 quantum dot structure, QD structure 06.0340

量子阱 quantum well, QW 06.0338

量子阱红外光电探测器 quantum well infrared photo-detector 06.0345

量子阱激光二极管 quantum well laser diode 06.0344

量子微腔 quantum microcavity 06.0349

量子线 quantum wire 06.0339

晾置时间 open assemble time 04.0881

辽三彩 Liao sancai 03.0192

钌合金 ruthenium alloy 02.0641

料垛阻力 resistance of setting 03.0233

料石 squared stone 07.0278

裂变核燃料 fission fuel 02.1028

裂化气 cracked gas 01.1828

* 裂膜纤维 split fiber, split-film fiber 04.0812

裂纹顶端张开位移 crack-tip opening displacement, CTOD 01.0734

裂纹扩展 crack propagation, crack growth 01.0508

裂纹扩展动力 crack growth driving force 01.0729

裂纹扩展能量释放率 energy release rate of crack propagation 01.0510

裂纹扩展速率 crack growth rate 01.0509

裂纹扩展阻力 crack growth resistance 01.0728

裂纹敏感性 crack susceptibility 01.1703

裂纹形核 crack nucleation 01.0507

裂纹应力场 crack stress yield 01.0453

裂纹釉 cracked glaze 03.0193

邻位面生长 adjacent interface growth 01.1853

* 临界点 critical temperature 01.0194

A_1 临界点 A_1 critical point 02.0055

A_3 临界点 A_3 critical point 02.0056

A_{cm} 临界点 A_{cm} critical point 02.0057

临界分切应力 critical resolved shear stress 01.0447

临界分子量 critical relative molecular mass, critical molecular weight 04.0165

临界剪切速率 critical shear rate 04.1276

临界晶核半径 radius of critical nucleus, critical nucleus radius 01.0932

临界冷却速度 critical cooling rate 01.1391

临界裂纹扩展力 critical crack propagation force 01.0730

* 临界区淬火 intercritical hardening 01.1412

临界温度 critical temperature 01.0194

临界应力强度因子 critical stress intensity factor 01.0452

临界直径 critical diameter 01.1419

磷化 phosphating 01.1447

磷化镓 gallium phosphide 06.0225

磷化硼 boron phosphide 06.0234

磷化铟 indium phosphide 06.0226

磷灰石 apatite 07.0116

磷块岩　phosphatic rock　07.0203

磷青铜　phosphorus bronze　02.0608

磷酸二氢钾晶体　potassium dihydrogen phosphate crystal，KDP　03.0048

磷酸钙基生物陶瓷　bioceramics based on calcium phosphate　08.0039

磷酸三钙生物陶瓷　tricalcium phosphate bioceramics，TCP bioceramics　08.0043

磷酸锌水门汀　zinc phosphate cement　08.0250

磷酸氧钛钾晶体　potassium titanium phosphate crystal　03.0040

磷铁　ferrophosphorus　02.0203

磷脱氧铜　deoxidized copper by phosphor　02.0589

*磷质岩　phosphatic rock　07.0203

玲珑瓷　rice perforation，pierced decoration　03.0194

玲珑珐琅　dainty enamel　03.0573

菱镁矿　magnesite　07.0130

菱锰矿　rhodochrosite　07.0132

*菱锶矿　strontianite　07.0134

菱铁矿　siderite　07.0131

菱锌矿　smithsonite　07.0133

零电阻特性　zero resistivity　01.0539

零级释放　zero-order release　08.0231

零剪切速率黏度　zero shear viscosity　04.0303

零膨胀微晶玻璃　zero thermal expansion glass-ceramics　03.0495

零位错单晶　zero dislocation monocrystal　06.0091

领先相　leading phase　01.0979

流变成形　rheo forming　01.1342

流动双折射　flow birefringence，streaming birefringence　04.0313

流动图形缺陷　flow pattern defects，FPDs　06.0203

流动温度　flowing temperature，flow temperature　04.0249

流动性　flow ability　01.1744

流痕　flow mark　04.1262

流化床浸涂　fluidized bed dipping painting　01.1567

流化床硫化　fluid bed vulcanization　04.0655

流平性　leveling　04.0951

流态床热处理　heat treatment in fluidized bed　01.1379

流态化技术　fluidization technology　01.0924

流态砂造型　fluid sand molding　01.1125

流体力学体积　hydrodynamic volume　04.0327

流纹岩　rhyolite　07.0159

流线　stream line　01.1270

流延成型　tap casting，doctor blading　03.0425

琉璃　colored glaze　03.0231

琉璃瓦　glazed tile　03.0232

硫化　vulcanization　04.0623

硫化沉淀　sulfide precipitation　01.0881

硫化程度　curing degree　04.0628

硫化迟延剂　anti-scorching agent　04.1309

硫化促进剂　vulcanization accelerator　04.1307

硫化返原　cure reversion　04.0626

硫化钙∶铕（Ⅱ）　calcium sulfide activated by europium　03.0106

硫化镉　cadmium sulphide　06.0243

硫化活性剂　vulcanization activator　04.1308

硫化剂　vulcanizator　04.1305

硫化胶　vulcanized rubber　04.0503

硫化胶粉　cured rubber powder　04.0610

硫化平坦期　plateau cure　04.0627

硫化铅　lead sulfide　06.0238

硫化物陶瓷　sulfide ceramics　03.0256

硫化锌　zinc sulfide　06.0240

硫化锌晶体　zinc sulfide crystal　03.0084

硫化仪　curemeter，vulcameter　04.0620

硫磺混凝土　sulfur concrete　03.0759

硫铝酸盐水泥　calcium sulfoaluminate cement　03.0732

硫酸盐浆　sulfate pulp　07.0295

硫系玻璃　chalcogenide glass　03.0465

瘤状粉　nodular powder　02.1183

铣　matte　02.0076

六方金刚石　hexagonal diamond　03.0092

六方硫化锌结构　hexagonal ZnS structure　03.0014

六氟化铀　uranium hexafluoride　02.1035

六甲基环三硅氧烷　hexamethylcyclotrisiloxane　04.0979

六角网络　turret network　06.0096

*d龙脑　borneol，camphol　07.0736

龙泉青瓷　Longquan ware　03.0195

龙窑　Long kiln　03.0166

笼状聚倍半硅氧烷　polyhedral oligomeric silsesquio-xane，POSS　04.0981

卢瑟福电缆　Rutherford cable　02.0966

卢瑟福离子背散射谱法　Rutherford ion backscattering spectrometry，RBS　01.0652

炉冷　furnace cooling　01.1389

炉料　charge，burden　02.0085

* 炉渣　slag　02.0072

* 颅骨板　cranial plate　08.0321

颅骨修复体　cranial graft　08.0321

卤化丁基橡胶　halogenated butyl rubber　04.0567

卤化物玻璃　halide glass　03.0464

卤化乙丙橡胶　halogenated ethylene-propylene-diene-terpolymer rubber　04.0553

卤水镁砂　brine magnesite　03.0685

卤素阻燃剂　halogen-flame retardant　04.1346

路径相关性　path-dependency　01.0828

铝　aluminum，aluminium　02.0447

铝白铜　aluminum white copper　02.0614

铝箔　aluminum foil　02.0503

铝箔衬纸　aluminum foil backing paper　07.0347

铝矾土　bauxitic rock　07.0204

铝膏　aluminum paste　02.0499

铝铬砖　alumina-chrome brick　03.0594

铝硅酸盐玻璃　aluminosilicate glass　03.0463

铝硅炭砖　Al-Si carbon brick，corundum-silicon carbide brick　03.0617

铝硅系变形铝合金　aluminum-silicon wrought aluminum alloy　02.0468

铝硅系铸造铝合金　aluminum-silicon cast aluminum alloy　02.0473

铝合金　aluminum alloy　02.0452

* 铝合金抑爆材料　anti-blast aluminum alloy　02.0488

铝黄铜　aluminium brass　02.0598

铝基轴瓦合金　aluminum-base bearing alloy　02.0486

铝锂合金　aluminum-lithium alloy　02.0463

铝镁硅系变形铝合金　aluminum-magnesium-silicon wrought aluminum alloy　02.0470

铝镁合金粉　aluminum-magnesium alloy powder　02.0498

铝镁耐火浇注料　alumina magnesite refractory castable　03.0656

铝镁炭砖　alumina magnesite carbon brick　03.0614

铝镁系变形铝合金　aluminum-magnesium wrought aluminum alloy　02.0469

铝镁系铸造铝合金　aluminum-magnesium cast aluminum alloy　02.0476

铝锰系变形铝合金　aluminum-manganese wrought aluminum alloy　02.0467

铝镍钴永磁体　alnico permanent magnet　02.0882

铝铅合金　aluminum-lead alloy　02.0487

铝青铜　aluminium bronze　02.0602

* 铝热焊　thermit welding　01.1623

铝塑复合板　aluminum-plastic composite laminate　02.0500

铝塑复合管　aluminum-plastic composite tube　02.0501

铝酸钙水化物　calcium aluminate hydrate　03.0740

铝酸三钙　tricalcium aluminate　03.0708

铝炭砖　alumina-carbon brick　03.0612

铝铜硅系铸造铝合金　aluminum-copper-silicon cast aluminum alloy　02.0475

铝铜系变形铝合金　aluminum-copper wrought aluminum alloy　02.0466

铝铜系铸造铝合金　aluminum-copper cast aluminum alloy　02.0474

铝土矿　bauxite　07.0064

铝锡系铸造铝合金　aluminum-tin cast aluminum alloy　02.0478

铝锌镁铜系合金　aluminum-zinc-magnesium-copper alloy　02.0461

铝锌镁系合金　aluminum-zinc-magnesium alloy　02.0462

铝锌系变形铝合金　aluminum-zinc wrought aluminum alloy　02.0471

铝锌系铸造铝合金　aluminum-zinc cast aluminum alloy　02.0477

绿砂　glauconite sand　07.0199

绿松石　turquoise　07.0117

* 绿藤　raw cane　07.0780

绿柱石　beryl　07.0070

氯苯基硅油　chlorophenyl silicone oil　04.0996

* 氯丙纤维　acrylonitrile-vinyl chloride copolymer fiber　04.0688

* 氯醇橡胶　epichlorohydrin rubber　04.0594

氯丁胶黏剂　neoprene adhesive　04.0863

氯丁橡胶　chloroprene rubber　04.0544

氯丁橡胶胶乳　chlorobutadiene rubber latex　04.0545

氯化聚丙烯　chlorinated polypropylene，CPP　04.0376

氯化聚氯乙烯　chlorinated polyvinylchloride，CPVC　04.0383

氯化聚乙烯　chlorinated polyethylene，CPE　04.0366

氯化聚乙烯橡胶　chlorinated polyethylene elastomer　04.0575

氯化钠结构　sodium chloride structure　03.0011

氯化铯结构　cesium chloride structure　03.0012

氯化亚铜晶体　cuprous chloride crystal　03.0047

氯化冶金　chloridizing metallurgy　01.0856

氯磺化聚乙烯橡胶　chlorosulfonated polyethylene　04.0574

氯磺化乙丙橡胶　chlorosulfonated ethylene propylene rubber　04.0554

氯磺酰化聚乙烯　chlorosulfonated polyethylene　04.0367

氯腈橡胶　chlorobutadiene-acrylonitrile rubber　04.0546

*　氯纶　poly(vinyl chloride) fiber　04.0692

氯镁胶凝材料　magnesium chloride cementitious materials　03.0703

氯醚橡胶　epichlorohydrin rubber　04.0594

氯乙烯-醋酸乙烯酯共聚物　vinylchloride-vinylacetate copolymer　04.0387

*　滤光片　color filter　07.0272

滤色镜　color filter　07.0272

*　滤色片　color filter　07.0272

滤芯纸板　filter core board　07.0346

滤纸　filter paper　07.0345

孪晶　twin　01.0317

孪晶马氏体　twin martensite　02.0027

孪晶生长机制　growth mechanism by twin　01.1864

孪晶型减振合金　twin type damping alloy　02.1124

孪生　twinning　01.0316

孪生靶磁控溅射　twin targets magnetron sputtering　01.1919

卵石　ratchel　07.0178

轮碾　roll grinding　03.0387

螺圈　coil　08.0210

螺纹钢　screw-thread steel　02.0277

螺[型]位错　screw dislocation　01.0288

裸硫化　open cure　04.0659

裸皮　pelt　07.0398

洛伦兹力　Lorentz force　01.0055

洛氏硬度　Rockwell hardness　03.0374

络合剂　complex agent　01.1549

落镖冲击试验　dart impact test　04.1160

落球测黏法　falling ball viscometry　04.1146

落重冲击试验　falling weight impact test　04.1159

M

麻纤维　bast fiber　04.0667

马蒂亚斯定则　Matthias rule　01.0096

马赫-曾德尔电光调制器　Mach-Zehnder interferometer electro-optic modulator　06.0346

马克-豪温克方程　Mark-Houwink equation　04.0334

*　马口铁　tin-plated sheet，tinplate　02.0246

马林斯效应　Mullins effect　04.0286

马氏体　martensite　01.0366

马氏体不锈钢　martensitic stainless steel　02.0379

马氏体沉淀硬化不锈钢　martensitic precipitation hardening stainless steel　02.0385

马氏体钢　martensitic steel　02.0265

马氏体耐热钢　martensitic heat-resistant steel　02.0403

马氏体时效不锈钢　maraging stainless steel　02.0386

马氏体时效钢　maraging steel　02.0321

马氏体相变　martensitic transition　01.0365

马氏体相变温度　martensitic transformation temperature，martensite temperature　02.0058

*　玛钢　malleable cast iron　02.0420

玛瑙　agate　07.0258

埋层　buried layer　06.0167

埋粉硫化　powder-burying cure　04.0661

埋弧焊　submerged arc welding　01.1600

迈斯纳效应　Meissner effect　01.0093

麦饭石　maifan stone　07.0210

麦克斯韦模型　Maxwell model　04.0261

脉冲磁控溅射　pulsed magnetron sputtering　01.1918

脉冲激光沉积　pulsed laser deposition　01.1906

脉冲激光焊　impulse laser welding　01.1622

脉冲搅拌法　pulsating mixing process　01.0910

脉冲离子注入　pulsed ion implantation　01.1592

脉冲释放　pulsed release　08.0232

脉冲氩弧焊　pulsed argon arc welding　01.1607

脉冲阳极氧化　pulse current anodizing　01.1493

脉石英　vein quartz　07.0177

脉岩　vein rock　07.0172

慢化剂材料　moderator materials　02.1054

慢性毒性　chronic toxicity　08.0126

慢应变速率拉伸　slow strain rate tension，SSRT　01.0739

漫散界面　diffused interface　01.0388

芒硝　mirabilite　07.0123

* 猫眼　cat's eye　07.0247

毛边材　unedged lumber　07.0519

毛玻璃　frosted glass, ground glass　03.0510

毛方材　cant　07.0518

毛革　double face leather　07.0405

毛孔　pore　07.0412

毛皮　fur　07.0404

毛细管测黏法　capillary viscometry　04.1147

毛型纤维　wool type fiber　04.0807

毛竹材　moso bamboo wood　07.0761

锚链钢　anchor steel　02.0286

* 铆螺钢　cold heading steel　02.0285

茂金属催化剂　metallocene catalyst　04.0098

茂金属线型低密度聚乙烯　metallocene linear low density polyethylene, MLLDPE　04.0361

冒口　riser　01.1111

* 梅片　borneol, camphol　07.0736

煤　coal　07.0227

煤矸石　gangue　07.0201

煤精　jet　07.0269

煤系高岭土　coal series kaolinite　03.0683

* 煤玉　jet　07.0269

镁　magnesium　02.0504

镁白云石炭砖　magnesia dolomite carbon brick　03.0616

镁白云石砖　magnesite-dolomite brick　03.0605

镁钙炭砖　magnesia calcia carbon brick　03.0615

镁钙砖　magnesia calcia brick　03.0600

镁橄榄石　forsterite　03.0682

镁橄榄石砖　forsterite brick　03.0601

镁锆稀土系变形镁合金　magnesium-zirconium-rare earth metal wrought magnesium alloy　02.0512

镁铬砖　magnesite-chrome brick　03.0602

* 镁合金抑爆材料　anti-blast magnesium alloy　02.0528

镁尖晶石砖　magnesite-spinel brick　03.0599

镁锂合金　magnesium-lithium alloy　02.0524

镁铝硅[锰]系[铸造]合金　magnesium-aluminum-silicon-[manganese cast] alloy　02.0522

镁铝硅系微晶玻璃　MgO-Al$_2$O$_3$-SiO$_2$ system glass-ceramics　03.0492

镁铝锰系[铸造]合金　magnesium-aluminum-manganese [cast] alloy　02.0523

镁铝稀土系[铸造]合金　magnesium-aluminum-rare earth [cast] alloy　02.0519

镁铝锌系变形镁合金　magnesium-aluminum-zinc wrought magnesium alloy　02.0510

镁铝锌系铸造镁合金　magnesium-aluminum-zinc cast magnesium alloy　02.0517

镁铝钇稀土锆系[铸造]合金　magnesium-aluminum-yttrium-rare earth-zirconium [cast] alloy　02.0520

镁铝砖　magnesite-alumina brick　03.0598

镁锰稀土系变形镁合金　magnesium-manganese-rare earth metal wrought magnesium alloy　02.0513

镁锰系变形镁合金　magnesium-manganese wrought magnesium alloy　02.0509

镁炭砖　magnesite-carbon brick　03.0603

镁牺牲阳极　sacrificial anode magnesium　02.0532

镁稀土合金　magnesium-rare earth alloy　02.0518

镁稀土银锆系[铸造]合金　magnesium-rare earth-silver-zirconium [cast] alloy　02.0521

镁系贮氢合金　magnesium-based hydrogen storage alloy　02.1021

镁锌锆系变形镁合金　magnesium-zinc-zirconium wrought magnesium alloy　02.0511

镁锌稀土系变形镁合金　magnesium-zinc-rare earth metal wrought magnesium alloy　02.0514

镁砖　magnesite brick　03.0597

门槛应力　threshold stress　01.0737

门槛应力强度因子　threshold stress intensity factor　01.0738

* 蒙乃尔合金　Monel alloy　02.0787

蒙特卡罗法　Monte Carlo method　01.0833

蒙脱石　montmorillonite　07.0089

蒙圈　masking　07.0475

* 锰白铜　constantan alloy　02.0615

锰铋膜　manganese-bismuth film　02.0873

锰硅合金　ferrosilicomanganese　02.0191

* 锰硅铁合金　ferrosilicomanganese　02.0191

锰青铜　manganese bronze　02.0606

锰铁　ferromanganese　02.0192

锰锌铁氧体　Mn-Zn ferrite　03.0318

弥散界面　rough interface, diffused interface　01.1857

弥散强化　dispersion strengthening　01.0527

弥散强化材料　dispersion strengthened materials　02.1242

弥散强化铜合金　dispersion strengthened copper alloy　02.0616

弥散强化相　dispersion strengthening phase　02.0857

弥散强化质点间距　distance of dispersion strengthening particle　02.0858

弥散输运　dispersive transport　06.0279

弥散相　dispersed phase　01.0341

弥散型燃料　dispersion fuel　02.1043

米德马模型　Miedema model　01.0181

米勒-布拉维指数　Miller-Bravais indices　01.0252

米勒指数　Miller indices　01.0251

米特罗波利斯-蒙特卡罗算法　Metropolis-Monte Carlo algorithm　01.0834

密闭式吹氩成分微调法　composition adjustment by sealed argon bubbling, CAS　02.0156

密度法结晶度　crystallinity by density measurement　04.1127

密度偏析　density segregation　02.0180

密封功能复合材料　sealed functional composite　05.0296

* 密封胶　sealant　04.0834

MS 密封胶　MS sealant　04.0870

SPUR 密封胶　SPUR sealant　04.0871

密封胶黏剂　sealant　04.0834

密炼机　internal mixer　04.1220

密排六方结构　hexagonal close-packed structure　01.0268

* 棉花　cotton fiber　04.0666

* 棉漆　ripe lacquer　07.0758

棉纤维　cotton fiber　04.0666

棉型纤维　cotton type fiber　04.0808

免疫传感器　immuno-sensor　08.0055

* 免疫电极　immuno-sensor　08.0055

免疫吸附　immunoadsorption　08.0158

面板　face veneer　07.0655

面漆　top coating　04.0932

* 面缩率　percentage reduction of area after fracture　01.0484

* 面向等离子体材料　first wall materials　02.1085

面心立方结构　face-centered cubic structure　01.0266

描图纸　tracing paper　07.0336

敏感陶瓷　sensitive ceramics　03.0332

明矾石　alunite　07.0124

膜　membrane　08.0151

LB 膜　Langmiur-Blodgett film　01.0223

膜反应器　membrane reactor　04.1037

膜裂纤维　split fiber, split-film fiber　04.0812

膜渗透法　membrane osmometry　04.1115

* 膜下扩散层　buried layer　06.0167

膜蒸馏　membrane distillation　04.1036

膜状胶黏剂　film adhesive　04.0845

摩擦功能复合材料　friction functional composite　05.0295

摩擦焊　friction welding　01.1634

磨革　buffing　07.0488

磨光玻璃　polished glass　03.0512

磨耗系数　wear coefficient　01.0752

磨耗指数　abrasion index　04.0640

磨料磨损　abrasive wear, abrasion　01.0797

磨木浆　groundwood pulp　07.0299

磨砂革　nubuck leather　07.0432

磨蚀　corrosion wear　01.0798

磨损　abrasion, wear　01.0795

磨损[耗]量　abrasion loss　01.0751

磨损率　wear rate　01.0753

磨损试验　wear test　01.0749

末端过渡区　final transient region　01.0955

末端距　end-to-end distance　04.0176

莫来石　mullite　07.0080

莫来石晶片补强陶瓷基复合材料　mullite wafer reinforced ceramic matrix composite　05.0271

莫来石晶须增强体　mullite whisker reinforcement　05.0093

莫来石耐火浇注料　mullite refractory castable　03.0660

莫来石耐火纤维制品　mullite refractory fiber product　03.0648

莫来石砖　mullite brick　03.0590

莫内尔合金　Monel alloy　02.0787

模板聚合　template polymerization　04.0108

模锻　die forging　01.1250

模锻件　die forging　01.1269

* 模后收缩　molding shrinkage　04.1274

模具　mold, die　01.1093

模具钢　die steel　02.0346

模具锌合金　die zinc alloy　02.0662

模口膨胀　die swell　04.1260

模量时效硬化　modulus age hardening　01.0520

模塑料　molding compound　04.0354

模压成型　compression molding　05.0161

模压机　compression molding machine　04.1223

07.0600

木材吸湿性　hygroscopicity of wood　07.0575

木材吸湿滞后　adsorption hysteresis of wood　07.0577

木材吸水性　water-absorbing capacity of wood
　07.0576

木材细胞壁　wood cell wall　07.0550

木材纤维饱和点　fiber saturation point of wood
　07.0574

木材熏蒸处理　fumigation of wood　07.0622

木材液化　wood liquidation　07.0609

木材荧光现象　fluorescence of wood　07.0585

木材 pH 值　pH value of wood　07.0568

* 木材滞火处理　fire-retarding treatment of wood
　07.0621

木材轴向薄壁组织　longitudinal parenchyma of wood
　07.0555

木材着色　wood coloring　07.0605

木材阻燃处理　fire-retarding treatment of wood
　07.0621

木基复合材料　wood-based composite materials
　07.0705

* 木姜子油　oil of *Litsea cubeba*　07.0742

木浆　wood pulp　07.0287

木节土　mujie clay，kibushi clay　07.0195

木射线　wood ray　07.0547

* 木栓　cork　07.0756

木塑复合材料　wood plastic composite　07.0612

木纤维　wood fiber　07.0548

木纤维瓦楞板　corrugated fiber board　07.0693

木质部　xylem　07.0526

木[质]素　lignin　07.0567

目视光学检测　visual optical testing　01.0688

钼　molybdenum　02.0716

钼顶头　molybdenum alloy piercing mandrel　02.0733

钼锆铪碳合金　molybdenum-zirconium-hafnium-carbon
　alloy　02.0726

钼铪碳合金　molybdenum-hafnium-carbon alloy
　02.0725

钼合金　molybdenum alloy　02.0721

钼铼合金　molybdenum-rhenium alloy　02.0728

钼镧合金　molybdenum-lanthanum alloy　02.0730

钼丝　molybdenum filament，molybdenum wire
　02.0719

钼酸铅晶体　lead molybdate crystal，PM　03.0053

钼钛锆合金　molybdenum-titanium-zirconium alloy
　02.0723

钼钛锆碳合金　molybdenum-titanium-zirconium-carbon
　alloy　02.0724

钼钛合金　molybdenum-titanium alloy　02.0722

钼铁　ferromolybdenum　02.0197

钼铜材料　molybdenum-copper materials　02.0732

* 钼铜复合材料　molybdenum-copper materials
　02.0732

钼钨合金　molybdenum-tungsten alloy　02.0727

钼稀土合金　molybdenum-rare earth metal alloy
　02.0729

钼系高速钢　molybdenum high speed steel　02.0352

钼钇合金　molybdenum-yttrium alloy　02.0731

穆尼焦烧　Mooney scorch　04.0619

穆尼黏度　Mooney viscosity　04.0617

穆斯堡尔谱法　Mössbauer spectroscopy　01.0610

N

纳巴革　nappa leather　07.0428

纳观尺度　nanoscale　01.0821

纳米材料　nanomaterials　01.0018

纳米粉　nanosized powder　02.1174

纳米复合材料　nano-composite　05.0016

纳米复合支架　nano-composite scaffold　08.0165

纳米硅太阳能电池　nc-Si：H solar cell　06.0298

纳米晶复合永磁体　nanocrystalline composite
　permanent magnet　02.0908

纳米晶软磁合金　nanocrystalline soft magnetic alloy
　02.0909

纳米晶体　nanocrystal　01.0322

纳米晶硬质合金　nanosized cemented carbide　02.1260

纳米人工骨　nano-artificial bone　08.0311

纳米生物材料　nano-biomaterials　08.0002

* 纳米碳管吸收剂　carbon nanotube absorber　02.1007

纳米陶瓷　nano-ceramics　03.0239

纳米吸波薄膜　radar absorbing nano-membrane
　02.1006

纳米吸收剂　nano-powder absorber　02.1008

钠长石　albite　07.0102

钠钙玻璃　soda-lime-silica glass　03.0461

钠硼解石 ulexite 07.0112

钠硝石 soda niter, nitronatrite 07.0126

奈尔温度 Néel temperature 01.0113

耐冲击工具钢 shock resistant tool steel, shock-resisting tool steel 02.0362

* 耐大气腐蚀钢 weathering steel 02.0295

耐辐照光学玻璃 radiation resistant optical glass 03.0471

耐腐蚀型热双金属 anticorrosion bimetal 02.1139

耐[腐]蚀性 corrosion resistance 01.0791

耐高温纤维 high temperature resistant fiber 04.0745

耐海水腐蚀钢 sea water corrosion resistant steel 02.0374

耐候钢 weathering steel 02.0295

耐候胶合板 weather proof plywood 07.0679

耐环境应力开裂 environmental stress cracking resistance 04.1169

耐回火性 temper resistance 01.1432

耐火材料 refractory materials 03.0575

耐火捣打料 refractory ramming materials 03.0666

耐火度 refractoriness 03.0691

耐火钢 fire-resistant steel, FR steel 02.0296

耐火混凝土 refractory concrete 03.0751

耐火浇注料 refractory castable 03.0654

耐火可塑料 refractory plastic 03.0667

耐火泥 refractory mortar 03.0671

耐火黏土 refractory clay 03.0677

耐火喷补料 refractory gunning mix 03.0668

耐火投射料 slinging refractory 03.0675

耐火纤维喷涂料 refractory fiber spraying materials 03.0653

耐火纤维毯 refractory fiber blanket 03.0650

耐火纤维毡 refractory fiber felt 03.0649

耐火纤维制品 refractory fiber product 03.0643

耐火压入料 press-in refractory 03.0674

耐火原料 refractory raw materials 03.0676

耐碱耐火浇注料 alkali-resistant refractory castable 03.0663

* 耐纶 fatty polyamide fiber 04.0700

* 耐纶4 polybutyrolactam fiber 04.0704

* 耐纶6 polycaprolactam fiber 04.0703

* 耐纶66 polyhexamethylene adipamide fiber 04.0702

耐磨铝合金 wear-resistant aluminum alloy 02.0485

耐磨耐蚀高温合金 wear & corrosion resistant superalloy 02.0806

耐磨强度 abrasion resistance 07.0504

耐磨铜合金 wear-resistant copper alloy 02.0621

耐磨涂层 abrasion-resistant coating, wear-resistant coating 03.0550

耐磨锌合金 wear-resistant zinc alloy 02.0661

耐磨性 wear resistance 01.0750

耐磨铸钢 wear-resistant cast steel 02.0436

耐磨铸铁 wear-resistant cast iron 02.0423

耐气蚀钢 cavitation damage resistant steel 02.0396

* 耐热不起皮钢 oxidation-resistant steel 02.0399

耐热钢 heat-resistant steel 02.0397

耐热合金 heat-resistant alloy 02.0801

耐热混凝土 heat-resistant concrete 03.0752

耐热铝合金 heat-resistant aluminum alloy 02.0481

耐热镁合金 heat-resistant magnesium alloy 02.0525

耐热钛合金 heat-resistant titanium alloy 02.0551

耐热弹簧钢 heat-resistant spring steel 02.0335

耐热钽合金 heat-resistant tantalum alloy 02.0748

耐热温度 heat resisting temperature 01.0511

* 耐热轴承钢 high temperature bearing steel 02.0341

耐热铸钢 heat-resistant cast steel 02.0438

耐热铸铁 heat-resistant cast iron 02.0427

* 耐热铸造铝合金 high strength and heat resistant cast aluminum alloy 02.0480

耐热铸造钛合金 heat-resistant cast titanium alloy 02.0559

耐溶剂性 solvent resistance 04.1202

耐溶剂-应力开裂性 solvent-stress cracking resistance 04.1203

耐晒坚牢度 color fastness to light 07.0509

耐湿胶合板 humidity proof plywood 07.0680

耐蚀钢 corrosion resisting steel 02.0373

耐蚀锆合金 corrosion resistant zirconium alloy 02.0769

耐蚀金属间化合物 corrosion resistant intermetallic compound 02.0860

* 耐蚀铝合金 aluminum-magnesium cast aluminum alloy 02.0476

耐蚀镁合金 corrosion resistant magnesium alloy 02.0526

耐蚀镍合金 corrosion resistant nickel alloy 02.0785

耐蚀铅合金 corrosion resistant lead alloy 02.0681

耐蚀钛合金 corrosion resistant titanium alloy 02.0552

耐蚀钽合金　corrosion resistant tantalum alloy　02.0747

耐蚀铜合金　corrosion resistant copper alloy　02.0622

耐蚀轴承钢　corrosion resistant bearing steel　02.0342

耐蚀铸钢　corrosion resistant cast steel　02.0439

耐蚀铸铁　corrosion resistant cast iron　02.0428

耐酸耐火浇注料　acid-resistant refractory castable　03.0662

耐洗性能　washing fastness　07.0510

耐液态金属腐蚀不锈钢　liquid metal corrosion resistant steel　02.0390

耐震钨丝　shock resistant tungsten filament　02.0697

* 南阳玉　dushan jade　07.0264

难变形高温合金　difficult-to-deform superalloy　02.0803

难溶盐沉淀法　insoluble salt precipitation　01.0887

难熔金属　refractory metal　02.0692

难熔金属粉末　refractory metal powder　02.1203

内禀性标度　intrinsic scale　01.0822

内含物　inclusion　07.0549

内耗　internal friction　01.0150

内浇道　ingate　01.1106

内聚破坏　cohesive failure　04.0877

内能　internal energy　01.0165

内墙涂料　interior coating　04.0944

* 内树皮　phloem　07.0528

* 内吸除　intrinsic gettering　06.0171

内锡法　internal tin process　02.0983

内压成形　internal pressure forming　01.1336

内氧化　internal oxidation　01.1829

内应力　internal stress　01.0446

内增塑作用　internal plasticization　04.0252

能量色散 X 射线谱　X-ray energy dispersive spectrum, EDS　01.0624

能量释放率　energy release rate　01.1842

能量守恒定律　law of conservation of energy　01.0179

能斯特效应　Nernst effect　06.0390

能源材料　materials for energy application　01.0031

* 尼龙纤维增强体　polyamide fiber reinforcement　05.0045

泥灰岩　marl　07.0208

* 泥煤　peat　07.0226

泥炭　peat　07.0226

铌　niobium　02.0734

铌锆超导合金　niobium-zirconium superconducting

alloy　02.0941

铌锆系合金　niobium-zirconium alloy　02.0737

铌硅系合金　niobium-silicon alloy　02.0743

铌铪系合金　niobium-hafnium alloy　02.0738

铌合金　niobium alloy　02.0735

铌镁酸铅－钛酸铅－锆酸铅压电陶瓷　lead magnesium niobate-lead titanate-lead zirconate piezoelectric ceramics　03.0303

铌三铝化合物超导体　triniobium aluminide compound superconductor　02.0952

铌三锡化合物超导体　Nb_3Sn compound superconductor　02.0951

铌酸钾晶体　potassium niobate crystal, KN　03.0045

铌酸锂结构　lithium niobate structure　03.0023

铌酸锂晶体　lithium niobate crystal, LN　03.0049

铌酸锶钡晶体　strontium barium niobate crystal, SBN　03.0046

铌酸锶钡热释电陶瓷　$Sr_{1-x}Ba_xNb_2O_6$ pyroelectric ceramics　03.0307

铌钛超导合金　niobium-titanium superconducting alloy　02.0942

铌钛合金　niobium-titanium alloy　02.0742

铌钛钽超导合金　niobium-titanium-tantalum superconducting alloy　02.0943

铌钽钨系合金　niobium-tantalum-tungsten alloy　02.0741

铌铁　ferroniobium　02.0202

铌铁矿　columbite　07.0053

铌钨锆系合金　niobium-tungsten-zirconium alloy　02.0739

铌钨铪系合金　niobium-tungsten-hafnium alloy　02.0740

铌钨钼锆合金　niobium-tungsten-molybdenum-zirconium alloy　02.0744

铌钇矿　samarskite　07.0055

逆偏析　inverse segregation　01.1081

* 逆压电效应　converse piezoelectric effect　01.0139

逆张力　back tension　01.1289

逆转变奥氏体　reverse transformed austenite　02.0020

腻子　patty　04.0933

年轮　annual ring, year ring　07.0535

黏度　viscosity　01.0530

* 黏度比　relative viscosity, viscosity ratio　04.0329

黏度法　viscosity method　04.1118

凝胶点　gel point　04.0203

凝胶纺丝　gel spinning　01.1955

凝胶渗透色谱法　gel permeation chromatography，GPC　04.1119

* 凝胶效应　autoacceleration effect　04.0088

凝胶型离子交换树脂　gel ion exchange resin　04.1065

凝胶型氯丁橡胶　gel chloroprene rubber　04.0547

凝胶注模成型　gel casting　03.0428

凝聚缠结　cohesional entanglement，physical entanglement　04.0205

凝聚剂　coagulating agent　04.1284

凝聚体物理学　physics of condensed matter　01.0036

牛角式浇口　horn gate　01.1110

* 牛皮浆　sulfate pulp　07.0295

牛皮纸　kraft paper　07.0357

扭摆法　torsion-pendulum method　04.1134

扭辫法　torsion-braid method　04.1135

扭转超导线　twisted superconducting wire　02.0977

扭转模量　torsional modulus　01.0464

农业矿物　agriculture mineral　07.0007

浓度起伏　constitutional fluctuation　01.0942

* 浓缩铀　enriched uranium　02.1032

努氏硬度　Knoop hardness　03.0375

钕铁硼快淬粉　neodymium-iron-boron rapidly quenched powder　02.0913

钕铁硼永磁体　neodymium-iron-boron permanent magnet　02.0900

钕铁钛 3：29 型合金　neodymium-iron-titanium 3：29 type alloy　02.0917

* 诺梅克斯　Nomex　04.0753

O

欧泊　opal　07.0244

欧拉定律　Euler law　01.0254

偶氮类引发剂　azo-initiator　04.0063

偶氮染料　azo dye　04.1360

偶合终止　coupling termination　04.0077

偶联剂　coupling agent　04.1328

P

排除体积　excluded volume　04.0328

* 排胶　degreasing　01.1769

派－纳力　Peierls-Nabarro force　01.0309

* 盘条　wire rod　02.0238

庞磁电阻材料　colossal magnetoresistance materials，CMR materials　02.1153

傍管薄壁组织　paratracheal parenchyma　07.0557

抛光革　polished leather　07.0435

抛光面　polished surface　06.0141

抛光片　polished wafer　06.0140

* 泡花碱　water glass　03.0704

泡碱　natron　07.0139

泡沫玻璃　foam glass　03.0521

* 泡沫刚玉砖　foamed alumina brick　03.0638

泡沫混凝土　foam concrete　03.0746

泡沫夹层结构复合材料　foam core sandwich composite　05.0167

泡沫金属　foamed metal　02.1231

泡沫铝　foamed aluminum　02.0490

泡沫镁合金　foamed magnesium alloy　02.0529

泡沫塑料　foamed plastics　04.0353

泡沫氧化铝砖　foamed alumina brick　03.0638

泡沫渣　foaming slag　02.0129

泡生法　kyropoulus method　01.1882

胚胎干细胞　embryonic stem cell　08.0169

佩尔捷效应　Peltier effect　01.0130

配位沉淀　coordinate precipitation　01.0883

配位聚合　coordination polymerization　04.0094

配位聚合物　coordination polymer　04.0014

配位数　coordination number　01.0258

喷彩　color spraying　03.0196

* 喷出岩　volcanic rock　07.0171

喷吹燃料　fuel injection　02.0088

* 喷粉冶金　injection metallurgy　01.0857

喷焊　spray welding　01.1516

喷煤比　pulverized coal injection rate，PCI rate　02.0090

喷墨打印纸　inkjet printing paper　07.0341

* 喷气交缠纱　interlaced yarn，tangled yarn　04.0732

喷砂　sand blasting　01.1464

喷砂玻璃　sand glass　03.0513

* 喷射沉积　spray deposition　01.1340

喷射成形　spray forming　01.1340

喷射成型 spray-up process，reaction injection molding 05.0166

喷射混凝土 shotcrete 03.0747

喷射现象 jetting phenomena 04.1266

喷射冶金 injection metallurgy 01.0857

喷石灰粉顶吹氧气转炉炼钢 oxygen lime process，LD-AC process 02.0118

喷霜 blooming 04.0649

喷涂 spray coating 01.1514

喷丸 shot blasting 01.1465

喷雾干燥 spray drying 03.0412

喷雾热分解法制粉 making powder through spray pyrolysis 03.0404

喷雾造粒 spray granulation 01.1730

硼硅酸铝晶须增强体 aluminum borosilicate whisker reinforcement 05.0088

硼硅酸盐玻璃 borosilicate glass 03.0462

硼化钛晶须增强钛基复合材料 titanium boronide whisker reinforced Ti-matrix composite 05.0253

硼化钛晶须增强体 titanium boride whisker reinforcement 05.0087

硼化钛颗粒增强体 titanium boride particle reinforcement 05.0100

硼化钛纤维增强体 titanium boride fiber reinforcement 05.0068

硼化物陶瓷 boride ceramics 03.0255

硼镁石 szaibelyite 07.0110

硼镁铁矿 ludwigite 07.0113

硼砂 borax 07.0111

硼酸铝晶须增强铝基复合材料 aluminium borate whisker reinforced Al-matrix composite 05.0254

硼酸铝晶须增强体 aluminum borate whisker reinforcement 05.0089

硼酸镁晶须增强体 magnesium borate whisker reinforcement 05.0090

硼酸铯锂晶体 cesium lithium borate crystal，CLBO 03.0043

硼碳化合物超导体 boron carbide superconductor 02.0950

硼铁 ferroboron 02.0201

硼纤维增强聚合物基复合材料 boron fiber reinforced polymer composite 05.0112

硼纤维增强铝基复合材料 boron fiber reinforced Al-matrix composite 05.0242

硼纤维增强体 boron fiber reinforcement 05.0067

膨润土 bentonite 07.0194

膨体纱 bulk yarn 04.0731

膨胀剂 expansive agent 03.0719

膨胀性流体 dilatant fluid 04.0297

膨胀仪法 dilatometer method 01.0679

碰撞 collision 01.1587

坯革 crust 07.0402

* 坯料接坯料挤压 extrusion without remnant material 01.1208

铍青铜 beryllium bronze 02.0607

皮肤刺激 skin irritation 08.0117

皮革 leather 07.0403

皮革白霜 spew of leather 07.0461

皮革成型性能 mouldability of leather 07.0454

皮革等电点 isoelectric point 07.0463

皮革丰满性能 fullness of leather 07.0453

皮革管皱 piping of leather 07.0456

皮革肋条纹 ribbed grain of leather 07.0462

皮革粒面伤残 damage of leather grain 07.0452

皮革粒纹 grain of leather 07.0459

皮革裂面 crack grain of leather 07.0458

皮革柔软性能 softness of leather 07.0455

皮革撕裂强度 tearing strength of leather 07.0499

皮革松面 loose grain of leather 07.0457

皮革血筋 vein mark of leather 07.0460

皮克磨耗试验 Pico abrasion test 04.0639

皮内反应 intracutaneous reactivity 08.0119

皮-芯结构 skin-core structure 04.0235

皮芯型复合纤维 sheath-core composite fiber 04.0740

皮质含量 content of hide substance 07.0508

疲劳 fatigue 01.0502

疲劳断裂 fatigue fracture 01.0725

* 疲劳极限 fatigue limit 01.0496

疲劳强度 fatigue strength 01.0496

疲劳试验 fatigue test 01.0703

疲劳寿命 fatigue life 01.0503

疲劳温升 temperature rise by fatigue 04.1209

* 匹规过程 normal process 01.0073

偏二氟乙烯-三氟乙烯共聚物 difluoroethylene-trifluoroethylene copolymer 04.0500

偏光镜 polariscope 07.0276

偏光显微镜 polarization microscope 07.0012

偏光显微镜法 polarization microscopy 04.1122

偏晶反应　monotectic reaction，monotectic transformation　01.0399

偏晶凝固　monotectic solidification，monotectic reaction　01.0984

* 偏氯纶　poly（vinylidene chloride）fiber　04.0693

偏硼酸钡晶体　barium metaborate，BBO　03.0042

* 偏位错　imperfect dislocation，partial dislocation　01.0295

偏析　segregation　01.0427

* 偏心材　reaction wood　07.0561

片晶厚度　lamella thickness　04.0194

片晶增强金属基复合材料　platelet reinforced metal matrix composite　05.0237

片晶增强体　platelet crystalline reinforcement　05.0104

片麻岩　gneiss　07.0219

片皮　splitting　07.0477

片岩　schist　07.0214

片状粉　flaky powder，lamellar powder　02.1182

片状模塑料　sheet molding compound，SMC　05.0169

片状增强体　flake reinforcement　05.0106

* 漂白黏土　bleaching clay　07.0223

漂白土　bleaching clay　07.0223

* 漂珠砖　fly ash brick　03.0642

拼合宝石　composite stone　07.0237

* 拼合石　composite stone　07.0237

贫化铀　depleted uranium　02.1033

频率常数　frequency constant　01.0603

* 品质因数　thermoelectric figure of merit　06.0394

平板玻璃　flat glass　03.0473

平－胞转变　planar-cellular interface transition　01.0963

平衡电位　equilibrium potential　01.0894

平衡分凝系数　equilibrium segregation coefficient　06.0084

平衡高弹性　equilibrium high elasticity　04.0242

平衡降温生长　equilibrium cooling epitaxial growth　01.1943

平衡凝固　equilibrium solidification　01.0994

平衡溶胀比　equilibrium swelling ratio　04.0317

平衡溶胀法交联度　crosslinkage by equilibrium swelling　04.1130

平衡熔点　equilibrium melting point　04.0198

平均粗糙度　average roughness　06.0168

平均分子量　average relative molecular mass，average molecular weight，average molar mass　04.0155

平均粒度　mean particle size　02.1175

平均色散　mean dispersion　01.0586

* 平均相对分子质量　average relative molecular mass，average molecular weight，average molar mass　04.0155

* 平均应变速率　average deformation rate　01.1136

平炉钢　open hearth steel　02.0220

平面界面　planar interface　01.1854

平面流动铸造法　planar flow casting　01.1003

平面液固界面　planar liquid-solid interface　01.0957

平行板测黏法　parallel plate viscometry　04.1150

* 平行度　taper　06.0147

平移因子　horizontal shift factor，shift factor　04.0280

平砧拔长　flat anvil stretching　01.1244

平砧镦粗　flat anvil upsetting　01.1245

平整　temper rolling　01.1169

平整度　flatness　06.0145

屏蔽材料　shielding materials　02.1073

* 屏蔽混凝土　radiation shielding concrete　03.0750

坡口　groove　01.1661

坡缕石　palygorskite　07.0091

坡缕石黏土　attapulgite clay　07.0187

迫冷超导线　force-cooled superconducting wire　02.0973

破乳剂　demulsifier　04.1285

剖面密度　section density　07.0723

铺层　lay up　05.0320

铺层比　ply ratio　05.0324

铺层角　ply angle　05.0321

铺层设计　layer design　05.0382

铺层顺序　ply stacking sequence　05.0322

铺层组　ply group　05.0323

铺装成型　spreading forming，mat forming　07.0688

* 普硅水泥　ordinary Portland cement　03.0727

* 普鲁士蓝　iron blue　04.1372

普适标定　universal calibration　04.0337

普通硅酸盐水泥　ordinary Portland cement　03.0727

* 普通陶瓷　traditional ceramics　03.0138

普通氧化铝陶瓷　ordinary alumina ceramics　03.0285

普通质量钢　base steel　02.0211

* 蹼晶　web silicon crystal　06.0128

蹼状硅晶体　web silicon crystal　06.0128

* 漆　coating　04.0892

漆革　patent leather　07.0443

漆蜡　urushi wax，urushi tallow　07.0759

漆料　vehicle　04.0897

* 漆脂　urushi wax，urushi tallow　07.0759

齐格勒‐纳塔催化剂　Ziegler-Natta catalyst　04.0095

* 齐聚物　oligomer　04.0003

* 齐聚物发光材料　oligopolymer light-emitting materials　06.0420

奇异面　facet interface　01.1856

歧化终止　disproportionation termination　04.0076

起搏电极　pacing electrode　08.0052

起始蒸发区　the first zone of vaporization　01.1974

起皱　wrinkling　01.1303

* 气阀钢　gas valve steel　02.0404

气干密度　air-dry density　07.0580

气候暴露试验　weather exposure test　04.1180

气孔　gas hole　01.1085

* 气孔率　porosity　01.0605

气流粉碎　jet mill　01.1728

气敏电阻器材料　gas sensitive resistor materials　06.0372

气敏陶瓷　gas sensitive ceramics　03.0343

气敏元件　gas sensitive component　06.0382

* 气蚀　cavitation corrosion　01.0788

气态源分子束外延　gas source molecular beam epitaxy，GSMBE　06.0443

气体保护电弧焊　gas shielded arc welding　01.1601

* 气体保护焊　gas shielded arc welding　01.1601

气体分解法　decomposition of vapor phase　01.1893

气体辅助注射成型　gas-assisted injection molding　04.1243

气体合成法　gas phase synthesis，vapor phase synthesis　01.1894

气体冷却剂　gas coolant　02.1069

气体输运系统　gas handling system　06.0480

气体雾化　gas atomization　01.1711

气体悬浮　gas flow levitation　01.1013

气相掺杂　gas phase doping，vapor phase doping　06.0078

气相等离子辅助反应法　plasma assisted chemical vapor deposition　01.1758

气相反应法　gas phase reaction method　01.1757

气相反应法制粉　gas reaction preparation of powder　03.0395

气相激光辅助反应法　laser induced chemical vapor deposition　01.1759

气相色谱‐质谱法　gas chromatography mass spectrometry，GC-MS　01.0657

气相生长　vapor growth　01.1858

气相外延　vapor phase epitaxy，VPE　06.0440

气压成形法　pneumatic pressure forming technology　01.1327

气压烧结　gas pressure sintering　01.1806

气液固法　vapor-liquid-solid growth method　01.1890

气硬性胶凝材料　nonhydraulic cementitious materials　03.0702

气胀成形　gas bulging forming　01.1330

汽车大梁钢　steel for automobile frame　02.0283

砌筑水泥　masonry cement　03.0736

千枚岩　phyllite　07.0213

迁移率边　mobility edge　06.0271

迁移率隙　mobility gap　06.0272

迁移增强外延　migration enhanced epitaxy，MEE　06.0450

迁移增强外延法　migration enhanced epitaxy　06.0482

钎焊　brazing，soldering　01.1645

钎焊性　brazability，solderability　01.1690

钎剂　brazing flux，soldering flux　01.1688

钎料　brazing alloy，soldering alloy　01.1687

* 牵引流　drag flow　04.1258

铅　lead　02.0669

铅白　albus　04.1381

* 铅丹　red lead，lead oxide　04.1371

铅铬黄　chrome yellow　04.1374

铅铬绿　lead chrome green　04.1375

铅焊料　lead solder　02.0672

铅合金　lead alloy　02.0670

* 铅基巴氏合金　lead based Babbitt　02.0674

铅基轴承合金　lead based bearing alloy　02.0674

铅锑合金　lead antimony alloy　02.0673

铅浴处理　lead-bath treatment，patenting　01.1446

* 铅浴淬火　lead-bath treatment，patenting　01.1446

铅字合金　type metal alloy，type metal　02.0679

* 前端弹性变形区　dead zone in extrusion　01.1216

前滑　forward slip　01.1181

前末端基效应　penultimate effect　04.0130

* 前体细胞　precursor cell　08.0174

潜伏性固化剂　latent curing agent　04.0879

浅能级　shallow level　06.0066

浅能级杂质　shallow level impurity　06.0067

欠烧　undersintering　01.1823

嵌段共聚物　block copolymer　04.0024

* 嵌段聚合物　block copolymer　04.0024

嵌晶　imbedded crystal　06.0097

嵌入磨料颗粒　imbedded abrasive grain　06.0185

嵌体　inlay　08.0299

* 强化玻璃　tempered glass　03.0527

* 强化地板　laminate flooring　07.0717

强迫非共振法　forced non-resonance method　04.1137

强迫共振法　forced resonance method　04.1136

强碳化物形成元素　strong carbide forming element　02.0050

强制性晶体生长　constrained crystal growth　01.0960

* 蔷薇彩　color enamel, famille rose　03.0152

* 蔷薇石英　rose quartz　07.0251

羟基硅油　hydroxyl silicone oil　04.0991

羟基磷灰石生物活性陶瓷　hydroxyapatite bioactive ceramics　08.0040

羟基磷灰石涂层　hydroxyapatite coating　08.0098

羟乙基纤维素　hydroxyethyl cellulose, HEC　04.0409

* 乔赫拉尔斯基法　Czochralski method　06.0426

桥梁钢　steel for bridge construction　02.0282

翘曲　warpage　04.1273

翘曲度　warp　06.0152

* 切变模量　shear modulus　01.0461

切割　cutting　06.0130

切割球囊　cutting balloon　08.0203

切粒机　pelletizer　04.1226

切膜纤维　slit fiber, slit-film fiber　04.0813

切黏度　shear viscosity　04.1145

切片纺丝法　chip spinning　01.1964

* 亲油性凝胶　supper oil absorption polymer　04.1059

青白瓷　bluish white porcelain　03.0197

* 青变　blue stain, log blue　07.0618

青瓷　celadon　03.0198

青花瓷　blue-and-white porcelain　03.0199

* 青石　limestone　07.0205

青铜　bronze　02.0601

青铜法　bronze process　02.0981

氢脆　hydrogen embrittlement　01.0777

氢脆敏感性　hydrogen embrittlement susceptibility　01.0740

氢化丁腈橡胶　hydrogenated nitrile rubber　04.0559

氢化非晶硅　hydrogenated amorphous silicon　06.0281

氢化纳米晶硅　hydrogenated nanocrystalline silicon　06.0283

氢化-脱氢粉　hydride-dehydrate powder　02.1195

氢化微晶硅　hydrogenated microcrystalline silicon　06.0282

氢化物气相外延　hydride vapor phase epitaxy, HVPE　06.0441

氢键　hydrogen bond　01.0229

氢氯化天然橡胶　natural rubber hydrochloride　04.0505

氢气沉淀　hydrogen precipitation　01.0882

氢蚀　hydrogen attack　01.0779

* 氢损伤　hydrogen damage　01.0777

氢致开裂　hydrogen induced cracking, HIC　01.0775

氢致软化　hydrogen softening　01.0735

氢致塑性损失　hydrogen induced ductility loss　01.0776

氢致硬化　hydrogen hardening　01.0736

氢转移聚合　hydrogen transfer polymerization　04.0105

轻革　light leather　07.0422

轻骨料混凝土　lightweight-aggregate concrete　03.0744

轻量涂布纸　light weight coated paper　07.0330

轻烧　light burning, soft burning　03.0697

轻水　light water　02.1055

轻水堆燃料组件　light water reactor fuel assembly　02.1049

轻型印刷纸　low density printing paper　07.0322

轻质耐火材料　light weight refractory　03.0637

轻质耐火浇注料　light weight refractory castable　03.0655

* 轻质陶瓷　dolomite earthen-ware　03.0128

清漆　varnish　04.0898

氰化浸出　cyanide leaching　01.0867

氰基丙烯酸酯胶黏剂　cyanoacrylate adhesive　04.0854

氰酸酯树脂基复合材料　cyanate resin composite　05.0133

氰乙基纤维素　cyanoethyl cellulose, CEC　04.0410

琼脂[基]印模材料　agar-based impression materials　08.0261

* 球焊金丝　bonding gold wire　02.0650
球化剂　nodulizer　02.0165
球化退火　spheroidizing annealing, spheroidizing　01.1396
球晶　spherulite　04.0185
球磨　ball mill　03.0391
球磨粉　ball milled powder　02.1186
球墨铸铁　spheroidizing graphite cast iron, nodular iron　02.0417
球囊扩张式支架　balloon-expandable stent　08.0191
球囊血管成形术　percutaneous transluminal angioplasty, PTA　08.0186
* 球铁　spheroidizing graphite cast iron, nodular iron　02.0417
球团工艺　pelletizing process　02.0068
球团矿　pellet　02.0070
球压式硬度　ball hardness　04.0615
球状粉　spheroidal powder　02.1179
球状组织　spheroidal structure　01.0432
GP 区　Guinier-Preston zone　01.0389
区熔锗锭　zone-refined germanium ingot　06.0108
区域偏析　regional segregation　02.0178
区域沾污　contamination area　06.0189
屈服点　yield point　01.0478
* 屈服点现象　yield effect　01.0479
屈服强度　yield strength　01.0480
屈服伸长　yield elongation　01.0481
屈服效应　yield effect　01.0479
屈服准则　yield criterion　01.0731
屈挠龟裂试验　flex cracking test　04.0641
屈挠疲劳寿命　flex fatigue life　04.1211
屈强比　yield ratio　01.0485
屈氏体　troostite　02.0023
取向　orientation　04.0209

取向度　degree of orientation　04.0213
取向硅钢　oriented silicon steel　02.0412
去漆剂　remover　04.1333
去应力退火　stress relieving, stress relief annealing　01.1402
* 全方位离子注入　plasma immersion ion implantation　01.1590
全氟离子交换膜　perfluorinated ionomer membrane　04.1027
全氟醚橡胶　fluoroether rubber　04.0588
全氟碳乳剂　perfluorocarbon emulsion　04.1091
* 全氟乙丙共聚物纤维　tetrafluoroethylene-hexafluoropropylene copolymer fiber　04.0696
全干材含水率　moisture content of oven dry wood　07.0572
全口义齿　complete denture, full denture　08.0289
全拉伸丝　fully drawn yarn　04.0804
全粒面革　full grain leather　07.0426
* 全密度　solid density, theoretical density　02.1209
* 全密度材料　full density materials　02.1210
全漂浆　fully bleached pulp　07.0300
全取向丝　fully oriented　04.0803
全树利用　whole-tree utilization　07.0647
全β钛合金　stable β titanium alloy　02.0546
全同立构聚合物　isotactic polymer　04.0019
全稳定氧化锆陶瓷　full stabilized zirconia ceramics　03.0270
全息检测　holographic testing　01.0684
全致密材料　full density materials　02.1210
缺口　indent　06.0179
缺口敏感性　notch sensitivity　01.0487
确定性模拟方法　deterministic simulation method　01.0830
群青　ultramarine　04.1376

R

燃料包壳　fuel cladding　02.1051
燃料比　fuel ratio, fuel rate　02.0098
燃料芯块　fuel pellet　02.1047
燃料元件　fuel element　02.1045
燃料组件　fuel assembly　02.1048
燃烧波速率　combustion wave rate　01.1840
* 燃烧合成　combustion synthesis　01.1729
燃烧室高温合金　high temperature alloy for combustion

chamber　02.0807
染料　dyestuff　04.1355
* 染色体畸变　chromatosome mutagenesis　08.0130
染色体诱变　chromatosome mutagenesis　08.0130
热爆　thermal explosion　01.1838
热壁外延　hot wall epitaxy, HWE　06.0468
* 热边界层　thermal boundary layer　06.0036
热变形　hot deformation, thermal deformation　01.1139

热变形温度　heat distorsional temperature　04.1142

热成型　thermoforming　04.1244

热处理　heat treatment　01.1359

热处理保护涂层　heat treatment protective coating　03.0544

热处理工艺周期　thermal cycle　01.1383

* 热磁补偿合金　temperature compensation alloy　02.0866

* 热磁合金　temperature compensation alloy　02.0866

热导率　thermal conductivity　01.0535

热等静压烧结　hot isostatic pressing sintering　03.0441

热等静压制　hot isostatic pressing　01.1786

* 热电材料　thermoelectric materials　06.0386

热电发电　thermoelectric power generation　06.0397

* 热电模块　thermoelectric module　06.0392

热电偶材料　thermocouple materials　02.1155

热电偶法固化监测　thermal couple cure monitoring　05.0224

热电体　thermoelectric materials　01.0128

热电效应　thermoelectric effect　01.0127

* 热电致冷　thermoelectric cooling　06.0396

热电子发射　thermal electron emission　01.0562

热顶偏析　hot-top-segregation　01.1082

热定型　heat setting　01.1985

热镀锡　hot dip tinning　01.1562

热镀锌　hot galvanizing　01.1560

热镀锌铝　hot dip zinc-aluminum alloy　01.1563

* 热堆　thermal neutron reactor　02.1025

热反射玻璃　heat reflective glass　03.0518

热反射涂层　thermal reflective coating　03.0546

热分解法　thermal decomposition method　01.1761

热[分]解法制粉　pyrolysis processing for making powder　03.0396

热分解反应　thermal decomposition reaction　06.0038

热分析　thermal analysis，TA　01.0675

* 热辐射功率　thermal emissivity　01.0599

热腐蚀　hot corrosion　01.0787

热固化型义齿基托聚合物　heat-curing denture base polymer　08.0272

热固性树脂　thermosetting resin　04.0352

热固性树脂基复合材料　thermosetting resin composite　05.0124

热光开关　thermo-optic switch　06.0347

热光稳定光学玻璃　thermo-optical stable optical glass　03.0489

热光效应　thermo-optical effect　01.0591

热焓法结晶度　crystallinity by enthalpy measurement　04.1129

* 热核燃料　fusion fuel　02.1088

热核燃料容器材料　materials for thermal nuclear fuel container　02.1089

热红外伪装材料　thermo-infrared camouflage materials　02.0994

热化学气相沉积　thermal chemical vapor deposition　01.1931

热机械控制工艺　thermomechanical control process，TMCP　02.0172

热激电流谱　thermally stimulated current spectrum，TSCS　06.0493

热激电容谱　thermally stimulated capacitance spectrum　06.0494

热激活　thermal activation　01.0207

热挤压　hot extrusion　01.1192

热挤压模具钢　hot extrusion die steel　02.0364

热剂焊　thermit welding　01.1623

热剪切工具钢　hot-shearing tool steel　02.0363

热降解　thermal degradation　04.0144

热解法　pyrolysis　01.1872

热解反应　pyrolytic reaction　01.1938

热浸镀　hot dipping　01.1561

热聚合　thermal polymerization　04.0091

热空气老化　air oven aging　04.1171

* 热控涂层　thermal control coating　03.0549

热扩散系数　thermal diffusivity　01.0538

热拉　hot drawing　01.1294

* 热力学变量　thermodynamic variable　01.0164

热力学过程　thermodynamic process　01.0158

* 热力学函数　thermodynamic function　01.0164

* 热力学能　thermodynamic energy　01.0165

热力学平衡　thermodynamic equilibrium　01.0163

热力学评估　thermodynamic evaluation，thermodynamic assessment　01.0850

热力学优化　thermodynamic optimization　01.0851

热量输运方程　heat transport equation　06.0045

热裂　hot tearing，hot cracking　01.1089

热敏变色纤维　polychromatic fiber　04.0775

热敏电阻　thermistor　06.0385

热敏电阻材料　thermistor materials　02.1145

热敏器件　thermosensitive device　06.0381
热敏陶瓷　thermosensitive ceramics　03.0333
热敏纸　thermal-sensitive paper　07.0342
热喷涂　thermal spraying　01.1515
热喷涂粉末　thermal spray powder　02.1194
热膨胀合金　expansion alloy　02.1127
热膨胀系数　coefficient of thermal expansion　01.0531
热疲劳　thermal fatigue　01.0504
热谱图　thermogram　01.0674
热强钢　high-temperature strength steel　02.0398
* 热强化玻璃　heat-strengthened glass　03.0528
* 热强钛合金　heat-resistant titanium alloy　02.0551
热强铸造铝合金　high strength and heat resistant cast
　　aluminum alloy　02.0480
热容[量]　heat capacity　01.0171
热熔法预浸料　melting prepared prepreg　05.0178
* 热熔胶　hot-melt adhesive　04.0835
热熔胶黏剂　hot-melt adhesive　04.0835
热生长氧化物　thermally grown oxide　06.0175
热施主缺陷　thermal donor defect，TD defect　06.0101
热[释]电高分子　pyroelectric polymer　04.1052
热释电流　thermal stimulated discharge current
　　04.0339
热释电流法　thermal stimulated discharge current
　　method　04.1140
热[释]电陶瓷　pyroelectric ceramics　03.0304
热释电系数　pyroelectric coefficient　01.0537
热释电效应　pyroelectric effect　01.0126
热双金属　thermobimetal，thermostat metal　02.1135
热塑性聚氨酯　thermoplastic polyurethane，TPU
　　04.0425
热塑性聚氨酯橡胶　thermoplastic polyurethane rubber
　　04.0593
热塑性树脂　thermoplastic resin　04.0351
热塑性树脂基复合材料　thermoplastic resin composite
　　05.0125
热塑性弹性体　thermoplastic elastomer　04.0598
热弹性相变　thermoelastic phase transition　01.0368
热探针法　thermal probe method　06.0484
热脱脂　thermal degreasing　01.1772
热弯玻璃　hot bending glass　03.0530
热弯型钢　hot bending section　01.1322
热稳定剂　heat stabilizer　04.1338
* 热戊橡胶　cyclized natural rubber　04.0507

热芯盒法　hot box process　01.1118
热压　hot pressing　01.1779
热压成型　hot press processing　01.1355
热压罐成型　autoclave process　05.0155
热压焊　hot pressure welding　01.1643
热压烧结　hot press sintering　01.1831
热压烧结氮化硅陶瓷　hot pressure sintered silicon
　　nitride ceramics　03.0260
热压烧结碳化硅　hot pressing sintered silicon carbide
　　03.0265
热压铸成型　low pressure injection molding，hot
　　injection molding　03.0423
热氧化降解　thermal oxidative degradation　04.0145
热氧老化　thermal oxidative aging　04.1178
热应力　thermal stress　01.1448
热影响区　heat affected zone，HAZ　01.1695
热诱导孔洞　heat-induced pore　02.0849
热原　pyrogen　08.0114
热再生离子交换树脂　heat regenerable ion exchange
　　resin　04.1066
热轧　hot rolling　01.1162
热轧钢材　hot rolled steel　02.0258
热轧无缝钢管　hot rolled seamless steel tube　01.1174
* 热障涂层　thermal barrier coating　03.0553
热致变色染料　thermochromic colorant　04.1358
热致发光　thermoluminescence　01.0141
热致发光材料　thermoluminescence phosphor　03.0364
热中子反应堆　thermal neutron reactor　02.1025
热中子控制铝合金　thermal neutron control aluminum
　　alloy　02.0495
热阻　thermal resistance　01.0536
热作模具钢　hot-working die steel　02.0348
人工宝石　artificial gem　07.0234
人工玻璃体　artificial vitreous　04.1088
人工钉扎中心　artificial pinning center，APC　02.0980
人工耳蜗　cochlear implant，artificial cochlear，electronic
　　cochlear implant　08.0145
人工肺　artificial lung，artificial oxygenator　08.0149
人工肝　artificial liver　08.0147
* 人工肝支持系统　artificial liver support system
　　08.0147
人工骨　artificial bone，bone substitute　08.0136
人工关节　artificial joint　08.0138
人工晶体　artificial crystal　01.1846

人工晶状体　intraocular lens　08.0141

* 人工颅骨假体　artificial cranial graft　08.0321

人工皮肤　artificial skin　08.0137

人工气候老化　artificial weathering aging　04.1172

人工器官　artificial organ　08.0134

人工肾　artificial kidney　08.0148

人工水晶　synthetic quartz　03.0087

人工细胞　artificial cell　08.0144

人工心脏　artificial heart　08.0139

人工心脏瓣膜　artificial heart valve, prosthetic heart valve　08.0140

人工血管　vascular prosthesis, artificial blood vessel　08.0142

人工牙　artificial tooth, denture tooth　08.0303

人工胰　artificial pancreas　08.0146

人工种皮　seed coat　04.1085

人造板　wood-based panel　07.0649

人造板表面加工　surface processing of wood-based panel　07.0709

人造板表面装饰　surface finishing of wood-based panel　07.0710

人造板甲醛释放限量　formaldehyde emission content in wood-based panel　07.0724

人造板热压　wood-based panel hot pressing　07.0671

人造宝石　artificial stone　07.0236

* 人造蛋白质纤维　regenerated protein fiber　04.0676

人造冠　artificial crown　08.0296

人造金刚石　synthetic diamond　03.0090

人造金刚石触媒用镍合金　nickel alloy for artificial diamond　02.0788

* 人造牙　artificial tooth, denture tooth　08.0303

刃[型]位错　edge dislocation　01.0287

韧脆转变温度　ductile-brittle transition temperature　01.0701

韧皮部　phloem　07.0528

韧皮纤维　stem fiber　04.0668

韧窝断口　toughnest fracture surface　01.0719

韧性断口　ductile fracture surface　01.0718

韧性断裂　ductile fracture　01.0716

日光石　sun stone　07.0252

日用搪瓷　domestic enamelware　03.0565

日用陶瓷　domestic ceramics, ceramics for daily use　03.0139

绒毛浆　fluff pulp　07.0288

绒面革　suede leather　07.0433

溶合比　penetration ratio　01.1658

θ溶剂　theta solvent　04.0321

溶剂脱脂　solvent degreasing　01.1771

溶剂型胶黏剂　solvent adhesive　04.0843

溶剂蒸发法　solvent evaporation method　01.1873

溶胶凝胶法　sol-gel method　01.1756

溶胶凝胶法制粉　making powder through sol-gel process　03.0401

溶胶凝胶活化改性　bioactivation modification by sol-gel　08.0107

溶胶凝胶涂层工艺　sol-gel coating technology　03.0539

溶解度　solubility　01.0184

溶解度参数　solubility parameter　04.0314

溶解度间隙　miscibility gap　01.0203

溶聚丁苯橡胶　solution polymerized styrene-butadiene rubber　04.0536

溶血　hemolysis　08.0115

* 溶液法预浸料　solution prepared prepreg　05.0176

溶液纺丝　solution spinning　01.1952

溶液聚合　solution polymerization　04.0114

溶液生长　solution growth　01.1859

溶液涂膜　solution casting　04.1256

溶胀　swelling　04.0315

溶胀比　swelling ratio　04.0316

溶胀度　degree of swelling　01.1970

溶胀控制药物释放系统　swelling-controlled drug delivery system　08.0226

溶质富集　solute enrichment　01.1868

溶质扩散系数　solute diffusion coefficient　06.0046

溶质浓度　solute concentration　01.0936

溶质再分配　solute redistribution　01.1886

* 溶质再分配系数　solute partition coefficient　01.0952

熔池　molten pool, puddle　01.1665

熔池搅拌　molten pool stirring　02.0123

* 熔点　melting point　01.0534

* 熔法纺丝　melt spinning　01.1949

熔敷金属　deposited metal　01.1662

熔敷系数　deposition efficient　01.1657

熔覆层　cladding layer　01.1475

熔合区　fusion zone　01.1694

熔合线　weld junction　01.1693

熔化　melting　01.0420

熔[化]焊　fusion welding　01.1598

熔化极惰性气体保护电弧焊 metal inert-gas arc welding 01.1603

熔化热 heat of fusion，melting heat 01.0893

熔剂 flux 01.1046

熔浸 infiltration 01.1824

熔浸复合材料 infiltrated composite materials 02.1240

熔块 frit 03.0201

熔模 fusible pattern 01.1129

熔模铸造 investment casting 01.1024

＊熔凝硅石纤维增强体 quartz fiber reinforcement 05.0059

熔融 melting 04.1269

熔融玻璃净化法 glass fluxing technique 01.1009

＊熔融法预浸料 melting prepared prepreg 05.0178

＊熔融纺丝 melt spinning 01.1949

熔融还原 fusion reduction 01.0920

熔融还原炼铁 smelting reduction process for ironmaking 02.0101

熔融石英制品 fused quartz product 03.0580

熔融缩聚 melt phase polycondensation 04.0101

熔融温度 melting temperature 01.0534

熔融织构生长法 melt-textured growth process 02.0986

熔深 depth of fusion 01.1664

＊熔渗 infiltration 01.1824

熔石英陶瓷 fused quartz ceramics 03.0294

熔体纺丝 melt spinning 01.1949

熔体纺丝结晶 melt spinning crystallization 01.1969

熔体纺丝取向 melt spinning orientation 01.1968

熔体固化成型 solidification of melt fluid 01.1967

＊熔体流率 melt index 04.1143

熔体破裂 melt fracture 04.1265

熔体强度 melt strength 04.1144

熔体生长法 melt growth method 06.0424

熔体拖出法 melt extraction 01.1006

熔体指数 melt index 04.1143

＊熔透法 fusion type plasma arc welding 01.1618

熔透型等离子弧焊 fusion type plasma arc welding 01.1618

熔限 melting temperature range 04.0199

熔盐电镀 molten salt electroplating 01.1541

熔盐电解 fusion electrolysis 01.0897

熔盐法 molten salt method 01.1874

熔盐腐蚀 fused salt corrosion 01.0786

熔焰法 verneuil method 01.1883

熔渣 slag 01.1670

熔渣流动性 slag fluidity 01.1671

熔铸锆刚玉砖 fused cast zirconia corundum brick 03.0628

熔铸砖 fused cast brick 03.0589

＊AZS 熔铸砖 fused cast zirconia corundum brick 03.0628

柔度不变量 compliance invariant 05.0338

＊柔软剂 softening agent 04.1316

柔性衬底非晶硅太阳能电池 α-Si based solar cell on flexible substrate 06.0293

柔性多点成形 flexible multi-point forming 01.1348

柔性链 flexible chain 04.0172

鞣制 tanning 07.0473

肉面 flesh side 07.0411

蠕变脆性 creep embrittlement 01.0477

＊蠕变极限 creep strength 01.0495

蠕变强度 creep strength 01.0495

蠕变柔量 creep compliance 04.0264

蠕变试验 creep test 01.0706

蠕变速率 creep rate 04.0266

蠕化剂 vermiculizer 02.0166

蠕墨铸铁 compacted graphite cast iron，vermicular graphite cast iron 02.0418

汝窑 Ru kiln 03.0162

乳白玻璃 opal glass 03.0522

乳化剂 emulsifier 04.1327

乳胶漆 latex paint 04.0903

乳聚丁苯橡胶 emulsion polymerized styrene-butadiene rubber，E-SBR 04.0534

乳聚丁二烯橡胶 emulsion polymerized polybutadiene 04.0526

乳头层 papillary layer 07.0408

乳液法制粉 making powder through emulsion process 03.0403

乳液纺丝 emulsion spinning 01.1960

乳液胶黏剂 latex adhesive 04.0842

乳液聚合 emulsion polymerization 04.0120

乳浊釉 opaque glaze，opal glaze 03.0202

入口效应 entrance effect 04.1261

＊软材 softwood 07.0521

软磁材料 soft magnetic materials 02.0868

软磁铁氧体 soft magnetic ferrite 03.0317

软磁性复合材料　soft magnetic composite　05.0286
软化　bating　07.0471
软化剂　softening agent　04.1316
软聚氯乙烯　flexible polyvinylchloride，flexible PVC　04.0386
软锰矿　pyrolusite　07.0048
软模　soft mode　01.0076
软模成型　flexible die forming　05.0163
* 软木　cork　07.0756
软钎焊　soldering　01.1647
* 软铁　wrought iron　02.0184
软物质　soft matter　01.0222
软玉　nephrite　07.0255
软组织填充材料　filling materials of soft tissue　08.0015
软组织修复材料　repairing materials of soft tissue　08.0014
锐钛矿　anatase　07.0040
锐钛矿结构　anatase structure　03.0016
瑞利比　Rayleigh ratio，Ralyeigh factor　04.0336
* 瑞利波　Rayleigh wave　01.0077
瑞利散射　Rayleigh scattering　01.0146
润滑挤压　lubrication extrusion　01.1212
润滑颜料　lubricant pigment　04.1370
润湿　wetting　01.0937
* 润湿层　wetting layer　06.0042
润湿剂　wetting agent　04.1329
润湿角　wetting angle　01.0938
润湿热　heat of wetting　03.0008
润湿性　wettability　01.0426
弱碳化物形成元素　weak carbide forming element　02.0051

S

塞棒　stopper rod　03.0631
赛隆结合刚玉制品　sialon-bonded corundum product　03.0624
赛隆结合碳化硅制品　sialon-bonded silicon carbide product　03.0623
赛隆陶瓷　sialon　03.0262
* 赛璐玢　cellophane　07.0358
* 赛璐珞　cellulose nitrate plastics，CN plastics　04.0402
三次渗碳体　tertiary cementite　02.0043
三次再结晶　tertiary recrystallization　01.0410
三点弯曲试验　three-point bending test　03.0369
三官能硅氧烷单元　trifunctional siloxane unit　04.0975
三甲基氯硅烷　trimethyl chlorosilane　04.0963
三聚氰胺甲醛树脂　melamine formaldehyde resin，MF resin　04.0415
三聚氰胺甲醛树脂基复合材料　melamine formaldehyde resin composite　05.0136
三铝化钛合金　titanium trialuminide alloy　02.0574
三氯硅烷　trichlorosilane　04.0960
三硼酸锂晶体　lithium borate，LBO　03.0041
三探针法　three-probe measurement　06.0486
三T图　curing temperature-curing time-glass transition temperature diagram　04.0254
三维卷曲　three-dimensional crimp，helical crimp　04.0823
三维细胞培养　3D cell culture　08.0177
三阳开泰瓷　San Yang Kai Tai porcelain　03.0203
三元相图　ternary phase diagram　01.0192
三元乙丙橡胶　ethylene-propylene-diene-terpolymer rubber　04.0552
三组元超导线　three-component superconducting wire　02.0976
散孔材　diffuse-porous wood　07.0541
* 散状耐火材料　unshaped refractory　03.0651
扫描电子显微术　scanning electron microscopy，SEM　01.0634
扫描隧道显微术　scanning tunnelling microscopy，STM　01.0637
扫描探针显微术　scanning probe microscopy，SPM　01.0636
色斑　stain　06.0191
色差　color difference　04.0922
色淀染料　lake dye　04.1359
色纺纤维　spun-dyed fiber　04.0721
* 色母粒　color concentrate　04.1298
色母料　color concentrate　04.1298
色漆　paint　04.0896
色散本领　dispersive power　01.0589
色心　color center　01.0051

* 沙木油　oil of *Cunninghamia lanceolata*　07.0745

* 砂金石英　aventurine quartz　07.0259

* 砂金釉　aventurine glaze　03.0183

砂型铸造　sand casting　01.1022

砂岩　sandstone　07.0179

砂眼　sand hole　01.1087

鲨鱼皮现象　sharkskin phenomena　04.1271

筛分析　sieve analysis　01.1748

晒图纸　diazotype paper　07.0343

山苍子油　oil of *Litsea cubeba*　07.0742

杉木油　oil of *Cunninghamia lanceolata*　07.0745

钐钴磁体　samarium-cobalt magnet　02.0902

钐钴 1∶5 型磁体　samarium-cobalt 1:5 type magnet　02.0898

钐钴 2∶17 型磁体　samarium-cobalt 2∶17 type magnet　02.0899

钐铁氮磁体　samarium-iron-nitrogen magnet　02.0901

珊瑚　coral　07.0268

闪长岩　diorite　07.0153

闪光对焊　flash welding　01.1632

闪光射线透照术　flash radiography　01.0665

闪石　amphibole　07.0077

闪烁晶体　scintillation crystal　03.0056

闪烁体　scintillator　03.0249

闪锌矿　sphalerite　07.0029

* 闪锌矿型结构　zinc blende structure　03.0013

闪蒸蒸镀　flash evaporation　01.1911

熵　entropy　01.0167

熵弹性　entropy elasticity　04.0243

上贝氏体　upper bainite　02.0031

* 上屈服点　upper yield point　01.0478

上转换发光材料　up-conversion phosphor　03.0360

烧成　firing　03.0038

烧成砖　burnt brick　03.0576

烧结白铜　sintered copper-nickel- silver　02.1223

烧结不锈钢　sintered stainless steel　02.1219

烧结磁体　sintered magnet　02.0925

烧结电触头材料　sintered electrical contact materials　02.1239

烧结电工材料　sintered electrical engineering materials　02.1238

烧结铬-钴-铁磁体　sintered chromium-cobalt-iron magnet　02.0910

烧结工艺　sintering process　02.0066

烧结合金　sintered alloy　02.1215

烧结合金钢　sintered alloy steel　02.1217

烧结黄铜　sintered brass　02.1224

烧结活塞环　sintered piston ring　02.1218

烧结畸变　sintering distortion　01.1821

烧结减摩材料　sintered antifriction materials　02.1237

烧结金属石墨　metal bearing carbon　02.1241

烧结颈　sintering neck　01.1803

烧结矿　sintered ore　02.0069

* 烧结连接　sinter bonding　01.1830

烧结铝　sintered aluminum　02.1225

烧结铝-镍-钴磁体　sintered alnico magnet　02.0911

烧结镁砂　sintered magnesite　03.0596

烧结摩擦材料　sintered friction materials　02.1232

烧结钕-铁-硼磁体　sintered neodymium-iron-born magnet　02.0912

烧结气氛　sintering atmosphere　01.1827

烧结铅青铜　sintered lead bronze　02.1222

烧结青铜　sintered bronze　02.1221

* 烧结-热等静压　gas pressure sintering　01.1806

烧结软磁材料　sintered soft magnetic materials　02.0927

烧结铁　sintered iron　02.1216

烧结铜　sintered copper　02.1220

烧结硬磁材料　sintered hard magnetic materials　02.0928

烧绿石　pyrochlore　07.0058

烧绿石结构　pyrochlore structure　03.0022

* 烧青　cloisonne　03.0570

烧蚀防热复合材料　ablative composite　05.0299

* 烧蚀后退率　linear ablating rate of composite　05.0310

少数载流子　minority carrier　06.0009

少数载流子扩散长度　minority carrier diffusion length　06.0014

少数载流子寿命　minority carrier lifetime　06.0013

邵坡尔磨耗试验　Schopper abrasion test　04.0636

蛇纹石　serpentine　07.0085

蛇纹岩　serpentinite　07.0221

* 蛇窑　Long kiln　03.0166

射频等离子体辅助分子束外延　radio frequency plasma assisted molecular beam epitaxy　06.0452

射频等离子体化学气相沉积　radio frequency plasma chemical vapor deposition　06.0471

射频等离子体增强化学气相沉积 radio frequency plasma enhanced chemical vapor deposition 01.1933

射频溅射 radio frequency sputtering 01.1920

X 射线粉末衍射术 X-ray powder diffraction 01.0615

X 射线光电子能谱法 X-ray photoelectron spectroscopy, XPS 01.0621

射线[活动]电影摄影术 cine-radiography 01.0666

X 射线检测 X-ray testing, X-ray analysis 01.0612

X 射线漫散射 X-ray diffuse scattering 01.0619

射线敏材料 radiation sensitive materials 06.0377

X 射线吸收近边结构 X-ray absorption near edge structure, XANES 01.0622

X 射线吸收谱法 X-ray absorption spectroscopy 01.0616

X 射线形貌术 X-ray topography 01.0618

X 射线衍射法结晶度 crystallinity by X-ray diffraction 04.1128

X 射线荧光谱法 X-ray fluorescence spectroscopy 01.0617

X 射线照相术 X-ray radiography 01.0613

γ 射线照相术 γ-ray radiography 01.0611

伸缩性变形丝 stretch textured yarn 04.0728

伸展 stretching 07.0484

伸展链晶体 extended-chain crystal 04.0188

伸直[链]长度 contour length 04.0181

砷反位缺陷 arsenic antisite defect 06.0249

砷化镓 gallium arsenide 06.0221

砷化铟 indium arsenide 06.0227

砷空位 arsenic vacancy 06.0252

深成岩 pluton 07.0148

* 深冲 deep drawing 01.1298

深冲钢 deep drawing steel, DDS 02.0287

深冲钢板 deep drawing sheet steel, deep drawing plate 02.0254

深过冷 deep undercooling 01.1007

深过冷快速凝固 deep undercooling rapid solidification 01.1008

深冷处理 cryogenic treatment 01.1417

深能级 deep level 06.0064

深能级瞬态谱 deep level transient spectroscopy, DLTS 06.0495

深能级杂质 deep level impurity 06.0065

神经生长因子 nerve growth factor 08.0065

渗氮 nitriding 01.1574

渗氮钢 nitriding steel 02.0327

渗镀 diffusion metallizing 01.1570

渗金属 diffusion metallizing, metal cementation 01.1444

渗硫 sulphurizing 01.1571

渗铝 aluminizing 01.1572

渗铝钢 aluminized steel 02.0329

渗硼 boriding, boronizing 01.1443

渗硼钢 boronized steel 02.0328

渗碳 carburizing 01.1573

渗碳钢 carburized steel 02.0326

渗碳剂 carburizer 01.1580

渗碳体 cementite 02.0008

渗碳轴承钢 carburizing bearing steel 02.0340

渗透检测 penetrate testing 01.0685

渗透率 permeability 05.0228

* 渗透气压膜 pervaporation membrane 04.1028

渗透燃烧 filtration combustion 01.1835

渗透压控制药物释放系统 osmotically controlled drug delivery system 08.0225

* 升华干燥 frozen drying 03.0413

升华-凝结法 sublimation crystal growth 01.1891

升华再结晶法 sublimate recrystallization method 06.0431

生胶 crude rubber 04.0502

生理环境 physiological environment 08.0080

生坯 green compact 01.1774

生漆 raw lacquer 07.0757

生态环境材料 ecomaterials 01.0035

生态皮革 ecological leather 07.0448

生铁 pig iron 02.0084

生物玻璃 bioglass 08.0037

生物玻璃涂层 bioglass coating 08.0097

生物材料 biomaterials 08.0001

生物材料表面内皮化 endothelialization of surface 08.0113

生物材料快速成型 rapid prototyping of biomaterials 08.0032

生物材料诱导作用 inducing of biomaterials 08.0090

生物传感器 biosensor 08.0053

生物大分子 bio-macromolecule 08.0034

* 生物电极 biosensor 08.0053

生物惰性材料 bioinert materials 08.0007

生物反应器 bioreactor 08.0178

生物腐蚀　bioerosion　08.0051

生物附着　bioattachment　08.0078

生物[工程]钛合金　biological [engineering] titanium alloy　02.0554

生物功能膜　bio-functional membrane　08.0152

生物化学信号　biochemical signal　08.0069

生物活性　bioactivity　08.0062

生物活性玻璃陶瓷　bioactive glass ceramics　08.0038

生物活性材料　bioactive materials　08.0008

生物活性结合　bioactive fixation　08.0084

生物活性梯度涂层　bioactive gradient coating　08.0103

生物活性涂层　bioactive coating　08.0096

* 生物活性微晶玻璃　bioactive glass ceramics　08.0038

生物假体　bioprosthesis　08.0021

生物降解　biodegradation　04.0141

生物降解材料　biodegradable materials　08.0009

生物降解高分子　biodegradable polymer　04.1084

生物降解性管腔支架　biodegradable stent　08.0196

生物结合　biological fixation　08.0083

生物矿化　biominerization　08.0030

生物老化　biological aging　04.1179

生物力学　biomechanics　08.0179

生物力学相容性　biomechanical compatibility　08.0061

生物弹性体　bioelastomer　04.0599

生物陶瓷　bioceramics　08.0036

生物陶瓷涂层　bioceramic coating　08.0099

生物相容性　biocompatibility　08.0057

生物相容性材料　biocompatible materials　08.0011

生物芯片　biochip　08.0056

* 生物修复体　biorestoration　08.0021

生物学环境　biological environment　08.0079

生物衍生骨　bioderived bone，biologically derived bone　08.0317

* 生物医学材料　biomaterials　08.0001

生物医学高分子材料　biomedical polymer　08.0033

生物医学贵金属材料　biomedical precious metal materials　02.0647

* 生物医用材料　biomedical materials　08.0001

* 生物医用金属材料　biomedical metal materials　08.0049

生物粘连　bioadhesion　08.0077

生物制造　biomanufacture　08.0031

生物质材料　biomass materials　07.0648

生长　growth　01.0934

生长界面　growth interface　01.1852

生长轮　growth ring　07.0534

* FM 生长模式　layer-layer growth mode　06.0050

* SK 生长模式　layer-island growth mode　06.0051

* VW 生长模式　island growth mode　06.0052

生长速率　growth rate　01.1865

生长因子　growth factor　08.0064

生殖毒性　reproductive toxicity　08.0131

声表面波　surface acoustic wave　01.0077

声发射技术　acoustic emission technique　01.0681

声光晶体　acousto-optical crystal　03.0052

声光陶瓷　acousto-optic ceramics　03.0366

声光效应　acousto-optic effect　01.0149

声速法弹性模量　elastic modulus by sonic velocity method　04.1138

声悬浮　acoustic levitation　01.1012

声学显微术　acoustic microscopy　01.0682

声子　phonon　01.0070

声子晶体　phononic crystal　01.0240

声子谱　phonon spectrum　01.0071

声子散射　phonon scattering　01.0072

声阻抗率　specific acoustic impedance　01.0597

剩余电阻　residual resistance　01.0542

剩余极化强度　remanent polarization　01.0574

* 失蜡铸造　lost-wax casting　01.1024

失配位错　misfit dislocation　06.0098

失效分析　failure analysis　01.0755

施主能级　donor level　06.0061

施主杂质　donor impurity　06.0060

湿法纺丝　wet spinning　01.1951

湿法冶金　hydrometallurgy　01.0858

湿法预浸料　solution prepared prepreg　05.0176

* 湿纺　wet spinning　01.1951

湿化学法制粉　making powder through wet chemistry　03.0398

湿敏电阻材料　humidity-sensitive resistance materials　02.1147

湿敏电阻器材料　humidity-sensitive resistor materials　06.0373

湿敏陶瓷　humidity-sensitive ceramics　03.0346

湿热老化试验　hot-humid aging test　04.0891

湿[砂]型　green sand mold　01.1122

湿心材　wetwood　07.0619

受扰角关联　perturbed angular correlation　01.0686

受限非晶相　constrained amorphous phase　04.0206

受主能级　acceptor level　06.0063

受主杂质　acceptor impurity　06.0062

书写纸　writing paper　07.0339

梳形聚合物　comb polymer　04.0034

疏松　porosity, micro-porosity　01.1072

输运剂　transportation agent　01.1850

熟料　clinker　03.0705

熟漆　ripe lacquer　07.0758

熟铁　wrought iron　02.0184

树枝状粉　dendritic powder　02.1184

树脂　resin　04.0340

H 树脂　H-resin　04.0482

* MQ 树脂　MQ silicone resin　04.1006

树脂插层蒙脱土复合材料　resin/montmorillonite inter-calation composite　05.0153

* 树脂含量　resin mass content　05.0191

* 树脂基复合材料　polymer matrix composite, PMC　05.0009

树脂基体固化度　curing degree of resin　05.0211

树脂膜渗透成型　resin film infusion, RFI　05.0165

树脂体系黏度模型　resin viscosity model　05.0231

树脂稀释剂　resin diluent　05.0200

* 树脂牙　resin tooth　08.0305

树状高分子　dendrimer, dendritic polymer　04.0036

竖炉直接炼铁　direct reduction process in shaft furnace　02.0102

数均分子量　number-average relative molecular mass, number-average molecular weight, number-average molar mass　04.0156

* 数均相对分子质量　number-average relative molecu-lar mass, number-average molecular weight, number-average molar mass　04.0156

摔纹　milling　07.0494

摔纹革　milled leather　07.0444

栓皮　cork　07.0756

栓塞剂　embolic materials　08.0211

* 双层玻璃　insulating glass　03.0481

双重组织热处理　dual microstructure heat treatment　02.0846

双酚 A 聚砜　bisphenol A type polysulfone　04.0463

双酚 A 聚碳酸酯　polycarbonate, PC　04.0455

双酚 A 型不饱和聚酯树脂　bisphenol A type unsaturated polyester resin　04.0457

双酚 A 型环氧树脂　bisphenol A epoxy resin　04.0420

双沟道平面隐埋异质结构激光二级管　double-channel planar-buried-heterostructure laser diode　06.0348

双官能硅氧烷单元　difunctional siloxane unit　04.0974

双辊激冷法　double roller quenching, twin roller casting　01.1002

双结点　binodal point　04.0225

双结线　binodal curve　04.0226

双金属铸造　bimetal casting　01.1028

双扩散对流　double diffusion convection　01.1015

双马来酰亚胺树脂　bismaleimide resin, BMI　04.0468

双马来酰亚胺树脂基复合材料　bismaleimide resin composite　05.0130

双面点焊　direct spot welding　01.1629

双稳态半导体激光二极管　bistable semiconductor laser diode　06.0350

双相不锈钢　duplex stainless steel　02.0380

双相钢　dual-phase steel　02.0268

双相磷酸钙陶瓷　biphasic calcium phosphate ceramics　08.0044

双向压制　double-action pressing　01.1781

双芯焊条　twin electrode　01.1684

双性能涡轮盘　dual property disk　02.0845

* 双性杂质　amphoteric impurity　06.0070

双药皮焊条　double coated electrode　01.1685

双异质结构光电子开关　double heterostructure opto-electronic switch　06.0351

双异质结激光二极管　double heterostructure laser diode　06.0352

双折射度　degree of birefringence　04.1123

双蒸发蒸镀　double source electron beam evaporation　01.1912

双轴拉伸膜　biaxial oriented film　04.1278

双轴取向　biaxial orientation, biorientation　04.0212

水玻璃　water glass　03.0704

水玻璃模数　modulus of sodium silicate　01.1101

水玻璃砂　sodium silicate-bonded　sand　01.1099

水封挤压　water-sealed extrusion　01.1199

水化硅酸钙　hydrated calcium silicate　03.0739

水化热　heat of hydration　03.0004

水基胶黏剂　water borne adhesive　04.0841

水胶体印模材料　hydrocolloid impression materials　08.0259

水解沉淀　hydrolysis precipitation　01.0885

水解反应　hydrolysis reaction　01.1939

水介质[中]腐蚀　corrosion in aqueous environment　01.0783

水晶　rock crystal　07.0248

水冷炉壁　water cooled furnace wall　02.0139

水冷炉盖　water cooled furnace roof　02.0140

水力旋流法　hydraulic cyclone method　03.0234

水镁石　brucite　07.0061

水锰矿　manganite　07.0062

水泥刨花板　cement particleboard　07.0702

水泥基复合材料　cement matrix composite　05.0013

水泥木丝板　wood cement board, wood wool cement board　07.0719

水平法锗单晶　horizontal Bridgman grown monocrystalline germanium　06.0113

水平反应室　horizontal reactor　06.0478

水平[晶体]生长法　horizontal crystal growth method　06.0425

水平燃烧法　horizontal burning method　04.1195

水平砷化镓单晶　horizontal Bridgman GaAs single crystal　06.0223

水染革　full dyed leather　07.0439

水热法制粉　hydrothermal process of powder　03.0400

水热合成　hydrothermal synthesis　01.0862

水韧处理　water toughening　01.1369

水溶性纤维　water soluble fiber　04.0793

水雾化　water atomization　01.1709

水性涂料　water borne coating　04.0936

水硬性胶凝材料　hydraulic cementitious materials　03.0701

水蒸气渗透率　water vapor permeability coefficient　04.1186

水蒸气湿热定型　water vapor heat setting　01.1990

顺磁恒弹性合金　paramagnetic constant modulus alloy　02.1110

顺磁性　paramagnetism　01.0108

* 顺拉强度　tensile strength parallel to the grain of wood　07.0594

* 顺流　drag flow　04.1258

顺式 1,4-聚异戊二烯橡胶　*cis*-1,4-polyisoprene rubber　04.0520

顺纹胶合板　long grained plywood, longitudinal grain plywood　07.0681

瞬时液相扩散焊　transient liquid phase diffusion bonding　01.1640

* 瞬时液相烧结　transient liquid phase sintering　01.1811

瞬态液相外延　transient liquid phase epitaxy　01.1942

* DTY 丝　draw textured yarn　04.0725

* FDY 丝　fully drawn yarn　04.0804

* FOY 丝　fully oriented　04.0803

* POY 丝　pre-oriented yarn, partially oriented yarn　04.0802

丝斑　fiber speckle　01.1979

丝束　tow　01.1995

司太立特合金　stellite alloy　02.1256

斯诺克效应　Snoek effect　01.0347

斯皮诺达点　spinodal point　04.0227

斯皮诺达分解　spinodal decomposition　01.0387

斯皮诺达线　spinodal curve　04.0228

斯皮诺达相分离　spinodal decomposition　04.0230

锶铬黄　strontium yellow　04.1377

* 撕开型开裂　mode III cracking　01.0748

撕裂法　pull off method　01.0714

撕裂强度　tearing strength　04.1161

死烧　dead burning, hard burning　03.0698

四丙氟橡胶　terafluoroethylene-propylene rubber　04.0586

四点弯曲试验　four-point bending test　03.0370

四端电极法　four-probe method　03.0386

四方氧化锆多晶体　tetragonal zirconia polycrystal, TZP　03.0273

四氟乙烯-六氟丙烯共聚物　tetrafluoroethylene-hexafluoropropylene copolymer　04.0494

四氟乙烯-六氟丙烯共聚物纤维　tetrafluoroethylene-hexafluoropropylene copolymer fiber　04.0696

四氟乙烯-全氟烷基乙烯基醚共聚物纤维　tetrafluoroethylene-perfluorinated alkylvinylether copolymer fiber　04.0760

四官能硅氧烷单元　quadrifunctional siloxane unit　04.0976

四磷酸锂钕晶体　neodymium lithium tetraphosphate crystal　03.0104

四氯化硅　silicon tetrachloride　06.0117

四氯化锗　germanium tetrachloride　06.0106

四氢呋喃均聚醚　furfuryl polyether　04.0448

四探针法　four-probe measurement　06.0487

四乙氧基硅烷 tetraethoxysilane 04.0969

四元相图 quarternary phase diagram 01.0193

松弛热定型 relaxed heat setting 01.1988

松焦油 pine tar 07.0746

松节油 turpentine 07.0730

松香 rosin, colophony 07.0729

松香衍生物 rosin derivative 07.0731

松香酯 rosin ester 07.0732

松油醇 terpineol, terpilenol 07.0735

松针油 pine needle oil 07.0744

松脂 oleoresin, pine gum, naval store 07.0728

松脂岩 pitchstone 07.0164

松装密度 apparent density 01.1738

* 苏打 natron 07.0139

素烧 biscuit firing 03.0210

* 速度边界层 velocity boundary layer 06.0035

速凝剂 accelerator 03.0716

宿主反应 host response 08.0071

塑化过程 plasticating process 04.1233

塑炼 mastication 04.0647

塑料 plastics 04.0348

塑料白度 plastic whiteness 04.1182

塑料表面电镀 plastics electroplating 01.1543

塑料光导纤维 plastic optical fiber 04.0773

塑料焊接 plastic welding 04.1235

塑料模具钢 die steel for plastic material forming 02.0349

塑料闪烁剂 plastic scintillater 04.1110

* 塑料牙 plastic tooth 08.0305

塑溶胶 plastisol 04.0848

塑性变形 plastic deformation 01.0458

塑性加工 plastic working 01.1134

* 塑性流体 plastic fluid 04.0295

塑性区 plastic zone 01.0732

塑性图 plastic diagram 01.1143

塑性应变比 plastic strain ratio 01.1312

塑性原料 plastic raw materials 03.0211

* 塑性状态图 plastic condition diagram 01.1143

酸皮 pickled skin 07.0399

酸洗 acid pickling, pickling 01.1172

酸性焊条 acid electrode 01.1676

酸性耐火材料 acid refractory 03.0577

酸性渣 acid slag 02.0127

随机模拟方法 random simulation method 01.0831

随炉件 procession control panel 05.0202

髓内钉 intramedullary nail 08.0315

* 碎料 particle 07.0697

* 碎料板 particle board 07.0696

隧道磁电阻效应 tunnel magnetoresistance effect, TMR effect 01.0123

隧道窑 tunnel kiln 03.0169

燧石 chert 07.0043

损耗模量 loss modulus 04.0274

损耗因子 loss factor 04.0275

损伤容限 damage tolerance 01.0741

梭式窑 shuttle kiln 03.0170

羧胺胶乳 carboxylation and amination latex 04.0517

羧基丁苯橡胶胶乳 carboxylated styrene-butadiene rubber latex 04.0540

羧基丁腈胶乳 carboxylated acrylonitrile-butadiene latex 04.0561

羧基丁腈橡胶 carboxyl nitrile rubber 04.0560

羧基氯丁橡胶 carboxylated chloroprene rubber 04.0550

羧甲基纤维素 sodium carboxymethyl cellulose 04.0406

* 缩合聚合反应 condensation polymerization, polycondensation 04.0100

缩合型硅橡胶 condensation type silicone rubber 04.1000

缩聚反应 condensation polymerization, polycondensation 04.0100

缩孔 shrinkage cavity 01.1073

缩口 necking 01.1308

缩纹革 shrunk grain leather 07.0446

* 缩釉 rollaway glaze 03.0178

索氏体 sorbite 02.0022

锁相激光器阵列 phase locking laser array 06.0353

锁相外延 phase-locked epitaxy, PLE 06.0449

T

铊系超导体 Tl-system superconductor 02.0960

塌边 edge subside 06.0193

胎 body 03.0212

胎釉中间层 glaze body interface 03.0213

台阶聚集 step bunching 06.0054

台阶流 step flow 06.0053

台阶生长 terrace-ledge-kink growth 01.1861

太阳热收集搪瓷 solar heat enamel collector 03.0562

θ态 theta state 04.0320

钛 titanium 02.0533

钛白粉 titanium oxide 04.1364

钛钙型焊条 titania calcium electrode 01.1680

* 钛硅碳陶瓷 titanium silicon carbide ceramics 03.0288

钛合金 titanium alloy 02.0537

α钛合金 α titanium alloy 02.0540

α-β钛合金 α-β titanium alloy 02.0542

β钛合金 β titanium alloy 02.0543

* ELI 钛合金 extra low interstitial titanium alloy，ELI titanium alloy 02.0553

钛合金β斑 titanium alloy β fleck 02.0584

钛合金等温锻造 titanium alloy isothermal forging 02.0580

钛合金粉 titanium alloy powder 02.0577

钛合金冷床炉熔炼 titanium alloy cold-hearth melting 02.0578

钛合金β热处理 titanium alloy β heat treatment 02.0582

钛合金双重退火 titanium alloy double annealing 02.0581

钛及钛合金快速激光成形 titanium & titanium alloy laser rapid forming 02.0583

钛及钛合金冷坩埚熔炼 titanium & titanium alloy cold-mold arc melting 02.0579

钛铝金属间化合物 titanium-aluminum intermetallic compound 02.0566

γ钛铝金属间化合物 γ-titanium aluminide intermetallic compound 02.0567

* 钛铝碳陶瓷 titanium aluminum carbide ceramics 03.0289

钛镍系形状记忆合金 titanium nickel shape memory alloy 02.0556

钛青铜 titanium bronze 02.0605

钛三铝基合金 trititanium aluminide based alloy 02.0572

钛三铝金属间化合物 trititanium aluminide intermetallic compound 02.0568

钛丝烧结多孔表面 porous surface of sintered titanium wire 08.0093

钛酸钡热敏陶瓷 barium titanate thermosensitive ceramics 03.0336

钛酸钡压电陶瓷 barium titanate piezoelectric ceramics 03.0301

钛酸钾晶须增强体 otassium titanate whisker reinforcement 05.0092

钛酸钾纤维增强体 potassium titanate fiber reinforcement 05.0070

钛酸铅热释电陶瓷 lead titanate pyroelectric ceramics 03.0305

钛铁 ferrotitanium 02.0198

钛铁矿 ilmenite 07.0037

钛铁矿结构 titanic iron ore structure，mohsite 03.0021

钛铁矿型焊条 ilmenite electrode 01.1681

钛铁贮氢合金 titanium-iron hydrogen storage alloy 02.1020

* 钛型焊条 titania electrode 01.1679

钛珠烧结微孔表面 micro-porous surface of sintered titanium bead 08.0094

泰伯磨耗试验 Taber abrasion test 04.1164

酞菁染料 phthalocyanine 04.1373

弹簧钢 spring steel 02.0333

弹性 elasticity 01.0455

弹性变形 elastic deformation 01.0457

弹性波 elastic wave 01.0459

弹性合金 elastic alloy 02.1104

* 弹性模量 elastic modulus 01.0460

弹性铌合金 elastic niobium alloy 02.1116

弹性丝 elastic yarn 04.0723

弹性体印模材料 elastomeric impression materials 08.0262

弹性纤维 elastic fiber 07.0415

弹性滞后 elastic hysteresis 04.0256

钽 tantalum 02.0745

钽靶材 tantalum target materials 02.0756

钽合金 tantalum alloy 02.0746

钽基电阻薄膜 tantalum based resistance film 02.0754

钽基介电薄膜 tantalum based dielectric film 02.0753

钽钪酸铅热释电陶瓷 lead scandium tantanate pyroelectric ceramics 03.0308

钽铌合金 tantalum-niobium alloy 02.0752

钽酸锂晶体 lithium tantalate crystal，LT 03.0050

钽钛合金 tantalum-titanium alloy 02.0750

钽铁矿 tantalite 07.0054

钽钨铪合金 tantalum-tungsten-hafnium alloy 02.0751

钽钨合金 tantalum-tungsten alloy 02.0749

毯式曲线 carpet plot 05.0403

炭砖 carbon brick 03.0610

探针损伤 probe damage 06.0184

碳氮共渗 carbonitriding 01.1575

碳氮化物基硬质合金 cemented carbide based on carbonitride 02.1268

碳当量 carbon equivalent 01.1706

碳/二氧化硅防热复合材料 carbon/silica ablative composite 05.0318

碳/酚醛防热复合材料 carbon/ phenolic ablative composite 05.0317

碳化铬基硬质合金 cemented carbide based on carbochronide 02.1267

碳化硅 silicon carbide 06.0245

β碳化硅 β-silicon carbide 06.0246

碳化硅晶片补强陶瓷基复合材料 silicon carbide wafer reinforced ceramic matrix composite 05.0270

碳化硅晶须增强铝基复合材料 silicon carbide whisker reinforced Al-matrix composite 05.0252

碳化硅晶须增强体 silicon carbide whisker reinforcement 05.0080

碳化硅颗粒增强铝基复合材料 silicon carbide particulate reinforced Al-matrix composite 05.0255

碳化硅颗粒增强镁基复合材料 silicon carbide particulate reinforced Mg-matrix composite 05.0260

碳化硅颗粒增强体 silicon carbide particle reinforcement 05.0095

碳化硅类吸波材料 silicon carbide used as radar absorbing materials 02.1009

碳化硅耐火制品 silicon carbide refractory product 03.0618

碳化硅片晶增强体 silicon carbide platelet reinforcement 05.0105

碳化硅陶瓷 silicon carbide ceramics 03.0263

碳化硅纤维增强钛基复合材料 silicon carbide filament reinforced Ti-matrix composite 05.0245

碳化硅纤维增强体 silicon carbide fiber reinforcement 05.0063

碳化硅压敏陶瓷 silicon carbide voltage-sensitive ceramics 03.0341

碳化硼晶须增强体 boron carbide whisker reinforcement 05.0081

碳化硼颗粒增强铝基复合材料 boron carbide

particulate reinforced Al-matrix composite 05.0258

碳化硼颗粒增强镁基复合材料 boron carbide particulate reinforced Mg-matrix composite 05.0261

碳化硼颗粒增强体 boron carbide particle reinforcement 05.0096

碳化硼控制棒 boron carbide control bar 02.1244

碳化硼纤维增强体 boron carbide fiber reinforcement 05.0069

碳化钛硅陶瓷 titanium silicon carbide ceramics 03.0288

碳化钛颗粒增强铝基复合材料 titanium carbide particulate reinforced Al-matrix composite 05.0257

碳化钛颗粒增强体 titanium carbide particle reinforcement 05.0097

碳化钛铝陶瓷 titanium aluminum carbide ceramics 03.0289

碳化钨基硬质合金 cemented carbide based on tungsten carbide 02.1246

ε 碳化物 ε carbide 02.0045

χ 碳化物 χ carbide 02.0046

碳化物弥散强化铜合金 carbide dispersion strengthened copper alloy，CDS copper alloy 02.0618

碳化物强化高温合金 carbide-strengthening superalloy 02.0813

碳化物生成反应 carbide reaction 01.1940

碳化物陶瓷 carbide ceramics 03.0253

碳化物形成元素 carbide forming element 02.0049

碳基复合材料 carbon matrix composite 05.0014

碳晶须增强体 carbon whisker reinforcement 05.0079

碳链聚合物 carbon chain polymer 04.0008

碳链纤维 carbon chain fiber 04.0682

碳纳米管 carbon nanotube 01.0324

碳纳米管聚合物基复合材料 carbon nanotube polymer composite 05.0150

碳纳米管吸收剂 carbon nanotube absorber 02.1007

碳纳米管增强体 carbon nanotube reinforcement 05.0035

碳纳米贮氢材料 carbon nanomaterials for hydrogen storage 02.1023

碳热还原 carbon thermal reduction 01.0925

碳势 carbon potential 01.1440

碳素工具钢 carbon tool steel 02.0344

碳素结构钢 carbon structural steel 02.0270

碳酸钡矿 witherite 07.0135

碳酸锶矿　strontianite　07.0134

碳酸岩　carbonatite　07.0225

碳酸盐岩　carbonate rock　07.0224

碳/碳防热复合材料　carbon/carbon ablative composite　05.0315

碳/碳复合材料石墨化度　graphitization degree of carbon/carbon composite　05.0309

碳/碳复合摩擦材料　carbon/carbon composite friction materials　02.1233

碳涂层　carbon coating　08.0101

碳微球增强体　carbon microballoon reinforcement　05.0102

碳纤维　carbon fiber　04.0744

碳纤维等离子体表面处理　surface treatment of carbon fiber by plasma　05.0039

碳纤维电解氧化表面处理　surface treatment of carbon fiber by electrolytic oxidation　05.0036

碳纤维气相氧化表面处理　surface treatment of carbon fiber by gas phase oxidation　05.0037

碳纤维热解碳涂层表面处理　surface treatment of carbon fiber by pyrolytic carbon coating　05.0038

碳纤维/石墨增强铝基复合材料　carbon/graphite fiber reinforced Al-matrix composite　05.0243

碳纤维/石墨增强镁基复合材料　carbon/graphite fiber reinforced Mg-matrix composite　05.0244

* 碳纤维阳极氧化表面处理　surface treatment of carbon fiber by electrolytic oxidation　05.0036

碳纤维增强聚合物基复合材料　carbon fiber reinforced polymer composite　05.0108

碳纤维增强碳基复合材料　carbon fiber reinforced carbon matrix composite　05.0268

碳纤维增强体　carbon fiber reinforcement　05.0031

汤姆孙热量　Thomson heat　06.0388

汤姆孙效应　Thomson effect　01.0131

羰基法　carbonyl process　01.0891

羰基粉　carbonyl powder　02.1193

羰基铁吸收剂　carbonyl iron absorber　02.0999

唐三彩　Tang tricolor, tri-colored glazed pottery of the Tang dynasty　03.0214

搪瓷　porcelain enamel　03.0558

搪瓷烧皿　enamelled cooking utensil　03.0566

烫毛　ironing　07.0498

陶瓷棒火焰喷涂　ceramic rod flame spray coating　03.0538

陶瓷超声加工　ultrasonic machining of ceramics　03.0445

陶瓷电火花加工　electric discharge spark machining of ceramics　03.0444

* 陶瓷雕金　acid gilding, acid gold etching　03.0155

陶瓷基复合材料　ceramic matrix composite, CMC　05.0011

陶瓷-金属复合材料　ceramic-metal composite　05.0239

Cu$_2$S-CdS 陶瓷太阳能电池　copper sulfide-cadmium sulfide ceramics solar cell　03.0347

陶瓷吸波材料　ceramic radar absorbing materials　02.1013

陶瓷型燃料　ceramic fuel　02.1041

陶瓷釉　ceramic color glaze　03.0177

陶瓷与金属焊接　jointing of ceramics with metal, soldering of ceramics with metal　03.0447

陶瓷与陶瓷焊接　jointing of ceramics, soldering of ceramics　03.0446

陶粒　ceramisite　07.0196

陶器　pottery, earthenware　03.0125

陶土　syderolite, pottery clay　03.0112

淘洗　elutriation　03.0114

特定电阻型热双金属　bimetal with specific electronical resistivity　02.1137

* 特氟纶纤维增强体　teflon fiber reinforcement　05.0043

特殊钢　special steel　02.0370

特殊弹簧钢　special spring steel　02.0334

特殊物理性能钢　special physical functional steel　02.0405

特殊效应革　special effect leather　07.0447

特殊性能钢　special property steel　02.0371

* 特殊性能铸铁　alloy cast iron　02.0421

特殊质量钢　super-quality steel　02.0213

特性黏度　intrinsic viscosity, limiting viscosity number　04.0333

* 特性黏数　intrinsic viscosity, limiting viscosity number　04.0333

特性声阻　characteristic acoustic resistance　01.0598

特异性　specificity　08.0089

特异性[生物材料]表面　specific biomaterial surface　08.0091

* 特种陶瓷　special ceramics　03.0235

特种冶金　special metallurgy　01.0853

特种铸造　special casting　01.1023

铽铜 1∶7 型合金　terbium-copper 1∶7 type alloy　02.0915

藤材　rattan　07.0779

藤制品　rattan product　07.0781

* 剔花珐琅　champlevé, embossing enamel　03.0572

梯度功能材料　functionally graded materials　03.0246

梯度共聚物　gradient copolymer　04.0030

梯度结构硬质合金　functional gradient cemented carbide　02.1264

梯形聚合物　ladder polymer　04.0033

锑　antimony　02.0691

锑化镓　gallium antimonide　06.0228

锑化铟　indium antimonide　06.0229

提碱　basification　07.0474

提拉速率　pulling rate　01.1887

体积电阻率　volume resistivity　01.0579

* 体积电阻系数　coefficient of volume resistance　01.0579

体积模量　bulk modulus　01.0462

体积黏度　volumetic viscosity　04.0306

体积颜料　bulk pigment　04.1363

体细胞核移植　somatic cell nuclear transfer　08.0087

体心立方结构　body-centered cubic structure　01.0267

* 体型聚合物　three-dimensional polymer　04.0032

体型缩聚　three-dimensional polycondensation　04.0102

天河石　amazonite　07.0105

天甲胶乳　grevertex　04.0514

天目釉　tianmu glaze　03.0215

天青石　celestite　07.0121

天然宝石　natural gemstone　07.0231

天然材料　natural materials　01.0016

* 天然蛋白质纤维　animal fiber　04.0671

* 天然干燥　air seasoning of wood　07.0631

天然高分子　natural macromolecule　04.0004

天然碱　trona　07.0140

天然胶乳　natural rubber latex　04.0513

* 天然气水合物　gas hydrate　07.0229

天然生物材料　natural biomaterials　08.0004

天然树脂　natural resin　04.0341

* 天然水　light water　02.1055

天然稳定化处理　seasoning　01.1438

天然纤维　natural fiber　04.0663

天然橡胶　natural rubber　04.0504

天然橡胶胶黏剂　natural rubber adhesive　04.0864

天然铀　natural uranium　02.1031

天然有机宝石　natural organic substance　07.0233

天然玉石　natural jade　07.0232

田黄　tianhuang stone　07.0263

填充　filling　07.0482

填充剂　filler　04.1302

* 填料　filler　04.1302

条带织构　banded texture　04.0216

* 条件疲劳极限　conditional fatigue limit　01.0496

条形结构激光器　stripe-geometry structure laser　06.0354

调合漆　ready-mixed paint　04.0900

调凝剂　adjusting admixture　03.0715

调压铸造　adjusted pressure casting　01.1035

调制掺杂　modulation doping, MD　06.0080

调质　quenching and tempering　01.1431

调质钢　quenched and tempered steel　02.0330

跳跃电导　hopping conductivity　06.0275

贴花　decal　03.0217

贴胶压延　skim-coating calendering　04.0651

贴膜玻璃　stick-film glass　03.0531

* 萜品醇　terpineol, terpilenol　07.0735

萜烯树脂　polyterpene resin　04.0345

铁　iron　02.0001

α 铁　α-iron　02.0002

γ 铁　γ-iron　02.0004

δ 铁　δ-iron　02.0003

铁磁相变　ferromagnetic phase transition　01.0360

铁磁性　ferromagnetism　01.0104

铁磁性减振合金　damping ferromagnetic alloy　02.1122

铁电畴　ferroelectric domain　01.0138

铁电陶瓷　ferroelectric ceramics　03.0296

铁电体　ferroelectrics　01.0136

铁电-铁磁体　ferroelectric-ferromagnetics　03.0297

铁电相变　ferroelectric phase transition　01.0370

铁电性　ferroelectricity　01.0134

铁电液晶高分子　ferroelectric liquid crystal polymer　04.1100

* 铁淦氧　ferrite　03.0315

铁铬钴永磁体　iron-chromium-cobalt permanent magnet　02.0883

铁钴钒永磁合金　iron-cobalt-vanadium permanent magnetic alloy　02.0884

铁合金　ferroalloy　02.0187

铁红釉　iron-red glaze　03.0218

铁基变形高温合金　iron-based wrought superalloy　02.0804

铁基高弹性合金　iron-based elastic alloy　02.1106

铁基摩擦材料　iron-based friction materials　02.1234

铁基铸造高温合金　iron-based cast superalloy　02.0827

铁矿石　iron ore　02.0065

铁蓝　iron blue　04.1372

铁磷共晶　iron phosphide eutectic　02.0009

铁铝酸四钙　tetracalcium aluminoferrite　03.0709

铁镍钴超因瓦合金　iron-nickel-cobalt super Invar alloy　02.1130

铁镍基恒弹性合金　iron-nickel based constant modulus alloy　02.1109

铁三铝基合金　triiron aluminide based alloy　02.0861

铁-渗碳体相图　Fe-Fe$_3$C phase diagram　02.0011

铁-石墨相图　Fe-graphite phase diagram　02.0012

铁水热装　hot metal charge　02.0113

铁水脱硅　external desiliconization　02.0108

铁水预处理　hot metal pretreatment　02.0107

铁素体　ferrite　02.0005

δ铁素体　δ-ferrite　02.0006

铁素体不锈钢　ferritic stainless steel　02.0378

铁素体耐热钢　ferritic heat-resistant steel　02.0402

铁素体稳定元素　ferrite stabilized element　02.0048

铁素体-珠光体钢　ferrite-pearlite steel　02.0301

铁酸钡硬磁铁氧体　BaFe$_{12}$O$_{18}$ permanent magnetic ferrite，hard magnetic iron barium ferrite　03.0320

铁损　iron loss　01.0570

铁弹陶瓷　ferroelastic ceramics　03.0310

铁弹相变　ferroelastic phase transition　01.0361

铁弹效应　ferroelastic effect　01.0144

铁弹性　ferroelasticity　01.0133

铁纤维吸收剂　iron fiber absorber　02.1000

铁芯　core　02.0863

铁氧体　ferrite　03.0315

铁氧体吸波材料　ferrite radar absorbing materials　02.0997

通道效应　channeling effect　01.0085

通用塑料　general purposed plastics　04.0349

同步送粉　synchronous powder feeding　01.1476

* 同素异构　allotrophism　01.0259

同位异构　allotrophism　01.0259

同质多晶[现象]　polymorphism, polytropism　04.0191

同质外延　homoepitaxy　06.0437

同种移植物　allograft　08.0024

同轴圆筒测黏法　coaxial cylinder viscometry　04.1148

铜　copper　02.0585

* 铜版纸　coated art paper　07.0329

铜-超导体[体积]比　copper to superconductor［volume］ratio　02.0979

铜合金　copper alloy　02.0591

铜红釉　copper red glaze　03.0219

铜基摩擦材料　copper based friction materials　02.1235

铜基形状记忆合金　copper based shape memory alloy　02.0624

铜镍铁永磁合金　copper-nickel-iron permanent magnetic alloy　02.0894

* 铜胎掐丝珐琅　cloisonne　03.0570

* 铜氧层　copper dioxide sheet　02.0956

铜氧化物超导体　copper-oxide superconductor, cuprate superconductor　02.0957

铜氧面　copper dioxide plane　02.0956

* 统计线团　statistic coil　04.0173

头层革　grain leather　07.0424

* 透波复合材料　electromagnetic wave transparent composite　05.0281

透淬　through hardening　01.1407

* 透底珐琅　dainty enamel　03.0573

透电磁波复合材料　electromagnetic wave transparent composite　05.0281

* 透光珐琅　dainty enamel　03.0573

透光复合材料　light-transparent composite　05.0300

透过性　permeability　01.1834

透过性表面积　permeability surface area　02.1205

透辉石　diopside　07.0074

透明剂　transparent agent　04.1354

透明氧化铝陶瓷　transparent alumina ceramics　03.0279

透明釉　clear glaze　03.0220

透气度　gas permeability　01.0601

透气性　air permeability　07.0501

* 透气砖　gas permeable brick　03.0632

透闪石　tremolite　07.0078

透射电子显微术　transmission electron microscopy, TEM　01.0635

透 X 射线复合材料　X-ray transparent composite　05.0290

透水气性　vapor permeability　07.0502

透析蒸发膜　pervaporation membrane　04.1028

透氧膜　oxygenator membrane　08.0155

* 凸耳　earing　01.1314

凸焊　projection welding　01.1628

突变性　mutagenicity　08.0129

* CCT 图　continuous cooling transformation diagram　02.0061

* TTT 图　time-temperature-transformation diagram　02.0060

图像分析　image analysis　01.0692

涂布白卡纸　coated ivory board　07.0331

涂布白纸板　coated white board　07.0332

涂布率　spreading rate　04.0948

涂布美术印刷纸　coated art paper　07.0329

涂布纸和纸板　coated paper and coated board　07.0328

涂层　coating　01.1456

涂层超导体　coated superconductor　02.0963

涂层钢板　coated sheet，coated steel sheet　02.0245

涂层纤维　coated fiber　04.0722

涂层硬质合金　coated cemented carbide　02.1253

涂覆型吸波材料　radar absorbing coating　02.1014

涂料　coating　04.0892

涂漆　coating paint　04.0901

涂装　coating　04.0893

土壤腐蚀　soil corrosion　01.0781

吐液量　volume outflow　01.1977

钍　thorium　02.1039

钍锰 1∶12 型合金　thorium-mangnese 1∶12 type alloy　02.0914

* 钍钨　tungsten-thorium alloy　02.0709

团聚　agglomeration　01.1737

团聚体　aggregate，agglomeration　03.0416

团状模塑料　bulk molding compound，BMC　05.0170

推板窑　pusher kiln　03.0171

推迟时间　retardation time　04.0265

* 推光漆　ripe lacquer　07.0758

退磁曲线　demagnetization curve，demagnetizing curve，degaussing curve　01.0567

退刀痕　saw exit mark　06.0178

退火　annealing　01.1394

退火孪晶　annealing twin　01.0319

* 托帕石　topaz　07.0249

拖曳流　drag flow　04.1258

脱附　desorption　01.0212

脱钙骨基质　decalcified bone matrix，DBM　08.0046

脱灰　deliming　07.0470

脱磷　dephosphorization　02.0110

脱硫　desulfurization　01.0921

脱毛　unhairing　07.0466

脱模剂　releasing agent　04.1299

脱模斜度　draw taper　01.1782

脱皮挤压　peeling extrusion　01.1198

脱氢　dehydrogenation　01.0909

* 脱氢退火　dehydrogenation annealing　01.1397

脱溶　precipitation　01.0382

脱溶序列　precipitation sequence　01.0390

脱鞣　de-tanning　07.0497

脱色剂　stripping agent　04.1317

脱碳　decarburization　01.0922

脱细胞支架　decellularized matrix as scaffold　08.0164

脱箱造型　removable flask molding　01.1120

脱氧　deoxidation　01.0908

脱氧核糖核酸杂化材料　deoxyribonucleic acid hybrid materials　08.0035

脱氧剂　deoxidizer　02.0142

脱脂　degreasing　01.1769

椭圆缺陷　oval defect，OD　06.0451

W

瓦楞钢板　corrugated steel sheet　02.0251

瓦楞原纸　corrugating medium　07.0354

瓦楞纸板　corrugated container board　07.0355

外科手术缝合线　surgical suture　04.0814

外墙涂料　exterior coating　04.0943

* 外吸除　extrinsic gettering　06.0172

外延　epitaxy　06.0434

* 外延薄膜　epitaxy thin film　06.0435

外延层　epitaxial layer　06.0435

外延层厚度　thickness of an epitaxial layer　06.0166

外延衬底　epitaxial substrate　06.0436

外延片　epitaxial wafer　06.0165

SOS 外延片　silicon on sapphire epitaxial wafer，SOS expitaxial wafer　06.0406

外增塑作用　external plasticization　04.0251

外助气相沉积法　vapor phase deposition with assistant gas　01.1895

弯曲　bending　01.1302

弯曲度　bow　06.0151

弯曲模量　bending modulus　01.0463

完全合金化粉　completely alloyed powder　02.1198

完全退火　full annealing　01.1400

* 完全再结晶温度　recrystallization temperature 01.0412

* 网络聚合物　network polymer　04.0032

* 网络密度　degree of crosslinking, network density 04.0202

* 网络丝　interlaced yarn, tangled yarn　04.0732

网状层　reticular layer　07.0409

网状内皮系统　reticulo-endothelial system, RES 08.0088

网状纤维　reticulin fiber　07.0414

网状组织　network structure　01.0436

威氏塑性计　Williams plasticity tester　04.1218

微波等离子体辅助分子束外延　microwave plasma assisted molecular beam epitaxy　06.0453

微波等离子体化学气相沉积　microwave plasma chemical vapor deposition　06.0472

微波电子回旋共振等离子体化学气相沉积　electron cyclotron resonance plasma chemical vapor deposition 01.1934

微波干燥　microwave drying　03.0437

微波检测　microwave testing　01.0687

微波介质陶瓷　microwave dielectric ceramics　03.0313

微波烧结　microwave sintering　01.1814

微波铁氧体　microwave ferrite　03.0321

微波预热连续硫化　microwave pre-heating continuous vulcanization　04.0656

微粗糙度　microroughness　06.0169

微导管　micro catheter　08.0200

微导丝　micro-guide wire　08.0205

微动磨损　fretting, fretting wear　01.0800

微动疲劳　fretting fatigue　01.0506

* 微动损伤　fretting, fretting wear　01.0800

微观尺度　microscale　01.0820

微观可逆性　microscopic reversibility　01.0180

微观偏析　micro-segregation　01.1077

微观组织模拟　microstructure simulation　01.0815

微合金钢　microalloying steel　02.0273

微合金化　microalloying　02.0170

微合金化钢　microalloyed steel　02.0274

微合金碳氮化物　microalloy carbonitride　02.0010

微弧阳极氧化　micro-arc oxidation　01.1513

微弧氧化活化改性　bioactivation modification by micro-arc oxidation　08.0105

微环境　microenvironment　08.0081

微胶囊　microcapsule　08.0233

微焦点射线透照术　microfocus radiography　01.0663

微晶半导体　microcrystalline semiconductor　06.0280

微晶玻璃　microcrystalline glass　03.0491

微晶/非晶硅叠层电池　micromorph cell　06.0296

微漏　microleakage　08.0309

微囊化　microencapsulation　08.0029

微腔激光器　microcavity laser　06.0355

微缺陷　microdefect　06.0200

* 微蠕变　anelasticity creep　01.0488

微乳液聚合　micro-emulsion polymerization　04.0123

微生物传感器　microbial sensor, microbial biosensor 08.0054

* 微生物电极　microbial sensor, microbial biosensor 08.0054

微生物分解纤维　micro-organism decomposable fiber 04.0786

微束等离子弧焊　micro-plasma arc welding　01.1616

微通道板　microchannel plate, MCP　03.0500

微纤丝角　microfibril angle　07.0551

微振压实造型　vibratory squeezing molding 01.1127

微重力凝固　micro-gravity solidification　01.0997

韦布尔模数　Weibull modulus　03.0377

* 维管形成层　vascular cambium　07.0527

* 维加洛合金　Vicalloy alloy　02.0884

维卡软化温度　Vicat softening temperature　04.1141

* 维里系数　virial coefficient　04.0325

* 维纶　formalized polyvinyl alcohol fiber　04.0689

维氏硬度　Vickers hardness　03.0373

伟晶岩　pegmatite　07.0160

伪共晶体　pseudoeutectic　01.0976

伪珠光体　pseudo-perlite　02.0025

伪装材料　camouflage materials　02.0993

* 伪装涂层　camouflage coating　03.0548

苇浆　reed pulp　07.0290

卫生搪瓷　sanitary enamel　03.0559

卫生陶瓷　sanitary ceramics　03.0146

未漂浆　unbleached pulp　07.0302

未取向丝　unoriented yarn　04.0805

未再结晶控制轧制　non-recrystallization controlled rolling，NCR　02.0169

* 未再结晶温度　non-recrystallization temperature　01.0413

位错　dislocation　01.0285

位错胞　dislocation cell　01.0293

位错动力学方法　dislocation dynamics method　01.0842

位错对　dislocation pair　01.0292

位错割阶　dislocation jog　01.0305

位错环　dislocation loop　01.0291

位错交割　dislocation intercross　01.0304

* 位错马氏体　dislocation martensite　02.0026

位错密度　dislocation density　01.0298

位错扭折　dislocation kink　01.0306

位错排　dislocation array　06.0093

位错攀移　dislocation climb　01.0307

位错塞积　dislocation pile-up　01.0303

位错生长　growth by dislocation　01.1862

位错蚀坑　dislocation etch pit　06.0092

位错线张力　dislocation line tension　01.0299

位错型减振合金　dislocation type damping alloy　02.1125

位错应变能　stain energy of dislocation　01.0300

位错源　dislocation source　01.0302

位力系数　virial coefficient　04.0325

位移型相变　displacive phase transition　01.0358

魏森贝格效应　Weissenberg effect　04.0307

魏氏组织　Widmanstätten structure　01.0435

温变形　warm deformation　01.1140

温差电材料　thermoelectric materials　06.0386

温差电动势　thermoelectromotive force　01.0132

温差电模块　thermoelectric module　06.0392

温差电优值　thermoelectric figure of merit　06.0394

温差电制冷　thermoelectric cooling　06.0396

温差电转换　thermoelectric conversion　06.0395

温差法　temperature difference method　01.1876

M_d 温度　M_d temperature　02.0064

θ温度　theta temperature　04.0322

温度边界层　thermal boundary layer　06.0036

温度处理　temperature treatment　01.1054

温度敏感高分子　temperature-sensitive polymer　04.1081

温挤压　warm extrusion　01.1194

温控涂层　temperature control coating　03.0549

温拉　warm drawing　01.1295

温压　warm pressing，warm compaction　01.1778

温轧　warm rolling　01.1164

稳定化不锈钢　stabilized stainless steel　02.0388

稳定化超导线　stabilized superconducting wire　02.0972

稳定化热处理　stabilizing treatment　01.1381

稳定剂　stabilizer　04.1335

稳定生长区　steady state region　01.0954

* 稳定β钛合金　stable β titanium alloy　02.0546

稳态燃烧　stable combustion　01.1836

稳态相分离　binodal decomposition　04.0229

稳态液相外延　homeostasis liquid phase epitaxy　01.1941

涡流检测　eddy current testing　01.0698

窝沟封闭剂　pit and fissure sealant　08.0256

沃伊特-开尔文模型　Voigt-Kelvin model　04.0260

卧式挤压　horizontal extrusion　01.1233

乌金釉　mirror black glaze　03.0221

钨　tungsten　02.0693

钨合金　tungsten alloy　02.0699

* 钨基重合金　high density tungsten alloy　02.0700

钨极惰性气体保护电弧焊　tungsten inert gas arc welding　01.1604

钨铼合金　tungsten-rhenium alloy　02.0714

钨镧合金　tungsten-lanthanum alloy　02.0712

* 钨锰铁矿　wolframite　07.0049

钨钼合金　tungsten-molybdenum alloy　02.0715

钨镍铁合金　tungsten-nickel-iron alloy　02.0701

钨镍铜合金　tungsten-nickel-copper alloy　02.0702

钨铈合金　tungsten-cerium alloy　02.0711

钨丝　tungsten filament，tungsten wire　02.0696

钨丝增强铀金属基复合材料　tungsten filament reinforced U-matrix composite　05.0251

钨铁　ferrotungsten　02.0196

* 钨铜材料　tungsten-copper materials　02.0703

钨铜假合金　tungsten-copper pseudoalloy　02.0703

钨铜梯度材料　tungsten-copper gradient materials　02.0707

钨钍合金　tungsten-thorium alloy　02.0709

钨钍阴极材料　tungsten-thorium cathode materials　02.0710

钨稀土合金　tungsten rare earth metal alloy　02.0708

钨系高速钢　tungsten high speed steel　02.0351

钨钇合金　tungsten-yttrium alloy　02.0713

钨银材料　tungsten-silver materials　02.0704

* 无边模锻　flashless die forging　01.1260

* 无残余挤压　extrusion without remnant material　01.1208

无衬胶膜　unsupported adhesive film　04.0846

无磁钢　non-magnetic steel　02.0415

无纺布增强体　non-woven fabrics reinforcement　05.0072

无缝钢管　seamless steel pipe　02.0235

无辐射跃迁　radiationless transition　01.0084

* 无坩埚法　floating-zone method　06.0428

无光釉　mat glaze　03.0222

无规共聚物　random copolymer　04.0022

无规聚苯乙烯　atactic polystyrene，APS　04.0389

无规聚丙烯　atactic polypropylene，APP　04.0373

无规立构聚合物　atactic polymer　04.0018

无规线团　random coil　04.0173

无宏观缺陷钢　macrodefect-free steel　02.0162

无机层状材料增强体　inorganic layered material reinforcements　05.0107

无机非金属材料　inorganic non-metallic materials　01.0013

无机高分子　inorganic macromolecule　04.0005

无机染色　coloring with inorganic pigment　01.1498

无机涂层　inorganic coating　03.0536

无机物封孔　inorganic sealing　01.1511

无间隙原子钢　interstitial-free steel，IF steel　02.0291

无孔材　non-pored wood　07.0537

无卤阻燃剂　non-halogen-flame retardant　04.1347

无模成形　free forming　01.1349

无扭轧制　no twist rolling　01.1157

无气喷涂　airless spraying　01.1523

无氰电镀　non-cyanide electroplating　01.1554

无取向硅钢　non-oriented silicon steel　02.0411

无扰尺寸　unperturbed dimension　04.0175

无溶剂漆　solvent-free paint　04.0899

无乳化剂乳液聚合　emulsifier free emulsion polymerization　04.0122

无色光学玻璃　colorless optical glass　03.0487

无水芒硝　thenardite　07.0122

无损检测　non-destructive inspection，NDI　01.0694

无碳复写纸　carbonless copy paper　07.0324

无碳化物贝氏体　carbide-free bainite　02.0034

无位错单晶　dislocation free monocrystal　06.0090

无钨硬质合金　cemented carbide without tungsten carbide　02.1254

无锡钢板　tin-free steel sheet　02.0250

* 无相互作用点阵气　lattice gas　01.0080

无箱造型　flaskless molding　01.1119

无序固溶体　disordered solid solution　01.0381

无压烧结　pressureless sintering　03.0439

无压烧结氮化硅陶瓷　pressureless sintering silicon nitride ceramics　03.0261

无压烧结碳化硅陶瓷　pressureless sintered silicon carbide ceramics　03.0266

无压余挤压　extrusion without remnant material　01.1208

无焰燃烧　after glow　04.1193

无氧铜　oxygen free copper　02.0588

无再结晶温度　non-recrystallization temperature　01.0413

* 无皂乳液聚合　emulsifier free emulsion polymerization　04.0122

无渣出钢　slag-free tapping　02.0137

无转子硫化仪　curemeter without rotator，vulcameter without rotator　04.1216

* 蜈蚣窑　Long kiln　03.0166

伍德合金　Wood alloy　02.0686

* 物理缠结　cohesional entanglement，physical entanglement　04.0205

物理发泡法　physical expansion　04.1254

物理发泡剂　physical foaming agent　04.1295

物理化学　physical chemistry　01.0152

物理交联　physical crosslinking　04.0134

物理老化　physical aging　04.0208

物理气相沉积　physical vapor deposition，PVD　01.1896

物理软化　physical softening　01.0517

物理吸附　physical adsorption，physisorption　01.0210

物理冶金[学]　physical metallurgy　01.0010

物态方程　equation of state　01.0178

雾度　haze　04.1183

雾化粉　atomized powder　02.1190

雾化值　fogging value　07.0507
雾化制粉　powder atomization　01.1708
雾化铸造　spray casting　01.1014
雾缺陷　haze　06.0204

X

夕线石　sillimanite　07.0082
西门子法多晶硅　polycrystalline silicon by Siemens process　06.0120
* 吸波涂层　radar absorbing coating　02.1014
吸除　gettering　06.0170
吸附　adsorption　01.0209
吸附比表面测试法　Brunauer-Emmett-Teller method，BET method　01.1752
吸附表面积　adsorption surface area　02.1207
吸附纤维　adsorptive fiber　04.0796
吸留胶　occluded rubber　04.0608
吸气剂　getter　01.1798
吸热玻璃　endothermic glass　03.0517
吸热式气氛　endothermic atmosphere　01.1372
吸湿纤维　hydroscopic fiber　04.0794
* 吸收剂　radar absorber　02.0998
吸收区倍增区分置雪崩光电二极管　separated absorption and multiplication region avalanche photodiode　06.0356
吸收系数　absorption coefficient　06.0028
吸水厚度膨胀率　thickness expansion rate of water absorbing　07.0690
吸水率　water absorption　01.0600
吸油纤维　oil absorbent fiber　04.0771
吸着　sorption　01.0877
析出强化高温合金　precipitation hardening superalloy　02.0811
牺牲阳极用锌合金　sacrificial zinc anode　02.0664
烯类聚合物　vinyl polymer　04.0011
硒化铋　bismuth selenide　06.0401
硒化镉　cadmium selenide　06.0242
硒化铅　lead selenide　06.0239
硒化锡　tin selenide　06.0235
硒化锌　zinc selenide　06.0244
* 稀磁半导体　dilute magnetic semiconductor　06.0364
稀释剂　diluent　04.1287
稀释率　rate of dilution　01.1659
稀土 123 超导体[块]材　rare earth 123 bulk superconductor　02.0961
稀土钴磁体　rare earth cobalt magnet　02.0903

稀土钴永磁合金　rare earth cobalt permanent magnetic alloy　02.0886
稀土光学玻璃　rare earth containing optical glass　03.0488
稀土硅铁合金　rare earth ferrosilicon　02.0205
稀土化学热处理　chemical heat treatment with rare earth element　01.1576
稀土金属　rare earth metal　02.0444
稀土铝合金　aluminum-rare earth metal alloy　02.0464
稀土镁硅铁合金　rare earth ferrosilicomagnesium　02.0206
稀土-镍系贮氢合金　rare earth nickel-based hydrogen storage alloy　02.1018
稀土铁合金　rare earth element containing ferroalloy，ferroalloy with rare earth element　02.0204
* 稀土钨　tungsten rare earth metal alloy　02.0708
* 稀土元素　rare earth metal　02.0444
稀有放射性金属　rare-radioactive metal　02.0445
* 稀有放射性元素　rare-radioactive metal　02.0445
稀有分散金属　rare-dispersed metal　02.0442
稀有高熔点金属　rare-high melting point metal　02.0443
稀有金属　rare metal，less-common metal　02.0441
锡　tin　02.0665
锡合金　tin alloy　02.0666
锡黄铜　tin brass　02.0597
* 锡基巴氏合金　tin based Babbitt　02.0667
* 锡基白合金　tin based white alloy　02.0667
锡基轴承合金　tin based bearing alloy　02.0667
锡偶联溶聚丁苯橡胶　Sn-coupled solution styrene-butadiene rubber，Sn-S-SBR　04.0537
锡青铜　tin bronze　02.0604
锡石　cassiterite　07.0041
锡盐电解着色　electrolytic coloring in tin slat　01.1502
洗脱分级　elution fractionation　04.0168
洗脱体积　elution volume　04.1126
* AE 系合金　magnesium-aluminum-rare earth [cast] alloy　02.0519
* AM 系合金　magnesium-aluminum-manganese [cast] alloy　02.0523

＊AS 系合金　magnesium-aluminum-silicon-[manganese cast] alloy　02.0522

＊AZ 系合金　magnesium-aluminum-zinc wrought magnesium alloy　02.0510

＊EQ 系合金　magnesium-rare earth-silver-zirconium [cast] alloy　02.0521

＊KE 系合金　magnesium-zirconium-rare earth metal wrought magnesium alloy　02.0512

＊ME 系合金　magnesium-manganese-rare earth metal wrought magnesium alloy　02.0513

＊WE 系合金　magnesium-aluminum-yttrium-rare earth-zirconium [cast] alloy　02.0520

＊ZE 系合金　magnesium zinc-rare earth metal wrought magnesium alloy　02.0514

＊ZK 系合金　magnesium zinc-zirconium wrought magnesium alloy　02.0511

1×××系铝合金　1××× aluminum alloy　02.0453

2×××系铝合金　2××× aluminum alloy　02.0454

3×××系铝合金　3××× aluminum alloy　02.0455

4×××系铝合金　4××× aluminum alloy　02.0456

5×××系铝合金　5××× aluminum alloy　02.0457

6×××系铝合金　6××× aluminum alloy　02.0458

7×××系铝合金　7××× aluminum alloy　02.0459

8×××系铝合金　8××× aluminum alloy　02.0460

系属结构　lineage　06.0094

系统毒性　systemic toxicity　08.0122

细胞毒性　cytotoxicity　08.0133

细胞分化　cell differentiation　08.0176

细胞亲和性　cell affinity　08.0063

细胞诱导　cell induction　08.0175

细胞治疗　cell therapy　08.0085

细瓷　fine porcelain　03.0133

细粉　fine powder　02.1171

细化剂　grain refiner　01.1051

＊细晶超塑性　structural superplasticity　01.1328

细晶粒钢　fine grained steel　02.0304

细晶岩　aplite　07.0174

细晶硬质合金　fine grain cemented carbide　02.1250

细晶铸造高温合金　fine grain cast superalloy　02.0834

细菌降解　bacterial degradation　04.0140

细木工板　blockboard　07.0675

细陶器　fine pottery　03.0129

细杂皮　furskin　07.0406

＊细珠光体　troostite　02.0023

匣钵　saggar　03.0160

霞石　nepheline　07.0106

霞石正长岩　nepheline syenite　07.0162

下贝氏体　lower bainite　02.0032

＊下屈服点　lower yield point　01.0478

＊先共晶渗碳体　proeutetic cementite　02.0039

＊先共析渗碳体　proeutectoid cementite　02.0041

先共析铁素体　proeutectoid ferrite　02.0013

先进材料　advanced materials　01.0027

先进复合材料　advanced composite　05.0001

先进陶瓷　advanced ceramics　03.0235

纤度　fineness　04.0817

纤条体　fibrid　04.0815

＊CDP 纤维　ethylene terephthalate-3, 5-dimethyl sodium sulfoisophthalate copolymer fiber　04.0711

＊PBI 纤维　polybenzimidazole fiber　04.0758

＊PBO 纤维　poly (p-phenylene benzobisoxazole) fiber　04.0756

＊PBT 纤维　polybutyleneterephthalate fiber　04.0709

＊PBZT 纤维　poly (p-phenylene benzobisthiazole) fiber　04.0757

＊PEEK 纤维　polyetheretherketone fiber　04.0765

＊PEI 纤维　polyetherimide fiber　04.0705

＊PEN 纤维　poly (ethylene-2, 6-naphthalate) fiber　04.0761

＊PET 纤维　polyethyleneterephthalate fiber　04.0708

＊POM 纤维　polyformalolehyole fiber, polyoxymethylene fiber　04.0763

＊PPS 纤维　poly (p-phenylene sulfide) fiber　04.0759

＊PTT 纤维　polytrimethyleneterephthalate fiber　04.0710

纤维板　fiberboard　07.0683

纤维板后处理　fiberboard past treatment　07.0689

纤维表面改性　fiber surface modify　01.1992

纤维粗度　fiber coarseness　07.0388

＊纤维单晶　single crystal optical fiber　03.0105

纤维分级　fiber classification　07.0687

纤维分离　fiber separation, defibrating　07.0684

纤维分离度　fiber separative degree, beating degree　07.0685

纤维间质　interfibrilliary substance　07.0417

纤维晶　fibrous crystal　04.0187

纤维可压缩性　compressibility of fiber　05.0232

纤维面板　fiber plate　03.0499

* 纤维取向　ply angle　05.0321

纤维筛分值　fiber screen classifying value　07.0686

纤维湿[态]强度　fiber wet strength　04.0818

纤维素　cellulose　07.0564

纤维素结晶度　crystallinity of cellulose　07.0565

纤维素结晶区　crystalliferous region of cellulose　07.0552

纤维素-聚硅酸纤维　cellulosic matrix polysilicic acid fiber　04.0766

纤维素无定形区　amorphous region of cellulose　07.0553

纤维素型焊条　cellulose electrode　01.1683

纤维体积含量　fiber volume content　05.0190

纤维预制体　fiber preform　05.0189

纤维增强混凝土　fiber reinforced concrete　03.0753

纤维增强水泥复合材料　fiber reinforced cement matrix composite　05.0267

纤维增强钛合金　fiber reinforced titanium alloy　02.0565

纤维增强陶瓷基复合材料　fiber reinforced ceramic matrix composite　05.0266

纤维增强体　fiber reinforcement　05.0024

纤维帚化　fibrillation　07.0312

纤维状粉　fibrous powder　02.1185

纤维状活性炭　fiber active carbon　07.0752

纤维组织　fiber structure　01.1149

* 纤锌矿型结构　wurtzite structure　03.0014

鲜皮　green skin, green hide　07.0392

弦切面　tangential section　07.0531

显气孔率　apparent porosity　03.0693

* 显微偏析　micro-segregation　01.1077

* 显微缩松　porosity, micro-porosity　01.1072

显微硬度　microhardness　01.0513

显微组织　microstructure　01.0325

显像管玻璃　picture tube glass　03.0480

线材　wire rod　02.0238

线材拉拔　wire drawing　01.1286

线长大速度　linear growth rate　01.0425

线型低密度聚乙烯　linear low density polyethylene, LLDPE　04.0360

线型聚合物　linear polymer　04.0031

线性厚度变化　linear thickness variation, LTV　06.0156

线性摩擦焊　linear friction welding　01.1636

线性黏弹性　linear viscoelasticity　04.0258

陷阱　trap　06.0033

相对部分色散　relative partial dispersion　01.0588

* 相对分子质量分布　relative molecular mass distribution, molecular weight distribution, MWD　04.0162

相对密度　relative density　01.0604

* 100%相对密度　solid density, theoretical density　02.1209

相对黏度　relative viscosity, viscosity ratio　04.0329

相对黏度增量　relative viscosity increment　04.0330

相对折射率　relative refractive index　01.0582

相关能　correlation energy　06.0273

相互扩散　interdiffusion　06.0248

* 相互影响系数　shear coupling coefficient of lamina　05.0336

相容性　compatibility　04.0220

相容性条件　compatible condition　01.0823

相溶性　miscibility　04.0219

相似准则　similarity criterion　01.1148

* 香精油　essential oil, volatile oil　07.0738

箱纸板　linerboard　07.0353

镶铸法　cast-in process, insert process　01.1029

向错　disclination　01.0290

Z向钢　Z-direction steel　02.0297

相　phase　01.0185

B2相　B2 phase　02.0576

O相　O phase　02.0575

γ相　γ phase　02.0821

γ″相　γ″ phase　02.0822

δ相　δ phase　02.0823

η相　η phase　02.0824

μ相　μ phase　02.0825

相变　phase transformation, phase transition　01.0350

相变超塑性　transformation superplasticity　01.1329

相变潜热　latent heat of phase transition　01.0355

相变强化　transformation strengthening　01.0528

相变韧化　transformation toughening　01.0529

相变应力　transformation stress　01.1449

相变诱发塑性　phase transformation induced plasticity　01.0475

相变诱发塑性钢　transformation induced plasticity steel, TRIP steel　02.0323

相场动力学模型　phase field kinetics model　01.0838

相场方法　phase field method　01.0837

相分离纺丝　phase separation spinning　01.1958

相分析　phase analysis　01.0609

O 相合金　O phase alloy　02.0573

* 相间沉淀　interphase precipitation　01.0385

相间脱溶　interphase precipitation　01.0385

相界　phase boundary，phase interface　01.0337

相律　phase rule　01.0186

相图　phase diagram　01.0189

相图计算技术　computer calculation of phase diagram，
　CALPHAD　01.0852

α相稳定元素　α stable element　02.0538

β相稳定元素　β stable element　02.0539

象牙　ivory　07.0270

* 象牙白　lard white of Dehua　03.0136

橡胶　rubber　04.0501

橡胶补强剂　rubber-strengthening agent　04.1312

橡胶国际硬度　international rubber hardness　04.0616

* 橡胶平台区　high elastic plateau，rubbery plateau
　04.0244

橡胶软化剂　softener of rubber　04.1315

* 橡胶弹性　rubbery elasticity　04.0241

橡胶圆弧撕裂强度　arc tearing strength of rubber
　04.0631

* 橡胶态　rubbery state　04.0240

橡胶助剂　rubber ingredient　04.1304

削匀　shaving　07.0479

消臭纤维　offensive odour eliminating fiber　04.0780

消除聚合　elimination polymerization　04.0107

消光剂　flatting agent　04.1318

消光纤维　dull fiber，matt fiber　04.0720

消泡剂　defoamer　04.1321

* 消声合金　damping alloy　02.1120

* 消失模铸造　lost foam casting　01.1041

硝皮　taw　07.0397

硝酸纤维素　cellulose nitrate　04.0401

硝酸纤维素塑料　cellulose nitrate plastics，CN plastics
　04.0402

小分子有机电致发光材料　small molecular organic
　light-emitting materials　06.0417

小角度晶界　low angle grain boundary　01.0335

小角激光光散射法　small angle laser light scattering，
　low angle laser light scattering　04.1121

小坑　pit　06.0195

* 小孔法　keyhole-made welding　01.1617

小孔型等离子弧焊　keyhole-made welding　01.1617

* 小平面界面　facet interface　01.1856

* 小平面生长　facet growth　06.0089

小平面效应　facet effect　06.0089

小丘　mound　06.0198

肖克莱不全位错　Schockley partial dislocation
　01.0297

肖氏 W 型硬度　Asker-C hardness　04.0614

肖氏硬度　Shore hardness　04.1153

肖氏硬度 A　Shore hardness A　04.0612

肖氏硬度 D　Shore hardness D　04.0613

肖特基缺陷　Schottky defect　01.0283

肖特基势垒　Schottky barrier　01.0090

肖特基势垒光电二极管　Schottky barrier photodiode
　06.0357

楔横轧　cross wedge rolling　01.1155

楔子试验　wedge test　04.0890

协同增韧　synergistically toughening　05.0023

斜长石　plagioclase　07.0101

斜交层合板　angle-ply laminate　05.0356

斜轧　skew rolling　01.1154

泄流　leakage flow　04.1267

谢弗雷尔相［化合物］超导体　Chevrel phase［compound］
　superconductor　02.0948

F 心　F-center　01.0052

心材　heartwood　07.0533

心血管系统生物材料　biomaterials of cardiovascular
　system　08.0016

心脏封堵器　occluder　08.0209

芯板　core veneer　07.0657

芯板离缝　veneer gap，veneer open joint　07.0668

芯棒拔长　core bar stretching　01.1247

芯棒扩孔　core bar expanding　01.1248

芯棒拉管　tube drawing with mandrel　01.1283

芯［子］　core　01.1115

锌　zinc　02.0656

锌白　zinc white　04.1382

锌白铜　zinc cupronickel　02.0613

锌钡白　lithopone　04.1380

锌铬黄　zinc yellow　04.1378

锌汞合金　zinc mercury　02.0658

* 锌汞齐　zinc mercury　02.0658

* 锌黄　zinc yellow　04.1378

新拌混凝土　concrete mixture　03.0762

新能源材料　materials for new energy　01.0034

选择滤光功能复合材料　selective light filtering composite　05.0287
选择性腐蚀　selective corrosion　01.0769
选择性外延生长　selective epitaxy growth　06.0466
雪崩光电二极管　avalanche photodiode　06.0358
血管成形术　angioplastry　08.0184
血管腔内斑块旋切术　transluminal extraction-atherectomy therapy　08.0187
血管生长因子　angiogenesis factor　08.0066
血管支架　vascular stent　08.0190
血浆置换　plasma exchange　08.0156

血液代用品　blood substitute　08.0143
血液灌流　hemoperfusion　08.0159
血液灌流吸附材料　adsorbent for hemoperfusion　08.0160
血液过滤膜　membrane for hemofiltration　08.0154
血液净化材料　blood purification materials　08.0150
血液滤过　hemo-filtration　08.0157
血液透析膜　membrane for hemodialysis　08.0153
血液相容性　blood compatibility　08.0060
血液相容性生物材料　blood compatible biomaterials　08.0018

Y

压边浇口　lip runner　01.1109
* 压磁铁氧体　magnetostriction ferrite　03.0323
压电常数　piezoelectric constant　01.0578
压电复合材料　piezoelectric composite　05.0284
压电高分子　piezoelectric polymer　04.1051
压电晶体　piezoelectric crystal　03.0085
压电生物陶瓷　piezoelectric bioceramics　08.0045
压电陶瓷　piezoelectric ceramics　03.0300
压电体　piezoelectrics　01.0140
压电性　piezoelectricity　01.0139
压花　embossed　07.0492
压花玻璃　patterned glass　03.0509
压花革　embossed leather　07.0431
* 压力加工　plastic working　01.1134
压力容器钢　steel for pressure vessel　02.0279
压力注浆成型　pressure slip casting　03.0421
压力铸造锌合金　press cast zinc alloy　02.0660
压滤成型　pressure filtration　03.0434
压敏电阻　piezo-resistor　06.0384
压敏电阻合金　pressure sensitive resistance alloy　06.0379
* 压敏胶　pressure sensitive adhesive，PSA　04.0836
压敏胶带　pressure sensitive adhesive tape,PSA tape　04.0837
压敏胶黏剂　pressure sensitive adhesive，PSA　04.0836
压敏陶瓷　varistor ceramics　03.0340
压坯　compact　01.1776
压缩比　compression ratio　01.1742
* 压缩模量　bulk modulus　01.0462
压缩耐温实验　compression and recovery in low temperature test　04.0646

压缩耐温系数　coefficient of compression and recovery in low temperature　04.1217
* 压缩强度　compressive strength　01.0492
压缩性　compressibility　01.1740
压缩性曲线　compression curve　01.1783
压头　pressure head　01.1059
压型金属板　roll-profiled metal sheet　01.1319
压延效应　calender effect　04.0652
* 压余　discard　01.1224
压制　pressing　01.1777
* 压注料　press-in refractory　03.0674
压铸　die casting　01.1038
压铸镁合金　die casting magnesium alloy　02.0531
压铸模　die casting mold　01.1094
压铸模用钢　steel for die-casting mold　02.0365
鸦爪　crow feet　06.0192
牙科材料　dental materials　08.0239
牙科充填材料　dental filling materials　08.0241
牙科分离剂　dental separating agent　08.0281
牙科固定桥　dental fixed bridge　08.0291
牙科蜡　dental wax　08.0267
牙科模型材料　dental model materials　08.0266
牙科烧结全瓷材料　dental sintered all-ceramic materials　08.0284
牙科水门汀　dental cement　08.0246
牙科酸蚀剂　dental etching agent　08.0253
牙科修复材料　dental restorative materials　08.0240
牙科银汞合金　dental amalgam　08.0243
牙科银合金粉　alloy for dental amalgam　08.0242
牙科印模材料　dental impression materials　08.0257
牙科植入体　dental implant　08.0293

牙科铸造包埋材料　dental casting investment materials　08.0278

牙科铸造陶瓷　castable dental ceramics　08.0283

牙托粉　denture base polymer powder　08.0274

牙托水　denture base polymer liquid　08.0275

牙线　dental floss　08.0287

* 牙种植体　dental implant　08.0293

牙周塞治剂　periodontal pack，periodontal dressing　08.0255

哑光漆　lusterless paint　04.0946

亚共晶体　hypoeutectic　01.0974

亚共析钢　hypo-eutectoid steel　02.0262

亚固溶[热]处理　subsolvus heat treatment　02.0844

亚急性毒性　sub-acute toxicity　08.0124

亚晶界　subgrain boundary　01.0336

亚晶[粒]　subgrain　01.0333

* 亚历山大石　alexandrite　07.0246

* 亚临界淬火　intercritical hardening　01.1412

亚慢性毒性　subchronic toxicity　08.0125

亚铁磁性　ferrimagnetism　01.0105

亚微粉　submicron powder　02.1172

亚温淬火　intercritical hardening　01.1412

* 亚稳奥氏体　undercooling austenite　02.0019

亚稳定β钛合金　metastableβtitanium alloy　02.0545

亚相变点退火　subcritical annealing　01.1401

亚硝基氟橡胶　nitroso fluororubber　04.0587

亚硝酸钠晶体　sodium nitrite crystal　03.0086

氩弧焊　argon arc welding　01.1606

氩氧脱碳法　argon-oxygen decarburization，AOD　02.0154

烟密度　smoke density　04.1197

烟密度试验　smoke density test　04.1198

烟雾生成性　smoke producibility　04.1199

延迟断裂　delayed fracture　01.0726

延迟裂纹　delayed crack　01.1700

延迟氢脆　delayed hydride cracking，DHC　01.0778

* 延迟氢化开裂　delayed hydride cracking，DHC　01.0778

* 延迟作用　retardation　04.0085

* 延性断裂　ductile fracture　01.0716

* 岩浆岩　magmatic rock　07.0143

岩石构造　structure of rock　07.0142

岩石结构　texture of rock　07.0141

岩相分析　petrographic analysis　07.0011

* 岩盐型结构　sodium chloride structure　03.0011

* 岩渣　scoria　07.0169

沿晶断裂　intergranular fracture　01.0721

炎性反应　inflammatory reaction　08.0076

研磨　grinding　04.0929，lapping　06.0134

盐干皮　dry salted skin　07.0394

盐模　salt pattern　01.1130

盐湿皮　salted skin，salted hide　07.0393

盐釉　salt glaze　03.0223

盐浴硫化　salt bath cure　04.0662

颜基比　pigment binder ratio　04.0928

颜料　pigment　04.1362

颜料体积浓度　pigment volume concentration，PVC　04.0927

颜料吸油量　oil absorption volume　04.0926

颜色坚牢度　color fastness　07.0506

眼刺激　eye irritation　08.0118

厌氧胶黏剂　anaerobic adhesive　04.0839

阳极溶解　anodic dissolution　01.0759

阳极氧化　anodic oxidation　01.1489

阳极氧化膜　anodic oxidation film　01.1490

阳极氧化涂层　anodizing coating　03.0541

阳离子交换树脂　cation exchange resin　04.1063

* 阳离子聚合　cationic polymerization　04.0092

* 阳离子可染纤维　ethylene terephthalate-3,5-dimethyl sodium sulfoisophthalate copolymer fiber　04.0711

阳起石　actinolite　07.0079

杨氏模量　Young modulus　01.0460

杨-特勒效应　Jahn-Teller effect　01.0087

* 洋蓝　ultramarine　04.1376

氧氮化物玻璃　oxynitride glass　03.0483

氧化　oxidation　01.1450

氧化层错　oxidation induced stacking fault，OISF　06.0208

氧化沉淀　oxidation precipitation　01.0879

氧化锆复合耐火材料　zirconia composite refractory　03.0627

氧化锆晶须增强体　zirconia whisker reinforcement　05.0083

氧化锆陶瓷　zirconia ceramics　03.0269

氧化锆系气敏陶瓷　ZrO_2 gas sensitive ceramics　03.0345

氧化锆纤维增强体　zirconia fiber reinforcement　05.0064

氧化锆相变增韧陶瓷　zirconia phase transformation toughened ceramics，ZTC　03.0272

氧化锆增韧氮化硅陶瓷　zirconia toughened silicon nitride ceramics　03.0277

氧化锆增韧莫来石陶瓷　zirconia toughened mullite ceramics，ZTM　03.0275

氧化锆增韧氧化铝陶瓷　zirconia toughened alumina ceramics，ZTA　03.0276

氧化硅晶须增强体　silica whisker reinforcement　05.0084

氧化还原聚合　redox polymerization　04.0103

氧化还原型交换树脂　redox exchange resin　04.1067

氧化还原引发剂　redox initiator　04.0066

氧化铝晶须增强体　alumina whisker reinforcement　05.0085

氧化铝颗粒增强铝基复合材料　alumina particulate reinforced Al-matrix composite　05.0256

氧化铝颗粒增强体　alumina particle reinforcement　05.0099

氧化铝耐火纤维制品　alumina refractory fiber product　03.0647

氧化铝-碳化硅耐火浇注料　alumina-silicon carbide refractory castable　03.0657

氧化铝陶瓷　alumina ceramics　03.0278

85 氧化铝陶瓷　85 alumina ceramics　03.0284

95 氧化铝陶瓷　95 alumina ceramics　03.0283

99 氧化铝陶瓷　99 alumina ceramics　03.0282

氧化铝纤维增强金属间化合物基复合材料　alumina fiber reinforced intermetallic compound matrix composite　05.0247

氧化铝纤维增强体　alumina fiber reinforcement　05.0065

氧化锰基负温度系数热敏陶瓷　MnO-based negative temperature coefficient thermosensitive ceramics　03.0339

氧化膜着色　coloring of anodized film　01.1495

氧化磨损　oxidation wear　01.0806

氧化纳米晶硅　oxygenated nanocrystalline silicon　06.0287

氧化气氛　oxidizing atmosphere　01.1376

氧化钛型焊条　titania electrode　01.1679

氧化铁型焊条　iron oxide electrode　01.1682

氧化钍弥散强化镍合金　thoria dispersion nickel，TD nickel　02.1243

氧化物半导体材料　oxide semiconductor materials　06.0214

氧化物超导体　oxide superconductor　02.0955

氧化物共晶陶瓷　oxide eutectic ceramics　03.0292

氧化物基金属陶瓷　cemented based on oxide　02.1266

氧化物结合碳化硅制品　oxide bonded silicon carbide product　03.0620

氧化物弥散强化高温合金　oxide dispersion strengthened superalloy，ODS superalloy　02.0851

氧化物弥散强化合金超高温等温退火　super high temperature isothermal annealing of oxide dispersion strengthened superalloy　02.0854

氧化物弥散强化合金超高温区域退火　super high temperature zone annealing of oxide dispersion strengthened superalloy　02.0855

氧化物弥散强化合金定向再结晶　directional recrystallization of oxide dispersion strengthened superalloy　02.0856

氧化物弥散强化合金热固实化　hot solidification of oxide dispersion strengthened superalloy　02.0853

氧化物弥散强化镍基高温合金　oxide dispersion strengthened nickel based superalloy　02.0800

氧化物弥散强化铜合金　oxide dispersion strengthened copper alloy，ODS copper alloy　02.0617

氧化物缺失　oxide incomplete，oxide deficient　06.0176

氧化物陶瓷　oxide ceramics　03.0251

氧化锡系气敏陶瓷　SnO_2 gas sensitive ceramics　03.0344

氧化锌　zinc oxide　06.0247

氧化锌丁香酚水门汀　zinc oxide-eugenol cement　08.0247

氧化锌晶须增强体　zinc oxide whisker reinforcement　05.0086

氧化锌压敏陶瓷　zinc oxide voltage-sensitive ceramics　03.0342

氧化诱导时间　oxydation induced time　04.1192

氧化渣　oxidizing slag　02.0125

氧气吹炼　oxygen blowing，OB　02.0121

氧气底吹转炉炼钢　bottom blown oxygen converter steelmaking，quiet basic oxygen furnace，QBOF　02.0119

氧气顶吹转炉炼钢　top blown oxygen converter steel-making　02.0117

氧指数　oxygen index　04.1191

窑具　kiln furniture　03.0159

* 摇实密度　tap density　01.1739

遥爪聚合物　telechelic polymer　04.0039

* 咬合磨损　adhesive wear　01.0796

药皮　coating of electrode　01.1669

药物缓释材料　materials for drug delivery　04.1087

药物控释材料　materials for drug controlled delivery　04.1086

* 药物控制释放系统　drug delivery system，DDS　08.0214

药物释放系统　drug delivery system，DDS　08.0214

药物洗脱支架　drug eluting stent　08.0192

药物载体　drug carrier　08.0227

药芯焊丝　flux cored wire　01.1673

* 药用矿物　medicine mineral　07.0008

曜变天目釉　yohen tenmoku　03.0216

冶金焦　metallurgical coke　02.0078

冶金溶剂　solvent for metallurgy　01.0861

冶金熔体　metallurgical melt　02.0067

冶金学　metallurgy　01.0009

冶炼　smelting　01.0860

叶蜡石　pyrophyllite　07.0084

[叶]蜡石砖　pyrophyllite brick　03.0583

叶纤维　leaf fiber　04.0669

页岩　shale　07.0192

液电成形　electrohydraulic forming　01.1333

液封覆盖直拉法　liquid encapsulated Czochralski method　06.0429

液固界面　solidification interface　01.0949

液固界面能　liquid-solid interface energy　01.0950

液晶　liquid crystal　01.0236

液晶材料　liquid crystal materials　01.0023

液晶纺丝　fiber spinning from crystalline state　01.1961

液晶高分子　liquid crystal polymer　04.0214

液晶聚合物原位复合材料　liquid crystalline polymer in-situ composite　05.0149

液态挤压　liquid extrusion　01.1201

* 液态金属腐蚀　liquid metal corrosion　01.0774

液态金属结构　structure of liquid metals　01.0421

液态金属冷却法　liquid metal cooling method，LMC method　01.0989

液态金属冷却剂　liquid metal coolant　02.1070

液态金属致脆　liquid metal embrittlement　01.0774

液态模锻　liquid die forging　01.1254

液体丁苯橡胶　liquid styrene-butadiene rubber　04.0543

液体丁腈橡胶　liquid acrylonitrile butadiene rubber　04.0564

* 液体硅橡胶　addition vulcanized silicone rubber　04.0584

* 液体聚氨酯橡胶　castable polyurethane rubber　04.0591

液体冷却剂　liquid coolant　02.1068

* 液体连续硫化　salt bath cure　04.0662

液体氯丁橡胶　liquid chloroprene rubber　04.0549

液体栓塞剂　liquid embolism agent　08.0212

液体天然橡胶　liquid natural rubber　04.0518

液相反应法　liquid-phase reaction　01.1753

液相分数　liquid fraction　01.0947

* 液相面　liquidus surface　01.0195

液相烧结　liquid-phase sintering　01.1808

液相外延　liquid-phase epitaxy，LPE　06.0439

液相线　liquidus　01.0195

液压成形　hydraulic forming　01.1335

液压-机械成形　hydromechanical forming　01.1338

液压-橡皮模成形　hydro-rubber forming　01.1337

* 一步炼钢法　direct steelmaking process　02.0115

一次渗碳体　primary cementite　02.0039

一次石墨　primary graphite　02.0036

一级相变　first-order phase transition　01.0352

一体化超导线　monolithic superconducting wire　02.0975

伊利石　illite　07.0098

伊利石黏土　illite clay　07.0189

伊辛模型　Ising model　01.0832

医药矿物　medicine mineral　07.0008

医用金属材料　biomedical metal materials　08.0049

医用纤维　medical fiber　04.0781

铱合金　iridium alloy　02.0640

宜钧　jun glaze of Yixing　03.0224

* 移动因子　horizontal shift factor，shift factor　04.0280

移膜革　transfer coating leather　07.0429

移植物　graft　08.0023

遗传毒性　genotoxicity　08.0128

乙基纤维素　ethyl cellulose，EC　04.0408

* 乙纶　polyethylene fiber　04.0685

乙炔基封端聚酰亚胺　ethynyl-terminated polyimide　04.0470

乙烯－醋酸乙烯酯共聚物　ethylene-vinylacetate copolymer，EVA 04.0368

乙烯－醋酸乙烯酯橡胶 ethylene-vinylacetate rubber 04.0573

乙烯基硅油 vinyl silicone oil 04.0992

乙烯基聚丁二烯橡胶 vinyl polybutadiene rubber 04.0525

乙烯基咔唑树脂 poly（N-vinyl carbazole），PNVC 04.0347

乙烯－三氟氯乙烯共聚物 ethylene-chlorotrifluoro-ethylene copolymer，ECTFE 04.0497

乙烯－三氟氯乙烯共聚物纤维 ethylene-trifluorochloro-ethylene copolymer fiber 04.0697

乙烯－四氟乙烯共聚物 ethylene-tetrafluoroethylene copolymer 04.0495

乙酰化竹材 acetylated bamboo 07.0771

钇铝石榴子石晶体 yttrium aluminum garnet crystal，YAG 03.0350

钇系超导体 Y-system superconductor 02.0958

义齿 denture 08.0288

义齿材料 denture materials 08.0268

义齿基托 denture base 08.0302

义齿基托聚合物 denture base polymer 08.0271

义齿软衬材料 soft denture lining materials 08.0276

艺术搪瓷 art enamel，enamel in art，artistic enamel 03.0560

异步轧制 asymmetrical rolling 01.1159

* 异金属腐蚀 galvanic corrosion 01.0770

异物反应 foreign body reaction 08.0075

异型管 special section tube，steel tubing in different shape 02.0234

异型截面纤维 modified cross-section fiber 04.0734

异质结 heterojunction 06.0359

$Si_{1-x}Ge_x/Si$ 异质结构材料 $Si_{1-x}Ge_x/Si$ heterojunction materials 06.0405

异质结光电晶体管 heterojunction phototransistor 06.0361

异质结激光器 heterostructure laser 06.0360

异质外延 heteroepitaxy 06.0438

* 异质形核 heterogeneous nucleation 01.0930

异种移植物 xenograft 08.0026

易解石 aeschynite 07.0056

易裂变材料 fissile materials 02.1029

易切削不锈钢 free-cutting stainless steel 02.0387

易切削非调质钢 free-cutting hot rolled high strength steel 02.0332

易切削钢 free machining steel，free-cutting steel 02.0324

易切削铜合金 free-cutting copper alloy 02.0626

* 易熔合金 fusible alloy 02.0685

逸度 fugacity 01.0174

溢流法 melt overflow process 01.1005

* 因瓦合金 Invar alloy 02.1132

因瓦效应 Invar effect 02.1128

阴极沉积 cathodic deposition 01.1914

阴极腐蚀 cathodic corrosion 01.0760

阴极溅射法 cathode sputtering 01.1892

* 阴极铜 electrolytic copper 02.0590

阴离子交换树脂 anion exchange resin 04.1062

* 阴离子聚合 anionic polymerization 04.0093

铟 indium 02.0683

铟镓氮 indium gallium nitride 06.0259

铟砷磷 indium arsenide phosphide 06.0257

铟银焊料 indium-silver solder 02.0688

银 silver 02.0629

银基合金 silver based alloy 02.0632

银菊胶 parthenium argentatum 04.0512

银纹 craze 04.0288

引发剂 initiator 04.0061

引发剂效率 initiator efficiency 04.0069

引发-转移剂 initiator transfer agent，inifer 04.0071

引发-转移-终止剂 initiator transfer agent terminator，iniferter 04.0072

引气剂 air entraining agent 03.0717

隐埋多量子阱 buried multiple quantum well 06.0362

隐身玻璃 stealth glass，invisible glass 03.0506

隐形玻璃 invisible glass 03.0508

隐形材料 stealthy materials 02.0989

隐形复合材料 stealthy composite 05.0307

隐形涂层 invisible coating 03.0548

隐形涂料 stealthy coating 04.0939

* 隐形眼镜 corneal contact lens 08.0028

印花革 printed leather 07.0430

印模膏 impression compound 08.0258

印坯 hand-pressing，molding by stamping 03.0225

* 印刷合金 type metal alloy，type metal 02.0679

荧光材料 fluorescence materials 03.0354

荧光量子效率 fluorescence quantum conversion efficiency 01.0595

荧光能量转换效率　fluorescence energy conversion efficiency　01.0596

荧光寿命　fluorescence lifetime　01.0593

荧光图电影摄影术　cine- fluorography　01.0662

荧光颜料　fluorescent pigment　04.1366

荧光增白剂　fluorescent whitening agent　04.1319

荧光转换效率　fluorescence conversion efficiency　01.0594

萤石　fluorite　07.0031

萤石型结构　fluorite structure　03.0017

影青瓷　shadowy blue ware, shadowy blue glaze porcelain　03.0200

应变层　strain layer　06.0041

应变层单量子阱　strained-layer single quantum well　06.0363

应变电阻材料　strain resistance materials　02.1144

应变能　strain energy　01.0468

应变疲劳　strain fatigue　01.0704

应变软化　strain softening　04.0285

应变时效　strain aging　01.0393

应变[速]率　strain rate　01.0469

应变速率敏感性指数　strain rate sensitivity exponent　01.1325

* 应变硬化　strain hardening　01.0470

* 应变硬化指数　strain hardening exponent　01.0471

* 应变诱发的塑料–橡胶转变　strain induced plastic-rubber transition　04.0286

应力弛豫　stress relaxation　01.0450

应力弛豫模量　stress relaxation modulus　04.0268

应力弛豫时间　stress relaxation time　04.0269

应力弛豫试验　stress relaxation test　01.0709

应力弛豫速率　stress relaxation rate　04.0270

应力腐蚀开裂　stress corrosion cracking, SCC　01.0772

应力腐蚀敏感性　stress corrosion cracking susceptibility　01.0773

应力集中　stress concentration　01.0449

应力开裂　stress cracking　04.0290

应力木　reaction wood　07.0561

应力疲劳　stress fatigue　01.0705

应力强度因子　stress intensity factor　01.0451

应力–溶剂银纹　stress-solvent craze　04.0289

应力–应变曲线　stress-strain curve　01.0466

应力致白　stress whitening　04.0287

* 硬材　hardwood　07.0520

硬磁材料　hard magnetic materials　02.0877

硬磁铁氧体　permanent magnetic ferrite, hard ferrite　03.0319

硬度　hardness　01.0512

硬度试验　hardness test　01.0702

硬化区　hardened zone　01.1697

硬聚氯乙烯　rigid polyvinylchloride, rigid PVC　04.0385

* 硬铝　hard aluminum alloys　02.0484

硬铝合金　hard aluminum alloys　02.0484

硬面材料　hardface materials　02.1270

硬钎焊　brazing　01.1646

硬铅合金　hard lead alloy　02.0671

硬石膏　anhydrite　07.0119

硬线钢　hard steel wire　02.0298

硬玉　jadeite　07.0075

硬质瓷　hard porcelain　03.0135

硬质反应性注塑成型聚氨酯塑料　rigid reaction injection molding polyurethane plastics　04.0424

硬质合金　cemented carbide, hard metal　02.1245

硬质合金拉丝模　carbide drawing die　02.1258

硬质合金模具　carbide die　02.1263

硬质合金钻齿　carbide drilling bits　02.1262

硬质胶　hard rubber　04.0606

硬质黏土　flint clay　03.0678

硬组织填充材料　filling materials of hard tissue　08.0013

硬组织修复材料　repairing materials of hard tissue　08.0012

* 永磁材料　permanent magnetic materials　02.0877

永磁复合材料　permanent magnetic composite　05.0285

* 永磁铁氧体　permanent magnetic ferrite, hard ferrite　03.0319

* 永久型铸造　permanent mold casting　01.1026

永久性发光材料　persistent luminescent materials　03.0248

[甬道中]溶剂蒸气浓度　the concentration of solvent vapor in spinning channel　01.1980

涌泉流动　fountain flow　04.1263

* 优化系数　thermoelectric figure of merit　06.0394

优势区图　predominance area diagram　01.0202

优质钢　special steel, quality steel　02.0212

油度　oil content, oil length　04.0908

油光革　grease glazed leather　07.0436

油鞣革　oil-tanned leather　07.0420

油石　oil stone　07.0175

油页岩　oil shale　07.0193

油脂含量　oil content　07.0511

铀　uranium　02.1030

铀合金　uranium alloy　02.1037

* 游离石灰　free lime　03.0710

游离氧化钙　free lime　03.0710

有光漆　gloss paint　04.0945

有光纤维　bright fiber, lustrous fiber　04.0719

有规立构聚合物　stereoregular polymer，tactic polymer　04.0017

有机半导体　organic semiconductor　04.1049

有机半导体材料　organic semiconductor materials　06.0413

有机超导体　organic superconductor　04.1048

有机单线态发光材料　organic singlet state luminescent materials　06.0422

有机导体　organic conductor　04.1046

有机电荷转移络合物　organic charge transfer complex　04.1047

有机电致发光材料　organic electroluminescence materials　04.1076

有机电子传输材料　organic electron transport materials　06.0421

有机发光二极管　organic light emitting diode，OLED　04.1077

有机非线性光学材料　organic nonlinear optical materials　04.1099

有机光导材料　organic photoconductive materials　06.0415

有机光导纤维　organic optical waveguide fiber　04.1079

有机光电子材料　organic optoelectronic materials　04.1074

有机光伏材料　organic photovoltaic materials　04.1075

* 有机光色存储材料　organic photo-chromic materials　04.1071

* 有机光纤　organic optical waveguide fiber　04.1079

有机光致变色材料　organic photo-chromic materials　04.1071

有机硅化合物　organosilicon compound　04.0956

有机硅密封胶　silicone sealant　04.0869

有机硅乳液　silicone emulsion　04.0997

有机硅树脂基复合材料　silicone resin composite　05.0137

有机硅脱模剂　silicone releasing agent　04.1010

* 有机磷光材料　organic triplet state light-emitting materials　06.0423

有机氯硅烷直接法合成　direct synthesis of chlorosilane　04.0967

有机染色　coloring with organic dyestuff　01.1497

有机三线态发光材料　organic triplet state light-emitting materials　06.0423

有机无机复合半导体材料　organic-inorganic hybrid semiconductor materials　06.0416

有机物封孔　organic sealing　01.1512

有机纤维增强体　organic fiber reinforcement　05.0027

有机盐反应法制粉　making powder through reaction of organic salt　03.0402

* 有机荧光材料　organic singlet state luminescent materials　06.0422

有孔材　pored wood　07.0538

有理指数定律　law of rational indices　01.0256

有色金属　non-ferrous metal　02.0440

有限元法　finite element method，FEM　01.0840

* 有限元分析　finite element analysis，FEA　01.0840

有效补缩距离　effective feeding distance　01.1070

有效淬硬深度　effective hardening depth　01.1424

有效分凝系数　effective segregation coefficient　06.0085

* 有效浓度　activity　01.0173

有序固溶体　ordered solid solution　01.0380

有序化　ordering　06.0039

有序能　ordering energy　01.0204

有序无序转变　order-disorder transformation　01.0396

有焰燃烧　after flame　04.1194

有转子硫化仪　rheometer with rotator　04.1215

幼龄材　juvenile wood　07.0524

* 诱变性　mutagenicity　08.0129

诱导期　induction period　04.0070

釉　glaze　03.0175

釉浆　glaze slurry　03.0176

釉里红　red under the glaze　03.0226

釉料　glaze materials　03.0227

釉面玻璃　ceramic enameled glass　03.0524

釉上彩　over-glaze decoration　03.0228

釉下彩　under-glaze decoration　03.0229

釉中彩 in-glaze decoration 03.0230
淤浆聚合 slurry polymerization 04.0116
* 余辉 after glow 04.1193
* 余焰 after flame 04.1194
逾渗 percolation 01.0224
逾渗阈值 permeation threshold 04.0234
雨淋浇口 shower gate 01.1107
玉髓 chalcedony 07.0257
浴液定型 liquid bath heat setting 01.1991
预备热处理 conditioning heat treatment 01.1363
预成形坯 preform 01.1775
* 预成义齿 immediate denture 08.0310
预锻模槽 blocker cavity 01.1266
预防白点退火 hydrogen relief annealing 01.1397
预防型抗氧剂 preventive antioxidant 04.1340
预合金粉 prealloyed powder 02.1200
预浸单向带 prepreg tape 05.0174
预浸料 prepreg 05.0173
预浸料单层厚度 lamina thickness of prepreg 05.0183
预浸料挥发分含量 volatile content of prepreg
    05.0187
* 预浸料挥发物含量 volatile content of prepreg
    05.0187
预浸料黏性 prepreg tack 05.0184
预浸料凝胶点 gel point of prepreg 05.0186
预浸料凝胶时间 gel time of prepreg 05.0185
预浸料适用期 pot life of prepreg 05.0180
预浸料树脂含量 resin content of prepreg 05.0188
预浸料树脂流动度 resin flow of prepreg 05.0181
预浸料纤维面密度 area weight of fiber 05.0182
预浸织物 preimpregnated fabric 05.0175
预聚合 prepolymerization 04.0050
预聚物 prepolymer 04.0015
预马氏体相变 premartensitic transition 01.0367
预取向丝 pre-oriented yarn, partially oriented yarn
    04.0802
预热 preheating 01.1384
预烧 presintering 01.1802
预氧化聚丙烯腈纤维增强体 preoxidation polyacry-
    lonitrile fiber reinforcement 05.0044
元胞自动机法 cell automaton method 01.0836
元素粉 elemental powder 01.1733
* 元素高分子 element macromolecule 04.0007
元素有机高分子 element macromolecule 04.0007

原料皮 rawskin, rawhide 07.0391
原料皮草刺伤 burr of raw skin 07.0450
原料皮浸水 soaking of raw hide 07.0464
原料皮路分 different source of raw hide 07.0449
原料皮虻眼 warble hole of raw hide 07.0451
原料皮脱脂 degreasing of raw hide 07.0465
原木 log 07.0514
原色 primary color 04.0921
原始粉末颗粒边界 prior particle boundary, PPB
    02.0848
原丝 flat yarn 01.1993
原藤 raw cane 07.0780
原条 tree-length 07.0513
原位复合材料 in-situ composite 05.0020
原位生长陶瓷基复合材料 in-situ growth ceramic ma-
    trix composite 05.0273
原纤维 fibril 04.0811
原子层外延 atomic layer epitaxy, ALE 06.0447
原子磁矩 atomic magnetic moment 01.0098
原子簇聚 clustering 01.0338
原子发射光谱 atomic emission spectrum, AES
    01.0647
原子间势 interatomic potential 01.0050
原子间作用势模型 interatomic potential model
    01.0846
原子能级锆 nuclear zirconium 02.0760
原子能级铪 nuclear hafnium 02.0773
* 原子偏聚 clustering 01.0338
* 原子平面掺杂 delta function-like doping，δ-doping
    06.0081
原子转移自由基聚合 atom transfer radical poly-
    merization, ATRP 04.0058
圆弧撕裂强度 circular arc tearing strength 04.1162
圆盘磨粉碎 disc roll grinding 03.0389
远程分子内相互作用 long-range intramolecular
    interaction 04.0153
远程结构 long-range structure 04.0151
远端保护器 distal protection device 08.0207
远红外辐射搪瓷 far infrared radiation enamel 03.0563
约瑟夫森效应 Josephson effect 01.0092
月光石 moon stone 07.0253
云母类硅酸盐结构 mica silicate structure 03.0032
云母陶瓷 mica ceramics 03.0291
* 云青 ultramarine 04.1376

云英岩　greisen　07.0222
陨铁　meteoric iron, cohenite　02.0185
孕育处理　inoculation process, inoculation treatment　01.1048
孕育剂　inoculant　01.1053
孕育期　incubation period　01.1392
孕育铸铁　inoculated cast iron　02.0422
熨平　ironing　07.0491

Z

*DNA 杂化材料　deoxyribonucleic acid hybrid materials　08.0035
杂化人工器官　hybrid artificial organ　08.0135
杂环聚合物　heterocyclic polymer　04.0010
杂链聚合物　heterochain polymer　04.0009
杂链纤维　heterochain fiber　04.0698
杂质分凝　impurity segregation　06.0083
杂质光电导　impurity photoconductivity　06.0017
杂质浓度　impurity concentration　06.0071
杂质条纹　impurity striation　06.0207
载荷-位移曲线　load-displacement curve　03.0371
载流子　carrier　06.0008
载流子浓度　carrier concentration　06.0011
载流子迁移率　mobility of current carrier　01.0091
* 载热剂材料　coolant materials　02.1067
再结晶　recrystallization　01.0407
再结晶控制轧制　recrystallization controlled rolling, RCR　02.0168
再结晶图　recrystallization diagram　01.0411
再结晶温度　recrystallization temperature　01.0412
再聚合　repolymerization　04.0052
再热裂纹　reheat crack　01.1701
再生蛋白质纤维　regenerated protein fiber　04.0676
再生胶　reclaimed rubber　04.0609
再生铝　secondary aluminum　02.0451
再生纤维　regenerated fiber　04.0674
再生纤维素纤维　regenerated cellulose fiber　04.0675
再生医学　regenerative medicine　08.0162
再造宝石　reconstructed stone　07.0238
* 錾胎珐琅　champlevé, embossing enamel　03.0572
脏超导体　dirty superconductor　02.0936
藻酸盐[基]印模材料　alginate-based impression materials　08.0260
造孔剂　pore forming material　01.1799
造粒　granulation　01.1731
造粒工艺　granulation technology　03.0415
造型　molding　01.1019
造血干细胞　hematopoietic stem cell, HSC　08.0173

造牙粉　powder for synthetic polymer tooth　08.0269
造牙水　liquid for synthetic polymer tooth　08.0270
造渣　slag forming　02.0124
造渣材料　slag making materials　02.0075
[造纸]打浆　beating　07.0311
[造纸]施胶　sizing　07.0314
[造纸]碎浆　slushing　07.0308
[造纸]填料　filler　07.0304
[造纸]压光　calendaring　07.0317
[造纸]压榨　pressing　07.0316
择优腐蚀　preferential etching　06.0137
择优取向　preferred crystallographic orientation　01.1867
择优溶解　preferred dissolution　01.0763
* 泽贝克电动势　Seebeck electopotential　01.0132
泽贝克效应　Seebeck effect　01.0129
* 增比黏度　relative viscosity increment　04.0330
增稠剂　thickening agent　04.1286
增黏剂　tackifier　04.0887
增强剂　reinforcing agent　04.1301
增强体　reinforcement　05.0006
增强纤维　reinforcing fiber　04.1300
增强纤维上浆剂　sizing for fiber reinforcement　05.0075
增韧剂　toughener　04.1297
增容剂　compatibilizer　04.1296
增容作用　compatibilization　04.0221
增深剂　deepening agent　04.1320
增塑粉末挤压　plasticized-powder extrusion　01.1788
增塑剂　plasticizer　04.1289
* 增透剂　transparent agent　04.1354
渣　slag　02.0072
渣比　slag ratio　02.0099
渣-金属反应　slag-metal reaction　02.0074
* 渣铁比　slag to iron ratio　02.0099
渣系　slag system　02.0073
轧辊　roll　01.1173
轧膜成型　rolling film forming　03.0426

轧制 rolling 01.1150
轧制功率 rolling power 01.1184
轧制力 rolling force 01.1182
轧制力矩 rolling torque 01.1183
窄淬透性钢 narrow hardenability steel 02.0337
窄禁带半导体材料 narrow band-gap semiconductor materials 06.0215
毡状增强体 felt reinforcement 05.0073
* 张开型开裂 mode I cracking 01.0746
樟脑 camphor 07.0734
胀形 bulging 01.1299
赵氏硬度 Zhao hardness 04.1154
遮盖力 covering power 04.0925
折边胶 hemming adhesive 04.0853
折叠链晶片 folded-chain lamella 04.0189
折裂强度 cracking strength 07.0505
折射率 refractive index 01.0581
折射率温度系数 temperature coefficient of refractive index 06.0029
折射指数均匀性 homogeneity of refractive index 06.0030
锗 germanium 06.0102
锗单晶 monocrystalline germanium 06.0110
锗富集物 germanium collection 06.0105
锗酸铋晶体 bismuth germinate crystal, BGO 03.0057
针孔 pin hole 01.1086
针叶树材 coniferous wood 07.0521
* 针状马氏体 acicular martensite 02.0027
针状铁素体 acicular ferrite 02.0016
针状铁素体钢 acicular ferrite steel, AF steel 02.0302
针状组织 acicular structure 01.0433
珍珠 pearl 07.0267
珍珠面型多孔表面 multi-pearl-like surface 08.0092
珍珠岩 pearlite 07.0165
真空玻璃 vacuum glass 03.0505
真空成型 vacuum forming 04.1245
真空成型法 vacuum forming technology 01.1326
真空抽滤 vacuum filtration 03.0411
真空吹氧脱碳法 vacuum oxygen decarburization, VOD 02.0152
真空袋成型 vacuum bag molding 05.0156
真空等离子喷涂 vacuum plasma spraying 01.1528
真空电弧熔炼 vacuum arc melting 01.0900
真空电弧脱气法 vacuum arc degassing, VAD 02.0153

真空电渣熔炼 vacuum electroslag melting 01.0902
真空电子束熔炼 vacuum electronic torch melting 01.0901
真空电阻熔炼 vacuum electric resistance melting 01.0899
* 真空镀膜 vacuum evaporation deposition 01.1898
真空干燥 vacuum drying 03.0436
真空精炼 vacuum refining 01.0906
* 真空密封造型 vacuum sealed molding 01.1126
真空钎焊 vacuum brazing 01.1654
真空热处理 vacuum heat treatment, low pressure heat treatment 01.1364
真空熔浸 infiltration in vacuum 01.1826
真空熔炼 vacuum melting 01.0905
真空渗碳 vacuum carburizing 01.1577
真空脱气 vacuum degassing 01.0904
真空脱氧 vacuum deoxidation 02.0134
真空脱脂 vacuum degreasing 01.1773
真空雾化 vacuum atomization 01.1714
真空吸铸 vacuum suction casting 01.1037
真空循环脱气法 Rheinstahl-Heraeus, RH 02.0148
真空压铸 evacuated die casting, vacuum die casting 01.1039
真空冶金 vacuum metallurgy 01.0898
真空蒸镀 vacuum evaporation deposition 01.1898
真空蒸馏 vacuum distillation 01.0903
真密度 true density 02.1208
真皮层 corium layer 07.0410
真应力－应变曲线 true stress-strain curve 01.0467
振动滚压 jolting roll extrusion 01.1462
振动热成像术 vibrathermography 01.0683
振动磨 vibration mill 03.0392
振动压制 vibration-assisted compaction 01.1784
振实密度 tap density 01.1739
镇静钢 killed steel 02.0223
震凝性流体 rheopectic flow 04.0299
蒸镀 evaporation deposition 01.1897
蒸发 evaporation 01.1899
蒸发－凝聚法 vapor-condensation 01.1725
蒸馏法 distillation method 01.0872
蒸气压渗透法 vapor pressure osmometry 04.1114
蒸气氧脱碳法 vapor-oxygen decarburization 02.0155
整皮聚氨酯泡沫塑料 integral skin polyurethane foam 04.0423

整平剂　leveling agent　01.1550

整体发色　mass coloring　01.1499

整体型药物释放系统　monolithic drug delivery system　08.0221

整体硬质合金工具　solid carbide tool　02.1252

正长岩　syenite　07.0154

正常过程　normal process　01.0073

正常晶粒长大　normal grain growth　01.0417

正常凝固　normal freezing　06.0082

正常偏析　normal segregation　01.1080

正电子湮没术　positron annihilation spectroscopy，PAS　01.0648

正反联合挤压　opposite-direction combined extrusion　01.1215

正规铁电体　normal ferroelectrics　01.0137

* 正硅酸乙酯　tetraethoxysilane　04.0969

正火　normalizing　01.1395

正火钢材　normalized steel　02.0259

正畸材料　orthodontic materials　08.0282

正畸矫治器　orthodontic appliance　08.0308

正畸丝　orthodontic wire　08.0307

正交层合板　cross-ply laminate　05.0355

正交晶向偏离　orthogonal misorientation　06.0088

正离子聚合　cationic polymerization　04.0092

正硫化点　optimum cure point　04.0625

正片　prime wafer　06.0163

正偏析　positive segregation　01.1078

正温度系数热敏陶瓷　positive temperature coefficient thermosensitive ceramics　03.0334

正[向]挤压　forward extrusion，direct extrusion　01.1189

* 正压电效应　direct piezoelectric effect　01.0139

证券纸　bond paper　07.0326

支化聚合物　branched polymer　04.0037

支架　stent　08.0189

支架输送系统　stent delivery system　08.0202

支架植入术　stent implanting　08.0185

枝晶粗化　dendrite coarsening　01.0968

枝晶尖端半径　dendrite tip radius　01.0966

枝晶间距　dendrite spacing　01.0967

枝晶偏析　dendrite segregation　02.0177

织构　texture　01.0261

织物增强聚合物基复合材料　fabric reinforced polymer composite　05.0118

织物增强体　fabric reinforcement　05.0071

脂肪干细胞　adipose derived stem cell，ASC　08.0172

脂肪族聚酰胺纤维　fatty polyamide fiber　04.0700

脂质体　liposome　08.0236

直浇道　sprue　01.1104

直角撕裂强度　right-angled tearing strength　04.0630

直接纺丝法　direct spinning　01.1963

直接还原　direct reduction　02.0103

直接还原炼铁　direct reduction process for ironmaking　02.0100

直接炼钢法　direct steelmaking process　02.0115

直接凝固成型　direct coagulation casting　03.0429

* 直接脱氧　precipitation deoxidation　02.0132

直接印刷人造板　direct printed panel　07.0711

直接跃迁型半导体材料　direct transition semiconductor materials　06.0216

直拉单晶硅　Czochralski monocrystalline silicon　06.0124

直拉单晶锗　Czochralski grown monocrystalline germanium　06.0114

直拉法　vertical pulling method　06.0426

直拉砷化镓单晶　liquid encapsulated Czochralski grown gallium arsenide single crystal，LEC GaAs single crystal　06.0224

直流电导机制　direct current conductivity mechanism　06.0277

直流电弧放电蒸发　direct current arc evaporation　01.1908

直流二极型离子镀　direct current diode ion deposition　01.1925

直流光电导衰退法　direct current measurement of photoconductivity decay　06.0490

直流热阴极等离子体化学气相沉积　direct current hot cathode plasma chemical vapor deposition　01.1947

植鞣革　vegetable-tanned leather　07.0419

植入　implantation　08.0120

植入体　implant　08.0022

植物胶　vegetable glue　04.0874

植物鞣料　vegetable tanning materials　07.0747

植物纤维　plant fiber　04.0664

植物纤维增强聚合物基复合材料　plant fiber reinforced polymer composite　05.0154

植物纤维增强体　plant fiber reinforcement　05.0057

止血纤维　stanch fiber　04.0784

纸　paper　07.0283

纸板　board　07.0284

纸幅　web　07.0306

纸浆　pulp　07.0285

纸浆卡帕值　pulp kappa number　07.0387

[纸浆]漂白　bleaching　07.0313

[纸浆]筛选　screening　07.0310

[纸浆]洗涤　washing　07.0309

纸浆游离度值　pulp freeness value　07.0386

纸料　stock　07.0303

纸张尘埃　dirt　07.0371

[纸张]成形　formatting　07.0315

纸张定量　paper grammage　07.0372

纸张光泽度　paper gloss　07.0379

纸张灰分　ash　07.0390

纸张紧度　paper density　07.0381

纸张绝干物含量　paper dry solid content　07.0373

纸张拉毛　paper picking　07.0384

纸张亮度　brightness　07.0389

纸张耐破度　paper bursting strength　07.0375

纸张耐折度　paper folding endurance　07.0376

纸张平滑度　paper smoothness　07.0377

纸张施胶度　paper sizing value　07.0378

纸张撕裂度　paper tearing resistance　07.0380

纸张松厚度　paper bulk　07.0382

纸张挺度　paper stiffness　07.0374

纸张透气度　paper air permeance　07.0383

纸张印刷适性　paper printability　07.0385

指接材　finger joint wood　07.0640

制耳　earing　01.1314

制浆废液　spent liquor　07.0305

[制浆]蒸煮　cooking　07.0307

* 制粒　granulation　01.1731

制坯模槽　blank forging die cavity　01.1267

制图纸　drawing paper　07.0335

制芯　core making　01.1020

* 治疗性克隆　therapeutic cloning　08.0087

质量燃烧速率　mass combustion rate　01.1841

质量输运方程　mass-transport equation　06.0044

质量输运限制生长　mass-transport-limited growth　06.0049

质谱法　mass spectrometry, MS　01.0654

质子X射线荧光分析　proton-induced X-ray emission, PIXE　01.0620

质子照相术　proton radiography　01.0660

致癌性　carcinogenicity　08.0127

致畸性　teratogenicity　08.0132

致宽效应　widening effect　04.0338

致冷电堆　refrigeration pile　06.0398

致密度　efficiency of space filling　01.0257

致密化　densification　01.1817

致密氧化铬砖　dense chrome brick　03.0608

致敏性　sensitization　08.0121

智能材料　intelligent materials　01.0033

智能生物材料　smart biomaterials, intelligent biomaterials　08.0005

智能陶瓷　intelligent ceramics, smart ceramics　03.0244

智能型药物释放系统　smart drug delivery system　08.0219

智能支架　intelligent scaffold　08.0166

滞弹性　anelasticity　01.0456

滞弹性内耗　anelasticity damping　01.0490

滞弹性蠕变　anelasticity creep　01.0488

蛭石　vermiculite　07.0097

蛭石砖　vermiculite brick　03.0641

置换沉淀　displacement precipitation　01.0884

置换固溶强化　interstitial solution strengthening　01.0524

置换固溶体　substitutional solid solution　01.0377

中长纤维　mid fiber　04.0809

中合金超高强度钢　medium alloy ultra-high strength steel　02.0319

中和水解　neutralizing hydrolysis　01.0873

中间合金　master alloy　01.1045

中间合金粉末　master alloy powder　02.0852

中间退火　process annealing　01.1398

中空玻璃　insulating glass　03.0481

* 中空吹塑成型　blow molding　04.1246

中空钢　hollow drill steel　02.0369

中空纤维　hollow fiber　04.0769

中空纤维膜　hollow fiber membrane　04.0770

中密度聚乙烯　medium density polyethylene, MDPE　04.0358

中密度纤维板　medium density fiberboard, MDF　07.0691

中强钛合金　medium strength titanium alloy　02.0548

中热水泥　moderate heat Portland cement　03.0735

中碳钢　medium carbon steel　02.0217

中温封孔　moderate temperature sealing　01.1508
中温回火　medium temperature tempering　01.1429
中心面　median surface　06.0161
中性包装纸　neutral wrapping paper　07.0363
中性耐火材料　neutral refractory　03.0606
中性气氛　neutral atmosphere　01.1375
中性石蜡纸　neutral paraffin paper　07.0364
中子倍增材料　neutron multiplier materials　02.1099
中子活化分析　neutron activation analysis，NAA
　01.0658
中子检测［法］　neutron testing　01.0671
中子嬗变掺杂　neutron transmutation doping，NTD
　06.0076
* 中子吸收材料　control materials　02.1060
中子衍射　neutron diffraction　01.0630
中子照相术　neutron radiography　01.0659
终点控制　blow end point control　02.0145
终锻模槽　final forging die cavity　01.1265
钟罩窑　bell top kiln　03.0168
种子聚合　seed polymerization　04.0119
种子细胞　seed cell　08.0167
种子纤维　seed fiber　04.0665
* 种植牙　implant denture，implant supported denture
　08.0294
种植义齿　implant denture，implant supported denture
　08.0294
重掺杂　heavy doping　06.0075
重掺杂硅单晶　heavily-doped monocrystalline silicon
　06.0126
重革　heavy leather　07.0423
重晶石　barite　07.0120
重均分子量　weight-average relative molecular mass，
　weight-average molecular weight，weight-average molar
　mass　04.0157
* 重均相对分子质量　weight-average relative molecular
　mass，weight-average molecular weight，weight-average
　molar mass　04.0157
重力偏析　gravity segregation　01.1083
重水　heavy water　02.1056
周边锯齿状凹痕　peripheral indent　06.0180
周期换向阳极氧化　period reverse anodizing　01.1494
周期性边界条件　periodic boundary condition　01.0825
轴承钢　bearing steel　02.0338
轴分布图　axis distribution figure　01.0264

* 轴瓦合金　Babbitt metal　02.0680
* 轴向投影图　inverse pole figure　01.0263
骤燃温度　flash ignition temperature　04.1189
* 珠光粉　albus　04.1381
珠光体　pearlite　02.0021
珠光体耐热钢　pearlitic heat-resistant steel　02.0400
* 珠光体渗碳体　pearlitic cementite　02.0042
* 珠光体铁素体　eutectoid ferrite　02.0014
珠光颜料　pearlescent pigment　04.1365
竹壁　bamboo culm wall　07.0762
竹编胶合板　woven-mat plybamboo　07.0767
竹材　bamboo wood　07.0760
竹材拼花板　bamboo parquet board　07.0769
竹黄　bamboo inner skin　07.0764
竹浆　bamboo pulp　07.0289
竹焦油　bamboo tar　07.0778
竹篾　bamboo sliver　07.0774
竹篾层压板　laminated bamboo sliver lumber　07.0768
竹木复合制品　bamboo-wood composite product
　07.0772
竹片　bamboo strip　07.0775
竹青　bamboo outer skin　07.0763
竹肉　middle part of bamboo culm wall　07.0765
竹丝　bamboo strand　07.0776
竹丝板　bamboo thread board　07.0770
竹塑复合材料　bamboo-plastic composite　07.0773
竹炭　bamboo charcoal　07.0777
竹纤维　bamboo fiber　07.0766
逐步聚合　step growth polymerization　04.0055
主参考面　primary orientation flat　06.0131
主侧链混合型铁电液晶高分子　mixed in main and side
　chain of ferroelectric liquid crystal polymer　04.1103
主动靶向药物释放系统　active targeting drug delivery
　system　08.0217
主管道材料　materials for coolant loop　02.1072
主链型铁电液晶高分子　ferroelectric liquid crystal
　polymer in main chain　04.1101
主期结晶　primary crystallization　04.0195
主曲线　master curve　04.0283
* 主取向参考面　primary orientation flat　06.0131
主色　mass-tone　04.0919
主增塑剂　primary plasticizer　04.1290
助剂　auxiliary　04.1279
* 助剂功能高分子　polymeric additive　04.1280

助溶剂 co-solvent 01.1880

助溶剂法 co-solvent method 01.1879

注浆成型 slip casting 03.0419

注射成型 injection molding 04.1237

注射成型硅橡胶 injection silicone rubber 04.1004

* 注射成型机 injection molding machine 04.1224

注射成型牙科陶瓷 injectable dental ceramics 08.0286

注塑机 injection molding machine 04.1224

贮库型药物释放系统 reservoir drug delivery system 08.0222

贮氢材料 hydrogen storage materials 02.1015

贮氢合金 hydrogen storage alloy 02.1017

柱硼镁石 pinnoite 07.0114

柱塞挤出成型 ram extrusion 04.1240

柱状晶 columnar crystal 01.0958

柱状组织 columnar structure 01.0429

铸钢 cast steel 02.0432

铸件 casting 01.1017

铸膜 film casting 04.1257

铸铁 cast iron 02.0225

铸涂纸 cast coated paper 07.0333

铸型 mold, mould 01.1018

铸造 casting, foundry 01.1016

铸造磁体 cast magnet 02.0907

铸造高温合金 cast superalloy 02.0826

铸造焦 foundry coke 02.0080

铸造铝合金 cast aluminum alloy 02.0472

铸造镁合金 cast magnesium alloy 02.0515

铸造镍基高温合金 nickel based cast superalloy 02.0796

铸造铅合金 cast lead alloy 02.0676

铸造缺陷 casting defect 01.1071

铸造生铁 casting pig iron 02.0164

铸造钛合金 cast titanium alloy 02.0558

铸造钛铝合金 cast titanium aluminide alloy 02.0569

铸造铜合金 cast copper alloy 02.0619

铸造锌合金 cast zinc alloy 02.0659

铸造性能 castability 01.1043

铸造应力 casting stress 01.1084

铸造织构 casting texture 01.0437

铸轧 cast rolling 01.1166

专用胶合板 specialized plywood 07.0726

* α转变 glass transition 04.0246

转移弧 transferred arc 01.1614

转鼓试验 drum test 01.1796

转炉钢 converter steel 02.0219

转炉炼钢 converter steelmaking 02.0111

桩核冠 post-and-core crown 08.0297

装饰单板覆面人造板 decorative veneered wood-based panel 07.0712

装饰搪瓷 decorative enamel 03.0561

装饰铜合金 ornamental copper alloy 02.0623

装填系数 fill factor 01.1743

[状]态函数 state function 01.0164

锥板测黏法 cone and plate viscometry 04.1149

锥度 taper 06.0147

准各向同性层合板 quasi-isotropic laminate 05.0357

准解理断裂 quasi-cleavage fracture 01.0724

准晶 quasicrystal 01.0237

准晶材料 quasicrystal materials 01.0022

灼烧性 ignitability 04.1188

浊点 cloud point 04.1124

浊点法 cloud point method 04.1125

着色剂 colorant 04.1361

着色力 tinting strength 04.0924

* 着色纤维 spun-dyed fiber 04.0721

* 资源节约型不锈钢 resource-saving stainless steel 02.0393

子层合板 sublaminate 05.0367

子层屈曲 buckling of sublaminate 05.0439

紫胶 shellac, lac 07.0737

紫砂陶 zisha ware 03.0130

* 紫铜 red copper 02.0586

紫外高透过光学玻璃 ultraviolet high transmitting optical glass 03.0490

紫外光电子能谱法 ultraviolet photoelectron spectroscopy, UPS 01.0649

紫外光固化涂料 ultraviolet curing coating 04.0934

紫外透过石英玻璃 ultraviolet transmitting silica glass 03.0467

字典纸 bible paper 07.0323

自保护焊丝 self-shielded welding wire 01.1674

自掺杂 autodoping, self-doping 06.0074

自催化反应 self-catalyzed reaction 01.0892

自动加速效应 autoacceleration effect 04.0088

自发过程 spontaneous process 01.0161

自发极化 spontaneous polarization 03.0379

自回火 self-tempering 01.1426

自交联　self-crosslinking　04.0136

自洁搪瓷　self-cleaning enamel coating　03.0569

自结合碳化硅制品　self-bonded silicon carbide product　03.0621

自聚焦现象　self-focusing　01.0583

自冷淬火　self-quench hardening　01.1413

自流耐火浇注料　self-flowing refractory castable　03.0664

* 自流平混凝土　self-compacting concrete　03.0742

自蔓延高温燃烧合成法　self-propagating combustion high temperature synthesis　03.0443

自蔓延燃烧反应法　self-propagating high temperature synthesis　01.1729

自密实混凝土　self-compacting concrete　03.0742

自黏性　self adhesion　04.1206

* 自凝型义齿基托树脂　autopolymerizing denture base resin　08.0273

自膨胀式支架　self-expandable stent　08.0193

自钎剂钎料　self-fluxing brazing alloy　01.1689

自然储存老化　natural storing aging　04.1176

* 自然干燥　air seasoning of wood　07.0631

自然气候老化　natural weathering aging　04.1173

自熔性合金喷涂粉末　self-fluxing alloy spray powder　01.1522

自润滑　self-lubrication　03.0376

自润滑轴承　self lubricating bearing　02.1229

自体移植物　autograft　08.0025

自调节药物释放系统　self-regulated drug delivery system　08.0220

自旋玻璃　spin glass　06.0370

自旋电子学　spintronics　01.0045

自旋二极管　spin diode　06.0367

自旋晶体管　spin transistor　06.0368

自旋量子态　spin quantum state　06.0369

自旋相关散射　spin dependent scattering　01.0046

自硬砂　self hardening sand　01.1098

自硬砂造型　self hardening sand molding　01.1124

自由度　degree of freedom　01.0187

自由锻　flat die forging, open die forging　01.1241

自由非晶相　free amorphous phase　04.0207

* 自由焓　free enthalpy　01.0169

自由基共聚　radical copolymerization　04.0129

自由基聚合　free radical polymerization　04.0056

自由基引发剂　radical initiator　04.0062

自由连接链　freely-jointed chain　04.0170

* 自由能　free energy　01.0169

自由衰减振动法　free decay oscillation method　04.1133

自组织　self-organization　01.0220

自组织生长　self-organization growth　06.0055

* 自组装　self-assembly　01.0220

* 自组装生长　self-assembly growth　06.0055

自组装系统　self-assembly system　01.0221

* 棕　palm fiber　04.0670

棕榈纤维　palm fiber　04.0670

总厚度变化　total thickness variation, TTV　06.0155

总指示读数　total indicator reading, TIR　06.0148

纵向尺寸回缩率　longitudinal dimension recovery ratio　04.1165

纵轧　longitudinal rolling　01.1151

Ⅲ-Ⅴ族化合物半导体材料　Ⅲ-Ⅴ compound semiconductor　06.0211

Ⅱ-Ⅵ族化合物半导体材料　Ⅱ-Ⅵ compound semiconductor　06.0212

Ⅳ-Ⅳ族化合物半导体材料　Ⅳ-Ⅳ compound semiconductor　06.0213

阻碍石墨化元素　graphite non-stabilized element, anti-graphitized element　02.0054

阻挡层　barrier layer　01.1491

* 阻聚期　induction period　04.0070

阻聚作用　inhibition　04.0086

阻抗　[electric] impedance　01.0548

阻流剂　stop-off agent　01.1691

* 阻尼合金　damping alloy　02.1120

阻燃复合材料　flame retardant composite　05.0293

阻燃剂　flame retardant, fire retardant　04.1345

阻燃镁合金　burn resistant magnesium alloy　02.0527

阻燃钛合金　burn resistant titanium alloy　02.0562

阻燃纤维　flame retardant fiber　04.0747

组成过冷　constitution undercooling　01.0423

* 组分过冷　constitution undercooling　01.0423

* 组合曲线　master curve　04.0283

组合烧结　assembled component sintering　01.1830

组芯造型　core assembly molding　01.1121

组元　component　01.0188

组元空位　constitutional vacancy　01.0282

组织超塑性　structural superplasticity　01.1328

组织工程　tissue engineering　08.0161